U0249627

现代数学基础丛书·典藏版 6

数理统计引论

陈希孺 著

科学出版社

北京

内 容 简 介

本书是以育年科研作者作为主要对象而编写的，本书严格而系统地阐明了数理统计的基本原理，并尽量反映本学科的现代面貌。关于应用方而只作为解释原理和方法的手段，而不是本书的目的。

本书主要内容有：点估计，假设检验，线性模型和非参数统计等。书末附有习题。

本书的对象是：数理统计和概率论的青年研究工作者和大学本专业教师、研究生和高年级学生。

图书在版编目(CIP)数据

数理统计引论/陈希孺著.—北京：科学出版社，2007.1
(现代数学基础丛书·典藏版；6)
ISBN 978-7-03-006047-1

I.①数… II.①陈… III.①数理统计 IV.①O212

中国版本图书馆CIP数据核字(2007)第002877号

责任编辑：张　扬／责任校对：林青梅
责任印制：徐晓晨／封面设计：王　浩

科学出版社出版
北京东黄城根北街16号
邮政编码：100717
http://www.sciencep.com

北京厚诚则铭印刷科技有限公司印刷
科学出版社发行　各地新华书店经销
*
2007年1月第 一 版　开本：B5(720×1000)
2016年6月 印　 刷　印张：45 1/2
字数：601 000

定价：298.00元

(如有印装质量问题，我社负责调换)

目　　录

序　　言

本书的目的是用严格的数学语言，对数理统计学的基础，作一个较为详细和较能反映本学科现代面貌的介绍．近几十年来，数理统计学有了长足的进展，出现了不少论述各种分支的严格而内容充实的著作．但是，一般的初等引论性教本，无论在数学的严格性方面，还是在内容的深度和广度方面，都与这些专著和杂志文献有颇大的距离．这种情况给初学者造成了很大的不便．本书的写作就是希望有助于解决这个问题．

本书设想的主要读者是数理统计和概率论的青年研究工作者，大学本专业教师、研究生和高年级学生．有些部分也可以作为统计专业的有关课程的教学参考书．另外，对于那些主要兴趣在于统计的应用而又具备了较好数学基础的人，本书可以作为在理论上提高的参考．

作为一种包含许多统计分支的著作，为使内容不流于空泛，较能反映现代面貌且要将篇幅限制在合理的范围内，在材料的选取上有着一些不大好处理的问题．本书的作法是依据如下的考虑：当一个青年研究工作者进入某一统计专门分支时，他不仅应当具备为阅读该分支的专著和文献所必需的基础，而且应当对其它重要的统计分支的基本内容有切实而非空泛的了解．因此，材料的选择，以普遍需要的公共基础部分为主，对于那些只有在专著中才能妥善处理的问题，则不作过分深入的讨论．例如，线性模型的理论对于回归分析、方差分析和多元分析等统计分支都有重要的意义，本书在线性模型一章中，提供了这个理论的比较广泛和深入的基础．掌握了这个基础就可以顺利地进入上述几个分支．但是，对上述分支的更加专门和特殊的问题的讨论，则不属于本书的范围．同时需要指出，关于哪些内容应列为基础的问题，其看法多少有些因人而异．作者的偏好也难免影响到对某些材料的处理．因此，本书中的某些材料也可能越出了多数人认为是必备基础的范围．例如，

§ 4.3, § 5.5, § 5.6, § 6.1, § 6.3, § 6.4 等节的大部分或一部分.

本书是一本数学著作，在基本概念的表述、问题提法及定理论证上，力求符合现代数学的严格性标准；另一方面，统计又是一门应用性很强的学科，在学习统计理论时，不能仅以数学的严格性为满足，还应当尽量了解其实际背景. 本书因性质所限，不便于涉及过多的直接来自实际的问题. 但是，在概念的统计背景的解释上，也给予了一定程度的注意. 例如，关于无偏估计和 Bayes 估计，其数学定义是简单的，而我们则花了相当的篇幅去解释其统计背景.

为了配合学习，我们选编了一些习题，附于全书之末. 其中一部分比较容易，其它的，除了少数例外，也不需要特殊的技巧. 但要求读者对书中内容有清楚的了解，并在一定程度上能灵活使用. 对初学者来说，在开始时作这种题会有困难，但不要灰心，一定要下最大的功夫，反复思考，尽可能多地解决一些问题.

作为一本基础著作，本书没有编制详尽的参考文献目录. 这一方面是为了节省篇幅，也因为，当读者深入到某一分支的专著时，会在那里找到有关的详细目录. 在正文的叙述中，根据问题的性质有必要征引某一文献时，就在提到的地方注明. 除此之外，我们在书末列举了在写作中参考过的一些著作. 读者会注意到，我们在一些问题上运用了这些著作的叙述方法，采用了其中一些例题、习题，所有这些都不一一加以说明了.

在本书写作过程中，曾与中国科学院数学研究所统计组一些同志交换过意见，参考和使用过他们的某些讲稿. 初稿写成后，成平、项可风、陶波、戴树森、方开太、吴传义、李国英和吴启光等同志进行了仔细的审阅，改正了不少错误和提出了一些改进意见，这对于提高本书质量有很大的帮助，作者谨在此对他们表示衷心的感谢. 由于作者水平所限，书中存在的问题肯定还是不少的，作者恳切地希望专家和读者提出宝贵的批评意见.

陈希孺

1978 年 12 月 10 日

第一章 预备知识

本章内容分为两部分：第一部分包括前三节，是关于概率论的若干补充知识．这些内容对数理统计很重要．其中第一节的大部分内容，是通常初等教本中也有的，为适应本书需要，我们作了若干补充；第二、三节的内容在一般初等教本中是没有的，但在本书中很常用，不熟悉的读者应多加注意．第二部分包括后三节，都是数理统计基础的重要课题．其中关于判决函数的一节，是对这个理论的一个最初步的介绍，而具体细节将在后面各章作一定的充实．最后两节对统计中应用很广的重要概念——充分统计量与完全统计量，作了较为系统的讨论．切实掌握这个内容对阅读以后各章是很重要的．

§1.1. χ^2 分布，t 分布，F 分布

（一）χ^2 分布的定义及其密度函数的推导

定义 1.1.1. 设 $X_1, \cdots, X_n$ 独立，$X_i \sim N(a_i, 1)$，$i=1, \cdots, n$，则 $X=\sum_{i=1}^n X_i^2$ 的分布称为具自由度 n、非中心参数

$$\delta=\left(\sum_{i=1}^n a_i^2\right)^{1/2}$$

的 χ^2 分布，记为 $X \sim \chi_{n,\delta}^2$．当 $\delta=0$ 时，分布称为中心的，且记为 $X \sim \chi_n^2$．

必须证明，X 的分布只与 n 和 δ 有关，为此先证

引理 1.1.1. 设 $X_1, \cdots, X_n$ 满足定义 1.1.1 中的条件，$A=(a_{ij})_{n\times n}$ 为 n 阶正交阵，$Y_i=\sum_{j=1}^n a_{ij}X_j$，$i=1, \cdots, n$，则 $Y_1, \cdots, Y_n$

独立，$Y_i \sim N(b_i, 1)$，$b_i = \sum_{j=1}^{n} a_{ij} a_j$，$i=1, \cdots, n$.

证. 由假定知$(X_1, \cdots, X_n)$的联合密度为

$$\left(\frac{1}{\sqrt{2\pi}}\right)^n e^{-\frac{1}{2}\sum_{i=1}^{n}(x_i-a_i)^2}.$$

由于 A 的正交性，变换的 Jacobi 为 1，于是由密度函数变换的公式，注意到

$$\sum_{i=1}^{n}(x_i-a_i)^2 = \|\boldsymbol{x}-\boldsymbol{a}\|^2 = \|\boldsymbol{A}'\boldsymbol{y}-\boldsymbol{A}'\boldsymbol{b}\|^2$$
$$= (\boldsymbol{y}-\boldsymbol{b})'\boldsymbol{A}\boldsymbol{A}'(\boldsymbol{y}-\boldsymbol{b}) = \|\boldsymbol{y}-\boldsymbol{b}\|^2,$$

此处[1] $\boldsymbol{x} = (x_1, \cdots, x_n)'$，$\boldsymbol{y} = (y_1, \cdots, y_n)'$，$\boldsymbol{a} = (a_1, \cdots, a_n)'$，$\boldsymbol{b} = (b_1, \cdots, b_n)'$，立即得到$(Y_1, \cdots, Y_n)$的联合密度为

$$\left(\frac{1}{\sqrt{2\pi}}\right)^n e^{-\frac{1}{2}\sum_{i=1}^{n}(y_i-b_i)^2},$$

这就证明了引理中的全部论断.

现在记 $\boldsymbol{T}$ 为一正交方阵，其第一行为$(a_1, \cdots, a_n)/\delta$. 作变换$(Y_1, \cdots, Y_n)' = \boldsymbol{T}(X_1, \cdots, X_n)'$. 依引理 1.1.1, $Y_1, \cdots, Y_n$ 独立，正态，方差为 1，而 $E(Y_1) = \sum_{i=1}^{n} a_i^2/\delta = \delta$，当 $i>1$ 时，由 T 的造法知 $E(Y_i)=0$. 于是，由

$$X = \sum_{i=1}^{n} X_i^2 = \sum_{i=1}^{n} Y_i^2 = Y_1^2 + Z, \quad \left(Z = \sum_{i=2}^{n} Y_i^2\right) \qquad (1.1.1)$$

看出 X 的分布只与 n 和 δ 有关.

下面考虑 $X \sim \chi^2_{n,\delta}$ 的概率分布. 以 $k(x|n, \delta)$ 和 $K(x|n, \delta)$ 记 $\chi^2_{n,\delta}$ 的密度和分布函数. 当 $\delta=0$ 时，简记为 $k(x|n)$ 和 $K(x|n)$. 先讨论 $\delta=0$ 的情况. 显然，当 $x \leqslant 0$ 时，$K(x|n)=0$，而当 $x>0$ 时，

$$K(x|n) = P(X<x) = (2\pi)^{-n/2}\int_B \cdots \int \exp\left(-\frac{1}{2}y'y\right)dy.$$

这里 B 是 n 维欧氏空间 R_n 的球体 $\{y: y'y<x\}$，而 $dy = dy_1 \cdots dy_n$. 转化到球坐标，不难看出被积函数将变为 $D(\theta_1, \cdots, \theta_{n-1}) e^{-r^2/2} r^{n-1}$

---

1) 今后总是以不加"′"的向量为列向量.

的形状，且$(\theta_1, \cdots, \theta_{n-1})$的积分范围与$r$无关．由此可知

$$K(x|n)=C_n\int_0^{\sqrt{x}} e^{-r^2/2}r^{n-1}dr, \tag{1.1.2}$$

其中C_n只与n有关，为求C_n，令$x\to\infty$，得

$$1=C_n\int_0^{\infty} e^{-r^2/2}r^{n-1}dr=C_n 2^{\frac{n}{2}-1}\Gamma\left(\frac{n}{2}\right),$$

由此得出C_n，代入(1.1.2)式，两边对x求导，得出，当$x>0$时，

$$k(x|n)=\left(2^{\frac{n}{2}}\Gamma\left(\frac{n}{2}\right)\right)^{-1}e^{-x/2}x^{\frac{n}{2}-1}. \tag{1.1.3}$$

对$\delta\neq 0$的情况，利用(1.1.1)，可转化为算独立和的密度：以$g(x)$记Y_1^2的密度，则因$Y_1\sim N(\delta, 1)$，有$g(x)=0$，当$x\leqslant 0$，而当$x>0$时，

$$\begin{aligned}
g(x)&=\frac{1}{\sqrt{2\pi}}x^{-1/2}[\exp(-(\sqrt{x}-\delta)^2/2)\\
&\quad+\exp(-(\sqrt{x}+\delta)^2/2)]\\
&=\frac{1}{2}x^{-1/2}e^{-\delta^2/2}e^{-x/2}(e^{\delta\sqrt{x}}+e^{-\delta\sqrt{x}})\\
&=\frac{1}{2}x^{-1/2}e^{-\delta^2/2}e^{-x/2}\left(\sum_{i=0}^{\infty}\frac{1}{i!}(\delta\sqrt{x})^i+\sum_{i=0}^{\infty}\frac{1}{i!}(-\delta\sqrt{x})^i\right)\\
&=e^{-\delta^2/2}e^{-x/2}\sum_{i=0}^{\infty}\frac{1}{(2i)!}\delta^{2i}x^{i-\frac{1}{2}}.
\end{aligned} \tag{1.1.4}$$

利用公式

$$\begin{aligned}
k(x|n, \delta)&=\int_{-\infty}^{\infty}k(x-y|n-1)g(y)dy\\
&=\int_0^x k(x-y|n-1)g(y)dy.
\end{aligned}$$

将(1.1.3)(n改为$n-1$)和(1.1.4)代入，逐项积分，利用关系

$$\begin{aligned}
\int_0^x y^a(x-y)^b dy&=x^{a+b+1}\int_0^1 t^a(1-t)^b dt\\
&=x^{a+b+1}\frac{\Gamma(a+1)\Gamma(b+1)}{\Gamma(a+b+2)}.
\end{aligned}$$

经过一些简单的整理，得

$$k(x|n,\ \delta)=e^{-\delta^2/2}e^{-x/2}\sum_{i=0}^{\infty}\frac{1}{i!}\left(\frac{\delta^2}{2}\right)^i\frac{x^{i+n/2-1}}{2^{i+n/2}\Gamma(i+n/2)},\quad x>0.\tag{1.1.5}$$

当 $x\leqslant 0$ 时，当然有 $k(x|n,\ \delta)=0$.

（二）χ^2 分布的基本性质

a) 若 $X\sim\chi_n^2$, 则 $E(X)=n$, $\mathrm{Var}(X)=2n$.

b) 若 $Y_1,\ \cdots,\ Y_m$ 独立，$Y_i\sim\chi^2_{n_i,\delta_i}$, $i=1,\ \cdots,\ m$, 则

$$Y=Y_1+\cdots+Y_m\sim\chi^2_{n,\delta},$$

此处
$$n=\sum_{i=1}^m n_i,\quad 而\quad \delta^2=\sum_{i=1}^m\delta_i^2.$$

c) 若 $X_1,\ \cdots,\ X_n$ 独立，$X_i\sim N(a_i,\ \sigma^2)$, $i=1,\ \cdots,\ n$, 则

$$X=\frac{1}{\sigma^2}\sum_{i=1}^n X_i^2\sim\chi^2_{n,\delta},\quad \delta^2=\frac{1}{\sigma^2}\sum_{i=1}^n a_i^2.$$

这些都极易由 χ^2 分布的定义直接证明.

d) 若 $X_1,\ \cdots,\ X_n$ 独立同分布，$X_1\sim N(a,\ \sigma^2)$ 而 $n\geqslant 2$, 则

$$Y=\frac{1}{\sigma^2}\sum_{i=1}^n(X_i-\overline{X})^2$$

(此处及以后我们总用 $\overline{X}$ 表示 $X_1,\ \cdots,\ X_n$ 的算术平均 $\frac{1}{n}\sum_{i=1}^n X_i$, 类似地有 $\overline{Y}$, $\overline{Z}$ 等等), 为 χ^2_{n-1}.

证. 作正交方阵

$$\boldsymbol{A}=\begin{pmatrix}\frac{1}{\sqrt{n}} & \cdots & \frac{1}{\sqrt{n}}\\ a_{21} & \cdots & a_{2n}\\ \cdots & \cdots & \cdots\\ a_{n1} & \cdots & a_{nn}\end{pmatrix},\tag{1.1.6}$$

记 $\boldsymbol{X}=(X_1,\ \cdots,\ X_n)'$, 作变换 $\boldsymbol{Z}=(Z_1,\ \cdots,\ Z_n)'=\boldsymbol{AX}$. 则由引理 1.1.1, 知 $Z_1,\ \cdots,\ Z_n$ 独立，$Z_i\sim N(b_i,\ \sigma^2)$, $i=1,\ \cdots,\ n$. 由于 $E(\boldsymbol{X})=(a,\cdots,a)'$, 由方阵 A 的形状易知 $b_2=\cdots=b_n=0$, 又 $Z_1=\sqrt{n}\,\overline{X}$. 所以，由 A 的正交性，有

$$\sigma^2 Y=\sum_{i=1}^{n}X_i^2-n\overline{X}^2=\sum_{i=1}^{n}Z_i^2-Z_1^2=\sum_{i=2}^{n}Z_i^2.$$

于是由 χ^2 分布的定义，知 $Y=\sum_{i=2}^{n}Z_i^2/\sigma^2\sim\chi_{n-1}^2$.

e) 若 $X_n\sim\chi_n^2$, $n=1, 2, \cdots$, 则当 $n\to\infty$ 时,

$$\frac{X_n-n}{\sqrt{2n}}\xrightarrow{L}N(0, 1)$$

($\xrightarrow{L}$ 表示依分布收敛)，且 $\sqrt{2X_n}-\sqrt{2n}\xrightarrow{L}N(0, 1)$.

证. 考虑到性质 a)，第一个断言由 χ^2 的定义及古典中心极限定理直接推出. 为证第二个断言，注意

$$P(\sqrt{2X_n}-\sqrt{2n}<x)=P\left(\frac{X_n-n}{\sqrt{2n}}<x+\frac{x^2}{2\sqrt{2n}}\right),$$

再由 $\frac{X_n-n}{\sqrt{2n}}\xrightarrow{L}N(0, 1)$, $\frac{x^2}{2\sqrt{2n}}\to 0$ 及正态分布函数的连续性，即得要证的结果.

我们通常用 $\chi_n^2(\alpha)$ 记由关系式 $K(t|n)=1-\alpha$ 确定的 $t(0<\alpha<1)$. 当 n 较大时，性质 e) 可使我们通过正态分布表得到 $\chi_n^2(\alpha)$ 之近似值.

为了讨论下一个性质，定义如下的概念：设 X, Y 的分布函数分别为 $F(x)$ 和 $G(x)$. 若对一切 x 有 $F(x)\leqslant G(x)$ 即 $P(X\geqslant x)\geqslant P(Y\geqslant x)$，则称 X 随机地大于 Y，记为 $X\stackrel{s}{>}Y$.

f) 若 $X_i\sim\chi_{n,\delta_i}^2$, $i=1, 2$, 而 $\delta_1>\delta_2$, 则 $X_1\stackrel{s}{>}X_2$.

证. 容易看出，这个性质当 $n=1$ 时成立. 这只要注意 $N(0, 1)$ 的密度为 $|x|$ 的下降函数就可以知道. 这说明当 $\delta_1>\delta_2$ 时 $K(x|1, \delta_1)\leqslant K(x|1, \delta_2)$ (实际成立严格不等号). 再由

$$K(x|n, \delta)=\int_{-\infty}^{\infty}K(x-y|1, \delta)dK(y|n-1),$$

推出此性质对任何 n 成立.

(三) 正态变量的二次型(χ^2 分布的其它性质)

从定义 1.1.1 看到，χ^2 变量被定义为一些正态变量的平方

和．平方和是一种特殊的二次型．设 $X_1, \cdots, X_n$ 独立，

$$X_i \sim N(a_i, \sigma^2),\ i=1, \cdots, n,$$

而 A 为一个 n 阶对称方阵，一般地我们可以考虑二次型 $Y=\boldsymbol{X}'\boldsymbol{A}\boldsymbol{X}$ 的分布问题，此处 $\boldsymbol{X}=(X_1, \cdots, X_n)'$．显然，不失普遍性可设 $\sigma^2=1$．这种二次型在很多统计问题中有重要应用，此处我们只介绍与 χ^2 分布有关的结果，较仔细的讨论可参看 R. L. Plackett, Principles of Regression Analysis (Oxford, 1960) 一书第二章．

以下仍继续上一段的编号．

g) 设 $\boldsymbol{X}=(X_1, \cdots, X_n)'$, $X_1, \cdots, X_n$ 独立，

$$X_i \sim N(a_i, 1),\ i=1, \cdots, n,$$

记 $\boldsymbol{a}=(a_1, \cdots, a_n)'$, $Y=\boldsymbol{X}'\boldsymbol{A}\boldsymbol{X}$, $\boldsymbol{A}$ 为 n 阶对称方阵．则 Y 服从 χ^2 分布的充要条件为 $\boldsymbol{A}$ 为幂等方阵，即 $\boldsymbol{A}^2=\boldsymbol{A}$．这时 $Y\sim\chi^2_{r,\delta}$，其中 $r=\mathrm{rk}(\boldsymbol{A})$ 为 $\boldsymbol{A}$ 之秩，而 $\delta^2=\boldsymbol{a}'\boldsymbol{A}\boldsymbol{a}$．

证．充分性很容易．若 $\boldsymbol{A}$ 为幂等，则因其特征根只能为 0 和 1，且 1 的个数为 $\mathrm{rk}(\boldsymbol{A})=r$，故存在正交阵 $\boldsymbol{P}$，致

$$\boldsymbol{P}\boldsymbol{A}\boldsymbol{P}'=\begin{pmatrix}\boldsymbol{I}_r & 0\\ 0 & 0\end{pmatrix}.$$

作正交变换 $\boldsymbol{Z}=(Z_1, \cdots, Z_n)'=\boldsymbol{P}\boldsymbol{X}$.

由引理 1.1.1，知 $\boldsymbol{Z}\sim N(\boldsymbol{P}'\boldsymbol{a}, \boldsymbol{I}_n)$．但

$$Y=\boldsymbol{X}'\boldsymbol{A}\boldsymbol{X}=\boldsymbol{Z}'\boldsymbol{P}\boldsymbol{A}\boldsymbol{P}'\boldsymbol{Z}=\sum_{i=1}^{r} Z_i^2.$$

由此知 $Y\sim\chi^2_{r,\delta}$，其中

$$\begin{aligned}\delta^2=\sum_{i=1}^{r}(EZ_i)^2&=(E\boldsymbol{Z})'\boldsymbol{P}\boldsymbol{A}\boldsymbol{P}'(E\boldsymbol{Z})\\ &=(E(\boldsymbol{P}'\boldsymbol{Z}))'\boldsymbol{A}(E(\boldsymbol{P}'\boldsymbol{Z}))\\ &=(E\boldsymbol{X})'\boldsymbol{A}(E\boldsymbol{X})=\boldsymbol{a}'\boldsymbol{A}\boldsymbol{a}.\end{aligned}$$

必要性的证明要利用特征函数．首先，算出 $\lambda\xi^2$ 的特征函数为 $(1-2i\lambda t)^{-1/2}\exp\left(\dfrac{i\lambda t}{1-2i\lambda t}a^2\right)$，此处 λ 为常数，而 $\xi\sim N(a, 1)$，

这不难直接由特征函数的定义算出．由此，利用独立和的特征函数等于各加项的特征函数之积，以及当 $X\sim\chi^2_{n,\delta}$ 时有 $X=Y_1^2+Y_2^2+\cdots+Y_n^2$，其中 $Y_1\sim N(\delta, 1)$，$Y_i\sim N(0, 1)$，$i\geqslant 2$，易得 $\chi^2_{n,\delta}$ 之特征函数为

$$(1-2it)^{-n/2}\exp\left(\frac{i\delta^2 t}{1-2it}\right), \tag{1.1.7}$$

现设 A 不为幂等，则 A 之非 0 特征根 $\lambda_1, \cdots, \lambda_r$ 不全为 1．这时因 $\boldsymbol{X}'\boldsymbol{A}\boldsymbol{X}=\sum_{j=1}^{r}Z_j^2\lambda_j$，$Z_1, \cdots, Z_r$ 独立，$Z_j\sim N(c_j, 1)$［此处 $(c_1, \cdots, c_n)'=\boldsymbol{P}'(a_1, \cdots, a_n)$］知 $\boldsymbol{X}'\boldsymbol{A}\boldsymbol{X}$ 的特征函数为

$$\prod_{j=1}^{r}(1-2i\lambda_j t)^{-1/2}\exp\left(\frac{i\lambda_j t}{1-2i\lambda_j t}c_j^2\right). \tag{1.1.8}$$

显然，要是 $\lambda_1, \cdots, \lambda_r$（都不为 0）中即使有一个不为 1，(1.1.7) 和 (1.1.8) 决不可能相等．因而这时 $\boldsymbol{X}'\boldsymbol{A}\boldsymbol{X}$ 也不服从 χ^2 分布．

h) 设 $Y=\boldsymbol{X}'\boldsymbol{A}\boldsymbol{X}$，$Y_1=\boldsymbol{X}'\boldsymbol{A}_1\boldsymbol{X}$，分别服从自由度为 m 和 m_1 的 χ^2 分布（不必是中心的）．这里 $\boldsymbol{X}=(X_1, \cdots, X_n)'\sim N(a, \boldsymbol{I}_n)$．如果 $\boldsymbol{A}_2=\boldsymbol{A}-\boldsymbol{A}_1\geqslant 0$（此处及以后以 $\boldsymbol{B}\geqslant 0$ 表 $\boldsymbol{B}$ 为半正定方阵，$\boldsymbol{B}>0$ 表 $\boldsymbol{B}$ 为正定方阵），且 $\boldsymbol{A}_2$ 不为零方阵，则

$$Y_2=Y-Y_1=\boldsymbol{X}'\boldsymbol{A}_2\boldsymbol{X}$$

服从自由度为 $m_2=m-m_1$ 的 χ^2 分布，Y_1，Y_2 独立，且 $\boldsymbol{A}_1\boldsymbol{A}_2=0$．

证． 由假定知 $\boldsymbol{A}$ 为对称幂等且 $\mathrm{rk}(\boldsymbol{A})=m$，故存在正交方阵 $\boldsymbol{P}$，致 $\boldsymbol{P}\boldsymbol{A}\boldsymbol{P}'=\begin{pmatrix}\boldsymbol{I}_m & 0\\ 0 & 0\end{pmatrix}$，记 $\boldsymbol{P}\boldsymbol{A}_1\boldsymbol{P}'=\begin{pmatrix}\boldsymbol{B} & \boldsymbol{C}\\ \boldsymbol{C}' & \boldsymbol{D}\end{pmatrix}$．其中 $\boldsymbol{B}$ 为 m 阶方阵．由 $\boldsymbol{A}-\boldsymbol{A}_1\geqslant 0$ 及 $\boldsymbol{A}_1\geqslant 0$ 易知必有 $\boldsymbol{D}=0$．因而 $\boldsymbol{C}=0$，即 $\boldsymbol{P}\boldsymbol{A}_1\boldsymbol{P}'=\begin{pmatrix}\boldsymbol{B} & \boldsymbol{0}\\ \boldsymbol{0} & \boldsymbol{0}\end{pmatrix}$．又由假定，$\boldsymbol{A}_1$ 为对称幂等且秩为 m_1，故 $\boldsymbol{B}$ 有同一性质．因此存在 m 阶正交方阵 $\boldsymbol{Q}_1$，致

$$\boldsymbol{Q}_1\boldsymbol{B}\boldsymbol{Q}_1'=\begin{pmatrix}\boldsymbol{I}_{m_1} & 0\\ 0 & 0\end{pmatrix}.$$

记 $\boldsymbol{Q}=\begin{pmatrix}\boldsymbol{Q}_1 & 0\\ 0 & \boldsymbol{I}_{n-m_1}\end{pmatrix}$，则 $\boldsymbol{Q}$ 为 n 阶正交方阵，且

$$\boldsymbol{QPAP'Q'}=\begin{pmatrix}\boldsymbol{I}_m & 0\\ 0 & 0\end{pmatrix},\quad \boldsymbol{QPA}_1\boldsymbol{P'Q'}=\begin{pmatrix}\boldsymbol{I}_{m_1} & 0\\ 0 & 0\end{pmatrix}, \tag{1.1.9}$$

$\boldsymbol{R}=\boldsymbol{QP}$ 仍为正交阵. 作变换 $\boldsymbol{Z}=(Z_1, \cdots, Z_n)'=\boldsymbol{RX}$, 则由(1.1.9)易见

$$\boldsymbol{X'AX}=\boldsymbol{Z'RAR'Z}=\sum_{i=1}^{m}Z_i^2,$$

$$\boldsymbol{X'A}_1\boldsymbol{X}=\boldsymbol{Z'RA}_1\boldsymbol{R'Z}=\sum_{i=1}^{m_1}Z_i^2.$$

因此 $\boldsymbol{X'A}_2\boldsymbol{X}=\sum_{i=m_1+1}^{m}Z_i^2$, $\boldsymbol{A}_2\neq 0$ 表示必有 $m_1<m$. 依引理1.1.1, $\boldsymbol{Z}\sim N(\boldsymbol{b}, \boldsymbol{I}_n)$, $\boldsymbol{b}=\boldsymbol{Ra}$. 所以立即得出 Y_1, Y_2 独立及 Y_2 服从自由度为 $m-m_1=m_2$ 的 χ^2 分布. 至于 $\boldsymbol{A}_1\boldsymbol{A}_2=0$, 可由(1.1.9)推出. 因由(1.1.9)显然

$$(\boldsymbol{RA}_1\boldsymbol{R'})(\boldsymbol{RA}_2\boldsymbol{R'})=0.$$

由此注意到 R 的正交性,即得 $\boldsymbol{A}_1\boldsymbol{A}_2=0$.

系1.1.1. 若 $Y_i=\boldsymbol{X'A}_i\boldsymbol{X}$, $i=1, 2$, 都服从 χ^2 分布, 这里 $\boldsymbol{X}=(X_1, \cdots, X_n)'\sim N(\boldsymbol{a}, \boldsymbol{I}_n)$, 则 Y_1 与 Y_2 独立的充要条件为

$$\boldsymbol{A}_1\boldsymbol{A}_2=0.$$

事实上, 记 $\boldsymbol{A}=\boldsymbol{A}_1+\boldsymbol{A}_2$, $Y=\boldsymbol{X'AX}$. 若 $\boldsymbol{A}_1\boldsymbol{A}_2=0$, 则

$$\boldsymbol{A}_2\boldsymbol{A}_1=\boldsymbol{A}_2'\boldsymbol{A}_1'=(\boldsymbol{A}_1\boldsymbol{A}_2)'=\boldsymbol{O}'=\boldsymbol{O},$$

因此由 $\boldsymbol{A}_1$, $\boldsymbol{A}_2$ 的幂等性

$$\begin{aligned}\boldsymbol{A}^2&=(\boldsymbol{A}_1+\boldsymbol{A}_2)^2=\boldsymbol{A}_1^2+\boldsymbol{A}_2^2+\boldsymbol{A}_1\boldsymbol{A}_2+\boldsymbol{A}_2\boldsymbol{A}_1\\&=\boldsymbol{A}_1^2+\boldsymbol{A}_2^2=\boldsymbol{A}_1+\boldsymbol{A}_2=\boldsymbol{A}.\end{aligned}$$

即 A 也为幂等的, 但 $A-A_1=A_2\geqslant 0$, 故由性质 h 知 Y_1, Y_2 独立. 反过来, 若 Y_1, Y_2 独立, 则 $Y=Y_1+Y_2$ 也服从 χ^2 分布. 注意到 $\boldsymbol{A}_2=\boldsymbol{A}-\boldsymbol{A}_1\geqslant 0$, 仍由性质 h 得出 $A_1A_2=0$. 证毕.

值得注意的是, 系1.1.1的结论在去掉"Y_i, $i=1, 2$ 都服从 χ^2 分布"的假定时仍成立. 证明可参看前面提到的 Plackett 的书.

下述性质在统计上有重要应用.

i) (Cochran 定理). 设 $\boldsymbol{X}\sim N(\boldsymbol{a},\ \boldsymbol{I})$, $\boldsymbol{X}'\boldsymbol{X}=\sum_{i=1}^{m}\boldsymbol{X}'\boldsymbol{A}_i\boldsymbol{X}$ 则 "$\boldsymbol{X}'\boldsymbol{A}_i\boldsymbol{X}\sim\chi^2_{n_i,\delta_i}$ 对某个 n_i, δ_i, $i=1,\ \cdots,\ m$, 且

$$\boldsymbol{X}'\boldsymbol{A}_i\boldsymbol{X},\ i=1,\cdots,\ m$$

相互独立"的充要条件为

$$\sum_{i=1}^{m}\mathrm{rk}(\boldsymbol{A}_i)=n, \tag{1.1.10}$$

当(1.1.10)成立时, 有 $n_i=\mathrm{rk}(\boldsymbol{A}_i)$, $\delta_i^2=\boldsymbol{a}'\boldsymbol{A}_i\boldsymbol{a}$, $i=1,\ \cdots,\ m$.

证. 充分性. 设(1.1.10)成立, 记

$$\mathrm{rk}(\boldsymbol{A}_i)=n_i,\ Q_i=\boldsymbol{X}'\boldsymbol{A}_i\boldsymbol{X},\ i=1,\ \cdots,\ m.$$

由 $\mathrm{rk}(\boldsymbol{A}_i)=n_i$ 知 Q_i 可表为

$$Q_i=\sum_{j=1}^{n_i}\pm(b_{j1}^{(i)}X_1+\cdots+b_{jn}^{(i)}X_n)^2\quad(i=1,\ \cdots,\ m) \tag{1.1.11}$$

的形状, 记号 $\pm$ 表示每项的系数可为 1 或 -1. 以 B 记 n 阶方阵, 其各行向量为

$$(b_{j1}^{(i)},\ \cdots,\ b_{jn}^{(i)}),\quad j=1,\ \cdots,\ n_i,\ i=1,\ \cdots,\ m,$$

则由(1.1.11)知

$$\boldsymbol{X}'\boldsymbol{X}=\sum_{i=1}^{m}Q_i=\boldsymbol{X}'\boldsymbol{B}'\boldsymbol{\Delta}\boldsymbol{B}\boldsymbol{X},\ \text{因而}\ \boldsymbol{B}'\boldsymbol{\Delta}\boldsymbol{B}=\boldsymbol{I}_n,$$

此处 $\boldsymbol{\Delta}$ 为一 n 阶对角阵, 其主对角线上元素可为 1 或 -1. 由 $\boldsymbol{B}'\boldsymbol{\Delta}\boldsymbol{B}=\boldsymbol{I}_n$ 知 $\boldsymbol{B}$ 的行列式 $|\boldsymbol{B}|\neq0$, 故 $\boldsymbol{\Delta}=(\boldsymbol{B}')^{-1}\boldsymbol{B}^{-1}=(\boldsymbol{B}\boldsymbol{B}')^{-1}>\boldsymbol{0}$ (因 $\boldsymbol{B}\boldsymbol{B}'>\boldsymbol{0}$), 这说明 $\boldsymbol{\Delta}$ 的主对角线上元素不取 -1, 故 $\boldsymbol{\Delta}=\boldsymbol{I}_n$, 因而 $\boldsymbol{B}'\boldsymbol{B}=\boldsymbol{I}$, 而 $\boldsymbol{B}$ 为 n 阶正交阵. 而表达式 (1.1.11) 中各项系数必为 1. 故若作正交变换 $\boldsymbol{Z}=(Z_1,\ \cdots,\ Z_n)'=\boldsymbol{B}\boldsymbol{X}$, 则 $\boldsymbol{Z}\sim N(\boldsymbol{b},\ \boldsymbol{I})$, $\boldsymbol{b}=\boldsymbol{B}\boldsymbol{a}$, 而

$$Q_i=\sum_{j=e_{i-1}+1}^{e_i}Z_j^2,\ i=1,\ \cdots,\ m,\quad e_0=0,\ e_i=\sum_{j=1}^{i}n_j,\ i=1,\ \cdots,\ m.$$

由此推出 $Q_i\sim\chi^2_{n_i,\delta_i}$, $i=1,\ \cdots,\ m$. 其中 $\delta_i^2=\boldsymbol{a}'\boldsymbol{A}_i\boldsymbol{a}$ (据性质 g).

必要性 若 $Q_i\sim\chi^2_{n_i,\delta_i}$, $i=1,\ \cdots,\ m$, 则由

$$\boldsymbol{X}'\boldsymbol{X}=(Q_1+\cdots+Q_{m-1})+Q_m=\boldsymbol{X}'\left(\sum_{i=1}^{m-1}\boldsymbol{A}_i\right)\boldsymbol{X}+\boldsymbol{X}'\boldsymbol{A}_m\boldsymbol{X},$$

应用性质 h $\left(\text{注意由}\ Q_i\sim\chi^2_{n_i,\delta_i}\ \text{知}\ \sum_{i=1}^{m-1}\boldsymbol{A}_i\geqslant0\right)$ 知

$$\mathrm{rk}\Big(\sum_{i=1}^{m-1}\boldsymbol{A}_i\Big)+\mathrm{rk}(\boldsymbol{A}_m)=n,$$

且 $\boldsymbol{X}'\Big(\sum_{i=1}^{m-1}\boldsymbol{A}_i\Big)\boldsymbol{X}$ 也服从 χ^2 分布，故再用性质 h 得到

$$\mathrm{rk}\Big(\sum_{i=1}^{m-1}\boldsymbol{A}_i\Big)=\mathrm{rk}\Big(\sum_{i=1}^{m-2}\boldsymbol{A}_i\Big)+\mathrm{rk}(\boldsymbol{A}_{m-1}),$$

继续下去，最后得到(1.1.10)式．定理证毕．

j) 设 $\boldsymbol{Y}\sim N(\boldsymbol{a},\ \boldsymbol{D})$，$\boldsymbol{D}$ 满秩，则

$$Z=(\boldsymbol{Y}-\boldsymbol{a})'\boldsymbol{D}^{-1}(\boldsymbol{Y}-\boldsymbol{a})\sim\chi_n^2,$$

n 为 $\boldsymbol{Y}$ 的维数．

证． 令 $\boldsymbol{X}=\boldsymbol{Y}-\boldsymbol{a}$，则 $\boldsymbol{X}\sim N(\boldsymbol{O},\ \boldsymbol{D})$，而

$$Z=\boldsymbol{X}'\boldsymbol{D}^{-1}\boldsymbol{X},$$

因 $\boldsymbol{D}$ 为正定方阵，存在满秩方阵 $\boldsymbol{C}$，致

$$\boldsymbol{CDC}'=\boldsymbol{I},$$

令 $\boldsymbol{W}=\boldsymbol{CX}$，则 $\boldsymbol{W}$ 仍为 n 维正态，且

$$E(\boldsymbol{W})=\boldsymbol{C}E(\boldsymbol{X})=0,$$

$$\mathrm{VAR}(\boldsymbol{W})=\boldsymbol{C}\mathrm{VAR}(\boldsymbol{X})\boldsymbol{C}'=\boldsymbol{CDC}'=\boldsymbol{I},$$

故 $\boldsymbol{W}'\boldsymbol{W}\sim\chi_n^2$．但 $\boldsymbol{X}=\boldsymbol{C}^{-1}\boldsymbol{W}$，故

$$Z=\boldsymbol{X}'\boldsymbol{D}^{-1}\boldsymbol{X}=\boldsymbol{W}'\boldsymbol{C}^{-1\prime}\boldsymbol{D}^{-1}\boldsymbol{C}^{-1}\boldsymbol{W}$$

$$=\boldsymbol{W}'(\boldsymbol{CDC}')^{-1}\boldsymbol{W}=\boldsymbol{W}'\boldsymbol{W}.$$

因而证明了所要的结果．

一般，设 $\boldsymbol{Y}\sim N(\boldsymbol{O},\ \boldsymbol{D})$，我们用上述方法可以得出任一个二次型 $\boldsymbol{Y}'\boldsymbol{AY}$ 服从 χ^2 分布的条件．实际上，用上述变换得

$$\boldsymbol{Y}'\boldsymbol{AY}=\boldsymbol{W}'(\boldsymbol{CA}^{-1}\boldsymbol{C}')^{-1}\boldsymbol{W},$$

而转化到g)的情况．

(四) t 分布

定义1.1.2. 设 X, Y 独立，$X\sim N(\delta,\ 1)$，$Y\sim\chi_n^2$．则变量 $Z=X\Big/\sqrt{\frac{1}{n}Y}$ 的分布称为自由度为 n，非中心参数为 δ 的 t 分布，记为 $Z\sim t_{n,\delta}$．当 $\delta=0$ 时，分布称为中心的，并记为 t_n．

下面计算 $Z\sim t_{n,\delta}$ 的密度函数 $s(x|n,\ \delta)$. Z 的分布函数记为 $S(x|n,\ \delta)$. 为计算 $s(x|n,\ \delta)$, 可应用商的密度的公式. 设 $X,\ Y$ 独立, 分别有密度函数 $g(x)$ 和 $h(x)$, 而 $P(Y>0)=1$, 则 $Z=X/Y$ 的密度和分布函数 $f(x)$ 和 $F(x)$ 分别为

$$f(x)=\int_0^{\infty} tg(xt)h(t)dt,\quad -\infty<x<\infty, \tag{1.1.12}$$

$$F(x)=\int_0^{\infty} G(xt)h(t)dt,\quad -\infty<x<\infty. \tag{1.1.13}$$

这里 $G(x)$ 为 X 的分布函数. 就现在的问题来说, $X\sim N(\delta,\ 1)$, 其密度为

$$\begin{aligned} g(x)&=\frac{1}{\sqrt{2\pi}}\exp\left(-\frac{(x-\delta)^2}{2}\right) \\ &=\frac{1}{\sqrt{2\pi}}e^{-\delta^2/2}e^{-x^2/2}\sum_{i=0}^{\infty}\frac{(\delta x)^i}{i!}. \end{aligned} \tag{1.1.14}$$

而由 $Y=\sqrt{\frac{1}{n}\chi_n^2}$, 由(1.1.3)式出发, 不难算出 Y 的密度函数 $h(y)$ 为: $h(y)=0$ 当 $y\leqslant 0$, 而当 $y>0$ 时,

$$h(y)=n^{n/2}\left[2^{\frac{n}{2}-1}\Gamma\left(\frac{n}{2}\right)\right]^{-1}e^{-ny^2/2}y^{n-1}. \tag{1.1.15}$$

以(1.1.14), (1.1.15)代入(1.1.12), 逐项积分, 稍加整理即得

$$\begin{aligned} s(x|n,\ \delta)=&\frac{n^{n/2}}{\sqrt{\pi}\,\Gamma\left(\frac{n}{2}\right)}\frac{e^{-\delta^2/2}}{(n+x^2)^{(n+1)/2}}\sum_{i=0}^{\infty}\Gamma \\ &\times\left(\frac{n+i+1}{2}\right)\frac{(\delta x)^i}{i!}\left(\frac{2}{n+x^2}\right)^{i/2}. \end{aligned} \tag{1.1.16}$$

当 $\delta=0$ 时, 得到常见的 t_n 的密度公式

$$s(x|n)=s(x|n,\ 0)=\frac{\Gamma\left(\frac{n+1}{2}\right)}{\sqrt{n\pi}\,\Gamma\left(\frac{n}{2}\right)}\left(1+\frac{x^2}{n}\right)^{-(n+1)/2}. \tag{1.1.17}$$

下面介绍几点和 t 分布有关的性质.

a) 设 $X_1,\ \cdots,\ X_n$ 独立, $X_i\sim N(a,\ \sigma^2)$, $i=1,\ \cdots,\ n$, 则

$$Z=\frac{\sqrt{n}\,(\overline{X}-b)}{\sqrt{\frac{1}{n-1}\sum_{i=1}^{n}(X_i-\overline{X})^2}}\sim t_{n-1,\,\delta},\quad \delta=\frac{\sqrt{n}\,(a-b)}{\sigma}.$$

特别，当 $b=a$ 时，有 $Z\sim t_{n-1}$.

证. 记 $\boldsymbol{X}=(X_1,\ \cdots,\ X_n)'$，设方阵 $\boldsymbol{A}$ 由 (1.1.6) 所定义，对 $\boldsymbol{X}$ 施加变换 $\boldsymbol{Y}=(Y_1,\ \cdots,\ Y_n)'=\boldsymbol{AX}$，则我们知道 $Y_1,\ \cdots,\ Y_n$ 独立，$Y_i\sim N(b_i,\ \sigma^2)$，$i=1,\ \cdots,\ n$，$b_1=\sqrt{n}\,a$，而 $b_2=\cdots=b_n=0$，又 $Y_1=\sqrt{n}\ \overline{X}$，$\sum_{i=1}^{n}(X_i-\overline{X})^2=\sum_{i=2}^{n}Y_i^2$，故

$$Z=\frac{Y_1-\sqrt{n}\,b}{\sqrt{\frac{1}{n-1}\sum_{i=2}^{n}Y_i^2}}=\frac{(Y_1-\sqrt{n}\,b)/\sigma}{\sqrt{\frac{1}{n-1}\sum_{i=2}^{n}(Y_i/\sigma)^2}}.$$

右边一项，分子分母独立，分母有$\sqrt{\frac{1}{n-1}\chi_{n-1}^2}$的形状，而分子的分布为 $N(\sqrt{n}\,(a-b)/\sigma,\ 1)$，根据 $t_{n-1,\,\delta}$ 的定义，知 $Z\sim t_{n-1,\,\delta}$.

b) 设 $X_1,\ \cdots,\ X_m,\ Y_1,\ \cdots,\ Y_n$ 全体独立，$X_i\sim N(a,\ \sigma^2)$，$i=1,\ \cdots,\ m$，$Y_j\sim N(b,\ \sigma^2)$，$j=1,\ \cdots,\ n$，则

$$Z=\sqrt{\frac{mn(m+n-2)}{m+n}}\frac{\overline{X}-\overline{Y}-c}{\sqrt{\sum_{i=1}^{m}(X_i-\overline{X})^2+\sum_{j=1}^{n}(Y_j-\overline{Y})^2}}\sim t_{m+n-2,\,\delta}.$$

其中 $\delta=\sqrt{\frac{mn}{m+n}}(a-b-c)/\sigma$. 特别，当 $c=a-b$ 时，有 $Z\sim t_{m+n-2}$；当 $c=0$ 时，

$$\delta=\sqrt{\frac{mn}{m+n}}(a-b)/\sigma.$$

证. 找一个 $m+n$ 阶正交方阵 $\boldsymbol{C}=(c_{ij})$，其第一、二行分别为

$$\left(\frac{1}{\sqrt{m}},\ \frac{1}{\sqrt{m}},\ \cdots,\ \frac{1}{\sqrt{m}},\ 0,\ 0,\ \cdots,\ 0\right)$$

和 $$\left(0,\ 0,\ \cdots,\ 0,\ \frac{1}{\sqrt{n}},\ \frac{1}{\sqrt{n}},\ \cdots,\ \frac{1}{\sqrt{n}}\right),$$

作变换

$$\boldsymbol{T}=(T_1,\ \cdots,\ T_{m+n})'=\boldsymbol{C}(X_1,\ \cdots X_m,\ Y_1,\ \cdots,\ Y_n)',$$

则由引理1.1.1，$T_1, \cdots, T_{m+n}$独立，$T_i \sim N(b_i, \sigma^2)$，$i=1, \cdots, m+n$，其中$b_1=\sqrt{m}\,a$，$b_2=\sqrt{n}\,b$，而当$i\geqslant 3$时$b_i=0$。又

$$T_1=\sqrt{m}\,\overline{X},\quad T_2=\sqrt{n}\,\overline{Y},$$

而

$$\sum_{i=1}^{m}(X_i-\overline{X})^2+\sum_{j=1}^{n}(Y_j-\overline{Y})^2$$

$$=\sum_{i=1}^{m}X_i^2+\sum_{j=1}^{n}Y_j^2-(\sqrt{m}\,\overline{X})^2-(\sqrt{n}\,\overline{Y})^2=\sum_{i=3}^{m+n}T_i^2$$

故
$$Z=\frac{\sqrt{\dfrac{mn}{m+n}}\left(\dfrac{T_1}{\sqrt{m}}-\dfrac{T_2}{\sqrt{n}}-c\right)\Big/\sigma}{\sqrt{\dfrac{1}{m+n-2}\displaystyle\sum_{i=3}^{m+n}(T_i/\sigma)^2}}.$$

其中分子分母独立，分母有$\sqrt{\dfrac{1}{m+n-2}\chi_{m+n-2}^2}$的形状，显而易见分子的分布为$N\left(\sqrt{\dfrac{mn}{m+n}}(a-b-c)/\sigma,\ 1\right)$。根据$t_{m+n-2,\delta}$的定义，知$Z\sim t_{m+n-2,\delta}$。

c) 设$X\sim t_{n,\delta_1}$，$Y\sim t_{n,\delta_2}$。若$\delta_1>\delta_2$，则$X \overset{s}{>} Y$。又若$|\delta_1|>|\delta_2|$，则$|X| \overset{s}{>} |Y|$。

证. 若分别以$\Phi(x)$和$g(x)$记$N(0,1)$的分布函数与$\sqrt{\dfrac{1}{n}\chi_n^2}$的密度函数，则由(1.1.13)得

$$S(x|n,\ \delta)=\int_0^{\infty}\Phi(xt-\delta)g(t)dt.$$

显然若$\delta_1>\delta_2$，则$\Phi(xt-\delta_1)<\Phi(xt-\delta_2)$。由此得出第一个结论。后一结论可类似地证明，只需注意若$X_i\sim N(\delta_i, 1)$，$i=1, 2$，$|\delta_1|>|\delta_2|$，则$|X_1| \overset{s}{>} |X_2|$。

d) 设$X_n\sim t_{n,\delta}$，$n=1, 2, \cdots$，δ固定，则$X_n \xrightarrow{L} N(\delta, 1)$，当$n\to\infty$。

证. 由定义，X_n有$X_n=Z\Big/\sqrt{\dfrac{1}{n}\displaystyle\sum_{i=1}^{n}Y_i^2}$的形状，这里$Z, Y_1, Y_2, \cdots$独立，$Z\sim N(\delta, 1)$，$Y_i\sim N(0, 1)$，$i=1, 2, \cdots$。由大数

定律，$\frac{1}{n}\sum_{i=1}^{n}Y_i^2\xrightarrow{P}E(Y_1^2)=1$（$\xrightarrow{P}$ 表依概率收敛）．由此可知当 $n\to\infty$ 时，$X_n\xrightarrow{L}Z\sim N(\delta,1)$．

特别，当 $\delta=0$，$n\to\infty$ 时，$t_n\xrightarrow{L}N(0,1)$，这说明当 n 很大时，t_n 的分布很接近 $N(0,1)$．我们将以 $t_n(\alpha)$ 记由方程

$$S(Z|n)=1-\alpha$$

确定的 $Z(0<\alpha<1)$．由性质 d 不难推出，若以 Z_α 记由方程 $\Phi(x)=1-\alpha$ 确定的 x，则 $\lim\limits_{n\to\infty}t_n(\alpha)=Z_\alpha$．关于记号 $t_n(\alpha)$，还应注意：

$$P(|t_n|\geqslant t_n(\alpha/2))=\alpha.$$

（五）F 分布

定义 1.1.3. 设 X, Y 独立，$X\sim\chi^2_{m,\delta}$，$Y\sim\chi^2_n$，则变量

$$Z=\frac{1}{m}X\Big/\frac{1}{n}Y$$

的分布称为自由度为 m 和 n（注意分子的自由度在前），非中心参数为 δ 的 F 分布，记为 $Z\sim F_{m,n,\delta}$．当 $\delta=0$ 时分布称为中心的，并记为 $F_{m,n}$．

我们用 $f(x|m,n,\delta)$ 和 $F(x|m,n,\delta)$ 记 $F_{m,n,\delta}$ 的密度和分布函数．当 $\delta=0$ 时，则简记为 $f(x|m,n)$ 和 $F(x|m,n)$．$f(x|m,n,\delta)$ 不难用公式(1.1.12)求出．因为我们已求出了 $\chi^2_{m,\delta}$ 和 χ^2_n 的密度，由此不难写出 $\frac{X}{m}$ 和 $\frac{Y}{n}$ 的密度．代入(1.1.12)，逐项积分，稍加整理即得

$$f(x|m,n,\delta)=e^{-\delta^2/2}\sum_{i=0}^{\infty}\frac{\left(\frac{1}{2}\delta^2\right)^i}{i!}n^{\frac{n}{2}}m^{\frac{m}{2}+i}c_i\frac{x^{\frac{m}{2}-1+i}}{(n+mx)^{\frac{1}{2}(m+n)+i}}.\tag{1.1.18}$$

其中

$$c_i=\Gamma\left(\frac{1}{2}(m+n)+i\right)\Big/\left[\Gamma\left(\frac{m}{2}+i\right)\Gamma\left(\frac{n}{2}\right)\right],\ i=0,1,2,\cdots.\tag{1.1.19}$$

当 $\delta=0$ 时，得到常见的 $F_{m,n}$ 密度公式

$$f(x|m,\ n)=\frac{\Gamma\left(\frac{1}{2}(m+n)\right)}{\Gamma\left(\frac{m}{2}\right)\Gamma\left(\frac{n}{2}\right)}n^{\frac{n}{2}}m^{\frac{m}{2}}\frac{x^{\frac{m}{2}-1}}{(n+mx)^{\frac{1}{2}(m+n)}} \quad (1.1.20)$$

(1.1.18), (1.1.20)都是当 $x>0$ 时有效. 当 $x\leqslant 0$ 时，当然有 $f(x|m,\ n,\ \delta)=0$. 下面简略地介绍几条 F 分布的性质.

a) 若 $X\sim t_{n,\delta}$, 则 $X^2\sim F_{1,n,\delta}$.

因此，若以 $F_{m,n}(\alpha)$ 记由关系式 $F(x|m,\ n)=1-\alpha$ 所确定的 $x\ (0<\alpha<1)$, 则有 $t_n(\alpha)=[F_{1,n}(\alpha)]^{1/2}$.

b) 若 $X_i\sim F_{m,n,\delta_i}$, $i=1,\ 2$, 而 $\delta_1>\delta_2$, 则 $x_1\overset{r}{>}x_2$.

证明与 t 分布的性质 c) 类似. 因为我们已知，当 $\delta_1>\delta_2$ 时 $\chi^2_{m,\delta_1}\overset{r}{>}\chi^2_{m,\delta_2}$.

c) 若 $\delta\neq 0$, 则 $f(x|m,\ n,\ \delta)/f(x|m,\ n)$ 必为 x 的严格增加函数.

证明很容易: 直接算出

$$\frac{f(x|m,\ n,\ \delta)}{f(x|m,\ n)}=\sum_{i=0}^{\infty}d_i\left(\frac{x}{mx+n}\right)^i,$$

$$d_i=\frac{\Gamma\left[\frac{1}{2}(m+n+i)\right]}{\Gamma\left(\frac{m}{2}+i\right)\Gamma\left(\frac{n}{2}\right)}\frac{\Gamma\left(\frac{m}{2}\right)\Gamma\left(\frac{n}{2}\right)}{\Gamma\left(\frac{m+n}{2}\right)}e^{-\frac{\delta^2}{2}}m^i\left(\frac{\delta^2}{2}\right)^2\Big/ i!$$

而当 $i>0$ 时，$\dfrac{x}{mx+n}$ 在 $x>0$ 处是严增的.

d) 设 $X_1,\ \cdots,\ X_m,\ Y_1,\ \cdots,\ Y_n$ 全体独立，$X_i\sim N(a,\ \sigma^2)$, $i=1,\ \cdots,\ m$, $Y_j\sim N(b,\ \sigma^2)$, $j=1,\ \cdots,\ n$, 则

$$Z=\frac{1}{m-1}\sum_{i=1}^{m}(X_i-\overline{X})^2\Big/\frac{1}{n-1}\sum_{j=1}^{n}(Y_j-\overline{Y})^2\sim F_{m-1,n-1}.$$

证明直接由 F 分布的定义及 χ^2 分布的性质 d) 得出.

e) 设 $X_n\sim F_{m,n,\delta}$, $n=1,\ 2,\ \cdots$, δ 固定，则当 $n\to\infty$ 时

$$X_n\xrightarrow{L}\frac{1}{m}\chi^2_{m,\delta}.$$

证明与 t 分布的性质 d)完全相似.

§1.2. 指数分布族

接触过一点统计知识的人都了解,在初等统计中,主要是讨论一些具体分布,特别是和正态分布有关的统计问题. 除正态分布外,其他象二项分布, Poisson 分布,负指数分布, Gamma 分布等等,也占有重要地位. 这些分布在表面上看各不一样,其实可以统一在一种包罗更广的叫做"指数分布族"的模式中. 当然,引进这个分布族的理由,主要还不在于谋求形式上的统一,而在于这种统一确实抓住了它们的共同特性. 在以后几章中将看到,不少重要的理论问题,在这个分布族中往往有比较满意的解决. 因此,在现代统计文献中,关于这个分布族的种种统计问题研究很多,积累了很丰富的资料.

本节的目的是引进指数分布族的定义,并证明其几点简单性质. 其他有关事项将在§1.3, §1.5 和§1.6 中提到.

下面我们引进指数分布族的一般定义,并举例加以说明.

设 $\mathscr{X}$ 为欧氏空间, $\mathscr{B}$ 为其 Borel 子集构成的 σ–域. $(\mathscr{X}, \mathscr{B})$ 常称为样本空间[1]. 设 μ 为 $\mathscr{B}$ 上的一个 σ–有限测度, $\{P_\theta, \theta\in\Theta\}$ 为定义于 $\mathscr{B}$ 上的一族概率测度,被测度 μ 所控制,就是说,对任何 $\theta\in\Theta$, 测度 P_θ 对 μ 绝对连续: $P_\theta\ll\mu$. Θ 常称为参数空间. 由于 $P_\theta\ll\mu$ 及 μ 的 σ–有限性, P_θ 对 μ 有 Radom–Nikodym 导数,记为 $dP_\theta(x)/d\mu=f(x, \theta)$. $f(x, \theta)$ 常称为分布 P_θ 对 μ 的密度函数.

定义 1.2.1. 在上述记号下,若存在自然数 k, 定义于 $\mathscr{X}$ 上的有限 $\mathscr{B}$ 可测函数 $T_1(x), \cdots, T_k(x)$, 定义于 $\mathscr{X}$ 上的非负 $\mathscr{B}$–可测函数 $h(x)$, 以及定义于 Θ 上的有限函数 $C(\theta)$, $Q_1(\theta), \cdots, Q_k(\theta)$, 致

---

1) 一般的样本空间定义并不要求 $\mathscr{X}$ 为欧氏空间. 见§1.4. 特别在此处, $\mathscr{X}$ 可以是 n 维欧氏空间的任一个 Borel 子集.

$$f(x, \theta)=C(\theta)\exp\left[\sum_{i=1}^{k} Q_i(\theta) T_i(x)\right] h(x), \qquad (1.2.1)$$

对任何 $\theta\in\Theta$. 则称分布族$\{P_\theta, \theta\in\Theta\}$为一个指数分布族.

显然，必有 $C(\theta)>0$ 对任何 $\theta\in\Theta$. 而且，上述定义蕴含了：对任何[1] $\theta\in\Theta$,

$$0<\int_{\mathscr{X}} \exp\left[\sum_{i=1}^{k} Q_i(\theta) T_i(x)\right] h(x) d\mu(x)<\infty. \qquad (1.2.2)$$

而 $C(\theta)$ 则是(1.2.2)中的积分的倒数.

我们来看几个例子.

例 1.2.1. 设 $X_1, \cdots, X_n$ 独立, $X_i\sim N(a, \sigma^2)$, $i=1, \cdots, n$. 以 R_n 记 n 维欧氏空间, $\mathscr{B}_n$ 为 R_n 中的 Borel 子集构成的 σ-域, $X=(X_1, \cdots, X_n)'$ 的分布在样本空间 $(\mathscr{X}, \mathscr{B})=(R_n, \mathscr{B}_n)$ 上构成一个概率分布族，它对定义于 $\mathscr{B}$ 上的 Lebesgue 测度(以后简称为 L 测度)具有密度

$$f(x, \theta)=(\sqrt{2\pi}\,\sigma)^{-n}\exp\left[-\frac{1}{2\sigma^2}\sum_{i=1}^{n}(x_i-a)^2\right]. \qquad (1.2.3)$$

这里 $x=(x_1, \cdots, x_n)$, $\theta=(a, \sigma^2)$, 参数空间为

$$\Theta=\{\theta=(a, \sigma^2): -\infty<a<\infty, 0<\sigma^2<\infty\}. \qquad (1.2.4)$$

将(1.2.3)改写为

$$f(x, \theta)=\left[(2\pi\sigma^2)^{-n/2}e^{-na^2/2\sigma^2}\right]\exp\left[\frac{na}{\sigma^2}\cdot\bar{x}-\frac{1}{2\sigma^2}\sum_{i=1}^{n}x_i^2\right]. \qquad (1.2.5)$$

看出这是一个指数族，其中

$$C(\theta)=(2\pi\sigma^2)^{-n/2}e^{-na^2/2\sigma^2}, \quad Q_1(\theta)=\frac{na}{\sigma^2}, \quad Q_2(\theta)=\frac{1}{2\sigma^2},$$

$$T_1(x)=\bar{x}, \quad T_2(x)=-\sum_{i=1}^{n}x_i^2, \quad h(x)=1.$$

例 1.2.2. $X_1, \cdots, X_n$ 独立同分布, X_1 服从 Gamma 分布 $G(a, b)$, 即有密度函数 $\dfrac{a^b}{\Gamma(b)}e^{-ax}x^{b-1}$ (当 $x>0$, $x\leqslant 0$ 时为 0). 若记 $\mathscr{X}=\{x=(x_1, \cdots, x_n)': x_i>0, i=1, \cdots, n\}$, μ 为 $\mathscr{X}$ 上的 L

1) 显然，只要 $\mu(x: h(x)>0)>0$, (1.2.2)中的积分总大于 0.

测度，则易见 $X=(X_1, \cdots, X_n)'$ 的分布对 μ 有密度

$$f(x, \theta)=\frac{a^{nb}}{\Gamma^n(b)}\exp\left[-a\sum_{i=1}^n X_i+(b-1)\sum_{i=1}^n \log x_i\right]. \tag{1.2.6}$$

这里 $\theta=(a, b)$，参数空间为 $\Theta=\{\theta=(a, b):a>0, b>0\}$. 由(1.2.6)看出这是一个指数族，其中

$$C(\theta)=a^{nb}/\Gamma^n(b),\ Q_1(\theta)=-a,\ Q_2(\theta)=b-1,$$

$$T_1(x)=\sum_{i=1}^n x_i,\ T_2(x)=\sum_{i=1}^n \log x_i,\ h(x)=1.$$

例 1.2.3. 二项分布族：$X\sim B(n, \theta)$，即

$$P_\theta(X=i)=\binom{n}{i}\theta^i(1-\theta)^{n-i},\ i=0, 1, \cdots, n,\ 0\leqslant\theta\leqslant 1.$$

在此样本空间 $\mathscr{X}=\{0, 1, \cdots, n\}$，而 $\mathscr{B}$ 为 $\mathscr{X}$ 的一切子集构成的 σ-域. 若取 μ 为计数测度，即对任何 $A\in\mathscr{B}$ 定义 $\mu(A)=A$ 中的点数，则易见 P_θ 对 μ 有密度函数

$$f(x, \theta)=\binom{n}{x}\theta^x(1-\theta)^{n-x}=(1-\theta)^n\exp\left[x\log\frac{\theta}{1-\theta}\right]\binom{n}{x}, \tag{1.2.7}$$

参数空间为 $\Theta=\{\theta:0<\theta<1\}$. 于是这构成一个指数族，其中

$$C(\theta)=(1-\theta)^n,\ Q_1(\theta)=\log\frac{\theta}{1-\theta},$$

$$T_1(x)=x,\ h(x)=\binom{n}{x}.$$

有一个细节应该注意：当写为指数族(1.2.7)的形状时，参数空间 Θ 只能为 $(0, 1)$ 而不能包含 0 和 1 这两个点. 但在原来的二项分布中，$\theta=0$ 和 1 也是许可的. 这就是说，为了把二项分布族看作为指数族，必须牺牲掉这两个值.

例 1.2.4. Poisson 分布族. 即

$$P_\theta(X=i)=e^{-\theta}\theta^i/i!,\ i=0, 1, 2, \cdots,\ \theta\geqslant 0.$$

样本空间为 $\mathscr{X}=\{0, 1, 2, \cdots\}$，$\mathscr{B}$ 为其一切子集构成的 σ-域. 取 μ 为其上的计数测度(并约定当 A 包含无限个点时，定义 $\mu(A)=$

∞)，则易见 P_θ 对 μ 有密度函数

$$f(x,\ \theta)=e^{-\theta}\cdot\exp(x\log\theta)\cdot\frac{1}{x!}. \tag{1.2.8}$$

参数空间为 $\Theta=\{\theta:0<\theta<\infty\}$. 这构成一个指数族，其中

$$C(\theta)=e^{-\theta},\ Q_1(\theta)=\log\theta,\ T_1(x)=x,\ h(x)=\frac{1}{x!}.$$

这里也有上一例中的情况：为了将 Poisson 分布族看作为指数族，原来的参数许可值 $\theta=0$ 必须放弃.

例 1.2.5. $\mathscr{X}=(-\infty,\ \infty)=R_1$, X 的分布对 L 测度有密度函数

$$f(x,\ \theta)=\frac{1-\theta^2}{2}e^{-|x|+\theta x},\ -\infty<x<\infty,\ -1<\theta<1. \tag{1.2.9}$$

还可以举出很多其它的例子，但就从以上诸例也可看到，指数分布族确是一个包罗甚广的分布族，包含了不少常见的重要分布.

现在我们对定义 1.2.1 作两个重要的注解. 定义集合

$$\tilde{\Theta}=\{(Q_1(\theta),\ \cdots,\ Q_k(\theta)):\theta\in\Theta\},$$

则 $\tilde{\Theta}$ 中每一点相应于族中的一个分布. 在 (1.2.1) 的形式下，它是通过诸 $Q_i(\theta)$ 之值来"挑出"一个特定的分布. 但显然也可以直接从 $\tilde{\Theta}$ 中去挑，而不必先选定 $\theta\in\Theta$，再计算诸 $Q_i(\theta)$ 以得到 $\tilde{\Theta}$ 中的一个点. 这相应于把 (1.2.1) 写成

$$f(x,\ \theta)=C(\theta)\exp\left[\sum_{i=1}^k\theta_iT_i(x)\right]h(x) \tag{1.2.10}$$

的形状，$\theta=(\theta_1,\ \cdots,\ \theta_k)$，而参数空间变为上面的 $\tilde{\Theta}$（当然，这里的 $C(\theta)$ 与 (1.2.1) 中的 $C(\theta)$ 也不一样）. 这个形式特别重要，值得单独给一个定义.

定义 1.2.2. 若指数族有 (1.2.10) 的形状，则称它有自然形式.

为了更好地理解这里的问题，我们来看例 1.2.3. 由于

$$\tilde{\Theta}=\left\{\log\frac{\theta}{1-\theta}:0<\theta<1\right\}=(-\infty,\ \infty),$$

当改成自然形式

$$f(x,\ \theta)=(1+e^{\theta})^{-n}\exp(\theta x)\binom{n}{x} \qquad (1.2.11)$$

后，参数空间变为$(-\infty,\ \infty)$，而$C(\theta)$由$(1-\theta)^n$变为$(1+e^{\theta})^{-n}$. 但二者所包含的东西完全一样：为要挑出一个特定的分布，例如$B\left(n,\ \frac{1}{2}\right)$，在(1.2.7)之下就取$\theta=\frac{1}{2}$，而在(1.2.11)之下应取$\theta=0$. 如果我们想要估计成功概率，则在(1.2.7)之下归于估计θ，而在(1.2.11)之下，问题则归于估计θ的函数$g(\theta)=\frac{e^{\theta}}{1+e^{\theta}}$. 就这个具体问题而言，这似乎并无好处，但在理论性的研究中，自然形式(1.2.10)有莫大的优越性.

另一个注解涉及参数空间的问题. 设指数族已写成自然形式(1.2.10)，定义集合

$$\Theta^*=\left\{\theta:\int_{\mathscr{X}}\exp\left[\sum_{i=1}^{k}\theta_i T_i(x)\right]h(x)d\mu(x)<\infty\right\}. \qquad (1.2.12)$$

根据定义1.2.1，对参数空间Θ唯一的要求是$\Theta\subset\Theta^*$. 但较为自然的取法是令$\Theta=\Theta^*$. 因此，我们把Θ^*称为指数族的“自然参数空间”. 然而，在某些理论问题中，需要把Θ^*中的某些点排除在参数空间Θ之外. 在我们前面所举的几个例中，都是取自然参数空间.

自然参数空间有下述重要性质：

引理 1.2.1. 自然参数空间必是R_k的凸子集.

证. 设$\theta=(\theta_1,\ \cdots,\ \theta_k)$和$\psi=(\psi_1,\ \cdots,\ \psi_k)$都属于$\Theta^*$，而$0<\alpha<1$，要证$\varphi=\alpha\theta+(1-\alpha)\psi$也属于$\Theta^*$. 但

$$\begin{aligned}
&\int_{\mathscr{X}}\exp\left[\sum_{i=1}^{k}(\alpha\theta_i+(1-\alpha)\psi_i)T_i(x)\right]h(x)d\mu(x)\\
&=\int_{\mathscr{X}}\left\{\exp\left(\sum_{i=1}^{k}\theta_i T_i(x)\right)h(x)\right\}^{\alpha}\\
&\qquad\times\left\{\exp\left(\sum_{i=1}^{k}\psi_i T_i(x)\right)h(x)\right\}^{1-\alpha}d\mu(x),
\end{aligned}$$

用 Hölder 不等式，得

$$\int_{\mathscr{X}} \exp\left[\sum_{i=1}^{k}(\alpha\theta_i+(1-\alpha)\psi_i)T_i(x)\right]h(x)d\mu(x)$$

$$\leqslant\left(\int_{\mathscr{X}}\exp\left(\sum_{i=1}^{k}\theta_i T_i(x)\right)h(x)\,d\mu(x)\right)^{\alpha}$$

$$\times\left(\int_{\mathscr{X}}\exp\left(\sum_{i=1}^{k}\psi_i T_i(x)\right)h(x)d\mu(x)\right)^{1-\alpha}<\infty,$$

因而 $\varphi\in\Theta^*$.

由本引理可知，若 Θ^* 在 R_k 中有内点，则 Θ^* 的全部内点集构成 R_k 的一个凸区域．特别，在 $k=1$ 的情况，Θ^* 为一区间(有限或无限，包含或不包含端点都可能)．在例 1.2.5 中，Θ^* 为开区间 $(-1, 1)$，端点 ±1 不在其内．在理论性问题中，这种端点往往是引起麻烦的地方．

在理论上常作的另一点简化是把 $h(x)$ "吸收"到 μ 中．具体地说，在 $\mathscr{B}$ 上定义测度

$$\tilde{\mu}(A)=\int_A h(x)d\mu(x),\ A\in\mathscr{B}. \tag{1.2.13}$$

容易证明，这样定义的 $\tilde{\mu}$ 为 $\mathscr{B}$ 上的 σ 有限测度，且显然

$$dP_\theta(x)/d\tilde{\mu}=C(\theta)\exp\left[\sum_{i=1}^{k}\theta_i T_i(x)\right].$$

这样可以把指数族的密度函数的形式简化为

$$f(x;\ \theta)=C(\theta)\exp\left[\sum_{i=1}^{k}\theta_i T_i(x)\right],\ \theta\in\Theta. \tag{1.2.14}$$

指数族具有两个容易见到的优良性质．一是集合 $\{x:f(x,\ \theta)>0\}$ 与 θ 无关，我们有时把这说成"分布族 $\{P_\theta,\ \theta\in\Theta\}$ 有共同的负荷集"或"共同支撑"．一是它有良好的分析性质，见于下面的定理．

定理 1.2.1．设指数族 (1.2.14) 的参数空间有内点 θ_0，$g(x)$ 为定义于 $\mathscr{X}$ 上的可测函数，而积分

$$G(\theta)=\int_{\mathscr{X}} g(x)\exp\left[\sum_{j=1}^{k}\theta_j T_j(x)\right]d\mu(x) \tag{1.2.15}$$

在 θ_0 的某邻域 U 内每点存在有限．则

a) 若将 θ_j 视为复数 $\xi_j+i\eta_j$，$j=1,\ \cdots,\ k$，则 $G(\theta)$ 作为 k 个复变数 $\theta_1,\ \cdots,\ \theta_k$ 的函数，在区域

$$U^* = \{\theta: \theta = (\xi_1 + i\eta_1, \cdots, \xi_k + i\eta_k), (\xi_1, \cdots, \xi_k) \in U\} \tag{1.2.16}$$

内解析.

b) 在 U^* 内任一点 $\theta = (\theta_1, \cdots, \theta_k)$ 处, 任何形如

$$\frac{\partial^m G(\theta)}{\partial \theta_1^{m_1} \partial \theta_2^{m_2} \cdots \partial \theta_k^{m_k}}, \quad m_1 + \cdots + m_k = m, \quad m = 1, 2, \cdots$$

的导数都可以通过在积分号下求导来计算.

证. 由于证明较长, 分成几段进行.

1. 首先, 将 $g(x)$ 表为 $g_1(x) + ig_2(x)$, 看出不妨设 $g(x)$ 为实的. 其次, 将 $g(x)$ 表为 $g^+(x) - g^-(x)$ 的形状, 其中

$$g^+(x) = \max\{g(x), 0\},$$

看出不妨设 $g(x)$ 非负. 最后, 将 $g(x)$ "吸收" 到 μ 中 (类似于 (1.2.13) 的做法), 看出不妨设 $g(x) = 1$.

2. 其次, 需要指出, 由于对任何实数 a 有 $|e^{ia}| = 1$, $G(\theta)$ 作为复变数 $\theta_1, \cdots, \theta_k$ 的函数, 在区域 U^* 内存在有限. 现证它在 U^* 内连续. 在 U^* 内任取点 $\theta^* = (\theta_1^*, \cdots, \theta_k^*)$, $\theta_j^* = \xi_j^* + i\eta_j^*$, $j = 1, \cdots, k$, 则 $(\xi_1^*, \cdots, \xi_k^*) \in U$. 找 $d > 0$ 充分小, 致

$$D = \{(\xi_1, \cdots, \xi_k): |\xi_j - \xi_j^*| \leqslant d, \ j = 1, \cdots, k\} \subset U.$$

因为当 a, x, y, z 为任何实数, $x \leqslant y \leqslant z$ 时, 必有 $e^{ay} \leqslant e^{ax} + e^{az}$, 可知对任何 $\theta = (\xi_1 + i\eta_1, \cdots, \xi_k + i\eta_k)$, 只要 $(\xi_1, \cdots, \xi_k) \in D$, 必有

$$\left|\exp\left[\sum_{j=1}^k (\xi_j + i\eta_j) T_j(x)\right]\right| \leqslant \sum \exp\left[\sum_{j=1}^k (\xi_j^* \pm d) T_j(x)\right] \tag{1.2.17}$$

在每个 $\xi_j^* \pm d$ 中, d 和 $-d$ 都要取到, 故和中一共有 2^k 项. 根据假定, (1.2.17) 右边对 μ 在 $\mathscr{X}$ 上可积, 而 $\exp\left[\sum_{j=1}^k \theta_j T_j(x)\right]$ 为 θ 的连续函数. 由控制收敛定理即得当 $\theta \to \theta^*$ 时, $G(\theta) \to G(\theta^*)$, 这证明了 G 的连续性.

3. 因此, 为了证明 G 的解析性, 只需对每个 θ_j 有导数即可. 因此, 如能证明定理的 b, 则这一点也证明了. 现在我们来证明: $\frac{\partial G(\theta)}{\partial \theta_1}$ 在 θ^* 处之值可通过在积分号下求导得到. 为此, 令

$$\sum \exp\left[\sum_{j=2}^{k}(\xi_j^*\pm d)T_j(x)\right]=\phi(x),$$

则如上面所指出的

$$\int_x \{\exp[(\xi_1^*+d)T_1(x)]$$

$$+\exp[(\xi_1^*-d)T_1(x)]\}\phi(x)d\mu(x)<\infty, \quad (1.2.18)$$

现在取 $\theta=(\theta_1, \theta_2^*, \cdots, \theta_k^*)$，$\theta_1\neq\theta_1^*$，$|\theta_1-\theta_1^*|\leqslant d/2$，则

$$\left|\frac{G(\theta)-G(\theta^*)}{\theta_1-\theta_1^*}\right|$$

$$\leqslant\int_x\left|\frac{\exp(\theta_1T_1(x))-\exp(\theta_1^*T_1(x))}{\theta_1-\theta_1^*}\right|\phi(x)d\mu(x)$$

$$=\int_x\left|\frac{\exp[(\theta_1-\theta_1^*)T_1(x)]-1}{\theta_1-\theta_1^*}\right|\left|\exp[\theta_1^*T_1(x)]\right|\phi(x)d\mu(x). \quad (1.2.19)$$

利用初等不等式(a, z 为任意复数)

$$\left|\frac{e^{az}-1}{z}\right|\leqslant\frac{e^{|a||z|}-1}{|z|}\leqslant e^{|a|\delta}/\delta, \text{ 当 } |z|\leqslant\delta,$$

以及 $e^{|a||x|}\leqslant e^{|a|x}+e^{-|a|x}$($x$ 为实数)．易见对 $|\theta_1-\theta_1^*|\leqslant\frac{d}{2}=\delta$，有

$$\left|\frac{\exp[(\theta_1-\theta_1^*)T_1(x)-1]}{\theta_1-\theta_1^*}\right|\left|\exp(\theta_1^*T_1(x))\right|$$

$$\leqslant\frac{1}{\delta}\{\exp[(\xi_1^*+\delta)T_1(x)]+\exp[(\xi_1^*-\delta)T_1(x)]\}$$

$$\leqslant\frac{2}{\delta}\{\exp[(\xi_1^*+d)T_1(x)]+\exp[(\xi_1^*-d)T_1(x)\}. \quad (1.2.20)$$

由(1.2.18)—(1.2.20)知，在计算 $\lim\limits_{\theta\to\theta^*}\frac{G(\theta)-G(\theta^*)}{\theta_1-\theta_1^*}$ 时(注意 $\theta=(\theta_1, \theta_2^*, \cdots, \theta_k^*)$，$\theta\to\theta^*$ 等于说 $\theta_1\to\theta_1^*$)，可在积分号下取极限，由此得到

$$\left.\frac{\partial G(\theta)}{\partial\theta_1}\right|_{\theta=\theta^*}=\int_x\lim_{\theta_1\to\theta_1^*}\frac{\exp(\theta_1T_1(x))-\exp(\theta_1^*T_1(x))}{\theta_1-\theta_1^*}$$

$$\cdot\exp\left[\sum_{j=2}^{k}\theta_j^*T_j(x)\right]d\mu(x)$$

$$=\int_x T_1(x)\exp\left[\sum_{j=1}^{k}\theta_j^*T_j(x)\right]d\mu(x). \quad (1.2.21)$$

最后，注意到$\frac{\partial G(\theta)}{\partial\theta_1}$仍为(1.2.15)型的积分，所以，上面的讨论可用于它，这样我们又得到，例如，$\frac{\partial^2 G}{\partial\theta_1\partial\theta_2}$可通过在积分号下求导算出．循此以往就证明了$b$．定理证毕．

从这个定理可得到下面的推论．

系 1.2.1. 以Θ_0记自然参数空间的内点集，则表达式(1.2.10)中的$C(\theta)$在Θ_0上解析．其对各θ_j的偏导数可通过在积分号下求导算出．

系 1.2.2. 若$\theta\in\Theta_0$，则在分布P_θ之下，$T_j(x)$的各阶矩都存在有限，且可通过在积分号下求导算出．

例如，从关系式

$$\frac{1}{C(\theta)}=\int_{\mathscr{X}}\exp\left[\sum_{j=1}^{k}\theta_jT_j(x)\right]d\mu(x)$$

出发，两边对θ_1求导，得

$$-C^{-2}(\theta)\frac{\partial C(\theta)}{\partial\theta_1}=\int_{\mathscr{X}}T_1(x)\exp\left[\sum_{j=1}^{k}\theta_jT_j(x)\right]d\mu(x),$$

即
$$E_\theta(T_1(X))=-\frac{1}{C(\theta)}\frac{\partial C(\theta)}{\partial\theta_1}=-\frac{\partial\log C(\theta)}{\partial\theta_1}.$$

类似地得到

$$\operatorname{Cov}(T_i(X),T_j(X))=-\frac{\partial^2\log C(\theta)}{\partial\theta_i\partial\theta_j}.$$

等等．应当注意的是，若θ为自然参数空间的边界点，则$T_j(X)$在分布P_θ下的矩不必存在(习题15)．

在§1.3和§1.5及以后诸章我们将看到，在讨论种种理论问题时，指数族(1.2.10)的形式还可以简化，即我们可以只考虑$(T_1(x),\cdots,T_k(x))$而不必从原来的样本出发．这可以把

$$\exp\left[\sum_{j=1}^{k}\theta_jT_j(x)\right]$$

简化为$\exp\left(\sum_{j=1}^{k}\theta_jx_j\right)$的形状．考虑到这一点，上述关于$T_j(X)$的矩的存在，是一有用的性质．

§1.3. 条件期望和条件概率

条件期望和条件概率的理论对数理统计有重要的意义. 本节以适合于统计的需要的形式, 介绍这个理论的一些基本事实. 这些内容都是学习数理统计基础的人所必须掌握的.

(一) 关于可测变换的两个预备定理

为了给条件期望下一个一般的严格定义, 需要做一些准备工作.

设 $\mathscr{X}$ 为一抽象空间,就是说,它是一个非空集合. 而 $\mathscr{B}$ 是 $\mathscr{X}$ 的某些子集所成的 σ-域 $(\mathscr{X}, \mathscr{B})$,称为一"可测空间". 在统计上,可测空间常以样本空间的形式出现, 所以有时这样一个对子 $(\mathscr{X}, \mathscr{B})$ 也称为样本空间. 在谈到可测空间或样本空间时, 总是假定 $\mathscr{X} \in \mathscr{B}$, 即全空间 $\mathscr{X}$ 是 $\mathscr{B}$ 的一个成员. $\mathscr{B}$ 中的集合常称为可测集, 或更确定地, 称为 $\mathscr{B}$-可测集. 可测空间最重要的例子就是 $(R_n, \mathscr{B}_n)$, 此处及以后, 在无其它指定时, 总是以 R_n 记 n 维欧氏空间, $\mathscr{B}_n$ 记其中的 Borel 集构成的 σ-域.

现设 $(\mathscr{X}, \mathscr{B}_{\mathscr{X}})$ 和 $(\mathscr{T}, \mathscr{B}_{\mathscr{T}})$ 为两个可测空间. $t(x)$ 定义于 $\mathscr{X}$ 上,取值于 $\mathscr{T}$ 内. $t(x)$ 称为一个(由 $\mathscr{X}$ 到 $\mathscr{T}$ 的)变换. 若

$$(\mathscr{T}, \mathscr{B}_{\mathscr{T}}) = (R_n, \mathscr{B}_n),$$

特别在 $n=1$ 的场合,则常称 $t(x)$ 为函数. 但没有必要在任何时候都坚持这个名称上的差别. 设 $t(x)$ 为一个变换, A 和 B 分别为 $\mathscr{X}$ 和 $\mathscr{T}$ 的子集(不必可测), 则集合 $\{x: x \in \mathscr{X}, t(x) \in B\}$ 称为 B 的原象, 记为 $t^{-1}(B)$, 而集合 $\{t(x): x \in A\}$ 则称为 A 的象, 记为 $t(A)$. 设 $\mathscr{F}$ 为 $\mathscr{T}$ 的某些子集构成的集类, 则集类 $\{t^{-1}(B): B \in \mathscr{F}\}$ 常记为 $t^{-1}(\mathscr{T})$. 关于原象,很容易证明以下一些事实:

$$B_1 \cap B_2 = \emptyset \Rightarrow t^{-1}(B_1) \cap t^{-1}(B_2) = \emptyset$$

($\emptyset$ 表空集. $\alpha \Rightarrow \beta$ 总表示由前提 α 能推出结论 β).

$$t^{-1}(\prod_s B_s) = \prod_s t^{-1}(B_s), \quad t^{-1}(\bigcup_s B_s) = \bigcup_s t^{-1}(B_s).$$

$\mathscr{F}$ 为 σ–域 $\Rightarrow t^{-1}(\mathscr{F})$ 为 σ–域 等等.

设 $t(x)$ 为由 $(\mathscr{X}, \mathscr{B}_{\mathscr{X}})$ 到 $(\mathscr{T}, \mathscr{B}_{\mathscr{T}})$ 的变换，如果

$$B \in \mathscr{B}_T \Rightarrow t^{-1}(B) \in \mathscr{B}_{\mathscr{X}},$$

则称 $t(x)$ 为一可测变换(或函数). 这个条件等价于 $t^{-1}(\mathscr{B}_{\mathscr{T}}) \subset \mathscr{B}_{\mathscr{X}}$. 值得注意的是，在谈到可测变换时，必须提到 $\mathscr{B}_{\mathscr{X}}$ 和 $\mathscr{B}_{\mathscr{T}}$，才有确定的含义. 在 $\mathscr{B}_{\mathscr{X}}$ 和 $\mathscr{B}_{\mathscr{T}}$ 已有指定或成约时，也可简称 $t(x)$ 为 $\mathscr{X}$ 到 $\mathscr{T}$ 的可测变换. 特别，若 $t(x)$ 在 R_n 中取值，则 $\mathscr{B}_{\mathscr{T}}$ 总取为 $\mathscr{B}_n$. 这时就直说函数 $t(x)$ 为 $\mathscr{B}_{\mathscr{X}}$–可测，而在 $\mathscr{B}_{\mathscr{X}}$ 已明确的情况下，可直说 $t(x)$ 为可测.

设 $t(x)$ 为由 $(\mathscr{X}, \mathscr{B}_{\mathscr{X}})$ 到 $(\mathscr{T}, \mathscr{B}_{\mathscr{T}})$ 的可测变换，μ 为 $\mathscr{B}_{x}$ 上的一个测度. 在 $\mathscr{B}_{\mathscr{T}}$ 上定义集函数 μ^* 如下：

设 $B \in \mathscr{B}_{\mathscr{T}}$，定义 $\mu^*(B) = \mu(t^{-1}(B))$. 不难证明 μ^* 为 $\mathscr{B}_{\mathscr{T}}$ 上的一个测度，这个测度称为 μ 的"导出测度". 更确切地，是 μ 通过变换 $t(x)$ 而在 $\mathscr{B}_{\mathscr{T}}$ 上导出的测度，有时也用 μ^t 来记 μ^*. 注意 μ 和 μ^t 是定义在不同的 σ–域上.

有了上面的准备后，我们来证明两条重要引理.

引理 1.3.1. 设 $t(x)$ 为 $(\mathscr{X}, \mathscr{B}_{\mathscr{X}})$ 到 $(\mathscr{T}, \mathscr{B}_{\mathscr{T}})$ 的可测变换，则

a. 若 $g(t)$ 为定义在 $\mathscr{T}$ 上的取值于 R_1 的可测函数，则由关系式 $f(x) = g(t(x))$ 而定义于 $\mathscr{X}$ 上的函数 $f(x)$ 也是可测的.

b. 记 $\mathscr{B}_0 = t^{-1}(\mathscr{B}_{\mathscr{T}})$. 若 $f(x)$ 为定义于 $\mathscr{X}$ 上取值于 R_1 的 $\mathscr{B}_0$–可测函数，则必存在定义于 $\mathscr{T}$ 上的 $\mathscr{B}_{\mathscr{T}}$–可测函数 $g(t)$，致 $f(x) = g(t(x))$ 对一切 $x \in \mathscr{X}$.

证. a 是显然的. 因若 $C \in \mathscr{B}_1$ 而 $D = g^{-1}(C)$，则易见

$$f^{-1}(C) = t^{-1}(D).$$

因为 $D \in \mathscr{B}_{\mathscr{T}}$，有 $f^{-1}(C) \in \mathscr{B}_{\mathscr{X}}$.

b 的证明较为复杂. 先引进一个记号. 设 A 为 $\mathscr{X}$ 任一子集，则函数

$$f(x) = \begin{cases} 1, & \text{当 } x \in A, \\ 0, & \text{当 } x \in \mathscr{X} - A, \end{cases}$$

称为 A 的指示函数并记为 $I_A(x)$. 显然，若 $\mathscr{B}$ 为 $\mathscr{X}$ 的子集构成

的任一个σ-域，则$I_A(x)$为$\mathscr{B}$-可测函数的充要条件为A为$\mathscr{B}$-可测集，即$A\in\mathscr{B}$. 又我们称只取有限个有限值的可测函数为"简单可测函数". 显然，$f(x)$为简单可测函数的充要条件是：存在有限个两两无公共点的$\mathscr{B}$-可测集$A_1, \cdots, A_k$，致$\bigcup_{i=1}^{k} A_i=\mathscr{X}$，及有限常数$c_1, \cdots, c_k$，致

$$f(x)=\sum_{i=1}^{k} c_i I_{A_i}(x). \tag{1.3.1}$$

现任取$A\in\mathscr{B}_0$. 则$I_A(x)$满足b的结论，因为既然$A\in\mathscr{B}_0$，必存在$B\in\mathscr{B}_T$，致$A=t^{-1}(B)$. 取$g(t)=I_B(t)$，则显然有$I_A(x)=g(t(x))$对一切$x\in\mathscr{X}$. 由(1.3.1)不难看出，对任何简单$\mathscr{B}_0$-可测的$f(x)$，b的结论也成立.

现设$f(x)$为任一非负$\mathscr{B}_0$-可测函数. 由测度论可知，存在一串非降非负简单$\mathscr{B}_0$-可测函数$\{f_n(x)\}$，致$\lim\limits_{n\to\infty} f_n(x)=f(x)$对一切$x\in\mathscr{X}$. 如上所证，对每个$n$，存在$\mathscr{B}_T$-可测的$g_n(t)$，致$f_n(x)=g_n(t(x))$. 考虑序列$\{g_n(t)\}$. 记$C=\{t: t\in\mathscr{T}, \lim\limits_{n\to\infty} g_n(t)\text{ 存在}\}$(极限可为$\infty$. 由测度论知$C\in\mathscr{B}_{\mathscr{T}}$，且若令

$$g(t)=\begin{cases}\lim\limits_{n\to\infty} g_n(t), & \text{当 } t\in C\\ 0, & \text{当 } t\in\mathscr{T}-C\end{cases}$$

则$g(t)$为$\mathscr{B}_{\mathscr{T}}$-可测. 易见$f(x)=g(t(x))$对一切$x\in\mathscr{X}$. 因为，由$g_n(t)$的作法，知$f_n(x)=g_n(t(x))$对一切$n$. 但当$n\to\infty$时$f_n(x)$有极限$f(x)$，故$g_n(t(x))$也有极限. 而依$g(t)$的定义，此极限就是$g(t(x))$，故$f(x)=g(t(x))$.

最后，任一$\mathscr{B}_0$-可测的$f(x)$可表为两个非负$\mathscr{B}_0$-可测函数之差：$f(x)=f_1(x)-f_2(x)$. 由已证部分知存在$\mathscr{B}_{\mathscr{T}}$-可测的$g_1(t)$，$g_2(t)$，致$f_i(x)=g_i(t(x))$，$i=1, 2$，定义

$$g(t)=\begin{cases}g_1(t)-g_2(t), & \text{若 } g_1(t)-g_2(t)\text{ 有意义},\\ 0, & \text{若 } g_1(t)-g_2(t)\text{ 无意义},\end{cases}$$

则显然$g(t)$为$\mathscr{B}_{\mathscr{T}}$-可测且$f(x)=g(t(x))$对一切$x\in\mathscr{X}$. 引理证毕.

引理1.3.2. 设 $t(x)$ 为 $(\mathscr{X}, \mathscr{B}_{\mathscr{X}})$ 到 $(\mathscr{T}, \mathscr{B}_{\mathscr{T}})$ 的可测变换，μ 为 $\mathscr{B}_{\mathscr{X}}$ 上的测度，μ^* 为其导出测度. 则对任何 $\mathscr{B}_{\mathscr{T}}$-可测函数 $g(t)$ 及 $B\in\mathscr{B}_{\mathscr{T}}$，有[1]

$$\int_{t^{-1}(B)} g(t(x))\,d\mu(x)=\int_B g(t)\,d\mu^*(t). \tag{1.3.2}$$

证. 不失普遍性可设 $B=\mathscr{T}$（只需定义 $\tilde{g}(t)=g(t)$，当 $t\in B$，而在 $\mathscr{T}-B$ 上为 0)，这时(1.3.2)成为

$$\int_{\mathscr{X}} g(t(x))\,d\mu(x)=\int_{\mathscr{T}} g(t)\,d\mu^*(t). \tag{1.3.3}$$

显然，若 $g(t)=I_B(t)$，$B\in\mathscr{B}_{\mathscr{T}}$，则(1.3.3)由 μ^* 的定义是成立的. 于是对 $g(t)$ 为非负简单 $\mathscr{B}_{\mathscr{T}}$-可测时成立，从而推到 $g(t)$ 为非负 $\mathscr{B}_{\mathscr{T}}$-可测及任何 $\mathscr{B}_{\mathscr{T}}$-可测函数的情况.

在结束这一段以前，有一个细节值得一提. 前面我们谈到 $(\mathscr{X}, \mathscr{B}_{\mathscr{X}})$ 到 $(R_1, \mathscr{B}_1)$ 的可测函数. 由于 R_1 不包括 $+\infty$ 和 $-\infty$，这个提法把可测函数限制为有限的，而在实变函数论中，可测函数的定义并不要求函数有限. 对此只需作如下的改变：定义空间 $\overline{R}_1$，它由 R_1 加上 ∞ 和 $-\infty$ 组成. 在其中定义 σ-域 $\overline{\mathscr{B}_1}$：$\overline{\mathscr{B}_1}$ 中任一集或属于 $\mathscr{B}_1$，或由某个 $A\in\mathscr{B}_1$ 再加上 ∞ 和 $-\infty$ 中的任一点或两点构成，然后把 $\mathscr{B}_{\mathscr{X}}$-可测函数了解为 $(\mathscr{X}, \mathscr{B}_{\mathscr{X}})$ 到 $(\overline{R}_1, \overline{\mathscr{B}_1})$ 的可测变换. 我们以后仍使用记号 $(R_1, \mathscr{B}_1)$，但在提到可测函数时，是从刚才解释的意义上去理解的.

（二）条件期望的定义

这些概念的最简单的情况在初等概率论中已有所讨论. 分析一下这些简单情况，可以看出推广到一般情况的途径，并使这一较为抽象的概念的直观背景变得比较清楚.

例1.3.1. 设 X, Y 为离散型变量，分布为

$$P(X=a_i)=p_{i\cdot},\ P(Y=b_j)=p_{\cdot j},$$
$$P(X=a_i,\ Y=b_j)=p_{ij},\ i,\ j=1,\ 2,\ \cdots,$$

---

1) 更确切地说，若(1.3.2)的任一边有意义，则另一边也有意义，且二者相等.

则 $P(Y=b_j|X=a_i)=p_{ij}/p_{i\cdot}$，由此可知，在给定 $X=a_i$ 的条件下，Y 的条件期望(条件平均)为

$$E(Y|X=a_i)=\sum_{j=1}^{\infty} b_j p_{ij}/p_{i\cdot},\ i=1,\ 2,\ \cdots. \qquad (1.3.4)$$

若定义 $f(x)=E(Y|X=x)$，则 $f(x)$ 为定义在 X 的样本空间 $\{a_1, a_2, \cdots\}$ 上的函数. 当然，也可以看作是 (X, Y) 的样本空间 $\{(a_i, b_j), i, j=1, 2, \cdots\}$ 上的函数. 如果求这个函数在 $\{a_1, a_2, \cdots\}$的任一子集 $\{a_{i_1}, a_{i_2}, \cdots\}$，或者说，在 $\{(a_i, b_j), i, j=1, 2, \cdots\}$ 的子集 $\{(a_{i_j}, b_k), j=1, 2, \cdots, k=1, 2, \cdots\}$ 上的概率平均，则将有

$$\sum_j p_{i_j\cdot} f(a_{i_j}) \Big/ \sum_j p_{i_j\cdot} = \sum_j \sum_{k=1}^{\infty} b_k p_{i_j k} \Big/ \sum_j \sum_{k=1}^{\infty} p_{i_j k}.$$

但上式右边不是别的，正是 Y 在集合 $\{(a_{i_j}, b_k): j=1, 2, \cdots, k=1, 2, \cdots\}$上直接算出的概率平均. 这个性质是由 (1.3.4) 所定义的条件期望函数的特征性质. 它可解释为，对 Y 在集合$\{(a_{i_j}, b_k), j, k=1, 2, \cdots\}$上求概率平均可以分两步走: 先固定 X 之值 a_{i_j} 求 Y 的(条件)概率平均，然后对后者在 $\{a_{i_j}, j=1, 2, \cdots\}$ 上求概率平均.

例 1.3.2. 设 X, Y 为连续型变量，X, Y 和 (X, Y)的密度(对 L 测度) 分别为 $f_1(x)$, $f_2(y)$ 和 $f(x, y)$. 则在给定 $X=x$ 的条件下，Y 的条件密度为 $f(y|x)=\dfrac{f(x, y)}{f_1(x)}$，故在给定 $X=x$ 时 Y 的条件期望为

$$g(x)=E(Y|X=x)=\int_{-\infty}^{\infty} yf(x, y)dy/f_1(x). \qquad (1.3.5)$$

若把 $g(x)$ 在集合$\{x: x\in A\}$上求概率平均，则将得

$$\int_A g(x)f_1(x)dx \Big/ \int_A f_1(x)dx$$

$$=\int_{-\infty}^{\infty}\int_A yf(x, y)dxdy \Big/ \int_A f_1(x)dx.$$

而上式右边则是 Y 在集合 $\{(x, y): x\in A, -\infty<y<\infty\}$ 上直接算出的概率平均. 因此，由(1.3.5)定义的条件期望函数仍具有上

例的性质.

从分析以上两个简单情况所发现的共同性质，就成为条件期望的一般定义的基础.

设$(\mathscr{X}, \mathscr{B}_{\mathscr{X}}, P)$为一概率空间，就是说，$P$为$\mathscr{B}_{\mathscr{X}}$上的一个概率测度，$f(x)$为定义于$\mathscr{X}$的$\mathscr{B}_{\mathscr{X}}$-可测函数，且

$$E(f(x))=\int_{\mathscr{X}} f(x)dP(x)$$

存在有限. 又设$(\mathscr{T}, \mathscr{B}_{\mathscr{T}})$为一可测空间，$t(x)$为$\mathscr{X}$到$\mathscr{T}$的可测变换. 我们想要定义在$t(x)=t_0(t_0\in\mathscr{T})$的条件下$f(x)$的条件期望，若记$t^{-1}(\{t_0\})=A_{t_0}$，则从直观上说，这条件期望应当为

$$\int_{At_0} f(x)dP(x)/P(A_{t_0})=g(t_0).$$

但一般说来有$P(A_{t_0})=0$，所以这个作法没有意义. 因此，我们不能在一般场合下给出$g(t_0)=E(f(x)|t=t_0)$的构造性定义，而只能按上面两个例子中显示的性质，对$g(t_0)$作为t_0的函数提出一定的要求. 这个要求就是"一步平均等于两步平均"，这样得到如下的定义.

定义 1.3.1. 在上述假定和记号下，若$g(t)$为一$\mathscr{B}_{\mathscr{T}}$-可测函数，满足条件

$$\int_{t^{-1}(B)} f(x)dP(x)=\int_B g(t)dP^*(t),\quad 对任何 B\in\mathscr{B}_{\mathscr{T}},\qquad (1.3.6)$$

这里P^*为P的导出测度(显然它也是概率测度)，则称$g(t)$，或$g(t(x))$，为$f(X)$对t的条件期望，记为$E(f(x)|t)$.

对这个定义我们提出以下几点注意:

1. 由引理 1.3.2, (1.3.6)可写为等价的形式:

$$\int_A f(x)dP(x)=\int_A g(t(x))dP(x)\quad 对任何 A\in t^{-1}(\mathscr{B}_{\mathscr{T}}),\qquad (1.3.7)$$

2. 适合条件(1.3.6)的g必存在. 为了证明这一点，我们在$\mathscr{B}_0=t^{-1}(\mathscr{B}_{\mathscr{T}})$上定义集函数

$$\nu(A)=\int_A f(x)dP(x),\quad A\in\mathscr{B}_0,$$

由对 f 的假定知这是一有限的集函数，且显然 $\nu\ll P$. 由于 P 为有限测度，由 Radom-Nikodym 定理知存在 $\mathscr{B}_0$-可测的 $f_0(x)$，致

$$\nu(A)=\int_A f_0(x)dP(x)\quad \text{对任何 } A\in\mathscr{B}_0.$$

由引理 1.3.1 知存在 $\mathscr{B}_{\mathscr{T}}$-可测的 $g(t)$，致 $f_0(x)=g(t(x))$ 对一切 $x\in\mathscr{X}$. 再由引理 1.3.2 知

$$\int_A f_0(x)\,dP(x)=\int_B g(t)\,dP^*(t),\ B\in\mathscr{B}_{\mathscr{T}},\ A=t^{-1}(B),$$

因此 $g(t)$ 满足(1.3.6).

3. 我们没有说适合条件 (1.3.6) 的 $g(t)$ 唯一. 但显然，若 $g_1(t)$ 和 $g_2(t)$ 都满足 (1.3.6)，则必有 $P^*(\{t: g_1(t)\neq g_2(t)\})=0$，或者说 $P(\{x: g_1(t(x))\neq g_2(t(x))\})=0$. 所以条件期望 $g(t)$ 是"几乎处处唯一"的.

最后，不应忘记条件期望 $g(t)$ 本质上就是

$$E\{f(X)\mid t(x)=t\}=\int_A f(x)dP(x)/P(A),\ A=t^{-1}(\{t\}).$$

这虽不能作为条件期望的定义也不能用于理论推导，但在理解一些涉及条件概率的问题时是有益的.

下面我们要讨论一个重要的例子，为此先引进几个有关的记号和概念.

设 $f(x_1,\cdots,x_n)$ 为定义于 R_n 上的实函数. f 称为对称的，若对任何 $(x_1,\cdots,x_n)$ 及 $(1,2,\cdots,n)$ 的任一置换 $(i_1,i_2,\cdots,i_n)$，有 $f(x_{i_1},x_{i_2},\cdots,x_{i_n})=f(x_1,x_2,\cdots,x_n)$. 集 $A\subset R_n$ 称为对称 Borel 集，若 $A\in\mathscr{B}_n$，且对任何 $(x_1,\cdots,x_n)\in A$ 及置换 $(i_1,\cdots,i_n)$，有 $(x_{i_1},\cdots,x_{i_n})\in A$. 一切对称 Borel 集类 $\mathscr{B}_n^s$ 显然构成 σ-域. 定义于 R_n 上的实函数 f 为 $\mathscr{B}_n^s$ 可测的充要条件是它为 $\mathscr{B}_n$-可测且对称. 对任何 $(x_1,x_2,\cdots,x_n)\in R_n$，以 $(x_{(1)},x_{(2)},\cdots,x_{(n)})$ 记 $x_1,x_2,\cdots,x_n$ 由小到大的排列. 设 $(i_1,\cdots,i_n)$ 为 $(1,\cdots,n)$ 的任一置换，对任何 $A\subset R_n$，以 $A_{i_1,\cdots,i_n}$ 记集合

$$\{(x_{i_1},\cdots,x_{i_n}):(x_1,\cdots,x_n)\in A\}.$$

定义在 $\mathscr{B}_n$ 上的测度 μ 称为对称的，若对 $(1,\cdots,n)$ 的任一置换及

$A\in\mathscr{B}_n$, 有 $\mu(A_{i_1\cdots i_n})=\mu(A)$.

例 1.3.3. 设 $(\mathscr{X},\mathscr{B}_{\mathscr{X}},P)$ 为概率空间, $\mathscr{X}=R_n$, $\mathscr{B}_{\mathscr{X}}=\mathscr{B}_n$, 而 P 为对称的. 定义可测空间 $(\mathscr{T},\mathscr{B}_{\mathscr{T}})$: $\mathscr{T}=\{(x_1,\cdots,x_n):(x_1,\cdots,x_n)\in R_n,\ x_1\leqslant x_2\leqslant\cdots\leqslant x_n\}$, 而 $\mathscr{B}_{\mathscr{T}}$ 为 $\mathscr{T}$ 的一切 Borel 子集构成的 σ–域. 定义

$$t(x)=t(x_1,\cdots,x_n)=(x_{(1)},\cdots,x_{(n)}).$$

显然, $t^{-1}(\mathscr{B}_{\mathscr{T}})=\mathscr{B}_n^s\subset\mathscr{B}_n$, 故 t 为可测变换. 要求 $E(f(X)|t)$, 此处 f 为 $\mathscr{B}_n$ 可测且 $\int_{\mathscr{X}}f(x)dP(x)$ 存在有限.

考虑

$$f_0(x)=f_0(x_1,\cdots,x_n)=\frac{1}{n!}\sum f(x_{i_1},\cdots,x_{i_n}),\ (x_1,\cdots,x_n)\in R_n \tag{1.3.8}$$

求和的范围对 $(1,\cdots,n)$ 的一切置换, 故和中一共有 $n!$ 项. 显然, f_0 对称且 $\mathscr{B}_n$–可测, 故为 $\mathscr{B}_n^s$ 可测. 又由 P 的对称性知, 对任何 $A\in\mathscr{B}_n^s$, 有

$$\int_A f(x_{i_1},\cdots,x_{i_n})dP=\int_A f(x_1,\cdots,x_n)dP$$

对 $(1,\cdots,n)$ 的任一置换 $(i_1,\cdots,i_n)$, 从而

$$\int_A f_0(x)dP=\int_A f(x)dP,\quad 对任何\ A\in\mathscr{B}_n^s. \tag{1.3.9}$$

由 $t^{-1}(\mathscr{B}_{\mathscr{T}})=\mathscr{B}_n^s$, 用引理 1.3.1, 知存在 $\mathscr{B}_{\mathscr{T}}$–可测的 $g(t)$, 致 $g(t(x))=f_0(x)$ 对一切 $x\in R_n$. 所以由 (1.3.9)

$$\int_A f(x)dP=\int_A g(t(x))dP,\quad 对任何\ A\in\mathscr{B}_n^s.$$

因而 (1.3.7) 满足, 这样证明了

$$E(f(X)|t)=g(t),\quad 其中\ g(t(x))=f_0(x). \tag{1.3.10}$$

(三) 条件期望的性质

我们约定, 当某一事实对除一 μ 测度为 0 的集以外的点都成立时, 记为 (a. e. μ).

设$(\mathscr{X}, \mathscr{B}_{\mathscr{X}}, P)$为概率空间，$(\mathscr{T}, \mathscr{B}_{\mathscr{T}})$为可测空间，$t(x)$为$\mathscr{X}$到$\mathscr{T}$的可测变换，又以下提到的函数$f$, f^*, f_1, f_2, ⋯ 都定义于$\mathscr{X}$上，且$\int_{\mathscr{X}} f(x)dP$等等都存在有限，又以$P^*$记$t$的导出测度。

a. $f(x)\geqslant 0$ (a. e. P) $\Rightarrow E(f(X)|t)\geqslant 0$ (a. e. P^*),

$$f_1(x)\leqslant f(x)\leqslant f_2(x) \text{ (a. e. } P) \Rightarrow E(f_1(X)|t) \leqslant E(f(X)|t)\leqslant E(f_2(X)|t) \quad \text{(a. e. } P^*).$$

b. 对任何有限常数c_1, ⋯, c_n有

$$E\left(\sum_{i=1}^{n} c_i f_i(X)\,|\,t\right)=\sum_{i=1}^{n} c_i E(f_i(X)|t) \quad \text{(a. e. } P^*).$$

c. 若$g(t)=E(f(X)|t)$，则$E(f(X))=E(g(t(X)))$.

这三条性质很容易证明，留给读者作为练习. 性质c体现了求$E(f(X))$"分两步走"的思想，是一个很有用的性质.

d. (**条件期望的单调收敛定理**). 设

$$0\leqslant f_1(x)\leqslant f_2(x)\leqslant\cdots\leqslant f_n(x)\leqslant\cdots\rightarrow f(x) \quad \text{(a. e. } P), \tag{1.3.11}$$

则
$$E(f_n(X)|t)\rightarrow E(f(X)|t) \quad \text{(a. e. } P^*).$$

证. 由假定(1.3.11)及性质a知$0\leqslant g_1(t)\leqslant g_2(t)\leqslant\cdots$ (a. e. P^*)，此处$g_n(t)=E(f_n(X)|t)$. 记$g(t)=\lim_{n\to\infty} g_n(t)$，则由积分论中的单调收敛定理知对任何$B\in\mathscr{B}_{\mathscr{T}}$有

$$\int_B g(t)dP^*(t)=\lim_{n\to\infty}\int_B g_n(t)dP^*(t) =\lim_{n\to\infty}\int_{t^{-1}(B)} f_n(x)dP(x)=\int_{t^{-1}(B)} f(x)dP(x).$$

从而证明了$g(t)=E(f(X)|t)$.

e. (**条件期望的 Fatou 引理**). 设

$$f_n(x)\geqslant f(x) \quad \text{(a. e. } P) \quad \text{对任何 } n=1, 2, \cdots, \tag{1.3.12}$$

而记$f(x)=\liminf_{n\to\infty} f_n(x)$，则

$$E(f(x)|t)\leqslant\liminf_{n\to\infty} E(f_n(X)|t) \quad \text{(a. e. } P^*). \tag{1.3.13}$$

又若$f_n(x)\leqslant f(x)$ (a. e. P)，对任何$n=1, 2, \cdots$，而记

$$\bar{f}(x)=\limsup_{n\to\infty} f_n(x),$$

则

$$E(\bar{f}(X)\mid t)\geqslant \limsup_{n\to\infty} E(f_n(X)\mid t) \quad (\text{a. e. } P^*). \quad (1.3.14)$$

证. 设(1.3.12)成立. 先考虑$f(x)\equiv 0$的情况,记

$$h_n(x)=\inf\{f_n(x),\ f_{n+1}(x),\ \cdots\} \quad n=1,\ 2,\ \cdots,$$

则

$$0\leqslant h_1(x)\leqslant h_2(x)\leqslant\cdots\to \underline{f}(x) \quad (\text{a. e. } P),$$

且

$$h_n(x)\leqslant f_n(x) \quad (\text{a. e. } P)$$

对任何n, 用性质 a, d, 知

$$\liminf_{n\to\infty} E(f_n(X)\mid t)\geqslant \lim_{n\to\infty} E(h_n(X)\mid t)$$
$$=E(\underline{f}(X)\mid t) \quad (\text{a. e. } P).$$

当$f(x)\not\equiv 0$时,只需用序列$\{f_n'\}=\{f_n-f\}$代替$\{f_n\}$即可. 这证明了(1.3.13). 对序列$\{f-f_n\}$应用(1.3.13)即可得到(1.3.14).

f. (**条件期望的控制收敛定理**). 设$|f_n(x)|\leqslant f^*(x)$且

$$\lim_{n\to\infty} f_n(x)=f(x) \quad (\text{a. e. } P),$$

则

$$\lim_{n\to\infty} E(f_n(X)\mid t)=E(f(X)\mid t) \quad (\text{a. e. } P^*), \quad (1.3.15)$$

这个性质显然是 e 的推论.

g. 设$f(x)$为$\mathscr{B}_{\mathscr{X}}$-可测, $h(t)$为$\mathscr{B}_{\mathscr{T}}$-可测, 且$E(f(x))$和$E(h(t(X))f(X))$都存在有限,则

$$E(h(t(X))f(X)\mid t)$$
$$=h(t)E(f(X)\mid t) \quad (\text{a. e. } P^*). \quad (1.3.16)$$

证. 由于(1.3.16)右边为$\mathscr{B}_{\mathscr{T}}$-可测,要证(1.3.16), 只需验证

$$\int_{t^{-1}(B)} h(t(x))\,f(x)\,dP(x)=\int_B h(t)\,g(t)\,dP^*(t). \quad (1.3.17)$$

对任何$B\in\mathscr{B}_{\mathscr{T}}$, 此处$g(t)=E(f(X)\mid t)$. 我们注意, 由假定$\int_{\mathscr{X}} h(t(x))f(x)dP(x)$存在有限,依引理 1.3.2 知,

$$\int_{\mathscr{T}} h(t)\,g(t)\,dP^*(t)$$

存在有限.

容易验证，若 $h(t)=I_C(t), C\in\mathscr{B}_{\mathscr{T}}$，则(1.3.17)对任何 $B\in\mathscr{B}_{\mathscr{T}}$ 成立(此归结为 $g(t)$ 的定义)．因此，对 $h(t)$ 为任何简单 $\mathscr{B}_{\mathscr{T}}$-可测函数和 $B\in\mathscr{B}_{\mathscr{T}}$，(1.3.17)成立．现设 $h(t)$ 满足假定中的要求，作一串简单 $\mathscr{B}_{\mathscr{T}}$-可测函数 $\{h_n(t)\}$，致

$$|h_n(t)|\leqslant h(t),\ \lim_{n\to\infty} h_n(t)=h(t),\ 任何\ t\in\mathscr{T},$$

则有

$$\int_{t^{-1}(B)} h_n(t(x))f(x)dP(x)=\int_B h_n(t)g(t)dP^*(t). \quad (1.3.18)$$

由于 $h_n(t(x))f(x)$ 和 $h_n(t)g(t)$ 分别被可积函数 $|h(t(x))f(x)|$ 和 $|h(t)g(t)|$ 所控制，在(1.3.18)中令 $n\to\infty$ 即得(1.3.17)．

性质 g 的直观意义是明显的：由于 t 已固定，在求 $h_n(t)f(x)$ 的条件期望时，$h_n(t)$ 可以作为一个常数提出来．

（四）条件概率

考虑概率空间 $(\mathscr{X},\mathscr{B}_{\mathscr{X}},P)$ 和可测空间 $(\mathscr{T},\mathscr{B}_{\mathscr{T}})$，$t(x)$ 为 $\mathscr{X}$ 到 $\mathscr{T}$ 的可测变换，P^* 为 t 的导出测度．对任何 $A\in\mathscr{B}_{\mathscr{X}}$，定义

$$P(A|t)=E(I_A(x)|t). \quad (1.3.19)$$

并称为 A(在给定 t 之下)的条件概率．它显然是存在的．(1.3.19)可写为

$$P(A\cap t^{-1}(B))=\int_B P(A|t)dP^*(t),\ 对任何\ B\in\mathscr{B}_{\mathscr{T}}.$$

由于条件概率是条件期望的特例，它的性质可以由条件期望的性质推得．我们列举如下：

a． $$P(A|t)\geqslant 0 \quad (\text{a. e. } P^*),$$

$$A\subset B\Rightarrow P(A|t)\leqslant P(B|t) \quad (\text{a. e. } P^*).$$

b．若 $A_1, A_2, \cdots$ 两两无公共点，则

$$P(\bigcup_i A_i|t)=\bigcup_i P(A_i|t) \quad (\text{a. e. } P^*)$$

c．若 $\lim\limits_{n\to\infty} A_n=A$，则 $\lim\limits_{n\to\infty} P(A_n|t)=P(A|t) \quad (\text{a. e. } P^*)$．

（五）正则条件概率函数的定义和存在定理

从条件概率的性质 b 看到，它有类似于通常的概率测度的性质. 但应注意在此有一显著的不同点：$P(\bigcup_i A_i|t)=\bigcup_i P(A_i|t)$ 只是(a. e. P^*)成立. 因此，如果随便拿出一组 $A_1, A_2, \cdots$（都属于 $\mathscr{B}_{\mathscr{X}}$ 且两两无公共点）及 $t_0\in T$，那么我们并不能保证

$$P(\bigcup_i A_i|t_0)=\bigcup_i P(A_i|t_0)$$

一定成立. 因为，既然 $P(\bigcup_i A_i|t)=\bigcup_i P(A_i|t)$ 只是(a. e. P^*)成立，存在一个集 $B\in\mathscr{B}_{\mathscr{T}}$, $P^*(B)=0$，使当 $t\in B$ 时上述关系不成立，而所给的 t_0 可能正好落在 B 内.

但是，由条件概率的定义知道，它只确定到(a. e. P^*)，故有一定的选择余地. 因此我们自然地提出问题：能否适当地选择 $P(A|t)$，使(四)的性质 b 对一切的 $\{A_i\}$（都属于 $\mathscr{B}_{\mathscr{X}}$ 且两两无公共点）及 $t\in T$ 都成立？容易设想，如果能选择一个具有这种性质的 $P(A|t)$，则在理论上将有莫大的方便. 以下我们将看到，在理论和实用上最有意义的场合下，这样的选择的确可能. 我们先下一个正式的定义.

定义 1.3.2. 定义在 $\mathscr{B}_{\mathscr{X}}\times\mathscr{T}$ 上的函数 $P(A, t)$ 如果满足以下两个条件：

a. 对固定的 $A\in\mathscr{B}_{\mathscr{X}}$, $P(A, t)$ 作为 t 的函数，是 $\mathscr{B}_{\mathscr{T}}$-可测的，而对固定的 $t\in\mathscr{T}$，它是 $\mathscr{B}_{\mathscr{X}}$ 上的概率测度；

b. 对任何 $A\in\mathscr{B}_{\mathscr{X}}$, $P(A, t)=P(A|t)$ (a. e. P^*)，则称为 X 在给定 t 之下的正则条件概率函数. 也简称为正则条件概率.

于是就产生了正则条件概率在何种条件下存在的问题，关于这个问题有如下的重要定理.

定理 1.3.1. 设 $\mathscr{X}$ 为 R_n 的一个 Borel 子集，而 $\mathscr{B}_{\mathscr{X}}$ 为 $\mathscr{X}$ 的一切 Borel 子集构成的 σ-域，则正则条件概率存在.

证. 将概率测度 P 按公式

$$P(A)=P(A\cap\mathscr{X})\quad 对任何\ A\in\mathscr{B}_n,$$

扩充到 $\mathscr{B}_n$ 上，看出，不失普遍性可设 $(\mathscr{X}, \mathscr{B}_{\mathscr{X}})=(R_n, \mathscr{B}_n)$.

对 R_n 中任意的有理点 $(a_1, \cdots, a_n)$，定义

$$F(a_1, \cdots, a_n; t)=P(A_{a_1\cdots a_n}|t). \qquad (1.3.20)$$

这里 $A_{a_1\cdots a_n}=\{(x_1, \cdots, x_n): x_i<a_i, i=1, \cdots, n\}$，而 (1.3.20) 右边为任一选定的条件概率. 根据条件概率的性质 a, b, c, 易见:

1) $F(a_1, \cdots, a_n; t)\geqslant 0 \quad (\text{a. e. } P^*)$;

2) $b_i\geqslant a_i, i=1, \cdots, n \Rightarrow F(b_1, \cdots, b_n; t) \geqslant F(a_1, \cdots, a_n; t) \quad (\text{a. e. } P^*)$;

3) $\lim\limits_{b_i\uparrow a_i} F(a_1, \cdots, a_{i-1}, b_i, a_{i+1}, \cdots, a_n; t) = F(a_1, \cdots, a_{i-1}, a_i, a_{i+1}, \cdots, a_n; t), \quad i=1, \cdots, n \quad (\text{a. e. } P^*)$;

4) $\lim\limits_{a_i\to-\infty} F(a_1, \cdots, a_{i-1}, a_i, a_{i+1}, \cdots, a_n; t)=0, \quad i=1, \cdots, n \quad (\text{a. e. } P^*)$;

5) $\lim\limits_{\text{每个 } a_i\to\infty} F(a_1, \cdots, a_n; t)=1 \quad (\text{a. e. } P^*)$.

以上出现的 a_i, b_i 等都是有理数. 由于 R_n 中的有理点是可列的，把 1)—5) 全部“例外集”对 R_n 中一切有理点都合并起来，得到一个集 $B\in\mathscr{B}_{\mathscr{T}}$, $P^*(B)=0$. 因此，对任何 $t\overline{\in} B$, $F(a_1, \cdots, a_n; t)$ 作为有理点 $(a_1, \cdots, a_n)$ 的函数，在 R_n 的有理点集上满足分布函数的全部性质. 由概率论可知，这时(对于 $t\overline{\in} B$) $F(a_1, \cdots, a_n; t)$ 可扩充到整个 R_n 上，得 $F(x_1, \cdots, x_n; t)$. 当 $t\overline{\in} B$ 时，$F(x_1, \cdots, x_n; t)$ 作为 $x_1, \cdots, x_n$ 的函数，是一个 n 维分布函数，因此在 $\mathscr{B}_n$ 上产生一个测度，记为 $F(A, t)$. 当 $t\overline{\in} B$ 时，$F(A, t)$ 为 $\mathscr{B}_n$ 上的概率测度. 现在任取 $\mathscr{B}_n$ 上的一个概率测度(例如 P)，而定义

$$P(A, t)=\begin{cases} F(A, t), & \text{当 } t\overline{\in} B, \\ P(A), & \text{当 } t\in B, \end{cases} \quad \text{对任何 } A\in\mathscr{B}_n.$$

我们来验证，它满足正则条件概率的全部条件.

首先，固定 t 时，$P(A, t)$ 为 $\mathscr{B}_n$ 上的概率测度，这由 $P(A, t)$ 的定义立即得出.

其次，记

$$S=\{A: A\in\mathscr{B}_n,\ P(A,\ t)\text{为}\ t\ \text{的}\ \mathscr{B}_{\mathscr{T}}\text{-可测函数}\},$$

则由 $P(A,\ t)$ 的定义知，当 $A=A_{a_1\cdots a_n}$（$(a_1,\ \cdots,\ a_n)$ 为 R_n 的有理点）时，有

$$P(A,\ t)=\begin{cases} F(a_1,\ \cdots,\ a_n;\ t), & \text{当}\ t\overline{\in} B, \\ P(A), & \text{当}\ t\in B. \end{cases}$$

因为 $F(a_1,\ \cdots,\ a_n; t)$ 和 $P(A)$（它作为 t 的函数为一常数）都为 $\mathscr{B}_{\mathscr{T}}$-可测，故 $P(A,\ t)$ 也为 t 的 $\mathscr{B}_{\mathscr{T}}$-可测函数，这说明 $A_{a_1\cdots a_n}\in S$ 对任何有理点 $(a_1,\ \cdots,\ a_n)$。但显而易见，S 为一单调类．因此 S 包含由一切 $A_{a_1\cdots a_n}$ 生成的 σ-域，即 $\mathscr{B}_n$．这无异乎说，对任何 $A\in\mathscr{B}_n$，$P(A,\ t)$ 作为 t 的函数，为 $\mathscr{B}_{\mathscr{T}}$-可测．

最后，要验证 $P(A,\ t)=P(A|t)$ (a. e. P^*) 对任何 $A\in\mathscr{B}_n$．把一切满足这条件的 A 的全体记为 S^*，则由 $P(A,\ t)$ 的定义知，S^* 包含一切形如 $A_{a_1\cdots a_n}$ 的集合．因此 S^* 包含由这些集合生成的域 $\mathscr{A}$．又由条件概率的性质 c 及当 t 固定时 $P(A,\ t)$ 为 $\mathscr{B}_n$ 上的概率测度，可知 S^* 为一单调类．而包含 $\mathscr{A}$ 的最小单调类就是 $\mathscr{B}_n$．这证明了 $\mathscr{B}_n$ 中任一集 A 都满足 $P(A,\ t)=P(A|t)$ (a. e. P^*)．定理证毕．

因为在绝大多数情况下 $\mathscr{X}$ 是欧氏空间的 Borel 子集，这定理的意义就不言而喻了．应当指出的是：正则条件概率并非在任何情况下都存在．

（六）正则条件概率的性质

我们仍沿用前面的记号．

a．若 $P(A,\ t)$ 为正则条件概率而 $E(f(X))$ 存在有限，则

$$E(f(X)\,|\,t)=\int_{\mathscr{X}} f(x)P(dx,\ t)\quad \text{(a. e. } P^*). \tag{1.3.21}$$

这个性质说明：在正则条件概率存在的场合，条件期望可通过对条件概率测度的积分得到，一如在通常非条件的情形．因此，在正则条件概率存在时，条件概率和条件期望的关系变得简单且自然．

为了证明，先取 $f(x)=I_A(x)$，$A\in\mathscr{B}_{\mathscr{X}}$，这时(1.3.21)的成

立由 $P(A, t)$ 的定义直接得出. 由此出发, 使用例行的推理方法, 知道当 $f(x)$ 为非负简单 $\mathscr{B}_{\mathscr{X}}$-可测时(1.3.21)对,从而推到 f 为非负可积及一般可积的情况. 证毕.

b. 若正则条件概率 $P(A, t)$ 存在且 $(\mathscr{T}, \mathscr{B}_{\mathscr{T}})=(R_m, \mathscr{B}_m)$, 对某个 m(或更一般地, $\mathscr{T}$ 为 R_m 的 Borel 子集, 而 $\mathscr{B}_{\mathscr{T}}$ 为 $\mathscr{T}$ 的一切 Borel 子集构成的 σ-域), 则存在集 $B\in\mathscr{B}_{\mathscr{T}}$, $P^*(B)=0$, 致

$$P(A_{t_0}, t_0)=1, \quad 当\ t_0\overline{\in} B. \tag{1.3.22}$$

此处 $A_{t_0}=\{x: t(x)=t_0\}$.

这个性质的直观意义是很清楚的: 既然给定 $t(x)=t_0$ 等于把 x 限制在 A_{t_0} 内, 任何合理的条件概率定义都必须(在 $t(x)=t_0$ 的条件下)赋于 A_{t_0} 以概率 1.

为了证明, 考虑函数 $I_B(t)$, 此处 $B\in\mathscr{B}_{\mathscr{T}}$, $t\in T$. 易见

$$I_B(t)=P(t^{-1}(B), t) \quad (\text{a. e. } P^*). \tag{1.3.23}$$

为此只需验证, $I_B(t)$ 确实满足定义 $P(t^{-1}(B)|t)$ 的全部条件. $I_B(t)$ 为 $\mathscr{B}_{\mathscr{T}}$-可测显然, 取任意 $C\in\mathscr{B}_{\mathscr{T}}$, 则

$$\begin{aligned}\int_C I_B(t)dP^*(t)&=P^*(B\cap C)=P(t^{-1}(B\cap C))\\&=P(t^{-1}(B)\cap t^{-1}(C)),\end{aligned}$$

因此 $P(t^{-1}(B)|t)$ 的第二个条件也满足. 既然 $I_B(t)$ 和 $P(t^{-1}(B), t)$ 都是 $P(t^{-1}(B)|t)$, (1.3.23)必然成立.

取 B 为任一形如 $B_{b_1\cdots b_m}=\{t=(t_1, \cdots, t_m): t_i<b_i,\ i=1, \cdots, m\}$ 的集合, $(b_1, \cdots, b_m)$ 为 R_m 中之有理点, 则(1.3.23)的例外集的 P^* 测度为 0、对一切有理点将这些例外集合并起来, 得到一个集 $C\in\mathscr{B}_{\mathscr{T}}$, $P^*(C)=0$, 使对任何形如 $B_{b_1\cdots b_m}$ 的 B, 有

$$I_B(t)=P(t^{-1}(B), t) \quad 对任何\ t\overline{\in} C. \tag{1.3.24}$$

现在任取 $t_0\overline{\in} C$, 则因 $I_B(t_0)$ 和 $P(t^{-1}(B), t_0)$ 作为 $B\in\mathscr{B}_{\mathscr{T}}$ 的函数都是 $\mathscr{B}_{\mathscr{T}}$ 上的概率测度,而它们在一切形如 $B_{b_1\cdots b_m}$ 之集上相等, 故必有

$$I_B(t_0)=P(t^{-1}(B), t_0), \quad 对任何\ B\in\mathscr{B}_{\mathscr{T}}.$$

特别, 取 $B=\{t_0\}$, 注意 $t^{-1}(B)=A_{t_0}$, 即得(1.3.22). 证毕.

系 1.3.1. 若正则条件概率 $P(A, t)$ 存在且 $(\mathscr{T}, \mathscr{B}_{\mathscr{T}})=(R_m, \mathscr{B}_m)$（或 $\mathscr{T}\in\mathscr{B}_m$ 等等），则存在 $B\in\mathscr{B}_{\mathscr{T}}$, $P^*(B)=0$, 使对任何 $\mathscr{B}_{\mathscr{T}}$-可测函数 $g(t)$ 及 $\mathscr{B}_{\mathscr{X}}$-可测函数 $f(x)$，满足条件 $E(f(X))$ 和 $E(g(t(X))f(X))$ 存在有限，必可适当选择 $E(f(X)|t)$ 和 $E(g(t(X))f(X)|t)$，致

$$E(g(t(X))f(X)|t)=g(t)E(f(X)|t), \quad t\overline{\in}B. \tag{1.3.25}$$

事实上，只需取

$$E(f(X)|t)=\int_{\mathscr{X}} f(x)P(dx, t),$$

$$E(g(t(X))f(X)|t)=\int_{\mathscr{X}} g(t(x))f(x)P(dx, t),$$

则(1.3.25)立即由(1.3.22)得出．注意(1.3.25)和条件期望的性质 g 的差别在于：在那里，对每个 $h(t)$ 虽然也有(1.3.16)，但例外集与 $h(t)$ 可能有关．而在(1.3.25)中，对一切 g 有一个公共的例外集 B.

性质 b 有一个有趣的应用，从之可以看出，尽管条件概率的一般定义有高度抽象的形式，它本质上仍是我们在(二)中讨论过的最简单情况的自然推广．

设 $(\mathscr{X}, \mathscr{B}_{\mathscr{X}})=(\mathscr{Y}\times\mathscr{T}, \mathscr{B}_{\mathscr{Y}}\times\mathscr{B}_{\mathscr{T}})$, $(\mathscr{Y}, \mathscr{B}_{\mathscr{Y}})$ 和 $(\mathscr{T}, \mathscr{B}_{\mathscr{T}})$ 是两个可测空间，则 x 有 $x=(y, t)$ 的形式．定义

$$t(x)=t, \quad \text{当 } x=(y, t).$$

这显然是 $\mathscr{X}$ 到 $\mathscr{T}$ 的可测变换．若 $\mathscr{Y}$ 和 $\mathscr{T}$ 都是欧氏空间（$\mathscr{B}_{\mathscr{Y}}$ 和 $\mathscr{B}_{\mathscr{T}}$ 为其中的 Borel 子集构成的 σ-域，或 $\mathscr{Y}$ 和 $\mathscr{T}$ 都是欧氏空间的 Borel 子集，而 $\mathscr{B}_{\mathscr{Y}}$ 和 $\mathscr{B}_{\mathscr{T}}$ 作相应修改），则 $(\mathscr{X}, \mathscr{B}_{\mathscr{X}})$ 适合定理 1.3.1 的条件，因而正则条件概率函数 $P(A, t)$ 存在．依性质 b, $P(A_t, t)=1$ 对 $t\overline{\in}B$, $P^*(B)=0$. 即对 $t\overline{\in}B$, $P(A, t)$ 全集中在集合

$$A_t=\{x=(y, t),\ y\in\mathscr{Y}\text{ 任意}\}=\mathscr{Y}\times\{t\}.$$

这样，我们不妨把 A_t 看作就是 $\mathscr{Y}$，而将 $P(A, t)$ 写为 $\tilde{P}(C, t)$ 的形式：$\tilde{P}(C, t)=P(C\times\{t\}, t)$, $C\in\mathscr{B}_{\mathscr{Y}}$. 现在对固定的 $t\overline{\in}B$.

$\widetilde{P}(C, t)$为$\mathscr{B}_{\mathscr{Y}}$上的概率测度. 这不是别的, 正是变量$Y$在给定变量$t$之下的条件概率分布. 这和初等概率论中,给定$X$之值去算$Y$的条件密度的情况相似.

依条件期望性质 c, 当$E(f(X))$存在有限时,有

$$E(f(X))=E\{E(f(X)|t)\}.$$

但当$t\in B$时.

$$E(f(X)|t)=\int_{\mathscr{X}}f(x)P(dx, t)=\int_{\mathscr{Y}}f(y, t)\widetilde{P}(dy, t).$$

因为$P^*(B)=0$, 得

$$E(f(X))=\int_T\int_{\mathscr{Y}}f(y, t)\widetilde{P}(dy, t)dP^*(t). \quad (1.3.26)$$

这正是初等概率论中习见的形式.

(七) 对指数分布族的应用

我们利用本节的结果证明指数分布族的几个性质, 以备将来之用.

引理 1.3.3. 设X的样本空间为$(\mathscr{X}, \mathscr{B}_{\mathscr{X}})$,其分布为指数族(1.2.10). 则$t(X)=(T_1(X), \cdots, T_k(X))$的分布也是指数族.

证. 如前面指出的,用将$h(x)$"吸入"μ的办法, 不失普遍性可设$h(x)\equiv 1$. $t(X)$的样本空间为$(\mathscr{T}, \mathscr{B}_{\mathscr{T}})=(R_k, \mathscr{B}_k)$. 测度$\mu$通过变换$t(x)$在$\mathscr{B}_{\mathscr{T}}$上导出的测度记为$\mu^*$, 则对任何$B\in\mathscr{B}_{\mathscr{T}}$,有

$$P_\theta(t(X)\in B)=\int_{t^{-1}(B)}C(\theta)\exp\left(\sum_{j=1}^k\theta_jT_j(x)\right)d\mu(x).$$

根据引理 1.3.2, 得

$$P_\theta(t(X)\in B)=\int_B C(\theta)\exp\left(\sum_{j=1}^k\theta_jt_j\right)d\mu^*(t).$$

这表明: $t(X)$的概率分布对测度μ^*的密度为$C(\theta)\exp\left(\sum_{j=1}^k\theta_jt_j\right)$,即有指数族的形式,证毕.

若X的分布为

$$f(x,\theta,\varphi)d\mu(x)=C(\theta,\varphi)\exp\Big(\sum_{i=1}^{k}\theta_i T_i(x)$$
$$+\sum_{j=1}^{m}\varphi_j Y_j(x)\Big)d\mu(x). \qquad (1.3.27)$$

则把 $\exp\Big(\sum_{j=1}^{m}\varphi_j Y_j(x)\Big)$ “吸入” μ 得测度 μ_φ. 而此测度通过变换 $t(x)=(T_1(x),\cdots,T_k(x))$ 在 t 的样本空间 $(\mathscr{T},\mathscr{B}_{\mathscr{T}})$ 上导出的测度记为 μ_φ^*, 则由上述引理知: 当 φ 固定而 θ 变化时,
$$t(X)=(T_1(X),\cdots,T_k(X))$$
的分布仍为指数族:
$$C_\varphi(\theta)\exp\Big(\sum_{i=1}^{k}\theta_i t_i\Big)d\mu_\varphi^*(t),\ (C_\varphi(\theta)=C(\theta,\varphi)). \qquad (1.3.28)$$
然而,要注意 $C_\varphi(\theta)$ 和 μ_φ^* 都与 φ 有关.

引理 1.3.4. 设 X 的样本空间为 $(\mathscr{X},\mathscr{B}_{\mathscr{X}})$, 其分布为指数族 (1.3.27). 以 $P_{\theta,\varphi}(\cdot|Y)$ 记在给定 $Y=(Y_1,\cdots,Y_m)$ 时 $t=(T_1,\cdots,T_k)$ 的条件概率分布, 则 $P_{\theta,\varphi}(\cdot|Y)$ 与 φ 无关且是指数族 (因而可记为 $P_\theta(\cdot|Y)$).

证. 不妨假定 $(\mathscr{X},\mathscr{B}_{\mathscr{X}})=(T\times\mathscr{Y},\mathscr{B}_{\mathscr{T}}\times\mathscr{B}_{\mathscr{Y}})$. 否则我们可考虑变量 $(t,Y)=(T_1(X),\cdots,T_k(X),Y_1(X),\cdots,Y_m(X))$. 根据引理 1.3.1, 它的分布有形如 (1.3.27) 的指数族.

在分布族 (1.3.27) 的自然参数空间中任意选定一点 $(\theta^0,\varphi^0)=(\theta_1^0,\cdots,\theta_k^0,\varphi_1^0,\cdots,\varphi_m^0)$, 并简记在 $(\theta,\varphi)=(\theta^0,\varphi^0)$ 时 X 的概率分布测度 P_{θ^0,φ^0} 为 P_0. 则易见 (1.3.27) 可改写为
$$f(x,\theta,\varphi)d\mu(x)=C(\theta,\varphi)\exp\Big[\sum_{i=1}^{k}(\theta_i-\theta_i^0)T_i(x)$$
$$+\sum_{j=1}^{m}(\varphi_j-\varphi_j^0)Y_j(x)\Big]dP_0(x).$$
以 $P_0(\cdot|Y)$ 记在概率分布 P_0 之下, 在给定 Y 时 t 的条件概率分布, 其存在已在(六)中指出. 现在证明:
$$P_{\theta,\varphi}(t\in B|Y)=\int_B\exp\Big(\sum_{i=1}^{k}(\theta_i-\theta_i^0)t_i\Big)P_0(dt|Y)$$
$$\Big/\int_T\exp\Big(\sum_{i=1}^{k}(\theta_i-\theta_i^0)t_i\Big)P_0(dt|Y), \qquad (1.3.29)$$

为此需要证明两点：一是这样定义的 $P_{\theta,\varphi}(t\in B|Y)$ 是 Y 的 $\mathscr{B}_{\mathscr{Y}}$-可测函数. 这由 $P_0(\cdot|Y)$的性质及 $\exp\left(\sum_{i=1}^{k}(\theta_i-\theta_i^0)t_i\right)$为$t=(t_1,\cdots,t_k)$的连续函数直接得出. 另一点是要证明: 对任何 $C\in\mathscr{B}_{\mathscr{Y}}$, 有

$$P_{\theta,\varphi}(t\in B, Y\in C)=\int_C P_{\theta,\varphi}(t\in B|y)\,dP_{\theta,\varphi}^{Y}(y). \quad (1.3.30)$$

这里 $P_{\theta,\varphi}^{Y}$ 为变量 $Y(X)=(Y_1(X),\cdots,Y_m(X))$的概率分布. 当 $(\theta,\varphi)=(\theta^0,\varphi^0)$时, 这概率分布记为 P_0^{Y}. 我们先证明:

$$P_{\theta,\varphi}^{Y}(A)=\int_A C(\theta,\varphi)\exp\left(\sum_{j=1}^{m}(\varphi_j-\varphi_j^0)y_j\right)\times\left[\int_T\exp\left(\sum_{i=1}^{k}(\theta_i-\theta_i^0)t_i\right)P_0(dt|y)\right]dP_0^{Y}(y). \quad (1.3.31)$$

事实上, 依定义

$$P_{\theta,\varphi}^{Y}(A)=\int_{T\times A}C(\theta,\varphi)\exp\left(\sum_{i=1}^{k}\theta_it_i+\sum_{j=1}^{m}\varphi_jy_j\right)d\mu$$
$$=\int_{T\times A}C(\theta,\varphi)\exp\left[\sum_{i=1}^{k}(\theta_i-\theta_i^0)t_i+\sum_{j=1}^{m}(\varphi_j-\varphi_j^0)y_j\right]dP_0, \quad (1.3.32)$$

根据(1.3.26), 由(1.3.32)立即得出(1.3.31).

现在将(1.3.29)所确定的 $P_{\theta,\varphi}(t\in B|y)$ 和(1.3.31)所确定的 $P_{\theta,\varphi}^{Y}$ 代入(1.3.30)的右边, 将得

$$\int_C P_{\theta,\varphi}(t\in B|y)\,dP_{\theta,\varphi}^{Y}(y)=\int_C C(\theta,\varphi)\cdot\exp\left(\sum_{j=1}^{m}(\varphi_j-\varphi_j^0)y_j\right),$$
$$\left[\int_B\exp\left(\sum_{i=1}^{k}(\theta_i-\theta_i^0)t_i\right)P_0(dt|y)\right]dP_0^{Y}(y)$$
$$=\int_{B\times C}C(\theta,\varphi)\exp\left[\sum_{i=1}^{k}(\theta_i-\theta_i^0)t_i+\sum_{j=1}^{m}(\varphi_j-\varphi_j^0)y_j\right]dP_0$$
$$=\int_{B\times C}C(\theta,\varphi)\exp\left[\sum_{i=1}^{k}\theta_it_i+\sum_{j=1}^{m}\varphi_jy_j\right]d\mu=P_{\theta,\varphi}(B\times C).$$

因而(1.3.30)确实成立, 从而证明了(1.3.29).

现在将(1.3.29)右边的分母记为 $C_y^{-1}(\theta)$, 又将 $\exp\left(-\sum_{i=1}^{k}\theta_i^0t_i\right)$

“吸入”测度 $P_0(\cdot|y)$，得测度 $\nu_y(\cdot)$. 于是得到给定了 $Y=y$ 时，$t=(T_1, \cdots, T_k)$ 的条件分布为

$$C_y(\theta)\cdot\exp\left(\sum_{i=1}^{k}\theta_i t_i\right)d\nu_y(t). \tag{1.3.33}$$

从而证明了所要的结果.

§1.4. 统计判决的基本概念

(一) 引言

统计推断的基本问题是由样本推断总体. 所谓“总体”，从数学的角度说，就是随机变量(比方说 X)的概率分布. 所谓“样本”，就是这随机变量 X 的观察值(比方说 x). X 的分布是未知或部分未知的. 如已完全知道，从统计上说，就没有什么推断的工作要做. 好比一大批产品，其废品率为 p，当 p 已知时，不存在从这批产品中抽样以决定 p 的问题. 当 p 未知时，如果我们从这一大批产品中随机抽出 n 个，并以 X 记其中的废品数，则 X 服从二项分布 $B(n, p)$. 在这里，X 的分布只是部分未知，因为其类型(二项)已知，但某些参数(p)的具体值未知，样本 X 在一定程度上透露了有关总体的分布的信息. 统计推断，就是要尽可能充分地利用这种信息，去作出尽可能精确可靠的，关于总体分布的论断. 这种论断，由于样本 X 一般不包含总体分布的全部信息，不能保证是百分之百精确可靠的. 然而，这决不等于说这种统计性的推断没有确切的意义. 实际上，这种推断的意义正如在欧氏几何公理体系下所推演出的任何一个命题那样明确. 在以后各章中会看到对这一点的具体解释.

随着具体问题要求的不同，统计推断的形式也是多种多样的，拿初等统计中讨论很多的有关正态分布总体 $N(a, \sigma^2)$ 的问题来说，我们的要求可能是要估计均值 a. 这时推断的形式是从样本 X 算出一个值(例如常见的 $\bar{X}$)，以之作为 a 的估计，这种形式的推断

叫点估计．我们也可能要求把 a 估计在某范围内，这时推断的形式是从样本 X 算出一个区间 $[d_1(X), d_2(X)]$，而推断 a 在这区间内．这种形式的推断叫区间估计．我们的要求也可能是要判断"$a\leqslant 0$"这个"假设"是否成立．这时推断的形式是制定一个规则(检验)，根据这个规则，对每个具体的样本 x 都能回答是否该接受或否定这个假设．这就是所谓"假设检验"的问题．以上三种形式是目前研究最深入的几种统计推断形式．当然，也还有其他重要的形式．例如在试验的设计和分析中，最常见的一个推断问题是从若干种处理中挑选一个最好的．

从这个简单例子也看出，统计推断有种种形式，各个问题在数学上的提法也有所差别．四十年代后期以来，A. Wald 提出了一种看法，企图把种种形式各不一样的统计问题纳入到一个统一的模式中．这就是所谓"统计判决函数"的理论．这个理论的基本观点现在已不同程度地渗入到不少统计分支中，对尔后数理统计学的发展起了一定的影响．因此，它的一些基本内容是学习数理统计基础的人所必须掌握的．

本节的目的是介绍这个理论的几个最初步的概念．更细节的内容，留待以后结合具体问题作一定的补充．然而，没有打算在本书中对这个理论作系统的介绍．这除了由于本书的性质和篇幅的限制外，还有以下两个原因：一是作者认为，尤其在开始时，最好结合具体统计问题来学这个理论，才更富有成果，特别对统计各主要分支所知甚少的人，更是如此；另一个原因是尽管这个理论提出了不少新概念，新准则，为一些老问题提出了新看法，提出了一些新问题甚至开辟了某些新的研究领域，但在具体处理问题的方法上和技巧上却未能提供许多新东西．因此在一定程度上可以说，这个理论还只有一个外壳．在像本书这样的基础性著作中，在这方面花过多的篇幅是不恰当的，然而，这决不意味着作者低估这个理论的意义．我们前已指出，掌握这理论的基本要点是必需的．希望深入了解这理论的读者可参阅 Blackwell 和 Girshick[1] 及 Wald[12] 的有关文献．

(二) 统计判决问题的三个要素

一、样本空间和分布族． 如上面所说明的，统计推断的任务是推断某总体，即某变量 X 的分布．这不一定就是要定出这个分布本身．所以更确切地说，应当是推断与 X 的分布相关联的某些事项，如估计其方差之类．X 的分布虽不知道，但一般假定它属于某个一定的分布族 $\mathscr{F}$ 中．$\mathscr{F}$ 的具体形式当然随问题而定．在有的问题中，$\mathscr{F}$ 规定得很具体，比方说 $\mathscr{F}$ 是正态分布族．这时，X 的分布族 $\mathscr{F}$ 的数学形式已知，所不知道的只是其中的某些常数，例如 $N(a, \sigma^2)$ 中的 a 和 σ^2，二项分布 $B(n, p)$ 中的 p，等等．在另一些情况下，对属于 $\mathscr{F}$ 的分布只指出它有某种一般性质，例如其分布函数连续或绝对连续，而对其具体形式则无所规定．我们以后会有机会看到这些差别的意义的仔细论述．目前我们只需明确：事先我们知道 X 的分布在族 $\mathscr{F}$ 内，在这个前提下来讨论问题的．

用测度论这个工具可作简明而确切的陈述．X 的每一个具体值 x 称为一个样本．一切可能的样本组成一个空间 $\mathscr{X}$，称为样本空间．需要指出的是，只需要求 $\mathscr{X}$ 包含了 X 的一切可能值就行了，而不必要求 X 确实能取 $\mathscr{X}$ 中每个值．例如，X 可能是只取大于 0 的值，但我们也可以取 $(-\infty, \infty)$ 作为样本空间．这种看法有很大的方便．在 $\mathscr{X}$ 中引进一个 σ–域 $\mathscr{B}_{\mathscr{X}}$．在确定样本空间时，必须同时指出 $\mathscr{X}$ 和 $\mathscr{B}_{\mathscr{X}}$ 二者，因此常常把 $(\mathscr{X}, \mathscr{B}_{\mathscr{X}})$ 叫做样本空间．最常见的样本空间是 $\mathscr{X}$ 为 n 维欧氏空间 R_n，而 $\mathscr{B}_{\mathscr{X}}$ 为其 Borel 集构成的 σ–域，或 $\mathscr{X}$ 为 R_n 的 Borel 子集，而 $\mathscr{B}_n$ 为 $\mathscr{X}$ 的 Borel 子集构成的 σ–域．这两种情况一般不需严加区别．因此，在无特殊声明时，当我们写 $(\mathscr{X}, \mathscr{B}_{\mathscr{X}}) = (R_n, \mathscr{B}_n)$ 时，也可以包含后一情况．我们往往用“欧氏样本空间”来称呼它．也需要指出，在考虑某些理论问题时，有可能要考虑比欧氏样本空间更广的情况．

在 $\mathscr{B}_{\mathscr{X}}$ 上定义一族概率测度 $\{P_\theta, \theta \in \Theta\}$，$\Theta$ 称为参数空间，

这一族分布就是前面指出的分布族 $\mathscr{F}$，不过换了一种记法．在许多情况下，Θ 是 m 维欧氏空间或其中的一个 Borel 集，这种情况是目前研究得最深入的．但也有许多不属于这种情况的重要例子．确定分布族 $\{P_\theta,\ \theta\in\Theta\}$ 无非就是说，事先指定了 X 的分布必在这个族中，即存在 $\theta_0\in\Theta$，使 X 的分布就是 P_{θ_0}，这 θ_0 是不知道的且正是统计推断的对象．

样本空间加上分布族就确定了观察值（样本）的概率结构．我们往往写为 $\{(\mathscr{X},\ \mathscr{B}_{\mathscr{X}},\ P_\theta),\ \theta\in\Theta\}$ 这样的形式，或者说：X 的样本空间为 $(\mathscr{X},\ \mathscr{B}_{\mathscr{X}})$，分布族为 $(P_\theta,\ \theta\in\Theta)$．

例 1.4.1．一个很重要的情况是：$X=(X_1,\ \cdots,\ X_n)$，$X_1,\ \cdots,\ X_n$ 独立同分布．而 X_i 可以是一维或多维随机变量．为确定计不妨设为一维的，这时有 $(\mathscr{X},\ \mathscr{B}_{\mathscr{X}})=(R_n,\ \mathscr{B}_n)$．为了规定 X 的分布，只需规定 X_i 的分布就行．设 X_1 的分布（定义在 $(R_1,\ \mathscr{B}_1)$ 上）属于一个族 $\{\widetilde{P}_\theta,\ \theta\in\Theta\}$，则 X 的分布族为

$$\{P_\theta:\widetilde{P}_\theta\times\widetilde{P}_\theta\times\cdots\times\widetilde{P}_\theta,\ \theta\in\Theta\}. \tag{1.4.1}$$

此处 $\widetilde{P}_\theta\times\cdots\times\widetilde{P}_\theta$ 中的"$\times$"是代表测度的直积，而非通常的乘法．这种情况出现很多，为称呼上的简便，常简记为"$X_1,\ \cdots,\ X_n$ 为 iid.，X_1 服从某某分布"．按 (1.4.1)，这个陈述完全确定了样本 $X=(X_1,\ \cdots,\ X_n)$ 的分布族 $\{P_\theta,\ \theta\in\Theta\}$．在这个场合，有时我们也称单个的 X_i 为样本，而 X 为"合样本"，X 的分布称为"联合分布"，等等．

例如，在初等统计中讨论很多的一个情况：$X_1,\ \cdots,\ X_n$ 为 iid.，$X_1\sim N(a,\ \sigma^2)$．这时，$X=(X_1,\ \cdots,\ X_n)$ 的分布密度构成一个族

$$f_\theta(x_1,\ \cdots,\ x_n)=(\sqrt{2\pi}\,\sigma)^{-n/2}\exp\left(-\frac{1}{2\sigma^2}\sum_{i=1}^n(x_i-a)^2\right),$$

参数为 $\theta=(a,\ \sigma^2)$，参数空间为

$$\Theta=\{(a,\ \sigma^2):-\infty<a<\infty,\ 0<\sigma^2<\infty\},$$

即 R_2 中的上半平面．

例 1.4.2．设有一堆产品共 N 个（N 已知），其中废品 M 个，

M 未知. 从其中不放回地抽样 n 次. 令 $x_i=0$ 或 1, 视第 i 次抽样的结果为合格品或废品而定, $x=(x_1, \cdots, x_n)$.

这时, 样本空间由形如上述$(x_1, \cdots, x_n)$的一些点构成, 其中每个 x_i 可取 0, 1 两个值, 故 $\mathscr{X}$ 一共包含 2^n 个点. $\mathscr{B}_{\mathscr{X}}$ 为 $\mathscr{X}$ 的一切子集构成. $X=(X_1, \cdots, X_n)$的分布为

$$P_M(X_1=x_1, \cdots, X_n=x_n)=\frac{M}{N}\frac{M-1}{N-1}\cdots\frac{M-(k-1)}{N-(k-1)}$$

$$\cdot\frac{N-M}{N-k}\cdot\frac{N-M-1}{N-k-1}\cdots\frac{N-M-n+k+1}{N-n+1}.$$

其中 k 为 $x_1, \cdots, x_n$ 中 1 的个数. 此处 M 起参数的作用, 参数空间为$\{0, 1, \cdots, N\}$, 共包含 $N+1$ 个点. 在本例中, 各次观察结果 $X_1, \cdots, X_n$ 并非独立.

例 1.4.3. 在理论研究中常采用的一种结构如下: 设 μ 为样本空间$(\mathscr{X}, \mathscr{B}_{\mathscr{X}})$上的一个 σ–有限测度, 假定分布族$\{P_\theta, \theta\in\Theta\}$中每个分布 P_θ 都对 μ 绝对连续: $P_\theta\ll\mu$ 对一切 $\theta\in\Theta$. 这时我们常称分布族为 μ 所控制, 并记为 $\{P_\theta, \theta\in\Theta\}\ll\mu$. 有时我们也用一个统一的记号 $\mathscr{P}$ 来记$\{P_\theta, \theta\in\Theta\}$, 这时可以写 $\mathscr{P}\ll\mu$. 以 $f(x, \theta)$ 记 P_θ 对 μ 的 Radom–Nikodym 导数, 它称为分布 P_θ 对 μ 的密度. 这时, 分布族可以用密度族$\{f(x, \theta), \theta\in\Theta\}$ 的形式给出. 在 μ 需要特别指明时, 可以记为$\{f(x, \theta)d\mu(x), \theta\in\Theta\}$.

这是一个包罗很广的情况. 在 $(\mathscr{X}, \mathscr{B}_{\mathscr{X}})=(R_n, \mathscr{B}_n)$ 而 μ 为 L 测度时, 就是初等统计中常见的情形, 另一常见情况是 $\mathscr{X}$ 为 R_n 中的一个可列集, 而 $\mathscr{B}_{\mathscr{X}}$ 为 $\mathscr{X}$ 的一切子集构成的 σ–域, μ 为其上的计数测度. 上述例 1.4.2 及常见的二项分布族, Poisson 分布族等, 都属于这个情况.

我们这里不涉及在实际问题中应如何选定分布族的问题, 在有些情况, 例如在例 1.4.2 中, 分布族由理论模型本身就确定了. 在多数场合, 这需要对特定应用问题的知识, 而主要并非一个数学问题. 但是, 数学上处理的简单也是一个重要考虑. 在应用中常假定分布族为正态的, 固然不无理论上的依据, 但处理上的简单可

行也是一个原因.

二、判决空间. 在给定了分布族且提出了一定的统计推断问题(如点估计,假设检验等)后,就可根据所抽得的样本来回答所提的问题. 每一个具体的回答都称为一个决定或"判决". 例如,若问题是要估计 $N(a, \sigma^2)$ 中的 a,则 1.5 这个数就是一个判决,它表示"用 1.5 作为 a 的估计"这个决定. 当然,具体作出什么决定,与样本和用的统计方法有关,但在一定问题中,所能作出的判决的全体是事先就明确的. 比方在上面估计 $N(a, \sigma^2)$ 中的 a 的问题中,$(-\infty, \infty)$ 中每个数都有可能拿来估计 a. 因此可能判决的全体是 $(-\infty, \infty)$. 如果由于问题的实际含义使 a 不能取 $\leqslant 0$ 的数,则可能判决的全体为 $(0, \infty)$. 我们称一切可能判决的全体 $\mathscr{D}$ 为"判决空间". 在假设检验问题中,可能作出的决定只有两个:接受或否定所提出的假设,如果把这两个判决分别记为 d_0 和 d_1,则判决空间为 $\mathscr{D}=\{d_0, d_1\}$,只包含两个点. 在区间估计(假定估计一个实参数)中,判决空间 $\mathscr{D}$ 可取为 R_1 的一切有界区间的集合. 或者,也可以令

$$\mathscr{D}=\{[a, b]: -\infty<a<b<\infty\}.$$

而把 $[a, b]$ 看作 R_2 中坐标为 a, b 的一个点. 这时 $\mathscr{D}$ 是 R_2 的一个子集. 当然,也可以对判决加上一些限制,如必须有 $a>0, b>0$,或区间长 $b-a$ 不超过某个指定的 $\delta>0$ 等,这时有相应的判决空间.

一种在应用上常见的情况叫做所谓"多判决问题",这是指判决空间 $\mathscr{D}$ 为一个有限集(元素个数一般大于 2)的情况,如果要从 I 个处理中挑出一个最好的,则 $\mathscr{D}=\{d_1, \cdots, d_I\}$,其中 d_i 表示"第 i 个处理认为是最好的"这个决定. 如果问题是要给这 I 个处理的优劣排一个次序,则 $\mathscr{D}$ 由形如 $d_{i_1 i_2 \cdots i_n}$ 这样一些判决构成,$d_{i_1 i_2 \cdots i_n}$ 表示"认为处理 i_1 最好,i_2 次之,i_3 又次之,$\cdots$,i_n 最差"这个决定. 这时 $\mathscr{D}$ 一共包含 $n!$ 个元素.

判决空间往往直接由实际问题提法就明确了,所以它的选定不是一个大问题. 从数学上说,判决空间无非就是一个集合 $\mathscr{D}$.

为了理论的需要，在 $\mathscr{D}$ 中要给定一个 σ-域 $\mathscr{B}_{\mathscr{D}}$. 最常见的 $\mathscr{D}$ 有两种情况：一是 $\mathscr{D}$ 为欧氏空间或其一 Borel 子集，这时 $\mathscr{B}_{\mathscr{D}}$ 取为 $\mathscr{D}$ 的一切 Borel 子集构成的 σ-域；一是 $\mathscr{D}$ 为一有限集. 这时自然地，$\mathscr{B}_{\mathscr{D}}$ 由 $\mathscr{D}$ 的一切子集构成.

三、损失函数. 设已定了概率分布族 $\{(\mathscr{X}, \mathscr{B}_{\mathscr{X}}, P_\theta), \theta\in\Theta\}$ 与判决空间 $\mathscr{D}$. 不言而喻，在每一具体情况下，$\mathscr{D}$ 中的判决的优劣各个不一. 拿一个最简单的例子来说，设问题是要估计 $N(a, \sigma^2)$ 中的 a. 假定 a 的真实值为 1，那么 2.5 这个判决显然比 10 这个判决好. 如果要作 a 的区间估计，则显然 $[0.5, 1.5]$ 这个判决比 $[-5, 8]$ 这个判决好.

判决函数理论的一个观点是把上面所谈的优劣性数量化. 方法是引进一个依赖于参数值 $\theta\in\Theta$ 和判决 $d\in\mathscr{D}$ 的函数 $L(\theta, d)\geqslant 0$，它解释为"当参数真实值为 θ (即 X 的分布为 P_θ) 而采取的判决为 d 时所造成的损失". 判决愈正确，损失就愈小. 这个函数叫做"损失函数"，它是统计判决理论的基本概念之一. 我们举几个例子来说明这个概念.

例 1.4.4. 设问题是要估计 $N(\theta, 1)$ 中的未知参数 θ. θ 的一切可能值，即参数空间 Θ，为 $(-\infty, \infty)$. 判决空间自然地取为 $\mathscr{D}=(-\infty, \infty)$. 一个可以考虑的损失函数是

$$L(\theta, d)=(\theta-d)^2.$$

当 $d=\theta$ 即估计正确时，损失为 0. 估计 d 与实际值 θ 的距离 $|d-\theta|$ 愈大，损失也愈大.

例 1.4.5. 设问题是要作 $N(\theta, 1)$ 中的未知参数 θ 的区间估计. Θ 仍取为 $(-\infty, \infty)$. $\mathscr{D}$ 可以取为一切有界区间 $[a, b]$ 之集.

当参数真实值为 θ 时，判决 $d=[a, b]$ 的优劣可以从两方面去考虑. 一是 $[a, b]$ 是否包含 θ，一是 $[a, b]$ 之长如何. 前者反映判决的可靠性的一面，后者反映其精确性的一面. 如果 $[a, b]$ 虽包含了 θ 但 $b-a$ 很大，或 $b-a$ 很小但 $[a, b]$ 并不包含 θ，判决 $[a, b]$ 都不见得好，考虑到这两方面，一个可供考虑的损失函数是

$$L(\theta,\ [a,\ b])=\begin{cases}A+B(b-a), & \text{若 } \theta\notin[a,\ b],\\ B(b-a), & \text{若 } \theta\in[a,\ b].\end{cases}$$

这里 $A>0$, $B>0$ 为两个适当选择的常数. 另一个可供选择的损失函数是

$$L(\theta,\ [a,\ b])=|a-\theta|+|b-\theta|.$$

例 1.4.6. 设问题是要检验 $N(\theta,\ 1)$ 中的关于未知参数 θ 的假设 $\theta\leqslant 0$. 这时 $\mathscr{D}=\{d_0,\ d_1\}$, d_0, d_1 分别代表"接受假设"和"否定假设"这两个判决. 一个可供考虑的损失函数是

$$L(\theta,\ d_0)=\begin{cases}0, & \text{当 } \theta\leqslant 0\\ A, & \text{当 } \theta>0,\end{cases}\quad L(\theta,\ d_1)=\begin{cases}B, & \text{当 } \theta\leqslant 0,\\ 0, & \text{当 } \theta>0.\end{cases}$$

其中 $A>0$, $B>0$ 为两个适当选择的常数.

例 1.4.7. 设问题是要从 k 个正态分布 $N(\theta_i,\ 1)$, $i=1,\cdots,k$ 中, 挑出其均值最大的那一个. 这时参数为 $\theta=(\theta_1,\ \cdots,\ \theta_k)$. 假定每个 θ_i 可取 $(-\infty,\ \infty)$ 中任何值, 则参数空间 $\Theta=R_k$. 判决空间 $\mathscr{D}=\{d_1,\ \cdots,\ d_k\}$, 其中 d_i 表示"把第 i 个分布的均值 θ_i 定为最大的"这个判决. 这时, 一个可供选择的损失函数是

$$L(\theta_1,\ \cdots,\ \theta_k;\ d_i)=\max_{1\leqslant j\leqslant k}\theta_j-\theta_i.$$

以上诸例中所提供的损失函数, 都不过是大量可供选择的损失函数的个别例子. 在这里, 我们碰到将判决理论用于实际问题的一个基本困难点: 在每一具体问题中, 如何选择与实际情况符合的损失函数, 因为在一般情况下, 不仅采取一种决定的优劣不见得都能数量化, 即使在那些将其数量化看来是合理的场合, 与该问题具体情况相适应的数量指标, 也不易确定下来. 拿例 1.4.4 来说, 若 θ 真实值为 1 而用 2 去估计它, 在尔后的应用中究竟造成多大损失? 这恐怕不是一个好回答的问题. 由于这个原因, 在选择损失函数时, 往往只能在满足一般的合理性要求的前提下 (例如在例 1.4.4 中, 函数 $L(\theta,\ d)=[1+(\theta-d)^2]^{-1}$ 显然就不能合理地作为损失函数), 选择那些在数学上处理起来比较简单的函数作为损失函数.

不过，也不应当由以上所述就认为，基于损失函数这个概念的判决函数理论没有什么实际意义. 在一些问题中，我们往往并不必须指定损失函数的具体形式，而只需假定它满足一些一般性的要求. 在这种前提下推出的结论就有一定的普遍意义. 比方说，大家都知道在估计正态分布的均值时，样本均值 $\overline{X}$ 是一个好的估计，但是为什么？初等统计不能很充分地回答这个问题. 在估计理论中，证明了 $\overline{X}$ 在很一般的损失函数和种种不同的良好性准则下，都是一个好的估计. 很显然，这使我们对问题得到更深一层的理解.

最后，为了数学论证上的需要，对损失函数要加上一种可测性的要求. 为明确计，我们将严格定义写出如下：

定义 1.4.1. 设参数空间为 Θ 而判决空间为 $(\mathscr{D}, \mathscr{B}_{\mathscr{D}})$. 任一定义在 $\Theta\times\mathscr{D}$ 上的函数 $L(\theta, d)$ 如满足以下两个条件，则称为是损失函数：

a. $0\leqslant L(\theta, d)<\infty$ 对任何 $\theta\in\Theta$ 和 $d\in\mathscr{D}$；

b. 对任何固定的 $\theta\in\Theta$, $L(\theta, d)$ 作为 d 的函数，是 $\mathscr{B}_{\mathscr{D}}$-可测的.

（三）判决函数

在一个具体问题中，我们的任务可归结为在判决空间 $\mathscr{D}$ 中选定一个看来是好的判决 d. d 的好坏取决于损失函数 $L(\theta, d)$ 之值. 若参数真实值 θ 已知，则由 $L(\theta, d)$ 可以知道那一个（或那些）决定是最好的. 知道 θ 等于知道 X 的分布. 既然 X 的分布未知，我们就只能利用样本 x 中所包含的关于 X 的分布的信息，来帮助我们作出选择. 因此，统计推断的任务就在于建立这样一个定义于样本空间 $\mathscr{X}$ 上而取值于 $\mathscr{D}$ 内的函数 $\delta(x)$，使当有了样本 x 时，就采用判决 $\delta(x)$. 这种函数称为“统计判决函数”，其正式定义如下.

定义 1.4.2.（**非随机化统计判决函数**）. 设样本空间为 $(\mathscr{X}, \mathscr{B}_{\mathscr{X}})$，判决空间为 $(\mathscr{D}, \mathscr{B}_{\mathscr{D}})$. 任何定义于 $\mathscr{X}$ 而取值于 $\mathscr{D}$ 的可测

变换 $\delta(x)$ 都叫做一个统计判决函数(简称为判决函数).

这样定义的判决函数称为是"非随机化的",说明见后.

我们不用仔细列举判决函数的具体例子了. 在初等统计中常见的一些估计量, 就是这种例子. 任何一个检验显然也是定义1.4.2之下的一个判决函数. 例如, $X_1, \cdots, X_n$ 为 iid. 样本, $X_1 \sim N(\theta, 1)$. 要检验假设 $H: \theta \leqslant 0$. 初等统计中给出的检验形式为: 定出常数 C, 然后根据 $\bar{X}$ 是否 $\leqslant C$ 而决定是接受还是否定假设 H. 显然, 它可以写为判决函数 ϕ 的形式如下:

$$\phi(x_1, \cdots, x_n) = \begin{cases} d_0, & \text{当 } \bar{x} \leqslant C, \\ d_1, & \text{当 } \bar{x} > C. \end{cases}$$

风险函数. 在一个具体问题中, 可供选择的判决函数很多. 如在估计正态分布均值的问题中, 可以用样本均值, 也可以用样本中位数, 及其他一些估计量. 自然地就产生了比较不同的判决函数的优劣的问题. 为了这个目的, 需要引进某种能反映这种优劣性的数量指标, 下面要定义的风险函数, 就是这样一种指标.

定义 1.4.3. 设样本空间和分布族为 $(\mathscr{X}, \mathscr{B}_{\mathscr{X}}, P_\theta)$, $\theta \in \Theta$, 判决空间为 $(\mathscr{D}, \mathscr{B}_{\mathscr{D}})$, 损失函数为 $L(\theta, d)$, 而 $\delta(x)$ 为一判决函数, 则由下式规定的 θ 的函数 $R(\theta, \delta)$ 称为判决函数 δ 的风险函数

$$\begin{aligned} R(\theta, \delta) &= E_\theta(L(\theta, \delta(X))) \\ &= \int_{\mathscr{X}} L(\theta, \delta(x)) dP_\theta(x), \ \theta \in \Theta. \end{aligned} \tag{1.4.1}$$

也就是说, 风险函数是在采用判决函数 δ 而真实的参数值为 θ 的情况下的平均损失. 显然, 风险愈小, 判决函数就愈好.

需要指出的是, (1.4.1) 右边的积分是有意义的. 由于损失函数 $L \geqslant 0$, 要积分有意义, 只需验明, $L(\theta, \delta(x))$ 作为 x 的函数, 为 $\mathscr{B}_{\mathscr{X}}$ 可测. 由于假定了 $L(\theta, d)$ 作为 d 的函数为 $\mathscr{B}_{\mathscr{D}}$ 可测, 而 $\delta(x)$ 是 $(\mathscr{X}, \mathscr{B}_{\mathscr{X}})$ 到 $(\mathscr{D}, \mathscr{B}_{\mathscr{D}})$ 的可测变换, 立即得出 $L(\theta, \delta(x))$ 作为 x 的函数的 $\mathscr{B}_{\mathscr{X}}$-可测性. 还有, 在公式 (1.4.1) 中, 我们并不排斥积分值为 ∞ 的情况. 因此风险函数在某些 θ 处可能取 ∞ 为值.

最优性准则. 设 δ_1 和 δ_2 为同一问题中的两个判决函数. 如果

$$R(\theta,\ \delta_1)\leqslant R(\theta,\ \delta_2),\quad \text{对任何}\ \theta\in\Theta, \tag{1.4.2}$$

且不等号至少对一个 $\theta\in\Theta$ 成立,则采用判决函数 δ_1 时,其风险总不会超过采用 δ_2 时的风险, 且在某些情况下用 δ_1 的风险确比用 δ_2 时小. 如果我们把风险的大小作为衡量判决函数优劣的唯一依据, 则在上述情况下我们显然没有理由用 δ_2 而不用 δ_1. 因此, 我们称判决函数 δ_1 一致地优于 δ_2.

如果存在一个判决函数 δ^*, 一致地优于其它任何一个判决函数 δ, 则 δ^* 称为问题的一致最优解. 这时, 采用 δ^* 当然就有足够的理由. 但除了某些很特殊的情况. 这种一致最优解一般是不存在的. 因此,必须提出某种要求较宽的准则. 以使比较成为可能.

例如,对任何判决函数 δ, 考虑 $M(\delta)=\sup\limits_{\theta\in\Theta} R(\theta,\ \delta)$ 它表示采用 δ 时所可能遭受的最大风险. 如果在某项应用中, 使这个最大风险尽可能小是很重要的话, 我们就可以制定如下的准则: 若 $M(\delta_1)<M(\delta_2)$, 则称判决函数 δ_1 优于 δ_2; 若某个判决函数 δ^* 满足条件: $M(\delta^*)\leqslant M(\delta)$ 对任意的判决函数 δ, 则称 δ^* 是最优的(在这个准则下). 这个准则叫做 Minimax 准则,而在这准则下的最优判决函数 δ^*, 称为问题的 Minimax 解. 关于 Minimax 解的问题(主要在参数估计理论中)近三十年来在统计文献中有不少讨论.

随机化判决函数. 在前面所下的判决函数定义中,一旦有了样本 x, 就能得出一个确定的判决, 即 $\delta(x)$. 但也可以设想这样一种情况: 当得到样本 x 后, 我们觉得还不足据以选定一个判决 d, 而是,依 x 所提供的"情报"来分析, 有若干个情况在不同程度上都有可能性. 拿一个简单例子来说, 设问题是要检验 $N(\theta,\ 1)$ 中的 $\theta\leqslant 0$ 这个假设 H. 设有 iid. 样本 $X_1,\ \cdots,\ X_n$, 算出 $\overline{X}=0$, 从结果 $\overline{X}=0$ 来看, 它既不能说给 H 的成立提供了足够的支持, 反过来也如此. 也许较为合理的看法是"依所得样本看, H 成立或不成立的可能性是一般大". 如果这时必须作一个决定,我们可以考虑下面的作法：取一个均匀铜板，投掷一次，若出现正面则接受 H，否则就不接受 H. 这个作法反映了上述的看法，即从所得的样本看，H 成立或否的可能性一样大. 这个例子中值得注意的地方是，它引进了关于在作出最后判决时分两步走的想法：先通过对 X 的试验得样本 x. 根据 x，我们对各种可能情况作一个分析，在这个分析的基础上设计一个新试验，由之最后决定取那个判决.

将这个简单例子的想法加以引伸，就得到判决函数概念的一个有用的推广，即所谓随机化判决函数的概念.

定义 1.4.4.（随机化统计判决函数）. 设样本空间为 $(\mathscr{X}, \mathscr{B}_{\mathscr{X}})$，判决空间为 $(\mathscr{D}, \mathscr{B}_{\mathscr{D}})$. 一个定义在 $\mathscr{X}\times\mathscr{B}_{\mathscr{D}}$ 上的函数 $\delta(x, D)$ 称为是一随机化判决函数，若

a. 对任何固定的 $D\in\mathscr{B}_{\mathscr{D}}$, $\delta(x, D)$ 作为 x 的函数是 $\mathscr{B}_{\mathscr{X}}$-可测的；

b. 对任何固定的 $x\in\mathscr{X}$, $\delta(x, D)$ 作为 D 的函数是 $\mathscr{B}_{\mathscr{D}}$ 上的概率测度.

如果采用随机化判决函数 δ，则得出一个判决 d 的过程为：先通过观察 X 得样本 x. 有了 x 后，依据 δ，得定义于 $\mathscr{B}_{\mathscr{D}}$ 上的概率测度 $\delta(x, D)$. 然后，依据这个概率测度，随机地在 $\mathscr{D}$ 内选取一个判决. 这意思是：对任何 $D\in\mathscr{B}_{\mathscr{D}}$，"$D$ 内的某一个判决被挑出"这个事件的概率为 $\delta(x, D)$. 显然，前面定义的非随机化判决函数是此处的特例，即：对任何 $x\in\mathscr{X}$，概率分布 $\delta(x, D)$ 集中在 $\mathscr{D}$ 中的一个点上（这个点当然与 x 有关，且就是定义 1.4.2 中的 $\delta(x)$）.

可能要问：引进这样一种抽象的，且看来有点不大自然的概念，究竟有多大意义. 在我们叙述的目前阶段，还不能引用更多的具体材料来说明这个问题. 我们只指出：引进这个概念在理论上有一定的方便. 以后我们将在几个场合下看到这一点. 从应用的观点看，也许可以说，难于设想这种判决函数会用到实际工作中去. 目下，我们举一个简单例子使读者相信，这个概念至少在某些理论性问题中，能提供一些新的东西.

例 1.4.8. 设有一个铜板，只知道它在投掷时，出现正面的概率是 $\frac{1}{4}$ 和 $\frac{3}{4}$ 这二者之一，但不知是那一个. 现在将铜板投掷两次而记下了出现正面的次数 X. 要根据这个结果来对 $\frac{1}{4}$ 和 $\frac{3}{4}$ 这两个值作一选择.

在本例中，样本空间为 $\mathscr{X}=\{0, 1, 2\}$. 参数空间和判决空间都是 $\left\{\frac{1}{4}, \frac{3}{4}\right\}$. 分布族中包含两个分布，分别为

$$P_{\frac{1}{4}}(X=0)=\frac{9}{16},\ P_{\frac{1}{4}}(X=1)=\frac{6}{16},\ P_{\frac{1}{4}}(X=2)=\frac{1}{16};$$

$$P_{\frac{3}{4}}(X=0)=\frac{1}{16},\ P_{\frac{3}{4}}(X=1)=\frac{6}{16},\ P_{\frac{3}{4}}(X=2)=\frac{9}{16}.$$

损失函数可取为

$$L\left(\frac{1}{4}, \frac{1}{4}\right)=L\left(\frac{3}{4}, \frac{3}{4}\right)=0,\ L\left(\frac{1}{4}, \frac{3}{4}\right)=L\left(\frac{3}{4}, \frac{1}{4}\right)=1.$$

如果采用非随机化判决，那么在 $x=0$ 和 $x=2$ 时，当然应分别取判决 $\frac{1}{4}$ 和 $\frac{3}{4}$，而当 $x=1$ 时，则既可取 $\frac{1}{4}$ 也可取 $\frac{3}{4}$. 因此在本例中，合理的非随机化判决函数有两个，分别为

$$\delta_1(0)=\frac{1}{4},\quad \delta_1(1)=\frac{1}{4},\quad \delta_1(2)=\frac{3}{4};$$

$$\delta_2(0)=\frac{1}{4},\quad \delta_2(1)=\frac{3}{4},\quad \delta_2(2)=\frac{3}{4}.$$

计算 δ_1, δ_2 的风险函数，例如

$$R\left(\frac{1}{4},\ \delta_1\right)=P_{\frac{1}{4}}(\delta_1(X)=2)=\frac{1}{16}.$$

$$R\left(\frac{3}{4},\ \delta_1\right)=P_{\frac{3}{4}}(\delta_1(X)=0\ \text{或}\ 1)=\frac{7}{16}.$$

同样算得 $$R\left(\frac{1}{4},\ \delta_2\right)=\frac{7}{16},\ R\left(\frac{3}{4},\ \delta_2\right)=\frac{1}{16}.$$

如果按 Minimax 准则，则因

$$\max\left\{R\left(\frac{1}{4},\ \delta_1\right),\ R\left(\frac{3}{4},\ \delta_1\right)\right\}$$

$$=\max\left\{R\left(\frac{1}{4},\ \delta_2\right),\ R\left(\frac{3}{4},\ \delta_2\right)\right\}=\frac{7}{16}$$

这两个判决函数分不出优劣.

现取随机化判决函数 δ 如下:

$$\delta\left(0,\ \left\{\frac{1}{4}\right\}\right)=\delta\left(2,\ \left\{\frac{3}{4}\right\}\right)=1,$$

$$\delta\left(1,\ \left\{\frac{1}{4}\right\}\right)=\delta\left(1,\ \left\{\frac{3}{4}\right\}\right)=\frac{1}{2}.$$

则易见

$$R\left(\frac{1}{4},\ \delta\right)=\frac{9}{16}\times 0+\frac{6}{16}\times\frac{1}{2}\times 1+\frac{1}{16}\times 1=\frac{1}{4},$$

$$R\left(\frac{3}{4},\ \delta\right)=\frac{1}{16}\times 1+\frac{6}{16}\times\frac{1}{2}\times 1+\frac{9}{16}\times 0=\frac{1}{4},$$

故 $\max\left\{R\left(\frac{1}{4},\ \delta\right),\ R\left(\frac{3}{4},\ \delta\right)\right\}=\frac{1}{4}$, 比 $\frac{7}{16}$ 小. 因此, 在 Minimax 准则之下, δ 比 δ_1 和 δ_2 都好.

随机化判决函数的风险函数. 设样本空间和分布族为 $\{(\mathscr{X},\ \mathscr{B}_{\mathscr{X}},\ P_\theta),\ \theta\in\Theta\}$, 判决空间为 $(\mathscr{D},\ \mathscr{B}_{\mathscr{D}})$, 损失函数为 $L(\theta,\ d)$, 要计算随机化判决函数 $\delta=\delta(x,\ D)$ 的风险函数 $R(\theta,\ \delta)$.

易见在抽得样本 x 的条件下, δ 的条件风险为

$$R(\theta,\ \delta|x)=\int_{\mathscr{D}} L(\theta,\ \omega)\delta(x,\ d\omega). \tag{1.4.3}$$

ω 为 $\mathscr{D}$ 中的流动点. 因此, 注意到 X 服从分布 P_θ, 得

$$R(\theta,\ \delta)=\int_{\mathscr{X}} R(\theta,\ \delta|x)dP_\theta(x)$$

$$=\int_{\mathscr{X}} dP_\theta(x)\left[\int_{\mathscr{D}} L(\theta,\ \omega)\delta(x,\ d\omega)\right], \tag{1.4.4}$$

要这个定义有效, 必须验证: (1.4.3) 和 (1.4.4) 的积分都有意义. 由于所涉及的函数都非负, 只需验证有关函数的可测性. $L(\theta,\ \omega)$ 作为 ω 的函数为 $\mathscr{B}_{\mathscr{D}}$-可测, 这在损失函数的定义中已有

假定．故积分(1.4.3)有意义．要证(1.4.4)中的积分有意义，要验证，$R(\theta,\ \delta|x)$作为x的函数为$\mathscr{B}_{\mathscr{X}}$-可测．也就是说，对任何非负$\mathscr{B}_{\mathscr{D}}$-可测的$f(\omega)$，函数

$$g(x)=\int_{\mathscr{D}}f(\omega)\delta(x,\ d\omega)$$

为$\mathscr{B}_{\mathscr{X}}$-可测．当$f(\omega)=I_D(\omega)$，$D\in\mathscr{B}_{\mathscr{D}}$时，$g(x)=\delta(x,\ D)$为$\mathscr{B}_{\mathscr{X}}$-可测，这一点在随机化判决函数的定义中已要求了，于是按例行的证法，由此推到$f(\omega)$为非负简单$\mathscr{B}_{\mathscr{D}}$-可测，为非负$\mathscr{B}_{\mathscr{D}}$-可测及一般的$\mathscr{B}_{\mathscr{D}}$-可测的情况$\left(\text{当然，要求对任何}x\in\mathscr{X}\text{积分}\int_{\mathscr{D}}f(\omega)\delta(x,\ d\omega)\text{有意义}\right)$．

§1.5. 充分统计量

(一) 统计量

统计问题的原始资料是样本x．x一般有$(x_1,\ \cdots,\ x_n)$的形式，每个x_i都是一个实数．在解决一个具体问题时，往往需要从这些数据$x_1,\ \cdots,\ x_n$算出一些有关的量，通过它们去解决所提出的问题．这个概念，凡是接触过一点初等统计的人都是清楚的．拿最常见的一个问题来说，设$x=(x_1,\ \cdots,\ x_n)$，$x_1,\ \cdots,\ x_n$为iid.样本，x_i的分布为$N(a,\ \sigma^2)$．需要估计a和σ^2．这时我们从样本算出

$$\overline{X}=\frac{1}{n}\sum_{i=1}^{n}x_i,\quad s^2=\frac{1}{n-1}\sum_{i=1}^{n}(x_i-\overline{X})^2.$$

拿它们去估计a和σ^2，如果要求a的区间估计，则常采用形如$[\bar{x}-cs,\ \bar{x}+cs]$的区间($c$为适当选择的与$n$有关的常数)．这里$\overline{X}$和$s^2$都是通过原始样本$x=(x_1,\ \cdots,\ x_n)$算出的量．这种量就叫做统计量．必需明确的是，统计量只能与样本有关，而不能依赖未知的参数θ．拿上例来说，$\frac{1}{n}\sum\limits_{i=1}^{n}(x_i-a)^2$就不是一个统计量，因

为它依赖未知的参数 a，我们无法从样本 $x=(x_1, \cdots, x_n)$ 算出 $\frac{1}{n}\sum_{i=1}^{n}(x_i-a)^2$ 之值．但是，如果在某个问题中 a 认为是已知的，则 $\frac{1}{n}\sum_{i=1}^{n}(x_i-a)^2$ 就可以作为一个统计量．

在前节中我们定义了非随机化判决函数 $\delta(x)$．它是定义于样本空间 $\mathscr{X}$ 上取值于判决空间 $\mathscr{D}$ 的函数．一旦有了样本 x，就可算出 $\delta(x)$．虽然 $\delta(x)$ 不必是一实数或实向量，但这无关紧要．因为统计量定义中最重要的一点是它只与样本 x 有关．所以，一切非随机化判决函数都是统计量．由此看出，在统计推断理论中，我们主要就是和种种统计量打交道．即使对 X 进行观察的目的主要不在于尔后进行统计推断，但单纯为了适当地描述抽样的结果，常常也有必要使用统计量，最简单的如平均数、百分比之类，以便清楚地把本质的东西反映出来．

下面我们给统计量下一个正式的定义．

定义 1.5.1．设样本空间为 $(\mathscr{X}, \mathscr{B}_{\mathscr{X}})$，$(\mathscr{T}, \mathscr{B}_{\mathscr{T}})$ 为一可测空间．从 $(\mathscr{X}, \mathscr{B}_{\mathscr{X}})$ 到 $(\mathscr{T}, \mathscr{B}_{\mathscr{T}})$ 的一个可测变换 $t(x)$ 称为统计量．

在这个一般定义中有两点值得注意：一是虽在绝大多数实用问题及很多理论问题中，$(\mathscr{X}, \mathscr{B}_{\mathscr{X}})$ 和 $(\mathscr{T}, \mathscr{B}_{\mathscr{T}})$ 都是欧氏的，但统计量的定义中并不要求这一点，举一个例．

例 1.5.1．设 $(\mathscr{X}, \mathscr{B}_{\mathscr{X}})$ 为样本空间，$\{P_\theta, \theta\in\Theta\}$ 为其上的一族概率分布．设 μ 为 $\mathscr{B}_{\mathscr{X}}$ 上的 σ-有限测度，而 $\{P_\theta, \theta\in\Theta\}\ll\mu$，记 $f(x, \theta)=dP_\theta(x)/d\mu$．

以 $\mathscr{T}$ 记一切定义于 Θ 上的实值函数的全体所成的空间．定义一个由 $\mathscr{X}$ 到 $\mathscr{T}$ 的变换如下：$x\to f_x(\theta)$，其中 $f_x(\theta)=f(x, \theta)$，$\theta\in\Theta$．为了要这个变换（记为 $t(x)$）成为一个统计量，必须在 $\mathscr{T}$ 中引进一个适当的 σ-域．在这里没有一个显然的选择，我们可以这样办：称 $D\in\mathscr{B}_{\mathscr{T}}$，若 $\{x: t(x)\in D\}\in\mathscr{B}_{\mathscr{X}}$．由一切这样的 D 所构成的 $\mathscr{B}_{\mathscr{T}}$ 显然是 σ-域，而 $t(x)$ 显为 $(\mathscr{X}, \mathscr{B}_{\mathscr{X}})$ 到 $(\mathscr{T}, \mathscr{B}_{\mathscr{T}})$ 的可测变换，因此在建立这个结构后，$t(x)$ 可以看作是一个统计量．然而它所取的值是函数．

另一点值得注意的是在定义一个统计量时，需要指出相应的 $\mathscr{B}_{\mathscr{T}}$. 可以举出这样的例子，其中 $\mathscr{X}$, $\mathscr{B}_{\mathscr{X}}$, $\mathscr{T}$ 和 $t(x)$ 都一样，$\mathscr{B}_{\mathscr{T}}$ 不一样，而统计量的性质有重大差别. 不过，在最常见的情况中，$t(x)$ 总是在欧氏空间中取值，这时 $\mathscr{B}_{\mathscr{T}}$ 总选择为相应的 $\mathscr{B}_m$, 因而不致发生上述问题.

设在样本空间 $(\mathscr{X}, \mathscr{B}_{\mathscr{X}})$ 上定义了一族概率分布 $\{P_\theta, \theta\in\Theta\}$, $t(x)$ 为统计量，把 $(\mathscr{X}, \mathscr{B}_{\mathscr{X}})$ 变到 $(\mathscr{T}, \mathscr{B}_{\mathscr{T}})$, 则 $\{P_\theta, \theta\in\Theta\}$ 通过 $t(x)$, 在 $(\mathscr{T}, \mathscr{B}_{\mathscr{T}})$ 上导出了一族概率分布 $\{P_\theta^T, \theta\in\Theta\}$: $P_\theta^T(B)=P_\theta(t^{-1}(B))$ 对任何 $B\in\mathscr{B}_{\mathscr{T}}$ 及 $\theta\in\Theta$. 有时为了避免混淆，也用 P_θ^X 来记 X 的概率分布，但不必拘泥于此. 具体地（根据 $\{P_\theta, \theta\in\Theta\}$ 和 $t(x)$）定出这个导出分布是统计理论中一个重要的然而往往是很困难的问题.

（二）充分统计量的概念

充分统计量的概念是数理统计的重要的基本概念之一. 为了使这个比较难的概念接受起来容易些，我们先作一些直观性的解释，然后再给出它的严格定义.

设给了 $(\mathscr{X}, \mathscr{B}_{\mathscr{X}}, P_\theta)$, $\theta\in\Theta$, $t(x)$ 为一个统计量，取值于 $(\mathscr{T}, \mathscr{B}_{\mathscr{T}})$. t 的概率分布为族 $\{P_\theta^T, \theta\in\Theta\}$. 统计量 $t(x)$ 可以看成是对原始资料即样本 x 的一种加工. 设想我们在经过这个加工后，就把原始资料 x 丢掉，而只保留了 $t(x)$. 这在数学上说，无异乎用新的概率空间 $(\mathscr{T}, \mathscr{B}_{\mathscr{T}}, P_\theta^T)$, $\theta\in\Theta$ 代替原来的 $(\mathscr{X}, \mathscr{B}_{\mathscr{X}}, P_\theta)$, $\theta\in\Theta$. 一大堆原始资料 x 经过加工成比较简单的 $t(x)$ 后（例如，把 100 个数据加工为其算术平均），可以设想一般说来在信息上会有所损失，即在原始资料 x 中所包含的某些有关 X 的分布，或换句话说，有关参数 θ 的信息，经过将 x 加工为 $t(x)$ 后丧失了. 这意味着，从 $(\mathscr{T}, \mathscr{B}_{\mathscr{T}}, P_\theta^T)$, $\theta\in\Theta$ 这个模型出发对 θ 进行推断，在质量上达不到从原始模型出发所作的推断. 但是，也可能把 x 加工为 $t(x)$ 时抓住了问题的实质，即 $t(x)$ 中保存了 x 中所含（关于 θ）的全部信息，丢掉的只是一些无关要旨的东西. 如果一个统计量

$t(x)$ 满足这个条件，它就称为充分的.

下面的例子也许有助于读者的理解.

例1.5.2. 一事件 A 的概率为 θ, $0\leqslant\theta\leqslant1$. 作 n 次独立试验，第 i 次试验的结果为 X_i, $X=(X_1, \cdots, X_n)$, 其中 $X_i=1$ 或 0, 视第 i 次试验中事件 A 出现与否而定. 这时样本空间 $\mathscr{X}$ 包含 2^n 个点 $(x_1, \cdots, x_n)$，每个 x_i 可取 0 和 1. 分布族为

$$\begin{aligned}P_\theta(X=x)&=P_\theta(X_1=x_1, \cdots, X_n=x_n)\\&=\theta^m(1-\theta)^{n-m}, \ 0\leqslant\theta\leqslant1.\end{aligned} \tag{1.5.1}$$

其中 m 为 $x_1, \cdots, x_n$ 中 1 的个数.

现在考虑 $t(x)=x_1+\cdots+x_n$, 即事件 A 在 n 次试验中一共出现的次数. 从直观上看有充分的理由认为：这个统计量包含了原始数据 $x=(x_1, \cdots, x_n)$ 中所含的有关 θ 的全部信息，因为 $(x_1, \cdots, x_n)$ 比 $t(x)$ 更详细的地方，在于它指出了事件 A 是在那几次试验中发生的，由于各次试验是在同样条件下独立地进行的，在知道了 A 出现的总次数后，再知道上述细节看来不会帮助我们对 θ 的了解. 就是说，有理由认为 t 是充分统计量.

t 的样本空间为 $\mathscr{T}=\{0, 1, \cdots, n\}$，其分布为二项分布：

$$P_\theta^T(t=k)=\binom{n}{k}\theta^k(1-\theta)^{n-k}, \ k=0, 1, \cdots, n, \ 0\leqslant\theta\leqslant1. \tag{1.5.2}$$

这样，采用统计量 $t(x)$，等于用 $\mathscr{T}$ 代替原来的 $\mathscr{X}$，而以(1.5.2)代替(1.5.1). 我们预期，虽然经过这个简化，x 中包含的有关 θ 的信息并无任何丧失.

明白了以上所述，我们就可以进一步分析这个问题：统计量 t 必须满足什么条件才能有上述意义下的充分性？可以设想这样一个模式：

x 中所含的信息 $=t$ 中所含的信息 $+$ 在知道 t 以后，

x 中尚含有的剩余信息. (1.5.3)

拿一个最简单的情况来讨论. 设 X, Y 都是一维变量，其联合密

度为$f_\theta(x, y)$，θ为参数．以$f_\theta(x)$和$f_\theta(y|x)$记X的密度和在给定$X=x$时Y的条件密度，则$f_\theta(x, y)=f_\theta(x)f_\theta(y|x)$．由于$(x, y)$中所含$\theta$的信息全总结在密度$f_\theta(x, y)$中，也就是说，全包含在$f_\theta(x)f_\theta(y|x)$中．知道了$x$相当于在分布族$\{f_\theta(x)\}$中作了抽样，因而有关$f_\theta(x)$的那部分信息全在$x$中．这样就本例而言，(1.5.3)右边第二项应该是指在$f_\theta(y|x)$中的信息．知道y相当于在分布族$\{f_\theta(y|x)\}$作了抽样．如果$f_\theta(y|x)$确与θ有关，则y中自然可能包含有关θ的信息，反过来，若$f_\theta(y|x)$与θ无关，则y相当于（在已知x的条件下）从一与θ无关的已知分布中的抽样．这种样本中自然不会包含θ的任何信息．因此在这个简单例子中，将原始样本(x, y)加工为x后信息是否丧失，就看$f_\theta(y|x)$是否与θ有关．

将这个简单例子加以引伸，就得到充分统计量的一般定义．那就是，只有在给定t时X的条件分布与θ无关，t才是充分的．事实上，从上述分析可知，正是在这个条件分布中包含了(1.5.3)右边第二项所述的剩余信息．当这条件分布与θ无关时，剩余信息不存在，而x所含有关θ的信息，全包含在$t(x)$中．

这样，应用§1.3中所叙述的条件概率的理论，可将充分统计量的严格定义给出如下：

定义1.5.2.（充分统计量的定义）． 设有$(\mathscr{X}, \mathscr{B}_{\mathscr{X}}, P_\theta)$，$\theta\in\Theta$，$t(x)$为统计量，取值于$(\mathscr{T}, \mathscr{B}_{\mathscr{T}})$，$\{P_\theta^T, \theta\in\Theta\}$为导出分布族．如果存在一个与$\theta$无关的$P(A|t)$（定义于$\mathscr{B}_{\mathscr{X}}\times\mathscr{T}$），致

a．对固定的$A\in\mathscr{B}_{\mathscr{X}}$，$P(A|t)$作为$t$的函数（取值于$R_1$），为$\mathscr{B}_{\mathscr{T}}$-可测的．

b．对任何$A\in\mathscr{B}_{\mathscr{X}}$，$B\in\mathscr{B}_{\mathscr{T}}$及$\theta\in\Theta$，有

$$P_\theta(A\cap t^{-1}(B))=\int_B P(A|t)dP_\theta^T(t), \tag{1.5.4}$$

则称t为一充分统计量（更确切地，关于分布族$\{P_\theta, \theta\in\Theta\}$的充分统计量）考虑到§1.3中所给条件概率的定义，这无异乎说，当X的分布为P_θ时，$P(A|t)$是给定t时X的条件概率分布，对任

何 $\theta\in\Theta$ 都对. 因为 $P(A|t)$ 与 θ 无关，这就是说，在给定(知道) t 后，X 的条件分布已不再和 θ 有关. 这样，定义 1.5.2 以精确的数学语言表达了前面所作的直观分析的要点.

当 $(\mathscr{X}, \mathscr{B}_{\mathscr{X}})$ 为欧氏样本空间时，在定理 1.3.1 中我们证明了正则条件概率存在. 类似的结果在这里也成立.

定理 1.5.1. 在定义 1.5.2 的记号下，若 t 为充分统计量且 $(\mathscr{X}, \mathscr{B}_{\mathscr{X}})$ 为欧氏样本空间，则存在 $P(A|t)$，除满足定义 1.5.2 中的条件 a, b 外，还满足如下的条件：对任何 $t\in\mathscr{T}$，$P(A|t)$ 作为 A 的函数，是 $\mathscr{B}_{\mathscr{X}}$ 上的概率测度.

证. 本定理的证明与定理 1.3.1 的证明完全一样，只需注意，由于 t 的充分性，(1.3.20) 所定义的 $F(a_1, \cdots, a_n; t)$ 及由此导出的 $F(A, t)$ 等，都与 θ 无关.

下面考虑两个例子.

例 1.5.3. 考虑例 1.5.2. 易见

$$
\begin{aligned}
P_\theta(X=x|t(x)=t_0) &= P_\theta(X_1=x_1, \cdots, X_n=x_n|t(x)=t_0)\\
&= P_\theta\left(\sum_{i=1}^n X_i=t_0, X_1=x_1, \cdots, X_n=x_n\right)\Big/ P_\theta\left(\sum_{i=1}^n X_i=t_0\right)\\
&= \begin{cases} 0, \text{ 若 } x_1+\cdots+x_n\neq t_0,\\ \theta^{t_0}(1-\theta)^{n-t_0}\Big/\binom{n}{t_0}\theta^{t_0}(1-\theta)^{n-t_0}=\binom{n}{t_0}^{-1},\\ \qquad\qquad \text{若 } x_1+\cdots+x_n=t_0. \end{cases}
\end{aligned}
$$

这与 θ 无关，因此依定义 1.5.2, $t(x)$ 是充分统计量.

例 1.5.4. (次序统计量的充分性). 考虑例 1.3.3 的情况，其中 $x=(x_1, \cdots, x_n)$，样本空间为 $(\mathscr{X}, \mathscr{B}_{\mathscr{X}})=(R_n, \mathscr{B}_n)$. $(\mathscr{T}, \mathscr{B}_{\mathscr{T}})$ 的意义如在例 1.3.3 中说明的，$t(x)=t(x_1, \cdots, x_n)=(x_{(1)}, \cdots, x_{(n)})$，$x_{(1)}, \cdots, x_{(n)}$ 的意义也见该例. 这个重要的统计量 $t(x)$ 称为"次序统计量"，在统计中有许多应用(参看 § 6.1).

设 $\{P_\theta, \theta\in\Theta\}$ 为定义在 $\mathscr{B}_{\mathscr{X}}$ 上的一族概率分布，对任何 $\theta\in\Theta$，测度 P_θ 为对称测度 (见例 1.3.3 前面的说明)，这时，如在例 1.3.3 中证明的，对任何定义于 $\mathscr{X}$ 上的、积分 $\int_{\mathscr{X}} f(x)dP_\theta(x)$ 存在

的函数 f, $E_\theta(f(X)|t)$ 等于一个与 θ 无关的 $g(t)$ (见 (1.3.10)). 特别, 取 $f(x)=I_A(x)$ $(A\in\mathscr{B}_{\mathscr{X}})$, 看出 $P_\theta(A|t)$ 与 θ 无关. 因此, 在分布族$\{P_\theta,\ \theta\in\Theta\}$对称时, 次序统计量 t 是充分统计量. 特别, 若 $X=(X_1,\ \cdots,\ X_n)$, 而 $X_1,\ \cdots,\ X_n$ 为 iid., 则 X 的分布显然对称, 由此推知, iid. 样本的次序统计量必为充分的.

由以上两例看到, 要证明一统计量的充分性, 如直接从定义出发, 则涉及复杂的条件概率的计算, 这是很不方便的. 以下在(四)中, 我们要指出一个很强有力的判定充分性的定理, 由之可以很容易地验证许多常见统计量的充分性, 因此, 我们把其它例子留到那里去考虑.

在结束这一段以前我们指出一个简单事实:

引理 1.5.1. 若 $t(X)$ 在分布族 $\{(\mathscr{X},\ \mathscr{B}_{\mathscr{X}},\ P_\theta),\ \theta\in\Theta\}$之下为充分统计量而 $\Theta'\subset\Theta$, 则它在分布族$\{(\mathscr{X},\ \mathscr{B}_{\mathscr{X}},\ P_\theta),\ \theta\in\Theta'\}$ 之下, 也是充分统计量.

这显然是定义 1.5.2 的直接推论.

(三) 充分性原则

前面我们给出了充分统计量的严格定义, 这个定义的直观背景, 就是在于"$t(x)$ 保留了 x 中所含关于 θ 的全部信息量"一语. 然而, 在前面我们并未给"信息量"这个概念下严密的数学定义. 我们只是借用这个笼统的带直观性的概念, 然后就转到给定 t 时 X 的条件分布的考虑. 在这一段中我们要更仔细地分析一下这个问题, 从而从另一个侧面对充分统计量这个重要概念获得更深一层的理解.

我们指出过: 引进统计量 t 相当于把原来的 $(\mathscr{X},\ \mathscr{B}_{\mathscr{X}},\ P_\theta)$, $\theta\in\Theta$ 弃置不顾, 而改从$(\mathscr{T},\ \mathscr{B}_{\mathscr{T}},\ P_\theta^T)$, $\theta\in\Theta$ 出发. 设给了一定的统计判决问题(这意味着给定了一定的判决空间, 损失函数等等), 在原模型下取任一个判决函数 δ, 可算出其风险函数 $R(\theta,\ \delta)$. 在新模型(即$(\mathscr{T},\ \mathscr{B}_{\mathscr{T}},\ P_\theta^T)$, $\theta\in\Theta$) 下取任一判决函数 δ^*, 也可算出其风险函数 $R(\theta,\ \delta^*)$. 如果对原模型下任一判决函数 δ, 必存在

新模型下的一个判决函数 δ^*, 致

$$R(\theta, \delta) \geqslant R(\theta, \delta^*) \quad 对一切 \theta \in \Theta.$$

那么，就所提的问题而言，凡是从原模型出发所能作到的一切，从新模型出发也能作到. 如果这个情况对任何统计判决问题(当然，指关于推断 θ 的问题)都成立，那么，用新模型 $(\mathscr{T}, \mathscr{B}_{\mathscr{T}}, P_\theta^T)$, $\theta \in \Theta$ 代替原模型 $(\mathscr{X}, \mathscr{B}_{\mathscr{X}}, P_\theta)$, $\theta \in \Theta$, 不会使我们在任何有关 θ 的推断问题中处于更不利的地位，这时我们就有充分理由说，$t(x)$ 保留了 x 中有关 θ 的所有信息. 如果情况不是如此，那么在换成新模型后，在某些关于 θ 的推断问题中，可能就达不到在原模型中本来能达到的良好结果. 这时就没有理由认为，$t(x)$ 保留了 x 中所包含的有关 θ 的全部信息.

下面我们要证明：如果许可使用随机化判决函数，那么当一统计量在定义 1.5.2 之下为充分时，它必然在刚才所述的意义下保留了 x 中所含的全部信息. 这个重要结果就是所谓"充分性原则".

定理 1.5.2. (充分性原则). $(\mathscr{X}, \mathscr{B}_{\mathscr{X}}, P_\theta)$, $\theta \in \Theta$, $t(x)$, $(\mathscr{T}, \mathscr{B}_{\mathscr{T}}, P_\theta^T)$, $\theta \in \Theta$ 的意义如前. 假定定理 1.5.1 中所述的正则条件概率存在. $(\mathscr{D}, \mathscr{B}_{\mathscr{D}})$ 为判决空间, $L(\theta, d)$ 为损失函数. 则对任何判决函数 $\delta(x, D)$, 必存在判决函数 $\delta^*(t, D)$, 致

$$R(\theta, \delta^*) = R(\theta, \delta), \quad 对一切 \theta \in \Theta.$$

证. 以 $Q(A, t)$ 记定理 1.5.1 中提到的正则条件概率. 设给定了 $\delta(x, D)$. 定义 $\delta^*(t, D)$ 如下：

$$\delta^*(t, D) = \int_{\mathscr{X}} \delta(x, D) Q(dx, t).$$

容易看出，$\delta^*(t, D)$ 的确满足我们在前面所给的随机化判决函数的定义. 实际上，第一个条件，即给定 t 时 $\delta^*(t, D)$ 为 $\mathscr{B}_{\mathscr{D}}$ 上的概率测度，直接由 $\delta(x, D)$ 为随机化判决函数得出. 第二个条件，即给定 $D \in \mathscr{B}_{\mathscr{D}}$ 时 $\delta^*(t, D)$ 为 t 的 $\mathscr{B}_{\mathscr{T}}$-可测函数，易由前面几次使用过的例行推理方法得出.

由公式(1.4.4)有

$$
\begin{aligned}
R(\theta, \delta^*) &= \int_{\mathscr{T}} dP_\theta^T(t) \int_{\mathscr{D}} L(\theta, \omega)\delta^*(t, d\omega) \\
&= \int_{\mathscr{D}} L(\theta, \omega) \int_{\mathscr{T}} \delta^*(t, d\omega) dP_\theta^T(t) \\
&= \int_{\mathscr{D}} L(\theta, \omega) \int_{\mathscr{T}} \left[\int_{\mathscr{X}} \delta(x, d\omega) Q(dx, t) \right] dP_\theta^T(t) \\
&= \int_{\mathscr{D}} L(\theta, \omega) \int_{\mathscr{X}} \delta(x, d\omega) \int_{\mathscr{T}} Q(dx, t) dP_\theta^T(t).
\end{aligned} \tag{1.5.5}
$$

由于被积函数都非负，以上积分次序的变化依 Fubini 定理是合法的. 但由 Q 的意义，有

$$
\int_{\mathscr{T}} Q(dx, t) dP_\theta^T(t) = P_\theta(dx) = dP_\theta(x).
$$

以此代入(1.5.5)，得

$$
\begin{aligned}
R(\theta, \delta^*) &= \int_{\mathscr{D}} L(\theta, \omega) \int_{\mathscr{X}} \delta(x, d\omega) dP_\theta(x) \\
&= \int_{\mathscr{X}} dP_\theta(x) \int_{\mathscr{D}} L(\theta, \omega) \delta(x, d\omega).
\end{aligned} \tag{1.5.6}
$$

依公式(1.4.4)，(1.5.6)的右边就是 $R(\theta, \delta)$，因此

$$
R(\theta, \delta^*) = R(\theta, \delta), \text{ 对任何 } \theta \in \Theta.
$$

从而证明了所要的定理.

很容易举例说明：如果只允许非随机化的判决函数，则定理 1.5.2 中所表述的充分性原则不必成立.

例 1.5.5. 考虑例 1.4.8，但作如下的改变，就是样本包含两次试验的结果而不止是两次投掷出现正面的和，这时样本空间包含四个点(HH, HT, TH, TT)，其中例如，HT 表“第一次出正面，第二次出反面”这个结果，余类推. 其他没有变化. 这时，分布族中的两个分布变为

$$
P_{\frac{1}{4}}(HH) = \frac{1}{16},\ P_{\frac{1}{4}}(HT) = P_{\frac{1}{4}}(TH) = \frac{3}{16},\ P_{\frac{1}{4}}(TT) = \frac{9}{16};
$$

$$
P_{\frac{3}{4}}(HH) = \frac{9}{16},\ P_{\frac{3}{4}}(HT) = P_{\frac{3}{4}}(TH) = \frac{3}{16},\ P_{\frac{3}{4}}(TT) = \frac{1}{16}.
$$

引进统计量 t：t = 两次投掷出现正面之和，易见 t 为充分统计量.

这根据例 1.5.3 及引理 1.5.1 立即得出，也很易直接验证. 在转化到 t 后，问题就回到与例 1.4.8 完全一样的情形，在那里我们已见到，若只允许非随机化判决函数，则任何判决函数的最大风险不能低于 $\frac{7}{16}$. 然而，如果从本例所给的模型出发，取判决函数 δ 如下：

$$\delta(HH)=\delta(HT)=\frac{3}{4},\ \delta(TH)=\delta(TT)=\frac{1}{4}.$$

则很易算出，δ 的最大风险只是 $\frac{1}{4}$，比 $\frac{7}{16}$ 小. 因此，在原模型下能做到的事情，在新模型下不一定能作到.

如在例 1.4.8 中指出的，若允许随机化，则从 t 出发也可把最大风险降到 1/4.

（四）充分性判定准则——分解定理

前面已指出，直接用定义 1.5.2 验证统计量的充分性是不方便的. 下面的定理在很普遍的情况下给出了充分性的简单验证方法，是一个很重要的结果.

定理 1.5.3.（分解定理）. 设 $(\mathscr{X},\ \mathscr{B}_{\mathscr{X}},\ P_\theta)$，$\theta\in\Theta$ 为 X 的样本空间和分布族，$t(x)$ 为统计量，取值于 $(\mathscr{T},\ \mathscr{B}_{\mathscr{T}})$. 设 $\{P_\theta,\ \theta\in\Theta\}\ll\mu$，$\mu$ 为 $\mathscr{B}_{\mathscr{X}}$ 上的 σ-有限测度，记 $f(x,\ \theta)=dP_\theta(x)/d\mu$. 则 t 为充分统计量的充要条件是：存在定义于 $\mathscr{X}$ 上的非负 $\mathscr{B}_{\mathscr{X}}$-可测函数 $h(x)$ 及定义于 $\mathscr{T}\times\Theta$ 上的函数 $g(t,\ \theta)$，使对任何固定的 $\theta\in\Theta$，$g(t,\ \theta)$ 为 t 的非负 $\mathscr{B}_{\mathscr{T}}$-可测函数，致

$$f(x,\ \theta)=g(t(x),\ \theta)h(x),\quad (\text{a. e. }\mu),\qquad (1.5.7)$$

对任何 $\theta\in\Theta$（例外集可与 θ 有关）.

由 (1.5.7) 看到，密度 $f(x,\ \theta)$ 分解为两部分：其一通过 $t(x)$ 依赖于 x，另一与 θ 无关. 这是本定理名称的由来.

在证明这定理前我们先举几个例子，以看出其广泛应用.

例 1.5.6. 设 $X=(X_1,\ \cdots,\ X_n)$，$X_1,\ \cdots,\ X_n$ 为 iid.，假定 (i)，$X_1\sim N(\theta,\ 1)$，$-\infty<\theta<\infty$，或 (ii)，$X_1\sim N(a,\ \sigma^2)$，$-\infty<$

$a<\infty$, $0<\sigma^2<\infty$. 在后一场合，参数为 $\theta=(a,\ \sigma^2)$. 若以 μ 记 $\mathscr{B}_n$ 上的 L 测度，则 X 的密度为：

在情况(i)：

$$f_1(x,\ \theta)=(2\pi)^{-n/2}\exp\left(-\frac{1}{2}\sum_{i=1}^{n}(x_i-\theta)^2\right),$$

在情况(ii)：

$$f_2(x,\ \theta)=(2\pi\sigma^2)^{-n/2}\exp\left(-\frac{1}{2\sigma^2}\sum_{i=1}^{n}(x_i-a)^2\right).$$

它们分别可表为

$$f_1(x,\ \theta)=\left[(2\pi)^{-n/2}e^{-n\theta^2/2}\exp\left(\sum_{i=1}^{n}x_i\cdot\theta\right)\right]\exp\left(-\sum_{i=1}^{n}x_i^2/2\right),$$

$$\begin{aligned}f_2(x,\ \theta)&=\left[(2\pi\sigma^2)^{-n/2}e^{-na^2/2\sigma^2}\exp\left(-\frac{1}{2\sigma^2}\sum_{i=1}^{n}x_i^2+\frac{a}{\sigma^2}\sum_{i=1}^{n}x_i\right)\right]\cdot 1\\&=\left[(2\pi\sigma^2)^{-n/2}\exp\left(-\frac{1}{2\sigma^2}\sum_{i=1}^{n}(x_i-\bar{x})^2\right.\right.\\&\qquad\left.\left.-\frac{n}{2\sigma^2}(\bar{x}-a)^2\right)\right]\cdot 1.\end{aligned}$$

因而由分解定理知：在情况(i)，$t(X)=\sum_{i=1}^{n}X_i$ 为充分统计量，而在情况(ii)，

$$t(X)=\left(\sum_{i=1}^{n}X_i^2,\ \sum_{i=1}^{n}X_i\right),$$

或与之等价的$\left(\sum_{i=1}^{n}(X_i-\bar{X})^2,\ \bar{X}\right)$，是充分统计量.

例 1.5.7. 设 X 的分布族为指数族(1.2.1)，则由 $f(x,\ \theta)$ 的形状，由分解定理立即得出：统计量 $t(X)=(T_1(X),\ \cdots,\ T_k(X))$ 为充分统计量. 由这个重要事实可推知许多常见统计量的充分性，包括上例在内.

根据充分性原则，我们可不用原来的 X 模型而用 t. 又依引理 1.3.3(见(1.3.28)式)，t 对某个 σ-有限测度 μ^* 有密度族

$$C(\theta)\exp\left(\sum_{i=1}^{k}\theta_i t_i\right),\ \theta\in\Theta. \tag{1.5.8}$$

用这个方法我们又把指数族的一般形式作了进一步的简化. 这个

最简形式(1.5.8)常作为理论研究的出发点.

例 1.5.8. 设 $X=(X_1, \cdots, X_n)$, $X_1, \cdots, X_n$ 为 iid., X_1 的分布为(i). $X_1 \sim R(0, \theta)$, $\theta>0$($R(a, b)$表区间$[a, b]$上的均匀分布), 或(ii). $X_1 \sim R(\theta_1, \theta_2)$, $-\infty<\theta_1<\theta_2<\infty$. 在后一场合, 参数为 $\theta=(\theta_1, \theta_2)$. 若以 μ 记 $\mathscr{B}_n$ 上的 L 测度, 则 X 的密度为: 在情况(i),

$$f_1(x, \theta)=\begin{cases}\theta^{-n}, & \text{当 } 0 \leqslant \min\{x_1, \cdots, x_n\} \leqslant \max\{x_1, \cdots, x_n\} \leqslant \theta, \\ 0, & \text{其它 } x.\end{cases}$$

而在情况(ii),

$$f_2(x, \theta)=\begin{cases}(\theta_2-\theta_1)^{-n}, & \text{当 } \theta_1 \leqslant \min\{x_1, \cdots, x_n\} \\ & \qquad \leqslant \max\{x_1, \cdots, x_n\} \leqslant \theta_2, \\ 0, & \text{其它 } x.\end{cases}$$

因此, 由分解定理立即得出: 在情况(i), $t(x)=\max\{x_1, \cdots, x_n\}$ 为充分统计量. 而在情况(ii), $t(x)=(\min\{x_1, \cdots, x_n\}, \max\{x_1, \cdots, x_n\})$为充分统计量.

分解定理可以用到比上述诸例更为复杂的情况. 作为一个例子, 我们留给读者证明: 例 1.5.1 中的统计量 $t(x)$是充分统计量.

下面我们转到分解定理的证明. 首先提出下述的注意. 设 ν, μ 为$(\mathscr{X}, \mathscr{B}_{\mathscr{X}})$上的两个测度, μ 为 σ–有限. 若 $\nu \ll \mu$, 而 $\mathscr{B}$ 为 $\mathscr{B}_{\mathscr{X}}$ 的子 σ–域, 则显然当 ν, μ 看作为 $\mathscr{B}$ 上的测度时, 也有 $\nu \ll \mu$, 故若 μ 在 $\mathscr{B}$ 上也 σ–有限, 则我们可定出两个 Radom–Nikodym 导数, 其一为将 ν, μ 看作 $\mathscr{B}_{\mathscr{X}}$ 上的测度所定出的, 记为 $f_1(x)$. 另一为将 ν, μ 看作 $\mathscr{B}$ 上的测度所定出的, 记为 $f_2(x)$. 这两个导数不是一回事: 前者只是 $\mathscr{B}_{\mathscr{X}}$-可测而不必 $\mathscr{B}$-可测, 后者为 $\mathscr{B}$-可测因而必为 $\mathscr{B}_{\mathscr{X}}$-可测. 但前者满足 $\int_A f_1(x) d\mu=\nu(A)$ 对任何 $A \in \mathscr{B}_{\mathscr{X}}$, 而对后者言, 类似的公式只对 $A \in \mathscr{B}$ 才成立. 为了分别这二者, 可记为

$$f_1(x)=d\nu(x)/d\mu(\mathscr{B}_{\mathscr{X}}), \ f_2(x)=d\nu(x)/d\mu(\mathscr{B}).$$

另外, 我们注意下述事实: 若 $\{\mu_n, n=1, 2, \cdots\}$为 $\mathscr{B}_{\mathscr{X}}$ 上的一串有

限非零测度（即 $0<\mu_n(\mathscr{X})<\infty$ 对一切 n），则存在 $\mathscr{B}_{\mathscr{X}}$ 上的概率测度 λ，致

$$\lambda(A)=0 \Leftrightarrow \mu_n(A)=0 \quad \text{对一切 } n.$$

事实上，只需取 $\lambda(A)=\sum_{n=1}^{\infty}\frac{1}{2^n\mu_n(\mathscr{X})}\mu_n(A)$ 对任何 $A\in\mathscr{B}_{\mathscr{X}}$. 最后，我们需要下面的引理：

引理 1.5.2. 若 $\{P_\theta,\ \theta\in\Theta\}\ll\mu$，这里 P_θ 为 $\mathscr{B}_{\mathscr{X}}$ 上的概率测度，而 μ 为 $\mathscr{B}_{\mathscr{X}}$ 上的 σ–有限测度，则必存在 Θ 之一有限或可列集 $\{\theta_1,\ \theta_2,\ \cdots\}$，致

$$P_{\theta_n}(A)=0 \text{ 对一切 } n \Rightarrow P_\theta(A)=0 \text{ 对一切 } \theta\in\Theta. \tag{1.5.9}$$

由这个引理结合刚才提到的事实即知，存在形如

$$\lambda=\sum_i c_i P_{\theta_i},\ \ (c_i\geqslant 0,\ \ \sum_i c_i=1), \tag{1.5.10}$$

致

$$\lambda(A)=0 \Leftrightarrow P_\theta(A)=0 \text{ 对一切 } \theta\in\Theta. \tag{1.5.11}$$

我们把这引理的证明放到本段末尾.

分解定理的证明. 取形如 (1.5.10) 的概率测度 λ，满足 (1.5.11). 记 $F(x,\ \theta)=dP_\theta(x)/d\lambda(\mathscr{B}_{\mathscr{X}})$. 我们先证明. $t(x)$ 为充分统计量的充要条件为：存在满足分解定理中所述条件的 $g(t,\ \theta)$，致

$$F(x,\ \theta)=g(t(x),\ \theta),\quad (\text{a. e. } \lambda), \tag{1.5.12}$$

对一切 $\theta\in\Theta$（例外集可与 θ 有关）.

先设 t 为充分，则存在与 θ 无关的条件概率 $P(A|t)$，使对任何 $A\in\mathscr{B}_{\mathscr{X}}$ 和 $B\in\mathscr{B}_{\mathscr{T}}$，有

$$\int_{t^{-1}(B)}P(A|t)\,dP_\theta^T(t)=P_\theta(A\cap t^{-1}(B)). \tag{1.5.13}$$

此处 P_θ^T 为 P_θ 经 $t(x)$ 导出的测度. 利用引理 1.3.2，这等价于

$$\int_{A_0}P(A|t(x))\,dP_\theta(x)=P_\theta(A\cap A_0). \tag{1.5.14}$$

对任何 $A\in\mathscr{B}_{\mathscr{X}}$ 及 $A_0\in t^{-1}(\mathscr{B}_{\mathscr{T}})=\mathscr{B}_0\subset\mathscr{B}_{\mathscr{X}}$. 以下我们用 (1.5.14) 代替 (1.5.13). 由 (1.5.14)，注意 λ 的形状 (1.5.10)，易见

$$\int_{A_0} P(A|t(x))d\lambda(x) = \lambda(A \cap A_0),\ A \in \mathscr{B}_{\mathscr{X}},\ A_0 \in \mathscr{B}_0. \quad (1.5.15)$$

故即使$(\mathscr{X}, \mathscr{B}_{\mathscr{X}})$上的概率测度换为 λ, $P(A|t)$仍为给定 t 时的条件概率. 记 $q_\theta(x) = dP_\theta(x)/d\lambda(\mathscr{B}_0)$, 则因 $q_\theta(x)$为 $\mathscr{B}_0$-可测, 由引理 1.3.1 知它可表为 $g(t(x), \theta)$的形状, $g(t, \theta)$ 当 θ 固定时为 $\mathscr{B}_{\mathscr{T}}$-可测. 现在证明,实际上

$$g(t(x), \theta) = dP_\theta(x)/d\lambda(\mathscr{B}_{\mathscr{X}}) \quad (1.5.16)$$

也成立. 上式左边为 x 的 $\mathscr{B}_0$-可测函数, 故当然也 $\mathscr{B}_{\mathscr{X}}$-可测. 现任取 $A \in \mathscr{B}_{\mathscr{X}}$, 在(1.5.14)中取 $A_0 = \mathscr{X}$, 有

$$P_\theta(A) = \int_{\mathscr{X}} P(A|t(x))dP_\theta(x).$$

又由 (1.5.15), 有 $P(A|t(x)) = P_\lambda(A|t(x)) = E_\lambda(I_A(X)|t(x))$,

故
$$P_\theta(A) = \int_{\mathscr{X}} E_\lambda[I_A(x)|t(x)]dP_\theta(x).$$

由于此积分之被积函数为 $\mathscr{B}_0$-可测, 由 $g(t(x), \theta)$ 的定义知

$$\begin{aligned} P_\theta(A) &= \int_{\mathscr{X}} E_\lambda[I_A(x)|t(x)]dP_\theta(x) \\ &= \int_{\mathscr{X}} E_\lambda[I_A(x)|t(x)]g(t(x), \theta)d\lambda(x). \end{aligned}$$

由此式, 利用条件期望的性质 g, 得

$$P_\theta(A) = \int_{\mathscr{X}} E_\lambda[g(t(x), \theta)I_A(x)|t(x)]d\lambda(x)$$

再用条件期望性质 c, 得

$$P_\theta(A) = \int_{\mathscr{X}} g(t(x), \theta)I_A(x)d\lambda(x) = \int_A g(t(x), \theta)d\lambda(x),$$

这对一切 $A \in \mathscr{B}_{\mathscr{X}}$ 成立, 因而证明了(1.5.16), 由(1.5.16)立即得出(1.5.12).

反过来, 设 (1.5.12)成立. 对固定的 $A \in \mathscr{B}_{\mathscr{X}}$ 和 $\theta \in \Theta$, 定义测度 ν 于 $\mathscr{B}_{\mathscr{X}}$ 上: $\nu(C) = P_\theta(A \cap C)$ 对任何 $C \in \mathscr{B}_{\mathscr{X}}$, 则易见

$$d\nu(x)/dP_\theta(\mathscr{B}_0) = P_\theta(A|t(x)). \quad (1.5.17)$$

因此上式右边为 $\mathscr{B}_0$-可测, 且对任何 $A_0 \in \mathscr{B}_0$ 有

$$\int_{A_0} P_\theta(A|t(x))dP_\theta(x) = P_\theta(A \cap A_0) = \nu(A_0).$$

从而

$$d\nu(x)/d\lambda(\mathscr{B}_0)=(d\nu(x)/dP_\theta)(dP_\theta(x)/d\lambda)$$
$$=P_\theta(A|t(x))g(t(x),\ \theta),\qquad(1.5.18)$$

另一方面，易见 $d\nu(x)/dP_\theta=I_A(x)$，故由(1.5.16)

$$d\nu(x)/d\lambda(\mathscr{B}_{\mathscr{X}})=(d\nu(x)/dP_\theta)(dP_\theta(x)/d\lambda)$$
$$=I_A(x)g(t(x),\ \theta).$$

所以又有(由条件期望的定义很易证明)

$$d\nu(x)/d\lambda(\mathscr{B}_0)=E_\lambda[I_A(X)g(t(X),\ \theta)|t(x)]$$
$$=g(t(x),\ \theta)P_\lambda(A|t(x)),$$

将此式与(1.5.18)比较，得

$$P_\lambda(A|t(x))g(t(x),\ \theta)$$
$$=P_\theta(A|t(x))g(t(x),\ \theta)\quad(\text{a. e. }\lambda).\qquad(1.5.19)$$

由 λ 的性质知，(1.5.19)也(a. e. P_θ)成立．由(1.5.16)知

$$P_\theta(\{x:g(t(x),\ \theta)=0\})=0,$$

故由(1.5.19)知

$$P_\lambda(A|t(x))=P_\theta(A|t(x))\quad(\text{a. e. }P_\theta).$$

由此可知，不论$\theta\in\Theta$如何，$P_\lambda(A|t(x))$总可作为一个$P_\theta(A|t(x))$．因此，在给了$t(x)$时 X 的条件概率确与θ 无关，从而得出统计量$t(x)$的充分性．

现在只需证明：分解定理中给的条件与(1.5.12)等价．若(1.5.12)成立，即有(1.5.16)．注意 $\lambda\ll\mu$，此因由 λ 的性质

$$\mu(A)=0\Rightarrow P_\theta(A)=0\ 对一切\ \theta\Rightarrow\lambda(A)=0\quad(A\in\mathscr{B}_{\mathscr{X}}).$$

记 $h(x)=d\lambda/d\mu(\mathscr{B}_{\mathscr{X}})$，则

$$f(x,\ \theta)=dP_\theta(x)/d\mu=(dP_\theta(x)/d\lambda)(d\lambda/d\mu)$$
$$=g(t(x),\ \theta)h(x)\quad(\text{a. e. }\mu).$$

反过来，若此式成立，则

$$d\lambda(x)/d\mu=\sum_i c_i dP_{\theta_i}(x)/d\mu$$
$$=\sum_i c_i g(t(x),\ \theta_i)h(x)=k(t(x))h(x).$$

定义 $$g^*(t,\ \theta)=\begin{cases} g(t,\ \theta)/k(t), & \text{当 } k(t)\neq 0, \\ 0 & \text{当 } k(t)=0, \end{cases}$$

则有

$$P_\theta(A)=\int_A g(t(x),\ \theta)h(x)d\mu(x)=\int_A g^*(t(x),\ \theta)d\lambda(x).$$

对任何 $A\in\mathscr{B}_{\mathscr{X}}$. 这证明了 $dP_\theta(x)/d\lambda=g^*(t(x),\ \theta)\ (\mathscr{B}_{\mathscr{X}})$, 其中 $g^*(t,\ \theta)$ 为 t 的 $\mathscr{B}_{\mathscr{T}}$-可测函数, 因而(1.5.12)成立(改其中的 g 为 g^*), 这完成了分解定理的证明.

引理1.5.2的证明 (这个证法叫"穷举法", 是测度论中常用的证法之一).

不失普遍性可设 μ 为有限测度. 事实上, μ 既为 σ-有限的, 可将 $\mathscr{B}_{\mathscr{X}}$ 分解为两两不相交的 $\{A_n\}$ 之并, $A_n\in\mathscr{B}_{\mathscr{X}}$, $n=1,\ 2,\ \cdots$, 且 $0<\mu(A_n)<\infty$, 定义

$$\mu^*(A)=\sum_n\frac{1}{2^n\mu(A_n)}\mu(A_n\cap A),\quad A\in\mathscr{B}_{\mathscr{X}}.$$

则 μ^* 为 $\mathscr{B}_{\mathscr{X}}$ 上的有限测度, 且 $\{P_\theta,\ \theta\in\Theta\}\ll\mu^*$.

以 $\mathscr{F}$ 记一切形如 $Q=\sum_i c_iP_{\theta_i}$ 的概率测度的集合, 此处 $\theta_i\in\Theta$, $c_i>0$, $i=1,\ 2,\ \cdots$, 且 $\sum_i c_i=1$. 显然, 有 $\mathscr{F}\ll\mu$. 记

$$q(x)=dQ(x)/d\mu \text{ 对任何 } Q\in\mathscr{F}.$$

我们来证明: 存在 $Q_0\in\mathscr{F}$, 致

$$Q_0(A)=0\Rightarrow Q(A)=0 \text{ 对一切 } Q\in\mathscr{F}.$$

显然, 证明了这一点也就证明了引理1.5.2. 记

$$\begin{aligned}\mathscr{M}=\{C:C\in\mathscr{B}_{\mathscr{X}};\ &\text{存在 } Q\in\mathscr{F} \text{ 致 } Q(C)>0,\\ &\text{且 } q(x)>0\quad(\text{a. e.}\mu)\text{ 于 } C \text{ 上}\}\end{aligned} \tag{1.5.20}$$

$$a=\sup_{C\in\mathscr{M}}\mu(C) \tag{1.5.21}$$

(注意 $\mathscr{M}$ 非空: 任取 $\theta\in\Theta$, 记 $Q=P_\theta$, $C=\{x:dP_\theta(x)/d\mu>0\}$). 找一串 $\{C_i\}\subset\mathscr{M}$, 致 $\lim\limits_{i\to\infty}\mu(C_i)=a$, 并使与 C_i 相应的 Q_i (见(1.5.20)), 满足 $q_i(x)=dQ_i(x)/d\mu>0$ 于 C_i 上(只需先取一串 $\{C_i\}$ 使(1.5.20)成立且 $Q_i(C_i)>0$, 再从 C_i 中丢掉 $q_i(x)=0$ 的那

些 x). 记 $C_0=\bigcup_i C_i$. 则记 $Q_0=\sum_i Q_i/2^i$, 有 $Q_0\in\mathscr{F}$, 且

$$q_0(x)=dQ_0(x)/d\mu=\sum_i q_i(x)/2^i>0 \text{ 于 } C_0 \text{ 上},$$

且显然 $Q_0(C_0)>0$, 故 $C_0\in\mathscr{M}$. 现设 $Q_0(A)=0, A\in\mathscr{B}_{\mathscr{X}}$. 任取 $Q\in\mathscr{F}$, 记 $C=\{x:q(x)>0\}$. 则 $Q_0(A\cap C_0)=0$, 故 $\mu(A\cap C_0)=0$ (回忆 $q_0(x)>0$ 于 C_0 上), 故有 $Q(A\cap C_0)=0$ (因 $Q\ll\mu$). 因为 $q(x)$ 在 $\mathscr{X}-C$ 上为 0, 故有 $Q[A\cap(\mathscr{X}-C_0)\cap(\mathscr{X}-C)]=0$, 最后,有

$$Q(A\cap(\mathscr{X}-C_0)\cap C)=0. \tag{1.5.22}$$

因为,若此式不成立,则由 $Q\ll\mu$ 知

$$\mu(A\cap(\mathscr{X}-C_0)\cap C)>0.$$

故若取 $D=C_0\cup[A\cap(\mathscr{X}-C_0)\cap C]$, 则 $\mu(D)>\mu(C_0)$ (回忆 μ 已假定为有限测度),但 $D\in\mathscr{M}$, 因为由

$$Q(A\cap(\mathscr{X}-C_0)\cap C)>0,\ q(x)>0 \text{ 于 } C \text{ 上}$$

知 $A\cap(\mathscr{X}-C_0)\cap C\in\mathscr{M}$. 取 $\tilde{Q}=\frac{1}{2}Q_0+\frac{1}{2}Q$, 则

$$\tilde{Q}\in\mathscr{F},\ \tilde{q}(x)=\frac{1}{2}[q_0(x)+q(x)]>0$$

于 D 上, 且
$$\tilde{Q}(D)\geqslant\frac{1}{2}Q_0(C_0)>0.$$

故由 $\mathscr{M}$ 的定义知 $D\in\mathscr{M}$,因此 $\mu(D)>\mu(C_0)=\sup_{C\in\mathscr{M}}\mu(C)$ 是不可能的. 故有(1.5.22). 所以

$$Q(A)=Q(A\cap C_0)+Q[A\cap(\mathscr{X}-C_0)\cap(\mathscr{X}-C)]$$
$$+Q(A\cap(\mathscr{X}-C_0)\cap C)=0.$$

对任取的 $Q\in\mathscr{F}$ 都成立,这完成了引理的证明.

(五)极小充分统计量

如果将统计量看成样本的加工品, 那么除了要求它保存 x 中所含全部信息外,自然地还可提出另外一个要求:加工得愈“精”愈好:100 个数据加工成 10 个数,不如将其加工成一个数,要是后者

保留了原来100个数据中的全部信息. 从这个想法出发，就引出所谓“极小充分统计量”的概念. 在本段中，我们不加证明地介绍有关这个概念的基本事实.

先举一个例子以便更具体地看到，充分统计量确有“精”“粗”之分. 前面我们证明过(例1.5.2，例1.5.3)，若以t记n次独立试验中某事件A的发生总次数，则t为A的概率θ的充分统计量. 现在我们将全部n个试验分为两段，分别包括前m个和后$n-m$个($1\leqslant m\leqslant n-1$)试验，并以$t_1$，$t_2$分别记在这两段中事件$A$出现的总次数，则由分解定理容易证明：$t^*=(t_1, t_2)$为充分统计量. 但显然我们宁愿用$t$而不用$t^*$(除非为着某种不是单纯估计$\theta$的目的)，因为尽管$t^*$充分，但它加工过粗，还没有彻底把无关要旨的东西都丢掉.

现在我们给出正式的定义.

定义1.5.3.(极小充分统计量). 设$t(x)$为$(\mathscr{X}, \mathscr{B}_{\mathscr{X}})$上的一个充分统计量，取值于$(\mathscr{T}, \mathscr{B}_{\mathscr{T}})$. $\mathscr{B}_{\mathscr{X}}$上的分布族为$\{P_\theta, \theta\in\Theta\}$. 若对任何定义于$\mathscr{X}$，取值于某可测空间$(S, \mathscr{B}_S)$的充分统计量$s(x)$，必存在由$(S, \mathscr{B}_S)$到$(\mathscr{T}, \mathscr{B}_{\mathscr{T}})$的可测变换$t=q(s)$，以及$A\in\mathscr{B}_{\mathscr{X}}$，满足条件$P_\theta(A)=0$对任何$\theta\in\Theta$，致

$$t(x)=q(s(x)),\ \text{对任何}\ x\overline{\in}A. \qquad (1.5.23)$$

则称t为一极小充分统计量.

虽则这定义表面上看来颇复杂，实质上是一简单的概念: 先把样本加工为$s(x)$，然后，通过(1.5.23)的方式，将“半成品”$s(x)$加工为“成品”$t(x)$. 在这两步加工中信息都没有损失.

极小充分统计量的概念是五十年代前期由Lehmann, Scheffe, Bahadur等人发展起来的. 在Bahadur 1954年的工作(Ann. Math. Statist., 1954, p. 423)中有对充分统计量和极小充分统计量的系统的论述，可供参考. 这个理论中的一个基本事实如下所述.

定理1.5.4.(极小充分统计量的存在定理). 假定分解定理中的条件成立，且样本空间为欧氏的，则极小充分统计量必存在.

证明可参看上面所引的 Bahadur 的工作．我们指出：具体地说，例 1.5.1 中的统计量就是极小充分统计量．但这个统计量的形式不便于应用，所以，一般都是取这么一个统计量 $t(x)$，满足条件(记号见例 1.5.1)：

$$t(x)=t(y) \Leftrightarrow f_x(\theta)=f_y(\theta) \text{ 对一切 } \theta\in\Theta \qquad (1.5.24)$$

且 $t(x)$ 往往直接表为 x 的函数．不难看出，由定理 1.5.4 推知，满足(1.5.24)的 $t(x)$ 必是极小充分统计量．举两个例子．

例 1.5.9．考虑例 1.5.2，用那里的记号，在 $\mathscr{X}$ 上引进计数测度 μ，则 $f(x,\ \theta)$ 就是(1.5.1)，其中 m 是 $x_1,\ \cdots,\ x_n$ 中 1 的个数．这时，任取两个样本点 $x,\ y$，以 m_x 和 m_y 记 x 和 y 中 1 的个数，则易见

$$f_x(\theta)=f_y(\theta) \text{ 对一切 } \theta\in\Theta \Leftrightarrow m_x=m_y.$$

由此看出，$t(x)=m_x$ 就是一个极小充分统计量．

例 1.5.10．设 $X=(X_1,\ \cdots,\ X_n)$，$X_1,\ \cdots,\ X_n$ 为 iid.，$X_1\sim N(a,\ \sigma^2)$．参数为 $\theta=(a,\ \sigma^2)$．对 $\mathscr{B}_n$ 上的 L 测度 μ，X 的密度为(例 1.5.6)

$$f(x,\ \theta)=(2\pi\sigma^2)^{-n/2}\exp\left[-\frac{1}{2\sigma^2}\sum_{i=1}^n(x_i-\bar{x})^2-\frac{n}{2\sigma^2}(\bar{x}-a)^2\right].$$

记 $t(x)=\left(\sum_{i=1}^n (x_i-\bar{x})^2,\ \bar{x}\right)$，则易见

$$f_x(\theta)=f_y(\theta) \text{ 对一切 } \theta\in\Theta\Leftrightarrow t(x)=t(y).$$

因此，$t(x)$ 是一个极小充分统计量．

§1.6．完全统计量

(一)定义和例子

这个概念与正交函数理论中的完全性概念相似．但其统计背景则不象充分统计量那样好说明．因此，我们目前不作过多的解释．今后读者会通过有关问题看出这个概念的意义．

定义 1.6.1(完全分布族与完全统计量)．设 $\{P_\theta,\ \theta\in\Theta\}$ 为

样本空间$(\mathscr{X}, \mathscr{B}_{\mathscr{X}})$上的一族概率分布．若对任何定义于$\mathscr{X}$上的$\mathscr{B}_{\mathscr{X}}$-可测函数$f(x)$，满足条件

$$E_\theta(f(X))=0 \text{ 对一切 } \theta\in\Theta,$$

即
$$\int_{\mathscr{X}} f(x)dP_\theta(x)=0 \text{ 对一切 } \theta\in\Theta,$$

必有 $\quad f(X)=0 \quad (\text{a. e. } P_\theta) \quad$ 对任何$\theta\in\Theta$.

则称分布族$\{P_\theta, \theta\in\Theta\}$是完全的.

若$\{P_\theta, \theta\in\Theta\}$为$(\mathscr{X}, \mathscr{B}_{\mathscr{X}})$上的一个概率分布族(不必为完全的)，$t(x)$为定义于$\mathscr{X}$取值于$(\mathscr{T}, \mathscr{B}_{\mathscr{T}})$的统计量，$\{P_\theta^T, \theta\in\Theta\}$是$\{P_\theta, \theta\in\Theta\}$的导出分布族．若$\{P_\theta^T, \theta\in\Theta\}$为完全分布族，则称$t(x)$为一完全统计量.

因此，要验证统计量t的完全性，需要求出t的分布族$\{P_\theta^T, \theta\in\Theta\}$，然后证明：若

$$\int_{\mathscr{T}} g(t)dP_\theta^T(t)=0 \quad \text{对一切 } \theta\in\Theta, \tag{1.6.1}$$

则必有$P_\theta^T(\{t:g(t)\neq 0\})=0$对一切$\theta$．也可以由

$$\int_{\mathscr{X}} g(t(x))dP_\theta(x)=0$$

(对一切$\theta\in\Theta$)出发，在$\mathscr{X}$空间中讨论.

例 1.6.1．考虑例 1.5.2，取统计量$t(x)=x$中的1的个数，则t的分布为二项分布$B(n, \theta)$，$0\leqslant\theta\leqslant 1$:

$$P_\theta^T(t=k)=\binom{n}{k}\theta^k(1-\theta)^{n-k}, \ k=0, 1, \cdots, n.$$

这时，条件(1.6.1)成为

$$\sum_{k=0}^n g(k)\binom{n}{k}\theta^k(1-\theta)^{n-k}=0, \ 0\leqslant\theta\leqslant 1.$$

因而若记$y=\theta/(1-\theta)$，则当$0<\theta<1$时有$0<y<\infty$，而

$$\sum_{k=0}^n g(k)\binom{n}{k}y^k=0, \ 0<y<\infty.$$

而这必须 $\quad g(k)\binom{n}{k}=0, \ k=0, 1, \cdots, n,$

即 $$g(k)=0,\ k=0,\ 1,\ \cdots,\ n.$$
这证明了统计量 t 的完全性.

例1.6.2. 设 $X=(X_1,\ \cdots,\ X_n)$, $X_1,\ \cdots,\ X_n$ 为 iid., $X_1\sim R(\theta_1,\ \theta_2)$. 此处 $\theta=(\theta_1,\ \theta_2)$, 参数空间为 $\Theta=\{\theta=(\theta_1,\ \theta_2):-\infty<\theta_1<\theta_2<\infty\}$. 考虑统计量

$$\begin{aligned} t(x)&=(t_1(x),\ t_2(x))\\ &=(\min\{x_1,\ \cdots,\ x_n\},\ \max\{x_1,\ \cdots,\ x_n\}), \end{aligned}\qquad (1.6.2)$$

t 的样本空间为 $\{t=(t_1,\ t_2):-\infty<t_1\leqslant t_2<\infty\}$, 分布族为 $dP_\theta^T(t)=f^T(t,\ \theta)dt_1dt_2$, 其中

$$f^T(t,\ \theta)=\begin{cases}\dfrac{1}{(\theta_2-\theta_1)^n}n(n-1)(t_2-t_1)^{n-2}, & \text{当 } \theta_1\leqslant t_1\leqslant t_2\leqslant\theta_2,\\ 0, & \text{其它 } t.\end{cases}$$

我们来证明: t 是完全统计量. 这相当于证明: 若定义于 $\{(t_1,\ t_2):-\infty<t_1\leqslant t_2<\infty\}$ 的 $g(t_1,\ t_2)$ 满足

$$\iint\limits_{a\leqslant t_1\leqslant t_2\leqslant b} g(t_1,\ t_2)(t_2-t_1)^{n-2}dt_1dt_2=0, \qquad (1.6.3)$$

对一切 $a<b$, 则 $g(t_1,\ t_2)=0$ (a. e. L 测度).

以 $g_1(t_1,\ t_2)$ 和 $g_2(t_1,\ t_2)$ 分别记 $g(t_1,\ t_2)$ 的正、负部分, 即

$$g_1(t_1,\ t_2)=\max\{g(t_1,\ t_2),\ 0\},$$
$$g_2(t_1,\ t_2)=-\min\{g(t_1,\ t_2),\ 0\}.$$

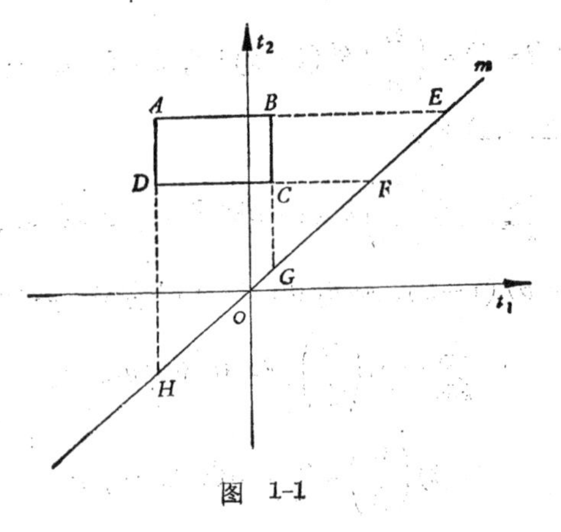

图 1-1

g_1, g_2 皆非负且 $g=g_1-g_2$. (1.6.3)可写为

$$\iint\limits_{a\leqslant t_1\leqslant t_2\leqslant b} g_1(t_1, t_2)(t_2-t_1)^{n-2}dt_1 dt_2$$

$$=\iint\limits_{a\leqslant t_1\leqslant t_2\leqslant b} g_2(t_1, t_2)(t_2-t_1)^{n-2}dt_1 dt_2, \qquad (1.6.4)$$

对任何 $a<b$. 如图 1-1, m 为直角坐标系 $0t_1t_2$ 中的直线 $t_1=t_2$. 我们证明: 对此直线上方的任何其边与坐标轴平行的矩形 $ABCD$, 有

$$\iint\limits_{ABCD} g_1(t_1, t_2)(t_2-t_1)^{n-2}dt_1 dt_2$$

$$=\iint\limits_{ABCD} g_2(t_1, t_2)(t_2-t_1)^{n-2}dt_1 dt_2. \qquad (1.6.5)$$

事实上, 由图中直接得出

$$\iint\limits_{ABCD} g_i(t_1, t_2)(t_2-t_1)^{n-2}dt_1 dt_2$$

$$=\iint\limits_{\Delta EAH} g_i(t_1, t_2)(t_2-t_1)^{n-2}dt_1 dt_2$$

$$-\iint\limits_{\Delta EBG} g_i(t_1, t_2)(t_2-t_1)^{n-2}dt_1 dt_2$$

$$-\iint\limits_{\Delta FDH} g_i(t_1, t_2)(t_2-t_1)^{n-2}dt_1 dt_2$$

$$+\iint\limits_{\Delta FCG} g_i(t_1, t_2)(t_2-t_1)^{n-2}dt_1 dt_2, \quad i=1, 2. \qquad (1.6.6)$$

而由(1.6.4)知, 对 $i=1, 2$, (1.6.6) 右边相应项是相等的 $\Bigg($即

$$\iint\limits_{\Delta EAH} g_1(t_1, t_2)(t_2-t_1)^{n-2}dt_1 dt_2$$

$$=\iint\limits_{\Delta EAH} g_2(t_1, t_2)(t_2-t_1)^{n-2}dt_1 dt_2,$$

等等$\Bigg)$, 因此由(1.6.6)立即得出(1.6.5). 因此, 若在集

$\Omega=\{(t_1, t_2):-\infty<t_1\leqslant t_2<\infty\}$的一切 Borel 子集构成的 σ-域 $\mathscr{B}$ 上定义两个测度

$$\mu_i(A)=\iint\limits_A g_i(t_1, t_2)(t_2-t_1)^{n-2}dt_1dt_2,\ i=1, 2,\ A\in\mathscr{B}.$$

则由 (1.6.6)，μ_1, μ_2 在 Ω 的任一其边与坐标轴平行的矩形上一致，由于 μ_1, μ_2 是 σ-有限的，由此推出 $\mu_1\equiv\mu_2$ 于 $\mathscr{B}$ 上，即

$$\iint\limits_A g(t_1, t_2)(t_2-t_1)^{n-2}dt_1dt_2=0,\ 对任何\ A\in\mathscr{B}.$$

由此推出 $g(t_1, t_2)(t_2-t_1)^{n-2}=0$ (a.e. L 测度) 于 Ω 上，即 $g(t_1, t_2)=0$ (a.e. L 测度)于 Ω 上. 证毕

例 1.6.3. 很容易举出非完全统计量的例子，例如，设 $X=(X_1,\cdots, X_n)$, $X_1, \cdots, X_n$ 为 iid., X_1 的分布属于某族 $\mathscr{F}$，而 $\mathscr{F}$ 中任一分布有有限均值，$t(x)=x$ 为一统计量，但非完全的，因若令

$$g(t)=g(x)=x_1-x_2.$$

则 $E(g(X))=0$ 对 $\mathscr{F}$ 中任何分布，但 $g=0$ 的概率并不为 1. 一个更贴切的例子如下：考虑例 1.5.2. 取 n_1, $1\leqslant n_1\leqslant n-1$. 定义统计量 $t(x)=(t_1(x), t_2(x))$, $t_1(x)$, $t_2(x)$ 分别为前 n_1 次和后 $n-n_1$ 次试验中事件 A 出现的次数. 我们知道 t 是充分的，但非完全，因若令 $g(t)=\dfrac{t_1}{n_1}-\dfrac{t_2}{n-n_1}$，则 $E_\theta(g(t(X)))=0$，对一切 θ, $0\leqslant\theta\leqslant1$，但 $g(t)=0$ 的概率不为 1. 在例 1.6.1 中看到，统计量 t_1+t_2 为完全的.

这个例子给我们这样一个启发：统计量的不完全性可能与其非极小性有关. 事实上，可以证明：完全充分统计量为极小充分统计量，但其逆不真.

(二)指数族的完全性

定理1.6.1. 设 X 的样本空间为$(\mathscr{X}, \mathscr{B}_{\mathscr{X}})$，分布族为指数族

$$dP_\theta(x)=C(\theta)\exp\left[\sum_{i=1}^k\theta_iT_i(x)\right]d\mu(x),\ \ \theta\in\Theta.$$

此处 Θ 为 R_k 之一子集. 若 Θ (作为 R_k 的子集)有内点,则统计量 $t(x)=(T_1(x), \cdots, T_k(x))$ 是完全统计量.

证. 不失普遍性不妨设 $\theta=0$ 为 Θ 之一内点. 根据引理 1.3.3, 公式(1.3.28), t 的分布族为

$$dP_\theta^T(t)=C(\theta)\exp\left[\sum_{j=1}^k \theta_j t_j\right]d\mu^*(t),\ \theta\in\Theta.$$

现设 $f(t)$ 满足条件 $\int_{\mathscr{T}} f(t)dP_\theta^T(t)=0\ (T=R_k)$, 即

$$\int_{\mathscr{T}} f(t)\exp\left[\sum_{j=1}^k \theta_j t_j\right]d\mu^*(t)=0,\quad \theta\in\Theta. \tag{1.6.7}$$

由于(0, …, 0)为 Θ 之内点,存在 $a>0$, 致

$$\{\theta=(\theta_1, \cdots, \theta_k):|\theta_j|<a,\ j=1, \cdots, k\}\subset\Theta, \tag{1.6.8}$$

故(1.6.7)对 $|\theta_j|<a,\ j=1, \cdots, k$ 成立. 将 $f(t)$ 表为其正、负部分之差: $f=f^+-f^-$, 得

$$\int_{\mathscr{T}} f^+(t)\exp\left[\sum_{j=1}^k \theta_j t_j\right]d\mu^*(t)=\int_{\mathscr{T}} f^-(t)\exp\left[\sum_{j=1}^k \theta_j t_j\right]d\mu^*(t),$$

$$|\theta_j|<a,\ j=1, \cdots, k. \tag{1.6.9}$$

根据定理 1.2.1, (1.6.9) 的左右两边都是 $\theta_j=\xi_j+i\eta_j,\ j=1, \cdots, k$ 的在

$$\Omega=\{(\xi_1+i\eta_1, \cdots, \xi_k+i\eta_k):|\xi_j|<a,\ |\eta_j|<\infty,\ j=1, \cdots, k\}$$

内的解析函数, 固定 $\theta_j=\xi_j+i\eta_j,\ j=2, \cdots, k$ (但 $|\xi_j|<a,\ j=2, \cdots, k$), 则(1.6.9)两边是 $\theta_1=\xi_1+i\eta_1$ 在条形区域

$$\Omega_1=\{(\xi_1+i\eta_1):|\xi_1|<a,\ |\eta_1|<\infty\}$$

内的解析函数; 且在此区域内的一个线段 $|\xi_1|<a,\ \eta_1=0$ 上二者一致. 由单变量解析函数的唯一性定理可知,对固定的 $\theta_2, \cdots, \theta_k$ (其实部都在 $(-a, a)$ 内), (1.6.9) 两边在 Ω_1 上一致. 由此逐步推下去, 最后达到: (1.6.9) 左右两边在 Ω 上一致. 特别, 令 $\xi_1=\cdots=\xi_k=0$, 知

$$\int_{\mathscr{T}} f^+(t)\exp\left[i\sum_{j=1}^k \eta_j t_j\right]d\mu^*(t)=\int_{\mathscr{T}} f^-(t)\exp\left[i\sum_{j=1}^k \eta_j t_j\right]d\mu^*(t), \tag{1.6.10}$$

对任何实数 $\eta_1, \cdots, \eta_k$. 特别，取 $\eta_1=\cdots=\eta_k=0$, 有

$$\int_{\mathscr{T}} f^+(t)d\mu^*(t)=\int_{\mathscr{T}} f^-(t)d\mu^*(t)=b.$$

若 $b=0$，则 $f^+(t)=0$ (a. e. μ^*), $f^-(t)=0$ (a. e. μ^*)，从而 $f(t)=0$ (a. e. μ^*). 故可设 $b>0$. 定义概率测度 $\nu^{\pm}$:

$$\nu^+(B)=\int_B f^+(t)d\mu^*(t)/b,$$

$$\nu^-(B)=\int_B f^-(t)d\mu^*(t)/b, \quad B\in\mathscr{B}_{\mathscr{T}}.$$

则由(1.6.10)得

$$\int_{\mathscr{T}} \exp\left[i\sum_{j=1}^k \eta_j t_j\right]d\nu^+(t)=\int_{\mathscr{T}} \exp\left[i\sum_{j=1}^k \eta_j t_j\right]d\nu^-(t),$$

对任何实数 $\eta_1, \cdots, \eta_k$. 这无异乎说，两个概率分布 ν^+ 和 ν^- 的特征函数一样，故由特征函数唯一决定概率分布之定理，得 $\nu^+=\nu^-$，因而

$$\int_B f^+(t)d\mu^*(t)=\int_B f^-(t)d\mu^*(t), \quad \text{对任何 } B\in\mathscr{B}_{\mathscr{T}}.$$

由此推出 $f^+(t)=f^-(t)$ (a. e. μ^*)，即 $f(t)=0$ (a. e. μ^*). 这完成了定理的证明.

由前几节直到此处为止的讨论，我们总结出指数族的三个优点：一是它包含了很多常见的分布；其次是它有良好的分析性质；三是它有(在本定理条件下)完全充分统计量. 这后两条性质决定了许多问题在这个族中有满意的解决. 因此，指数族的重要性就可想而知了.

用本定理可验证许多常见统计量的完全性. 例如，$X_1, \cdots, X_n$ 为 iid., $X_1\sim N(a, \sigma^2)$, $-\infty<a<\infty$, $0<\sigma^2<\infty$, 则 $\left(\overline{X}, \sum_{i=1}^n (X_i-\overline{X})^2\right)$ 为完全统计量(其充分性前已指出)，我们不一一列举其它的情况了.

(三) 次序统计量的完全性

设 $X_1, \cdots, X_n$ 为从一个其分布为 F 的一维总体中抽出的

iid. 样本，F 属于一分布族 $\mathscr{F}$. 将 $X_1, \cdots, X_n$ 按大小排列得 $X_{(1)} \leqslant \cdots \leqslant X_{(n)}$，$(X_{(1)}, \cdots, X_{(n)})$ 就是样本 $X_1, \cdots, X_n$ 的次序统计量.

我们的问题是研究次序统计量的完全性. 十分明显，次序统计量是否有完全性，取决于分布族 $\mathscr{F}$. 拿一个极端的例子来说，设 $\mathscr{F}$ 只包含一个分布 $R(0, 1)$，则次序统计量的完全性等于要求: 对任何 Borel 可测的对称函数 $f(x_1, \cdots, x_n)$ (定义于 $0<x_i<1$, $i=1, \cdots, n$)，只要

$$\int_0^1 \cdots \int_0^1 f(x_1, \cdots, x_n) dx_1 \cdots dx_n = 0,$$

必有

$$f(x_1, \cdots, x_n) = 0 \quad (\text{a. e. } L) \text{ 于 } 0<x_i<1, \ i=1, \cdots, n.$$

而这显然是不对的. 因此，当 $\mathscr{F}$ 只包含一个分布 $R(0, 1)$ 时，次序统计量并不具备完全性.

因此问题归结为: 分布族 $\mathscr{F}$ 要有怎样的性质，才能使次序统计量有完全性? 下面我们将指出一有力的判别法，其广泛性足以应付常见的统计问题. 为了这个目的，先引进若干有关的记号. 设 $F_1, \cdots, F_r$ 为 r 个一维概率测度，$p_i \geqslant 0$, $i=1, \cdots, r$ 而 $p_1+\cdots+p_r=1$，则 $F=\sum_{i=1}^r p_i F_i$ 理解为一概率测度，定义为

$$F(S) = \sum_{i=1}^r p_i F_i(S) \quad \text{对任何 } S \in \mathscr{B}_1.$$

又若 F 为一概率测度，$S \in \mathscr{B}_1$ 而 $F(S) \neq 0$，则记号 F_S 表示一个概率测度，定义为

$$F_S(A) = F(S \cap A) / F(S), \quad A \in \mathscr{B}_1.$$

定理 1.6.2. 设分布族 $\mathscr{F}$ 满足以下两个条件:

(a) 若 $F_1 \in \mathscr{F}$, $F_2 \in \mathscr{F}$，则对任何 $p_1>0$, $p_2>0$, $p_1+p_2=1$，有 $p_1F_1+p_2F_2 \in \mathscr{F}$.

(b) 若 $F \in \mathscr{F}$, $S=[a, b)$, $-\infty<a<b<\infty$ 而 $F(S) \neq 0$，则 $F_S \in \mathscr{F}$.

则次序统计量$(X_{(1)},\cdots,X_{(n)})$是完全的(对任何自然数n).

我们将定理证明的主要部分写为下面的引理:

引理1.6.1. 设分布族$\mathscr{F}$满足上面的条件(a), $f(x_1,\cdots,x_n)$为Borel可测的对称函数,满足条件

$$\int_{-\infty}^{\infty}\cdots\int_{-\infty}^{\infty}f(x_1,\cdots,x_n)dF(x_1)\cdots dF(x_n)=0,\ \text{对任何}\ F\in\mathscr{F}. \tag{1.6.11}$$

则对$\mathscr{F}$中的任意n个分布$F_1,\cdots,F_n$,必有

$$\int_{-\infty}^{\infty}\cdots\int_{-\infty}^{\infty}f(x_1,\cdots,x_n)dF_1(x_1)\cdots dF_n(x_n)=0. \tag{1.6.12}$$

为了证明,首先注意由条件(a)及$F_i\in\mathscr{F}$, $i=1,\cdots,n$知,对任何自然数$i_1,\cdots,i_k$, $1\leqslant i_1<\cdots<i_k\leqslant n$,有$(F_{i_1}+\cdots+F_{i_k})/k\in\mathscr{F}$. 对每一组这样的$i_1,\cdots,i_k$,定义一个由形如$(j_1,\cdots,j_n)$的元素构成的集合$\alpha(i_1,\cdots,i_k)$如下:$(j_1,\cdots,j_n)\in\alpha(i_1,\cdots,i_k)$,当且仅当每个$j_u$为$i_1,\cdots,i_k$中的一员,$u=1,\cdots,n$,每个$i_v$为$j_1,\cdots,j_n$中的一员,$v=1,\cdots,k$. 记

$$I(j_1,\cdots,j_n)=\int_{-\infty}^{\infty}\cdots\int_{-\infty}^{\infty}f(x_1,\cdots,x_n)dF_{j_1}(x_1)\cdots dF_{j_n}(x_n),$$

则有

$$\sum_{(j_1,\cdots,j_n)\in\alpha(i_1,\cdots,i_k)}I(j_1,\cdots,j_n)=0. \tag{1.6.13}$$

证明了这个事实也就证明了(1.6.12),因为,取$k=n$, $i_1=1,\cdots,i_n=n$,则由f的对称性,(1.6.13)即为(1.6.12). 为证(1.6.13),用归纳法. 由假定(1.6.11)知(1.6.13),当$k=1$时成立. 设(1.6.13)当$k\leqslant r-1$时成立,任取$i_1,\cdots,i_r$, $1\leqslant i_1<\cdots<i_r\leqslant n$. 记$F=(F_{i_1}+\cdots+F_{i_r})/r$. 如上所述,$F\in\mathscr{F}$. 于是根据假定(1.6.11),有

$$\int_{-\infty}^{\infty}\cdots\int_{-\infty}^{\infty}f(x_1,\cdots,x_n)dF(x_1)\cdots dF(x_n)=0.$$

以$F=(F_{i_1}+\cdots+F_{i_r})/r$代入此式而展开之,不难看出结果为(去掉无关的常数因子r^{-n})

$$\sum_{(j_1,\cdots,j_n)\in\alpha(i_1,\cdots,i_r)} I(j_1,\ \cdots,\ j_n)$$

$$+\sum_{s=1}^{r-1}\sum_{1\leqslant t_1<\cdots<t_s\leqslant r}\sum_{(j_1,\cdots,j_n)\in\alpha(i_{t_1},\ \vdots,\ i_{t_s})} I(j_1,\ \cdots j_n)$$

$$=\sum_{(j_1,\cdots,j_n)\in\alpha(i_1,\cdots,i_r)} I(j_1,\ \cdots,\ j_n)+A=0.$$

由归纳假设，和 A 中的每一项皆为 0，故得

$$\sum_{(j_1,\cdots,j_n)\in\alpha(i_1,\cdots,i_r)} I(j_1,\ \cdots,\ j_n)=0.$$

这完成了(1.6.13)的归纳证明，因而证明了引理.

现在转到定理的证明. 为概念清楚起见，我们形式地将次序统计量$(X_{(1)},\ \cdots,\ X_{(n)})$写为样本 $X_1,\ \cdots,\ X_n$ 的函数 $T(X_1,\ \cdots,\ X_n)$. 设有 Borel 可测函数 g，致

$$E_F[g(X_{(1)},\ \cdots,\ X_{(n)})]=E_F[g(T(X_1,\ \cdots,\ X_n))]=0, \tag{1.6.14}$$

对任何 $F\in\mathscr{F}$. 此处 E_F 表示均值是在 X_1 的分布为 F 的情况下取的. 显然，$g(T(X_1,\ \cdots,\ X_n))$为一 Borel 可测的对称函数，记为 $f(X_1,\ \cdots,\ X_n)$，于是(1.6.14)可写为

$$\int_{-\infty}^{\infty}\cdots\int_{-\infty}^{\infty} f(x_1,\ \cdots,\ x_n)dF(x_1)\cdots dF(x_n)=0,$$

对任何 $F\in\mathscr{F}$. 依引理 1.6.1，对属于 $\mathscr{F}$ 的任意分布 $F_1,\ \cdots,F_n$，有(1.6.12)，根据分布族 $\mathscr{F}$ 满足的条件(b)，设 $-\infty<a_i<b_i<\infty$，$F([a_i,\ b_i))>0$，$i=1,\ \cdots,\ n$，则 $F_{[a_i,b_i)}=F_i\in\mathscr{F}$，$i=1,\ \cdots,\ n$，因而

$$\int\cdots\int_I f(x_1,\ \cdots,\ x_n)dF(x_1)\cdots dF(x_n)=0. \tag{1.6.15}$$

此处 $I=\{(x_1,\ \cdots,\ x_n):a_i\leqslant x_i<b_i,\ i=1,\ \cdots,\ n\}$. 如果至少有一个 i 致 $F([a_i,\ b_i))=0$，则(1.6.15)当然成立. 所以，(1.6.15)对一切上述形状的 I 成立. 由测度论中的例行推理立得：对任何 $S\in\mathscr{B}_n$ 有

$$\int\cdots\int_S f(x_1,\ \cdots,\ x_n)dF(x_1)\cdots dF(x_n)=0.$$

因此，若记

$$N=\{(x_1, \cdots, x_n): f(x_1, \cdots, x_n)\neq 0\},$$

则有

$$(F\times F\times\cdots\times F)(N)=0,$$

对任何 $F\in\mathscr{F}$. 因而完全性成立. 定理证毕.

例 1.6.4. 适合本定理中的条件(a), (b)的分布族 $\mathscr{F}$ 有:

所有一维分布的族，以及所有其负荷集为一固定的 Borel 集 S 的子集的分布的族;

所有一维连续分布的族，以及所有其负荷集为一固定的 Borel 集 S 的子集的连续分布的族;

所有绝对连续(对 L 测度)分布的族，以及所有其负荷集为一固定的 Borel 集 S 的子集的绝对连续分布的族;

所有一维离散分布的族，以及所有其负荷集为一固定的 Borel 集 S 的子集的离散分布的族;

所有其均值存在有限的一维分布族，或，指定 $r>0$, 所有其 r 阶绝对矩有限的一维分布族，以及具有这种性质且其负荷集为一固定的 Borel 集 S 的子集的分布的族，如此等等.

由此可见，这个定理包含了所有常见的重要情况.

这个定理可以推广到多组样本的情况.

定理 1.6.3. 设 $X_{i1}, \cdots, X_{in_i}$ 为抽自分布为 F_i 的总体的 iid. 样本，$i=1, \cdots, c$, 又 $X_{11}, \cdots, X_{1n_1}, \cdots, X_{c1}, \cdots, X_{cn_c}$ 全体独立. 假定 F_i 属于分布族 $\mathscr{F}_i$, $i=1, \cdots, c$, 以 $X_{i(1)}\leqslant\cdots\leqslant X_{i(n_i)}$ 记 $X_{i1}, \cdots, X_{in_i}$ 的次序统计量，$i=1, \cdots, c$, 而定义

$$\begin{aligned}T&(X_{11}, \cdots, X_{1n_1}, \cdots, X_{c1}, \cdots, X_{cn_c})\\&=(X_{1(1)}, \cdots, X_{1(n_1)}, \cdots, X_{c(1)}, \cdots, X_{c(n_c)}).\end{aligned}$$

如果每个 $\mathscr{F}_i$, $i=1, \cdots, c$, 都满足上定理中的条件(a), (b), 则 T 是完全统计量.

除了某些细节上的复杂性外，本定理的证明方法与上定理无本质差异，因此将其留给读者作为一个练习.

又，如果将定理 1.6.2 中的条件(a), (b)去掉一个，则定理的结论不再成立. 我们把举出相应的反例的任务也交给读者.

(四)有界完全性

在有些问题中,我们只需要下述较完全性略弱一些的性质.

定义 1.6.2(有界完全性). 设变量 X 的样本空间为 $(\mathscr{X}, \mathscr{B}_{\mathscr{X}})$, 分布族为 $\{P_\theta, \theta\in\Theta\}$, $t(x)$ 为定义于 $\mathscr{X}$ 取值于 $(\mathscr{T}, \mathscr{B}_{\mathscr{T}})$ 的统计量,其分布族为 $\{P_\theta^T, \theta\in\Theta\}$. 若对任何满足条件

$$\text{“}\int_{\mathscr{X}} f(x)\,dP_\theta(x)=0 \quad \text{对一切 } \theta\in\Theta\text{”}$$

的有界 $\mathscr{B}_{\mathscr{X}}$ 可测函数 $f(x)$, 必有 $P_\theta(\{x: f(x)\neq 0\})=0$ 对一切 $\theta\in\Theta$, 则称分布族 $\{P_\theta, \theta\in\Theta\}$ 为有界完全的. 若 $\{P_\theta^T, \theta\in\Theta\}$ 为有界完全的,则称 t 为有界完全统计量.

显然, 完全的分布族或统计量必为有界完全的. 下面的例子说明,此事实之逆不成立.

例 1.6.5. 设 $\mathscr{X}=\{0, 1, 2, \cdots\}$, 分布族为

$$P_\theta(X=0)=\theta,\ P_\theta(X=n)=(1-\theta)^2\theta^{n-1},$$
$$n=1, 2, \cdots,\ 0<\theta<1.$$

设 $E_\theta(f(X))=0$ 对一切 θ, $0<\theta<1$, 则

$$f(0)\cdot\theta+(1-\theta)^2\sum_{n=1}^{\infty} f(n)\theta^{n-1}=0,\ 0<\theta<1,$$

即

$$\sum_{n=1}^{\infty} f(n)\theta^{n-1}=-f(0)\frac{\theta}{(1-\theta)^2}=-\sum_{n=1}^{\infty} nf(0)\theta^n,\ 0<\theta<1.$$

此式两边为 θ 的幂级数, 在 $|\theta|<1$ 内收敛, 故其对应项系数必相同,即

$$f(1)=0,\ f(n)=-(n-1)f(0),\ n=2, 3, \cdots.$$

若要求 f 有界,则由此知必须有 $f(0)=0$, 因而

$$f(1)=f(2)=f(3)=\cdots=0,$$

这证明了 $\{P_\theta, \theta\in(0, 1)\}$ 为有界完全的. 但它不为完全. 因若取 $f(n)=n-1$, 当 $n=2, 3, \cdots$, $f(0)=-1$, $f(1)=0$, 则易见 $E_\theta(f(X))=0$ 对一切 $\theta\in(0, 1)$, 但 $P_\theta(f(X)=0)$ 并不为 1.

关于有界完全性有下面有趣的定理,

定理1.6.4. 设 X 的样本空间和分布族为 $(\mathscr{X}, \mathscr{B}_{\mathscr{X}})$ 及 $\{P_\theta, \theta\in\Theta\}$，而 $t(x)$ 为一有界完全统计量，取值于 $(\mathscr{T}, \mathscr{B}_{\mathscr{T}})$ 内，且 t 为充分统计量. 则对任何定义于 $\mathscr{X}$ 的有限 $\mathscr{B}_{\mathscr{X}}$-可测函数 $f(x)$，当 $f(X)$ 的分布与 θ 无关时，对一切 $\theta\in\Theta$，$f(X)$ 与 $t(X)$ 独立.

证. $f(X)$ 的分布与 θ 无关的意思是：对任何 $B\in\mathscr{B}_f$，$P_\theta(f^{-1}(B))$ 与 θ 无关[1]. 取定这样一个 B，并记 $P_\theta(f^{-1}(B))=\alpha$，$0\leqslant\alpha\leqslant1$，$\alpha$ 与 θ 无关. 由统计量 t 的充分性，

$$\varphi(t)=P_\theta\{f^{-1}(B)\,|\,t\}$$

与 θ 无关. 注意 $0\leqslant\varphi(t)\leqslant1$，因而 φ 是有界的. 记 $\psi(t)=\varphi(t)-\alpha$，则 $E_\theta(\psi(t(X)))=E_\theta(\varphi(t(X)))-\alpha=E_\theta\{P_\theta(f^{-1}(B)\,|\,t)\}-\alpha=P_\theta(f^{-1}(B))-\alpha=0$，对一切 $\theta\in\Theta$，故由 t 的有界完全性，知 $\psi(t)=0$ (a. e. P_θ^T) 对任何 $\theta\in\Theta$，即 $\varphi(t)=\alpha$ (a. e. P_θ^T) 对任何 $\theta\in\Theta$. 现在注意

$$P_\theta(f^{-1}(B)\cap t^{-1}(C))=\int_C P_\theta(f^{-1}(B)\,|\,t)dP_\theta^T(t)$$

$$=\int_C \alpha dP_\theta^T(t)=\alpha P_\theta^T(C)=\alpha P_\theta(t^{-1}(C))$$

$$=P_\theta(f^{-1}(B))P_\theta(t^{-1}(C)),\quad \text{任何 } \theta\in\Theta,\ B\in\mathscr{B}_f,\ C\in\mathscr{B}_{\mathscr{T}}.$$

这证明了：对任何 θ，$f(X)$ 与 $t(X)$ 独立.

值得注意的是：本定理之逆不真. 例如，设 $\mathscr{X}=\Theta=\mathscr{T}=R_1$，$\mathscr{B}_{\mathscr{X}}=\mathscr{B}_{\mathscr{T}}=R_1$，而 X 的分布族为

$$P_\theta(\{\theta\})=1,\quad -\infty<\theta<\infty. \tag{1.6.16}$$

显然，$t(x)=x$ 是一完全充分统计量(建议读者自己把严格证明写出来). 令 $f(x)=x$. 则因 $f(x)$ 和 $t(X)$ 在任何 $P_\theta(\theta\in R_1)$ 之下都是退化分布，因而对任何 $\theta\in R_1$，$f(X)$ 与 $t(X)$ 独立，但显然 $f(X)$ 之分布并非与 θ 无关.

本例说明了：[7] 中 162 页定理 2 的必要性部分是错误的. 建议读者仔细阅读 [7] 中 162 页处的证明，以指出证明中错误的所在.

---

1) $\mathscr{B}_f$ 为 $f(X)$ 的值域中的 σ-域.

由于指数族有完全(因而有界完全)和充分的统计量，故由定理 1.6.4 得到:

系 1.6.1. 设 X 的分布族为指数族

$$dP_\theta(x)=C(\theta)\exp\left(\sum_{i=1}^k\theta_iT_i(x)\right)d\mu,\ \theta\in\Theta.$$

而 Θ 作为 R_k 的子集有内点. 则对任何 f(定义于 $\mathscr{X}$ 且取值于某可测空间)，当 $f(X)$ 之分布与 θ 无关时，对任何 θ，$f(X)$ 必与 $(T_1(X),\ \cdots,\ T_k(X))$ 独立(在这个具体情况下可以证明，上述事实之逆亦真. 证明留给读者作为练习)

例 1.6.6. 设 $X_1,\ \cdots,\ X_n$ 为 iid.，$X_1\sim N(\theta,\ \sigma^2)$，$-\infty<\theta<\infty$，$0<\sigma^2<\infty$. $f(x_1,\ \cdots,\ x_n)$ 满足条件

$$f(x_1+c,\ \cdots,\ x_n+c)=f(x_1,\ \cdots,\ x_n),\ \text{对任何}\ c,\tag{1.6.17}$$

求证 $\overline{X}$ 与 $f(X_1,\ \cdots,\ X_n)$ 独立.

先将 σ^2 固定于 σ_0^2，则 $t(x)=\bar{x}$ 为族 $\{N(\theta,\ \sigma_0^2),\ -\infty<\theta<\infty\}$ 之下的充分统计量，它也是完全的. 注意由(1.6.17)知

$$f(X_1,\ \cdots,\ X_n)=f(X_1-\theta,\ \cdots,\ X_n-\theta).$$

而 $X_1-\theta,\ \cdots,\ X_n-\theta$ 为 iid.，其分布与 θ 无关 ($X_1-\theta\sim N(0,\ \sigma_0^2)$，$\sigma_0^2$ 已固定了)，故 $f(X_1,\ \cdots,\ X_n)$ 之分布与参数 θ 无关. 由系 1.6.1，知 $f(X_1,\ \cdots,\ X_n)$ 与 $\overline{X}$ 独立.

适合(1.6.17)的重要例子有

$$t(X)=\frac{1}{n-1}\sum_{i=1}^n(X_i-\overline{X})^2\quad(\text{样本方差});$$

$$t(X)=\max\{X_1,\ \cdots,\ X_n\}-\min\{X_1,\ \cdots,\ X_n\}\quad(\text{样本极差});$$

$$t(X)=\frac{1}{n}\sum_{i=1}^n|X_i-\overline{X}|\quad(\text{样本平均差})$$

等等. 本例的结果用初等方法也很易证明.

第二章 点 估 计

参数的点估计问题是一般的统计判决问题的一个特例. 从这个角度看，它的提法已包括在 §1.4 中所描述的统计判决问题的提法中了. 为了清楚起见，在此我们把问题提法再明确地叙述一下,并指明它的某些特点.

设变量 X 的样本空间为$(\mathscr{X}, \mathscr{B}_{\mathscr{X}})$，其分布族为$\{P_\theta, \theta\in\Theta\}$，$\Theta$ 为参数空间. 也就是说，我们知道必存在一个 $\theta_0\in\Theta$，致 X 的分布就是 P_{θ_0}，但不知 θ_0 的具体值，现在在 Θ 上给定了一个函数 $g(\theta)$，取值于 R_k 内. 亦即，$g(\theta)=(g_1(\theta), \cdots, g_k(\theta))$，每个 $g_i(\theta)$ 都是定义在 Θ 上取值于 R_1 的函数[1]. 对变量 X 进行观察得样本 $\mathscr{X}$. 要根据它对 $g(\theta)$ 在参数真值 θ_0 处之值 $g(\theta_0)$ 作一估计，估计的结果用一个 k 维向量表示出来. 也就是，拿 R_k 中的一个点去估计 $g(\theta_0)$. 这是点估计这名称的由来. 为了简化记号，我们仍用 θ 表参数真值. 但读者应注意在每一有关公式和运算式中，θ 的意义究竟是指参数真值还是泛指 Θ 中的任一点，这一般都是自明的而无须加以特别的说明.

为了确定问题，还必须指定一定的判决空间和损失函数. 一个统计问题的性质和分类，就依这些而定. 虽然难于对点估计问题和其它统计判决问题划一条截然的界线，可以说，以下几个特点是点估计问题的特征：

1. 判决空间$(\mathscr{D}, \mathscr{B}_{\mathscr{D}})$为欧氏的，即 $\mathscr{D}$ 为 R_k 或其一 Borel 子集，k 即为 $g(\theta)$ 的维数，且一般有 $\mathscr{D}\supset\Theta\cdot\mathscr{B}_{\mathscr{D}}$ 当然是 $\mathscr{D}$ 的一切 Borel 子集构成的 σ–域.

1) 如前面指出的，在运算中当把 $g(\theta)$ 作为向量看待时，总认为是列向量. 其转置向量有时记为 $\boldsymbol{g}^\tau(\theta)$ 而不用 $\boldsymbol{g}'(\theta)$，以与 $\boldsymbol{g}(\theta)$ 的导数 $\boldsymbol{g}'(\theta)$ 相区别. $\boldsymbol{g}'(\theta)$ 理解为 $(g_1'(\theta), \cdots, g_k'(\theta))^\tau$.

2. 损失函数 $L(\theta, d)$ 一般是通过 $g(\theta)$ 而依赖于 θ，即有 $W(g(\theta), d)$ 的形式，当然这也不是一个硬性的要求．而且，损失函数一般有连续性．

在点估计问题中，判决函数一般称为"估计量"．在非随机化的情况下，这是一个由 $(\mathscr{X}, \mathscr{B}_{\mathscr{X}})$ 到 $(\mathscr{D}, \mathscr{B}_{\mathscr{D}})$ 的可测变换 $\hat{g}(x)$．每当有了样本 X，就算出 $\hat{g}(x)$，用它作为 $g(\theta)$ 的估计值．在随机化情况下，它是一个定义于 $\mathscr{X} \times \mathscr{B}_{\mathscr{D}}$ 的函数 $\delta(X, D)$，满足 §1.4 中所述的对随机化判决函数的要求．

以上对点估计问题的描述，着重点在于把它看成是一般统计判决问题的特例．但应注意，点估计理论的某些重要方面与判决函数理论并无直接联系．特别是在大样本理论中．那里注意的是当样本大小无限增加时估计量的极限性质．与著名的"极大似然估计"有关的问题多属于这一方面．本章也将涉及这些问题．

§2.1. 无偏估计

(一) 定义和说明

在指定了一定的损失函数后，点估计的问题就在于寻求具有某种最优性质的估计量．一致最优的估计量一般是不存在的．在 §1.4 中，我们曾指出，可以把最优性的准则放宽一些，使适合这种最优性准则的估计一般能存在．这可以解释为：我们所寻求的是从某一特定方面看具有最优性的估计量，而不要求它在一切方面都最优．

但还有另外一种处理方法：我们先对估计量的性质作某种特定的要求．就是说，凡不满足这一要求的估计量，都不在我们考虑之列．把一切适合这要求的估计量的全体记为 $\mathscr{E}$，我们希望，在 $\mathscr{E}$ 中找一个一致最优或满足其它某种最优性标准的估计量．这种作法的意义，在于我们先对估计量要求它在整体上有较为良好的性质，然后再从其中择优．一个在整体上很坏的估计量，在局部上也可以有某种优越性．例如，取 $\hat{g}(x) = c$，即不论样本如何，总用

常数 c 去估计 $g(\theta)$．这当然是一个不好的估计量，因为它一点也没有使用样本 x 中的信息，然而，若参数真值 θ_0 适合 $g(\theta_0)=c$，则上述估计量是最好的．我们必须先把这样的估计量丢弃，才能进行合理的比较．

在这种要求中，无偏性是其中最重要最常见的一个．下面先给出无偏估计的正式定义．

定义 2.1.1． 在前面的记号下，$g(\theta)$ 的估计量 $\hat{g}(x)$ 称为是无偏的，或者说，$\hat{g}(x)$ 是 $g(\theta)$ 的无偏估计，如果

$$E_\theta(\hat{g}(x))=g(\theta),\quad 对任何\ \theta\in\Theta, \tag{2.1.1}$$

对随机化估计量 $\hat{g}(x,\ D)$，(2.1.1) 相应地改为

$$E_\theta\left(\int_{\mathscr{D}}t\hat{g}(X,\ dt)\right)=\int_{\mathscr{X}}dP_\theta(x)\int_{\mathscr{D}}t\hat{g}(x,\ dt)=g(\theta),\ \theta\in\Theta.$$

也就是说，如果一个估计量的理论均值等于被估计值，则这估计量称为无偏的．

在较早期(部分地可以说直到现在)的统计著作中，一般都把无偏性放在很显著的地位．因而在不少人中逐渐形成了一种看法，就是一个估计量要是没有无偏性，就是不好的．对这一点大致可以认为，除了历史的原因以外，无偏估计在数学上较易处理，常见的参数的无偏估计不难找到，以及其较易解释的直观含义等，都是原因．在判决函数理论诞生以前，参数估计理论的面比较窄．近年来虽然发展很快，但多数成果都还未见诸实际应用．因此，无偏估计仍保持了它的地位，但是，无论从实际应用的角度或是从判决函数理论的角度来分析，把无偏性列为对估计量的当然要求是可以争论的．

从实际应用的角度看，无偏估计的意义在于：当这估计量经常地使用时，它保证了平均说来，即在多次重复的平均的意义下，给出接近于真确值的估计．如果应用上的要求主要在于这一点，无偏性的要求当然是合理甚至必须的．不妨设想这样一个例子．某工厂生产一种产品．其废品率从较长时期看大体稳定在一个数 p_0 上．现在每天在所生产的产品中作抽样检验以对 p_0 作一估计，就

逐日的结果而言，自然难免偏高偏低，但如估计量有无偏性，在使用了几个月之后(当然，假定 p_0 一直没有变化)，将全部结果平均，就能得出很接近于 p_0 的估计. 所以，如果该厂每日将全部产品卖给一家商店，而该店是按每日的抽样废品率的大小来付款的，则就某一日而言，两方中有一方可能吃一点亏，但无偏性保证了从较长时期看，办法是公平的. 在这里，无偏性显然是合理而必要的要求. 但在不少应用中，不仅问题没有这种经常性，而且(或者)正、负偏差并不能抵销，在这种情况下，无偏性就没有多大意义.

从判决函数理论看问题也显得很清楚: 设损失函数为 $W(g(\theta), d)$. 将估计量 $\hat{g}(x)$ 重复使用 n 次，假定每次参数值 θ 不变，且以 x_i 记第 i 次使用时所得的样本，则这 n 次的平均损失为 $\frac{1}{n}\sum_{i=1}^{n} W(g(\theta), \hat{g}(x_i))$. 如果每次的偏差 $\hat{g}(x_i)-g(\theta)$ 都比较大，即使平均地有 $\frac{1}{n}\sum_{i=1}^{n}\hat{g}(x_i)\approx g(\theta)$，并不能保证上述平均损失很小. 在这种情况下，只有当无偏性的要求有助于使 $\hat{g}(x_i)$ 与 $g(\theta)$ 的距离缩小的情况下，这个要求才是合适的.

总之，一方面应看到，无偏性是一个重要而有用的概念；另一方面，应当根据问题的性质来估价这个准则的作用，而不能拘泥于它.

在结束这一段前我们明确一下: 无偏估计并非在任何情况下都存在.

例 2.1.1. 设 X 服从二项分布 $B(n, \theta)$, $0<\theta<1$. 要估计 $g(\theta)=\frac{1}{\theta}$. 若 $\hat{g}(x)$ 为无偏，记 $\hat{g}(i)=a_i$, $i=0, 1, \cdots, n$, 将有

$$\sum_{i=0}^{n} a_i\binom{n}{i}\theta^i(1-\theta)^{n-i}=\frac{1}{\theta},\quad 0<\theta<1.$$

这显然是不可能的，因为上式左边是一个多项式，而右边在 $\theta=0$ 处没有意义. 显然，若 $g(\theta)$ 不为次数 $\leqslant n$ 的多项式，$g(\theta)$ 的无偏估计都不可能存在.

例 2.1.2. 设 $X\sim N(\theta, 1)$，要估计 $g(\theta)=|\theta|$. 设 $\hat{g}(x)$ 为

无偏估计,则对$-\infty<\theta<\infty$有

$$E_\theta(\hat{g}(x))=\frac{1}{\sqrt{2\pi}}\int_{-\infty}^{\infty}\hat{g}(x)\exp\left(-\frac{1}{2}(x-\theta)^2\right)dx=|\theta|.$$

但由指数族的性质，知上式中间一项在$-\infty<\theta<\infty$对θ有各级连续导数,而$|\theta|$在$\theta=0$处不可导,因此是不可能的.

(二) 最小方差无偏估计 (Minimum Variance Unbiased Estimate, **简记为** MVUE)

考虑$k=1$的情况，即$g(\theta)$为Θ上的一个数量函数. 假定损失函数为

$$W(g(\theta),\ d)=[g(\theta)-d]^2, \tag{2.1.2}$$

这种损失函数称为平方损失函数,在研究工作中使用很多.

设$\hat{g}(x)$为$g(\theta)$的一个无偏估计,则其风险函数为

$$R(g(\theta),\ \hat{g})=E_\theta[g(\theta)-\hat{g}(x)]^2=\mathrm{Var}_\theta(\hat{g}(x)). \tag{2.1.3}$$

因此，当限制于无偏估计类且损失函数为(2.1.2)时，估计量的优劣就取决于其方差的大小，方差愈小的愈好. 这个准则在直观上的意义也是很清楚的,这就导致下面的定义:

定义 2.1.2. 设X的样本空间和分布族为$(\mathscr{X},\ \mathscr{B}_{\mathscr{X}})$, $\{P_\theta,\ \theta\in\Theta\}$, $g(\theta)$为定义于Θ取值于R_1的函数，若存在一个无偏估计$\hat{g}$，使对$g(\theta)$的任何无偏估计g^*，都有

$$\mathrm{Var}_\theta(\hat{g}(x))\leqslant\mathrm{Var}_\theta(g^*(x)),\ \text{对一切}\ \theta\in\Theta. \tag{2.1.4}$$

则称$\hat{g}$为$g(\theta)$的一个方差最小无偏估计(MVUE).

在证明关于 MVUE 的主要定理之前，先明确下面的简单事实.

引理 2.1.1. 在定义 2.1.2 的记号下，若$\tilde{g}(X;\ D)$为任一$g(\theta)$的随机化无偏估计，则存在$g(\theta)$之一非随机无偏估计$\hat{g}(x)$，致在损失函数(2.1.2)之下,有

$$R(g(\theta),\ \hat{g})\leqslant R(g(\theta),\ \tilde{g}),\ \text{对任何}\ \theta\in\Theta. \tag{2.1.5}$$

证 定义$\hat{g}(x)=\int_{-\infty}^{\infty}t\tilde{g}(x,\ dt)$(此处为确定计,设判决空间为

$(-\infty, \infty)$，这无损于普遍性)，由 $\tilde{g}$ 的无偏性，知 $\hat{g}(x)$(除可能一 P_θ-零测集外)有意义且 $\hat{g}$ 为 $g(\theta)$ 的无偏估计. 又

$$R(g(\theta), \tilde{g}) = \int_{\mathscr{X}} dP_\theta(x) \int_{-\infty}^{\infty} [t - g(\theta)]^2 \tilde{g}(x, dt), \quad (2.1.6)$$

而

$$\begin{aligned}\int_{-\infty}^{\infty} &[t - g(\theta)]^2 \tilde{g}(x, dt) \\ &= \int_{-\infty}^{\infty} t^2 \tilde{g}(x, dt) - 2g(\theta) \int_{-\infty}^{\infty} t\tilde{g}(x, dt) + g^2(\theta) \\ &= \int_{-\infty}^{\infty} t^2 \tilde{g}(x, dt) - 2g(\theta)\hat{g}(x) + g^2(\theta), \quad (2.1.7)\end{aligned}$$

用 Schwartz 不等式，得

$$\int_{-\infty}^{\infty} t^2 \tilde{g}(x, dt) \geqslant \left(\int_{-\infty}^{\infty} t\tilde{g}(x, dt)\right)^2 = \hat{g}^2(x), \quad (2.1.8)$$

所以由(2.1.7)得

$$\int_{-\infty}^{\infty} [t - g(\theta)]^2 \tilde{g}(x, dt) \geqslant \hat{g}^2(x) - 2g(\theta)\hat{g}(x) + g^2(\theta).$$

代入(2.1.6)，得

$$\begin{aligned}R(g(\theta), \tilde{g}) &\geqslant \int_{\mathscr{X}} \hat{g}^2(x) dP_\theta(x) - g^2(\theta) \\ &= \mathrm{Var}_\theta(\hat{g}(x)) = R(g(\theta), \hat{g}),\end{aligned}$$

这证明了引理 2.1.1.

由这个引理特别推出：若存在一个随机化的 MVUE，则必存在非随机化的 MVUE. 这样，在求 MVUE 时，只考虑非随机化估计就行了. 事实上，我们可以进一步断言：MVUE 若存在，必须是非随机化的. 因为，要(2.1.8)成立等号，概率测度 $\tilde{g}(x, \cdot)$ 必须集中于一点，因此，只有在

$$P_\theta(\{x: \tilde{g}(x, \cdot) \text{的测度集中于一点}\}) = 1$$

时，对这个 θ (2.1.5)才成立等号.

现在证明下面的重要定理，根据引理 2.1.1，以下提到的估计量全是非随机化的.

定理 2.1.1 (Lehmann–Scheffe). 在定义 2.1.2 的记号下，

若 $t(x)$ 是 θ 的一充分完全统计量(更确切地，应说 $t(x)$ 为分布族 $\{P_\theta, \theta\in\Theta\}$ 的充分完全统计量. 以后我们常用这个简单说法)，则

a. 若一个只依赖于 $t(x)$ 的估计量 $h(t(x))$ 为 $g(\theta)$ 的无偏估计，则它必是 $g(\theta)$ 的 MVUE.

b. 这样的估计量最多只有一个(在概率为1相等的意义下).

c. 若 $g^*(x)$ 是 $g(\theta)$ 任一无偏估计，则必存在 a 中所述的 MVUE. 若后者的方差处处有限(在 Θ 内)，则它是 $g(\theta)$ 的唯一的 MVUE[1].

证 首先，若存在两个只依赖于 $t(x)$ 的，$g(\theta)$ 的无偏估计，记为 $h_1(t(x))$ 和 $h_2(t(x))$，令 $h=h_1-h_2$，则 $E_\theta[h(t(x))]=g(\theta)-g(\theta)=0$ 对一切 $\theta\in\Theta$，由 t 的完全性，知 $h(t(x))=0$ (a. e. P_θ) 对任何 $\theta\in\Theta$，这证明了 b.

其次，设 $g^*(x)$ 为 $g(\theta)$ 之任一无偏估计，记 $h(t)=E(g^*(x)|t)$. 由 t 的充分性，此条件期望与 θ 无关. 由条件期望性质 c，知 $h(t(x))$ 为 $g(\theta)$ 的无偏估计，我们已证，这种只依赖于 $t(x)$ 的无偏估计只有一个，现证 $\mathrm{Var}_\theta(g^*(x))\geqslant\mathrm{Var}_\theta[h(t(x))]$ 对一切 $\theta\in\Theta$. 任取 $\theta\in\Theta$. 若 $\mathrm{Var}_\theta(g^*(x))=\infty$，则此显然对. 故设 $\mathrm{Var}_\theta(g^*(X))<\infty$. 这时有

$$\begin{aligned}\mathrm{Var}_\theta(g^*(X)) &= E_\theta[g^*(X)-g(\theta)]^2\\ &= E_\theta\{[g^*(X)-h(t(X))]+[h(t(X))-g(\theta)]\}^2\\ &= E_\theta[g^*(X)-h(t(X))]^2+\mathrm{Var}_\theta[h(t(X))]\\ &\quad +2E_\theta\{[g^*(X)-h(t(X))][h(t(X))-g(\theta)]\},\end{aligned}\tag{2.1.9}$$

由条件期望的性质 c, g, 及 $h(t(X))$ 的定义，知

$$\begin{aligned}&E_\theta\{[g^*(X)-h(t(X))][h(t(X))-g(\theta)]\}\\ &\quad=E_\theta E\{[g^*(X)-h(t(X))][h(t(X))-g(\theta)]|t\}\\ &\quad=E_\theta\{[h(t(X))-g(\theta)]\cdot E\{[g^*(X)-h(t(X))]|t\}\}\\ &\quad=E_\theta\{[h(t(X))-g(\theta)][E(g^*(X)|t)-h(t(X))]\}\\ &\quad=0.\end{aligned}$$

---

1) 参看本章习题 45.

故由(2.1.9)得

$$\mathrm{Var}_\theta(g^*(X))=\mathrm{Var}_\theta[h(t(X))]+E_\theta[g^*(X)-h(t(X))]^2$$
$$\geqslant \mathrm{Var}_\theta[h(t(X))]. \qquad (2.1.10)$$

这证明了 $h(t(X))$ 为 $g(\theta)$ 的 MVUE. 而且，要(2.1.10)中等号成立,必需

$$E_\theta[g^*(X)-h(t(X))]^2=0.$$

而由此又推出

$$g^*(X)=h(t(X)) \quad (\text{a.e}P_\theta).$$

故这证明了 $h(t(X))$ 是 $g(\theta)$ 的唯一的(在前述意义下，以后同此) MVUE. 定理证毕.

系 2.1.1. 设 X 的分布族为指数族

$$dP_\theta(x)=C(\theta)\exp\left(\sum_{i=1}^k\theta_iT_i(x)\right)d\mu(x),\ \theta\in\Theta.$$

μ 为 X 的样本空间$(\mathscr{X},\ \mathscr{B}_{\mathscr{X}})$上的 σ-有限测度. 若 Θ 作为 R_k 的子集有内点，而 $h(t(X))$ 为 $g(\theta)$ 的无偏估计，此处 $t(X)=(T_1(X),\ \cdots,\ T_k(X))$，则 $h(t(X))$ 为 $g(\theta)$ 的唯一的 MVUE.

事实上，在所述条件下，t 为充分完全统计量，故立即由定理 2.1.1 推出所要的结论.

例 2.1.3. 由系 2.1.1 立即得出一些常见的无偏估计是 MVUE, 例如，若 $X_1,\ \cdots,\ X_n$ 为 iid.，$X_1\sim N(a,\ \sigma^2)$，则 $\overline{X}$ 和 $S^2=\frac{1}{n-1}\sum_{i=1}^n(X_i-\overline{X})^2$ 分别是 a 和 σ^2 的 MVUE. 又在例 1.5.2 中，$\overline{X}$ 为 θ 的 MVUE. 又若 $X_1,\ \cdots,\ X_n$ 为 iid.，X_1 服从参数为 θ 的 Poisson 分布,则 $\overline{X}$ 为 θ 的 MVUE. 根据例 1.5.8 和 1.6.2, 若 $X_1,\ \cdots,\ X_n$ 为 iid.，$X_1\sim R(\theta_1,\ \theta_2)$，则 $\frac{1}{2}[\max(X_1,\cdots,X_n)+\min(X_1,\ \cdots,\ X_n)]$ 为 X_1 的均值 $\frac{\theta_1+\theta_2}{2}$ 的 MVUE(在此需要验证这个估计的无偏性,这是很容易的)，等等.

现在我们考虑几个较复杂的例子.

例 2.1.4. 设 $X_1,\ \cdots,\ X_n$ 为 iid.，X_1 服从对数正态分布,即

$\log X_1$ 服从正态分布 $N(a, \sigma^2)$. 由此容易得到 X_1 的密度函数(对 L 测度)为

$$(2\pi\sigma^2)^{-1/2}\exp\left[-\frac{1}{2\sigma^2}(\log x-a)^2\right]\frac{1}{x}$$

(当 $x>0$, $x<0$ 时为 0),

由此可写出 $(X_1, \cdots, X_n)$ 的联合密度, 并根据定理 1.5.3 和 1.6.1, 容易得出: $t=(t_1, t_2)$ 为充分完全统计量, 其中

$$t_1=\frac{1}{n}\sum_{i=1}^{n}\log x_i,\quad t_2=\sum_{i=1}^{n}(\log x_i-t_1)^2.$$

且 t_1, t_2 独立, $t_1\sim N(a, \sigma^2/n)$, $t_2/\sigma^2\sim\chi_{n-1}^2$.

容易算出 X_1 的均值为(记 $(a, \sigma^2)=\theta$)

$$g(\theta)=E_\theta(X_1)=\exp\left(a+\frac{\sigma^2}{2}\right). \tag{2.1.11}$$

设我们要估计 $g(\theta)$. 由 $t_1\sim N(a, \sigma^2/n)$, 据(2.1.11), 知 $E_\theta(e^{t_1})=\exp\left(a+\frac{\sigma^2}{2n}\right)$. 又由 $t_2/\sigma^2\sim\chi_{n-1}^2$ 易算得

$$E_\theta(t_2^k)=2^k\sigma^{2k}\Gamma\left(k+\frac{n-1}{2}\right)\Big/\Gamma\left(\frac{n-1}{2}\right),\ k=0, 1, 2, \cdots.$$

因而若令

$$\psi(t_2)=\Gamma\left(\frac{n-1}{2}\right)\sum_{k=0}^{\infty}\frac{1}{k!\,\Gamma\left(k+\frac{n-1}{2}\right)}\left(\frac{t_2}{4}\right)^k\left(1-\frac{1}{n}\right)^k,$$

将有

$$E_\theta(\psi(t_2))=\sum_{k=0}^{\infty}\frac{1}{k!}\left(\frac{\sigma^2}{2}\right)^k\left(1-\frac{1}{n}\right)^k=\exp\left(\frac{\sigma^2}{2}\left(1-\frac{1}{n}\right)\right).$$

这样, 若令 $\hat{g}(x)=\exp(t_1(x))\psi(t_2(x))$, 由 $t_1(X)$, $t_2(X)$ 的独立性, 有

$$\begin{aligned}E_\theta(\hat{g}(X))&=E_\theta[e^{t_1(x)}]E_\theta[\psi(t_2(X))]\\&=\exp\left(a+\frac{\sigma^2}{2n}\right)\exp\left(\frac{\sigma^2}{2}\left(1-\frac{1}{n}\right)\right)\\&=\exp\left(a+\frac{\sigma^2}{2}\right)=g(\theta).\end{aligned}$$

即 $\hat{g}(X)$ 为 $g(\theta)$ 之无偏估计. 由于它是充分完全统计量 $t=(t_1, t_2)$

的函数，故必为 $g(\theta)$ 的唯一的 MVUE.

在本例中，一个显而易见的无偏估计是 $\overline{X}$，由于它不是 t 的函数，根据定理 2.1.1，它不可能是 $g(\theta)$ 的 MVUE. 我们多次见到，用样本均值估计总体均值的优越性(就方差小的标准而言)，只是在指数族中才对，在这范围之外则可能存在更好的无偏估计.

例 2.1.5. 设变量 X 服从一维指数族分布

$$dP_{\theta}(x)=C(\theta)e^{\theta x}r(x)dx,\quad \theta\in\Theta. \tag{2.1.12}$$

此处 Θ 为自然参数空间，假设它有内点. 令 $g(\theta)=\theta^k$，k 为自然数. 假定 $r^{(m)}(x)$ ($r(x)$ 的 m 阶导数)在 $(-\infty,\infty)$ 处处存在且 $e^{\theta x}r^{(m)}(x)$ 在 $(-\infty,\infty)$ 为 L 可积，对 $m=1, 2, \cdots, k$. 我们来证明：若定义

$$\hat{g}(x)=\begin{cases}(-1)^k r^{(k)}(x)/r(x), & 当\ r(x)>0,\\ 0, & 当\ r(x)=0,\end{cases} \tag{2.1.13}$$

则 $\hat{g}$ 为 $g(\theta)=\theta^k$ 的 MVUE.

由假定，知 $t(X)=X$ 为充分完全统计量，故只需证明：$\hat{g}$ 为 $g(\theta)$ 的无偏估计. 由(2.1.13)，这无异乎要证明

$$(-1)^k\int_{-\infty}^{\infty}C(\theta)e^{\theta x}r^{(k)}(x)dx=\theta^k,\quad k\in\Theta \tag{2.1.14}$$

由 $e^{\theta x}r^{(k-1)}(x)$ 在 $(-\infty,\infty)$ 为 L 可积知，存在一串 $a_n\downarrow-\infty$ 及一串 $b_n\uparrow\infty$，致 $e^{\theta a_n}r^{(k-1)}(a_n)\to 0$，$e^{\theta b_n}r^{(k-1)}(b_n)\to 0$. 故用分部积分得

$$\begin{aligned}\int_{-\infty}^{\infty}e^{\theta x}r^{(k)}(x)dx&=\lim_{n\to\infty}\int_{a_n}^{b_n}e^{\theta x}r^{(k)}(x)dx\\&=\lim_{n\to\infty}[e^{\theta b_n}r^{(k-1)}(b_n)-e^{\theta a_n}r^{(k-1)}(a_n)]\\&\quad-\lim_{n\to\infty}\int_{a_n}^{b_n}\theta e^{\theta x}r^{(k-1)}(x)dx\\&=-\theta\int_{-\infty}^{\infty}e^{\theta x}r^{(k-1)}(x)dx.\end{aligned}$$

重复以上推理，最后得

$$\int_{-\infty}^{\infty}e^{\theta x}r^{(k)}(x)dx=(-1)^k\theta^k\int^{\infty}e^{\theta x}r(x)dx.$$

这证明了(2.1.14).

例如，设 $X_1, \cdots, X_n$ 为 iid., $X_1 \sim N(\theta, 1)$. 要求 θ^k 的 MVUE. 由于 $\overline{X}$ 是 θ 的充分完全统计量，只需考虑基于 $\overline{X}$ 的估计，但 $\overline{X} \sim N\left(\theta, \frac{1}{n}\right)$. 因此问题转化为(记 $u=\overline{X}$)，已知 $u \sim N\left(\theta, \frac{1}{n}\right)$，求 θ^k 的 MVUE $\hat{g}(u)$. 依定理 2.1.1，只要能找出 θ^k 的一个无偏估计 $\hat{g}(u)$，则它就是 MVUE. 由于 $N\left(\theta, \frac{1}{n}\right)$ 的密度为

$$\frac{\sqrt{n}}{\sqrt{2\pi}} e^{-n(u-\theta)^2/2} = \frac{\sqrt{n}}{\sqrt{2\pi}} e^{-n\theta^2/2} e^{n\theta u} e^{-\frac{nu^2}{2}} du$$
$$= C(\theta_1) e^{\theta_1 u} r(u) du, \quad \theta_1 = n\theta.$$

在新参数 θ_1 之下，$g(\theta)=\theta^k$ 相应于 $g_1(\theta_1)=n^{-k}\cdot\theta_1^k$，又此处 $r(u) = e^{-nu^2/2}$，因此由(2.1.13)知，$g_1(\theta_1)$，即 θ^k，的 MVUE 为

$$\hat{g}(\overline{X}) = (-1)^k n^{-k} e^{n\overline{x}^2/2} (d^k e^{-ny^2/2}/dy^k) \big|_{y=\overline{x}}$$
$$= n^{-k/2}(-1)^k [e^{y^2/2}(d^k e^{-y^2/2}/dy^k)] \big|_{y=\sqrt{n}\overline{x}}$$
$$= n^{-k/2} H_k(\sqrt{n}\,\overline{X}).$$

这里 H_k 是 Hermite 多项式，定义为

$$(-1)^k H_k(x) = e^{x^2/2}[d^k e^{-x^2/2}/dx^k], \quad k=1, 2, \cdots, \quad H_0 \equiv 1.$$

有 $H_1(x)=x$. 其余的可用递推公式

$$H_{n+1}(x) = xH_n(x) - nH_{n-1}(x), \quad n=1, 2, \cdots$$

定出. 利用已得结果，可求出任一多项式 $g(\theta)=a_0+a_1\theta+\cdots+a_k\theta^k$ 的 MVUE.

从定理 2.1.1 的证明知道，只要 t 是一个完全充分统计量，而 $\varphi(x)$ 是 $g(\theta)$ 的任一无偏估计，那么 $E(\varphi(X)|t)$ 就是 $g(\theta)$ 的 MVUE. 使用这个方法，首先得设法看出一个无偏估计. 然后再计算 $E(\varphi(X)|t)$. 这两步中的任一步都可能并不容易.

例 2.1.6. 设 $X_1, \cdots, X_n$ 为 iid., $X_1 \sim N(a, \sigma^2)$, $\theta=(a, \sigma^2)$, 要估计 $g(\theta)=P_\theta(X_1>c)=1-\Phi\left(\frac{c-a}{\sigma}\right)$, Φ 为 $N(0, 1)$ 的分布函数，c 已知. 这问题的实际背景是，某产品的某项指标，要求超过 c 才算合格，要估计其合格率.

显然，$\varphi(X)=I_{[X_1>c]}(x)$ 是 $g(\theta)$ 之一无偏估计，又 $t=(\overline{X}, S^2)$ 为完全充分统计量，此处 $S^2=\frac{1}{n-1}\sum_{i=1}^{n}(X_i-\overline{X})^2$. 因此，$g(\theta)$ 的唯一的 MVUE 为

$$\begin{aligned} h(\overline{X}, S) &= P(X_1>c\,|\,\overline{X}, S) \\ &= P\left(\frac{\sqrt{n}\,(X_1-\overline{X})}{(n-1)S}>\frac{\sqrt{n}\,(c-\overline{X})}{(n-1)S}\,\middle|\,\overline{X}, S\right) \\ &= P(u>u_0\,|\,\overline{X}, S). \end{aligned}$$

此处 $u=\frac{\sqrt{n}\,(X_1-\overline{X})}{(n-1)S}$, $u_0=\frac{\sqrt{n}\,(c-\overline{X})}{(n-1)S}$. 我们将证明：

a. $\overline{X}$, S, u 相互独立.

b. u 的密度函数(对 L 测度)为

$$f_n(u)=\begin{cases} \dfrac{\Gamma\left(\frac{n-1}{2}\right)}{\Gamma\left(\frac{1}{2}\right)\Gamma\left(\frac{n}{2}-1\right)}(1-u^2)^{\frac{n}{2}-2}, & \text{当 } |u|<1, \\ 0, & \text{当 } |u|\geqslant 1. \end{cases} \tag{2.1.15}$$

为此作正交变换

$$Y_1=\sqrt{n}\,\overline{X}=\frac{1}{\sqrt{n}}(X_1+\cdots+X_n),$$

$$\begin{aligned} Y_2 &= \frac{\sqrt{n}\,(X_1-\overline{X})}{\sqrt{n-1}} \\ &= \sqrt{\frac{n}{n-1}}\left[\left(1-\frac{1}{n}\right)X_1-\frac{1}{n}X_2-\cdots-\frac{1}{n}X_n\right], \end{aligned}$$

$$Y_i=c_{i1}Y_1+\cdots+c_{in}Y_n,\quad i=3, \cdots, n.$$

这里 c_{ij} 只要能构成正交变换就行. 依引理 1.1.1, 知 $Y_1, \cdots, Y_n$ 独立，$Y_1\sim N(\sqrt{n}\,a, \sigma^2)$, $Y_i\sim N(0, \sigma^2)$, $i=2, \cdots, n$. 且

$$(n-1)S^2=\sum_{i=2}^{n}Y_i^2,\quad u=Y_2/(Y_2^2+\cdots+Y_n^2)^{1/2}.$$

我们要证明 S 与 u 独立，且 u 有分布(2.1.15). 不失普遍性可设 $\sigma^2=1$, 则问题归结为证明：若 Y, Z 独立，$Y\sim N(0, 1)$, $Z\sim\chi_{n-2}^2$,

则 $u=\dfrac{Y}{(Y^2+Z)^{1/2}}$ 与 $v=Y^2+Z$ 独立，且 u 有分布(2.1.15)．由 (Y, Z) 的联合密度及上述变换的形式(逆变换为 $Y=u\sqrt{v}$, $Z=v(1-u^2)$)，易得 (u, v) 的联合密度为

$$\left[\frac{1}{\sqrt{2\pi}}e^{-\frac{y^2}{2}}\frac{1}{2^{\frac{n}{2}-1}\Gamma\left(\frac{n}{2}-1\right)}e^{-\frac{z}{2}}z^{\frac{n}{2}-2}\left|\frac{\partial(y, z)}{\partial(u, v)}\right|\right]\Bigg|_{\substack{y=u\sqrt{v}\\ z=v(1-u^2)}}$$

$$=\left[\sqrt{2\pi}\,2^{\frac{n}{2}-1}\Gamma\left(\frac{n}{2}-1\right)\right]^{-1}(1-u^2)^{\frac{n}{2}-2}e^{-\frac{v}{2}}v^{\frac{n}{2}-2},$$

(当 $|u|<1$, $v>0$．其它地方为 0)．

这证明了 u, v 独立，且 u 之密度为(2.1.15)．

现在可以算出(注意 $f_n(u)=f_n(-u)$)：当 $|u_0|<1$ 时

$$h(\overline{X}, s)=P(X_1>c|\overline{X}, s)=\int_{u_0}^1 f_n(u)du$$

$$=\begin{cases}\dfrac{1}{2}\displaystyle\int_{u_0^2}^1\beta\left(\frac{1}{2}, \frac{n}{2}-1, u\right)du, & 当\ 0\leqslant u_0<1,\\ 1-\dfrac{1}{2}\displaystyle\int_{u_0^2}^1\beta\left(\frac{1}{2}, \frac{n}{2}-1, u\right)du, & 当\ -1<u_0<0.\end{cases}\tag{2.1.16}$$

又 $h(\overline{X}, S)=0$ 当 $u_0\geqslant1$, $h(\overline{X}, S)=1$ 当 $u_0\leqslant-1$．此处

$$\beta(a, b, x)=\begin{cases}\dfrac{\Gamma(a+b)}{\Gamma(a)\Gamma(b)}x^{a-1}(1-x)^{b-1}, & 当\ 0<x<1,\\ 0, & 其它\ x,\end{cases}\tag{2.1.17}$$

称为带参数 a, b 的 β-分布，$a>0$, $b>0$．因此，在实际应用中，步骤是先算出 u_0，再按(2.1.16)，借助于 β-分布表，算出 $h(\overline{X}, S)$ 之值．

在此例中，有一显然的无偏估计存在，比较麻烦的是求条件期望．下例则相反．

例 2.1.7． 设 $a<b$．a 可以为 $-\infty$，b 可以为 ∞．函数 $h(x)$ 定义于 (a, b)，非负，β_1-可测，且对任何 $\theta\in(a, b)$，有

$$\frac{1}{k(\theta)}=\int_\theta^b h(x)dx\in(0, \infty).\tag{2.1.18}$$

现设 $X_1, \cdots, X_n$ 为 iid. 样本. X_1 的密度函数为(对 L 测度)

$$f_1(x, \theta)=\begin{cases} k(\theta)h(x), & \theta<x<b, \\ 0 & ,\text{其它 } x. \end{cases} \tag{2.1.19}$$

参数空间为 $\Theta=(a, b)$. 设 $g(\theta)$ 为给定在 (a, b) 上的函数, 要求 $g(\theta)$ 的 MVUE.

记 $X_{(1)}=\min\{X_1, \cdots, X_n\}$. 不难证明: $X_{(1)}$ 为 θ 的充分完全统计量. 我们把这个容易证明的事实留给读者(类似于第一章的习题 30). 因此,若能找到 $g(\theta)$ 的一个无偏估计,且这个无偏估计只依赖于一个观察值, 因之可记为 $\varphi(x_1)$, 则将有: $\hat{g}(X_{(1)})=E(\varphi(X_1)|X_{(1)})$ 为 $g(\theta)$ 的 MVUE. 易见

$$\hat{g}(X_{(1)})=\frac{1}{n}\varphi(X_{(1)})+\frac{n-1}{n}\cdot\frac{\int_{X_{(1)}}^{b}\varphi(y)h(y)dy}{\int_{X_{(1)}}^{b}h(y)dy}. \tag{2.1.20}$$

这是因为,在给了 $X_{(1)}$ 的条件下, X_1 有 $\frac{1}{n}$ 的可能性取 $X_{(1)}$(注意 $X_1, \cdots, X_n$ 为 iid.),而在 $X_1\neq X_{(1)}\left(\text{可能性为 }\frac{n-1}{n}\right)$时, X_1 落在 $(X_{(1)}, b)$ 内,且在其内的(条件)分布密度为 $h(y)\Big/\int_{X_{(1)}}^{b}h(y)dy$ (请读者自己给出严格证明).

因此,问题归结为找出 $\varphi(X_1)$. 根据 $\varphi(X_1)$ 为 $g(\theta)$ 的无偏估计的要求,它必须满足关系式

$$K(\theta)\int_{\theta}^{b}\varphi(x)h(x)dx=g(\theta), \quad a<\theta<b. \tag{2.1.21}$$

为此必须

$$K'(\theta)\int_{\theta}^{b}\varphi(x)h(x)dx-K(\theta)\varphi(\theta)h(\theta)=g'(\theta), \quad a<\theta<b.$$

再由(2.1.21)得

$$K'(\theta)g(\theta)-K^2(\theta)\varphi(\theta)h(\theta)=g'(\theta)K(\theta), \quad a<\theta<b.$$

由此解出

$$\varphi(x)=[K'(x)g(x)-g'(x)K(x)]/[K^2(x)h(x)]. \tag{2.1.22}$$

(在 $h(x)=0$ 的地方，$\varphi(x)$ 可令为 0).

当然，上述推理只是证明了：要是 $\varphi(x)$ 存在，它必须由 (2.1.22) 定出，还需要证明：这样定出的 φ 确实满足要求. 这需要加一定的条件(见本章习题 5).

例 2.1.8. 本例的一个特点是参数空间不是欧氏空间. 以 $\mathscr{F}_1$ 记一切均值存在有限的一维分布族，对任何 $F\in\mathscr{F}_1$，以 $\theta(F)$ 记均值 $\int_{-\infty}^{\infty} xdF(x)$. 设 X_1, …, X_n 为 iid. 样本，X_1 的分布 $F\in\mathscr{F}_1$. 要求 $\theta(F)$ 的 MVUE. 根据例 1.5.4 和 1.6.4，对 $\mathscr{F}_1$ 来说，次序统计量 $t=(X_{(1)}, \cdots, X_{(n)})$ 是完全充分统计量. 因此，只需找出一个只依赖于 t 的无偏估计，换句话说，找出一个作为 x_1, …, x_n 的对称 β_n-可测的无偏估计 $f(x_1, \cdots, x_n)$. 显然，样本均值 $\overline{X}=\frac{1}{n}\sum_{i=1}^{n} x_i$ 就是这样一个估计量，因此，$\overline{X}$ 就是 $\theta(F)$ 的 MVUE.

同样，若以 $\mathscr{F}_2$ 记一切其方差存在有限的一维分布族，对任何 $F\in\mathscr{F}_2$，定义 $\theta(F)=$ 分布 F 的方差，X_1, …, X_n 为 iid. 样本，X_1 的分布 $F\in\mathscr{F}_2$，则 $\theta(F)$ 的 MVUE 就是通常的样本方差 $S^2=\frac{1}{n-1}\sum_{i=1}^{n}(x_i-\overline{X})^2$. 类似地可以得到高阶矩和其他种种与分布有关的量的 MVUE. 以后我们还有机会讨论这个问题.

用定理 2.1.1 求 MVUE 的基本要求，在于要存在一个完全充分统计量. 在 Cauchy 分布的情况，虽则对样本大小 $n\geqslant 3$ 时，参数 θ 的无偏估计存在，但无法求得其 MVUE.

下面的定理有时有助于验证一个无偏估计为 MVUE. 为了得到较为普遍的形式，我们引进如下的概念. 设 $\mathscr{E}$ 为 $g(\theta)$ 的一族无偏估计，若 $\hat{g}\in\mathscr{E}$，且对任何 $g^*\in\mathscr{E}$ 有

$$\mathrm{Var}_\theta(g^*)\geqslant\mathrm{Var}_\theta(\hat{g}) \quad 对一切 \ \theta\in\Theta. \tag{2.1.23}$$

则称 $\hat{g}$ 为 $g(\theta)$ 在 $\mathscr{E}$ 中的 MVUE.

定理 2.1.2. 设 $\mathscr{E}$ 为 $g(\theta)$ 的一个无偏估计族. $\mathscr{E}_0$ 为 0 的无偏估计族(即若 $h\in\mathscr{E}_0$，则 $E_\theta(h(X))=0$ 对任何 $\theta\in\Theta$). 若 $\hat{g}\in\mathscr{E}$

满足下面两个条件:

a. $\mathrm{Var}_\theta(\hat{g})<\infty$ 对任何 $\theta\in\Theta$.

b. 若 $h\in\mathscr{E}_0$ 且 $\mathrm{Var}_\theta(h(X))<\infty$ 对某个 $\theta\in\Theta$, 则对这个 θ 必成立 $\mathrm{Cov}_\theta(\hat{g}, h)=0$ ($\mathrm{Cov}(\hat{g}, h)$ 表 $\hat{g}(X)$ 和 $h(X)$ 的协方差), 则 $\hat{g}$ 为 $g(\theta)$ 在 $\mathscr{E}$ 中的 MVUE.

证. 设 $\hat{g}\in\mathscr{E}$ 满足条件 a, b. 任取 $g^*\in\mathscr{E}$, 则显然 $h=g^*-\hat{g}\in\mathscr{E}_0$. 任取 $\theta\in\Theta$. 若 $\mathrm{Var}_\theta(g^*)=\infty$ 则必有 $\mathrm{Var}_\theta(g^*)>\mathrm{Var}_\theta(\hat{g})$. 而若 $\mathrm{Var}_\theta(g^*)<\infty$, 则 $\mathrm{Var}_\theta(h)<\infty$, 因而根据 b, 有 $\mathrm{Cov}_\theta(\hat{g}, h)=0$. 故

$$\mathrm{Var}_\theta(g^*)=\mathrm{Var}_\theta(\hat{g})+\mathrm{Var}_\theta(h)\geqslant\mathrm{Var}_\theta(\hat{g}).$$

这证明了(2.1.23), 因而 $\hat{g}$ 为 $g(\theta)$ 在 $\mathscr{E}$ 中的 MVUE.

举一个简单例子说明本定理的应用. 设 $X_1, \cdots, X_n$ 为 iid. 样本, $X_1\sim N(a, \sigma^2)$, $\theta=(a, \sigma^2)$. 要求 $g(\theta)=a$ 的 MVUE. 考虑估计量 $\overline{X}$. 它是 $g(\theta)$ 的无偏估计, 方差有限. 现设 $f(x)=f(x_1, \cdots, x_n)$ 为 0 的无偏估计, 且 $\mathrm{Var}_\theta(f)<\infty$ 对某个 θ. 则由

$$\int_{-\infty}^{\infty}\cdots\int f(x_1, \cdots, x_n)\cdot(\sqrt{2\pi}\,\sigma)^{-n}\times\exp\left(-\frac{1}{2\sigma^2}\sum_{i=1}^{n}(x_i-a)^2\right)dx_1\cdots dx_n=0, \quad (2.1.24)$$

对任何 a 和 $\sigma^2>0$, 根据定理 1.2.1, 可以在积分号下对 a 求导(为了完全切合定理 1.2.1 的形式, 可在上式中固定 σ), 得

$$\int_{-\infty}^{\infty}\cdots\int f(x_1, \cdots, x_n)(\overline{X}-a)\cdot(\sqrt{2\pi}\,\sigma)^{-n}\times\exp\left(-\frac{1}{2\sigma^2}\sum_{i=1}^{n}(x_i-a)^2\right)dx_1\cdots dx_n=0,$$

即 $\mathrm{Cov}_\theta(f, \overline{X})=0$. 依定理 2.1.2, 知 $\overline{X}$ 为 $a=g(\theta)$ 的 MVUE. 上述证明完全是初等的.

在结束这一段以前我们简略地提到一下所谓“局部最小方差无偏估计”(简记为 LMVUE) 的概念.

定义 2.1.3. 设 $\hat{g}$ 为 $g(\theta)$ 的无偏估计, $\theta_0\in\Theta$. 若对 $g(\theta)$ 的任何无偏估计 g^*, 必有 $\mathrm{Var}_{\theta_0}(g^*)\geqslant\mathrm{Var}_{\theta_0}(\hat{g})$, 则称 $\hat{g}$ 为 $g(\theta)$ 在

$\theta=\theta_0$ 处的 LMVUE.

显然，若 $\hat{g}$ 为 $g(\theta)$ 的 MVUE，则对任何 $\theta_0\in\Theta$，$\hat{g}$ 为 $g(\theta)$ 在 θ_0 处的 LMVUE. 不是 MVUE 的 LMVUE 的例子可以人为地造出来，但在有实际意义的场合下少见. 也可以举出在某个特定的 θ_0 处的 LMVUE 不存在的例子.

(三) 推广到凸损失函数的情况

上一段所处理的平方损失函数是凸损失函数的特例. 定理 2.1.1 可相应地推广到这种损失函数的情况.

设 $f(x)$ 是定义在 R_1 或其一区间上的有限实值函数. 若对 f 的定义域内任意两点 x, y 及 $0\leqslant\alpha\leqslant1$，必有

$$f(\alpha x+(1-\alpha)y)\leqslant\alpha f(x)+(1-\alpha)f(y). \tag{2.1.25}$$

则称 f 为凸函数. 若当 $x\neq y$ 且 $0<\alpha<1$ 时，(2.1.25) 的不等号必成立，则称 f 为严凸的. 我们来证明下面的引理.

引理 2.1.2. 设 f 为定义在 R_1 的区间 I (有限或无限) 上的凸函数. X 为一随机变量，满足条件 $P(X\in I)=1$. 且 $E(X)$ 存在有限，则

$$E(f(X))\geqslant f(E(X)). \tag{2.1.26}$$

若 f 在 I 上为严凸的，则等号当且仅当 $P(X=E(X))=1$ 时才成立 (此不等式叫 Jessen 不等式).

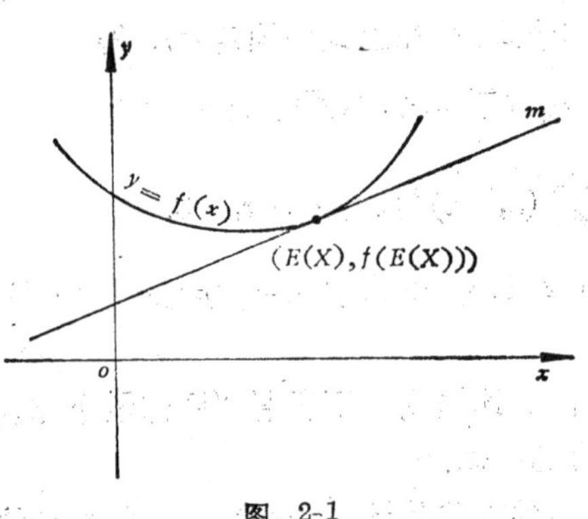

图 2-1

证. 由假定易见 $E(X)\in I$. 点 $(E(X), f(E(X)))$ 落在曲线 $y=f(x)$ 上. 由函数 f 的凸性，存在一条过此点的直线 m (见图 2-1)，其方程设为

$$y=f(E(X))+a(x-E(X)),$$

致曲线 $y=f(x)$ 全在此直线 m 的上方. 这就是说

$$f(x)\geqslant f(E(X))+a(x-E(X)),\quad x\in I. \tag{2.1.27}$$

由(2.1.27)，以及 $E(X)$ 存在有限，知 $E(f(X))$ 存在(可为 ∞)，且由 $P(X\in I)=1$ 知

$$E(f(X))\geqslant f(E(X))+a\cdot E[X-E(X)]=f(E(X)). \tag{2.1.28}$$

这证明了引理的前半．若 f 在 I 上严凸，则(2.1.27)中等号只在 $x=E(X)$ 处成立，这时除非 $P(X=E(X))=1$，必有

$$E(f(X))>f(E(X))+a(X-E(X))>0,$$

从而在(2.1.28)中必成立不等号．证毕．

现在设变量 X 有欧氏样本空间$(\mathscr{X},\ \mathscr{B}_{\mathscr{X}})$，其分布族为 $\{P_\theta,\ \theta\in\Theta\}$．判决空间$(\mathscr{D},\ \mathscr{B}_{\mathscr{D}})$为一维欧氏的，其中 $\mathscr{D}$ 为 R_1 或其一区间，损失函数 $L(\theta,\ d)$，对任何固定的 $\theta\in\Theta$ 为 d 在 $\mathscr{D}$ 上的凸函数．设 $g(\theta)$ 为定义在 Θ 上的函数，我们想要在 $g(\theta)$ 的一切无偏估计中找出一个 $\hat{g}$，使其风险函数在无偏估计族中一致地(对 $\theta\in\Theta$)达到最小．在 $L(\theta,\ d)=(g(\theta)-d)^2$ 的情况，就回到(二)中讨论的问题．注意在此并未假定 $L(\theta,\ d)$ 是 $g(\theta)$ 的函数．

下面的引理类似于引理 2.1.1.

引理 2.1.3．设损失函数 $L(\theta,\ d)$ 为 d 的凸函数，则对 $g(\theta)$ 的任何随机化无偏估计 δ，必存在 $g(\theta)$ 的非随机化无偏估计 δ^*，致

$$R(\theta,\ \delta^*)\leqslant R(\theta,\ \delta)\ \ 对一切\ \theta\in\Theta. \tag{2.1.29}$$

若 $L(\theta,\ d)$ 为 d 的严凸函数，则对任何 $\theta\in\Theta$，除非

$$P_\theta(\{x:\delta(x,\ D)\text{的测度集中于一点}\})=1,$$

在(2.1.29)中必成立不等号．

证．令 $\delta^*(x)=\int_{\mathscr{D}}t\delta(x,\ dt)$．则如引理 2.1.1 证明中指出的，$\delta^*(x)$ 为 $g(\theta)$ 的无偏估计．又

$$R(\theta,\ \delta)=\int_{\mathscr{X}}dP_\theta(x)\int_{\mathscr{D}}L(\theta,\ t)\delta(x,\ dt), \tag{2.1.30}$$

依引理 2.1.2，有

$$\int_{\mathscr{D}} L(\theta, t)\delta(x, dt) \geqslant L(\theta, \delta^*(x)), \tag{2.1.31}$$

代入(2.1.30)即得(2.1.29). 若 $L(\theta, d)$ 为 d 的严凸函数，则除非 $\delta(x, D)$ 的测度集中于一点，在(2.1.31)中将成立不等号. 因此，除非对所有的 x(最多有一个 P_θ-零测集的例外) 这条件都满足，(2.1.30)中的不等号必成立. 引理证毕.

从这个引理看出，在损失函数为凸函数时，不必考虑随机化的估计.

定理 2.1.3. 在前述记号下，设 $L(\theta, d)$ 为 d 的凸函数，又设存在 θ 的一个完全充分统计量 $t(x)$，则

a. $g(\theta)$ 的基于 $t(x)$ 的无偏估计最多只有一个，若 $h(t(x))$ 是这种估计，则其风险函数在 $g(\theta)$ 的无偏估计中一致地(对 $\theta \in \Theta$)达到最小. 若 $L(\theta, d)$ 对 d 为严凸的，则 $h(t(x))$ 是唯一的具有这种性质的无偏估计.

b. 设 $\hat{g}(x)$ 为 $g(\theta)$ 之任一无偏估计而

$$h(t(x)) = E(\hat{g}(X) \mid t(x)),$$

则

$$R(\theta, \hat{g}) \geqslant R(\theta, h) \quad 对一切\ \theta \in \Theta, \tag{2.1.32}$$

且只在

$$P_\theta(\{x: \hat{g}(x) = h(t(x))\}) = 1 \tag{2.1.33}$$

时，(2.1.32)中的等号对这个 θ 才成立.

证. 由于假定了样本空间 $(\mathscr{X}, \mathscr{B}_{\mathscr{X}})$ 是欧氏的，依定理 1.3.1，存在正则条件概率 $P(t, A)$. 有(见(1.3.21)式)

$$E(\hat{g}(X) \mid t(x)) = \int_{\mathscr{X}} \hat{g}(y) P(t(x), dy) = h(t(x)),$$

由于

$$\begin{aligned} R(\theta, \hat{g}) &= E_\theta(L(\theta, \hat{g}(X))) = E_\theta\{E_\theta[L(\theta, \hat{g}(X)) \mid t]\} \\ &= \int_{\mathscr{X}} dP_\theta(x) \int_{\mathscr{X}} L(\theta, \hat{g}(y)) P(t(x), dy), \end{aligned}$$

依引理 2.1.2, 得

$$\int_{\mathscr{X}} L(\theta, \hat{g}(y)) P(t(x), dy) \geqslant L(\theta, h(t(x))). \tag{2.1.34}$$

代入上式即得(2.1.32).

若 $L(\theta, d)$ 为 d 的严凸函数，则(2.1.34)只在 $P(t(x), dy)$ 集中于一点时才成立等号. 因此，对任何 θ，只有在(2.1.33)成立时(对这个 θ)，(2.1.32)中的等号对这个 θ 才能成立. 又由 t 的完全性，基于 $t(x)$ 的 $g(\theta)$ 的无偏估计不能有多于一个，这就证明了定理2.1.3.

凸损失函数最常见的例子是

$$L(\theta, d)=|g(\theta)-d|^K, \quad 1\leqslant K<\infty, \tag{2.1.35}$$

此处 K 不必为整数.

§2.2. Cramer–Rao 型不等式

前节讨论的中心问题是，求 $g(\theta)$ 的无偏估计，使其方差尽可能小. 一般地说不难设想：在一定的样本大小之下，这个方差不可能任意地接近于0，即有一个大于0(但与 θ 有关)的下界. 本节的目的就是研究这个下界及与之有关的问题. 它的基本结果是Cramer 和 Rao 在1945～46年证明的一个不等式. 以后(直到最近)一些学者将条件作了些改进和精确化，但结果的基本形式并无重大改变. 以下我们将 Cramer–Rao 型不等式简称为 C–R 不等式.

(一)单参数情况的 C–R 不等式

假定变量 X 的样本空间为$(\mathscr{X}, \mathscr{B}_{\mathscr{X}})$，其分布族为$\{P_\theta, \theta\in\Theta\}$. 设这分布族为 $\mathscr{B}_{\mathscr{X}}$ 上之一 σ–有限测度 μ 所控制，记 $f(x, \theta)=dP_\theta(x)/d\mu$. 我们列举所加的正则条件如下：

1. Θ 为 R_1 的开区间.

2. 对任何 $x\in\mathscr{X}$ 及 $\theta\in\Theta$，$f(x, \theta)>0$，且 $\dfrac{\partial f(x, \theta)}{\partial\theta}$ 存在.

3. $E_\theta\left(\dfrac{\partial\log f(X, \theta)}{\partial\theta}\right)=\displaystyle\int_{\mathscr{X}}\frac{\partial f(x, \theta)}{\partial\theta}d\mu(x)=0$，任何 $\theta\in\Theta$.

4. 对任何 $\theta\in\Theta$, 有

$$0<E_\theta\left[\left(\frac{\partial\log f(X,\ \theta)}{\partial\theta}\right)^2\right]$$
$$=\int_{\mathscr{X}}\left(\frac{\partial\log f(x,\ \theta)}{\partial\theta}\right)^2 f(x,\ \theta)d\mu(x)=I(\theta).$$

5. $\dfrac{\partial f(x,\ \theta)}{\partial\theta}$ 对任何固定的 $x\in\mathscr{X}$ 为 θ 在 Θ 上的连续函数.

定理 2.2.1. 设上述假定 1～4 成立, $g(\theta)$ 为定义在 Θ 上的有限实值函数, 且 $g'(\theta)$ 在 Θ 处处存在. 则若 $\hat{g}(x)$ 为 $g(\theta)$ 之任一无偏估计,满足条件.

6. $\int_{\mathscr{X}}\hat{g}(x)f(x,\ \theta)d\mu(x)$ 可在积分号下对 θ 求导. 则有

$$\mathrm{Var}_\theta(\hat{g})\geqslant(g'(\theta))^2/E_\theta\left[\left(\frac{\partial\log f(X,\ \theta)}{\partial\theta}\right)^2\right].\qquad(2.2.1)$$

(2.2.1) 就是 C-R 不等式.

证. 不妨设 $I(\theta)<\infty$ 且 $\mathrm{Var}_\theta(\hat{g})<\infty$, 否则 (2.2.1) 显然. 记

$$S(x,\ \theta)=\frac{\partial\log f(x,\ \theta)}{\partial\theta}.\qquad(2.2.2)$$

则由条件 3, 4 知 $E_\theta(S(X,\ \theta))=0,\ 0<\mathrm{Var}_\theta(S(X,\ \theta))<\infty$. 所以由 $\hat{g}(x)$ 的无偏性及假定 6, 得

$$\mathrm{Cov}_\theta(\hat{g}(X),\ S(X,\ \theta))=E_\theta[\hat{g}(X)S(X,\ \theta)]$$
$$=\int_{\mathscr{X}}\hat{g}(x)\frac{\partial\log f(x,\ \theta)}{\partial\theta}f(x,\ \theta)d\mu(x)$$
$$=\int_{\mathscr{X}}\hat{g}(x)\frac{\partial f(x,\ \theta)}{\partial\theta}d\mu(x)=\frac{\partial}{\partial\theta}\int_{\mathscr{X}}\hat{g}(x)f(x,\ \theta)d\mu(x)$$
$$=\frac{d}{d\theta}g(\theta)=g'(\theta),\qquad(2.2.3)$$

因此

$$\mathrm{Var}_\theta(\hat{g})\cdot\mathrm{Var}_\theta(S(X,\ \theta))\geqslant\mathrm{Cov}_\theta^2(\hat{g},\ S(X,\ \theta))=(g'(\theta))^2.\qquad(2.2.4)$$

注意到 $\mathrm{Var}_\theta(S(X,\ \theta))=E_\theta[S^2(X,\ \theta)]$, 根据假定 4, 由 (2.2.4) 立得 (2.2.1).

C–R 不等式(2.2.1)给 $g(\theta)$ 的无偏估计的方差一个下界. 这个下界称为 C–R 下界. 因此,如果一个无偏估计 $\hat{g}$ 的方差达到这个下界,且 $g(\theta)$ 的一切无偏估计都满足条件 6, 则 $\hat{g}$ 就是 $g(\theta)$ 的 MVUE. 所以, C–R 不等式也可视为验证某一无偏估计是否为 MVUE 的方法.

上述定理的弱点在于条件 6 与每个具体的无偏估计有关. 如果能将施加的条件转化到分布族上而不涉及每一具体的 $\hat{g}$, 当然就更好. 下面的引理提供了一个充分条件.

引理 2.2.1. 若前述条件 1 和 2 成立, 且存在定义于 $\mathscr{X}\times\Theta$ 上的函数 $G(x, \theta)$, 满足以下的条件:

a. 对任何 $\theta\in\Theta$, $G(x, \theta)$ 为 x 的 $\mathscr{B}_{\mathscr{X}}$-可测函数,

b. $E_\theta[G^2(X, \theta)]<\infty$, 对任何 $\theta\in\Theta$,

c. 对任何 $\theta\in\Theta$ 存在 $\varepsilon_\theta>0$, 致

$$\left|\frac{\partial f(x, \psi)}{\partial\psi}\right|\leqslant G(x, \theta)f(x, \theta),\ 对任何\ x\in\mathscr{X}\ 及\ |\theta-\psi|\leqslant\varepsilon_\theta,$$

则正则条件 3 满足, 且对 $g(\theta)$ 的任何无偏估计 $\hat{g}(x)$, 若在点 $\theta\in\Theta$ 有 $\mathrm{Var}_\theta(\hat{g}(X))<\infty$, 则

$$\int_{\mathscr{X}}\hat{g}(x)\frac{\partial f(x, \theta)}{\partial\theta}d\mu(x)=g'(\theta). \tag{2.2.5}$$

后一等式正是在证明 C–R 不等式时用到的.

证. 任取 $\theta\in\Theta$. 若 $|\theta-\theta'|<\varepsilon_\theta$, $\theta'\in\Theta$, 则因 $\int_{\mathscr{X}}f(x, \theta)d\mu(x)=1$ 对任何 $\theta\in\Theta$, 有

$$\int_{\mathscr{X}}\{[f(x, \theta)-f(x, \theta')]/(\theta-\theta')\}d\mu(x)=0.$$

但由正则条件 2 知

$$\left|\frac{f(x, \theta)-f(x, \theta')}{\theta-\theta'}\right|=\left|\frac{\partial f(x, \psi)}{\partial\psi}\right|,$$

$$对某个\ \psi\in(\theta-\varepsilon_\theta, \theta+\varepsilon_\theta).$$

此处 ψ 可与 x 有关. 由引理的条件 c, 知

$$\left|\frac{f(x, \theta)-f(x, \theta')}{\theta-\theta'}\right|\leqslant G(x, \theta)f(x, \theta). \tag{2.2.6}$$

而$\int_{\mathscr{X}} G(x, \theta) f(x, \theta) d\mu(x) = E_\theta[G(X, \theta)] \leqslant \{E_\theta[G^2(X, \theta)]\}^{1/2}$ $<\infty$, 故由控制收敛定理，有

$$\int_{\mathscr{X}} \frac{\partial f(x, \theta)}{\partial \theta} d\mu(x) = \lim_{\theta' \to \theta} \int_{\mathscr{X}} \frac{f(x, \theta) - f(x, \theta')}{\theta - \theta'} d\mu(x) = 0.$$

这证明了正则条件 3.

其次，设 $\hat{g}(x)$ 为 $g(\theta)$ 的无偏估计，且 $\mathrm{Var}_\theta(\hat{g}) < \infty$ 对某个 $\theta \in \Theta$，则

$$\int_{\mathscr{X}} \hat{g}(x) \frac{f(x, \theta) - f(x, \theta')}{\theta - \theta'} d\mu(x) = \frac{g(\theta) - g(\theta')}{\theta - \theta'}. \quad (2.2.7)$$

由(2.2.6)，当 $|\theta - \theta'| < \varepsilon_\theta$ 时，有(见(2.2.6))

$$\left| \hat{g}(x) \frac{f(x, \theta) - f(x, \theta')}{\theta - \theta'} \right| \leqslant |\hat{g}(x)| G(x, \theta) f(x, \theta).$$

而

$$\int_{\mathscr{X}} |\hat{g}(x)| G(x, \theta) f(x, \theta) d\mu(x) = E_\theta[|\hat{g}(X)| G(X, \theta)]$$
$$\leqslant \{E_\theta[\hat{g}^2(X)] \cdot E_\theta[G^2(X, \theta)]\}^{1/2} < \infty.$$

故由控制收敛定理，在(2.2.7)两边令 $\theta' \to \theta$，得

$$\int_{\mathscr{X}} \hat{g}(x) \frac{\partial f(x, \theta)}{\partial \theta} d\mu(x) = g'(\theta),$$

引理证毕.

一个重要的情况是变量 X 服从指数族分布. 在这种情况下，以上的条件 1～5 都适合，且对任何无偏估计 $\hat{g}$，条件 6 也适合. 这是定理 1.2.1 的直接结果. 举一个简单例子.

例 2.2.1. 设 $X_1, \cdots, X_n$ 为 iid., $X_1 \sim N(0, \sigma^2)$，要求 σ^2 的 MVUE. $(X_1, \cdots, X_n)$ 的联合密度为(对 L 测度)

$$\left(\frac{1}{\sqrt{2\pi}\,\sigma}\right)^n \exp\left(-\frac{1}{2\sigma^2} \sum_{i=1}^n x_i^2\right), \text{记为} f(x, \theta).$$

若记 $\theta = -\frac{1}{2\sigma^2}$，$T(x) = \sum_{i=1}^n x_i^2$，则可写为

$$f(x, \theta) = (2\pi)^{-n/2} 2^{n/2} (-\theta)^{n/2} \exp(\theta T(x)), \quad -\infty < \theta < 0.$$

要估计的是 $g(\theta) = -(2\theta)^{-1}$. 易见

$$E_\theta\left[\left(\frac{\partial \log f(X,\ \theta)}{\partial\theta}\right)^2\right]=E_\theta\left[T(X)-\frac{n}{2\theta}\right]^2=\frac{n}{2\theta^2}.$$

故得 C–R 下界为

$$[g'(\theta)]^2/E\left[\left(\frac{\partial \log f(X,\ \theta)}{\partial\theta}\right)^2\right]=\frac{1}{2n\theta^2}=\frac{2\sigma^4}{n}.$$

但若取 $\hat{g}(X)=\frac{1}{n}\sum_{i=1}^n X_i^2$，则易见 $\hat{g}$ 为 σ^2 的无偏估计，且 $\mathrm{Var}(\hat{g})=\frac{2\sigma^4}{n}$. 即 $\hat{g}$ 处处达到 C–R 下界. 由于一切无偏估计都适合条件 6，知 $\hat{g}$ 就是 σ^2 的 MVUE.

应用这个方法，可以验证某些其它常见的分布族中，通常的估计都是 MVUE. 例如，用 $\overline{X}$ 估计 $N(\theta,\ 1)$ 的 θ、二项分布的 np、波哇松分布的参数 λ 等. 下一段中我们将证明，在前述正则条件下能够处处达到 C–R 下界的，也只限于在指数族的情况.

在应用上常见的一种情况是，$X=(X_1,\ \cdots,\ X_n)$，$X_1,\ \cdots,\ X_n$ 为 iid. 样本，每个 X_i 的样本空间都是 $(\mathscr{X}_0,\ \mathscr{B}_0)$，分布族则为 $\{P_{0\theta},\ \theta\in\Theta\}$. 这时 X 的样本空间为

$$(\mathscr{X},\ \mathscr{B}_{\mathscr{X}})=(\mathscr{X}_0\times\mathscr{X}_0\times\cdots\times\mathscr{X}_0,\ \mathscr{B}_0\times\mathscr{B}_0\times\cdots\times\mathscr{B}_0),$$

X 的分布族为 $\{P_\theta,\ \theta\in\Theta\}$，其中

$$P_\theta=P_{0\theta}\times P_{0\theta}\times\cdots\times P_{0\theta}.$$

若 $\{P_{0\theta},\ \theta\in\Theta\}$ 为 $\mathscr{B}_0$ 上之一 σ–有限测度 μ_0 所控制，记 $f_0(x_0)=dP_{0\theta}(x_0)/d\mu_0$，则 $\{P_\theta,\ \theta\in\Theta\}$ 为 $\mathscr{B}_{\mathscr{X}}$ 上的 σ 有限测度 $\mu=\mu_0\times\mu_0\times\cdots\times\mu_0$ 所控制，且

$$f(x,\ \theta)=dP_\theta(x)/d\mu=f_0(x_1,\ \theta)\cdots f_0(x_n,\ \theta).$$

容易看到：若 $\{f_0(x_0,\ \theta),\ \theta\in\Theta\}$ 满足正则条件 1～5，则 $\{f(x,\ \theta),\ \theta\in\Theta\}$ 也满足正则条件 1～5. 我们把这一简单事实的验证留给读者. 然而，条件 6 的验证不能归结到单个的 X_i 的分布上.

在上述情况下易见

$$E_\theta\left[\left(\frac{\partial \log f(X,\ \theta)}{\partial\theta}\right)^2\right]=nE_\theta\left[\left(\frac{\partial \log f_0(X_1,\ \theta)}{\partial\theta}\right)^2\right]. \tag{2.2.8}$$

由 (2.2.8) 可知，在这时 C–R 下界有 C_θ/n 的形状，$C_\theta\geqslant 0$ 与 n 无

关. 换句话说，在正则条件下，随着样本大小 n 的增加，MVUE 的方差是以 $\frac{1}{n}$ 的数量级趋于 0(除非在该点 $g'(\theta)=0$). 但是，在非正则的情况下，这个界限可能打破.

例 2.2.2. 设 $X_1, \cdots, X_n$ 为 iid. 样本，$X_1 \sim R(0, \theta)$，$\theta>0$. 设 $g(\theta)=\theta$. $g(\theta)$ 的 MVUE 为 $\hat{g}(x)=\frac{n+1}{n}\max\{x_1, \cdots, x_n\}$. 容易算出，$\mathrm{Var}_\theta(\hat{g})=\frac{\theta^2}{n(n+2)}$，它以$O\left(\frac{1}{n^2}\right)$的数量级趋于 0. 容易验证，在此正则条件不满足. 所以，就本例而言，无法用 C-R 不等式求得 θ 的 MVUE.

(二) 等号成立的条件

定理 2.2.2. 在前面的记号下，设正则条件 1～5 满足，$\hat{g}(x)$ 为 $g(\theta)$ 之一无偏估计 $g(\theta)$ 在 Θ 上不恒等于常数，$\mathrm{Var}_\theta(\hat{g}(X))<\infty$ 对任何 $\theta\in\Theta$. 则 C-R 不等式(2.2.1)中的等号对一切 $\theta\in\Theta$ 都成立的充分必要条件是：存在 $K\in\mathscr{B}_{\mathscr{X}}$，$\mu(K)=0$，致

$$f(x, \theta)=C(\theta)h(x)e^{\psi(\theta)\hat{g}(x)}, \quad 当\ x\bar{\in}K,\ \theta\in\Theta, \tag{2.2.9}$$

且这时 $C(\theta)$，$\psi(\theta)$ 必为 θ 的连续可导函数，同时 $\psi'(\theta)\neq 0$ 在 Θ 上处处成立.

证. 首先注意：由定理 2.2.1 的证明过程中看出，要 C-R 不等式在某点 θ 处成立等号，在(2.2.4)中必须成立等号(对这个θ)，而这一点的充要条件为：存在 $\alpha(\theta)$，$\beta(\theta)$，$\gamma(\theta)$，不同时为 0，致

$$\alpha(\theta)\hat{g}(x)+\beta(\theta)S(x, \theta)+\gamma(\theta)=0, \quad 对\ x(\text{a.e.}P_\theta).$$

此式两边求均值，并注意 $E_\theta[S(X\theta)]=0$，$E_\theta(\hat{g}(X))=g(\theta)$，可将其改写为

$$\alpha(\theta)[\hat{g}(x)-g(\theta)]+\beta(\theta)S(x, \theta)=0, \quad 对\ x(\text{a.e.}P_\theta). \tag{2.2.10}$$

易见 $\alpha(\theta)$ 和 $\beta(\theta)$ 都不能为 0. 事实上，若 $\alpha(\theta)=0$，则因 $\beta(\theta)\neq 0$，必有 $S(x, \theta)=0$ 对 $x(\text{a.e.}P_\theta)$，注意到(2.2.2)，这显然与正则条件 4 矛盾. 若 $\beta(\theta)=0$，则 $\alpha(\theta)\neq 0$，这时 $\hat{g}(x)=g(\theta)$，对

x(a.e.P_θ)，因而将有 $g(\theta')=E_{\theta'}[\hat{g}(X)]=g(\theta)$，对任何 $\theta'\in\Theta$，这与 $g(\theta)$ 在 Θ 上不恒等于常数矛盾．因此，$\alpha(\theta)$，$\beta(\theta)$ 都不为 0，从而(2.2.10)可改写为

$$S(x,\ \theta)=a(\theta)[\hat{g}(x)-g(\theta)],\ 对\ x(\text{a.e.}P_\theta). \quad (2.2.11)$$

若 C–R 不等式的等号对一切 $\theta\in\Theta$ 成立，则(2.2.11)对一切 $\theta\in\Theta$ 成立．

现设(2.2.9)成立．则由 $f(x,\ \theta)$ 在 x 上处处大于 0，知 $C(\theta)>0$ 及 $h(x)>0$．故可写

$$\log f(x,\ \theta)=\log h(x)+\log c(\theta)+\psi(\theta)\hat{g}(x),\ x\in K,\ \theta\in\Theta,$$

必存在 $x_1\in K$，$x_2\in K$，致 $\hat{g}(x_1)\neq\hat{g}(x_2)$，因若不然，由 $\mu(K)=0$ 将得 $\hat{g}(X)$ 以概率为 1 等于一常数，这时 $g(\theta)=E_\theta(\hat{g})$ 在 Θ 上也将为一常数，与假定矛盾．取这样的两个 x_1，x_2 代入上式并相减，得

$$\log f(x_1,\ \theta)-\log f(x_2,\ \theta)=\log h(x_1)-\log h(x_2)+\psi(\theta)[\hat{g}(x_1)-\hat{g}(x_2)].$$

由此式，利用正则条件 2 及 $\hat{g}(x_1)-\hat{g}(x_2)\neq 0$，知 $\psi(\theta)$ 在 Θ 连续可导，故 $C(\theta)$ 在 Θ 也连续可导．因而

$$S(x,\ \theta)=\frac{\partial\log f(x,\ \theta)}{\partial\theta}=\frac{C'(\theta)}{C(\theta)}+\psi'(\theta)\hat{g}(x),\ x\in K,\ \theta\in\Theta,$$

由此可知 $\psi'(\theta)\neq 0$，不然会与正则条件 4 矛盾．由上式及 $E_\theta[S(X,\ \theta)]=0$ 知 $\dfrac{C'(\theta)}{C(\theta)}=-\psi'(\theta)g(\theta)$．由此知(2.2.11)对任何 $\theta\in\Theta$ 成立，故 $\mathrm{Var}_\theta(\hat{g})$ 处处达到 C–R 不等式的界限．由 $\psi'(\theta)$ 存在非 0(对一切 $\theta\in\Theta$)可知 ψ 在 Θ 上严格单调，故通过改变参数，可把(2.2.9)化为自然形式(1.2.10)．

反过来，现在设 C–R 不等式的等号对一切 $\theta\in\Theta$ 成立．则(2.2.11)对一切 $\theta\in\Theta$ 成立．记

$$N=\{(x,\ \theta):S(x,\ \theta)\neq a(\theta)[\hat{g}(x)-g(\theta)]\}.$$

我们来证明 $N\in\mathscr{B}_{\mathscr{X}}\times\mathscr{B}_{\Theta}$，此处 $\mathscr{B}_{\Theta}$ 为 Θ 的一切 Borel 子集构成的 σ-域．为此，注意 $f(x,\ \theta)$ 对 θ 连续（正则条件 5），因而

$$S(x,\ \theta)=\lim_{n\to\infty}S_n(x,\ \theta)$$

$$=\lim_{n\to\infty}\sum_{K=-n2^n+1}^{n2^n}S\left(x,\ \frac{K-1}{2^n}\right)I_{\left[\frac{K-1}{2^n},\ \frac{K}{2^n}\right)\cap\Theta}(\theta).$$

而每个 $S_n(x,\ \theta)$ 显然都是 $\mathscr{B}_{\mathscr{X}}\times\mathscr{B}_{\Theta}$ 可测，故知 $S(x,\ \theta)$ 为 $\mathscr{B}_{\mathscr{X}}\times\mathscr{B}_{\Theta}$ 可测．现任取 $\theta_1\neq\theta_2$ 致 $g(\theta_1)\neq g(\theta_2)$，由 (2.2.11)，有

$$E_{\theta_i}[S(X,\ \theta)]=a(\theta)[g(\theta_i)-g(\theta)],\ i=1,\ 2.$$

因此

$$a(\theta)=[E_{\theta_2}(S(X,\ \theta))$$
$$-E_{\theta_1}(S(X,\ \theta))]/[g(\theta_2)-g(\theta_1)].$$

由 $S(x,\ \theta)$ 为 $\mathscr{B}_{\mathscr{X}}\times\mathscr{B}_{\Theta}$ 可测知 $E_{\theta_i}(S(X,\ \theta))$ 为 $\mathscr{B}_{\Theta}$-可测，故 $a(\theta)$ 也为 $\mathscr{B}_{\Theta}$-可测．这样一来，$S(x,\ \theta)$ 和 $a(\theta)[\hat{g}(x)-g(\theta)]$ 皆为 $\mathscr{B}_{\mathscr{X}}\times\mathscr{B}_{\Theta}$ 可测，故 $N\in\mathscr{B}_{\mathscr{X}}\times\mathscr{B}_{\Theta}$．又若记 $N_{\theta}=\{x:(x,\ \theta)\in N\}$，则由 (2.2.11) 知，$\mu(N_{\theta})=0$ 对任何 $\theta\in\Theta$，因而 $(\mu\times L_1)(N)=0$，此处 L_1 为 $\mathscr{B}_1$ 上的 Lebesgue 测度．再由 Fubini 定理知道，存在 $K\in\mathscr{B}_{\mathscr{X}}$，$\mu(K)=0$，致

$$L_1(N^x)=0\ \text{当}\ x\bar{\in}K,\ \text{此处}\ N^x=\{\theta:(x,\ \theta)\in N\}.$$

因此

$$\frac{\partial\log f(x,\ \theta)}{\partial\theta}=a(\theta)[\hat{g}(x)-g(\theta)],\ x\bar{\in}K,\ \theta\bar{\in}N^x.\tag{2.2.12}$$

取 $x_1\bar{\in}K$，$x_2\bar{\in}K$，致 $\hat{g}(x_1)\neq\hat{g}(x_2)$，有

$$a(\theta)=\left[\frac{\partial\log f(x_1,\ \theta)}{\partial\theta}-\frac{\partial\log f(x_2,\ \theta)}{\partial\theta}\right]\Big/[\hat{g}(x_1)$$
$$-\hat{g}(x_2)],\ \theta\bar{\in}N^{x_1}\cup N^{x_2}.$$

由正则条件 5，上式右边作为 θ 的函数，在 Θ 的任意有界闭区间内为 L 可积，故 $a(\theta)$ 亦然．任取 $\theta_0\in\Theta$，定义

$$h(x)=f(x,\ \theta_0),\ \log C(\theta)=\int_{\theta_0}^{\theta}a(u)g(u)du,$$

$$\psi(\theta)=\int_{\theta_0}^{\theta}a(\theta)d\theta.$$

则将(2.2.12)两边乘以 $d\theta$，再在$[\theta_0, \theta]$内积分，得

$$\log f(x, \theta) = h(x) + \log C(\theta) + \psi(\theta)\hat{g}(x), \quad x \in K, \ \theta \in \Theta.$$

因而(2.2.9)成立. 定理证毕.

由本定理可知，在适合前述正则条件的前提下，在指数分布族以外，C-R 下界决不能处处达到. 但我们已见到过，即使不是指数族，MVUE 也有可能存在. 这说明，C-R 下界一般来说失之过低.

但即使在指数族中，是否每个 $g(\theta)$ 都有无偏估计处处达到 C-R 下界呢？也不尽然. 下面的定理指出，即使在指数族中，能达到 C-R 下界的情况也是寥若晨星.

定理 2.2.3. 设 X 的分布为指数族

$$f(x, \theta)d\mu = C(\theta)e^{\theta T(x)}d\mu(x), \quad \theta \in \Theta. \tag{2.2.13}$$

则当且仅当存在常数 a, b，致

$$g(\theta) = E_\theta[aT(X) + b], \quad \theta \in \Theta \tag{2.2.14}$$

时，才存在 $g(\theta)$ 的一个无偏估计，其方差处处达到 C-R 下界.

证. 充分性很容易：若 $g(\theta)$ 有(2.2.14)的形式，则 $\hat{g}(x) = aT(x) + b$ 为 $g(\theta)$ 之一无偏估计，其方差处处达到 C-R 下界. 事实上，去掉 $a=0$ 的显而易见的情况，可将(2.2.13)写为

$$f(x, \theta) = C(\theta)e^{-b\theta/a} \cdot e^{\psi(\theta)\hat{g}(x)}, \quad \psi(\theta) = \frac{\theta}{a}.$$

因而由定理 2.2.2 得出所要的结论. 也不难直接计算 $\hat{g}(X)$ 的方差和 C-R 下界以证明其相等. 这一简单计算留给读者作为一个练习.

反过来，若 $g(\theta)$ 定义在 Θ 上，且存在其一无偏估计 $\hat{g}(x)$，其方差处处达到 C-R 下界. 不妨设 $g(\theta)$ 在 Θ 上不恒等于常数，因若不然，则将有 $g(\theta) = E_\theta[0 \cdot T(X) + b]$. 利用(2.2.11)并注意 $S(x, \theta) = \dfrac{C'(\theta)}{C(\theta)} + T(x)$，得

$$\frac{C'(\theta)}{C(\theta)} + T(x) = a(\theta)[\hat{g}(x) - g(\theta)].$$

因为 $a(\theta) \neq 0$(见定理 2.2.2 的证明)，上式可写为

$$\hat{g}(x)=\alpha(\theta)T(x)+\beta(\theta),\ \text{对}\ x(\text{a.e.}P_\theta),\ \theta\in\Theta.$$

由于 $\hat{g}(x)$ 与 θ 无关，由此显然推出 $\alpha(\theta)$，$\beta(\theta)$ 都与 θ 无关，分别记之为 a，b，得 $\hat{g}(x)=aT(x)+b$，从而 $g(\theta)=E_\theta[\hat{g}(X)]=aE_\theta(T(X))+b$，对任何 $\theta\in\Theta$. 定理证毕.

从这定理看出：若 X_1，…，X_n 为 iid. 样本，$X_1\sim N(\theta, 1)$，则只有在 $g(\theta)=a\theta+b$（a，b 为常数）时，才存在其一无偏估计，方差达到 C-R 下界（这估计就是 $a\overline{X}+b$）. 因此，虽则在例 2.1.5 中我们证明了：对 θ 的任何多项式 $g(\theta)$，其 MVUE 都存在，但当这多项式的次数高于 1 时，其 MVUE 的方差达不到 C-R 下界.

（三）单参数情况下的 Bhattacharya 不等式

前已指出，C-R 下界失之过低，以致通常连 MVUE 估计的方差也达不到. Bhattacharya 推广了 C-R 不等式，得到一系列愈来愈大的下界.

定理 2.2.4. 设 $(\mathscr{X}, \mathscr{B}_{\mathscr{X}})$，$\{P_\theta, \theta\in\Theta\}$，$\mu$，以及 $g(\theta)$，$f(x, \theta)$ 的意义与定理 2.2.1 一样. 假定

1. 即前面的正则条件 1，
2. 即前面的正则条件 2，
3. $\int_{\mathscr{X}}\left(\frac{\partial^i f(x, \theta)}{\partial\theta^i}\right)d\mu(x)=0,\ i=1, \cdots, K,\ \theta\in\Theta.$
4. $\int_{\mathscr{X}}\frac{1}{f(x, \theta)}\left(\frac{\partial^i f(x, \theta)}{\partial\theta^i}\right)^2 d\mu(x)<\infty,$

   $i=1, \cdots, K,\ \theta\in\Theta.$

设 $\hat{g}(x)$ 为 $g(\theta)$ 的无偏估计，其方差有限，且

5. $\int_{\mathscr{X}}\hat{g}(x)\left(\frac{\partial^i f(x, \theta)}{\partial\theta^i}\right)d\mu(x)=\frac{\partial^i}{\partial\theta^i}\int_{\mathscr{X}}\hat{g}(x)f(x, \theta)d\mu(x)$

   $=g^{(i)}(\theta),\ i=1, \cdots, K,\ \theta\in\Theta.$

记

$$V_{ij}(\theta)=E_\theta\left[\frac{1}{f^2(X, \theta)}\frac{\partial^i f(X, \theta)}{\partial\theta^i}\frac{\partial^j f(X, \theta)}{\partial\theta^j}\right],$$

$$i, j=1, \cdots, K.$$

$$\boldsymbol{V}(\theta)=(V_{ij}(\theta))_{K\times K},\ \theta\in\Theta,$$

$$\tilde{\boldsymbol{g}}(\theta)=(g'(\theta),\ g''(\theta),\ \cdots,\ g^{(K)}(\theta))^{\tau},\ \theta\in\Theta.$$

则当在 $\theta\in\Theta$ 处 $V(\theta)$ 的行列式不为0(注意因 $\boldsymbol{V}(\theta)$ 为半正定的,这时必有 $\boldsymbol{V}(\theta)$ 为正定,因而其行列式 $|\boldsymbol{V}(\theta)|>0$)时,必有

$$\mathrm{Var}_{\theta}(\hat{g})\geqslant\tilde{\boldsymbol{g}}^{\tau}(\theta)\boldsymbol{V}^{-1}(\theta)\tilde{\boldsymbol{g}}(\theta).\tag{2.2.15}$$

显然,C-R 不等式为(2.2.15)当 $K=1$ 时的特例. (2.2.15)称为 Bhattacharya 不等式.

证. 记 $\boldsymbol{S}=\boldsymbol{S}(x,\ \theta)=(S_1(x,\ \theta),\ \cdots,\ S_K(x,\ \theta))^{\tau}$, 此处

$$S_i(x,\ \theta)=\frac{1}{f(x,\ \theta)}\frac{\partial^i f(x,\ \theta)}{\partial\theta^i},\ i=1,\ \cdots,\ K.$$

则由条件 3 知 $E_{\theta}(\boldsymbol{S})=0$, 由条件 4 知[1] $\mathrm{VAR}_{\theta}(\boldsymbol{S})=\boldsymbol{V}(\theta)$. 再由 5, 有 $\mathrm{Cov}_{\theta}(\hat{g}(X),\ S_i(X,\ \theta))=g^{(i)}(\theta),\ i=1\cdots,\ K$. 由此可知

$$\boldsymbol{A}=\mathrm{VAR}_{\theta}\begin{pmatrix}\hat{\boldsymbol{g}}\\ \boldsymbol{S}\end{pmatrix}=\begin{pmatrix}\mathrm{Var}_{\theta}(\hat{g}) & \tilde{\boldsymbol{g}}^{\tau}(\theta)\\ \tilde{\boldsymbol{g}}(\theta) & \boldsymbol{V}(\theta)\end{pmatrix}.$$

由于方差阵总是半正定的,有 $|\boldsymbol{A}|\geqslant 0$. 但

$$|\boldsymbol{A}|=|\boldsymbol{V}(\theta)|[\mathrm{Var}_{\theta}(\hat{g})-\tilde{\boldsymbol{g}}^{\tau}(\theta)\boldsymbol{V}^{-1}(\theta)\tilde{\boldsymbol{g}}(\theta)].$$

再由 $|\boldsymbol{V}(\theta)|>0$, 即得(2.2.15). 证毕.

对不同的 K(当然在定理 2.2.4 条件满足之下), (2.2.15)形成一系列的下界, 可以证明, 随 K 的增加这下界是非降的. 我们把这一不难证明的事实作为一个习题留给读者. 若 X 的分布为指数族(2.2.13), 则与定理 2.2.3 相似, 有如下的结果: 若存在常数 $a_0,\ a_1,\ \cdots,\ a_{K_0},\ a_{K_0}\neq 0$, 使

$$g(\theta)=E_{\theta}[a_0+a_1T(X)+\cdots+a_{K_0}T^{K_0}(X)],\ \theta\in\Theta$$

成立时, 对 $g(\theta)$ 存在无偏估计, 其方差达到(2.2.15)中当 $K=K_0$ 时的界. 又若 $\mathrm{Cov}_{\theta}\{(T(X),\ \cdots,\ T^{K_0}(X))\}\neq 0$ 对一切 $\theta\in\Theta$, 则没有一个无偏估计, 其方差能处处达到(2.2.15)中当 $K=K_0-1$ 时的界. 因此不难举出这样的例子, 其中对任何 K, 由(2.2.15)所定的下界都不能达到.

---

1) 设 $X=(X_1,\cdots,X_k)'$, X_i 都是一维变量, $\mathrm{VAR}(X)$ 称为 X 的方差阵, 其 (i,j) 元为 $\mathrm{Cov}(X_i,\ X_j)$.

(四) Fisher 信息函数

设 $(\mathscr{X}, \mathscr{B}_{\mathscr{X}})$, $\{P_\theta, \theta\in\Theta\}$, μ, $f(x, \theta)$ 的意义都与(一)中一样. 假定(一)中的正则条件 1～4 满足,由 C-R 不等式知, θ 的任意无偏估计 $\hat{\theta}(x)$, 只要满足条件 6, 必有

$$\mathrm{Var}_\theta[\hat{\theta}(X)]\geqslant\left\{E_\theta\left[\left(\frac{\partial\log f(X, \theta)}{\partial\theta}\right)^2\right]\right\}^{-1}.$$

由此可知,若记

$$I(\theta)=E_\theta\left[\left(\frac{\partial\log f(X, \theta)}{\partial\theta}\right)^2\right], \tag{2.2.16}$$

则当 $I(\theta)$ 愈大时, $\mathrm{Var}_\theta(\hat{\theta})$ 可能达到的下界也愈低,即 θ 可能估计得愈准确,因而也就可以解释为,样本 x 中包含的关于 θ 的"信息"也愈多. Fisher 把(2.2.16)定义的 $I(\theta)$ 称为"信息函数". 考虑到下界 $I^{-1}(\theta)$ 一般是达不到的, 上面的解释并非完美. 但是, 量 $I(\theta)$ 在点估计的大样本理论中有重要作用, 这就足以构成对它加以一定重视的理由.

下面我们证明 $I(\theta)$ 的几个性质. 这些性质说明: 由(2.2.16)定义的 $I(\theta)$, 具有我们对"信息量"这个名词的直观理解的那些特点.

a. $I(\theta)$ 与 μ 无关.

这条性质的意义是: 由于 $I(\theta)$ 是通过 $f(x, \theta)=dP_\theta(x)/d\mu$ 算出的. 如果找另一个满足条件 $\{P_\theta, \theta\in\Theta\}\ll\nu$ 的 σ-有限测度 ν, 则 $f(x, \theta)$ 将被 $f^*(x, \theta)=dP_\theta(x)/d\nu$ 所代替. 但 $I(\theta)$ 之值不受影响.

证明极容易,留给读者作为一个习题.

b. 若干个独立观察值所包含的信息量,等于各观察值所包含的信息量之和. 更确切地说, 设 $X_1, \cdots, X_K$ 独立, X_i 的样本空间为 $(\mathscr{X}_i, \mathscr{B}^{(i)})$, 分布族为 $\{P_\theta^{(i)}, \theta\in\Theta\}\ll\mu^{(i)}$, $\mu^{(i)}$ 为 $\mathscr{B}^{(i)}$ 上的 σ-有限测度, $f_i(x_i, \theta)=dP_\theta^{(i)}(x_i)/d\mu^{(i)}$, $i=1, \cdots, K$, 它们都满足(一)中的正则条件 1～4. 令 $X=(X_1, \cdots, X_n)$, 则 X 的样本空

间为$(\mathscr{X}, \mathscr{B}_{\mathscr{X}})=(\mathscr{X}_1\times\cdots\times\mathscr{X}_K, \mathscr{B}^{(1)}\times\cdots\times\mathscr{B}^{(K)})$, 分布族为$\{P_\theta, \theta\in\Theta\}\ll\mu=\mu^{(1)}\times\cdots\times\mu^{(K)}$, 其中$P_\theta=P_\theta^{(1)}\times\cdots\times P_\theta^{(K)}$, 而

$$f(x, \theta)=dP_\theta(x)/d\mu=f_1(x_1, \theta)\cdots f_K(x_K, \theta),$$

则$f(x, \theta)$也满足正则条件1~4, 且

$$I(\theta)=I_1(\theta)+\cdots+I_K(\theta). \tag{2.2.17}$$

其中$I(\theta)$和$I_j(\theta)$分别为X和X_j的信息函数.

证. $f(x, \theta)$满足正则条件1, 2是显然的. 又

$$\frac{\partial f(x, \theta)}{\partial\theta}=\sum_{j=1}^{k}f_1(x_1, \theta)\cdots f_{j-1}(x_{j-1}, \theta)$$

$$\times\frac{\partial f_j(x_j, \theta)}{\partial\theta}f_{j+1}(x_{j+1}, \theta)\cdots f_K(x_K, \theta). \tag{2.2.18}$$

由于对$j=1, \cdots, K$有

$$\int_{x_j}\left|\frac{\partial f(x_j, \theta)}{\partial x_j}\right|d\mu^{(j)}(x_j)<\infty, \int_{x_j}|f_j(x_j, \theta)|d\mu^{(j)}(x_j)<\infty,$$

知$\int_{\mathscr{X}}\left|\frac{\partial f(x, \theta)}{\partial\theta}\right|d\mu(x)<\infty$. 将(2.2.18)左右两边分别乘以$d\mu$和$d\mu^{(1)}(x_1)\cdots d\mu^{(K)}(x_K)$并分别对$\mathscr{X}=\mathscr{X}_1\times\cdots\times\mathscr{X}_K$内积分, 得$\int_{\mathscr{X}}\frac{\partial f(x, \theta)}{\partial\theta}d\mu(x)=0$.

将(2.2.17)两边平方,分别乘以

$$\frac{1}{f(x, \theta)}d\mu(x)$$

$$=\frac{1}{f_1(x_1, \theta)\cdots f_K(x_K, \theta)}d\mu^{(1)}(x_1)\cdots d\mu^{(K)}(x_K),$$

在$\mathscr{X}=\mathscr{X}_1\times\cdots\times\mathscr{X}_K$内积分, 易见所有交错积项之积分皆为0. 由此得出$f(x, \theta)$满足正则条件4, 及关系式(2.2.17).

c. 对样本进行加工的结果, 信息量不能增加. 更确定地说, 在前面记号下, 设$t(x)$为一统计量, 取值于$(\mathscr{T}, \mathscr{B}_{\mathscr{T}})$, t的分布族记为$\{P_\theta^T, \theta\in\Theta\}$, 则$\{P_\theta^T, \theta\in\Theta\}\ll\mu^T$, μ^T为μ的导出测度. 记$g(t, \theta)=dP_\theta^T(t)/d\mu^T$. 设$f(x, \theta)$和$g(t, \theta)$都满足正则条件1~4, 而且

$$\frac{\partial}{\partial\theta}\int_A f(x,\theta)d\mu=\int_A\frac{\partial f(x,\theta)}{\partial\theta}d\mu,\ 对任何\ A\in\mathscr{B}_{\mathscr{X}},$$

$$\frac{\partial}{\partial\theta}\int_B g(t,\theta)d\mu^T=\int_B\frac{\partial g(t,\theta)}{\partial\theta}d\mu^T,\ 对任何\ B\in\mathscr{B}_{\mathscr{T}}.$$

则

$$I_X(\theta)\geqslant I_t(\theta).\tag{2.2.19}$$

证．由假定，依引理 1.3.2，对任何 $B\in\mathscr{B}_{\mathscr{T}}$ 有

$$\begin{aligned}
&\int_B\frac{\partial}{\partial\theta}\log g(t,\theta)d\ P_\theta^T(t)\\
&=\int_B\frac{\partial}{\partial\theta}g(t,\theta)d\mu^T(t)=\frac{\partial}{\partial\theta}\int_B g(t,\theta)d\mu^T(t)\\
&=\frac{\partial}{\partial\theta}P_\theta^T(B)=\frac{\partial}{\partial\theta}P_\theta(t^{-1}(B))\\
&=\int_{t^{-1}(B)}\frac{\partial}{\partial\theta}f(x,\theta)d\mu(x)=\int_{t^{-1}(B)}\frac{\partial\log f(x,\theta)}{\partial\theta}dP_\theta(x).
\end{aligned}$$

因此由条件期望的定义得

$$E_\theta\left(\frac{\partial}{\partial\theta}\log f(X,\theta)\,|\,t\right)=\frac{\partial}{\partial\theta}\log g(t,\theta).\tag{2.2.20}$$

所以由条件期望性质 c 及(2.2.20)，得

$$\begin{aligned}
&E_\theta\left[\frac{\partial}{\partial\theta}\log f(X,\theta)\frac{\partial}{\partial\theta}\log g(t,\theta)\right]\\
&=E_\theta\left\{E_\theta\left[\frac{\partial}{\partial\theta}\log f(X,\theta)\frac{\partial}{\partial\theta}\log g(t,\theta)\,|\,t\right]\right\}\\
&=E_\theta\left\{\frac{\partial}{\partial\theta}\log g(t,\theta)E_\theta\left[\frac{\partial}{\partial\theta}\log f(X,\theta)\,|\,t\right]\right\}\\
&=E_\theta\left[\left(\frac{\partial}{\partial\theta}\log g(t,\theta)\right)^2\right],
\end{aligned}$$

从而推出

$$\begin{aligned}
E_\theta\left[\left(\frac{\partial}{\partial\theta}\log f(X,\theta)\right)^2\right]&=E_\theta\left[\left(\frac{\partial}{\partial\theta}\log g(t,\theta)\right)^2\right]\\
&+E_\theta\left[\left(\frac{\partial}{\partial\theta}\log f(X,\theta)-\frac{\partial}{\partial\theta}\log g(t,\theta)\right)^2\right].
\end{aligned}\tag{2.2.21}$$

这证明了(2.2.19)．

d．在性质 c 的记号和条件下，又假定 $f(x,\theta)$ 和 $g(t,\theta)$ 都满

足(一)中的正则条件.5, 则(2.2.19)中等号处处成立的充要条件为: t 是充分统计量.

我们以前曾指出: 充分统计量是保存样本 x 中全部信息量的统计量. 这个性质从一个定量的侧面印证了这个概念, 它不仅有助于我们对充分统计量这个概念的理解, 也说明, 将 $I(\theta)$ 称为信息量确有一定的根据.

证. 先证必要性. 设 $I_X(\theta)=I_t(\theta)$ 对一切 $\theta\in\Theta$, 则由(2.2.21)知

$$\frac{\partial}{\partial\theta}\log f(X,\ \theta)=\frac{\partial}{\partial\theta}\log g(t(X),\ \theta),$$

$$\text{对 } x(\text{a.e.}P_\theta),\ \text{一切 } \theta\in\Theta. \tag{2.2.22}$$

记 $$N=\left\{(x,\ \theta):\frac{\partial}{\partial\theta}\log f(x,\ \theta)\neq\frac{\partial}{\partial\theta}\log g(t(x),\ \theta)\right\},$$

则显见 $N\in\mathscr{B}_{\mathscr{X}}\times\mathscr{B}_\Theta$, $\mathscr{B}_\Theta$ 为 Θ 的一切 Borel 子集所成的 σ–域. 由(2.2.22)知 $(\mu\times L_1)(N)=0$. 用证明定理 2.2.2 所使用的同样论证, 知存在 $K\in\mathscr{B}_{\mathscr{X}}$, $\mu(K)=0$, 致

$$\frac{\partial}{\partial\theta}\log f(x,\ \theta)=\frac{\partial}{\partial\theta}\log g(t(x),\ \theta),$$

$$\text{对 } \theta(\text{a.e.}L_1),\ \text{当 } x\overline{\in}K. \tag{2.2.23}$$

由于(2.2.23)等式两边都是 θ 的连续函数(正则条件 5), 知

$$\frac{\partial}{\partial\theta}\log f(x,\ \theta)=\frac{\partial}{\partial\theta}\log g(t(x),\ \theta),\ \text{一切 } \theta\in\Theta,\ x\overline{\in}K. \tag{2.2.24}$$

任取 $\theta_0\in\Theta$, 记 $h(x)=g(t(x),\ \theta_0)/f(x,\ \theta_0)$, 由(2.2.24)得

$$f(x,\ \theta)=g(t(x),\ \theta)\cdot\frac{1}{h(x)},\ x\overline{\in}K.$$

由分解定理 1.5.3, 知 t 为充分统计量.

为了证明充分性, 需要下面的引理.

引理 2.2.2. 在前面的记号下, 若统计量 t 为充分, 则存在 $\mathscr{B}_{\mathscr{T}}$-可测的函数 $\xi(t)$, 致

$$dP_\theta^T(t)/d\mu^T = g(t,\ \theta)\xi(t). \tag{2.2.25}$$

此处 $g(t,\ \theta)$ 由关系式 $f(x,\ \theta)=g(t(x),\ \theta)h(x)$ 给出.

事实上，必要时从 $\mathscr{X}$ 中去掉一切使 $h(x)=0$ 的 x，可设 $h(x)$ 在 $\mathscr{X}$ 上处处大于 0. 以关系 $d\mu_1(x)=h(x)d\mu(x)$ 定义测度 μ_1 于 $\mathscr{B}_{\mathscr{X}}$ 上. 不难看出它是 σ–有限的(因 μ 为 σ–有限)，且 $\mu_1\sim\mu$(记号～表示: $\mu_1\ll\mu\ll\mu_1$)，因而 $\mu^T\sim\mu_1^T$. 记 $d\mu_1^T(t)/d\mu^T=\xi(t)$，则对任何 $B\in\mathscr{B}_{\mathscr{T}}$，有

$$\begin{aligned}P_\theta^T(B)=P_\theta(t^{-1}(B))&=\int_{t^{-1}(B)}g(t(x),\ \theta)h(x)d\mu(x)\\&=\int_{t^{-1}(B)}g(t(x),\ \theta)d\mu_1(x)=\int_B g(t,\ \theta)d\mu_1^T\\&=\int_B g(t,\ \theta)\xi(t)d\mu^T.\end{aligned}$$

由 $B\in\mathscr{B}_{\mathscr{T}}$ 的任意性，证明了(2.2.25).

现在转到充分性的证明. 设 t 为充分统计量，则对每个 $\theta\in\Theta$，存在 $N_{1\theta}\in\mathscr{B}_{\mathscr{X}}$，$\mu(N_{1\theta})=0$，致

$$f(x,\ \theta)=\tilde{g}(t(x),\ \theta)h(x),\quad x\overline{\in}N_{1\theta}.$$

$\tilde{g}$, h 满足分解定理中描述的条件. 由引理 2.2.2，知

$$g(t,\ \theta)=dP_\theta^T(t)/d\mu^T=\tilde{g}(t,\ \theta)\xi(t),\quad t\overline{\in}N_\theta^T,\ \mu^T(N_\theta^T)=0.$$

由 $g(t,\ \theta)>0$(正则条件 2)知 $\xi(t)>0$，当 $t\overline{\in}N_\theta^T$，故

$$\tilde{g}(t(x),\ \theta)=g(t(x),\ \theta)/\xi(t(x)),\quad 当\ x\overline{\in}t^{-1}(N_\theta^T)=N_{2\theta}.$$

因此当 $x\overline{\in}N_{1\theta}\cup N_{2\theta}$ 时，有

$$f(x,\ \theta)=\tilde{g}(t(x),\ \theta)h(x)=g(t(x),\ \theta)h(x)/\xi(t(x)).$$

再定义

$$N=\{(x,\ \theta):f(x,\ \theta)\neq g(t(x),\ \theta)h(x)/\xi(t(x))\}.$$

用在前面几次使用过的论证方法，知存在 $K\in\mathscr{B}_{\mathscr{X}}$，$\mu(K)=0$，使当 $x\overline{\in}K$ 时

$$f(x,\ \theta)=g(t(x),\ \theta)h(x)/\xi(t(x)),\ 对一切\ \theta\in\Theta.$$

两边取对数后再对 θ 求偏导数，知(2.2.22)成立，再由(2.2.21)推出 $I_X(\theta)=I_t(\theta)$ 对一切 $\theta\in\Theta$. 证毕.

(五)多参数情况的 C-R 不等式

先引进一个记号．若方阵 $\boldsymbol{A}$ 正定，则记为 $\boldsymbol{A}>0$．若 A 半正定，则记为 $\boldsymbol{A}\geqslant 0$．若两方阵 $\boldsymbol{A}, \boldsymbol{B}$ 之差 $\boldsymbol{A}-\boldsymbol{B}$ 为正定或半正定，则记为 $\boldsymbol{A}>\boldsymbol{B}$ 或 $A\geqslant B$．

设 $\boldsymbol{g}(\theta)=(g_1(\theta),\cdots,g_k(\theta))^{\tau}$，$g_i(\theta)$ 都是定义在 Θ 上的有限实函数，又设 $\hat{g}_i(x)$，$g_i^*(x)$，都是 $g_i(\theta)$ 的无偏估计．怎样来比较 $\boldsymbol{g}(\theta)$ 的这两个无偏估计呢？当然可以分别比较每一个的方差，即当

$$\operatorname{Var}_\theta(\hat{g}_i)\leqslant\operatorname{Var}_\theta(g_i^*),\ i=1,\ \cdots,\ k \tag{2.2.26}$$

时，称 $\hat{\boldsymbol{g}}=(\hat{g}_1,\ \cdots,\ \hat{g}_k)^{\tau}$ 优于 $\boldsymbol{g}^*=(g_1^*,\ \cdots,\ g_k^*)^{\tau}$．但这个比较忽略了各分量之间可能有的相关关系．一个更为全面的比较是：当

$$\operatorname{VAR}_\theta(\hat{\boldsymbol{g}})\leqslant\operatorname{VAR}_\theta(\boldsymbol{g}^*) \tag{2.2.27}$$

时，称 $\hat{\boldsymbol{g}}$ 优于 $\boldsymbol{g}^*$．显然，由(2.2.27)可推出(2.2.26)．更进一步，有如下的引理：

引理 2.2.3. (2.2.27) 成立的充要条件为：对任何常数 $a_1,\ \cdots,\ a_k$，有

$$\operatorname{Var}_\theta\left(\sum_{i=1}^k a_i\hat{g}_i\right)\leqslant\operatorname{Var}_\theta\left(\sum_{i=1}^k a_i g_i^*\right). \tag{2.2.28}$$

注意 $\sum_{i=1}^k a_i\hat{g}_i$ 和 $\sum_{i=1}^k a_i g_i^*$ 都是 $\sum_{i=1}^k a_i g_i(\theta)$ 的无偏估计．因此，当(2.2.27)成立时，不仅估计单个的 $g_i(\theta)$ 时，$\hat{g}_i$ 比 g_i^* 好，而且，在估计诸 $g_i(\theta)$ 的任一线性组合时，用诸 $\hat{g}_i$ 的同一线性组合，比用诸 g_i^* 的同一线性组合好．

为了证明引理，记 $\boldsymbol{a}=(a_1,\ \cdots,\ a_k)'$，则

$$\begin{aligned}
&\operatorname{Var}_\theta(\boldsymbol{a}'\hat{\boldsymbol{g}})\leqslant\operatorname{Var}(\boldsymbol{a}'\boldsymbol{g}^*)\ \text{对任何}\ a\Leftrightarrow\\
&\boldsymbol{a}'\operatorname{VAR}_\theta(\hat{\boldsymbol{g}})\boldsymbol{a}\leqslant\boldsymbol{a}'\operatorname{VAR}_\theta(\boldsymbol{g}^*)\boldsymbol{a}\ \text{对任何}\ a\Leftrightarrow\\
&\operatorname{VAR}_\theta(\hat{\boldsymbol{g}})\leqslant\operatorname{VAR}_\theta(\boldsymbol{g}^*),\ \text{证毕}.
\end{aligned}$$

因此，我们对以下两件事有兴趣：

1．寻找 $g(\theta)$ 的无偏估计中，其 VAR 最小者．

2．寻找 $g(\theta)$ 的一切无偏估计中，其 VAR 可能的下界．

我们先讨论问题 2．设 $(\mathscr{X},\ \mathscr{B}_{\mathscr{X}})$，$\{P_\theta,\ \theta\in\Theta\}$，$\mu$，$f(x,\ \theta)$

的意义同前. 假定

1* Θ 为 R_k 的非空开集.

2* $f(x,\ \theta)>0$ 对一切 $x\in\mathscr{X}$ 和 $\theta\in\Theta$. 记 $\theta=(\theta_1,\ \cdots,\ \theta_k)$, 假定 $\dfrac{\partial f(x,\ \theta)}{\partial\theta_i}$ 对一切 $x\in\mathscr{X}$, $\theta\in\Theta$ 和 $i=1,\ \cdots,\ K$ 都存在.

3* $\displaystyle\int_{\mathscr{X}}\frac{\partial f(x,\theta)}{\partial\theta_i}d\mu(x)=0$, $i=1,\ \cdots,\ K$, 任意 $\theta\in\Theta$.

4* $\displaystyle\int_{\mathscr{X}}\frac{1}{f(x,\ \theta)}\frac{\partial f(x,\ \theta)}{\partial\theta_i}\frac{\partial f(x,\ \theta)}{\partial\theta_j}d\mu(x)$ 存在有限, 对一切 $\theta\in\Theta$ 及 $i,\ j=1,\ \cdots,\ K$.

5* 记 $\boldsymbol{I}(\theta)=(I_{ij}(\theta))_{K\times K}$, 其中 $I_{ij}(\theta)$ 为 4* 中之积分, 则 $\boldsymbol{I}(\theta)>0$ 对任何 $\theta\in\Theta$.

定理 2.2.5. 假定正则条件 1*～5* 成立. 设 $\boldsymbol{g}(\theta)=(g_1(\theta),\ \cdots,\ g_r(\theta))^\tau$, 此处 $r\leqslant k$, 每个 $g_i(\theta)$ 为定义于 Θ 上的实函数, $\dfrac{\partial g_i(\theta)}{\partial\theta_j}$ 存在, 对任何 $\theta\in\Theta$ 及 $i,\ j=1,\ \cdots,\ r$. 记 $\boldsymbol{D}(\theta)=(\partial g_i(\theta)/\partial\theta_j)_{r\times k}$ (r 行 k 列矩阵). 设 $\hat{\boldsymbol{g}}(x)=(\hat{g}_1(x),\ \cdots,\ \hat{g}_r(x))^\tau$ 为 $g(\theta)$ 的无偏估计, $\mathrm{Var}_\theta(\hat{g}_i)<\infty$ 对任何 $\theta\in\Theta$ 及 $i=1,\ \cdots,\ r$, 而且满足

$$6^*\ \int_{\mathscr{X}}\hat{g}_i(x)\frac{\partial f(x,\ \theta)}{\partial\theta_j}d\mu(x)=\frac{\partial}{\partial\theta_j}\int_{\mathscr{X}}\hat{g}_i(x)f(x,\ \theta)d\mu(x)$$

$$=\frac{\partial g_i(\theta)}{\partial\theta_j},\ (1\leqslant i\leqslant r,\ 1\leqslant j\leqslant k,\ \theta\in\Theta).$$

则.

$$\mathrm{VAR}_\theta(\hat{\boldsymbol{g}})\geqslant\boldsymbol{D}(\theta)\boldsymbol{I}^{-1}(\theta)\boldsymbol{D}^\tau(\theta).\qquad(2.2.29)$$

证. 记

$$\boldsymbol{S}(x,\ \theta)=\left(\frac{\partial f(x,\ \theta)}{\partial\theta_1},\ \cdots,\ \frac{\partial f(x,\ \theta)}{\partial\theta_r}\right)^\tau,$$

则由条件 3* 知 $E_\theta(\boldsymbol{S}(X,\ \theta))=0$. 由 5* 知 $\mathrm{VAR}_\theta(\boldsymbol{S})=I(\theta)>0$, 又由 6* 知 $\mathrm{Cov}_\theta\left(\hat{g}_i(X),\ \dfrac{\partial f(X,\ \theta)}{\partial\theta_j}\right)=\dfrac{\partial g_i(\theta)}{\partial\theta_j}$. 所以

$$0\leqslant\mathrm{VAR}_\theta\begin{pmatrix}\hat{\boldsymbol{g}}\\ \boldsymbol{S}\end{pmatrix}=\begin{pmatrix}\mathrm{VAR}_\theta(\hat{\boldsymbol{g}}) & \boldsymbol{D}(\theta)\\ \boldsymbol{D}^\tau(\theta) & \boldsymbol{I}(\theta)\end{pmatrix}=\boldsymbol{B}\qquad(2.2.30)$$

既然 $\boldsymbol{B}\geqslant 0$, 它可表为 $\boldsymbol{A}'\boldsymbol{A}$ 的形状, $\boldsymbol{A}$ 为 $2r$ 阶方阵, 将其分块为 $\boldsymbol{A}=(\boldsymbol{A}_1 \mid \boldsymbol{A}_2)$, $\boldsymbol{A}_1$, $\boldsymbol{A}_2$ 都是 $2r\times r$ 矩阵, 有

$$\begin{pmatrix} \mathrm{VAR}_\theta(\hat{\boldsymbol{g}}) & \boldsymbol{D}(\theta) \\ \boldsymbol{D}^\tau(\theta) & \boldsymbol{I}(\theta) \end{pmatrix} = \begin{pmatrix} \boldsymbol{A}_1'\boldsymbol{A}_1 & \boldsymbol{A}_1'\boldsymbol{A}_2 \\ \boldsymbol{A}_2'\boldsymbol{A}_1 & \boldsymbol{A}_2'\boldsymbol{A}_2 \end{pmatrix}. \tag{2.2.31}$$

因此(2.2.31)两边各对应块相等, 得到

$$\begin{aligned} &\mathrm{VAR}_\theta(\hat{\boldsymbol{g}})-\boldsymbol{D}(\theta)\boldsymbol{I}^{-1}(\theta)\boldsymbol{D}^\tau(\theta) \\ &\quad=\boldsymbol{A}_1'(\boldsymbol{I}_r-\boldsymbol{A}_2(\boldsymbol{A}_2'\boldsymbol{A}_2)^{-1}\boldsymbol{A}_2')\boldsymbol{A}_1\geqslant 0. \end{aligned} \tag{2.2.32}$$

此处 $\boldsymbol{I}_r$ 为 r 阶单位阵, 又注意 $\boldsymbol{A}_2'\boldsymbol{A}_2=\boldsymbol{I}(\theta)$, 故由 5* 知 $(\boldsymbol{A}_2'\boldsymbol{A}_2)^{-1}$ 存在. (2.2.32)之成立是因为

$$\boldsymbol{F}=\boldsymbol{I}_r-\boldsymbol{A}_2(\boldsymbol{A}_2'\boldsymbol{A}_2)^{-1}\boldsymbol{A}_2'$$

为对称幂等阵(即 $\boldsymbol{F}^2=\boldsymbol{F}$), 由矩阵论知, 这样的矩阵是半正定的. 定理证毕.

下面指出本定理的一个有趣的推论. 我们知道: 如果 $\boldsymbol{A}=(a_{ij})_{r\times r}\geqslant 0$ 而 $a_{ii}=0$ 对某个 i, 则 $a_{ij}=0$ 对 $j=1, \cdots, r$. 现将(2.2.29)左右两边之差记为 A, 则 $\boldsymbol{A}\geqslant 0$. 我们设 $r=2$, 并设 $g_1(\theta)$ 的无偏估计 $\hat{g}_1(x)$ 达到了(2.2.29)右边所定的下限, 这时 $a_{11}=0$, 根据上述, 有 $a_{12}=0$, 即 $\hat{g}_1$, $\hat{g}_2$ 的协方差 $\mathrm{Cov}(\hat{g}_1, \hat{g}_2)$ 等于(2.2.29)右边的(1, 2)元, 而后者与 $\hat{g}_2$ 无关. 因此, 对 Θ 上任意两个函数 $g_1(\theta)$ 和 $g_2(\theta)$, 若 $\hat{g}_1(x)$, $\hat{g}_2(x)$ 分别为其无偏估计, 而 $\mathrm{Var}_\theta(\hat{g}_1)$ 达到定理 2.2.5 所定的下限, 则 $\hat{g}_1$ 和 $\hat{g}_2$ 的协方差与 $\hat{g}_2$ 无关. 换句话说, 不论用什么方法得到 $g_2(\theta)$ 的一无偏估计 $\hat{g}_2$, 它与 $\hat{g}_1$ 的协方差总等于一个定数, 当然, 这是在适合定理 2.2.5 的估计的范围内来谈的. 在指数族的情况, 根据定理 1.2.1, 不仅正则条件 1*—5* 全满足, 且任何无偏估计必满足 6*. 这时当然就不存在所述限制. 下面的例子属于这种情况.

例 2.2.3. 设 $X_1, \cdots, X_n$ 为 iid. 样本, $X_1\sim N(a, \sigma^2)$, $\theta=(a, \sigma^2)$. 令 $g_1(\theta)=a$, $g_2(\theta)=\sigma^2$. 则不难算出

$$\boldsymbol{D}(\theta)=\begin{pmatrix} 1 & 0 \\ 0 & 1 \end{pmatrix}, \quad \boldsymbol{I}(\theta)=\begin{pmatrix} n/\sigma^2 & 0 \\ 0 & n/2\sigma^4 \end{pmatrix}.$$

由(2.2.29)得: $g_1(\theta)$, $g_2(\theta)$ 的任何无偏估计 $\hat{g}_1$, $\hat{g}_2$ 满足

$$\mathrm{VAR}_\theta\begin{pmatrix}\hat{g}_1\\ \hat{g}_2\end{pmatrix}\geqslant\begin{pmatrix}\sigma^2/n & 0\\ 0 & 2\sigma^4/n\end{pmatrix}. \tag{2.2.33}$$

取 $$\hat{g}_1(X)=\overline{X},\ \hat{g}_2(X)=\frac{1}{n-1}\sum_{i=1}^n(X_i-\overline{X})^2,$$

注意到 $\hat{g}_1\sim N(a,\ \sigma^2/n)$, $\frac{1}{\sigma^2}\hat{g}_2\sim\chi^2_{n-1}$ 且 $\hat{g}_1$, $\hat{g}_2$ 独立,不难算出

$$\mathrm{VAR}_\theta\begin{pmatrix}\hat{g}_1\\ \hat{g}_2\end{pmatrix}=\begin{pmatrix}\sigma^2/n & 0\\ 0 & 2\sigma^4/(n-1)\end{pmatrix}.$$

因而 $\hat{g}_1$ 达到了(2.2.33)规定的下限,但 $\hat{g}_2$ 没有. 由于 $\hat{g}_2$ 为 $g_2(\theta)$ 的 MVUE(例 2.1.3),(2.2.33)中关于 σ^2 的无偏估计方差的下限不可能达到.

根据前述推论,只要 g_2^* 是 σ^2 之一无偏估计,则 $\mathrm{Cov}_\theta(\overline{X},\ g_2^*)$ 等于一定数. 但我们已知当 $g_2^*=\hat{g}_2$ 时 $\mathrm{Cov}_\theta(\overline{X},\ \hat{g}_2)=0$, 由此可知: $\overline{X}$ 与 σ^2 的任一无偏估计 g_2^* 的相关系数为 0. 这一事实也不难直接证明.

下面的定理在 $K=r$ 的情况给出(2.2.29)中的等号成立的条件(注意当 $K=r$ 时, $D(\theta)$ 为方阵).

定理 2.2.6. 设定理 2.2.5 的条件成立,且 $K=r$. 则若对某个 $\theta_0\in\Theta$ 有 $|\boldsymbol{D}(\theta_0)|\neq 0$ 时,以下三论断等价:

a) (2.2.29)中的等号在 θ_0 处成立.

b) $|\mathrm{VAR}_{\theta_0}(\hat{g})|=|\boldsymbol{D}(\theta_0)|^2/|\boldsymbol{I}(\theta_0)|$.

c) 存在非异方阵 $\boldsymbol{B}(\theta_0)$, 致

$$\hat{\boldsymbol{g}}(x)=\boldsymbol{B}(\theta_0)\boldsymbol{S}(x,\ \theta_0)+\boldsymbol{g}(\theta_0)\ \text{对}\ x(\text{a.e.}P_{\theta_0})\text{成立}.$$

证. 先明确以下的预备事实: 设 $\boldsymbol{A}$, $\boldsymbol{B}$ 为两方阵, $\boldsymbol{A}\geqslant\boldsymbol{B}>0$, 则由 $|\boldsymbol{A}|=|\boldsymbol{B}|$ 可推出 $\boldsymbol{A}=\boldsymbol{B}$. 事实上,因 $\boldsymbol{A}$, $\boldsymbol{B}$ 都正定,存在非异方阵 $\boldsymbol{Q}$, 致[1)]

$$\boldsymbol{A}=\boldsymbol{Q}\,\mathrm{diag}(\lambda_1,\ \cdots,\ \lambda_r)\boldsymbol{Q}',\ \boldsymbol{B}=\boldsymbol{Q}\,\mathrm{diag}(\mu_1,\ \cdots,\ \mu_r)\boldsymbol{Q}'.$$

由 $\boldsymbol{A}\geqslant\boldsymbol{B}$, 知 $\lambda_i\geqslant\mu_i$, $i=1,\ \cdots,\ r$. 由于 λ_i, μ_i 都大于 0, 显然只

1) 此处及以后我们用 $\mathrm{diag}(a_1,\ \cdots,\ a_n)$ 记一个 n 阶对角方阵,其主对角线上的元素依次为 $a_1,\ \cdots,\ a_n$.

在$\lambda_i=\mu_i$, $i=1, \cdots, r$时才有$|\boldsymbol{A}|=|\boldsymbol{B}|$, 而当$\lambda_i=\mu_i$, $i=1, \cdots, r$时有$\boldsymbol{A}=\boldsymbol{B}$.

由这个预备事实, 注意到当$|\boldsymbol{D}(\theta_0)|\neq 0$, $\boldsymbol{I}(\theta_0)>0$时有$\boldsymbol{D}(\theta_0)\boldsymbol{I}^{-1}(\theta_0)\boldsymbol{D}^\tau(\theta_0)>0$, 立即得到a)$\Leftrightarrow$b). 现设c)成立, 则由$\mathrm{VAR}_{\theta_0}(\boldsymbol{S}(X, \theta_0))=\boldsymbol{I}(\theta_0)$, 知

$$\mathrm{VAR}_{\theta_0}(\hat{\boldsymbol{g}})=\boldsymbol{B}(\theta_0)\boldsymbol{I}(\theta_0)\boldsymbol{B}^\tau(\theta_0),$$

且显然有$\boldsymbol{D}(\theta_0)=\boldsymbol{B}(\theta_0)\boldsymbol{I}(\theta_0)$, 因而

$$\mathrm{VAR}_{\theta_0}(\hat{\boldsymbol{g}})=\boldsymbol{D}(\theta_0)\boldsymbol{I}^{-1}(\theta_0)\boldsymbol{D}^\tau(\theta_0),$$

这证明了c)$\Rightarrow$a).

反过来, 设a)成立, 在(2.2.31)的记号下, 将有

$$\boldsymbol{A}_1'\boldsymbol{A}_1=\boldsymbol{A}_1'\boldsymbol{A}_2(\boldsymbol{A}_2'\boldsymbol{A}_2)^{-1}\boldsymbol{A}_2'\boldsymbol{A}_1,$$

即
$$\boldsymbol{A}_1'[\boldsymbol{I}_r-\boldsymbol{A}_2(\boldsymbol{A}_2'\boldsymbol{A}_2)^{-1}\boldsymbol{A}_2']\boldsymbol{A}_1=\boldsymbol{O}.$$

注意到$\boldsymbol{I}_r-\boldsymbol{A}_2(\boldsymbol{A}_2'\boldsymbol{A}_2)^{-1}\boldsymbol{A}_2'$的幂等性, 由上式可得

$$[\boldsymbol{I}_r-\boldsymbol{A}_2(\boldsymbol{A}_2'\boldsymbol{A}_2)^{-1}\boldsymbol{A}_2']\boldsymbol{A}_1=\boldsymbol{O}.$$

即$\boldsymbol{A}_1=\boldsymbol{A}_2\cdot(\boldsymbol{A}_2'\boldsymbol{A}_2)^{-1}\boldsymbol{A}_2'\boldsymbol{A}_1$. 记$\boldsymbol{B}(\theta_0)=(\boldsymbol{A}_2'\boldsymbol{A}_2)^{-1}\boldsymbol{A}_2'\boldsymbol{A}_1$, 则$\boldsymbol{A}_1=\boldsymbol{A}_2\cdot\boldsymbol{B}(\theta_0)$. 必有$|\boldsymbol{B}(\theta_0)|\neq 0$, 因为由(2.2.31)及a)有

$$\begin{aligned}0<|\boldsymbol{D}(\theta_0)|^2/|\boldsymbol{I}(\theta_0)|&\leqslant|\mathrm{VAR}_{\theta_0}(\hat{\boldsymbol{g}})|\\&=|\boldsymbol{A}_1'\boldsymbol{A}_1|=|\boldsymbol{B}(\theta_0)|^2|\boldsymbol{A}_2'\boldsymbol{A}_2|.\end{aligned}$$

从而

$$\begin{aligned}&\mathrm{VAR}_{\theta_0}[\hat{\boldsymbol{g}}(X)-\boldsymbol{B}(\theta_0)\boldsymbol{S}(X, \theta_0)]\\&=\boldsymbol{A}_1'\boldsymbol{A}_1+\boldsymbol{B}(\theta_0)\boldsymbol{A}_2'\boldsymbol{A}_2\boldsymbol{B}^\tau(\theta_0)-\boldsymbol{A}_1'\boldsymbol{A}_2\boldsymbol{B}^\tau(\theta_0)\\&\quad-\boldsymbol{B}(\theta_0)\boldsymbol{A}_2'\boldsymbol{A}_1=\boldsymbol{B}^\tau(\theta_0)\boldsymbol{A}_2'\boldsymbol{A}_2\boldsymbol{B}(\theta_0)\\&\quad+\boldsymbol{B}^\tau(\theta_0)\boldsymbol{A}_2'\boldsymbol{A}_2\boldsymbol{B}(\theta_0)-\boldsymbol{B}^\tau(\theta_0)\boldsymbol{A}_2'\boldsymbol{A}_2\boldsymbol{B}(\theta_0)\\&\quad-\boldsymbol{B}^\tau(\theta_0)\boldsymbol{A}_2'\boldsymbol{A}_2\boldsymbol{B}(\theta_0)=\boldsymbol{O}.\end{aligned}$$

由此推出: 存在常向量$\boldsymbol{a}(\theta_0)$, 致

$$\hat{\boldsymbol{g}}(X)-\boldsymbol{B}(\theta_0)\boldsymbol{S}(X, \theta_0)=\boldsymbol{a}(\theta_0), \quad (\text{a.e.}P_{\theta_0}).$$

两边求E_{θ_0}, 注意到$E_{\theta_0}(\hat{\boldsymbol{g}}(X))=\boldsymbol{g}(\theta_0)$和$E_{\theta_0}[\boldsymbol{S}(X, \theta_0)]=0$, 知$\boldsymbol{a}(\theta_0)=\boldsymbol{g}(\theta_0)$, 这证明了c)成立, 即a)$\Rightarrow$c). 定理证毕.

设$\boldsymbol{X}$的分布为指数族

$$dP_\theta(x)=C(\theta)\exp\left(\sum_{i=1}^{K}\theta_i T_i(x)\right)d\mu(x),\quad \theta\in\Theta. \tag{2.2.34}$$

Θ 为 R_K 中的一非空开集. 又设 $T_1(X)$, …, $T_K(X)$ 线性无关, 即不存在不同时为 0 的常数 a_0, a_1, …, a_K, 致

$$P_\theta(a_1T_1(X)+\cdots+a_KT_K(X)=a_0)=1,\quad \theta\in\Theta, \tag{2.2.35}$$

(显然,只需对一个 $\theta\in\Theta$(2.2.35)不成立,则对一切 $\theta\in\Theta$,(2.2.35)不成立).

系 2.2.1. 当 X 的分布族为(2.2.34)且 T_1, …, T_K 满足上述假定,记 $\boldsymbol{g}(\theta)=(g_1(\theta),\ \cdots,\ g_K(\theta))^\tau$, 其中

$$g_j(\theta)=\sum_{j'=1}^{K}a_{jj'}E_\theta(T_{j'}(X)),\ j=1\cdots,\ K. \tag{2.2.36}$$

这里 $\boldsymbol{A}=(a_{ij})_{K\times K}$ 为非异方阵,则 $\boldsymbol{g}(\theta)$ 的无偏估计 $\hat{\boldsymbol{g}}(x)=(\hat{g}_1(x),$ $\cdots,\ \hat{g}_K(x))'$ 的方差阵 $\mathrm{VAR}_\theta(1)$ 达到(2.2.29)所规定的下界, 这里

$$\hat{g}_j(x)=\sum_{j'=1}^{K}a_{jj'}T_{j'}(x),\ j=1,\ \cdots,\ K. \tag{2.2.37}$$

且只有形如(2.2.36)的 $g_j(\theta)$ 及其形如(2.2.37)的无偏估计,才能达到(2.2.29)规定的下界.

证明直接从定理 2.2.6 的 c)得出. 注意 T_1, …, T_K 线性无关的条件在于保证 $|I(\theta)|\neq 0$. 又, 若用 § 1.2 结尾处所指出的 $E_\theta(T_j(X))$ 及 $\mathrm{Cov}_\theta(T_i(X),\ T_j(X))$ 的公式, 很容易通过直接计算证明(2.2.29). 我们把这个计算作为习题留给读者.

关于前面提出的问题 1, 有如下的结果:

定理 2.2.7. 在前面的记号下, 设 t 为 θ 的一完全充分统计量, $\boldsymbol{g}(\theta)=(g_1(\theta),\ \cdots,\ g_r(\theta))^\tau$ 为待估函数, 则若存在 $g(\theta)$ 之一无偏估计 $\hat{\boldsymbol{g}}(x)=(\hat{g}_1(x),\ \cdots,\ \hat{g}_r(x))^\tau$, 致 $\mathrm{Var}_\theta(\hat{g}_i)<\infty$ 对任何 $\theta\in\Theta$ 及 $i=1,\ \cdots,\ r$. 则存在 $\boldsymbol{g}(\theta)$ 的唯一的无偏估计, 它能表为$t(x)$的函数 $\boldsymbol{h}(t(x))=(h_1(t(x)),\ \cdots,\ h_r(t(x)))^\tau$, 使对 $\boldsymbol{g}(\theta)$ 的任何无偏估计 $\boldsymbol{g}^*(x)=(g_1^*(x),\ \cdots,\ g_r^*(x))^\tau$, 只要满足条件 $\mathrm{Var}_\theta(g_i^*(x))<\infty$ 对 $i=1,\ \cdots,\ r$ 和一切 $\theta\in\Theta$, 就有

$$\mathrm{VAR}_\theta(\boldsymbol{g}^*) \geqslant \mathrm{VAR}_\theta(\boldsymbol{h}(t(X))), \quad 一切\ \theta\in\Theta. \tag{2.2.38}$$

证. 记 $h_i(t)=E(\hat{g}_i(X)|t)$, $i=1, \cdots, r$, 而 $\boldsymbol{h}(t(X))=(h_1(t(X)), \cdots, h_r(t(X)))^{\tau}$. 则 $\boldsymbol{h}(t(x))$ 为 $\boldsymbol{g}(\theta)$ 之无偏估计. 因此对任何 $\boldsymbol{a}=(a_1, \cdots, a_r)'$, $\boldsymbol{a}'\boldsymbol{h}(t(x))$ 和 $\boldsymbol{a}'\boldsymbol{g}^*(x)$ 都是 $\boldsymbol{a}'\boldsymbol{g}(\theta)$ 的无偏估计. 由定理 2.1.1, 知 $\mathrm{Var}_\theta(\boldsymbol{a}'\boldsymbol{h}(t(X)))\leqslant\mathrm{Var}_\theta(\boldsymbol{a}'\boldsymbol{g}^*(X))$, 等号当且仅当 $\boldsymbol{a}'\boldsymbol{g}^*(x)$ 为 $t(x)$ 的函数时才成立, 即

$$\boldsymbol{a}'\mathrm{VAR}_\theta(\boldsymbol{h}(t(X)))\boldsymbol{a}\leqslant\boldsymbol{a}'\mathrm{VAR}_\theta(\boldsymbol{g}^*(X))\boldsymbol{a}.$$

对任何 a, 这证明了(2.2.38), 由于等号只在 g^* 为 $t(x)$ 的函数时才成立, 且由 t 的完全性知, 基于 $t(x)$ 的无偏估计只有一个, 故定理得证.

(六) 多参数情况下的 Fisher 信息矩阵

与单参数情况一样, 在前面提出的正则条件 $1^*\sim4^*$ 之下, 把在条件 5^* 中定义的矩阵 $\boldsymbol{I}(\theta)$ 称为信息矩阵. 这个定义的根据、解释及 $\boldsymbol{I}(\theta)$ 的基本性质, 与单参数情况没有任何本质区别, 因此, 我们不再逐一重复所有细节了.

§2.3. Bayes 估计和 Minimax 估计

(一) 通论

本节所论的问题涉及到统计学中一个有影响的学派对统计问题的看法. 其基本观点可以通过本章所论的点估计问题解释清楚.

到此为止我们所持的观点是: 被估计的参数 θ 只知道在 Θ 内, 除此之外一无所知. Bayes 学派的观点是: 在具体进行观测(以得到样本 x)之前, 人们对 θ 根据过去的经验积累了一些知识. 用数学形式把这种知识整理起来, 就可以提出这样一个模式: 虽然 θ 的具体值未知, 但它服从 Θ 上的一概率分布 $d\xi(\theta)$. 这个分布叫做 θ 的"先验分布". 举一个例子也许有助于理解这个概念. 设某厂每日进行一次抽样检查以估计当日产品的废品率 θ. 就被估计的那批产品而言, θ 当然只是一固定的未知数, 并无随机性可

言．但逐日的废品率多少有些波动，从长期看，就可以把“一日的废品率”视作为一个随机变量 θ，而我们要估计的某特定日的废品率，则是这个随机变量 θ 的一个抽样值．由过去长期检查的经验，我们对 θ 的情况积累了一些知识，比方说，θ 有 80% 的可能性不超过 0.05 之类．在本例中，把 θ 视作随机变量及认为它有一定的先验分布，是合理且自然的．这个知识也很有助于我们对废品率作出更切合实际的估计，因为，虽则我们估计的对象是“某日”的废品率，但从上面的讨论看，我们不好把这看作一件孤立的事情，而应把它放在“废品率逐日不断变化”这个背景下去考察．因此，适当地参考其历史而不把估计完全基于这一日的观察，显然是十分重要的．例如，从历史记录看，该厂在过去一段废品率一直较低，那么，虽则在今天抽样时表现出较高的废品率，结合历史看，我们倾向于认为该日的情况不完全反映全面，而把废品率的估计适当往低的方向拉一些．

Bayes 学派把类似于上述例子的情况引伸，而提出一个观点，就是在讨论一个统计问题时，必须考虑 θ 的先验分布．这要成为问题提法的有机构成部分．在 Bayes 学派看来，获得样本 x 的目的是对 θ 的先验知识(反映在其先验分布 $d\xi(\theta)$ 中)进行调整．从数学上说就是：在获得样本 x 后，可以标出 θ 在给定 $X=x$ 时的条件分布 $H(d\theta|x)$．而这个条件分布就反映了人们对 θ 的情况的新了解．尔后的任何推断都以此为出发点．因之，就 Bayes 学派而言，样本 x 的净效果是把对 θ 的了解由 $d\xi(\theta)$ 调整为 $H(d\theta|x)$．

著名的所谓“逆概率问题”有助于说明这一点．我们知道，若一事件 A 的概率为 θ，则独立试验 N 次时，A 出现的次数 X 的分布可由二项分布代表．现在反过来，设已知在 N 次试验中事件 A 出现 X 次，问对 θ 可以说些什么？从通常的观点，我们就用 $\frac{X}{N}$ 来估计 θ．但从 Bayes 学派看，θ 并非没有可能取其它值．他们推理如下：认定在试验前关于 θ 的知识已总结在先验分布 $d\xi(\theta)$ 中，例如，可根据“同等无知”(“equal ignorance”)的原则，指定 θ

的先验分布为 $R(0, 1)$. 这时，若试验结果为 $X=M$, 不难得出 θ 的条件密度为

$$H(d\theta | X=M)=(N+1)\binom{N}{M}\theta^{M}(1-\theta)^{N-M}d\theta,\ 0\leqslant\theta\leqslant1. \tag{2.3.1}$$

因此，得出 $X=M$ 后，原先我们对 θ 的了解是它在 $(0, 1)$ 任何地方有同等可能，现在认为它仍可取 $(0, 1)$ 内任何值，但按(2.3.1)分布. 由(2.3.1)不难算出它在 $\theta=M/N$ 时达到最大，所以，由所得试验结果，现在 θ 在 $(0, 1)$ 各处并非同等可能，而是在 $\frac{M}{N}$ 的附近的可能性较大.

非 Bayes 学派的人对上述论点提出的反对意见主要在于：首先，在许多情况下将 θ 视作为随机变量是不合理的. 例如，估计某矿体内一种金属的含量，很难把这一问题纳入 Bayes 观点的模式中. 其次，就算在某些问题中将 θ 看作随机变量有一定的合理性，但关于 θ 的先验知识，往往不是确切到可以提出一定的先验分布来. 在这种情况下，指定一种先验分布不免带有人为性，而这未必有助于问题的合理解决. 无疑这也是不容忽视的论点.

但是，非 Bayes 学派的人即使对 Bayes 学派的基本观点持有疑问，但并不拒绝采用 Bayes 学派的方法来处理一些统计问题，因为，用这种方法所找出的一些问题的解，从其它的标准看也有优越性. 下节在讨论 Minimax 估计时，我们会看到，Bayes 方法可作为寻求 Minimax 估计的工具. 总之，非 Bayes 学派的统计学家在使用 Bayes 方法时，是将其作为一种工具来用，而把有关这种方法的哲学问题先搁在一边.

至于本书作者，一方面认为在处理一个实用的统计问题时，Bayes 方法是否适合，要根据这问题的具体情况来分析. 例如在本段开始处提到的那个废品率估计问题，未尝不可用 Bayes 方法. 另一方面，在理论问题中，Bayes 方法作为一种有力的工具自然是不容忽视的.

(二)问题提法和基本概念

本段的目的是用精确的数学语言来描述(一)中的思想. 这里涉及一些有关可测性的问题. 为了不使在一开头就陷入细节，我们把这些问题留到本节第(五)段去处理.

变量 X 的样本空间为$(\mathscr{X}, \mathscr{B}_{\mathscr{X}})$，分布族为$\{P_\theta:\theta\in\Theta\}$，$\Theta$ 为参数空间. 在此必须在 Θ 中引进一个 σ-域 $\mathscr{B}_\Theta$，因而$(\Theta, \mathscr{B}_\Theta)$构成一个可测空间. 判决空间$(\mathscr{D}, \mathscr{B}_{\mathscr{D}})$和判决函数 δ 的意义与以前一样，在点估计问题中，$(\mathscr{D}, \mathscr{B}_{\mathscr{D}})$为欧氏的而 δ 称为估计量. 又给了一定的损失函数 $L(\theta, d)$和待估函数 $g(\theta)$.

定义 2.3.1. $(\Theta, \mathscr{B}_\Theta)$上的任一概率分布 ξ 称为 θ 的一个先验分布. 一切先验分布的全体用 $\mathscr{E}$ 来记.

定义 2.3.2. 设 δ 为任一判决函数(在此为估计量)，以 $R(\theta, \delta)$记其风险函数，则称

$$R_\xi(\delta)=\int_\Theta R(\theta, \delta)d\xi(\theta) \tag{2.3.2}$$

为 δ 在先验分布 ξ 之下的 Bayes 风险.

显然，Bayes 风险反映了在大量次数使用 δ 时，按 θ 的分布 ξ 将招致的平均风险.

定义 2.3.3. 任一满足条件

$$R_\xi(\delta_\xi)=\inf_\delta R_\xi(\delta) \tag{2.3.3}$$

的判决函数 δ_ξ 称为所提统计判决问题的 Bayes 解(在先验分布 ξ 之下). 在估计问题中称 Bayes 估计. 若记 $r(\xi)=R_\xi(\delta_\xi)$，则满足条件

$$r(\xi_0)=\sup_{\xi\in\mathscr{E}} r(\xi) \tag{2.3.4}$$

的先验分布 ξ_0 称为“最不利先验分布”.

记 $P(A)=\int_\Theta P_\theta(A)d\xi(\theta)$，$\xi\in\mathscr{E}$. 显然这是 $\mathscr{B}_{\mathscr{X}}$ 上的一概率

分布，它称为 X 的"绝对分布"[1]，其次，(θ, X) 的联合概率分布为

$$P^*(C)=\int_\Theta P_\theta(C_\theta)d\xi(\theta). \tag{2.3.5}$$

这是定义在 $\mathscr{B}_\Theta\times\mathscr{B}_\mathscr{X}$ 上的一个概率测度. 又

$$C_\theta=\{x: (\theta, x)\in C\} \tag{2.3.6}$$

为集 C 在 θ 处的"切口".

至于所使用的估计量，当然可以考虑或不考虑随机化的. 在(2.3.3)中，若 $\inf\limits_\delta$ 是对一切(包括随机化的)估计量取，则 δ_ξ 称为随机化的 Bayes 估计. 如果只考虑非随机化的，则称为非随机化的 Bayes 估计.

以 $\xi(\cdot|x)$ 记在给定 $X=x$ 时，θ 的正则条件概率分布. 如假定 $\mathscr{X}$ 和 Θ 都是欧氏的，则其存在性由定理 1.3.1 保证. 在一个特定(也是最重要的)情况下，这个条件分布的形式可以明确写出，即在 $(P_\theta, \theta\in\Theta)\ll\mu$ (μ 为 $\mathscr{B}_\mathscr{X}$ 上的 σ-有限测度)时，若记 $p(x, \theta)=dP_\theta(x)/d\mu$，则

$$\xi(F|x)=\int_F p(x, \theta)d\xi(\theta)\Big/\int_\Theta p(x, \theta)d\xi(\theta), \quad F\in\mathscr{B}_\Theta. \tag{2.3.7}$$

定义 2.3.4. 正则条件概率分布 $\xi(\cdot|x)$ 称为在得到样本 x 时，θ 的后验分布.

使用 θ 的后验分布和 X 的绝对分布，并注意 $R_\xi(\delta)$ 不过是 $L(\theta, \delta(X))$ 在概率分布 P^* 下的均值，利用条件期望性质 c，可得

$$R_\xi(\delta)=\int_\mathscr{X} dP(x)\int_\Theta L(\theta, \delta(x))\xi(d\theta|x). \tag{2.3.8}$$

这是 δ 为非随机化的情形. 在随机化的情况，(2.3.8)用下式代替:

---

1) 文献中对此无专称，此处权用一时. 这是相对于在给定 θ 时 X 的"条件分布" P_θ 来说的. 有些文献中将它称为"边缘分布"(Marginal distribution)，但用在这里似不大自然.

$$R_\xi(\delta)=\int_{\mathscr{X}}dP(x)\int_{\Theta}\xi(d\theta|x)\int_{\mathscr{D}}L(\theta,\ t)\delta(x,\ dt). \tag{2.3.9}$$

于是有下面的重要定义:

定义 2.3.5. 表达式

$$\begin{aligned}&R_\xi(\delta,\ x)=\int_{\Theta}L(\theta,\ \delta(x))\xi(d\theta|x) \quad (\delta\text{ 非随机化}),\\&R_\xi(\delta,\ x)=\int_{\Theta}\xi(d\theta|x)\int_{\mathscr{D}}L(\theta,\ t)\delta(x,\ dt) \quad (\delta\text{ 随机化})\end{aligned} \tag{2.3.10}$$

称为在给定样本 x 时 δ 的后验风险.

显然,

$$R_\xi(\delta)=\int_{\mathscr{X}}R_\xi(\delta,\ x)dP(x). \tag{2.3.11}$$

现在容易证明下面的基本定理.

定理 2.3.1. 设存在一个非随机化的判决函数 $\delta(x)$, 满足条件

$$R_\xi(\delta,\ x)=\int_{\Theta}L(\theta,\ \delta(x))\xi(d\theta|x)=\inf_{d\in\mathscr{D}}\int_{\Theta}L(\theta,\ d)\xi(d\theta|x), \tag{2.3.12}$$

则 δ (在包括随机化判决函数的类中)为先验分布 ξ 之下的 Bayes 解.

证. 设 δ^* 为任一随机化判决函数, 则对任何 x,

$$\begin{aligned}R_\xi(\delta^*,\ x)&=\int_{\Theta}\xi(d\theta|x)\int_{\mathscr{D}}L(\theta,\ t)\delta^*(x,\ dt)\\&=\int_{\mathscr{D}}\delta^*(x,\ dt)\int_{\Theta}L(\theta,\ t)\xi(d\theta|x)\\&\geqslant\int_{\mathscr{D}}\delta^*(x,\ dt)R_\xi(\delta,\ x)=R_\xi(\delta,\ x).\end{aligned}$$

因此由(2.3.11)立得 $R_\xi(\delta^*)\geqslant R_\xi(\delta)$. 这证明了 δ 为 Bayes 解.

这个定理的意义在于将 Bayes 解的寻求化为一个极值问题(2.3.12), 而且一般 Bayes 解为非随机化的. 问题在于是否对每个 $x\in\mathscr{X}$ 极值问题(2.3.12)的解 $\delta(x)$ 存在, 在理论上说, 还有 $\delta(x)$ 的可测性问题. 在具体场合下解可直接求出而不难验证其可

测性. 例子留到下一段讨论.

从判决函数理论的角度看，Bayes 方法无非是提供了一个关于判决函数优劣的准则. 我们已指出过，风险函数 $R(\theta, \delta)$ 在 Θ 上一致最小的判决函数 δ 一般不存在. Bayes 方法把这个风险按概率分布 ξ（先验分布）加以平均（得 Bayes 风险 $R_\xi(\delta)$），而以此作为判定 δ 优劣的标准.

（三）平方损失的情况

极值问题(2.3.12)的解与具体的分布族 $(P_\theta, \theta\in\Theta)$，先验分布 ξ 和损失函数 $L(\theta, d)$ 有关，因此无法提出一般的公式. 但在损失函数为平方函数的情况，可以讨论得更具体些.

假定上段的记号全部保持，又假定，待估函数 $g(\theta)$ 取值于 R_1，判决空间 $\mathscr{D}$ 为 R_1 或其一区间，而损失函数为

$$L(\theta, d)=\lambda(\theta)[g(\theta)-d]^2. \tag{2.3.13}$$

这里 $0<\lambda(\theta)<\infty$ 对任何 $\theta\in\Theta$.

引理2.3.1. (Girshick, Savage). 任给 $x\in\mathscr{X}$. 若存在 $\mathscr{D}$ 中两点 $d_1, d_2, d_1\neq d_2$，致

$$K(d_i, x)=\int_\Theta L(\theta, d_i)\xi(d\theta|x)<\infty,\quad i=1, 2, \tag{2.3.14}$$

则对任何 $d\in\mathscr{D}$ 有 $K(d, x)<\infty$，且

$$E(\lambda(\theta)|x)<\infty. \tag{2.3.15}$$

证. 易见对任何 $d\in[d_1, d_2]$ 有 $K(d, x)<\infty$. 此因若 $d\in[d_1, d_2]$，则存在 p, $0\leqslant p\leqslant 1$，致 $d=pd_1+(1-p)d_2$，因而 $(g(\theta)-d)^2\leqslant p(g(\theta)-d_1)^2+(1-p)(g(\theta)-d_2)^2$. 现在于 (d_1, d_2) 内取四点 d_3, d_4, d_3', d_4'，致

$$d_3\neq d_4,\quad d_3'\neq d_4',\quad d_3+d_4=d_3'+d_4'.$$

则由上述 $K(d, x)$ 在 $[d_1, d_2]$ 内的有限性，及关系式

$$\begin{aligned}&(d_3^2-d_4^2)+2(d_3-d_4)(d_4-g(\theta))^2\\&=(d_3-g(\theta))^2-(d_4-g(\theta))^2,\end{aligned}$$

知

$$-\infty < E[\lambda(\theta)(d_3+d_4+2(d_4-g(\theta)))|x] < \infty. \tag{2.3.16}$$

将上式中 d_3, d_4 改为 d_3', d_4', 得另一不等式. 将两式相减, 注意 $d_3+d_4=d_3'+d_4'$, 得

$$-\infty < E[\lambda(\theta)(d_4-d_4')|x] < \infty.$$

故 $E[\lambda(\theta)|x]$ 有限. 由 $\lambda(\theta)>0$, 知 $0<E[\lambda(\theta)|x]<\infty$. 此与(2.3.16)结合,知 $E[\lambda(\theta)g(\theta)|x]$ 有限. 再由

$$-\infty < E[\lambda(\theta)(d_3^2-2d_3g(\theta)+g^2(\theta))|x] < \infty$$

及已证部分, 知 $E[\lambda(\theta)g^2(\theta)|x]$ 有限, 既然 $E[\lambda(\theta)\cdot g^i(\theta)|x]$ 对 $i=0, 1, 2$ 都有限, $K(d, x)$ 对任何 $d\in\mathscr{D}$ 有限. 证毕.

由于

$$K(d, x) = d^2\cdot E(\lambda(\theta)|x) - 2dE(\lambda(\theta)g(\theta)|x) + E(\lambda(\theta)g^2(\theta)|x),$$

知当 $K(d, x)$ 有限时,唯一的极小值在

$$d_x = E(\lambda(\theta)g(\theta)|x)/E(\lambda(\theta)|x). \tag{2.3.17}$$

根据引理 2.3.1, 由定理 2.3.1 立得如下定理.

定理 2.3.2. 在平方损失(2.3.13)之下, $g(\theta)$ 的 Bayes 估计为

$$\delta_\xi(x) = \begin{cases} \text{由(2.3.17)定义的 } d_x, & \text{若 } K(d, x)<\infty, \text{ 对一切 } d, \\ d_0, & \text{若仅对 } d=d_0 \text{ 有 } K(d, x)<\infty. \\ \text{任意 } d^*\in\mathscr{D}, & \text{若 } K(d, x)=\infty, \text{ 对一切 } d. \end{cases} \tag{2.3.18}$$

现在考虑一次损失的情况:

$$L(\theta, d) = \lambda(\theta)|g(\theta)-d|, \quad 0<\lambda(\theta)<\infty. \tag{2.3.19}$$

需要如下的引理:

引理 2.3.2. 设 F 为一维变量 X 的分布函数, 则 $E_F(|X-m|) = \int_{-\infty}^{\infty}|x-m|\,dF(x)$ 对 m 的最小值在 F 的中位数处达到.

这是初等概率论中习知的事实. 证明见[2], 177 页.

我们又注意到：引理 2.3.1 的结论在此显然成立. 事实上，设 $E[\lambda(\theta)|g(\theta)-d_i||x]<\infty$，$i=1, 2$，而 $d_1\neq d_2$，则由 $|d_1-d_2|\lambda(\theta)\leqslant\lambda(\theta)[|g(\theta)-d_1|+|g(\theta)-d_2|]$ 知 $E(\lambda(\theta)|x)<\infty$，再由 $E[\lambda(\theta)|g(\theta)-d_1||x]<\infty$ 知 $E[\lambda(\theta)|g(\theta)||x]<\infty$，于是对一切 d 有 $E[\lambda(\theta)|g(\theta)-d||x]<\infty$.

所以，在上述情况成立时，问题归结为找 d，使

$$K_1(d, x)=E[\lambda(\theta)|g(\theta)-d||x]$$
$$=\int_\Theta \lambda(\theta)|g(\theta)-d|\xi(d\theta|x)$$

达到最小. 因为当 $\infty>\int_\Theta \lambda(\theta)\xi(d\theta|x)$ 时，可定义概率测度 $\eta(A|x)=\int_A \lambda(\theta)\xi(d\theta|x)\Big/\int_\Theta \lambda(\theta)\xi(d\theta|x)$，这时

$$K_1(d, x)=\int_\Theta |g(\theta)-d|\eta(d\theta|x)\Big/\int_\Theta \lambda(\theta)\xi(d\theta|x),$$

以 $F(\cdot|g, x)$ 记 $g(\theta)$ 在 θ 服从分布 $\eta(\cdot|x)$ 时的分布函数，由引理 2.3.2 知，$K_1(d, x)$ 的最小值在 $d_x=F(\cdot|g, x)$ 的中位数处达到. 这样，证明了下面的定理.

定理 2.3.3. 以 (2.3.19) 为损失函数时，$g(\theta)$ 的 Bayes 估计为

$$\delta_\xi(x)=\begin{cases} F(\cdot|g, x)\text{的中位数}, \\ \qquad \text{若 } K_1(d, x)<\infty, \text{对一切 } d, \\ d_0, \\ \qquad \text{若仅对 } d=d_0, \text{有 } K_1(d, x)<\infty, \\ \text{任意 } d^*\in\mathscr{D} \\ \qquad \text{若 } K_1(d, x)=\infty, \text{对一切 } d. \end{cases} \tag{2.3.20}$$

另一个 Bayes 解存在的情况是：设 $\mathscr{D}=R_1$，$L(\theta, d)=W(g(\theta)-d)$，$W(x)$ 为 R_1 上的凸函数，满足条件 $\lim\limits_{|x|\to\infty} W(x)=\infty$，这时易见：表达式

$$K_2(d, x)=\int_\Theta W(g(\theta)-d)\xi(d\theta|x)$$

为 d 的凸函数，且 $\lim\limits_{|d|\to\infty} K_2(d, x)=\infty$，因此，或者 $K_2(d, x)=\infty$

对一切 d，或者 $K_2(d, x)$ 对 d 的最小值在有限的 d 处达到，如 W 为严凸，则达到最小的 d 为唯一的．然而，在此处情况下，关于达到最小的 d 没有简单公式可循．

例 2.3.1. 以前面提到的估计废品率 θ 为例，先验分布为 $R(0, 1)$．损失函数为 $L(\theta, d)=[\theta-d]^2$．这时 Bayes 估计为后验分布的均值．前已指出，在得到 $X=M$ 时，后验密度为(2.3.1)．不难算出其均值为 $\dfrac{M+1}{N+2}$，这样得到 Bayes 估计

$$\hat{g}(x)=\frac{x+1}{N+2}. \tag{2.3.21}$$

这估计的 Bayes 风险为

$$R_\xi(\hat{g})=\int_0^1 E_\theta\left[\frac{X+1}{N+2}-\theta\right]^2 d\theta.$$

由 $X \sim B(N, \theta)$ 容易算出

$$E_\theta\left[\frac{X+1}{N+2}-\theta\right]^2=\frac{1}{(N+2)^2}[N\theta(1-\theta)+(2\theta-1)^2].$$

从而得到

$$R_\xi(\hat{g})=\frac{1}{6(N+2)}.$$

若用通常的估计 $\dfrac{X}{N}$，则 Bayes 风险为 $\dfrac{1}{6N}$.

即使撇开 Bayes 方法的出发点是否合理不谈，估计(2.3.21)与通常估计 X/N 比较，也有某些优点．例如，在 $X=0$ 和 N 时，由通常估计，将用 0 或 1 去估计 θ．这在很多问题中是不合理的．估计量(2.3.21)则把对 θ 的估计作了一点调整，因而显得比较合理些．

例 2.3.2. 仍讨论上例，但取先验分布为 β–分布：θ 有密度(它称为 β–分布，记为 $\beta(a, b)$)．

$$\frac{\Gamma(a+b)}{\Gamma(a)\Gamma(b)}\theta^{a-1}(1-\theta)^{b-1},\ 0<\theta<1,\ a>0,\ b>0, \tag{2.3.22}$$

则在得到 $X=M$ 时，θ 的后验密度为

$$f(\theta \mid X=M)=C\cdot\theta^{a+M-1}(1-\theta)^{N-M+b-1},\ 0<\theta<1. \tag{2.3.23}$$

此处 $$C=\frac{\Gamma(N+a+b)}{\Gamma(a+M)\Gamma(N-M+b)}.$$

分布(2.3.23)的均值为 $\frac{M+a}{N+a+b}$. 因此

$$\hat{g}_{a,b}(x)=\frac{X+a}{N+a+b} \tag{2.3.24}$$

为先验分布(2.3.22)及平方损失$(\theta-d)^2$之下，θ 的 Bayes 估计. 易见

$$E_\theta[\hat{g}_{a,b}(X)-\theta]^2=\frac{N\theta(1-\theta)+[(a+b)\theta-a]^2}{(N+a+b)^2} \tag{2.3.25}$$

而 Bayes 风险为

$$\int_0^1 E_\theta[\hat{g}_{ab}-\theta]^2\frac{\Gamma(a+b)}{\Gamma(a)\Gamma(b)}\theta^{a-1}(1-\theta)^{b-1}d\theta$$

$$=\frac{ab}{(N+a+b)(a+b)(a+b+1)}. \tag{2.3.26}$$

特别,当 $a=b=\sqrt{N}/2$ 时,(2.3.25)右边成为一常数 $\frac{N}{4(N+\sqrt{N})^2}$:

$$\hat{g}_{\sqrt{N}/2,\sqrt{N}/2}(X)=\frac{X}{N+\sqrt{N}}+\frac{\sqrt{N}}{2(N+\sqrt{N})}, \tag{2.3.27}$$

$$R(\theta,\ \hat{g}_{\sqrt{N}/2,\sqrt{N}/2})=\frac{N}{4(N+\sqrt{N})^2}. \tag{2.3.28}$$

这个事实在下节有用.

要是损失函数为 $L(\theta,\ d)=|\theta-d|$，则因后验分布为 β-分布(2.3.23)，Bayes 估计需查 β-分布表.

例 2.3.3. $X_1,\ \cdots,\ X_n$ 为 iid. 样本，$X_1\sim N(\theta,\ 1)$，损失函数为$(\theta-d)^2$，先验分布为 $\theta\sim N(0,\ k^2)$，要求 θ 的 Bayes 估计.

由于 $\overline{X}$ 为完全充分统计量,可以只考虑基于它的估计量. 记 $Y=\overline{X}$，则$Y\sim N\left(\theta,\ \frac{1}{n}\right)$，故知$(\theta,\ Y)$的联合密度为

$$\frac{\sqrt{n}}{2\pi k}\exp\left[-\frac{\theta^2}{2k^2}-\frac{n(y-\theta)^2}{2}\right].$$

因此给定 $Y=y$ 时，θ 的后验分布为 $N\left(\frac{nk^2y}{1+nk^2},\ \frac{k^2}{1+nk^2}\right)$，从而推知 θ 的 Bayes 估计为

$$\hat{g}_k(x)=\frac{nk^2y}{nk^2+1}=\frac{nk^2\bar{x}}{nk^2+1}. \tag{2.3.29}$$

其风险函数为

$$R(\theta,\ \hat{g}_k)=E_\theta\left[\frac{nk^2\overline{X}}{nk^2+1}-\theta\right]^2=\frac{nk^4+\theta^2}{(nk^2+1)^2}. \tag{2.3.30}$$

注意当 $k\to\infty$ 时，估计量 $\hat{g}_k(x)$ 趋于通常的估计量 $\overline{X}$，而 $R(\theta,\ \hat{g}_k)$ 趋于常数 $\frac{1}{n}$. 由(2.3.30)易算出 $\hat{g}_k$ 的 Bayes 风险为

$$\int_{-\infty}^{\infty}R(\theta,\ \hat{g}_k)\frac{1}{\sqrt{2\pi}\,k}\exp(-\theta^2/2k^2)d\theta=\frac{k^2}{nk^2+1}, \tag{2.3.31}$$

当 $k\to\infty$ 时，它趋于 $\frac{1}{n}$。

(四)广义 Bayes 估计

本段的目的是，借助于一个问题补充某些关于判决函数的概念，但不深入其细节．因为问题的性质过于专门一些．

一个值得注意的现象是：有些甚至很常见的估计，不是在平方损失下任何先验分布的 Bayes 估计．看下面的例子．

例 2.3.4. 设 $X_1,\ \cdots,\ X_n$ 为 iid. 样本，服从方差已知的正态分布．由于 $\overline{X}$ 为完全充分统计量，转化到 $\overline{X}$ 来考虑，就相当于 $n=1$ 的情况．因此，我们设 $X\sim N(\theta,\ 1)$，损失函数为 $L(\theta,\ d)=(\theta-d)^2$．$\theta$ 的先验分布为 ξ．要求 θ 的 Bayes 估计．我们证明：不论先验分布 ξ 如何，X 决不能是 θ 的 Bayes 估计．

设若不然，则对某个先验分布 ξ，θ 的 Bayes 估计(在平方损失 $(\theta-d)^2$ 之下)为 x，则由定理 2.3.2 将得

$$x=\int_{-\infty}^{\infty}\theta e^{-(x-\theta)^2/2}d\xi(\theta)\Big/\int_{-\infty}^{\infty}e^{-(x-\theta)^2/2}d\xi(\theta), \tag{2.3.32}$$

对任何 $x\in R_1$．记

$$h(x)=\int_{-\infty}^{\infty} e^{-(x-\theta)^2/2}d\xi(\theta), \tag{2.3.33}$$

依定理 1.2.1, $h'(x)$可在积分号下求导来计算，得

$$h'(x)=\int_{-\infty}^{\infty}(x-\theta)e^{-(x-\theta)^2/2}d\xi(\theta).$$

依(2.3.32)，得 $h'(x)=0$，故 $h(x)$在 R_1 上为一常数 C. 令 $x\to\infty$，用控制收敛定理，可在(2.3.33)积分号下取极限，这样得到 $C=0$，于是

$$\int_{-\infty}^{\infty} e^{-(x-\theta)^2/2}d\xi(\theta)=0, \quad 对一切\ x\in R_1.$$

但 $e^{-(x-\theta)^2/2}$ 在 R_1 上处处大于 0 而$\int_{-\infty}^{\infty}d\xi(\theta)=1$，这显然是不可能的.

所以，若局限于 Bayes 估计，则那怕像常见的样本均值，也可以不在其列. 这种情况难免给人以不足之感，但我们在例 2.3.3 中已注意到：$\bar{X}$ 可以作为一串 Bayes 估计的极限得到. 这启示我们，必须把能作为 Bayes 估计的极限的那种估计考虑进来. 这种估计就是所谓"广义 Bayes 估计"，显然，每个 Bayes 估计都可以看成是广义 Bayes 估计.

但对于"一串估计量的极限"这个概念，我们还没有给予正式的定义. 上例启示我们，似乎可将这个概念定义为：一串估计量$\{\hat{g}_n(x)\}$称为当 $n\to\infty$ 时收敛于估计量 $\hat{g}(x)$，或者说，$\hat{g}(x)$是$\hat{g}_n(x)$当 $n\to\infty$ 时的极限，若

$$\lim_{n\to\infty}\hat{g}_n(x)=\hat{g}(x), \quad 对任何\ x\in\mathscr{X}.$$

或略为放宽一点，将上式改为对 x 只是 (a.e.P_θ) 成立，对任何 $\theta\in\Theta$. 这个定义虽则大体恰当，但在理论上说失之过强. 下面较弱的定义在一些理论研究中被证明是恰当的. 为简单计，考虑判决空间为欧氏的情况.

定义 2.3.6 (**判决函数序列的正则收敛**). 设 X 的样本空间、分布族分别为$(\mathscr{X}, \mathscr{B}_{\mathscr{X}})$，$(P_\theta, \theta\in\Theta)$，判决空间$(\mathscr{D}, \mathscr{B}_{\mathscr{D}})$为欧氏的. 设 δ, δ_1, δ_2, …为判决函数(可以是随机化的). 若对任何在

$\mathscr{D}$ 上有界连续的函数 u, 及 $\mathscr{X}$ 上的满足条件

$$\int_{\mathscr{X}}|g(x)|dP_\theta(x)<\infty, \text{ 对任何 } \theta\in\Theta$$

的函数 $g(x)$, 必有

$$\begin{aligned}&\lim_{n\to\infty}\int_{\mathscr{X}}\left[\int_{\mathscr{D}}u(t)\delta_n(x,\ dt)\right]g(x)dP_\theta(x)\\&\quad=\int_{\mathscr{X}}\left[\int_{\mathscr{D}}u(t)\delta(x,\ dt)\right]g(x)dP_\theta(x), \text{ 对任何 } \theta\in\Theta.\end{aligned} \tag{2.3.34}$$

则称序列 δ_1, δ_2, …正则收敛于 δ, 记为 $\delta_n\xrightarrow{r}\delta$ 或 $\lim\limits_{n\to\infty}\delta_n\overset{r}{=}\delta$.

在 δ_n, δ 都是非随机化的场合, (2.3.34) 转化为

$$\begin{aligned}&\lim_{n\to\infty}\int_{\mathscr{X}}u(\delta_n(x))g(x)dP_\theta(x)\\&\quad=\int_{\mathscr{X}}u(\delta(x))g(x)dP_\theta(x), \text{ 任何 } \theta\in\Theta.\end{aligned} \tag{2.3.35}$$

由测度论中习知的定理不难推出, 若 δ_n, δ 都是非随机化的, 则由 $\lim\limits_{n\to\infty}\delta_n(x)=\delta(x)$, (a.e.$P_\theta$) 对任何 θ, 或对任何 $\theta\in\Theta$, $\delta_n(x)$ 依概率 P_θ 收敛于 $\delta(x)$, 都可以推出 $\delta_n\xrightarrow{r}\delta$.

定义 2.3.7. 设 δ_n 为关于先验分布 ξ_n 的 Bayes 解, $n=1, 2, \cdots$, 而 $\delta_n\xrightarrow{r}\delta$. 则称 δ 为广义 Bayes 解.

从例 2.3.4 可看出引进广义 Bayes 解的部分理由(注意: 这例说明了广义 Bayes 解不必是 Bayes 解). 但从理论上看, 引进广义 Bayes 解的主要理由与判决函数理论中另一重要概念有关.

定义 2.3.8. (判决函数的完全类和本质完全类). 设在一定的统计判决问题中, $\mathscr{M}$ 为某些判决函数的类. 若对任何不属于 $\mathscr{M}$ 的判决函数 δ, 必存在属于 $\mathscr{M}$ 的判决函数 δ^*, 致

$$R(\theta,\ \delta^*)\leqslant R(\theta,\ \delta),$$

对一切 $\theta\in\Theta$, 且不等号至少对一个 θ 成立, 则称 $\mathscr{M}$ 为一个完全类. 若在定义中去掉“不等号至少在一个点 θ 处成立”的要求, 则 $\mathscr{M}$ 称为本质完全类.

换句话说，如果一个类 $\mathscr{M}$ 是完全的，则只需考虑属于它的判决函数就够了(如果判决函数的优劣纯由其风险函数来比较的话)；若 $\mathscr{M}$ 为本质完全的，则考虑 $\mathscr{M}$ 以外的判决函数决不会带来什么好处．我们已见过本质完全类的例子，那就是充分性原则．它说明：基于一充分统计量的判决函数的全体，构成本质完全类．又定理 2.1.3 可解释为：若只考虑满足条件 $E_\theta(\delta(X))<\infty$ 的判决函数，则当损失函数为凸函数时，一切基于一充分统计量的非随机化判决函数构成本质完全类，而在损失函数为严凸时，则构成一完全类．

引进广义 Bayes 解的理由在于：可以证明：在很宽的条件下，一判决问题的全部广义 Bayes 解组成一个完全类．这是 Wald 在其名著[12]中得出的主要结果．由于本书的性质，此处不打算叙述定理的严格表述及其证明．

另一个与广义 Bayes 估计有关的问题如下：还是从例 2.3.4 谈起．我们已指出：若 $X\sim N(\theta,\ 1)$ 而损失函数为 $(\theta-d)^2$，则在任何先验分布之下，X 不能是 Bayes 解．即不可能对一切的 x，函数

$$K(x,\ d)=\int_{-\infty}^{\infty}(\theta-d)^2e^{-(x-\theta)^2/2}d\xi(\theta) \qquad (2.3.36)$$

对 d 的最小值都在 $d=x$ 处达到．但是，如果我们把“先验分布”的概念作一点推广，即不要求它是概率测度，而只要是 $\mathscr{B}_\Theta$ 上的一个 σ-有限测度就行，那么就可以找到一个这样的测度 ξ，使由(2.3.36)定义的 $K(x,\ d)$ 对 d 的最小值在 $d=x$ 处达到．实际上，令 ξ 为 R_1 上的 L 测度，就满足这个要求．在这个意义上，可以把 x 看成是一个“Bayes 估计”．这样，我们有了 Bayes 估计的两个推广：一个是通过前面定义的正则收敛，另一个是这里的作法．自然地产生了这两个推广是否一致，在什么条件下一致的问题．自 1963 年以来，关于这方面已有了某些工作．

(五) 可测性与 Bayes 解的存在定理

在(二)中，我们对 Bayes 观点下的统计判决问题提法作了数

学上的描述. 在那里遗留下若干与可测性有关的问题没有处理. 例如, 在定义 Bayes 风险(2.3.2)时, 我们把 $R(\theta, \delta)$ 对 ξ 作积分. 这要求 $R(\theta, \delta)$ 作为 θ 的函数为 $\mathscr{B}_\Theta$ 可测. 只有把这些问题弄清楚了, 才算达到了严格的数学标准的要求. 这一段的目的就是讨论这个问题.

首先列举所需要的假定 $(\mathscr{X}, \mathscr{B}_\mathscr{X})$, $(P_\theta, \theta\in\Theta)$, $(\mathscr{D}, \mathscr{B}_\mathscr{D})$, $L(\theta, d)$ 的意义与以前一样.

1. $P_\theta(A)$ 当 $A\in\mathscr{B}_\mathscr{X}$ 固定时, 为 $\mathscr{B}_\Theta$ 可测.

2. $L(\theta, d)$ 为 $\mathscr{B}_\Theta\times\mathscr{B}_\mathscr{D}$ 可测函数.

一般常有 $(P_\theta, \theta\in\Theta)\ll\mu$, μ 为 $\mathscr{B}_\mathscr{X}$ 上的 σ-有限测度. 记 $p(x, \theta)=dP_\theta(x)/d\mu$. 如果 $p(x, \theta)$ 为 $\mathscr{B}_\mathscr{X}\times\mathscr{B}_\Theta$ 可测, 那么条件1必满足(见下). 反过来, 若条件1满足, 则仔细检查 Radom-Nikodym 定理的证明过程不难知道, $p(x, \theta)$ 必可取为 $\mathscr{B}_\mathscr{X}\times\mathscr{B}_\Theta$ 可测.

现在证明: $R(\theta, \delta)$ 为 θ 的 $\mathscr{B}_\Theta$-可测函数. 为此需要以下几点事实:

a. 若 $f(x, \theta)$ 非负且 $\mathscr{B}_\mathscr{X}\times\mathscr{B}_\Theta$ 可测而条件1成立, 则 $\int_\mathscr{X} f(x, \theta)dP_\theta(x)$ 为 θ 的 $\mathscr{B}_\Theta$-可测函数.

事实上, 先考虑形如 $f(x, \theta)=I_C(x, \theta)$ 的 f, 此处 $C\in\mathscr{B}_\mathscr{X}\times\mathscr{B}_\Theta$. 当 C 有 $A\times B$ 的形状, 其中 $A\in\mathscr{B}_\mathscr{X}$, $B\in\mathscr{B}_\Theta$ 时, 所述事实成立. 而一切使 a 成立的 C 显然为一单调类, 故包含了 $\mathscr{B}_\mathscr{X}\times\mathscr{B}_\Theta$. 然后可以用例行的推理, 推到 f 为非负简单可测及一般可测的情形.

b. $L(\theta, \delta(x))$ 为 $\mathscr{B}_\Theta\times\mathscr{B}_\mathscr{X}$ 可测(δ 为非随机化判决函数).

事实上, 由假定2可知, 欲证 b, 只需记

$$\{(\theta, x):(\theta, \delta(x))\in S\}\in\mathscr{B}_\Theta\times\mathscr{B}_\mathscr{X}, \text{ 对任何 } S\in\mathscr{B}_\Theta\times\mathscr{B}_\mathscr{D}.$$

但显然当 $S=S_1\times S_2$ 时对, 此处 $S_1\in\mathscr{B}_\Theta$, $S_2\in\mathscr{B}_\mathscr{D}$. 而一切使上述事实成立的 S 构成一个 σ-域, 故包含了一切 $\mathscr{B}_\Theta\times\mathscr{B}_\mathscr{D}$ 可测集.

c. 若 $f(\theta, t)$ 为非负 $\mathscr{B}_\Theta\times\mathscr{B}_\mathscr{D}$ 可测, 则 $\int_\mathscr{D} f(\theta, t)\delta(x, dt)$ 为 $\mathscr{B}_\Theta\times\mathscr{B}_\mathscr{X}$ 的可测.

事实上，这不过是 a 的另外一个形式. 由 a, b, c, 注意 $R(\theta, \delta)$ 的表达式(1.4.1)和(1.4.4)，即推出 $R(\theta, \delta)$ 为 θ 的 $\mathscr{B}_\Theta$-可测函数. 由 a 显然可以得出前面指出的事实：由 $p(x, \theta)$ 的 $\mathscr{B}_\mathscr{X}\times\mathscr{B}_\Theta$ 可测性推出条件 1 满足. 以上的推理也适用于证明由(2.3.10)所定义的后验风险为 x 的 $\mathscr{B}_\mathscr{X}$-可测函数.

在公式(2.3.5)中，需要证明 $P_\theta(C_\theta)$ 的 $\mathscr{B}_\Theta$-可测性. 当 C 为 $C_1\times C_2$ 的形状，其中 $C_1\in\mathscr{B}_\Theta$, $C_2\in\mathscr{B}_\mathscr{X}$ 时，这显然成立，然后不难推到一般的 $C\in\mathscr{B}_\Theta\times\mathscr{B}_\mathscr{X}$ 的情形.

在作了上述准备工作以后，我们来讨论下面的问题：在什么条件下存在一个判决函数，处处(对 x)达到后验风险的最小值. 关于这个问题有下面的定理.

定理 2.3.4. 设变量 X 的样本空间为 $(\mathscr{X}, \mathscr{B}_\mathscr{X})$，分布族为 $(P_\theta, \theta\in\Theta)$. 假定 $(\Theta, \mathscr{B}_\Theta)=(R_p, \mathscr{B}_p)$，判决空间为 $(\mathscr{D}, \mathscr{B}_\mathscr{D})=(R_q, \mathscr{B}_q)$，损失函数 $L(\theta, d)$ 在 $R_p\times p_q$ 上连续，且对任何固定的 θ 有

$$\lim_{\|d\|\to\infty} L(\theta, d)=\infty,$$

先验分布为 ξ，则存在非随机化判决函数 δ，处处达到后验风险的最小值.

证明依赖于下面的引理.

引理 2.3.3. 设 $\{\delta_k(x)\}$ 为一串由 $(\mathscr{X}, \mathscr{B}_\mathscr{X})$ 到 $(R_q, \mathscr{B}_q)$ 的可测变换，若对任何 $x\in\mathscr{X}$，$\{\delta_k(x)\}$ 为 R_q 中之一有界点列，则存在由 $(\mathscr{X}, \mathscr{B}_\mathscr{X})$ 到 $(R_q, \mathscr{B}_q)$ 的可测变换 $\delta(x)$，使对任何 $x\in\mathscr{X}$ 存在子序列 $\{i_j\}$ (可与 x 有关)，致 $\lim\limits_{j\to\infty}\delta_{i_j}(x)=\delta(x)$.

这是作者在《转移向量的 Minimax 估计》一文(载《数学学报》1964 年第一期)中证明的一个引理. 由于证明涉及一些复杂细节，在此从略了.

现以 $\xi(d\theta|x)$ 记在先验分布 ξ 之下，给定 $X=x$ 时 θ 的后验分布. 定义

$$K(x, d)=\int_{R_p} L(\theta, d)\xi(d\theta|x), \tag{2.3.37}$$

$$K_m(x,\ d)=\int_{\|\theta\|\leqslant m} L(\theta,\ d)\xi(d\theta|x),\ m=1,\ 2,\ \cdots.$$

$K_m(x,\ d)$为d的连续函数．在$\mathscr{D}$中取一个处处稠密的点列$\{d_i\}$，则$\inf\limits_{d\in\mathscr{D}} K_m(x,\ d)=\inf\limits_i K_m(x,\ d_i)$，由此知$\inf\limits_{d\in\mathscr{D}} K_m(x,\ d)$为$\mathscr{B}_{\mathscr{X}}$-可测．故对任意的$\varepsilon>0$，集

$$\widetilde{E}_{i\varepsilon}=\{x: K_m(x,\ d_i)\leqslant \inf_{d\in\mathscr{D}} K_m(x,\ d)+\varepsilon\},\ i=1,\ 2,\ \cdots$$

都属于$\mathscr{B}_{\mathscr{X}}$．令$E_{1\varepsilon}=\widetilde{E}_{1\varepsilon}$，$E_{i\varepsilon}=\widetilde{E}_{i\varepsilon}-\bigcup\limits_{j=1}^{i-1}\widetilde{E}_{j\varepsilon}$，$i=2,\ 3,\ \cdots$，则诸$E_{i\varepsilon}$都属于$\mathscr{B}_{\mathscr{X}}$，两两无公共点且其并为$\mathscr{X}$．令

$$\bar{\delta}_\varepsilon(x)=d_i,\ \text{当}\ x\in E_{i\varepsilon},\ i=1,\ 2\cdots,$$

则$\bar{\delta}_\varepsilon(x)$为$\mathscr{B}_{\mathscr{X}}$-可测．且$K_m(x,\ \bar{\delta}_\varepsilon(x))\leqslant \inf\limits_{d\in\mathscr{D}} K_m(x,\ d)+\varepsilon$对一切$x\in\mathscr{X}$．现在取一串$\varepsilon_n\downarrow 0$．则由对损失函数$L(\theta,\ d)$的假定可知，对任何$x\in\mathscr{X}$，序列$\{\bar{\delta}_{\varepsilon_n}(x)\}$保持有界．因此由引理2.3.3可知，存在一个由$(\mathscr{X},\ \mathscr{B}_{\mathscr{X}})$到$(\mathscr{D},\ \mathscr{B}_{\mathscr{D}})$的可测变换$\delta_m(x)$，使对任何$x\in\mathscr{X}$存在$\{\bar{\delta}_{\varepsilon_n}(x)\}$的一子序列$\bar{\delta}_{\varepsilon_{i_j}}(x)\to\delta_m(x)$．显然，在

$$K_m(x,\ \bar{\delta}_{\varepsilon_{i_j}}(x))\leqslant \inf_{d\in\mathscr{D}} K_m(x,\ d)+\varepsilon_{i_j},$$

令$j\to\infty$，将得$K_m(x,\ \delta_m(x))\leqslant \inf\limits_{d\in\mathscr{D}} K_m(x,\ d)$，即

$$K_m(x,\ \delta_m(x))=\inf_{d\in\mathscr{D}} K_m(x,\ d),\ m=1,\ 2,\ \cdots. \quad (2.3.38)$$

现在证明：对任何$x\in\mathscr{X}$有($K(x,\ d)$见(2.3.37))

$$\lim_{m\to\infty} K_m(x,\ \delta_m(x))=\inf_{d\in\mathscr{D}} K(x,\ d). \quad (2.3.39)$$

为了证明，先注意$K_m(x,\ \delta_m(x))$随m增加而非降，故极限$\lim\limits_{m\to\infty} K_m(x,\ \delta_m(x))$存在，记之为$a$．分两个情况：

1．$K(x,\ d)=\infty$，对一切$d\in\mathscr{D}$．这时，若$a<\infty$，则$\{\delta_m(x)\}$必保持有界．因若不然，则将有子序列$\{\delta_{m_i}(x)\}$存在，致$\|\delta_{m_i}(x)\|\to\infty$．固定$j$，致$\xi(\|\theta\|\leqslant m_j|x)>0$，这时将有(依Fatou引理)

$$\infty>a=\lim_{i\to\infty} K_{m_i}(x,\ \delta_{m_i}(x))$$

$$\geqslant \liminf_{i\to\infty}\int_{\|\theta\|\leqslant m_j} L(\theta,\ \delta_{m_i}(x))\xi(d\theta|x)$$

$$\geqslant \int_{\|\theta\| \leqslant m_j} [\liminf_{i \to \infty} L(\theta, \delta_{m_i}(x))] \xi(d\theta | x)$$
$$= \infty \times \xi(\|\theta\| \leqslant m_j | x) = \infty.$$

因而得出矛盾，这证明了$\{\delta_m(x)\}$的有界性，因而存在子序列$\delta_{m_i}(x) \to d_0$，d_0是$\mathscr{D}$中某点. 这时对任何固定的j，当i充分大时，有

$$\int_{\|\theta\| \leqslant j} L(\theta, \delta_{m_i}(x)) \xi(d\theta | x) \leqslant \int_{\|\theta\| \leqslant m_i} L(\theta, \delta_{m_i}(x)) \xi(d\theta | x)$$
$$= K_{m_i}(x, \delta_{m_i}(x)) \leqslant A < \infty.$$

令$i \to \infty$，由控制收敛定理，有

$$\int_{\|\theta\| < j} L(\theta, d_0) \xi(d\theta | x) \leqslant A.$$

再令$j \to \infty$，知$K(x, d_0) \leqslant A$，与假定不合.

2. 存在$d \in \mathscr{D}$致$K(x, d) < \infty$. 这时$\inf_{d \in \mathscr{D}} K(x, d) = b < \infty$，设$K_m(x, \delta_m(x)) \to a$. 由前面的推理，知$\{\delta_m(x)\}$有界. 和1完全同样的讨论，将得到$d_0 \in \mathscr{D}$致$K(x, d_0) \leqslant a$，故$b \leqslant a$. 但显然$b \geqslant a$，因而$a = b$. 这证明了(2.3.39).

由(2.3.39)特别推知$\inf_{d \in \mathscr{D}} K(x, d)$为$\mathscr{B}_{\mathscr{X}}$可测，故集

$$\{x: \inf_{x \in d} K(x, d) = \infty\} \in \mathscr{B}_{\mathscr{X}},$$

在这个集上，可指定$\delta(x)$等于$\mathscr{D}$中某个d_0. 因此，不失普遍性可假定

$$\inf_{d \in \mathscr{D}} K(x, d) < \infty. \text{ 对一切 } x \in \mathscr{X},$$

固定j. 当$m \geqslant j$时，有

$$\int_{\|\theta\| \leqslant j} L(x, \delta_m(x)) \xi(d\theta | x) \leqslant \int_{\|\theta\| \leqslant m} L(x, \delta_m(x)) \xi(d\theta | x)$$
$$\leqslant \inf_{d \in \mathscr{D}} K(x, d) < \infty. \tag{2.3.40}$$

取j充分大，致$\xi(\|\theta\| \leqslant j | x) > 0$，由对$L(\theta, d)$的假定，即知$\{\delta_m(x)\}$有界. 由引理2.3.3，知存在由$(\mathscr{X}, \mathscr{B}_{\mathscr{X}})$到$(\mathscr{D}, \mathscr{B}_{\mathscr{D}})$的可测变换，即非随机化判决函数$\delta(x)$，使对任何$x \in \mathscr{X}$存在子序列$\{n_i\}$，致$\lim_{i \to \infty} \delta_{n_i}(x) = \delta(x)$. 在(2.3.40)中改$m$为$n_i$，再令$i \to \infty$，得

$$\int_{\|\theta\|\leqslant j} L(x, \delta(x))\xi(d\theta|x) \leqslant \inf_{d\in\mathscr{D}} K(x, d).$$

再令 $j\to\infty$，即得 $K(x, \delta(x)) = \inf_{d\in\mathscr{D}} K(x, d)$，因而 $\delta(x)$ 处处达到后验风险的最小值．定理证毕．

由这个定理显然得到

系 2.3.1．在定理 2.3.4 的条件下，若 Bayes 解 δ_ξ 的 Bayes 风险有限．则任何 Bayes 解 $\delta(x, D)$ 必满足条件 $\delta(x, \widetilde{D}_x)=1$，其中 $\widetilde{D}_x\in\mathscr{D}_{\mathscr{B}}$，且

$$\widetilde{D}_x\subset D_x=\{d': K(x, d') = \inf_{d\in\mathscr{D}} K(x, d)\}.$$

换句话说，在上述条件下，"使后验风险达到最小"也是 Bayes 解的必要条件．

利用这个定理，容易严格证明由定理 2.3.2 所定出的在平方损失下的 Bayes 解(2.3.18)，是 $\mathscr{B}_x$-可测的．这一点作为练习留给读者．

由于常见的损失函数(包括平方损失函数)都满足定理 2.3.4 的要求，这个定理有一定的意义．也不难举例证明：当定理条件不满足时，Bayes 解可以不存在．

(六) 经验 Bayes 方法

前面已经提到，Bayes 方法的基本假定是参数 θ 是随机变量，有一定的概率分布 $dH(\theta)$．即使在这个前提能被认为合理地成立的情况，$dH(\theta)$ 一般也是未知的．在实际应用 Bayes 方法时，不能不对之作一些多少有些人为的假定．这是 Bayes 方法用诸实际问题时的一个根本弱点．然而，若先验分布 $dH(\theta)$ 虽然未知，但在历史上曾经处理过有关 θ 的推断的一些问题．在这些问题中，先验分布 $dH(\theta)$ 保持不变，则历史资料中将包含有这个先验分布 $dH(\theta)$ 的信息．经验 Bayes 方法(Empirical Bayes Procedure)的要旨在于利用这种信息来对先验分布 $dH(\theta)$ 作出估计．随着历史资料的积累，这种估计愈来愈准确，而所得的解也就愈来愈接近在先验分布 $dH(\theta)$ 已知时所算出的 Bayes 解．

为了把这个概念严格地讲清楚，我们考虑一般的模型$\{(\mathscr{X}, \mathscr{B}_{\mathscr{X}}, P_\theta), \theta\in\Theta\}$，先验分布为$dH(\theta)$．设我们在历史上已和这模型多次打过交道，在第$i$个用这模型来描述的实际问题中，得到的样本为$X_i$，而$\theta$的真实值为$\theta_i$，这个$\theta_i$当然是我们所不知道的，且正是第$i$个实际问题中的推断对象．

按 Bayes 方法的观点，(X_i, θ_i)，$i=1, \cdots, n$，不是别的，正是从样本空间$(\mathscr{X}\times\Theta, \mathscr{B}_{\mathscr{X}}\times\mathscr{B}_\Theta)$中按概率分布

$$P^*(A)=\int_\Theta P_\theta(A_\theta)dH(\theta)$$

抽出的 iid. 样本．此处$A\in\mathscr{B}_{\mathscr{X}}\times\mathscr{B}_\Theta$而$A_\theta=\{x:(x, \theta)\in A\}$．然而，在这个"抽样"的过程中，我们只得到了$X_1, \cdots, X_n$，而未得到$\theta_1, \cdots, \theta_n$之值，后者是"自然界"为我们选定而对我们"保守秘密"的．但是，即使只是这些$X_1, \cdots, X_n$．也包含了$dH(\theta)$的信息，因为，根据(二)中所述，在本模型下，$X_1, \cdots, X_n$实在是从"绝对分布"

$$P(A)=\int_\Theta P_\theta(A)dH(\theta),\ A\in\mathscr{B}$$

中抽出的 iid. 样本，而这个分布就依赖于$dH(\theta)$．由此可见，$X_1, \cdots, X_n$中确实包含了$dH(\theta)$的信息．这一点正是经验 Bayes 方法的基础．

现在设这个模型在历史上曾使用过n次(其中先验分布$dH(\theta)$虽未知，但总保持不变)，在这n次中，样本为$X_1, \cdots, X_n$．依据这些历史资料，我们对先验分布$dH(\theta)$有一定的估计，结果不妨记为$dH(\theta|X_1, \cdots, X_n)$．在这个先验分布之下，当这模型在第$n+1$次使用(样本为$X_{n+1}$)时，我们自然就使用基于先验分布$dH(\theta|X_1, \cdots, X_n)$的 Bayes 解$\delta_n(X_1, \cdots, X_n; X_{n+1})$．这记号表示出，所用判决函数$\delta_n$与历史资料$X_1, \cdots, X_n$有关．当在第$n+1$个问题中使用这个判决函数时，其 Bayes 风险将是与$X_1, \cdots, X_n$和δ_n有关，可记为

$$R(\delta_n; X_1, \cdots, X_n)$$
$$=\int_{\mathscr{X}\times\Theta} L(\delta_n(X_1, \cdots, X_n; X), \theta)dP^*(x, \theta).$$

此处 P^* 为 (X, θ) 的联合分布，如前面所定义者.

但是，历史资料 $X_1, \cdots, X_n$ 本身也是随机地取得的，因此在评价 $\delta_n=\delta_n(X_1, \cdots, X_n; X_{n+1})$ 的好坏时，不能看 $R(\delta_n, X_1, \cdots, X_n)$，而要看这个量对 $X_1, \cdots, X_n$ 的平均值. 由于 $X_1, \cdots, X_n$ 独立且各有分布 P(即先验分布 dH 之下 X 的绝对分布，故

$$R^*(\delta_n)=E[R(\delta_n; X_1, \cdots, X_n)]$$
$$=\int_{\mathscr{X}}\cdots\int_{\mathscr{X}} R(\delta_n; X_1, \cdots, X_n)dP(X_1)\cdots dP(X_n).$$

这个量当然不能小于先验分布真正已知时的 Bayes 解 δ_H 的 Bayes 风险 R_H. 但是，前面的讨论使我们有理由期望，下面的目标

$$\lim_{n\to\infty} R^*(\delta_n)=R_H$$

能达到.

定义 2.3.9. 如果一串经验 Bayes 判决函数 $\{\delta_n=\delta_n(X_1, \cdots, X_n; X_{n+1})\}$ 满足条件 $\lim_{n\to\infty} R^*(\delta_n)=R_H$. 则称 $\{\delta_n\}$，或简单地 δ_n. 为渐近最优(a. o.)经验 Bayes 解(对某分布族 $\mathscr{H}$ 内的 H).

注意在定义中并未明确要求 $\delta_n(x_1, \cdots, x_n; x_{n+1})$ 是某个先验分布的 Bayes 解(在前面为了说明方便，曾作了这个假定).

由于这里涉及的问题是估计整个分布，所以，当事先对先验分布 $dH(\theta)$ 真是一无所知时，经验 Bayes 方法的实际价值看来还是有限的. 且不说在一较长历史时期中先验分布保持稳定这一要求不甚现实，而且，如果经验分布完全未知，要构造出 δ_n 使 $R^*(\delta_n)$ 足够快地收敛于 R_H，也不是容易解决的问题. 如果事先假定先验分布属于一定的类型而只有某些参数未知，数学上的处理，经验 Bayes 解的构造，当然要容易些. 但这又引进了一种人为性的假定，而与原来引进经验 Bayes 方法的出发点有所背离. 我们举一个这样的简单例子来说明经验 Bayes 方法.

设 X 的分布为 $N(\theta, 1)$，$-\infty<\theta<\infty$. 损失函数为 $L(\theta, d)$

$=(\theta-d)^2$. 已知 θ 的先验分布为 $N(0, \sigma^2)$，但不知 σ^2 之值. 设 $X_1, \cdots, X_n$ 为历史样本. 由于在先验分布 $N(0, \sigma^2)$ 之下，X 的绝对分布显然是 $N(0, 1+\sigma^2)$，所以由历史样本自然地得到 σ^2 的估计 $\hat{\sigma}_n^2=\frac{1}{n}\sum_{i=1}^n X_i^2-1$. 根据例 2.3.3(取 $n=1$)，在先验分布 $N(0, \hat{\sigma}_n^2)$ 和平方损失之下，θ 的 Bayes 解的风险函数为 $(\hat{\sigma}_n^4+\theta^2)/(\hat{\sigma}_n^2+1)^2$，Bayes 风险为(因为 $\theta\sim N(0, \hat{\sigma}_n^2)$, $E(\theta^2)=\hat{\sigma}_n^2$)

$$(\hat{\sigma}_n^4+\hat{\sigma}_n^2)/(\hat{\sigma}_n^2+1)^2=\hat{\sigma}_n^2/(\hat{\sigma}_n^2+1).$$

这个量小于1，而且当 $n\to\infty$ 时，以概率为 1 地收敛于 $\sigma^2/(1+\sigma^2)$. 由控制收敛定理，有

$$\lim_{n\to\infty} E[\hat{\sigma}_n^2/(\hat{\sigma}_n^2+1)]=\sigma^2/(1+\sigma^2).$$

但右边不是别的，正是在 σ^2 已知，即 θ 的先验分布 $N(0, \sigma^2)$ 已知时，在平方损失下 θ 的 Bayes 解的 Bayes 风险. 于是根据定义 2.3.9，在先验分布 $N(0, \hat{\sigma}_n^2)$ 之下的 Bayes 估计

$$\delta_n(X_1, \cdots, X_n; X_{n+1})=\frac{\hat{\sigma}_n^2}{1+\hat{\sigma}_n^2}X_{n+1}=\frac{\sum_{i=1}^n X_i^2-n}{\sum_{i=1}^n X_i^2}X_{n+1}$$

是在平方损失及先验分布族 $\{N(0, \sigma^2), \sigma^2>0\}$ 之内的 a. o. 经验 Bayes 解.

(七) Minimax 估计

一般统计问题的 Minimax 准则，已在 § 1.4(五) 中介绍过了. 此处对点估计问题形式地写出其定义如下：

定义 2.3.10 (Minimax 估计). 设 $(\mathscr{X}, \mathscr{B}_{\mathscr{X}})$, $(P_\theta, \theta\in\Theta)$ 是变量 X 的样本空间和分布族，$(\mathscr{D}, \mathscr{B}_{\mathscr{D}})$ 为判决空间，$g(\theta)$ 为定义于 Θ 上的待估函数，$L(\theta, d)$ 为损失函数. 如果存在估计量 δ^*，致

$$\sup_{\theta\in\Theta} R(\theta, \delta^*)\leqslant \sup_{\theta\in\Theta} R(\theta, \delta),$$

对任何估计量 δ，则称 δ^* 为 $g(\theta)$ 的一个 Minimax 估计.

这个概念与 Bayes 估计有联系. 实际上，到目前为止，寻求 Minimax 估计的主要方法仍是基于下面两个简单定理.

定理 2.3.5. 设 $\hat{g}_{\xi}(x)$ 为在先验分布 ξ 之下 $g(\theta)$ 的 Bayes 估计. 若 $\hat{g}_{\xi}$ 的风险函数为一常数 C, 则 $\hat{g}_{\xi}$ 为 $g(\theta)$ 的 Minimax 估计.

证. 设若不然, 则存在估计量 g^*, 致

$$\sup_{\theta\in\Theta} R(\theta, g^*) < \sup_{\theta\in\Theta} R(\theta, \hat{g}_{\xi}) = C.$$

因而 $R(\theta, g^*) < C$ 对一切 $\theta\in\Theta$, 故

$$\int_{\Theta} R(\theta, g^*) d\xi(\theta) < C\int_{\Theta} d\xi(\theta) = \int_{\Theta} R(\theta, \hat{g}_{\xi}) d\xi(\theta).$$

这显然与 $\hat{g}_{\xi}$ 为先验分布 ξ 下的 Bayes 估计矛盾.

定理 2.3.6. 设 $\hat{g}_n(x)$ 为在先验分布 ξ_n 之下, $g(\theta)$ 的 Bayes 估计, $n=1, 2, \cdots$, 若 $\hat{g}$ 为一估计量, 致

$$\infty > \sup_{\theta\in\Theta} R(\theta, \hat{g}) \leqslant \limsup_{n\to\infty} R_{\xi_n}(\hat{g}_n) = C \leqslant \infty.$$

则 $\hat{g}$ 为 $g(\theta)$ 的 Minimax 估计.

证. 若 $\hat{g}$ 不为 $g(\theta)$ 的 Minimax 估计, 则存在估计量 g^*, 致

$$\sup_{\theta\in\Theta} R(\theta, g^*) < \sup_{\theta\in\Theta} R(\theta, \hat{g}) = C' \leqslant C, \quad 且\ C' < \infty,$$

因而存在 $\varepsilon > 0$, 致

$$R(\theta, g^*) \leqslant C' - 2\varepsilon, \quad 对任何\ \theta\in\Theta.$$

由于 $\limsup\limits_{n\to\infty} R_{\xi_n}(\hat{g}_n) = C$, 存在充分大的 N, 致

$$R_{\xi_N}(\hat{g}_N) \geqslant C' - \varepsilon,$$

但 $R_{\xi_N}(g^*) = \int_{\Theta} R(\theta, g^*) d\xi_N(\theta) \leqslant C' - 2\varepsilon < C' - \varepsilon \leqslant R_{\xi_N}(\hat{g}_N)$, 这显然与 $\hat{g}_N$ 为在先验分布 ξ_N 下的 Bayes 估计矛盾. 证毕.

例 2.3.5. 设变量 X 服从二项分布 $B(n, \theta)$, 损失函数为 $L(\theta, d) = (\theta - d)^2$, 要估计 $g(\theta) = \theta$. 在例 2.3.2 中我们已求出估计量 (2.3.27), 它的风险函数为常数, 且它是一个 Bayes 估计, 故 (2.3.27) 就是在平方损失下, θ 的 Minimax 估计.

例 2.3.6. 设 $X_1, X_2, \cdots, X_n$ 为 iid. 样本, X_1 服从均值为 θ, 方差为 1 的正态分布, 损失函数为 $L(\theta, d) = (\theta - d)^2$, 要求 $g(\theta) = \theta$ 的 Minimax 估计. 由于 $\overline{X}$ 为完全充分统计量且服从均值为 θ 方差为 $\frac{1}{n}$ 的正态分布, 故转化到 $\overline{X}$ 后, 我们得到下面的问

题：$X \sim N\left(\theta, \frac{1}{n}\right)$，损失函数为 $L(\theta, d)=(\theta-d)^2$，求 θ 的 Minimax 估计。在例 2.3.3 中，我们找到了一串 Bayes 估计 $\hat{g}_k$，$K=1, 2, \cdots$（见(2.3.29)），其 Bayes 风险当 $K \to \infty$ 时趋于 $\frac{1}{n}$，而估计量 X 的风险函数正好等于这个常数. 因此，它就是 θ 的 Minimax 估计.

例 2.3.7. 要使 Minimax 估计的问题有意义，必须对损失函数作适当的选择，一言以蔽之，损失函数至少必须满足条件：存在一个估计 $\hat{g}$，使 $\sup\limits_{\theta \in \Theta} R(\theta, \hat{g})<\infty$. 否则任何估计都是 Minimax 估计，而使 Minimax 原则在该问题中变得没有意义.

例如，设 $X_1, \cdots, X_n$ 为 iid. 样本，$X_1 \sim N(a, \sigma^2)$，$\theta=(a, \sigma^2)$，损失函数为 $(d-a)^2$. 这时求 $g(\theta)=a$ 的 Minimax 估计的问题就没有意义. 因为（以后将严格证明），对充分大的 σ，任何估计的风险都能任意大. 但是，如果把损失函数取为

$$L(\theta, d)=(d-a)^2/\sigma^2, \tag{2.3.41}$$

则可证明：$\bar{X}$ 为 a 的 Minimax 估计.

事实上，取先验分布 ξ_k 如下：让 ξ_k 的测度全集中在直线 $\sigma=1$ 上，且在这条直线上 a 的分布为 $N(0, K^2)$. 这时在得出样本 $x_1, \cdots, x_n$ 后，θ 的后验分布仍集中在直线 $\sigma=1$ 上，且 a 的后验密度为

$$C(x, K)\exp\left[-\frac{1}{2}\sum_{i=1}^{n}(x_i-a)^2-\frac{a^2}{2K^2}\right].$$

此处 $C(x, K)>0$ 与 a, σ 无关. 这分布的均值为

$$\hat{g}_k(X)=\frac{nK^2}{nK^2+1}\bar{X}.$$

因此按定理 2.3.2，即为 $g(\theta)=a$ 在上述先验分布下的 Bayes 估计. 其风险函数为

$$\begin{aligned}R(\theta, \hat{g}_k)&=E_\theta\left[\frac{nK^2}{nK^2+1}\bar{X}-a\right]^2\Big/\sigma^2\\&=\frac{1}{n}\left(\frac{nK^2}{nK^2+1}\right)^2+\frac{a^2}{(nK^2+1)^2\sigma^2}.\end{aligned}$$

于是得到其在上述先验分布 ξ_k 的 Bayes 风险为

$$R_{\xi_k}(\hat{g}_k)=\frac{1}{n}\left(\frac{nK^2}{nK^2+1}\right)^2+\frac{K^2}{(nK^2+1)^2}.$$

当 $K\to\infty$ 时趋于 $\frac{1}{n}$，而这正是估计量 $\overline{X}$ 的风险函数．根据定理 2.3.6，证明了 $\overline{X}$ 为损失函数(2.3.41)之下的 Minimax 估计．

这个方法还可用于更复杂的例子．例如，证明了：若 $X_1, \cdots, X_n$ 为 iid. 样本，$X_1\sim N(a, \sigma^2)$，则在损失函数($A>0$, $B>0$ 为常数)

$$L(a, \sigma, d_1, d_2)=A\frac{(d_1-a)^2}{\sigma^2}+B\frac{(d_2-\sigma)^2}{\sigma^2}$$

之下，(a, σ) 的 Minimax 估计为

$$\left(\overline{X}, \frac{\sqrt{2}\,\Gamma\left(\frac{n}{2}\right)}{\Gamma\left(\frac{n-1}{2}\right)}\frac{1}{n-1}\left(\sum_{i=1}^{n}(X_i-\overline{X})^2\right)^{1/2}\right).$$

然而，这个方法在一定程度上只是一种验证某个估计为 Minimax 估计的方法．往往需要先"猜"出一个可能的 Minimax 估计，然后再设法去找定理中提到的那一串先验分布，在较复杂的问题中，定理 2.3.6 中的条件的验证往往有相当大的困难．为了使读者对使用上述方法的困难所在有更清楚的了解，我们考虑一个较为复杂的例子．

例 2.3.8．设观察值 $X_1, \cdots, X_n$ 独立，X_i 可表为

$$X_i=a+bt_i+e_i,\ i=1, \cdots, n. \tag{2.3.42}$$

这里 $t_1, \cdots, t_n$ 为已知数，其中至少有三个不同的，a, b 为未知参数，$e_1, \cdots, e_n$ 为误差，它们独立同分布，有均值 0，对 L 测度有已知的密度函数 $f(x)$[1]，$f(x)$ 满足条件

1．$f(-x)=f(x)$,

2．$f(x)=0$ 当 $|x|\geqslant A$，对某个 $A\in(0, \infty)$,

---

1) 由下面的讨论不难看出，只须假定 e_1 有密度函数 $\frac{1}{\sigma}f\left(\frac{x}{\sigma}\right)$，其中 f 已知，且满足此处的三条件，$\sigma>0$ 未知，本例结果仍保持成立．

3. 当 $x \geqslant 0$ 时，$f(x)$ 单调非增，
损失函数为

$$L(a, b; a', b') = (a-a')^2 + (b-b')^2,$$

要求 (a, b) 的 Minimax 估计. (2.3.42)就是通常的线性回归模型.

我们来证明: 若令

$$u(x) = \frac{\iint_{-\infty}^{\infty} a \prod_{i=1}^{n} f(x_i - a - bt_i) \, da \, db}{\iint_{-\infty}^{\infty} \prod_{i=1}^{n} f(x_i - a - bt_i) \, da \, db},$$

$$v(x) = \frac{\iint_{-\infty}^{\infty} b \prod_{i=1}^{n} f(x_i - a - bt_i) \, da \, db}{\iint_{-\infty}^{\infty} \prod_{i=1}^{n} f(x_i - a - bt_i) \, da \, db}, \tag{2.3.43}$$

则 $(u(X), v(X))$ 为 (a, b) 的 Minimax 估计.

首先需要明确: (2.3.43)中的各积分都是有意义的. 由 f 的有界性, 只需证明: (2.3.43)中各积分的被积函数, 在一面积为有限的区域之外为 0. 为此定义集合

$$E_x = \{(a, b) : |x_i - a - bt_i| \leqslant A, \ i = 1, \cdots, n\}.$$

我们证明: E_x 的直径 d_x 对 x 一致有界. 不失普遍性可设 $t_1 + \cdots + t_n = 0$(请读者验证), 这时由于诸 t_i 不全相同, 在其中既有正的也有负的. 为确定计, 设 $t_1 < 0$, $t_2 > 0$. 现在设 (a_0, b_0) 和 (a, b) 都属于 E_x, 且 $b \geqslant b_0$, 则 $bt_2 \geqslant b_0 t_2$, 因而

$$a + bt_2 \geqslant a - a_0 + (a_0 + b_0 t_2) \geqslant a - a_0 + x_2 - A.$$

但 $|x_2 - (a + bt_2)| \leqslant A$, 故 $a - a_0 \leqslant 2A$. 同法得到 $a - a_0 \geqslant -2A$, 故 $|a - a_0| \leqslant 2A$. 再由(以下并不设 $b \geqslant b_0$)

$$\begin{aligned} a + bt_2 &= a - a_0 + (a_0 + b_0 t_2) + (b - b_0) t_2 \\ &\leqslant 2A + A + x_2 + (b - b_0) t_2. \end{aligned}$$

再由 $(a + bt_2) - x_2 \geqslant -A$ 知 $(b - b_0) t_2 \geqslant -4A$, 即 $b_0 - b \leqslant 4A/t_2$. 同

法可证 $b_0-b\geqslant 4A/t_1$. 这证明了以上关于 E_x 的直径对 x 一致有界的论断.

定义集合 $D_h=\{(a, b):|a|\leqslant h, |b|\leqslant h\}$. 而取先验分布 ξ_h 为 D_h 上的均匀分布. 则在得到样本 $x=(x_1, \cdots, x_n)$ 时, (a, b) 的后验密度是

$$p_x(a, b)=\begin{cases} C(x)\prod_{i=1}^{n}f(x_i-a-bt_i), & \text{当 } (a, b)\in E_x\cap D_h, \\ 0, & \text{其它的 } (a, b). \end{cases}$$

这里 $C(x)$ 为一与 a, b 无关之数. 因此, 由定理 2.3.2, 知 Bayes 估计为

$$u_h(x)=\iint\limits_{E_x\cap D_h} a\prod_{i=1}^{n}f(x_i-a-bt_i)\,da\,db\Big/ \iint\limits_{E_x\cap D_h}\prod_{i=1}^{n}f(x_i-a-bt_i)\,da\,db,$$

$$v_h(x)=\iint\limits_{E_x\cap D_h} b\prod_{i=1}^{n}f(x_i-a-bt_i)\,da\,db\Big/ \iint\limits_{E_x\cap D_h}\prod_{i=1}^{n}f(x_i-a-bt_i)\,da\,db.$$

这估计的 Bayes 风险为

$$r(h)=\frac{1}{4h^2}\iint\limits_{D_h}da\,db\Big[\int\cdots\int\limits_{K(a,b)}\{(u_h(x)-a)^2 + (v_h(x)-b)^2\}\Big\{\prod_{i=1}^{n}f(x_i-a-bt_i)\Big\}dx_1\cdots dx_n\Big].$$

这里

$$K(a, b)=\{(x_1, \cdots, x_n):|x_i-a-bt_i| \leqslant A, i=1, \cdots, n\}.$$

因为对一切 x, E_x 的直径 d_x 不超过一个公共的数 r, 知当 $(a, b)\in D_{h-r}$ 而 $|x_i-a-bt_i|\leqslant A$, $i=1, \cdots, n$ 时, 必有 $E_x\subset D_h$. 对这样的 x, 有 $u_h(x)=u(x)$, $v_h(x)=v(x)$. 所以

$$r(h)\geqslant\frac{1}{4h^2}\iint\limits_{D_{h-r}}da\,db\Big[\int\cdots\int\limits_{K(a,b)}\{(u(x)-a)^2+(v(x)-b)^2\} \times\prod_{i=1}^{n}f(x_i-a-bt_i)\,dx_1\cdots dx_n\Big].$$

容易验证，上式右边方括号内的量，即$(u(x), v(x))$的风险，等于一与a, b无关的有限常数I. 故由$r(h)\geqslant\frac{1}{4h^2}I4(h-r)^2\to I$当$h\to\infty$，由定理2.3.6即知$(u(x), v(x))$为$(a, b)$的Minimax估计(本例是作者的一项工作，载《数学进展》7卷4期449页，其中没有假定2，且考虑了多元回归及一般损失函数的情况).

求Minimax估计的问题与下节要讨论的不变原理也有关系.

在结束这一节以前我们提到Hodges和Lehmann所指出的一个有趣的例子，在其中Minimax估计是随机化的. 他们的例子是：$X\sim B(n, \theta)$，损失函数为$|\theta-d|^r$, $0<r<1$，要求$g(\theta)=\theta$的Minimax估计. 至今并不知道这Minimax估计的具体形式，但Hodges和Lehmann证明了它决不可能是非随机化估计(参看例1.4.8，但该例看作检验问题更自然).

§2.4. 不变估计与可容许估计

(一) 不变判决函数

从前面几节的讨论我们知道. 因为一般说来一致最优的判决函数不存在. 为了使一个统计判决问题有确定的意义，我们有两个办法可以采取：一是缩小所考虑的判决函数的范围；一是提出某种较宽的最优性准则. 无偏估计属于前者，Bayes和Minimax估计属于后者. 本节要介绍的不变估计，则属于前者.

我们先从一个简单例子谈起. 设我们要估计的是一件东西的长度a. 将其独立测量n次，得$X_1, \cdots, X_n$. 这可以看成是从正态总体$N(a, \sigma^2)$中抽得的iid. 样本. 假定我们使用估计量$\hat{g}(X_1, \cdots, X_n)$去估计$a$.

现在设想改变量度的单位(例如，原以尺为单位，现以寸). 这相当于把每个数据都乘上一个既定的常数$c>0$. 这样，根据估计量$\hat{g}$，在新单位下应以$\hat{g}(cx_1, \cdots, cx_n)$去估计长度(它在新单位下有值$ca$). 折合到原来的单位，就等于用$\hat{g}(cx_1, cx_n)/c$去估计$a$.

但是，我们也可以不作这种单位的改变，一上来就用 $\hat{g}(x_1, \cdots, x_n)$ 去估计 a. 直观上我们觉得，应当有

$$\hat{g}(cx_1, \cdots, cx_n)/c=\hat{g}(x_1, \cdots, x_n), \quad (c>0). \tag{2.4.1}$$

因为不然的话，则 a 的估计值将与所用的单位有关，而这看来是不合理的. 如果我们把

$$x_i'=x_i/c, \quad i=1, \cdots, n, \quad c>0 \tag{2.4.2}$$

看成样本空间 $\mathscr{X}$ 到自身的一个一一变换，则对一切 $c>0$，所有这些变换构成一个群 G. 而满足条件(2.4.1)的估计量 $\hat{g}$ 则称为在群 G 下的不变估计量，要求估计量满足条件(2.4.1)就等于只考虑具有(在群 G 下的)不变性的估计量，这样就缩小了所考虑的估计量的范围.

根据完全类似的考虑，我们也很有理由要求估计量 $\hat{g}$ 满足条件

$$\hat{g}(x_1+c, \cdots, x_n+c)=\hat{g}(x_1, \cdots, x_n)+c, \quad -\infty<c<\infty. \tag{2.4.3}$$

因为这表示估计结果不应与测量原点有关. 显然，满足条件(2.4.3)的估计量可说成是在变换群

$$x_i'=x_i-c, \quad i=1, \cdots, n, \quad -\infty<c<\infty$$

之下的不变估计量.

容易设想，这个作法可推广到更一般的统计判决问题和更一般的变换群. 但是，应当注意，尽管上述例子在直观上看来十分简单明了，实际上它在数学上隐含了一些假定. 只有把这些假定分析清楚了，才能找到推广到一般情况的正确途径.

首先，对分布族有一定的要求. 设想我们要估计 $R\left(\theta-\frac{1}{2}, \theta+\frac{1}{2}\right)$ 中的 θ，$X_1, \cdots, X_n$ 为其 iid. 样本. 因为 θ 是分布的均值，所以，表面上看，以上的分析完全适用，从而可要求估计量 $\hat{g}$ 满足(2.4.1). 但是，当将样本 x_i 都乘以 $c>0$ 得出 $x_i'=cx_i$，$i=1, \cdots, n$ 后，除非 $c=1$，$X_1', \cdots, X_n'$ 已不服从形如 $R\left(\theta-\frac{1}{2}, \theta+\frac{1}{2}\right)$ 的分

布，不管 θ 是什么．这样一来，经过变换 $x_i'=cx_i$. 分布族起了变化，即在统计上说已不是原来的问题．这时要求估计量满足(2.4.1)就显得没有根据了．因为，原来的估计量 $\hat{g}$ 根本管不了这样的样本．按原来的分布族，样本必满足条件

$$\max_i\{x_i\}-\min_i\{x_i\}\leqslant 1. \tag{2.4.4}$$

如果 $x_i'=cx_i$ 而 c 很大，样本 x_i' 将不适合(2.4.4)．对这种样本，原来的估计量 $\hat{g}$ 的值可能根本无法计算．如果分布族为正态的，就没有这个问题．这个要求总结起来就是说：经过变换后，新样本的分布必须仍属于原分布族．

其次，损失函数必需满足一定的条件．设在上例中以 $\frac{(a-d)^2}{1+(a-d)^2}$ 作为损失函数．这时，如把测量单位选得很大，真值 a 及其估计值 d 都将很小，因而损失也将很小．在这种情况下，原先一个不好的估计，经过放大单位，可以变得很好．在这种情况下，要求估计量 $\hat{g}$ 满足(2.4.1)就显得没有意义．因为经过变换(2.4.2)后，损失函数已起了变化．原来的估计量(它是在原损失函数下制定的)在这新损失函数下不一定还有优越性，这样，就样本 $cx_1, \cdots, cx_n$ 而言，可能根本不应当使用 $\hat{g}(cx_1, \cdots, cx_n)$ 去估计 ca．如果将损失函数取为 $L(\theta, d)=(a-d)^2/\sigma^2(\theta=(a, \sigma^2), a, \sigma^2$ 分别为 X_1 的均值和方差)，就没有上述问题．因此，必须要求问题中的损失函数满足一定的不变性．

最后，对判决空间 $\mathscr{D}$ 必须提出一定的要求．在上例中，如对样本作变换 $x_i=cx_i'$，则不变性的规定要求对估计作相应的调整(即原来用估计 d 的话，现在用 d/c)．判决空间 $\mathscr{D}$ 必须容许这一点．例如在上述问题中，若取 $\mathscr{D}$ 为一有限区间，则这一要求不能实现，而不变性要求(2.4.1)也就没有意义了．

根据对这个例子的分析，可以提出下述一般的模式．

设变量 X 的样本空间为 $(\mathscr{X}, \mathscr{B}_{\mathscr{X}})$，$G$ 为一个变换群，每个变换 $g\in G$ 都是由 $\mathscr{X}$ 到 $\mathscr{X}$ 上的一一对应的变换．我们假定，每个 $g\in G$ 都是可测变换，即对任何 $A\in\mathscr{B}_{\mathscr{X}}$，有 $\{x: gx\in A\}=g^{-1}A\in\mathscr{B}_{\mathscr{X}}$.

设 X 的分布族为$(P_\theta,\ \theta\in\Theta)$，当 X 的分布为 P_θ 时，gX 的分布由公式

$$P_\theta(gX\in A)=P_\theta(X\in g^{-1}A), \quad 对任何\ A\in\mathscr{B}_{\mathscr{X}}.$$

我们假定，这个分布仍属于分布族$(P_\theta,\ \theta\in\Theta)$，这就是说，对任何 $\theta\in\Theta$ 存在 $\tilde\theta\in\Theta$，致

$$P_{\tilde\theta}(A)=P_\theta(g^{-1}A), \quad 对任何\ A\in\mathscr{B}_{\mathscr{X}}.$$

我们把这个 $\tilde\theta$ 记为 $\bar g\theta$。这样，对于每一个 $g\in G$，导出一个由 Θ 到 Θ 的变换 $\bar g$。一切这样的 $\bar g$（由一切 $g\in G$ 导出的）的集记为 $\bar G$。

我们来证明：如果 Θ 中任意两个不同的 θ 对应不同的分布，即 $P_{\theta_1}\neq P_{\theta_2}$ 当 $\theta_1\neq\theta_2$，则 $\bar G$ 构成一个群。

首先，任取 $\bar g_1\in\bar G$，$\bar g_2\in\bar G$，它们分别是由 g_1 和 g_2 所导出。记 $g=g_1g_2$，g 的导出变换记为 $\bar g$，则有

$$\begin{aligned}P_{\bar g\theta}(A)&=P_\theta(g^{-1}A)=P_\theta(g_2^{-1}g_1^{-1}A)\\&=P_{\bar g_2\theta}(g_1^{-1}A)P_{\bar g_1\bar g_2\theta}(A).\end{aligned}$$

这说明 $\overline{g_1g_2}=\bar g_1\bar g_2$。特别，取 $g_2=g_1^{-1}$，知

$$\overline{g_1}^{-1}=\overline{g_1^{-1}},$$

即对任何 $\bar g\in G$，逆变换 $\bar g^{-1}$ 存在且仍属于 $\bar G$，这附带证明了每个 $\bar g\in G$ 都是由 Θ 到 Θ 上的一一对应的变换。其次，由于结合律的成立及单位元的存在是明显的，证明了 $\bar G$ 是一个群。

应当注意，由 $g_1\neq g_2$ 一般不能推出 $\bar g_1\neq\bar g_2$。例如，设$(\mathscr{X},\ \mathscr{B}_{\mathscr{X}})=(R_n,\ \mathscr{B}_n)$，$X$ 的分布族为

$$\left\{f_\theta(x_1,\ \cdots,\ x_n)dx_1\cdots dx_n=(\sqrt{2\pi}\,\theta)^{-n/2}\exp\left(-\frac{1}{2\theta^2}\sum_{i=1}^n x_i^2\right)dx_1\cdots dx_n,\ \theta>0\right\}$$

而 G 为 R_n 中一切正交变换所组成的群。这时，对任何 $g\in G$ 及 $\theta>0$，gX 之分布与 X 完全一样。这说明 $\bar g\theta=\theta$ 对任何 $\bar g\in\bar G$，而 $\bar G$ 只包含一个恒等变换。

对损失函数 $L(\theta,\ d)$，我们要求它具有以下的性质：对每个 $g\in G$，以 $\bar g$ 记其在 Θ 上导出的变换，即 $\bar g\in\bar G$，则存在由 $\mathscr{D}$ 到 $\mathscr{D}$ 上的一一对应的可测变换 g^*（即 $D\in\mathscr{B}_{\mathscr{D}}\Rightarrow g^{*-1}D\in\mathscr{B}_{\mathscr{D}}$），致

$$L(\bar{g}\theta,\ g^*d)=L(\theta,\ d),\ \text{对任何}\ \theta\in\Theta\ \text{及}\ d\in\mathscr{D}.$$

我们要求：一切这样的 g^* 的全体 G^*，构成一个群．所有以上的全部要求的直观背景，可以从前面所举的简单例子看出来．

定义 2.4.1．若一统计判决问题在某个将 $\mathscr{X}$ 变到自身的一一变换群 G 之下适合上述一切条件，则称这个统计判决问题在变换群 G 之下不变．这时，如果一个判决函数 $\delta(x)$ 满足条件

$$\delta(gx)=g^*\delta(x),\ \text{对任何}\ x\in\mathscr{X},\ g\in G,\tag{2.4.5}$$

则称 δ 为一个不变判决函数．这里 g^* 是由上面所叙述的方式，根据 $g\in G$ 所决定的将 $\mathscr{D}$ 变到自身的一一变换．在 δ 为随机化的情况，(2.4.5) 相应地改为

$$\delta(gx\ g^*D)=\delta(x,\ D),\ \text{对任何}\ x\in\mathscr{X},\ D\in\mathscr{B}_{\mathscr{D}}.$$

不变性要求也可以这样去理解：把样本空间 $\mathscr{X}$ 中的点 x 看成某种坐标系下的坐标．变换 gx 理解为一种坐标变换．则 (2.4.5) 可解释为：判决法则 δ 不依赖于坐标系的选择．

我们举几个重要例子．

例 2.4.1．设 $F(y_1,\ \cdots,\ y_k)$ 为一已知的 k 维分布函数．设变量 $X=(X_1,\ \cdots,\ X_n)$，这里 $X_1,\ \cdots,\ X_n$ 独立同分布，X_i 都是 k 维的，其分布函数为 $F(y_1-\theta_1,\ \cdots,\ y_k-\theta_k)$，$\theta=(\theta_1,\ \cdots,\ \theta_k)$，$-\infty<\theta_i<\infty,\ i=1,\ \cdots,\ k$．这时样本空间为 $\mathscr{X}=\{x:(x_1,\ \cdots,\ x_n):x_i\in R_k\ i=1,\ \cdots,\ n\}$，即可理解为 R_{kn}，$\Theta=R_k$，又令 $(\mathscr{D},\ \mathscr{B}_{\mathscr{D}})=(R_k,\ \mathscr{B}_k)$，而损失函数有 $L(\theta,\ d)=W(\theta-d)$ 的形式．

不难验证，在变换群 $G=\{g_a:a\in R_k\}$ 之下，这统计判决问题不变．这里

$$g_ax=g_a(x_1,\ \cdots,\ x_n)=(x_1+a,\ \cdots,\ x_n+a).\tag{2.4.6}$$

相应于 g_a 的，Θ 上的一一变换为 $\bar{g}_a$，

$$\bar{g}_a\theta=\theta+a.$$

而相应的 $\mathscr{D}$ 上的一一变换为 g_a^*，

$$g_a^*d=d+a.$$

这分布族 $\{F(y-\theta),\ \theta\in R_k\}$ 中的参数 θ 称为转移参数或位置参数，在上述变换群下不变判决函数 δ 满足条件

$$\delta(x_1+a,\ \cdots,\ x_n+a)=\delta(x_1,\ \cdots,\ x_n)+a.$$

它称为转移性判决函数. 最常见的一个例子是 $k=1$, $X_1\sim N(\theta,1)$. $L(\theta,\ d)=(\theta-d)^2$. 常见的 $\overline{X}$ 就是一个转移性估计量.

例 2.4.2. 为简便计, 考虑一维的情况. 设 $F(y)$ 为一已知的分布函数. 变量 $X=(X_1,\ \cdots,\ X_n)$, 这里 $X_1,\ \cdots,\ X_n$ 独立同分布, X_1 的分布函数为 $F\left(\frac{y-\theta_1}{\theta_2}\right)$, $\theta=(\theta_1,\ \theta_2)$, $-\infty<\theta_1<\infty$, $0<\theta_2<\infty$, Θ 为 R_2 中的上半平面. 设 $\mathscr{D}=\Theta$.

考虑变换群 $G=\{g_{ab}:-\infty<a<\infty,\ 0<b<\infty\}$:

$$g_{ab}x=g_{ab}(x_1,\ \cdots,\ x_n)=(bx_1+a,\ \cdots,\ bx_n+a). \tag{2.4.7}$$

不难看出, 这个变换相应于 Θ 中的变换

$$\bar{g}_{ab}\theta=\bar{g}_{ab}(\theta_1,\ \theta_2)=(b\theta_1+a,\ b\theta_2). \tag{2.4.8}$$

假定损失函数 $L(\theta,\ d)=L(\theta_1,\ \theta_2;d_1,\ d_2)$ 满足条件

$$L(\theta_1,\ \theta_2;d_1,\ d_2)=W\left(\frac{\theta_1-d_1}{\theta_2},\ \frac{d_2}{\theta_2}\right).$$

而令 $$g_{ab}^*d=g_{ab}^*(d_1,\ d_2)=(bd_1+a,\ bd_2),$$

则易见上述统计问题在变换群(2.4.7)下不变而在上述变换群下, 不变判决函数 $\delta(x)=(\delta_1(x),\ \delta_2(x))$ 为一切满足条件

$$\delta_1(bx_1+a,\ \cdots,\ bx_n+a)=b\delta_1(x_1,\ \cdots,\ x_n)+a,$$
$$-\infty<a<\infty,\ 0<b<\infty.$$
$$\delta_2(bx_1+a,\ \cdots,\ bx_n+a)=b\delta_2(x_1,\ \cdots,\ x_n)$$

的判决函数.

在分布族 $\left\{F\left(\frac{y-\theta_1}{\theta_2}\right),\ -\infty<\theta_1<\infty,\ 0<\theta_2<\infty\right\}$ 中, θ_1 和 θ_2 分别称为转移(位置)参数和刻度参数. 最常见的例子就是 $N(\theta_1,\ \theta_2^2)$ 中的 $(\theta_1,\ \theta_2)$. 当然, 也可以考虑只有刻度参数的分布族 $\left\{F\left(\frac{y}{\sigma}\right),\ 0<\sigma<\infty\right\}$. 它相应于变换群(2.4.2). 分布族 $\{R(0,\sigma):0<\sigma<\infty\}$ 就是这样一个例子.

例 2.4.3 在例 2.4.2 中, 也可以考虑变换群 $G=\{g_a:-\infty<a<\infty\}$, 其中

$$g_a x = g_a(x_1, \cdots, x_n) = (x_1 + a, \cdots, x_n + a). \quad (2.4.9)$$

这时相应的 $\bar{g}_a$ 为

$$\bar{g}_a(\theta_1, \theta_2) = (\theta_1 + a, \theta_2). \quad (2.4.10)$$

即保持刻度参数不变．这一般是在只涉及转移参数 θ_1 的问题中．例如，要在 $N(a, \sigma^2)$ 中估计 a．损失函数[1] $L(\theta, d) = L(\theta_1, \theta_2, d)$ 只要满足

$$L(\theta_1, \theta_2; d) = W(\theta_1 - d, \theta_2)$$

即可．相应的 g_a^* 为

$$g_a^*(d) = d + a.$$

施加不变性的要求后，所考虑的判决函数的范围缩小了．这反映在风险函数上，有如下的结果．

定理 2.4.1．在上述记号下，任一不变判决函数的风险函数 $R(\theta, \delta)$ 满足条件：

$$\theta_2 = \bar{g}\theta_1 \Rightarrow R(\theta_2, \delta) = R(\theta_1, \delta).$$

证．有 $R(\theta_2, \delta) = \int_x L(\theta_2, \delta(x)) dP_{\theta_2}(x)$．作变换 $x = gy$，则因 $L(\theta_2, \delta(x)) = L(\bar{g}\theta_1, \delta(gy)) = L(\bar{g}\theta_1, g^*\delta(y)) = L(\theta_1, \delta(y))$，又注意在 $\theta = \theta_2$ 时 gX 的分布，等于 $\theta = \theta_1$ 时 X 的分布（依 $\bar{g}$ 的定义），故由引理 1.3.2 得

$$R(\theta_2, \delta) = \int_x L(\theta_1, \delta(y)) dP_{\theta_2}(gy)$$

$$= \int_x L(\theta_1, \delta(y)) dP_{\theta_1}(y) = R(\theta_1, \delta), \text{证完}.$$

由于 $\bar{G} = \{\bar{g}\}$ 为一个群，Θ 中一切点可进行分类：凡是存在一个 $\bar{g} \in \bar{G}$，致 $\theta_2 = \bar{g}\theta_1$ 的两点 θ_1，θ_2 就分在同一类，否则就不在同一类，由群的性质易知：这种分法把 Θ 的一切点分为一些两两无公共点的类．两个点 θ_1，θ_2 是否在同一类，全取决于是否存在 $\bar{g} \in \bar{G}$，致 $\theta_2 = \bar{g}\theta_1$．每一个这样的类称为一条"轨道"(orbit)．因此定理 2.4.1 可简述为：不变判决函数的风险函数在每条轨道上保持不变，当然，在不同轨道上它一般可取不同的值．在有些情况

[1] 此处的损失函数是针对估计 θ_1 的问题而设．

下，特别是重要的例 2.4.1 和 2.4.2，整个 Θ 只有一条轨道，这时任何不变判决函数的风险函数为一常数，而最优的不变判决就是使这常数达到最小的不变判决函数. 例 2.4.3 是 Θ 不由一条轨道组成的例子. 在该例中，每条与 θ_2 轴平行的直线 $\{(\theta_1, \theta_2): -\infty<\theta_1<\infty, \theta_2=b\}$ 组成一条轨道.

根据定理 2.4.1，可以说，在使用不变判决时 Θ 中同一条轨道上的点根本无法区别. 从这一点看，也可以把使用不变判决看成是对参数空间 Θ(即分布族 $(P_\theta, \theta\in\Theta)$ 的一种压缩. 由此可见，这种作法的合理性只能从具体问题的直观背景去分析.

(二) 最优不变判决函数的例子

上段提出了不变性的一般概念，并举了几个例子来说明. 本段将考虑几个简单例子，其中最优不变估计不难找到. 这方面比较深入的结果(主要和 Minimax 不变估计有关)都嫌过于专门，不宜在这里仔细讨论.

为了讨论的方便我们引进如下的概念. 因为 G 是 $\mathscr{X}$ 到自身的一个变换群，$\mathscr{X}$ 中的点可以按前面对 Θ 所作的方式分成一些轨道. 使两点 x_1, x_2 属于同一条轨道上的充要条件是存在 $g\in G$，致 $gx_1=x_2$.

定义 2.4.2. 若统计量 $t(x)$ 在每条轨道上保持常数(在不同轨道上当然可取不同之值)，则 t 称为(群 G 下的)一个不变量. 若 t 为一不变量且在不同轨道上取不同之值，则称 t 为一极大不变量. 显然，任一不变量必为极大不变量的函数.

例 2.4.4 考虑例 2.4.3 的情况，其中 $X_1\sim N(a, \sigma^2)$，想找 a 的最优不变估计. 损失函数取为

$$L(a, \sigma, d)=\lambda(\sigma)(a-d)^2, \quad 0<\lambda(\sigma)<\infty.$$

现设 $\delta(x)$ 为任一不变估计，因为 $\bar{x}$ 显然是一个不变估计，$\delta(x)-\bar{x}$ 为一不变量. 不难看出，在变换群(2.4.9)之下，极大不变量为 $(x_2-x_1, \cdots, x_n-x_1)$. 所以，$\delta(x)$ 必有

$$\delta(x)=\bar{x}+h(x_2-x_1, \cdots, x_n-x_1) \tag{2.4.11}$$

的形式. 固定 $\sigma=\sigma_0$, 在分布族 $\{N(a, \sigma_0^2), -\infty<a<\infty\}$ 中, $\overline{X}$ 为完全充分统计量. 而因参数空间(在 $\sigma=\sigma_0$ 固定时)只有一条轨道, $(X_2-X_1, \cdots, X_n-X_1)$ 的分布与 a 无关. 这样, 根据定理 1.6.3, $(X_2-X_1, \cdots, X_n-X_1)$ 与 $\overline{X}$ 独立. 由于 σ_0 的任意性, 知对任何 (a, σ^2), $\overline{X}$ 与 $(X_2-X_1, \cdots, X_n-X_1)$ 独立. 因此, (2.4.11) 右边两项独立, 从而得到

$$R(a, \sigma; \delta)=\{E_{a,\sigma}(\overline{X}-a)^2+E_{a,\sigma}[h^2]\}\lambda(\sigma).$$

显然, 当且仅当 $h=0$, 即 $\delta(X)=\overline{X}$ 时, 此式达到最小值. 这说明在变换群(2.4.9)之下, $\overline{X}$ 为 a 的最优不变估计.

由此我们看到判决函数理论所带来的一个有实际意义的结论. 在初等统计中就告诉我们, 在正态总体下, 用样本均值估计总体均值是一个良好的估计, 但在那里提出的理由不完全令人信服. 现在我们认明了: 在无偏方差最小、Minimax 和不变性等原则下, $\overline{X}$ 对估计正态分布均值都有最优性. 这些性质反映 $\overline{X}$ 确是一个良好的估计量(当总体分布为正态时).

例 2.4.5. 现在考虑例 2.4.2 中的变换群. 我们设 F 为 $N(0, 1)$ 的分布函数, 则 $N(a, \sigma^2)$ 的分布函数为 $F\left(\frac{x-a}{\sigma}\right)$. 设 $X=(X_1, \cdots, X_n)$, $X_1, \cdots, X_n$ 为 iid. 样本, $X_1\sim N(a, \sigma^2)$. 变换群为(2.4.7). 我们要估计 σ, 因而取损失函数

$$L(a, \sigma, d)=(\sigma-d)^2/\sigma^2=\left(1-\frac{d}{\sigma}\right)^2. \qquad (2.4.12)$$

这时不变估计 $\delta(x)$ 应满足要求:

$$\delta(bx_1+a, \cdots, bx_n+a)=b\delta(x_1, \cdots, x_n). \qquad (2.4.13)$$

设 $\delta(x)$ 为任一不变估计. 令 $S=\left(\sum_{i=1}^{n}(x_i-\bar{x})^2\right)^{1/2}$, 则 $\delta(x)/S$ 为一不变量, 故为极大不变量(记为 t)[1)]的函数. 设 $\delta/S=q(t)$, 则 $\delta=$

1) 例如, 取

$$t=t(x_1, \cdots, x_n)=\begin{cases}(t_1, \cdots, t_n), \text{当 } x_1, \cdots, x_n \text{ 不全相同. 此处} \\ \quad t_i=[x_i-\min(x_1, \cdots, x_n)]/[\max(x_1, \cdots, x_n) \\ \qquad -\min(x_1, \cdots, x_n)], \\ (0, \cdots, 0), \text{当 } x_1=x_2=\cdots=x_n.\end{cases}$$

$Sq(t)$. 因为在本题的变换群之下，参数空间中只有一条轨道，这说明 t 的分布与参数无关. 由于$(\overline{X}, S^2)$为完全充分统计量，由定理 1.6.3 知 t 与$(\overline{X}, S^2)$独立，因而 $q(t)$ 与 S 独立. 利用这一点我们首先证明：为了使估计量 $\delta(x)=q(t(x))S$ 的风险达到最小，$q(t)$ 必须等于一常数 c.

事实上，记 $E(q(t(X)))=c$(注意 c 与参数无关). 因为

$$R(a, \sigma; \delta)=\frac{1}{\sigma^2} E_{a,\sigma}[q(t(X))S-\sigma]^2,$$

而 q 非负，除非 c 有限，将有 $R(a, \sigma; \delta)=\infty$. 故可设 c 有限. 由于(对任何参数值)

$$E[q^2S^2]=E(q^2)E(S^2)\geqslant(Eq)^2E(S^2)=c^2E(S^2),$$

易见对任何(a, σ)有

$$E_{a,\sigma}[cS-\sigma]^2\leqslant E_{a,\sigma}[q(t(X))S-\sigma]^2.$$

且等号当且仅当 q 以概率 1 等于 c 时成立. 这说明：我们只需在形如 cS 的估计量中去找风险最小的，c 为常数. 但由 $\frac{1}{\sigma^2}S^2\sim\chi_{n-1}^2$ 不难算出：只有在

$$c=\frac{\Gamma(n/2)}{\Gamma\left(\frac{n-1}{2}\right)}\cdot\frac{\sqrt{2}}{n-1} \tag{2.4.14}$$

时，$E_{a,\sigma}(cS-\sigma)^2$ 达到最小(详细计算留给读者). 因此得出，估计量

$$\frac{\Gamma(n/2)}{\Gamma\left(\frac{n-1}{2}\right)}\frac{\sqrt{2}}{n-1}\sqrt{\sum_{i=1}^n(X_i-\overline{X})^2}$$

是 σ 的最优不变估计.

应用类似的方法不难证明：若问题是同时估计 a 和 σ，而取损失函数有

$$L(a, \sigma; d_1, d_2)=A\frac{(a-d_1)^2}{\sigma^2}+B\frac{(\sigma-d_2)^2}{\sigma^2}, \tag{2.4.15}$$

则(a, σ)的最优不变估计为

$$\left(\overline{X},\ \frac{\Gamma\left(\frac{n}{2}\right)}{\Gamma\left(\frac{n-1}{2}\right)}\frac{\sqrt{2}}{n-1}\sqrt{\sum_{i=1}^{n}(X_i-\overline{X})^2}\right). \qquad (2.4.16)$$

在例 2.3.7 中，我们指出用 Bayes 估计法可证明它是 Minimax 估计. 现在又证明了它是最优不变估计. 这个事实并非偶然的巧合.

例 2.4.6. (Pitman 估计). 考虑例 2.4.1, 我们想在平方损失下求 θ 的最优不变估计：为简单计，讨论 $k=1$ 的情况. 一般 k 的处理方法完全类似.

设 $X_1, \cdots, X_n$ 为 iid. 样本，X_1 有密度(对 L 测度) $f(x-\theta)$, 其中 $f(x)$ 是一已知的密度函数. 损失函数定为 $L(\theta, d)=(\theta-d)^2$. 我们假定 $\int_{-\infty}^{\infty} x^2 f(x)\,dx<\infty$.

在例 2.4.4 中已指出，θ 的任一不变估计 $\delta(x)$ 等于任一特定的不变估计 $\delta_1(x)$ (在该例中取为 $\overline{X}$)，加上一个形如 $h(X_2-X_1, \cdots, X_n-X_1)$ 的不变量. 这里我们取 $\delta_1(x)=x_1$, 这显然是一个不变估计. 因此 $\delta(x)=x_1+h(x_2-x_1, \cdots, x_n-x_1)$, 其风险函数为

$$\begin{aligned}
R(\theta, \delta) &= E_\theta[(X_1-\theta+h(X_2-X_1, \cdots, X_n-X_1)]^2 \\
&= \int_{-\infty}^{\infty}\!\!\cdots\!\int [x_1+h(x_2-x_1, \cdots, x_n-x_1)]^2 f(x_1) \\
&\quad \cdots f(x_n)\,dx_1\cdots dx_n \\
&= E_0[X_1+h(X_2-X_1, \cdots, X_n-X_1)]^2 \\
&= E_0\{E_0[(X_1+h(X_2-X_1, \cdots, X_n-X_1))^2 | X_2 \\
&\quad -X_1, \cdots, X_n-X_1]\}.
\end{aligned}$$

显然，在 $X_2-X_1, \cdots, X_n-X_1$ 给定时，表达式

$$E_0[(X_1+h(X_2-X_1, \cdots, X_n-X_1))^2 | X_2 - X_1, \cdots, X_n-X_1]$$

在

$$h(X_2-X_1, \cdots, X_n-X_1) = -E_0(X_1 | X_2-X_1, \cdots, X_n-X_1) \qquad (2.4.17)$$

时达到最小. 因此

$$\delta(x)=X_1-E_0(X_1 | X_2-X_1, \cdots, X_n-X_1) \qquad (2.4.18)$$

为平方损失下 θ 的最优不变估计. 这是 Pitman 在 1939 年提出来的，因此常称为 Pitman 估计.

不难算出(2.4.17)的具体形式: 作变换

$$Y_1=X_1,\ Y_i=X_i-X_1,\ i=2,\ \cdots,\ n,$$

则在 $\theta=0$ 之下, $(Y_1,\ Y_2,\ \cdots,\ Y_n)$ 的密度为 $f(y_1)f(y_1+y_2)\cdots f(y_1+y_n)$. 因此在给定 $(Y_2,\ \cdots,\ Y_n)=(y_2,\ \cdots,\ y_n)$ 时, Y_1 的条件密度为

$$f(y_1)f(y_1+y_2)\cdots f(y_1+y_n)\Big/\int_{-\infty}^{\infty}f(y_1)f(y_1+y_2)\cdots f(y_1+y_n)\,dy_1.$$

由此算出 $E_0(Y_1|y_2,\ \cdots,\ y_n)$, 换回到 x, 得

$$E_0(X_1|x_2-x_1,\ \cdots,\ x_n-x_1)=\frac{\int_{-\infty}^{\infty}tf(t)f(t+x_2-x_1)\cdots f(t+x_n-x_1)\,dt}{\int_{-\infty}^{\infty}f(t)f(t+x_2-x_1)\cdots f(t+x_n-x_1)\,dt}.$$

这样，代入(2.4.18), 得到 Pitman 估计的具体形式:

$$\delta(x)=\delta(x_1,\ \cdots,\ x_n)=x_1-\frac{\int_{-\infty}^{\infty}tf(t)f(t+x_2-x_1)\cdots f(t+x_n-x_1)\,dt}{\int_{-\infty}^{\infty}f(t)f(t+x_2-x_1)\cdots f(t+x_n-x_1)\,dt}.\tag{2.4.19}$$

在包含位置和刻度参数的例 2.4.2 中, 也可写出类似的但更为复杂的表达式.

(三) 不变原理

除了若干不足道的情况以外, 不变判决函数类并不构成本质完全类. 拿例 2.4.4 来说, 最优不变估计为 $\overline{X}$, 其风险函数为 $\frac{1}{n}\lambda(\sigma)\sigma^2$. 在 Θ 中每一点都大于 0, 但很容易造出一个(非不变的)估计，在 Θ 中指定的点上风险为 0.

但是，如果只着眼于 $\sup_{\theta\in\Theta} R(\theta, \delta)$，则在很广的条件下可以证明：局限于不变估计类不会带来不利. 换句话说，在很广的条件下可以证明，不变的 Minimax 判决函数存在. 所有属于这种性质的命题统称为不变原理.

事实上，在前面我们已几次接触到不变原理的例子. 例如，例 2.3.6 证明，若 $X_1, \cdots, X_n$ 为 iid.，$X_i \sim N(\theta, 1)$，损失函数为 $L(\theta, d) = (\theta - d)^2$，则 $\bar{X}$ 为 θ 的 Minimax 估计. 而这个估计在平移变换群下是不变的. 例 2.3.7 证明，若 $X_1, \cdots, X_n$ 为 iid.，$X_i \sim N(a, \sigma^2)$，损失函数为 $L(a, d) = (a-d)^2/\sigma^2$，则 $\bar{X}$ 为 a 的 Minimax 估计，它也是在平移群下不变. 例 2.3.8 也属于不变原理的范围，因为容易验证：在该例中若在样本空间中引进变换群 $G = \{g_{\alpha\beta}\}$：

$$g_{\alpha\beta}(x_1, \cdots, x_n) = (x_1 + \alpha + \beta t_1, \cdots, x_n + \alpha + \beta t_n), \tag{2.4.20}$$

则估计 (a, b) 的问题在变换群 G 之下不变，且我们在该例中求出的 Minimax 估计 (2.3.43) 是不变估计.

在点估计领域中，关于转移和刻度参数的估计的不变原理问题受到不少的注意. 首先，对例 2.4.6 中的 Pitman 估计，Girshick 和 Savage 在1951 年证明了：在平方损失下它是平移群下的 Minimax 估计. 后来本书作者将其推广到多维和一般转移型损失函数（即形如 $L(\theta, d) = W(\theta - d)$ 的损失函数）的情况，以及转移和刻度参数同时存在的情况. 其中包括了前面指出的结果：在损失函数 (2.4.15) 之下，(2.4.16) 是 $N(a, \sigma^2)$ 中的 (a, σ) 的 Minimax 估计，这甚至在序贯估计类中也成立. 1957 年，Kiefer 在很一般的形式下讨论了不变原理的问题，他证明了：在很广的条件下，局限于不变估计不会使 $\sup_{\theta\in\Theta} R(\theta,\delta)$ 增大，但要证明 Minimax 存在及其可测性，则还需有补充的条件.

关于这个问题我们就局限于上述很粗略的介绍，因为其中任何一个重要结果的证明都很长，不适于在此作细致的讨论.

(四) 可容许性的概念

当我们使用某个判决函数 δ 时，有一个条件是我们希望 δ 必需满足的，即不存在另一个判决函数 δ^*，致

$$R(\theta,\ \delta^*) \leqslant R(\theta,\ \delta) \quad 对一切\ \theta \in \Theta, \tag{2.4.21}$$

且不等号至少对一个 $\theta \in \Theta$ 成立．因为不然的话，我们就宁愿使用 δ^*．满足这个条件的判决函数 δ 称为可容许的．

定义 2.4.3. 设 δ 为一判决函数，若不存在另一判决函数 δ^* 致(2.4.21)成立且不等号至少对一个 $\theta \in \Theta$ 成立，则称 δ 为可容许判决函数．

在估计理论中，估计量的可容许性问题受到很大的注意．在这里，我们只能举若干例子说明这个概念，并介绍某些较初等的工作，详尽的叙述属于专著的范围．

例 2.4.7．例 2.3.2 中求得的估计量(2.3.24)是可容许估计(对任何 $a>0,\ b>0$)．因为，任一估计量 $g^*(x)$ 的风险函数 $R(\theta,\ g^*)$ 为 θ 的连续函数(事实上，$R(\theta,\ g^*)$ 是 θ 的多项式)．因此，若 $\hat{g}_{ab}$ 不为可容许，将存在 g^* 致 $R(\theta,\ g^*) \leqslant R(\theta,\ \hat{g}_{ab})$，且对某个 θ_0 有 $R(\theta_0,\ g^*) < R(\theta_0,\ \hat{g}_{ab})$．由连续性，这不等式在 θ_0 的充分小的邻域内成立，而这将导致

$$\int_0^1 R(\theta,\ g^*)\,d\xi_{ab}(\theta) < \int_0^1 R(\theta,\ \hat{g}_{ab})\,d\xi_{ab}(\theta).$$

这里 ξ_{ab} 为 θ 的先验分布(2.3.22)．这显然与 $\hat{g}_{ab}$ 为先验分布 ξ_{ab} 之下，θ 的 Minimax 估计矛盾．

根据完全同样的推理可以证明：在例 2.3.3 中得出的估计量(2.3.29)是 θ 的可容许估计，对任何 $k>0$．但用这个方法不能证明 $\overline{X}$ 的可容许性，尽管 $\overline{X}$ 是(2.3.29)中的 $\hat{g}_k(x)$ 当 $k \to \infty$ 时的极限．

但是，也存在着这样的情况，其中常见的估计量不是可容许的．

例 2.4.8．设 $X_1,\ \cdots,\ X_n$ 为 iid.，$X_1 \sim N(\theta,\ 1)$，但参数空

间限制为 $\Theta=\{\theta: |\theta|\leqslant 2\}$, 损失函数为 $L(\theta, d)=(\theta-d)^2$. 容易看出: 常见的估计 $\overline{X}$ 是不可容许的,因为,若令

$$g^*(x)=\begin{cases}\overline{X}, & 当 |\overline{X}|\leqslant 2;\\ 2, & 当 \overline{X}>2;\\ -2, & 当 \overline{X}<-2.\end{cases}$$

则显然有 $R(\theta, g^*)<R(\theta, \overline{X})$ 对任何 $\theta\in\Theta$. 另一个更有趣的例子如下.

例 2.4.9. 设 $X_1, \cdots, X_n$ 为 iid, $X_1\sim N(a, \sigma^2)$, $\theta=(a, \sigma^2)$, 要估计 σ^2, 损失函数为 $L(\sigma^2, d^2)=(\sigma^2-d^2)^2/\sigma^4$. 我们知道, 常用的估计

$$\hat{\sigma}^2=\frac{1}{n-1}S^2=\frac{1}{n-1}\sum_{i=1}^n(X_i-\overline{X})^2,$$

为 σ^2 的 MVUE. 但它是不可容许的, 为了证明, 考虑形如 cS^2 的估计, c 为待定常数. 易见

$$E_{\sigma^2}[(cS^2-\sigma^2)^2/\sigma^4]=2(n-1)c^2+[1-(n-1)c]^2,$$

其最小值在 $c=\dfrac{1}{n+1}$ 达到. 估计量 $\hat{\sigma}^2$ 和 $\dfrac{n-1}{n+1}\hat{\sigma}^2$ 的风险分别为 $\dfrac{2}{n-1}$ 及 $\dfrac{2}{n+1}$, 显然后者为小.

但是, 即使估计量 $\dfrac{1}{n+1}\sum\limits_{i=1}^n(X_i-\overline{X})^2$ 也是不可容许的. 可以证明: 估计量

$$g^*(x)=\min\left\{\frac{1}{n+1}\sum_{i=1}^n(x_i-\bar{x})^2, \frac{1}{n+2}\sum_{i=1}^n x_i^2\right\} \tag{2.4.22}$$

一致地优于它. 这是 Stein 证明的一个结果. 下面著名的例子也属于 Stein.

例 2.4.10. 设 $X_1, \cdots, X_n$ 为 iid 样本, X_1 服从 k 维正态分布 $N(\theta, I_k)$, 要估计 θ, 损失函数为 $L(\theta, d)=\|\theta-d\|^2$. 通常的估计量是 $\overline{X}=\dfrac{1}{n}\sum\limits_{i=1}^n X_i$. 但是 Stein 证明: 当 $k\geqslant 3$ 时, 这个估计量是不可容许的: 估计量

$$\theta^* = \left(1 - \frac{k-2}{\|\overline{X}\|^2}\right)\overline{X} \tag{2.4.23}$$

一致地优于(在上述损失函数下)$\overline{X}$. 具体计算过程不在此写出了.

本例中的估计量既是无偏估计中 VAR 最小的估计量，也是最优不变估计(在平移变换群下)和 Minimax 估计. 因此，这个例子告诉我们，不可把一种最优标准绝对化. 也应当注意，象(2.4.22)，(2.4.23)这种估计，目前也没有在应用问题中普遍使用. 这除了由于习惯的原因外，还应当了解，这些估计的优越性是与一定损失函数联系在一起的，不能认为这种损失函数一定符合问题的实际. 因此人们宁肯使用直观上看来简单明了的估计量 $\hat{\sigma}^2$ 和 $\overline{X}$，而不愿使用较为复杂的估计量(2.4.22)和(2.4.23).

(五) 平方损失下指数族均值的可容许估计

在指数分布族之下，C–R 不等式成立. 1951 年，Girshick 和 Savage 利用这个工具处理了在平方损失下，自然参数空间为$(-\infty, \infty)$时，指数族的均值的某种估计的可容许性. 1958 年 Karlin 考虑了自然参数空间不为全直线的情况(见 *Ann. Math. Statist.*, 1958, p. 406). 1961 年 Katz 又研究了将参数值局限于自然参数空间的一段的情形(*Ann. Math. Statist.*, 1961, p. 136). 这些结果证明了在平方损失下许多常见估计的可容许性，因而有重要意义. 这里我们叙述并证明 Karlin 的主要结果，它包含了 Girshick 和 Savage 的结果.

设 $X_1, \cdots, X_n$ 为从一维指数分布族中抽出的 iid. 样本. 则如前面多次指出的，$X_1+\cdots+X_n$ 为完全充分统计量且其分布仍为指数族. 因此，可以不失普遍性地取样本大小为 1. 这样，设 X 的分布为指数族

$$\{C(\theta)e^{\theta x}d\mu(x),\ a<\theta<b\}.$$

(a, b) 为自然参数空间的内点集，a 可以为 $-\infty$，b 可以为 ∞.

我们提醒几点下面要用到的事实. 记 $\omega(\theta)=E_\theta(X)$，则由

§ 1.2, $\omega(\theta)=-C'(\theta)/C(\theta)$, 且

$$\sigma^2(\theta)=\mathrm{Var}_\theta(X)=\omega'(\theta).$$

又 $$\log[C(\theta)e^{\theta x}]=\log C(\theta)+\theta X,$$

其对 θ 的导数为

$$X+C'(\theta)/C(\theta)=X-E_\theta(X),$$

所以 $$E_\theta[(\partial\log(C(\theta)e^{\theta x})/\partial\theta)^2]=\sigma^2(\theta).$$

设 $d(X)$ 为一统计量, $E_\theta[d(X)]$ 对任何 $\theta\in(a,\ b)$ 存在有限. 记 $E_\theta[d(X)]-\omega(\theta)=b_d(\theta)$, 则由 C–R 不等式

$$\begin{aligned}E_\theta[(d(X)-\omega(\theta))^2]&=b_d^2(\theta)+\mathrm{Var}_\theta[d(X)]\\&\geqslant b_d^2(\theta)+\frac{1}{\sigma^2(\theta)}[b'_d(\theta)+\sigma^2(\theta)]^2.\end{aligned}\tag{2.4.24}$$

有了这些准备, 可以证明 Karlin 的定理.

定理 2.4.1 (Karlin). 在上述记号下, 为要估计 $\omega(\theta)=E_\theta(X)$, 取损失函数

$$L(\theta,\ d)=m(\theta)[d-\omega(\theta)]^2,$$

此处 $m(\theta)>0$ 于 $(a,\ b)$ 上 (我们注意: 对容许性问题, $m(\theta)$ 不起任何作用). 如果存在 $\theta_0\in(a,\ b)$ 及常数 $\lambda\neq-1$ 和常数 k, 致

$$\begin{aligned}&\lim_{\theta\to a}\int_\theta^{\theta_0}C^{-\lambda}(y)e^{-k\lambda y}\,dy=\infty,\\&\lim_{\theta\to b}\int_{\theta_0}^{\theta}C^{-\lambda}(y)e^{-k\lambda y}\,dy=\infty,\end{aligned}\tag{2.4.25}$$

则 $d_0(X)=(X+k\lambda)/(1+\lambda)$ 为在上述损失函数之下, $\omega(\theta)$ 的可容许估计.

证. 设 $d_0(X)$ 不为可容许, 则存在估计 $d_1(X)$ 一致地优于 $d_0(X)$. 显然 $E_\theta[d_1(X)]$ 存在有限. 由 (2.4.24)

$$\begin{aligned}&E_\theta[(d_0(X)-\omega(\theta))^2]\\&=\frac{1}{(1+\lambda)^2}[\sigma^2(\theta)+\lambda^2(\omega(\theta)-k)^2]\\&\geqslant E_\theta[(d_1(X)-\omega(\theta))^2]\geqslant b_{d_1}^2(\theta)\\&+\frac{1}{\sigma^2(\theta)}[b'_{d_1}(\theta)+\sigma^2(\theta)]^2.\end{aligned}$$

易见 $b_{d_0}(\theta)=E_\theta[(d_0(X)]-\omega(\theta)=-\frac{\lambda}{1+\lambda}[\omega(\theta)-k]$，故若令

$$g(\theta)=b_{d_1}(\theta)-b_{d_0}(\theta)=b_{d_1}(\theta)+\frac{\lambda}{1+\lambda}[\omega(\theta)-k],$$

可得

$$\left[g(\theta)-\frac{\lambda}{1+\lambda}(\omega(\theta)-k)\right]^2+\frac{1}{\sigma^2(\theta)}\left[\frac{\sigma^2(\theta)}{1+\lambda}+g'(\theta)\right]^2$$
$$\leqslant\frac{1}{(1+\lambda)^2}[\sigma^2(\theta)+\lambda^2(\omega(\theta)-k)^2].$$

此式经过初等简化，易得

$$g^2(\theta)+\frac{2}{1+\lambda}[g'(\theta)-\lambda(\omega(\theta)-k)g(\theta)]$$
$$\leqslant-\frac{[g'(\theta)]^2}{\sigma^2(\theta)}\leqslant 0,$$

再令 $I(\theta)=C^{\lambda}(\theta)e^{k\lambda\theta}g(\theta)$，则可将上式写为

$$C^{-\lambda}(\theta)e^{-k\lambda\theta}I^2(\theta)+\frac{2}{1+\lambda}I'(\theta)\leqslant 0.$$

为确定计设 $\lambda>-1$（$\lambda<-1$ 的情况完全类似），则由上式可知 $I'(\theta)\leqslant 0$ 于 (a, b)．即 $I(\theta)$ 在 (a, b) 上非增，故存在 $\theta'\in(a, b)$，使在 $\theta'<\theta<b$ 时 $I(\theta)$ 或者恒为 0 或恒不为 0．若是后者，则

$$\frac{d}{d\theta}\left[\frac{1}{I(\theta)}\right]=-\frac{I'(\theta)}{I^2(\theta)}\geqslant\frac{1+\lambda}{2}C^{-\lambda}(\theta)e^{-k\lambda\theta},\ \theta'<\theta<b.$$

于是由(2.4.25)知，当 $\theta\to b$ 时，

$$\frac{1}{I(\theta)}-\frac{1}{I(\theta')}\geqslant\frac{1+\lambda}{2}\int_{\theta'}^{\theta}C^{-\lambda}(y)e^{-\lambda k y}dy\to\infty.$$

由此可知 $\lim\limits_{\theta\to b}I(\theta)=0$．同理证明 $\lim\limits_{\theta\to a}I(\theta)=0$，再由 $I(\theta)$ 的非增性知 $I(\theta)\equiv 0$ 于 (a, b)，因而 $g(\theta)\equiv 0$ 于 (a, b)，故 $E_\theta[d_1(X)-d_0(X)]=b_{d_1}(\theta)-b_{d_0}(\theta)=g(\theta)\equiv 0$ 于 (a, b)．由指数族的完全性，知 $d_0(X)=d_1(X)$ a.e.μ，因而 $d_1(X)$ 不能一致地优于 $d_0(X)$．这就完成了定理的证明．

如果 $(a, b)=(-\infty, \infty)$，则显然 $\lambda=k=0$ 满足条件(2.4.25)，于是得到：

系 **2.4.1**. 若指数族 $\{C(\theta)e^{\theta x}d\mu(x)\}$ 的自然参数空间为 $(-\infty, \infty)$, 则在平方损失之下, (X) 为 $E_\theta(X)$ 的可容许估计.

这就是 Girshick 和 Savage 在 1951 年得出的结果. 由此可得到另一个有用的推论.

系 **2.4.2**. 在系 2.4.1 的条件下, 若取损失函数

$$L(\theta, d)=[\omega(\theta)-d]^2/\sigma^2(\theta),$$

则 X 为 $\omega(\theta)=E_\theta(X)$ 的 Minimax 估计.

证明显然, 留给读者自已补出(见习题 31 提示).

例 2.4.11. 设 $X_1, \cdots, X_n$ 为自 $N(\theta, 1)$ 中抽出的 iid. 样本, $(X_1, \cdots, X_n)$ 的密度有指数族的形状:

$$f(x_1, \cdots, x_n, \theta)$$
$$=C(\theta)e^{\theta\cdot n\bar{x}}h(x_1, \cdots, x_n), \ -\infty<\theta<\infty,$$

由定理 2.4.1 知, 在平方损失 $(n\theta-d)^2$ 之下, $n\overline{X}$ 为 $n\theta$ 的可容许估计, 因而 $\overline{X}$ 为 θ 的可容许估计, 由于 $\mathrm{Var}_\theta(n\overline{X})=n$, 与 θ 无关, 由系 2.4.1 知, 在同一损失函数下, $\overline{X}$ 为 θ 的 Minimax 估计.

例 2.4.12. 设 $X\sim B(n, p)$, $0<\theta<1$. X(对集 $\{0, 1, \cdots, n\}$ 的计数测度 μ)有密度

$$(1-p)^n\exp\left[\left(\log\frac{p}{1-p}\right)x\right]\binom{n}{x}=C(\theta)e^{\theta x}\binom{n}{x}.$$

这里 $\theta=\log\dfrac{p}{1-p}$, 因为 $0<p<1$, 有 $-\infty<\theta<\infty$, 故定理 2.4.1 的条件适合. 因此在平方损失下, X 为 $E_p(X)=np$ 的可容许估计. 或者说, $\dfrac{X}{n}$ 在损失 $(p-d)^2$ 之下, 为 p 的可容许估计. 又 $\mathrm{Var}_p\left(\dfrac{X}{n}\right)=\dfrac{p(1-p)}{n}$, 故由系 2.4.1 知, 在损失函数

$$L(p, d)=(p-d)^2/[p(1-p)]$$

之下, $\dfrac{X}{n}$ 为 p 的 Minimax 估计. 在例 2.3.5 中我们已指出: 在损失函数 $(p-d)^2$ 之下, p 的 Minimax 估计是(2.3.27), 与 $\dfrac{X}{N}$ 不同. 因此看出: 一个估计是否符合某种最优性标准, 与损失函数的取法

有关.

另外一些可由本定理处理的常见估计,留给读者作为习题.

可容许性的问题是参数估计中讨论得很多也是很困难的问题之一. 其困难在于缺乏一般性的有效的处理方法. 从本书§5.4中关于线性模型中的线性估计的可容许性问题的讨论可以看出这一点. 除了指数族以外,关于 Pitman 估计(例2.4.6)的可容许性问题,也有较好的结果. 主要是 Stein 和 James 作出的,他们证明了当参数个数不超过2时, Pitman 估计在平方损失下是可容许的(Stein: *Ann. Math. Statist.*, 1959, p. 970; James 和 Stein: *Proc. Fourth Berkeley Symp. Math. Statist.* 1. *Prob.* 2, 1960, p. 361),而当参数个数超过2时,则不必是可容许的. 后一事实已在例2.4.10中指出过了. 近年来受到注意的另一个问题是关于多维正态分布的均值在二次型损失之下的 Minimax 可容许估计的问题. 在例2.4.10中, $\overline{X}$ 是 Minimax 估计,但不是可容许的.

§2.5. 大样本理论的基本概念

到目前为止, 我们都是在统计判决理论的思想之下来处理点估计问题. 其主要特点是把点估计问题提成在一定准则下求最优解的问题. 点估计理论的另一个重要方面,而且在历史上说也是发展较早的一个方面,就是点估计的大样本理论. 即在样本大小无限增加时,估计量可能具有的性质. 我们先通过一个简单例子来说明有关的概念.

例如,假定 $\mathscr{F}$ 为方差有限的一维分布族. 设 $X_1, \cdots, X_n$ 为自这分布族中某个未知分布 F 中抽出的 iid.样本. 要估计 F 的均值 $\theta(F)$. 我们用 $X_1, \cdots, X_n$ 的样本均值 $\overline{X}_n$ 来估计 $\theta(F)$. 从概率论知道,当样本大小 n 无限增加时,估计量 $\overline{X}_n$[1] 有以下的性质:

1) 实际上,这里涉及一串估计量 $\overline{X}_1, \overline{X}_2, \cdots$,但习惯上常以一个代表性记号(如此处的 $\overline{X}_n$)来记它.

1. $\overline{X}_n$ 依概率收敛于被估计的 $\theta(F)$. 这表示，只要样本大小足够大，估计量可以用随意接近于 1 的概率把 $\theta(F)$ 估计得为所欲为的精度. 这个性质叫估计量的相合性(Consistency).

2. 若 F 的方差不为 0(我们已假定了 F 的方差 $\sigma_F^2<\infty$)，则由中心极限定理，有

$$\frac{\sqrt{n}\,(\overline{X}_n-\theta(F))}{\sigma_F}\xrightarrow{L}N(0,1),\ \text{当}\ n\to\infty.$$

记号"$\xrightarrow{L}$"表示依分布收敛. 这个性质叫做 $\overline{X}_n$ 的渐近正态性. 由这个性质，当 n 很大时，我们可以近似地计算出 $\overline{X}_n$ 落在被估计值 $\theta(F)$ 某个范围内的概率有多大(当然，为此还须对 σ_F 作一定的估计).

这些就是最基本的大样本性质. 总之，所谓估计量的大样本性质，是指当样本大小无限增加时与该估计量的分布有关的种种极限性质. 不言而喻，这不仅取决于估计量的形式，也与总体的分布有很大的关系.

大样本理论的重要性主要在于，第一，归根到底，要彻底弄清一个估计量的性质，必须知道它的分布. 在样本大小固定时，这只在很少的情况下能做到. 但当样本大小无限增加时，估计量的分布往往趋向于一个常见的简单分布，如正态分布之类. 这至少在样本大小很大时为我们了解估计量的全面性质提供了依据. 其次，在样本大小固定时，寻求具有某种最优性的估计量是不容易的，其存在性也未必能保证. 这时，从大样本理论的角度着眼，为研究种种估计量的性质提供了一个途径.

在历史上说，估计方法中最广泛使用的是两类估计：矩估计和极大似然估计(见下节). 它们的理论发展主要在大样本方面.

由于大样本理论是研究当样本大小无限增加时估计量的性质，我们再不能把样本就记为 x. 一般，假定有一个分布族 $(F_\theta,\ \theta\in\Theta)$，$F_\theta$ 可以是一维分布，也可以是多维的. 设 $X_1, X_2, \cdots, X_n$ 为独立同分布，X_1 的分布函数 F_θ 在上述分布族中. 在讨论中样本大小 n 可以无限增加. 当我们说到某个估计量 $\hat{g}$ 或

$\hat{g}(X_1, \cdots, X_n)$时，实际我们指的是一串估计 $\hat{g}(X_1)$, $\hat{g}(X_1, X_2)$, $\hat{g}(X_1, X_2, X_3)$, $\cdots$. 以下我们总用这样的记法.

自五十年代以来，大样本理论有了很大的进展，主要是关于渐近有效估计及极大似然估计等方面. 本书为篇幅和性质所限，只能介绍其中若干基本概念. 进一步的细节应阅读专著和文献.

(一) 估计量的相合性

定义 2.5.1. 设 $\hat{g}(X_1, \cdots, X_n)$ 为 $g(\theta)$ 的估计量，若当 $n\to\infty$ 时，对任何 $\theta\in\Theta$, $\hat{g}(X_1, \cdots, X_n)$ 依概率收敛于 $g(\theta)$, 则称 $\hat{g}$ 为 $g(\theta)$ 的相合估计.

依定义，$\hat{g}$ 为 $g(\theta)$ 的相合估计是指对任给 $\varepsilon>0$,

$$\lim_{n\to\infty} P_\theta(|\hat{g}(X_1, \cdots, X_n) - g(\theta)| \geqslant \varepsilon) = 0. \quad (2.5.1)$$

如果对任给 $\varepsilon>0$ 上述收敛性对 $\theta\in\Theta$ 是一致的，则 $\hat{g}$ 可以叫做 $g(\theta)$ 的一致相合估计.

由 (2.5.1) 定义的相合性有时称为弱相合性 (Weak consistency)，以与所谓强相合性(Strong consistency)对照. 后者是指

$$P_\theta(\lim_{n\to\infty} \hat{g}(X_1, \cdots, X_n) = g(\theta)) = 1, \ \text{对任何}\ \theta\in\Theta. \quad (2.5.2)$$

由概率论知，若 $\hat{g}$ 有强相合性，必有弱相合性.

从大样本理论的观点说，相合性是对一个估计量最起码的要求. 这个要求也是最容易满足的一个要求. 这主要是由于概率论中的大数定律. 然而，我们会有机会看到，在一些情况下证明一个估计的相合性并不容易，而且，用常见方法造出的估计量也可以没有相合性.

我们注意：在上述相合性定义中，并没有必要要求 $X_1, X_2, \cdots$ 为独立同分布的.

由于常见的相合估计例子多属于所谓"矩估计"的范围，而以后我们将证明关于矩估计相合性的一般定理，所以在这里不去列

举这些具体例子.

关于相合性有下面的简单定理.

定理 2.5.1. 设 $\hat{g}_k(X_1,\cdots,X_n)$, $k=1,\cdots,p$, 分别为 $g_k(\theta)$, $k=1,\cdots,p$ 的相合估计, 假定函数 $\varphi(y_1,\cdots,y_p)$ 满足如下的条件:

1. 对任何 n 及 $x_1,\cdots,x_n$, $(\hat{g}_1(x_1,\cdots,x_n),\cdots,\hat{g}_p(x_1,\cdots,x_n))$ 落在 φ 的定义域内; 对任何 $\theta\in\Theta$, $(g_1(\theta),\cdots,g_p(\theta))$ 落在 φ 的定义域内.

2. 对任何 $\theta\in\Theta$, 函数 φ 在点 $(g_1(\theta),\cdots,g_p(\theta))$ 处连续.

则 $\varphi(\hat{g}_1(X_1,\cdots,X_n),\cdots,\hat{g}_p(X_1,\cdots,X_n))$ 为 $\varphi(g_1(\theta),\cdots,g_p(\theta))$ 的相合估计.

证. 任取 $\theta\in\Theta$. 找 $\eta>0$ 充分小, 使当

$$|y_i-g_i(\theta)|<\eta,\ i=1,\cdots,p.$$

时有 $|\varphi(y_1,\cdots,y_p)-\varphi(g_1(\theta),\cdots,g_p(\theta))|<\varepsilon$. 此处 $\varepsilon>0$ 为事先给定的数. 由 $\hat{g}_i$ 的相合性知, 存在 $n_i(\varepsilon)$, 使当 $n\geqslant n_i(\varepsilon)$ 时, 有

$$P_\theta(|\hat{g}_i(X_1,\cdots,X_n)-g_i(\theta)|\geqslant\eta)<1-\varepsilon/p,\ i=1,\cdots,p,$$

记 $n(\varepsilon)=\max\limits_{1\leqslant i\leqslant p} n_i(\varepsilon)$. 则当 $n\geqslant n(\varepsilon)$ 时有

$$P_\theta(|\hat{g}_i(X_1,\cdots,X_n)-g_i(\theta)|<\eta,\ i=1,\cdots,p)>1-\varepsilon,$$

由此可知, 当 $n\geqslant n(\varepsilon)$ 时有

$$P_\theta(|\varphi(\hat{g}_1(X_1,\cdots,X_n),\cdots,\hat{g}_p(X_1,\cdots,X_n)) -\varphi(g_1(\theta),\cdots,g_p(\theta))|<\varepsilon)>1-\varepsilon.$$

这证明了所要的结果.

(二) 估计量的相合渐近正态性 (Consistent asymptotically normal, 简记为 CAN).

定义 2.5.2. 设 $\hat{g}(X_1,\cdots,X_n)$ 为 $g(\theta)$ 的估计. 若存在 $v(\theta)$, $0\leqslant v(\theta)<\infty$ 对任何 $\theta\in\Theta$, 致

$$\sqrt{n}\,[\hat{g}(X_1,\cdots,X_n)-g(\theta)]\xrightarrow{L}N(0,v(\theta)). \tag{2.5.3}$$

对任何 $\theta\in\Theta$，则称 $\hat{g}$ 为 $g(\theta)$ 的相合渐近正态估计，简称 CAN 估计. $v(\theta)/n$ 有时称为 $\hat{g}$ 在 θ 点的渐近方差.

如果参数空间 Θ 为欧氏的，且收敛性(2.5.3)在任何 $\theta\in\Theta$ 的某邻域内有一致性，则称 $\hat{g}$ 为 $g(\theta)$ 的相合一致渐近正态估计，简称 CUAN 估计.

显然，满足条件(2.5.3)的 $\hat{g}$ 必为 $g(\theta)$ 的相合估计.

定理 2.5.2. 设 $\hat{g}$ 为 $g(\theta)$ 的 CAN 估计，函数 $\varphi(y)$ 满足如下的条件:

1. 对任何 n, x_1, $\cdots$, x_n, $\hat{g}(x_1, \cdots, x_n)$ 在 φ 的定义域内. 对任何 $\theta\in\Theta$, $g(\theta)$ 在 φ 的定义域内.

2. 对任何 $\theta\in\Theta$, $\varphi'(y)$ 在 $y=g(\theta)$ 处存在有限. 则 $\varphi(\hat{g}(X_1, \cdots, X_n))$ 为 $\varphi(g(\theta))$ 的 CAN 估计.

若进一步假定 $\hat{g}$ 为 $g(\theta)$ 的 CUAN 估计，$g(\theta)$ 在 Θ 上连续(此处假定 Θ 为欧氏的)，且对任何 $\theta\in\Theta$, φ' 在 $g(\theta)$ 的某邻域内一致连续，则 $\varphi(\hat{g}(X_1, \cdots, X_n))$ 为 $\varphi(g(\theta))$ 的 CUAN 估计.

证. 任给 $\theta\in\Theta$，则

$$\begin{aligned}&\sqrt{n}\,[\varphi(\hat{g}(X_1, \cdots, X_n))-\varphi(g(\theta))]\\&\quad=\sqrt{n}\,\varphi'(g(\theta))\,[\hat{g}(X_1, \cdots, X_n)-g(\theta)]\\&\qquad+\eta\sqrt{n}\,[\hat{g}(X_1, \cdots, X_n)-g(\theta)].\end{aligned}\tag{2.5.4}$$

此处 $\eta\to0$，当 $\hat{g}(X_1, \cdots, X_n)\to g(\theta)$. 由于 $\hat{g}$ 为 $g(\theta)$ 的 CAN 估计，对任给 $\varepsilon>0$，当 n 充分大时，将有

$$P_\theta(|\hat{g}(X_1, \cdots, X_n)-g(\theta)|<\varepsilon)>1-\varepsilon.$$

而当 ε 充分小时，由 $|\hat{g}-g(\theta)|<\varepsilon$ 可推出 $|\eta|$ 不超过某个指定的 $\varepsilon'>0$. 这说明当 $n\to\infty$ 时，η 依概率收敛于 0. 但 $\sqrt{n}\,[\hat{g}(X_1, \cdots, X_n)-g(\theta)]$ 当 $n\to\infty$ 时有确定的极限分布，因此有

$$\eta\cdot\sqrt{n}\,[\hat{g}(X_1, \cdots, X_n)-g(\theta)]\xrightarrow{P_\theta}0,\ 对任何\ \theta\in\Theta,\tag{2.5.5}$$

这里 $\xrightarrow{P_\theta}$ 表示依概率 P_θ 收敛. 由(2.5.5)可知，(2.5.4)左边与其右边第一项有同一极限分布，但由假定

$$\sqrt{n}\,[\hat{g}(X_1, \cdots, X_n) - g(\theta)] \xrightarrow{L} N(0, v(\theta)), \tag{2.5.6}$$

故有$\sqrt{n}\,\varphi'(g(\theta))\,[\hat{g} - g(\theta)] \xrightarrow{L} N(0, (\varphi'(g(\theta)))^2 v(\theta))$. 这证明了定理的第一部分. 要证明第二部分, 只需注意在所设条件下, 在θ的一充分小的邻域内将有η一致地依概率收敛于0, 当$n\to\infty$(这由$\hat{g}$为$g(\theta)$的CUAN估计$g(\theta)$的连续性及φ'的一致连续性立即得出). 由此可知在θ的一充分小邻域内, (2.5.5)的收敛性也是一致的. 最后, 由(2.5.6)在θ的充分小的邻域内的一致性, 推出

$$\sqrt{n}\,\varphi'(g(\theta))\,[\hat{g}(X_1, \cdots, X_n) - g(\theta)] \xrightarrow{L} N(0[\varphi'(g(\theta))]^2 v(\theta))$$

在θ的充分小的邻域内的一致性, 因而由(2.5.4)得出所要的结果.

系 2.5.1. 若φ'和v都是各自变元的连续函数, 则当$\varphi'(g(\theta))\neq 0$, $v(\theta)\neq 0$时, 有

$$\frac{\sqrt{n}\,[\varphi(\hat{g}(X_1, \cdots, X_n) - \varphi(g(\theta))]}{|\varphi'[\hat{g}(X_1, \cdots, X_n)]|\cdot\sqrt{v(\theta)}} \xrightarrow{L} N(0, 1),$$

特别, 当$g(\theta)=\theta$时, 有

$$\frac{\sqrt{n}\,[\varphi(\hat{g}(X_1, \cdots, X_n)) - \varphi(\theta)]}{|\varphi'[\hat{g}(X_1, \cdots, X_n)]|\sqrt{v[\hat{g}(X_1, \cdots, X_n)]}} \xrightarrow{L} N(0, 1).$$

定理 2.5.2 及其证明显然地推广为下面的形式.

定理 2.5.2′. 设$\hat{g}_i$, $i=1, \cdots, p$, 分别为$g_i(\theta)$的估计量, $i=1, \cdots, p$. 且存在定义于Θ上的矩阵函数$\boldsymbol{V}(\theta)$, 致

$$\sqrt{n}\,[(\hat{g}_1(X_1, \cdots, X_n), \cdots, \hat{g}_p(X_1, \cdots, X_n)) - (g_1(\theta), \cdots, g_p(\theta))] \xrightarrow{L} N(0, \boldsymbol{V}(\theta)). \tag{2.5.7}$$

函数$\varphi(y_1, \cdots, y_p)$满足条件:

1. 对任何n及$x_1, \cdots, x_n$, $(\hat{g}_1(x_1, \cdots, x_n), \cdots, \hat{g}_p(x_1, \cdots, x_n))$落在$\varphi$的定义域内; 对任何$\theta\in\Theta$, $(g_1(\theta), \cdots, g_p(\theta))$落在$\varphi$的定义域内.

2. 对任何$\theta\in\Theta$, φ在点$(g_1(\theta), \cdots, g_p(\theta))$处可导. 则

$\varphi[\hat{g}_1, \cdots, \hat{g}_p]$ 为 $\varphi[g_1(\theta), \cdots, g_p(\theta)]$ 的 CAN 估计, 且

$$\sqrt{n}[\varphi(\hat{g}_1(X_1, \cdots, X_n), \cdots, \hat{g}_p(X_1, \cdots, X_n)) - \varphi(g_1(\theta), \cdots, g_p(\theta))] \xrightarrow{L} N(0, \boldsymbol{u}^\tau(\theta)\boldsymbol{V}(\theta)\boldsymbol{u}(\theta)),$$

其中 $$\boldsymbol{u}^\tau(\theta) = \left(\frac{\partial\varphi}{\partial y_1}, \cdots, \frac{\partial\varphi}{\partial y_p}\right)\bigg|_{y_i=g_i(\theta),\quad i=1,\cdots p.}$$

又若(2.5.7)中的收敛性在任何 θ 的充分小的邻域内一致而 φ 的一阶偏导数连续, 则 $\varphi(\hat{g}_1, \cdots, \hat{g}_p)$ 为 $\varphi(g_1(\theta), \cdots, g_p(\theta))$ 的 CUAN 估计.

证明留给读者.

(三) 最优渐近正态估计(Best asymptotically normal, 简记为BAN 估计)

在较早的统计著作中有时引进所谓"有效估计"的概念. 这是基于 C–R 不等式而来的. 设 $\hat{g}$ 为 $g(\theta)$ 的无偏估计, 则由 C–R 不等式知(在一定的正则条件下) $\mathrm{Var}_\theta(\hat{g}) \geqslant [g'(\theta)]^2/(nI(\theta))$[1]. 因此可以把这二者的比值(以 $\mathrm{Var}_\theta(\hat{g})$ 作分母)称为 $\hat{g}$ 的"效率". 当效率为 1 时, 称 $\hat{g}$ 为 $g(\theta)$ 的有效估计.

这个定义的缺点是很明显的, 因为我们已见到, 能达到 C–R 下界的情况不是常规而是一种例外. 这样在多数情况下有效估计将不存在. 因此有人考虑将"有效"的要求放宽为所谓"渐近有效", 即当 $n\to\infty$ 时上述比值趋于 1. 这个定义虽然部分地解决了上述问题, 但仍存在重要的缺点, 即方差 $\mathrm{Var}_\theta(\hat{g})$ 可能不存在或难于确定, 因此在一般情况下很难验证是否具有这个性质.

然而, CAN 估计是常见的. 自然地, 若 $\hat{g}_1$ 和 $\hat{g}_2$ 都是 $g(\theta)$ 的 CAN 估计, $\sqrt{n}[\hat{g}_i(X_1, \cdots, X_n) - g(\theta)] \xrightarrow{L} N(0, v_i(\theta))$, $i=1, 2$, 而 $v_1(\theta) < v_2(\theta)$, 则我们认为 $\hat{g}_1$ 渐近地优于 $\hat{g}_2$. 因此就提出如下的问题: 在一切 CAN 估计中, $v(\theta)$ 的下界如何? 在一段时间里, 人们曾猜测这下界就是 C–R 下界. 这导致如下的定义.

1) 指样本大小为 1 时, 即 X_1 的 Fisher 信息函数.

定义 2.5.3. 设对任何 $\theta\in\Theta$，当 $n\to\infty$ 时，

$$\sqrt{n}\,[\hat{g}(X_1,\ \cdots,\ X_n)-g(\theta)]\xrightarrow{L}N(0,\ [g'(\theta)]^2/I(\theta)),$$

则称 $\hat{g}$ 为 $g(\theta)$ 的最优渐近正态估计，简称 BAN 估计(当然，此处假定 $X_1,\ X_2,\ \cdots$ 为 iid. 样本).

然而，Hodges 后来举出一个例子，说明 $v(\theta)$ 可以低于 C-R 下界. 这就使上述定义的合理性成了问题. 这种估计叫"超有效估计"("Superefficient estimate").

例 2.5.1. 设 $\hat{g}$ 为 θ 的 CAN 估计，且参数空间 Θ 包含 $\theta=0$ 的一个邻域. 记

$$\sqrt{n}\,[\hat{g}(X_1,\ \cdots,\ X_n)-\theta]\xrightarrow{L}N(0,\ v(\theta)).$$

定义

$$g^*(X_1,\ \cdots,\ X_n)=\begin{cases}\alpha\hat{g}(X_1,\ \cdots,\ X_n), \\ \qquad 当\ |\hat{g}(X_1,\ \cdots,\ X_n)|<n^{-1/4}, \\ \hat{g}(X_1,\ \cdots,\ X_n), \\ \qquad 当\ |\hat{g}(X_1,\ \cdots,\ X_n)|\geqslant n^{-1/4}.\end{cases}$$

由于

$$\lim_{n\to\infty}P_\theta(|\hat{g}(X_1,\ \cdots,\ X_n)|<n^{-1/4})=\begin{cases}1,\ 当\ \theta=0, \\ 0,\ 当\ \theta\neq 0.\end{cases}$$

知

$$\sqrt{n}\,[g^*(X_1,\ \cdots,\ X_n)-\theta]\xrightarrow{L}N(0,\ v^*(\theta)). \tag{2.5.8}$$

其中

$$v^*(\theta)=\begin{cases}\alpha^2v(\theta),\ 当\ \theta=0, \\ v(\theta),\quad 当\ \theta\neq 0.\end{cases}$$

这样，取 $\alpha\approx 0$，可以使 $v^*(0)$ 任意接近于 0.

直接从这个例子看，可能得出结论，认为 BAN 估计这个概念也是没有意义的. 不过，进一步的研究表明，总的说来，BAN 估计这个概念是一个合理的、有用的概念. 例如，LeCam 在 1953 年证明(在一定的正则条件下，下同)：渐近方差小于 C-R 下界的那些参数值 θ 只构成一个 Lebesgue 零测集，Rao 在 1961 年证明：在 CUAN 估计中，渐近方差不能小于 C-R 不等式所给的下界. 因此，一般说来超有效性只能出现在很稀有的、非一致收敛的情况中. 另一方面，为了克服类似于例 2.5.1 那种情况带来的困难，

Bahadur 在 1960 年引进所谓"有效标准偏差"的概念．从另一个角度证明了 C–R 下界的有效性．他的结果可表述如下：若 $\hat{g}(X_1, \cdots, X_n)$ 为 $g(\theta)$ 的相合估计，定义 τ，它为方程

$$P_\theta(|\hat{g}(X_1, \cdots, X_n)-g(\theta)|\geqslant\varepsilon)=2\left[1-\Phi\left(\frac{\varepsilon}{\tau}\right)\right]$$

之解，这里 Φ 为 $N(0, 1)$ 的分布函数．这个 τ 的意义如下：若 $\hat{g}$ 为 CAN 估计且成立(2.5.6)，则将有

$$\begin{aligned}&P_\theta(|\hat{g}(X_1, \cdots, X_n)-g(\theta)|\geqslant\varepsilon)\\&\quad=P_\theta(\sqrt{n}\,|\hat{g}-g(\theta)|/\sqrt{v(\theta)}\geqslant\varepsilon/\sqrt{v(\theta)/n})\\&\quad\approx2\left[1-\Phi\left(\frac{\varepsilon}{\sqrt{v(\theta)/n}}\right)\right].\end{aligned}$$

所以 τ 大体相当于 $\sqrt{v(\theta)/n}$ 的地位(注意从 τ 的定义，它与 θ、估计量 $\hat{g}$ 及 ε 都有关)，这就是称它为"有效标准偏差"的根据．Bahadur 证明，对一切 θ 有：先令 $n\to\infty$ 而后 $\varepsilon\to0$ 时，$n\tau^2$ 的下极限不小于 C–R 下界．总之，上述的一些工作证明了：总的说来，C–R 下界不失为 CAN 估计的渐近方差的一个有效的下界，因而 BAN 估计还是一个有用的概念．

BAN 估计的最重要的性质在于其与极大似然估计的联系：在很广的条件下，极大似然估计就是 BAN 估计．

以上我们是就一个估计量的情况来讨论．对多个估计量的情况这些概念有自然的推广．

设 $\boldsymbol{g}(\theta)=(g_1(\theta), \cdots, g_k(\theta))^\tau$ 为定义在参数空间 Θ 上的待估函数，每个 $g_i(\theta)$ 都取有限实值．设 $\hat{\boldsymbol{g}}(X_1, \cdots, X_n)=(\hat{g}_1(X_1, \cdots, X_n), \cdots, \hat{g}_k(X_1, \cdots, X_n))^\tau$ 为 $g(\theta)$ 的估计量，$n=1, 2, \cdots$ 称 $\hat{\boldsymbol{g}}$ 为 $\boldsymbol{g}(\theta)$ 的相合估计，若

$$\lim_{n\to\infty}P_\theta(\|\hat{g}(X_1, \cdots, X_n)-\boldsymbol{g}(\theta)\|\geqslant\varepsilon)=0,$$

对任给 $\varepsilon>0$ 及 $\theta\in\Theta$．这显然等价于说每个 $\hat{g}_i$ 是 $g_i(\theta)$ 的相合估计，$i=1, \cdots, k$．强相合性及一致相合性的定义也与 $k=1$ 的情况类似．

称 $\hat{g}$ 为 $g(\theta)$ 的 CAN 估计，若($X_1, X_2, \cdots$ 为 iid．样本)

$$\sqrt{n}\,(\hat{g}(X_1,\ \cdots,\ X_n)-g(\theta))\xrightarrow{L} N(0,\ \boldsymbol{V}(\theta)),$$

(2.5.8)

对任何 $\theta\in\Theta$, $\boldsymbol{V}(\theta)$ 为 k 阶方阵. CUAN 估计的定义可类似地移过来. 显然, 若 $\hat{g}$ 为 $g(\theta)$ 的 CAN(CUAN) 估计, 则 $\hat{g}_i$ 为 $g_i(\theta)$ 的 CAN(CUAN) 估计, 对 $i=1,\ \cdots,\ k$. BAN 估计也按 $C-R$ 下界来定义: 若在 (2.5.8) 中 $\boldsymbol{V}(\theta)$ 达到 (2.2.29) 式右边规定的下界[1], 则称 $\hat{\boldsymbol{g}}$ 为 $\boldsymbol{g}(\theta)$ 的 BAN 估计. 特别, 当 $\boldsymbol{g}(\theta)=(\theta_1,\ \cdots,\ \theta_k)^T$ 时, 此下界成为 $\boldsymbol{I}^{-1}(\theta)$. 显然, 若 $\hat{\boldsymbol{g}}$ 为 $\boldsymbol{g}(\theta)$ 的 BAN 估计, 则对 $i=1,\ \cdots,\ k$, $\hat{g}_i$ 为 $g_i(\theta)$ 的 BAN 估计.

§2.6. 矩估计和极大似然估计

本节我们从大样本理论的角度介绍两种重要的估计方法, 即矩估计方法和极大似然估计法. 它们不但在估计理论的历史上起过重要作用, 到现在, 在应用上仍占有重要地位. 我们看到, 判决函数理论给我们树立了一些新准则, 丰富了估计理论的内容, 但是当我们面临一个具体问题时, 要借助判决函数的方法去找到一个最优解, 一般都很困难. 这时我们往往不能不仰仗一些较直观的方法作出某种估计量, 然后再从理论上研究其性质. 在这些直观方法中, 以上所述两类方法是比较易行而有效的.

总的说来, 在应用上说矩估计法较为易行, 由之作出的估计一般为 CAN 估计, 但除了在比较简单的情况外, 多不是 BAN 估计. 在这一点上其性质不如极大似然估计好: 如前所述, 在很广的条件下极大似然估计是 BAN 估计. 但是, 在不少情况下求极大似然估计往往涉及比较繁复的计算.

(一) 矩估计和样本矩的基本性质

以下若无其他声明, 我们总假定 $X_1,\ \cdots,\ X_n$ 是抽自某分布 F (一般假定是一维的) 的 iid. 样本. F 属于一定的分布族. 当在

1) 此处与 $k=1$ 的情况一样, $I(\theta)$ 应理解为 X_1 的信息阵.

计算中涉及到 F 的某阶矩时，我们就假定这矩存在有限.

以 X 记随机变量，其分布函数为 F. 我们知道，所谓变量 X 或分布 F 的原点矩，就是指

$$\alpha_k=\int_{-\infty}^{\infty} x^k dF(x)=E(X^k),\ k=1,\ 2,\ 3,\ \cdots.$$

而其中心矩则是指

$$\mu_k=\int_{-\infty}^{\infty}(x-\alpha_1)^k dF(x)=E((X-\alpha_1)^k),\ k=1,\ 2,\ \cdots.$$

显然，α_1 就是 X 的均值 $E(X)$，$\mu_1=0$，μ_2 是 X 的方差 $\mathrm{Var}(X)$. 另外，还有所谓绝对原点矩和绝对中心矩，它们分别指 $E(|X|^k)$ 和 $E(|X-\alpha_1|^k)$.

如果 $X_1,\ \cdots,\ X_n$ 是从 F 中抽出的 iid. 样本. 要从之估计 α_k 或 μ_k. 则一个显而易见的估计量是：

对 α_k：
$$a_k=\frac{1}{n}\sum_{i=1}^{n} X_i^k.$$

对 μ_k：
$$m_k=\frac{1}{n}\sum_{i=1}^{n}(X_i-\overline{X})^k.$$

a_k 和 m_k 分别称为(k 阶)样本原点矩和样本中心矩. 此处为记号简便，没有标出 a_k 与 n(及 $X_1,\ \cdots,\ X_n$)的关系，因此，对记号 a_k，，我们实际上是了解为一列估计(对 $n=1,\ 2,\ \cdots$).

将这一点加以引伸，就得出一般的矩估计法. 设我们的分布族包含参数 θ 而希望估计 θ 的某个函数 $g(\theta)$. 如果能够找到一种方法将 $g(\theta)$ 表为分布的有限个矩的函数：

$$g(\theta)=h(\alpha_{i_1},\ \alpha_{i_2},\ \cdots,\ \mu_{j_1},\ \mu_{j_2},\ \cdots),\tag{2.6.1}$$

则可以用

$$\hat{g}(X_1,\ \cdots,\ X_n)=h(a_{i_1},\ a_{i_2},\ \cdots,\ m_{j_1},\ m_{j_2},\ \cdots)\tag{2.6.2}$$

来估计它. 这种方法就叫做矩估计法. 一个典型例子是 $N(a,\ \sigma^2)$. a 和 σ^2 分别是总体的一阶原点矩 α_1 和二阶中心矩 μ_2，我们可以分别用 a_1 和 m_2 去估计它. 通常为照顾无偏性，将 m_2 修正为 $\frac{n}{n-1}m_2=\frac{1}{n-1}\sum_{i=1}^{n}(X_i-\overline{X})^2$(在这个简单例子中我们也看到，

矩估计不必是无偏的)．下面的例子可以作为矩估计一般方法的代表．

例 2.6.1．考虑密度族(对 L 测度)

$$f(x, \theta_1, \theta_2)=\begin{cases}\dfrac{\theta_2}{\Gamma\left(\dfrac{1+\theta_1}{\theta_2}\right)}x^{\theta_1}\exp(-x^{\theta_2}), & x>0,\\ 0, & x\leqslant 0,\end{cases}$$

$$-1<\theta_1<\infty,\ 0<\theta_2<\infty,$$

要由样本 $X_1, \cdots, X_n$ 估计 θ_1 和 θ_2，直接计算知，

$$\alpha_1=\Gamma\left(\frac{2+\theta_1}{\theta_2}\right)\Big/\Gamma\left(\frac{1+\theta_1}{\theta_2}\right),$$

$$\alpha_2=\Gamma\left(\frac{3+\theta_1}{\theta_2}\right)\Big/\Gamma\left(\frac{1+\theta_1}{\theta_2}\right).$$

从样本 $X_1, \cdots, X_n$ 算出 a_1, a_2，代替上式中的 α_1, α_2，得出一个方程组，其解 $\hat{\theta}_1$ 和 $\hat{\theta}_2$ 即作为 θ_1, θ_2 的估计．在此例中找不到形如(2.6.1)的解析表达式，而只能用数值方法．

当然，在总体矩不存在的场合，如 Cauchy 分布族

$$\frac{1}{\pi}[1+(x-\theta)^2]^{-1},\ -\infty<\theta<\infty,$$

则矩估计法不能用．这时可改用其它适当的方法，如 Pitman 估计、极大似然估计和样本中位数等，都可用来估计 θ．

以上是对矩估计法的一个描述，我们难于给它一个明确的正式定义．这主要由于，被估计的 $g(\theta)$ 通过总体矩的表达式一般不是唯一的，因而基于矩估计可以得到种种不同的估计量．例如，考察 Poisson 分布族，其参数 λ 既为总体均值 α_1，又为总体方差 μ_2．因此按矩估计法，可以用 $a_1=\overline{X}$ 或 m_2 去估计它．在这里，要作一选择需要有其它的准则．例如，$\overline{X}$ 是 λ 的 MVUE 估计，而 m_2 则不是．又如，在分布族 $N(\theta, 1)$ 中要估计 $g(\theta)=1+\theta^2$．我们可以用 $1+a_1^2$．但另一方面，$g(\theta)$ 也等于总体的二阶原点矩，故也可以用 a_2．在这里，a_2 是无偏估计而 $1+a_1^2$ 不是，然而，把 $1+a_1^2$ 修正为 $1-\dfrac{1}{n}+a_1^2$，则得到基于完全充分统计量 a_1 的无偏估计，即

MVUE.

下面来研究样本矩的数字特征.

a. 先考虑 $\overline{X}=a_1$. 这是作为总体均值 a_1 的估计量. 我们熟知(n 为样本大小)

$$\operatorname{Var}(\overline{X})=\frac{1}{n}\operatorname{Var}(X)=\frac{1}{n}\mu_2.$$

更高阶的中心矩也可算出. 例如

$$E[(\overline{X}-a_1)^3]=\frac{1}{n^3}E[(X_1-a_1)+\cdots+(X_n-a_1)]^3,$$

展开后,只有两种类型的项: $E[(X_i-a_1)^3]$, 以及

$$E[(X_i-a_1)^2(X_j-a_1)],\ i\neq j.$$

由独立性,后者为 0, 故

$$E[(\overline{X}-a_1)^3]=\frac{1}{n^3}n\mu_3=\frac{1}{n^2}\mu_3.$$

同法算出 $$E[(\overline{X}-a_1)^4]=\frac{3}{n^2}\mu_2^2+\frac{1}{n^3}(\mu_4-3\mu_2^2).$$

一般地可以证明:

引理 2.6.1. 对 $k=1, 2, \cdots$ 有

$$E[(\overline{X}-a_1)^{2k-1}]=O(n^{-k}),\ E[(\overline{X}-a_1)^{2k}]=O(n^{-k}). \tag{2.6.3}$$

证 不失普遍性可假定 $a_1=0$. 这时

$$E(\overline{X}^{2k-1})=\frac{1}{n^{2k-1}}E[(X_1+\cdots+X_n)^{2k-1}],$$

$(X_1+\cdots+X_n)^{2k-1}$ 的展开式包含形如 $X_1^{i_1}X_2^{i_2}\cdots X_n^{i_n}$ 的项, $i_1+i_2+\cdots+i_n=2k-1$. 由于 $E(X_j)=a_1=0$, 若有一个或多个 $i_j=1$, 则该项之均值为 0, 故只需考虑形如 $X_{r_1}^{i_1}\cdots X_{r_j}^{i_j}$ 的项, 其中每个 $i_s\geqslant 2$. 这时必有 $j\leqslant k-1$. 因此, 所有这种类型的项,其数目不超过 $\sum_{j=1}^{k-1}C_k(j)\binom{n}{j}$, 其中 $C_k(j)$ 为只与 k 和 j 有关而与 n 无关的常数. 显然

$$\sum_{j=1}^{k-1}C_k(j)\binom{n}{j}=O(n^{k-1}),$$

因此

$$E(\overline{X}^{2k-1})=\frac{1}{n^{2k-1}}O(n^{k-1})=O(n^{-k}),$$

同法证明(2.6.3)后一式. 引理证毕.

b. 现在考虑样本原点矩 a_k. 它与样本均值在原则上无异. 因为 $a_k=\frac{1}{n}\sum_{i=1}^{n}X_i^k$, 而 $X_1^k, \cdots, X_n^k$ 仍为 iid, 这样与 a 相似, 我们得到

$$\begin{aligned}\mathrm{Var}(a_k)&=\frac{1}{n}(\alpha_{2k}-\alpha_k^2),\\ E[(a_k-\alpha_k)^3]&=\frac{1}{n^2}(\alpha_{3k}-3\alpha_{2k}\alpha_k+2\alpha_k^3)\end{aligned} \tag{2.6.4}$$

等等, 以及对 $m=1, 2, \cdots$

$$E[(a_k-\alpha_k)^{2m-1}]=O(n^{-m}),\ E[(a_k-\alpha_k)^{2m}]=O(n^{-m}).$$

另外也不难算出 a_k 和 a_j 的协方差:

$$\begin{aligned}\mathrm{Cov}(a_k, a_j)&=E(a_ka_j)-E(a_ka_j)\\ &=\frac{1}{n^2}[n\alpha_{k+j}+n(n-1)\alpha_k\alpha_j]-\alpha_k\alpha_j\\ &=\frac{1}{n}(\alpha_{k+j}-\alpha_k\alpha_j).\end{aligned} \tag{2.6.5}$$

c. 现在考虑样本中心矩 m_k. 其数字特征也可按与上面同样的方法算出. 在计算中只涉及一些初等代数的演算, 但过程比较繁复. 我们只证明几个今后要用到的事实. 首先注意: 不失普遍性可设 $E(X)=\alpha_1=0$, 因为可将 $X_i-\overline{X}$ 表为

$$X_i-\overline{X}=(X_i-\alpha_1)-(\overline{X}-\alpha_1).$$

我们先证明

$$E(m_k)=\mu_k+O\left(\frac{1}{n}\right). \tag{2.6.6}$$

事实上

$$\begin{aligned}m_k&=\frac{1}{n}\sum_{i=1}^{n}(X_i-\overline{X})^k\\ &=a_k-\binom{k}{1}\overline{X}a_{k-1}+\binom{k}{2}\overline{X}^2a_{k-2}-\cdots.\end{aligned} \tag{2.6.7}$$

$E(a_k)=\alpha_k=\mu_k$(注意已设 $E(X)=0$), 而

$$|E(\overline{X}^j a_{k-j})| \leqslant [E(\overline{X}^{2j}) \cdot E(a_{k-j}^2)]^{1/2}.$$

由引理 2.6.1 知 $E(\overline{X}^{2j}) = O(n^{-j})$，故

$$|E(\overline{X}^j a_{k-j})| = O\left(\frac{1}{n}\right),\ j = 2,\ 3,\ \cdots,\ k, \tag{2.6.8}$$

而

$$E(\overline{X} a_{k-1}) = \frac{1}{n^2} E\left(\sum_{i=1}^{n} X_i \sum_{j=1}^{n} X_j^{k-1}\right)$$

$$= \frac{1}{n^2} n\alpha_k = \frac{1}{n} \mu_k. \tag{2.6.9}$$

由(2.6.7)～(2.6.9)得(2.6.6).

其次，我们证明

$$\mathrm{Var}(m_k) = \frac{1}{n}(\mu_{2k} - 2k\,\mu_{k-1}\mu_{k+1} - \mu_k^2 + k^2\mu_2\,\mu_{k-1}^2)$$

$$+ O\left(\frac{1}{n^2}\right). \tag{2.6.10}$$

事实上，由(2.6.7)知

$$(m_k - \mu_k)^2 = \left[(a_k - \alpha_k) - \binom{k}{1}\overline{X} a_{k-1} + \binom{k}{2}\overline{X}^2 a_{k-2} - \cdots\right]^2$$

$$= (a_k - \alpha_k)^2 + k^2\overline{X}^2 a_{k-1}^2 - 2k(a_k - \alpha_k)\overline{X} a_{k-1} + S. \tag{2.6.11}$$

S 中之项或者包含有 $\overline{X}$ 的三次或更高的幂次，或者包含有$(a_k - \alpha_k)$及 $\overline{X}$ 的二次或更高幂次，用 Schwarz 不等式及引理 2.6.1 及(2.6.4)，不难得出

$$E(S) = O(n^{-3/2}) = O(n^{-2}), \tag{2.6.12}$$

这是因为 $E(S)$ 的表达式中只包含 $\frac{1}{n}$ 的整幂，故 $O(n^{-3/2})$ 必为 $O(n^{-2})$. 又

$$E(a_k - \alpha_k)^2 = \frac{1}{n}(\alpha_{2k} - \alpha_k^2) = \frac{1}{n}(\mu_{2k} - \mu_k^2), \tag{2.6.13}$$

$$E(\overline{X}^2 a_{k-1}^2) = \frac{1}{n^4} E\left[\left(\sum_{i=1}^{n} X_i\right)^2 \left(\sum_{j=1}^{n} X_j^{k-1}\right)^2\right]$$

$$= \frac{1}{n^4}[n(n-1)\alpha_k^2 + n\alpha_2\,\alpha_{2k-2} + nn(n-1)\,\alpha_2\,\alpha_{k-1}^2]$$

$$=\frac{1}{n}\alpha_2\alpha_{k-1}^2+O\left(\frac{1}{n^2}\right)=\frac{1}{n}\mu_2\mu_{k-1}^2+O\left(\frac{1}{n^2}\right). \tag{2.6.14}$$

同法算出

$$E[(a_k-\alpha_k)\overline{X}a_{k-1}]=\frac{1}{n}\mu_{k-1}\mu_{k+1}+O\left(\frac{1}{n^2}\right). \tag{2.6.15}$$

由(2.6.11)～(2.6.15)，得

$$E[(m_k-\mu_k)^2]$$
$$=\frac{1}{n}(\mu_{2k}-2k\mu_{k-1}\mu_{k+1}-\mu_k^2+k^2\mu_2\mu_{k-1}^2)+O\left(\frac{1}{n^2}\right).$$

最后，利用(2.6.6)，得

$$\begin{aligned}\operatorname{Var}(m_k)&=E[(m_k-\mu_k)^2]-[E(m_k)-\mu_k]^2\\&=E[(m_k-\mu_k)^2]+O\left(\frac{1}{n^2}\right)\\&=\frac{1}{n}(\mu_{2k}-2k\mu_{k-1}\mu_{k+1}-\mu_k^2+k^2\mu_2\mu_{k-1}^2)+O\left(\frac{1}{n^2}\right),\end{aligned}$$

即(2.6.10)．利用完全同样的方法证明：

$$\begin{aligned}\operatorname{Cov}(m_k,\ m_j)=&\frac{1}{n}(\mu_{k+j}-k\mu_{k-1}\mu_{j+1}-j\mu_{k+1}\mu_{j-1}-\mu_k\mu_j\\&+k_j\mu_2\mu_{k-1}\mu_{j-1})+O\left(\frac{1}{n^2}\right),\end{aligned} \tag{2.6.16}$$

$$\operatorname{Cov}(\overline{X},\ m_k)=\frac{1}{n}(\mu_{k+1}-\mu_{k-1}\mu_2)+O\left(\frac{1}{n^2}\right).$$

（二）矩估计的相合性及渐近正态性

定理 2.6.1. 设[1] $g(\theta)=h(\alpha_{i_1},\ \cdots,\ \alpha_{i_m};\ \mu_{j_1},\ \cdots,\ \mu_{j_k})$，$h$ 为其各变元的连续函数，则 $g(\theta)$ 的矩估计

$$\hat{g}=h(a_{i_1},\ \cdots,\ a_{i_m};\ m_{j_1},\ \cdots,\ m_{j_k}) \tag{2.6.17}$$

为 $g(\theta)$ 的强相合估计．

证． 由强大数定律，对任何自然数 s，只要 α_s 存在有限，就有

$$\lim_{n\to\infty}a_s=\alpha_s,\quad (a.e.\ P_\theta)\quad \text{对任何}\ \theta\in\Theta. \tag{2.6.18}$$

另外，将 m_s 表为(见(2.6.7))．

1) 应当注意，α_s，μ_s 等都是 $\theta\in\Theta$ 的函数，此处及以下为简化记号略去了这一点

$$m_s = a_s - \binom{s}{1}\overline{X} a_{s-1} + \binom{s}{2}\overline{X}^2 a_{s-2} - \cdots. \qquad (2.6.19)$$

前面指出，在讨论样本中心矩时可假定 $\alpha_1 = E(X) = 0$，这时 $\alpha_s = \mu_s$. 由上述

$$\lim_{n\to\infty} a_i = \alpha_i = \mu_i, \ (a.e.P_\theta),$$

$$\lim_{n\to\infty} \overline{X} = \alpha = 0, \ (a.e.P_\theta).$$

由此及(2.6.19)知

$$\lim_{n\to\infty} m_s = \mu_s, \ (a.e.P_\theta). \qquad (2.6.20)$$

由(2.6.17)，(2.6.18)和(2.6.20)，并利用 h 的连续性，立即推出所要的结果.

系 2.6.1. 在定理条件下矩估计是弱相合的.

定理 2.6.2. 在定理 2.6.1 的记号下，若对任何 $\theta \in \Theta$，$h(y_1, \cdots, y_m; z_1, \cdots, z_k)$ 对各变元的一阶偏导数在点 $(\alpha_{i_1}, \cdots, \alpha_{i_m}; \mu_{j_1}, \cdots, \mu_{j_k})$ 处存在连续，则矩估计 $\hat{g}$ 为 $g(\theta)$ 的 CAN 估计.

证. 首先注意：由独立同分布情况下的多维中心极限定理立即推出：

$$\sqrt{n}\,[(a_{s_1} - \alpha_{s_1}), \ \cdots, \ (a_{s_t} - \alpha_{s_t})] \xrightarrow{L} N(0, \Lambda), \qquad (2.6.21)$$

此处 $\Lambda = (\lambda_{uv})_{t\times t}$，而

$$\lambda_{uv} = \operatorname{Cov}(a_{s_u}, a_{s_v}), \ u, v = 1, \cdots, t. \qquad (2.6.22)$$

此处 $\operatorname{Cov}(a_{s_u}, a_{s_v})$ 由(2.6.5)给出

因为任何 μ_j 可表为 $\alpha_1, \cdots, \alpha_j$ 的一个多项式，由 $g(\theta) = h(\alpha_{i_1}, \cdots, \alpha_{i_m}; \mu_{j_1}, \cdots, \mu_{j_k})$ 可知，它可表为某些原点矩的函数：

$$g(\theta) = H(\alpha_{s_1}, \cdots, \alpha_{s_t}). \qquad (2.6.23)$$

且显然，由 h 在 $(\alpha_{i_1}, \cdots, \alpha_{i_m}; \mu_{j_1}, \cdots, \mu_{j_k})$ 处有连续一阶偏导数，知 H 在 $(\alpha_{s_1}, \cdots, \alpha_{s_t})$ 有连续一阶偏导数，而且

$$\hat{g} = H(a_{s_1}, \cdots, a_{s_t}).$$

因此由(2.6.21)及定理 2.5.2′ 立即推出，

$$\sqrt{n}\,(\hat{g}(X_1,\ \cdots,\ X_n)-g(\theta))\xrightarrow{L} N(0,\ v(\theta)).$$

其中

$$v(\theta)=\sum_{u=1}^{t}\sum_{v=1}^{t}\lambda_{uv}q_u q_v. \tag{2.6.24}$$

而

$$q_u=\left.\frac{\partial H(y_1,\ \cdots,\ y_t)}{\partial y_u}\right|_{y_i=\alpha_{s_i},\ i=1,\cdots,t.} \tag{2.6.25}$$

定理得证.

在有些情况下, $g(\theta)$ 的表达式中只包含中心矩, 以及可能还有均值 α_1:

$$g(\theta)=h(\alpha_1,\ \mu_{j_1},\ \cdots,\ \mu_{j_s}),$$

则在计算渐近方差 $v(\theta)$ 时, 可不必化到(2.6.23)的形状, 而用公式(注意(2.6.16)式)

$$v(\theta)=\sum_{u=1}^{s+1}\sum_{v=1}^{s+1}\lambda_{uv}q_u q_v, \tag{2.6.26}$$

q_u 的定义与(2.6.25)类似, 而

$$\lambda_{uv}=\begin{cases}\mu_2,\ 当\ u=v=1;\\ \mu_{j_v}+1-\mu_{j_v-1}\mu_2,\ u=1,\ v=2,\ \cdots,\ s+1;\\ \mu_{j_u+j_v}-j_u\,\mu_{j_u-1}\,\mu_{j_v+1}-j_v\mu_{j_u+1}\,\mu_{j_v-1}-\mu_{j_v}\,u_{j_v}\\ \qquad +j_u\,j_v\,\mu_2\,\mu_{j_u-1},\ \mu_{j_v-1},\ u,v=2,\cdots,\ s+1.\end{cases} \tag{2.6.27}$$

这个简单事实的证明留给读者作为练习.

例 2.6.2. 考虑在初等统计中习知的量

$$g_1=\mu_3/\mu_2^{\frac{3}{2}},\ g_2=\mu_4/\mu_2^2-3,$$

它们分别称为偏度系数与峰度系数. 当总体为正态时, g_1 和 g_2 皆为 0. 这个事实有时用来检验一组数据是否服从正态分布. 由定理 2.6.1 和 2.6.2 知, 当总体非退化($\mu_2\neq 0$)时,

$$\hat{g}_1=m_3/m_2^{3/2},\ \hat{g}_2=m_4/m_2^2-3,$$

分别是 g_1 和 g_2 的 CAN 估计, 其渐近方差由(2.6.26)和(2.6.27)决定, 分别为

$$(4\mu_2^2\mu_6-12\mu_2\mu_3\mu_5-24\mu_2^3\mu_4+9\mu_3^2\mu_4+35\mu_2^2\mu_3^2+36\mu_2^3)/(4\mu_2^5)$$

以及

$$(\mu_2^2\mu_8-4\mu_2\mu_4\mu_5-8\mu_2^2\mu_3\mu_5+4\mu_4^3-\mu_2^2\mu_4^2$$
$$+16\mu_2\mu_3^2\mu_4+16\mu_2^3\mu_3^2)/\mu_2^6,$$

当总体为正态时，其值分别为 6 和 24.

例 2.6.3. 量 $\sqrt{\mu_2}/\alpha_1=\sqrt{\operatorname{Var}(X)}/E(X)$ 称为所谓“变异系数”. 它是一个以总体均值为单位衡量总体变差的量. 只要 $E(X)\neq 0$，则 $\sqrt{m_2}/\overline{X}$ 为其 CAN 估计，渐近方差由(2.6.26)和(2.6.27)决定为

$$[\alpha_1^2(\mu_4-\mu_2^2)-4\alpha\mu_2\mu_3+4\mu_2^3]/(4\alpha_1^4\mu_2).$$

当总体是 $N(a,\sigma^2)$ 时，此值为 $\sigma^2(a^2+2\sigma^2)/2a^4$.

根据定理 2.6.1 和 2.6.2，矩估计是 CAN 估计. 然而，在分布族依赖有限个实参数的情况，矩估计一般不是 BAN 估计. 例外情况限于分布族是

$$f^{X_1}(x,\theta)d\mu(x)=C(\theta)\exp\left(\sum_{i=1}^{k}\theta_iT_i(x)\right)d\mu(x) \tag{2.6.28}$$

的情况，这里 f^{X_1} 表 X_1 的密度，记 $\varphi_i(\theta)=E_\theta(T_i(X_1))$，$i=1,\cdots,k$. 若 $g(\theta)$ 可表为 $h(\varphi_1(\theta),\cdots,\varphi_k(\theta))$ 的形状，对每个 n，分别以 $\frac{1}{n}\sum_{j=1}^{n}T_i(X_j)$ 估计 $\varphi_i(\theta)$，这里 $X_1, X_2, \cdots$ 为自总体(2.6.28)中抽出的 iid. 样本，则由系 2.2.1 不难证明：$g(\theta)$ 的估计量[1)]

$$\hat{g}(X_1,\cdots,X_n)=h\left(\frac{1}{n}\sum_{j=1}^{n}T_1(X_j),\cdots,\frac{1}{n}\sum_{j=1}^{n}T_k(X_j)\right) \tag{2.6.29}$$

为 BAN 估计量，只要 h 对各变元有一阶连续偏导数. 这个简单事实的证明留给读者. 当然，正是这个例外包括了一些常见估计.

(三) 极大似然估计方法

本段不涉及有关大样本理论的问题，因此我们仍用 x 来记样本.

设变量 X 的样本空间为 $(\mathscr{X},\mathscr{B}_{\mathscr{X}})$，$\mu$ 为 $\mathscr{B}_{\mathscr{X}}$ 上的 σ-有限测

1) 注意，(2.6.29)所决定的估计量已不是典型意义下的矩估计，但在 $g(\theta)$ 有所述形式时，这个估计是更方便而自然，且基本思想与矩估计一样.

度. 记 X 的分布族为 $(P_\theta,\ \theta\in\Theta)$. 假定 $(P_\theta,\ \theta\in\Theta)\ll\mu$, 记 $f(x,\theta)=dP_\theta(x)/d\mu$. 假定 $\Theta\subset\mathscr{B}_k$.

定义 2.6.1. 若存在集 $A\in\mathscr{B}_{\mathscr{X}}$, $\mu(A)=0$, 以及一个由 $(\mathscr{X},\mathscr{B}_{\mathscr{X}})$ 到 $(\Theta,\mathscr{B}_\Theta)$ 的可测变换 ($\mathscr{B}_\Theta$ 为 Θ 的一切 Borel 子集构成的 σ-域) $\theta^*(x)$, 致

$$f(x,\theta^*(x))=\sup_{\theta\in\Theta}f(x,\theta),\ \text{对任何}\ x\in\mathscr{X}-A,$$

则称 $\theta^*(x)$ 为 θ 的一个极大似然估计 (Maximum Likelihood Estimate, 以下简记为 MLE).

若 $g(\theta)$ 为 Θ 上的已知函数, 而 $\theta^*(x)$ 为 θ 的 MLE, 则称 $g(\theta^*(x))$ 为 $g(\theta)$ 的一个 MLE.

我们指出: 如果只考虑满足条件 $(P_\theta,\ \theta\in\Theta)\sim\mu$ 的那种 σ-有限测度 μ (即 $P_\theta(A)=0$ 对一切 $\theta\in\Theta\Leftrightarrow\mu(A)=0$), 则 θ^* 是否为 MLE 与 μ 的选择无关. 又注意 $g(\theta)$ 与 θ 一样, 可以是多维的.

对任何固定的 $x\in\mathscr{X}$, $f(x,\theta)$ 看作为 $\theta\in\Theta$ 的函数, 称为似然函数. 如果 $f(x,\theta)$ 对 θ 的最大值在 Θ 的内点处达到且似然函数有对 θ 各分量的一阶偏导数, 则 MLE 必满足方程

$$\frac{\partial f(x,\theta)}{\partial\theta_i}=0,\ i=1,\cdots,k,\ (\theta=(\theta_1,\cdots,\theta_k)'). \tag{2.6.30}$$

方程(组) (2.6.30) 称为似然方程(组). 在 $X=(X_1,\cdots,X_n)$, $X_1,\cdots,X_n$ 为 iid. 样本, X_1 的密度为 $f^{(1)}(x_1,\theta)$ 的场合, $(X_1,\cdots,X_n)$ 的密度为 $f(x,\theta)=\prod_{i=1}^n f^{(1)}(x_i,\theta)$, 这时将 (2.6.30) 写为 $\dfrac{\partial\log f(x,\theta)}{\partial\theta_i}=0\ (i=1,\cdots,k)$ 更为方便, 而方程有形式

$$\sum_{i=1}^n\frac{\partial\log f^{(1)}(x_i,\theta)}{\partial\theta_j}=0,\quad j=1,\cdots,k. \tag{2.6.31}$$

它有时称为对数似然方程.

然而, 在不能肯定 $f(x,\theta)$ 对 θ 的最大值不在 Θ 的边界上达到, 或虽能肯定这一点但不知似然方程的解是否唯一时, 满足似然方程只是 MLE 的必要而非充分条件, 但在指数分布族的场合, 有

比较确定的结果．为此我们先证明一个简单的引理．

引理 2.6.2. 设 Θ 为 R_k 中的一个开凸集，$f(\theta)=f(\theta_1, \cdots, \theta_k)$ 为定义在其上的实函数，对 Θ 中任一点 $\theta=(\theta_1, \cdots, \theta_k)$，$\dfrac{\partial^2 f}{\partial\theta_i\partial\theta_j}$，$i, j=1, \cdots, k$，都存在有限且

$$-\boldsymbol{Q}(\theta)=\left(-\frac{\partial^2 f}{\partial\theta_i\partial\theta_j}\right)_{k\times k}>0, \tag{2.6.32}$$

$\left(\boldsymbol{Q}(\theta)\text{ 为一 } k \text{ 阶方阵，其}(i, j)\text{元为 } \dfrac{\partial^2 f}{\partial\theta_i\partial\theta_j}\right)$则

1* 方程组

$$\frac{\partial f}{\partial\theta_i}=0,\ i=1, \cdots, k \tag{2.6.33}$$

在 Θ 内至多只有一组解 θ_0.

2* 如方程组(2.6.33)有解 θ_0，则

$$f(\theta_0)=\sup_{\theta\in\Theta} f(\theta). \tag{2.6.34}$$

证. 设(2.6.33)在 Θ 内有两解 $\theta_0\neq\theta^*$．由 Θ 的凸性，这两点所连线段全在 Θ 内，故可定义函数

$$H(t)=f(\theta_0\cdot t+\theta^*(1-t)),\ 0\leqslant t\leqslant 1.$$

由假定，θ_0 和 θ^* 都为(2.6.33)的解，故 $H'(0)=H'(1)=0$，因此存在 t_0，$0<t_0<1$，致 $H''(t)=0$．记

$$\tilde{\boldsymbol{\theta}}=\boldsymbol{\theta}_0 t_0+\boldsymbol{\theta}^*(1-t_0),$$

则易见
$$H''(t)=(\boldsymbol{\theta}_0-\boldsymbol{\theta}^*)'\boldsymbol{Q}(\tilde{\boldsymbol{\theta}})(\boldsymbol{\theta}_0-\boldsymbol{\theta}^*)=0.$$

由于 $\boldsymbol{\theta}_0\neq\boldsymbol{\theta}^*$，这显然与 $-\boldsymbol{Q}(\tilde{\boldsymbol{\theta}})>0$ 矛盾．这证明了 1*.

其次，若 θ_0 为(2.6.33)之一解而 θ^* 为 Θ 中任一点，则如上述作函数 $H(t)$ 后，由 $H'(0)=0$ 及 $H''(t)<0$ 知 $H'(t)<0$ 当 $0<t\leqslant 1$，这说明 $H(1)<H(0)$，即 $f(\theta^*)<f(\theta_0)$．这证明了(2.6.34)，且 θ_0 为 f 的唯一极大点，引理证毕．

现设 $X_1, \cdots, X_n$ 为 iid. 样本，X_1 的分布为

$$C(\theta)\exp\left(\sum_{i=1}^{k}\theta_i T_i(x)\right)h(x)d\mu(x),\ \theta\in\Theta.$$

Θ 为自然参数空间，Θ 的内点集 Θ_0 非空．这时 $(X_1, \cdots, X_n)$ 的

密度为

$$f(x_1,\ \cdots,\ x_n,\ \theta)=C^n(\theta)\exp\left[\sum_{i=1}^{k}\theta_i\sum_{j=1}^{n}T_i(x_j)\right],$$

取对数，得 $\log f=n\log C(\theta)+\sum_{i=1}^{k}\theta_i\sum_{j=1}^{n}T_i(x_j)$.

假定 $T_1(x_1),\ \cdots,\ T_k(x_1)$ 线性无关，即不存在不同时为零的常数 $a_0,\ a_1,\ \cdots,\ a_k$，致 $\mu\left(\left\{x:\sum_{i=1}^{k}T_i(x)a_i\neq a_0\right\}\right)=0$，这时由 § 1.2 结尾处所述，可知

$$\mathrm{VAR}_\theta[(T_1(x_1),\ \cdots,\ T_k(x_1)]=-\left(\frac{\partial^2\log C(\theta)}{\partial\theta_i\partial\theta_j}\right)_{k\times k}>0.$$

所以，$\log f(x_1,\ \cdots,\ x_n,\ \theta)$ 作为 θ 的函数，满足引理 2.6.2 的条件. 因而得到下面的

定理 2.6.3. 若对任何 $x_1,\ \cdots,\ x_n$，方程组

$$\frac{n}{C(\theta)}\cdot\frac{\partial C(\theta)}{\partial\theta_i}=-\sum_{j=1}^{n}T_i(x_j),\ i=1,\ \cdots,\ k \qquad (2.6.35)$$

在 Θ_0 内有解，则解必唯一，且为 θ 的 MLE.

证明直接从引理 2.6.2 得出，所要提到的是：(2.6.35) 的解

$$\{\theta_i^*(x_1,\ \cdots,\ x_n),\ i=1,\ \cdots,\ k\}$$

是 $x_1,\ \cdots,\ x_n$ 的可测函数. 这不难利用隐函数的存在定理来证明. 我们不在这个细节上花费更多的篇幅.

在实际问题中，有时对某些 $x_1,\ \cdots,\ x_n$，方程组 (2.6.35) 在 Θ_0 内无解，而极大值在 Θ 的边界上达到. 这时对这些 $x_1,\ \cdots,\ x_n$，MLE 不能用方程 (2.6·35) 求得，但 θ 的 MLE 仍存在.

例 2.6.4. 利用定理 2.6.3 可得出若干常见的 MLE. 例如，设 $X_1,\ \cdots,\ X_n$ 为 iid, $X_1\sim N(a,\ \sigma^2)$. 若记

$$\theta_1=\frac{1}{2\sigma^2}.\ \theta_2=\frac{a}{\sigma^2},T_1(x)=-x^2,\ T_2(x)=x,$$

则易见 $C(\theta)=\pi^{-1/2}\theta_1^{1/2}\exp(-\theta_2^2/4\theta_1)$，而方程组 (2.6.35) 成为

$$n\left(\frac{1}{2\theta_1}+\frac{\theta_2^2}{4\theta_1^2}\right)=\sum_{i=1}^{n}x_i^2,\ n\frac{\theta_2}{2\theta_1}=\sum_{i=1}^{n}x_i,$$

解出 $\theta_1,\ \theta_2$ 为

$$\theta_1^*=\frac{n}{2\sum_{i=1}^n(x_i-\bar{x})^2},\ \theta_2^*=\frac{n\sum_{i=1}^n x_i}{\sum_{i=1}^n(x_i-\bar{x})^2}.$$

这就是 θ_1 及 θ_2 的 MLE. 由于 $a=\theta_2/2\theta_1$, $\sigma^2=\frac{1}{2\theta_1}$, 得 a 和 σ^2 的 MLE 分别为

$$a^*=\overline{X},\ (\sigma^2)^*=\frac{1}{n}\sum_{i=1}^n(X_i-\overline{X})^2.$$

又如二项分布 $B(n, p)$ 中的 p, Poisson 分布 $\mathscr{P}(\lambda)$ 中的参数 λ, 其 MLE 也可以这样求出. 当然,在这些例中,可以直接从原参数形式出发而不必化成自然形式的指数分布,但应注意的是:不少初等教本在求 MLE 时, 实际上只证明了所求出的结果满足似然方程,而并未严格证明它确是 MLE.

例 2.6.5. 设 (X_1, Y_1), $\cdots$, (X_n, Y_n) 是从二维正态总体

$$N\left[\begin{pmatrix}0\\0\end{pmatrix},\ \begin{pmatrix}\sigma^2 & \sigma^2\rho\\ \sigma^2\rho & \sigma^2\end{pmatrix}\right],\ 0<\sigma^2<\infty,\ |\rho|<1$$

中抽出的 iid 样本,要求 σ^2 和 ρ 的 MLE. 总体密度为

$$f(x, y)=\frac{1}{2\pi\sigma^2\sqrt{1-\rho^2}}\times\exp\left[-\frac{1}{2\sigma^2(1-\rho^2)}(x^2+y^2-2\rho xy)\right],$$

引入新参数 $\theta_1=-[2\sigma^2(1-\rho^2)]^{-1}$, $\theta_2=\rho[\sigma^2(1-\rho^2)]^{-1}$, 则化为自然形式的指数族:

$$f(x, y, \theta_1, \theta_2)=\frac{1}{2\pi}\exp[h(\theta_1, \theta_2)]\exp(\theta_1T_1(x, y)+\theta_2T_2(x, y)],$$

其中

$$h(\theta_1, \theta_2)=-\frac{1}{2}\log(4\theta_1^2-\theta_2^2),\ T_1(x, y)=x^2+y^2,\ T_2(x, y)=xy.$$

由(2.6.35),得到决定(θ_1, θ_2)的 MLE(θ_1^*, θ_2^*)的方程组

$$\frac{1}{n}\sum_{i=1}^{n}(x_i^2+y_i^2)=-\frac{4\theta_1^*}{4\theta_1^{*2}-\theta_2^{*2}},$$

$$\frac{1}{n}\sum_{i=1}^{n}x_iy_i=-\frac{\theta_2^*}{4\theta_1^{*2}-\theta_2^{*2}}.$$

我们不必解出这方程组,而直接由关系

$$\sigma^2=-2\theta_1[4\theta_1^2-\theta_2^2]^{-1},\ \rho=-\theta_2/2\theta_1$$

求出 σ^2 和 ρ 的 MLE 为

$$\sigma^{2*}=\frac{1}{2n}\sum_{i=1}^{n}(x_i^2+y_i^2),\ \rho^*=\frac{2\sum_{i=1}^{n}x_iy_i}{\sum_{i=1}^{n}(x_i^2+y_i^2)}.$$

定理 2.6.3 保证了这确是 σ^2, ρ 的 MLE. 如果不用这个定理而要直接验证似然函数在这点达到最大值,并非一件轻而易举之事. 在任何情况下,如果要把由似然方程的某个解作为 MLE,一般需要肯定两点:一是似然函数最大值确在 Θ 的内部达到,一是似然方程只有一解.

在函数 $f(x,\theta)$ 有不连续点时,似然方程一般没有意义.在某些简单情况,例如截段型分布的情况下,MLE 有时可由直接视察看出. 最习知的例子是 $X_1, \cdots, X_n$ 为自 $R(0,\ \theta)$ $(\theta>0)$ 中抽出的 iid 样本. 这时由 MLE 的定义直接得出:θ 的 MLE 为

$$\theta^*=\max\{X_1,\ \cdots,\ X_n\}.$$

同样,若 $X_1, \cdots, X_n$ 为自 $R(\theta_1,\ \theta_2)$ $(-\infty<\theta_1<\theta_2<\infty)$ 中抽出的 iid 样本,则 θ_1, θ_2 的 MLE 分别为

$$\theta_1^*=\min\{X_1,\ \cdots,\ X_n\},\ \theta_2^*=\max\{X_1,\ \cdots,\ X_n\}.$$

而总体均值 $\frac{\theta_1+\theta_2}{2}$ 的 MLE 为 $\frac{\theta_1^*+\theta_2^*}{2}$, 与由矩估计得出的 $\overline{X}$ 不同. 这两个估计都是总体均值 $\frac{\theta_1+\theta_2}{2}$ 的无偏估计. 然而由定理 2.1.1 知, MLE $\frac{\theta_1^*+\theta_2^*}{2}$ 为 $\frac{\theta_1+\theta_2}{2}$ 的 MVUE, 而矩估计 $\overline{X}$ 则不是. 尽管表面上看 MLE 只用了两个样本的信息, 而 $\overline{X}$ 用了全部样本的信息.

在比较复杂的情况下，求 MLE 常需用数值方法．象 Cauchy 分布族

$$f(x,\ \theta)=\frac{1}{\pi}[1+(x-\theta)^2]^{-1},\ -\infty<x<\infty,\ -\infty<\theta<\infty. \tag{2.6.36}$$

若 $X_1,\ \cdots,\ X_n$ 为自此分布中抽出的 iid 样本，则 θ 的 MLE 是方程

$$\sum_{i=1}^{n}\frac{X_i-\theta}{1+(X_i-\theta)^2}=0 \tag{2.6.37}$$

的解．这只能用迭代方法．其中比较常用的是 Newton-Raphson 方法(这方法实际上是求似然方程的一根)：设似然函数为 $f(x,\ \theta_1,\ \cdots,\ \theta_k)$，$\theta_1,\ \cdots,\ \theta_k$ 的 MLE 为 $\theta_1^*,\ \cdots,\ \theta_k^*$，则当初始值 $(\theta_1^0,\ \cdots,\ \theta_k^0)$ 与 $(\theta_1^*,\ \cdots,\ \theta_k^*)$ 比较接近时，将有

$$0=\frac{\partial\tilde{f}}{\partial\theta_i}\bigg|_{\theta=\theta^*}\approx\frac{\partial\tilde{f}}{\partial\theta_i}\bigg|_{\theta=\theta^0}+\sum_{j=1}^{k}\frac{\partial^2\tilde{f}}{\partial\theta_i\partial\theta_j}\bigg|_{\theta=\theta^0}(\theta_j^*-\theta_j^0),$$
$$i=1,\ \cdots,\ k.$$

这里 $\tilde{f}=\log f$．因此，若记

$$\boldsymbol{B}(\theta)=\left(\frac{\partial^2\tilde{f}}{\partial\theta_i\partial\theta_j}\right)_{k\times k},\quad \boldsymbol{a}(\theta)=\left(\frac{\partial\tilde{f}}{\partial\theta_1},\ \cdots,\ \frac{\partial\tilde{f}}{\partial\theta_k}\right)^{\tau}.$$

则将有 $\boldsymbol{\theta}^*\approx\boldsymbol{\theta}^0-\boldsymbol{B}^{-1}(\boldsymbol{\theta}^0)\boldsymbol{a}(\boldsymbol{\theta}^0)$，这样得到迭代方程

$$\boldsymbol{\theta}^{(r+1)}=\boldsymbol{\theta}^{(r)}-\boldsymbol{B}(\boldsymbol{\theta}^{(r)})\boldsymbol{a}(\boldsymbol{\theta}^{(r)}),\ r=0,\ 1,\ 2,\ \cdots. \tag{2.6.38}$$

其中 $\boldsymbol{\theta}^{(0)}$ 为初始值，这个方法是否可行，除了与 f 有关外，还取决于初始值 θ^0 的选择．有趣的是，当 θ^0 选择得足够好时，只需迭代一次就可以得到一个 BAN 估计：设 $X_1,\ X_2,\ \cdots,\ X_n,\ \cdots$ 为自具密度 $f(x,\ \theta)$ 的总体中抽出的 iid 样本，$\hat{\theta}(x_1,\ \cdots,\ x_n)$ 为 θ 的相合估计，满足条件

$$\lim_{n\to\infty}n^{1/4}\|\hat{\theta}(X_1,\ \cdots,\ X_n)-\theta\|\xlongequal{P_\theta}0,$$

对任何 $\theta\in\Theta$．则在 f 满足一定的正则性条件时，以 $\hat{\theta}(X_1,\ \cdots,\ X_n)$ 为初始值，经过(2.6.38)作一次迭代，得到的估计量 $\tilde{\theta}(X_1,\ \cdots,\ X_n)$ 是 θ 的 BAN 估计．

以 Cauchy 分布(2.6.36)为例，若以 $\mu_n(x_1,\ \cdots,\ x_n)$ 记 X_1,

…, X_n 的样本中位数(样本中位数是指 $X_1, \cdots, X_n$ 的次序统计量中居中的那一个. 当 n 为偶数时, 则为居中那两个的平均值), 则如我们以后将证明的(见第六章§6.1), μ_n 为 θ 的 CAN 估计但不是 BAN 估计. 用(2.6.38)迭代一次得

$$\tilde{\theta}_n=\mu_n-\frac{\sum_{i=1}^{n}(X_i-\mu_n)/[1+(X_i-\mu_n)^2]}{\sum_{i=1}^{n}[(X_i-\mu_n)^2-1]/[1+(X_i-\mu_n)^2]^2} \tag{2.6.39}$$

是 θ 的 BAN 估计.

如果 θ 有一个充分统计量 $t(x)$, 且分解定理的条件适合, 则 $f(x, \theta)=g(t(x), \theta)h(x)$. 由此立即看出: θ 的 MLE(如果存在) θ^* 只与 $t(x)$ 有关, 这是 MLE 的一个优点. 从前面举的均匀分布的例子看出,矩估计就没有这个性质.

(四) MLE 的相合性

关于 MLE 的相合性, 在 1949 年以前, 所达到的结果只是证明了在一定的条件下, 对任何指定的 $\theta_0\in\Theta$, 似然方程有一个解, 依概率 P_{θ_0} 收敛于 θ_0. 由于似然方程的解不必是 MLE, 这并没有解决 MLE 的相合性的问题. 1949 年 Wald 首先证明了: 在一些正则性条件下, MLE 确为相合估计. 下面我们先来证明刚才提到的关于似然方程的解的那个结果.

引理 2.6.3. 设 μ 为可测空间 $(\mathscr{X}, \mathscr{B}_{\mathscr{X}})$ 上的测度, $f(x)$ 和 $g(x)$ 为定义在 $\mathscr{X}$ 上的两个非负 $\mathscr{B}_{\mathscr{X}}$-可测函数, 满足条件

$$\int_{\mathscr{X}} f(x)\,d\mu(x)=\int_{\mathscr{X}} g(x)\,d\mu(x)=1,$$

而且

$$\int_{\mathscr{X}}|\log f(x)|f(x)\,d\mu(x)<\infty, \tag{2.6.40}$$

则

$$\int_{\mathscr{X}}(\log g(x))f(x)\,d\mu(x)\leqslant\int_{\mathscr{X}}(\log f(x))f(x)\,d\mu(x), \tag{2.6.41}$$

等号当且仅当 $f(x)=g(x)$ (a.e. μ)时成立.

证. 考虑随机变量 X, 它以 $(\mathscr{X}, \mathscr{B}_{\mathscr{X}})$ 为样本空间, 其概率分布为 $P(X\in A)=\int_A f(x)d\mu(x)$. 记 $Y=g(X)/f(X)$, 则 Y 为非负随机变量(注意由(2.6.40)知 $f(X)\neq 0$ (a.e. P_x)), 而 $-\log y$ 是 $0<y<\infty$ 内的凸函数, 由引理 2.1.2 可知

$$-E[\log Y]\geqslant -\log[E(Y)], \tag{2.6.42}$$

但
$$E(Y)=\int_{\mathscr{X}}\frac{g(x)}{f(x)}f(x)d\mu(x)=\int_{\mathscr{X}}g(x)d\mu(x)=1,$$

故有 $-E(\log Y)\geqslant 0$, 即(2.6.41). 要(2.6.41)中等号成立, 充要条件为(2.6.42)中的等号成立. 由于 $-\log y$ 的严凸性, 这只在 $\frac{g(X)}{f(X)}=1$ (a.e. P_1)时才可能. 不难看出这等价于

$$f(x)=g(x)\ (\text{a.e.}\ \mu).$$

引理证毕.

定理 2.6.4. 设 $X_1, X_2, \cdots, X_n, \cdots$ 为变量 X 的 iid 样本, X 的分布对某 σ-有限测度 μ 有密度 $f(x, \theta)$. 假定 Θ 为 R_1 的开集, $\frac{\partial f(x, \theta)}{\partial\theta}$ 在 Θ 上处处存在有限, 且对任何 $\theta_1\neq\theta_2$ 有

$$\mu(\{X: f(x, \theta_1)\neq f(x, \theta_2)\})>0$$

(这个要求就是不同的 θ 确实相应于 X 的不同分布), 又

$$E_\theta(|\log f(X, \theta)|)<\infty$$

对任何 $\theta\in\Theta$, 则对任何 $\theta_0\in\Theta$, 方程

$$\sum_{i=1}^n\frac{\partial\log f(x_i, \theta)}{\partial\theta}=0 \tag{2.6.43}$$

有一解 $\hat{\theta}(x_1, \cdots, x_n)$, 满足 $P_{\theta_0}(\hat{\theta}(x_1, \cdots, x_n)\longrightarrow\theta_0)=1$[1].

证. 任取 $\theta_0\in\Theta$ 及 $\delta>0$ 充分小, 致 $(\theta_0-\delta, \theta_0+\delta)\subset\Theta$. 由定理最后两个假定及引理 2.6.3 知

$$E_{\theta_0}(\log f(X, \theta_0))>E_{\theta_0}(\log f(X, \theta_0\pm\delta)).$$

由强大数律, 有

---

1) 和某些著作中的断言相反, 由本定理的条件还不能推出似然方程有相合解, 对后文定理 2.6.6 也有类似情况.

$$\lim_{n\to\infty}\frac{1}{n}\sum_{i=1}^{n}\log f(x_i,\ \theta_0)=E_{\theta_0}(\log f(X,\ \theta_0)),\ (\text{a.e.}P_{\theta_0}),$$

$$\lim_{n\to\infty}\frac{1}{n}\sum_{i=1}^{n}\log f(X_i,\ \theta_0\pm\delta)$$

$$=E_{\theta_0}(\log f(X,\ \theta_0\pm\delta)),\ (\text{a.e.}P_{\theta_0}).$$

因此，以概率(P_{θ_0})为1地，当n充分大时，有

$$\sum_{i=1}^{n}\log f(x_i,\ \theta_0)>\sum_{i=1}^{n}\log f(x_i,\ \theta_0\pm\delta),$$

即函数$h(\theta)=\sum_{i=1}^{n}\log f(x_i,\ \theta)$在区间$[\theta_0-\delta,\ \theta_0+\delta]$两端之值都小于其在中点$\theta_0$处之值，这说明存在$\hat{\theta}(X_1,\ \cdots,\ X_n)\in(\theta_0-\delta,\ \theta_0+\delta)$，致(2.6.43)当$\theta=\hat{\theta}(X_1,\ \cdots,\ X_n)$成立，即$\hat{\theta}(X_1,\ \cdots,\ X_n)$为(2.6.43)之一根．由$\delta>0$的任意性知$\hat{\theta}$为$\theta$的相合估计．定理证毕．

从定理证明中看到，对有限的n，(2.6.43)不一定以概率为1有解．对使(2.6.43)无解的$(x_1,\ \cdots,\ x_n)$，可任意规定$\hat{\theta}$之值．这时所得的$\hat{\theta}(X_1,\ \cdots,\ X_n)$仍为$\theta$的相合估计．

现在我们来叙述并证明Wald的定理，它在一些条件下断言MLE确有相合性．证明的基础也是引理2.6.3及强大数律．从这个证明可以窥见近代大样本理论风格之一斑：一大堆形式复杂的正则性条件．

设变量X的样本空间为$(\mathscr{X},\ \mathscr{B}_{\mathscr{X}})$，分布族为$(P_\theta,\ \theta\in\Theta)$，$\Theta=R_k$．假定$(P_\theta,\ \theta\in\Theta)\ll\mu$，$\mu$为$\mathscr{B}_{\mathscr{X}}$上的$\sigma$-有限测度．记$f(x,\ \theta)=dP_\theta(X)/d\mu$，以及

$$f(x,\ \theta,\ \rho)=\sup_{\|\theta'-\theta\|<\rho}f(x,\ \theta'),\ (0<\rho<\infty),$$

$$\varphi(x,\ r)=\sup_{\|\theta\|>r}f(x,\ \theta),\ (0<r<\infty),$$

$$f^*(x,\ \theta,\ \rho)=\begin{cases}1, & \text{当}f(x,\ \theta,\ \rho)\leqslant 1,\\ f(x,\ \theta,\ \rho), & \text{当}f(x,\ \theta,\ \rho)>1,\end{cases}$$

$$\varphi^*(x,\ r)=\begin{cases}1, & \text{当}\varphi(x,\ r)\leqslant 1,\\ \varphi(x,\ r), & \text{当}\varphi(x,\ r)>1.\end{cases}$$

假定:

(i) 对每个 $\theta\in\Theta$ 和 $\rho>0$, $f(x,\theta,\rho)$ 为 $\mathscr{B}_{\mathscr{X}}$ 可测;

(ii) 对每个 $\theta\in\Theta$ 及 $\theta_0\in\Theta$, 存在 $\rho_{\theta,\theta_0}>0$, 使当 $0<\rho<\rho_{\theta,\theta_0}$ 时,有 $\int_{\mathscr{X}}[\log f^*(x,\theta,\rho)]f(x,\theta_0)d\mu(x)<\infty$. 又当 r 充分大(与 θ_0 有关)时, $\int_{\mathscr{X}}[\log\varphi^*(x,r)]f(x,\theta_0)d\mu(x)<\infty$;

(iii) 对任何 $\theta\in\Theta$ 有 $\int_{\mathscr{X}}|\log f(x,\theta)|f(x,\theta)d\mu(x)<\infty$;

(iv) 存在一集 $A\in\mathscr{B}_{\mathscr{X}}$, 使对任何 θ 有 $\int_A f(x,\theta)d\mu(x)=0$, 且 $\lim\limits_{\|\theta'\|\to\infty} f(x,\theta')=0$, 当 $x\overline{\in}A$;

(v) 当 $\theta_1\neq\theta_2$ 时, $\mu(\{x:f(x,\theta_1)\neq f(x,\theta_2)\})>0$;

(vi) 对任何 $\theta\in\Theta$ 存在一集 $B_\theta\in\mathscr{B}_{\mathscr{X}}$, 致 $\int_{B_\theta}f(x,\theta_0)d\mu=0$ 对任何 $\theta_0\in\Theta$, 且当 $x\overline{\in}B_\theta$ 时,有

$$f(x,\theta')\longrightarrow f(x,\theta),\quad 对任何\ \theta'\longrightarrow\theta.$$

定理 2.6.5. 在上述假定下, 设 $X_1, X_2, \cdots, X_n, \cdots$ 为变量 X 的 iid 样本, 且对任何 n, 基于样本 $X_1, \cdots, X_n$ 的, θ 的 MLE$\theta_n^*(X_1,\cdots,X_n)$ 存在, 则 θ_n^* 为 θ 的强相合估计.

证明基于引理 2.6.3, 及以下几个引理.

引理 2.6.4. $\varphi(x,r)$, $f^*(x,\theta,\rho)$, $\varphi^*(x,r)$ 都是 x 的 $\mathscr{B}_{\mathscr{X}}$-可测函数.

证. 以 $\{\theta_m\}$ 记 Θ 中一切有理点. 将其中满足 $\|\theta_m\|>r$ 的那部分取出,记为 $\{\theta_{m_i}\}$. 记 $\rho_i=\|\theta_{m_i}\|-r$, 则有 $\varphi(x,r)=\sup\limits_i f(x,\theta_{m_i},\rho_i)$. 于是由假定(i)得 $\varphi(x,r)$ 为 $\mathscr{B}_{\mathscr{X}}$-可测. 由 φ 可测知 φ^* 可测. f^* 的可测性直接由假定(i)推出.

引理 2.6.5. 对任何 $\theta\in\Theta$, $\theta_0\in\Theta$, 有

$$\lim_{\rho\to0}E_{\theta_0}[\log f(X,\theta,\rho)]=E_{\theta_0}[\log f(X,\theta)].\qquad(2.6.44)$$

证. 记 $f^*(x,\theta)=\max\{f(x,\theta),1\}$. 由假定(vi)知. 当 $x\overline{\in}B_\theta$ 时, 有 $\log f^*(x,\theta,\rho)\longrightarrow\log f^*(x,\theta)$, 当 $\rho\to0$. 由假定(ii)可知, 对某个 $\rho_0>0$, 非负函数族 $\{\log f^*(x,\theta,\rho): 0<\rho\leqslant\rho_0\}$

被 $\log f^*(x, \theta, \rho_0)$ 所控制. 因此

$$\lim_{\rho\to 0} E_{\theta_0}[\log f^*(X, \theta, \rho)] = E_{\theta_0}[\log f^*(X, \theta)]. \tag{2.6.45}$$

定义 $f^{**}(x, \theta, \rho)=\min\{f(x, \theta, \rho), 1\}$, $f^{**}(x, \theta)=\min\{f(x, \theta), 1\}$. 由于 $0\leqslant f^{**}(x, \theta)\leqslant f^{**}(x, \theta, \rho)\leqslant 1$, 有 $|\log f^{**}(x, \theta, \rho)|\leqslant |\log f^{**}(x, \theta)|$, 且当 $\rho\to 0$ 时, 只要 $x\overline{\in} B_\theta$, 就有 $f^{**}(x, \theta, \rho)\to f^{**}(x, \theta)$. 因此, 若有 $E_{\theta_0}(\log f^{**}(X, \theta))>-\infty$(由 $\log f^{**}\leqslant 0$, $E_{\theta_0}(\log f^{**}(X, \theta))$ 必有意义且不取大于 0 的值), 则由控制收敛定理,

$$\lim_{\rho\to 0} E_{\theta_0}[\log f^{**}(X, \theta, \rho)] = E_{\theta_0}[\log f^{**}(X, \theta)]. \tag{2.6.46}$$

易见(2.6.46)当其右边为 $-\infty$ 时仍成立. 为此, 取定一个 $M<0$. 则存在 c, $-\infty<c<0$, 致

$$\int_{\{x:\log f^{**}(x,\theta)\geqslant c\}} [\log f^{**}(x, \theta)] f(x, \theta_0) d\mu(x)\leqslant M.$$

以 A_c 记积分号下之集合. 由于在此集合上(对任何固定的 c), $\{\log f^{**}(x, \theta, \rho), 0<\rho<\infty\}$ 有界, 故

$$\begin{aligned}-\infty &\leqslant \limsup_{\rho\to 0} E_{\theta_0}[\log f^{**}(X, \theta, \rho)]\\ &\leqslant \lim_{\rho\to 0}\int_{A_c}[\log f^{**}(x, \theta, \rho)] f(x, \theta_0) d\mu\\ &=\int_{A_c}[\log f^{**}(x, \theta)] f(x, \theta_0) d\mu\leqslant M.\end{aligned}$$

由 M 的任意性, 知(2.6.46)的左边当 $\rho\to 0$ 时, 也趋向于 $-\infty$, 故(2.6.46)总成立, 现在利用

$$\begin{aligned}&E_{\theta_0}[\log f(X, \theta, \rho)]\\ &\quad = E_{\theta_0}[\log f^*(X, \theta, \rho)] + E_{\theta_0}[\log f^{**}(X, \theta, \rho)].\end{aligned}$$

由(2.6.45)及(2.6.46), 以及(2.6.45)两边都有限的事实, 立即推得(2.6.44). 引理证毕.

引理 2.6.6. 对任何 $\theta_0\in\Theta$ 有

$$\lim_{r\to\infty} E_{\theta_0}[\log \varphi(X, r)] = -\infty. \tag{2.6.47}$$

证．由假定(iv)知，当 $x\overline{\in} A$ 时，$\log\varphi(x, r)\to-\infty$，当 $r\to\infty$，故 $\log\varphi^*(x, r)\to 0$．当 $r\to\infty$．由假定(ii)，存在 $r_0>0$，致 $E_{\theta_0}[\varphi^*(X, r_0)]$ 有限(注意 φ^* 不取负值)．因为函数族 $\{\log\varphi^*(x, r): r\geqslant r_0\}$ 为 $\log\varphi^*(x, r_0)$ 所控制，由控制收敛定理知

$$\lim_{r\to\infty} E_{\theta_0}[\log\varphi^*(X, r)]=0.$$

又注意到，当 r 增加时，函数

$$\log\varphi^*(x, r)-\log\varphi(x, r)$$

非负非降．由单调收敛定理，有

$$\lim_{r\to\infty} E_{\theta_0}[\log\varphi^*(X, r)-\log\varphi(X, r)]=\infty.$$

由此式及 $\lim\limits_{r\to\infty} E_{\theta_0}[\log\varphi^*(X, r)]=0$ 即得引理．

引理 2.6.7．设 $\theta_0\overline{\in}\omega\subset\Theta$，$\omega$ 为闭集，则

$$P_{\theta_0}\left(\lim_{n\to\infty}\frac{\sup\limits_{\theta\in\omega}[f(X_1, \theta)\cdots f(X_n, \theta)]}{f(X_1, \theta_0)\cdots f(X_n, \theta_0)}=0\right)=1. \tag{2.6.48}$$

证．由引理 2.6.6 及假定(iii)知存在 r_0，致

$$E_{\theta_0}[\log\varphi(X, r_0)]<E_{\theta_0}[\log f(X, \theta_0)], \tag{2.6.49}$$

记 $\omega_1=\omega\cap\{\theta: \|\theta\|\leqslant r_0\}$．由引理 2.6.3 和 2.6.5 知，对任何 $\theta\in\omega$，存在 $\rho_\theta>0$，致

$$E_{\theta_0}[\log f(X, \theta, \rho_\theta)]<E_{\theta_0}[\log f(X, \theta_0)]. \tag{2.6.50}$$

以 $S(\theta, \rho)$ 记以 θ 为中心，ρ 为半径的闭球体，则因 ω_1 为有界闭集，由有限复盖定理知，存在 $\{\theta_1, \cdots, \theta_h\}\subset\omega_1$，致 $\omega_1\subset\bigcup\limits_{i=1}^{h} S(\theta_i, \rho_{\theta_i})$．显然

$$0\leqslant\sup_{\theta\in\omega}\prod_{j=1}^{n} f(X_j, \theta)\leqslant\sum_{i=1}^{h}\prod_{j=1}^{n} f(X_j, \theta_i, \rho_{\theta_i})+\prod_{j=1}^{n}\varphi(X_j, r_0),$$

因此，要证(2.6.48)，只需证明

$$P_{\theta_0}\left(\lim_{n\to\infty}\frac{f(X_1, \theta_i, \rho_{\theta_i})\cdots f(X_n, \theta_i, \rho_{\theta_i})}{f(X_1, \theta_0)\cdots f(X_n, \theta_0)}=0\right)=1,$$

$$i=1, \cdots, h,$$

$$P_{\theta_0}\left(\lim_{n\to\infty}\frac{\varphi(X_1, r_0)\cdots\varphi(X_n, r_0)}{f(X_1, \theta_0)\cdots f(X_n, \theta_0)}=0\right)=1.$$

这两式分别可改写为

$$P_{\theta_0}\left(\lim_{n\to\infty}\left[\sum_{j=1}^{n}\log f(X_j,\ \theta_i,\ \rho_{\theta_i})-\sum_{j=1}^{n}\log f(X_j,\ \theta_0)\right]=-\infty\right)$$
$$=1,\qquad i=1,\ \cdots,\ h;$$

$$P_{\theta_0}\left(\lim_{n\to\infty}\left[\sum_{j=1}^{n}\log \varphi(X_j,\ r_0)-\sum_{j=1}^{n}\log f(X_j,\ \theta_0)\right]=-\infty\right)=1.$$

但根据强大数定律，这两式分别由(2.6.50)及(2.6.49)推出，这完成了引理的证明.

现在转到定理的证明. 由于 $\theta_n^*(X_1,\ \cdots,\ X_n)$ 为 θ 的(基于 $X_1,\ \cdots,\ X_n$ 的)MLE, 有

$$P_{\theta_0}\left(\frac{f(X_1,\ \theta_n^*)\cdots f(X_n,\ \theta_n^*)}{f(X_1,\ \theta_0)\cdots f(X_n,\ \theta_0)}\geqslant 1\right)=1. \qquad (2.6.51)$$

任给 $\varepsilon>0$. 记事件

$$A_\varepsilon=\{(x_1,\ x_2,\ \cdots):\text{当 } n \text{ 充分大时},$$
$$\theta_n^*(x_1,\ \cdots,\ x_n)\in S(\theta_0,\ \varepsilon)\}.$$

($S(\theta_0,\ \varepsilon)$ 为以 θ_0 为中心, ε 为半径的闭球体), 则由(2.6.51)

$$A_\varepsilon^c\subset C_\varepsilon=\{(x_1,\ x_2,\ \cdots):\text{对无限个 } n,\ \text{有}$$
$$\sup_{\|\theta-\theta_0\|\geqslant\varepsilon} f(x_1,\ \theta)\cdots f(x_n,\ \theta)\geqslant f(x_1,\ \theta_0)\cdots f(x_n,\ \theta_0)\}.$$

但由引理 2.6.7 知 $P_{\theta_0}(C_\varepsilon)=0$, 因此得到 $P_{\theta_0}(A_\varepsilon^c)=0$, 即 $P_{\theta_0}(A_\varepsilon)=1$, 这等于说

$$\lim_{n\to\infty}\theta_n^*(X_1,\ \cdots,\ X_n)=\theta_0(\text{a. e. } P_{\theta_0}),$$

即 θ_n^* 为 θ_0 的强相合估计. 定理证毕.

Wolfowitz 对上述 Wald 关于 MLE 的相合性的证明作了一个注解.

Wolfowitz 的注解. 记 $\Omega(\varepsilon)=\{\theta:\|\theta-\theta_0\|\geqslant\varepsilon\}$. 设 Wald 定理的条件全部成立, 则任给 $\eta>0$, $\varepsilon>0$, 必存在只与 η 有关的 $d=d_\eta$, $0<d<1$, 以及与 η, ε 有关的 $N(\eta,\ \varepsilon)$, 致当 $n\geqslant N(\eta,\ \varepsilon)$ 时,

$$P_{\theta_0}\left(\sup_{\theta\in\Omega(\eta)}\prod_{i=1}^{n}f(X_i,\ \theta)\Big/\prod_{i=1}^{n}f(X_i,\theta_0)>d^n\right)<\varepsilon,$$

恰如在 Wald 定理证明中那样，得出 $r_0, \rho_{\theta_1}, \cdots, \rho_{\theta_h}$. 致

$$\bigcup_{i=1}^{h} S(\theta_i, \rho_{\theta_i}) \supset \Omega(\eta) \cap \{\theta: \|\theta\| \leqslant r_0\}.$$

定义 $T(\theta_i)$ 如下：

$$-2T(\theta_i) = E_{\theta_0}[\log f(X, \theta_i, \rho_{\theta_i})] - E_{\theta_0}[\log f(X, \theta_0)],$$

$$i=1, \cdots, h,$$

$$-2T(\theta_{h+1}) = E_{\theta_0}[\log \varphi(X, r_0)] - E_{\theta_0}[\log f(X, \theta_0)].$$

若上式中任一个的右边为无穷，则相应的 $T(\theta_i)$ 以 1 代替. 这样定义的 $T(\theta_i)$ 都大于 0，用大数定律知 $P_{\theta_0}\left\{\frac{1}{n}\sum_{j=1}^{n}(\log f(X_j, \theta_i, \rho_{\theta_i}) - \log f(X_j, \theta_0)) \longrightarrow -2T(\theta_i)\right\} = 1$，因而对任给 $\varepsilon > 0$，存在 N_i 充分大，使当 $n \geqslant N_i$ 时，

$$P_{\theta_0}\left\{\frac{1}{n}\sum_{j=1}^{n}(\log f(X_j, \theta_i, \rho_{\theta_i}) - \log f(X_j, \theta_0)) > -T(\theta_i)\right\}$$

$$< \frac{\varepsilon}{h+1},$$

对 $i=1, \cdots, h$，即

$$P_{\theta_0}\left\{\prod_{j=1}^{n} f(X_j, \theta_i, \rho_{\theta_i}) \Big/ \prod_{j=1}^{n} f(X_j, \theta_0) > e^{-nT(\theta_i)}\right\} < \frac{\varepsilon}{h+1}.$$

当 $n \geqslant N_i$，对 $i=1, \cdots, h$. 同理

$$P_{\theta_0}\left\{\prod_{j=1}^{n} \varphi(X_j, r_0) \Big/ \prod_{j=1}^{n} f(X_j, r_0) > e^{-nT(\theta_{h+1})}\right\}$$

$$< \frac{\varepsilon}{h+1}, \quad n \geqslant N_{h+1},$$

取 $d = \max\limits_{1 \leqslant i \leqslant h} e^{-T(\theta_i)}$ 及 $N(\eta, \varepsilon) = \max\limits_{1 \leqslant i \leqslant h+1} N_i$ 即证得所要结果.

从 Wald 定理的证明过程不难看出：如果 Θ 是 R_k 的一个子集，其边界记为 $\overline{\Theta}$. 以 $d(\theta, \overline{\Theta})$ 记 $\theta \in \Theta$ 与边界 $\overline{\Theta}$ 的距离. 则如将假定 (iv) 中的 $\|\theta\| \to \infty$ 改为 $\|\theta\| + [d(\theta, \overline{\Theta})]^{-1} \to \infty$，定理的结论对 Θ 的任意内点 θ_0 成立，即当 θ_0 为 Θ 的内点时，有

$$P_{\theta_0}(\lim_{n\to\infty} \theta_n^*(X_1, \cdots, X_n) = \theta_0) = 1.$$

然而，确实存在着 MLE 不为相合的情况.

例 2.6.6(Basu). 设 $X_1, X_2, \cdots, X_n, \cdots$为变量 X 的 iid 样本, X 的分布为

$$P_\theta(X=1)=1-P_\theta(X=0)=\begin{cases}\theta, & \text{当 } \theta \text{ 为有理数},\\ 1-\theta, & \text{当 } \theta \text{ 为无理数}.\end{cases}$$

此处 $0\leqslant\theta\leqslant 1$. 以 T_n 记 $X_1+\cdots+X_n$, 则$(X_1, \cdots, X_n)$的似然函数为

$$f(x_1, \cdots, x_n, \theta)=\begin{cases}\theta^{T_n}(1-\theta)^{n-T_n}, & \text{当 } \theta \text{ 为有理数},\\ (1-\theta)^{T_n}\theta^{n-T_n}, & \text{当 } \theta \text{ 为无理数},\end{cases}$$

易见 $\sup\limits_{0\leqslant\theta\leqslant 1} f(X_1, \cdots, X_n, \theta)$ 在$\theta_n^*=T_n/n$ 处达到,且

$$\lim_{n\to\infty}\theta_n^*=\begin{cases}\theta, & \text{当 } \theta \text{ 为有理数},\\ 1-\theta, & \text{当 } \theta \text{ 为无理数}.\end{cases}$$

这说明 MLE θ_n^* 不是 θ 的相合估计.

(五) MLE 的渐近正态性

关于MLE的渐近正态性, Cramer 在[2]中有所讨论. Cramer 证明在一定的正则条件下, 对任给 $\theta_0\in\Theta$, 似然方程有一根 $\tilde{\theta}_n(X_1,\cdots,X_n)$, 致$\sqrt{n}\,(\tilde{\theta}_n-\theta_0)\xrightarrow{L} N(0, I^{-1}(\theta_0))$, (当参数真值为 θ_0 时). 但这还没有解决 MLE 的渐近正态性的问题. 自五十年代以来, Gurland, Kulldorf, LeCam, Bahadur, Daniels 等人对 MLE 的渐近正态性进行了研究. 这些工作都是在很繁重的正则性条件下, 证明了 MLE 为 BAN 估计. 本书由于篇幅和性质所限, 不能对这些工作加以仔细介绍, 而只能满足于证明下面的结果.

设变量 X 的分布族为$\{f(x, \theta)d\mu(x), \theta\in\Theta\}$, Θ 为 R_1 的一个开集. 假定

(i) $\displaystyle\int_{\mathscr{X}}\frac{\partial f(x, \theta)}{\partial\theta}\,d\mu(x)=\int\frac{\partial^2 f(x, \theta)}{\partial\theta^2}\,d\mu(x)=0.$

(ii) $\displaystyle 0<\int_{\mathscr{X}}\left[\frac{\partial\log f(x, \theta)}{\partial\theta}\right]^2 f(x, \theta)d\mu(x)<\infty.$

(iii) 存在 $M(x)$，致$\int_{\mathscr{X}} M(x)f(x,\ \theta)d\mu(x)<k<\infty$，对任何 $\theta\in\Theta$，且

$$\left|\frac{\partial^3 \log f(x,\ \theta)}{\partial\theta^3}\right|<M(x).$$

(iv) 不同的 θ 值相应于 X 的不同分布.

定理 2.6.6. 在假定(i)～(iv)之下，设 $X_1,\ \cdots,\ X_n$ 为变量 X 的 iid 样本，则对任何 $\theta_0\in\Theta$，似然方程有一解 $\hat{\theta}_n(X_1,\ \cdots,\ X_n)$，满足 $\sqrt{n}(\hat{\theta}_n-\theta_0)\xrightarrow{L}N\left(0,\ \dfrac{1}{I(\theta_0)}\right)$. 且似然方程的任一($\theta$ 的)相合解必为 θ 的 BAN 估计.

证. 由定理 2.6.4 可知，在本定理假定下，方程(2.6.43)有一根 $\hat{\theta}_n(X_1,\ \cdots,\ X_n)$，满足条件 $P_{\theta_0}(\hat{\theta}_n\to\theta_0)=1$. 我们进一步证明：$\hat{\theta}_n$ 满足本定理的结论.

$L(x_1,\ \cdots,\ x_n,\ \theta)=\sum\limits_{i=1}^{n}\log f(x_i,\ \theta)$. 任取 $\theta_0\in\Theta$. 当 θ 的真值为 θ_0 时，有 $\lim\limits_{n\to\infty}\hat{\theta}_n(X_1,\ \cdots,X_n)=\theta_0$(a. e.)，因此可写

$$0=\frac{\partial L}{\partial\theta}\bigg|_{\theta=\hat{\theta}_n}=\frac{\partial L}{\partial\theta_0}+(\hat{\theta}_n-\theta_0)\frac{\partial^2 L}{\partial\theta_0^2}+\frac{(\hat{\theta}_n-\theta_0)^2}{2}\frac{\partial^3 L}{\partial\theta_1^3},\tag{2.6.52}$$

θ_1 介于 θ_0 和 $\hat{\theta}_n$ 之间. 此处为简化记号，就使用$\dfrac{\partial L}{\partial\theta_0}$记$\dfrac{\partial L}{\partial\theta}\bigg|_{\theta=\theta_0}$，等等. 由假定(ii)知对任何 $\theta\in\Theta$，Fisher 信息函数 $I(\theta)$ 非零有限. 因此，先由(2.6.52)得出

$$\sqrt{n}(\hat{\theta}_n-\theta_0)=-\frac{1}{\sqrt{n}}\frac{\partial L}{\partial\theta_0}\bigg/\left[\frac{1}{n}\left\{\frac{\partial^2 L}{\partial\theta_0^2}+\frac{\hat{\theta}_n-\theta_0}{2}\frac{\partial^3 L}{\partial\theta_1^3}\right\}\right],$$

然后两边乘以 $I(\theta_0)$，得

$$\sqrt{n}(\hat{\theta}_n-\theta_0)I(\theta_0)-\frac{1}{\sqrt{n}}\frac{\partial L}{\partial\theta_0}=-(b_n+1)\frac{1}{\sqrt{n}}\frac{\partial L}{\partial\theta_0}.\tag{2.6.53}$$

此处

$$b_n=\frac{I(\theta_0)}{\dfrac{1}{n}\left[\dfrac{\partial^2 L}{\partial\theta_0^2}+\dfrac{\hat{\theta}_n-\theta_0}{2}\dfrac{\partial^3 L}{\partial\theta_1^3}\right]}.\tag{2.6.54}$$

注意到

$$\frac{1}{\sqrt{n}}\frac{\partial L}{\partial\theta_0}=\frac{1}{\sqrt{n}}\sum_{i=1}^{n}\frac{\partial\log f(X_i,\ \theta)}{\partial\theta}\bigg|_{\theta=\theta_0}=\frac{1}{\sqrt{n}}\sum_{i=1}^{n}Y_i.$$

Y_1, Y_2, …为独立同分布，且由假定(i)，(ii)知 $E_{\theta_0}(Y_i)=0$，$\mathrm{Var}_{\theta_0}(Y_i)=I(\theta_0)$，$0<I(\theta_0)<\infty$，故由中心极限定理，知

$$\frac{1}{\sqrt{n}}\frac{\partial L}{\partial\theta_0}\xrightarrow{L}N(0,\ I(\theta_0)).\tag{2.6.55}$$

如果我们能证明

$$\lim_{n\to\infty}(b_n+1)=0\quad(\text{a. e. }P_{\theta_0}),\tag{2.6.56}$$

则由此及(2.6.55)可知 $-(b_n+1)\dfrac{\partial L}{\partial\theta_0}\xrightarrow{P_{\theta_0}}0$ 当 $n\to\infty$，因而由(2.6.53)知：$\sqrt{n}(\hat{\theta}_n-\theta_0)I(\theta_0)$ 与 $\dfrac{1}{\sqrt{n}}\dfrac{\partial L}{\partial\theta_0}$ 有同一极限分布，即 $N(0,\ I(\theta_0))$，这将推出

$$\sqrt{n}(\hat{\theta}_n-\theta_0)\xrightarrow{L}N(0,\ I^{-1}(\theta_0)),$$

而 $\hat{\theta}_n$ 为 θ 的 BAN 估计.

为了证明(2.6.56)，注意由假定(ii)知

$$E_{\theta_0}\left[\frac{\partial^2\log f(X,\ \theta_0)}{\partial\theta_0^2}\right]=-I(\theta_0),$$

事实上，由假定(ii)，

$$\begin{aligned}
&E_{\theta_0}\left[\frac{\partial^2\log f(X,\ \theta_0)}{\partial\theta_0^2}\right]\\
&=\int_{\mathscr{X}}\frac{f(x,\ \theta_0)\dfrac{\partial^2 f(x,\ \theta_0)}{\partial\theta_0^2}-\left(\dfrac{\partial f(x,\ \theta_0)}{\partial\theta_0}\right)^2}{f^2(x,\ \theta_0)}f(x,\ \theta_0)d\mu\\
&=\int_{\mathscr{X}}\frac{\partial^2 f(x,\ \theta_0)}{\partial\theta_0^2}d\mu\\
&\quad-\int_{\mathscr{X}}\left[\frac{\partial f(x,\ \theta_0)}{\partial\theta_0}\Big/f(x,\ \theta_0)\right]^2 f(x,\ \theta_0)d\mu\\
&=-\int_{\mathscr{X}}\left[\frac{\partial\log f(x,\ \theta_0)}{\partial\theta_0}\right]^2 f(x,\ \theta_0)d\mu=-I(\theta_0).
\end{aligned}$$

因此由强大数定律

$$\frac{1}{n}\frac{\partial^2 L}{\partial\theta_0}=\frac{1}{n}\sum_{i=1}^{n}\frac{\partial^2\log f(X_i,\ \theta_0)}{\partial\theta_0^2}\longrightarrow -I(\theta_0)\quad (\text{a. e. } P_{\theta_0}). \tag{2.6.57}$$

又根据假定(iii)，知

$$\frac{1}{n}\left|\frac{\partial^3 L}{\partial\theta_1^3}\right|\leqslant\frac{1}{n}\sum_{i=1}^{n}M(X_i)\longrightarrow E_{\theta_0}[M(X)]\leqslant K\quad (\text{a. e. } P_{\theta_0}).$$

且由 $\hat{\theta}_n$ 的相合性知 $\hat{\theta}_n-\theta_0\longrightarrow 0$ (a. e. P_{θ_0})，故

$$(\hat{\theta}_n-\theta_0)\frac{1}{n}\frac{\partial^3 L}{\partial\theta_1^3}\longrightarrow 0\quad (\text{a. e. } P_{\theta_0}). \tag{2.6.58}$$

由(2.6.57)和(2.6.58)，根据 b_n 的表达式(2.6.54)，立即推出(2.6.56)，这证明了定理 2.6.6 的前一结论，后一结论显然已包含在上述证明中．定理证毕．

在一些问题中样本 X_1, …, X_n 不是 iid 的．在这种情况下，为了证明 MLE 的渐近正态性，需要对(X_1, …, X_n)的联合分布施加相当的条件，以使 $\frac{\partial\log L}{\partial\theta}$ 为渐近正态．当 X_1, …, X_n 独立但不必同分布时，可以施加 Liapunov 型的条件．在一个特殊(然而很有用的)场合下问题很简单：即 X_{i1}, X_{i2}, …, X_{in_i}, …为自分布族$\{f_i(x,\ \theta)d\mu(x),\theta\in\Theta\}$中抽出的 iid 样本，$i=1$, …, m，且这m序列全体独立．假定每个分布族满足定理 2.6.6 中的条件．这时，合样本

$$X_{11},\ X_{12},\ \cdots,\ X_{1n_1},\quad X_{21},\ X_{22},\ \cdots,\ X_{2n_2},\ \cdots,$$
$$X_{m1},\ X_{m2},\ \cdots,\ X_{mn_m}$$

的似然方程为

$$\sum_{i=1}^{m}\frac{\partial L_i}{\partial\theta}=0,\quad L_i=\sum_{j=1}^{n_i}\log f_i(X_{ij},\ \theta),$$

定理 2.6.4 及其证明完全适用于这个情况：只要 n_1, …, n_m 中有一个无限增加，则对任何 $\theta_0\in\Theta$，似然方程必有一根，当真参数值为 θ_0 时以概率为 1 收敛于 θ_0.

现在假定对每个 i, $1\leqslant i\leqslant m$, 当 $n\to\infty$ 时 $\frac{n_i}{n}\to\lambda_i\neq 0$, 这里 $n=n_1+\cdots+n_m$. 又设 $\hat{\theta}_n$ 是似然方程之一相合解，则方程(2.6.52)

在将 L 改为 $L_1+\cdots+L_m$ 后仍适用(2.6.52)以下各式作相应的修改，注意到

$$\frac{1}{\sqrt{n}}\sum_{i=1}^{m}\frac{\partial L_i}{\partial\theta_0}$$

$$=\sum_{i=1}^{m}\sqrt{\frac{n_i}{n}}\frac{1}{\sqrt{n_i}}\frac{\partial L_i}{\partial\theta_0}\xrightarrow{L}N\left(0,\ \sum_{i=1}^{m}\lambda_i I_i(\theta_0)\right).$$

这里 $I_i(\theta)$ 为分布族 $\{f_i(x,\ \theta)d\mu\}$ 的 Fisher 信息函数，以及

$$\frac{1}{n}\sum_{i=1}^{m}\frac{\partial^2 L_i}{\partial\theta_0^2}=\sum_{i=1}^{m}\frac{n_i}{n}\frac{1}{n_i}\frac{\partial^2 L_i}{\partial\theta_0^2}$$

$$\longrightarrow -\sum_{i=1}^{m}\lambda_i I_i(\theta_0),\quad (\text{a. e. } P_{\theta_0}).$$

(2.6.58)式将 L 改为 $L_1+\cdots+L_m$ 后显然仍成立，于是得到

$$\sqrt{n}(\hat{\theta}_n-\theta_0)\xrightarrow{L}N\left(0,\ \left(\sum_{i=1}^{m}\lambda_i I_i(\theta_0)\right)^{-1}\right).$$

为了 $\sqrt{n}(\hat{\theta}_n-\theta_0)$ 有极限分布，条件

$$\lim_{n\to\infty}\frac{n_i}{n}=\lambda_i\neq 0,\ i=1,\ \cdots,\ m$$

是重要的．例如，设 $X_1,\ \cdots,\ X_{n_1}$ 和 $Y_1,\ \cdots,\ Y_{n_2}$ 分别为自总体 $N(a,\ \sigma^2)$ 和 $N(a,\ 4\sigma^2)$ 中取出的 iid 样本，且 X_i, Y_j 全体独立．不难算出：a 的 MLE 为

$$\hat{\theta}_n=(4\overline{X}+\overline{Y})/5,$$

而 $\sqrt{n}(\hat{\theta}_n-a)$ 有分布 $N\left(a,\ \frac{1}{25}\left(\frac{16}{n_1}+\frac{4}{n_2}\right)n\sigma^2\right)$．除非 $\frac{n_i}{n}$ 的极限存在且非 0($i=1,\ 2$)，这分布将没有极限．但应用较一般的中心极限定理不难证明：只要 $n\to\infty$，则必有

$$\sqrt{\sum_{i=1}^{m}n_i I_i(\theta_0)}\,(\hat{\theta}_n-\theta_0)\xrightarrow{L}N(0,\ 1).$$

以上关于单参数情况的讨论不难推广到多参数情况．设变量 X 的分布族为 $\{f(x,\ \theta_1,\ \cdots,\ \theta_k)d\mu(x),\ (\theta_1,\ \cdots,\ \theta_k)=\theta\in\Theta\}$，$\Theta$ 为 R_k 中之一开集．假定

(i) $\int_{\mathscr{X}}\frac{\partial f(x,\ \theta)}{\partial\theta_i}d\mu(x)=0,\ i=1,\ \cdots,\ k.$

(ii) $\boldsymbol{I}(\theta)=(\boldsymbol{I}_{ij}(\theta))_{k\times k}>0$ 对任何 $\theta\in\Theta$，其中

$$I_{ij}(\theta)=\int_{\mathscr{X}}\left(\frac{\partial\log f(x,\ \theta)}{\partial\theta_i}\right)\left(\frac{\partial\log f(x,\ \theta)}{\partial\theta_j}\right)f(x,\ \theta)d\mu(x).$$

(iii) 存在 $M(x)$，致 $\int_{\mathscr{X}}M(x)f(x,\theta)d\mu(x)<\infty$ 对任何 $\theta\in\Theta$，且

$$\left|\frac{\partial^3\log f(x,\ \theta)}{\partial\theta_a\partial\theta_b\partial\theta_c}\right|\leqslant M(x),\ \ a,\ b,\ c=1,\ \cdots,\ k.$$

(iv) 不同的 θ 值相应于 X 的不同分布.

定理 2.6.6′. 在假定(i)～(iv)之下，设 $X_1,\ \cdots,\ X_n,\ \cdots$ 为变量 X 的 iid 样本，则对任何 $\boldsymbol{\theta}_0\in\Theta$，似然方程有一解 $\hat{\boldsymbol{\theta}}_n(X_1,\ \cdots,\ X_n)$，满足 $\sqrt{n}(\hat{\boldsymbol{\theta}}_n-\boldsymbol{\theta}_0)\xrightarrow{L}N(0,\ \boldsymbol{I}^{-1}(\theta_0))$. 又，似然方程的任一($\theta$的) 相合解必为 θ 的 BAN 估计. 又若 $X_{i1},\ X_{i2},\ \cdots,\ X_{in_i},\ \cdots,\ i=1,\ \cdots,\ m$. 分别为取自分布族 $\{f_i(x,\ \theta)d\mu,\ \theta\in\Theta\}$ 的 iid 样本，且这 m 个序列全体独立，每个分布族满足上述条件(i)～(iv)，以 $\hat{\theta}_n$ 记 θ 的基于样本 $X_{i1},\ \cdots,\ X_{in_i},\ i=1,\ \cdots,\ m$ 的似然方程的相合解，则当 $\frac{n_i}{n}\longrightarrow\lambda_i>0$，当 $n=\sum_{i=1}^m n_i\longrightarrow\infty$，对 $i=1,\ \cdots,\ m$ 成立时，必有

$$\sqrt{n}(\hat{\boldsymbol{\theta}}_n-\boldsymbol{\theta}_0)\xrightarrow{L}N\left(0,\ \left(\sum_{i=1}^m\lambda_i\boldsymbol{I}_i(\theta_0)\right)^{-1}\right).$$

这里 $\boldsymbol{I}_i(\theta)$ 为 $f_i(x,\ \theta)$ 的 Fisher 信息阵.

此定理的证明与前述单参数情况无本质差异，故不再重复.

因为极大似然估计不必是似然方程的根，根据这个定理还不能得出极大似然估计为 BAN 估计的结论. 这个问题的更深入一层的讨论超出本书范围之外.

在定理 2.6.6 的证明过程中，我们得出过：$\sqrt{n}(\hat{\theta}_n-\theta_0)$ 与 $\frac{1}{I(\theta_0)}\frac{1}{\sqrt{n}}\sum_{i=1}^n\frac{\partial\log f(X_i,\ \theta)}{\partial\theta}\bigg|_{\theta=\theta_0}$ 只相差一个依概率收敛于 0 的量(见 (2.6.53)，(2.6.56) 式). 在 $k>1$ 时有类似的结果：$\sqrt{n}(\hat{\theta}_n-\theta_0)$ 与 $I^{-1}(\theta_0)Y_n$ 只相差一个依概率收敛于 0 的量，其中 $Y_n=(Y_{n1},\ \cdots,\ Y_{nk})'$ 而

$$Y_{nj}=\frac{1}{\sqrt{n}}\sum_{i=1}^{n}\frac{\partial\log f(X_i,\theta_1,\cdots,\theta_k)}{\partial\theta_j}\Big|_{\theta_0},\ j=1,\cdots,k.$$

定理 2.6.6′ 当 μ 为集合$\{1, 2, \cdots, m\}$上的计数测度的情况对以后很重要. 这时可以在比假定(i)~(iv)更弱的假定下证明同样的结果. 下面来讨论这个问题. 引进如下的记号. 设$\{X_n\}$和$\{Y_n\}$为两串随机变量. 若当 $n\to\infty$ 时, 有 $X_n-Y_n\xrightarrow{P}0$, 记 $X_n\overset{e}{=\!=}Y_n$. 这时可称 X_n 和 Y_n 为(渐近)等价的.

引理 2.6.7. 1* 若 $X_n\overset{e}{=\!=}Y_n$, 且 $X_n\xrightarrow{L}X$, 当 $n\to\infty$, 则 $Y_n\xrightarrow{L}X$ 当 $n\to\infty$.

2* 设$\{X_n\}$为 k 维变量序列且 $X_n\xrightarrow{L}X$, $\{A_n\}$为 $q\times k$ 随机矩阵序列, A 为 $q\times k$ 常数矩阵, 而且 A_n 的每一元当 $n\to\infty$ 时依概率收敛于 A 的相应元, 则 $A_nX_n\overset{e}{=\!=}AX_n\xrightarrow{L}AX$.

证. 1* 是概率论中周知的结果. 欲证 2*, 将 A_nX_n 写为 $A_nX_n=AX_n+(A_n-A)X_n$. 由 $A_n\xrightarrow{P}A$ 及 $X_n\xrightarrow{L}X$ 知$(A_n-A)X_n\xrightarrow{P}0$, 故$A_nX_n\overset{e}{=\!=}AX_n$. 但 A 为常数矩阵, 由 $X_n\xrightarrow{L}X$ 知 $AX_n\xrightarrow{L}AX$. 再利用 1* 即得所要结果.

引理 2.6.8. 设$(X_{n1},\cdots,X_{nm})$服从多项分布 $M(n,p_1,\cdots,p_m)\left(p_i\geqslant 0,\ \sum_{i=1}^{m}p_i=1\right)$, 即

$$P(X_{nj}=n_j,\ j=1,\cdots,m)=\frac{n!}{n_1!\cdots n_m!}p_1^{n_1}\cdots p_m^{n_m},$$

$$\left(n_j\text{ 为非负整数}, \sum_{j=1}^{m}n_j=n\right).$$

而 $$\boldsymbol{Y}_n=\frac{1}{\sqrt{n}}(X_{n1}-np_1,\cdots,X_{nm}-np_m)',\ n=1,2,\cdots.$$

则 $$\boldsymbol{Y}_n\xrightarrow{L}N(0,\boldsymbol{\Lambda}).$$

这里 $$\boldsymbol{\Lambda}\text{ 的}(i,j)\text{元 }\Lambda_{ij}=\begin{cases}p_i(1-p_i), & \text{当 } i=j;\\ -p_ip_j, & \text{当 } i\neq j.\end{cases}$$

证. 定义一串独立同分布的m维随机向量

$$\widetilde{\boldsymbol{Y}}_i=(Y_{i1}, \cdots, Y_{im})', \quad i=1, 2, \cdots.$$

其中$\widetilde{Y}_1$的分布为:

$$P(\widetilde{\boldsymbol{Y}}_1=(1, 0, \cdots, 0)')=p_1,$$

$$P(\widetilde{\boldsymbol{Y}}_1=(0, 1, \cdots, 0)')=p_2,$$

$$\cdots\cdots\cdots\cdots\cdots\cdots\cdots\cdots$$

$$P(\widetilde{\boldsymbol{Y}}_1=(0, 0, \cdots, 1)')=p_m.$$

则易见

$$\boldsymbol{Y}_n=\frac{1}{\sqrt{n}}\sum_{i=1}^{n}\{\widetilde{\boldsymbol{Y}}_i-E(\widetilde{Y}_i)\}.$$

又$\mathrm{VAR}(\widetilde{Y}_1)=\boldsymbol{\Delta}$. 于是由独立同分布情况下的多维中心极限定理,立即推出本引理.

引理2.6.9. 设$a_1, \cdots, a_m, b_1, \cdots, b_m$皆为非负常数,$\sum_{i=1}^{m}a_i=\sum_{i=1}^{m}b_i=1$, 则

$$\sum_{i=1}^{m}a_i\log\frac{a_i}{b_i}\geqslant 0, \tag{2.6.59}$$

等号当且仅当$a_i=b_i$, $i=1, \cdots, m$时才成立(我们约定, 当$a_i=0$时, $a_i\log\frac{a_i}{b_i}=0$, 当$b_i=0$而$a_i\neq 0$时则$a_i\log\frac{a_i}{b_i}=\infty$)[1].

证. 不失普遍性可假定$a_i>0$, $i=1, \cdots, m$. 这时,若有某个i致$b_i=0$, 则(2.6.59)左边为∞, 故可设$b_i>0$, $i=1, \cdots, m$.定义随机变量X, 其分布为$P\left(X=\frac{b_i}{a_i}\right)=a_i$, $i=1, \cdots, m$. 由于$-\log t$为严凸函数,用引理2.1.2得

$$\sum_{i=1}^{m}a_i\log\frac{a_i}{b_i}=E(-\log X)\geqslant-\log E(X)=-\log 1=0,$$

等号当且仅当X以概率为1, 等于$E(X)$(即1)时成立, 即当$a_i=b_i$, $i=1, \cdots, m$成立,引理证毕.

现在可以证明下面的定理.

定理2.6.7. 设X的分布为

1) 其实,此引理是引理2.6.3的特例.

$$P_\theta(X=i)=\pi_i(\theta),\ i=1,\ \cdots,\ m,\ \theta\in\Theta,$$

这里 $\theta=(\theta_1,\ \cdots,\ \theta_k)$，而 Θ 为 R_k 中之开集. 假定

1° 若 $\theta^{(1)}\neq\theta^{(2)}$，则 $\sum_{i=1}^m|\pi_i(\theta^{(1)})-\pi_i(\theta^{(2)})|>0$,

2° $\partial\pi_i(\theta)/\partial\theta_j$ 在 Θ 内存在连续，对 $i=1,\ \cdots,\ m$ 及 $j=1,\ \cdots,\ k$,

3° 定义 $I_{rs}(\theta)=\sum_{i=1}^m\frac{1}{\pi_i(\theta)}\frac{\partial\pi_i(\theta)}{\partial\theta_r}\frac{\partial\pi_i(\theta)}{\partial\theta_s}$, $r,\ s=1,\ \cdots,\ k$, 则对任何 $\theta\in\Theta$，方阵 $I(\theta)=(I_{rs}(\theta))_{k\times k}$ 非异[1]（注意，由此推出 $I(\theta)>0$ 对任何 $\theta\in\Theta$）.

设 $X_1,\ \cdots,\ X_n,\ \cdots$为 X 的 iid 样本. 则对任何 $\theta\in\Theta$，似然方程至少有一解 $\hat{\theta}_n(X_1,\ \cdots,\ X_n)$，满足$\sqrt{n}(\hat{\theta}_n-\theta)\xrightarrow{L}N(0,\ \boldsymbol{I}^{-1}(\theta))$，且似然方程的任何（$\theta$ 的）相合解必为 θ 的 BAN 估计.

证. 首先，若记

$$p_{nj}=X_1,\ \cdots,\ X_n \text{ 中等于 } j \text{ 的个数},$$
$$j=1,\ \cdots,\ m,\ n=1,\ 2,\ \cdots,$$

则似然方程组可写为（$\varphi=(\varphi_1,\ \cdots,\ \varphi_k)$）

$$\sum_{i=1}^m\frac{p_{n_i}}{\pi_i(\varphi)}\frac{\partial\pi_i(\varphi)}{\partial\varphi_j}=0,\ j=1,\ \cdots,\ k.$$

任取 $\theta\in\Theta$ 及 $\delta>0$. 在球面 $C_\delta=\{\varphi:\|\theta-\varphi\|=\delta\}$上考察函数 $A(\varphi)=\sum_{i=1}^m\pi_i(\theta)\log\frac{\pi_i(\theta)}{\pi_i(\varphi)}$. 关于 $A(\varphi)$ 之定义取引理 2.6.9 中之约定. 于是不妨设 $\pi_i(\theta)\neq0$ 对 $i=1,\ \cdots,\ m$. 由引理 2.6.9 及 $\pi_i(\theta)$ 的连续性立见 $\inf_{\varphi\in C_\delta}A(\varphi)=\varepsilon>0$. 由强大数律有 $P_\theta(p_{n_i}\to\pi_i(\theta))=1$, $i=1,\ \cdots,\ m$. 于是以概率（P_θ，下同）为 1 地当 n 充分大时，有

$$\inf_{\varphi\in C_\delta}\sum_{i=1}^m p_{n_i}\log\frac{\pi_i(\theta)}{\pi_i(\varphi)}>0.$$

因而以概率为 1 地当 n 充分大时，

1) 易见，$I(\theta)$ 就是 X 的 Fisher 信息矩阵。

$$\sum_{i=1}^{m} p_{n_i} \log \pi(\theta) > \sum_{i=1}^{m} p_{n_i} \log \pi(\varphi).$$

这说明对数似然函数 $\log L(\varphi) = n \sum_{i=1}^{m} p_{n_i} \log \pi_i(\varphi)$ 在闭球 $\|\varphi - \theta\| \leqslant \delta$ 的中心 θ 处之值，大于其在球面 C_δ 上任一点处之值. 由诸 $\pi_i(\theta)$ 的连续性知 $\log L(\varphi)$ 在上述闭球内必有一局部极大点 $\hat{\theta}_n$. 此 $\hat{\theta}_n$ 为似然方程之根且由 $\delta>0$ 的任意性可知，若将 $\hat{\theta}_n$ 取为 $\log L(\varphi)$ 在上述闭球内与 θ 距离最近之局部极大点，则 $\hat{\theta}_n$ 满足 $P_\theta(\hat{\theta}_n(X_1, \cdots, X_n) \longrightarrow \theta) = 1$.

以下为简化记号，置

$$\hat{\theta}_n = (\tilde{\theta}_1, \cdots, \tilde{\theta}_k), \ \pi_i(\theta) = \pi_i, \pi_i(\hat{\theta}_n) = \tilde{\pi}_i, \ p_{ni} = p_i.$$

则由 $\hat{\theta}_n$ 为似然方程之根，得

$$\sum_{i=1}^{m} \frac{p_i}{\tilde{\pi}_i} \frac{\partial \pi_i}{\partial \tilde{\theta}_r} = 0, \quad r = 1, \cdots, k.$$

注意到 $\sum_{i=1}^{m} \frac{\partial \pi_i}{\partial \tilde{\theta}_r} = 0$，此可写为

$$\sum_{i=1}^{m} \frac{\sqrt{n}\,(p_i - \pi_i)}{\tilde{\pi}_i} \frac{\partial \pi_i}{\partial \tilde{\theta}_r} = \sum_{i=1}^{m} \frac{\sqrt{n}\,(\tilde{\pi}_i - \pi_i)}{\tilde{\pi}_i} \frac{\partial \pi_i}{\partial \tilde{\theta}_r}, \quad r = 1, \cdots, k. \tag{2.6.60}$$

由 π_i 偏导数连续，有

$$\tilde{\pi}_i - \pi_i = \sum_{s=1}^{k} (\tilde{\theta}_s - \theta_s) \frac{\partial \pi_i}{\partial \theta'_s}, \quad i = 1, \cdots, m.$$

此处 θ'_s 在以 θ_s 和 $\tilde{\theta}_s$ 为端点的闭区间内. 以此代入(2.6.60)的右边，得

$$\sum_{i=1}^{m} \frac{\sqrt{n}\,(p_i - \pi_i)}{\tilde{\pi}_i} \frac{\partial \pi_i}{\partial \tilde{\theta}_r} = \sum_{s=1}^{k} \sqrt{n}\,(\tilde{\theta}_s - \theta_s) d_{rs}, \quad r = 1, \cdots, k. \tag{2.6.61}$$

此处 $d_{rs} = \sum_{i=1}^{m} \frac{1}{\tilde{\pi}_i} \frac{\partial \pi_i}{\partial \tilde{\theta}_r} \frac{\partial \pi_i}{\partial \theta'_s}$，当 $\hat{\theta}_n \to \theta$ 时，有 $d_{rs} \to I_{rs}(\theta)$. 根据引理 2.6.8，知当 $n \to \infty$ 时，$\sqrt{n}\,(p_1 - \pi_1, \cdots, p_m - \pi_m)$ 有极限分布，再注意到当 $\hat{\theta}_n \to \theta$ 时，$\tilde{\pi}_i \to \pi_i$ 以及 $\frac{\partial \pi_i}{\partial \tilde{\theta}_r} \to \frac{\partial \pi_i}{\partial \theta_r}$，依引理 2.6.72* 有

$$(2.6.61)\text{的左边} \stackrel{e}{=\!=} \sum_{i=1}^{m} \frac{\sqrt{n}\,(p_i - \pi_i)}{\pi_i} \frac{\partial \pi_i}{\partial \theta_r}. \tag{2.6.62}$$

因此，由上述 $d_{rs} \to I_{rs}(\theta)$ 当 $\hat{\theta}_n \to \theta$，从(2.6.61)推出

$$\sqrt{n}(\hat{\theta}_n - \theta) \stackrel{e}{=\!=} \boldsymbol{I}^{-1}(\boldsymbol{\theta}) \cdot \boldsymbol{Z}. \tag{2.6.63}$$

此处 $\boldsymbol{Z} = (Z_1, \cdots, Z_k)'$，而 Z_r 等于(2.6.62)的右边. 但由引理 2.6.7 和引理 2.6.8 知

$$\boldsymbol{Z} \xrightarrow{L} N(0, \boldsymbol{\Sigma}),\ \text{当}\ n \to \infty. \tag{2.6.64}$$

其中 $\boldsymbol{\Sigma} = \boldsymbol{B\Lambda B}'$，而

$$\boldsymbol{B} = \left(\frac{1}{\pi_i} \frac{\partial \pi_i}{\partial \theta_r}\right)_{k \times m} \left(B\ \text{的}\ (r, i)\ \text{元为}\ \frac{1}{\pi_i} \frac{\partial \pi_i}{\partial \theta_r}\right),$$

$$\boldsymbol{\Lambda} = \mathrm{diag}\,(\pi_1, \cdots, \pi_m) - (\pi_1, \cdots, \pi_m)'(\pi_1, \cdots, \pi_m).$$

由此不难算出

$$\boldsymbol{\Sigma} = \left(\sum_{i=1}^{m} \frac{1}{\pi_i} \frac{\partial \pi_i}{\partial \theta_r} \frac{\partial \pi_i}{\partial \theta_s}\right)_{k \times k} = \boldsymbol{I}(\theta).$$

再由(2.6.63)，(2.6.64)得出

$$\sqrt{n}\,(\hat{\theta}_n - \theta) \xrightarrow{L} N(0, \boldsymbol{I}^{-1}(\theta)). \tag{2.6.65}$$

这就证明定理的前一断言，定理的后一断言显然由定理的前一断言推出，因为，若 $\hat{\theta}_n$ 为 θ 的相合估计，则上面所作的论证对任一 $\theta \in \Theta$ 都有效，即对任何 $\theta \in \Theta$ 都成立(2.6.65)，这完成了定理的证明.

§2.7. 序贯点估计

(一) 序贯判决的概念

我们举一个简单例子以引进"序贯判决"这个概念. 设想我们要对一批产品进行抽样检查以决定是否接受这批产品. 我们规定一个"抽样方案"，比方说，规定检查 20 件随机抽出的产品，若其中废品个数不超过 2，则接受这批产品，否则就不接受. 这时，我们用某种随机化的方法，从其中抽出 20 件产品，将其逐一检查，记下

废品个数．再根据上述规则决定是否接受这批产品．

但我们显然也可用另一种方法，即第一次抽出三个产品进行检查．如果全是废品，则工作到此结束，而我们宣布拒收该批产品．若废品数为$i<3$，则继续从该批产品中抽出$3-i$个进行检查．根据这两次废品累计数决定是拒收产品还是继续抽样，抽多少个．这样下去，或者到某个阶段累计废品数超过2，或者抽满20个仍未超过2．总之，最多在抽完20个以后，我们可以作出一个判决．这样做的好处是很明显的：例如，设想该批产品废品率较高，则一般不用抽查到20个，就能作出决定．

在此例中，样本是分阶段抽出，究竟抽样多少，不是事先能预知的，而是在使用的过程中决定的．所谓序贯判决，就是指据以作出判决的样本是按这种分阶段（序贯）的方式产生的情况．一个序贯判决函数，不仅要规定有了样本后如何根据样本作判决，还需规定产生样本的规则．就本例看，序贯判决函数一般有如下的形状：

1* 决定是否作试验（观察），如根本不作试验，指出采取那个判决．

2* 如作试验，要指出第一批作几次试验．

3* 根据第一批试验结果，决定是停止试验还是继续作试验．如停止，要规定如何根据已有试验结果产生一个判决；如继续作试验，要规定作多少次（这次数与第一批试验可以有关，如在上例的情况）．

4* 这样下去，直到作出一个判决为止．

与序贯情况对立的是所谓“固定样本”情况．这时，需要进行那些和多少次试验都是事先预定的．而得出样本后，即根据之作出一个判决，不存在继续试验的选择．迄今为止我们讨论的都是这种情况．

其所以要考虑序贯抽样，不外乎两个原因：一是节省试验次数．前面举的例子属于这种情况．另一个关于参数估计的典型例子如下：设变量X的分布为$R\left(\theta-\frac{1}{2},\ \theta+\frac{1}{2}\right)$．要估计均值$\theta$，把

对 X 进行相继独立观察的结果记为 $X_1, X_2, \cdots$. 设想我们要把 θ 估计到误差不超过 $\eta>0$. 一个从直观上看显然是合理而节省的做法如下: 第一次观察 X_1, X_2. 若 $\max\{X_1, X_2\}-\min\{X_1, X_2\}\geqslant 1-2\eta$, 则试验到此为止, 且用 $\frac{1}{2}[\max\{X_1, X_2\}+\min\{X_1, X_2\}]$ 估计 θ. 否则继续观察 X_3. 在每一阶段, 当 $X_1, \cdots, X_n$ 已观察后, 计算 $\max\{X_1, \cdots, X_n\}$ 与 $\min\{X_1, \cdots, X_n\}$ 之差, 若这个差 $\geqslant 1-2\eta$, 就停止观察且用这两个数的平均值去估计 θ, 否则继续观察 X_{n+1}, 直到作出决定为止.

另一个重要原因是: 为了使判决达到一个预定的精度, 往往不能在固定样本下实现. 举一个简单例子. 设变量 $X\sim N(a, \sigma^2)$, a 和 σ^2 都未知. 我们想要作出 a 的无偏估计 $\hat{g}$, 使其方差总不超过指定的 $\varepsilon>0$. 如果样本大小事先指定, 则不论样本大小多大, 这要求无法实现. 因若 $X_1, \cdots, X_n$ 为 $N(a, \sigma^2)$ 中抽出的 iid 样本, 而 $\hat{g}(X_1, \cdots, X_n)$ 为 a 的无偏估计, 则由 C-R 不等式, 知

$$\mathrm{Var}_{(a,\sigma^2)}(\hat{g})\geqslant\frac{1}{n}\sigma^2.$$

由于 σ^2 可以任意大, $\frac{1}{n}\sigma^2$ 不可能对一切 σ^2 都不超过固定的 $\varepsilon>0$. 我们指出, 若采用序贯抽样, 就可达到这个目标.

考虑下面的作法: 第一批观察 m 次, 得 $X_1, \cdots, X_m$. 算出 $S^2=\sum_{i=1}^{m}(X_i-\overline{X})^2$. 取 $c>0$, 记

$$d(x_1, \cdots, x_m)=[cS^2]+1 \tag{2.7.1}$$

($[y]$ 表示不超过 y 的最大整数). 然后, 第二批再抽样 $d=d(X_1, \cdots, X_m)$ 次, 得 $X_{m+1}, \cdots, X_{m+d}$. 记

$$\overline{X}=\frac{1}{m+d}\sum_{i=1}^{m+d}X_i.$$

我们证明: $\overline{X}$ 为 a 的无偏估计, 且适当选择 m 和 c, 可使

$$\mathrm{Var}_{(a,\sigma^2)}(\overline{X})\leqslant\varepsilon$$

对任何 a, σ^2.

因为 $X_1, X_2, \cdots$ 为 $N(a, \sigma^2)$ 中抽出的 iid 样本, 有

$$E_{(a,\sigma^2)}(\overline{X}|X_1,\ \cdots,\ X_m)=\frac{1}{m+d}\left(\sum_{i=1}^m X_i+da\right)$$
$$=a+\frac{\left(\sum_{i=1}^m X_i-ma\right)}{m+d}.$$

再利用 $d=d(X_1,\ \cdots,\ X_m)$ 与 $\sum_{i=1}^m X_i$ 的独立性，知

$$\begin{aligned}E_{(a,\sigma^2)}(\overline{X})&=E_{(a,\sigma^2)}\{E_{(a,\sigma^2)}(\overline{X}|X_1,\ \cdots,\ X_m)\}\\&=a+E_{(a,\sigma^2)}\left[\left(\sum_{i=1}^m X_i-ma\right)\Big/(m+d(X_1,\cdots,X_m))\right]\\&=a+E_{(a,\sigma^2)}\left[\sum_{i=1}^m X_i-ma\right]\Big/E_{(a,\sigma^2)}[d(X_1,\ \cdots,\ X_m)]\\&=a.\end{aligned}$$

完全类似的方法算出

$$E_{(a,\sigma^2)}(\overline{X}^2|X_1,\ \cdots,\ X_m)$$
$$=\frac{1}{(m+d)^2}\left[\left(\sum_{i=1}^m X_i\right)^2+2a\sum_{i=1}^m X_i d+d\sigma^2+d^2a^2\right].$$

从而$\left(利用\ \sum_{i=1}^m X_i\ 与\ d\ 的独立性\right)$

$$E_{(a,\sigma^2)}(\overline{X}^2)=E_{(a,\sigma^2)}\left[\frac{\sigma^2}{m+d}\right]+a^2.$$

故

$$\mathrm{Var}_{(a,\sigma^2)}(\overline{X})=E_{(a,\sigma^2)}\left[\frac{\sigma^2}{m+d}\right]\leqslant E_{(a,\sigma^2)}\left[\frac{1}{d/\sigma^2}\right]$$
$$\leqslant\frac{1}{c}E\left(\frac{1}{\chi_{m-1}^2}\right)=\frac{1}{c(m-3)}.$$

显然，选 m 或 c 充分大，可使此值不超过 $\varepsilon>0$.

在本例中，抽样共分两阶段. 第二阶段的样本大小 $d(x_1,\cdots,x_m)$ 与第一阶段试验结果有关：当 S^2 大时，表示总体方差 σ^2 可能较大，因此为了把 a 估计到一定的精度，需要抽样次数多些，否则就少些，正是这一点保证了最后的估计 $\overline{X}$ 能达到指定的精度（在此是其方差不超过 ε）.

其实，在日常生活及种种科技活动中，采用这种序贯的方式作决定的作法屡见不鲜. 在统计上说，产品抽样检查中的 Gugué-

Romig 复式抽样方案，是这方面比较早期的工作．1945 年 Stein 对正态总体 $N(a, \sigma^2)$ 中 σ^2 未知时 a 的推断问题提出了两阶段抽样方案，Wald 在四十年代系统地发展了一种称为“序贯概率比”的检验法(见 § 3.7)．Wald 并在[12]中提出了序贯判决的一般模式．五十年代以来，序贯方法在统计各主要分支中都有了程度不同的发展，结果散见于一些文献和专著中．本书介绍这方面的若干基本概念，以作为进一步阅读这方面的文献的准备．

(二) 序贯判决模型

在 § 1.4 中我们就固定样本下的统计判决问题作了一个大致的描述，并在本章有关部分作过若干补充．当考虑序贯抽样的情况时，这些概念有的需要作一些变化．本段的目的就是讨论这个问题．

1．样本空间和分布族　不失普遍性，可假定每阶段的试验次数为 1．以 $X_1, X_2, X_3, \cdots$ 记各次试验或观察的可能结果．为确定计，不妨设每个 X_i 都是一维的．每个 X_i 都是 k 维($k\geqslant 1$ 与 i 无关)的情况，无任何本质差别．因此，每个 X_i 取值的范围可定为 $(-\infty, \infty)$ 即 R_1．在实际问题中，有可能 X_i 只取 R_1 中某 Borel 子集 B_i 内的值，且 B_i 可与 i 有关．但如在 § 1.4(二)中所指出的，不失普遍性可假定每个 X_i 取值于 R_1．具体观察那些 X_i，事先不能肯定，因此方便的作法是将样本记为

$$x=(x_1, x_2, x_3, \cdots),$$

自然，在任何时候所观察到的，都只是 x 的有限个坐标．样本空间为

$$\mathscr{X}=\{x=(x_1, x_2, \cdots): -\infty<x_i<\infty, i=1, 2, \cdots\},$$

这空间常记为 R_∞．

但在规定样本空间时还必须指定一个 σ 域．这个 σ-域是这样定的：称 A 为 n-柱形集，若存在 n 维欧氏空间的子集 A_n，致

$$x=(x_1, \cdots, x_n, x_{n+1}, \cdots)\in A \Leftrightarrow (x_1, \cdots, x_n)\in A_n.$$

A_n 称为 A 的底(Base)．若底为 Borel 集，称 A 为 Borel 柱形集．

不难验证：一切 Borel 柱形集(对 $n=1, 2, \cdots$)构成一个域. 包含这个域的最小 σ-域记为 $\mathscr{B}_\infty$. 称为 R_∞ 中的 Borel 集构成的 σ-域. 我们就取 $\mathscr{B}_\infty$ 作为 $\mathscr{B}_{\mathscr{X}}$.

无穷维随机向量

$$X=(X_1, X_2, \cdots, X_n, \cdots)$$

的分布，就是 $\mathscr{B}_{\mathscr{X}}=\mathscr{B}_\infty$ 上的一个概率测度，如果将这个概率测度局限于 $\mathscr{B}_{\mathscr{X}}$ 的一切 n-Borel 柱形集所成的 σ-域 $\mathscr{B}_{(n)}$ 上，则得 $(X_1, X_2, \cdots, X_n)$ 的概率分布. X 的分布族仍记为 $(P_\theta, \theta\in\Theta)$. 若 $(P_\theta, \theta\in\Theta)\ll\mu$, μ 为 $\mathscr{B}_{\mathscr{X}}$ 上的 σ-有限测度，则 $(X_1, \cdots, X_n)$ 的分布族 $(P_\theta^{(n)}, \theta\in\Theta)$ 也 $\ll\mu$, 因而可记

$$dP_\theta^{(n)}(x)/d\mu=f(x_1, \cdots, x_n; \theta).$$

最常见的情况是 $X_1, X_2, \cdots$ 为 iid 的情况. 这时，若以 $(P_\theta^{(1)}, \theta\in\Theta)$ 记 X_1 的分布族，则 X 的分布族为

$$(P_\theta=P_\theta^{(1)}\times P_\theta^{(1)}\times P_\theta^{(1)}\times\cdots, \theta\in\Theta),$$

而 $(X_1, \cdots, X_n)$ 的分布族为

$$(P_\theta^{(n)}=P_\theta^{(1)}\times\cdots\times P_\theta^{(1)}, \theta\in\Theta),$$

若 $(P_\theta^{(1)}, \theta\in\Theta)\ll\mu^{(1)}$, 则 $(P_\theta^{(n)}, \theta\in\Theta)\ll\mu^{(n)}=\mu^{(1)}\times\cdots\times\mu^{(1)}$. 因此，若记 $f(x_1, \theta)=dP_\theta^{(1)}(x_1)/d\mu^{(1)}$, 则

$$\frac{dP_\theta^{(n)}(x_1, \cdots, x_n)}{d\mu^{(n)}}=f(x_1, \cdots, x_n; \theta)=\prod_{i=1}^n f(x_i, \theta).$$

以后总在这个意义下理解 $f(x_1, \cdots, x_n; \theta)$.

2. 判决空间与损失函数 与固定样本的情况无异.

3. 费用函数 序贯判决问题与固定样本问题相比的一个不同点是要考虑试验费用. 费用函数是定义在样本空间 $\mathscr{X}=R_\infty$ 上的一个非负函数 $C(x)$. 说得更清楚些，在有了停止法则(见下面定义 2.7.1) $\{A_n\}_{n=1}^\infty$ $(A_n=B_n\times R_1\times R_1\times\cdots)$ 后，为了给定费用函数 $C(x)$, 需要给定一串函数 $\{C_n(x_1, \cdots, x_n)\}_{n=1}^\infty$, 其中 $C_n(x_1, \cdots, x_n)$ 为定义在 B_n 上的非负 Borel 可测函数，$C(x)=0$ 对一切 $x\in\mathscr{X}$ 当 $A_0=\mathscr{X}$, 否则

$$C(x)=C_n(x_1,\ \cdots,\ x_n),\ \text{当}\ x=(x_1,\ \cdots,\ x_n,\ \cdots)\in A_n;$$

$$C(x)=\infty,\ \text{当}\ x\overline{\in}\bigcup_{n=1}^{\infty}A_n.$$

$C_n(x_1,\ \cdots,\ x_n)$表示“试验在得出$x_1,\ \cdots,\ x_n$后停止”的情况下的试验费用．常见的情况是$C_n(x_1,\ \cdots,\ x_n)=nc$，$0<c<\infty$，$c$为常数．

4．判决函数——停止法则与判决法则．在序贯情况，一个判决函数要规定两件事情：一是试验在何时停止，这叫做停止法则(Stopping rule)；一是在试验终止后怎样根据样本选定一个判决，这叫做判决法则．这两方面是判决函数的有机构成部分．

我们给出下面的形式定义．

定义 2.7.1． $\mathscr{B}_\infty$中一串集合$\{A_n\}_{n=0}^{\infty}$称为一个停止法则，若：

a．集A_0，A_1，A_2，$\cdots$两两无公共点，$A_0=\mathscr{X}$或ϕ，

b．集A_n为n-Borel柱形集，$n=1,\ 2,\ \cdots$，即$A_n=B_n\times R_1\times R_1\times\cdots$，此处$B_n$为$n$维欧氏空间的Borel子集．$B_n$称为$A_n$的“底”．

一个停止法则实际使用的方式如下：若$A_0=\mathscr{X}$，则不做任何试验．否则观察一次得x_1．若x_1属于A_1的底B_1，则试验停止．否则继续观察一次得x_2．一般，在已得$x_1,\ \cdots,\ x_{n-1}$后，若$(x_1,\ \cdots,\ x_{n-1})$属于A_{n-1}的底B_{n-1}，则试验停止，否则继续观察一次得x_n．这样下去，如果全部A_n之并为$\mathscr{X}$，则迟早会停止．但在停止法则中并未明确要求这一点，因此有可能试验无限地进行下去而不作决定．我们要求这种情况的概率为0，不然的话，就没有任何现实意义．

停止法则一经确定，试验次数$N=N(x)$作为x的函数就确定了：显然

$$N(x)=n,\ \text{若}\ x\in A_n,\ n=1,\ 2,\ \cdots,$$

$$N(x)=\infty,\ \text{若}\ x\in\mathscr{X}-\bigcup_{n=1}^{\infty}A_n.$$

其分布为

$$P_\theta(N=n)=P_\theta^{(n)}((X_1,\ \cdots,\ X_n)\in B_n),\ \theta\in\Theta,$$

$$P_\theta(N=\infty)=1-\sum_{n=1}^{\infty}P_\theta(N=n).$$

只有在 $P_\theta(N=\infty)=0$ 时，N 才是通常意义下的随机变量.

我们举两个例子说明上述概念.

例 2.7.1. 拿本节(一)中结尾处的例子来说，有 $A_0=A_1=\cdots=A_m=\phi$(空集),

$$A_{m+i}=\left\{x=(x_1,\ x_2,\ \cdots):\sum_{i=1}^{m}(x_i-\overline{X}_m)^2\in\left(\frac{i-1}{c},\ \frac{i}{c}\right)\right\},$$
$$i=1,\ 2,\ \cdots.$$

此处 $\overline{X}_m=\dfrac{1}{m}\sum_{i=1}^{m}X_i$. N 的分布为

$$P_{(a,\sigma^2)}(N=i)=0,\ i=1,\ \cdots,\ m;$$
$$P_{(a,\sigma^2)}(N=m+i)=P\left(\frac{i-1}{c\sigma^2}\leqslant\chi_{m-1}^2<\frac{i}{c\sigma^2}\right),\ i=1,\ 2,\ \cdots.$$

例 2.7.2. 设 $X_1, X_2,\cdots$ 为 iid, $X_1\sim R\left(\theta-\dfrac{1}{2},\theta+\dfrac{1}{2}\right)$, $-\infty<\theta<\infty$. 要估计 θ, 停止法则如本节(一)所述, 则

$$A_0=A_1=\phi,\ A_2=\{x=(x_1,\ x_2,\ \cdots):|x_2-x_1|\geqslant1-2\eta\},$$
$$\cdots A_n=\{x=(x_1,\ x_2,\ \cdots):\max_{1\leqslant i\leqslant n-1}x_i-\min_{1\leqslant i\leqslant n-1}x_i$$
$$\max_{1\leqslant i\leqslant n}x_i-\min_{1\leqslant i\leqslant n}x_i\geqslant1-2\eta\},\ \cdots.$$

读者不难验证, 这一串 $\{A_n\}$ 确实符合定义 2.7.1 的要求.

在此试验次数 N 的精确分布可计算如下: 显然,

$$\begin{aligned}P_\theta(N=n)&=P_\theta(N\leqslant n)-P_\theta(N\leqslant n-1)\\&=P_\theta[\max_{1\leqslant i\leqslant n}X_i-\min_{1\leqslant i\leqslant n}X_i\geqslant1-2\eta]\\&\quad-P_\theta[\max_{1\leqslant i\leqslant n-1}X_i-\min_{1\leqslant i\leqslant n-1}X_i<1-2\eta].\end{aligned}\tag{2.7.2}$$

不难算出对任何 θ, $U_i=\max\limits_{1\leqslant j\leqslant i}X_j-\min\limits_{1\leqslant j\leqslant i}X_j$ 的密度(对 L 测度)为

$$f_i(u)=\begin{cases}i(i-1)u^{i-2}(1-u), & 0<u<1,\\ 0, & \text{其它}\ u.\end{cases}\tag{2.7.3}$$

这个简单事实的证明留给读者作为练习, 由(2.7.3)可知

$$\begin{aligned}P(U_i\geqslant1-2\eta)=c_i&=i[1-(1-2\eta)^{i-1}]-(i-1)[1-(1-2\eta)^i]\\&=1-i(1-2\eta)^{i-1}+(i-1)(1-2\eta)^i,\end{aligned}$$

从而

$$P_\theta(N=n)=c_n-c_{n-1}=4(n-1)\eta^2(1-2\eta)^{n-2},\ n=1,\ 2,\ \cdots,\tag{2.7.4}$$

这与 θ 无关. 容易算出 $\sum_{n=1}^{\infty}P_\theta(N=n)=1$. 由此且易算出 $E_\theta(N)$, $\mathrm{Var}_\theta(N)$ 等. 然而, 在一般情况下, 要算出 N 的分布真是谈何容易.

至于判决法则, 与固定样本情况相比并无差别, 在此就不多费笔墨了.

5. 风险函数 在序贯情况, 损失函数与非序贯情况并无差别: 它仍是一个定义在 $\Theta\times\mathscr{D}$ 上的非负函数 $L(\theta,\ d)$. 然而, 在序贯情况, 风险由两部分构成: 一部分是

$$R_1(\theta,\ \delta)=\sum_{n=0}^{\infty}\int_{B_n}L(\theta,\ \delta(x_1,\ \cdots,\ x_n))dP_\theta^{(n)}(x_1,\ \cdots,\ x_n),\tag{2.7.5}$$

此处 B_n 为 δ 的停止法则 $\{A_n\}$ 中集合 A_n 的底. 若 $A_0=\mathscr{X}$, 则表示判决函数 δ 规定不作任何试验而采取 $\mathscr{D}$ 中某个判决 d, 这时 $R_1(\theta,\ \delta)=L(\theta,\ d)$. 上式也可写为

$$R_1(\theta,\ \delta)=\sum_{n=0}^{\infty}\int_{A_n}L(\theta,\ \delta(x))dP_\theta(x).$$

这部分表示由"判决不当"而带来的平均损失. 另一部分是

$$\begin{aligned}R_2(\theta,\ \delta)&=E_\theta[C(X)]=\int_{\mathscr{X}}C(x)dP_\theta(x)\\&=\sum_{n=0}^{\infty}\int_{B_n}C_n(x_1,\ \cdots,\ x_n)dP_\theta^{(n)}(x_1,\ \cdots,\ x_n)\\&\quad+\infty P_\theta(N=\infty),\end{aligned}$$

当 $A_0=\mathscr{X}$ 时, 自然有 $R_2(\theta,\ \delta)\equiv0$. 在 $C_n(x_1,\ \cdots,\ x_n)=nc$ 的情况, 有

$$R_2(\theta,\ \delta)=cE_\theta(N).\tag{2.7.6}$$

这一部分表示为达到一个决定所需试验费用的平均值. 总的风险为

$$R(\theta,\ \delta)=R_1(\theta,\ \delta)+R_2(\theta,\ \delta).\tag{2.7.7}$$

然而, 有时在处理问题时将这两个风险分开考虑. 因为它们的实

际含义往往使之难于放在同一基础上去比较.

拿本节(一)中的最后一个例子来说，若取损失函数为 $L(a, \sigma^2; d)=(a-d)^2$, 则

$$
\begin{aligned}
&R_1(a,\ \sigma^2;\ \overline{X}) \\
&\quad=\operatorname{Var}_{(a,\sigma^2)}(\overline{X}) \approx E\left[\left(\frac{m}{\sigma^2}+c\chi_{m-1}^2\right)^{-1}\right] \\
&\quad=\left[2^{\frac{m-1}{2}}\Gamma\left(\frac{m-1}{2}\right)\right]^{-1}\int_0^{\infty}\left[\frac{m}{\sigma^2}+cx\right]^{-1}e^{-\frac{x}{2}}x^{\frac{m-1}{2}-1}dx,
\end{aligned}
$$

而 $R_2(a,\ \sigma^2;\ \overline{X})=m+1+\sum\limits_{i=0}^{\infty}iP\left(\frac{i}{c\sigma^2}\leqslant\chi_{m-1}^2<\frac{i+1}{c\sigma^2}\right)$,

易见

$$
m+c\sigma^2(m-1)<R_2(a,\ \sigma^2;\ \overline{X})<m+1+c\sigma^2(m-1). \tag{2.7.8}
$$

最后我们提到：以上讨论的全是非随机化判决函数的情况. 对随机化判决函数，一切都有平行的推广. 此处不细述了.

(三) 序贯判决问题的一般提法

总的提法有两种：一种是在某种最优准则下，使 $R(\theta,\ \delta)$ 达到最优化；一种是在对 $R_1(\theta,\ \delta)$, $R_2(\theta,\ \delta)$ 中某一个作一定的限制的条件下，使另一个达到最优化.

例如，设试验费用为常数 c, 我们可以要求

$$
R_2(\theta,\ \delta)=cE_\theta(N)\leqslant K,\ \text{对一切}\ \theta\in\Theta \tag{2.7.9}
$$

在这条件下使 $R_1(\theta,\ \delta)$ 达到某种最优化，也可以要求

$$
R_1(\theta,\ \delta)\leqslant K,\ \text{对一切}\ \theta\in\Theta, \tag{2.7.10}
$$

在这条件下使 $R_2(\theta,\ \delta)=cE_\theta(N)$ 达到某种最优化.

至于最优化准则，可以是本章中讨论过的任何一种：在无偏性或不变性条件下一致最优；Bayes 或 Minimax 等. 例如，可以提出下面的问题：在抽样平均次数 $E_\theta(N)\leqslant K$ 的约束下，找 $g(\theta)$ 的无偏估计 $\hat{g}$, 使 $\operatorname{Var}_\theta(\hat{g})$ 达到最小(对一切 $\theta\in\Theta$)，或在 $E_\theta(N)\leqslant K$ 的约束下，找 $\hat{g}$, 使 $\sup\limits_{\theta\in\Theta}R_1(\theta,\ \hat{g})$ 达到最小，等等. 在以下两段

中我们将对这些问题作某些较具体的讨论. 然而，总的说来，由于问题的困难，目前已知的求出具体形式的解的情况并不多而且是散见在大量的文献中.

(四) 序贯 Bayes 判决

在序贯判决中，Bayes 判决受到较大的注意，特别是在点估计中. 这一段中介绍序贯 Bayes 判决的某些基本事实.

沿用前面的记号. 我们指出：在序贯情况，关于 θ 的先验分布和 Bayes 风险等概念与固定样本情况并无不同.

假设给定了一个先验分布 ξ. 要求关于 ξ 的 Bayes 判决(损失、费用、分布族等当然给定). 我们先指出一个基本定理，它表明：序贯判决之下 Bayes 判决的寻求归结为停止法则的寻求.

定理 2.7.1. 设 δ 为任一判决函数，其停止法则为 $\{A_n\}_{n=0}^{\infty}$，而 δ^* 是这样一个判决函数，其停止法则也是 $\{A_n\}_{n=0}^{\infty}$，而在一旦停止时，δ^* 的判决法则是使后验风险达到最小，则 δ^* 的 Bayes 风险不超过 δ 的 Bayes 风险.

证明是明显的：既然停止法则一样，δ 和 δ^* 的平均费用也一样，故只需就其风险的 R_1 部分来比较(见(二)). 若以 B_n 记 A_n 的底，而 $P_\theta^{(n)}(X_1, \cdots, X_n)$ 记 $(X_1, \cdots, X_n)$ 的分布，则任何判决法则 d(其停止法则为 $\{A_n\}$ 的 R_1 部分 Bayes 风险为

$$
\begin{aligned}
R_{1\xi}(d) &= \sum_{n=0}^{\infty} \int_{\Theta} \int_{B_n} L(\theta, d(x_1, \cdots, x_n) dP_\theta^{(n)}(x_1, \cdots, x_n) d\xi(\theta) \\
&= \sum_{n=0}^{\infty} \int_{B_n} \int_{\Theta} L(\theta, d(x_1, \cdots, x_n) \xi(d\theta | x_1, \cdots, x_n) \\
&\quad \times dP_n(x_1, \cdots, x_n).
\end{aligned}
$$

这里 $P_n(x_1, \cdots, x_n)$ 为 $(x_1, \cdots, x_n)$ 的绝对分布(见 § 2.3, (二)). 显然，如果 $d(x_1, \cdots, x_n)$ 满足

$$
\begin{aligned}
&\int_{\Theta} L(\theta, d(x_1, \cdots, x_n)) \xi(d\theta | x_1, \cdots, x_n) \\
&= \inf_{t \in \mathscr{D}} \int_{\Theta} L(\theta, t) \xi(d\theta | x_1, \cdots, x_n),
\end{aligned}
$$

则 $R_{1\xi}(d)$ 达到最小. 就是说, 在 $d(x_1, \cdots, x_n)$ 使后验风险最小时, $R_{1\xi}(d)$ 达到最小.

但一般说来, 求 Bayes 停止法则并非易事. 在所谓"截断判决"的情况, Blackwell 和Girshick 提出了一个一般方法.

定义 2.7.2. 若一个停止法则 $\{A_n\}$ 满足条件

$$A_n = \phi, \text{当 } n > N, \tag{2.7.11}$$

则相应的判决函数称为截断型的. 这表示, 至多只许观察到 x_N 为止.

假定我们局限于在满足 (2.7.11) 的一切停止法则中寻求 Bayes 最优的, 则可如下考虑: 先假定 N 次试验都作, 则我们观察 $x_1, \cdots, x_{N-1}, x_N$. 其后验风险记为

$$W_N(x_1, \cdots, x_N) = C_N(x_1, \cdots, x_N) + r_N(x_1, \cdots, x_N). \tag{2.7.12}$$

右边两项分别表示费用以及由"判决不当"而招致的 Bayes 后验风险.

设想我们已观察了 $x_1, \cdots, x_{N-1}$, 而面临是否要作最后一次观察的问题. 如到此为止, 遭受的风险为 $W_{N-1}(x_1, \cdots, x_{N-1})$, 而继续观察一次遭受的平均风险为 $E[W_N(x_1, \cdots, x_{N-1}; X_N)]$. 这里期望值要对在 $(X_1, \cdots, X_N)$ 的绝对分布下, X_N 在 $X_1, \cdots, X_{N-1}$ 给定时的条件分布去求. 若记

$$\alpha_N(x_1, \cdots, x_N) = W_N(x_1, \cdots, x_N);$$

$$\alpha_{N-1}(x_1, \cdots, x_{N-1}) = \min\{W_{N-1}(x_1, \cdots, x_{N-1}), E[W_N(x_1, \cdots, x_{N-1}, X_N)]\}.$$

则只有在 $\alpha_{N-1} < W_{N-1}$ 时, 继续观察 X_N 平均说来才有利. 如果 $\alpha_{N-1} = W_{N-1}$, 则我们又可以问: 是否在观察到 $x_1, \cdots, x_{N-2}$ 时停止更有利. 这样一直追溯到开始、把这种思想总结为一个停止法则, 则有如下的形式: 定义 α_N, α_{N-1} 如前. 一般, 设 $\alpha_N, \alpha_{N-1}, \cdots, \alpha_{N-j}$ 已定义了, 则 α_{N-j-1} 定义如下:

$$\alpha_{N-j-1}(x_1, \cdots, x_{N-j-1}) = \min\{W_{N-j-1}(x_1, \cdots, x_{N-j-1}), E[\alpha_{N-j}(x_1, \cdots, x_{N-j-1}, X_{N-j})]\}.$$

最后, $W_0 = \inf\limits_{d \in \mathscr{D}} \int_\Theta L(\theta, d) d\xi(\theta)$, 而

$$\alpha_0=\min\{W_0,\ E[\alpha_1(X_1)]\}.$$

定义停止法则$\{A_i,\ i=0,\ 1,\ \cdots,\ N\}$如下：若$\alpha_0=W_0$，则$A_0=\mathscr{X}$而$A_i=\phi,\ i\geqslant 1$. 否则$A_0=\phi$，而

$$A_i=\{x=(x_1,\ x_2,\ \cdots):W_j(x_1,\ \cdots,\ x_j)>\alpha_j(x_1,\ \cdots,\ x_j),$$
$$j=1,\ 2,\ \cdots,\ i-1,\ W_i(x_1,\ \cdots,\ x_i)=\alpha_i(x_1,\ \cdots,\ x_i)\},$$
$$i=1,\ 2,\ \cdots,\ N.$$

显然这是一个停止法则. 仍以B_i记A_i的底.

定理2.7.2. 在一切观察次数不超过N的停止法则中，刚才定义的$\{A_i\}$是Bayes最优的，这就是说，对任何其它这样的停止法则[1]$\{S_i\}$，必有

$$\sum_{i=0}^{N}\int_{S_i}W_i(x_1,\ \cdots,\ x_i)dP_i(x_1,\ \cdots,\ x_n)$$
$$\geqslant\sum_{i=0}^{N}\int_{B_i}W_i(x_1,\ \cdots,\ x_i)dP_i(x_1,\ \cdots,\ x_i),\quad(2.7.13)$$

这里W为由(2.7.12)定义的后验风险，而$P_i(x_1,\ \cdots,\ x_i)$为$(X_1,\ \cdots,\ X_i)$的(在先验分布ξ下的)绝对分布.

证. 我们将证明：对任何i–Borel柱形集A有

$$\sum_{j=i}^{N}\int_{A\cap B_j}\alpha_j(x_1,\ \cdots,\ x_j)dP_j(x_1,\ \cdots,\ x_j)$$
$$=\sum_{j=i}^{N}\int_{A\cap B_j}\alpha_i(x_1,\ \cdots,\ x_i)dP_i(x_1,\ \cdots,\ x_i).\quad(2.7.14)$$

又若A_i为i–Borel柱形集，$i=j+1,\ \cdots,\ N$，$A_{j+1},\ \cdots,\ A_N$两两无公共点，且$\bigcup_{i=j+1}^{N}A_i$为j–Borel柱形集，则

$$\sum_{i=j+1}^{N}\int_{A_i}\alpha_j(x_1,\ \cdots,\ x_j)dP_j(x_1,\ \cdots,\ x_j)$$
$$\leqslant\sum_{i=j+1}^{N}\int_{A_i}\alpha_i(x_1,\ \cdots,\ x_i)dP_i(x_1,\ \cdots,\ x_i),\quad(2.7.15)$$

以下为简便计，就用α_j记$\alpha_j(x_1,\ \cdots,\ x_j)$，等等，若(2.7.14)和(2.7.15)已证，则在(2.7.14)中置$A=S_i,\ i=0,\ \cdots,\ N$，并将所得结果求和，有

1) 以下为简便计，把S_i的底也记为S_i. 这不致引起混淆.

$$\sum_{i=0}^{N}\sum_{j=i}^{N}\int_{S_i\cap B_j}\alpha_j dP_j=\sum_{i=0}^{N}\sum_{j=i}^{N}\int_{S_i\cap B_j}\alpha_i dP_i, \qquad (2.7.16)$$

又在(2.7.15)中置 $A_i=S_i\cap B_j$(不难验证它满足(2.7.15)中关于 $A_{j+1}, \cdots, A_N$ 的要求),有

$$\sum_{j=0}^{N}\sum_{i=j+1}^{N}\int_{S_i\cap B_j}\alpha_j dP_j\leqslant\sum_{j=0}^{N}\sum_{i=j+1}^{N}\int_{S_i\cap B_j}\alpha_i dP_i. \qquad (2.7.17)$$

将(2.7.16)与(2.7.17)相加,得

$$\sum_{i,j=0}^{N}\int_{S_i\cap B_j}\alpha_j dP_j\leqslant\sum_{i,j=0}^{N}\int_{S_i\cap B_j}\alpha_i dP_i. \qquad (2.7.18)$$

因为在 B_j 上有 $\alpha_i=W_i$, 而且总成立 $\alpha_i\leqslant W_i$, 由(2.7.18)得

$$\sum_{j=0}^{N}\sum_{i=0}^{N}\int_{S_i\cap B_j}W_j dP_j\leqslant\sum_{i=0}^{N}\sum_{j=0}^{N}\int_{S_i\cap B_j}W_i dP_i,$$

即

$$\sum_{j=0}^{N}\int_{B_j}W_j dP_j\leqslant\sum_{i=0}^{N}\int_{S_i}W_i dP_i.$$

此即(2.7.13).

因此,定理的证明归结为证明(2.7.14)和(2.7.15). 显然,(2.7.14)当 $i=N$ 时成立. 用倒推归纳法,对 $i<N$,

$$\sum_{j=i}^{N}\int_{A\cap B_j}\alpha_i dP_i=\int_{A\cap B_i}\alpha_i dP_i+\sum_{j=i+1}^{N}\int_{A\cap B_j}\alpha_i dP_i. \qquad (2.7.19)$$

但在集合 $B_{i+1}\cup\cdots\cup B_N$ 上,有

$$\alpha_i(x_1, \cdots, x_i)=E[\alpha_j(x_1, \cdots, x_{j-1}, x_j)],$$
$$j=i+1, \cdots, N.$$

以此代入(2.7.19)的右边,并用倒推归纳假设(就是(2.7.14)当 i 改为 $i+1$ 时对),即知(2.7.14)成立. 类似地证明(2.7.15). 定理证毕.

对一般的没有截断限制的 Bayes 问题,不难设想,其 Bayes 停止法则可以这样得到: 先在 N 处截断, 求出其截断 Bayes 停止法则, 再令 $N\to\infty$. 更确定地, 设在 N 处截断时, 上面求得的函数 $\alpha_0, \cdots, \alpha_N$ 记为 α_{jN}, $j=0, \cdots, N$, 则易见序列$\{\alpha_{jN}, N=j+1, j+2, \cdots\}$单调非增. 记 $\alpha_j=\lim\limits_{N\to\infty}\alpha_{jN}$, 定义

$$B_j=\{x: W_i(x_1, \cdots, x_i)>\alpha_i(x_1, \cdots, x_i),\ i=0, 1, \cdots, j-1;$$
$$W_j(x_1, \cdots, x_j)=\alpha_j(x_1, \cdots, x_j)\},\ j=0, 1, 2, \cdots$$

为无截断限制时的 Bayes 停止法则. Blackwell 和 Girshick 在一定条件下严格地证明了这一事实.

在不少情况下, Bayes 停止法则本身就是截断型的. 下面的定理属于这种情况.

定理 2.7.3. 若当 $N\to\infty$ 时费用函数 $C_N(x_1, \cdots, x_N)$ 一致地趋于 ∞, 但对固定的 N, $C_N(x_1, \cdots, x_N)$ 保持有界, 而由"判决不当"带来的后验风险 $r_N(x_1, \cdots, x_N)$ 一致地趋于 0(见(2.7.12)式), 则 Bayes 停止法则是截断的. 又若 $C_N(x_1, \cdots, x_N)=cN$ 而后验风险 $r_i(x_1, \cdots, x_N)$ 只与 N 有关, 则序贯 Bayes 判决是固定样本的.

证. 由假定知存在 N_0, 致 $r_{N_0}(x_1, \cdots, x_{N_0})\leqslant 1$ 对任何 $(x_1, \cdots, x_{N_0})$. 这时, 如只作 N_0 次试验, 则后验风险(包括费用)不超过 $\sup C_{N_0}(x_1, \cdots, x_{N_0})+1=M$. 再由假定知存在 N_1 致 $\inf C_N(x_1, \cdots, x_{N_1})>M$, 当 $N\geqslant N_1$. 这说明: 作 N_1 次或更多的试验, 肯定不如只作 N_0 次有利. 因此, Bayes 判决的停止法则最多只允许作 N_1-1 次试验, 因而是截断的.

如果 $C_N(x_1, \cdots, x_N)=cN$ 而 $r_N(x_1, \cdots, x_N)=a_N$, 则作 N 次试验的后验风险(包括费用)为 $cN+a_N$, 与试验结果无关. 设 $cN_0+a_{N_0}=\inf\limits_N[cN+a_N]$, 则显然最优的办法是作 N_0 次试验, 因而序贯 Bayes 解退化为固定样本的.

举两个例子说明本定理的应用.

例 2.7.3. 设 $X_1, X_2, \cdots$ 为 iid, X_1 的分布为

$$P_\theta(X=1)=\theta,\ P_\theta(X=0)=1-\theta,\ 0\leqslant\theta\leqslant 1.$$

设先验分布为 $R(0, 1)$, 费用函数为 $C_N(x_1, \cdots, x_N)=cN$, 而损失函数为 $L(\theta, d)=(\theta-d)^2$. 若以 T_j 记 $X_1+\cdots+X_j$, 依例 2.3.1 的计算, 若试验 j 次后停止, 则 θ 的 Bayes 估计为 $(T_j+1)/(j+2)$, 其后验风险为

$$r_j(x_1, \cdots, x_j) = r_j(T_j) = \frac{(T_j+1)(j-T_j+1)}{(j+2)^2(j+3)}$$

$$\leqslant \frac{(j+1)^2}{(j+2)^2(j+3)}. \tag{2.7.20}$$

当 $j \to \infty$ 时趋于 0. 根据定理 2.7.3, 序贯 Bayes 估计必为截断型的.

不难验证: 若损失函数取为

$$L(\theta, d) = (\theta-d)^2/[\theta(1-\theta)],\ 0<\theta<1, \tag{2.7.21}$$

则序贯 Bayes 估计退化为固定样本的(当作 j 次试验时, 后验风险(包括费用)为 $jc+\frac{1}{j}$).

例 2.7.4. $X_1, X_2, \cdots$ 为 iid 样本, $X_1 \sim N(\theta, 1)$, $-\infty<\theta<\infty$. 损失函数与费用函数与上例一样, 先验分布为 $N(0, \tau^2)$.

根据例 2.3.3, Bayes 估计要求: 在作 j 次试验后停止时, 用估计量

$$\hat{g}_j(X_1, \cdots, X_j) = j\tau^2 \overline{X}_j/(j\tau^2+1).$$

此处 $\overline{X}_j = \frac{1}{j}\sum_{i=1}^{j} X_i$. 后验风险(包括费用)为

$$W_j(x_1, \cdots, x_j) = cj + \frac{\tau^2}{j\tau^2+1}. \tag{2.7.22}$$

由此知 θ 的序贯 Bayes 估计退化为固定样本的.

然而, 除去这些简单情况外, 要得出序贯 Bayes 估计的具体形式一般都不易. 近年来, 渐近理论受到一定的注意. 例如, Bickel 和 Yahav 发展了一种所谓"渐近逐点最优" (APO) 的序贯 Bayes 估计理论, 这大致可以说是在费用趋于 0 时的极限情况. 其详不能在此介绍了.

(五) 序贯 Minimax 估计

在序贯情况, 定理 2.3.5 和 2.3.6 仍适用. 然而, 要求出序贯 Minimax 估计需要更繁复的论证. 我们举几个例子.

例 2.7.5. 对例 2.7.3, 若损失函数为 (2.7.21), 取先验分布为 $R(0, 1)$, 则 Bayes 估计为固定样本的, 样本大小 N 满足条件

$$Nc+\frac{1}{N}=\min_j\left(jc+\frac{1}{j}\right),$$

Bayes 估计为$(X_1+\cdots+X_N)/N$. 此估计的风险为常数. 因此，依定理 2.3.5, 这也是 θ 的序贯 Minimax 估计.

例 2.7.6. 就例 2.7.4 而言，若取先验分布为 $N(0, \tau^2)$，则 Bayes 估计的 Bayes 风险为

$$b_\tau=\min_j\left[cj+\frac{\tau^2}{j\tau^2+1}\right], \tag{2.7.23}$$

易见

$$\lim_{\tau\to\infty}b_\tau=\min_j\left[cj+\frac{1}{j}\right], \tag{2.7.24}$$

但若取固定样本估计，其样本大小 N 满足

$$cN+\frac{1}{N}=\min_j\left[cj+\frac{1}{j}\right], \tag{2.7.25}$$

且用估计量$(X_1+\cdots+X_N)/N$, 则其风险等于一个常数, 即 (2.7.25) 的右边. 根据定理 2.3.6, 这个估计就是 θ 的序贯 Minimax 估计.

另外, Blyth 对例 2.7.6 中损失函数较一般的情况, 即 $L(\theta,d)=W(|\theta-d|)$, $W(x)$在 $x\geqslant0$ 非降, 得出 θ 的 Minimax 估计, 它也是固定样本的. Kiefer 对 $X_1, X_2, \cdots$ 为 iid, $X_1\sim R(0, \theta)$, 损失为 $L(\theta, d)=(\theta-d)^2/\theta^2$, 费用为 $C_N(X_1, \cdots, X_N)=cN$ 的情况求得了 θ 的序贯 Minimax 估计, 它也是固定样本的. 本书作者求得了 $N(a, \sigma^2)$ 中 (a, σ^2) 的序贯 Minimax 估计 (损失为 (2.4.15), 费用为 $C_N(X_1, \cdots, X_N)=cN$), 它也是固定样本的且有 (2.4.16) 的形式. Blyth 提供了一个不退化为固定样本的序贯 Minimax 估计的例子, 就是本节(一)中关于估计 $R\left(\theta-\frac{1}{2}, \theta+\frac{1}{2}\right)$ 中的 θ 的问题.

第三章 假设检验

§3.1. 基本概念

(一)假设和假设的检验

设变量X的样本空间为$(\mathscr{X}, \mathscr{B}_{\mathscr{X}})$，分布族为$(P_\theta, \theta\in\Theta)$. 这就是说，对某个$\theta\in\Theta$，$X$的分布为$P_\theta$.

定义 3.1.1. 设Θ_H为Θ的一个非空真子集，则命题："对某个$\theta\in\Theta_H$，X的分布为P_θ，"称为关于X的分布的一个假设.

一般，我们将上述假设就简记为"$\theta\in\Theta_H$"，或用一个记号，例如H来记它，这样我们可以说"假设H". 如果X的分布为P_{θ_0}而$\theta_0\in\Theta_H$，则我们说"假设成立"，若$\theta_0\overline{\in}\Theta_H$，则说"假设不成立".

记$\Theta_K=\Theta-\Theta_H$，命题"$\theta\in\Theta_K$"称为假设$\theta\in\Theta_H$的对立假设，为了明确地标出这一点，经常把一个假设检验问题记为

$$\theta:\theta\in\Theta_H\leftrightarrow\theta:\theta\in\Theta_K, \tag{3.1.1}$$

或简记为$H\leftrightarrow K$. 更一般地，也可以把Θ_K的任一子集作为对立假设. 例如，要检验$N(\theta, 1)$中的$\theta=0$. 对立假设是$\theta\neq0$. 但我们也可能只对$\theta>0$一部分有兴趣，这时可提出问题

$$\theta=0\leftrightarrow\theta>0.$$

与对立假设这个名词相应，一个假设常称为"零假设".

对每一个具体假设，可以作出的决定有两个：接受这个假设(d_0)，或否定这个假设(d_1). 至于采取那个决定，是根据变量X的观察值即样本x. 所谓"检验"一个假设，就是制定一个规则，使对每个$x\in\mathscr{X}$，这个规则唯一地决定是接受还是否定所提假设. 每个这样的规则称为一个检验. 显然，这等于把样本空间$\mathscr{X}$分为两部分：A和$A^c=\mathscr{X}-A$，使当$x\in A$时否定假设，而当$x\in A^c$时接受假设. A称为检验的否定域. 这样，给定一个检验，等价于给定

其否定域．从判决函数的观点说，一个检验就是一个定义于 $\mathscr{X}$ 上取值于 $\{d_0, d_1\}$ 的函数 δ．而否定域就是 $\{x: \delta(x)=d_1\}$．

根据§1.4所述"随机化判决函数"的思想，可以提出随机化检验的概念：每得到样本 x 后，以一定的概率 $\phi(x)$（与 x 有关）否定零假设，而以概率 $1-\phi(x)$ 接受零假设．这样，是否接受零假设的决定分两阶段作出：第一阶段对 X 观察得样本 x；第二阶段作一个试验，这试验有两个结果 A 和 B，其概率分别为 $\phi(x)$ 和 $1-\phi(x)$．若试验结果为 A，则否定零假设，否则接受零假设．

定义 3.1.2. 设 $\phi(x)$ 为定义在 $\mathscr{X}$ 上的 $\mathscr{B}_{\mathscr{X}}$-可测函数，满足条件 $0 \leqslant \phi(x) \leqslant 1$，则称 $\phi(x)$ 为一检验．每得到样本 x 后，以概率 $\phi(x)$ 否定零假设 $\theta \in \Theta_H$，以概率 $1-\phi(x)$ 接受 $\theta \in \Theta_H$．若 $\phi(x)$ 只取 0 与 1 为值，则检验 ϕ 是非随机化的，其否定域由满足条件 $\phi(x)=1$ 的那些 x 构成．

（二）两种错误与检验的功效函数

为了评价一个检验的好坏，需要引进一定的损失函数．由于判决空间 $\mathscr{D}$ 只含两个点 d_0 和 d_1，损失函数可以更方便地记为 $L_0(\theta)$ 和 $L_1(\theta)$：

$$L_0(\theta)=L(\theta, d_0), \quad L_1(\theta)=L(\theta, d_1).$$

对假设检验问题(3.1.1)而言，当 $\theta \in \Theta_H$ 时，判决 d_0 是正确的；而当 $\theta \in \Theta_K$ 时，判决 d_1 是正确的，所以，自然地可以规定

$$L_0(\theta)=0, \text{ 当 } \theta \in \Theta_H; \quad L_1(\theta)=0, \text{ 当 } \theta \in \Theta_K \tag{3.1.2}$$

如果 $\theta \in \Theta_H$ 而我们采取判决 d_1，即零假设 H 本来正确，但被否定了，这时称犯了第一种错误；如果 $\theta \in \Theta_K$ 而我们采取判决 d_0，即 H 不正确，但被接受了，这时称犯了第二种错误．相应地有

$$L_0(\theta)>0 \text{ 当 } \theta \in \Theta_K; \quad L_1(\theta)>0 \text{ 当 } \theta \in \Theta_H.$$

但 $L_0(\theta)$ 和 $L_1(\theta)$ 具体如何定法，则无一定规则可循．自然地可以设想，对不同的 $\theta \in \Theta_K$，决定 d_0 错误的程度也不一样．比方说，分布族为 $N(\theta, 1)$，考虑检验问题

$$\theta \leqslant 0 \leftrightarrow \theta>0,$$

如果当 $\theta=100$ 时接受零假设 $\theta\leqslant 0$，其错误程度应该比当 $\theta=1$ 时接受 $\theta\leqslant 0$ 为大. 因此，在本例中，$L_0(\theta)$ 在 $(0, \infty)$ 上应规定为一个非负非降的函数，类似的讨论对 $L_1(\theta)$ 在 Θ_H 上的规定也成立. 然而，出于历史的原因，以及简单化和直观意义的考虑，现有理论大部分是在

$$L_0(\theta)=a>0, \text{ 当 } \theta\in\Theta_K;\quad L_1(\theta)=b>0, \text{ 当 } \theta\in\Theta_H \tag{3.1.3}$$

的假定下发展的. 这意味着，只注意判决是否有错，而不计其"严重程度".

设 $\phi(x)$ 为假设检验问题 (3.1.1) 的一个检验，而损失函数按 (3.1.2)，(3.1.3) 规定，则不难算出 ϕ 的风险函数为

$$R(\theta, \phi)=\begin{cases} b\cdot E_\theta[\phi(X)], & \text{当 } \theta\in\Theta_H, \\ a\{1-E_\theta[\phi(X)]\}, & \text{当 } \theta\in\Theta_K. \end{cases} \tag{3.1.4}$$

因此，风险函数 R 完全由

$$\beta_\phi(\theta)=E_\theta[\phi(x)],\ \theta\in\Theta \tag{3.1.5}$$

所决定. 这样，如果按 (3.1.2)，(3.1.3) 规定损失，则我们只需考虑由 (3.1.5) 所决定的 $\beta_\phi(\theta)$ 就够了.

定义 3.1.3. 设 ϕ 为 (3.1.1) 的一个检验，则由 (3.1.5) 所定义的函数 $\beta_\phi(\theta)$ 称为 ϕ 的功效函数 (Power function).

显然，$\beta_\phi(\theta)$ 就是当 X 的分布为 P_θ 时，零假设被否定的概率. 在 ϕ 为非随机化的情况，若以 A 记其否定域，则

$$\beta_\phi(\theta)=P_\theta(A),\ \theta\in\Theta. \tag{3.1.6}$$

因此，当 $\theta\in\Theta_H$ 时，$\beta_\phi(\theta)$ 为犯第一种错误的概率. 当 $\theta\in\Theta_K$ 时，$1-\beta_\phi(\theta)$ 为犯第二种错误的概率.

(三) 控制第一种错误概率的原则. 检验的水平

从上一段的分析看出：在选择一个检验时，希望其功效函数在零假设 Θ_H 上尽可能小，而在 Θ_K 上尽可能大. 然而，如果试验规模固定，这二者是有冲突的：我们不能同时使得功效函数 $\beta_\phi(\theta)$ 在 Θ_H 上不超过任给的 $\varepsilon>0$，而在 Θ_K 上不小于任给的 $1-\eta<1$.

历史上和习惯上处理这个问题的方法是给定一个 α，$0\leqslant\alpha\leqslant 1$，

要求

$$\beta_\phi(\theta)\leqslant\alpha,\ 当\ \theta\in\Theta_H, \tag{3.1.7}$$

即要求犯第一种错误的概率不超过 α. 在这个约束下使 $\beta_\phi(\theta)$ 在 Θ_K 上尽可能大. 这叫做控制第一种错误概率的原则.

定义 3.1.4. 设 ϕ 为 (3.1.1) 的一个检验, 若对某个 α, $0\leqslant\alpha\leqslant1$, 其功效函数满足(3.1.7), 则称 α 为检验 ϕ 的水平, 而称 ϕ 为一个水平 α 的检验.

因此, 水平 α 检验的意思是

$$\sup_{\theta\in\Theta_H}\beta_\phi(\theta)\leqslant\alpha. \tag{3.1.8}$$

上式左边的量可称为 ϕ 的真实水平.

在通常应用中, 常取 $\alpha=0.01$, 0.05, 0.10 等作为水平. 这种划一的规定对于造表有方便, 但其它就没有什么特别含义了. 水平的选定应考虑到问题的性质及两种错误后果的严重程度. 将 α 定得很低的习惯使犯第二种错误的可能性大为增加, 这常是不可取的. 因此, 如有可能, 在选定水平时应参考 $\beta_\phi(\theta)$ 在 Θ_K 上的值. $\beta_\phi(\theta)$ 在 Θ_K 上任一点 θ 处之值, 称为检验 ϕ 在这点的功效.

§3.2. 一致最优检验(UMP 检验)

(一) Neyman-Pearson 基本引理

根据前节所谈控制第一种错误概率的原则, 给定 α 以后, 我们只能考虑满足约束 (3.1.7) 的检验 ϕ. 在这个约束之下, 希望 $\beta_\phi(\theta)$ 在 Θ_K 上愈大愈好. 由此自然地产生下面的定义.

定义 3.2.1. 设 ϕ 为(3.1.1)的一个水平 α 检验. 若对 (3.1.1) 的任何水平 α 检验 $\tilde{\phi}$, 必有

$$\beta_\phi(\theta)\geqslant\beta_{\tilde{\phi}}(\theta),\ 对任何\ \theta\in\Theta_K,$$

则称 ϕ 为(3.1.1)的一个水平 α 的一致最优检验(Uniformly Most Powerful Test, 简称 UMP 检验).

如果 UMP 检验存在, 则从功效最大的角度看, 自然应该使用

这种检验．然而，UMP 检验的存在是少有的例外．在 Θ_K 只包含一点的场合，可以证明 UMP 检验必存在(在某些很一般的条件下)．而在 Θ_H 也只包含一点的场合，则可以得出 UMP 检验的具体形式，这就是 Neyman-Pearson 基本引理的内容．

设变量 X 的样本空间为 $(\mathscr{X}, \mathscr{B}_{\mathscr{X}})$．考虑假设检验问题：

$$H: X \text{ 的分布为 } P_0 \leftrightarrow K: X \text{ 的分布为 } P_1. \tag{3.2.1}$$

不失普遍性可假定 P_0 和 P_1 都对 $\mathscr{B}_{\mathscr{X}}$ 上某个 σ-有限测度 μ 为绝对连续．事实上，只须取 $\mu=P_0+P_1$ 就行．记 $p_0(x)=dP_0(x)/d\mu$，$p_1(x)=dP_1(x)/d\mu$．不失普遍性可认为对任何 $x\in\mathscr{X}$，$p_0(x)$ 和 $p_1(x)$ 不同时为 0 (否则可将 $\mathscr{X}$ 去掉适当的一部分)．又在以下的讨论中，$\frac{a}{0}$ 理解为 ∞，当 $a>0$．

定理 3.2.1．(Neyman-Pearson 基本引理)． 任给 $0\leqslant\alpha\leqslant 1$，则

(i) 对检验问题(3.2.1)，必存在一个检验 ϕ，满足条件

a.
$$\phi(x)=\begin{cases}1, & \text{当 } p_1(x)/p_0(x)>k,\\ 0, & \text{当 } p_1(x)/p_0(x)<k.\end{cases} \tag{3.2.2}$$

b.
$$E_0[\phi(x)]=\int_{\mathscr{X}} p_0(x)\phi(x)d\mu(x)=\alpha. \tag{3.2.3}$$

(这表示 ϕ 的真实水平为 α，又在(3.2.2)中，k 为某个常数．)

(ii) 任何满足 (3.2.2) 和 (3.2.3) 的检验 ϕ 是 (3.2.1) 的水平 α 的 UMP 检验．

(iii) 若 ϕ 为 (3.2.1) 的水平 α 的 UMP 检验，则对某个常数 k，ϕ 必满足(3.2.2) (a. e. μ)．又若

$$E_1[\phi(X)]=\int_{\mathscr{X}} p_1(x)\phi(x)d\mu(x)<1. \tag{3.2.4}$$

则 ϕ 必满足(3.2.3)．

证．当 $\alpha=0$ 或 $\alpha=1$ 时，这定理的结论明显成立(但 k 允许取 ∞ 为值)．因此以下假定 $0<\alpha<1$．

(i) 定义

$$h(c)=P_0(p_1(x)/p_0(x)\leqslant c),\quad 0\leqslant c<\infty,$$

则 $h(c)$ 在 $0\leqslant c<\infty$ 非降，右连续，且 $\lim\limits_{c\to\infty}h(c)=1$．先设 $h(0)<1$

$-\alpha$. 则存在 k, $0<k<\infty$, 致 $h(k-0)\leqslant 1-\alpha$, $h(k)\geqslant 1-\alpha$. 若 $h(k)=1-\alpha$, 则显然,

$$\phi(x)=\begin{cases}1, & \text{当 } p_1(x)/p_0(x)>k,\\ 0, & \text{当 } p_1(x)/p_0(x)\leqslant k,\end{cases}\tag{3.2.5}$$

满足(3.2.2)和(3.2.3). 若 $h(k)>1-\alpha$, 则

$$\phi(x)=\begin{cases}1, & \text{当 } p_1(x)/p_0(x)>k,\\ \dfrac{\alpha-(1-h(k))}{h(k)-h(k-0)}, & \text{当 } p_1(x)/p_0(x)=k,\\ 0, & \text{当 } p_1(x)/p_0(x)<k,\end{cases}\tag{3.2.6}$$

满足(3.2.2)和(3.2.3). 若 $h(0)=1-\alpha$, 则在(3.2.5)中取 $k=0$, 所得 $\phi(x)$ 仍满足(3.2.2)和(3.2.3). 若 $h(0)>1-\alpha$, 则只须在(3.2.6)中取 $k=0$, 同时将 $h(k)-h(k-0)$ 改为 $h(0)$ 即可.

(ii) 现设 ϕ 满足(3.2.2)和(3.2.3), 而 $\tilde{\phi}$ 为(3.2.1)的任一水平 α 的检验. 记

$$S^+=\{x: \phi(x)>\tilde{\phi}(x)\},\quad S^-=\{x: \phi(x)<\tilde{\phi}(x)\},\tag{3.2.7}$$

则在 S^+ 上, $\phi(x)\neq 0$, 因而由(3.2.2)知 $\dfrac{p_1(x)}{p_0(x)}\geqslant k$. 同理在 S^- 上有 $\dfrac{p_1(x)}{p_0(x)}\leqslant k$. 因此在 $S^+\cup S^-$ 上总有

$$(\phi(x)-\tilde{\phi}(x))(p_1(x)-kp_0(x))\geqslant 0,$$

所以

$$\begin{aligned}&\int_{\mathscr{X}}(\phi(x)-\tilde{\phi}(x))(p_1(x)-kp_0(x))d\mu(x)\\ &=\int_{S^+\cup S^-}(\phi(x)-\tilde{\phi}(x))(p_1(x)-kp_0(x))d\mu(x)\geqslant 0,\end{aligned}$$

从而

$$\begin{aligned}&\int_{\mathscr{X}}(\phi(x)-\tilde{\phi}(x))p_1(x)d\mu(x)\\ &\geqslant k\int_{\mathscr{X}}(\phi(x)-\tilde{\phi}(x))p_0(x)d\mu(x)\\ &=k(E_0[\phi(X)]-E_0[\tilde{\phi}(X)])\geqslant 0,\end{aligned}$$

(因为 $E_0[\phi(X)]=\alpha$, 而 $E_0[\tilde{\phi}(X)]\leqslant\alpha$, $k\geqslant 0$.) 所以

$$E_1[\phi(X)]=\int_{\mathscr{X}}\phi(x)p_1(x)d\mu\geqslant\int_{\mathscr{X}}\tilde{\phi}(x)p_1(x)d\mu=E_1[\tilde{\phi}(X)],$$

因此 ϕ 为水平 α 的 UMP 检验.

(iii) 设 $\tilde{\phi}$ 为(3.2.1)的任一水平 α 的 UMP 检验. 根据已证的 (i), 存在 ϕ 满足(3.2.2)和(3.2.3). 仍以 S^+, S^- 记由(3.2.7)定义的集而 $S=S^+\cup S^-$. 记

$$S_1=S\cap\{x:\ p_1(x)/p_0(x)\neq k\}$$

若 $\mu(S_1)>0$, 则因在 S_1 上有

$$(\phi(x)-\tilde{\phi}(x))(p_1(x)-kp_0(x))>0,$$

将有

$$\int_{\mathscr{X}}(\phi(x)-\tilde{\phi}(x))(p_1(x)-kp_0(x))d\mu$$

$$=\int_{S_1}(\phi(x)-\tilde{\phi}(x))(p_1(x)-kp_0(x))d\mu>0.$$

由此将得 $E_1[\phi(x)]>E_1[\tilde{\phi}(x)]$, 与 $\tilde{\phi}$ 为 (3.2.1) 的水平 α 的 UMP 检验矛盾. 这说明 $\mu(S_1)=0$, 也就是说, 在集合 $\{x:\ \phi(x)=0\}\cup\{x:\ \phi(x)=1\}$ 上,有 $\phi(x)=\tilde{\phi}(x)$ (a. e. μ). 这证明了 $\tilde{\phi}$ 适合(3.2.2) (a. e. μ).

现设(3.2.4)成立. 若 $E_0[\tilde{\phi}(X)]<\alpha$, 令

$$\phi(x)=\min\{1,\ \tilde{\phi}(x)+\alpha-E_0[\tilde{\phi}(X)]\},$$

则有 $E_0[\phi(X)]\leqslant\alpha$, 即 ϕ 为水平 α 的检验, 且对一切 $x\in\mathscr{X}$, $\phi(x)\geqslant\tilde{\phi}(x)$. 又由(3.2.4)知 $P_1(\{x:\ \phi(x)>\tilde{\phi}(x)\})>0$, 因而将有 $E_1[\phi(X)]>E_1[\tilde{\phi}(X)]$, 这与 $\tilde{\phi}$ 为(3.2.1) 的水平 α 的 UMP 检验矛盾. 定理证毕.

系 3.2.1. 若 ϕ 为 (3.2.1) 的水平 α 的 UMP 检验, 则必有 $E_1[\phi(X)]\geqslant\alpha$. 若 $0<\alpha<1$ 而 $P_0\neq P_1$(即存在 $A\in\mathscr{B}_{\mathscr{X}}$ 致 $P_0(A)\neq P_1(A)$), 则必有 $E_1[\phi(X)]>\alpha$.

证. $\phi_1\equiv\alpha$ 是一个水平 α 的检验,而 $E_1[\phi_1(X)]=\alpha$. 故由 ϕ 为 UMP 检验知 $E_1[\phi(X)]\geqslant E_1[\phi_1(X)]=\alpha$. 若后两条件满足, 而 $E_1[\phi(X)]=\alpha$, 则 $\phi_1\equiv\alpha$ 为水平 α 的 UMP 检验,故由定理的(iii)知 ϕ_1 应有(3.2.2)的形状,对某个 k, 由于 $0\neq\alpha\neq1$, 知

$$p_1(x)/p_0(x)=k,\ \text{(a. e. }\mu).$$

这只有在 $K=1$ 且 $P_0=P_1$ 时才可能, 与 $P_0\neq P_1$ 矛盾. 这证明了所要的结果.

由(3.2.2)看出：对(3.2.1)的UMP检验ϕ，随机化最多只在集合

$$\{x: p_1(x)/p_0(x)=k\} \tag{3.2.8}$$

上是必要的．当X的分布为连续型时，往往象(3.2.8)这样的集合的概率为0，这时随机化根本不必要．在X为离散分布时，为了使检验的真实水平等于给定的α，有必要在形如(3.2.8)的集上实行随机化．但也可以适当调整α以避免这一点，做法是把集(3.2.8)分为两部分C_1，C_2，而令$\phi(x)=0$，当$x\in C_1$，$\phi(x)=1$，当$x\in C_2$．在实际应用中为了避免随机化，总是使用这个方法．

(二)单调似然比分布族

定理3.2.1的主要作用并不在于直接应用于实际问题中，因为在实际应用中，象(3.2.1)那样零假设和对立假设都只包含一个分布的情况，是不常见的．这个定理的作用，在于它是在更复杂的情况下寻求UMP检验或其它某种最优检验的一个工具．本段就是一个例子．

设X的分布族为$\{f(x, \theta)d\mu(x), \theta\in\Theta\}$，$\Theta$为$R_1=(-\infty, \infty)$上的一个子集．如果存在统计量$T(x)$，使对任何$\theta_1<\theta_2$(都属于$\Theta$)，比$f(x, \theta_2)/f(x, \theta_1)$作为$x$的函数，只依赖于$T(x)$且是$T(x)$的非降函数，又不同的$\theta\in\Theta$对应于$X$的不同分布，则称$\{f(x, \theta)d\mu(x), \theta\in\Theta\}$为单调似然比分布族，简记为MLR族．

定理3.2.2. 设$\{f(x, \theta)\,d\mu(x), \theta\in\Theta\}$为一个MLR族，$\theta_0\in\Theta$且$\{\theta>\theta_0\}\cap\Theta$非空．则对假设检验问题，

$$H: \theta\leqslant\theta_0, \theta\in\Theta\leftrightarrow K: \theta>\theta_0, \theta\in\Theta \tag{3.2.9}$$

及任给α，$0<\alpha<1$，有

(i) 存在形如

$$\phi(x)=\begin{cases}1, & 当\ T(x)>c,\\ r, & 当\ T(x)=c,\\ 0, & 当\ T(x)<c\end{cases} \tag{3.2.10}$$

的检验(r，c为常数，$0\leqslant r\leqslant 1$)，满足条件

$$E_{\theta_0}[\phi(X)]=\alpha. \tag{3.2.11}$$

且这样的检验是(3.2.9)的水平 α 的 UMP 检验.

(ii) 以 $\beta(\theta)$ 记由 (3.2.10) 所定义的检验的功效函数，则 $\beta(\theta)$ 在 Θ 上非降，且在 $\{\theta: \theta\in\Theta, 0<\beta(\theta)<1\}$ 上严格上升.

(iii) 对任何 $\theta<\theta_0$, (ii) 中的 $\beta(\theta)$ 在一切满足条件(3.2.11)的检验的 $\beta(\theta)$ 中达到最小值.

证. (i) 仿定理 3.2.1(i)的记法，不难证明存在形如(3.2.10)的检验 ϕ, 满足(3.2.11). 实际上，为此只需取 c, 满足

$$P_{\theta_0}(T(x)>c)\leqslant\alpha\leqslant P_{\theta_0}(T(x)\geqslant c),$$

再适当地决定 r 即可.

现设 ϕ 满足(3.2.10)和(3.2.11). 任取 $\theta_1>\theta_0$, $\theta_1\in\Theta$, 考虑检验问题

$$H': \theta=\theta_0\leftrightarrow K': \theta=\theta_1, \tag{3.2.12}$$

若记 $f(x, \theta_1)/f(x, \theta_0)|_{T(x)=c}=k$, 则由 MLR 族的定义及 ϕ 满足(3.2.10), 立得

$$\phi(x)=\begin{cases}1, & 当 f(x, \theta_1)/f(x, \theta_0)>k, \\ 0, & 当 f(x, \theta_1)/f(x, \theta_0)<k.\end{cases} \tag{3.2.13}$$

由 (3.2.11) 知 ϕ 为 (3.2.12) 的一个水平 α 的检验. 故由定理 3.2.1 知, ϕ 为(3.2.12)的水平 α 的 UMP 检验. 以 $\beta(\theta)$ 记 ϕ 的功效函数. 我们证明 $\beta(\theta)$ 满足本定理的 (ii). 若这一点证明了，则(i)的后一结论也得证. 因为由(ii)知, ϕ 不仅对 $H'\leftrightarrow K'$ 为水平 α 的，对 $H\leftrightarrow K$ 也是水平 α 的，再由 ϕ 为 $H'\leftrightarrow K'$ 的 UMP 检验，知它也是 $H\leftrightarrow K$ 的 UMP 检验.

欲证 $\beta(\theta)$ 满足 (ii), 任取 $\theta_1<\theta_2$ (都属于 Θ), 考虑检验问题

$$H'': \theta=\theta_1\leftrightarrow K'': \theta=\theta_2.$$

用证明(i)的前半的方法得出: ϕ 是 $H''\leftrightarrow K''$ 的水平为 $\beta(\theta_1)$ 的 UMP 检验，其在 θ_2 点的功效为 $\beta(\theta_2)$. 依系 3.2.1, 即得 $\beta(\theta_1)\leqslant\beta(\theta_2)$. 这证明了 $\beta(\theta)$ 为非降的. 又因 $\theta_1\neq\theta_2$ 时分布 $P_{\theta_1}\neq P_{\theta_2}$, 由系 3.2.1 知，只要 $0<\beta(\theta_1)<1$, 必有 $\beta(\theta_1)<\beta(\theta_2)$, 这完全证明了(ii), 因而(i).

为记(iii)，任取 $\theta_1<\theta_0$，考虑检验问题

$$H''': \theta=\theta_1 \leftrightarrow K''': \theta=\theta_0, \tag{3.2.14}$$

则用证明 (i) 的前半的方法得知，ϕ 为此问题的水平为 $\beta(\theta_1)$ 的 UMP 检验，其在 θ_0 处的功效为 $\beta(\theta_0)$. 故若 $\tilde{\phi}$ 为任一检验，满足 $E_{\theta_0}[\tilde{\phi}(X)]=\alpha=\beta(\theta_0)$ 且 $E_{\theta_1}[\tilde{\phi}(X)]<\beta(\theta_1)$，则 $\tilde{\phi}$ 也是(3.2.14)的水平为 $\beta(\theta_1)$ 的 UMP 检验. 由于其在 θ_0 处的功效 $\beta(\theta_0)<1$. 依定理 3.2.1(iii)，必有 $E_{\theta_1}[\tilde{\phi}(X)]=\beta(\theta_1)$. 这个矛盾证明了：对任何满足条件 $E_{\theta_0}[\tilde{\phi}(x)]=\alpha$ 的检验 $\tilde{\phi}$，不可能有 $E_{\theta_1}[\tilde{\phi}(X)]<\beta(\theta_1)$. 这证明了(iii)因而完成了定理的证明.

本定理最重要的一个情况是：

系 3.2.2. 设 X 的分布为指数族

$$f(x, \theta)d\mu(x)=C(\theta)\exp[Q(\theta)T(x)]d\mu(x), \ \theta\in\Theta. \tag{3.2.15}$$

Θ 为自然参数空间，$\Theta\subset R_1$，而 $Q(\theta)$ 在 Θ 上严格单调. 则对 Θ 的任何内点 θ_0，有

(i) 若 $Q(\theta)$ 严格上升，则检验问题 (3.2.9) 的水平 $\alpha(0<\alpha<1)$ 的 UMP 检验由(3.2.10)，(3.2.11)确定.

(ii) 若 $Q(\theta)$ 严格下降，则 (3.2.9) 的水平 α 的 UMP 检验 ϕ 有形状

$$\phi(x)=\begin{cases}1, & 当\ T(x)<c,\\ r, & 当\ T(x)=c,\\ 0, & 当\ T(x)>c,\end{cases} \tag{3.2.10$'$}$$

且满足(3.2.11).

证明由定理 3.2.2 直接得出，只需注意，在 $Q(\theta)$ 于 $\theta\in\Theta$ 上严格增加时，分布族 (3.2.15) 为 MLR 族(对统计量 $T(x)$)，而当 $Q(\theta)$ 严格下降时，(3.2.15)也是 MLR 族(对统计量 $-T(x)$).

对假设检验问题

$$H_1: \theta\geqslant\theta_0, \ \theta\in\Theta \leftrightarrow K_1: \theta<\theta_0, \ \theta\in\Theta, \tag{3.2.16}$$

得到与定理 3.2.2 完全类似的结果：

定理 3.2.2$'$. (i)对检验问题(3.2.16)，存在水平 $\alpha(0<\alpha<1)$

的 UMP 检验，满足 (3.2.11) 且具有形式 (3.2.10)′. (ii) 若以 $\beta(\theta)$ 记 (i) 中的检验 ϕ 的功效函数，则 $\beta(\theta)$ 在 Θ 上非增，且在集 $\{\theta: \theta\in\Theta, 0<\beta(\theta)<1\}$ 上严格下降. (iii) 若 $\theta>\theta_0$，则在一切满足条件 (3.2.11) 的检验中，由 (i) 决定的 ϕ 的功效函数 $\beta(\theta)$ 在 θ 点达到最小值.

检验问题 (3.2.9) 及 (3.2.16) 称为"单边假设"的检验问题. 这是 UMP 检验比较系统地存在的唯一情况. 具体地说，这些情况主要包含在 MLR 族中. 由之可证明某些常用检验为 UMP 检验，以下举几个例子.

例 3.2.1. 一批产品一共有 N 个，其中废品有 M 个，M 为未知参数. 从这批产品中不放回地取出 n 个，以 X 记其中废品个数. 要检验假设

$$H: M\leqslant M_0 \leftrightarrow K: M>M_0,$$

此处 M_0 为 0, 1, ⋯, $N-1$ 中的一个数.

X 服从超几何分布：

$$p_M(x)=P_M(X=x)=\binom{M}{x}\binom{N-M}{n-x}\Big/\binom{N}{n},\ x=0,1,\cdots,M. \tag{3.2.17}$$

易见当 $M_1<M_2$ 时，

$$p_{M_2}(x)/p_{M_1}(x)=C(N,n,M_1,M_2)\prod_{i=M_1+1}^{M_2}\frac{N+1-n-i+x}{i-x}.$$

因此，分布族 (3.2.17) 为关于统计量 $T(x)=x$ 的 MLR 族，由此由定理 3.2.2 知 $H\leftrightarrow K$ 的水平 $\alpha(0<\alpha<1)$ 的 UMP 检验为

$$\phi(x)=\begin{cases}1, & \text{当 } x>c,\\ r, & \text{当 } x=c,\\ 0, & \text{当 } x<c,\end{cases}$$

c 和 $r(0\leqslant r\leqslant 1)$ 由公式

$$E_{M_0}[\phi(X)]=\sum_{i=c+1}^{M_0}p_{M_0}(i)+rp_{M_0}(c)=\alpha$$

确定.

例 3.2.2. 设 $X_1, X_2, \cdots, X_n$ 为 iid 样本，而 X_1 的分布为

$$p_\theta(x)=P_\theta(X=x)=\theta, \text{ 当 } x=1,$$
$$p_\theta(x)=1-\theta, \text{ 当 } x=0, \quad 0<\theta<1.$$

任取 θ_0, $0<\theta_0<1$, 考虑检验问题

$$H: \theta\leqslant\theta_0 \leftrightarrow K: \theta>\theta_0, \tag{3.2.18}$$

(严格地应写为 $0<\theta\leqslant\theta_0 \leftrightarrow 1>\theta>\theta_0$. 在不致引起含混时，我们不拘泥于这种细节.)

我们有 $\displaystyle\prod_{i=1}^n p_\theta(x_i)=\theta^{\sum_{i=1}^n x_i}\quad(1-\theta)^{n-\sum_{i=1}^n x_i}.$

这为一关于 $Q(\theta)=\log\dfrac{\theta}{1-\theta}$ 和 $T(x_1, \cdots, x_n)=\sum_{i=1}^n x_i$ 的指数族. 由于 $Q(\theta)$ 严格上升，由系 3.2.2 知 (3.2.18) 的水平 $\alpha(0<\alpha<1)$ 的 UMP 检验为

$$\phi(x_1, \cdots, x_n)=\begin{cases}1, & \text{当 } T>c,\\ r, & \text{当 } T=c,\\ 0, & \text{当 } T<c.\end{cases} \tag{3.2.19}$$

T 服从二项分布 $B(n, \theta)$, 故 c 和 $r(0\leqslant r\leqslant 1)$ 由

$$\sum_{i=c+1}^n \binom{n}{i}\theta_0^i(1-\theta_0)^{n-i}+r\binom{n}{c}\theta_0^c(1-\theta_0)^{n-c}=\alpha \tag{3.2.20}$$

确定.

在这里有一个细节值得提到一下，对本例中的分布族而言，自然的参数空间是 $0\leqslant\theta\leqslant1$. 为了使 $\prod_{i=1}^n p_\theta(x_i)$ 有指数族的形式，把 $\theta=0$ 和 $\theta=1$ 两点去掉了，但是不难证明：即使取参数空间为 $0\leqslant\theta\leqslant1$, (3.2.18) 的水平 α 的 UMP 检验仍由 (3.2.19) 和 (3.2.20) 确定. 这个细节的证明留给读者. 在 Poisson 分布族的参数的单边假设检验问题中，也出现类似的情况.

例 3.2.3. 设 $X_1, \cdots, X_n$ 为取自 $N(\theta, 1)$ 的 iid 样本，要检验假设

$$H: \theta\leqslant\theta_0 \leftrightarrow K: \theta>\theta_0,$$

我们有 $\displaystyle\prod_{i=1}^n f(x_i, \theta)=(2\pi)^{-n/2}e^{-n\theta^2/2}\cdot \exp\left[\theta\cdot\sum_{i=1}^n x_i\right]\cdot e^{-\sum_{i=1}^n x_i^2/2}.$

此为关于 $Q(\theta)=\theta$, $T(x_1, \cdots, x_n)=\sum_{i=1}^{n} x_i$ 的指数族. 由此得到水平 $\alpha(0<\alpha<1)$ 的 UMP 检验为

$$\tilde{\phi}(x_1, \cdots, x_n)=\begin{cases}1, & \text{当 } T>c, \\ r, & \text{当 } T=c, \\ 0, & \text{当 } T<c.\end{cases} \tag{3.2.21}$$

但 $T\sim N(n\theta, n)$ 为连续分布, 因此 $P_\theta(T=c)=0$ 对任何 θ, 而 (3.2.21) 可以用

$$\phi(x_1, \cdots, x_n)=\begin{cases}1, & \text{当 } T\geqslant c, \\ 0, & \text{当 } T<c\end{cases} \tag{3.2.22}$$

来代替, c 由关系式 $E_{\theta_0}[T\geqslant c]=\alpha$ 确定. 由于 $T\sim N(n\theta, n)$, 由此式不难定出

$$c=n\theta_0+\sqrt{n}Z_\alpha. \tag{3.2.23}$$

此处 Z_α 满足 $\Phi(Z_\alpha)=1-\alpha$, 而 $\Phi(x)$ 为 $N(0, 1)$ 的分布函数.

还有若干常见情况可用定理 3.2.2 解决, 我们留给读者作为练习.

(三) 用 Bayes 方法求 UMP 检验

设我们想要求检验问题 (3.1.1) 的 UMP 检验. 一般的步骤是任取一个 $\theta_1\in\Theta_K$, 考虑检验问题

$$H: \theta\in\Theta_H \leftrightarrow K_1: \theta=\theta_1. \tag{3.2.24}$$

设法找出这个问题的水平 α 的 UMP 检验. 若这检验与 $\theta_1\in\Theta_K$ 无关, 则它显然就是 (3.1.1) 的水平 α 的 UMP 检验.

于是问题归结为找 (3.2.24) 的 UMP 检验. 关于这个问题是这样考虑的: 问题在于"分辨" Θ_H 中的 θ 值与 θ_1. 如果在 Θ_H 中有某个 θ_0, 使分布 P_{θ_0} 与 P_{θ_1} "最接近", 则由直观上可以想象, 如能将 θ_0 与 θ_1 加以区别, 则也就能将 Θ_H 与 θ_1 加以区别. 这样问题就化为更简单的, 形如 (3.2.12) 的检验问题, 从而可以利用定理 3.2.1. 我们在证明定理 3.2.2 中实际上就用了这个想法: 此处 $\Theta_H=\{\theta: \theta\leqslant\theta_0\}$ 而 $\theta_1>\theta_0$. 显然, 与 θ_1 最接近的就是 θ_0.

但在较复杂的情况下，可能不存在一个显然的 $\theta_0 \in \Theta_H$，与 θ_1 看来"最接近"，而是有一些这样的 θ_0. 这时我们自然地想到：将这些值加以适当的混合，可能得出一个最接近于 P_{θ_1} 的分布，因而有助于达到我们的目的. 这样得出下面的作法：在 Θ 中引进 σ-域 $\mathscr{B}_\Theta$，以 λ 记其上的一个概率测度. 作

$$h_\lambda(x) = \int_{\Theta_H} f(x, \theta) d\lambda(\theta). \tag{3.2.25}$$

此处 $\{f(x, \theta) d\mu(x), \theta \in \Theta\}$ 为 X 的分布族. 这里我们假定 $f(x, \theta)$ 为 $\mathscr{B}_\mathscr{X} \times \mathscr{B}_\Theta$ 可测（$(\mathscr{X}, \mathscr{B}_\mathscr{X})$为 X 的样本空间）. 这时，不难知道（见 § 2.3,（五）），由 (3.2.25) 定出的 h_λ 为 $\mathscr{B}_\mathscr{X}$-可测且 $\int_\mathscr{X} h_\lambda(x) d\mu(x) = 1$，因此，$h_\lambda(x) d\mu(x)$ 定出 $(\mathscr{X}, \mathscr{B}_\mathscr{X})$上的一个概率测度. 我们提出检验问题

$$H_\lambda: X \text{ 的分布为 } h_\lambda(x) d\mu(x) \leftrightarrow K_1: X \text{ 的分布为 } P_{\theta_1}, \tag{3.2.26}$$

而希望适当地选择 λ，使 (3.2.26) 的水平 α 的 UMP 检验，也是 (3.2.24) 的水平 α 的 UMP 检验. 在这里，λ 起着先验分布的作用（但这个先验分布全集中在 Θ_H 上），因而可称为 Bayes 方法.

这个方法的基础是下面的简单定理.

定理3.2.3. 以 ϕ_λ 记 (3.2.26) 的水平 $\alpha (0<\alpha<1)$ 的 UMP 检验，若 ϕ_λ 对 (3.2.24) 也是水平 α 检验，则它是 (3.2.24) 的水平 α 的 UMP 检验. 且若 ϕ_λ 是(3.2.26)的唯一的水平 α 的 UMP 检验，则它也是(3.2.24)的唯一的水平 α 的 UMP 检验.

证. 设 ϕ 为(3.2.24)的一个水平 α 检验，以 $\beta(\theta)$ 记其功效函数，则

$$\begin{aligned}\int_\mathscr{X} \phi(x) h_\lambda(x) d\mu(x) &= \int_{\Theta_H} d\lambda(\theta) \int_\mathscr{X} \phi(x) f(x, \theta) d\mu(x) \\ &= \int_{\Theta_H} \beta(\theta) d\lambda(\theta) \leqslant \alpha.\end{aligned}$$

这说明 ϕ 也是 (3.2.26) 的一个水平 α 检验. 由于 ϕ_λ 为 (3.2.26) 的水平 α 的 UMP 检验，有 $\beta_\phi(\theta_1) \leqslant \beta_\lambda(\theta)$ ($\beta_\lambda(\theta)$ 为 ϕ_λ 的功效函

数)，故 ϕ_λ 为 (3.2.24) 的水平 α 的 UMP 检验. 定理后一部分的证明是明显的，只需注意，(3.2.24) 的任何水平 α 检验必为 (3.2.26) 的水平 α 检验. 定理证毕.

下例是本定理的一个有趣的应用.

例 3.2.4. 设 $X_1, \cdots, X_n$ 为取自 $N(a, \sigma^2)$ 的 iid 样本，a 和 σ^2 都未知. 考虑假设检验问题

$$H_1: -\infty<a<\infty,\ \sigma\leqslant\sigma_0 \leftrightarrow K_1: -\infty<a<\infty,\ \sigma>\sigma_0, \tag{3.2.27}$$

以及

$$H_2: -\infty<a<\infty,\ \sigma\geqslant\sigma_0 \leftrightarrow K_2: -\infty<a<\infty,\ \sigma<\sigma_0. \tag{3.2.28}$$

这两个问题的最常用的检验是：对 $H_1\leftrightarrow K_1$，否定域为 $U=\sum_{i=1}^{n}(X_i-\overline{X})^2\geqslant c$ (当水平定为 α 时，取 $c=\sigma_0^2\chi_{n-1}^2(\alpha)$). 对 $H_2\leftrightarrow K_2$，否定域为 $U\leqslant c$ (c 之值同前). 现在我们想弄清楚，这些检验是否为 UMP 检验.

记 $Y=\overline{X}$，则 (Y, U) 为充分统计量. 根据充分性原则，可以只考虑基于 (Y, U) 的检验. (Y, U) 的密度为

$$g_{a,\sigma}(y, u)=\begin{cases}C_n(\sigma)^{\frac{1}{2}(n-3)}e^{-u/2\sigma^2}\exp\left[-\dfrac{n}{2\sigma^2}(y-a)^2\right], & u>0,\\ 0, & u\leqslant 0.\end{cases}$$

这里 $C_n(\sigma)$ 为一只与 n 和 σ 有关的常数.

先讨论检验问题(3.2.27). 任取一点 (a_1, σ_1)，$\sigma_1>\sigma_0$，考虑检验问题

$$H_1\leftrightarrow K_1': a=a_1,\ \sigma=\sigma_1. \tag{3.2.29}$$

显然，从分布接近的观点看，先验分布 λ 应全部集中在直线 $\sigma=\sigma_0$ 上. 因此这个先验分布可视为 a 的一个概率分布. 由上述 $g_{a,\sigma}(y, u)$ 的形式，得

$$h_\lambda(y, u)=C_n(\sigma_0)u^{\frac{1}{2}(n-3)}e^{-u/2\sigma_0^2}\int_{-\infty}^{\infty}\exp\left[-\frac{n}{2\sigma_0^2}(y-a)\right]d\lambda(a). \tag{3.2.30}$$

而在 $a=a_1$, $\sigma=\sigma_1$ 时 (Y, U) 的密度为 $g_{a_1,\sigma_1}(y,u)$. 先验分布的选择只影响到 Y 的分布，不难看到，若取 λ 为正态分布 $N(a_1, \frac{1}{n}(\sigma_1^2-\sigma_0^2))$, 则在 h_λ 中 Y 的分布与在 g_{a_1,σ_1} 中 Y 的分布一样(这个简单计算留给读者). 这样, $H_\lambda \leftrightarrow K_1'$ 的水平 α 的 UMP 检验的否定域为

$$\{u: e^{-u/2\sigma_1^2}/e^{-u/2\sigma_0^2} \geqslant \tilde{c}\}$$

即 $\{u \geqslant c\}$. 若取 $c=\sigma_0^2\chi_{n-1}^2(\alpha)$, 则所得检验在 (3.2.29) 之下显然也是水平 α 的,因此依定理 3.2.3, 以

$$\{(x_1, \cdots, x_n): \sum_{i=1}^n (x_i-\bar{x})^2 \geqslant \sigma_0^2\chi_{n-1}^2(\alpha)\}$$

为否定域的检验,为(3.2.29)的水平 α 的 UMP 检验. 由于这个检验与 a_1, σ_1 无关，它就是检验问题 (3.2.27) 的水平 α 的 UMP 检验.

对检验问题(3.2.28),情况有些不同.设在问题 $H_2 \leftrightarrow K_1'$ 中, $\sigma_1<\sigma_0$. 这时, Y 的方差的任何增加都会使 H_λ 更远离 K_1'. 这意味着，应在 (3.2.30) 中取 λ 集中于 $a=a_1$ 一点，这时 $h_\lambda(y, u)=g_{a_1,\sigma_0}(y, u)$, 而 $H_\lambda \leftrightarrow K_1'$ 的水平 α 的 UMP 检验有否定域

$$\frac{\exp\left[-\frac{u}{2\sigma_1^2}-\frac{n}{2\sigma_1^2}(y-a_1)^2\right]}{\exp\left[-\frac{u}{2\sigma_0^2}-\frac{n}{2\sigma_0^2}(y-a_1)^2\right]} \geqslant \tilde{c},$$

注意到 $u+n(y-a_1)^2=\sum_{i=1}^n (x_i-a_1)^2$, 此否定域为

$$\{(x_1, \cdots, x_n): \sum_{i=1}^n (x_i-a_1)^2 \leqslant c\}. \qquad (3.2.31)$$

此处取 $c=\sigma_0^2\chi_n^2(\alpha)$, 以使检验有水平 α.

要证明以(3.2.31)为否定域的检验对问题 $H_2 \leftrightarrow K_1'$: $a=a_1$, $\sigma=\sigma_1$ 也是水平 α 的 UMP 检验，根据定理 3.2.3, 只需证明其功效函数 $\beta(a, \sigma)$ 在 $\sigma \geqslant \sigma_0$ 上于点 (a_1, σ_0) 处达到最大值. 我们先证明：对固定的 $\sigma \geqslant \sigma_0$, $\beta(a, \sigma)$ 在 $a=a_1$ 处达到最大值. 事实上,

$$P_{a,\sigma}\left(\sum_{i=1}^{n}(x_i-a_1)^2\leqslant c\right)=P_{a,\sigma}\left(\frac{1}{\sigma^2}\sum_{i=1}^{n}(x_i-a_1)^2\leqslant\frac{c}{\sigma^2}\right) \quad (3.2.32)$$

在 $X_i\sim N(a, \sigma^2)$ 时，有

$$\frac{1}{\sigma^2}\sum_{i=1}^{n}(x_i-a_1)^2\sim\chi^2_{n,\delta}, \quad \delta^2=\frac{n}{\sigma^2}(a-a_1)^2.$$

根据 χ^2 分布的性质 f (见 § 1.1, (二))，概率 (3.2.32) 在 $\delta^2=0$，即 $a=a_1$ 时达到最大值. 又显然，概率 $P_{a_1,\sigma}\left(\sum_{i=1}^{n}(x_i-a_1)^2\leqslant c\right)$ 为 σ 的下降函数，因此在 $\sigma\geqslant\sigma_0$ 的范围内，此概率在 $\sigma=\sigma_0$ 处达到最大. 这证明了：(3.2.32) 在 $\sigma\geqslant\sigma_0$ 上确实在 $a=a_1$, $\sigma=\sigma_0$ 处达到最大. 由此可知：以 (3.2.31) 为否定域的检验是 $H_2\leftrightarrow K_1'$ 的水平 α 的 UMP 检验，且是其唯一的水平 α 的 UMP 检验，因为依定理 3.2.1(iii)，它是 $H_\lambda\leftrightarrow K_1'$ 的唯一水平 α 的 UMP 检验，而依定理 3.2.3，这保证了它也是 $H_2\leftrightarrow K_1'$ 的唯一的水平 α 的 UMP 检验. 因为这检验与 K_2 中特定的点 (a_1, σ_1) 有关，知检验问题 $H_2\leftrightarrow K_2$ 的水平 α 的 UMP 检验不存在.

本例的结果是 Lehmann 和 Stein 在 1948 年得出的. 对于 $N(a, \sigma^2)$ 中检验 $a\leqslant a_0$ 或 $a\geqslant a_0$ 的问题，他们证明了：常用的一样本 t-检验在水平 $\alpha\geqslant\frac{1}{2}$ 时为 UMP 的，而在 $\alpha<\frac{1}{2}$ 时则否. 然而，以后我们将证明这些检验在更限制性的意义下有最优性质.

§ 3.3. 一致最优的无偏检验

(一) 定义和预备知识

沿用 § 3.1(一)中的记号. 考虑检验问题(3.1.1). 在上节中我们指出过：一般，UMP 检验不存在. 这是因为对立假设 Θ_K 一般比较复杂. 对 Θ_K 中任一点 θ_1，问题 $\theta\in\Theta_H\leftrightarrow\theta=\theta_1$ 的 UMP 检验，往往与 θ_1 有关，按照 § 1.4 以及第二章中处理估计问题的作法，我们可以降低对于最优性的要求，比如说，将所考虑的检验的范围缩小，然后设法在这个缩小了的范围内，找出一个一致最优的

检验. 检验的无偏性就是这样一种要求.

定义3.3.1. 设ϕ为(3.1.1)的一个检验，其功效函数用$\beta_\phi(\theta)$记. 若

$$\beta_\phi(\theta_1)\leqslant\beta_\phi(\theta_2), \text{对任何} \theta_1\in\Theta_H \text{及} \theta_2\in\Theta_K, \tag{3.3.1}$$

则称ϕ为问题(3.3.1.)的一个无偏检验. 若ϕ为(3.1.1)的一个无偏检验, 水平为α. 若对(3.1.1)的任何水平α的无偏检验$\tilde{\phi}$(其功效函数记为$\beta_{\tilde{\phi}}(\theta)$)有

$$\beta_\phi(\theta)\geqslant\beta_{\tilde{\phi}}(\theta), \text{对任何} \theta\in\Theta_K, \tag{3.3.2}$$

则称ϕ为(3.1.1)的一个水平α的一致最优无偏检验(Uniformly Most Powerful Unbiased Test, 简记为UMPU检验).

(3.3.1)的意义是很明显的. 在提出一个检验时，我们希望其功效函数β_ϕ在Θ_H上愈小愈好，而在Θ_K上则愈大愈好. 若(3.3.1)不满足，则存在$\theta_1\in\Theta_H$及$\theta_2\in\Theta_K$，致$\beta_\phi(\theta_1)>\beta_\phi(\theta_2)$. 这时，当$\theta=\theta_2$即零假设$H$不成立时，$H$被否定的机会反而不如$\theta=\theta_1$也即$H$成立时，$H$被否定的机会那么大. 这种检验从整体上看是不可取的. 然而，为了照顾在Θ_K的某个范围内的一致最优性，就可能得出这种检验. 看下面的简单例子.

例3.3.1. 设$X_1, \cdots, X_n$为自$N(\theta, 1)$中抽出的iid样本. 考虑假设检验问题

$$\theta=0\leftrightarrow\theta\neq0. \tag{3.3.3}$$

任取$\theta_1>0$，由定理3.2.1不难得出：问题

$$\theta=0\leftrightarrow\theta=\theta_1$$

的水平α的UMP检验ϕ有否定域

$$\{(x_1, \cdots, x_n): \bar{x}\geqslant z_\alpha/\sqrt{n}\} \tag{3.3.4}$$

(z_α的意义见例3.2.3)，检验ϕ与$\theta_1>0$无关，因此它作为零假设$\theta=0$的一个(水平α)检验，在对立假设$\theta\neq0$的一部分$\{\theta: \theta>0\}$上，有一致最优性，然而，计算其功效函数β_ϕ，得

$$\beta_\phi(\theta)=1-\Phi(z_\alpha-\sqrt{n}\,\theta),$$

Φ为$N(0, 1)$的分布函数. 当$\theta\to-\infty$时，$\beta_\phi(\theta)\to0$，而且一般地有$\beta_\phi(\theta)<\beta_\phi(0)=\alpha$，当$\theta<0$. 因此，当$\theta<0$(这时$\theta=0$不成立)

时，用检验ϕ就很难检验出来，所以，检验ϕ没有无偏性，虽则它在局部上(即$\theta>0$时)有良好性质，但从整体上来看是不可取的. 无偏性的要求把这种检验排除在外. 读者不难验证：若取另一个水平α的检验ϕ'，其否定域为

$$\{(x_1, \cdots, x_n): \bar{x} \leqslant -z_\alpha/\sqrt{n}\},$$

则也有和ϕ同样的问题.

现在考察检验ϕ^*，其否定域为

$$\{(x_1, \cdots, x_n): |\bar{x}| \geqslant z_{\alpha/2}/\sqrt{n}\},$$

我们留给读者验证. 1°，ϕ^*的水平为α，2°，ϕ^*为(3.3.3)的无偏检验，但是3°，$\beta_{\phi^*}(\theta)<\beta_\phi(\theta)$，当$\theta>0$，而$\beta_{\phi^*}(\theta)<\beta_{\phi^*}(\theta)$当$\theta<0$. 因此，$\phi^*$在整体上有较好的性质(无偏性)，但是由于照顾到这一点，它在局部上(例如，$\theta>0$或$\theta<0$上)没有达到可能最好的结果，以后我们将证明：在无偏性的前提下，检验ϕ^*已达到可能最好的结果，即：ϕ^*为(3.3.3)的水平α的UMPU检验.

以下几点简单事实直接从无偏检验的定义中推出. 我们让读者自己去验证：

1. 若ϕ为(3.1.1)的无偏检验，其真实水平为α，则$\beta_\phi(\theta)\geqslant\alpha$对一切$\theta\in\Theta_K$.

2. UMP检验必为无偏检验，因而是UMPU检验.

3. 设Θ为欧氏的，以ω记Θ_H和Θ_K的公共边界[1)]，而ϕ为(3.1.1)的一个真实水平为α的无偏检验，其功效函数$\beta_\phi(\theta)$为θ的连续函数，则

$$\beta_\phi(\theta)=\alpha, \text{ 对任何 } \theta\in\omega. \tag{3.3.5}$$

相似性及Neyman结构：

从上面的3看到，满足条件(3.3.5)的检验，在无偏检验理论中有一定的重要性. 因此，引进如下的定义.

定义3.3.2. 若ϕ为(3.1.1)之一检验，其功效函数$\beta_\phi(\theta)$之值在ω上保持不变，ω为Θ之一子集，则称检验ϕ对于集ω相似，

---

1) 严格定义如下：$\theta\in\omega$当且仅当，对任何$\rho>0$，以θ为中心，ρ为半径之球，与Θ_H和Θ_K都有非空交.

或者说，ϕ 关于分布族 $\{P_\theta, \theta\in\omega\}$ 相似.

用这个术语，前面的性质 3 可表述为：若 $\beta_\phi(\theta)$ 为 θ 的连续函数，则 ϕ 对于 Θ_H 和 Θ_K 的公共边界 ω 相似. 与相似性密切相关，有如下的概念.

定义 3.3.3. 设 $t(x)$ 为关于分布族 $(P_\theta, \theta\in\omega)$ 的一个充分统计量(这意味着固定 A 时，对一切 $\theta\in\omega$，可选出一个公共的 $P_\theta(A|t)$，因而，给定检验 ϕ，对一切 $\theta\in\omega$ 可选出一个公共的 $E_\theta(\phi(X)|t)$. 这记为 $E(\phi(X)|t)$). 如果存在 α, $0\leqslant\alpha\leqslant1$，致

$$E[\phi(X)|t]=\alpha \quad (\text{a. e. } P_\theta)\text{，对任何 } \theta\in\omega, \qquad (3.3.6)$$

则称检验 ϕ 对于 (t, ω) 有 Neyman 结构.

显然，若 ϕ 对 (t, ω) 有 Neyman 结构，则 ϕ 对 ω 相似. 此因

$$\beta_\phi(\theta)=E_\theta[\phi(X)]=E_\theta[E(\phi(X)|t)]=\alpha\text{，对任何 } \theta\in\omega,$$

其逆不真. 但是，有如下的定理.

定理 3.3.1. 设 $t(x)$ 为关于分布族 $(P_\theta, \theta\in\omega)$ 的一个充分且有界完全(见 § 1.6 (四)) 统计量. 则任一检验 ϕ 对 (t, ω) 有 Neyman 结构的充要条件为它对 ω 相似.

证. 必要性已证. 现证充分性，记

$$\psi(t)=E[\phi(X)|t]-\alpha. \qquad (3.3.7)$$

此处 $E[\phi(X)|t]$ 理解为在分布族 $(P_\theta, \theta\in\omega)$ 中取. 由于 t 为此族的充分统计量，$E[\phi(X)|t]$ 可选取使之与 $\theta\in\omega$ 无关. 我们假定 ϕ 对 ω 相似，则

$$E_\theta[\psi(t)]=E_\theta[E(\phi(X)|t)]-\alpha=\alpha-\alpha=0, \ \theta\in\omega. \qquad (3.3.8)$$

但由条件期望的性质 a 及 $0\leqslant\phi(x)\leqslant1$，知 $\psi(t)$ 有界，故由 (3.3.8) 及 t 的有界完全性，知

$$\psi(t)=0 \quad (\text{a. e. } P_\theta)\text{，对任何 } \theta\in\omega, \qquad (3.3.9)$$

再由 (3.3.7) 知

$$E[\phi(X)|t]=\alpha \quad (\text{a. e. } P_\theta)\text{，对任何 } \theta\in\omega,$$

因而 ϕ 对于 (t, ω) 有 Neyman 结构. 定理证毕.

这个定理的作用如下：由 (3.3.9)，存在集合 $B\in\mathscr{B}_T$，致 $P_\theta(t(X)\in B)=0$，对任何 $\theta\in\omega$，使当 t 不属于这例外集 B 时，

有

$$E[\phi(X)|t]=\alpha, \text{ 对一切 } \theta\in\omega.$$

这就是说，条件功效函数 $E[\phi(X)|t]$（以后将看到，它可理解为在 t 给定时条件检验的功效函数）也和无条件功效函数 β_ϕ 一样，对 ω 有相似性. 以后将看到这个事实的应用.

Neyman–Pearson 基本引理的推广：

§ 3.2 的定理 3.2.1 可作如下的推广.

定理 3.3.2. 设 $(\mathscr{X}, \mathscr{B}_{\mathscr{X}}, \mu)$ 为一个测度空间. $f_i(x)$, $i=1, \cdots, m+1$, 都是定义在 $\mathscr{X}$ 上的 μ–可积函数，又 $c_1, \cdots, c_m$ 为给定的实常数. 以 $\mathscr{F}$ 记一切满足条件

$$\int_{\mathscr{X}} \phi(x) f_i(x)\, d\mu = c_i,\ i=1, \cdots, m$$

的检验函数 ϕ 的集合（检验函数指满足 $0\leqslant\phi(x)\leqslant 1$ 的 $\mathscr{B}_{\mathscr{X}}$–可测函数），假定 $\mathscr{F}$ 非空. 如果存在 $\phi\in\mathscr{F}$ 使对某些常数 $k_1, \cdots, k_m$ 有

$$\phi(x)=\begin{cases}1, & \text{若 } f_{m+1}(x)>\sum_{i=1}^{m} k_i f_i(x)\\ 0, & \text{若 } f_{m+1}(x)<\sum_{i=1}^{m} k_i f_i(x),\end{cases} \tag{3.3.10}$$

则

$$\int_{\mathscr{X}} \phi(x) f_{m+1}(x)\, d\mu=\sup_{\phi^*\in\mathscr{F}} \int_{\mathscr{X}} \phi^*(x) f_{m+1}(x)\, d\mu, \tag{3.3.11}$$

又若 $\tilde{\phi}\in\mathscr{F}$，且存在常数 $\tilde{k}_1, \cdots, \tilde{k}_m$，致

$$\tilde{\phi}(x)=\begin{cases}1, & \text{若 } f_{m+1}(x)<\sum_{i=1}^{m} \tilde{k}_i f_i(x),\\ 0, & \text{若 } f_{m+1}(x)>\sum_{i=1}^{m} \tilde{k}_i f_i(x),\end{cases} \tag{3.3.12}$$

则

$$\int_{\mathscr{X}} \tilde{\phi}(x) f_{m+1}(x)\, d\mu=\inf_{\phi^*\in\mathscr{F}} \int_{\mathscr{X}} \phi^*(x) f_{m+1}(x)\, d\mu. \tag{3.3.13}$$

证. 定理的证明与定理 3.2.1 的(ii)的证明完全相似：以 ϕ^* 记任何属于 $\mathscr{F}$ 的检验函数，记

$$S^+=\{x: x\in\mathscr{X};\ \phi(x)>\phi^*(x)\},$$
$$S^-=\{x: x\in\mathscr{X};\ \phi(x)<\phi^*(x)\},$$

则与定理 3.2.1 的(ii)的证明中的推理一样，有

$$[\phi(x)-\phi^*(x)][f_{m+1}(x)-\sum_{i=1}^{m}k_if_i(x)]\geqslant 0,\ x\in S^+\cup S^-.$$

因此 $\int_{\mathscr{X}}[\phi(x)-\phi^*(x)][f_{m+1}(x)-\sum_{i=1}^{m}k_if_i(x)]d\mu$

$$=\int_{S^+\cup S^-}[\phi(x)-\phi^*(x)][f_{m+1}(x)-\sum_{i=1}^{m}k_if_i(x)]d\mu\geqslant 0,$$

从而由 $\phi\in\mathscr{F}$ 和 $\phi^*\in\mathscr{F}$ 可知

$$\begin{aligned}\int_{\mathscr{X}}[\phi(x)-\phi^*(x)]f_{m+1}(x)d\mu&\geqslant\int_{\mathscr{X}}[\phi(x)-\phi^*(x)]\sum_{i=1}^{m}k_if_i(x)d\mu\\&=\sum_{i=1}^{m}k_ic_i-\sum_{i=1}^{m}k_ic_i=0,\end{aligned}$$

所以 $\int_{\mathscr{X}}\phi(x)f_{m+1}(x)d\mu\geqslant\int_{\mathscr{X}}\phi^*(x)f_{m+1}(x)d\mu$. 这证明了(3.3.11). (3.3.13)可类似证明.

注. 可以证明以下两点:

1. 必存在 $\phi\in\mathscr{F}$ 致(3.3.11)成立(类似地对(3.3.13));

2. 若点$(c_1,\cdots,c_m)$为集合

$$A=\left\{\left(\int_{\mathscr{X}}\phi f_1d\mu,\ \cdots,\ \int_{\mathscr{X}}\phi f_md\mu\right):\ \phi\in\mathscr{F}\right\}$$

的内点，则存在常数 $k_1,\cdots,k_m$ 及 $\phi\in\mathscr{F}$，致(3.3.10)和(3.3.11)成立. 且对任何满足(3.3.11)的 $\phi\in\mathscr{F}$，必满足(3.3.10)(a.e. μ). 类似地对(3.3.12)和(3.3.13). 这相当于定理 3.2.1 的(i)和(iii)(定理 3.2.1 相当于本定理 $m=1$ 的情况). 这两个事实的证明牵涉到某些复杂的细节，因而在此从略. 有兴趣的读者可参看 [7] (p. 83 和 p. 354).

(二)单参数指数族的 UMPU 检验

设变量 X 的样本空间为$(\mathscr{X},\mathscr{B}_{\mathscr{X}})$，分布族为指数族

$$\{dP_\theta(x)=C(\theta)e^{\theta t(x)}d\mu(x)=f(x,\theta)d\mu(x),\ \theta\in\Theta\},\quad(3.3.14)$$

Θ 为自然参数空间. 在§3.2中我们已经知道: 对这种分布族, 检验问题 $\theta\leqslant\theta_0\leftrightarrow\theta>\theta_0$ 及 $\theta\geqslant\theta_0\leftrightarrow\theta<\theta_0$ 都有 UMP 检验 (此处及以下为简便计, 就以 "$\theta\leqslant\theta_0$" 记 "$\theta\in\Theta$, $\theta\leqslant\theta_0$" 等等). 另外两个重要的检验问题是

$$H_1:\ \theta_1\leqslant\theta\leqslant\theta_2\leftrightarrow K_1:\ \theta<\theta_1\text{ 或 }\theta>\theta_2, \tag{3.3.15}$$

以及

$$H_2:\ \theta=\theta_0\leftrightarrow K_2:\ \theta\neq\theta_0. \tag{3.3.16}$$

这两个检验问题都没有 UMP 检验, 道理与例 3.3.1 相似(我们把这一点的严格证明留给读者). 现在我们要证明: 它们的 UMPU 检验都存在且就是我们在初等统计中习见的那种检验.

先讨论(3.3.15)(自然, 设 $\theta_1<\theta_2$). 取 α, $0<\alpha<1$.

定理 3.3.3. 若检验 ϕ 满足条件

$$E_{\theta_1}[\phi(X)]=E_{\theta_2}[\phi(X)]=\alpha. \tag{3.3.17}$$

且有形式

$$\phi(x)=\begin{cases}1, & \text{若 } t(x)<c_1 \text{ 或 } t(x)>c_2,\\ r_i, & \text{若 } t(x)=c_i,\ i=1,\ 2,\\ 0, & \text{若 } c_1<t(x)<c_2.\end{cases} \tag{3.3.18}$$

这里 $0\leqslant r_1$, $r_2\leqslant1$, 则 ϕ 为(3.3.15)的水平 α 的 UMPU 检验.

证. 由于分布族为指数族, 依定理 1.2.1, 任意检验 ϕ 的功效函数 $\beta_\phi(\theta)$ 为 θ 的连续函数, 因此, (3.3.15)的任何水平 α 的无偏检验必满足(3.3.17), 现设 ϕ 满足(3.3.17)和(3.3.18), 我们证明: 对任给 $\theta'\in[\theta_1,\ \theta_2]$ 存在常数 k_1, k_2 (与 θ' 有关), 致

$$\phi(x)=\begin{cases}1, & \text{当 } C(\theta')e^{\theta' t}>k_1C(\theta_1)e^{\theta_1 t}+k_2C(\theta_2)e^{\theta_2 t},\\ 0, & \text{当 } C(\theta')e^{\theta' t}<k_1C(\theta_1)e^{\theta_1 t}+k_2C(\theta_2)e^{\theta_2 t}.\end{cases} \tag{3.3.19}$$

如果这一点证明了, 则我们由定理 3.3.2 推出: 满足 (3.3.17) 和 (3.3.18) 的 ϕ 在一切满足条件(3.3.17)的检验函数中, 使 $\beta_\phi(\theta')$ 达到最大. 由于(3.3.18)与 θ' 无关, 所以, 要是能证明 ϕ 的水平是 α (即 $\beta_\phi(\theta)\leqslant\alpha$ 对一切 $\theta\in[\theta_1,\ \theta_2]$), 则 ϕ 为(3.3.15)的水平 α 的 UMPU 检验.

考虑方程组(以 k_1, k_2 为未知数)

$$
\begin{aligned}
C(\theta')e^{\theta'c_1}&=k_1C(\theta_1)e^{\theta_1c_1}+k_2C(\theta_2)e^{\theta_2c_1},\\
C(\theta')e^{\theta'c_2}&=k_1C(\theta_1)e^{\theta_1c_2}+k_2C(\theta_2)e^{\theta_2c_2}.
\end{aligned}
\tag{3.3.20}
$$

这方程组的行列式为

$$C(\theta_1)C(\theta_2)[\exp(\theta_1c_1+\theta_2c_2)-\exp(\theta_2c_1+\theta_1c_2)],$$

它大于 0, 因 $C(\theta)>0$ 对一切 $\theta\in\Theta$, 又

$$\theta_1c_1+\theta_2c_2-(\theta_2c_1+\theta_1c_2)=(\theta_1-\theta_2)(c_1-c_2)>0 \tag{3.3.21}$$

(因为 $\theta_1<\theta_2$, $c_1<c_2$), 故方程组 (3.3.20) 有解. 为确定计设 $\theta'>\theta_2$, 则用导致 (3.3.21) 同样的推理可得解 k_1, k_2 满足 $k_1<0$, $k_2>0$. 把 k_1 改写为 $-k_1$, 知关系式

$$C(\theta')e^{\theta't}+k_1C(\theta_1)e^{\theta_1t}=k_2C(\theta_2)e^{\theta_2t} \tag{3.3.22}$$

在 $t=c_1$ 及 $t=c_2$ 处成立, 此处 $k_1>0$, $k_2>0$. 也就是说, 关系式

$$C(\theta')e^{(\theta'-\theta_2)t}+k_1C(\theta_1)e^{-(\theta_2-\theta_1)t}=k_2C(\theta_2) \tag{3.3.23}$$

在 $t=c_1$ 及 $t=c_2$ 处成立. 由于 (3.2.23) 左边为 t 的严凸函数而右边为常数, 故当 $c_1<t<c_2$ 时, 有

$$C(\theta')e^{(\theta'-\theta_2)t}+k_1C(\theta_1)e^{-(\theta_2-\theta_1)t}<k_2C(\theta_1),$$

而当 $t<c_1$ 或 $t>c_2$ 时, 反过来的不等式成立. 回到(3.3.22), 得

$$
\begin{aligned}
&C(\theta')e^{\theta't}+k_1C(\theta_1)e^{\theta_1t}<k_2C(\theta_2)e^{\theta_2t}, \quad \text{当 } c_1<t<c_2,\\
&C(\theta')e^{\theta't}+k_1C(\theta_1)e^{\theta_1t}>k_2C(\theta_2)e^{\theta_2t}, \quad \text{当 } t<c_1, \text{ 或 } t>c_2.
\end{aligned}
$$

从而证明了由(3.3.18)规定的 ϕ 有(3.3.19)的形式.

现在证明 $\beta_\phi(\theta)\leqslant\alpha$ 对 $\theta_1\leqslant\theta\leqslant\theta_2$. 为此提出极值问题: 在一切满足条件(3.3.17)的检验函数 ϕ 中, 找一个使 $\beta_\phi(\theta')$ 达到最小, 此处 θ' 取定于 (θ_1, θ_2). 这个最小值显然不超过 α, 因为 $\phi_\alpha(x)\equiv\alpha$ 满足(3.3.17). 我们证明: 若 ϕ 满足(3.3.17)及(3.3.18), 则它就是上述极值问题的解. 证明方法与上述完全相似: 先建立方程组(3.3.20), 这时其解有 $\tilde{k}_1>0$, $\tilde{k}_2>0$. 于是与上面完全相似, 得出

$$
\begin{aligned}
&k_1C(\theta_1)e^{\theta_1t}+k_2C(\theta_2)e^{\theta_2t}<C(\theta')e^{\theta't}, \quad \text{当 } c_1<t<c_2,\\
&k_1C(\theta_1)e^{\theta_1t}+k_2C(\theta_2)e^{\theta_2t}>C(\theta')e^{\theta't}, \quad \text{当 } t<c_1, \text{ 或 } t>c_2.
\end{aligned}
$$

这样得出

$$\phi(x)=\begin{cases}0, & \text{当 } C(\theta')e^{\theta' t}>k_1C(\theta_1)e^{\theta_1 t}+k_2C(\theta_2)e^{\theta_2 t},\\ 1, & \text{当 } C(\theta')e^{\theta' t}<k_1C(\theta_1)e^{\theta_1 t}+k_2C(\theta_2)e^{\theta_2 t}.\end{cases}$$

因而由定理 3.3.2 后一部分知，由(3.3.17)，(3.3.18)决定的ϕ的确在一切满足(3.3.17)的ϕ中，使$\beta_\phi(\theta')$达到最小，因而

$$\beta_\phi(\theta')\leqslant\beta_{\phi_\alpha}(\theta')=\alpha.$$

这证明了ϕ的水平确为α，从而证明了本定理.

现在讨论检验问题(3.3.16). 关于它有如下的

定理 3.3.4. 若检验ϕ满足条件

$$E_{\theta_0}[\phi(X)]=\alpha, \tag{3.3.24}$$

$$E_{\theta_0}[t(X)\phi(X)]=\alpha E_{\theta_0}[t(X)], \tag{3.3.25}$$

且ϕ有(3.3.18)的形式，则ϕ为(3.3.16)的水平α的UMPU检验.

证. 首先指出：若ϕ为(3.3.16)的任一水平为α的无偏检验，则它必满足(3.3.24)和(3.3.25). 由定理1.2.1知，ϕ的功效函数$\beta_\phi(\theta)$在Θ上对θ连续可导，因此由无偏性立即得出(3.3.24)及$\beta'_\phi(\theta_0)=0$，但

$$\beta'_\phi(\theta)=E_\theta[t(X)\phi(X)]+\frac{C'(\theta)}{C(\theta)}E_\theta[\phi(X)],$$

再由§1.2，$C'(\theta)/C(\theta)=-E_\theta(t(X))$. 以此代入上式，并置$\theta=\theta_0$，得

$$E_{\theta_0}[t(X)\phi(X)]=E_{\theta_0}[\phi(X)]E_{\theta_0}[t(X)]=\alpha E_{\theta_0}[t(X)],$$

即(3.3.25).

现在任取$\theta'\neq\theta_0$而证明：若ϕ满足(3.3.24)和(3.3.25)，且有(3.3.18)的形式，则它在一切满足(3.3.24)和(3.3.25)的检验函数ϕ中，使$\beta_\phi(\theta')$达到最大. 显然，这就证明了所要的定理. 要证明上述事实，根据定理3.3.2前一部分，只需证明：存在常数k_1，k_2(与θ'有关)，致

$$\phi(x)=\begin{cases}1, & \text{若 } C(\theta')e^{\theta' t}>k_1C(\theta_0)e^{\theta_0 t}+k_2C(\theta_0)e^{\theta_0 t}t,\\ 0, & \text{若 } C(\theta')e^{\theta' t}<k_1C(\theta_0)e^{\theta_0 t}+k_2C(\theta_0)e^{\theta_0 t}t.\end{cases}$$

其证明与上定理相当的部分一样；先建立方程组

$$C(\theta')e^{\theta' c_1}=k_1C(\theta_0)e^{\theta_0 c_1}+k_2C(\theta_0)e^{\theta_0 c_1}c_1,$$
$$C(\theta')e^{\theta' c_2}=k_1C(\theta_0)e^{\theta_0 c_2}+k_2C(\theta_0)e^{\theta_0 c_2}c_2.$$

由于 $c_1<c_2$，此方程组的行列式大于 0，因而必有解 k_1，k_2. 因此，关系式

$$C(\theta')e^{\theta' t}=e^{\theta_0 t}C(\theta_0)[k_1+k_2t] \tag{3.3.26}$$

在 $t=c_1$ 和 $t=c_2$ 成立. 此式等价于

$$e^{bt}=a_1+a_2t,\ (b\neq 0). \tag{3.3.27}$$

由于 e^{bt} 为 t 的严凸函数，(3.3.27) 在 $t=c_1$ 和 $t=c_2$ 成立，导致 $e^{bt}<a_1+a_2t$，当 $c_1<t<c_2$，$e^{bt}>a_1+a_2t$ 当 $t<c_1$ 或 $t>c_2$，因此有

$$\begin{cases} C(\theta')e^{\theta' t}<e^{\theta_0 t}C(\theta_0)(k_1+k_2t), & \text{当 } c_1<t<c_2 \\ C(\theta')e^{\theta' t}>e^{\theta_0 t}C(\theta_0)(k_1+k_2t), & \text{当 } t<c_1 \text{ 及 } t>c_2. \end{cases}$$

即
$$\phi(x)=\begin{cases} 1, & \text{当 } C(\theta')e^{\theta' t}>C(\theta_0)e^{\theta_0 t}(k_1+k_2t), \\ 0, & \text{当 } C(\theta')e^{\theta' t}<C(\theta_0)e^{\theta_0 t}(k_1+k_2t). \end{cases}$$

根据定理 3.3.2 前一部分，知 $\phi(x)$（它满足(3.3.18)、(3.3.24)和(3.3.25)）在一切满足 (3.3.24) 和 (3.3.25) 的检验函数 ϕ 中，使 $\beta_\phi(\theta')$ 达到最大. 这就证明了 ϕ 是 (3.3.16) 的水平 α 的 UMPU 检验. 定理证毕.

注. 可以证明：满足这两个定理中的条件（即 (3.3.17) 和 (3.3.18)，以及(3.3.24)，(3.3.25)和(3.18)）的检验 ϕ 确实存在. 这需要利用定理 3.3.2 的注中所指出的事实，然而，在一些具体例子中，这样的 ϕ 的存在性可直接验证.

例 3.3.2（负二项分布）. 一事件成功的概率为 θ，$0<\theta<1$，取 θ_0，$0<\theta_0<1$. 将试验独立地重复下去，直到该事件第 k 次出现为止，以 $\tilde{X}$ 记到这时为止总的试验次数. 利用样本 $\tilde{X}$ 来检验

$$\theta=\theta_0\leftrightarrow\theta\neq\theta_0,$$

为此，记 $X=\tilde{X}-k$，则 X 的分布为

$$P_\theta(X=n)=\binom{n+k-1}{n}\theta^k(1-\theta)^n$$
$$=\binom{n+k-1}{n}\theta^k\exp[\log(1-\theta)\cdot n],\ n=0,1,2,\cdots,$$

因而有指数族的形式．利用定理 3.3.4，知水平 α 的 UMPU 检验 ϕ 决定如下：找 c_1，c_2，r_1，r_2，其中 $0 \leqslant r_i \leqslant 1$，致

$$\sum_{n=c_1+1}^{c_2-1} \binom{n+k-1}{n} \theta_0^k (1-\theta_0)^n + \sum_{i=1}^{2} \binom{c_i+k-1}{c_i} \theta_0^k (1-\theta_0)^{c_i} (1-r_i) = 1-\alpha,$$

以及

$$\begin{aligned} &\sum_{n=c_1+1}^{c_2-1} n \binom{n+k-1}{n} \theta_0^k (1-\theta_0)^n + \sum_{i=1}^{2} c_i \binom{c_i+k-1}{c_i} \theta_0^k (1-\theta_0)^{c_i} (1-r_i) \\ &= (1-\alpha) \sum_{n=0}^{\infty} n \binom{n+k-1}{n} \theta_0^k (1-\theta_0)^n \\ &= (1-\alpha) k (1-\theta_0) \theta_0^{-1}. \end{aligned} \tag{3.3.28}$$

[(3.3.28)的第一等式是由将(3.3.25)改为

$$E_{\theta_0}[t(X)(1-\phi(X))] = (1-\alpha) E_{\theta_0}[t(X)]$$

而得(注意 $t(X)=X$)，(3.3.28)后一等式的证明留给读者.]

照以上两等式定出 c_1，c_2，r_1，r_2 后，由(3.3.18)决定 ϕ，ϕ 即为水平 α 的 UMPU 检验.

例 3.3.3. 设 X_1，…，X_n 为取自 $N(\theta, \sigma_0^2)$ 的 iid 样本，σ_0^2 已知．要检验

$$\theta=\theta_0 \leftrightarrow \theta \neq \theta_0, \tag{3.3.29}$$

写出 $(X_1, \cdots, X_n)$ 的密度，知其为关于 $t(x_1, \cdots, X_n)=\sum_{i=1}^{n} x_i$ 的指数族．再考虑到分布的连续性，由定理 3.3.4 知：(3.3.29) 的 UMPU 检验 ϕ 为

$$\phi(X)=\begin{cases} 1, & \text{当 } \sum_{i=1}^{n} X_i \leqslant c_1 \text{ 及 } \sum_{i=1}^{n} X_i \geqslant c_2, \\ 0, & \text{当 } c_1 < \sum_{i=1}^{n} X_i < c_2. \end{cases} \tag{3.3.30}$$

c_1，c_2 要选择之使满足(3.3.24)及(3.3.25)，即

$$P_{\theta_0}\left\{c_1<\sum_{i=1}^{n}X_i<c_2\right\}$$

$$=\Phi\left(\frac{c_2-n\theta_0}{\sqrt{n}\,\sigma_0}\right)-\Phi\left(\frac{c_1-n\theta_0}{\sqrt{n}\,\sigma_0}\right)=1-\alpha, \qquad (3.3.31)$$

以及

$$\int_{c_1}^{c_2} t\,\frac{1}{\sqrt{2\pi}\sigma_0}\exp\left[-\frac{1}{2\sigma_0^2}(t-n\theta_0)^2\right]dt=(1-\alpha)n\theta_0, \qquad (3.3.32)$$

(3.3.32) 可化为

$$\int_{(c_1-n\theta_0)/\sigma_0}^{(c_2-n\theta_0)/\sigma_0}(n\theta_0+y)\frac{1}{\sqrt{2\pi}}e^{-y^2/2}dy=(1-\alpha)n\theta_0, \qquad (3.3.33)$$

适合(3.3.33)的一组 c_1, c_2 是

$$c_1=n\theta_0-\sigma_0 z_{\alpha/2}, \quad c_2=n\theta_0+\sigma_0 z_{\alpha/2}, \qquad (3.3.34)$$

z_α 的意义以前指出过多次：它是由 $\Phi(z_\alpha)=1-\alpha$ 决定的. 不难验证，由(3.3.34) 确定的 c_1, c_2 也适合(3.3.31)，因此这一组 c_1, c_2 满足要求. 代入(3.3.30)，得到：(3.3.29) 的水平 α 的 UMPU 检验为：当

$$n\theta_0-\sigma_0 z_{\alpha/2}<\sum_{i=1}^{n}X_i<n\theta_0+\sigma_0 z_{\alpha/2}$$

时接受零假设 $\theta=\theta_0$，否则不接受. 例 3.3.1 是本例的特殊情形.

如果检验问题是

$$\theta_1\leqslant\theta\leqslant\theta_2\leftrightarrow\theta<\theta_1 \text{ 或 } \theta>\theta_2, \qquad (3.3.35)$$

则其水平 α 的 UMPU 检验仍有(3.3.30)的形状，但 c_1, c_2 要选择之使满足(3.3.17)，即

$$\Phi\left(\frac{c_2-n\theta_1}{\sqrt{n}\,\sigma_0}\right)-\Phi\left(\frac{c_1-n\theta_1}{\sqrt{n}\,\sigma_0}\right)=\Phi\left(\frac{c_2-n\theta_2}{\sqrt{n}\,\sigma_0}\right)-\Phi\left(\frac{c_1-n\theta_2}{\sqrt{n}\,\sigma_0}\right)$$
$$=1-\alpha,$$

这时 c_1, c_2 之决定需用正态分布表，通过逐步试探调整的方法得出. 在 $\theta_1=-\theta_2$ 的特例，必有 $c_1=-c_2$. 这时 c_1, c_2 不难由正态分布表查出. 这个特例下 c_1, c_2 的具体公式的推导留给读者.

在本例中，若 $X_i\sim N(\theta,\sigma^2)$ 而 θ, σ^2 都未知，则 (3.3.29) 与 (3.3.35) 的 UMPU 检验仍存在，但不能用这里的方法得出. 这是

一个多参数指数族的问题. 下面我们就将讨论这个问题.

(三) 多参数指数族的 UMPU 检验

正态分布族 $\{N(a, \sigma^2): -\infty<a<\infty, 0<\sigma^2<\infty\}$ 为一个包含两参数的指数族. 常见的一些重要的检验问题, 则只涉及这两个参数中的一个. 在本段中, 我们处理这种多参数指数族, 但只牵涉到其中一个参数的假设的检验问题. 一般地, 当一个分布族依赖多个参数, 而要处理的统计问题只与一个参数有关, 则其余那些参数往往称为多余参数(Nuisance Parameter), 象在上述正态分布族中, 若问题是检验假设 $a\leqslant 0$, 则 σ 为一个多余参数.

因此, 假定变量 X 的分布族为

$$dP_{\theta,\varphi}(x)=C(\theta,\varphi)\exp(\theta U(x)+\sum_{i=1}^{k}\varphi_i T_i(x))d\mu(x), \ (\theta, \varphi)\in\Omega. \tag{3.3.36}$$

这里 μ 为样本空间 $(\mathscr{X}, \mathscr{B}_{\mathscr{X}})$ 上之一 σ-有限测度, 又 $\varphi=(\varphi_1, \cdots, \varphi_k)$. 我们知道, $(U, T_1, \cdots, T_k)$ 为此分布族的一个充分统计量, 因此, 根据充分性原则, 可以只考虑基于它的检验, 根据引理 1.3.3, (U, T) 的分布为(此处 $T=(T_1, \cdots, T_k)$)

$$dP^*_{\theta,\varphi}(u, t)=C(\theta, \varphi)\exp\left[\theta u+\sum_{i=1}^{k}\varphi_i t_i\right]d\nu(u, t), \ (\theta, \varphi)\in\Omega, \tag{3.3.37}$$

Ω 可取为自然参数空间. 对这个分布族我们将讨论以下几个假设检验问题:

$$H_1: \theta\leqslant\theta_0\leftrightarrow K_1: \theta>\theta_0,$$

$$H_2: \theta\geqslant\theta_0\leftrightarrow K_2: \theta<\theta_0,$$

$$H_3: \theta=\theta_0\leftrightarrow K_3: \theta\neq\theta_0,$$

$$H_4: \theta_1\leqslant\theta\leqslant\theta_2\leftrightarrow K_4: \theta<\theta_1, \text{或} \ \theta>\theta_2.$$

根据引理 1.3.4, 在给定 $T=t$ 时, U 的条件分布 $dP_\theta^{U|T}(u)$ 与 φ 无关且仍为指数族. 通过这个办法, 把上述几个检验问题转化为单参数指数族的检验问题, 从而求出 UMPU 检验的具体形式.

我们有

$$dP_\theta^{U|T}(u)=C_t(\theta)e^{\theta u}d\nu_t(u),\tag{3.3.38}$$

在这个条件分布族下，检验问题 $H_i\leftrightarrow K_i$, $i=1, 2, 3, 4$, 成为单参数指数族中的检验问题. 根据系 3.2.2 及定理 3.3.3 和 3.3.4, 在这个条件分布族下，$H_i\leftrightarrow K_i$ 的水平 α 的 UMP 和 UMPU 检验分别有形式:

1° $H_1\leftrightarrow K_1$:

$$\phi_1(u, t)=\begin{cases}1, & 当\ u>C_1(t),\\ r_1(t), & 当\ u=C_1(t),\\ 0, & 当\ u<C_1(t).\end{cases}\tag{3.3.39}$$

这里 $0\leqslant r_1(t)\leqslant 1$, $r_1(t)$ 和 $C_1(t)$ 由关系式

$$\int C_t(\theta_0)e^{\theta_0 u}\phi_1(u, t)d\nu_t(u)=\alpha\tag{3.3.40}$$

决定. 这与系 3.2.2 唯一不同之处在于，由于条件分布族(3.3.38)与 t 有关，检验函数 $\phi_1(u, t)$ 中的 $C_1(t)$ 和 $r_1(t)$ 也依赖于 t.

2° $H_2\leftrightarrow K_2$:

$$\phi_2(u, t)=\begin{cases}1, & 当\ u<C_2(t),\\ r_2(t), & 当\ u=C_2(t),\\ 0, & 当\ u>C_2(t).\end{cases}\tag{3.3.41}$$

$0\leqslant r_2(t)\leqslant 1$, $r_2(t)$ 和 $C_2(t)$ 也由(3.3.40)定出(改 ϕ_1 为 ϕ_2).

3° $H_3\leftrightarrow K_3$:

$$\phi_3(u, t)=\begin{cases}1, & 当\ u<C_3(t)\ 或\ u>C_4(t),\\ r_i(t), & 当\ u=C_i(t),\ i=3, 4,\\ 0, & 当\ C_3(t)<u<C_4(t),\end{cases}\tag{3.3.42}$$

其中 $0\leqslant r_i(t)\leqslant 1$, $i=3, 4$, $r_i(t)$, $C_i(t)$, $i=3, 4$, 满足关系

$$\int C_t(\theta_0)e^{\theta_0 u}\phi_3(u, t)d\nu_t(u)=\alpha\tag{3.3.43}$$

以及

$$\int C_t(\theta_0)e^{\theta_0 u}u\phi_3(u, t)d\nu_t(u)=\alpha\int C_t(\theta_0)e^{\theta_0 u}u\,d\nu_t(u).\tag{3.3.44}$$

4° $H_4 \leftrightarrow K_4$: $\phi_4(u, t)$ 的形式与 $\phi_3(u, t)$ 无异，但其中的 $_i(t)$ 及 $C_i(t)$，$i=3, 4$，满足关系式

$$\int C_i(\theta_j) e^{\theta_j u} \phi_4(u, t) d\nu_t(u) = \alpha, \quad j=1, 2, \qquad (3.3.45)$$

以上作出的检验 ϕ_1—ϕ_4 虽然是以 t 给定时的条件检验的形式出现，但只要把 t 也看作是变动的，则所得 ϕ_i 可视为 u, t 的函数，因而得到相应的无条件检验. 下面我们证明：这样得出的无条件检验是 UMPU 检验.

定理 3.3.5. 设参数空间 Ω 的内点[1]集 Ω_0 非空，且在 $H_i \leftrightarrow K_i$ 中所涉及的 θ_j，$j=0, 1, 2$，都满足条件：存在 $\varphi_{(j)}$ 致 $(\theta_j, \varphi_{(j)}) \in \Omega_0$，则上面从 (3.3.39) 到 (3.3.45) 所规定的检验 ϕ_i 分别是 $H_i \leftrightarrow K_i$ 的水平 α 的 UMPU 检验，$i=1, 2, 3, 4$.

证. 定义 $\omega_j = \{\varphi: (\theta_j, \varphi) \in \Omega\}$，$j=0, 1, 2$. 这里 θ_0，θ_1，θ_2 即为 $H_i \leftrightarrow K_i$ 中所出现者，根据定理的假定可知，ω_j 作为 R_k 的子集，其内点集 ω_j^0 非空. 由 (1.3.28) 知，若 (U, T) 的分布族为 (3.3.37)，则 T 的分布也是指数族：

$$dP_{\theta,\varphi}^T(t) = C_\theta(\varphi) \exp\left(\sum_{i=1}^k \varphi_i t_i\right) d\nu_\theta^T(t).$$

如果把 θ 固定为 θ_j，则 T 的分布族为指数族

$$\mathscr{P}_j^T = \left\{ dP_{\theta_j,\varphi}^T(t) = C_{\theta_j}(\varphi) \exp\left(\sum_{i=1}^k \varphi_i t_i\right) d\nu_{\theta_j}^T(t),\ \varphi \in \omega_j \right\},$$

$$j=0, 1, 2.$$

由于 ω_j 的内点集 ω_j^0 非空，T 是每个 $\mathscr{P}_j^T$ 的完全充分统计量. 所以根据定理 3.3.1，若检验 $\phi(u, t)$ 对集 ω_j 相似，则有

$$E_{\theta_j}[\phi(U, T) | T=t] = \alpha \quad (\text{a. e. } \mathscr{P}_j^T), \ j=0, 1, 2. \quad (3.3.46)$$

(这里 E_{θ_j} 理解为 $E_{\theta_j,\varphi}$ 对任何 φ 致 $(\theta_j, \varphi) \in \Omega$. 由 T 在 ω_j 上的充分性，$E_{\theta_j,\varphi}$ 与 φ 无关因而可写为 E_{θ_j}. 又 α 为 ϕ 的功效函数 $\beta_\phi(\theta, \varphi)$ 在 ω_j 上之值.)

在 (3.3.46) 中可以有一个 $\mathscr{P}_j^T$ 测度为 0 的例外集 B. 由于 T

1) 指 Ω 作为 R_{k+1} 的子集的内点.

是指数族，对一切 $(\theta, \varphi)\in\Omega$ 有 $P^T_{\theta,\varphi}(B)=0$，因而不妨假定(3.3.46)对一切 t 成立．现在我们分别讨论每一个 $H_i\leftrightarrow K_i$:

1° $H_1\leftrightarrow K_1$．设 ϕ 为 $H_1\leftrightarrow K_1$ 的任一水平 α 的无偏检验．由于 ω_0 为 $\{\theta\leqslant\theta_0\}$ 和 $\{\theta>\theta_0\}$ 的公共边界且因为 (U, T) 服从指数族分布，任一检验 $\phi(u, t)$ 的功效函数 $\beta_\phi(\theta, \varphi)$ 为 (θ, φ) 的连续函数，有 $\beta_\phi(\theta, \varphi)=\alpha$，当 $\theta=\theta_0$，即 ϕ 对集 ω_0 相似．由上面的讨论知，ϕ 满足(3.3.46)对一切 $t(j=0)$．但由 ϕ_1 满足(3.3.39)及(3.3.40)，由系 3.2.2 知，必有

$$E_{\theta,\varphi}[\phi_1(U, T)\,|\,T=t]\geqslant E_{\theta,\varphi}[\phi(U, T)\,|\,T=t],\quad \theta>\theta_0 \tag{3.3.47}$$

且

$$E_{\theta\varphi,}[\phi_1(U, T)\,|\,T=t]\leqslant\alpha,\ \theta\leqslant\theta_0. \tag{3.3.48}$$

由(3.3.48)知

$$\beta_{\phi_1}(\theta, \varphi)=E_{\theta,\varphi}[E_{\theta,\varphi}(\phi_1(U, T)\,|\,T)]\leqslant\alpha,\ \theta\leqslant\theta_0.$$

这说明 ϕ_1 为 $H_1\leftrightarrow K_1$ 的水平 α 的检验，而由(3.3.47)知

$$\begin{aligned}\beta_{\phi_1}(\theta, \varphi)&=E_{\theta,\varphi}[E_{\theta,\varphi}(\phi_1(U, T)|T)]\geqslant E_{\theta,\varphi}[E_{\theta,\varphi}(\phi(U, T)|T)]\\&=\beta_\phi(\theta, \varphi),\ \theta>\theta_0.\end{aligned}$$

这证明了 ϕ_1 为 $H_1\leftrightarrow K_1$ 的水平 α 的 UMPU 检验．

2° $H_2\leftrightarrow K_2$，与 $H_1\leftrightarrow K_1$ 完全相似．

3° $H_4\leftrightarrow K_4$．也与 $H_1\leftrightarrow K_1$ 基本相似．不同的地方在于：零假设与对立假设的公共边界为 $\omega_1\cup\omega_2$，因此 $H_4\leftrightarrow K_4$ 任何水平 α 的无偏检验 ϕ 满足(3.3.46)对一切 $t(j=1, 2)$，而由 ϕ_4 满足(3.3.42)及(3.3.45)，用定理 3.3.3 可知，有

$$\begin{aligned}&E_{\theta,\varphi}[\phi_4(U, T)\,|\,T=t]\\&\quad\geqslant E_{\theta,\varphi}[\phi(U, T)\,|\,T=t],\ \text{当}\ \theta<\theta_1\ \text{及}\ \theta>\theta_2,\end{aligned} \tag{3.3.49}$$

且

$$E_{\theta,\varphi}[\phi_4(U, T)\,|\,T=t]\leqslant\alpha,\ \text{当}\ \theta_1\leqslant\theta\leqslant\theta_2. \tag{3.3.50}$$

于是与 $H_1\leftrightarrow K_1$ 的情况完全一样，由(3.3.50)知 ϕ_4 为 $H_4\leftrightarrow K$ 的水平 α 检验，由(3.3.49)知

$$\beta_{\phi_4}(\theta, \varphi)\geqslant\beta_\phi(\theta, \varphi),\ \text{当}\ \theta<\theta_1\ \text{及}\ \theta>\theta_2.$$

从而证明 ϕ_4 为 $H_4\leftrightarrow K_4$ 的水平 α 的 UMPU 检验．

4° $H_3 \leftrightarrow K_3$. 设 ϕ 为 $H_3 \leftrightarrow K_3$ 的任一水平 α 的无偏检验，则根据与以上几种情况相同的理由，ϕ 满足（3.3.46）对一切 t($j=0$)，同时，由 ϕ 的无偏性知对任何固定的 φ, $\beta_\phi(\theta, \varphi)$ 作为 θ 的函数在 $\theta=\theta_0$ 处达到最小值，再由分布族为指数族知 $\partial\beta_\phi/\partial\theta$ 存在且可在积分号下求导，由此经过简单计算得出

$$E_{\theta_0, \varphi}[U\phi(U, T)-\alpha U]=0, \quad \varphi \in \omega_0, \tag{3.3.51}$$

记 $$\psi(t)=E_{\theta_0, \varphi}[(U\phi(U, T)-\alpha U)\,|\,T=t].$$

注意由 T 对分布族 $\mathscr{P}_0^T$ 的充分性，$\psi(t)$ 与 $\varphi \in \omega_0$ 无关. 由（3.3.51）知 $E_{\theta_0, \varphi}[\psi(T)]=0$，对任何 $\varphi \in \omega_0$. 再由 T 对分布族 $\mathscr{P}_0^T$ 的完全性，知

$$\psi(T)=0 \quad (\text{a. e. } \mathscr{P}_0^T). \tag{3.3.52}$$

根据（3.3.46）式下所作说明，不妨假定（3.3.52）的例外集为空集，因此由 $\psi(t)$ 的定义得

$$E_{\theta_0}[U\phi(U, T)\,|\,T=t]=\alpha E_{\theta_0}[U\,|\,T=t], \tag{3.3.53}$$

对一切 t. 这样，我们证明了 $H_4 \leftrightarrow K_4$ 的任一水平 α 的无偏检验 ϕ 必同时适合（3.3.46），($j=0$) 及（3.3.53）. 以下的证明与前三种情况完全一样. 定理证毕.

设 X 的分布族为指数族（3.3.36）. 有时，我们所要检验的假设不是关于其中的一个参数，而是涉及到诸参数的一个线性组合，即令

$$\theta^*=a_0\theta+\sum_{i=1}^{k} a_i\varphi_i,$$

这里 $a_0, \cdots, a_k$ 为常数且不全为 0. 为确定计不妨就设 $a_0 \neq 0$. 所要检验的假设有形状 $\theta^* \leqslant \theta_0^*$, $\theta^*=\theta_0^*$ 等等. 这不难化为定理 3.3.5 所处理的情况，只需注意，（3.3.36）可改写为

$$dP_{\theta, \varphi}(x)=C^*(\theta^*, \varphi)\exp[\theta^* U^*(x) + \sum_{i=1}^{k}\varphi_i T_i^*(x)]\,d\mu(x). \tag{3.3.54}$$

其中

$$U^*=U/a_0,\ T_i^*=T_i-\frac{a_i}{a_0}U,\ i=1, \cdots, k. \tag{3.3.55}$$

下面举例说明本定理的应用. 这些例子包括一些常见的重要

检验问题.

例 3.3.4. 设 $X \sim B(m, p_1)$, $Y \sim B(n, p_2)$, $0<p_i<1$, $i=1$, 2. X, Y 独立. 考虑假设检验问题

$$H_1:\ p_1 \leqslant p_2 \leftrightarrow K_1:\ p_1 > p_2,$$
$$H_2:\ p_1 = p_2 \leftrightarrow K_2:\ p_1 \neq p_2,$$

(X, Y) 的联合分布为 $(q_i=1-p_i,\ i=1, 2)$,

$$\begin{aligned} P_{p_1, p_2}(X=x, Y=y) &= \binom{m}{x} p_1^x q_1^{m-x} \binom{n}{y} p_2^y q_2^{n-y} \\ &= \binom{m}{x}\binom{n}{y} q_1^m q_2^n \exp\Big[y \left(\log \frac{p_2}{q_2} - \log \frac{p_1}{q_1}\right) \\ &\quad + (x+y)\log \frac{p_1}{q_1}\Big], \end{aligned}$$

这是(3.3.36)的形状, 其中

$$\theta = \log \frac{p_2}{q_2} - \log \frac{p_1}{q_1} = \log \frac{p_2 q_1}{q_2 p_1},\ \ \varphi = \log \frac{p_1}{q_1},$$
$$U(X, Y) = Y,\ T(X, Y) = X+Y,$$

而 $H_1 \leftrightarrow K_1$, $H_2 \leftrightarrow K_2$ 分别转化为

$$H_1':\ \theta \geqslant 0 \leftrightarrow K_1':\ \theta < 0,$$

以及

$$H_2':\ \theta = 0 \leftrightarrow K_2':\ \theta \neq 0.$$

根据定理 3.3.5, 要求出 $H_i' \leftrightarrow K_i'$ $(i=1, 2)$ 的水平 α 的 UMPU 检验, 需要算出给定 $T=X+Y$ 时, $U=Y$ 的条件分布. 易见

$$P_\theta^{U|T}(Y=y \mid X+Y=t) = C_t(\theta) \binom{m}{t-y}\binom{n}{y} e^{\theta y},\ y=0, 1, \cdots, t, \tag{3.3.56}$$

其中

$$C_t(\theta) = \left[\sum_{i=0}^{t} \binom{m}{t-i}\binom{n}{i} e^{\theta i}\right]^{-1}.$$

当 H_1' 成立或 H_2' 成立时, 边界值为 $\theta=0$, 这时 (3.3.56) 转化为超几何分布

$$P_0^{U|T}(Y=y \mid X+Y=t) = \binom{m}{t-y}\binom{n}{y} \Big/ \binom{m+n}{t}.$$

用定理 3.3.5, $H_1' \leftrightarrow K_1'$, 因而 $H_1 \leftrightarrow K_1$ 的水平 α 的 UMPU 检

验为

$$\phi_1(x, y)=\begin{cases}1, & 若 y<C_1(x+y),\\ r_1(x+y), & 若 y=C_1(x+y),\\ 0, & 若 y>C_1(x+y).\end{cases}$$

这里 $C_1(x+y)$, $r_1(x+y)$ 与 $x+y$ 和 α 有关，由关系式

$$\left[\sum_{i=0}^{C_1-1}\binom{m}{t-i}\binom{n}{i}+r_1\binom{m}{t-C_1}\binom{n}{C_1}\right]\Big/\binom{m+n}{x+y}=\alpha$$

决定. 注意 $0\leqslant r_1(x+y)\leqslant 1$. 类似地可写出 $H_2\leftrightarrow K_2$ 的水平 α 的 UMPU 检验的形式. 我们将其留给读者去完成.

例 3.3.5. 设 $x_1, \cdots, x_n$ 为取自 $N(a, \sigma^2)$ 的 iid. 样本，要检验假设 $a\leqslant a_0$, $a\geqslant a_0$, $a=a_0$.

先讨论 $a_0=0$ 的情况. $(x_1, \cdots, x_n)$ 的联合密度为

$$(2\pi\sigma^2)^{-n/2}\exp\left(-\frac{na^2}{2\sigma^2}\right)\exp\left[-\frac{1}{2\sigma^2}\sum_{i=1}^n x_i^2+\frac{a}{\sigma^2}\sum_{i=1}^n x_i\right], \tag{3.3.57}$$

此为一指数族，其中

$$U=\sum_{i=1}^n x_i,\ t=\sum_{i=1}^n x_i^2,\ \theta=\frac{a}{\sigma^2},\ \varphi=-\frac{1}{2\sigma^2}. \tag{3.3.58}$$

这时，检验问题

$$H_1:\ a=0\leftrightarrow K_1:\ a\neq 0$$

转化为

$$H_1':\ \theta=0\leftrightarrow K_1':\ \theta\neq 0.$$

根据定理 3.3.5, 并考虑到分布的连续性，知 $H_1'\leftrightarrow K_1'$ 的水平 α 的 UMPU 检验为

$$\phi(x_1, \cdots, x_n)=\begin{cases}1, & 当 U\leqslant C_1(t) 或 U\geqslant C_2(t),\\ 0, & 当 C_1(t)<U<C_2(t).\end{cases}$$

考虑到 $S=U/\sqrt{t-U^2/n}$ 为 U 的严格单调函数，检验 ϕ 显然等价于

$$\phi(X_1, \cdots, X_n)=\begin{cases}1, & 当 S\leqslant\widetilde{C}_1(t) 或 S\geqslant\widetilde{C}_2(t),\\ 0, & 当 \widetilde{C}_1(t)<S<\widetilde{C}_2(t),\end{cases} \tag{3.3.59}$$

但当 $\theta=0$ 即 $a=0$ 时，S 与 t 独立. 这个事实不难由定理 1.6.3

推出．因为，在 $a=0$ 时，t 是分布族(3.3.57)的完全充分统计量，而$\sqrt{\frac{n-1}{n}}S$ 服从自由度为 $n-1$ 的中心 t 分布 t_{n-1}，与σ^2无关．这样，给定 t 时 $\sqrt{\frac{n-1}{n}}S$ 的条件分布就是其无条件分布（在 $\theta=0$ 时），即 t_{n-1}．由此看出：若将(3.3.59)中的 $\widetilde{C}_1(t)$，$\widetilde{C}_2(t)$ 取为

$$\widetilde{C}_1(t)=-\sqrt{\frac{n}{n-1}}t_{n-1}\left(\frac{\alpha}{2}\right),\ \widetilde{C}_2(t)=\sqrt{\frac{n}{n-1}}t_{n-1}\left(\frac{\alpha}{2}\right),\tag{3.3.60}$$

则条件 (3.3.43) 和 (3.3.44) 全适合．这一点虽然也可以直接证明，但不如直接去证由(3.3.59)和(3.3.60)所确定的ϕ为$\theta=0$的无偏检验(水平 α)更容易．记 $S'=\sqrt{\frac{n-1}{n}}S$，则 ϕ 的功效函数 $\beta_\phi(a,\sigma)$ 为

$$P_{a,\sigma^2}\left(|S'|\geqslant t_{n-1}\left(\frac{\alpha}{2}\right)\right)=P\left(|t_{n-1,\delta}|\geqslant t_{n-1}\left(\frac{\alpha}{2}\right)\right).$$

此处利用§1.1,(四)，t 分布的性质 a，知 $S'\sim t_{n-1,\delta}$，而$\delta=\sqrt{n}\,a/\sigma$。再由 t 分布的性质 c 知，当 $a\neq0$ 时，

$$\begin{aligned}\beta_\phi(a,\sigma)&=P\left(|t_{n-1,\delta}|\geqslant t_{n-1}\left(\frac{\alpha}{2}\right)\right)\geqslant P\left(|t_{n-1}|\geqslant t_{n-1}\left(\frac{\alpha}{2}\right)\right)\\&=\alpha=\beta_\phi(0,\sigma).\end{aligned}$$

这一举证明了ϕ的无偏性，以及其水平为 α．因此，常用的以

$$\left\{(x_1,\cdots,x_n):\ \sqrt{n(n-1)}\,|\bar{x}|\Big/\sqrt{\sum_{i=1}^n(x_i-\bar{x})^2}\geqslant t_{n-1}\left(\frac{\alpha}{2}\right)\right\}$$

为否定域的双边一样本 t 检验，是

$$H_1:\ a=0\leftrightarrow K_1:\ a\neq0$$

的水平 α 的 UMPU 检验．

对一般的检验问题

$$H_1:\ a=a_0\leftrightarrow K_1:\ a\neq a_0.\tag{3.3.61}$$

只需用变换 $X_i'=X_i-a_0$，$i=1,\cdots,n$，就可化为 $a_0=0$ 的情况．由此得出：以

$$\left\{(x_1,\cdots,x_n):\ \sqrt{n(n-1)}\,|\bar{x}-a_0|\Big/\sqrt{\sum_{i=1}^n(x_i-\bar{x})^2}\geqslant t_{n-1}\left(\frac{\alpha}{2}\right)\right\}$$

为否定域的检验，是(3.3.61)的水平 α 的 UMPU 检验.

检验问题

$$H_2:\ a\leqslant a_0 \leftrightarrow K_2:\ a>a_0, \tag{3.3.62}$$

处理方法完全相似. 先设 $a_0=0$, 则检验

$$\phi(x_1,\ \cdots,\ x_n)=\begin{cases}1, & 若\ \sqrt{\dfrac{n-1}{n}}S\geqslant t_{n-1}(\alpha),\\ 0, & 若\ \sqrt{\dfrac{n-1}{n}}S<t_{n-1}(\alpha)\end{cases}$$

有(3.3.39)的形状，其功效函数为

$$\beta_\phi(a,\ \sigma)=P(t_{n-1,\delta}\geqslant t_{n-1}(\alpha)),\ \delta=\sqrt{n}\,a/\sigma,$$

依 t 分布的性质 c, $\beta_\phi(a,\ \sigma)$ 为 a 的增函数, 且当 $a=0$ 时其值为 α. 因此 ϕ 为 $H_2\leftrightarrow K_2$ (其中 $a_0=0$) 的水平 α 的无偏检验. 再由定理 3.3.5 推出，它是 $H_2\leftrightarrow K_2$ (其中 $a_0=0$) 的水平 α 的 UMPU 检验. 对一般的 a_0, 可用前述方法转化为 $a_0=0$, 从而得出: 通常的以

$$\left\{(x_1,\ \cdots,\ x_n):\ \sqrt{\frac{n-1}{n}}\,(\bar{x}-a_0)\Big/\sqrt{\sum_{i=1}^n (x_i-\bar{x})^2}\geqslant t_{n-1}(\alpha)\right\} \tag{3.3.63}$$

为否定域的单边一样本 t 检验，是(3.3.62)的水平 α 的 UMPU 检验. 问题 $a\geqslant a_0\leftrightarrow a<a_0$ 的处理当然是完全类似的.

在例 3.2.4. 的结尾处曾指出: 本例中 $H_2\leftrightarrow K_2$ 的 UMPU 检验(3.3.63)在 $\alpha\geqslant\dfrac{1}{2}$ 时为 UMP 检验，而当 $\alpha<\dfrac{1}{2}$ 时则否. 这说明，尽管条件检验(3.3.39)对给定 t 时为 UMP 检验, 但作为无条件检验，则不能保证它为 UMP 的，虽则并不能排斥它可以是 UMP 检验的情况. 然而, 对零假设为 $\theta=\theta_0$ 或 $\theta_1\leqslant\theta\leqslant\theta_2$ 的情况, 由定理 3.3.5 确定的 UMPU 检验决不可能是 UMP 的.

例 3.3.6. 同上例，但考虑的检验问题是

$$H_1:\ \sigma^2\leqslant\sigma_0^2\leftrightarrow K_1:\ \sigma^2>\sigma_0^2,$$

$$H_2:\ \sigma^2\geqslant\sigma_0^2\leftrightarrow K_2:\ \sigma^2<\sigma_0^2,$$

$$H_3:\ \sigma^2=\sigma_0^2\leftrightarrow K_3:\ \sigma^2=\sigma_0^2,$$

先讨论 $H_2 \leftrightarrow K_2$，由 $(X_1, \cdots, X_n)$ 的密度(3.3.57)，及 (3.3.58)式，利用定理 3.3.5，知水平 α 的 UMPU 检验为

$$\phi(X_1, \cdots, X_n)=\begin{cases}1, & \text{当} \sum_{i=1}^n X_i^2 \leqslant C\left(\sum_{i=1}^n X_i\right), \\ 0, & \text{当} \sum_{i=1}^n X_i^2 > C\left(\sum_{i=1}^n X_i\right).\end{cases}$$

这显然等价于

$$\phi(X_1, \cdots, X_n)=\begin{cases}1, & \text{当} \sum_{i=1}^n (X_i-\bar{X})^2 \leqslant \widetilde{C}\left(\sum_{i=1}^n X_i\right), \\ 0, & \text{当} \sum_{i=1}^n (X_i-\bar{X})^2 > \widetilde{C}\left(\sum_{i=1}^n X_i\right).\end{cases}$$

取 $\widetilde{C}\left(\sum_{i=1}^n X_i\right)=\chi_{n-1}^2(1-\alpha) \cdot \sigma_0^2$. 则检验 ϕ 的功效函数为

$$\beta_\phi(a, \sigma^2)=P_{a,\sigma}\left[\sum_{i=1}^n (X_i-\bar{X})^2/\sigma^2 \leqslant \chi_{n-1}^2(1-\alpha) \cdot \sigma_0^2/\sigma^2\right].$$

由 § 1.1, (二), χ^2 分布的性质 d, 知 $\sum_{i=1}^n (X_i-\bar{X})^2/\sigma^2 \sim \chi_{n-1}^2$, 故

$$\beta_\phi(a, \sigma^2)=P(\chi_{n-1}^2 \leqslant \chi_{n-1}^2(1-\alpha)\sigma_0^2/\sigma^2).$$

显然为 σ^2 的下降函数，且在 $\sigma^2=\sigma_0^2$ 时之值为 α. 这一举证明了，通常的以

$$\left\{(x_1, \cdots, x_n): \sum_{i=1}^n (x_i-\bar{x})^2 \leqslant \chi_{n-1}^2(1-\alpha) \cdot \sigma_0^2\right\}$$

为否定域的检验，是 $H_2 \leftrightarrow K_2$ 的水平 α 的 UMPU 检验. 至于 $H_1 \leftrightarrow K_1$, 在例 3.2.4 中我们已求出其 UMP 检验，它自不待言也是 UMPU 检验. 在此我们又看到上例末尾处指出的现象：即定理 3.3.5 所讨论的 $H_i \leftrightarrow K_i$, $i=1, 2$ 的 UMPU 检验，虽则在固定 t 时的条件检验是 UMP 的，然而作为无条件检验可以是 UMP 也可以不是.

对 $H_3 \leftrightarrow K_3$ 而言，完全同样的推理证明：形如

$$\phi(X_1, \cdots, X_n)=\begin{cases}1, & \text{当} \sum_{i=1}^n (X_i-\bar{X})^2 \leqslant c_1 \text{ 或 } \geqslant c_2, \\ 0, & \text{当 } c_1 < \sum_{i=1}^n (X_i-\bar{X})^2 < c_2\end{cases} \tag{3.3.64}$$

的检验为水平 α 的 UMPU 检验，只要适当选择 c_1, c_2 致

$$\int_{c_1/\sigma_0^2}^{c_2/\sigma_0^2} k(x|n-1)\,dx = 1-\alpha \tag{3.3.65}$$

$$c_2 k\left(\frac{c_2}{\sigma_0^2}\middle| n-1\right) - c_1 k\left(\frac{c_1}{\sigma_0^2}\middle| n-1\right) = 0. \tag{3.3.66}$$

这里 $k(x|n-1)$ 为 χ_{n-1}^2 的密度函数. 道理是明显的: 前一式保证了检验的水平为 α, 后一式保证了功效函数在 $\sigma^2=\sigma_0^2$ 时达到最小值, 因而 ϕ 为水平 α 的无偏检验, 它又有(3.3.64)的形式, 于是据定理 3.3.5, 它是 $H_3 \leftrightarrow K_3$ 的水平 α 的 UMPU 检验. 如前所指出, 它决不会是 UMP 的.

要由(3.3.65)和(3.3.66)决定 c_1, c_2, 需用 χ^2 分布表, 用试探法决定. 一般常取

$$c_1 = \chi_{n-1}^2\left(1-\frac{\alpha}{2}\right)\cdot\sigma_0^2, \quad c_2 = \chi_{n-1}^2\left(\frac{\alpha}{2}\right)\cdot\sigma_0^2.$$

这个取法保证了所得检验(3.3.64)的水平为 α, 但不是严格地无偏. 然而, 除非 n 很小, 去无偏检验亦不甚远.

例 3.3.7. 设 $X_1, \cdots, X_m$ 为取自总体 $N(a, \sigma^2)$ 的 iid. 样本, $Y_1, \cdots, Y_n$ 为取自总体 $N(b, \sigma^2)$ 的 iid. 样本, 而 $X_1, \cdots, X_m$, $Y_1, \cdots, Y_n$ 全体独立. 考虑检验问题

$$H_1: a \leqslant b \leftrightarrow K_1: a > b,$$
$$H_2: a \geqslant b \leftrightarrow K_2: a < b,$$
$$H_3: a = b \leftrightarrow K_3: a \neq b.$$

写出 $(X_1, \cdots, X_m, Y_1, \cdots, Y_n)$ 的联合密度, 不难验证它可表为指数族

$$G(a, b, \sigma)\exp[\theta U + \varphi_1 T_1 + \varphi_2 T_2]$$

的形式, 这里 $G(a, b, \sigma)$ 为一只与 a, b, σ (及 m, n) 有关但与 X_i, Y_j 无关的数, 而

$$U = \bar{Y} - \bar{X},\ T_1 = m\bar{X} + n\bar{Y},\ T_2 = \sum_{i=1}^m X_i^2 + \sum_{j=1}^n Y_j^2,$$

$$\theta = \frac{mn(b-a)}{m+n}\sigma^2,\ \varphi_1 = \frac{ma+nb}{m+n},\ \varphi_2 = -\frac{1}{2\sigma^2}.$$

问题 $H_1 \leftrightarrow K_1$ 转化为

$$H_1': \theta \geqslant 0 \leftrightarrow K_1': \theta < 0.$$

我们证明: 通常的两样本 t 检验

$$\phi(X_1, \cdots, X_n) = \begin{cases} 1, \text{ 若 } \sqrt{\dfrac{mn(m+n-2)}{m+n}} (\overline{Y} - \overline{X}) \Big/ \\ \qquad \sqrt{\sum\limits_{i=1}^{m} (X_i - \overline{X})^2 + \sum\limits_{j=1}^{n} (Y_j - \overline{Y})^2} \leqslant t_{m+n-2}(\alpha), \\ 0, \text{ 若 } \sqrt{\dfrac{mn(m+n-2)}{m+n}} (\overline{Y} - \overline{X}) \Big/ \\ \qquad \sqrt{\sum\limits_{i=1}^{m} (X_i - \overline{X})^2 + \sum\limits_{j=1}^{n} (Y_j - \overline{Y})^2} < t_{m+n-2}(\alpha), \end{cases}$$

是 $H_1' \leftrightarrow K_1'$ 的水平 α 的 UMPU 检验. 为此注意

$$(\overline{Y} - \overline{X}) \Big/ \sqrt{\sum_{i=1}^{m} (X_i - \overline{X})^2 + \sum_{j=1}^{n} (Y_j - \overline{Y})^2}$$
$$= U \Big/ \sqrt{T_2 - \frac{1}{m+n} T_1^2 - \frac{mn}{m+n} U^2},$$

在 (T_1, T_2) 给定时为 U 的严格增加函数. 这样, 上面所定义的检验 ϕ 有 (3.3.41) 的形状. 根据定理 3.3.5, 为了证明检验 ϕ 为 $H_1' \leftrightarrow K_1'$ 的水平 α 的 UMPU 检验, 只需证明它是水平 α 的无偏检验. 记

$$S = \sqrt{\frac{mn(m+n-2)}{m+n}} (\overline{Y} - \overline{X}) \Big/ \sqrt{\sum_{i=1}^{m} (X_i - \overline{X})^2 + \sum_{j=1}^{n} (Y_j - \overline{Y})^2}.$$

根据 § 1.1 (四)的 t 分布性质 b, 知当 X_i 和 Y_j 的分布分别为 $N(a, \sigma^2)$ 和 $N(b, \sigma^2)$ 时, $S \sim t_{m+n-2, \delta}$ 其中

$$\delta = \sqrt{\frac{mn(m+n-2)}{m+n}} (b-a)/\sigma,$$

所以 ϕ 的功效函数为

$$\beta_\phi(a, b, \sigma) = P(t_{m+n-2, \delta} \leqslant t_{m+n-2}(\alpha)),$$

再由 t 分布的性质 c 知, 当 H_1 成立即 $b \geqslant a$ 因而 $\delta \geqslant 0$ 时, 有 $\beta_\phi(a, b, \sigma) \leqslant \alpha$, 而当 $b < a$ 即 $\delta < 0$ 时, 有 $\beta_\phi(a, b, \sigma) > \alpha$. 这证明了 ϕ 为水平 α 的无偏检验, 因而是水平 α 的 UMPU 检验.

更一般的情况,

$$H_1: b - a \geqslant c \leftrightarrow K_1: b - a < c,$$

可通过变换 $X'_i=X_i+c$, $Y'_j=Y_j$ 化为 $c=0$ 的情况，从而得到其水平 α 的 UMPU 检验有否定域

$$\left\{(X_1, \cdots, X_m, Y_1, \cdots, Y_n): \sqrt{\frac{mn(m+n-2)}{m+n}}(\overline{Y}-\overline{X}-c)\Big/\sqrt{\sum_{i=1}^{m}(X_i-\overline{X})^2+\sum_{j=1}^{n}(Y_j-\overline{Y})^2}\leqslant t_{m+n-2}(\alpha)\right\}.$$

对检验问题

$$H_2: b-a=c \leftrightarrow K_2: b-a\neq c$$

用完全同样的方法证明：通常的以

$$\left\{(X_1, \cdots, X_m, Y_1, \cdots, Y_n): \sqrt{\frac{mn(m+n-2)}{m+n}}|\overline{Y}-\overline{X}-c|\Big/\sqrt{\sum_{i=1}^{m}(X_i-\overline{X})^2+\sum_{j=1}^{n}(Y_j-\overline{Y})^2}\geqslant t_{m+n-2}\left(\frac{\alpha}{2}\right)\right\}$$

为否定域的双边两样本 t 检验，是水平 α 的 UMPU 检验.

例 3.3.8. 设 $X_1, \cdots, X_m$ 和 $Y_1, \cdots, Y_n$ 分别为自 $N(a, \sigma_1^2)$ 和 $N(b, \sigma_2^2)$ 中抽出的 iid. 样本，且 $X_1, \cdots, X_m, Y_1, \cdots, Y_n$ 全体独立. 考虑检验问题

$$H_1: \sigma_1^2\leqslant\sigma_2^2 \leftrightarrow K_1: \sigma_1^2>\sigma_2^2,$$

$$H_2: \sigma_1^2\geqslant\sigma_2^2 \leftrightarrow K_2: \sigma_1^2<\sigma_2^2,$$

$$H_3: \sigma_1^2=\sigma_2^2 \leftrightarrow K_3: \sigma_1^2\neq\sigma_2^2,$$

写出 $(X_1, \cdots, X_m, Y_1, \cdots, Y_n)$ 的联合密度，知有指数族

$$G(a, b, \sigma_1, \sigma_2)\exp(\theta U+\varphi_1T_1+\varphi_2T_2+\varphi_3T_3)$$

的形状，此处

$$\theta=\frac{1}{2\sigma_1^2}-\frac{1}{2\sigma_2^2}, \quad \varphi_1=-\frac{1}{2\sigma_1^2}, \quad \varphi_2=\frac{ma}{\sigma_1^2}, \quad \varphi_3=\frac{nb}{\sigma_2^2},$$

$$U=\sum_{j=1}^{n}Y_j^2, \quad T_1=\sum_{i=1}^{m}X_i^2+\sum_{j=1}^{n}Y_j^2, \quad T_2=\overline{X}, \quad T_3=\overline{Y}.$$

根据定理 3.3.5，水平 α 的 UMPU 检验有形状

$$\phi(X_1, \cdots, X_m, Y_1, \cdots, Y_n)=\begin{cases}1, & 若 \sum_{j=1}^{n}Y_j^2\leqslant C(T_1, T_2, T_3), \\ 0, & 若 \sum_{j=1}^{n}Y_j^2>C(T_1, T_2, T_3).\end{cases}$$

由于 $$\frac{1}{n-1}\sum_{j=1}^{n}(Y_j-\overline{Y})^2\Big/\frac{1}{m-1}\sum_{i=1}^{m}(X_i-\overline{X})^2$$
$$=\frac{1}{n-1}(U-nT_3^2)\Big/\left[\frac{1}{m-1}(T_1-mT_2^2-U)\right],$$
在给定(T_1, T_2, T_3)时为U的严格增加函数，上述检验等价于：记
$$F=\frac{1}{n-1}\sum_{j=1}^{n}(Y_j-\overline{Y})^2\Big/\frac{1}{m-1}\sum_{i=1}^{m}(X_i-\overline{X})^2;$$
$$\phi(X_1, \cdots, X_m, Y_1, \cdots, Y_n)=\begin{cases}1, & 若 F\leqslant\widetilde{C}(T_1, T_2, T_3),\\ 0, & 若 F>\widetilde{C}(T_1, T_2, T_3),\end{cases}$$
现取$\widetilde{C}(T_1, T_2, T_3)=F_{n-1, m-1}(1-\alpha)$. 由§1.1(五)，$F$分布的性质d，知当$X_i\sim N(a, \sigma_1^2), Y_j\sim N(b, \sigma_2^2)$时，$F\sigma_1^2/\sigma_2^2\sim F_{n-1, m-1}$，故知$\phi$的功效函数为
$$\beta_\phi(a, b, \sigma_1, \sigma_2)=P(F\sigma_1^2/\sigma_2^2\leqslant\sigma_1^2F_{n-1, m-1}(1-\alpha)/\sigma_2^2)$$
$$=P\left(F_{n-1, m-1}\leqslant\frac{\sigma_1^2}{\sigma_2^2}F_{n-1, m-1}(1-\alpha)\right).$$
这显然是比值$\Delta=\sigma_1^2/\sigma_2^2$的上升函数，且当$\Delta=1$时取值$\alpha$. 这一举证明了$\phi$是$H_1\leftrightarrow K_1$的水平$\alpha$的无偏检验，因而是其水平$\alpha$的UMPU检验. 更一般的情况
$$H_1: \sigma_1^2\leqslant\Delta^2\sigma_2^2\leftrightarrow K_1: \sigma_1^2>\Delta^2\sigma_2^2,$$
可通过变换$X_i'=\Delta X_i, Y_j'=Y_j$转化为$\Delta=1$的情况. 又，$H_2\leftrightarrow K_2$的处理是完全类似的.

对$H_3\leftrightarrow K_3$而言，也是用定理3.3.5，不难证明：其水平α的UMPU检验有形状
$$\phi(X_1, \cdots, X_m, Y_1, \cdots, Y_n)$$
$$=\begin{cases}1, & 当 \frac{1}{n-1}\sum_{j=1}^{n}(Y_j-\overline{Y})^2\Big/\frac{1}{m-1}\sum_{i=1}^{m}(X_i-\overline{X})^2\leqslant c_1 或 \geqslant c_2,\\ 0, & 当 c_1<\frac{1}{n-1}\sum_{j=1}^{n}(Y_j-\overline{Y})^2\Big/\frac{1}{m-1}\sum_{i=1}^{m}(X_i-\overline{X})^2<c_2.\end{cases} \tag{3.3.67}$$
而c_1, c_2应选择之使满足
$$\begin{aligned}&\int_{c_1}^{c_2}f(x|n-1, m-1)dx=1-\alpha\\ &c_1f(c_1|n-1, m-1)=c_2f(c_2|n-1, m-1).\end{aligned} \tag{3.3.68}$$

此处$f(x|p,\ q)$为自由度为p和q的中心F分布的密度函数. 由此两式决定c_1, c_2, 需借助于F分布表, 用试探的方法, 一般常取

$$c_1=F_{n-1,\ m-1}\left(1-\frac{\alpha}{2}\right),\ c_2=F_{n-1,\ m-1}\left(\frac{\alpha}{2}\right),$$

这个取法保证了由(3.3.67)确定的ϕ为$H_3\leftrightarrow K_3$的水平α的检验, 但不是严格无偏的. 但当m, n不太小时, 去无偏性并不甚远.

§3.4. 不变检验

(一)基本概念

关于一统计判决问题在某变换群下的不变性, 以及不变判决函数的概念, 在§2.4中已作了介绍. 将其应用于假设检验问题, 就得到所谓"不变检验"的概念.

设变量X的样本空间为$(\mathscr{X},\ \mathscr{B}_x)$, 分布族为$(P_\theta,\ \theta\in\Theta)$, 假定当$\theta_1\neq\theta_2$时, $P_{\theta_1}\neq P_{\theta_2}$. 设$G$为一个群, 其中每个元$g$是$\mathscr{X}$到$\mathscr{X}$上的一一变换, 满足条件

1° 每个$g\in G$是可测变换, 即

$$A\in\mathscr{B}_{\mathscr{X}}\Rightarrow g^{-1}A\in\mathscr{B}_{\mathscr{X}},\ \text{对任何}\ A\in\mathscr{B}_{\mathscr{X}}.$$

2° 对任何$\theta\in\Theta$及$g\in G$, 存在$\tilde{\theta}\in\Theta$, 致

$$P_\theta(g^{-1}A)=P_{\tilde{\theta}}(A),\ \text{对任何}\ A\in\mathscr{B}_{\mathscr{X}},$$

记$\tilde{\theta}=\bar{g}\theta$, 在§2.4(一)中证明过, $\bar{g}$是Θ到Θ上的一一变换, 且由一切$g\in G$所导出的一切$\bar{g}$构成一个群$\bar{G}$.

现设Θ_H为Θ的一个非空真子集. 考虑检验问题

$$H:\ \theta\in\Theta_H\leftrightarrow K:\ \theta\in\Theta-\Theta_H=\Theta_K. \qquad (3.4.1)$$

定义3.4.1. 称检验问题(3.4.1)在变换群G之下不变, 若对任何$\bar{g}\in\bar{G}$有$\bar{g}\Theta_H=\Theta_H$. 这等价于

$$\theta\in\Theta_H\Rightarrow\bar{g}\theta\in\Theta_H;\ \theta\in\Theta_K\Rightarrow\bar{g}\theta\in\Theta_K.$$

设$\phi(x)$为问题(3.4.1)的任一检验函数, 满足条件

$$\phi(gx)=\phi(x),\ \text{对任何}\ x\in\mathscr{X}\ \text{及}\ g\in G, \qquad (3.4.2)$$

则称 ϕ 为变换群 G 之下的一个不变检验.

这些概念的直观背景在§2.4中已有说明. 为了帮助理解,考虑几个简单例子.

例 3.4.1. 设 $X_1, \cdots, X_m$ 和 $Y_1, \cdots, Y_n$ 分别为自总体 $N(a, \sigma^2)$ 和 $N(b, \sigma^2)$ 中抽出的 iid. 样本,且 $X_1, \cdots, X_m, Y_1, \cdots, Y_n$ 全体独立. 考虑检验问题

$$H: a=b \leftrightarrow K: a \neq b \tag{3.4.3}$$

一切形如 g_c: $x_i'=x_i+c,\ i=1, \cdots, m;\ y_j'=y_j+c,$

$$j=1, \cdots, n, \ -\infty<c<\infty$$

的变换构成一个群. g_c 在 $\Theta=\{(a, b, \sigma^2): -\infty<a<\infty, -\infty<b<\infty, 0<\sigma^2<\infty\}$ 上的导出变换为

$$\bar{g}_c(a, b, \sigma^2)=(a+c, b+c, \sigma^2).$$

由此可知,检验问题 (3.4.3) 在此变换群下不变,而不变检验为满足条件

$$\phi(x_1+c, \cdots, x_m+c; y_1+c, \cdots, y_n+c)$$
$$=\phi(x_1, \cdots, x_m; y_1, \cdots, y_n) \text{ 对任何 } c \in R_1$$

的任何检验.

在本例中,变换群 G 中任一变换相当于度量原点的改变. 不变检验的意思是:是否接受零假设不应与这种改变有关. 这从实用的观点去考察是自然的要求. 我们前此在例 3.3.7 中得出的两样本 t 检验,显然符合不变性的要求.

例 3.4.2. 设 $X_1, \cdots, X_n$ 为取自总体 $N(0, \sigma^2)$ 中的 iid. 样本. 考虑检验问题

$$H: \sigma^2 \leqslant \sigma_0^2 \leftrightarrow K: \sigma^2>\sigma_0^2, \tag{3.4.4}$$

以 G 记由 R_n 到自身的正交变换所构成的群. 据引理 1.1.1, 对任何 $g \in G$, $g(X_1, \cdots, X_n)$ 的分布与 $(X_1, \cdots, X_n)$ 完全一样,于是不变性条件适合. 而不变检验为任何满足条件

$$\phi(x)=\phi(y), \text{ 当 } \|x\|=\|y\|$$

的检验. 这无异乎要求: ϕ 是 $\sum_{i=1}^{n} x_i^2$ 的函数.

本例的直观含义也是很清楚的：由于 $(X_1, \cdots, X_n)$ 的分布关于原点对称且与坐标轴的取法无关，是否接受零假设也不应与坐标轴的取法有关。因此对试验者而言，若两个样本点 x, y 满足 $\|x\|=\|y\|$，则二者中所包含的关于分布参数的信息完全一样。因此，检验函数 ϕ 在 x 点处之值 $\phi(x)$，不应当异于其在 y 点之值 $\phi(y)$。

在§2.4中我们曾引进"极大不变量"的概念。拿群 G 而言，称统计量 $m(x)$（其样本空间姑记为 $(\mathscr{M}, \mathscr{B}_{\mathscr{M}})$）为极大不变量，若

$$m(x_1)=m(x_2) \Leftrightarrow \text{存在 } g\in G \text{ 致 } x_1=gx_2,$$

类似地定义 $\overline{G}$ 的极大不变量 $v(\theta)$，下面的简单结论成立：

引理 3.4.1. 1° $\phi(x)$ 为不变检验的充要条件为 ϕ 是 $m(x)$ 的函数。即存在定义于 $\mathscr{M}$ 上的函数 h，致 $\phi(x)=h(m(x))$。2°. 若 $\beta_\phi(\theta)$ 为不变检验 ϕ 的功效函数，则它必为 $v(\theta)$ 的函数。换句话说，存在函数 k，致 $\beta_\phi(\theta)=k(v(\theta))$。这等价于：若存在 $\overline{g}\in\overline{G}$ 致 $\theta_2=\overline{g}\,\theta_1$，则 $\beta_\phi(\theta_2)=\beta_\phi(\theta_1)$。

证. 1° 是显然的。2° 由 $\overline{g}$ 的定义推出：

$$\begin{aligned}\beta_\phi(\theta_2)&=E_{\theta_2}[\phi(X)]=E_{\overline{g}\theta_1}[\phi(X)]=E_{\theta_1}[\phi(gX)]\\&=E_{\theta_1}[\phi(X)]=\beta_\phi(\theta_1).\end{aligned}$$

由这个简单的引理看出两件事情：一是若检验有不变性，则它对满足条件 $\theta_2=\overline{g}\,\theta_1$ 的 θ_1 和 θ_2 完全无法鉴别（因总有 $\beta_\phi(\theta_1)=\beta_\phi(\theta_2)$），这表示对不变检验而言，$\Theta$ 中每条轨道实际上可看作一点。从这个观点看，采用不变检验的后果相当于参数空间，即分布族的缩小。

从引理得出的另一点是：采用不变检验等价于只考虑基于 $m(x)$ 的检验。以 P_θ^m 记 $m(X)$ 在 x 的分布为 P_θ 时的导出分布，则由于只考虑基于 $m(x)$ 的检验，问题由原来的分布族 $(P_\theta, \theta\in\Theta)$ 转化到分布族 $(P_\theta^m, \theta\in\Theta)$。拿例 3.4.2 来说，$m(X)=\sum_{i=1}^n X_i^2$ 的分布为 $\sigma^2\chi_n^2$。所以，在只考虑不变检验时，问题相当于从一个其分布为 $\sigma^2\chi_n^2$ 的观察值 m 去检验假设 $\sigma^2\leqslant\sigma_0^2$。这当然使问题大为化

简.

由以上讨论可以看出：不变检验这个概念可以从两个角度去理解：从实用角度说，它是基于具体问题中所固有的某种性质，因而可以合理地要求所采用的检验应具有的一种相应的性质；从理论角度说，它无非意味着一种缩小所考虑的检验的范围的方法．而这常相当于用一较简化的问题代替原来的较复杂的问题．然而，应当了解，这并不是说经简化后的问题与原问题是等价的．

(二) 一致最优的不变检验(Uniformly Most Powerful Invariant Test, 简称为 UMPI 检验).

沿用前面的记号，我们立如下的定义．

定义 3.4.2. 设 ϕ 为问题(3.4.1)的一个（在群 G 之下的）水平 α 的不变检验，若对(3.4.1)的任一（在群 G 之下的）水平 α 的不变检验 $\tilde{\phi}$，都有

$$\beta_{\tilde{\phi}}(\theta) \leqslant \beta_{\phi}(\theta), \quad 对任何\ \theta \in \Theta_K,$$

则称 ϕ 为(3.4.1)的(在群 G 下的)水平 α 的 UMPI 检验．

设 $m(x)$ 为群 G 之一极大不变量，以 $(\mathscr{M}, \mathscr{B}_{\mathscr{M}})$ 记其样本空间，$(P_\theta^m, \theta \in \Theta)$ 记 $m(X)$ 的导出分布族．根据（一）中所述及定义 3.4.2，立即得出：

引理 3.4.2. ϕ 为分布族 $\{(\mathscr{X}, \mathscr{B}x, P_\theta), \theta \in \Theta\}$ 中检验问题(3.4.1)在群 G 之下的水平 α 的 UMPI 检验的充要条件是：它是分布族 $\{(\mathscr{M}, \mathscr{B}_{\mathscr{M}}, P_\theta^m), \theta \in \Theta\}$ 中同一检验问题 (3.4.1) 的水平 α 的 UMP 检验．

这个引理提供了一个求 UMPI 检验的方法．我们举几个简单例子．

例 3.4.3. 考察例 3.4.2，记 $m = \sum_{i=1}^{n} x_i^2$，则 m 为极大不变量．如前指出：m 的分布族为 $\{f_\sigma^M(m)dm, \sigma > 0\}$，其中

$$f_\sigma^M(m) = \begin{cases} \left[\sigma^n 2^{n/2} \Gamma\left(\frac{n}{2}\right)\right]^{-1} m^{\frac{n}{2}-1} \exp\left(-\frac{m}{2\sigma^2}\right), & x > 0, \\ 0, & x \leqslant 0. \end{cases}$$

根据系 3.2.2，在此分布族下，零假设 $\sigma^2\leqslant\sigma_0^2$ 的水平 α 的 UMP 检验有否定域 $\{m:\ m\geqslant\sigma_0^2\chi_n^2(\alpha)\}$. 因此得到在所给变换群下，(3.4.4)的水平 α 的 UMPI 检验有否定域 $\{(x_1,\ \cdots,\ x_n):\ \sum\limits_{i=1}^n x_i^2\geqslant\sigma_0^2\chi_n^2(\alpha)\}$.

例 3.4.4. 设 $X_1,\ \cdots,\ X_n$ 为 iid. 样本，X_1 的分布为

$$P_\theta(X_1=1)=1-P_\theta(X_1=0)=\theta,\ 0<\theta<1.$$

要检验

$$H:\ \theta\leqslant\theta_0\leftrightarrow K:\ \theta>\theta_0.$$

考虑变换群 G: G 中每一个变换 g 为 $(x_1,\ \cdots,\ x_n)$ 的一置换:

$$g(x_1,\ \cdots,\ x_n)=(x_{i_1},\ \cdots,\ x_{i_n}),$$

这里 $(i_1,\ \cdots,\ i_n)$ 为 $(1,\ \cdots,\ n)$ 的任一置换. 故 G 共包含 $n!$ 个元. 不难看出: G 的一个极大不变量是 $m=\sum\limits_{i=1}^n x_i$. 转化到 m 后，因 $m\sim B(n,\ \theta)$，问题变为在 $B(n,\ \theta)$ 中检验 $\theta\leqslant\theta_0$. 由系 3.2.2 知，这个问题的 UMP 检验存在，故原问题在所给变换群下的 UMPI 检验也存在. 在例 3.2.2 中我们证明过: 这个 UMPI 检验实际上就是 UMP 检验.

在以上两例中由于有简单的极大不变量存在，求 UMPI 检验的问题便易于解决.

例 3.4.5. 设 $X_1,\ \cdots,\ X_n$ 为取自 $N(a,\ \sigma^2)$ 中的 iid. 样本，考虑检验问题

$$H:\ a\leqslant 0\leftrightarrow K:\ a>0. \tag{3.4.5}$$

考虑变换群 $G=\{g_c,\ c>0\}$，其中

$$g_c(x_1,\ \cdots,\ x_n)=(cx_1,\ \cdots,\ cx_n),$$

不难验证，(3.4.5) 在此变换群下不变. g_c 的导出变换 $\bar{g}_c$ 是:

$$\bar{g}_c(a,\ \sigma)=(ca,\ c\sigma).$$

变换群 G 的一个极大不变量是[1)]

$$m(x)=\left(\frac{x_2}{x_1},\ \cdots,\ \frac{x_n}{x_1}\right).$$

然而，这个统计量的分布不易求出，因而在这个基础上去求 UMPI

1) 由于分布族是连续的，可以在样本空间 R_n 中去掉第一坐标 x_1 为 0 的那些点.

检验就不容易.但是,本例中有充分统计量 $q=(q_1, q_2)=(\overline{X}, S)$,其中 $S=(\sum_{i=1}^{n}(X_i-\overline{X})^2)^{1/2}$. 变换群 G 如作用在 q 上,成为

$$g_c(q_1, q_2)=(cq_1, cq_2),$$

而一个极大不变量是 $\widetilde{m}=q_1/q_2$, 也可以取为

$$m=\sqrt{n(n-1)}\,\widetilde{m}=\sqrt{n}\,\overline{X}\Big/\sqrt{\frac{1}{n-1}\sum_{i=1}^{n}(X_i-\overline{X})^2},$$

其分布族为 t 分布族 $\{t_{n-1,\delta}, -\infty<\delta<\infty\}$. 在此分布族之下,检验问题(3.4.5)转化为

$$H: \delta\leqslant 0\leftrightarrow K: \delta>0, \tag{3.4.6}$$

不难证明: 以

$$A_\alpha=\{m: m\geqslant t_{n-1}(\alpha)\}$$

为否定域的检验是 (3.4.6) 的水平 α 的 UMP 检验, 因为,根据定理 3.2.3 (取先验分布 λ 使其测度集中于 $\delta=0$ 一点),只需验证两点:

(a) 此检验的水平为 α (对问题(3.4.6)),

(b) 对任何 $\delta_1>0$, 以 A_α 为否定域的检验是问题

$$H': \delta=0\leftrightarrow K': \delta=\delta_1$$

的 UMP 检验.

(a) 立即从 t 分布的性质 c 得出. 至于(b),不难从 Meyman-Pearson 基本引理,及(见公式(1.1.16))

$$\frac{s(m|n-1, \delta_1)}{s(m|n-1, 0)}=\sum_{i=0}^{\infty}C(n, i)\delta_1^i\left(\frac{m^2}{n-1+m^2}\right)^{i/2} \tag{3.4.7}$$

得出. 这里 $s(\cdot|n, \delta)$ 表自由度为 n、非中心参数为 δ 时的 t 分布的密度函数, $C(n, i)>0$ 只与 n, i 有关的常数,因为(3.4.7)右边显然是 m 的严格增加函数. 这样, 我们证明了: 例 3.3.5 中求出的 UMPU 检验,即一样本 t 检验, 在上述变换群下也是 UMPI 检验.

例 3.4.6. 设 $X_1, \cdots, X_n$ 为自 $N(a, \sigma^2)$ 中抽出的 iid. 样本,考虑检验问题

$$H: \sigma^2\geqslant\sigma_0^2\leftrightarrow K: \sigma^2<\sigma_0^2,$$

它在平移变换群

$$x_i'=x_i+c,\ i=1,\ \cdots,\ n,\ -\infty<c<\infty$$

之下不变. 用与上例完全相似的方法, 转移到充分统计量$(\overline{X},\ S^2)$去讨论, 不难证明 $H\leftrightarrow K$ 在此变换群下的 UMPI 检验存在, 且就是例 3.3.6 中求出的 UMPU 检验. 我们把细节留给读者自己去完成.

例 3.4.7. 考虑例 3.4.1, 设群 G 由如下形式的变换构成:

$$x_i'=d(x_i+c),\ i=1,\ \cdots,\ m;\ \ y_j'=d(y_j+c),\ j=1,\ \cdots,\ n.$$

其中$-\infty<c<\infty$, $0<d<\infty$. 容易看出, 检验问题

$$H:\ a\leqslant b\leftrightarrow K:\ a>b$$

在此变换群下不变.

本例有充分统计量

$$T=(\overline{X},\ \overline{Y},\ S),\ S=\left[\sum_{i=1}^{m}(X_i-\overline{X})^2+\sum_{j=1}^{n}(Y_j-\overline{Y})^2\right]^{1/2},$$

若将群 G 的变换作用在 T 上, 则得形如

$$\overline{X}'=d(\overline{X}+c),\ \overline{Y}'=d(\overline{Y}+c),\ S'=dS$$

的变换. 不难验证其一极大不变量为 $\tilde{q}=(\overline{Y}-\overline{X})/S$, 也可以取

$$q=\sqrt{\frac{mn(m+n-2)}{m+n}}\,\tilde{q}=\sqrt{\frac{mn(m+n-2)}{m+n}}(\overline{Y}-\overline{X})/S$$

为极大不变量, q 的分布族为 $\{t_{m+n-2,\,\delta},\ -\infty<\delta<\infty\}$, 于是问题转化为与(3.4.6)完全一样. 因此得出: 在上述变换群下, 检验问题 $H:\ a\leqslant b\leftrightarrow K:\ a>b$ 的 UMPI 检验存在, 且就是例 3.3.7 中求出的 UMPI 检验——两样本 t 检验.

例 3.4.8. 考虑例 3.3.8 中的检验问题

$$H:\ \sigma_1^2\leqslant\sigma_2^2\leftrightarrow K:\ \sigma_1^2>\sigma_2^2. \tag{3.4.8}$$

设群 G 由如下形式的变换构成:

$$x_i'=dx_i+c_1,\ i=1,\ \cdots,\ m;\ \ y_j'=dy_j+c_2,\ j=1,\ \cdots,\ n.$$

其中 $0<d<\infty$, $-\infty<c_1,\ c_2<\infty$. 此问题有充分统计量 $T=(\overline{X},\ \overline{Y},\ S_1^2,\ S_2^2)$, 此处

$$S_1^2=\sum_{i=1}^{m}(X_i-\overline{X})^2,\ S_2^2=\sum_{j=1}^{n}(Y_j-\overline{Y})^2.$$

如将群 G 中的变换作用于 T 上，将有

$$\overline{X}'=d\overline{X}+c_1,\ \overline{Y}'=d\overline{Y}+c_2,\ S_1^{2\prime}=d^2S_1^2,\ S_2^{2\prime}=d^2S_2^2.$$

由此不难看出：$\tilde{q}=S_2^2/S_1^2$ 为一极大不变量．也可以取

$$q=\frac{m-1}{n-1}\tilde{q}=\frac{1}{n-1}S_2^2\Big/\frac{1}{m-1}S_1^2$$

为极大不变量．利用 F 分布的性质 d，知 $\frac{\sigma_1^2}{\sigma_2^2}q\sim F_{n-1,\ m-1}$．于是得出 q 的密度函数为(见 1.1.20)

$$f_\Delta(q)=\begin{cases}C(m,\ n)\,\Delta(\Delta q)^{n/2-1}(m-1+(n-1)\Delta q)^{\frac{1}{2}(m+n)-1}, & q>0,\\ 0, & q\leqslant 0.\end{cases}$$

其中 $\Delta=\sigma_2^2/\sigma_1^2$．转移到此分布族后，问题(3.4.8)转化为

$$H:\ \Delta\geqslant 1\leftrightarrow K:\ \Delta<1. \tag{3.4.9}$$

不难证明：以

$$A_\alpha=\{q:\ q\leqslant F_{n-1,\ m-1}(1-\alpha)\}$$

为否定域的检验，是(3.4.9)的水平 α 的 UMP 检验．验证的方法与例 3.4.5 完全相似，我们把它留给读者去完成．这样，证明了：例 3.3.8 中求出的以

$$\left\{(X_1,\ \cdots X_m,\ Y_1,\cdots,Y_n):\ \sum_{j=1}^n(Y_j-\overline{Y})^2\Big/\sum_{i=1}^m(X_i-\overline{X})^2\right.$$
$$\left.\leqslant\frac{n-1}{m-1}F_{n-1,\ m-1}(1-\alpha)\right\}$$

为否定域的检验，是在上述变换群下的水平 α 的 UMPI 检验．以上诸例求出的 UMPI 检验也是 UMPU 检验．以后将看到，这不是偶然的巧合．

例 3.4.9[1)]．设某产品的一项指标X服从正态分布 $N(a,\sigma^2)$，只有当指标值不小于某个 u 时，产品才是合格的．现从随机抽得的 n 件产品中测得指标值为 $X_1,\ \cdots,\ X_n$（视作为 $N(a,\ \sigma^2)$ 中的 iid．样本)，要检验假设

$$H:\ p\leqslant p_0\leftrightarrow K:\ p>p_0,$$

1) 本例依赖第一章习题 8．

此处 p 为产品的废品率.

显然, $p=\Phi\left(\frac{u-a}{\sigma}\right)$. 转化到 $X_i'=X_i-u, i=1, \cdots, n$ 去讨论, 可以假定 $u=0$, 这时 $p=\Phi\left(-\frac{a}{\sigma}\right)$, 记 $\xi_0=\Phi^{-1}(p_0)$, 即 $\Phi(\xi_0)=p_0$. 则 $p\leqslant p_0$ 等价于 $-\frac{a}{\sigma}\leqslant\xi_0$, 或 $\frac{a}{\sigma}\geqslant\theta_0(\theta_0=-\xi_0)$, 于是得到(3.4.10)的等价问题

$$H: \frac{a}{\sigma}\geqslant\theta_0 \leftrightarrow K: \frac{a}{\sigma}<\theta_0. \tag{3.4.10}$$

在例 3.4.5 的变换群下这个检验问题保持不变. 因此, 按照在该例中所作的论证, 取极大不变量 $q=\sqrt{n(n-1)}\,\overline{X}\Big/\sqrt{\sum_{i=1}^{n}(X_i-\overline{X})^2}$, 检验问题(3.4.10)转化为 t 分布族 $\{t_{n-1,\delta}\}$ 中检验

$$H: \delta\geqslant\delta_0 \leftrightarrow K: \delta<\delta_0. \tag{3.4.11}$$

根据第一章习题 8, 分布族 $\{t_{n-1,\delta}\}$ 有单调似然比. 根据定理 3.2.2, (3.4.11)的水平 α 的 UMP 检验, 即(3.4.10)的水平 α 的 UMPI 检验, 有否定域

$$\left\{(x_1, \cdots, x_n): \sqrt{n(n-1)}\,\bar{x}\Big/\sqrt{\sum_{i=1}^{n}(x_i-\bar{x})^2}\leqslant c\right\}.$$

其中 c 由 $P(t_{n-1,\sqrt{n}\theta_0}\leqslant c)=\alpha$ 确定.

在例 3.4.5—3.4.9 中, 我们都使用充分统计量, 这样简化了样本空间因而简化了极大不变量. 然而, 严格说来在推理中有一点不足之处, 即, 虽然根据充分性原则, 可以限于只考虑基于某充分统计量的检验. 但这并不等于说, 在考虑关于一变换群的不变检验时, 可以限于只考虑基于某充分统计量的不变检验. 然而, 在后面我们将证明, 至少在以上诸例, 这样做是可以的.

无偏性和不变性都是对检验的整体性质提出的要求. 这种要求缩小了所考虑的检验的范围. 这两个原则的应用范围当然不全一样. 例如, 在例 3.4.4 中, 若要检验 $\theta=\theta_0$, 则不变性无法使用, 但 UMPU 检验存在. 反过来, 以后我们将会看到, 有一类多参数的检验问题, 不变性可以使用但 UMPU 检验不存在. 在非参数统

计方法中，我们还将看到不变原则的重要应用.

(三)几乎不变检验(Almost Invariant Test)

为了回答上段末尾提出的问题，以及以后的应用，需要把不变检验的概念略加推广.

设X的样本空间为$(\mathscr{X}, \mathscr{B}_{\mathscr{X}})$，分布族为$(P_\theta, \theta\in\Theta)$，设检验问题(3.4.1)在变换群$G$下不变. 为简单计，假定存在$\mathscr{B}_{\mathscr{X}}$上的$\sigma$-有限测度$\mu$，致$(P_\theta, \theta\in\Theta)\sim\mu$，即

$$\mu(A)=0\Leftrightarrow P_\theta(A)=0 \text{ 对任何 } \theta\in\Theta.$$

定义 3.4.3. 设ϕ为一检验函数. 若存在一个在群G之下不变的检验函数ψ，以及μ-零测集A，致$\phi(x)=\psi(x)$当$x\overline{\in}A$，则称ϕ对等于一不变检验.

若ϕ为一检验. 且对任何$g\in G$，存在(与g有关的)μ-零测集N_g，致$\phi(gx)=\phi(x)$当$x\overline{\in}N_g$，则称ϕ为一(在群G下的)几乎不变检验.

引理 3.4.3. 若ϕ对等于一不变检验，则ϕ为几乎不变检验.

证. 由$\phi(x)=\psi(x)$，当$x\overline{\in}A$知$\phi(gx)=\psi(gx)$，当$x\overline{\in}g^{-1}A$，再由$\psi(gx)=\psi(x)$(对一切x)知

$$\phi(gx)=\phi(x), \text{ 当 } x\overline{\in}A\cup g^{-1}A.$$

因此，只需证明$\mu(g^{-1}A)=0$. 由$\mu(A)=0$知$P_\theta(A)=0$，对一切$\theta\in\Theta$. 于是由在群G下的不变性知$P_\theta(g^{-1}A)=P_{\bar{g}\theta}(A)=0$对一切$\theta\in\Theta$，再由$(P_\theta, \theta\in\Theta)\sim\mu$知$\mu(g^{-1}A)=0$，得证.

在一定的条件下，上述引理的逆也成立. 我们假定，在G中可引进σ-域$\mathscr{B}_G$.

定理 3.4.1. 在上述记号下，假定

1° 变换$(x, g)\to gx$是$(\mathscr{X}\times G, \mathscr{B}_{\mathscr{X}}\times\mathscr{B}_G)$到$(\mathscr{X}, \mathscr{B}_{\mathscr{X}})$的可测变换.

2° 存在$\mathscr{B}_G$上的σ-有限测度ν，致

$$\nu(B)=0\Rightarrow\nu(B\bar{g})=0, \text{ 对任何 } \bar{g}\in\bar{G},$$

(这里$\bar{G}$为G在Θ上的导出变换群，而$B\bar{g}$了解为$\{\bar{g}_1\bar{g}: \bar{g}_1\in B\}$.)

则任一在群 G 之下的几乎不变检验必对等于一不变检验.

证. 记 $M=\{(x, g): \phi(gx)\neq\phi(x)\}$. 根据假定, $\phi(gx)$ 为 $\mathscr{B}_{\mathscr{X}}\times\mathscr{B}_G$ 可测, 于是 $M\in\mathscr{B}_{\mathscr{X}}\times\mathscr{B}_G$. 由于 ϕ 为几乎不变检验, 对任何 $g\in G$, M 的 g–切口 (即集合 $\{x: (x, g)\in M\}$) 都是属于 $\mathscr{B}_{\mathscr{X}}$ 的 μ–零测集, 根据 Fubini 定理, 有 $(\mu\times\nu)(M)=0$. 因此存在 μ–零测集 N, 致 $\phi(gx)=\phi(x)$ (a. e. ν) 当 $x\overline{\in}N$. 由 ν 的 σ–有限性, 不失普遍性可假定 ν 为概率测度. 定义

$$q(x)=\int_G\phi(gx)d\nu(g),$$

以及集

$$A=\{x: q(x)=\phi(gx) \text{ (a. e. } \nu)\}.$$

显然, $A=\left\{x: \int_G|q(x)-\phi(gx)|d\nu(g)=0\right\}$, 由此知 $A\in\mathscr{B}_{\mathscr{X}}$. 现在令

$$\psi(x)=\begin{cases}q(x), & \text{当 } x\in A,\\ 0, & \text{当 } x\overline{\in}A.\end{cases}$$

当 $x\overline{\in}N$ 时, $\phi(gx)=\phi(x)$ (a. e. ν), 故 $q(x)=\phi(x)$, $x\in A$. 因而 $\psi(x)=\phi(x)$ 当 $x\overline{\in}N$. 所以, 要证 ϕ 对等于一不变检验, 只需证 ψ 为不变检验. 我们先指出, 若能证明 A 为群 G 下的不变集(即 $gA=A$ 对任何 $g\in G$), 则 ψ 为不变检验. 实际上, 对任何 x, 若 $x\overline{\in}A$, 则 $gx\overline{\in}A$, 因而 $\psi(x)=\psi(gx)=0$. 若 $x\in A$, 则 $gx\in A$, 因而 $\psi(x)=\psi(gx)$ 等价于 $q(x)=q(gx)$. 由于 $x\in A$, $gx\in A$, 由 $q(x)$ 及 A 的定义, 知存在 ν–零测集 B_1 和 B_2, 致

$$q(x)=\phi(hx), \quad \text{当 } h\overline{\in}B_1;$$

$$q(gx)=\phi(hgx), \quad \text{当 } h\overline{\in}B_2.$$

故对任何 $\tilde{h}\overline{\in}B_1\cup(B_2g^{-1})$, 有 $q(x)=\phi(\tilde{h}x)=q(gx)$. 依假定 $\nu(B_2g^{-1})=0$(因 $\nu(B_2)=0$), 故 $\nu(B_1\cup B_2g^{-1})=0$. 因此这样的 $\tilde{h}$ 必存在, 这证明了 $q(gx)=q(x)$, 因而 $\psi(gx)=\psi(x)$.

为了证明 A 为不变集, 任取 $x\in A$ 及 $g\in G$. 由 $x\in A$ 知 $\phi(\tilde{g}x)=q(x)$ 对 $\tilde{g}\overline{\in}B$, $\nu(B)=0$. 故 $\phi(\tilde{g}gx)=q(x)$ 对 $\tilde{g}\overline{\in}Bg^{-1}$, 而由假定知 $\nu(Bg^{-1})=0$, 这证明了 $gx\in A$ 即 A 的不变性. 定理证毕.

关于此定理的条件，一般 $\mathscr{X}$ 为 R_n，而 G 为一依赖于有限个实参数的群，故 G 可视为 R_m($\mathscr{X}$ 及 G 分别为 R_n 和 R_m 的 Borel 子集的情况完全无异)，这时一般取 $\mathscr{B}_{\mathscr{X}}=\mathscr{B}_n$，$\mathscr{B}_G=\mathscr{B}_m$. 若 gx 为这 $m+n$ 个变量的取值于 R_n 的 $\mathscr{B}_{m+n}$-可测函数，则定理的条件 1° 成立. 例 3.4.5—3.4.9 都属于这种情况. 条件 2° 一般不难直接验证.

例 3.4.10. 拿例 3.4.5 中的变换群而言，有

$$G=\{c: c>0\}$$

在 G 上定义测度 ν 如下：对 G 中的区间 $[a, b)$，

令
$$\nu([a, b))=\log b-\log a,$$

然后将其扩张到 $\mathscr{B}_G$. 这显然是一个 σ-有限测度. 且不难看出对任何 $B\in\mathscr{B}_G$ 及 $g\in G$，有 $\nu(Bg)=\nu(B)$，因为这关系式对形如 $[a, b)$ 的 B 成立. 对这个 ν，条件 2° 显然满足. 这里作出的测度 ν 满足条件 $\nu(Bg)=\nu(B)$，因而称为是群 G 上的"右不变测度"(Right Invariant Measure) 在 Haar 测度的理论中，证明了对很广的一类群，右不变测度 ν 的存在性. 这种 ν 当然满足条件 2°. 就本例而言，在 G 上取通常的 L 测度当然也可满足要求.

与 UMPI 检验类似，可以定义一致最优的几乎不变检验 (简称 UMPAI 检验)，即在一切水平为 α 的几乎不变检验中，其功效函数在对立假设集合上处处达到最大的检验. 由定理 3.4.1 不难得到下面的定理.

定理 3.4.2. 设检验问题 (3.4.1) 在群 G 下不变，且定理 3.4.1 的条件成立，则若 ϕ 为 (3.4.1) 的水平 α 的 UMPI 检验时，它也是 (3.4.1) 的水平 α 的 UMPAI 检验.

证. 任取一水平 α 的几乎不变检验 ϕ_1. 由定理 3.4.1 知，ϕ_1 对等于一不变检验 ψ. 因此

$$\beta_{\phi_1}(\theta)=\beta_\psi(\theta),\ \text{对任何}\ \theta\in\Theta,$$

因此 ψ 为水平 α 的不变检验，但 ϕ 为水平 α 的 UMPI 检验，故 $\beta_\psi(\theta)\leqslant\beta_\phi(\theta)$ 对任何 $\theta\in\Theta_K$. 因而

$$\beta_{\phi_1}(\theta)\leqslant\beta_\phi(\theta),\ \text{对任何}\ \theta\in\Theta_K.$$

由于 ϕ_1 是任一水平 α 的几乎不变检验，知 ϕ 为水平 α 的 UMPAI 检验．定理证毕．

在引理 3.4.1 中我们指出：任一不变检验的功效函数只依赖于 $\bar{G}$ 的极大不变量 $v(\theta)$．不难看出这个事实对任一几乎不变检验也成立(事实上，引理 3.4.1 的证明逐步有效)，可以举例证明这事实之逆一般不真，然而，有如下的结果：

引理 3.4.4．设 T 为 $\{(\mathscr{X},\mathscr{B}_{\mathscr{X}},P_\theta),\theta\in\Theta\}$ 的一有界完全统计量，T 的导出分布族为 $(P_\theta^T,\ \theta\in\Theta)$．在这分布族之下考虑检验问题(3.4.1)若 G 为 T 的样本空间上的一变换群，而问题(3.4.1)在此变换群 G 之下不变，则如检验 $\phi(t)$ 的功效函数只依赖于 $\bar{G}$ 的极大不变量 $v(\theta)$，ϕ 必为一个群 G 之下的几乎不变检验．

证．对一切 $\theta\in\Theta$ 有 $\beta_\phi(\bar{g}\theta)=\beta_\phi(\theta)$，即

$$E_{\bar{g}\theta}[\phi(T)]=E_\theta[\phi(T)],$$

但 $E_{\bar{g}\theta}[\phi(T)]=E_\theta[\phi(gT)]$，故得

$$E_0[\phi(gT)-\phi(T)]=E_\theta[\phi(gT)]-E_\theta[\phi(T)]=0,$$

对一切 $\theta\in\Theta$．由 T 的有界完全性及 $0\leqslant\phi\leqslant1$，知 $\phi(gT)=\phi(T)$ (a. e. μ^T) (此处 $\mu^T\sim(P_\theta^T,\ \theta\in\Theta)$，此处 μ^T 为 μ 的导出测度，而 $(P_\theta,\ \theta\in\Theta)\sim\mu$)．证毕．

现在设变量 X 的分布族为 $\{(\mathscr{X},\ \mathscr{B}_{\mathscr{X}},\ P_\theta),\theta\in\Theta\}$，当 $\theta_1\neq\theta_2$ 时 $P_{\theta_1}\neq P_{\theta_2}$，且存在 $\mathscr{B}_{\mathscr{X}}$ 上的 σ-有限测度 μ 致 $(P_\theta,\ \theta\in\Theta)\sim\mu$．设 T 为此分布族之一有界完全充分统计量．由于 T 的充分性，T 的导出分布族 $\{(\mathscr{T},\ \mathscr{B}_{\mathscr{T}},\ P_\theta^T),\ \theta\in\Theta\}$ 满足施加在 $\{(\mathscr{X},\ \mathscr{B}_{\mathscr{X}},\ P_\theta),\ \theta\in\Theta\}$ 上的上述两个条件．

设 G 为由一些由 $\mathscr{X}$ 到 $\mathscr{X}$ 上的一一变换构成的一个群，检验问题(3.4.1)在此群之下不变．设 G 满足条件：对任何 $g\in G$，有

$$T(X_1)=T(X_2)\Rightarrow T(gx_1)=T(gx_2).$$

于是 $T(gx)$ 为 $T(x)$ 的函数：$T(gx)=h_g(T(x))$．我们假定：对任何 $g\in G$，h_g 为 $\mathscr{T}$ 到 $\mathscr{T}$ 上的一一变换(即：变换 $t\to h_g(t)$ 构成 $\mathscr{T}$ 到 $\mathscr{T}$ 上的一一变换)．这时，一切 h_g 的全体 $H=\{h_g\colon g\in G\}$ 构成一个 $\mathscr{T}$ 到 $\mathscr{T}$ 上的一一变换群．不难看出，这两个变换群 G

和 H 在 Θ 上所导出的变换群 $\overline{G}$ 是一致的. 以 $v(\theta)$ 记 $\overline{G}$ 的极大不变量. 又假定,变换群 H 满足定理 3.4.1 的两个条件. 在这些条件下成立如下的重要定理.

定理 3.4.3. 如果在分布族 $\{(\mathscr{T},\mathscr{B}_{\mathscr{T}},P_\theta^T),\theta\in\Theta\}$ 之下,检验问题 (3.4.1) 的水平 α 的 (在群 H 下的) UMPI 检验 $\psi(T)$ 存在,则 $\phi(x)=\psi(T(x))$ 是在分布族 $\{(\mathscr{X},\mathscr{B}_{\mathscr{X}},P_\theta),\theta\in\Theta\}$ 之下,检验问题(3.4.1)的水平 α 的 (在群 G 下的) UMPI 检验. 更进一步,在一切水平 α 的,其功效函数只依赖于 $v(\theta)$ 的检验 $\phi_1(x)$ 的类中,检验 $\phi(x)$ 也是 UMP 的.

证. 显然,前一结论包括在后一结论之内. 故设 $\phi_1(x)$ 为 (3.4.1) 的任一水平 α 检验,其功效函数 β_{ϕ_1} 只依赖于 $v(\theta)$. 由于 T 的充分性,可定义 $\psi_1(T)=E[\phi_1(X)|T]$ 且可使 ψ_1 满足 $0\leqslant\psi_1(T)\leqslant1$,即 ψ_1 为检验函数. 显然

$$E_\theta[\psi_1(T(X))=E_\theta[\phi_1(X)],$$

故检验 $\psi_1(T(x))$ 的功效函数也只依赖于 $v(\theta)$. 由定理的假定及引理 3.4.4 知,$\psi_1(T)$ 为在分布族 $\{(\mathscr{T},\mathscr{B}_{\mathscr{T}},P_\theta^T),\theta\in\Theta\}$ 之下,(3.4.1)的在群 H 之下的一个水平 α 的几乎不变检验,然而,根据定理 3.4.2 及本定理假定,$\psi(T)$ 是一致最优的几乎不变检验,故有

$$E_\theta[\psi_1(T(x))]\leqslant E_\theta[\psi(T(X))],\ \text{对任何}\ \theta\in\Theta_K,$$

即 $$E_\theta[\phi_1(x)]\leqslant E_\theta[\phi(x)],\ \text{对任何}\ \theta\in\Theta_K.$$

由 ϕ_1 的任意性,定理的结论证明了.

借助于这个定理,可以补足在上段末尾处提到的,例 3.4.5—3.4.9 中论证不足之处. 实际上,这几个例子中涉及的充分统计量都是完全的,且不难看出,定理 3.4.3 的条件全部成立(关于例 3.4.5,已在例 3.4.10 中验证了. 其它各例留给读者). 因此,在那些例中求出的,依赖于充分统计量的 UMPI 检验,也是在原分布族下同一检验问题的 UMPI 检验. 更进一步,在例 3.4.5 中,所求出的 UMPI 检验在一切其功效函数只依赖于 a/σ 的检验类中,也是 UMP 的. 其它各例也有类似的结论.

在第五章中，我们将利用定理 3.4.3 证明著名的许宝騄定理.

(四) UMPU 检验与 UMPI 检验的关系

在前面几个例子中，我们见到 UMPU 检验重合于 UMPI 检验的情况. 这里证明一个一般性的结果.

定理 3.4.4. 设检验问题(3.4.1)存在着水平 α 的 UMPU 检验 $\tilde{\phi}$, 且是唯一的. 又设这检验问题在某变换群 G 之下不变，且存在着水平 α 的 UMPAI 检验 ϕ^*, 则后者也唯一且 $\tilde{\phi}$ 与 ϕ^* 重合(即 a. e. 相等).

证. 以 $U(\alpha)$ 记该检验问题的一切水平 α 的无偏检验的集合，且对任何检验 ϕ 及 $g\in G$, 以 ϕg 记检验函数 $\psi(x)=\phi(gx)$, 则易见

$$\phi\in U(\alpha)\Leftrightarrow\phi g\in U(\alpha).$$

这不难从 $\beta_{\phi g}(\theta)=\beta_\phi(\bar{g}\theta)$ 及检验问题在群 G 之下不变看出来. 任取 $g\in G$ 及 $\theta\in\Theta_K$. 考虑检验 $\tilde{\phi}g$. 根据上述，$\tilde{\phi}g\in U(\alpha)$, 且因 $\tilde{\phi}$ 为 UMPU 检验，有

$$\begin{aligned}\beta_{\tilde{\phi}g}(\theta)=\beta_{\tilde{\phi}}(\bar{g}\theta)&=\sup_{\phi\in U(\alpha)}\beta_\phi(\bar{g}\theta)=\sup_{\phi\in U(\alpha)}\beta_{\phi g}(\theta)\\&=\sup_{\phi g\in U(\alpha)}\beta_{\phi g}(\theta)=\beta_{\tilde{\phi}}(\theta).\end{aligned}$$

由此知 $\tilde{\phi}g$ 也是水平 α 的 UMPU 检验. 由 $\tilde{\phi}$ 的唯一性知 $\tilde{\phi}(gx)=\tilde{\phi}(x)$ (a. e.), 这说明 $\tilde{\phi}$ 是几乎不变的，而 ϕ^* 为 UMPUI 检验，故 $\beta_{\phi^*}(\theta)\geqslant\beta_{\tilde{\phi}}(\theta)$ 对任何 $\theta\in\Theta_K$.但 $\phi^*\in U(\alpha)$. 此因若 $\psi(x)\equiv\alpha$, 则 ψ 为水平 α 的不变检验，故 $\beta_{\phi^*}(\theta)\geqslant\beta_\psi(\theta)=\alpha$, 当 $\theta\in\Theta_K$, 这说明 ϕ^* 为无偏的因而 $\phi^*\in U(\alpha)$, 故 ϕ^* 也为 UMPU 检验，于是由 UMPU 检验的唯一性知 $\phi^*=\phi$ (a. e.).

如果定理 3.4.1 的条件成立，则 UMPAI 检验与 UMPI 检验一致，因而在本定理中，“ϕ^* 为 UMPAI 检验”可改为“ϕ^* 为 UMPI 检验”，这就解释了前面诸例中，UMPU 检验与 UMPI 检验重合的现象. 然而，这定理并不意味着从其中一个的存在性可推出另一个的存在性. 我们前已指出，这一点并非事实.

§3.5. 拟合优度检验

(一)问题的提出

设 $X_1, \cdots, X_n$ 为随机变量X的iid.样本，要检验假设

$$H: X \text{ 的分布为 } F. \tag{3.5.1}$$

目下为简单计，先设 F 为一完全已知的分布. 关于分布 F，一般有以下几种情况.

例 3.5.1. 时常，分布 F 是根据某项学说、理论应有的后果. 这时，检验 H 是否成立就意味着对该学说和理论进行实际的核验. 比方说，某人在制造一粒骰子时，是本着力求均匀的目标去做的. 因此，他声称在这骰子投掷时，出现 $i=1, \cdots, 6$ 各点的概率都是 $\frac{1}{6}$. 这时，检验H是否成立就等于检验他是否真做出了一粒完全均匀的骰子. 在这里，F 为一离散分布，在 $1, \cdots, 6$ 各点分别有概率 $\frac{1}{6}$.

例 3.5.2. 有时，"X 的分布为 F" 这个说法并无充足的理论根据，但有一些理由认为它可能对，因此提出来通过实际数据检验一下，以作为进一步研究的张本. 例如，某厂分三个班生产，在相当一个时期以来，事故较多. 人们对事故是否和生产班次有关感兴趣. 在此，就可以把

$$H: \text{事故率与生产班次无关}$$

作为一个假设提出来. 尽管事先可能并无充分理由认为事故率确与班次有关，但也没有理论上的充足根据认为H一定成立. 因此，提出这个假设只是作为研究整个问题的第一步. 从数学上说，它相当于检验一个变量X的分布为 F，F 在 1, 2, 3 这三个点各有概率 $\frac{1}{3}$.

例 3.5.3. 有时，人们有很大的理由相信H不对，但为了得到

更确实的证据，并说服对此持怀疑态度的人，也可以把H作为一个假设提出来．例如，某城市从上午8时到下午8时这一段，以一小时为单位的车祸发生率．由于一些显然的理由，可以相信这发生率在各小时内不会一样．然而，我们仍可提出假设

$$H\text{：各小时内车祸率相同．}$$

如果实际数据与此严重不符，则可以否定这假设，而这正是我们的目的．从数学上说，这相当于检验一个变量的分布为F，F的概率集中在12个点，每点有概率$\frac{1}{12}$．

检验这种假设的总的思想是：设法提出一个能反映实际数据$X_1, \cdots, X_n$与理论分布F的偏差的量$\varDelta(X_1, \cdots, X_n, F)$．如果$\varDelta$超过某个界限$\varDelta_0$，则认为理论分布$F$与数据$x_1, \cdots, x_n$不符，因而否定$H$．然而，问题的这种"非此即彼"的提法常显得有点牵强．因为理论和实际，一般说来没有截然的符合或不符合．更恰当的看法是问：实际数据与理论分布符合程度如何？由于这个原因，通常对象(3.5.1)这样的问题，我们不以"是"或"否"的形式来回答，而是提供一个(界于0，1之间的)数字，作为符合程度的数量刻划，这种数字可称为"拟合优度"．而关于(3.5.1)的检验常称为"拟合优度检验"(Goodness of Fit Test)．这些都在下几段中仔细讨论．

另一点值得一提的是(其实这对一切检验问题都对)，在提出一个拟合优度时，它只是在选定的偏差$\varDelta(x_1, \cdots, x_n, F)$及样本大小$n$之下的拟合优度．在$n$很小时可靠性当然较差．另一方面也要注意，由于假设(3.5.1)绝对地成立的情况几乎是没有的．当样本大小n很大时，只要理论分布略有不合，就会有严重的偏差显示出来．拿例3.5.1说．设某人作的骰子，各点出现概率分别为$\frac{1}{6}+10^{-10}$，$i=1, 2, 3$；$\frac{1}{6}-10^{-10}$，$i=4, 5, 6$．这应当说是"非常均匀"了．但如把这骰子投掷10^{20}次，则实际结果将与"骰子均匀"这假设有严重偏差．如果我们就此作出结论说"某人所作骰子与

均匀性符合很差”，则未必是公平的.

(二) χ^2-统计量的极限定理与 χ^2-检验

上一段中指出：检验假设 (3.5.1) 的第一步是要提出一个能反映数据 $x_1, \cdots, x_n$ 与理论分布 F 的偏差的量 Δ. 1900 年 K. Pearson 提出了一个这样的量并证明了有关的极限定理. 这个量就是著名的 χ^2-统计量，基于这个统计量的拟合优度检验称为 χ^2-检验.

先讨论 X 只取有限个值且 F 完全已知的情况. 这时，X 的样本空间可分为 m 个两两没有公共点的集 $S_1, \cdots, S_m$ 的并，且

$$P(X \in S_i) = p_i, \ i=1, \cdots, m, p_1, \cdots p_m$$

都已知. 设样本为 $X_1, \cdots, X_n$. 令

$$n_i = X_1, \cdots, X_n \text{ 中落在 } S_i \text{ 内的个数}, \ i=1, \cdots, m.$$

K. Pearson 提出用

$$K_n = \sum_{i=1}^{m} (n_i - np_i)^2 / np_i \tag{3.5.2}$$

作为衡量理论分布 $\{p_1, \cdots, p_m\}$ 与实际数据的偏差. 当理论分布成立时，依大数定律有 $\frac{n_i}{n} \approx p_i$，故 K_n 倾向于比较小，否则就倾向于取较大的值. Pearson 证明了下面的极限定理：

定理 3.5.1. (K. Pearson). 当 X 的理论分布确为 $\{p_1, \cdots, p_m\}$ 时有

$$K_n \xrightarrow{L} \chi^2_{m-1}. \tag{3.5.3}$$

我们把定理的证明放到下一段. 现在说明，在这个定理的基础上可提出 (3.5.1) 的一个检验法如下：设 n 足够大以致可近似地认为，K_n 的分布就是 χ^2_{m-1}，于是可以提出检验 ϕ 如下：当

$$K_n \geqslant x^2_{m-1}(\alpha) \tag{3.5.4}$$

时否定 H，不然的话就接受 H. 由定理 3.5.1 知这检验的渐近真实水平为 α，即

$$P(K_n \geqslant \chi^2_{m-1}(\alpha) \mid H) \to \alpha, \ \text{当 } n \to \infty, \tag{3.5.5}$$

利用这个极限定理也可以提出一个拟合优度，方法如下：设就某一组具体数据算出 K_n 之值为 c. 计算概率

$$P(m,\ c)=P(\chi^2_{m-1}\geqslant c),$$

$P(m,c)$的意义是：当假设H成立而 n 相当大时，偏差 K_n 取不小于 c 的值的可能性大小. 如果这个值比较大，例如说为 60%. 那就是说，即使零假设H成立，偏差 K_n 大到象 c 这个大小或更大的机会仍有十中取六，因而，这么大小的偏差，反映试验数据与理论分布的符合是好的. 反过来，若 $P(m,c)$（比方说）为 10%，则当 H 成立而 n 较大时，偏差 K_n 达到 c 或更大的机会只有十中取一，而我们就没有理由认为符合程度"尚好"了. 这样，可以把这个概率称为"拟合优度". 如果我们取检验水平为$\alpha=0.05$，则表示我们约定当拟合优度小于 0.05 时，就认为 H 不成立. 由于 χ^2-分布是一个中间隆起的单峰分布（自由度≥3时），典型的符合良好的情况应是$P(m,c)$在（比方说）0.3—0.7 左右的范围内. $P(m,c)$过小固然反映拟合不佳，但过于接近 1 的 $P(m,\ c)$ 值也难免使人对数据的真实性产生怀疑.

现在考虑X仍取有限个值，但理论分布依赖于有限个实参数的情况. 这时X的样本空间 $\mathscr{X}$ 分解为m个两两不相交的集合 $S_1,\ \cdots,\ S_m$，且

$$P(X\in S_i)=\pi_i(\theta)=\pi_i(\theta_1,\ \cdots,\ \theta_k)\quad i=1,\ \cdots,\ m. \tag{3.5.6}$$

这里 $\theta\in\Theta\subset R_k$. 因此，假设$H$的内容是

$$H：存在某个\ \theta^\circ\in\Theta,\ 致\ P(X\in S_i)=\pi_i(\theta^\circ),\ i=1,\ \cdots,\ m. \tag{3.5.7}$$

检验这假设的方法与X的分布完全已知的情况相似：我们先通过样本对参数作一估计，得 $\hat{\theta}_n(X_1,\ \cdots,\ X_n)$. 然后按与公式(3.5.2)类似的公式

$$\hat{K}_n=\sum_{i=1}^{m}[n_i-n\pi_i(\hat{\theta}_n)]^2/n\pi_i(\hat{\theta}_n), \tag{3.5.8}$$

Fisher 将 Pearson 定理推广到这个情况，得到下面的重要定理

定理 3.5.2. (R.A.Fisher,1924). 设(3.5.7)成立，θ_0 为 Θ 的内点，又 $\pi_i(\theta)$ 满足定理 2.6.7 的三个条件，而 $\hat{\theta}_n$ 为似然方程组

$$\sum_{i=1}^{m} \frac{p_{ni}}{\pi_i(\theta)} \frac{\partial \pi_i(\theta)}{\partial \theta_j} = 0, \ j=1, \ \cdots, \ k \tag{3.5.9}$$

之一相合解（即 $\hat{\theta}_n$ 为 θ 之相合估计），此处 $p_{ni}=n_i/n$，而 n_i 为 $X_1, \cdots, X_n$ 中落在 S_i 内的个数，则当 $n \to \infty$ 时，$\hat{K}_n \xrightarrow{L} \chi^2_{m-k-1}$.

定理的证明放在下一段. 此定理用于检验 H 及计算拟合优度之方法，与定理 3.5.1 完全相同.

当理论分布不集中在有限个点上时，一般作法是将其离散化. 即将 X 的样本空间 $\mathscr{X}$ 适当地分成 m 个两两不相交的集合 $S_1, \cdots, S_m$，算出

$$P(X \in S_i) = p_i \text{ 或 } \pi_i(\theta), \ i=1, \ \cdots, \ m.$$

从而转化到已讨论过的情况. 当然，这里难免要牺牲一些细节. 因为，分布在每个 S_i 内的差异就无法反映了. 当 m 取得较大时细节保留得多一些，但落在每个 S_i 内的数据个数减少，因而 $\hat{K}_n$ 的真确分布与其极限分布 χ^2_{m-k-1} 的距离加大. 在选取 m 时要考虑到这两方面的因素.

在定理 3.5.2 中，$\hat{\theta}_n$ 只要是 (3.5.9) 的任一相合解就行. 一般可取 $\hat{\theta}_n$ 为 θ 的极大似然估计.

下面考察几个例子.

例 3.5.4. 根据遗传学理论，人类血型由一基因位点上的三个等位基因 A, B, O 所决定. 这三个等位基因产生六个基因型 OO, AO, AA, BB, BO, AB. 它们产生四个表现型：

OO——血型 O；AA, AO——血型 A；

BB, BO——血型 B；AB——血型 AB.

设 A, B, O 三个基因在所考察的人类群体中的频率分别为 p, q 及 $r=1-p-q$. 如果群体足够大而交配是随机的，则根据遗传学中的 Hardy-Weinberg 平衡定律，四种血型的频率（概率）应分别为

$$P(\mathrm{O}) = r^2, \ P(\mathrm{A}) = p^2 + 2pr, \ P(\mathrm{B}) = q^2 + 2qr, \ P(\mathrm{AB}) = 2Pq. \tag{3.5.10}$$

这相当于 $m=4$, $k=2$ 的情况. 如果我们考察了 n 个人，发现 O,

A, B, AB 血型的人分别有 n_O, n_A, n_B, n_{AB} 个，则为估计 p, q, r, 应在条件 $p+q+r=1$ 之下求

$$L(p, q, r)=r^{2n_O}(p^2+2pr)^{n_A}(q^2+2qr)^{n_B}(2pq)^{n_{AB}}$$

之极大值点. 这需要使用迭代法，而可取

$$r^0=\sqrt{\frac{n_O}{n}},\ p^0=1-\sqrt{\frac{n_O+n_B}{n}},\ q^0=1-\sqrt{\frac{n_O+n_A}{n}}$$

为初始点. 得出 p, q, r 之估计 $\hat{p}$, $\hat{q}$, $\hat{r}$ 后，计算

$$\hat{K}_n=\frac{(n_O-n\hat{r}^2)^2}{n\hat{r}^2}+\frac{(n_A-n(\hat{p}^2+2\hat{p}\hat{r}))^2}{n(\hat{p}^2+2\hat{p}\hat{r})}$$

$$+\frac{(n_B-n(\hat{q}^2+2\hat{q}\hat{r}))^2}{n(\hat{q}^2+2\hat{q}\hat{r})}+\frac{(n_{AB}-2n\hat{p}\hat{q})^2}{2n\hat{p}\hat{q}}.$$

依定理 3.5.2, 当零假设成立(即血型确是按(3.5.10)的方式分布的)时, $\hat{K}_n\sim\chi^2_{4-2-1}=\chi^2_1$. 由此可计算拟合优度. 分布(3.5.10)在许多人类群体中作过检验，符合程度都很好.

例 3.5.5. 要检验的是一组数据 $X_1, \cdots, X_n$ 是否能符合 Poisson 分布. 把样本空间 $\{0, 1, 2, \cdots\}$ 分为 m 部分:

$$S_1=\{0, 1, \cdots, t_1\};\ S_2=\{t_1+1, \cdots, t_1+t_2\}, \cdots;$$

$$S_{m-1}=\left\{\sum_{i=1}^{m-2}t_i+1, \cdots, \sum_{i=1}^{m-1}t_i\right\},\ S_m=\left\{\sum_{i=1}^{m-1}t_i+1, \cdots\right\}.$$

记 $w_i(\lambda)=e^{-\lambda}\lambda^i/i!$, $i=0, 1, 2, \cdots$ 以及

$$C_j(\lambda)=\sum_{i\in S_j}w_i(\lambda),\ D_j(\lambda)=\sum_{i\in S_j}\left(\frac{i}{\lambda}-1\right)w_i(\lambda).$$

则得似然方程为

$$\sum_{j=1}^{m}n_jD_j(\lambda)/C_j(\lambda)=0. \qquad (3.5.11)$$

此方程之解也需用迭代法. 一般，考虑到 λ 就是总体均值，往往用样本均值 $\overline{X}=\frac{1}{n}\sum_{i=1}^{n}X_i$ 去估计它(注意 $\overline{X}$ 是 λ 的极大似然估计). $\overline{X}$ 当然不与(3.5.11)的解完全一致. 如我们在后面将指出的，以 $\overline{X}$ 代(3.5.11)的解使 $\hat{K}_n$ 的极限分布受到影响.

例 3.5.6. 设要检验一组样本是否从一正态总体中抽来. 将 $(-\infty, \infty)$ 分为 m 个区间:

$$S_1=(-\infty,\ a_1),\ S_2=[a_1,\ a_2),\ \cdots,\ S_{m-1}=[a_{m-2},\ a_{m-1}),\ S_m=[a_{m-1},\ \infty), \tag{3.5.12}$$

则 $\pi_i(\theta)=\pi_i(a,\ \sigma)$

$$=\int_{S_i}\frac{1}{\sqrt{2\pi}\sigma}\exp\left[-\frac{(x-a)^2}{2\sigma^2}\right]dx,\ i=1,\ \cdots,\ m.$$

以之代入(3.5.9)，可列出为决定 $a,\ \sigma$ 的方程组，此方程组之解也只能用数值方法求得．得出 $a,\ \sigma$ 的估计 $\hat{a},\ \hat{\sigma}$ 后，由(3.5.8)算出 $\hat{K}_n$，然后根据定理 3.5.2，当零假设成立而 n 很大时，应有 $\hat{K}_n\sim\chi^2_{m-2-1}=\chi^2_{m-3}$，这可用来计算拟合优度．

在本例中，与上例一样，由于求解(3.5.9)不易，通常就用 $(a,\ \sigma^2)$ 的极大似然估计(指通常的极大似然估计，而非按(3.5.12)分组后的极大似然估计)$\left(\overline{X},\ \frac{1}{n}\sum_{i=1}^{n}(X_i-\overline{X})^2\right)$，或以 $\frac{1}{n-1}\sum_{i=1}^{n}(X_i-\overline{X})^2$ 代替 $\frac{1}{n}\sum_{i=1}^{n}(X_i-\overline{X})^2$ 也无关宏旨．然而，由于它已不是(3.5.9)的解，定理 3.5.2 关于 $\hat{K}_n$ 的极限分布的论断就不再成立．由于这个重要问题在一般统计书籍中多不提及，因此我们利用这个机会作一简要的介绍，其证明超出本书范围之外．

假定 X 的理论分布为 $\{f(x,\ \theta)dx,\ \theta=(\theta_1,\ \cdots,\ \theta_k)\in\Theta\}$．将样本空间 $\mathscr{X}$ 分为 m 个集 $S_1,\ \cdots,\ S_m$，按前面的方法处理，由(3.5.9)解出 $\hat{\theta}_n$，代入(3.5.8)．这时，$\hat{K}_n$ 当 $n\to\infty$ 时有极限分布 χ^2_{m-k-1}．如果用 θ 的不分组的极大似然估计

$$\left(\text{即}\quad \sum_{i=1}^{n}\frac{\partial\log f(X_i,\ \theta)}{\partial\theta_j}=0,\ j=1,\ \cdots,\ k\right)$$

θ_n^* 代入(3.5.8)，所得结果记为 K_n^*，Chernoff 和 Lehmann 在1954年证明了：当 $n\to\infty$ 时，

$$K_n^*\xrightarrow{L}Y_0+\lambda_1Y_1^2+\cdots+\lambda_kY_k^2, \tag{3.5.13}$$

(3.5.13)右边各项独立，$Y_0\sim\chi^2_{m-k-1}$，$Y_i\sim N(0,\ 1)$，$1\leqslant i\leqslant k$，$\lambda_1,\ \cdots,\ \lambda_k$ 为方程(未知数为 λ)

$$|\tilde{\boldsymbol{J}}-(1-\lambda)\hat{\boldsymbol{J}}|=0$$

之根，其中 $\tilde{\boldsymbol{J}}=(\tilde{J}_{rs})_{k\times k}$，$\hat{\boldsymbol{J}}=(\hat{J}_{rs})_{k\times k}$，而

$$\tilde{J}_{rs}=\sum_{i=1}^{m}\frac{1}{\pi_i(\theta)}\frac{\partial\pi_i(\theta)}{\partial\theta_r}\frac{\partial\pi_i(\theta)}{\partial\theta_s},$$

$$\hat{J}_{rs}=E_\theta\left[\frac{\partial\log f(X,\ \theta)}{\partial\theta_r}\frac{\partial\log f(X,\ \theta)}{\partial\theta_s}\right],$$

由于 $\tilde{J}$ 与 $\hat{J}$ 不同，$\lambda_1, \cdots, \lambda_k$ 不全为 0，因而极限分布与 χ^2_{m-k-1} 有差距.

上述结果的不便之处在于 $\lambda_1, \cdots, \lambda_k$ 而参数真值 θ 有关，因此无法用以决定一个检验界限. Watson 在 1957 年引进所谓"事后固定概率区间"，即先给定 $p_i>0, i=1, \cdots, m, \sum_{i=1}^{m}p_i=1$. 在由样本 $X_1, \cdots, X_n$ 得出 θ 的极大似然估计 θ^* 后，定出点 $z_1, \cdots, z_{k-1}$，致

$$\int_{-\infty}^{z_1}f(x,\ \theta^*)dx=p_1,\ \int_{z_1}^{z_2}f(x,\ \theta^*)dx$$

$$=p_2,\ \cdots,\ \int_{z_{m-1}}^{\infty}f(x,\ \theta^*)dx=p_m.$$

然后以分点 $z_1, \cdots, z_{m-1}$ 将 $(-\infty,\ \infty)$ 分为 m 个区间 $S_1=(-\infty,\ z_1]$，$S_2=(z_1,\ z_2]$，$\cdots$，$S_m=(z_{m-1},\ \infty)$，再按公式 (3.5.8) 算 $\hat{K}_n$. 当 f 为正态密度时，Watson 证明了与(3.5.13)一样的结果，其中 $k=2$ 且 λ_1, λ_2 与正态分布 $N(a,\ \sigma^2)$ 中的参数 a, σ 无关. 当上述区间的位置对称地排列在 $\overline{X}$ 的两侧时，他求出了 λ_1, λ_2 的明显公式. 例如，对四个区间的情况，有 $\lambda_1=0.139$，$\lambda_2=0.619$. 这时，若 $m=10$，则名义上的极限水平 0.05，实际上为 0.054，虽不全相同，相去亦不甚远，这似乎暗示我们：在用 χ^2-法检验正态分布时，使区间对称地排列在 $\overline{X}$ 的两侧是可取的. 在 1967 年，Watson 又将关于正态分布的结果推广到一般分布的情况.

又，在理论分布完全已知时，Mann 和 Wald 曾指出：在分区间时，使各区间有相同的概率是有利的.

（三）极限定理的证明

本段的目的是证明定理 3.5.1 和 3.5.2. 先证明下面的引理.

引理 3.5.1. 设 $(X_{n1}, \cdots, X_{nm})$ 服从多项分布 $M(n, \pi_1, \cdots, \pi_m)$（见引理 2.6.8），而

$$\boldsymbol{Y}_n=\left(\frac{X_{n1}-n\pi_1}{\sqrt{n\pi_1}}, \cdots, \frac{X_{nm}-n\pi_m}{\sqrt{n\pi_m}}\right)', \ n=1, 2, \cdots.$$

$$\boldsymbol{\psi}=(\sqrt{\pi_1}, \cdots, \sqrt{\pi_m})'.$$

而 $\boldsymbol{C}$ 为 m 阶常数方阵，则如 $\boldsymbol{C}^2=\boldsymbol{C}$ 且存在 α 致 $\boldsymbol{C\psi}=\alpha\boldsymbol{\psi}$ 时，对某个 s 有 $\boldsymbol{Y}_n'\boldsymbol{C}\boldsymbol{Y}_n \xrightarrow{L} \chi_s^2$，且 $s=rk(\boldsymbol{C})$，当 $\alpha=0$，$s=rk(\boldsymbol{C})-1$，当 $\alpha\neq 0$ ($rk(\boldsymbol{C})$ 指 $\boldsymbol{C}$ 的秩).

证. 取 $m\times(m-1)$ 矩阵 $\boldsymbol{A}$ 致 $(\boldsymbol{\psi}\vdots\boldsymbol{A})$ 为 m 阶正交方阵，注意 $\boldsymbol{\psi}'\boldsymbol{Y}_n=0$，若记 $\boldsymbol{Z}_n=\boldsymbol{A}'\boldsymbol{Y}_n$，则有

$$\begin{pmatrix}0\\ \boldsymbol{Z}_n\end{pmatrix}=\begin{pmatrix}\boldsymbol{\psi}'\\ \boldsymbol{A}'\end{pmatrix}\boldsymbol{Y}_n,$$

因而 $\boldsymbol{Y}'_n=\boldsymbol{A}\boldsymbol{Z}_n$，故 $\boldsymbol{Y}_n'\boldsymbol{C}\boldsymbol{Y}'_n=\boldsymbol{Z}_n'\boldsymbol{A}'\boldsymbol{C}\boldsymbol{A}\boldsymbol{Z}_n$. 然而，根据引理 2.6.7, 2° 及引理 2.6.8 易见

$$\boldsymbol{Z}_n \xrightarrow{L} N(0, \boldsymbol{I}_{m-1}), \ \text{当} \ n\to\infty.$$

于是 $\boldsymbol{Y}_n'\boldsymbol{C}\boldsymbol{Y}_n \xrightarrow{L} \boldsymbol{Z}'(\boldsymbol{A}'\boldsymbol{C}\boldsymbol{A})\boldsymbol{Z}$，其中 $\boldsymbol{Z}\sim N(0, \boldsymbol{I}_{m-1})$. 故依 § 1.1 (三)，$\chi^2$ 分布性质 g，知

$$\boldsymbol{Z}'(\boldsymbol{A}'\boldsymbol{C}\boldsymbol{A})\boldsymbol{Z}\sim\chi_s^2 \Leftrightarrow \boldsymbol{A}'\boldsymbol{C}\boldsymbol{A} \ \text{为幂等且秩为} \ S,$$

注意到 $\boldsymbol{\psi}\boldsymbol{\psi}'+\boldsymbol{A}\boldsymbol{A}'=\boldsymbol{I}_m$，知 $\boldsymbol{A}'\boldsymbol{C}\boldsymbol{A}$ 幂等的充分必要条件为

$$\boldsymbol{A}'\boldsymbol{C}(\boldsymbol{I}_m-\boldsymbol{\psi}\boldsymbol{\psi}')\boldsymbol{C}\boldsymbol{A}=\boldsymbol{A}'\boldsymbol{C}\boldsymbol{A},$$

注意到 $\boldsymbol{A}'\boldsymbol{\psi}=\boldsymbol{0}$，知当 $\boldsymbol{C}^2=\boldsymbol{C}$ 且 $\boldsymbol{C\psi}=\alpha\boldsymbol{\psi}$ 时上式成立，故 $\boldsymbol{Y}_n'\boldsymbol{C}\boldsymbol{Y}_n$ 之极限分布为 χ^2 分布，其自由度为 $s=rk(\boldsymbol{A}'\boldsymbol{C}\boldsymbol{A})$. 但由 $\boldsymbol{A}'\boldsymbol{C}\boldsymbol{\psi}=\boldsymbol{0}$，知

$$rk(\boldsymbol{C})=rk\left[\begin{pmatrix}\boldsymbol{\psi}'\\ \boldsymbol{A}'\end{pmatrix}\boldsymbol{C}(\boldsymbol{\psi}\vdots\boldsymbol{A})\right]=rk\begin{pmatrix}\boldsymbol{\psi}'\boldsymbol{C}\boldsymbol{\psi} & \boldsymbol{0}\\ \boldsymbol{0} & \boldsymbol{A}'\boldsymbol{C}\boldsymbol{A}\end{pmatrix}$$

$$=\begin{cases}rk(\boldsymbol{A}'\boldsymbol{C}\boldsymbol{A}), & \text{当} \ \boldsymbol{C\psi}=\boldsymbol{0},\\ 1+rk(\boldsymbol{A}'\boldsymbol{C}\boldsymbol{A}), & \text{当} \ \boldsymbol{C\psi}\neq\boldsymbol{0}.\end{cases}$$

这证明了所要结果.

现在证明定理 3.5.1. 用引理 3.5.1 的记号，有

$$\boldsymbol{K}_n=\boldsymbol{Y}_n'\boldsymbol{Y}_n.$$

此相当于引理 3.5.1 中 $\boldsymbol{C}=\boldsymbol{I}_m$ 的情况，显然 $\boldsymbol{C}^2=\boldsymbol{C}$，而 $\boldsymbol{C}\psi=\psi$

$\neq \mathbf{0}$, 故 $K_n \xrightarrow{L} \chi_s^2$, 其中 $=rk(\boldsymbol{C})-1=m-1$. 这证明了定理 3.5.1.

定理 3.5.2 的证明.

设 $\hat{\theta}_n(X_1, \cdots, X_n)$ 为方程(3.5.9)的(θ 的)相合解. 参数真值为 $\theta^0=(\theta_1^0, \cdots, \theta_k^0)'$. 记 $\hat{\pi}_i=\pi_i(\hat{\theta}_n)$, $\pi_i=\pi_i(\theta^0)$, 以及

$$\boldsymbol{U}_n=\left(\frac{n(\hat{\pi}_1-\pi_1)}{\sqrt{n\pi_1}}, \cdots, \frac{n(\hat{\pi}_m-\pi_m)}{\sqrt{n\pi_m}}\right)',$$

$$\boldsymbol{B}=(B_{ij})_{m\times k}, \text{ 其中 } B_{ij}=\frac{1}{\sqrt{\pi_i}}\left.\frac{\partial\pi_i(\theta)}{\partial\theta_j}\right|_{\theta=\theta^0},$$

$$\boldsymbol{D}_n=\sqrt{n}\,(\hat{\theta}_n-\theta^0)=(\sqrt{n}\,(\hat{\theta}_{n1}-\theta_1^0), \cdots, \sqrt{n}\,(\hat{\theta}_{nk}-\theta_k^0))',$$

$$\boldsymbol{Y}_n=\left(\frac{n_1-n\pi_1}{\sqrt{n\pi_1}}, \cdots, \frac{n_m-n\pi_m}{\sqrt{n\pi_m}}\right)',$$

$n_1, \cdots, n_m$ 为 $X_1, \cdots, X_n$ 中落在 $S_1, \cdots, S_m$ 中之个数,

$$\boldsymbol{Z}_n=\boldsymbol{B}'\boldsymbol{Y}_n.$$

记 $\boldsymbol{B}'\boldsymbol{B}=\boldsymbol{F}$. 在定理 2.6.7 的证明过程中我们曾得出(见(2.6.63)式. $\boldsymbol{I}(\theta^0)=\boldsymbol{B}'\boldsymbol{B}$ 见 § 2.6 219页脚注).

$$\boldsymbol{D}_n \overset{e}{=\!=} \boldsymbol{I}^{-1}(\theta^0)\boldsymbol{Z}_n=\boldsymbol{F}^{-1}\boldsymbol{B}'\boldsymbol{Y}_n. \tag{3.5.14}$$

由于 $\hat{\theta}_n$ 为 θ 的相合估计, θ^0 为 Θ 的内点及 $\pi_i(\theta)$ 有一阶连续偏导数, 易见

$$\frac{\sqrt{n}\,(\hat{\pi}_i-\pi_i)}{\sqrt{\pi_i}} \overset{e}{=\!=} \frac{1}{\sqrt{\pi_i}}\sum_{r=1}^{k}\frac{\partial\pi_i}{\partial\theta_r^0}\sqrt{n}\,(\hat{\theta}_{nr}-\theta_r^0),\ i=1, \cdots, m.$$

这可写为 $\boldsymbol{U}_n \overset{e}{=\!=} \boldsymbol{B}\boldsymbol{D}_n$. 由(3.5.14)得 $\boldsymbol{U}_n \overset{e}{=\!=} \boldsymbol{B}\boldsymbol{F}^{-1}\boldsymbol{B}'\boldsymbol{Y}_n$, 所以

$$\boldsymbol{Y}_n-\boldsymbol{U}_n \overset{e}{=\!=} (\boldsymbol{I}_m-\boldsymbol{B}\boldsymbol{F}^{-1}\boldsymbol{B}')\boldsymbol{Y}_n.$$

回到(3.5.8), 得

$$\begin{aligned}\hat{K}_n=\|\boldsymbol{Y}_n-\boldsymbol{U}_n\|^2 &\overset{e}{=\!=} \boldsymbol{Y}_n'(\boldsymbol{I}_m-\boldsymbol{B}\boldsymbol{F}^{-1}\boldsymbol{B}')'(\boldsymbol{I}_m-\boldsymbol{B}\boldsymbol{F}^{-1}\boldsymbol{B}')\boldsymbol{Y}_n\\ &=\boldsymbol{Y}_n'(\boldsymbol{I}_m-\boldsymbol{B}\boldsymbol{F}^{-1}\boldsymbol{B}')\boldsymbol{Y}_n=\boldsymbol{Y}_n'\boldsymbol{C}\boldsymbol{Y}_n,\end{aligned}$$

有 $\boldsymbol{C}^2=\boldsymbol{C}$, 又因 $\boldsymbol{B}'\psi=\mathbf{0}$ ($\psi=(\sqrt{\pi_1}, \cdots, \sqrt{\pi_m})'$), 知 $\boldsymbol{C}\psi=\psi$, 故由引理 3.5.1 知

$$\hat{K}_n \xrightarrow{L} \chi_s^2, \text{ 当 } n\to\infty.$$

其中 $s=rk(\boldsymbol{C})-1$, 因为 $\boldsymbol{C}$ 是幂等阵, 其秩等于其迹 (trace), 故

$$rk(C)=tr(\boldsymbol{C})=tr(\boldsymbol{I}_m-\boldsymbol{B}\boldsymbol{F}^{-1}\boldsymbol{B}')=m-tr(\boldsymbol{B}\boldsymbol{F}^{-1}\boldsymbol{B}')$$
$$=m-tr(\boldsymbol{F}^{-1}\boldsymbol{B}'\boldsymbol{B})=m-tr(\boldsymbol{I}_k)=m-k,$$

故 $s=m-k-1$, 定理 3.5.2 证毕.

(四)单独一组的偏差的检验

基于 $\hat{K}_n$ 的检验给出一个全面的符合程度的检验. 有时, 当整个符合程度不好时, 我们怀疑这主要可能是由于某一个组的符合程度特别差所导致的, 而该特定组所以符合很差, 则可能是由于某种特定的原因而不一定是由于原来的理论分布不对. 为了弄清楚这一点, 需要一个关于单独一组的偏差的检验.

设定理 3.5.2 的条件成立, 且前面的记号都保持. 设我们对第 j 组(即集合 S_j)的偏差感兴趣. 自然地, 提出统计量

$$r_j=[n_j-n\pi_j(\hat{\theta}_n)]/\sqrt{n\pi_j(\hat{\theta}_n)},$$

当 r_j 很大、很小或 $|r_j|$ 很大时, 可以判断第 j 组的偏差确实超过了理论所容许的程度, 具体的检验界限基于下面的定理, 其证明不难由定理 3.5.2 的证明得出.

定理 3.5.3. 设定理 3.5.2 的条件成立, 则

$$r_j/\sigma_j(\hat{\theta}_n) \xrightarrow{L} N(0, 1),$$

其中 $\sigma_j^2(\theta)=1-\pi_j(\theta)-\sum_{r=1}^{k}\sum_{s=1}^{k}\frac{1}{\pi_j(\theta)}\frac{\partial\pi_j}{\partial\theta_r}\frac{\partial\pi_j}{\partial\theta_s}f_{rs}^{(-1)}$,

而 $f_{rs}^{(-1)}$ 为方阵 $\boldsymbol{F}^{-1}$ 的 (r, s) 元, $\boldsymbol{F}=\boldsymbol{B}'\boldsymbol{B}$, $\boldsymbol{B}=(B_{ij})_{m\times k}$, 其中

$$B_{ij}=\frac{1}{\sqrt{\pi_i(\theta)}}\frac{\partial\pi_i(\theta)}{\partial\theta_j}.$$

证. 由于 $\hat{\theta}_n$ 为 θ 的相合估计且 $\pi_j(\theta)$ 连续, 有

$$r_j \stackrel{e}{=\!=\!=} [n_j-n\pi_j(\hat{\theta}_n)/\sqrt{n\pi_j(\theta^0)},$$

此处 θ^0 为理论分布中的参数真值. 但

$$[n_j-n\pi_j(\hat{\theta}_n)]/\sqrt{n\pi_j(\theta^0)}=(Y_n-U_n)\text{的第 } j \text{ 元}$$
$$=(\boldsymbol{I}_m-\boldsymbol{B}\boldsymbol{F}^{-1}\boldsymbol{B}'|_{\theta^0})\boldsymbol{Y}_n \text{ 的第 } j \text{ 元}.$$

但是 $$(\boldsymbol{I}_m-\boldsymbol{B}\boldsymbol{F}^{-1}\boldsymbol{B}'|_{\theta^0})\boldsymbol{Y}_n\xrightarrow{L}N(0,\boldsymbol{\Lambda}^*),$$

其中(注意 $\boldsymbol{B}'|_{\theta^0}\boldsymbol{\psi}=0$)

$$\boldsymbol{V}=(\boldsymbol{I}_m-\boldsymbol{B}\boldsymbol{F}^{-1}\boldsymbol{B}'|_{\theta^0})(\boldsymbol{I}_m-\psi\psi')(\boldsymbol{I}_m-\boldsymbol{B}\boldsymbol{F}^{-1}\boldsymbol{B}'|_{\theta^0})$$
$$=\boldsymbol{I}_m-\psi\psi'-\boldsymbol{B}\boldsymbol{F}\boldsymbol{B}'|_{\theta^0}$$

其(j, j)元即为$\sigma_j^2(\theta^0)$. 这证明了 $r_j|\sigma_j(\theta^0)\xrightarrow{L}N(0, 1)$. 由于$\sigma_j(\theta)$为$\theta$的连续函数, $\hat{\theta}_n$为θ的相合估计且参数真值为θ^0, 有$r_j/\sigma_j(\hat{\theta}_n)\overset{e}{=\!=}r_j/\sigma_j(\theta^0)$. 这证明了所要的结果.

(五)独立性的检验

问题的理论模型是: 设随机向量(X, Y), X可能取的值是1, 2, …, I, Y可能取的值是1, …, J. 现在对(X, Y)进行了n次独立观察, 发现"X取i, Y取j"的次数为n_{ij}. 要据此检验

$$H: X, Y \text{ 独立}$$

这个假设.

在这种问题中, 常把数据排列为右表的形状, 它称为列联表(Contingency Table). 在此表中, $n_{i.}=\sum_{j=1}^{J}n_{ij}$ 而 $n_{.j}=\sum_{i=1}^{I}n_{ij}$.

Y \ X	1 … i … I	
1	n_{11} … n_{i1} … n_{I1}	$n_{.1}$
⋮	⋮ ⋮ ⋮	⋮
j	n_{1j} … n_{ij} … n_{Ij}	$n_{.j}$
⋮	⋮ ⋮ ⋮	⋮
J	n_{1J} … n_{iJ} … n_{IJ}	$n_{.J}$
	$n_{1.}$ … $n_{i.}$ … $n_{I.}$	n

记 $P(X=i, Y=j)=p_{ij}$, $P(X=i)=p_{i.}$, $P(Y=j)=p_{.j}$.

如果独立性成立, 则应对一切i和j有$p_{ij}=p_{i.}p_{.j}$. 这相当于定理3.5.2中$m=IJ$, 而$k=I+J-2$的情况. 记

$$L=\prod_{i=1}^{I}\prod_{j=1}^{J}(p_{i.}p_{.j})^{n_{ij}},$$

作方程组
$$\begin{cases}\dfrac{\partial\log L}{\partial p_{i.}}=0, & i=1, \cdots, I-1,\\[2mm] \dfrac{\partial\log L}{\partial p_{.j}}=0, & j=1, \cdots, J-1.\end{cases}$$

且在求导时注意 $p_{I.}=1-\sum_{i=1}^{I-1}p_{i.}$ 和 $p_{.J}=1-\sum_{j=1}^{J-1}p_{.j}$，得

$$n_{i.}/p_{i.}=n_{I.}/p_{I.},\quad i=1,\cdots,I-1;$$
$$n_{.j}/p_{.j}=n_{.J}/p_{.J},\quad j=1,\cdots,J-1.$$

由此解出

$$p_{i.}=n_{i.}/n,\ i=1,\cdots,I;\quad p_{.j}=n_{.j}/n,\ j=1,\cdots,J,$$

代入(3.5.8)，得

$$\begin{aligned}\hat{K}_n&=n\sum_{i=1}^{I}\sum_{j=1}^{J}(n_{ij}-n_{i.}n_{.j}/n)^2/n_{i.}n_{.j}\\&=n\left(\sum_{i=1}^{I}\sum_{j=1}^{J}\frac{n_{ij}^2}{n_{i.}n_{.j}}-1\right).\end{aligned}\tag{3.5.15}$$

定理 3.5.2 的条件在此显然满足，所以在H成立时，当 $n\to\infty$，有 $\hat{K}_n\xrightarrow{L}\chi_s^2$，其中

$$s=m-k-1=IJ-(I+J-2)-1=(I-1)(J-1).$$

因此可以取 $\{\hat{K}_n\geqslant\chi^2_{(I-1)(J-1)}(\alpha)\}$ 为否定域. 当 n 很大时这检验的真实水平接近 α.

这种问题在应用上碰到很多，大都采取这样的形式：在同一个体上测定两项指标 X, Y，要检验这两项指标是否有关. 比方说吸烟与得肺癌的关系，在同一个人身上，一个指标是“吸烟与否”，取两个值；一个指标是“得肺癌与否”，也取两个值，这样得到一个 2×2 列联表，由之可检验“吸烟与得肺癌是否有关”的问题. 也可以将第一个指标再细分，例如分为“不吸”，“每日十支以下”，“每日 10—20 支”，“每日 20 支以上”等四个等级，这样第一指标有四个值，而得到一个 4×2 列联表，由之可对吸烟与得肺癌的关系进行进一步的考察.

在 $I=2$, $J=2$ 的场合，得到 2×2 列联表，也常称为“四格表”(Fourfold Table) 是应用最广的一种情况，这时 $\hat{K}_n$ 的公式化为

$$\hat{K}_n=n(n_{11}n_{22}-n_{12}n_{21})^2/(n_{1.}n_{2.}n_{.1}n_{.2}),$$

自由度为$(2-1)(2-1)=1$. 在这个场合，当 n 较小时，为了使真确分布与极限分布 χ_1^2 更接近，不少作者设计了一些将四格表进行调

整的作法. 对很小的 n 也可以使用 Fisher 提出的精确方法(即不用定理 3.5.2 决定 $\hat{K}_n$ 的界限), 这些在应用统计书籍中述之甚详, 此处就不介绍了.

对 X, Y 连续取值的情况, 将其适当地离散化, 也可以用列联表检验其独立性.

(六)齐一性的检验

这问题的一般提法是: 设有 q 个总体, 从第 i 个总体中取出 iid. 样本 $X_{i1}, \cdots, X_{in_i}$, $i=1, \cdots, q$, 且全体 $n=n_1+\cdots+n_q$ 个变量 $\{X_{ij}\}$ 也是独立的. 要检验假设

$$H: \text{这 } q \text{ 个总体有相同的分布 } F.$$

这里 F 可以是完全未知, 或形状已知但包含有限个未定实参数.

这个问题也称为多样本问题 (Multi-Sample Problem). 是重要的统计问题之一, 以后在第五、六章中我们还有机会讨论这个问题. 此处着重在考虑每个总体只取 m 个值(m 有限), 因而可用 χ^2-检验法来处理的情况, 当总体取无穷个值时, 用离散化的方法, 也可以用这里的方法来处理.

以 W_i 记第 i 个总体, $i=1, \cdots, q$. 每个 W_i 取 1, $\cdots$, m 为值, 记 $p_{ij}=P(W_i=j)$, 则同分布的假设 H 相当于说向量 $(p_{i1}, \cdots, p_{im})$ 与 $i=1, \cdots, q$ 无关, 由于这个原因, 在这里的情况下常将同分布性称为齐一性 (Homogeneity).

我们举几个例子来说明.

例 3.5.7. 某工厂分三班生产, 产品分一、二、三、四四等. 要检验"各班所生产的产品质量完全一样"这个假设.

以 p_{ij} 记"第 i 班生产出 j 等品"的概率, 则"各班所生产的产品质量完全一样"可理解为 $(p_{i1}, \cdots, p_{i4})$ 与 $i=1, 2, 3$ 无关, 于是得到一个典型的齐一性检验问题. 我们也可将上述假设形式地写为: "存在 p_1, p_2, p_3, p_4, 都非负且和为 1, 致各班生产出 j 等品的概率都是 p_j, $j=1, \cdots, 4$". 注意在此并未指定 p_j 之值.

例 3.5.8. 设在 q 个人类群体(如 q 个不同的民族)中考察其

血型的分布，假定在每群体中，血型分布都遵守例 3.5.4 所阐述的规律．要检验假设："这 q 个民族的血型有相同分布"，这个假设等价于：存在非负且和为 1 的 p_0, q_0, r_0，使各民族的 O、A、B、AB 血型频率（概率）分别为 r_0^2, $p_0^2+2p_0r_0$, $q_0^2+2q_0r_0$ 和 $2p_0q_0$．注意在此也未指定 p_0, q_0, r_0 之值．

例 3.5.9．设有 q 个总体，其分布分别为 F_1, …, F_q（都未知），要检验假设："这 q 个总体有同一的正态分布"．这等于假设："存在 $\sigma>0$ 及 a，致 $F_i(x)=\Phi\left(\frac{x-a}{\sigma}\right)$ 对 $i=1$, …, q"．此处 a 和 σ 之值也没有指定．在本例中总体是连续的，但经过将 $(-\infty, \infty)$ 分为有限个区间而实行离散化后，可转化到前两个例的情形．

这样，我们提出下面一般的模型：设有 q 个总体 W_1, …, W_q，每个总体取 1, 2, …, m 等 m 个值．设 $\pi_j(\theta)$, $\theta=(\theta_1, \cdots, \theta_k)\in\Theta$, $j=1$, …, m，满足极限定理 3.5.2 中对 $\pi_j(\theta)$ 的要求．设 X_{i1}, …, X_{in_i} 为自第 i 总体中抽出的 iid. 样本，$i=1$, …, q，且全体 $n=n_1+\cdots+n_q$ 个 X_{ij} 是独立的，可以提出两个问题：

1° 是否每个总体 W_i 的分布都在分布族 $\{\pi_j(\theta), j=1, \cdots, m, \theta\in\Theta\}$ 内？就是说，要检验假设

$$H_1: \text{对任何 } i=1, \cdots, q \text{ 存在 } \theta^{(i)}\in\Theta, \text{ 致}$$

$$P(W_i=j)=\pi_j(\theta^{(i)}), \ j=1, \cdots, m.$$

2° 在 1° 得到肯定回答（通过检验或事先假定或已知其成立）的基础上，进一步提出检验假设

$$H_2: \text{这 } q \text{ 个总体有相同分布，即存在 } \theta^\circ\in\Theta \text{ 致}$$

$$P(W_i=j)=\pi_j(\theta^\circ), \ j=1, \cdots, m, \ i=1, \cdots, q. \quad (3.5.16)$$

第一个问题可用定理 3.5.2 处理，对每个 i, $i=1$, …, q，算出 $\hat{R}_n^{(i)}$．若 H_1 成立，应有 $\hat{R}_n^{(i)}\xrightarrow{L}\chi^2_{m-k-1}$．也可以在分别对每个总体进行检验之外，再利用 $\hat{R}_n=\sum_{i=1}^{q}\hat{R}_n^{(i)}\xrightarrow{L}\chi^2_{q(m-k-1)}$ 的事实（在 H_1 成立时），进行一个全面的检验．

关于 H_2 的检验，一个可以设想的方法是：对合样本 $\{X_{ij},$

$j=1, \cdots, n_i, i=1, \cdots, q\}$ 利用定理 3.5.2. 这是由于，若 H_2 成立，则 $\{X_{ij}\}$ 是从某一个具有分布 (3.5.16) 中抽出的 iid. 样本. 若 θ^0 为 Θ 的内点，则定理 3.5.2 可用而合样本算出的 $\hat{K}_n$ 值应有极限分布 χ^2_{m-k-1}. 但这未必是一个好的方法，因为各总体在各组内的盈亏可能互相抵消，因而可能出现表面上 $\hat{K}_n$ 值不大，其实 H_2 并不成立的情况. 一个较好的处理方法如下：先分别就每个总体对其 θ 值进行估计，得 $\hat{\theta}^{(i)}_{n_i}$, $i=1, \cdots, q$，假定这个估计满足定理 3.5.2 的要求（即是第 i 组样本的似然方程的相合解）. 然后，在 H_2 成立的假定下，作合样本的似然方程，设这方程有 θ 的相合解 $\hat{\theta}_n$（当然，是指在 H_2 成立时，$\hat{\theta}_n$ 为 θ 的相合估计）. 这样，关于从第 i 总体中抽出的 n_i 个样本 $X_{i1}, \cdots, X_{in_i}$，其落在第 j 组内的理论频数有两个估计，即 $n_i\pi_j(\hat{\theta}^{(i)}_{n_i})$ 和 $n_i\pi_j(\hat{\theta}_n)$. 如果 H_2 成立，这两个估计应比较接近，这引导我们考虑统计量

$$K_n^*=\sum_{i=1}^{q}\sum_{j=1}^{m}\frac{[n_i\pi_j(\hat{\theta}^{(i)}_{n_i})-n_i\pi_j(\hat{\theta}_n)]^2}{n_i\pi_j(\hat{\theta}_n)}.$$

然后当 K_n^* 较大时否定 H_2. 这个检验基于下面的极限定理.

定理 3.5.4. 在上述关于 $\pi_j(\theta)$, $\hat{\theta}^{(i)}_{n_i}$ 和 $\hat{\theta}_n$ 的假定下，若假设 (3.5.16) 成立，且 θ^0 是 Θ 的内点，则当 $n\to\infty$ 时，$K_n^*\xrightarrow{L}\chi^2_{k(q-1)}$.

定理的证明依赖下面的引理.

引理 3.5.2. 设 $(X_1^{(i)}\cdots X_m^{(i)})$, $i=1, \cdots, q$，相互独立且分别服从多项分布 $M(n_i, \pi_1, \cdots, \pi_m)$, $i=1, \cdots, q$. 记

$$\boldsymbol{Y}=\Big(\frac{X_1^{(1)}-n_1\pi_1}{\sqrt{n_1\pi_1}}, \cdots, \frac{X_m^{(1)}-n_1\pi_m}{\sqrt{n_1\pi_m}}; \cdots;$$

$$\frac{X_1^{(q)}-n_q\pi_1}{\sqrt{n_q\pi_1}}, \cdots, \frac{X_m^{(q)}-n_q\pi_m}{\sqrt{n_q\pi_m}}\Big)',$$

$$\psi_1=(\sqrt{\pi_1}, \cdots, \sqrt{\pi_m}; 0, \cdots, 0; \cdots; 0, \cdots, 0)',$$

$$\psi_2=(0, \cdots, 0; \sqrt{\pi_1}, \cdots, \sqrt{\pi_m}; \cdots; 0, \cdots, 0)',$$

$$\cdots\cdots\cdots\cdots\cdots\cdots\cdots\cdots\cdots\cdots$$

$$\psi_q=(0, \cdots, 0; 0, \cdots, 0; \cdots; \sqrt{\pi_1}, \cdots, \sqrt{\pi_m})',$$

而 C 为 mq 阶常数方阵. 则如 $C^2=C$ 且存在 $\alpha_1, \cdots, \alpha_q$ 致 $C\psi_i=\alpha_i\psi_i, i=1,\cdots,q$, 必有 $Y'CY \xrightarrow{L} \chi_s^2$, 当 $n_i\to\infty$, 对 $i=1,\cdots,q$, 其中 $s=rk(C)-(\alpha_1, \cdots, \alpha_q$ 中不为 0 的个数).

这个引理是引理 3.5.1 的例行推广, 因此将其证明作为练习留给读者.

定理的证明,设参数真值为 $\theta^0=(\theta_1^0, \cdots, \theta_k^0)$. 记

$$\pi_j=\pi_j(\theta^0),\ \hat{\pi}_j=\pi_j(\hat{\theta}_n),\ \tilde{\pi}_{ij}=\pi_j(\hat{\theta}_{n_i}^{(i)}),$$

又矩阵 B, $F=B'B$ 的意义与定理 3.5.2 的证明中一样. 由于 $\hat{\theta}_n$ 为 θ 的相合估计且 $\pi_j(\theta)$ 为 θ 的连续函数,易见

$$K_n^* \overset{e}{=\!=} \tilde{K}_n=\sum_{i=1}^{q}\sum_{j=1}^{m}[n_i\tilde{\pi}_j-n_i\hat{\pi}_j]^2/n_i\pi_j, \tag{3.5.17}$$

以 n_{tj} 记 $X_{t1}, \cdots, X_{tn_t}$ 中取 j 的个数. 定义

$$\boldsymbol{Y}=(Y_{11}, \cdots, Y_{1m}; \cdots; Y_{q1}, \cdots, Y_{qm})',$$

$$Y_{tj}=(n_{tj}-n_t\pi_j)/\sqrt{n_t\pi_j},$$

$$\boldsymbol{U}=(U_{11}, \cdots, U_{1m}; \cdots; U_{q1}, \cdots, U_{qm})',$$

$$U_{tj}=(n_t\tilde{\pi}_{tj}-n_t\hat{\pi}_j)^2/n_t\pi_j,$$

$$\boldsymbol{V}=(V_{11}, \cdots, V_{1m}, \cdots, V_{q1}, \cdots, V_{qm})',$$

$$V_{tj}=(n_t\tilde{\pi}_{tj}-n_t\pi_j)/\sqrt{n_t\pi_j},$$

$$\boldsymbol{W}=(W_{11}, \cdots, W_{1m}; \cdots; W_{q1}, \cdots, W_{qm})',$$

$$W_{tj}=(n_t\hat{\pi}_j-n_t\pi_j)/\sqrt{n_t\pi_j}.$$

则 $\boldsymbol{U}=\boldsymbol{V}-\boldsymbol{W}$. 由定理 3.5.2 的证明中已得到

$$\boldsymbol{V} \overset{e}{=\!=} \mathrm{DIAG}(\boldsymbol{B}\boldsymbol{F}^{-1}\boldsymbol{B}', \cdots, \boldsymbol{B}\boldsymbol{F}^{-1}\boldsymbol{B}')\boldsymbol{Y}. \tag{3.5.18}$$

此处及以后我们总以 DIAG$(\boldsymbol{A}, \boldsymbol{B}, \cdots, \boldsymbol{L})$ 记一分块矩阵, 其主对角线上各块依次为 $\boldsymbol{A}, \boldsymbol{B}, \cdots, \boldsymbol{L}$, 其余的块为 0.

现在讨论 W. 记 $n=n_1+\cdots+n_q$. 先作补充假定

$$\lim_{n\to\infty}\frac{n_t}{n}=\omega_t \text{ 存在}, t=1, \cdots, q.$$

记 $p_j=\sum_{i=1}^{q}n_{ij}/n$, $p_{ij}=n_{ij}/n_i$, 则 $p_j=\sum_{i=1}^{q}\omega_i p_{ij}$. 因为 $\hat{\theta}_n$ 为合样本似然方程之解,有

$$n\sum_{j=1}^{m}\frac{p_j}{\hat{\pi}_j}\frac{\partial\pi_j}{\partial\bar{\theta}_r}=0,\ r=1,\ \cdots,\ k.$$

此处为简便计已记 $\hat{\theta}_n=(\bar{\theta}_1,\ \cdots,\ \bar{\theta}_k)'$. 此可写为

$$\sum_{j=1}^{m}\frac{\sqrt{n}\sum_{i=1}^{q}\omega_i(p_{ij}-\pi_j)}{\hat{\pi}_j}\frac{\partial\pi_j}{\partial\bar{\theta}_r}$$

$$=-\sum_{j=1}^{m}\frac{\sqrt{n}\,\pi_j}{\hat{\pi}_j}\frac{\partial\pi_j}{\partial\bar{\theta}_r}=\sum_{j=1}^{m}\frac{\sqrt{n}\,(\hat{\pi}_j-\pi_j)}{\hat{\pi}_j}\frac{\partial\pi_j}{\partial\bar{\theta}_r}.$$

利用 $\pi_j(\theta)$ 有连续一阶偏导数及 $\hat{\theta}_n\to\theta^0$, 得

$$\sum_{j=1}^{m}\frac{\sqrt{n}\sum_{i=1}^{q}\omega_i(p_{ij}-\pi_j)}{\hat{\pi}_j}\frac{\partial\pi_j}{\partial\bar{\theta}_r}\overset{e}{=\!=}\sum_{s=1}^{k}\sqrt{n}\,(\bar{\theta}_s-\theta_s^0)F_{rs},$$
$$r=1,\ \cdots,\ k, \tag{3.5.19}$$

F_{rs} 为矩阵 F 的 $(r,\ s)$ 元, 上式左边可写为

$$\sum_{i=1}^{q}\sum_{j=1}^{m}\frac{\sqrt{n}\,\omega_i(p_{ij}-\pi_j)}{\hat{\pi}_j}\frac{\partial\pi_j}{\partial\bar{\theta}_r}$$

$$=\sum_{i=1}^{q}\sum_{j=1}^{m}\frac{\sqrt{n/n_i}\,\omega_i(n_{ij}-n_i\pi_j)}{\sqrt{n_i\hat{\pi}_j}}\frac{1}{\sqrt{\hat{\pi}_j}}\frac{\partial\pi_j}{\partial\bar{\theta}_r}\overset{e}{=\!=}\sum_{i=1}^{q}\sqrt{\omega_i}\sum_{j=1}^{m}Y_{ij}B_{jr}$$

$$=\boldsymbol{Y}'\mathrm{DIAG}(\boldsymbol{G}_1,\ \cdots,\ \boldsymbol{G}_q)\begin{pmatrix}\boldsymbol{B}\\ \vdots\\ \boldsymbol{B}\end{pmatrix}.$$

此处 $\boldsymbol{G}_j=\sqrt{\omega_j}\,\boldsymbol{I}_m$. 此式与(3.5.19)结合, 得

$$\boldsymbol{D}_n=\sqrt{n}\,(\hat{\theta}_n-\theta^0)\overset{e}{=\!=}\boldsymbol{F}^{-1}(\boldsymbol{B}'|\cdots|\boldsymbol{B}')\,\mathrm{DIAG}(\boldsymbol{G}_1,\ \cdots,\ \boldsymbol{G}_q)\,\boldsymbol{Y}, \tag{3.5.20}$$

再利用 $\hat{\theta}_{n_i}^{(i)}$ 为 θ 的相合估计及 $\pi_j(\theta)$ 的连续性, 得

$$W_{ij}\overset{e}{=\!=}\sqrt{n_i}\sum_{s=1}^{k}(\bar{\theta}_s-\theta_s^0)\frac{1}{\sqrt{\pi_j}}\frac{\partial\pi_j}{\partial\theta_s^0},$$

此与(3.5.20)结合, 得

$$\boldsymbol{W}\overset{e}{=\!=}\mathrm{DIAG}(\boldsymbol{G}_1,\ \cdots,\ \boldsymbol{G}_q)\begin{pmatrix}\boldsymbol{B}\\ \vdots\\ \boldsymbol{B}\end{pmatrix}\boldsymbol{F}^{-1}(\boldsymbol{B}'|\cdots|\boldsymbol{B}')$$
$$\cdot\mathrm{DIAG}(\boldsymbol{G}_1,\ \cdots,\ \boldsymbol{G}_q)\,\boldsymbol{Y}. \tag{3.5.21}$$

于是由(3.5.17)，(3.5.18)，(3.5.21)及 $\boldsymbol{U}=\boldsymbol{V}-\boldsymbol{W}$ 知，

$$K_n^* \xlongequal{e} \boldsymbol{Y}'\boldsymbol{C}^2\boldsymbol{Y}=\boldsymbol{Y}'\boldsymbol{C}\boldsymbol{Y}, \tag{3.5.22}$$

其中

$$\boldsymbol{C}=\mathrm{DIAG}(\boldsymbol{B}\boldsymbol{F}^{-1}\boldsymbol{B}', \cdots, \boldsymbol{B}\boldsymbol{F}^{-1}\boldsymbol{B}')-\mathrm{DIAG}(\boldsymbol{G}_1, \cdots, \boldsymbol{G}_q)$$

$$\cdot\begin{pmatrix}\boldsymbol{B}\\ \vdots\\ \boldsymbol{B}\end{pmatrix}\boldsymbol{F}^{-1}(\boldsymbol{B}'|\cdots|\boldsymbol{B}')\mathrm{DIAG}(\boldsymbol{G}_1, \cdots, \boldsymbol{G}_q)=\boldsymbol{H}_1-\boldsymbol{H}_2.$$

要证(3.5.22)后一式，需要证明 $\boldsymbol{C}^2=\boldsymbol{C}$. 为此注意 $\boldsymbol{H}_1^2=\boldsymbol{H}_1$. 而

$$\boldsymbol{H}_2^2=\mathrm{DIAG}(\boldsymbol{G}_1, \cdots, \boldsymbol{G}_q)$$

$$\cdot\begin{pmatrix}\boldsymbol{B}\\ \vdots\\ \boldsymbol{B}\end{pmatrix}\boldsymbol{F}^{-1}(\boldsymbol{B}'|\cdots|\boldsymbol{B}')\mathrm{DIAG}(\boldsymbol{G}_1^2, \cdots, \boldsymbol{G}_q^2)$$

$$\cdot\begin{pmatrix}\boldsymbol{B}\\ \vdots\\ \boldsymbol{B}\end{pmatrix}\boldsymbol{F}^{-1}(\boldsymbol{B}'|\cdots\boldsymbol{B}')\mathrm{DIAG}(\boldsymbol{G}_1, \cdots, \boldsymbol{G}_q).$$

但

$$(\boldsymbol{B}'|\cdots\boldsymbol{B}')\mathrm{DIAG}(\boldsymbol{G}_1^2, \cdots, \boldsymbol{G}_q^2)$$

$$\cdot\begin{pmatrix}\boldsymbol{B}\\ \vdots\\ \boldsymbol{B}\end{pmatrix}=\sum_{i=1}^{q}\boldsymbol{B}'\boldsymbol{G}_i^2\boldsymbol{B}=\boldsymbol{B}'\boldsymbol{B}\sum_{i=1}^{q}\omega_i=\boldsymbol{B}'\boldsymbol{B}=\boldsymbol{F}.$$

这证明了 $\boldsymbol{H}_2^2=\boldsymbol{H}_2$. 又

$$\boldsymbol{H}_1\boldsymbol{H}_2=\mathrm{DIAG}(\sqrt{\omega_1}\,\boldsymbol{B}\boldsymbol{F}^{-1}\boldsymbol{B}', \cdots, \sqrt{\omega_q}\,\boldsymbol{B}\boldsymbol{F}^{-1}\boldsymbol{B}')$$

$$\cdot\begin{pmatrix}\boldsymbol{B}\\ \vdots\\ \boldsymbol{B}\end{pmatrix}\boldsymbol{F}^{-1}(\boldsymbol{B}'|\cdots|\boldsymbol{B}')\mathrm{DIAG}(\boldsymbol{G}_1, \cdots, \boldsymbol{G}_q)$$

$$=\begin{pmatrix}\sqrt{\omega_1}\,\boldsymbol{B}\\ \vdots\\ \sqrt{\omega_q}\,\boldsymbol{B}\end{pmatrix}\boldsymbol{F}^{-1}(\boldsymbol{B}'|\cdots|\boldsymbol{B}')\mathrm{DIAG}(\boldsymbol{G}_1, \cdots, \boldsymbol{G}_q)=\boldsymbol{H}_2,$$

又 $\boldsymbol{H}_2\boldsymbol{H}_1=\boldsymbol{H}_2'\boldsymbol{H}_1'=(\boldsymbol{H}_1\boldsymbol{H}_2)'=\boldsymbol{H}_2'=\boldsymbol{H}_2$, 因而

$$\boldsymbol{C}^2=(\boldsymbol{H}_1-\boldsymbol{H}_2)^2=\boldsymbol{H}_1^2-\boldsymbol{H}_1\boldsymbol{H}_2-\boldsymbol{H}_2\boldsymbol{H}_1+\boldsymbol{H}_2^2$$

$$=\boldsymbol{H}_1-\boldsymbol{H}_2=\boldsymbol{C}.$$

这证明了(3.5.22)以及$\boldsymbol{C}$为幂等阵,再注意到关系式$\boldsymbol{B}'(\sqrt{\pi_1},\cdots,\sqrt{\pi_m})'=0$,立得

$$\boldsymbol{C}\psi_j=\mathbf{0},\ j=1,\cdots,q.$$

于是由(3.5.22)及引理3.5.2得到,当$n\to\infty$时(在$n_t/n\to\omega_t$的补充假定下),有

$$K_n^*\xrightarrow{L}\chi_s^2.$$

其中 $s=\mathrm{rk}(\boldsymbol{C})=\mathrm{tr}(\boldsymbol{C})=\mathrm{tr}(\boldsymbol{H}_1)-\mathrm{tr}(\boldsymbol{H}_2).$

而 $\mathrm{tr}(\boldsymbol{H}_1)=q\,\mathrm{tr}(\boldsymbol{B}\boldsymbol{F}^{-1}\boldsymbol{B}')=q\,\mathrm{tr}(\boldsymbol{F}^{-1}\boldsymbol{B}'\boldsymbol{B})=q\,\mathrm{tr}(\boldsymbol{I}_k)=q\,k,$

而(利用$\mathrm{tr}(\boldsymbol{AB})=\mathrm{tr}(\boldsymbol{BA})$)

$$\begin{aligned}\mathrm{tr}(\boldsymbol{H}_2)&=\mathrm{tr}\left[\begin{pmatrix}\boldsymbol{B}\\ \vdots\\ \boldsymbol{B}\end{pmatrix}\boldsymbol{F}^{-1}(\boldsymbol{B}'|\cdots|\boldsymbol{B}')\,\mathrm{DIAG}(\boldsymbol{G}_1^2,\ \cdots,\ \boldsymbol{G}_q^2)\right]\\
&=\mathrm{tr}\left[\begin{pmatrix}\boldsymbol{B}\\ \vdots\\ \boldsymbol{B}\end{pmatrix}\boldsymbol{F}^{-1}\mathrm{DIAG}(\omega_1\boldsymbol{B}'|\cdots|\omega_q\boldsymbol{B}')\right]\\
&=\mathrm{tr}\left[F^{-1}\mathrm{DIAG}(\omega_1\boldsymbol{B}'|\cdots|\omega_q\boldsymbol{B}')\begin{pmatrix}\boldsymbol{B}\\ \vdots\\ \boldsymbol{B}\end{pmatrix}\right]\\
&=\mathrm{tr}\left[\boldsymbol{F}^{-1}\sum_{i=1}^{q}\omega_i\boldsymbol{F}\right]=\mathrm{tr}(\boldsymbol{I}_k)=k\end{aligned}$$

因而 $\mathrm{rk}(\boldsymbol{C})=\mathrm{tr}(\boldsymbol{H}_1)-\mathrm{tr}(\boldsymbol{H}_2)=(q-1)k,$ 即

$$K_n^*\xrightarrow{L}\chi_{(q-1)k}^2. \tag{3.5.23}$$

由于此极限分布与$\{\omega_i\}$无关,易见(3.5.23)在没有前述补充条件时仍对,这只需用反证法,设(3.5.23)不对,取一适当子序列即可得出矛盾,定理证毕.

诸总体的分布完全未知的情况相当于

$$\theta=(\theta_1,\cdots,\theta_{m-1})',P(W_i=j)=\theta_j,\ j=1,\cdots m,\ \theta_m=1-\sum_{j=1}^{m-1}\theta_j,$$

诸θ_j在第i样本下及在合样本下的极大似然估计分别为n_{ij}/n_i及$\sum_{i=1}^{q}n_{ij}/n$,这是似然方程的解且是θ_j的相合估计,因此定理3.5.4

的条件全都满足，由 K_n^* 的公式算出

$$K_n^*=n\left(\sum_{i=1}^{q}\sum_{j=1}^{m}\frac{n_{ij}^2}{n_i\tilde{n}_j}-1\right). \qquad (3.5.24)$$

此处 $\tilde{n}_j=\sum_{i=1}^{q}n_{ij}$. 又此处 $k=m-1$，故得：在假设 H_2 成立，即诸总体有同一分布时，有

$$K_n^*\xrightarrow{L}\chi^2_{(q-1)(m-1)}, \qquad (3.5.25)$$

当 $n_i\to\infty$，对 $i=1, \cdots, q$.

公式(3.5.24)与公式(3.5.15)的形状完全一样，极限定理的内容也一样. 由于这个表面上的相似性，一些初等教科书把这个情况与(五)中的独立性检验问题不加区别，都按(五)中的论证去处理. 然而，我们看到，尽管存在上述形式上的相似性，这两个问题在问题提法，检验统计量及其极限分布的导出过程是如何的不同. 这差别其实不难理解：在独立性的问题中只涉及一个总体 (X, Y)，而在此涉及若干个总体. 当然，可以在独立性检验问题中把 X 的每一个值看成相应于一个总体(即 Y 在 X 取这个值时的条件分布)，但即使如此二者仍有根本不同：对(五)中的问题来说，各总体的样本大小 n_i 是随机变量，而在齐一性检验中，n_i 是事先选定而没有随机性，这当然不是一回事情.

(七) Колмогоров 检验及其它检验

除 Pearson 的 χ^2-检验外，还有不少其它的检验，其目的都在于判断一组观察样本是否与某一理论分布符合，其中最著名的是 Колмогоров 在 1933 年提出的检验.

首先给出下面的定义.

定义 3.5.1. 设 $x_1, \cdots, x_n$ 为 n 个实数，则

$$F_n(x)=(x_1, \cdots, x_n \text{ 中不超过 } x \text{ 的个数})/n, \quad -\infty<x<\infty,$$

称为这 n 个数 $x_1, \cdots, x_n$ 的经验分布函数(Empirical Distribution Function).

设一个一维总体有连续分布函数 $F(x)$，$X_1, \cdots, X_n$ 为自这

总体中抽出的 iid. 样本. 以 $F_n(x)$ 记 $X_1, \cdots, X_n$ 的经验分布函数,则由大数定律得

$$P\left(\lim_{n\to\infty} F_n(x)=F(x)\right)=1,$$

对任何固定的 x. 实际上可以证明更强的结果:

$$P\left(\lim_{n\to\infty}\left[\sup_{-\infty<x<\infty}|F_n(x)-F(x)|\right]=0\right)=1. \quad (3.5.26)$$

这叫做 Glivenko 定理(证明可参看[8]). 这个定理启示我们: 为了检验假设 H: $F=F_0$(F_0 为一事先给定的完全已知的连续分布函数),可引进统计量

$$D_n=\sup_{-\infty<x<\infty}|F_n(x)-F_0(x)|,$$

然后当 D_n 较大时否定假设 H. 1933 年 Колмогоров 证明了下面的著名定理.

定理 3.5.5. (Колмогоров).当假设 H 成立时,

$$\begin{aligned}Q(\lambda)&=\lim_{n\to\infty}P(D_n<\lambda/\sqrt{n})\\&=\sum_{k=-\infty}^{\infty}(-1)^k\exp(-2k^2\lambda^2),\ \lambda>0. \quad (3.5.27)\end{aligned}$$

根据这个定理可以得到假设 H 的一个大样本检验. 任给 α, $0<\alpha<1$. 找 λ_α, 致 $Q(\lambda_\alpha)=1-\alpha$, 然后当 $D_n\geqslant\lambda_\alpha/\sqrt{n}$ 时否定 H. 例如,当 $\alpha=0.05$ 和 0.01 时, λ_α 分别为 1.358 和 1.628. 至于 D_n 的计算,可以先将样本 $x_1, \cdots, x_n$ 按大小排列得 $x_{(1)}\leqslant x_{(2)}\leqslant\cdots\leqslant x_{(n)}$, 然后显然地得出

$$\begin{aligned}D_n=\max\Big\{&F_0(x_{(1)}),\ \left|\frac{1}{n}-F_0(x_{(1)})\right|;\\&\left|\frac{1}{n}-F_0(x_{(2)})\right|,\ \left|\frac{2}{n}-F_0(x_{(2)})\right|;\ \cdots;\\&\left|\frac{n-2}{n}-F_0(x_{(n-1)})\right|,\ \left|\frac{n-1}{n}-F_0(x_{(n-1)})\right|;\\&\left|\frac{n-1}{n}-F_0(x_{(n)})\right|,\ 1-F_0(x_{(n)})\Big\}.\end{aligned}$$

与 χ^2-检验比较, Колмогоров 检验的灵敏度较高, Williams, Massey 等作过这方面的研究. 例如,在 $\alpha=0.05$ 时,若记

$$\Delta_G = \sup_{-\infty<x<\infty} |F_0(x) - G(x)|.$$

这里 G 为一连续分布函数. 则为了使检验在对立假设 G 处的功效值达到 0.5, 用 χ^2-检验所需的 Δ 值约为用 Колмогоров 检验的 Δ 值的一倍(当然, 在同样的样本大小 n 之下, 且 n 比较大). 这意味着, 在同样的试验规模下, χ^2-检验的"分辨率"大概只有 Колмогоров 检验的一半. 当 $n=200$ 时, 这个比值约为 0.6. Колмогоров 检验的另一个好处是, 其统计量值不象 χ^2-检验中那样受到分区间方法的人为因素的影响. 然而, 这个检验只适用于总体分布完全已知的情况. 在总体理论分布包含未知参数, 即为 $F_0(x, \theta)$ 的情况, 人们往往用样本 $x_1, \cdots, x_n$ 对 θ 作一估计 $\hat{\theta}_n$, 然后计算

$$\Delta = \sup_{-\infty<x<\infty} |F_n(x) - F_0(x, \hat{\theta}_n)|.$$

然而, 这时对 Δ 而言极限分布(3.5.27)已不再成立. 实际上, 这极限分布与 $F_0(x, \theta)$ 有关而不是"Distribution-free"的. 这样就无法定出 Δ 的应有的界限, 在这一点上 Колмогоров 检验就不如 χ^2-检验.

我们将定理 3.5.5 的证明放到下一段, 现在再介绍某些与 Колмогоров 检验类似的检验.

1936 年 Смирнов 在 Cramer 和 Von-Mises 较早工作的基础上提出了检验统计量

$$W^2 = \int_{-\infty}^{\infty} [F_n(x) - F_0(x)]^2 dF_0(x). \qquad (3.5.28)$$

具体计算时用下面的公式

$$W^2 = \frac{1}{12n^2} + \frac{1}{n}\sum_{i=1}^{n}\left[F_0(x_{(i)}) - \frac{2i-1}{2n}\right]^2. \qquad (3.5.29)$$

证明很容易: 只需注意由 F_0 的连续性

$$\int_{x_{(i-1)}}^{x_{(i)}} [F_n(x) - F_0(x)]^2 dF_0(x) = \int_{x_{(i-1)}}^{x_{(i)}} \left[\frac{i-1}{n} - F_0(x)\right]^2 dF_0(x)$$

$$= \left(\frac{i-1}{n}\right)^2 (C_i - C_{i-1}) - \frac{i-1}{n}(C_i^2 - C_{i-1}^2) + \frac{1}{3}(C_i^3 - C_{i-1}^3).$$

$$i = 2, 3, \cdots, n-1,$$

以及
$$\int_{-\infty}^{x_{(1)}} [F_n(x)-F_0(x)]^2 dF_0(x)=\frac{1}{3}C_1^3,$$
$$\int_{x_{(n)}}^{\infty} [F_n(x)-F_0(x)]^2 dF_0(x)=\frac{1}{3}(1-C_n)^3.$$

此处 $C_i=F_0(x_{(i)})$，经过很容易的简化，即得(3.5.29)。

现在证明一个有用的引理.

引理 3.5.3. 设一维随机变量 X 的分布函数 F 连续，则 $Y=F(x)$ 的分布为 $R(0, 1)$.

证. 任取 a，$0<a<1$. 由 F 的连续性，存在 x_0，致 $F(x_0)=a$. 取 x_0 为适合这关系式的最大者. 则有 $\{Y\leqslant a\}=\{X\leqslant x_0\}$，因而 $P(Y\leqslant a)=F(x_0)=a$. 得证.

根据这个引理，在计算 W^2 的数字特征及其分布时，不失普遍性可假定 F_0 为(0, 1)均匀分布(当然，是在假设 $F=F_0$ 成立时). 由此经过简单计算不难得到(在零假设下)

$$E(W^2)=\frac{1}{6n},\quad \mathrm{Var}(W^2)=\frac{4n-3}{180n^3}. \tag{3.5.30}$$

计算过程留给读者. Смирнов 在 1936 年证明：nW^2 的特征函数当 $n\to\infty$ 时，有极限(在零假设下)

$$\phi(t)=\{(2it)^{1/2}/\sin[(2it)^{1/2}]\}^{1/2}.$$

Anderson 和 Darling 在 1952 年通过反演 $\phi(t)$ 得到 nW^2 的极限分布，并作了一些数值计算. 例如，有 $\lim\limits_{n\to\infty}P(nW^2\geqslant 0.743)=0.01$. 当概率 0.01 改为 0.05 或 0.1 时，界限 0.743 分别改为 0.461 和 0.347. 利用这些结果可作出基于统计量 W^2 的关于假设 $F=F_0$ 的大样本检验. 1958 年 Marshall 证明，nW^2 趋于其极限分布的速度很快，以致在 n 象 3 这么小时，上引的界限值 0.743, 0.461 和 0.347 等已成为精确到三位的数.

然而，这个检验也有象 Колмогоров 检验一样的缺点，即当总体的理论分布不完全已知时，nW^2 (当然，这时在计算 W^2 时必须先对理论分布中的参数进行估计)的极限分布的 “distribution-free” 的性质已不再保持. 因此我们就无法(即使是近似地)掌握基于这种统计量的检验的水平.

在结束以前我们附带提到一下 Смирнов 的一个检验. 设 $X_{11}, \cdots, X_{1n_1}$ 和 $X_{21}, \cdots, X_{2n_2}$ 分别是抽自具连续分布函数 F_1 和 F_2 (都未知)的总体的 iid. 样本,要检验假设

$$H: F_1 = F_2.$$

这是(六)中提到的多样本问题当 $q=2$ 的情况, 叫两样本问题, 在统计文献中有很多讨论. Смирнов 的检验基于下面的极限定理.

定理 3.5.6 (Смирнов). 以 $F_{1n_1}(x)$ 和 $F_{2n_2}(x)$ 分别记 $X_{11}, \cdots, X_{1n_1}$ 及 $X_{21}, \cdots, X_{2n_2}$ 的经验分布函数, 令

$$D^+_{n_1n_2} = \sup_{-\infty<x<\infty} (F_{1n_1}(x) - F_{2n_2}(x)),$$

$$D_{n_1n_2} = \sup_{-\infty<x<\infty} |F_{1n_1}(x) - F_{2n_2}(x)|,$$

则当假设 H 成立时, 有

$$\lim_{\substack{n_1\to\infty \\ n_2\to\infty}} P\left(\sqrt{\frac{n_1 n_2}{n_1+n_2}}\, D^+_{n_1n_2} < \lambda\right) = \begin{cases} 1-e^{-2\lambda^2}, & \text{当 } \lambda>0, \\ 0, & \text{当 } \lambda\leqslant 0, \end{cases}$$

$$\lim_{\substack{n_1\to\infty \\ n_2\to\infty}} P\left(\sqrt{\frac{n_1 n_2}{n_1+n_2}}\, D_{n_1n_2} < \lambda\right) = Q(\lambda).$$

$Q(\lambda)$ 由(5.3.27)定出.

在 Колмогоров 和 Смирнов 的开创性工作以后, 有关这些统计量的研究工作有了不少进展, 一些作者提出了形形色色的与之类似的统计量, 研究了它们的极限分布. 这方面的工作与随机过程, 概率测度的弱收敛等理论关系密切.

(八) Колмогоров 定理的证明

继 1933 年 Колмогоров 的原始证明后, Feller 在 1948 年给了另一个证明. Doob 在 1949 年给了一个启发式的证明, 以及其它某些作者的证明. 如从 $C(0, 1)$ 或 $D(0, 1)$ 空间上概率测度弱收敛理论出发, 易作出此定理的简洁证明, 以下写出的是 Feller 的证明.

定义 y_K: $F_0(y_K)=k/n$, $k=1, \cdots, n-1$. 任给自然数 c, $1\leqslant c\leqslant n-1$, 考察事件

$$\left\{\sup_{-\infty<x<\infty}(F_n(x)-F_0(x))\geqslant\frac{c}{n}\right\}$$

$$=\left\{存在\ x,\ 致\ F_n(x)-F_0(x)\geqslant\frac{c}{n}\right\},\qquad(3.5.31)$$

由分布 F_0 的连续性,不难知道上式右端的事件等于

$$\left\{存在\ x,\ 致\ F_n(x)-F_0(x)=\frac{c}{n}\right\}.$$

由于 c 为自然数,这事件等于

$$\{存在\ K,\ 致事件\ A_K(c)\ 成立\},$$

其中 $A_K(c)=\{X_1, \cdots, X_n$ 中恰有 $K+c$ 个 $\leqslant y_K\}$. 同样得

$$\left\{\inf_{-\infty<x<\infty}(F_n(x)-F_0(x))\leqslant-\frac{c}{n}\right\}$$

$$=\{存在\ K,\ 致\ A_K(-c)成立\}.$$

由此可知

$$\left\{D_n\geqslant\frac{c}{n}\right\}=\bigcup_{k=1}^{n}\{A_K(c)\cup A_K(-c)\}.\qquad(3.5.32)$$

定义事件 U_r, V_r 如下:

$$U_r=\{在事件序列\ A_1(c),\ A_1(-c),\ \cdots,\ A_n(c),\ A_n(-c)\ 中,\ A_r(c)\ 第一个发生\},$$

$$V_r=\{在同一事件序列中,\ A_r(-c)\ 第一个发生\}.$$

则诸事件 $U_1, \cdots, U_n, V_1\cdots, V_n$ 两两互斥且其并仍为(3.5.32),故

$$P\left(D_n\geqslant\frac{c}{n}\right)=\sum_{r=1}^{n}[P(U_r)+P(V_r)].$$

由全概率公式

$$P(A_K(c))=\sum_{r=1}^{K}[P(U_r)P(A_K(c)|U_r)+P(V_r)P(A_K(c)|V_r)],$$

$$P(A_K(-c))=\sum_{r=1}^{K}[P(U_r)P(A_K(-c)|U_r)+P(V_r)P(A_K(-c)|V_r)],\qquad(3.5.33)$$

由于 $X_1, \cdots, X_n$ 为分布 F_0 的 iid. 样本及 y_K 之定义，显见

$$
\begin{aligned}
&P(A_K(c))=\binom{n}{K+c}\left(\frac{K}{n}\right)^{K+c}\left(1-\frac{K}{n}\right)^{n-(K+c)},\\
&P(A_K(c)\,|\,U_r)\\
&\quad=\binom{n-(r+c)}{K-r}\left(\frac{K-r}{n-r}\right)^{K-r}\left(1-\frac{K-r}{n-r}\right)^{n-(K+c)},\\
&P(A_K(c)\,|\,V_r)\\
&\quad=\binom{n-(r-c)}{K-r+2c}\left(\frac{K-r}{n-r}\right)^{K-r+2c}\left(1-\frac{K-r}{n-r}\right)^{n-(K+c)}.
\end{aligned}
\tag{3.5.34}
$$

$c=\pm 1, \pm 2, \cdots, \pm(n-1)$，且 $\binom{n}{m}=0$ 当 $m<0$ 及 $m>n$，又 $r\leqslant K$. 因此，(3.5.33) 成为以 $P(U_r)$ 和 $P(V_r)$ 为未知数的方程组. 解出它们即可得 $P\left(D_n\geqslant\frac{c}{n}\right)$.

若令 $\quad p_K(c)=e^{-K}K^{K+c}/(K+c)!,\ c=0, \pm 1, \cdots,$

则有

$$
\begin{aligned}
P(A_K(c))&=p_K(c)p_{n-K}(-c)/p_n(0),\\
P(A_K(c)\,|\,U_r)&=p_{K-r}(0)r_{n-K}(-c)/p_{n-r}(-c),\\
P(A_K(c)\,|\,V_r)&=p_{K-r}(2c)p_{n-K}(-c)/p_{n-r}(c).
\end{aligned}
$$

故若定义

$$
u_r=P(U_r)p_n(0)/p_{n-r}(-c),\quad v_r=P(V_r)p_n(0)/p_{n-r}(c).
$$

代入(3.5.23)，得

$$
\begin{aligned}
p_K(c)&=\sum_{r=1}^{K}[u_r p_{K-r}(0)+v_r p_{K-r}(2c)],\\
p_K(-c)&=\sum_{r=1}^{K}[u_r p_{K-r}(-2c)+v_r p_{K-r}(0)],
\end{aligned}
$$

且

$$
\begin{aligned}
P\left(D_n\geqslant\frac{c}{n}\right)&=\sum_{r=1}^{n}[P(U_r)+P(V_r)]\\
&=\frac{1}{p_n(0)}\sum_{r=1}^{n}[p_{n-r}(-c)u_r+p_{n-r}(c)v_r]=p_n+q_n.
\end{aligned}
$$

其中(注意 p_K, q_K 与 n 有关)

$$p_K = \frac{1}{p_n(0)} \sum_{r=1}^{K} p_{K-r}(-c) u_r,$$

$$q_K = \frac{1}{p_n(0)} \sum_{r=1}^{K} p_{K-r}(c) v_r, \quad K=1, 2, \cdots,$$

定义母函数

$$G_p(t) = \sum_{k=1}^{\infty} p_K t^K, \quad G_q(t) = \sum_{k=1}^{\infty} q_K t^K, \quad G_u(t) = \sum_{k=1}^{\infty} u_K t^K,$$

$$G_v(t) = \sum_{k=1}^{\infty} v_K t^K, \quad G(t, c) = n^{-1/2} \sum_{k=1}^{\infty} p_K(c) t^K,$$

则由 p_K, q_K 之定义立得,

$$\begin{aligned} G_p(t) &= G_u(t) G(t, -c)/p_n(0), \\ G_q(t) &= G_v(t) G(t, c)/p_n(0). \end{aligned} \tag{3.5.35}$$

现在固定 $\lambda \geqslant 0$, 取 $c = [\lambda n^{1/2}]$. 设当 $n \to \infty$ 时, $\frac{K}{n}$ 趋于某个 $m>0$, 则由 Stirling 公式易得

$$p_K(c) \sim (2\pi K)^{-1/2} \exp\left(-\frac{1}{2} c^2/K\right).$$

此处～表示左右两边之比, 当 $n \to \infty$ 时, 趋于 1. 置 $K = mn$. $c = [\lambda n^{1/2}]$, 得

$$n^{1/2} p_K([\lambda n^{1/2}]) \sim (2\pi m)^{-1/2} \exp\left(-\frac{1}{2} \lambda^2/m\right),$$

由此式及

$$G(e^{-t/n}, [\lambda n^{1/2}]) = n^{-1/2} \cdot \sum_{k=1}^{\infty} p_K([\lambda n^{1/2}]) e^{-tK/n},$$

得到 $\lim\limits_{n \to \infty} G(e^{-t/n}, [\lambda n^{1/2}])$

$$= (2\pi)^{-1/2} \int_0^{\infty} m^{-1/2} \exp\left(-tm - \frac{\lambda^2}{2m}\right) dm.$$

这个将无限和化为积分的极限步骤的合法性容易验证. 以 I 记上式右端之积分, 不难算出

$$\frac{dI}{d\left(\frac{1}{2}\lambda^2\right)} = -\left(\frac{t}{\frac{1}{2}\lambda^2}\right)^{1/2} I.$$

再利用当 $\frac{\lambda^2}{2} = 0$ 时, $I = (\pi/t)^{1/2}$ 的事实, 得 $I = \left(\frac{\pi}{t}\right)^{1/2} \exp(-\sqrt{2t\lambda^2})$,

因而

$$\lim_{n\to\infty} G(e^{-t/n},\ [\lambda n^{1/2}]) = (2t)^{-1/2}\exp(-\sqrt{2t\lambda^2}). \quad (3.5.36)$$

再由方程组

$$G(e^{-t/n},\ [\lambda n^{1/2}]) = G_u(e^{-t/n})G(e^{-t/n},\ 0) + G_v(e^{-t/n})G(e^{-t/n}\cdot 2[\lambda n^{1/2}]),$$

$$G(e^{-t/n},\ -[\lambda n^{1/2}]) = G_u(e^{-t/n})G(e^{-t/n},\ -2[\lambda n^{1/2}]) + G_v(e^{-t/n})G(e^{-t/n},\ 0).$$

得知

$$\begin{aligned}\lim_{n\to\infty} G_u(e^{-t/n}) &= \lim_{n\to\infty} G_v(e^{-t/n}) \\ &= \lim_{n\to\infty} G(e^{-t/n},\ [\lambda n^{1/2}])/\{\lim_{n\to\infty} G(e^{-t/n},\ 0) \\ &\quad + \lim_{n\to\infty} G(e^{-t/n},\ 2[\lambda n^{1/2}])\} \\ &= \exp(-\sqrt{2\lambda t^2})/[1+\exp(-\sqrt{8t\lambda^2})]. \quad (3.5.37)\end{aligned}$$

再由(3.5.35)，(3.5.36)，(3.5.37)，注意到$p_n(0)\sim(2\pi n)^{-1/2}$，得

$$\lim_{n\to\infty}\frac{1}{n}G_p(e^{-t/n}) = \lim_{n\to\infty}\frac{1}{n}G_q(e^{-t/n}) = \left(\frac{\pi}{t}\right)^{1/2}\frac{\exp(-\sqrt{8t\lambda^2})}{1+\exp(-\sqrt{8t\lambda^2})}$$

$$= L(t) = \left(\frac{\pi}{t}\right)^{1/2}\sum_{r=1}^{\infty}(-1)^{r-1}\exp(-\sqrt{8\lambda t^2}).$$

但易通过直接计算证明：$L(t)$ 就是 $f(s)$ 的 Laplace 变换 $\int_0^\infty f(s)e^{-st}ds$，其中

$$f(s) = \sum_{r=1}^{\infty}(-1)^{r-1}\exp(-2r^2\lambda^2/s).$$

由于当 $K\leqslant n$ 时，有 $p_K\leqslant 1$，又 $p_n(0)$ 随 n 增加而下降，知 $p_K\leqslant 1$ 对任何 n, K. 因此可取出自然数的子序列 $\{n_i\}$，致 $p_{[n_i m]}\to g(m)$，当 $i\to\infty$，对任何 $m>0$. 于是有

$$\begin{aligned}\lim_{i\to\infty}\frac{1}{n_i}G_p(e^{-t/n_i}) &= \lim_{i\to\infty}\frac{1}{n_i}\sum_{k=1}^{\infty}p_K e^{-tK/n_i} \\ &= \lim_{i\to\infty}\sum_m p_{[n_i m]}e^{-tm}\frac{1}{n_i} = \int_0^\infty g(m)e^{-tm}dm.\end{aligned}$$

这说明$\int_0^\infty g(m)e^{-tm}dm = \int_0^\infty f(m)e^{-mt}dm$. 由 Laplace 变换的唯

一性知 $g(m)=f(m)$（利用 f，g 的连续性），由于这极限与序列 $\{n_i\}$ 无关，知 $p_{[nm]}\to f(m)$ 对任何 m 当 $n\to\infty$，特别，取 $m=1$，知 $\lim\limits_{n\to\infty}p_n=f(1)$．同理知 $\lim\limits_{n\to\infty}q_n=f(1)$，最后得到

$$\lim_{n\to\infty}P\left(D_n\geqslant\frac{\lambda}{\sqrt{n}}\right)=\lim_{n\to\infty}(p_n+q_n)=2f(1)$$

$$=2\sum_{r=1}^{\infty}(-1)^{r-1}\exp(-2r^2\lambda^2).$$

这与(3.5.27)显然是一回事．定理 3.5.5 证毕．

§3.6. 似然比检验

(一)定义

设变量 X 的样本空间和分布族为 $\{(\mathscr{X},\mathscr{B}_{\mathscr{X}},P_\theta),\theta\in\Theta\}$．设 P_θ 对 $\mathscr{B}_{\mathscr{X}}$ 上的某个 σ-有限测度 μ 有密度 $f(x,\theta)=dP_\theta(x)/d\mu$，考虑检验问题(3.1.1)．

定义 3.6.1． 称函数

$$LR(x)=\sup_{\theta\in\Theta}f(x,\theta)/\sup_{\theta\in\Theta_H}f(x,\theta)\tag{3.6.1}$$

为似然比（更确切地说，关于检验问题(3.1.1)的似然比）．任一形如

$$\phi(x)=\begin{cases}1, & \text{当 } LR(x)>c,\\ 0, & \text{当 } LR(x)<c.\end{cases}\tag{3.6.2}$$

的检验 ϕ 称为(3.1.1)的似然比检验 (Likelihood Ratio Test)．

这个构造检验的一般方法是 Neyman 和 Pearson 在 1928 年提出的，它在假设检验中的地位，相当于极大似然估计在点估计中的地位．这是一个应用很广的方法，而且，由它造出的检验常具有种种最优性质，前几节中提到的不少重要检验都是似然比检验[1]．

1) 严格地说，为使定义 3.6.1 完全合法，必须证明 $LR(x)$ 为 $\mathscr{B}_{\mathscr{X}}$-可测．这在常见例子中可直接看出，对一般情况需要一定的条件．例如，在 $\mathscr{X}$ 和 Θ 都是欧氏的且 $f(x,\theta)$ 有一定的连续性质时，可以证明上述可测性，我们不深入这个细节．

从定义看出，若 $G(x)$ 只依赖于 $LR(x)$ 且为后者的严增函数，则似然比检验可写为

$$\phi(x)=\begin{cases}1, & \text{当 } G(x)>c,\\ 0, & \text{当 } G(x)<c\end{cases}$$

的形式.

例 3.6.1. 设 $X_1, \cdots, X_n$ 为抽自 $N(a, \sigma^2)$ 中的 iid. 样本，要检验

$$H: a=a_0 \leftrightarrow K: a\neq a_0$$

在此 $f(x, \theta)=\prod_{i=1}^{n}\left(\frac{1}{\sqrt{2\pi}\sigma}\exp\left(-\frac{1}{2\sigma^2}(x_i-a)^2\right)\right)$. 易见

$$\begin{aligned}\sup_{\theta} f(x, \theta)&=\sup_{\sigma>0}\left\{(\sqrt{2\pi}\sigma)^{-n}\exp\left[-\frac{1}{2\sigma^2}\inf_{a}\sum_{i=1}^{n}(x_i-a)^2\right]\right\}\\ &=\sup_{\sigma>0}\left\{(\sqrt{2\pi}\sigma)^{-n}\exp\left[-\frac{1}{2\sigma^2}\sum_{i=1}^{n}(x_i-\bar{x})^2\right]\right\}\\ &=(2\pi/n)^{-n/2}e^{-n/2}\left(\sum_{i=1}^{n}(x_i-\bar{x})^2\right)^{-n/2}\end{aligned}$$

而用同样的作法得到

$$\begin{aligned}\sup_{a=a_0} f(x, \theta)&=e^{-n/2}\left[2\pi\sum_{i=1}^{n}(x_i-a_0)^2\right]^{-n/2}n^{n/2}\\ &=e^{-n/2}\left[2\pi\left(\sum_{i=1}^{n}(x_i-\bar{x})^2+n(\bar{x}-a_0)^2\right)\right]^{-n/2}n^{n/2}.\end{aligned}$$

由此得出

$$LR(X)=\left\{\frac{\sum_{i=1}^{n}(X_i-\bar{X})^2}{\sum_{i=1}^{n}(X_i-\bar{X})^2+n(\bar{X}-a_0)^2}\right\}^{-n/2},$$

它显然是 t 统计量

$$|t|=\sqrt{n(n-1)}\,|\bar{X}-a_0|\Big/\sqrt{\sum_{i=1}^{n}(X_i-\bar{X})^2}$$

的严增函数. 由此得出本问题的似然比检验有否定域 $\{|t|>c\}$，即为双边一样本 t 检验.

同样可以证明：以前讨论过的很多重要检验，如例 3.3.6—3.3.8 中的双边检验问题中所求出的检验是似然比检验（不过，

对例 3.3.6 和 3.3.8 而言，$\sigma^2=\sigma_0^2$ 及 $\sigma_1^2=\sigma_2^2$ 的 UMPU 检验的界限值与似然比检验有所不同[1]）. 由于这些都是一些例行的计算，在此不多列举了. 通常，在计算比值(3.6.1)的分子分母时，是通过似然方程. 这样就有一个似然方程的解是否为极大似然估计的问题. 然而，在似然比检验的大样本理论中，重要的是若用 $f(x, \hat{\theta}(x))$ 代替 $\sup\limits_{\theta} f(x, \theta)$，$\hat{\theta}(x)$ 应为似然方程的根，且为 θ 的 BAN 估计. 而不在于 $\hat{\theta}(x)$ 是真正的极大似然估计.

(二)似然比的极限分布

除了在某些简单情况以外，似然比 $LR(x)$ 是 x 的很复杂的函数，其精确分布难于求得. 因此需要考虑当样本大小无限增加时，似然比的极限分布问题，在讨论这个问题时，我们假定 $X_1, \cdots, X_n, \cdots$ 是变量 X 的 iid. 样本，X 有分布族

$$\{f(x, \boldsymbol{\theta})d\mu(x),\ \boldsymbol{\theta}=(\theta_1, \cdots, \theta_k)\in\Theta\}. \tag{3.6.3}$$

假定:

(i) Θ 是 R_k 中的一个有内点的集合.

(ii) 分布族(3.6.3)满足定理 2.6.6′ 的四个条件.

关于零假设集合，我们假定它是 r 维的. 这句话的精确含义如下: 存在 R_r 中的一个有内点的集合 A，以及定义在 A 上的 k 个函数 g_i:

$$\theta_i=g_i(\varphi_1, \cdots, \varphi_r),\ i=1, \cdots, k.$$

它们建立了 A 与 Θ_H 的一一对应，要求每个 g_i 在 A 的内点处有直到三阶为止的偏导数. 这样，分布族 $\{f(x, \boldsymbol{\theta})d\mu(x),\ \boldsymbol{\theta}\in\Theta_H\}$ 与分布族

$$\begin{aligned}\{\tilde{f}(x, \boldsymbol{\varphi})d\mu&=\tilde{f}(x, \varphi_1, \cdots, \varphi_r)d\mu(x)\\&=f(x, g_1(\varphi_1, \cdots, \varphi_r), \cdots, g_k(\varphi_1, \cdots, \varphi_r))d\mu(x),\ \boldsymbol{\varphi}\in A\}\end{aligned} \tag{3.6.4}$$

是一致的. 假定

---

1) 然而，若把 σ^2 的极大似然估计调整为无偏后再计算似然比，则得出的检验为无偏的，这一事实的证明留给读者.

(iii) 分布族(3.6.4)满足定理 2.6.6′ 的四个条件.

关于"Θ_H 为 r 维"一语,一种更简单直观,实质上与上述等价且在许多问题中不难直接验证的解释是:适当地重新安排分布族(3.6.3)的参数(重新安排后仍记为 θ),使

$$\Theta_H=\{\boldsymbol{\theta}=(\theta_1,\ \cdots,\ \theta_k):\theta\in\Theta,\ \theta_{r+1}=\cdots=\theta_k=0\} \quad (3.6.5)$$

且存在 $\theta_1',\ \cdots,\ \theta_r'$, 致 $(\theta_1',\ \cdots,\ \theta_r',\ 0,\ \cdots,\ 0)$ 为 Θ 的内点. 比方说在例 3.6.1 中,若以 $a-a_0$ 和 σ 为新参数,就转到这个情况,又如,要检验两个正态分布 $N(a,\ \sigma^2)$ 和 $N(b,\ \sigma^2)$ 中的 $a=b$. 可以用新参数 $(a,\ b-a,\ \sigma)$ 代替原来的 $(a,\ b,\ \sigma)$,而化为(3.6.5)的形状.

关于似然比的极限分布的重要定理是 Wilks 在 1938 年证明的.

定理 3.6.1 (Wilks). 设上面三个条件(i)—(iii)都满足. 参数真值 $\boldsymbol{\theta}^0\in\Theta_H$ 且相应于 A 的内点 $\boldsymbol{\varphi}^0$. $X_1,\ \cdots,\ X_n$ 为 X 的 iid. 样本. 又设 $\hat{\theta}_n=\hat{\theta}_n(X_1,\ \cdots,\ X_n)$ 和 $\hat{\boldsymbol{\varphi}}_n=\hat{\boldsymbol{\varphi}}_n(X_1,\ \cdots,\ X_n)$ 分别为在分布族(3.6.3)和(3.6.4)中 $\boldsymbol{\theta}$ 和 $\boldsymbol{\varphi}$ 的似然方程的相合解(分别对 θ 和 φ 相合),而

$$LR^*(X_1,\ \cdots,\ X_n)=\prod_{i=1}^n f(X_i,\ \hat{\theta}_n)\Big/\prod_{i=1}^n \tilde{f}(X_i,\ \hat{\varphi}_n), \quad (3.6.6)$$

则当 $n\to\infty$ 时,变量

$$Y_n=2\log LR^*(X_1,\ \cdots,\ X_n) \quad (3.6.7)$$

有极限分布 χ^2_{k-r}.

严格说来,此定理并非关于似然比的极限定理. 不过,在一般情况下,由(3.6.6)确定的 LR^* 与(3.6.1)一样.

定理的证明. 首先注意,由定理假定知 $\boldsymbol{\theta}^0$ 是 Θ 的内点,又 $\hat{\boldsymbol{\theta}}_n$ 和 $\hat{\boldsymbol{\varphi}}_n$ 分别为在分布族(3.6.3)和(3.6.4)之下, $\boldsymbol{\theta}$ 和 $\boldsymbol{\varphi}$ 的 BAN 估计. 记

$$L(\theta)=\prod_{i=1}^n f(X_i,\ \boldsymbol{\theta}),\ \tilde{L}(\boldsymbol{\varphi})=\prod_{i=1}^n \tilde{f}(X_i,\ \boldsymbol{\varphi}),$$

$$\boldsymbol{B}=(B_{ij})_{r\times k}=\left(\frac{\partial g_i}{\partial\varphi_j}\bigg|_{\varphi=\varphi^0}\right)_{r\times k}.$$

又以 $\boldsymbol{I}(\boldsymbol{\theta})$ 和 $\tilde{\boldsymbol{I}}(\boldsymbol{\varphi})$ 分别记分布族(3.6.3)和(3.6.4)的 Fisher 信息

矩阵，则易见

$$\tilde{\boldsymbol{I}}(\varphi)=\boldsymbol{B}\boldsymbol{I}(\theta)\boldsymbol{B}^{\tau}.$$

在定理 2.6.6′ 中我们证明了两件事情：一是

$$\sqrt{n}(\hat{\boldsymbol{\theta}}_n-\boldsymbol{\theta}^0)\xrightarrow{L}N(\mathbf{0},\ \boldsymbol{I}^{-1}(\boldsymbol{\theta}^0)),$$

一是若令

$$\frac{1}{\sqrt{n}}\left(\frac{\partial\log L(\boldsymbol{\theta})}{\partial\theta_1},\ \cdots,\ \frac{\partial\log L(\boldsymbol{\theta})}{\partial\theta_k}\right)'=\boldsymbol{V}_n(\boldsymbol{\theta}).$$

则 $\sqrt{n}(\hat{\boldsymbol{\theta}}_n-\boldsymbol{\theta}^0)\xlongequal{e}\boldsymbol{I}^{-1}(\boldsymbol{\theta}^0)\boldsymbol{V}_n(\boldsymbol{\theta}^0)$，而由多维独立同分布情况的中心极限定理，知 $\boldsymbol{V}_n(\boldsymbol{\theta}^0)\xrightarrow{L}N(\mathbf{0},\ \boldsymbol{I}(\boldsymbol{\theta}^0))$，现在将 $\log L(\boldsymbol{\theta}^0)$ 在 $\hat{\boldsymbol{\theta}}_n$ 处作 Taylor 展开，注意到 $\hat{\boldsymbol{\theta}}_n$ 为似然方程之根，有

$$\log L(\hat{\boldsymbol{\theta}}_n)-\log L(\boldsymbol{\theta}^0)=\frac{1}{2}\boldsymbol{D}_n^{\tau}(\boldsymbol{\theta}^0)\boldsymbol{C}\boldsymbol{D}_n(\boldsymbol{\theta}^0),$$

此处 $\boldsymbol{D}_n(\boldsymbol{\theta}^0)=\sqrt{n}(\hat{\boldsymbol{\theta}}_n-\boldsymbol{\theta}^0)$，而

$$\boldsymbol{C}=(c_{ij})_{k\times k},\quad c_{ij}=-\left.\frac{\partial\log L(\boldsymbol{\theta})}{\partial\theta_i\,\partial\theta_j}\right|_{\theta=\theta^0}+\varepsilon_{ij}(n),$$

由 $\hat{\theta}_n$ 为 θ 的相合估计及 $\log L(\theta)$ 三阶偏导数的存在性，知 $P_{\theta_0}(\varepsilon_{ij}(n)\to 0)=1$ 对任何 $i,\ j=1,\ \cdots,\ k$，当 $n\to\infty$，再由当 $n\to\infty$ 时，$D_n(\boldsymbol{\theta}^0)$ 的极限分布存在可知，

$$D_n^{\tau}(\boldsymbol{\theta}_0)(\varepsilon_{ij}(n))_{k\times k}\boldsymbol{D}_n(\boldsymbol{\theta}_0)\xrightarrow{P}0.$$

再由大数定律知以概率为 1 地有

$$c_{ij}\to -E_{\theta_0}\left[\left.\frac{\partial\log L(\boldsymbol{\theta})}{\partial\theta_i\,\partial\theta_j}\right|_{\theta=\theta^0}\right]=I_{ij}(\boldsymbol{\theta}^0).$$

当 $n\to\infty$，此处 $\boldsymbol{I}_{ij}(\boldsymbol{\theta})$ 为 $\boldsymbol{I}(\boldsymbol{\theta})$ 的 $(i,\ j)$ 元，所以

$$\log L(\hat{\boldsymbol{\theta}}_n)-\log L(\boldsymbol{\theta}^0)\xlongequal{e}\frac{1}{2}\boldsymbol{D}_n^{\tau}(\boldsymbol{\theta}_0)\boldsymbol{I}^{-1}(\boldsymbol{\theta}^0)\boldsymbol{D}_n(\boldsymbol{\theta}^0)$$

$$\xlongequal{e}\frac{1}{2}\boldsymbol{V}_n^{\tau}(\boldsymbol{\theta}^0)\boldsymbol{I}^{-1}(\boldsymbol{\theta}^0)\boldsymbol{V}_n(\boldsymbol{\theta}^0).\qquad(3.6.8)$$

完全同样的方式得到

$$\log\tilde{L}(\hat{\boldsymbol{\psi}}_n)-\log L(\boldsymbol{\varphi}^0)\xlongequal{e}\frac{1}{2}\boldsymbol{U}_n^{\tau}(\boldsymbol{\varphi}^0)\tilde{\boldsymbol{I}}^{-1}(\boldsymbol{\varphi}^0)\boldsymbol{U}_n(\boldsymbol{\varphi}^0),$$

此处

$$\boldsymbol{U}_n(\boldsymbol{\varphi})=\frac{1}{\sqrt{n}}\left(\frac{\partial \log \widetilde{L}(\boldsymbol{\varphi})}{\partial \varphi_1}, \cdots, \frac{\partial \log \widetilde{L}(\boldsymbol{\varphi})}{\partial \varphi_r}\right)=\boldsymbol{B}\boldsymbol{V}_n(\theta),$$

故得

$$\log \widetilde{L}(\hat{\theta}_n)-\log \widetilde{L}(\boldsymbol{\varphi}^0) \stackrel{e}{=\!=} \frac{1}{2} \boldsymbol{V}_n^{\tau}(\theta^0)\boldsymbol{B}^{\tau}\widetilde{\boldsymbol{I}}^{-1}(\boldsymbol{\varphi}^0)\boldsymbol{B}\boldsymbol{V}_n^{\tau}(\theta^0).$$

由此式及(3.6.8),得

$$\frac{1}{2}Y_n=\log L(\hat{\theta}_n)-\log \widetilde{L}(\hat{\boldsymbol{\varphi}}_n)=(\log L(\hat{\theta}_n)-\log L(\theta^0))$$

$$-(\log \widetilde{L}(\hat{\boldsymbol{\varphi}}_n)-\log \widetilde{L}(\boldsymbol{\varphi}^0)) \stackrel{e}{=\!=} \boldsymbol{V}_n^{\tau}(\theta_0)[\boldsymbol{I}^{-1}(\theta^0)$$

$$-\boldsymbol{B}^{\tau}\widetilde{\boldsymbol{I}}^{-1}(\boldsymbol{\varphi}^0)\boldsymbol{B}]\boldsymbol{V}_n(\theta^0)/2$$

$$=\boldsymbol{W}_n(\theta^0)[\boldsymbol{I}_k-\boldsymbol{I}^{1/2}(\theta^0)\boldsymbol{B}^{\tau}\widetilde{\boldsymbol{I}}^{-1}(\boldsymbol{\varphi}^0)\boldsymbol{B}\boldsymbol{I}^{1/2}(\theta^0)]\boldsymbol{W}_n(\theta^0)/2.$$

此处 $\boldsymbol{W}_n(\theta^0)=\boldsymbol{V}_n(\theta^0)\boldsymbol{I}^{-1/2}(\theta^0)$,而 $\boldsymbol{I}_k$ 为 k 阶单位阵.

由 $\boldsymbol{V}_n(\theta^0)\xrightarrow{L}N(\mathbf{0}, \boldsymbol{I}(\theta_0))$ 知 $\boldsymbol{W}_n(\theta^0)\xrightarrow{L}N(\mathbf{0}, \boldsymbol{I}_k)$. 因此当 $n\to\infty$ 时,Y_n 之极限分布与 $\boldsymbol{Z}'\boldsymbol{G}\boldsymbol{Z}$ 同,其中 $\boldsymbol{Z}\sim N(\mathbf{0}, \boldsymbol{I}_k)$,而

$$\boldsymbol{G}=\boldsymbol{I}_k-\boldsymbol{I}^{1/2}(\theta^0)\boldsymbol{B}^{\tau}\widetilde{\boldsymbol{I}}^{-1}(\boldsymbol{\varphi}^0)\boldsymbol{B}\boldsymbol{I}^{1/2}(\theta^0).$$

注意到 $\widetilde{\boldsymbol{I}}(\boldsymbol{\varphi}^0)=\boldsymbol{B}\boldsymbol{I}(\theta^0)\boldsymbol{B}^{\tau}$,易见 $\boldsymbol{G}^2=\boldsymbol{G}$,即 $\boldsymbol{G}$ 为幂等的,而(用 $\mathrm{tr}(\boldsymbol{AB})=\mathrm{tr}(\boldsymbol{BA})$)

$$\mathrm{rk}(\boldsymbol{G})=\mathrm{tr}(\boldsymbol{G})=k-\mathrm{tr}[\boldsymbol{I}^{1/2}(\theta^0)\boldsymbol{B}^{\tau}\widetilde{\boldsymbol{I}}^{-1}(\boldsymbol{\varphi}^0)\boldsymbol{B}\boldsymbol{I}^{1/2}(\theta^0)]$$

$$=k-\mathrm{tr}[\widetilde{\boldsymbol{I}}^{-1}(\varphi^0)\boldsymbol{B}\boldsymbol{I}(\theta^0)\boldsymbol{B}^{\tau}]=k-\mathrm{tr}[\boldsymbol{I}_r]=k-r.$$

因此,由 χ^2 分布的性质 g 知 $\boldsymbol{Z}'\boldsymbol{G}\boldsymbol{Z}\sim\chi^2_{k-r}$,这就证明了本定理.

这个定理与点估计理论中的定理 2.6.6′ 相应. 与极大似然估计一样,似然比检验也常用于样本不是独立同分布的情况. 因此自然要问:在这些更一般的情况下定理 3.6.1 的结论是否仍成立?不难看出:关键在于似然方程的根具有类似于定理 2.6.6′ 的性质,且密度函数 $f(x_1, \cdots, x_n, \theta)$ 要满足一定的条件,使对 $\left(\frac{\partial \log f}{\partial \theta_1}, \cdots, \frac{\partial \log f}{\partial \theta_k}\right)$,多维中心极限定理可用. 在一个简单而有用的场合,即样本是由若干(有限)个 iid. 样本组成的情况,不难证明定理的结论成立. 因为据以证明这定理的定理 2.6.6′ 在这个

情况下成立.

另外还可以提出在零假设不成立时似然比的极限分布问题. 这问题在文献中有一些讨论,在此不准备细述,只提到这样一个结果:若将零假设表为(3.6.5)的形状,取一串对立假设中的点$(\theta_1, \cdots, \theta_r, \theta_{r+1}^{(n)}, \cdots, \theta_k^{(n)})$,这里$\theta_1, \cdots, \theta_r$固定而$\lim\limits_{n\to\infty}\sqrt{n}\,\theta_i^{(n)}=p_i$, $i=r+1, \cdots, k$. 则在定理3.6.1的条件下(包括$(\theta_1, \cdots, \theta_r, 0, \cdots, 0)$为$\Theta$的内点这一假定),由(3.6.7)定义的$Y_n$在参数为$(\theta_1, \cdots, \theta_r, \theta_{r+1}^{(n)}, \cdots, \theta_k^{(n)})$时的分布,当$n\to\infty$时,收敛于$\chi^2_{k-r,\delta}$,其中$\delta^2=\boldsymbol{h}'\boldsymbol{I}^{(r)}(\boldsymbol{\theta}_0)\boldsymbol{h}$,而$\boldsymbol{h}=(h_{r+1}, \cdots, h_k)'$, $\boldsymbol{\theta}_0=(\theta_1, \cdots, \theta_r, 0, \cdots, 0)'$, $\boldsymbol{I}^{(r)}(\boldsymbol{\theta}_0)=(I_{ij}(\theta_0), i, j=r+1, \cdots, k)$.

Wald (1943) 和 Rao (1948) 分别引进了与统计量Y_n类似的统计量. 如果将Θ_H写为(3.6.5)的形状,则他们的统计量有很醒目的形式:

$$\text{Wald:}\ W_n=\boldsymbol{D}'_{nr}\boldsymbol{I}^{(r)}(\hat{\boldsymbol{\theta}}_n)\boldsymbol{D}_{nr},$$

$$\text{Rao:}\ R_n=\boldsymbol{V}'_{nr}\boldsymbol{I}^*_{nr}(\boldsymbol{\theta}^*_{nr})\boldsymbol{V}_{nr}.$$

其中$\hat{\boldsymbol{\theta}}_{nr}$为$(\theta_{r+1}, \cdots, \theta_k)'$的极大似然估计,$\boldsymbol{I}^{(r)}(\boldsymbol{\theta})$的定义已在前面给出,$\boldsymbol{D}_{nr}=\sqrt{n}\,\hat{\theta}_{nr}$, $\boldsymbol{\theta}^*_{nr}$为在限制$\theta_{r+1}=\cdots=\theta_k=0$时$(\theta_1, \cdots, \theta_r)$的极大似然估计,$\boldsymbol{I}^*_{nr}$为在同一限制下$(\theta_1, \cdots, \theta_r)$的Fisher信息阵,而$\boldsymbol{V}'_{nr}=(V_{nr1}, \cdots, V_{nrr})$,其中

$$V_{nri}=\frac{1}{\sqrt{n}}\frac{\partial\log L(\theta_1, \cdots, \theta_r, 0, \cdots, 0)}{\partial\theta_i}\bigg|_{(\theta_1, \cdots, \theta_r)'=\theta_{nr}}$$

很容易证明:在与定理3.6.1同样的条件下,有

$$W_n\xrightarrow{L}\chi^2_{k-r},\quad R_n\xrightarrow{L}\chi^2_{k-r},\quad \text{当 } n\to\infty.$$

证明只用到定理3.6.1的证明的推理的一部分,我们把它留给读者自己去完成.

现在回到定理3.6.1. 由这定理可以提出如下的大样本似然比检验:

$$\phi(X_1, \cdots, X_n)=\begin{cases}1, & \text{当 } Y_n\geqslant\chi^2_{k-r}(\alpha),\\ 0, & \text{当 } Y_n<\chi^2_{k-r}(\alpha).\end{cases}$$

在定理的条件下，对充分大的 n 此检验的水平近似地为 α. 我们注意：定理 3.6.1 只是在 Θ_H 为降维的情况才适用. 因此，象在总体 $N(a, \sigma^2)$ 中检验 $a \leqslant a_0$ 这类问题，这定理就不能用.

当 n 固定时，Y_n 之分布与其极限分布 χ^2_{k-r} 会有差距. 有的作者提出，为使逼近的程度改善一些，可以用一个常数 c 乘 Y_n，以使其均值与极限分布 χ^2_{k-r} 的均值 $k-r$ 尽可能接近，不涉及这问题的一般讨论，我们举一个例子来说明这个想法.

例 3.6.2. 设 $X_{i1}, \cdots, X_{in_i}$ 为自 $N(a_i, \sigma_i^2)$ 中取出的 iid. 样本，$i=1, \cdots, k$，且全体 $n=\sum_{i=1}^{k} n_i$ 个 Y_{ij} 独立. 要检验假设

$$H: \sigma_1^2=\sigma_2^2=\cdots=\sigma_k^2,$$

这显然相当于定理的 $r=1$ 的情况，不难算出

$$\exp\left(\frac{1}{2} Y_n\right)=S^n \Big/ \prod_{i=1}^{k} S_i^{n_i}.$$

其中 $$S_i^2=\frac{1}{n_i} \sum_{j=1}^{n_i}(X_{ij}-\bar{X}_i)^2, \quad S^2=\sum_{i=1}^{k} n_i S_i / n.$$

设 H 成立，以 σ^2 记方差之公共值，则 $n_i S_i^2 / 2\sigma^2$ 服从参数为 $(n_i-1)/2$ 的 Gamma 分布 $\left(\text{有密度} \dfrac{1}{\Gamma\left(\frac{n_i-1}{2}\right)} e^{-x} x^{\frac{n_i-1}{2}}-1, \text{当} x>0\right)$，因之 $nS^2/2\sigma^2$ 服从参数为 $\dfrac{n-k}{2}$ 的 Gamma 分布. 然而，对任何 $a>0$ 及一个带参数 p 的 Gamma 分布变量 X，有

$$\begin{aligned}
E[\log(aX)] &= \frac{1}{\Gamma(p)} \int_0^{\infty} \log ax \cdot e^{-x} x^{p-1} dx \\
&= \log a+\frac{d}{dp} \log \Gamma(p) \\
&= \log a+\log p-\frac{1}{2p}-\frac{1}{12p^2}+O\left(\frac{1}{p^3}\right).
\end{aligned}$$

因此对本例而言，当零假设 H 成立时，有

$$\begin{aligned}
E(Y_n)=n\Big\{&\log \frac{2\sigma^2}{n}+\log \frac{n-k}{2}-\frac{1}{n-k} \\
&-\frac{1}{3(n-k)^2}+O\left(\frac{1}{n^3}\right)\Big\}
\end{aligned}$$

$$
-\sum_{i=1}^{k} n_i \left\{ \log \frac{2\sigma^2}{n_i} + \log \frac{n_i - 1}{2} - \frac{1}{n_i - 1} - \frac{1}{3(n_i-1)^2} + O\left(\frac{1}{n_i^3}\right) \right\}
$$

$$
= n \left\{ \log\left(1 - \frac{k}{n}\right) - \frac{1}{n-k} - \frac{1}{3(n-k)^2} + O\left(\frac{1}{n^3}\right) \right\}
$$

$$
-\sum_{i=1}^{k} n_i \left\{ \log\left(1 - \frac{1}{n_i}\right) - \frac{1}{n_i - 1} - \frac{1}{3(n_i-1)^2} + O\left(\frac{1}{n_i^3}\right) \right\},
$$

利用 $\log(1-x) = -x - \frac{1}{2}x^2 + O(x^3)$ (当 $|x| \to 0$), 经过容易的计算得出

$$
E(Y_n) = (k-1) + \left[\sum_{i=1}^{k} \left(\frac{1}{n_i - 1} - \frac{k}{n-k} \right) + \frac{1}{2} \left(\sum_{i=1}^{k} \frac{1}{n_i} - \frac{k^2}{n} \right) + \frac{1}{3} \left\{ \sum_{i=1}^{k} \frac{n_i}{(n_i-1)^2} - \frac{n}{(n-k)^2} \right\} \right] + O\left(\frac{1}{N^3}\right).
$$

其中 $N = \min\{n_1, \cdots, n_k\}$. 把上式右边前两项之和记为 c, 则当 n_i 都比较大时, 用 $\frac{k-1}{c} Y_n$ 代 Y_n 可以使均值更接近 $k-1$. 如果用通常的 σ_i^2 的无偏估计 $S_i^{*2} = \frac{1}{n_i - 1} \sum_{i=1}^{n_i} (X_i - \overline{X})^2$ 代 S_i^2, 用 $\frac{1}{n-k} \sum_{i=1}^{k} (n_i - 1) S_i^{*2} = S^{*2}$ 代 S^2, 则得到更简便的结果: 实际上, 统计量

$$
Z_n = \sum_{i=1}^{k} n_i \log(S^{*2}/S_i^{*2})
$$

的均值(在 H 成立时)为

$$
E(Z_n) = (k-1) + \frac{1}{3} \left(\sum_{i=1}^{k} \frac{1}{n_i - 1} - \frac{1}{n-k} \right) + O\left(\frac{1}{N^3}\right).
$$

因此, 可将 Z_k 调整为

$$
Z'_n = Z_n \Big/ \left\{ 1 + \frac{1}{3(k-1)} \left(\sum_{i=1}^{k} \frac{1}{n_i - 1} - \frac{1}{n-k} \right) \right\}.
$$

而取检验 ϕ 如下:

$$
\phi(X_1, \cdots, X_n) = \begin{cases} 1, & 若\ Z'_n \geqslant \chi_{k-1}^2(\alpha), \\ 0, & 若\ Z'_n < \chi_{k-1}^2(\alpha). \end{cases}
$$

这就是 Bartlett 在 1937 年提出的检验.

定理 3.6.1 是在定理 2.6.6′ 的正则条件下建立的. 当这些正则条件不成立时, 定理的结论也可以不成立. 违反这种正则性条件的最重要情况是集合 $\{x: f(x, \theta)>0\}$ 与 θ 有关. 我们举一个例子来说明这一点.

例 3.6.3. 设 $X_1, \cdots, X_n$ 为自 $\{R(0, \theta), \theta>0\}$ 中抽出的 iid. 样本, 要检验假设 $H: \theta=\theta_0$, $\theta_0>0$ 已知. 易见

$$\sup_{\theta>0} \prod_{i=1}^{n} f(X_i, \theta)=\{\max(X_1, \cdots, X_n)\}^{-n},$$

由此得到 $LR(X_1, \cdots, X_n)=\{\max(X_1, \cdots, X_n)/\theta_0\}^{-n}$,

但当 H 成立时, $\max(X_1, \cdots, X_n)/\theta_0$ 有密度函数 nt^{n-1} (对 $0<t<1$, 在此外为 0). 由此不难求出 $Y_n=2\log LR(X_1, \cdots, X_n)$ 的分布恰为 χ_2^2. 但此处 $k=1$ 而 $r=0$, 故如按定理 3.6.1, 极限分布应为 χ_1^2. 1956 年, Hogg 在某些类似的但较一般的情况下证明了类似的现象, 即极限分布仍为 χ^2 分布, 但自由度为定理 3.6.1 中所规定的数目的两倍.

(三) 似然比检验的相合性

如果当样本大小无限增加时, 一检验犯第二种错误的概率趋于 0, 则称它为相合的. 这个概念是 Wald 和 Wolfowitz 在 1940 年引进的.

定义 3.6.2. 设对于每个样本大小 n 确定了 (3.1.1) 的一个检验 $\phi_n(X_1, \cdots, X_n)$. 以 $\beta_n(\theta)$ 记其功效函数, 如果存在 $\alpha<1$, 致

$$\limsup_{n\to\infty} \beta_n(\theta) \leqslant \alpha, \quad 对任何\ \theta\in\Theta_H. \tag{3.6.9}$$

$$\lim_{n\to\infty} \beta_n(\theta)=1, \quad 对任何\ \theta\in\Theta_K. \tag{3.6.10}$$

则称 ϕ_n 为 (3.1.1) 的一个相合检验.

这个性质与点估计理论中的相合性是对应的, 它应该看成是对任何检验的最基本的要求. 我们举一个例子来说明这个概念.

例 3.6.4. 设 $X_1, \cdots, X_n$ 为抽自 $N(a, \sigma^2)$ 中的 iid. 样本，要检验假设 $H: a=a_0$. 我们已知，以

$$\left\{\sqrt{n}\,|\overline{X}_n-a_0|\bigg/\sqrt{\frac{1}{n-1}\sum_{i=1}^{n}(X_i-\overline{X}_n)^2}\geqslant t_{n-1}\left(\frac{\alpha}{2}\right)\right\}$$

为否定域的双边一样本 t-检验是水平 α 的. 此处 $\overline{X}_n=\frac{1}{n}\sum_{i=1}^{n}X_i$.

任取 α, $0<\alpha<1$, 及 $a_1\neq a_0$ 和 $\sigma_1>0$. 我们知道，当参数真值为 (a_1, σ_1) 时，以概率为 1 地有: $\overline{X}_n\to a_1$, 故 $\sqrt{n}\,|\overline{X}_n-a_0|\to\infty$, 且 $\frac{1}{n-1}\sum_{i=1}^{n}(X_i-\overline{X}_n)^2\to\sigma_1^2$, 故以概率为 1 地有

$$\sqrt{n}\,|\overline{X}_n-a_0|\bigg/\sqrt{\frac{1}{n-1}\sum_{i=1}^{n}(X_i-\overline{X}_n)^2}\to\infty.$$

但 $t_{n-1}\left(\frac{\alpha}{2}\right)\to Z_{\alpha/2}$, 后者是由 $\frac{1}{\sqrt{2\pi}}\int_{-\infty}^{z_{\alpha/2}}e^{-x^2/2}dx=1-\frac{\alpha}{2}$ 所定出的一个数，由此可知

$$\beta_n(a_1, \sigma_1)=P_{a_1, \sigma_1}\left(\sqrt{n}\,|\overline{X}_n-a_0|\bigg/\sqrt{\frac{1}{n-1}\sum_{i=1}^{n}(X_i-\overline{X}_n)^2}\right.$$

$$\left.\geqslant t_{n-1}\left(\frac{\alpha}{2}\right)\right)\to 1, \quad 当\ n\to\infty.$$

这证明了双边一样本检验的相合性，其它一些例子也可以类似地证明，我们建议读者挑去一、两个自己验证一下.

下面证明似然比检验的相合性.

定理 3.6.2. 若定理 2.6.5 和定理 3.6.1 的条件都成立，而 Θ_H 为 Θ 的一个闭子集，则 (3.1.1) 的似然比检验是相合的.

证. 由定理 2.6.5 及定理 3.6.1 的假定知 θ 的极大似然估计存在且为似然方程的一相合解. 由定理 3.6.1 及 (3.6.9) 中的 $\alpha<1$ 可知，当样本大小 n 增加时，(3.6.2) 中的 c 保持有界. 即若以 c_n 记样本大小为 n 时的 c 值，则 $c_n\leqslant c^*<\infty$ 对一切 n. 任取 $\theta^*\in\Theta_K$. 由于 Θ_H 为闭集，存在 $\varepsilon>0$ 充分小，使以 θ^* 为中心，ε 为半径的闭球 S 与 Θ_H 无公共点. 依 Wald 定理 2.6.5 的 Wolfowitz 注解，存在 d, $0<d<1$ 及 $n(\eta)$, 使当 $n\geqslant n(\eta)$ 时，

$$P_{\theta^*}\left(\sup_{\theta\in S}\prod_{i=1}^{n}f(X_i,\ \theta)\Big/\prod_{i=1}^{n}f(X_i,\ \theta^*)>d^n\right)<\eta.$$

此处 $\eta>0$ 事先给定, 由于 $S\cap\Theta_H$ 为空集, 有

$$\sup_{\theta\in\Theta}\prod_{i=1}^{n}f(X_i,\ \theta)\Big/\sup_{\theta\in\Theta_H}\prod_{i=1}^{n}f(X_i,\ \theta)$$

$$\geqslant\prod_{i=1}^{n}f(X_i,\ \theta^*)\Big/\sup_{\theta\in S}\prod_{i=1}^{n}f(X_i,\ \theta).$$

从而当 $n\geqslant n(\eta)$ 时, 有

$$P_{\theta^*}\left(LR(X_1,\ \cdots,\ X_n)\geqslant\frac{1}{d^n}\right)>1-\eta.$$

取 $n_1\geqslant n(\eta)$ 充分大, 致 $2n_1\log\dfrac{1}{d_1}>c^*$, 则显见当 $n\geqslant n_1$ 时, 有

$$P_{\theta^*}(LR(X_1,\ \cdots,\ X_n)\geqslant c^*)>1-\eta.$$

这说明

$$\beta_n(\theta^*)\geqslant1-\eta,\ \text{当}\ n\geqslant n_1,$$

这里 β_n 为样本大小 n 时似然比检验的功效函数, 这证明了(3.6.10), 因而证明了本定理.

可以证明: 如果似然比按(3.6.6)定义, 则在定理 3.6.1 的条件下, 似然比检验的相合性也成立.

(四)几点注记

关于似然比检验的一般理论, 我们就介绍这些. 在结束这一节以前再提出几点有关的事实.

1. 似然比检验的功效. 要精确计算似然比检验的功效, 当然需要知道似然比的分布. 而这一般是难于求出的. 然而, 利用(二)中提到的关于在对立假设下似然比的极限分布, 可对功效值给予一个近似的估计.

将零假设写为(3.6.5)的形状, 则如在(二)中指出的, 当定理 3.6.1 的条件适合而 $\theta=\left(\theta_1,\ \cdots,\ \theta_r,\ \dfrac{h_{r+1}}{\sqrt{n}},\ \cdots,\ \dfrac{h_k}{\sqrt{n}}\right)'$时, Y_n 近似地服从非中心 χ^2 分布 $\chi^2_{k-r,\delta}$, 其中 $\delta^2=\boldsymbol{h}'\boldsymbol{I}^{(r)}(\theta_0)\boldsymbol{h}$, 其中 $\boldsymbol{h}=(h_{r+1},\ \cdots,\ h_k)'$, 而

$$\boldsymbol{I}^{(r)}(\boldsymbol{\theta}_0)=(I_{ij}(\theta_0),\ i,\ j=r+1,\ \cdots,\ k),$$
$$\boldsymbol{\theta}_0=(\theta_1,\ \cdots,\ \theta_r,\ 0,\ \cdots,\ 0)'.$$

对任一 $(\theta_1,\ \cdots,\ \theta_r,\ \theta_{r+1},\ \cdots,\ \theta_k)'=\boldsymbol{\theta}$，可以将其写成为 $\left(\theta_1,\ \cdots,\ \theta_r,\ \dfrac{h_{r+1}}{\sqrt{n}},\ \cdots,\ \dfrac{h_k}{\sqrt{n}}\right)'$ 的形状，其中 $h_i=\sqrt{n}\,\theta_i,\ i=r+1,\ \cdots,\ k$. 这样可以按上述公式算出非中心参数 δ. 可以在计算时以 $I^{(r)}(\theta)$ 代替 $I^{(r)}(\theta_0)$. 这样近似地得到

$$\beta_n(\theta)\approx P(\chi^2_{k-r,\ \delta}\geqslant\chi^2_{k-r}(\alpha)).$$

这里 $\beta_n(\theta)$ 为样本大小为 n 时，渐近水平为 α 的似然比检验的功效函数. 注意到当 $\theta\overline{\in}\Theta_H$ 固定而 $n\to\infty$ 时，有 $\delta^2\to\infty$，以及对任何固定的 c，有

$$\lim_{\delta\to\infty}P(\chi^2_{k-r,\delta}\geqslant c)=1.$$

可以得到前面指出过的事实，即在定理 3.6.1 的条件下，若似然比按(3.6.6)定义，则似然比检验有相合性. 但是，在 θ 固定时关于 Y_n 服从非中心 χ^2 分布的推理是不精确的，因而这不能构成关于上述相合性的严格证明.

2. 似然比检验与无偏性. 从似然比检验的相合性可知，当样本大小很大时，似然比检验是近似地无偏的. 这种“渐近无偏性”是任何相合检验都有的性质. 然而，对固定的样本大小而言，似然比检验可以不是无偏的.

例 3.6.5. 设 $X_1,\ \cdots,\ X_n$ 是从总体 $N(a,\ \sigma^2)$ 中抽出的 iid. 样本，要检验假设

$$H:\ \sigma^2=\sigma_0^2\leftrightarrow K:\ \sigma^2\neq\sigma_0^2. \tag{3.6.11}$$

不难算出似然比为$\left(S^2=\dfrac{1}{n}\sum\limits_{i=1}^{n}(X_i-\overline{X})^2\right)$

$$LR(X_1,\ \cdots,\ X_n)=\left(\frac{S^2}{\sigma_0^2}\right)^{n/2}\exp\left[-\frac{n}{2}\left(\frac{S^2}{\sigma_0^2}-1\right)\right].$$

显然，它与 $\dfrac{t}{n}e^{-t/n}$ 只相差一常数倍数，又

$$t=nS^2/\sigma_0^2\sim\chi^2_{n-1},\ \text{当}H\text{成立时},$$

函数 $xe^{-x}(x>0)$ 先增后降. 因此，(3.6.11) 的水平 α 的似然比检

验有否定域

$$\{t: t\leqslant d, \text{ 或 } t\geqslant b\}. \tag{3.6.12}$$

此处 d, b 由方程

$$\begin{gathered}P(\chi_{n-1}^2\leqslant d)+1-P(\chi_{n-1}^2\leqslant b)=\alpha,\\ de^{-d/n}=be^{-b/n}\end{gathered} \tag{3.6.13}$$

所决定.

但在例 3.3.6 中已证明: (3.6.11) 的水平 α 的 UMPU 检验有否定域 $\{t: t\leqslant d_1$, 或 $t\geqslant b_1\}$, 其中 b_1 和 d_1 由方程组(见 (3.3.65), (3.3.66))

$$\begin{gathered}P(\chi_{n-1}^2\leqslant d_1)+1-P(\chi_{n-1}^2\leqslant b)=\alpha.\\ d_1^{\frac{(n-1)}{2}}e^{-d_1/2}=b_1^{\frac{(n-1)}{2}}e^{-b_1/2}\end{gathered} \tag{3.6.14}$$

所决定. 不难看出, 除非 $\alpha=1$, 这两个方程组的解必然不同. 实际上, 若 $d=d_1$ 且 $b=b_1$, 则有

$$\begin{aligned}&(de^{-d/n})^{(n-1)/2}/(d^{(n-1)/2}e^{-d/2})\\ &=(be^{-b/n})^{(n-1)/2}/(b^{(n-1)/2}e^{-b/2}).\end{aligned}$$

因而 $e^{d/2n}=e^{b/2n}$, 即 $b=d$, 由 (3.6.13) 的第一式得 $\alpha=1$. 所以当 $\alpha<1$ 时, (3.6.12) 与 UMPU 检验的否定域不一样. 这就证明了: 以 (3.6.12) 为否定域的似然比检验不能是无偏的. 因为, 若它是无偏的, 则如定理 3.3.5 所证, 具有象 (3.6.13) 那样的否定域的无偏检验必然是 UMPU 检验. 而由 UMPU 检验的唯一性, 将有 $d=d_1$, $b=b_1$, 而我们已证明, 这是不可能的 (这个事实也可以很易直接证明而不必依赖 UMPU 检验的唯一性, 我们把它作为练习留给读者).

3. 似然比检验在直观上看是有根据的, 在具体问题上常给出具有良好性质的检验, 而且从理论上也可证明它具有某些良好的大样本性质. 但是, 在个别特殊情况下它可以给出很坏的结果. 下面的例子是 Stein 给出的.

例 3.6.6. 变量 X 的样本空间包含五个点 0, ±1, ±2, 其分布族为

$$P_\theta(X=0)=\alpha\frac{1-\theta_1}{1-\alpha},\ P_\theta(X=1)=P_\theta(X=-1)$$

$$=\left(\frac{1}{2}-\alpha\right)\frac{1-\theta_1}{1-\alpha},$$

$$P_\theta(X=2)=\theta_1\theta_2,\quad P_\theta(X=-2)=\theta_1(1-\theta_2),$$

$$\Theta=\{\theta=(\theta_1,\ \theta_2):0\leqslant\theta_1\leqslant\alpha,\ 0\leqslant\theta_2\leqslant 1\}.$$

这里 $0<\alpha<\frac{1}{2}$, α 为一给定的已知数，考虑检验问题

$$H:\theta_1=\alpha,\ \theta_2=\frac{1}{2}.$$

不难直接算出

$$LR(x)=\sup_\theta P_\theta(X=x)/P_{\alpha,\frac{1}{2}}(X=x)$$

$$=1,\ 1,\ 1,\ 2,\ 2,\ \text{分别当}\ x=0,\ \pm1,\ \pm2.$$

于是水平 α 的似然比检验的否定域包含 ±2 这两个点，其功效函数等于 θ_1. 由于 $\theta_1\leqslant\alpha$, 这个检验比不作任何试验径取 $\phi(x)\equiv\alpha$ 还不如.

§3.7. 序贯检验

(一) 基本概念和例子

用序贯方法去检验一个假设的目的，也和用序贯方法估计一个参数一样，无非是由于两个原因，一是在同样的可靠度之下节省试验次数，一是在不少问题中，为达到一定的可靠度，必须使用序贯方法. 这里所谓“可靠度”，可以从检验的功效这个角度去理解，一个典型的例子是：从一大批产品中抽取若干个以检验“废品率不超过 0.03”这个假设. 指定检验的水平为 0.05, 而我们要求在废品率超过 0.1 时，检验的功效不小于 0.9. 就是说，在废品率超过 0.1 时，有 90% 以上的“可靠性”将它检验出来.

和序贯点估计的情况一样，一个序贯检验由停止法则和检验法则这两部分构成. 停止法则告诉我们何时停止抽样，检验法则

告诉我们，在停止抽样后，怎样根据已抽得的样本去决定是否接受假设. 在 § 2.7 (一) 中提到的产品验收中的 Duguè–Romig 复式抽样方案，就是序贯检验的早期的重要例子. 下面我们再考察几个例子，并借此说明几个有关的概念.

例 3.7.1. 设一大批产品的废品率为 p, 要检验假设

$$H: p \leqslant p_0 \leftrightarrow K: p > p_0,$$

考虑这样的检验 ϕ: 先指定一个自然数 m. 每次抽出一个产品. 若抽到不超过 m 个时碰到一个废品，则抽样停止，且否定 H. 若抽到第 m 个时尚未发现废品，则停止抽样且接受 H.

关于这个检验可以提出下面两个问题.

1. 平均需要抽样多少次? 以 N 记所需抽样次数, N 是一个随机变量，这正是序贯方法的特征. 易见

$$P_p(N=k)=(1-p)^{k-1}p, \quad k=1, \cdots, m-1;$$
$$P_p(N=m)=(1-p)^{m-1}.$$

这就是变量 N 的概率分布. 由之算出

$$E_p(N)=\sum_{k=1}^{m} kP_p(N=k)=\frac{1}{p}[1-(1-p)^m].$$

$E_p(N)$ 称为"平均抽样次数"(Average Sample Number, 简记为 ASN).

2. 假设 H 被接受的概率有多大? 将这概率记为 $K(p)$, 显然有

$$K(p)=(1-p)^m.$$

当然, $1-K(p)$ 就是这检验的功效函数 $\beta(p)$. 然而对产品验收而言，常取接受假设的概率作为其一个基本特征，并称之为"操作特征函数"(Operating Characteristic Function, 简称 OC 函数).

以上这两个函数, ASN 和 OC(或功效函数), 是刻划一个序贯检验的两个基本量，考虑 ASN 意味着将每次试验的费用看作一个常数. 自然，象本例这样, ASN 和 OC 都轻而易举地精确算出的情况，是极为希有的.

在本例中采用序贯抽样的目的当然在于节省抽样次数. 因为，

如果一次抽出m个并按同样的规则决定是否接受H，则得到一个固定样本检验，其OC函数与上述序贯检验的OC函数完全一致，但显然用序贯方法抽样的平均次数要少些.

例3.7.2. 本例说明，有时为了达到一定的可靠度，非使用序贯抽样不可.

设$X_1, \cdots, X_n$为自正态总体$N(a, \sigma^2)$中抽出的iid. 样本，要检验假设

$$H: a=0 \leftrightarrow K: a \neq 0, \tag{3.7.1}$$

检验的水平定为$\alpha(0<\alpha<1)$，且要求：当$|a| \geqslant d$时，检验的功效不小于β. 这里$d>0$, $d<\beta<1$是事先指定的两个数. 这表示：当真实情况与零假设的偏差达到d这么大时，要求至少能用β这么大的概率发现出来.

现在我们证明：不论n多大，如果事先固定只许抽样n次，这个要求无法实现. 事实上，取对立假设内的点(d, σ_1). 考虑检验问题

$$H': a=0,\ \sigma=\sigma_1 \leftrightarrow K': a=d,\ \sigma=\sigma_1.$$

因为$H \leftrightarrow K$的水平α检验必为$H' \leftrightarrow K'$的水平α检验，可知：$H \leftrightarrow K$的任一水平α检验ϕ的功效函数在点(a_1, σ_1)处之值，将不超过$H' \leftrightarrow K'$的水平α的最优检验的功效. 依Neyman-Pearson基本引理，找出$H' \leftrightarrow K'$的水平α的最优检验有否定域$\{\overline{X}>\sigma_1 z_\alpha/\sqrt{n}\}$，其功效为

$$P_{a,\sigma_1}(\overline{X}>\sigma_1 z_\alpha/\sqrt{n}) = 1-\Phi(z_\alpha-\sqrt{n}\, d_1/\sigma_1).$$

当n固定而$\sigma_1 \to \infty$时，上式右边有极限$1-\Phi(z_\alpha)=\alpha$. 因此，无论n多大，使功效在$|a| \geqslant d$时处处不小于$\beta>\alpha$的要求，是无法实现的.

然而，在下一章(见§4.3)中我们将讨论Stein的两阶段抽样，由之可作出一个长度等于事先指定的L而依赖于样本x的区间$[d_1(x), d_2(x)]$，使对任何(a, σ)有

$$P_{a,\sigma}(d_1(x) \leqslant a \leqslant d_2(x)) = 1-\alpha'. \tag{3.7.2}$$

$0<\alpha'<1$, α任意指定. 由此不难作出(3.7.1)的一个检验，满足

上面所提的要求. 实际上, 取(3.7.2)中的 $\alpha'=\min(\alpha, 1-\beta)$, 取 $L=d/2$. 得到 $d_1(x)$, $d_2(x)$ 后, 作检验如下: 当 $d_1(x)\leqslant 0\leqslant d_2(x)$ 接受 H, 不然就否定 H. 这时

$$P_{0,\sigma}(\text{接受 } H)=P_{0,\sigma}(d_1(X)\leqslant 0\leqslant d_2(X))=1-\alpha'\geqslant 1-\alpha.$$

故检验有水平 α. 又因 $L=d_2(x)-d_1(x)=d/2$, 有

$$\{x:0\in[d_1(x), d_2(x)]\}\supset[d_1(x)\leqslant a\leqslant d_2(x)].$$

对任何 a, $|a|\geqslant d$. 所以对这样的 a 有

$$\begin{aligned}P_{a,\sigma}(\text{否定 } H)&=P_{a,\sigma}(0\in[d_1(X), d_2(X)])\\&\geqslant P_{a,\sigma}\{d_1(X)\leqslant a\leqslant d_2(X)\}=1-\alpha'>\beta.\end{aligned}$$

这证明了所要结果.

(二) 序贯概率比检验 (Sequential Probability Ratio Test, 简称 SPRT)

序贯概率比检验是 Wald 在四十年代发展起来的, 并总结在他的著作《Sequential Analysis》(J. Wiley, 1947) 中. 自那时以来, 一些统计学者在这方面继续作了不少工作.

我们先就一个简单情况来说明这个方法. 设变量 X 在假设 H 下的分布为 $f_0(x)d\mu(x)$, 在对立假设 K 之下的分布为 $f_1(x)$, 要检验 $H\leftrightarrow K$.

设 $X_1, X_2, \cdots, X_n, \cdots$ 为 X 的 iid. 样本. 如果样本大小 n 固定, 则由 Neyman-Pearson 基本引理, 水平 α 的最优检验为: 算出比值

$$R_n(X_1, \cdots, X_n)=\prod_{i=1}^n f_1(X_i)\Big/\prod_{i=1}^n f_0(X_i), \quad (3.7.3)$$

定出一个适当的 c, 当 $R_n>c$ 时, 否定 H, 当 $R_n<c$ 时, 接受 H.

Wald 的想法在于: 若比值 R_n 在 c 的附近, 则无论作出接受或否定 H 的决定, 都显得比较勉强, 因此比较自然的作法是: 定出两个数 A, B, $A<B$. 使当 $R_n\geqslant B$ 时否定 H, 当 $R_n\leqslant A$ 时接受 H, 而当 $A<R_n<B$ 时则不作决定而继续抽样一次, 得 X_{n+1} 后, 按 (3.7.3) 算出 $R_{n+1}(X_1, \cdots, X_n, X_{n+1})$. 若 $R_{n+1}\geqslant B$ 或 $\leqslant A$,

则作出相应的决定．否则继续抽样一次，直到作出决定为止．这就是 Wald 所引进的 SPRT.

例 3.7.3．考虑一个简单例子，即X在假设H和K之下分别有分布 $N(0, 1)$ 和 $N(1, 1)$ 的情况，这时有

$$R_n(X_1, \cdots, X_n)=e^{-n/2+\sum_{i=1}^{n} X_i}, \ n=1, 2, \cdots,$$

不等式 $A<R_n<B$ 等价于

$$\log A+\frac{n}{2}<\sum_{i=1}^{n} X_i<\log B+\frac{n}{2}, \ n=1, 2, \cdots. \quad (3.7.4)$$

因此本问题的 SPRT 归结为：每次观察一个 X_n（按 $X_1, X_2, \cdots$ 的次序排），只要 (3.7.4) 还满足，则继续观察下一个 X_n，直到对某个 n_0，(3.7.4) 不满足为止，然后根据 $\sum_{i=1}^{n} X_i>\log B+\frac{n}{2}$ 或 $<\log A+\frac{n}{2}$，以决定是否定还是接受H．界限 A, B 的选定是依据使检验具有一定的性质的要求，例如，要求犯第一、第二两种错误的概率，分别不超过 α 和 β.

本例中，问题的更自然的提法应当是考虑正态分布族 $\{N(\theta, 1), -\infty<\theta<\infty\}$，把 0, 1 看作是 θ 的两个可能值．在这种情况下，孤立地考虑检验问题 $\theta=0 \leftrightarrow \theta=1$ 意义不大．更自然的是考虑象 $\theta \leqslant \theta_0$ 这样的假设．根据 § 3.2，我们可以先提出检验问题 $\theta=\theta_0 \leftrightarrow \theta=\theta_1$（这里 $\theta_1>\theta_0$），而希望这个问题的最优检验对于原来的检验问题（即 $\theta \leqslant \theta_0 \leftrightarrow \theta>\theta_0$）也有某种最优性．为此重要的一点是：问题 $\theta=\theta_0 \leftrightarrow \theta=\theta_1$ 的水平 α 最优检验，对于原来的检验问题仍有水平 α．对上述正态总体均值的检验问题而言，在固定样本之下所述事实是成立的．以下我们将证明：这对 SPRT 也成立．

定理 3.7.1． 设变量X的分布族为 $(\mathscr{X}, \mathscr{B}_{\mathscr{X}}, f_\theta(x)d\mu(x), \theta \in \Theta)$，$\Theta$ 为直线上的一个区间．假定 $\{f_\theta(x)\}$ 为关于统计量 $T(x)$ 的单调似然比族（见定理 3.2.2 前面的说明），任取 Θ 中的两点 θ_0, θ_1, $\theta_0<\theta_1$．则检验问题

$$\theta=\theta_0 \leftrightarrow \theta=\theta_1$$

的任一 SPRT 的功效函数 $\beta(\theta)$ 为 θ 的非降函数.

定理的证明基于下面几个引理.

引理 3.7.1. 在定理的假定下，若以

$$\{\mathscr{T},\ \mathscr{B}_{\mathscr{T}},\ g_\theta(t)d\mu^T(t),\ \theta\in\Theta\}$$

记 $T(x)$ 的分布族，则它为关于 t 的单调似然比族(此处 $(\mathscr{T},\ \mathscr{B}_{\mathscr{T}})$ 为 T 的样本空间，μ^T 为 μ 在 $\mathscr{B}_{\mathscr{T}}$ 上的导出测度).

证. 任取 Θ 中两点 $\theta_1,\ \theta_2,\ \theta_1<\theta_2$. 记

$$f_{\theta_2}(x)=f_{\theta_1}(x)h(T(x)).$$

h 为单调非降函数，设 $\phi(t)$ 为任一有界且 $\mathscr{B}_{\mathscr{T}}$-可测的函数，根据引理 1.3.2，有

$$\int_{\mathscr{T}}\phi(t)g_{\theta_2}(t)d\mu^T(t)=\int_{\mathscr{X}}\phi(T(x))f_{\theta_2}(x)d\mu(x)$$

$$=\int_{\mathscr{X}}\phi(T(x))h(T(x))f_{\theta_1}(x)d\mu(x)$$

$$=\int_{\mathscr{X}}\phi(t)h(t)g_{\theta_1}(t)d\mu^T(t).$$

由 ϕ 的任意性知

$$g_{\theta_2}(t)=h(t)g_{\theta_1}(t)\ (a,\ e,\ \mu^T).$$

这说明：$g_{\theta_2}(t)/g_{\theta_1}(t)$ 为 t 的单调非降函数(即 $h(t)$)，这证明了引理 3.7.1.

引理 3.7.2. 设 X 的密度族 $\{f_\theta(x)d\mu(x),\ \theta\in\Theta\}$ 为关于 x 的单调似然比族，以 F_θ 记 X 的分布函数，则

$$F_{\theta_1}(x)\geqslant F_{\theta_2}(x)\quad 对任何\ \theta_1<\theta_2\ 及\ -\infty<x<\infty,$$

又若 $0<F_{\theta_2}(x)<1$，则 $F_{\theta_1}(x)>F_{\theta_2}(x)$.

证. 记

$$A=\{x:\ f_{\theta_1}(x)>f_{\theta_2}(x)\},\quad a=\sup A;$$

$$B=\{x:\ f_{\theta_1}(x)<f_{\theta_2}(x)\},\quad b=\inf B.$$

则由引理假定知 $a\leqslant b$. 显然

$$\int_A(f_{\theta_1}(x)-f_{\theta_2}(x))d\mu=\int_B(f_{\theta_2}(x)-f_{\theta_1}(x))d\mu.$$

任取 $x_0,\ -\infty<x_0<\infty$. 若 $x_0<b$，则

$$F_{\theta_1}(x_0)-F_{\theta_2}(x_0)=\int_{-\infty}^{x_0}[f_{\theta_1}(x)-f_{\theta_2}(x)]d\mu\geqslant 0.$$

因在$(-\infty, x_0]$内有$f_{\theta_1}(x)\geqslant f_{\theta_2}(x)$. 若$x_0\geqslant b$, 则

$$F_{\theta_1}(x_0)-F_{\theta_2}(x_0)=\int_A (f_{\theta_1}(x)-f_{\theta_2}(x)d\mu$$

$$+\int_{B\cap\{x\leqslant x_0\}}(f_{\theta_1}(x)-f_{\theta_2}(x))d\mu.$$

由于在B内有$f_{\theta_2}(x)>f_{\theta_1}(x)$, 有

$$F_{\theta_1}(x_0)-F_{\theta_2}(x_0)\geqslant\int_A (f_{\theta_1}(x)-f_{\theta_2}(x))d\mu$$

$$+\int_B (f_{\theta_1}(x)-f_{\theta_2}(x))d\mu=0,$$

这证明了引理的前半. 注意到在单调似然比族的定义中, 要求$F_{\theta_1}\not\equiv F_{\theta_2}$, 当$\theta_1\neq\theta_2$, 仔细检查上述证明易见引理的后一结论成立. 引理证毕.

引理 3.7.3. 设$F_1(x)$和$F_2(x)$为两个一维分布函数, $F_1(x)\geqslant F_2(x)$对一切x. 则存在随机变量V及两个非降函数$f_1(v)$和$f_2(v)$, 致$f_1(v)\leqslant f_2(v)$对一切v且$f_i(V)$的分布函数为F_i, $i=1, 2$.

证. 定义$f_i(v)=\inf\{x: F_i(x-0)\leqslant v\leqslant F_i(x)\}$, $i=1, 2$, $0<v<1$, 显然f_1、f_2都是非降函数, 且$f_1(v)\leqslant f_2(v)$, 又

$$f_i(F_i(x))\leqslant x, \quad F_i(f_i(x))\geqslant x, \quad \text{对一切} x, \ i=1, 2.$$

第一式显然, 第二式证明如下: 在集合

$$\{t: F_i(t-0)\leqslant x\leqslant F_i(t)\}$$

中取一串点$\{t_n\}$致$t_n\downarrow f_i(x)$, 则由F_i的右连续性知$F_i(f_i(x))=\lim_{n\to\infty}F_i(t_n)$, 但由$t_n$的定义知$F_i(t_n)\geqslant x$对一切$n$, 故$F_i(f_i(x))\geqslant x$. 由此可知

$$y\leqslant F_i(x)\Rightarrow f_i(y)\leqslant f_i(F_i(x))\leqslant x;$$

$$f_i(y)\leqslant x\Rightarrow F_i(f_i(y))\leqslant F_i(x)\Rightarrow y\leqslant F_i(x),$$

即$y\leqslant F_i(x)\Leftrightarrow f_i(y)\leqslant x$. 以$V$记$(0, 1)$内的均匀分布变量, 则

$$P\{f_i(V)\leqslant x\}=P\{V\leqslant F_i(x)\}=F_i(x), \quad i=1, 2.$$

引理证毕.

现在转到定理 3.7.1 的证明.

记 $Z_i=\log[f_{\theta_2}(x_i)/f_{\theta_1}(x_i)]=h(T_i)$, $i=1, 2, \cdots$, 此处 h 为非降函数, 由引理 3.7.1, $T(x)$ 的分布族为单调似然比族. 由引理 3.7.2 及 3.7.3, 知 T 的分布函数 $F_\theta(t)$ 与 $g_\theta(V)$ 的分布函数同, 此处 $V\sim R(0, 1)$, $g_\theta(y)$ 为 y 的非降函数, 且 $g_{\theta_2}(y)\geqslant g_{\theta_1}(y)$, 当 $\theta_2>\theta_1$ 对任何 y. 将点

$$\left(n, \sum_{i=1}^n Z_i\right)=\left(n, \sum_{i=1}^n h(T_i)\right)$$

标在直角坐标系 ROS 中, 并将各点用直线段连接起来, 则

$$\{\theta=\theta_1\text{被否定}\}=\{\text{此折线第一次从上方越出带形}\log A<S<\log B\}.$$

现在任取 θ', θ'', $\theta'<\theta''$. 则

$$\beta(\theta'')=P_{\theta''}\left\{\text{折线}\left\{\left(n, \sum_{i=1}^n h(g_{\theta''}(V))\right)\right\}\text{第一次从上方越出上述带形}\right\}.$$

将上式中的 θ'' 改为 θ' 得另一等式, 由于 $g_{\theta''}(V)\geqslant g_{\theta'}(V)$ 及 h 非降, 显然, 当折线 $\left\{\left(n, \sum_{i=1}^n h(g_{\theta'}(V))\right)\right\}$ 第一次从上方越出上述带形时, 折线 $\left\{\left(n, \sum_{i=1}^n h(g_{\theta''}(V))\right)\right\}$ 必第一次从上方越出上述带形. 这就证明了 $\beta(\theta'')\geqslant\beta(\theta')$. 定理证毕.

根据这个定理, 在单调似然比族(其中包括单参数指数族)中, 用 SPRT 可得到单边假设的水平为 α 的序贯检验.

(三) SPRT 的封闭性

任何一个序贯判决函数所必须满足的条件是, 它要以概率为 1 在经过有限次试验后停止, 这个性质叫封闭性. 本段的目的是证明 SPRT 具有这个性质.

定理 3.7.2. 设 X 的分布族为 $\{f_\theta(x)d\mu(x), \theta\in\Theta\}$, 在 Θ 中

取两点 θ_1, θ_2. 设 X_1, X_2, $\cdots$, X_n, $\cdots$ 为 X 的 iid. 样本, ϕ 为检验问题

$$H:\theta=\theta_1 \leftrightarrow K:\theta=\theta_2$$

的 SPRT 假定

1° 不等式 $A<\prod_{i=1}^{n} f_{\theta_2}(x_i) \Big/ \prod_{i=1}^{n} f_{\theta_1}(x_i)<B$ 的界限满足条件 $A<I<B$.

2° $P_\theta\{f_{\theta_2}(X)/f_{\theta_1}(X)=1\}<1$, 对任何 $\theta\in\Theta$.

以 N 记试验停止时已做的试验次数, 则

$$P_\theta(N<\infty)=1, \text{ 对任何 } \theta\in\Theta. \tag{3.7.5}$$

证. 记 $a=\log A$, $b=\log B$, 则 $a<0<b$. 记 $c=b-a$. 我们证明: 存在 r 充分大, 致

$$P_\theta(|Z_1+\cdots+Z_r|\leqslant c)=p<1. \tag{3.7.6}$$

事实上, 若 $E_\theta(Z_1^2)=\infty$, 则 $r=1$ 显然适合要求. 若 $E_\theta(Z^2)=\sigma^2<\infty$, 则当 $\sigma^2=0$ 时, 由假定 2° 知必有 $E_\theta(Z_1)=d\neq 0$, 这时只需取 r 致 $r|d|>c$ 即可, 若 $\sigma^2>0$, 则由中心极限定理知

$$P_\theta(|Z_1+\cdots+Z_r|\leqslant c)=\Phi\left(\frac{c}{\sqrt{r}\,\sigma}-\frac{\sqrt{r}\,d}{\sigma}\right)$$

$$-\Phi\left(-\frac{c}{\sqrt{r}\,\sigma}-\frac{\sqrt{r}\,d}{\sigma}\right)+0(1)=0(1), \text{ 当 } r\to\infty.$$

此处 $0(1)$ 表示一个随 $r\to\infty$ 而趋于 0 的量. 这证明了当 r 充分大时(3.7.6)成立. 因此由 $a<0<b$ 知

$$\{N>mr\}=\{Z_1,\ Z_1+Z_2,\ \cdots,\ Z_1+Z_2+\cdots+Z_{mr} \text{ 都在 } (a,\ b) \text{ 内}\}$$

$$\subset\{|Z_1+\cdots+Z_r|\leqslant c,\ |Z_{r+1}+\cdots+Z_{2r}|\leqslant c,\ \cdots |Z_{(m-1)r+1}+\cdots+Z_{mr}|\leqslant c\}.$$

因此

$$P_\theta(N>mr)\leqslant p^m\to 0, \text{ 当 } m\to\infty. \tag{3.7.7}$$

这显然证明了定理 3.7.2.

由(3.7.7)可知, 不仅 $P_\theta(N>n)$ 随 $n\to\infty$ 而趋于零, 而且这

收敛具有指数级的速度．由此不难证明 N 的任意阶矩都存在，我们把这一点的证明留给读者．

（四）SPRT 的界限的确定

考虑检验问题

$$H: X \text{ 有密度 } f_0(x) \leftrightarrow K: X \text{ 有密度 } f_1(x),$$

$X_1, X_2, \cdots$ 为 X 的 iid. 样本，SPRT 由不等式

$$A < f_n^{(1)}(X_1, \cdots, X_n)/f_n^{(0)}(X_1, \cdots, X_n) < B \tag{3.7.8}$$

确定，此处 $f_n^{(i)}(X_1, \cdots, X_n) = \prod_{j=1}^{n} f_i(X_j)$，$i=0, 1$．我们希望适当地确定(3.7.8)中的界限 A, B，使这 SPRT 的水平为 α_0，而当 K 成立时其功效为 $1-\beta_0$．这里 $0<\alpha_0<1$，$0<\beta_0<1$．记

$$S_n = \{x=(x_1, x_2, \cdots): A < f_i^{(1)}(x_1, \cdots, x_i)/f_i^{(0)}(x_1, \cdots, x_i) < B,$$
$$i=1, \cdots, n-1,\ f_n^{(1)}(x_1, \cdots, x_n)/f_n^{(0)}(x_1, \cdots, x_n) \geqslant B\}.$$

以 α_0 记当 H 成立时，H 被否定的概率，则

$$\begin{aligned}\alpha_0 &= \sum_{n=1}^{\infty} \int_{S_n} f_n^{(0)}(x_1, \cdots, x_n) d\mu(x_1) \cdots d\mu(x_n) \\ &\leqslant \frac{1}{B} \sum_{n=1}^{\infty} \int_{S_n} f_n^{(1)}(x_1, \cdots, x_n) d\mu(x_1) \cdots d\mu(x_n) \\ &= \frac{1-\beta_0}{B}.\end{aligned} \tag{3.7.9}$$

这里 $1-\beta_0$ 是当 H 不成立（即 K 成立）时，H 被否定的概率．同样，若令

$$\tilde{S}_n = \{x=(x_1, x_2, \cdots): A < f_i^{(1)}(x_1, \cdots, x_i)/f_i^{(0)}(x_1, \cdots, x_i) < B,$$
$$i=1, \cdots, n-1,\ f_n^{(1)}(x_1, \cdots, x_n)/f_n^{(0)}(x_1, \cdots, x_n) \leqslant A\},$$

则

$$\begin{aligned}1-\alpha_0 &= \sum_{n=1}^{\infty} \int_{\tilde{S}_n} f_n^{(0)}(x_1, \cdots, x_n) d\mu(x_1) \cdots d\mu(x_n) \\ &\geqslant \frac{1}{A} \sum_{n=1}^{\infty} \int_{\tilde{S}_n} f_n^{(1)}(x_1, \cdots, x_n) d\mu(x_1) \cdots d\mu(x_n) = \frac{\beta_0}{A}.\end{aligned} \tag{3.7.10}$$

由(3.7.9)，(3.7.10)，得

$$B \leqslant (1-\beta_0)/\alpha_0, \quad A \geqslant \beta_0/(1-\alpha_0). \tag{3.7.11}$$

注意在上述推导中已用了定理 3.7.2 (请读者自己明确在那里用了). (3.7.11) 表示: 为了使 SPRT 有所选定的两种错误概率 α_0 和 β_0, 界限 A, B 必须满足(3.7.11). 这当然不足以确定 A 和 B, 但它启示我们, 作为一个近似, 不妨取

$$A=\beta_0/(1-\alpha_0), \quad B=(1-\beta_0)/\alpha_0. \tag{3.7.12}$$

我们问: 如果 SPRT 的界限值 A, B 按(3.7.12)取, 其两种错误概率的真实值 α_1, β_1 与原来预定的 α_0, β_0 有怎样的关系? 由(3.7.11)得

$$\beta_0/(1-\alpha_0) \geqslant \beta_1/(1-\alpha_1), \quad (1-\beta_0)/\alpha_0 \leqslant (1-\beta_1)/\alpha_1. \tag{3.7.13}$$

由此可知

$$\alpha_1 \leqslant \alpha_0/(1-\beta_0), \quad \beta_1 \leqslant \beta_0/(1-\alpha_0). \tag{3.7.14}$$

由于 α_0, β_0 通常都是接近零的数, 由(3.7.14)知, 如果界限 A, B 按(3.7.12)定, 那么, 虽则其两种错误概率的真确值 α_1, β_1 未必即为预定的 α_0, β_0, 但不致超出很多. 同时, 由(3.7.13)不难证明

$$\alpha_1+\beta_1 \leqslant \alpha_0+\beta_0. \tag{3.7.15}$$

这更进一步说明了 α_1, β_1 不会超过预定的 α_0, β_0 太多, 唯一可能的较大偏差是 α_1, β_1 比预定的 α_0, β_0 低很多, 有理由相信这种差别也不会很显著. 对X的分布为

$$P_p(X=0)=1-P_p(X=1)=1-p$$

的场合, 为检验 $p=0.05 \leftrightarrow p=0.17$, 指定 $\alpha_0=0.05$, $\beta_0=0.10$, 用近似公式 (3.7.12) 决定 SPRT 的界限 A, B, 所得检验的两种错误概率确值为 $\alpha_1=0.031$ 和 $\beta_1=0.099$. β_1 与 β_0 相差甚微, 但 α_1 和 α_0 的差别较大.

(五) SPRT 的功效函数的近似计算

SPRT 的功效函数 $\beta(\theta)$ (或 OC 函数 $K(\theta)$) 的精确计算只在个别板特殊的情况下才能做到, 但可以在很一般的条件下推导出一个近似公式.

所用的记号与定理 3.7.2 一样，我们先证明下面的引理.

引理 3.7.4. 若随机变量 Z 满足条件

1° 对任何实数 h, $\psi(h)=E(e^{hZ})$ 存在有限,

2° $E(Z)\neq 0$,

3° $P(Z<0)>0$, $P(Z>0)>0$,

则存在唯一的 $h_0\neq 0$, 致 $\psi(h_0)=1$.

证. 由条件 1°, 用与证明定理 1.2.1 完全同样的论证, 知 $\psi(h)$ 的各阶导数存在且可在积分号下(即符号"E"之下)求导, 即

$$\psi'(h)=E(Ze^{hZ}),\quad \psi''(h)=E(Z^2e^{hZ}).$$

由条件 2° 知 $\psi''(h)>0$, 即 $\psi(h)$ 为 $(-\infty,\infty)$ 上的严凸函数, 再由条件 3° 知 $\lim\limits_{|h|\to\infty}\psi(h)=\infty$. 因此 $\psi(h)$ 有且仅有一个极值点 h^*, 且是极小值点, h^* 由

$$\psi'(h^*)=E(Ze^{h^*Z})=0$$

决定. 由条件 2° 知 $h^*\neq 0$, 以是知 $\psi(h^*)<\psi(0)$, 因此, 若 $h^*>0$ (<0), 则必存在 $h_0>h^*$ $(h_0<h^*)$, 致 $\psi(h_0)=\psi(0)=1$. 显然 $h_0\neq 0$. 引理证毕.

现在假定对某个 $\theta\in\Theta$. 变量 $f_{\theta_2}(X)/f_{\theta_1}(X)$ 的分布满足此引理的一切条件, 则存在 $h(\theta)\neq 0$, 致

$$E_\theta[(f_{\theta_2}(X)/f_{\theta_1}(X))^{h(\theta)}]=1.$$

于是 $f_\theta^*(x)=(f_{\theta_2}(x)/f_{\theta_1}(x))^{h(\theta)}f_\theta(x)$, 满足条件

$$\int_{\mathscr{X}}f_\theta^*(x)d\mu(x)=1.$$

因而和 $f_{\theta_1}(x)$ 一样构成一个分布密度. 考虑检验问题

$$H^*: X \text{ 的密度为 } f_\theta(x)\leftrightarrow K^*: X \text{ 的密度为 } f_\theta^*(x).$$

此问题的以 $A^{h(\theta)}$ 和 $B^{h(\theta)}$ 为界限值的 SPRT 与问题

$$H: X \text{ 的密度为 } f_{\theta_1}(x)\leftrightarrow K: X \text{ 的密度为 } f_{\theta_2}(x)$$

的以 A, B 为界限值的 SPRT 完全一致. 故

$$\beta(\theta)=P_\theta(H\text{被否定})=P(H^*\text{ 被否定}\,|\,H^*)=\alpha^*.$$

但由(四)中导出的犯两种错误概率 α^*, β^* 与界限值 $A^{h(\theta)}$, $B^{h(\theta)}$ 的近似关系

$$A^{h(\theta)} \approx \beta^*/(1-\alpha^*), \quad B^{h(\theta)} \approx (1-\beta^*)/\alpha^*,$$

知

$$\beta(\theta) = \alpha^* \approx \frac{1-A^{h(\theta)}}{B^{h(\theta)}-A^{h(\theta)}}, \tag{3.7.16}$$

即

$$K(\theta) = 1-\beta(\theta) = \frac{B^{h(\theta)}-1}{B^{h(\theta)}-A^{h(\theta)}}. \tag{3.7.17}$$

这就是所要寻找的 $\beta(\theta)$ 的近似公式.

拿例 3.7.3 来说, $Z = -\frac{n}{2} + \sum_{i=1}^{n} X_i$, 除了 $\theta = \frac{1}{2}$ 一点外, 都有 $E_\theta(Z) \neq 0$. 引理 3.7.4 的条件 1°, 3° 当然满足, 故例 3.7.3 中的 SPRT 的功效函数 $\beta(\theta)$ 的近似值, 除 $\theta = \frac{1}{2}$ 一点外都可直接用公式(3.7.17)计算. 对 $\theta = \frac{1}{2}$ 这个点则可用在 $\theta \neq \frac{1}{2}$ 时的情况取极限定出. 这个极限显然就是 $\frac{B-1}{B-A}$. 我们把计算过程更仔细地写在下面的例子里.

例 3.7.4. $X_1, X_2, \cdots$ 为 $X \sim N(\theta, 1)$ 的 iid. 样本, 要检验假设

$$H: \theta \leqslant \theta_0 \leftrightarrow K: \theta > \theta_0,$$

我们要确定此问题的水平 α_0 的 SPRT, 使其功效函数 $\beta(\theta)$ 当 $\theta \geqslant \theta_1$ 时不小于 $1-\beta_0$ ($\theta_1 > \theta_0$ 给定), 并算出 $\beta(\theta)$ 的近似值.

根据定理 3.7.1, 可考虑检验问题 $\theta = \theta_0 \leftrightarrow \theta = \theta_1$ 的 SPRT, 使其犯两种错误的概率分别为 α, β. 这个 SPRT 即为所求. 由(四), 这 SPRT 的界限 A, B 近似地由公式(3.7.12)给出. 要由公式(3.7.16)确定 $\beta(\theta)$ 的近似值, 必须求出 $h = h(\theta)$. 后者满足方程

$$E_\theta\left[\exp\left\{h\left((\theta_1-\theta_0)X - \frac{1}{2}(\theta_1^2-\theta_0^2)\right)\right\}\right] = 1,$$

即

$$\frac{1}{\sqrt{2\pi}}\int_{-\infty}^{\infty} \exp\left[h\left\{(\theta_1-\theta_0)x - \frac{1}{2}(\theta_1^2-\theta_0^2)\right\}\right]\exp\left[-\frac{1}{2}(x-\theta)^2\right]dx = 1.$$

此式经整理后成为

$$e^{A}\int_{-\infty}^{\infty}\frac{1}{\sqrt{2\pi}}\exp\left[-\frac{1}{2}(x-\theta-h(\theta_1-\theta_0))^2\right]dx=1. \qquad (3.7.18)$$

其中

$$A=\frac{\theta_1-\theta_0}{2}(2\theta h+h^2(\theta_1-\theta_0)-h(\theta_1+\theta_0)).$$

因为(3.7.18)中的积分为1，得

$$2\theta h+h^2(\theta_1-\theta_0)-h(\theta_0+\theta_1)=0.$$

如果 $\theta\neq(\theta_0+\theta_1)/2$，则上式除了 $h=0$ 一根外，尚有根 $h=h(\theta)=(\theta_0+\theta_1-2\theta)/(\theta_1-\theta_0)$. 于是由 (3.7.16) 得出 $\beta(\theta)$ 的近似公式.

在许多情况下，要求出 $h(\theta)$ 远非易事. 有时可以把 $h(\theta)$ 本身作为参数，由 $h(\theta)$ 解出 θ，以得到决定 $\beta(\theta)$ 的近似值的参数方程.

例 3.7.5. 设 $X_1, X_2, \cdots$ 为变量 X 的 iid. 样本，X 的分布为

$$P_p(X=0)=1-P_p(X=1)=1-p,\ 0<p<1,$$

要检验假设 $p\leqslant p_0\leftrightarrow p>p_0$. 要决定这问题的水平 α 的 SPRT，使当 $p\geqslant p_1$ 时其功效 $\beta(p)\geqslant1-\beta$，此处 $p_1>p_0$，并决定 $\beta(p)$ 的近似表达式.

问题的前一部分与例 3.7.4 一样，是依据定理 3.7.1 及(3.7.12)式. 至于后一部分，则需要由方程

$$p\left(\frac{p_1}{p_0}\right)^h+(1-p)\left(\frac{1-p_1}{1-p_0}\right)^h=1 \qquad (3.7.19)$$

来决定 $h(\neq0)$. 除非

$$p=\left(\log\frac{1-p_0}{1-p_1}\right)\Big/\log\left(\frac{p_1(1-p_0)}{p_0(1-p_1)}\right), \qquad (3.7.20)$$

(3.7.19)有一根 $h\neq0$ (验证留给读者). 但要由(3.7.19)解出 h 并不容易，于是我们在(3.7.19)中认为 h 为已知，并解出 p:

$$p=\left[1-\left(\frac{1-p_1}{1-p_0}\right)\right]\Big/\left[\left(\frac{p_1}{p_0}\right)^h-\left(\frac{1-p_1}{1-p_0}\right)^h\right].$$

此式与 $\qquad \beta=(1-A^h)/(B^h-A^h)$

联立，得到决定 $\beta(p)$ 的参数方程．这个作法之所以可行，是因为由(3.7.19)容易地解出了 p．不言而喻，这在一般情况下也是很困难的．

(六)SPRT 的 ASN 函数的近似计算

ASN 函数即 $E_\theta(N)$ 的近似计算依赖于下面的重要等式．

引理 3.7.5． 设 $X_1, X_2, \cdots$ 为一串 iid. 变量，又变量 N 只取自然数值且[1]

$$\{N=n\}\in\mathscr{B}(X_1, \cdots, X_n),\quad n=1, 2, \cdots. \tag{3.7.21}$$

假定 $E(X)$ 和 $E(N)$ 都存在有限，则

$$E(X_1+\cdots+X_N)=E(N)E(X), \tag{3.7.22}$$

(3.7.22)叫 Wald 等式

证． 利用条件期望的性质 C，有

$$\begin{aligned}E(X_1+\cdots+X_N)&=\sum_{n=1}^{\infty}P(N=n)E(X_1+\cdots+X_n|N=n)\\&=\sum_{n=1}^{\infty}P(N=n)\sum_{i=1}^{n}P(X_i|N=n)\\&=\sum_{i=1}^{\infty}\sum_{n=i}^{\infty}P(N=n)P(X_i|N=n)\\&=\sum_{i=1}^{\infty}P(N\geqslant i)E(X_i|N\geqslant i).\end{aligned} \tag{3.7.23}$$

由于 $\{N\geqslant i\}=\{N<i\}^c$，而 $\{N<i\}\in\mathscr{B}(X_1, \cdots, X_{i-1})$，故

$$\{N\geqslant i\}\in\mathscr{B}(X_1, \cdots, X_{i-1}).$$

再由 $X_1, X_2, \cdots$相互独立，知 X_i 与事件 $\{N\geqslant i\}$ 独立．因此 $E(X_i|N\geqslant i)=E(X_i)=E(X)$ 对任何 i．以此代入(3.7.23)，得

$$\begin{aligned}E(X_1+\cdots+X_N)&=E(X)\sum_{i=1}^{\infty}P(N\geqslant i)\\&=E(X)\sum_{i=1}^{\infty}\sum_{j=i}^{\infty}P(N=j)\\&=E(X)\sum_{j=1}^{\infty}jP(N=j)=E(X)E(N).\end{aligned} \tag{3.7.24}$$

---

1) 我们回忆，(3.7.21)是指存在 R_n 中之一 Borel 集 C，致 $\{N=n\}=\{(X_1, \cdots, X_n)\in C\}$．

这证明了 Wald 等式. 在上述证明中需要提到的是，在 (3.7.23) 中涉及一些交换求和次序，以及甚至连 $E(X_1+\cdots+X_N)$ 是否存在也不知道，为了把这一点弄严格，应当在 (3.7.23) 及 (3.7.24) 中先改 X_i 为 $|X_i|$. 这时所涉及的都是非负变量，故一切推理有效. 由 (3.7.24) 知 $E(|X_1|+\cdots+|X_N|)<\infty$. 根据 Fubini 定理，现在可以知道 $E(X_1+\cdots+X_N)$ 存在有限且 (3.7.23) 中的交换次序是合法的，引理完全证明了.

现在我们假定：对任何 θ, $E_\theta(Z)=E_\theta\left[\log\frac{f_{\theta_2}(X)}{f_{\theta_1}(X)}\right]$ 非 0 有限，以 N 记 SPRT 的试验次数，依定理 3.7.2 证明中得到的 (3.7.7) 式可知 $E_\theta(N)<\infty$, 且 N 作为一个序贯检验的停止变量，满足引理 3.7.5 关于 N 的条件 (3.7.21). 于是根据上述引理得

$$E_\theta(N)=E_\theta(Z_1+\cdots+Z_N)/E_\theta(Z).$$

$E_\theta(Z_1+\cdots+Z_N)$ 的确值难于算出，但由 SPRT 的定义可知，当试验停止时，$Z_1+\cdots+Z_N$ 或则 $\geqslant\log B$, 或则 $\leqslant\log A$, 概率分别为 $\beta(\theta)$ 和 $1-\beta(\theta)$. 如果近似地认为 $Z_1+\cdots+Z_N$ 取 $\log B$ 和 $\log A$ 之值的概率分别为 $\beta(\theta)$ 及 $1-\beta(\theta)$, 则将有

$$E_\theta(Z_1+\cdots+Z_N)\approx\beta(\theta)\log B+(1-\beta(\theta))\log A,$$

于是得到近似公式

$$E_\theta(N)\approx[\beta(\theta)\log B+(1-\beta(\theta))\log A]/E_\theta(Z). \quad (3.7.25)$$

关于公式 (3.7.16) 和 (3.7.25) 的精确度，拿例 3.7.5 的情况来说，对 $p_0=0.05$, $p_1=0.17$, $p=0.099$, 用公式 (3.7.12) 近似地决定 A, B (取 $\alpha_0=0.05$, $\beta_0=0.10$). 对由这个 A, B 决定的 SPRT 而言，$\beta(p)$ 的确值和由 (3.7.16) 决定的近似值分别为 0.409 和 0.44. $E_{p_0}(N)$, $E_p(N)$, $E_{p_1}(N)$ 的确值和由 (3.7.25) 决定的近似值分别为 31.4, 46.8 和 30.0, 以及 30, 39 和 25. 从这个例子的情况看，近似的程度还可以，但不是十分理想.

(七) SPRT 的一个最优性质

提出 SPRT 的一个动机在于在同样错误概率之下，降低平均

抽样次数. 虽然由于 $E_\theta(N)$ 的精确公式难于求得(以及具有精确的两种错误概率 α, β 的 SPRT 的界限难于求得)也不易作精确的比较,我们可以利用上几段的近似公式作一大致的比较.

拿例 3.7.4 的情况来说,对固定的样本大小 n 及水平 α, UMP 检验在 $\theta=\theta_1(>\theta_0)$ 处的功效为

$$\beta(\theta_1)=1-\Phi(z_\alpha-\sqrt{n}(\theta_1-\theta_0)),$$

为了使 $\beta(\theta_1)$ 等于预定的 $1-\beta$, 必须有

$$z_\alpha-\sqrt{n}(\theta_1-\theta_0)=z_{1-\beta}=-z_\beta,$$

由此得出所需的样本大小为

$$n=(z_\alpha+z_\beta)^2/(\theta_1-\theta_0)^2.$$

根据前几段给的近似公式,可以算出,在同样的 α, β 之下, SPRT 的平均抽样次数 $E_\theta(N)$. 因而可以考虑比值 $E_\theta(N)/n$. 对 $\alpha=\beta=0.05$ 计算的结果(与 θ_0, θ_1 无关)为, 在 $\theta=\theta_0$ 和 $\theta=\theta_1$ 时, 有 $E_\theta(N)/n\approx0.49$. 这大致可以作为 $\theta\leqslant\theta_0$ 和 $\theta\geqslant\theta_1$ 时之值. 因此, 在这些情况下,抽样次数平均约可以节省一半.

下面的定理是此例中的情况的一般化.

定理 3.7.3 (Wald, Wolfowitz). 设 μ 是可测空间$(\mathscr{X}, \mathscr{B}_{\mathscr{X}})$上的 σ-有限测度, $f_0(x)$ 和 $f_1(x)$ 为 $\mathscr{X}$ 上的两个非负 $\mathscr{B}_{\mathscr{X}}$-可测函数, 满足条件 $\int_{\mathscr{X}} f_0(x)d\mu=\int_{\mathscr{X}} f_1(x)d\mu=1$, 而且 $\int_A f_0(x)d\mu+\int_A f_1(x)d\mu>0$, 此处 $A=\{x: f_0(x)\neq f_1(x)\}$. 设 ϕ 为检验问题

$$H: X \text{ 的分布为 } f_0 d\mu \leftrightarrow K: X \text{ 的分布为 } f_1 d\mu \quad (3.7.26)$$

的 SPRT, 其界限值 A, B 满足 $A<1<B$. 以 α, β 分别记这个 SPRT 的第一、二两种错误的概率, 则对 (3.7.26) 的任何检验 ϕ_1 (序贯或非序贯的), 只要其犯两种错误的概率分别不超过 α, β, 且平均抽样次数(记为 $E_0(N|\phi_1)$ 和 $E_1(N|\phi_1)$)有限, 则必有

$$E_0(N|\phi_1)\geqslant E_0(N|\phi),\quad E_1(N|\phi_1)\geqslant E_1(N|\phi).$$

就是说, 在一切其错误概率不超过指定的 α, β 的检验中, 以达到此 α, β 的 SPRT 的平均抽样次数最小.

这个定理在 1947 年 Wald 发表其序贯分析的著作时, 将其作

为一个猜测提出来，次年他和 Wolfowitz 一道证明了这个猜测. 所用的方法是假定每次试验费用为常数，以及犯两种错误的损失也是常数（检验结果正确时损失为 0）时，将所提的最优性问题与序贯 Bayes 解的问题联系起来. 这个证明也可以在 [7]，p.104 找到，这里我们不给出这个证明.

应当注意的是：若本定理中提到的两个分布是由一分布族 $\{f_\theta(x)d\mu,\ \theta\in\Theta\}$ 中参数 θ 的两个特殊值 $\theta=\theta_0$ 和 $\theta=\theta_1$ 所产生的，则由定理并不能推出 $E_\theta(N|\phi)$ 对每个 $\theta\in\Theta$ 都达到最小，也不能断言它比相当的固定样本检验的样本大小 n 更小（当然，对于不为 θ_0 和 θ_1 的 θ 值，SPRT 的功效函数值 $\beta_\phi(\theta)$ 与固定样本检验的功效函数值 $\beta_n(\theta)$ 已不相同，因此这种比较就不完全贴切）. 拿上面举的例来说，虽则在 $\theta\leqslant\theta_0$ 和 $\theta\geqslant\theta_1$ 时，比值 $E_\theta(N)/n$ 比 1 小，但在 $\theta_0<\theta<\theta_1$ 时，则不一定如此. 事实上，在 $\theta=\dfrac{\theta_0+\theta_1}{2}$ 的附近，SPRT 的 $E_\theta(N)$ 要比 n 大. 这一点也不难理解：当 θ 在 $\dfrac{\theta_0+\theta_1}{2}$ 附近时，X 的分布既不能说接近于假设 $\theta=\theta_0$ 成立的一方，也不能说接近于对立假设 $\theta=\theta_1$ 成立的一方，因此要达到一个决定就特别难. 关于这个问题现有一些工作，此处不能仔细介绍了.

（八）复合假设的情况

以上所讨论的 SPRT 只能用于简单假设检验问题，即零假设和对立假设都只包含一个分布的情况. 诚然，定理 3.7.1 使其应用范围扩大到单调似然比分布族，但毕竟还是很有限的. 例如，常见的在 σ 未知时检验正态总体 $N(a,\ \sigma)$ 中的假设 $a=0$ 的问题，就无法用上面所叙述的 SPRT 来处理.

针对这种复合假设的问题，Wald 提出过一种作法，这实际上是一种 Bayes 方法，设变量 X 有分布族 $\{f(x,\ \theta)d\mu(x),\ \theta\in\Theta\}$，$X_1,\ X_2,\ \cdots$ 为变量 X 的 iid. 样本，考虑检验问题(3.1.1). 在 Θ_H 和 Θ_K 中引进 σ–域 $\mathscr{B}_H$ 和 $\mathscr{B}_K$. 设 dp_H 和 dp_K 为 $\mathscr{B}_H$ 和 $\mathscr{B}_K$ 上的概率测度（即先验分布）. 当参数为 θ 时，$(X_1,\ \cdots,\ X_n)$ 的密度函

数为 $\prod_{i=1}^{n} f(x_i, \theta)$. 因此，积分

$$f_H^{(n)}(x_1, \cdots, x_n)=\int_{\Theta_H}\left[\prod_{i=1}^{n} f(x_i, \theta)\right] dp_H(\theta),$$
$$f_K^{(n)}(x_1, \cdots, x_n)=\int_{\Theta_H}\left[\prod_{i=1}^{n} f(x_i, \theta)\right] dp_K(\theta) \tag{3.7.27}$$

可看作在先验分布 dp_H 和 dp_K 之下，$(X_1, \cdots, X_n)$ 的绝对密度. 因此，可以对比值序列

$$f_K^{(n)}(x_1, \cdots, x_n)/f_H^{(n)}(x_1, \cdots, x_n),\ n=1, 2, \cdots$$

使用 SPRT 适当地选择 dp_H 和 dp_K，以求作出的 SPRT 具有某种良好性质.

在 Θ_H 和 Θ_K 的公共边界附近的那些点 θ，对是否接受假设 H，一般是无关紧要. 因此，可以把 Θ 分为三个两两无公共点的区域:

$$\Theta=\Theta_H\cup\Theta_K\cup\Theta_I. \tag{3.7.28}$$

当 θ 在 Θ_H 或 Θ_K 内时，我们希望假设 H 被接受或否定，而当 θ 在 Θ_I 内时，则不特别关心采取何种决定. 这个 Θ_I 常称为"无分别域"("Indiffrence Zone"). 如果 Θ 按(3.7.28)的方式分解，则(3.7.27)仍适用，这表示我们不给 Θ_I 任何先验概率.

我们以所谓"序贯 t-检验"为例来说明上述概念. 问题是要检验 $N(a, \sigma^2)$ 中的 $a=0$ ($a=a_0$ 的情况可转化为 $a=a_0$). 这与固定样本时的 t-检验所处理的问题一样，因而得到这个名称. 在此，我们不用 $|a|$ 而用比值 $|a|/\sigma$ 来衡量点 (a, σ) 与零假设 $a=0$ 的偏差. 给出一个 $\delta>0$，将整个参数空间

$$\Theta=\{(a, \sigma): -\infty<a<\infty,\ 0<\sigma<\infty\}$$

作如下的划分:

$$\Theta_H=\{(a, \sigma): a=0,\ 0<\sigma<\infty\},$$
$$\Theta_K=\{(a, \sigma): |a|/\sigma\geqslant\delta\},$$
$$\Theta_I=\{(a, \sigma): 0<|a|/\sigma<\delta\},$$

而取

$$dp_{Hc}=\text{线段}\ \{a=0,\ 0<\sigma<c\}\ \text{上的均匀分布}$$

$$dp_{Kc} = \text{线段 } \{a=\sigma\delta,\ 0<\sigma<c\} \text{ 上的均匀分布与线段 } \{a=-\sigma\delta,\ 0<\sigma<c\} \text{ 上的均匀分布的等概率混合.}$$

$$f_{Hc}^{(n)}(x_1,\ \cdots,\ x_n) = \int_0^c \left(\frac{1}{\sqrt{2\pi}\sigma}\right)^n \exp\left(-\frac{1}{2\sigma^2}\sum_{i=1}^n x_i^2\right) d\sigma,$$

$$f_{Kc}^{(n)}(x_1,\ \cdots,\ x_n) = \frac{1}{2}\int_0^c \left[\left(\frac{1}{\sqrt{2\pi}\sigma}\right)^n \left\{\exp\left(-\frac{1}{2\sigma^2}\sum_{i=1}^n (x_i-\sigma\delta)^2\right) + \exp\left(-\frac{1}{2\sigma^2}\sum_{i=1}^n (x_i+\sigma\delta)^2\right)\right\}\right] d\sigma.$$

令 $c\to\infty$ 得

$$\frac{f_K^{(n)}(x_1,\ \cdots,\ x_n)}{f_H^{(n)}(x_1,\ \cdots,\ x_n)} = \lim_{c\to\infty} \frac{f_{Kc}^{(n)}(x_1,\ \cdots,\ x_n)}{f_{Hc}^{(n)}(x_1,\ \cdots,\ x_n)}$$

$$= \frac{\int_0^\infty \frac{1}{2(\sqrt{2\pi}\sigma)^n}\left[\exp\left(-\frac{\sum_{i=1}^n (X_i-\sigma\delta)^2}{2\sigma^2}\right) + \exp\left(-\frac{\sum_{i=1}^n (X_i+\sigma\delta)^2}{2\sigma^2}\right)\right] d\sigma}{\int_0^\infty \frac{1}{(\sqrt{2\pi}\sigma)^n} \exp\left(-\sum_{i=1}^n x_i^2/2\sigma^2\right) d\sigma}$$

基于这个比值的 SPRT 就是所谓序贯 t-检验. 这个检验在文献中有一些讨论, 此处不细述了. 我们只指出: 上述比值的计算可转化为中心及非中心 t 分布密度的计算.

关于 dp_H, dp_K 的选择, 可以提出要求(例如说), 在检验有水平 α 的前提下, 使功效 $\beta(\theta)$ 在 Θ_K 上的最小值达到最大, 等等. 然而, 就从上述这个极常见的例子也看到, 且不说理论上的困难, 就是在实际计算上, 也是怎样的不容易.

第四章　区间估计

在第二章中，我们致力于寻找一个仅依赖于样本的函数 $\hat{\theta}(X)$，以此作为未知参数 θ 的估计．一般，对这种所谓点估计而言，要是不以某种方式指出其精度，意义是不大的，给出精度的方法很多，例如，算出 $\hat{\theta}(X)$ 的方差，我们就能对其精度有一定的概念．然而，表达这种精度最简单醒目的方法，莫过于指出一个区间，比方说 $[\hat{\theta}(X)-d(X),\hat{\theta}(X)+d(X)]$，它以相当大的可能性包含未知的 θ．在这样做的时候，我们实质上就用了一种新的形式的估计，即区间估计，来代替原来的点估计 $\hat{\theta}(X)$．

以上我们是把区间估计作为刻划点估计的精度的手段．但是，应当把点估计和区间估计看作估计理论中两个有联系又有区别的分支．各自都有其某些特殊概念和问题．

本章的目的是叙述区间估计的基本理论．在§4.1中，我们将给出 Neyman 的置信区间 (Confidence interval) 理论的要点．这是目前应用最广泛的一种形式．它的好处在于可以完全纳入目前流行的概率论理论的格局之内，因而有比较简单明了的解释，更具体地说，它在理论上基于 Колмогоров 公理体系之下的概率论，在实用上允许一种频率解释，在§4.2中我们将介绍某些其他的方法，包括 Fisher 的信仰推断法(Fiducial Inference)．在以后的部分我们将讨论某些序贯区间估计的问题．由于问题比较专门，我们不能不局限于作一些很一般性的介绍，更多的细节要到文献中去找，因为，可惜的是，目前在这方面尚缺乏足够详尽的专门著作．

§4.1.　置信区间与置信界

(一) 基本概念

置信区间理论是 Neyman 在其 1937 年的工作中系统地发展

起来的，下面的定义在这个理论中是基本的.

定义 4.1.1. 设变量 X 的样本空间和分布族为 $\{(\mathscr{X}, \mathscr{B}_{\mathscr{X}}, P_\theta), \theta\in\Theta\}$，$g(\theta)$ 是定义在 Θ 上的有限实值函数，若 $\hat{g}_1(x)$ 和 $\hat{g}_2(x)$ 是两个定义在 $\mathscr{X}$ 上的有限的 $\mathscr{B}_{\mathscr{X}}$-可测函数，则称 $[\hat{g}_1(x), \hat{g}_2(x)]$ 为 $g(\theta)$ 的一置信区间(估计). 任何一数 $1-\alpha$, $0\leqslant\alpha\leqslant1$, 满足条件

$$\sup_{\theta\in\Theta} P_\theta(\hat{g}_1(X)\leqslant g(\theta)\leqslant\hat{g}_2(X))\geqslant1-\alpha, \qquad (4.1.1)$$

则称为是置信区间 $[\hat{g}_1, \hat{g}_2]$ 的置信水平 (Confidence level)，而 (4.1.1) 的左边称为 $[\hat{g}_1, \hat{g}_2]$ 的置信系数 (Confidence coefficient). 区间的端点 $\hat{g}_1(x)$ 和 $\hat{g}_2(x)$ 有时称为置信限 (Confidence limit).

在 (4.1.1) 中，θ 看作是一个未知的，且没有任何随机性的数，但区间 $[\hat{g}_1(x), \hat{g}_2(x)]$ 与样本 x 有关，因此，这区间是否包含未知的 $g(\theta)$，也与样本 x 有关，因此在概率测度 P_θ 之下，具有一定的概率. 在这个解释下，(4.1.1) 的意思是：随机区间 $[\hat{g}_1(x), \hat{g}_2(x)]$ 包含固定点 $g(\theta)$ 的可能性(概率)不低于 $1-\alpha$, 不管 θ 的真实值如何，在实用上，(4.1.1) 可以这样看：假定我们反复地使用 $[\hat{g}_1, \hat{g}_2]$ 来估计 $g(\theta)$. 设第 n 次使用时，样本为 x_n 而参数的真实值为 θ_n, $n=1, 2, \cdots$. 则在我们所作出的一系列论断：

"被估计的 $g(\theta_n)$ 落在 $[\hat{g}_1(x_n), \hat{g}_2(x_n)]$ 内", $n=1, 2, \cdots$ 之中，从长期看，至少有 $100(1-\alpha)\%$ 是正确的. 因此，这里所涉及的概念都允许有一种通常的概率论解释.

从定义 4.1.1 看出，置信水平(及系数)所反映的是区间估计的可靠度的一面. 另一个重要方面是其精确度，它比方说可用其长度来刻划，当区间长度 $\hat{g}_2-\hat{g}_1$ 太大时，虽则其可靠度甚高，但可能也于事无补，正如估计一人年龄在十岁到八十岁之间，可靠则固然是，而疏略亦甚明显，这两个方面(可靠度与精确度)是互相矛盾着的两个侧面. 区间估计理论的要旨，可以说就是充分使用样本提供的信息，以作出尽可能可靠和精确的估计来.

暂时先放下这个问题，我们来考察一下构造置信区间的具体方法.

1. 构造区间估计的一个简单模式如下：设法找到一个函数 $G(X, g(\theta))$，其分布为已知且与 θ 无关. 这话确切的含义是存在一个已知的与 θ 无关的分布函数 $F(x)$，致

$$P_\theta(G(X, g(\theta)) \leqslant x) = F(x), \tag{4.1.2}$$

适当决定两个常数 c, d，致

$$P_\theta(c \leqslant G(X, g(\theta)) \leqslant d) = F(d) - F(c-0) = 1-\alpha. \tag{4.1.3}$$

又假定不等式 $c \leqslant G(X, g(\theta)) \leqslant d$ 可转化为等价的形式：

$$c \leqslant G(X, g(\theta)) \leqslant d \Leftrightarrow \hat{g}_1(X) \leqslant g(\theta) \leqslant \hat{g}_2(X),$$

则有

$$P_\theta(\hat{g}_1(X) \leqslant g(\theta) \leqslant \hat{g}_2(X)) = 1-\alpha \tag{4.1.4}$$

于是 $[\hat{g}_1(X), \hat{g}_2(X)]$ 为 $g(\theta)$ 的置信系数 $1-\alpha$ 的置信区间，初等统计中许多常见的区间估计就是用这个方法导出的.

例 4.1.1. 设 $x_1, \cdots, x_n$ 为取自 $\mathrm{N}(a, \sigma^2)$ 的 iid 样本，要求 a 的置信区间估计，我们已知，

$$\frac{\sqrt{n}(\overline{X}-a)}{S}$$

$\left(\text{这里 } S = \sqrt{\frac{1}{n-1}\sum_{i=1}^{n}(X_i-\overline{X})^2}\right)$ 服从分布 t_{n-1}，与 a, σ 无关，因此 $P_{a,\sigma}\left(\left|\frac{\sqrt{n}(\overline{X}-a)}{S}\right| \leqslant t_{n-1}\left(\frac{\alpha}{2}\right)\right) = 1-\alpha$，于是得到 a 的一个置信系数为 $1-\alpha$ 的置信区间为

$$\left[\overline{X} - \frac{1}{\sqrt{n}} S t_{n-1}\left(\frac{\alpha}{2}\right),\ \overline{X} + \frac{1}{\sqrt{n}} S t_{n-1}\left(\frac{\alpha}{2}\right)\right]. \tag{4.1.5}$$

这常称为(一样本) t-区间(估计).

用同样的方法得到：σ^2 的置信系数 $1-\alpha$ 的区间估计为

$$\left[\frac{(n-1)S^2}{x_{n-1}^2\left(\frac{\alpha}{2}\right)},\ \frac{(n-1)S^2}{x_{n-1}^2\left(1-\frac{\alpha}{2}\right)}\right].$$

又若 $X_1, \cdots, X_m$ 和 $Y_1, \cdots, Y_n$ 分别为取自 $N(a, \sigma^2)$ 和 $N(b, \sigma^2)$ 的 iid 样本，则

$$\sqrt{\frac{mn(m+n-2)}{m+n}}\ \frac{(\overline{Y}-\overline{X})-(b-a)}{\sqrt{(m-1)S_X^2+(n-1)S_Y^2}} \sim t_{m+n-2},$$

此处$(m-1)S_X^2=\sum_{i=1}^{m}(X_i-\overline{X})^2$，$(n-1)S_Y^2=\sum_{i=1}^{n}(Y_i-\overline{Y})^2$，由此得出$b-a$的一个置信系数$1-\alpha$的区间估计为

$$\left[(\overline{Y}-\overline{X})-\sqrt{\frac{m+n}{mn(m+n-2)}}\sqrt{(m-1)S_X^2+(n-1)S_Y^2}\,t_{m+n-2}\left(\frac{\alpha}{2}\right),\right.$$

$$\left.(\overline{Y}-\overline{X})+\sqrt{\frac{m+n}{mn(m+n-2)}}\sqrt{(m-1)S_X^2+(n-1)S_Y^2}\,t_{m+n-2}\left(\frac{\alpha}{2}\right)\right]. \tag{4.1.6}$$

这常称为两样本t-区间，同样，若$X_1, \cdots, X_m$和$Y_1, \cdots, Y_n$分别来自总体$N(a, \sigma_1^2)$和$N(b, \sigma_2^2)$，则σ_2^2/σ_1^2的一个置信系数$1-\alpha$的区间估计为

$$\left[\frac{S_Y^2}{S_X^2}\Big/F_{n-1,m-1}\left(\frac{\alpha}{2}\right), \frac{S_Y^2}{S_X^2}\Big/F_{n-1,m-1}\left(1-\frac{\alpha}{2}\right)\right].$$

例 4.1.2. 设$X_1, \cdots, X_n$为变量X的iid. 样本，X的分布族为指数族$\{\theta e^{-\theta x}dx, \theta>0, x>0\}$. 要求$\theta$的区间估计.

注意到$2\theta_0 X$在参数$\theta=\theta_0$时有分布χ_2^2，知

$$2\theta S_n=2\theta(X_1+\cdots+X_n)\sim\chi_{2n}^2, \tag{4.1.7}$$

故$P_\theta\left(\chi_{2n}^2\left(1-\frac{\alpha}{2}\right)\leqslant 2\theta S_n\leqslant\chi_{2n}^2\left(\frac{\alpha}{2}\right)\right)=1-\alpha$，从而得到$\theta$的一个置信系数$1-\alpha$的区间估计为

$$\left[\left(\chi_{2n}^2\left(1-\frac{\alpha}{2}\right)\right)\Big/2S_n, \left(\chi_{2n}^2\left(\frac{\alpha}{2}\right)\right)\Big/2S_n\right]. \tag{4.1.8}$$

具有指定置信系数的区间估计不是唯一的，拿本例而言，除(4.1.8)外，任何满足条件$\alpha_1>0$, $\alpha_2>0$, $\alpha_1+\alpha_2=\alpha$的α_1, α_2，置信区间

$$[(\chi_{2n}^2(1-\alpha_1))/2S_n, (\chi_{2n}^2(\alpha_2))/2S_n],$$

有置信系数$1-\alpha$.

在(4.1.2)中的$F(x)$为离散分布时，满足(4.1.3)的c, d未必能找到，这时就无法由之作出具有指定置信系数$1-\alpha$的区间估计，我们可以适当调整$1-\alpha$之值，或实行随机化(相当于假设检验中的随机化检验)，后一点将在以后举例说明.

在一般情况下，要找到一个具有所述性质的 $G(X, g(\theta))$ 并非易事，对此，有时可使用大样本方法来解决问题，具体作法可以从下例看到.

例 4.1.3. 设 $X_1, \cdots, X_n$ 为变量 X 的 iid. 样本，X 的分布族为

$$P_p(X=0)=1-P_p(X=1)=1-p,\ 0\leqslant p\leqslant 1.$$

要求 p 的区间估计.

从中心极限定理知，若记 $S_n=\sum_{i=1}^{n} X_i$，则当 $n\to\infty$，

$$\frac{S_n-np}{\sqrt{npq}} \xrightarrow{c} N(0, 1),\ q=1-p.$$

故当 n 甚大时不妨就认为 $\frac{S_n-np}{\sqrt{npq}}$ 有分布 $N(0, 1)$，于是近似地有

$$P_p\left(-z_{\alpha/2}\leqslant \frac{S_n-np}{\sqrt{npq}}\leqslant z_{\alpha/2}\right)\approx 1-\alpha.$$

上式右边的不等式不难证明其等价于

$$p\in\left[\frac{n}{n+\lambda^2}\left(\hat{p}+\frac{\lambda^2}{2n}-\lambda\sqrt{\frac{\hat{p}(1-\hat{p})}{n}+\frac{\lambda^2}{4n^2}}\right),\right.$$
$$\left.\frac{n}{n+\lambda^2}\left(\hat{p}+\frac{\lambda^2}{2n}+\lambda\sqrt{\frac{\hat{p}(1-\hat{p})}{n}+\frac{\lambda^2}{4n^2}}\right)\right]. \quad (4.1.9)$$

此处 $\lambda=z_{\alpha/2}$，$\hat{p}=S_n/n$. 于是(4.1.9)中的区间作为 p 的置信区间，当 n 充分大时置信系数近似地为 $1-\alpha$[1].

对一般情况，通常可作出 $g(\theta)$ 的极大似然估计 $g(\hat{\theta}_n)$. 在很普遍的条件下将有

$$[g(\hat{\theta}_n)-g(\theta)]/\sigma_g(\theta)\sim N(0, 1),$$

当 n 很大时近似地成立，通常在将 $\hat{\theta}_n$ 代替 $\sigma_g(\theta)$ 中的 θ 时，上式

1) 不论 n 多大，只要把 p 取得充分地接近于 0 或 1，$(S_n-np)/\sqrt{npq}$ 的分布与 $N(0, 1)$ 仍会有较大的差距. 因此严格地说，如果 $(0, 1)$ 内的一切 p 都可能，则不能认为 (4.1.9) 近似地有置信系数 $1-\alpha$. 为克服这个困难，此处可以假定存在 $p_0>0$，致 $[p_0, 1-p_0]$ 包括了 p 的全部可能值. 对由大样本理论作出的区间估计，一般都存在这个问题.

仍成立，由此可得出 $g(\theta)$ 的大样本区间估计 $[g(\hat{\theta}_n)-z_{\frac{\alpha}{2}}\sigma_g(\hat{\theta}_n),$ $g(\hat{\theta}_n)+z_{\frac{\alpha}{2}}\sigma_g(\hat{\theta}_n)]$，当 n 很大时近似地有置信系数 $1-\alpha$（参考上页足注 1)）作为这方面的重要例子，有所谓 Behrens-Fisher 问题：设 $X_1, \cdots, X_m$ 和 $Y_1, \cdots, Y_n$ 为自总体 $N(a, \sigma_1^2)$ 和 $N(b, \sigma_2^2)$ 中抽出的 iid. 样本，要作 $b-a$ 的区间估计，这个问题在文献中有很多讨论，我们有

$$[(\overline{Y}-\overline{X})-(b-a)]\Big/\sqrt{\frac{1}{m}\sigma_1^2+\frac{1}{n}\sigma_2^2}\sim N(0, 1),$$

用 $S_1^2=\dfrac{1}{m-1}\sum\limits_{i=1}^{m}(X_i-\overline{X})^2$ 和 $S_2^2=\dfrac{1}{n-1}\sum\limits_{j=1}^{n}(Y_j-\overline{Y})^2$ 代替上式中的 σ_1^2 和 σ_2^2，由于这些都是 σ_1^2 和 σ_2^2 的相合估计，有

$$\lim_{m,n\to\infty}[(\overline{Y}-\overline{X})-(b-a)]\Big/\sqrt{\frac{1}{m}S_1^2+\frac{1}{n}S_2^2}\xrightarrow{L}N(0, 1),$$

于是当 m, n 充分大时，得到 $b-a$ 的大样本区间估计

$$\left[\overline{Y}-X-\sqrt{\frac{S_1^2}{m}+\frac{S_2^2}{n}}\,z_{\frac{\alpha}{2}},\ \overline{Y}-\overline{X}+\sqrt{\frac{S_1^2}{m}+\frac{S_2^2}{n}}\,z_{\frac{\alpha}{2}}\right].$$

不论 $a, b, \sigma_1^2, \sigma_2^2$ 之值如何，当 m, n 都无限增加时，此区间包含 $b-a$ 的概率收敛于 $1-\alpha$. 我们将在本节（五）中对这个重要问题作更仔细一些的讨论.

2. 另一个构造区间估计的方法基于其与假设检验的联系，这个联系虽然简单，却是 Neyman 在发展其理论时的一个重要出发点和工具，因为，这使他可以把他和 E. S. Pearson 合作发展的假设检验理论用于区间估计问题.

引理 4.1.1. 设 $A(\theta_0)$ 是检验问题

$$\theta=\theta_0\longleftrightarrow\theta\neq\theta_0 \tag{4.1.10}$$

的某个检验 ϕ_{θ_0} 的接受域（即 $\phi_{\theta_0}(x)=0$ 当 $x\in A(\theta_0)$，$\phi_{\theta_0}(x)=1$ 当 $x\overline{\in}A(\theta_0)$），又集合

$$\{\theta: x\in A(\theta)\}=S_x$$

为一个有界闭区间，则 S_x 作为 θ 的置信区间，其置信水平为 $1-\alpha$ 的充要条件为：ϕ_{θ_0} 为 (4.1.10) 的水平 α 的检验.

证．本引理的证明直接从等价关系

$$\theta \in S_x \Leftrightarrow x \in A(\theta)$$

得出．

前面列举的几个简单例子也可以用这个方法得到，故在此不多重复了，这个引理的重要性在于：不仅区间估计的置信水平与假设检验的显著性水平存在着引理中指出的联系，而且它们的最优性也有一定的联系．因此，具有某种最优性质的区间估计有时可以从相应的、具同样最优性质的假设检验而求得，以后我们将更详细地谈到这一点．

在不少实际问题中，我们关心的只是参数 θ 在一个方向的界限，例如，一种新材料的强度，我们关心其下界，一种新药品的毒性，我们关心其上界，等等．对这种情况，两端都有限的区间估计不适用或不必要．相应地，我们立如下的定义．

定义 4.1.2　沿用定义 4.1.1 的记号，$\underline{\theta}(x)$ 称为 θ 的具置信水平 $1-\alpha$ 的置信下界(Confidence lower bound)，若

$$\sup_{\theta \in \Theta} P_\theta(\underline{\theta}(X) \leqslant \theta) \geqslant 1-\alpha, \tag{4.1.11}$$

上式左端的量称为 $\underline{\theta}$ 的置信系数，相应地，$\overline{\theta}(x)$ 称为 θ 的具置信水平 $1-\alpha$ 的置信上界(Confidence upper bound)，若

$$\sup_{\theta \in \Theta} P_\theta(\overline{\theta}(X) \geqslant \theta) \geqslant 1-\alpha, \tag{4.1.12}$$

而上式左端的量称为 $\overline{\theta}$ 的置信系数．

前面指出的构造置信区间的方法，以明显的方式推广到求置信界的情形，在此就不多重复了．

置信界与置信区间之间，存在着一个简单联系，我们先引进一个辅助概念．称 $[\hat{g}_1(x), \hat{g}_2(x)]$ 为 $g(\theta)$ 的置信水平 $1-\alpha$ 的相似区间估计，若

$$P_\theta(\hat{g}_1(X) \leqslant g(\theta) \leqslant \hat{g}_2(X)) = 1-\alpha, \text{ 对一切 } \theta \in \Theta.$$

完全类似地定义相似置信界．

引理 4.1.2．设 $\underline{\theta}$ 和 $\overline{\theta}$ 分别为 θ 的置信系数为 $1-\alpha_1$ 和 $1-\alpha_2$ 的(相似)置信下、上界，且对任何 x 有 $\underline{\theta}(x) \leqslant \overline{\theta}(x)$，则 $[\underline{\theta}(x),$

$\overline{\theta}(x)]$ 为 θ 的置信水平为 $1-\alpha$ 的（相似）区间估计，此处 $\alpha=\alpha_1+\alpha_2$.

证. 在引理的假定下，显然以下三个事件

$$\{\underline{\theta}(X)\leqslant\theta\leqslant\overline{\theta}(X)\},\quad \{\theta<\underline{\theta}(X)\},\quad \{\theta>\overline{\theta}(X)\}$$

互斥且其并为必然事件，于是立即推出本引理.

在例 4.1.1 和 4.1.2 中，我们求出的置信区间的上、下端点，实际上都是有关参数的置信水平为 $1-\frac{\alpha}{2}$ 的相似置信上、下界，而置信区间是相似的.

置信区间的概念不难推广到多维的情况.

定义 4.1.3. 设变量 X 的样本空间和分布族为 $\{(\mathscr{X},\mathscr{B}_{\mathscr{X}},P_\theta),\ \theta\in\Theta\}$，$g(\theta)$ 为定义于 Θ 上取值于 R_k 的函数. $S(x)$ 是一个定义于 $\mathscr{X}$ 上的函数，每个 $S(x)$ 都是 R_k 的一个子集，若对某个 α，$0\leqslant\alpha\leqslant1$，

$$\sup_{\theta\in\Theta}P_\theta(g(\theta)\in S(X))\geqslant1-\alpha. \tag{4.1.13}$$

则称 $S(x)$ 为 $g(\theta)$ 的置信水平为 $1-\alpha$ 的置信集. (4.1.13) 左边的量称为 $S(x)$ 的置信系数.

在高维的情况，置信集的形状可以多样化一些，但一般也只限于长方体(其面与坐标面平行)、球、椭球之类，当然，定义 4.1.3 也适用于一维的情况，这时 $S(x)$ 不必是一个区间，然而，出于显然的理由，在一维的情况几乎只考虑置信集为区间的情形，但不必排斥 $S(x)$ 不为区间的可能性.

(二) 一致最精确的置信界 (Uniformly Most Accurate Confidence Bound, 简称 UMA 置信界).

因为上、下界的理论是完全平行的，我们将只仔细讨论下界的情况.

沿用定义 4.1.2 的记号，设 $\underline{\theta}(x)$ 为 θ 的置信水平 $1-\alpha$ 的置信下界，这保证了对任何 θ，"$\underline{\theta}(x)$ 确为 θ 的下界"这一断言的概率，不会低于 $1-\alpha$. 在这个前提下，我们希望 $\underline{\theta}(x)$ 尽量不要低估

θ. 这个要求可以更确切地表达如下：任给 $\theta'<\theta$, 我们希望 “$\theta(x)$ 比 θ' 小”这种情况愈少出现愈好，这个考虑导致如下的定义.

定义 4.1.4. 设 $\underline{\theta}(X)$ 为 θ 的置信水平 $1-\alpha$ 的置信下界，若对任何其他的具同一置信水平的置信下界 $\underline{\theta}^*(x)$ 及任何 $\theta'<\theta$, 必有

$$P_\theta(\underline{\theta}(X)\leqslant\theta')\leqslant P_\theta(\underline{\theta}^*(X)\leqslant\theta'). \tag{4.1.14}$$

则称 $\underline{\theta}(X)$ 是 θ 的一个置信水平 $1-\alpha$ 的 UMA 置信下界.

完全同样的方式给出 UMA 置信上界的定义.

寻找 UMA 置信下界的方法基于下面的事实.

引理 4.1.3. 设 $A(\theta_0)$ 为假设检验问题

$$\theta=\theta_0\longleftrightarrow\theta\in K(\theta_0) \tag{4.1.15}$$

的水平 α 的 UMP 检验的接受域(此处 $K(\theta_0)$ 为由 θ_0 确定的一个集，它属于 Θ 但不包含 θ_0), 则由关系式 $S(x)=\{\theta:x\in A(\theta)\}$ 所确定的 $S(x)$ 为 θ 的一个置信水平 $1-\alpha$ 的置信集，且若 $S^*(x)$ 也是 θ 的具同一置信水平的置信集，则对任何 $\theta'\in K(\theta)$ 有

$$P_{\theta'}(\theta\in S(X))\leqslant P_{\theta'}(\theta\in S^*(X)). \tag{4.1.16}$$

证. 前一结论已在引理 4.1.1 中证明过了，现证后一结论，定义 $A^*(\theta)=\{x:\theta\in S^*(x)\}$. 依引理 4.1.1, $A^*(\theta_0)$ 为 (4.1.15) 的一个水平 α 检验的接受域，故由 $A(\theta_0)$ 为 UMP 检验接受域，知对任何 $\theta'\in K(\theta_0)$, 有 $P_{\theta'}(X\in A(\theta_0))\leqslant P_{\theta'}(X\in A^*(\theta_0))$, 即

$$P_{\theta'}(\theta_0\in S(X))\leqslant P_{\theta'}(\theta\in S^*(X)),$$

即 (4.1.16), 于是引理得证.

现在可以证明下面的定理：

定理 4.1.1. 设 X 的(关于 $\mathscr{B}_{\mathscr{X}}$ 上某个 σ- 有限测度 μ 的)密度族 $\{f(x,\theta),\theta\in\Theta\}$ 为关于统计量 $T(x)$ 的单调似然比族，以 $F(t,\theta)$ 记 $T(X)$ 的分布函数，假定这函数分别对 t 和 θ 而言都连续，则

1° θ 的 UMA 置信下界 $\underline{\theta}(X)$ 存在(对任何置信水平 $1-\alpha$, $0<\alpha<1$), 且由引理 4.1.3 决定，其中 $A(\theta_0)=\{\theta:\theta\in\Theta,\ \theta>\theta_0\}$.

2° 若对某个 $x\in\mathscr{X}$, 方程

$$F(T(x),\ \theta)=1-\alpha \tag{4.1.17}$$

在 Θ 内有解，则此解必唯一且即为 $\underline{\theta}(x)$.

证. 考虑假设检验问题

$$\theta=\theta_0 \longleftrightarrow \theta>\theta_0, \tag{4.1.18}$$

根据定理 3.2.2[1] 以及 $T(X)$ 的分布函数的连续性，知存在(4.1.18)的水平 α 的 UMP 检验，其否定域为 $\{x: T(x)>C(\theta_0)\}$，其中 $C(\theta_0)$ 满足

$$P_{\theta_0}(T(X)>C(\theta_0))=\alpha. \tag{4.1.19}$$

我们取 $C(\theta_0)$ 为使(4.1.19)成立的最大者.

根据定理 3.2.2(ii)，当 $\theta>\theta_0$ 时，有

$$P_\theta(T(X)>C(\theta_0))>\alpha.$$

这与 $P_\theta(T(X)>C(\theta))=\alpha$ 比较，得出 $C(\theta)>C(\theta_0)$，即 $C(\theta)$ 为 θ 的严格上升函数，易见 $C(\theta)$ 对 θ 右连续. 实际上，取一串 $\theta_n\downarrow\theta$. 由 $C(\theta)$ 的上升性知，$\lim\limits_{n\to\infty}C(\theta_n)=d\geqslant C(\theta)$. 另一方面，有 $P_{\theta_n}(T(X)>d)\geqslant P_{\theta_n}(T(X)>C(\theta_n))=\alpha$. 令 $n\to\infty$，利用 $F(t,\ \theta)$ 对 θ 的连续性，得 $P_{\theta_0}(T(X)>d)\geqslant\alpha$，于是由 $C(\theta_0)$ 为满足(4.1.19)的最大者知 $d\leqslant C(\theta_0)$，这证明了 $d=C(\theta_0)$ 因而证明了 $C(\theta)$ 的右连续性，现在定义

$$\underline{\theta}(x)=\inf\{\theta: T(x)\leqslant C(\theta)\}, \tag{4.1.20}$$

则由 $C(\theta)$ 的右连续性知 $T(x)=C(\underline{\theta}(x))$. 所以

$$S(x)=\{\theta: T(x)\leqslant C(\theta)\}=\{\theta: \theta\in\Theta,\ \theta\geqslant\underline{\theta}(x)\},$$

于是由引理 4.1.3 立即得出，$\underline{\theta}$ 为 θ 的置信系数 $1-\alpha$ 的 UMA 下界，这证明了 1°.

为证 2°，注意根据定理 3.2.2 (ii)，$F(T(x),\ \theta)$ 为 θ 的严增函数(在 $\{\theta: 0<F(T(x),\ \theta)<1\}$ 内)，这立即得到(4.1.17)的解的唯一性，现设 $\theta_*(x)$ 为(4.1.17)的解，则 $P_{\theta_*(x)}(T>T(x))=\alpha$(注意在此式中 x 已固定，随机变量是 $T=T(X)$). 于是由 C 的最大性知

---

1) 定理 3.2.2 考虑的问题是 $\theta\leqslant\theta_0\longleftrightarrow\theta>\theta_0$，但显然其结论对问题(4.1.18)也适用.

$$C(\theta_*(x))\geqslant T(x). \tag{4.1.21}$$

另一方面，由 $P_\theta(T>T(x))$ 对 θ 的严增性，知有 $P_{\theta'}(T>T(x))<\alpha$ 对任何 $\theta'<\theta_*(x)$，故

$$C(\theta')<T(x) \text{ 对任何 } \theta'<\theta_*(x), \tag{4.1.22}$$

将(4.1.21)与(4.1.22)结合，注意 $C(\theta)$ 为 θ 的上升函数，知 $\underline{\theta}(x)=\inf\{\theta:T(x)\leqslant C(\theta)\}=\theta_*(x)$. 定理证毕.

由于单参数指数族 $\{C(\theta)e^{\theta T(x)}d\mu(x)\}$ 为单调似然比族，如果 $T(X)$ 的分布函数满足定理中的连续性要求，则 θ 的 UMA 下界存在且可按定理中指出的方法求得，由此推出，例如：若 $X_1, \cdots, X_n$ 为$N(\theta, 1)$的 iid. 样本，则 $\overline{X}-z_\alpha/\sqrt{n}$ 为 θ 的置信系数 $1-\alpha$ 的 UMA 相似下界，在例 4.1.2 中，$\chi^2_{2n}(1-\alpha)\Big/\sum_{i=1}^n X_i$ 为 θ 的置信系数 $1-\alpha$ 的 UMA 相似下界，对上界显然成立完全类似的结果.

在 $T(X)$ 的分布为离散型的情况，上述定理不适用，这时，我们可以不坚持 $1-\alpha$ 这个值，即在 (4.1.19) 中，取 $C(\theta_0)$ 使 $P_{\theta_0}(T(X)>C(\theta_0))$ 与 α 尽可能接近. 或者采用下面讨论的随机化方法.

由于引理 3.7.1，过渡到 $T(X)$ 的分布，不妨设变量 X 取实数值且其密度 $f(x, \theta)$ 为关于 x 的单调似然比族，由于应用上最常见的情况是 X 取离散值 $\{0, 1, 2, \cdots\}$ (取$\{0, 1, \cdots, n\}$ 的情况包括在内)，我们就这个情况来讨论，记

$$P_\theta(X=x)=f(x, \theta),\ x=0, 1, 2, \cdots,\ \theta\in\Theta,$$

$\{f(x, \theta)\}$ 为单调似然比族，考虑一个新变量 Y，它对 L 测度 dy 有密度

$$g(y, \theta)=f([y], \theta),\quad 0\leqslant y<\infty,\ \theta\in\Theta, \tag{4.1.23}$$

显然 $\{g(y, \theta)\}$ 仍为单调似然比族 (关于 y)，且易见 Y 的分布与 $X+U$ 同，这里 X, U 独立而 $U\sim R(0, 1)$. 因此，Y 的样本值 y 是由 X 的样本值 x 加上一个服从 $R(0, 1)$ 的独立观察值而来，正是在这个意义上把这个方法叫随机化方法.

Y 的分布函数 $F(y, \theta)$ 当然对 y 连续，若假定 $f(x, \theta)$ 对任何

非负整数 x 为 θ 的连续函数，则易见 $F(y,\ \theta)$ 对 θ 连续，于是定理 4.1.1 的条件对 Y 全满足，因而可作出(θ 的)基于 Y 的具置信水平 $1-\alpha$ 的 UMA 下界.

我们举例来说明这个方法.

例 4.1.4. 设 $X_1,\ \cdots,\ X_n$ 为自 Poisson 分布族中取出的 iid. 样本，其联合分布为关于 $T(X)=X_1+\cdots+X_n$ 的单调似然比族，而 T 的分布为

$$P_\theta(T=t)=e^{-n\theta}(n\theta)^t/t!,\ t=0,\ 1,\ 2,\ \cdots,\ \theta\geqslant 0,$$

以 U 记 $R(0,\ 1)$ 变量，u 为其观察值，$y=T(x)+u=\sum_{i=1}^{n}X_i+u$. 若 $y\geqslant 1-\alpha$，则方程

$$1-\alpha=F(y,\ \theta)=\sum_{i=0}^{t-1}e^{-n\theta}(n\theta)^i/i!+e^{-n\theta}(n\theta)^t u/t!$$ 有唯一解(请读者证明之)，此解即为 $\underline{\theta}$. 若 $y<1-\alpha$，则对任何 $\theta_0\geqslant 0$，y 在

$$\theta=\theta_0\longleftrightarrow\theta>\theta_0 \tag{4.1.24}$$

的水平 α 的 UMP 检验的接受域内，即 $y\in A(\theta_0)$ 对任何 $\theta_0\geqslant 0$，故 $S(y)=\{\theta:\theta\geqslant 0\}$ 而 $\underline{\theta}(y)=0$.

例 4.1.5. 设 $X_1,\ \cdots,\ X_n$ 为自两点分布

$$P_\theta(X=0)=1-P_\theta(X=1)=1-\theta,\quad 0\leqslant\theta\leqslant 1,$$

总体取出的 iid. 样本，其密度函数关于 $T(x)=\sum_{i=1}^{n}X_i$ 为单调似然比族，$T\sim B(n,\theta)$. 因此，若如例 4.1.4 那样记 $y=t+u$，$t=T(x)$，则可求出 θ 的基于 y 的置信水平为 $1-\alpha$ 的 UMA 下界，当 $1-\alpha\leqslant y\leqslant n+(1-\alpha)$ 时，易见方程

$$1-\alpha=F(y,\ \theta)=\sum_{i=0}^{t-1}\binom{n}{i}\theta^i(1-\theta)^{n-i}+\binom{n}{t}\theta^t(1-\theta)^{n-t}u$$ 有唯一解，此解即为 $\underline{\theta}$. 若 $0\leqslant y<1-\alpha$，与上例同样的推理知 $S(y)=\{\theta:0\leqslant\theta\leqslant 1\}$，而 $\underline{\theta}(y)=0$. 若 $y>n+(1-\alpha)$，则检验问题 (4.1.24) 的水平 α 的 UMP 检验的接受域不包含 y，对任何 $\theta_0\in[0,\ 1]$，这时 $S(y)$ 为空集，而 $\underline{\theta}(y)$ 无定义，为了克服这个困难，令 $\underline{\theta}(y)=1$，当 $y>n+(1-\alpha)$. 不难看出，经过这样补充定义的 $\underline{\theta}$,

是θ的置信水平$1-\alpha$的UMA下界，水平为$1-\alpha$显然，而对任何$\theta'<\theta$（由此知$\theta'<1$）及任何置信水平$1-\alpha$的下界θ_*，由引理4.1.3得

$$P_\theta(\theta_*\leqslant\theta')\geqslant P_\theta(\theta'\in S(Y)),$$

但显然$P_\theta(\theta'\in S(Y))=P_\theta(\underline{\theta}(Y)\leqslant\theta')$，由此知$\underline{\theta}$确为UMA的.

定义4.1.4的要旨是：既要保证$\underline{\theta}$能以至少为$1-\alpha$的概率可作为θ的下界，又要使其尽可能大，从这个角度看，下面的性质把UMA下界的本质表露得更深刻.

定理4.1.2. 设$L(\theta,\underline{\theta})=0$，当$\underline{\theta}\geqslant\theta$，而当$\underline{\theta}<\theta$时为$\underline{\theta}$的单调下降函数（由此知$L\geqslant 0$）. 若$\underline{\theta}(X)$为$\theta$的置信水平$1-\alpha$的UMA下界，则对任何置信水平$1-\alpha$的下界$\theta_*(X)$，必有

$$E_\theta[L(\theta,\underline{\theta}(X))]\leqslant E_\theta[L(\theta,\theta_*(X))],$$

对一切$\theta\in\Theta$.

证. 注意到$\underline{\theta}$为UMA下界，对任何$u<\theta$有

$$P_\theta(\underline{\theta}(X)\leqslant u)\leqslant P_\theta(\theta_*(X)\leqslant u)\leqslant P_\theta(\theta_*(X)\leqslant\theta),$$

故可定义两个分布函数：

$$F(u)=\begin{cases}P_\theta(\underline{\theta}(X)\leqslant u)/P_\theta(\theta_*(X)\leqslant\theta), & u<\theta,\\ 1, & u\geqslant\theta,\end{cases}$$

$$F_*(u)=\begin{cases}P_\theta(\theta_*(X)\leqslant u)/P_\theta(\theta_*(X)\leqslant\theta), & u<\theta,\\ 1, & u\geqslant\theta,\end{cases}$$

这时$F(u)\leqslant F_*(u)$对一切u.

不难证明

$$\int_{-\infty}^{\infty}L(\theta,u)dF(u)\leqslant\int_{-\infty}^{\infty}L(\theta,u)dF_*(u).$$

此因由引理3.7.3知存在非降函数f_1和f_2，$f_1(u)\leqslant f_2(u)$，使$f_1(U)$和$f_2(U)$的分布函数分别为$F_*(u)$及$F(u)$，此处$U\sim R(0,1)$. 因此

$$\int_{-\infty}^{\infty}L(\theta,u)dF(u)=\int_0^1 L(\theta,f_2(u))du$$

$$\leqslant\int_0^1 L(\theta,f_1(u))du=\int_{-\infty}^{\infty}L(\theta,u)dF_*(u).$$

由此得出

$$E_\theta[L(\theta,\ \underline{\theta}(X))]=\int_{-\infty}^{\theta}L(\theta,\ u)d[P_\theta(\underline{\theta}(X)\leqslant u)]$$

$$=P_\theta(\theta_*(X)\leqslant\theta)\int_{-\infty}^{\infty}L(\theta,\ u)dF(u)$$

$$\leqslant P_\theta(\theta_*(X)\leqslant\theta)\int_{-\infty}^{\infty}L(\theta,\ u)dF_*(u)$$

$$=\int_{-\infty}^{\theta}L(\theta,\ u)d[P_\theta(\theta_*(X)\leqslant u)]=E_\theta[L(\theta,\theta_*(X))],$$

定理证毕

由此定理可知，若把"$\underline{\theta}$ 过低估计 θ"看作一种损失，且以 $L(\theta,\underline{\theta})$ 来衡量这损失，则在对 L 施加上述合理的限制时，UMA 下界在具同一置信水平的一切下界中，使此损失的平均值达到最小.

(三) 一致最精确的无偏置信界与置信区间(简称为 UMAU 界与 UMAU 区间)

从上段看到，UMA 界的存在与某种假设的 UMP 检验的存在有关，在多参数分布族的情况，UMP 检验一般不存在，因此 UMA 界一般也不存在，但由 § 3.3 可知，在一些情况下，UMPU 检验存在，这使我们考虑把无偏性概念类似地推广到区间估计问题中，然后在一切无偏区间估计中，试图寻找出一个在某种意义下最优的. 为此，我们假定 X 的分布族为$\{P_{\theta,\varphi}\}$. 其中 θ 是一维的，φ 可以是多维的，它们都是 X 的分布的未知参数. 我们需要的是 θ 的置信区间或置信界.

定义 4.1.5. 若 $\underline{\theta}(X)$ 满足条件

$$P_{\theta,\varphi}(\underline{\theta}(X)\leqslant\theta)\geqslant 1-\alpha,\ 一切(\theta,\ \varphi);$$

$$P_{\theta,\varphi}(\underline{\theta}(X)\leqslant\theta')\leqslant 1-\alpha,\ 一切\ \theta'<\theta,\ 和\ \varphi.$$

则称 $\underline{\theta}$ 为一个置信水平 $1-\alpha$ 的无偏置信下界.

若对任何 x 有 $\underline{\theta}(x)\leqslant\overline{\theta}(x)$，且

$$P_{\theta,\varphi}(\underline{\theta}(X)\leqslant\theta\leqslant\overline{\theta}(X))\geqslant 1-\alpha,\ 一切\ (\theta,\ \varphi);$$

$$P_{\theta,\varphi}(\underline{\theta}(X)\leqslant\theta'\leqslant\overline{\theta}(X))\leqslant 1-\alpha,\ 一切\ \theta'\neq\theta,\ 和\ \varphi.$$

则称$[\underline{\theta}, \overline{\theta}]$为一个置信水平$1-\alpha$的无偏置信区间[1].

一致最精确的无偏置信界（UMAU 界）与一致最精确的无偏置信区间(UMAU 区间)以明显的方式加以定义，例如，置信水平$1-\alpha$的无偏置信区间$[\underline{\theta}, \overline{\theta}]$称为水平$1-\alpha$的 UMAU 区间，若对任何具同的置信水平的无偏置信区间$[\theta_*, \theta^*]$，必有

$$P_{\theta,\varphi}(\underline{\theta}(X)\leqslant\theta'\leqslant\overline{\theta}(X))\leqslant P_{\theta,\varphi}(\theta_*(X)\leqslant\theta'\leqslant\theta^*(X)),$$

对一切$\theta\neq\theta'$和φ[1].

从引理 4.1.3 不难推出

引理 4.1.4. 设$A(\theta_0)$为问题

$$\theta=\theta_0,\ \varphi\text{任意}\longleftrightarrow\theta>\theta_0,\ \varphi\text{任意}$$

的水平α的 UMPU 检验的接受域，而集$\{\theta: x\in A(\theta)\}$有$[\underline{\theta}(X), \infty)$的形状，则$\underline{\theta}$为$\theta$的置信水平$1-\alpha$的 UAMU 下界.

同样，设$A(\theta_0)$为问题

$$\theta=\theta_0,\ \varphi\text{任意}\longleftrightarrow\theta\neq\theta_0,\ \varphi\text{任意}$$

的水平α的 UMPU 检验的接受域，而集$\{\theta: x\in A(\theta)\}$有$[\underline{\theta}(x), \overline{\theta}(x)]$的形状，则$[\underline{\theta}, \overline{\theta}]$为$\theta$的置信水平$1-\alpha$的 UAMU 区间.

证明几乎是逐字重复引 4.1.3 的证明，因此从略

使用这个引理可以从一些已知的 UMPU 检验作出 UMAU 界和 UMAU 区间，例如：根据例 3.3.5～3.3.8，得出：

a. 若$X_1, \cdots, X_n$为取自$N(\theta, 1)$的 iid. 样本，则$[\overline{X}-z_{\frac{\alpha}{2}}/\sqrt{n}, \overline{X}+z_{\frac{\alpha}{2}}/\sqrt{n}]$为$\theta$的水平$1-\alpha$的 UMAU 区间.

b. 若$X_1, \cdots, X_n$为取自$N(a, \sigma^2)$的 iid. 样本，则σ^2的水平$1-\alpha$的 UMAU 区间有形状

$$\left[\frac{1}{c_2}\sum_{i=1}^n(X_i-\overline{X})^2, \frac{1}{c_1}\sum_{i=1}^n(X_i-\overline{X})^2\right],$$

其中c_1, c_2由(3.3.65)，(3.3.66)决定（但在该两式中应置$\sigma_0=1$）.水平$1-\alpha$的 UMAU 上、下界分别为

---

1) 此定义显然也适用于一般的置信集$S(x)$.

$$\frac{1}{\chi^2_{n-1}(1-\alpha)}\sum_{i=1}^{n}(X_i-\overline{X})^2, \quad 及 \frac{1}{\chi^2_{n-1}(\alpha)}\sum_{i=1}^{n}(X_i-\overline{X})^2.$$

后者且是 UMA 的(见例 3.2.4). 对均值 a 而言, 例 4.1.1 所求出的一样本 t-区间 (4.1.5) 为 a 的水平 $1-\alpha$ 的 UMAU 区间, 而 $\overline{X}+\frac{1}{\sqrt{n}}St_{n-1}(\alpha)$ 及 $\overline{X}-\frac{1}{\sqrt{n}}St_{n-1}(\alpha)$ 分别为 a 的水平 $1-\alpha$ 的 UMAU 上、下界 (当 $\alpha\geqslant\frac{1}{2}$ 时, 且为 UMA 上、下界, 见例 3.2.4 末尾处的说明).

c. 若 $X_1, \cdots, X_m$ 和 $Y_1, \cdots, Y_n$ 分别为取自 $N(a, \sigma^2)$ 及 $N(b, \sigma^2)$ 的 iid. 样本, 则两样本 t-区间(4.1.6)是 $b-a$ 的置信水平 $1-\alpha$ 的 UMAU 区间, 若上述两个正态总体的方差不同而依次为 σ_1^2 和 σ_2^2, 则

$$\left[\frac{1}{c_2}\cdot\frac{\frac{1}{n-1}\sum_{j=1}^{n}(Y_j-\overline{Y})^2}{\frac{1}{m-1}\sum_{i=1}^{m}(X_i-\overline{X})^2}, \frac{1}{c_1}\cdot\frac{\frac{1}{n-1}\sum_{j=1}^{n}(Y_j-\overline{Y})^2}{\frac{1}{m-1}\sum_{i=1}^{m}(X_i-\overline{X})^2}\right]$$

为 $\frac{\sigma_2^2}{\sigma_1^2}$ 的水平 $1-\alpha$ 的 UMAU 区间估计, 其中 c_1, c_2 由(3.3.68)确定, 而

$$\frac{1}{F_{n-1,m-1}(1-\alpha)}\frac{m-1}{n-1}\frac{\sum_{j=1}^{n}(Y_j-\overline{Y})^2}{\sum_{i=1}^{m}(X_i-\overline{X})^2} 和$$

$$\frac{1}{F_{n-1,m-1}(\alpha)}\frac{m-1}{n-1}\frac{\sum_{j=1}^{n}(Y_j-\overline{Y})^2}{\sum_{i=1}^{m}(X_i-\overline{X})^2}$$

分别为 σ_2^2/σ_1^2 的置信水平 $1-\alpha$ 的 UMAU 上、下界.

根据 § 3.3, 指数族中的一个参数 θ 的假设 $\theta=\theta_0$ 的 UMPU 检验存在, 且当分布连续时是非随机化的. 故如果与这种检验相应的置信集合有区间的形式, 则由引理 4.1.4, 它就是 θ 的 UMAU 区间, 在此有两个问题需要回答, 一是在分布连续时, 证明置信集合确为区间, 二是分布离散的情况可用随机化的方法转化为分布

连续的情况.

第一个问题的回答包含在下面的引理中.

引理 4.1.5. 假定 (i). X 的分布族为 $\{f(x, \theta)d\mu\}$, 而 $f(x, \theta)$ 关于 x 有单调似然比, (ii). 假设 $\theta=\theta_0$ 的 UMPU 检验存在, 有接受域 $C_1(\theta_0)\leqslant x\leqslant C_2(\theta_0)$, 且为严格无偏的, 则 $C_1(\theta)$ 和 $C_2(\theta)$ 都是 θ 的严格增加函数.

注 若 ϕ 为检验问题 $\theta\in\Theta_H \leftrightarrow \theta\in\Theta_K$ 的水平 α 的无偏检验, $\beta_\phi(\theta)$ 为其功效函数, 若 $\beta_\phi(\theta)>\alpha$ 对任何 $\theta\in\Theta_K$, 则称 ϕ 为严格无偏的.

为了证明引理 4.1.5, 我们首先指出: 若 $\psi(x)$ 为一实函数, 且存在 x_0 致 $\psi(x)\leqslant 0$, 当 $x<x_0$, $\psi(x)\geqslant 0$, 当 $x\geqslant x_0$, 则当 $E_{\theta_1}[\psi(X)]>0$ 时, 对任何 $\theta_2>\theta_1$ 有 $E_{\theta_2}[\psi(X)]\geqslant 0$. 事实上, 必有 $f(x_0, \theta_2)/f(x_0, \theta_1)=c<\infty$. 因若不然, 则将有 $f(x, \theta_1)=0$, 当 $x\geqslant x_0$, 这与 $\psi(x)$ 的性质及 $E_{\theta_1}[\psi(X)]>0$ 的假定不合, 因为在集 $S=\{x: f(x, \theta_1)=0, f(x, \theta_2)>0\}$ 上有 $f(x, \theta_2)/f(x, \theta_1)=\infty$, 由 $f(x, \theta)$ 的单调似然比性质, 知集 S 全在点 x_0 的右边, 故在 S 上有 $\psi(x)\geqslant 0$, 而

$$
\begin{aligned}
E_{\theta_2}[\psi(X)] &\geqslant \int_{S^c}\psi(x)\,\frac{f(x, \theta_2)}{f(x, \theta_1)}\,f(x, \theta_1)\,d\mu(x) \\
&\geqslant \int_{(-\infty, x_0)} c\psi(x)f(x, \theta_1)\,d\mu+\int_{(x_0, \infty)} c\psi(x)f(x, \theta_1)\,d\mu \\
&=cE_{\theta_1}[\psi(X)]\geqslant 0.
\end{aligned}
$$

这证明了上述论断.

现在任取 $\theta_1<\theta_0$, 以 $\beta_i(\theta)$ 记 $\theta=\theta_i \leftrightarrow \theta\neq\theta_i$ 的 UMPU 检验 ϕ_i (有接受域 $C_1(\theta_i)\leqslant x\leqslant C_2(\theta_i)$) 的功效函数, $i=1, 2$. 则由 ϕ_0 和 ϕ_1 的严格无偏性知

$$
\begin{aligned}
&E_{\theta_0}[\phi_1(X)-\phi_0(X)]=\beta_1(\theta_0)-\beta_0(\theta_0)\geqslant\beta_1(\theta_0)-\alpha \\
&\quad >0>\alpha-\beta_0(\theta_1)=E_{\theta_1}[\phi_1(X)-\phi_0(X)]. \qquad (4.1.25)
\end{aligned}
$$

这说明只有两种可能的情况: $C_i(\theta_0)<C_i(\theta_1)$, $i=1, 2$, 或 $C_i(\theta_0)>C_i(\theta_1)$, $i=1, 2$. 但由前面指出的事实易见后一种情况不可能,

因为在这种情况下，函数 $\psi(x)=\phi_1(x)-\phi_0(x)$ 显然有前面指出的性质，而这时(4.1.25)是不可能的，引理证毕.

因为指数族是单调似然比族，由这个引理立即知道，如果X的分布族为指数族

$$f(x,\ \theta,\ \varphi)d\mu=C(\theta,\ \varphi)\exp[\theta T(x)+\varphi' U(x)]d\mu.$$

而 $T(X)$ 有连续分布，则由引理立即推出置信集合必为置信区间，若 $T(X)$ 分布不连续，则在最重要的情况下，$T(X)$ 取离散值 0, 1, 2, ⋯. 用(4.1.24)的方式将其连续化，并注意由此得到的分布族仍为指数族，经过这样连续化以后引理 4.1.5 仍可使用，这就解决了我们前面提出的问题，应当指出的是：即使当 $T(X)$ 的分布是一般的不连续分布，仍可达到同样的结论，当然不如在 $T(X)$ 只取 0, 1, 2, ⋯时那么简单.

(四) 置信区间长度

我们前已指出，区间估计有两个要素，一是其可靠度，由其置信水平表示，给区间估计规定一个置信水平，也就保证了其可靠度达到一定的要求，在这个前提下希望愈精确愈好，在前几段中，我们是通过"包含错误值的概率"来刻划精确度的，换句话说，当参数真值为 θ 而 $\theta'\neq\theta$ 时，要求 $P_\theta(\underline{\theta}(X)\leqslant\theta'\leqslant\overline{\theta}(X))$ 尽可能小，

一种更富直观性的刻划精确度的方法是考虑区间的长度，比如说，可以在一定的置信水平下，要求置信区间的平均长度愈小愈好，这两种刻划方法之间存在一定的联系，见于下面的引理.

引理 4.1.6. 设 $S(x)$为 θ 的置信集，假定对任何x, $S(x)\in\mathscr{B}_\Theta$, 这里 $\mathscr{B}_\Theta$ 为 Θ 的 Borel 集构成的 σ-域，设m是 $\mathscr{B}_\Theta$ 上的一个测度，则

$$\int_{\mathscr{X}} m\{S(x)\}dP_\theta(x)=\int_\Theta P_\theta(\theta'\in S(X))dm(\theta'). \qquad (4.1.26)$$

特别，如果由任一点 $\theta\in\Theta$ 所成的集$\{\theta\}$的 m-测度为 0, 则有

$$\int_{\mathscr{X}} m\{S(x)\}dP_\theta(x)=\int_{\{\theta'\neq\theta\}} P_\theta(\theta'\in S(X))dm(\theta'). \qquad (4.1.27)$$

注意(4.1.27)左边为置信集 $S(X)$ 在 m-测度下的平均大小,

即 $E_\theta[m\{S(X)\}]$，而(4.1.27)右边为 $S(x)$ 包含错误值的概率，在 m 测度下的积分值.

引理的证明是 Fubini 定理的简单推论：

$$\int_x m\{S(x)\}dP_\theta(x)=\int_x\left[\int_\Theta I_{S(x)}(\theta')dm(\theta')\right]dP_\theta(x)$$

$$=\int_\Theta[{}_xI_{S(x)}(\theta')dP_\theta(x)]dm(\theta')$$

$$=\int_\Theta P_\theta(\theta'\in S(X))dm(\theta').$$

即(4.1.26). (4. 1.27)是(4.1.26)的显然推论.

特别，当 m 为 L 测度，即 $dm(\theta)=d\theta$ 而 $S(X)$ 为区间 $[\underline{\theta}(X),\overline{\theta}(X)]$，则(4.1.27)成为

$$E_\theta[\overline{\theta}(X)-\underline{\theta}(X)]=\int_{\{\theta'\neq\theta\}}P_\theta(\underline{\theta}(X)\leqslant\theta'\leqslant\overline{\theta}(X))d\theta',$$

应当注意，虽则这引理表面上是对单参数 θ 而言的，实际上对多参数分布族 $\{f(x,\theta,\varphi)d\mu,(\theta,\varphi)\in\tilde{\Theta}\}$ 也适合(φ 可以是向量，θ 是实数)，只需把 Θ 视为 $\tilde{\Theta}$ 在 θ 轴上的投影.

由这个引理立即得到下面的定理.

定理 4.1.3. 设 $S(x)$ 为 θ 的置信水平为 $1-\alpha$ 的 UMAU 置信集，则对任何置信水平为 $1-\alpha$ 的无偏置信集 $\tilde{S}(x)$ 有

$$E_\theta[m\{S(X)\}]\leqslant E_\theta[m\{\tilde{S}(X)\}].$$

对任何 $\theta\in\Theta$，这里 m 为 $\mathscr{B}_\Theta$ 上任一测度，且

$$m(\{\theta\})=0，对任何\ \theta\in\Theta.$$

证. 由假定知

$$P_\theta(\theta'\in S(X))\leqslant P_\theta(\theta'\in\tilde{S}(X)),\quad \theta\neq\theta'.$$

于是由引理 4.1.6 得

$$E_\theta[m(S(X))]=\int_{\{\theta'\neq\theta\}}P_\theta(\theta'\in S(X))dm(\theta')$$

$$\leqslant\int_{\{\theta'\neq\theta\}}P_\theta(\theta'\in\tilde{S}(X))dm(\theta')=E_\theta[m(\tilde{S}(X))].$$

定理得证. 由这个定理可知，具置信系数 $1-\alpha$ 的 UMAU 区间的平均长度，在一切具同一置信系数的无偏置信区间的平均长度中，达到最小值.

区间估计的无偏性，是从"置信区间包含错误值的概率"这个概念引伸出来的，如果一开始就以区间长度来衡量精确度，则可以提出要求：在一定的置信水平之下使区间长度的平均值尽可能小，关于这个问题有下面的定理.

定理 4.1.4. 设 X 的分布族 $(P_\theta,\ \theta\in\Theta)$ 的参数 θ 取实数值（即 θ 为单参数），任取 $\theta_0\in\Theta$，对任何 $\theta_1\in\Theta$，以 $A(\theta_1)$ 记检验问题

$$\theta=\theta_1\longleftrightarrow\theta=\theta_0$$

的水平 α 的 UMP 检验的接受域[1]. 令 $S(x)=\{\theta:x\in A(\theta)\}$，则在 θ 的具置信系数 $1-\alpha$ 的一切置信集中，$E_{\theta_0}[m\{S(X)\}]$ 取最小值，此处 m 为 $\mathscr{B}_\Theta$ 上任一测度，致 $m(\{\theta\})=0$，对一切 $\theta\in\Theta$.

证. $A(\theta_1)$ 当然也是检验问题 $\theta=\theta_1\leftrightarrow\theta\neq\theta_1$ 的一个水平 α 检验的接受域，于是引理 4.1.1 保证了 $S(x)$ 为 θ 的一个具置信水平 $1-\alpha$ 的置信集. 现设 $\tilde{S}(x)$ 为 θ 的任一具同一置信水平的置信集，而定义 $\tilde{A}(\theta_1)=\{x:\theta_1\in\tilde{S}(x)\}$，则 $\tilde{A}(\theta_1)$ 可视为检验问题 $\theta=\theta_1\leftrightarrow\theta=\theta_0$ 的一个水平 α 检验的接受域. 所以因 $A(\theta_1)$ 的 UMP 性及引理 4.1.6，得

$$\begin{aligned}E_{\theta_0}[m\{S(X)\}]&=\int_{\{\theta_1\neq\theta_0\}}P_{\theta_0}(\theta_1\in S(X))\,dm(\theta_1)\\&=\int_{\{\theta_1\neq\theta_0\}}P_{\theta_0}(X\in A(\theta_1))\,dm(\theta_1)\\&\leqslant\int_{\{\theta_1\neq\theta\}}P_{\theta_0}(X\in\tilde{A}(\theta_1))\,dm(\theta_1)\\&=\int_{\{\theta_1\neq\theta_0\}}P_{\theta_0}(\theta_1\in\tilde{S}(X))\,dm(\theta_1)=E_{\theta_0}[m\{\tilde{S}(X)\}].\end{aligned}$$

这证明了所要的结果.

不言而喻，定理中得出的置信集 $S(x)$ 与 θ_0 有关，因此，具"一致最小平均长度"的置信区间一般是不存在的. 然而，这个定理可以帮助我们作出局部最小平均长度的置信区间，如果我们有理由认为被估计的 θ 应落在某个已知的 θ_0 的很小的近旁，按定理的方式去作区间估计可能是有利的.

---

1) 当 $\theta_1=\theta_0$ 时，可任取 $A(\theta_0)$ 致 $P_{\theta_0}(X\in A(\theta_0))=1-\alpha$.

例如,若 $X_1, \cdots, X_n$ 为取自 $N(\theta, 1)$ 的 iid. 样本,则

$$\left[\bar{X}-\frac{1}{\sqrt{n}}z_{\alpha/2}, \quad \bar{X}+\frac{1}{\sqrt{n}}z_{\alpha/2}\right]$$

为 θ 的具置信水平 $1-\alpha$ 的 UMAU 区间,取 $\theta_0=0$. 注意到检验问题 $\theta=\theta_1 \leftrightarrow \theta=0$ 的水平 α 的 UMP 检验有单边接受域,不同于 $\theta=\theta_1 \leftrightarrow \theta\neq\theta_1$ 的水平 α 的 UMPU 检验的接受域,可知如根据定理 4.1.4 (取 $\theta_0=0$) 作出 θ 的具置信水平 $1-\alpha$ 的置信区间,则此区间在 $\theta=0$ 附近时的平均长度将小于上述 UMPU 区间之长 $\frac{2}{\sqrt{n}}z_{\alpha/2}$. 然而当 θ 充分大时,则上述区间的平均长度将大于 $\frac{2}{\sqrt{n}}z_{\alpha/2}$. 这个置信区间的具体形状的寻求留给读者.

设变量 X 有单参数分布族 $\{P_\theta, \theta\in\Theta\}$,在不少情况下 Θ 有一个有限的下界或(和)上界. 为确定计设 $\Theta\subset[0, \infty)$. 这时,θ 的置信上界 $\bar{\theta}(x)$ 的精度也可以用区间 $[0, \bar{\theta}(x)]$ 之长即 $\bar{\theta}(x)$ 来衡量,因此有理由使人认为:若 $\bar{\theta}(x)$ 为 θ 的具置信水平 $1-\alpha$ 的 UMA 上界,则 $E_\theta[\bar{\theta}(X)]$ 在 θ 的具同一置信水平的置信上界中,一致地达到最小,然而,这个看法是不对的,问题在于,在关系式

$$E_\theta\{m[0, \bar{\theta}(X)]\}=\int_{\{\theta'<\theta\}}P_\theta(\theta'\in S(X))m(d\theta') +\int_{\{\theta'>\theta\}}P_\theta(\theta'\in S(X))m(d\theta')$$

的右边两项中,按 UMA 置信上界的定义,第二项的被积函数 $P_\theta(\theta'\in S(X))$ 固然在一切具同一置信水平的置信上界中达到最小,但第一项则不必然,因而就有可能存在 θ 的某一具同一置信水平的置信上界 $\tilde{\theta}(X)$,使对某些 θ 有

$$E_\theta\{m[0, \tilde{\theta}(X)]\}<E_\theta\{m[0, \bar{\theta}(X)]\}.$$

Madansky(1962) 提供了下面的具体例子.

例 4.1.6. 设 $X_1, \cdots, X_n$ 为变量 X 的 iid 样本,X 的分布族为 $\{f(x, \theta)dx, \theta>0\}$,其中

$$f(x, \theta)=\begin{cases}\dfrac{1}{\theta}\exp\left(-\dfrac{x}{\theta}\right), & x>0,\\ 0, & x\leqslant 0.\end{cases}$$

不难求得 θ 的具置信系数 $1-\alpha$ 的 UMA 上界为

$$\bar{\theta}(x)=2\sum_{i=1}^{n}X_i/\chi_{2n}^2(1-\alpha),$$

而

$$E_\theta[\bar{\theta}(X)]=2n\theta/\chi_{2n}^2(1-\alpha). \tag{4.1.28}$$

记 $(X_1, \cdots, X_n)$ 的有序样本为 $X_{(1)}\leqslant X_{(2)}\leqslant\cdots\leqslant X_{(n)}$，不难算出 $\dfrac{X_{(i)}}{\theta}$ 的分布：

$$P_\theta\left(\frac{X_{(i)}}{\theta}\geqslant\log\frac{1}{t}\right)=I_t(n-i+1, i), 0<t<1. \tag{4.1.29}$$

这里 $I_t(p, q)$ 为不完全 β-函数：

$$I_t(p, q)=\int_0^t x^{p-1}(1-x)^{q-1}dx \Big/ \int_0^1 x^{p-1}(1-x)^{q-1}dx.$$

若选取 t 使(4.1.29)右边等于 $1-\alpha$，则 $\tilde{\theta}_i(x)=X_{(i)}/\log\dfrac{1}{t}$ 为 θ 的一个具置信系数 $1-\alpha$ 的置信上界：不难算出

$$E_\theta\left[X_{(i)}/\log\frac{1}{t}\right]=\theta\sum_{j=1}^{i}\frac{1}{n-j+1}\Big/\log\frac{1}{t}. \tag{4.1.30}$$

Madansky 取 $1-\alpha=0\cdot3$, $n=120$, $t=0.99$, i 由 $I_{0.99}(121-i, i)=0.3$ 决定，算出 (4.1.28) 和 (4.1.30) 的右边分别为 0.956θ 及 0.829θ. 这样，我们得到一个不为 UMA 的置信上界，在平均长度最小的标准下一致地优于具同一置信系数的 UMA 置信上界.

(五) Behrens-Fisher 问题

我们前在(一)中已提出过这个问题，即设 $X_1, \cdots, X_{n_1}$ 和 $Y_1, \cdots, Y_{n_2}$ 分别是从正态总体 $N(a_1, \sigma_1^2)$ 和 $N(a_2, \sigma_2^2)$ 中抽出的 iid. 样本，要作 a_2-a_1 的区间估计，这也可以提成假设检验问题的形式，即

$$H: a_1=a_2 \longleftrightarrow K: a_1\neq a_2$$

(当然也可以提成单边假设的形式).

这个问题是 Behrens 在 1929 年的一项工作中首先提出的，三十年代中，Fisher 在一系列的工作中都涉及过这个问题，特别，他把这个问题作为他的"信仰推断法"的一个重要例子，从三十到四十年代，对这个问题作过较重要贡献的还有 Welch, Scheffe 等人，自那时以来直到目前，这个问题在文献中不断地有所反映.

由于这个问题在实用上的重要性及其在估计理论中的历史作用，我们在这里对其作一简单介绍，在这里我们只讨论基于 Neyman 的置信区间理论的解法，关于 Fisher 的信仰推断法到下节再谈.

在这个问题中一共涉及四个未知参数：a_1, σ_1^2, a_2, σ_2^2. 在前面我们考虑过 $\sigma_1^2=\sigma_2^2=\sigma^2$ 的情况，这可以用 t 分布来解决，然而，在 σ_1^2 和 σ_2^2 完全未知的场合，这个做法就行不通，诚然，若记 $d=\overline{Y}-\overline{X}$, $\delta=a_2-a_1$, 我们将有

$$Z=(d-\delta)\Big/\sqrt{\frac{\sigma_1^2}{n_1}+\frac{\sigma_2^2}{n_2}}\sim N(0,\ 1),$$

但如将 σ_1^2, σ_2^2 分别以其无偏估计

$$S_1^2=\frac{1}{n_1-1}\sum_{i=1}^{n_1}(X_i-\overline{X})^2,\quad S_2^2=\frac{1}{n_2-1}\sum_{i=1}^{n_2}(Y_j-\overline{Y})^2$$

代替而得统计量

$$\tilde{t}=(d-\delta)\Big/\sqrt{\frac{S_1^2}{n_1}+\frac{S_2^2}{n_2}},\tag{4.1.31}$$

则 $\tilde{t}$ 并不服从 t 分布，因为两个独立的 χ^2-变量的线性组合的分布(除非系数相同)，并非等于某个 χ^2 变量的常数倍的分布，实际上容易见到：若记 $\rho=\sigma_1^2/\sigma_2^2$, $U=S_1^2/S_2^2$, $r=n_1/n_2$, 则

$$t=\frac{(d-\delta)(n_1+n_2-2)^{1/2}}{S_2\left\{\left(1+\frac{\rho}{r}\right)\left(1+\frac{rU}{\rho}\right)\right\}^{1/2}}\sim t_{n_1+n_2-2}.\tag{4.1.32}$$

然而，此量中涉及到未知的比值 ρ, 因而无法由之作出 δ 的区间估计，不过就是由这里我们也可感觉到，比值 ρ 在这个问题中要起相当的作用.

然而，我们可以提出问题：是否能适当地修改(4.1.32)中所定义的 $\tilde{t}$，使之服从 t 分布？由于 t 变量是由独立的正态变量和 χ^2-变量的平方根之比所产生，而正态变量的线性组合仍为正态，χ^2-变量则由正态变量的二次型所产生，我们自然地考虑将 $\tilde{t}$ 修改为下面较一般的形式：

$$\hat{t}=(L-\delta)/\sqrt{Q/k}.$$

其中：

1° L 为 $X_1, \cdots, X_{n_1}, Y_1, \cdots, Y_{n_2}$ 的一线性组合(系数已知)，$E(L|a_1, a_2)=\delta$ 对任何 a_1, a_2，而 $\mathrm{Var}(L)$ 记为 $V=V(\sigma_1^2, \sigma_2^2)$；

2° Q 为 $X_1, \cdots, X_{n_1}, Y_1, \cdots, Y_{n_2}$ 的一个二次型（系数矩阵已知），$(Q/V)\sim\chi_k^2$ 对某个已知的 k 及任何 $a_1, a_2, \sigma_1^2, \sigma_2^2$，且 L 和 Q 相互独立.

另外，从直观上看，样本 $X_1, \cdots, X_{n_1}$ 的次序与 $Y_1, \cdots, Y_{n_2}$ 的次序不应在问题的解中起任何作用，因此，下面的要求也是自然的.

3° L 和 Q 对每一组变量 $X_1, \cdots, X_{n_1}$ 和 $Y_1, \cdots, Y_{n_2}$ 都是对称的.

Scheffe 在 1944 年证明了一个有趣的结果，即

定理 4.1.5. 适合上述三个条件的 L, Q 不存在.

证. 由 L, Q 的对称性的假定3°易知它们必须有下面的形状：

$$L=c_1\sum_{i=1}^{n_1}X_i+c_2\sum_{i=1}^{n_2}Y_i, \tag{4.1.33}$$

$$\begin{aligned}Q=&c_3\sum_{i=1}^{n_1}X_i^2+c_4\sum_{i\neq j}^{n_1}X_iX_j\\&+c_5\sum_{i=1}^{n_2}Y_i^2+c_6\sum_{i\neq j}^{n_2}Y_iY_j+c_7\sum_{i=1}^{n_1}\sum_{j=1}^{n_2}X_iY_j,\end{aligned} \tag{4.1.34}$$

这里 $c_1\sim c_7$ 都是已知的(与 $a_1, a_2, \sigma_1^2, \sigma_2^2$ 无关的)常数.

由(4.1.33)得 $E(L)=c_1n_1a_1+c_2n_2a_2$. 另一方面，根据条件1°，应有 $E(L)=a_2-a_1$. 因此

$$c_1n_1a_1+c_2n_2a_2=a_2-a_1,\ 对一切\ a_1, a_2.$$

这导致 $c_1=-\dfrac{1}{n_1}$，$c_2=\dfrac{1}{n_2}$，而 $L=\overline{Y}-\overline{X}=d$. 从而

$$\mathrm{Var}(L)=V=\frac{\sigma_1^2}{n_1}+\frac{\sigma_2^2}{n_2}.$$

再由 $Q/V\sim\chi_k^2$, 得

$$E(Q)=k\left(\frac{\sigma_1^2}{n_1}+\frac{\sigma_2^2}{n_2}\right).$$

另一方面,由(4.1.34)得

$$E(Q)=c_3n_1(\sigma_1^2+a_1^2)+c_4n_1(n_1-1)a_1^2$$
$$+c_5n_2(\sigma_2^2+a_2^2)+c_6n_2(n_2-1)a_2^2+c_7n_1n_2a_1a_2.$$

比较此两个 $E(Q)$ 表达式中之系数,得

$$c_3=k/n_1^2,\quad c_4=-\frac{k}{n_1^2(n_1-1)},\quad c_5=k/n_2^2,$$

$$c_6=-\frac{k}{n_2^2(n_2-1)},\quad c_7=0,$$

因此得到

$$Q=k\left(\frac{S_1^2}{n_1}+\frac{S_2^2}{n_2}\right).$$

这样, $\hat{t}$ 回复到最初的 $\tilde{t}$, 而后者我们已知,不可能对一切 σ_1^2 和 σ_2^2 有中心 t 分布,定理证毕.

有兴趣的是:如果不坚持条件 3°, 则满足条件 1°、2° 的 L, Q 能找到,这样我们可以定出一个精确地具有指定置信系数 $1-\alpha$ 的 a_1-a_2 的相似置信区间, 诚然, 问题的这种解决终因缺乏条件 3° 中所指明的对称性而显得不大自然.

为此我们不失普遍性地假定 $n_1\leqslant n_2$, 并定义

$$W_i=X_i-\sum_{j=1}^{n_2}c_{ij}Y_j,\ i=1,\ \cdots,\ n_1.\qquad(4.1.35)$$

我们希望找到完全已知的(即与参数 a_1, a_2, σ_1^2, σ_2^2 无关的) c_{ij}, 满足条件:

$$\begin{cases}\sum_{j=1}^{n_2}c_{ij}=1,\ i=1,\ \cdots,\ n_1;\\ \sum_{j=1}^{n_2}c_{ij}^2=c^2,\ i=1,\ \cdots,\ n_1(c^2\text{ 与 }i\text{ 无关});\\ \sum_{j=1}^{n_2}c_{ij}c_{kj}=0,\ i,\ k=1,\ \cdots,\ n_1,\ i\neq k.\end{cases}\qquad(4.1.36)$$

如果这样的 c_{ij} 能找到, 则由(4.1.35)定义的 W_1, $\cdots$, W_{n_1} 满足条件:

1° $W_1, \cdots, W_{n_1}$ 相互独立.

2° $W_i \sim N(a_1-a_2, \sigma^2)$, $i=1, \cdots, n_1$, $\sigma^2=\sigma_1^2+c^2\sigma_2^2$,

于是,若记 $L=\overline{W}=\frac{1}{n_1}\sum_{i=1}^{n_1}W_i$ 及 $Q=\frac{1}{n_1}\sum_{i=1}^{n_1}(W_i-L)^2$, 则将有

$$t=(L-(a_1-a_2))/\sqrt{Q/(n_1-1)}\sim t_{n_1-1}. \qquad (4.1.37)$$

因而得到 a_1-a_2 的置信系数 $1-\alpha$ 的相似置信区间

$$\left[L-\sqrt{\frac{Q}{n_1-1}}\,t_{n_1-1}\left(\frac{\alpha}{2}\right),\ L+\sqrt{\frac{Q}{n_1-1}}\,t_{n-1}\left(\frac{\alpha}{2}\right)\right]. \qquad (4.1.38)$$

以 l 记区间(4.1.38)的长,不难算出

$$E(l)=\frac{\sqrt{2}\,\Gamma(n_1/2)}{\Gamma\left(\frac{n_1-1}{2}\right)}\frac{2}{\sqrt{n_1(n_1-1)}}t_{n_1-1}\left(\frac{\alpha}{2}\right)\cdot\sigma. \qquad (4.1.39)$$

因此,希望 σ 尽可能小,由于 $\sigma^2=\sigma_1^2+c^2\sigma_2^2$ 而 σ_1^2, σ_2^2 为未知参数,故问题归结为:在满足(4.1.36)的条件下使 c^2 尽可能小,下面我们证明:

引理 4.1.7(Scheffe). 由下式定义的 c_{ij}:

$$\begin{cases} c_{ii}=\sqrt{n_1/n_2}-\frac{1}{\sqrt{n_1n_2}}+\frac{1}{n_2}, & i=1, \cdots, n_1; \\ c_{ij}=\qquad\quad -\frac{1}{\sqrt{n_1n_2}}+\frac{1}{n_2}, & j=1, \cdots, n_1,\ j\neq i; \\ c_{ij}=\qquad\qquad\qquad\quad \frac{1}{n_2}, & j=n_1+1, \cdots, n_2. \end{cases} \qquad (4.1.40)$$

满足(4.1.36)且使 c^2 达到其最小值 n_1/n_2.

证. 由(4.1.40)定义的 c_{ij} 满足(4.1.36),以及相应的 $c^2=n_1/n_2$ 两点,很易验证,问题在于证明这样得出的 c^2 的极小性,为了证明这一点,记

$$c_i=(c_{i1}, \cdots, c_{in_2})',\ i=1, \cdots, n_1,$$
$$e=(1, \cdots, 1)',$$

则 $c_1, \cdots, c_{n_1}$ 两两正交且长皆为 c. 因此可将其补足为 n_2 维欧氏

空间的正交基 $c_1, \cdots, c_{n_1}, c_{n_1+1}, \cdots, c_{n_2}$. 此处 $c_{n_1+1}, \cdots, c_{n_2}$ 之长也取为 c, 于是可将 e 表为

$$e=g_1c_1+\cdots+g_{n_2}c_{n_2}. \tag{4.1.41}$$

再利用 $c_i'e=1,\ i=1, \cdots, n_1$, 得

$$c^2g_i=1,\ i=1, \cdots, n_1. \tag{4.1.42}$$

于是

$$n_2=e'e=c^2(g_1^2+\cdots+g_{n_2}^2).$$

而由(4.1.42), 得

$$n_2\geqslant c^2(g_1^2+\cdots+g_{n_1}^2)=\frac{n_1}{c^2}. \tag{4.1.43}$$

这证明了 $c^2\geqslant n_1/n_2$, 引理得证

由引理证明过程可知, 要(4.1.43)成立等号, 必需使表达式(4.1.41)中的 $g_{n_1+1}=\cdots=g_{n_2}=0$.

由(4.1.40), (4.1.35), 得到

$$W_i=X_i-\left(\frac{n_1}{n_2}\right)^{1/2}Y_i+\frac{1}{\sqrt{n_1n_2}}\sum_{j=1}^{n_1}Y_j-\frac{1}{n_2}\sum_{j=1}^{n_2}Y_j.$$

于是得到

$$t=[(\bar{X}-\bar{Y})-(a_1-a_2)]\Bigg/\sqrt{\frac{\sum_{i=1}^{n_1}(u_i-\bar{u})^2}{n_1(n_1-1)}}\sim t_{n_1-1}. \tag{4.1.44}$$

其中

$$u_i=X_{1i}-\sqrt{\frac{n_1}{n_2}}Y_{2i},\ i=1, \cdots, n_1;\ \bar{u}=\frac{1}{n_1}\sum_{i=1}^{n_1}u_i. \tag{4.1.45}$$

一开始给人的感觉是: 这样得出的置信区间可能没有充分利用样本中的信息, 因为得出的统计量(4.1.44)的自由度只有 $\min(n_1, n_2)-1$, 而样本总数为 n_1+n_2. 然而, 计算表明: 在某种意义下(详见下述)这个估计的效率足够好.

因为 $\sigma^2=\sigma_1^2+c^2\sigma_2^2$ 而 $c^2=n_1/n_2$, 由(4.1.39), 得

$$E(l)=\frac{\sqrt{2}\,\Gamma\left(\frac{n_1}{2}\right)}{\Gamma\left(\frac{n_1+1}{2}\right)}\frac{2}{\sqrt{n_1(n_1-1)}}t_{n_1-1}\left(\frac{\alpha}{2}\right)\sqrt{\sigma_1^2+\frac{n_1}{n_2}\sigma_2^2}.$$

另一方面, 如果 $\rho=\sigma_1^2/\sigma_2^2$ 已知, 则可以利用(4.1.32)作出 a_1-a_2 的

置信系数 $1-\alpha$ 的相似置信区间．此区间之长若记为 l^*，则易见

$$E(l^*)=\frac{\sqrt{2}\Gamma\left(\frac{n_1+n_2-1}{2}\right)}{\Gamma\left(\frac{n_1+n_2-2}{2}\right)} \times \frac{2}{\sqrt{n_1(n_1+n_2-2)}} t_{n_1+n_2-2}\left(\frac{\alpha}{2}\right)\sqrt{\sigma_1^2+\frac{n_1}{n_2}\sigma_2^2}.$$

从而得到

$$e=\frac{E(l)}{E(l^*)}=\frac{t_{n_1-1}\left(\frac{\alpha}{2}\right)}{t_{n_1+n_2-2}\left(\frac{\alpha}{2}\right)}\left(\frac{n_1+n_2-2}{n_1-1}\right)^{\frac{1}{2}} \times \frac{\Gamma\left(\frac{1}{2}n_1\right)\Gamma\left(\frac{n_1+n_2-2}{2}\right)}{\Gamma\left(\frac{n_1-1}{2}\right)\Gamma\left(\frac{n_1+n_2-1}{2}\right)}.$$

Scheffe 对 $1-\alpha=0.95$ 和 0.99 及某些 n_1，n_2 进行了计算 e，结果如下：

n_1-1 \ n_2-1	$1-\alpha=0.95$					$1-\alpha=0.99$				
	5	10	20	40	∞	5	10	20	40	∞
5	1.15	1.20	1.23	1.25	1.28	1.27	1.36	1.42	1.47	1.52
10		1.05	1.07	1.09	1.11		1.10	1.13	1.16	1.20
20			1.03	1.03	1.05			1.05	1.06	1.09
40				1.01	1.02				1.02	1.04
∞					1					1

从这些数字，考虑到 $E(l^*)$ 是在 σ_1^2/σ_2^2 已知时的区间长度平均值，应该说，Scheffe 所提供的上述解法有足够好的效率．

除了上述 Scheffe 提出的"精确"解法(此处"精确"一词的含义是：由之作出的置信区间具有指定的置信系数)之外，一些作者提出了种种近似解法，前面已指出过一种基于中心极限定理的较粗

略的解法，1938年，Welch研究了由(4.1.31)定义的统计量$\tilde{t}$，他得出：$\tilde{t}$的分布近似地与具有ν个自由度的中心t分布相同，这里[1]

$$\nu=\left(\frac{\rho}{n_1}+\frac{1}{n_2}\right)^2\Big/\left(\frac{\rho^2}{n_1^2(n_1-1)}+\frac{1}{n_2^2(n_2-1)}\right). \qquad (4.1.46)$$

$\rho=\sigma_1^2/\sigma_2^2$之值可用从样本估计得的值代替，进一步研究表明：用这个近似方法作出的区间估计与Scheffe的"精确"解法相去不远.

1960年，Banerji提出一个近似区间估计

$$(\overline{X}-\overline{Y})\pm(t_1^2S_1^2/n_1+t_2^2S_2^2/n_2)^{1/2},$$

此处$t_i=t_{n_i-1}(\alpha/2)$，$i=1, 2$，而S_1^2和S_2^2分别为σ_1^2和σ_2^2的无偏估计$\frac{1}{n_1-1}\sum_{i=1}^{n_1}(X_i-\overline{X})^2$及$\frac{1}{n_2-1}\sum_{j=1}^{n_2}(Y_j-\overline{Y})^2$. 这个近似解法的特点是：对有限的$n_1$和$n_2$，区间包含未知的$a_2-a_1$的概率，总不小于指定的$1-\alpha$.

(六) 容忍区间(Tolerance interval)和容忍限(Tolerence limit)

这个问题与区间估计有密切的联系，所以我们把它放在这一节里面.

设(一维)变量X的分布函数$F_\theta(x)$依赖于参数θ. 我们希望找到一个区间$[a, b]$，它包含了X全部概率(100%)中的$100\beta\%$. 即$F_\theta(b)-F_\theta(a)=\beta$，如果$\theta$已知因而$F_\theta(x)$已知，我们当然可以选出很多这样的$[a, b]$. 但若$\theta$未知，则这样的$[a, b]$只能通过样本去估计，设$X_1, \cdots, X_n$是变量$X$的iid.样本，希望定出两个函数$T_i(x)=T_i(x_1, \cdots, x_n)$，$i=1, 2$，致$F_\theta[T_2(x)]-F_\theta[T_1(x)]=\beta$. 然而，既然$T_1(x)$，$T_2(x)$是由样本定出，我们不能要求对一切样本$x$总有$F_\theta(T_2(x))-F_\theta(T_1(x))=\beta$，而只能要求这事实以一定的概率成立，于是得到下面的定义.

定义4.1.6. 设变量X的分布函数为$F_\theta(x)$，$\theta\in\Theta$，设X_1,

1) ν不为整数时，$t_\nu(\alpha)$之值可在t分布表上用线性插值法求得.

$\cdots$, X_n 为变量 X 的 iid. 样本, $T_i(x)=T_i(x_1, \cdots, x_n)$, $i=1, 2$, 为两个统计量, 满足条件 $T_1(x)\leqslant T_2(x)$ 对任何 $x=(x_1, \cdots, x_n)$, 且

$$P_\theta\{F_\theta(T_2(X_1, \cdots, X_n))-F_\theta(T_1(x_1, \cdots, x_n))\geqslant\beta\}\geqslant\gamma. \tag{4.1.47}$$

这里 $0<\beta<1$, $0<\gamma<1$. 则称 $[T_1, T_2]$ 为总体分布 $F_\theta(x)$ 的 β-容量的 γ-容忍区间, 简记为 (β, γ)-容忍区间.

类似地可以定义 (β, γ)-容忍上限 $\overline{T}$ 和 (β, γ)-容忍下限 $\underline{T}$, 它们分别由将(4.1.47)改为

$$P_\theta\{F_\theta(\overline{T}(X_1, \cdots, X_n))\geqslant\beta\}\geqslant\gamma \tag{4.1.48}$$

及

$$P_\theta\{F_\theta(\underline{T}(X_1, \cdots, X_n))\leqslant1-\beta\}\geqslant\gamma \tag{4.1.49}$$

而得到.

不难看到: 容忍限与置信界有密切联系, 为此, 定义 $\underline{\xi}_\beta(\theta)$ 和 $\overline{\xi}_\beta(\theta)$ 分别为使 $F_\theta(x)=\beta$ 成立的最小和最大的 x(为说明方便计, 此处假定 $F_\theta(x)$ 为 x 的连续函数), 则显然, $\overline{T}$ 为 F_θ 的 (β, γ)-容忍上限的充要条件, 就是 $\overline{T}$ 为 $\underline{\xi}_\beta(\theta)$ 的置信水平为 γ 的置信上界, $\underline{T}$ 为 F_θ 的 (β, γ)-容忍下限的充要条件为 $\underline{T}$ 为 $\overline{\xi}_{1-\beta}(\theta)$ 的置信下界, 这样可以把前面求置信界的方法用于求容忍限, 比方说, 可以引进如下的概念.

定义 4.1.7. 设 $\overline{T}=\overline{T}(X_1, \cdots, X_n)$ 为 F_θ 的一个 (β, γ)-容忍上限, 若对任何其它的 (β, γ)-容忍上限 T^* 和 $\beta'>\beta$, 必有

$$P_\theta\{F_\theta(T^*(X_1, \cdots, X_n))\geqslant\beta'\}\geqslant P_\theta\{F_\theta(\overline{T}(X_1, \cdots, X_n))\geqslant\beta'\}, \tag{4.1.50}$$

则称 $\overline{T}$ 为 F_θ 的一致最精确的 (β, γ)-容忍上限 (UMA (β, γ)-容忍上限).

完全类似地定义 UMA (β, γ)-容忍下限.

定理 4.1.6. 设 X 的分布为 $\{dF_\theta(x)=f(x, \theta)d\mu(x), \theta\in\Theta\}$, $\Theta\subset R_1$, 而 $f(x, \theta)$ 有单调似然比, 设 $X_1, \cdots, X_n$ 为变量 X 的 iid 样本, 若 $\underline{\theta}=\underline{\theta}(X_1, \cdots, X_n)$ 和 $\overline{\theta}=\overline{\theta}(X_1, \cdots, X_n)$ 分别为 θ 的

置信系数为 γ 的 UMA 置信下、上界，则 $\underline{\xi}_{1-\beta}(\underline{\theta})$ 和 $\underline{\xi}_\beta(\overline{\theta})$ 分别为 F_θ 的 UMA$(\beta,\ \gamma)$-容忍下、上限.

证. 我们就上限的情况来证明，因为下限的证明是完全一样的.

首先，容易验证，$\underline{\xi}_\beta(\overline{\theta})$ 为 F_θ 的 $(\beta,\ \gamma)$-容忍上限，现设 T^* 为任一 $(\beta,\ \gamma)$-容忍上限，定出 θ^*，致

$$\underline{\xi}_\beta(\theta^*)=T^*.$$

则 θ^* 为 θ 的置信水平为 γ 的置信上界. 任取 β'，$1>\beta'>\beta$. 由 $f(x,\ \theta)$ 有单调似然比，根据引理 3.7.2 可知，若对任何 θ 定义 θ' 致

$$\underline{\xi}_\beta(\theta')=\underline{\xi}_{\beta'}(\theta),$$

则 $\theta'>\theta$. 我们有

$$F_\theta(T^*)\geqslant\beta'\Leftrightarrow T^*\geqslant\underline{\xi}_{\beta'}(\theta)\Leftrightarrow T^*\geqslant\underline{\xi}_\beta(\theta')$$
$$\Leftrightarrow\underline{\xi}_\beta(\theta^*)\geqslant\underline{\xi}_\beta(\theta')\Leftrightarrow\theta^*\geqslant\theta',$$

同样 $\quad F_\theta(\underline{\xi}_\beta(\overline{\theta}))\geqslant\beta'\Leftrightarrow\underline{\xi}_\beta(\overline{\theta})\geqslant\underline{\xi}_\beta(\theta')\Leftrightarrow\overline{\theta}\geqslant\theta'.$

于是

$$P_\theta\{F_\theta(T^*)\geqslant\beta'\}=P_\theta(\theta^*\geqslant\theta'),\tag{4.1.51}$$
$$P_\theta\{F_\theta(\underline{\xi}_\beta(\overline{\theta}))\geqslant\beta'\}=P_\theta(\overline{\theta}\geqslant\theta').\tag{4.1.52}$$

由于 $\theta'>\theta$，而 $\overline{\theta}$ 为 θ 的水平 γ 的 UMA 置信上界，而 θ^* 为 θ 的一个水平 γ 的置信上界，有

$$P_\theta(\theta^*\geqslant\theta')\geqslant P_\theta(\overline{\theta}\geqslant\theta').\tag{4.1.53}$$

于是由(4.1.51)～(4.1.53)得(4.1.50)，对任何 β'，$1>\beta'>\beta$ 成立，因此对 $\beta'=1$ 也成立，定理证毕.

在以上的证明中我们默认了 X 的分布函数的连续性，采用以前指出过的随机化方法，可以免除这个限制，在应用上，一般宁肯适当调整 β, γ 之值，而避免使用这个随机化.

根据这个定理，前面关于 UMA 置信界的例子，都可以转到 UMA 容忍限的情况，此处不重复有关的计算了.

另一个关于容忍限的最优性准则，可以从置信界理论中"平均长度最小"这个准则类推而得. 比方说，设 X 为只取非负值的随机

变量，则我们可以提出问题：在 F_θ 的一切 (β, γ)-容忍上限中找出一个 $\overline{T}$，使对 F_θ 的任何 (β, γ)-容忍上限 T^* 有

$$E_\theta[T^*] \geqslant E_\theta[\overline{T}], \text{ 对一切 } \theta \in \Theta.$$

对容忍区间而言，不论 X 是否取非负值，都可以提出使容忍区间平均长度达到最小的要求，然而，置信界和置信区间的理论不能对这个问题有多大帮助，因为如我们所见，UMA 置信界不必使平均长度达到最小，而 UMAU 置信区间虽则（在一切无偏置信区间中）使平均长度达到最小，但"置信区间平均长度最小"与"容忍区间平均长度最小"是两个不同的问题.

关于求容忍区间的问题，下面的引理不失为一个方法：

引理 4.1.8. 若 T^* 和 T_* 分别为 F_θ 的 $\left(\frac{1+\beta}{2}, \frac{1+\gamma}{2}\right)$-容忍上、下限，则 $[T_*, T^*]$ 为 F_θ 的 (β, γ)-容忍区间，

证明是显而易见的[1].

在变量 X 为一维时的容忍区间的概念，以自然的方式推广到 X 为多维时的容忍区域(Tolerance region)的情况.

（七）基于次序统计量的容忍限与容忍区间

如果 X 的分布族依赖若干个实参数且有较好的数学性质，则有时可以利用这种性质造出较精的容忍限和区间，前面的定理 4.1.6，及下段中将讨论的正态分布的容忍区间问题，就是这方面的例子.

时常，我们对 X 的分布只知道某些很一般的性质，例如分布函数连续或绝对连续之类，而对其数学形式则无任何特殊性质的假定，这类问题叫做"非参数"统计问题，它是本书第六章的主题. 在这里我们讨论在这种非参数性假定下求容忍限和容忍区间的问题，所得出的方法适用面广且较易计算，但如将它用到某种其数学形式更确定的分布族时，则往往失之过粗.

更具体地，设 X 为一个一维变量，其分布函数 $F(x)$ 只知道是

---

1) 这个方法的缺点是往往失之过粗.

连续的，其它一切未知，设 $X_1, \cdots, X_n$ 为 X 的 iid. 样本，现在要根据这个样本作出 X 的分布 F 的容忍限和容忍区间.

以 $X_{(1)} \leqslant X_{(2)} \leqslant \cdots \leqslant X_{(n)}$ 记 $X_1, \cdots, X_n$ 的次序统计量. 直观地看，在区间 $[X_{(i)}, X_{(j)}]$ 中大致含有 X 的全部概率(100%)的 $\frac{j-i}{n} \times 100\%$. 这个启发性的想法使我们提出，这样的区间 $[X_{(i)}, X_{(j)}]$，适当地选择 i, j，可能作为 F 的 (β, γ)-容忍区间，同样，适当地选择 k，可能使 $X_{(k)}$ 能作为 F 的 (β, γ)-容忍上、下限，为此需要计算概率

$$
\begin{aligned}
p_{ij}(\beta) &= P_F\{F(X_{(j)}) - F(X_{(i)}) \geqslant \beta\}, \\
p_k(\beta) &= P_F\{F(X_{(k)}) \geqslant \beta\} \qquad (4.1.54)\\
&(1 \leqslant i < j \leqslant n,\ 1 \leqslant k \leqslant n,\ 0 < \beta < 1).
\end{aligned}
$$

这里 P_F (正如以前常用的 P_θ) 表示，事件的概率是在 X 的分布为 F 之下算出的，初一看使人认为(4.1.54)中的概率应与 F 有关，但不难看出其实不然，这个事实正是这方法的基础.

为了证明(4.1.54)中的概率与 F 无关，使用引理 3.5.3，由这引理知，若 X 的分布为 F(连续)，则 $F(X) \sim R(0, 1)$. 由此可知: $F(X_{(1)}), \cdots, F(X_{(n)})$ 在概率分布上，与由 $R(0, 1)$ 中抽出的大小为 n 的 iid. 样本的次序统计量 $U_1 \leqslant U_2 \leqslant \cdots \leqslant U_n$ 完全无异. 由此得到

$$
p_{ij}(\beta) = P(U_j - U_i \geqslant \beta), \quad p_k(\beta) = P(U_k \geqslant \beta). \qquad (4.1.55)
$$

这不但证明了 $p_{ij}(\beta)$, $p_k(\beta)$ 确与 F 无关，且提供了计算它们的方法，因为 $(U_1, \cdots, U_n)$ 的密度函数(对 R_n 中的 L 测度)为 $n! du_1 \cdots du_n$ 当 $0 \leqslant u_1 \leqslant \cdots \leqslant u_n \leqslant 1$，其它处为 0，不难算出 U_k 的密度为 $(1 \leqslant k \leqslant n)$

$$
f_k(u) = (n-k+1)\binom{n}{k-1} u^{k-1}(1-u)^{n-k}, \quad 0 \leqslant u \leqslant 1, \text{ 他处为 } 0;
$$

即 U_k 服从 β-分布 $\beta(k, n-k+1)$ (见例 2.3.2)，而 (U_i, U_j) 的密度为

$$f_{ij}(u, v)=n(n-1)\binom{n-2}{i-1}\binom{n-i-1}{j-i-1}u^{i-1}(v-u)^{j-i-1}(1-v)^{n-j}$$

(当 $0\leqslant u\leqslant v\leqslant 1$, 他处为 0, 又此处 $1\leqslant i<j\leqslant n$).

例如, 要求出 $f_k(u)$, 须将 $n!du_1\cdots du_n$ 在 $0\leqslant u_1\leqslant u_2\leqslant\cdots\leqslant u_{k-1}\leqslant u\leqslant u_{k+1}\leqslant\cdots\leqslant u_n$ 内对 $du_1, \cdots, du_{k-1}, du_{k+1}, \cdots, du_n$ 积分, 类似地对 $f_{ij}(u, v)$. 这个虽繁但不难的计算留给读者, 在 § 6.1 中我们将指出一个较易的推导法, 可作参考, 从 (U_i, U_j) 的联合分布不难算出 $W_{ij}=U_j-U_i$ 的分布, 结果是

$$W_{ij}\sim\beta(j-i, n-j+i+1).$$

利用所得到的 U_k 和 W_{ij} 的分布, 立即得到

$$P_F\{F(X_{(k)})\geqslant\beta\}=P(U_k\geqslant\beta)$$
$$=\int_\beta^1 f_k(u)du=1-I_\beta(k, n-k+1).$$

此处 $I_t(p, q)$ 为不完全 β-函数, 见例 4.1.6. 挑选最小的 k, 使

$$\gamma'=1-I_\beta(k, n-k+1)\geqslant\gamma, \tag{4.1.56}$$

则 $X_{(k)}$ 为 F 的 (β, γ')-容忍上限, $\gamma'\geqslant\gamma$. 这通常要借助于不完全 β-函数表, 若对某个 n 满足(4.1.56)的 k 根本不存在, 则必须加大 n 才能使问题有解, 用完全同样的方式可定出容忍下限 $X_{(m)}$, 这归结为找出最大的 m, 致

$$\gamma'=I_{1-\beta}(m, n-m+1)\geqslant\gamma. \tag{4.1.57}$$

同样, 若对某个 n 满足(4.1.57)的 m 不存在, 则必须加大 n, 才能使问题有解.

同样, 寻找 F 的 (β, γ)-容忍区间归结为定出 $i, j(1\leqslant i<j\leqslant n)$, 致

$$\gamma'=1-I_\beta(j-i, n-j+i+1)\geqslant\gamma. \tag{4.1.58}$$

且使 γ' 尽可能接近 γ. 一般, 常取 $j=n-i+1$, 这时 (4.1.58) 转化为

$$\gamma'=1-I_\beta(n-2i+1, 2i)\geqslant\gamma. \tag{4.1.59}$$

因此需要选择 i 尽可能大, 使(4.1.59)成立, 而以 $[X_{(i)}, X_{(n-i+1)}]$ 作为 F 的容忍区间, 如对某个 n 适合(4.1.59)的 i 不存在, 则必须加大 n.

(八) 正态分布的容忍限与容忍区间

设 $X_1, \cdots, X_n$ 是 $X\sim N(a, \sigma^2)$ 的 iid. 样本，a 和 σ^2 都未知，要作出 (β, γ)-容忍限与容忍区间.

先讨论容忍上限的问题，若以 $F_{a,\sigma}(x)$ 记 $N(a, \sigma^2)$ 的分布函数，则有

$$F_{a,\sigma}(a+z_{1-\beta}\sigma)=\beta, \quad 0<\beta<1,$$

z_α 由 $\Phi(z_\alpha)=1-\alpha$ 决定，因此，求容忍上限的问题或多或少与估计 $a+z_{1-\beta}\sigma$ 的问题相当，后者的一个自然的估计量是 $T_\lambda^*=\overline{X}+\lambda S$，此处 $S^2=\frac{1}{n-1}\sum_{i=1}^{n}(X_i-\overline{X})^2$，而 $\lambda>0$ 待定，因此我们就来寻求形如 T_λ^* 的容忍上限，因为

$$P_{a,\sigma}(F_{a,\sigma}(\overline{X}+\lambda S)\geqslant\beta)=P_{a,\sigma}(\overline{X}+\lambda S\geqslant a+z_{1-\beta}\sigma)$$

$$=P_{a,\sigma}\left(\frac{\sqrt{n}\ (\overline{X}-a-z_{1-\beta}\sigma)}{S}\geqslant-\sqrt{n}\lambda\right).$$

但是
$$\frac{\sqrt{n}\ (\overline{X}-a-z_{1-\beta}\sigma)}{S}\sim t_{n-1,\,\delta},$$

其中 $\delta=-\sqrt{n}\ z_{1-\beta}=\sqrt{n}z_\beta$. 于是，寻找 (β, γ)-容忍上限的问题归结为决定 λ，致

$$P(t_{n-1,\sqrt{n}z_\beta}\geqslant-\sqrt{n}\lambda)=\gamma,$$

这需要非中心 t 分布表. 得到 λ 后，即以 $\overline{X}+\lambda S$ 作为容忍上限，目前已对一定范围的 n, β, γ 造出 λ 的表，根据对称性，不难看出 (β, γ)-容忍下限为 $\overline{X}-\lambda S$.

现在考虑求 $N(a, \sigma^2)$ 的容忍区间的问题，自然地，我们取 $[\overline{X}-\lambda S, \overline{X}+\lambda S]$ 的形式作为可能的解. 给定 β, γ 后，固然可以根据引理 4.1.8 和上面关于容忍限的结果来定 λ，但这样做是不精的(具体说来，这样得出的容忍区间的 γ' 比预定的 γ 大). 下面的解法是 Wald 和 Wolfowitz 提供的.

证 $A(\overline{X}, S, \lambda, a, \sigma)=\frac{1}{\sqrt{2\pi}\sigma}\int_{\overline{X}-2S}^{\overline{X}+2S}\exp\left[-\frac{(t-a)^2}{2\sigma^2}\right]dt,$

作变数代换 $t'=(t-a)/\sigma$, 不难看出 $A(\overline{X}, S, \lambda, a, \sigma)$ 的分布与 a 和 σ 无关，故不失普遍性可取 $a=0, \sigma=1$, 且记 $A(\overline{X}, S, \lambda, 0, 1)$ 为 $A(\overline{X}, S, \lambda)$. 现在要决定 $\lambda>0$ 致

$$P(A(\overline{X}, S, \lambda)\geqslant\beta)=\gamma,$$

这里概率是在 $a=0, \sigma=1$ 的条件下计算的.

由于 $A(\overline{X}, S, \lambda)$ 是 S 的严格增加函数(当 $\lambda>0$ 时), 存在唯一的 $S=S_{\lambda,\overline{X}}$ 致 $A(\overline{X}, S_{\lambda,\overline{X}}, \lambda)=\beta$. 不难看出, $\lambda S_{\lambda,\overline{X}}$ 与 λ 无关因而可记为 $r(\overline{X})$. 实际上, $r(\overline{X})$ 是一个由方程

$$\frac{1}{\sqrt{2\pi}}\int_{\overline{X}-r(\overline{X})}^{\overline{X}+r(\overline{X})} e^{-t^2/2}dt=\beta$$

所确定的量, 由

$$A(\overline{X}, S, \lambda)\geqslant\beta \Leftrightarrow S\geqslant S_{\lambda,\overline{X}}$$

及 $\overline{X}$ 与 S 的独立性知, 在给定 $\overline{X}$ 时, $\{A(\overline{X}, S, \lambda)\geqslant\beta\}$ 的条件概率是

$$P(A(\overline{X}, S, \lambda)\geqslant\beta|\overline{X})=P(S\geqslant r(\overline{X})/\lambda|\overline{X}),$$

由于 $(n-1)S^2\sim\chi_{n-1}^2$, 右边的条件概率可用 χ^2- 分布表出, 再对 $\overline{X}$ 求均值即可算出 $P(A\geqslant\beta)$, 然后根据使之等于 γ 的条件决定 λ. 由于 $P(A\geqslant\beta)$ 的解析表达式不易求得, Wald 和 Wolfowitz 提出了如下的近似解法: 作 Taylor 展开:

$$P(A\geqslant\beta|\overline{X})=P(A\geqslant\beta|0)+\overline{X}P'(A\geqslant\beta|0)+\frac{\overline{X}^2}{2!}P''(A\geqslant\beta|0)+\cdots \tag{4.1.60}$$

易见 $P'(A\geqslant\beta|0)=0$, 而 $E(\overline{X}^2)=\frac{1}{n}$, 于是得到

$$P(A\geqslant\beta)=P(A\geqslant\beta|0)+\frac{1}{2n}P''(A\geqslant\beta|0)+\cdots, \tag{4.1.61}$$

比较(4.1.60)和(4.1.61), 得

$$P(A\geqslant\beta)\approx P\left(A\geqslant\beta\left|\frac{1}{\sqrt{n}}\right.\right)=P\left(\chi_{n-1}^2>(n-1)r^2\left(\frac{1}{\sqrt{n}}\right)\Big/\lambda^2\right),$$

而 $r\left(\frac{1}{\sqrt{n}}\right)$ 由关系式

$$\int_{\frac{1}{\sqrt{n}}-r\left(\frac{1}{\sqrt{n}}\right)}^{\frac{1}{\sqrt{n}}+r\left(\frac{1}{\sqrt{n}}\right)} \frac{1}{\sqrt{2\pi}} e^{-t^2/2} dt = \beta \tag{4.1.62}$$

决定，定出 $r\left(\frac{1}{\sqrt{n}}\right)$后，λ 由关系式

$$P\left(\chi_{n-1}^2 > (n-1) r^2\left(\frac{1}{\sqrt{n}}\right) \Big/ \lambda^2\right) = \gamma \tag{4.1.63}$$

决定，因此，求 $N(a, \sigma^2)$ 的 (β, γ) 容忍区间的步骤归结为：

a．由(4.1.62)决定 $r\left(\frac{1}{\sqrt{n}}\right)$,

b．由(4.1.63)决定 λ,

c．以 $[\overline{X}-\lambda S, \overline{X}+\lambda S]$ 作为容忍区间

Wald 和 Wolfowitz 证明了：这个近似解法(近似性表现在取 $P(A \geqslant \beta) \approx P\left(A \geqslant \beta \middle| \frac{1}{\sqrt{n}}\right)$)即使当 $n=2$ 和 $\beta=\gamma=0.95$ 时，也与真实值极接近，在实际应用时可使用有关的统计表，它把 λ 列表为 n, β, γ 的函数.

Bayes 方法也可以用于求容忍区间的问题，这里不仔细讨论了.

§4.2. Bayes 方法和信仰推断法

在 §4.1 中我们介绍了区间估计理论的主要部分——置信区间理论，本节将简要地介绍其它某些观点.

(一) Bayes 方法

如在 §4.1 中指出的，在 Neyman 的置信区间理论中，参数 θ 就是一个通常的未知数，不带任何随机性，所以，像"$[\underline{\theta}(X), \overline{\theta}(X)]$ 包含 θ 的概率为 $1-\alpha$"这样的断言，是指当 X 随机地取值时，随机区间 $[\underline{\theta}(X), \overline{\theta}(X)]$ 包含固定点 θ 这一随机事件的概率为 $1-\alpha$，而并非指 θ 作为一个随机变量落在区间 $[\underline{\theta}(X), \overline{\theta}(X)]$ 内的概率为 $1-\alpha$.

如在§2.3指出的，Bayes理论的基本出发点是，把θ与X一样看成是一个有一定分布$dH(\theta)$的随机变量，$dH(\theta)$这个分布总结了我们在作试验(以取得样本x)前对θ的了解，因之称为θ的先验分布，所以在Bayes理论中，整个统计问题的完整描述是$\mathscr{B}_{\mathscr{X}}\times\mathscr{B}_{\Theta}$上的概率测度$dH(\theta)dP_\theta(x)$，而$P_\theta(x)$不过是在给定$\theta$时$X$的条件分布，这个条件分布的作用只在于，当有了样本$x$后，它把原来的先验分布$dH(\theta)$转换为后验分布，$dH(\theta|x)$，后者总结了在原来的知识$dH(\theta)$和新的信息$x$的基础上，目前我们对$\theta$的全部了解，一切关于$\theta$的推断全依据这个分布作出：对Bayes论者而言，在得到$dH(\theta|x)$后，原来的$dH(\theta)$已经丧失了它的意义，因此，像"一个随机区间包含某个固定的参数值θ_0"这样的事件，在Bayes论者看来根本是无关或无意义的事.

这个概念立即可以用到区间估计的问题上来. 例如，设想θ为一个一维实参数，在得到样本x时，如要给θ(指x所来自的那个总体的具体的参数值θ，它的值按$dH(\theta)$的方式出现在大量类似的总体中——参看§2.3(一)中提到的那个产品验收的例子)定出一个可能的下界，可选取一个$\underline{\theta}(x)$，致

$$\int_{[\underline{\theta}(x),\infty)}dH(\theta|x)\geqslant1-\alpha.$$

这样的$\underline{\theta}$可称为(在先验分布H之下)θ的水平$1-\alpha$的Bayes置信下界，这在形式上虽然和Neyman的置信下界相似，但水平$1-\alpha$的意义则有些不同. 在Neyman意义下水平$1-\alpha$的解释已于前述. 在Bayes意义下则是这样的：假定我们大量次数地使用这个估计，第n次使用时θ之值为θ_n而样本为x_n，$n=1,2,\cdots$，我们注意到此处$\{\theta_n\}$为自分布$dH(\theta)$中取出的iid.样本，而非一堆毫无规律可言的未知数(如在Neyman理论中那样)，从这个序列$\{(x_n,\theta_n),n=1,2,\cdots\}$中排出那些$x_n=x$的足标$n$，设为$n_1$，$n_2$，$\cdots$，则在子序列$\{\theta_{n_i},i=1,2,\cdots\}$中，至少有$100(1-\alpha)\%$的部分落在$[\underline{\theta}(x),\infty)$内. 另一种可能的频率解释如下：把

$$\{(x,\theta):\underline{\theta}(x)\leqslant\theta\}=A$$

作为 $\mathscr{X}\times\Theta$ 的一个子集，它在概率测度 $dP=dH(\theta)dP_\theta(x)$ 之下有一定的概率 $P(A)$，因为由 $\underline{\theta}(x)$ 的定义有

$$P(A|X=x)\geqslant 1-\alpha,$$

对任何 $x\in\mathscr{X}$，故

$$P(A)=E\{P(A|X)\}\geqslant 1-\alpha.$$

这样，既然 (x_n,θ_n)，$n=1,2,\cdots$是分布 P 的 iid. 样本，在一序列不等式

$$\underline{\theta}(x_n)\leqslant\theta_n,\quad n=1,2,\cdots$$

中，至少有 $100(1-\alpha)\%$ 的部分是正确的，这个解释与在 Neyman 意义下的解释相似，但其基础则颇有不同，在固定 θ 时，Neyman 理论有明确解释，但在此处即使在条件概率的意义下也不行．因为由 $P(A)\geqslant 1-\alpha$ 并不能推出对一切 $\theta_0\in\Theta$ 有 $P(A|\theta=\theta_0)\geqslant 1-\alpha$，对某些 θ_0，$P(A|\theta=\theta_0)$ 可以远低于 $1-\alpha$．因此，如在序列 $\{(x_n,\theta_n),\ n=1,2,\cdots\}$中挑出那些 $\theta_n=\theta_0$ 的足标 n 而得子列 x_{n_1}，x_{n_2}，$\cdots$，则在一序列不等式

$$\underline{\theta}(x_{n_i})\leqslant\theta_0,\ i=1,2,\cdots$$

中，正确的部分可能远低于 $100(1-\alpha)\%$．以上的仔细讨论应当使读者对 Neyman 置信水平和 Bayes 置信水平的差别有清楚的印象．

Bayes 置信上界及其 Bayes 置信水平的定义与下界完全类似，至于 Bayes 置信区间，其含义也不难了解：如果对任何 x 有

$$\int_{[\underline{\theta}(x),\,\overline{\theta}(x)]}dH(\theta|x)\geqslant 1-\alpha,$$

则称 $[\underline{\theta},\ \overline{\theta}]$ 为 θ 的一个 Bayes 置信水平为 $1-\alpha$ 的 Bayes 置信区间、所有前面对下界所述的一切，对区间的情况当然完全适用．

当然，也和其它判决问题一样，即使在能合理地假定先验分布存在的场合，也有一个怎么规定这个分布的问题，有的作者企图提出一些一般的原则，像"同等无知"的原则，当 $\theta>0$ 时以 $\dfrac{d\theta}{\theta}$ 作先验分布的原则之类．以本书作者的意见看，虽然为了在理论上处理问题，往往选取一种与该分布族的数学形式相适应的分布作先

验分布有其方便外，从实用的角度看，企图定出任何一般的规定先验分布的法则，都是无补于事的.

例 4.2.1. 变量 X 服从二项分布 $B(n, p)$. 取 p 的先验分布为 $\beta(a, b)$，即有密度

$$f_{a,b}(p)=\begin{cases}I_p(a, b), & 0\leqslant p\leqslant 1,\\ 0, & \text{其它 } p,\end{cases} \tag{4.2.1}$$

此处 $I_p(a, b)$ 的定义见(4.1.29)下面的式子.

根据例 2.3.2，得到样本 x 后，p 的后验分布为 $\beta(a+x, n+b-x)$. 因此在先验分布(4.2.1)之下，p 的置信系数 $1-\alpha$ 的 Bayes 置信上、下界分别由方程

$$I_{\bar{p}}(a+x, n+b-x)=1-\alpha$$

和

$$I_{\underline{p}}(a+x, n+b-x)=\alpha$$

所决定，至于 p 的置信系数 $1-\alpha$ 的 Bayes 置信区间，可取为任何满足

$$I_{\bar{p}}(a+x, n+b-x)-I_{\underline{p}}(a+x, n+b-x)=1-\alpha \tag{4.2.2}$$

的 $[\underline{p}, \bar{p}]$. 如要寻找最短的区间，则需要在条件

$$\bar{p}^{a+x-1}(1-\bar{p})^{n+b-x-1}=\underline{p}^{a+x-1}(1-\underline{p})^{n+b-x-1}$$

之下，使(4.2.2)满足，当 $a=b=1$ 时，(4.2.1)变为均匀分布，即在“同等无知”的假定下的先验分布，这就是所谓“逆概率问题”，这个情况下本例提供的区间估计是历史上最早提出的区间估计之一.

例 4.2.2. 设 $X_1, \cdots, X_n$ 为取自 $N(\theta, 1)$ 的 iid. 样本，取 θ 的先验分布为 $N(0, k^2)$. 在例 2.3.3 中已求得 θ 的后验分布为（姑以记号“$\theta|X$”记 θ 的后验分布）

$$\theta|X\sim N\left(\frac{nk^2\bar{X}}{1+nk^2}, \frac{k^2}{1+nk^2}\right),$$

考虑以下几个问题:

1° θ 的 Bayes 置信上、下界与置信区间，分别为

$$\frac{nk^2\bar{X}}{1+nk^2}+\frac{k}{\sqrt{1+nk^2}}z_\alpha, \quad \frac{nk^2\bar{X}}{1+nk^2}-\frac{k}{\sqrt{1+nk^2}}z_\alpha$$

以及 $$\left[\frac{nk^2\bar{X}}{1+nk^2}-\frac{k}{\sqrt{1+nk^2}}z_{\alpha/2}, \frac{nk^2\bar{X}}{1+nk^2}+\frac{k}{\sqrt{1+nk^2}}z_{\alpha/2}\right].$$

当 $k\to\infty$ 时，它们分别趋向于水平 $1-\alpha$ 的 UMA 上、下界及 UMAU 区间.

2° 固定长度 d 的 Bayes 区间估计，显然，最优的取法是取 $\frac{nk^2\overline{X}}{1+nk^2}\pm\frac{d}{2}$. 当给定 x 时，此区间（在一切长为 d 的区间中）包含 θ 的条件概率最大，也可以采取另一种看法、引进损失函数

$$L(\theta,\ [a,\ a+d])=\begin{cases}0, & \text{当 } a\leqslant\theta\leqslant a+d,\\ 1, & \text{其它,}\end{cases}$$

则上述区间为所给先验分布之下的 Bayes 解.

3° 也可以把置信系数和区间长度结合在一起来考虑，这可以通过引进损失函数

$$L(\theta,\ [a,\ b])=(b-a)+mI_{[a,\,b]^c}(\theta) \tag{4.2.3}$$

来实现，这里 $m>0$ 为常数，$I_{[a,\,b]^c}(\theta)$ 的意义与通常一样，即当 $a\leqslant\theta\leqslant b$ 时为 0，其它情况为 1.

不难验证，这问题的 Bayes 解仍有

$$\left[\frac{nk^2\overline{X}}{1+nk^2}-d,\ \ \frac{nk^2\overline{X}}{1+nk^2}+d\right]$$

的形状，但 d 由

$$d+m\left[1-\Phi\left(\frac{d\sqrt{1+nk^2}}{k}\right)\right]=\inf_{t>0}\left\{t+m\left[1-\Phi\left(\frac{t\sqrt{1+nk^2}}{k}\right)\right]\right\} \tag{4.2.4}$$

来决定.

（二）区间估计的判决函数理论

判决函数理论之用于区间估计，我们前在定理 4.1.2 中已见一例，这里再对这个问题稍多说几句话.

§4.1 的置信区间估计理论，在一个方面与假设检验理论相似，即是把问题中的两个主要方面分开处理：在假设检验中是两种错误，在区间估计中是可靠度和精确度，这种作法，一方面固然有其历史上的原因——因为置信区间理论的创始者 Neyman，也是

假设检验理论的奠基者之一，而他在发展其置信区间理论时，广泛地使用了其与假设检验的联系，从实用的观点看这种处理也是恰当的，因为由"不可靠"和"不精确"带来的后果.在实际问题中可能不宜在同一基础上去计算.

判决函数理论中之概念用于区间估计，使问题的提法和内容都变得更广，即使维持原来把两个方面分开处理的作法，但由"不可靠"和"不精确"而带来的损失如何衡量，仍有颇大的灵活性.换句话说，我们可引进种种损失函数来刻划它们，我们也可以把这二者统一在一个损失函数内，如在例 4.2.2 中，(4.2.3)就是一个这样的损失函数，其中的两项分别反映由于不精确和不可靠而带来的损失，下面的函数

$$L(\theta,\ [a,\ b])=|a-\theta|+|b-\theta|$$

也可以考虑作为这问题的损失函数，我们也可以将序贯估计引进来，把试验费用作为一个因素加入到损失函数之内.

判决函数理论的一个特点就是把一个统计问题转化为一个最优性的问题，这些准则，像 Bayes, Minimax, 不变性之类，都可用于区间估计(如果作为一种最优性准则和解决问题的手段来看，Bayes 方法就可以只看作是一种数学上的东西，而不必涉及有关先验分布存在的假定是否合理等哲学问题)，而这就丰富了区间估计理论的内容.

循着这个线索，我们可以把第二章中就点估计问题较仔细地讨论过的一些判决函数内容移植到本章的区间估计问题上来，由于没有多少原则性的新东西，这里不重复有关的细节了，我们只就一个简单的具体例子来说明一下.

比方说，我们要用 Minimax 的原则来讨论例 4.2.2 中 θ 的区间估计问题，若以 $b-a$ 和 $mI_{[a,b]^c}(\theta)$ 分别作为"估计不精"和"估计不可靠"而带来的损失，则根据 Minimax 原则我们可以提出下面三个问题:

1° 要求 $[\underline{\theta},\ \overline{\theta}]$ 的置信水平为 $1-\alpha$，在这个要求下使 $\sup\limits_{-\infty<\theta<\infty} E_\theta[\overline{\theta}(X)-\underline{\theta}(X)]$ 达到最小.

2° 要求 $\sup\limits_{-\infty<\theta<\infty} E_\theta[\bar{\theta}(X)-\underline{\theta}(X)]\leqslant c$, 在这个要求下使$[\underline{\theta}, \bar{\theta}]$的置信系数最大.

3° 要求$[\underline{\theta}, \bar{\theta}]$, 使

$$\sup_{-\infty<\theta<\infty}\{m[1-P_\theta(\underline{\theta}(X)\leqslant\theta\leqslant\bar{\theta}(X))]+E_\theta[\bar{\theta}(X)-\underline{\theta}(X)]\}$$

达到最小.

我们现在证明: θ 的 UMAU 置信区间 $\bar{X}\pm d$ 是所有这三个问题的解.

为此, 我们考虑问题 3°. 在 θ 的先验分布 $N(0, k^2)$ 之下, 我们已求出 Bayes 解有 $\bar{X}\pm d$ 的形式, 其中 d 满足(4.2.4), 以下我们记这个 d 为 d_k. 显然, (4.2.4)右边之量(记为 r_k), 即为 Bayes 解 $\bar{X}\pm d_k$ 的 Bayes 风险.

现在定义 d_m, 致

$$d_m+m[1-\Phi(\sqrt{n}\,d_m)]=\inf_{t\geqslant 0}\{t+m[1-\Phi(\sqrt{n}\,t)\}, \qquad (4.2.5)$$

我们来证明下面的引理.

引理 4.2.1. 当 m 由$\sqrt{\frac{2\pi}{n}}$ 上升到∞时, 满足 (4.2.5) 的 d_m 唯一, 且由 0 单调连续地增加到 ∞.

证. 函数 $g(t)=t+m[1-\Phi(\sqrt{n}\,t)]$的导数为

$$g'(t)=1-m\sqrt{n}\frac{1}{\sqrt{2\pi}}\exp\left(-\frac{1}{2}nt^2\right),\quad t\geqslant 0,$$

当 $m=\sqrt{\frac{2\pi}{n}}$ 时, $g'(0)=0$, 而 $g'(t)>0$. 当 $t>0$. 如果 $m>\sqrt{\frac{2\pi}{n}}$, 则存在 $t_m>0$. 使 $g'(t_m)=0$, $g'(t)<0$, 当 $0\leqslant t<t_m$, 而 $g'(t)>0$, 当 $t>t_m$. 由此知 $d_m=t_m$, 而显然 t_m 随 m 从$\sqrt{\frac{2\pi}{n}}$增加到∞时, 单调连续地由 0 上升到∞. 引理证毕.

根据这个引理, 可选择 $m>0$, 使 θ 的区间估计 $[\bar{X}-d_m, \bar{X}+d_m]$ 有置信系数 $1-\alpha$. 固定这个m且记 $d_m=d$. 在损失函数(4.2.3)(其中m已按上述方式选定)之下, 这区间估计的风险为常数

$$R=d+m[1-\Phi(\sqrt{n}\,d)]$$

(m 如上选定，$d=d_m$).

前面我们已求得：在 θ 的先验分布为 $N(0, k^2)$ 时，在损失函数 (4.2.3) 之下，Bayes 解为 $\overline{X}\pm d_k$，Bayes 风险为 r_k，d_k 为使 (4.2.4) 成立的 d，而 r_k 为 (4.2.4) 右边的量，现在令 $k\to\infty$，我们证明：

$$\limsup_{k\to\infty} r_k \geqslant R. \tag{4.2.6}$$

根据定理 2.3.6，这将证明 $\overline{X}\pm d$ 为损失函数 (4.2.3) 之下的 Minimax 解.

在 $\{d_k\}$ 中取一个子序列 $\{d_{k_i}, i=1, 2, \cdots\}$，致

$$\lim_{i\to\infty} d_{k_i}=d_0\leqslant\infty$$

若 $d_0=\infty$，则显有 $\lim\limits_{i\to\infty} d_{k_i}=\infty$，故设 $d_0<\infty$. 这时

$$\begin{aligned}\lim_{i\to\infty} r_{k_i} &= \lim_{i\to\infty}\left[d_{k_i}+m\left(1-\Phi\left(\frac{d_{k_i}\sqrt{1+nk_i^2}}{k_i}\right)\right)\right]\\ &= d_0+m[1-\Phi(\sqrt{n}\, d_0)]\geqslant R, \text{(依 } R \text{ 的定义)}\end{aligned}$$

于是 (4.2.6) 得证.

现在考虑问题 1°. 我们证明：$\left[\overline{X}-\frac{1}{\sqrt{n}}z_{\alpha/2},\ \overline{X}+\frac{1}{\sqrt{n}}z_{\alpha/2}\right]$ 是问题 1° 的解(注意这区间之长为常数 $2z_{\alpha/2}/\sqrt{n}$).

根据前面的讨论，存在 $m>0$，使当损失函数为 (4.2.3) 时，上述区间估计为其 Minimax 解，现在假定 $[\underline{\theta}, \overline{\theta}]$ 为任一置信水平为 $1-\alpha$ 的区间估计，则有

$$\begin{aligned}&\sup_{-\infty<\theta<\infty}\{mP_\theta(\theta\overline{\in}[\underline{\theta}(X), \overline{\theta}(X)])+E_\theta[\overline{\theta}(X)-\underline{\theta}(X)]\}\\ &\quad\geqslant m\alpha+\frac{2}{\sqrt{n}}z_{\alpha/2},\end{aligned}$$

因而

$$\begin{aligned}&\sup_{-\infty<\theta<\infty} mP_\theta(\theta\overline{\in}[\underline{\theta}(X), \overline{\theta}(X)])+\sup_{-\infty<\theta<\infty}E_\theta[\overline{\theta}(X)\\ &\quad-\underline{\theta}(X)]\geqslant m\alpha+\frac{2}{\sqrt{n}}z_{\alpha/2},\end{aligned}$$

再由 $[\underline{\theta}, \overline{\theta}]$ 有置信水平 $1-\alpha$，知

$$\sup_{-\infty<\theta<\infty} mP_\theta(\theta\overline{\in}[\underline{\theta}(X), \overline{\theta}(X)])\leqslant m\alpha,$$

于是得到 $\sup\limits_{-\infty<\theta<\infty} E_\theta[\bar{\theta}(X)-\underline{\theta}(X)]\geqslant\frac{2}{\sqrt{n}}z_{\alpha/2}$,

从而证明了 $\bar{X}\pm\frac{1}{\sqrt{n}}z_{\alpha/2}$ 为问题 1° 的解.

为了得到问题 2° 的解,须先定出 $m>0$,致相应的 d_m(意义见前)等于 $c/2$. 对这个 m, $\left[\bar{X}-\frac{c}{2}, \ \bar{X}+\frac{c}{2}\right]$为在损失函数(4.2.3)之下的 Minimax 解. 以下的讨论与刚才对问题 1° 所作的完全相似, 至于问题 3°, 对 $m\geqslant\sqrt{\frac{2\pi}{n}}$, 我们已在上面证明了其 Minimax 解有 $[\bar{X}-d_m, \bar{X}+d_m]$ 的形式, 当 $0<m<\sqrt{\frac{2\pi}{n}}$ 时, 从前面的论证中不难看到, Minimax 区间估计退化到一点 $\bar{X}$, 即有 $[\bar{X}-0, \ \bar{X}+0]$ 的形式.

如果设每次抽样的费用为常数 $c>0$ 而考虑 θ 的 Minimax 区间估计,则易见其退化为一固定样本区间估计,样本大小 n 应选择之,使

$$
\begin{aligned}
&cn+\inf_{t\geqslant 0}\{t+m[1-\Phi(\sqrt{n}\,t)]\}\\
&\quad=\inf_{N}\left[cN+\inf_{t\geqslant 0}\{t+m\left[1-\Phi(\sqrt{N}\,t)\right]\}\right],
\end{aligned}
\tag{4.2.7}
$$

我们把导致这个结果的简单论证作为习题留给读者.

本书作者考虑了方差未知时正态分布均值的区间估计问题. 在损失函数(a, σ^2 为正态总体的均值和方差)

$$
L(a, \ \sigma^2; \ [c, \ d])=\frac{d-c}{\sigma}+mI_{[c,d]^c}(a)
$$

之下, 得出与前面 $\sigma^2=1$ 时相应的三个问题的解就是通常的一样本 t-区间估计(见《科学通报》, 17 卷, p. 97~100), 所用的方法与此处所用的类似,但论证更为复杂[1].

---

1) 在所引本书作者的工作中, 只明确地处理了此处的问题 1°, 但对问题 2° 论证是一样的(问题 3° 已包括在解决 1° 的过程中). 又成平同志向作者指出,若采用正态分布代替作者所用的均匀分布作为均值的先验分布, 则论证可以简化. 这个意见是正确的.

与上述相比远为容易的论证证明：在平移变换群下(对前面规定的损失函数而言)，所得出的区间估计是一致最优的不变区间估计.

(三)信仰推断法

这是 R. A. Fisher 在三十年代提出的一种方法，不涉及这方法的创始者的原始思想(应当说，这在 Fisher 的早期工作中并未十分明确地表达出来)，我们可以说，这方法的要旨在于，在不涉及参数的先验分布的情况下，根据观察样本 x 定出参数的一个分布. 这个分布在数学上说有概率分布的性质，但不容许任何频率解释，这个分布并非由于参数具有随机变量的特征而带来的，而只是表达了：由于所得样本的信息，参数落在种种范围内的"可信程度"，因而被称为"信仰分布"(Fiducial distribution).

举一个简单例子. 设 $X_1, \cdots, X_n$ 为取自 $N(\theta, 1)$ 的 iid 样本. 由于 $\bar{X}$ 为充分统计量，我们可以基于 $\bar{X}$ 的分布来考虑问题，这时 $\sqrt{n}(\bar{X}-\theta) \sim N(0, 1)$，有

$$P(\sqrt{n}(\bar{X}-\theta)<\lambda)=\Phi(\lambda), \tag{4.2.8}$$

此式可改写为

$$P\left(\theta>\bar{X}-\frac{\lambda}{\sqrt{n}}\right)=\Phi(\lambda). \tag{4.2.9}$$

从传统概率论观点看，(4.2.8)和(4.2.9)不过是同一件事情的不同表述方法，但"信仰推断论者"对(4.2.9)赋予一种全新的解释，即把 $\bar{X}$ 看成固定的，而(4.2.9)规定了 θ 的分布. 这个分布具有通常概率分布的一切性质，他们把这称为 θ 的信仰分布，由这个分布出发可作出 θ 的区间估计，例如，由分布(4.2.9)可得

$$P\left(\bar{X}-\frac{1}{\sqrt{n}}z_{\alpha/2} \leqslant \theta \leqslant \bar{X}+\frac{1}{\sqrt{n}}z_{\alpha/2}\right)=1-\alpha.$$

因而可取 $\bar{X} \pm \frac{1}{\sqrt{n}}z_{\alpha/2}$ 为 θ 的"信仰系数" $1-\alpha$ 的区间估计，这里结果与 Neyman 理论得出的一致，但在解释上则根本不同.

有一个时期，人们认为 Neyman 理论和 Fisher 理论在很大程度上不过是同一件事情的两种不同的说法而已，然而，往后的发展使人清楚地看到，这二者是根本不同的东西——不仅在解释上，而且在具体结果上。

现在设 $X_1, \cdots, X_n$ 为取自正态总体 $N(a, \sigma^2)$ 的 iid. 样本，则 $(\overline{X}, S)$ 为充分统计量，此处 $S^2=\frac{1}{n-1}\sum_{i=1}^{n}(X_i-\overline{X})^2$. 由 $\frac{\sqrt{n}(\overline{X}-a)}{S}\sim t_{n-1}$，可以导出 a 的信仰分布，在这里，论据就不像前例那么简单明了，因为不是显然一下子就能决定，是否能从 $(\overline{X}, S)$ 出发规定 a 的另一个信仰分布.

Fisher 的思想在统计学界引起了相当的兴趣和争论，争论的焦点，主要在于一方面所谓"信仰分布"究竟是什么，一方面是能否为之建立一个严格而有用的理论，对这个理论，第一步的要求就是，在相当广泛的条件下指明一个确切的方法，使之能由样本定出信仰分布，阐明在这样的定义下，信仰分布所遵守的一些基本法则，等等. 目前有些作者已在这方面作过一些尝试，但从所得结果看还是很有限的. 另一些工作则揭示了 Fisher 理论中的一些内在困难.

如果分布族 $\{P_\theta(x), \theta\in\Theta\}$ 有一个一维的充分统计量 $T(X)$，考虑 $T(X)$ 的分布函数 $F^T(t, \theta)$. 如果存在已知的分布函数 F 及 θ 和 $p(0<p<1)$ 的已知函数 $a(\theta, p)$，致

$$P_\theta\{T(X)\leqslant a(\theta, p)\}=p, \quad 0<p<1,$$

而集合 $\{(t, \theta): t\leqslant a(\theta, p)\}$ 可转化为 $\{(t, \theta): \theta\leqslant b(t, p)\}$ 或 $\{(t, \theta): \theta\geqslant c(t, p)\}$，则可得到 θ 的信仰分布

$$P(b(t, p_1)\leqslant\theta\leqslant b(t, p_2))=p_2-p_1$$

(类似地对第二种情况)，前面所举的 $N(\theta, 1)$ 中 iid. 样本的例子就属于这种情况、再举一个例子.

例 4.2.3. 设变量 X 的分布为 $dP_\theta(x)=f(x, \theta)\,dx$，这里 $f(x, \theta)=0$，当 $x\leqslant 0$，而当 $x>0$ 时，

$$f(x, \theta)=[\theta^p\Gamma(p)]^{-1}x^{p-1}e^{-x/\theta},$$

这里 $\theta>0$ 为未知参数，而 $p>0$ 为已知数.

设 $X_1, \cdots, X_n$ 为 X 的 iid. 样本，则 $t=\overline{X}$ 为 θ 的充分统计量，t 的分布为 $g(t, \theta)dt$，而

$$g(t, \theta)dt=\begin{cases}0, & t\leqslant 0,\\ [n^{np}\theta^{-np}t^{np-1}e^{-nt/\theta}/\Gamma(np)]dt, & t>0.\end{cases} \quad (4.2.10)$$

由此可知 $P_\theta(t\leqslant\theta\lambda)=\dfrac{1}{\Gamma(np)}\displaystyle\int_0^\lambda n^{np}y^{np-1}e^{-ny}dy,$

若以 $G(\lambda)$ 记 θ 的信仰分布函数，则由上式得

$$1-G(t/\lambda)=\frac{1}{\Gamma(np)}\int_0^\lambda n^{np}y^{np-1}e^{-ny}dy.$$

因此，若以 $g(\lambda)=G'(\lambda)$ 记 θ 的"信仰密度"，则 $g(\lambda)=0$，当 $\lambda\leqslant 0$，而

$$g(\lambda)=\frac{1}{\Gamma(np)}\left(\frac{nt}{\lambda}\right)^{np}e^{-nt/\lambda}\frac{1}{\lambda}, \text{ 当 } \lambda>0, \quad (4.2.11)$$

比较(4.2.10)和(4.2.11)知，$g(\theta)d\theta$ 由在 (4.2.10) 中改 dt/t 为 $d\theta/\theta$ 而得.

读者一定会注意到：这种条件下得出的 θ 的信仰分布，基本上不过是统计量 t 的分布的另一种写法(当然其解释根本不同)，然而，信仰推断论者从这些较简单的情况出发，导出较复杂的信仰分布.

例 4.2.4. 设 $X_1, \cdots, X_n$ 为取自 $N(a, \sigma^2)$ 中的 iid. 样本，记 $Y=\overline{X}$, $Z=\sum_{i=1}^n(X_i-\overline{X})^2$，则 (Y, Z) 为此正态分布族的充分统计量，(Y, Z) 的联合密度为

$$f(y, z; a, \sigma)dydz=\sqrt{\frac{n}{2\pi\sigma^2}}\exp\left[-\frac{n(y-a)^2}{2\sigma^2}\right]dy$$

$$\cdot\frac{z^{(n-1)/2-1}}{\sigma^{n-1}2^{(n-1)/2}\Gamma\left(\frac{n-1}{2}\right)}\exp\left(-\frac{z}{2\sigma^2}\right)dz, \ z>0,$$

($z\leqslant 0$ 时 f 为 0).

当 σ 已知时，a 的信仰密度可在上式第一因子中换 dy 为 da 得到，又根据例 4.2.3, σ^2 的信仰密度可由上式第二因子把 dz/z 换成 $d(\sigma^2)/\sigma^2$ 而得. 这样，如果以 $dad\sigma^2/\sigma^2$ 代替上式中的 $dydz/z$,

即得(a, σ^2)的"联合信仰密度"为

$$g(a, \sigma^2|y, z)=\frac{\sqrt{n}}{\sqrt{2\pi\sigma^2}}\exp\left[-\frac{n(y-a)^2}{2\sigma^2}\right]da$$

$$\cdot\frac{z^{(n-1)/2}}{(2\sigma^2)^{(n-1)/2}\Gamma\left(\frac{n-1}{2}\right)}e^{-\frac{z}{2\sigma^2}}\frac{d\sigma^2}{\sigma^2}.$$

对σ^2从0到∞积分，得出a的"边缘信仰密度"为

$$h(a|y, z)=\sqrt{\frac{n(n-1)}{z}}\,s\left(\frac{\sqrt{n(n-1)}(y-a)}{\sqrt{z}}\Big|n-1\right)$$

(此处$s(\cdot|n-1)$是t_{n-1}的密度函数，由此得出以前指出的结果：
$\dfrac{\sqrt{n}(\overline{X}-a)}{\sqrt{\frac{1}{n-1}\sum_{i=1}^{n}(X_i-\overline{X})^2}}$的信仰分布为$t_{n-1}$).

从表面上看，这个推导比前面直接由t分布出发显得自然些，但里面也隐含了一些新的假定，例如用$dad\sigma^2/\sigma^2$代$dydz/z$是否合理，由于信仰分布的计算并未建立明确无误的规则，这类假定是否合适是很可以讨论的.

我们关于信仰推断法就限于以上的很初步的介绍．我们不希望读者从中得出结论，即本书作者对这个方法的态度是完全否定的，然而，恐怕多数人都能同意的一个意见是：这个理论要发展成为一个普遍而有效的理论，需要做的工作还很多.

(四)信仰推断法用于 Behrens-Fisher 问题

Fisher 基于其信仰推断法对正态分布方差不等时均值差的区间估计问题提出了一个解法，这个解法之所以有趣，在于它使人们看到，就是在这么一个比较简单的问题中，也显示出 Neyman 的方法与 Fisher 的方法确是不同的东西.

设$X_1, \cdots, X_{n_1}$和$Y_1, \cdots, Y_{n_2}$是分别取自$N(a, \sigma_1^2)$和$N(b, \sigma_2^2)$的 iid. 样本，我们已知，$(\overline{X}, \overline{Y}, S_X^2, S_Y^2)$是全体参数的充分统计量，此处

$$S_X^2=\frac{1}{n_1-1}\sum_{i=1}^{n_1}(X_i-\overline{X})^2,\quad S_Y^2=\frac{1}{n_2-1}\sum_{j=1}^{n_2}(Y_j-\overline{Y})^2,$$

按照例 4.2.4 的方式，可以导出$(a,\ b,\ \sigma_1^2,\ \sigma_2^2)$的联合信仰分布，由之出发可导出 a_2-a_1 的信仰分布．现在我们不这么作，而采用下述比较简单的推理，我们有

$$\overline{X}-a_1=S_1t_1,\quad \overline{Y}-a_2=S_2t_2.\tag{4.2.12}$$

此处 $S_1=\frac{1}{\sqrt{n_1}}S_X$, $S_2=\frac{1}{\sqrt{n_2}}S_Y$，而 t_1, t_2 为独立的中心 t-变量，自由度分别为 n_1-1 和 n_2-1．记

$$d=\overline{Y}-\overline{X},\quad \delta=a_2-a_1,$$

则由(4.2.12)知，

$$d-\delta=S_2t_2-S_1t_1,\tag{4.2.13}$$

直到现在为止一切推理都是在通常概率论的原则下进行的，根据这个，t_1 和 t_2 除了作为由关系式(4.2.12)定出的量外，并未赋予任何独立起作用的意义，然而，从形式上看，当样本已定时，(4.2.13)给出一个机会把当作随机变量看的 δ 的分布比附于两个独立中心 t-变量 t_1, t_2 的线性组合(其系数 S_1, S_2 已知)的分布，Fisher 根据这一点断言(更正确地说是定义)

$d-\delta$ 的(信仰)分布$=S_2t_2-S_1t_1$ 的通常概率分布，
其中 S_1, S_2 已知而 t_1, t_2 为独立的、自由度分别为
n_1-1 和 n_2-1 的中心 t-变量．

考虑变量 $$W=(\cos\theta)t_2-(\sin\theta)t_1,$$

其(通常的)概率分布显然只与 θ, n_1, n_2 有关．设已求出了W的分布函数 $F(w;\theta,\ n_1,\ n_2)$，决定 w_{θ,n_1,n_2} 致

$$F(w_{\theta,n_1,n_2};\theta,\ n_1,\ n_2)-F(-w_{\theta,n_1,n_2};\theta,\ n_1,\ n_2)=1-\alpha,$$

于是得到 $\delta=a_2-a_1$ 的信仰系数为 $1-\alpha$ 的信仰区间 $(\overline{Y}-\overline{X})\pm\sqrt{S_1^2+S_2^2}\,w_{\theta,n_1,n_2}$，这里 θ 由

$$\theta=\cos^{-1}[S_2/\sqrt{S_1^2+S_2^2}]$$

决定，在 Fisher 和 Yates 编的统计表中，载有为使用这方法所必须的表．

关于这个解法，置信区间理论的创立者 Neyman 在一项工作中进行了批评，Neyman 主要提到两点：一是由(4.2.13)出发导出 δ 的"信仰"分布这一作法是含糊不清的，缺乏根据的，既然未对"信仰分布"作出完全明确的定义而又借用通常概率论中的结果，提出这种批评是自然的，另一点是 Neyman 通过计算证明：这样定出的区间估计并不具备在他的意义下的置信系数 $1-\alpha$. 他就 $n_1=12$, $n_2=6$ 和 $\alpha=0.05$ 的情况作了计算，说明由 Fisher 方法作出的信仰区间包含被估计的 a_2-a_1 的概率，依赖于比值 $\rho=\sigma_1/\sigma_2$. 当 $\rho=0.1$, 1.0 和 10 时，这概率分别为 0.966, 0.960 和 0.934. 对后面这个批评，信仰推断论者并不在意，因为他们并不认为，给区间估计以 Neyman 那种频率解释是不可或缺的，在他们看来，Neyman 的计算结果的意义只在于证实了"信仰系数"与"置信系数"确非一样的东西. 事实上，更使人感兴趣的是：即使在本例这样较为复杂的场合，基于根本不同的出发点所建立的区间估计的"可靠度"，有着很接近的值.

§4.3. 序贯区间估计

(一) Dantzig 的定理

在点估计和假设检验中我们都指出过：使用序贯方法的目的不外乎两条：一是为了达到指定的精度，有时非使用序贯方法不可，一是在同样的精度下，使用序贯抽样有可能节省抽样次数，在区间估计中使用序贯方法，也不外乎追求这些目标.

关于这个问题，以往我们曾以正态总体为例说明过，设 X_1, $\cdots$, X_n 为取自正态总体 $N(a, \sigma^2)$ 的 iid. 样本，我们知道：对 a 的任何无偏估计 $\hat{a}$ 都有

$$\mathrm{Var}_{a,\sigma}(\hat{a})\geqslant\frac{\sigma^2}{n}.$$

如果想要作出 a 的一个无偏估计，使其方差对一切参数值 (a, σ^2) 总不超过一个指定的 $L<\infty$，则无论取 n 多大也不行，这意味着在

固定样本范围内我们无法使 a 的估计在任何情况(即对参数 a, σ^2 的任何值)下都达到指定的精度. 在假设检验中我们证明了:若要检验 $a=0$ 而希望当 $|a|$ 超过某个指定的 $\delta>0$ 时,功效值达到指定的 $\beta>\alpha$ (α 为检验的水平), 则在固定样本下也无法达到, 现在我们证明: 相应的区间估计问题在固定样本下也无法解决. 这个问题是: 给定 α, $0<\alpha<1$, 以及 $L>0$, 要找到一个 a 的区间估计, 使其置信水平为 $1-\alpha$ 而长不超过 L.

定理 4.3.1 (Dantzig, 1940). 设 $X_1, \cdots, X_n$ 为取自 $N(a, \sigma^2)$ 的 iid. 样本, $X=(X_1, \cdots, X_n)$, $\left[m(X)-\frac{L(X)}{2}, m(X)+\frac{L(X)}{2}\right]$ 为 a 的一个区间估计, 其置信水平 $\gamma>0$, 则

$$\sup_{x\in R_n} L(x)=\infty. \tag{4.3.1}$$

证. 在 § 4.2 (二) 中我们证明了这样一个结果[1]: 设 $X_1, \cdots, X_n$ 为取自 $N(a, \sigma^2)$ 中的 iid. 样本, σ^2 已知, 则在 a 的一切置信系数为 γ 的区间估计中, 平均长度的最大值当区间估计为

$$\left[\bar{X}-\frac{\sigma}{\sqrt{n}} z_{(1-\gamma)/2}, \quad \bar{X}+\frac{\sigma}{\sqrt{n}} z_{(1-\gamma)/2}\right]$$

时达到最小.

现在设(4.3.1)不成立, 则 $\sup\limits_{x\in R_n} L(x)=L<\infty$. 取 σ_0 充分大, 致 $2\sigma_0 z_{(1-\gamma)/2}/\sqrt{n}>L$. 这时, 区间估计 $m(x)\pm L(x)/2$ 一方面有置信水平 γ, 另一方面, 其平均长度不超过 L, 而 $L<2\sigma_0 z_{(1-\gamma)/2}/\sqrt{n}$. 但另一方面, 当 $\sigma=\sigma_0$ 已知时, 区间估计 $\bar{X}\pm\frac{\sigma_0}{\sqrt{n}} z_{(1-\gamma)/2}$ 在一切置信水平为 γ 的区间估计中, 平均长度最大值达到最小, 故应有

$$L\geqslant 2\sigma_0 z_{(1-\gamma)/2}/\sqrt{n},$$

这个矛盾证明了定理 4.3.1[2]. 这个定理可以推广成下面的形式:

1) 此结果虽是对 $\sigma^2=1$ 的情况来证的, 但显然也适用于 $\sigma^2>0$ 已知的情况.

2) 这个证明与 Dantzig 原来的证明不一样.

设变量 X 的密度函数(对 L 测度)为 $f\left(\frac{x-a}{\sigma}\right)$, $-\infty<x<\infty$. 这里参数 $\sigma>0$ 及 a 都未知,而 $f(x)$ 为 $(-\infty, \infty)$ 上的一个概率密度函数(对 L 测度),设 $X_1, \cdots, X_n$ 为 X 的 iid. 样本,则定理 4.3.1 的结论仍成立.

(二)Stein 的两阶段抽样

由定理 4.3.1 可知,若要得到 a 的置信水平等于指定的 $1-\alpha$ $(0<\alpha<1)$,而区间长度总不超过指定的常数 $L<\infty$,则必须使用序贯方法,在 1945 年,Stein 提出了这样一个方法,这方法的基本思想已在 § 2.7,(一)中有所说明.

我们先证明几点预备事实.

引理 4.3.1. 设 m 为一自然数,σ^2 为常数,S^2 和 Y 都是随机变量,$\frac{mS^2}{\sigma^2}\sim\chi_m^2$,而当给定 $S=s$ 时,Y 的条件分布为 $N(0, \sigma^2/s^2)$,则 $Y\sim t_m$.

证. 由假定知 Y 的密度函数(对 L 测度)为

$$f(y)=\int_0^\infty \frac{s}{\sqrt{2\pi}\sigma}\exp\left(-\frac{s^2y^2}{2\sigma^2}\right)\frac{2\left(\frac{m}{2}\right)^{m/2}}{\sigma^m\Gamma\left(\frac{m}{2}\right)}s^{m-1}\exp\left(-\frac{ms^2}{2\sigma^2}\right)ds.$$

直接算出这积分,不难得出 $f(y)$ 与 t_m 的密度函数完全一样.

引理 4.3.2. 设 $X_1, X_2, \cdots$ 相互独立,$X_i\sim N(a, \sigma^2)$, $i=1, 2, \cdots$. 给定自然数 n_0,记

$$\bar{X}_0=\frac{1}{n_0}\sum_{i=1}^{n_0}X_i,\quad S^2=\frac{1}{n_0-1}\sum_{i=1}^{n_0}(X_i-\bar{X}_0)^2,$$

又设 $a_1(S)\equiv\cdots\equiv a_{n_0}(S)\ (\equiv a(S))$, $a_{n_0+1}(S)\equiv\cdots\equiv a_n(S)\ (\equiv b(S))$,都是 S 的已知函数,$n=n(S)$ 也是 S 的函数,而

$$Y=\frac{\sum_{i=1}^{n}a_i(S)(X_i-a)}{S\sqrt{\sum_{i=1}^{n}a_i^2(S)}}\sim t_{n_0-1}.$$

证. 有 $(n_0-1)S^2\sim\chi^2_{n_0-1}$, 而在给定 $S=s$ 时, Y 分成两部分看:

$$Y=\frac{n_0a(s)(\overline{X}_0-a)+b(s)\sum_{i=n_0+1}^{n(s)}(X_i-a)}{s\sqrt{n_0a^2(s)+[n(s)-n_0]b^2(s)}}=Y_1+Y_2,$$

由于 S^2 与 $\overline{X}_0$ 独立, 在给定 $S=s$ 时, Y_1 的条件分布为 $N(0, \sigma^2n_0a^2(s)/s^2\{n_0a^2(s)+[n(s)-n_0]b^2(s)\})$, 至于 Y_2, 因为 S^2 只与 $X_1, \cdots, X_{n_0}$ 有关, 故与 $X_{n_0+1}, \cdots$独立, 因而 Y_2 的条件分布为

$$N(0, \sigma^2(n(s)-n_0)b^2(s)/s^2\{n_0a^2(s)+[n(s)-n_0]b^2(s)\}),$$

而在给定 $S=s$ 时, Y_1 与 Y_2 独立, 故得在给定 $S=s$ 时, Y 的条件分布为 $N(0, \sigma^2/s^2)$, 再根据引理 4.3.1 即得所欲证的结果.

现在设有正态总体 $N(a, \sigma^2)$. 任取定 $c>0$ 及自然数 n_0. 从这正态总体中抽出 iid. 样本 $X_1, \cdots, X_{n_0}$ (第一阶段抽样) $\overline{X}_0$, S^2 的意义同前, 定义

$$n=\max\{n_0, [S^2/c]+1\}$$

($[x]$ 表不超过 x 的最大整数), 则 n 为 S 的函数, 取

$$a_1(S)=\cdots=a_n(S)=\frac{1}{n},$$

则由引理 4.3.2 可知, 若继续抽出 iid. 样本 $X_{n_0+1}, \cdots, X_n$ (第二阶段抽样) 而令

$$Y=\sqrt{n}(\overline{X}_n-a)/S, \quad \left(\overline{X}_n=\frac{1}{n}\sum_{i=1}^{n}X_i\right),$$

则有 $Y\sim t_{n_0-1}$, 从而得到 a 的置信系数为 $1-\alpha$ 的相似置信区间

$$\left[\overline{X}_n-\frac{1}{\sqrt{n}}St_{n_0-1}\left(\frac{\alpha}{2}\right), \overline{X}_n+\frac{1}{\sqrt{n}}St_{n_0-1}\left(\frac{\alpha}{2}\right)\right], \quad (4.3.2)$$

由 n 的定义知 $n\geqslant S^2/c$, 故这区间之长不超过

$$\frac{2}{\sqrt{n}}St_{n_0-1}\left(\frac{\alpha}{2}\right)\leqslant 2\sqrt{c}\,t_{n_0-1}\left(\frac{\alpha}{2}\right),$$

只需取

$$c=L^2\Big/\left[4\left(t^2_{n_0-1}\left(\frac{\alpha}{2}\right)\right)\right], \quad (4.3.3)$$

则可使其长度总不超过指定的 L.

这样，为得到正态总体 $N(a, \sigma^2)$ 中的均值 a 的区间估计，其置信水平为 $1-\alpha$ 而长总不超过 L, Stein 的两阶段抽样作法为：

a．指定自然数 n_0．由(4.3.2)决定 c;

b．抽出 iid. 样本 $X_1, \cdots, X_{n_0}$, 由之算出 S, 并按 $n=\max\{n_0, [S^2/c]+1\}$ 算出 n;

c．若 $n=n_0$ 则抽样停止，否则继续抽出 iid. 样本 $X_{n_0+1}, \cdots, X_n$.

d．取(4.3.2)为 a 的置信区间.

我们已看到，这样作出的置信区间为置信系数 $1-\alpha$ 的相似置信区间，但其长 $\leqslant L$ 而不必总等于 L. 略微修改上述抽样方案和有关统计量的定义，可得出置信系数 $1-\alpha$ 而长总等于 L 的相似置信区间，这一点留着作为习题.

有一些作者研究过 Stein 抽样方案中第一阶段样本大小 n_0 的最优选择问题．有人指出，Stein 方法在估计总体方差 σ^2 时未用到第二阶段的样本，这可能降低了它的效率，Stein 的方法还可以用到其它问题中，例如，作 $N(a, \sigma^2)$ 中 σ^2 的有界长区间估计.

(三)渐近有效的纯序贯抽样方案(续上段)：

Stein 方法的一个比较明显的不足之处在于，它一共只分两个阶段，因而只有一次机会来利用样本信息决定今后的计划，这使我们提出问题：为获得正态分布均值(方差未知)的长不超过 $2L$ 而置信水平为 $1-\alpha$ 的区间估计，采用纯序贯抽样是否能使平均抽样次数更节省些.

我们首先需要树立一个标准，然后去考察：一个已定的抽样程序(如 Stein 二阶段抽样)离此标准有多少距离，以及怎样去造出达到标准的抽样程序．在正态总体 $N(a, \sigma^2)$ 的场合，这个标准可如下定出：假定 a 未知，而 σ 已知，这时对任何固定样本 $X_1, \cdots, X_n$, 我们用区间估计 $\overline{X}_n \pm \frac{\sigma}{\sqrt{n}} z_{\alpha/2}$ $\left(此处及以下 \overline{X}_n = \frac{1}{n}\sum_{i=1}^n X_i\right)$, 其置信系数为 $1-\alpha$ 而长为 $2\sigma z_{\alpha/2}/\sqrt{n}$．要这个长度 $\leqslant 2L$, 必须

$$n \geqslant \sigma^2 z^2_{\alpha/2}/L^2 = n_0(L, \sigma, \alpha),$$

这个 $n_0(L, \sigma, \alpha)$ 就用来作为一个标准，这个标准的合理性有 Wald 和 Stein 的一个结果为依据，这结果(见 *Ann. Math. Statist.* 1947, p. 427)说，不论用任何方法(纯序贯或有限阶段)作出 a 的区间估计，其长总不超过 $2L$ 而其置信水平为 $1-\alpha$，则用这方法的平均抽样次数不能小于 $n_0(L, \sigma, \alpha)$. 因此，$n_0(L, \sigma, \alpha)$ 是可望达到的最低限.

现在我们来考察一下，Stein 的两阶段抽样与这个标准的距离如何，以 N 记 Stein 抽样方案中的抽样次数，则(以下用 n_1 记第一阶段抽样次数)

$$N = n_1 I_A(S^2) + ([S^2 t^2/L^2]+1) I_{A^c}(S^2),$$

此处 $t = t_{n_1-1}\left(\frac{\alpha}{2}\right)$, I_A 和 I_{A^c} 分别为集 A 和 A^c 的指示函数，且

$$A = \{S^2 : S^2 < n_1 L^2/t^2\},$$

利用 $(n_1-1)S^2/\sigma^2 \sim \chi^2_{n_1-1}$, 以 $K(\cdot|n)$ 和 $k(\cdot|n)$ 分别记 χ^2_n 的分布函数和密度函数，得

$$\begin{aligned} E_\sigma(N) \geqslant\ & n_1 K(G|n_1-1) \\ & + \frac{n_0(L, \sigma, \alpha)\rho(n_1, \alpha)}{n_1-1}\int_G^\infty xk(x|n_1-1)\,dx. \end{aligned} \tag{4.3.4}$$

此处 $\rho(n_1, \alpha) = t^2/z^2_{\alpha/2}$, 而

$$G = n_1(n_1-1)/[n_0(L, \sigma, \alpha)\rho(n_1, \alpha)],$$

显然，(4.3.4)右边第一项不小于

$$\frac{n_0(L, \sigma, \alpha)\rho(n_1, \alpha)}{n_1-1}\int_0^G xk(x|n_1-1)\,dx.$$

由此及(4.3.4)得到

$$\begin{aligned} E_\sigma(N) & \geqslant \frac{1}{n_1-1} n_0(L, \sigma, \alpha)\rho(n_1, \alpha)\cdot E(\chi^2_{n_1-1}) \\ & = n_0(L, \sigma, \alpha)\rho(n_1, \alpha). \end{aligned}$$

由此可知：若以比值 $n_0(L, \sigma, \alpha)/E_\sigma(N)$ 作为 Stein 两阶段抽样的效率，则

$$\frac{n_0(L, \sigma, \alpha)}{E_\sigma(N)} \leqslant \frac{1}{\rho(n_1, \alpha)}.$$

因为我们知道：对任何 $n\geqslant 1$ 及 $0<\alpha<1$ 有

$$t_n(d)>z_\alpha,$$

知当 $n_1\geqslant 2$ 时，效率总是小于 1. 而且不难看出. σ 愈小，这效率与 1 的差距愈大.

当然，最理想的是能够找到这样一个序贯区间估计，其长不超过 $2L$ 且有置信水平 $1-\alpha$，而其平均抽样次数达到下界 $n_0(L,\sigma,\alpha)$（对任何 $L>0$，$\sigma>0$，$0<\alpha<1$）. 这样的抽样方案未能作出，但如将要求放宽一些，这问题大体上说能有比较满意的解决. 引进如下的定义.

定义 4.3.1. 设 N 为 a 的一个序贯区间估计的抽样次数变量，而这区间估计之长不超过 $2L$ 且有置信水平 $1-\alpha$. 如果

$$\lim_{L\to 0}\frac{n_0(L,\sigma,\alpha)}{E_{a,\sigma}(N)}=1,\text{对任何}(a,\sigma),\tag{4.3.5}$$

则称这抽样方案是渐近有效的.

这就是说，我们并不要求对一切 $L>0$ 抽样方案都是有效的，而只要求当 $L>0$ 充分小，即估计精度甚高时，抽样方案接近于有效，如果对有效性的要求作这样的放宽，则可以证明：渐近有效的序贯区间估计存在，这个结果的证明比较复杂，我们将只能作部分的讨论.

考虑如下的抽样方案：指定自然数 n_1，一次抽出样本 $X_1,\cdots,X_{n_1}$，算出 $S_{n_1}^2=\frac{1}{n_1-1}\sum_{i=1}^{n_1}(X_i-\overline{X}_{n_1})^2$. 若 $n_1\geqslant S_{n_1}^2z_{\alpha/2}^2/L^2$ 则停止抽样而取区间估计，$\overline{X}_{n_1}\pm L$，否则继续抽样一次，设到抽出 X_{n-1} 时尚不能停止而继续抽出 X_n，则计算 $S_n^2=\frac{1}{n-1}\sum_{i=1}^{n}(X_i-\overline{X}_n)^2$，若 $n\geqslant S_n^2z_{\alpha/2}^2/L^2$ 则停止抽样而取区间估计 $\overline{X}_n\pm L$，否则继续抽样一次（得 X_{n+1}）. 这样下去直到得出结果为止，我们把这个抽样方案的抽样次数变量 N 记为 $N(L)$，以反映出其与 L 的关系（当然，N 也与 α 有关，α 在此处固定了）.

关于这个抽样方案成立着下面的定理.

定理 4.3.2. 关于 $N(L)$ 成立以下的结果：

1° $P_{a,\sigma}(N(L)<\infty)=1$, 对任何$(a,\sigma)$, 下同.

2° 若 $0<L_1<L_2$, 则 $N(L_1)\geqslant N(L_2)$, 又

$$P_{a,\sigma}(\lim_{L\to 0} N(L)=\infty)=1,$$

3° $E_{a,\sigma}(N(L))<\infty$,

4° $P_{a,\sigma}\left(\lim_{L\to 0}\dfrac{N(L)}{n_0(L,\sigma,\alpha)}=1\right)=1$,

5° $\lim_{L\to 0}(E_{a,\sigma}(N(L))/n_0(L,\sigma,\alpha))=1$.

证. 对任何 $n\geqslant n_1$, 有

$$P_{a,\sigma}(N(L)>n)=P_{a,\sigma}\left(\bigcap_{i=n_1}^{n}\left\{S_i^2>\frac{iL^2}{z_{\alpha/2}^2}\right\}\right)$$
$$\leqslant P_{a,\sigma}(S_n^2>nL^2/z_{\alpha/2}^2)=P(\chi_{n-1}^2>n(n-1)L^2/\sigma^2z_{\alpha/2}^2),$$

然而, $\chi_{n-1}^2=Y_1^2+\cdots+Y_{n-1}^2$, 这里 $Y_1,\cdots,Y_{n-1}$ iid. 且 $Y_1\sim N(0,1)$, 显然, 对任何 $A>0$, 有

$$\{\chi_{n-1}^2\geqslant A\}\subset\bigcup_{i=1}^{n-1}\left\{|Y_i|\geqslant\sqrt{\frac{A}{n-1}}\right\}.$$

由此得到: 若 $Y\sim N(0,1)$, 则

$$P(\chi_{n-1}^2\geqslant n(n-1)L^2/\sigma^2z_{\alpha/2}^2)\leqslant nP(|Y|\geqslant\sqrt{n}L\sigma/z_{\alpha/2})$$
$$=2n[1-\Phi(\sqrt{n}L\sigma/z_{\alpha/2})],$$

再利用 $$1-\Phi(x)\leqslant[\sqrt{2\pi}xe^{x^2/2}]^{-1}\quad(x>0),$$

得 $$P_{a,\sigma}(N(L)>n)\leqslant 2n[1-\Phi(\sqrt{n}L\sigma/z_{\alpha/2})]$$
$$\leqslant(2\sqrt{n}z_{\alpha/2}/L\sigma)\exp[-nL^2\sigma^2/2z^2{}_{\alpha/2}].$$

由于 $$\sum_{n=1}^{\infty}\sqrt{n}e^{-bn}<\infty,$$

对任何 $b>0$, 这一举证明了 1° 和 3°.

2° 的前半部是很明显的, 为证后半部, 定义

$$\Omega=\{x=(x_1,x_2,x_3,\cdots):\inf_{n\geqslant 2}S_n^2>0\},$$

则因以概率为 1 地有 $S_n^2\to\sigma^2$, 知 $P_{a,\sigma}(\Omega)=1$, 但显然当 $x=(x_1,x_2,\cdots)\in\Omega$ 时有 $\lim_{L\to\infty}N(L)=\infty$, 这证明了 2° 的后半.

欲证 4°, 注意由 $S_n^2\to\sigma^2$ (a. e. $P_{a,\sigma}$) 可知, 对任给 $\varepsilon>0$, 存在 $n(\varepsilon)$, 致

$$P_{a,\sigma}\{(1-\varepsilon)\sigma^2\leqslant S_n^2\leqslant(1+\varepsilon)\sigma^2,\ 对一切\ n\geqslant n(\varepsilon)\}\geqslant 1-\varepsilon. \tag{4.3.6}$$

又由 2° 知存在 $L_\varepsilon>0$，致

$$P_{a,\sigma}(N(L_\varepsilon)>n(\varepsilon))\geqslant 1-\varepsilon. \tag{4.3.7}$$

现设 $N(L)>n(\varepsilon)$，则当(4.3.6)左边的事件发生时，有

$$N(L)-1<S^2_{N(L)-1}z^2_{\alpha/2}/L^2<(1+\varepsilon)\sigma^2 z^2_{\alpha/2}/L^2$$
$$=(1+\varepsilon)n_0(L,\ \sigma,\ \alpha),$$
$$N(L)\geqslant S^2_{N(L)}z^2_{\alpha/2}/L^2>(1-\varepsilon)\sigma^2 z^2_{\alpha/2}/L^2=(1-\varepsilon)n_0(L,\ \sigma,\ \alpha).$$

从而 $$\frac{N(L)}{n_0(L,\ \sigma,\ \alpha)}>1-\varepsilon,\quad \frac{N(L)-1}{n_0(L,\ \sigma,\ \alpha)}<1+\varepsilon,$$

由于当 $L<L_\varepsilon$ 时，有 $N(L)\geqslant N(L_\varepsilon)$，故上述推理证明了

$$\left\{\frac{N(L)}{n_0(L,\ \sigma,\ \alpha)}>1-\varepsilon,\ \frac{N(L)-1}{n_0(L,\ \sigma,\ \alpha)}<1+\varepsilon,对一切L,\ 0<L\leqslant L_\varepsilon\right\}$$

$\supset$(4.3.6)左边的事件与(4.3.7)左边的事件之交.

由此以及 $\lim\limits_{L\to 0}N(L)=\infty$(a. e. $P_{a,\sigma}$)，可知

$$P_{a,\sigma}\left\{1-\varepsilon\leqslant\liminf_{L\to 0}\frac{N(L)}{n_0(L,\ \sigma,\ \alpha)}\right.$$
$$\left.\leqslant\limsup_{L\to 0}\frac{N(L)}{n_0(L,\ \sigma,\ \alpha)}\leqslant 1+\varepsilon\right\}\geqslant 1-2\varepsilon,$$

令 $\varepsilon\to 0$，得 4°.

根据4°及控制收敛定理，为了证明 5°，只需证明 $\dfrac{N(L)}{n_0(L,\ \sigma,\ \alpha)}$ 为一均值有限的变量所控制，显而易见的是

$$N(L)<n_1+(\sup_{n\geqslant 2}S_n^2)\cdot z^2_{\alpha/2}/L^2,$$

因而 $$\frac{N(L)}{n_0(L,\ \sigma,\ \alpha)}<n_1L^2/\sigma^2 z^2_{\alpha/2}+\sup_{n\geqslant 2}\frac{S_n^2}{\sigma^2}.$$

我们来证明:

$$E_{a,\sigma}[\sup_{n\geqslant 2}S_n^2/\sigma^2]<\infty \tag{4.3.8}$$

证明了这一点也就证明了 5°. 记

$$Y=\sup_{n\geqslant 2}S_n^2/\sigma^2,$$

则 $$P(Y>y)\leqslant\sum_{n=1}^{\infty}P(\chi_n^2>ny).$$

然而

$$P(\chi_n^2\geqslant ny)=\left(2^{\frac{n}{2}}\Gamma\left(\frac{n}{2}\right)\right)^{-1}\int_{ny}^{\infty}e^{-t/2}t^{\frac{n}{2}-1}dt$$

$$\leqslant\left(2^{n/2}\Gamma\left(\frac{n}{2}\right)\right)^{-1}e^{-ny/4}\int_{ny}^{\infty}e^{-t/4}t^{\frac{n}{2}-1}dt$$

$$\leqslant 2^{n/2}\frac{1}{\Gamma\left(\frac{n}{2}\right)}e^{-ny/4}\int_{4ny}^{\infty}e^{-t}t^{\frac{n}{2}-1}dt$$

$$<2^{n/2}e^{-ny/4}<(2e^{-y/4})^n,\quad n\geqslant 1,$$

于是当 $y\geqslant 4$ 时，有

$$P(Y>y)\leqslant\sum_{n=1}^{\infty}P(\chi_n^2>ny)<\frac{2e^{-y/4}}{1-2e^{-y/4}}<10e^{-y/4},$$

若记 $G(y)=P(Y\leqslant y)$，则

$$E(Y)=\int_0^{\infty}ydG(y)=-\int_0^{\infty}yd(1-G(y))$$

$$=\int_0^{\infty}(1-G(y))dy<10\int_0^4 dy+10\int_0^{\infty}e^{-y/4}dy=80.$$

这证明了(4.3.8)，因而5°. 定理证毕.

本定理的4°，5°两条说明，所提出的抽样方案的抽样次数 $N(L)$，当 L 充分小时，本身及其平均都接近最优值 $n_0(L,\sigma,\alpha)$，且其长为指定的 $2L$，然而，另外还有一个要求，即其置信水平应不小于指定的 $1-\alpha$. Starr 通过数值计算证明，这个要求不能满足，虽则在参数 (a,σ) 的很广泛的范围内，与这要求相去不远. Simons 进一步证明了：存在一个只依赖于 α 的 K_α，如果在本方案的基础上再增加抽样 K_α 次，然后仍以

所得样本的算术平均值 $\pm L$

作为 a 的区间估计，则它有置信水平 $1-\alpha$. 由于 $\lim\limits_{L\to 0}n_0(L,\sigma,\alpha)=\infty$，仍有

$$\lim_{L\to 0}\frac{E_{a,\sigma}(N(L))+K_\alpha}{n_0(L,\sigma,\alpha)}=1,$$

由此结合定理4.3.2，知这样设计的抽样方案，为渐近有效的，Simons 的结果的详细证明不在这里给出了(可参看[13]).

（四）任意分布的均值的渐近有效区间估计

在(三)中我们讨论的是一种特殊分布——正态分布的均值的区间估计问题，1965 年，Y. S. Chow 和 H. Robbins 考虑了一般分布的均值的区间估计问题，得到了类似的结果（见 *Ann. Math. Statist*. 1965, p. 457）.

设 X 为一个一维变量，对于它，除了知道方差 σ^2 非 0 有限以外，其它一无所知，要求 a 的区间估计.

设 $X_1, X_2, \cdots$ 为自总体 X 中的 iid. 样本，若 X 的方差 σ^2 已知，则可用下面的大样本方法：记 $\overline{X}_n=\frac{1}{n}\sum_{i=1}^{n}X_i$，由于 $X_1, X_2, \cdots$ 为 iid. 且方差 σ^2 非 0 有限，依中心极限定理，有

$$\frac{\sqrt{n}\,(\overline{X}_n-a)}{\sigma}\xrightarrow{L}N(0,\ 1). \tag{4.3.9}$$

设 n 充分大，使(4.3.9)已足够近似，于是可以用 $\overline{X}_n\pm\frac{\sigma}{\sqrt{n}}z_{\alpha/2}$ 作为 a 的区间估计，近似地有

$$P\left(\overline{X}_n-\frac{\sigma}{\sqrt{n}}z_{\alpha/2}\leqslant a\leqslant\overline{X}_n+\frac{\sigma}{\sqrt{n}}z_{\alpha/2}\right)\approx 1-\alpha, \tag{4.3.10}$$

而区间之长为 $2\sigma z_{\alpha/2}/\sqrt{n}$. 取

$$n=\text{不小于 } \sigma^2z_{\alpha/2}^2/L^2 \text{ 的最小自然数}, \tag{4.3.11}$$

则上述区间估计近似地为 $\overline{X}_n\pm L$，即长度近似地为指定的 $2L$. 这与方差已知时正态分布均值 a 的区间估计无异，但在分布已知为正态时，(4.3.10)成为精确等式，而此处只为近似的. 又：如果由(4.3.11)定出的 n 太小以致(4.3.9)左边的分布与 $N(0, 1)$ 有严重偏差时，可加大 n. 换句话说，可选取 n_0 而将(4.3.11)修改为

$$n=\text{不小于 } \max\{n_0,\ \sigma^2z_{\alpha/2}^2/L^2\} \text{ 的最小自然数},$$

当然，在 $L\to 0$ 时，$n\to\infty$，而这个修改不必要.

当方差 σ^2 未知时，用样本方差 $S_n^2=\frac{1}{n-1}\sum_{i=1}^{n}(X_i-\overline{X}_n)^2$ 去估计它，而仿照(三)中的办法作序贯抽样，具体地说，令

$$V_n=S_n^2+\frac{1}{n},\ n=2,\ 3,\ \cdots, \tag{4.3.12}$$

指定一个 $n_0\geqslant 2$. 先抽出 $X_1,\ \cdots,\ X_{n_0}$, 计算 V_{n_0}. 若 $V_{n_0}\leqslant n_0L^2/z_{\alpha/2}^2$, 则停止抽样而以 $\overline{X}_{n_0}\pm L$ 作为 a 的置信区间. 一般, 设在抽出了 $X_1,\ \cdots,\ X_{n-1}$ 时仍不能停止,则继续抽 X_n, 计算 V_n, 若 $V_n\leqslant nL^2/z_{\alpha/2}^2$ 则停止抽样而取 $\overline{X}_n\pm L$ 作为 a 的区间估计, 否则继续观察 X_{n+1}, 这样下去直到得出结果为止. 以 $N(L)$ 记此抽样方案的抽样次数变量,又记 $\sigma^2z_{\alpha/2}^2/L^2=n(L,\ \sigma,\ \alpha)$. Chow 和 Robbins 证明了下面的定理.

定理 4.3.3. 在上述假定下,有

1° $P(\lim\limits_{L\to 0}(N(L)/n(L,\ \sigma,\ \alpha))=1)=1$,

2° $\lim\limits_{L\to 0}(E[N(L)]/n(L,\ \sigma,\ \alpha))=1$,

3° $\lim\limits_{L\to 0}P(\overline{X}_{N(L)}-L\leqslant a\leqslant \overline{X}_{N(L)}+L)=1-\alpha$.

前两条的意思是当 L 很小时, 所定义的序贯抽样方案的抽样次数及其平均,都接近在方差已知时固定抽样方案的抽样次数,最后一条指出: 当 L 很小时所定义的区间估计近似地有置信系数 $1-\alpha$. 区间之长为 $2L$ 已包括在其定义中.

为了证明这个定理,先证明以下几个引理.

引理 4.3.3. 假定$\{Y_n\}$为一串随机变量,满足条件

$$P(Y_n>0)=1,\ n=1,\ 2,\ \cdots,\ P(\lim_{n\to\infty}Y_n=1)=1, \tag{4.3.13}$$

再设$\{f(n)\}$为一串数,满足条件

$$f(n)>0,\ n=1,\ 2,\ \cdots;\ \lim_{n\to\infty}f(n)=\infty,\ \lim_{n\to\infty}\frac{f(n)}{f(n-1)}=1. \tag{4.3.14}$$

又记

$$N=N(t)=\text{满足条件 } Y_n\leqslant f(n)/t \text{ 的最小 } n\ (t>0), \tag{4.3.15}$$

则

1° $P(N<\infty)=1$;

2° 当 $0<t_1<t_2$ 时, $N(t_1)\leqslant N(t_2)$;

3° $P(\lim_{t\to\infty} N(t)=\infty)=1, \lim_{t\to\infty} E[N(t)]=\infty;$ (4.3.16)

4° $P\left(\lim_{t\to\infty} \frac{f(N(t))}{t}=1\right)=1.$

证．考虑到(4.3.13)和(4.3.15)，1°，2° 是显然的．3° 的第一式可由

$$\{\lim_{t\to\infty} N(t)=\infty\}\supset\{\lim_{n\to\infty} Y_n=1\}$$

推出，3° 第二式由第一式和单调收敛定理（或 Fatou 引理）推出．为证 4°，注意由 $N(t)$ 的定义，当 $N(t)>1$ 时，有

$$Y_{N(t)}\leqslant f(N(t))/t\leqslant [f(N(t))/f(N(t)-1)]Y_{N(t)-1},$$

再利用 $P(\lim_{n\to\infty} Y_n=1)=1, \lim_{n\to\infty} \frac{f(n)}{f(n-1)}=1$ 以及 3° 之第一式，即得所要结果．

引理 4.3.4．若引理 4.3.3 的条件成立，且 $E(\sup_n Y_n)<\infty$，则

$$\lim_{t\to\infty} \frac{E[f(N(t))]}{t}=1. \tag{4.3.17}$$

证．记 $Y=\sup_n Y_n$． 取 m 致 $\frac{f(n)}{f(n-1)}\leqslant 2$ 当 $n\geqslant m$，则当 $N(t)\geqslant m$ 时，有（注意 $N(t)$ 的定义）

$$f(N(t))/t=[f(N(t))/f(N(t)-1)]\frac{f[N(t)-1]}{t}$$

$$\leqslant 2Y_{N(t)-1}\leqslant 2Y,$$

因此当 $t\geqslant 1$ 时，有

$$f(N(t))/t\leqslant 2Y+f(1)+\cdots+f(m).$$

于是根据控制收敛定理，由引理 4.3.3, 4°，立即得到(4.3.17)．

引理 4.3.5．假定

a．引理 4.3.3 的条件成立，且 $\lim_{n\to\infty} \frac{f(n)}{n}=1$;

b．$E[N(t)]<\infty$ 对一切 $t>0$，且

$$\limsup_{t\to\infty} [E(N(t)Y_{N(t)})/E(N(t))]\leqslant 1, \tag{4.3.18}$$

c. 存在一列常数 g_n, 致 $g_n>0$, $\lim\limits_{n\to\infty} g_n=1$, 且 $Y_n \geqslant g_n Y_{n-1}$, $n=2, 3, \cdots$, 则

$$\lim_{t\to\infty} \frac{E[N(t)]}{t}=1. \tag{4.3.19}$$

证. 任给 ε, $0<\varepsilon<1$. 取 $m=m(\varepsilon)$, 使当 $n\geqslant m$ 时, $f(n-1) \geqslant (1-\varepsilon)f(n)$, $f(n-1)\geqslant(1-\varepsilon)n$, $g_n\geqslant 1-\varepsilon$, 且 $E[N(t)Y_{N(t)}] \leqslant (1+\varepsilon)E[N(t)]$, 当 $t\geqslant m$. 在集 $A=\{N(t)\geqslant m\}$上, 有

$$\begin{aligned}\frac{(1-\varepsilon)^2}{t} N^2(t) &= (1-\varepsilon)N(t)(1-\varepsilon)N(t)/t \\ &\leqslant g_{N(t)}N(t)f(N(t)-1)/t \leqslant g_{N(t)}N(t)Y_{N(t)-1} \leqslant N(t)Y_{N(t)},\end{aligned}$$

因此

$$\begin{aligned}&\frac{(1-\varepsilon)^2}{t}\left(\int_A N(t)dP\right)^2 \leqslant \frac{(1-\varepsilon)^2}{t}\int_A N^2(t)dP \\ &\quad \leqslant \int_A N(t)Y_{N(t)}dP \leqslant E[N(t)Y_{N(t)}], \\ &\frac{(1-\varepsilon)^2}{t}\int_A NdP \leqslant E[N(t)Y_{N(t)}]/[E(N(t))-m], \\ &\frac{(1-\varepsilon)^2}{t}[E(N(t))-m] \leqslant E[N(t)Y_{N(t)}]/[E(N(t)) \\ &\quad -m].\end{aligned}$$

由(4.3.16)和(4.3.18)知

$$(1-\varepsilon)^2 \limsup_{t\to\infty} \frac{E(N(t))}{t} \leqslant \limsup_{t\to\infty} \frac{E(N(t)Y_{N(t)})}{E(N(t))} \leqslant 1.$$

因此 $\limsup\limits_{t\to\infty} \dfrac{E(N(t))}{t} \leqslant 1$. 记 $Y'_n=\min\{1, Y_n\}$, 则有 $0<Y'_n\leqslant 1$, $Y'_n\leqslant Y_n$, $P(Y'_n\to 1)=1$. 定义

$N'=N'(t)=$ 使 $Y'_n\leqslant f(n)/t$ 的最小整数 n.

由引理 4.3.4, 因为 $\sup\limits_n Y'_n\leqslant 1$, 有

$$\lim_{t\to\infty} \frac{E[f(N'(t))]}{t}=1.$$

由此式不难证明

$$\lim_{t\to\infty} \frac{E[N'(t)]}{t}=1. \tag{4.3.20}$$

事实上，任给 $\varepsilon>0$，存在 $m=m(\varepsilon)$，使当 $n\geqslant m$ 时，有 $1-\varepsilon\leqslant\frac{f(n)}{n}<1+\varepsilon$. 记 $M=\max_{1\leqslant i\leqslant m}f(i)$，$B=\{N'(t)\geqslant m\}$，则

$$E[N'(t)]=\int N'(t)dP\geqslant\int_B N'(t)dP\geqslant(1-\varepsilon)\int_B f(N'(t))dP$$
$$\geqslant(1-\varepsilon)E[f(N'(t))]-M.$$

两边除以 t，再令 $t\to\infty$，得 $\liminf_{t\to\infty}\frac{E[N'(t)]}{t}\geqslant 1-\varepsilon$，同法推得 $\limsup_{t\to\infty}\frac{E[N'(t)]}{t}\leqslant 1+\varepsilon$. 由 $\varepsilon>0$ 的任意性证明了 (4.3.20). 再注意 $Y'_n\leqslant Y_n$，因而 $N'(t)\leqslant N(t)$，有 $E[N'(t)]\leqslant E[N(t)]$. 所以 $\liminf_{t\to\infty}\frac{E[N(t)]}{t}\geqslant 1$，再结合前面所证明的 $\limsup_{t\to\infty}\frac{E[N(t)]}{t}\leqslant 1$ 即得(4.3.19). 引理证毕.

引理 4.3.6 (Anscombe-Rényi). 设 $X_1, X_2, \cdots$ 为一串 iid. 变量，$E(X_1)=a$，$\mathrm{Var}(X_1)=\sigma^2$，$0<\sigma^2<\infty$，又 $N(t)$ 为只取正整数值的随机变量，满足条件

$$\frac{N(t)}{t}\xrightarrow{P}c,\ 当\ t\to\infty.$$

这里 c 为一常数，$0<c<\infty$，则当 $t\to\infty$ 时

$$\frac{S_{N(t)}-N(t)a}{\sigma\sqrt{N(t)}}\xrightarrow{L}N(0,\ 1).$$

此处 $S_n=X_1+\cdots+X_n$.

证. 不失普遍性可令 $a=0$，$\sigma=1$. 任给 ε，$0<\varepsilon<\frac{1}{2}$，取 $t_0=t_0(\varepsilon)\geqslant\frac{1}{c\sqrt{\varepsilon}}$ 充分大，使当 $t\geqslant t_0$ 时

$$P(|N(t)-ct|\geqslant ct\varepsilon)\leqslant\varepsilon.$$

以下为方便计记 $S_n^*=\frac{1}{\sqrt{n}}S_n$，取定 $x\geqslant 0$. 由于

$$P(S^*_{N(t)}\leqslant x)=\sum_{n=1}^{\infty}P(S_n^*\leqslant x,\ N(t)=n),$$

当 $t\geqslant t_0$ 时，得到

$$
\begin{aligned}
&P(S^*_{N(t)}\leqslant x)-\sum_{|n-ct|<ct\varepsilon}P(S^*_n\leqslant x,\ N(t)=n)\\
&=\sum_{|n-ct|\geqslant ct\varepsilon}P(S^*_n\leqslant x,\ N(t)=n)\\
&\leqslant P(|N(t)-ct|\geqslant ct\varepsilon)\leqslant\varepsilon,
\end{aligned}
\tag{4.3.21}
$$

记 $N_1=[c(1-\varepsilon)t]$, $N_2=[c(1+\varepsilon)t]$, 则对于满足 $|n-ct|<\varepsilon ct$ 的 n, 注意到 $x\geqslant 0$, 有

$$
P(S^*_n\leqslant x,\ N(t)=n)\leqslant P(S_{N_1}\leqslant x\sqrt{N_2}+\rho,\ N(t)=n).
\tag{4.3.22}
$$

此处

$$
\rho=\max_{N_1\leqslant i\leqslant N_2}\left|\sum_{N_1}^{i}x_k\right|,
$$

同样,

$$
P(S^*_n\leqslant x,\ N(t)=n)\geqslant P(S_{N_1}\leqslant x\sqrt{N_1}-\rho,\ N(t)=n).
\tag{4.3.23}
$$

根据 Колмогоров 不等式(见[8], p. 235), 有

$$
P(\rho\geqslant\sqrt{N_1}\,\varepsilon^{1/4})\leqslant\frac{N_2-N_1+1}{N_1\sqrt{\varepsilon}}\leqslant 5\sqrt{\varepsilon},
$$

定义事件 $R=\{\rho<\sqrt{N_1}\,\varepsilon^{1/4}\}$, $Q=\{|N(t)-ct|<ct\varepsilon\}$,

则有 $P(S^*_{N(t)}\leqslant x)\leqslant P\left(S^*_{N_1}\leqslant x\sqrt{\dfrac{N_2}{N_1}}+\varepsilon^{1/4},\ R\cap Q\right)+6\sqrt{\varepsilon}$,

$$
P(S^*_{N(t)}\leqslant x)\geqslant P(S^*_{N_1}\leqslant x-\varepsilon^{1/4},\ R\cap Q)-\varepsilon,
$$

注意到 $\dfrac{N_2}{N_1}\leqslant\dfrac{1+2\varepsilon}{1-2\varepsilon}$ 及 $P(R\cap Q)\geqslant 1-6\sqrt{\varepsilon}$, 有

$$
\begin{aligned}
&P(S^*_{N_1}\leqslant x-\varepsilon^{1/4})-7\sqrt{\varepsilon}\leqslant P(S^*_{N(t)}\leqslant x)\\
&\leqslant P\left(S^*_{N_1}\leqslant x\sqrt{\frac{1+2\varepsilon}{1-2\varepsilon}}+\varepsilon^{1/4}\right)+6\sqrt{\varepsilon}.
\end{aligned}
$$

令 $t\to\infty$ (因而 $N_1\to\infty$), 然后令 $\varepsilon\to 0$, 得

$$
\lim_{t\to\infty}P(S^*_{N(t)}\leqslant x)=\Phi(x).
\tag{4.3.24}
$$

以上假定了 $x\geqslant 0$. 若 $x<0$, 则只需将(4.3.22)式右边的 $\sqrt{N_2}$ 改为 $\sqrt{N_1}$, 把(4.3.23)右边的 $\sqrt{N_1}$ 改为 $\sqrt{N_2}$, 以下各式作相应的改动, 最后仍得(4.3.24). 引理证毕.

定理 4.3.3 的证明.

令 $Y_n=V_n/\sigma^2$, $f(n)=n$, $t=n(L,\sigma,\alpha)=\sigma^2 z_{\alpha/2}^2/L^2$, 则Chow-Robbins 抽样方案中的抽样次数 N 为

$$N=N(t)=\text{使}\, Y_n\leqslant f(n)/t\, \text{的最小自然数}\, n.$$

于是由引理 4.3.3, 4° 立即得到定理的结论 1°. 其次,

$$P(\overline{X}_{N(L)}-L\leqslant a\leqslant\overline{X}_{N(L)}+L)$$
$$=P\left(\left|\frac{\sqrt{N(L)}\,(\overline{X}_{N(L)}-a)}{\sigma}\right|\leqslant\frac{\sqrt{N(L)}\,L}{\sigma}\right),$$

由定理已证部分, 知 $\lim\limits_{L\to0}\dfrac{N(L)}{t}=1$(a. e.), 因而 $\sqrt{N(L)}\,L/\sigma\to z_{\alpha/2}$(a. e.). 于是由引理 4.3.6 得

$$\lim_{L\to0}P(\overline{X}_{N(L)}-L\leqslant a\leqslant\overline{X}_{N(L)}+L)=1-\alpha,$$

这证明了定理的 3°.

为了证明 2°, 固定 $t>0$, 取 m, 使当 $n\geqslant m$ 时, $f(n)/t=n/t\geqslant1$. 取 $\delta>0$ 使 $(n-1)f(n-1)=(n-1)^2\geqslant\delta n^2(n\geqslant2)$. 对任何 $r\geqslant m$, 定义 $M=\min(N(t),\ r)$. 由于事件$\{N(t)=n\}$只与 X_1, …, X_n 有关, 故事件$\{M=n\}$也只与 X_1, …, X_n 有关, 于是根据 Wald 等式(引理 3.7.5)

$$E\left(\sum_{i=1}^{M}(X_i-a)^2\right)=E(M)E(X_i-a)^2=E(M)\sigma^2,$$

因此根据 Y_n 的定义

$$E(MY_M)=\frac{1}{\sigma^2}E\left[\sum_{i=1}^{M}(X_i-\overline{X}_M)^2+1\right]$$
$$\leqslant\frac{1}{\sigma^2}E\left[\sum_{i=1}^{M}(X_i-a)^2+1\right]=E(M)+\frac{1}{\sigma^2}. \tag{4.3.25}$$

令 $g(n)=\dfrac{n-1}{n}, n\geqslant2$, 则

$$Y_n\geqslant\frac{1}{n\sigma^2}\sum_{i=1}^{n-1}(X_i-\overline{X}_n)^2+\frac{1}{n\sigma^2}\geqslant\frac{1}{n\sigma^2}\sum_{i=1}^{n-1}(X_i-\overline{X}_{n-1})^2+\frac{1}{n\sigma^2}$$
$$=\frac{n-1}{n}Y_{n-1}=g(n)Y_{n-1}\text{(引理 4.3.5 条件 c)}.$$

所以, 注意到 $N(t)$ 的定义, 以及当 $r\geqslant m$ 时 $f(r)\geqslant t$, 得到

$$E(MY_M)=\int_{\{N(t)>r\}} rY_r dP+\int_{\{N(t)\leqslant r\}} N(t)Y_{N(t)}dP$$

$$\geqslant\frac{rf(r)}{t}P(N(t)>r)+\int_{\{t\leqslant N(t)\leqslant r\}} N(t)Y_{N(t)}dP$$

$$\geqslant rP(N(t)>r)+\int_{\{t\leqslant N(t)\leqslant r\}} N(t)g(N(t))\frac{f(N(t)-1)}{t}$$

$$dP\geqslant rP(N(t)>r)+(\delta/t)\int_{\{t\leqslant N(t)\leqslant r\}} N^2(t)dP,$$

因此由(4.3.25)

$$\int_{\{N(t)\leqslant r\}} N(t)dP\geqslant\frac{\delta}{t}\int_{\{t\leqslant N(t)\leqslant r\}} N^2(t)dP-\frac{1}{\sigma^2}$$

$$\geqslant\frac{\delta}{t}\left(\int_{\{t\leqslant N(t)\leqslant r\}} NdP\right)^2-\frac{1}{\sigma^2},$$

令 $r\to\infty$, 得知

$$E[N(t)]<\infty. \tag{4.3.26}$$

再由 Wald 等式有 $E[N(t)Y_{N(t)}]\leqslant E[N(t)]+\frac{1}{\sigma^2}$, 因此由(4.3.16)第二式, 知

$$\limsup_{t\to\infty}[E(N(t)Y_{N(t)})/E(N(t))]\leqslant 1. \tag{4.3.27}$$

由 (4.3.26) 和 (4.3.27) 知引理 4.3.5 的条件 b 满足. 因此引理 4.3.5 一切条件都满足, 于是得到

$$\lim_{t\to\infty}\frac{E[N(t)]}{t}=1,$$

注意到 t 即为 $n(L,\sigma,\alpha)$, 上式即定理 4.3.3, 2°. 这就完成了定理 4.3.3 的证明.

(五) 具任给可靠度和精度的区间估计的存在问题——预备事项

设变量 X(X 不必是一维的)的分布为 F, $\theta(F)$ 是一个由分布 F 决定的数(比方说, $\theta(F)$为分布 F 的均值、方差之类). 一般, 分布 F 依赖有限个实参数, 例如 F 为 $N(a,\sigma^2)$, 依赖两个实参数 a 和 σ^2. 然而, 对此处要考虑的问题来说, 这一点不是本质的, 因而我们不妨一般地就假定分布F属于一个分布族 $\mathscr{F}$. 这样, $\theta(F)$ 是定义在 $\mathscr{F}$ 上的取有限实值的函数.

设 $X_1, X_2, \cdots$ 是 X 的 iid. 样本,要作 $\theta(F)$ 的区间估计,设 S 是某一种抽样体制,如固定抽样,m 阶段抽样,序贯抽样之类,若对任给的 $\varepsilon>0$ 和 α, $0<\alpha<1$, 必存在抽样体制 S 之下的、$\theta(F)$ 的一个区间估计,使其长总不超过 ε 而置信水平为 $1-\alpha$, 则称 $\theta(F)$ 在抽样体制 S 下可以精确而可靠地估计,并记为 $\theta(F)\in S$.

例如,若以 S_1 记固定样本抽样(注意:样本大小未加限制),则 $\theta(F)\in S_1$ 的意义是:对任给 $\varepsilon>0$ 和 α, $0<\alpha<1$, 存在 n 及基于 $X_1, \cdots, X_n$ 的区间估计

$$[a(X_1, \cdots, X_n),\ b(X_1, \cdots, X_n)]$$

致
$$P_F(a(X_1, \cdots, X_n)\leqslant\theta(F)\leqslant b(X_1, \cdots, X_n))\geqslant 1-\alpha,$$

对一切 $F\in\mathscr{F}$, 且 $b(X_1, \cdots, X_n)-a(X_1, \cdots, X_n)\leqslant\varepsilon$ 对一切 $(X_1, \cdots, X_n)$. 注意此处 n 与 ε, α 有关.

在这个定义下, Dantzig 的定理可写为:若 $\mathscr{F}$ 为正态分布族 $\{N(a, \sigma^2), -\infty<a<\infty, \sigma^2>0\}$, 而 $\theta(F)=a$ (当 F 为 $N(a, \sigma^2)$ 时),则 $\theta(F)\overline{\in}S_1$. 若以 S_2 记两阶段抽样体制,则 Stein 的结果指出 $\theta(F)\in S_2$.

以后我们总以 S_m 记 m 阶段抽样体制 ($m=1$ 时即为固定样本抽样), S_∞ 记序贯抽样体制.

我们要讨论的问题是:当给定了一种抽样体制 S 时,找出 $\theta(F)\in S$ 的条件,我们将看到,这种条件与 $\theta(F)$ 作为分布 F 的函数的某种连续性有关,因此先讨论这个问题,为行文简便假定 X 为一维变量,当 X 为 k 维时,一切结果都有效.

引进无限维欧氏空间

$$R_\infty=\{x=(x_1, x_2, \cdots):-\infty<x_i<\infty,\ i=1, 2, \cdots\},$$

关于这空间中的 Borel 集所构成的 σ-域 $\mathscr{B}_\infty$, 以及由一切 n-Borel 柱形集构成的 σ-域 $\mathscr{B}_{(n)}$ 的定义,已在§2.7 (二)中给出过了,设 X 的分布为 F, 则 $(X_1, X_2, \cdots)$ 在 $\mathscr{B}_\infty$ 上的概率测度以 $P_F^{(\infty)}$ 记,而 $(X_1, \cdots, X_n)$ 在 $\mathscr{B}_{(n)}$ 上的概率测度以 $P_F^{(n)}$ 记.

现在设 N 为任一序贯(包括 m 阶段)抽样的抽样次数变量,在§2.7 中(见定义 2.7.1)我们指出过,要 N 能作为这样的变量,充

要条件是

$$\{N=n\}\in\mathscr{B}_{(n)},\ n=1,\ 2,\ \cdots,$$

以后我们总假定 $\{N=0\}=\emptyset$ (空集)，但一开始并不排斥 N 可以为∞的情况，考虑 R_∞ 的一切形如

$$G=G_1\cup G_2\cup\cdots\cup G_\infty$$

的集，其中 $G_i\subset\{N=i\}$，$G_i\in\mathscr{B}_{(i)}, i=1,\ 2,\ \cdots$，$G_\infty\subset\{N=\infty\}$，$G_\infty\in\mathscr{B}_\infty$. 显然，一切形如这样的 G 构成一个 σ 域，这个 σ-域记为 $\mathscr{B}_{(N)}$. 注意 $\mathscr{B}_{(N)}$ 随每一个具体的 N 而定.

设 F_1, F_2 为 $\mathscr{F}$ 中任意两个分布，定义一系列的距离:

$$d_n(F_1,\ F_2)=\sup_{A\in\mathscr{B}_{(n)}}|P_{F_1}^{(n)}(A)-P_{F_2}^{(n)}(A)|,\ n=1,\ 2,\ \cdots,$$

$$d_\infty(F_1,\ F_2)=\sup_{A\in\mathscr{B}_\infty}|P_{F_1}^{(\infty)}(A)-P_{F_2}^{(\infty)}(A)|,$$

$$d_N(F_1,\ F_2)=\sup_{A\in\mathscr{B}_{(N)}}|P_{F_1}^{(\infty)}(A_1)-P_{F_2}^{(\infty)}(A)|.$$

另外定义 $\qquad D(F_1,\ F_2)=\sup\limits_{-\infty<x<\infty}|F(x)-F_2(x)|,$

易见

$$d_\infty(F_1,\ F_2)\geqslant\cdots\geqslant d_n(F_1,\ F_2)\geqslant\cdots\geqslant d_1(F_1,\ F_2)\geqslant D(F_1,\ F_2), \tag{4.3.28}$$

现在引进下面的定义.

定义 4.7.1. 设 $\theta(F)$ 为定义在 $\mathscr{F}$ 上的有限实值函数，$F_0\in\mathscr{F}$. 若对任给 $\varepsilon>0$, 存在 $\eta>0$, 致

$$F\in\mathscr{F},\ d_1(F,\ F_0)\leqslant\eta\Rightarrow|\theta(F)-\theta(F_0)|\leqslant\varepsilon,$$

则称 $\theta(F)$ 在 F_0 处 d-连续，关于 $\theta(F)$ 在 $\mathscr{F}$ 上 d-连续、d-一致连续，以及关于在距离 D 之下的连续性和一致连续性等，都按通常的方式加以定义.

由此定义及(4.3.28)可知: 若 $\theta(F)$ 在 F_0 处(在 $\mathscr{F}$ 上，一致) D-连续，则它在 F_0 处(在 $\mathscr{F}$ 上，一致) d-连续. 但其逆不真: 由距离 d 意义下的连续性不必能推出距离 D 意义下的连续性.

为了今后的需要证明以下几个引理.

引理 4.3.7. 设 n 为任一自然数，则对任给 $\varepsilon>0$ 存在 $\eta>0$(η 与 n 有关，当然也与 ε 有关)，致

$$d_1(F_1, F_2) \leqslant \eta \Rightarrow d_n(F_1, F_2) \leqslant \varepsilon.$$

证. 为了证明, 需要下面的事实:

$$d_1(F_1, F_2) = \sup_{\varphi \in \Phi} \left| \int_{-\infty}^{\infty} \varphi(t) dF_1(t) - \int_{-\infty}^{\infty} \varphi(t) dF_2(t) \right|. \quad (4.3.29)$$

这里 Φ 为一切定义于$(-\infty, \infty)$的, 取值于$[0, 1]$上的 Borel 可测函数的类, 这事实证明如下: 依定义, 存在一串集 $E_i \in \mathscr{B}_{(1)}$, $i=1, 2, \cdots$, 致

$$|P_{F_1}^{(1)}(E_i) - P_{F_2}^{(1)}(E_i)| \to d_1(F_1, F_2), \text{ 当 } i \to \infty.$$

定义 $\varphi_i(t) = I_{E_i}(t)$, 知当 $i \to \infty$ 时,

$$\left| \int_{-\infty}^{\infty} \varphi_i(t) dF_1(t) - \int_{-\infty}^{\infty} \varphi_i(t) dF_2(t) \right| = |P_{F_1}^{(1)}(E_i) - P_{F_2}^{(1)}(E_i)|$$
$$\to d_1(F_1, F_2).$$

这证明了(4.3.29)的右边不小于 $d_1(F_1, F_2)$, 反过来, 设 $\varphi \in \Phi$ 且有 $\sum_{j=1}^{k} a_j I_{E_j}$ 的形状, 则

$$\int_{-\infty}^{\infty} \varphi(t) dF_1(t) - \int_{-\infty}^{\infty} \varphi(t) dF_2(t) = \sum_{j=1}^{k} a_j (P_{F_1}^{(1)}(E_j) - P_{F_2}^{(1)}(E_j))$$
$$\leqslant \sum{}' (P_{F_1}^{(1)}(E_j) - P_{F_2}^{(1)}(E_j)) = P_{F_1}^{(1)}(\cup' E_j) - P_{F_2}^{(1)}(\cup' E_j)$$
$$\leqslant \sup_{A \in \mathscr{B}_{(1)}} |P_{F_1}^{(1)}(A) - P_{F_2}^{(1)}(A)| = d_1(F_1, F_2).$$

此处 Σ' 和 $\cup'$ 表示只对适合条件 $P_{F_1}^{(1)}(E_j) - P_{F_2}^{(1)}(E_j) > 0$ 的那些 j 求和, 同法证明

$$\int_{-\infty}^{\infty} \varphi(t) dF_1(t) - \int_{-\infty}^{\infty} \varphi(t) dF_2(t) \geqslant -d_1(F_1, F_2),$$

故对一切上述形状的 $\varphi \in \Phi$, 有

$$\left| \int_{-\infty}^{\infty} \varphi(t) dF_1(t) - \int_{-\infty}^{\infty} \varphi(t) dF_2(t) \right| \leqslant d_1(F_1, F_2),$$

由测度论知此式对一切 $\varphi \in \Phi$ 对, 这与已证部分结合, 得出(4.3.29).

现在用归纳法来证明本引理, 设

$$\sup\{|P_{F_1}^{(n-1)}(A) - P_{F_2}^{(n-1)}(A)| \mid A \in \mathscr{B}_{(n-1)}, d_1(F_1, F_2) \leqslant \varepsilon\}$$
$$= C_{n-1}(\varepsilon),$$

当 $\varepsilon\to 0$ 时趋于 0. 任取 $A\in\mathscr{B}_{(n)}$, 依 Fubini 定理

$$
\begin{aligned}
|P_{F_1}^{(n)}(A)-P_{F_2}^{(n)}(A)| &= \left|\int_{-\infty}^{\infty} P_{F_1}^{(n-1)}(A_t)\,dF_1(t) - \int_{-\infty}^{\infty} P_{F_2}^{(n-1)}(A_t)\,dF_2(t)\right| \leqslant \int_{-\infty}^{\infty} |P_{F_1}^{(n-1)}(A_t) \\
&\quad - P_{F_2}^{(n-1)}(A_t)|\,dF_1(t) + \left|\int_{-\infty}^{\infty} P_{F_2}^{(n-1)}(A_t)\,dF_1(t) - \int_{-\infty}^{\infty} P_{F_2}^{(n-1)}(A_t)\,dF_2(t)\right| = g_1+g_2.
\end{aligned}
$$

此处 A_t 为集 A 在 $X_1=t$ 的截口, 因而 $A_t\in\mathscr{B}_{(n-1)}$. 依归纳假设有 $g_1\leqslant C_{n-1}(\varepsilon)$. 又因 $0\leqslant P_{F_2}^{(n-1)}(A_t)\leqslant 1$, 由(4.3.29)知 $g_2\leqslant d_1(F_1, F_2)\leqslant\varepsilon$, 当 $d_1(F_1, F_2)\leqslant\varepsilon$, 因此当 $d_1(F_1, F_2)\leqslant\varepsilon$ 时, 有

$$|P_{F_1}^{(n)}(A)-P_{F_2}^{(n)}(A)|\leqslant C_{n-1}(\varepsilon)+\varepsilon,$$

于是得到

$$C_n(\varepsilon)\leqslant C_{n-1}(\varepsilon)+\varepsilon\to 0,\ \text{当}\ \varepsilon\to 0. \tag{4.3.30}$$

这完成了引理的归纳证明, 注意由(4.3.30)我们看出 $C_n(\varepsilon)\leqslant n\varepsilon$, 即

$$d_1(F_1, F_2)\leqslant\varepsilon\Rightarrow d_n(F_1, F_2)\leqslant n\varepsilon. \tag{4.3.31}$$

引理 4.3.8. 设 N 为一封闭的序贯抽样方案的抽样次数变量(即 $P_F(N<\infty)=1$ 对一切 $F\in\mathscr{F}$), 则对任给 $F_0\in\mathscr{F}$ 及 $\varepsilon>0$ 存在 $\eta=\eta(\varepsilon, F_0)$, 致

$$d_1(F, F_0)\leqslant\eta\Rightarrow d_N(F, F_0)\leqslant\varepsilon, \tag{4.3.32}$$

若 $\lim\limits_{K\to\infty}P_F(N>K)=0$ 一致地成立于 $\mathscr{F}$ 上, 则 η 可取得与 F_0 无关.

证. 由 N 的封闭性, 存在 K 致 $P_{F_0}^{(\infty)}(N>K)<\dfrac{\varepsilon}{2}$. 此处 K 可以与 F_0 有关, 任取 $A\in\mathscr{B}_{(N)}$. 根据定义, $A=\bigcup\limits_{i=1}^{\infty}A_i$, $A_i\in\mathscr{B}_{(i)}$, 且 $A_i\subset\{N=i\}$. 根据引理 4.3.7, 存在 $\eta>0$, 使当 $d_1(F, F_0)\leqslant\eta$ 时 $d_K(F, F_0)\leqslant\dfrac{\varepsilon}{2K}$. 由于 $P_{F_0}^{(\infty)}(N>K)\geqslant P_{F_0}^{(\infty)}(\bigcup\limits_{i>K}A_i)$, 有

$$P_F^{(\infty)}(A)\geqslant\sum_{i=1}^{K}P_F^{(i)}(A_i)\geqslant\sum_{i=1}^{K}\left[P_{F_0}^{(i)}(A_i)-\frac{\varepsilon}{2K}\right)$$

$$=\sum_{i=1}^{K}P_{F_0}^{(i)}(A_i)-\frac{\varepsilon}{2}=\sum_{i=1}^{\infty}P_{F_0}^{(i)}(A_i)-\sum_{i=K+1}^{\infty}P_{F_0}^{(i)}(A_i)-\frac{\varepsilon}{2}$$

$$=P_{F_0}^{(\infty)}(A)-P_{F_0}^{(\infty)}(\bigcup_{i>K}A_i)-\frac{\varepsilon}{2}>P_{F_0}^{(\infty)}(A)-\varepsilon.$$

因为 $A\in\mathscr{B}_{(N)}\Rightarrow A^c\in\mathscr{B}_{(N)}$, 有

$$P_F^{(\infty)}(A^c)>P_{F_0}^{(\infty)}(A^c)-\varepsilon$$

即

$$P_F^{(\infty)}(A)<P_{F_0}^{(\infty)}(A)+\varepsilon.$$

从而得到 $|P_F^{(\infty)}(A)-P_{F_0}^{(\infty)}(A)|<\varepsilon$; 由 $A\in\mathscr{B}_{(N)}$ 的任意性知(4.3.32)成立. 引理的后一部分由K与 F_0 无关推出.

(六) $\boldsymbol{\theta(F)\in S_1}$ (固定样本)的条件

定理 4.3.4(Singh). $\theta(F)\in S_1$ 的必要条件是 $\theta(F)$ 为 d_1—一致连续于 $\mathscr{F}$ 上.

证. 任给 $\varepsilon>0$, 由 $\theta(F)\in S_1$ 知存在 n 及 $\hat{\theta}_n=\hat{\theta}_n(X_1,\cdots,X_n)$, 致

$$P_F^{(n)}\left(|\hat{\theta}_n-\theta(F)|\leqslant\frac{\varepsilon}{2}\right)\geqslant\frac{2}{3}. \tag{4.3.33}$$

找 $\eta>0$, 使当 $d_1(F_1,F_2)\leqslant\eta$ 时, 有 $d_n(F_1,F_2)\leqslant\frac{1}{4}$(引理4.3.7).
则当 $d_1(F_1,F_2)\leqslant\eta$ 时, 有

$$\left|P_{F_2}^{(n)}\left(|\hat{\theta}_n-\theta(F_1)|\leqslant\frac{\varepsilon}{2}\right)-P_{F_1}^{(n)}\left(|\hat{\theta}_n-\theta(F_1)|\leqslant\frac{\varepsilon}{2}\right)\right|\leqslant\frac{1}{4}.$$

这时

$$P_{F_2}^{(n)}\left(|\hat{\theta}_n-\theta(F_1)|\leqslant\frac{\varepsilon}{2},|\hat{\theta}_n-\theta(F_2)|\leqslant\frac{\varepsilon}{2}\right)$$

$$\geqslant P_{F_2}^{(n)}\left(|\hat{\theta}_n-\theta(F_1)|\leqslant\frac{\varepsilon}{2}\right)+P_{F_2}^{(n)}\left(|\hat{\theta}_n-\theta(F_2)|\leqslant\frac{\varepsilon}{2}\right)-1$$

$$\geqslant P_{F_1}^{(n)}\left(|\hat{\theta}_n-\theta(F_1)|\leqslant\frac{\varepsilon}{2}\right)-\frac{1}{4}+P_{F_2}^{(n)}\left(|\hat{\theta}_n-\theta(F_2)|\leqslant\frac{\varepsilon}{2}\right)-1$$

$$\geqslant\frac{2}{3}-\frac{1}{4}+\frac{2}{3}-1=\frac{1}{12}.$$

因此, 集

$$\left\{(x_1, \cdots, x_n): |\hat{\theta}_n(x_1, \cdots, x_n)-\theta(F_1)|\leqslant\frac{\varepsilon}{2}, |\hat{\theta}_n(x_1, \cdots, x_n)\right.$$

$$\left.-\theta(F_2)|\leqslant\frac{\varepsilon}{2}\right\}$$

非空，这显然说明 $|\theta(F_1)-\theta(F_2)|\leqslant\varepsilon$，从而证明了定理.

Singh 的这个结果是 1963 年发表的（见 *Ann. Math. Statist.* 1963, p. 1474）. 1966 年，本书作者建立了下面的充分条件（«科学通报», 1966 年, 465 页）:

定理 4.3.5. 若 $\theta(F)$ 在 $\mathscr{F}$ 上 D—一致连续，则 $\theta(F)\in S_1$.

证. 任给 $\varepsilon>0$ 及 α, $0<\alpha<1$. 找 $\eta>0$, 致

$$D(F_1, F_2)\leqslant\eta\Rightarrow|\theta(F_1)-\theta(F_2)|\leqslant\varepsilon. \tag{4.3.34}$$

根据 Колмогоров 定理（定理 3.5.5），存在 n, 使若以 $\widehat{E}$ 记 $X_1, \cdots, X_n$ 的经验分布函数（见定义 3.5.1），则

$$P_F^{(n)}\left(\sup_{-\infty<x<\infty}|F(x)-\widehat{E}(x)|\geqslant\frac{\eta}{2}\right)\leqslant\alpha, \tag{4.3.35}$$

现在取定 n 为样本大小，作区间估计 $[\theta_*, \theta^*]=[\theta_*(X_1, \cdots, X_n), \theta^*(X_1, \cdots, X_n)]$ 如下：有了样本 $X_1, \cdots, X_n$ 后，取

$$Q(X_1, \cdots, X_n)=\{F:F\in\mathscr{F};\ \sup_{-\infty<x<\infty}|F(x)-\widehat{E}(x)|\leqslant\eta/2\}$$

$$=\{F:F\in\mathscr{F};D(F, \widehat{E})\leqslant\eta/2\} \tag{4.3.36}$$

若 $Q(X_1, \cdots, X_n)$ 为空集，则令 $[\theta_*(X_1, \cdots, X_n), \theta^*(X_1, \cdots, X_n)]=[0, \varepsilon]$，否则令

$$[\theta_*(X_1, \cdots, X_n), \theta^*(X_1, \cdots, X_n)]$$

$$=\text{包含集}\{\theta(F):F\in Q(X_1, \cdots, X_n)\}\text{的最小闭区间,} \tag{4.3.37}$$

由 (4.3.34)、(4.3.35), (4.3.37) 知 $\theta^*-\theta_*\leqslant\varepsilon$. 另一方面,

$$P_F^{(n)}(\theta_*\leqslant\theta(F)\leqslant\theta^*)\geqslant P_F^{(n)}(D(F, \widehat{E})\leqslant\eta/2),$$

再由 (4.3.35) 即知

$$P_F^{(n)}(\theta_*\leqslant\theta(F)\leqslant\theta^*)\geqslant1-\alpha,$$

这证明了所要的结果.

由于 d_1 和 D 两种意义下的连续性不等价，以上两定理中的条

件有差距，至今尚未能得出简单的充要条件，然而，在有些情况下（即对某些具体的分布族 $\mathscr{F}$），这两种连续性等价，因此这时定理中的条件是充要的，下面举例说明这些定理的应用.

例 4.3.1. 我们用定理 4.3.4 来证明 Dantzig 的定理，为此注意：若以 $\varphi(x)$ 记 $N(0, 1)$ 的分布函数，则

$$\lim_{h\to 0}\int_{-\infty}^{\infty}|\varphi(x+h)-\varphi(x)|dx=0, \tag{4.3.38}$$

这个简单事实的证明留给读者，现任取 A 为任一个一维 Borel 集，则

$$|P_{(1,\sigma)}(A)-P_{(0,\sigma)}(A)|=|P_{(\frac{1}{\sigma},1)}(A_\sigma)-P_{(0,1)}(A_\sigma)|,$$

此处 $P_{(a,\sigma)}(B)$ 表示当 $X\sim N(a, \sigma^2)$ 时，X 落在 B 内的概率，而 $A_\sigma=\{x:\sigma x\in A\}$. 由 (4.3.38) 得

$$\sup_A|P_{(1,\sigma)}(A)-P_{(0,\sigma)}(A)|=\sup_A|P_{(\frac{1}{\sigma},1)}(A)-P_{(0,1)}(A)|$$

$$\leqslant\int_{-\infty}^{\infty}\left|\varphi\left(x-\frac{1}{\sigma}\right)-\varphi(x)\right|dx\to 0,\ 当\ \sigma\to\infty.$$

就是说，当 σ 很大时，两个分布 $F_1\sim N(1,\sigma)$ 和 $F_2\sim N(0, \sigma)$ 的 d_1 距离任意接近，但 $\theta(F_1)=1$ 和 $\theta(F_2)=0$ 并不接近，故 $\theta(F)=F$ 的均值 (a) 这个函数并非 d_1-一致连续，由定理 4.3.4, $a\overline{\in}S_1$. 这就是 Dantzig 的定理.

用这个方法可以证明：若 $\theta(F)=h(a)$ $(F\sim N(a, \sigma^2))$, $h(a)$ 为 a 的任一函数，不恒等于一常数，则必有 $\theta(F)\overline{\in}S_1$.

例 4.3.2. 我们证明：在上题中若令

$$\theta(F)=\log\sigma, \qquad 当\ F\sim N(a, \sigma^2),$$

则 $\theta(F)\in S_1$. 为此注意：若 $F_1\sim N(a_1, \sigma^2)$, $F_2\sim N(a_2, k^2\sigma^2)$, 而 $D(F_1, F_2)\to 0$, 则必须 $k\to 1$（不考虑 k 的负值），事实上，易见存在 c, 致（Φ 为 $N(0, 1)$ 的分布）

$$D(F_1, F_2)=\sup_{-\infty<x<\infty}|\Phi(x)-\Phi(kx+c)|,$$

c 与 σ 有关，为确定计，设 $k\geqslant 1+\varepsilon$, $\varepsilon>0$. 若 $|c|\geqslant\varepsilon/2$, 则 $|\Phi(x)$

$-\Phi(kx+c)|_{x=0}\geqslant\Phi\left(\frac{\varepsilon}{2}\right)-\Phi(0)$. 若 $|c|<\varepsilon/2$, 则

$$|\Phi(x)-\Phi(kx+c)|_{x=1}\geqslant\Phi\left(1+\frac{\varepsilon}{2}\right)-\Phi(1).$$

这样 $D(F_1,F_2)$ 不可能任意接近于 0. 因此必有 $k\to1$. 这时 $|\theta(F_2)-\theta(F_1)|=|\log k\sigma-\log\sigma|\to0$, 因而证明了 $\theta(F)=\log\sigma$ 为 D-一致连续, 依定理 4.3.5, $\theta(F)\in S_1$.

例 4.3.3. 设 $\mathscr{F}$ 为 Poisson 分布族 $\{P_\lambda:\lambda>0\}$, 即 $P_\lambda(X=k)=\frac{e^{-\lambda}}{k!}\lambda^k$, $k=0, 1, 2, \cdots$. 令

$$\theta_1(P_\lambda)=\lambda,\quad \theta_2(P_\lambda)=\log\lambda,\quad \theta_3(P_\lambda)=e^{-\lambda}\sin e^\lambda.$$

先讨论 θ_1. 任取 $\lambda_1<\lambda_2$. 不难看到, 存在非负整数 i, 使当 $k\leqslant i$ 时, $P_{\lambda_1}(k)\geqslant P_{\lambda_2}(k)$, 而当 $k>i$ 时, $P_{\lambda_1}(k)<P_{\lambda_2}(k)$. 记 $A=\{0, 1, \cdots, i\}$, $B=\{i+1, i+2, \cdots\}$, 则易见

$$d_1(P_{\lambda_1}, P_{\lambda_2})=P_{\lambda_1}(A)-P_{\lambda_2}(A)=P_{\lambda_1}(A)+P_{\lambda_2}(B)-1.$$

但(注意 $\lambda_2>\lambda_1$)

$$P_{\lambda_1}(k)=e^{-\lambda_1}\lambda_1^k/k!\leqslant e^{(\lambda_2-\lambda_1)}e^{-\lambda_2}\lambda_2^k/k!.$$

因此 $d_1(P_{\lambda_1}, P_{\lambda_2})\leqslant e^{(\lambda_2-\lambda_1)}P_{\lambda_2}(A)+e^{(\lambda_2-\lambda_1)}P_{\lambda_2}(B)-1=e^{\lambda_2-\lambda_1}-1.$
这说明当 $d(P_{\lambda_1}, P_{\lambda_2})\to0$ 时, 必有 $|\lambda_1-\lambda_2|\to0$, 因而 $\theta_1(P_\lambda)=\lambda$ 为 d_1-一致连续的.

现在我们证明: θ_1 不是 D-一致连续, 取 $\lambda_1=\lambda$, $\lambda_2=\lambda+1$, 且令 $\lambda\to\infty$. 由于

$$\lim_{\lambda\to\infty}P_\lambda\left(\frac{X-\lambda}{\sqrt{\lambda}}<c\right)=\Phi(c),$$

且
$$\lim_{\lambda\to\infty}\frac{t-\lambda}{\sqrt{\lambda}}=c\Leftrightarrow\lim_{\lambda\to\infty}\frac{t-(\lambda+1)}{\sqrt{\lambda+1}}=c.$$

易知 $D(P_{\lambda_1}, P_{\lambda_2})\to0$, 当 $\lambda\to\infty$, 但 $|\theta(P_{\lambda_2})-\theta(P_{\lambda_1})|=1\not\to0$, 当 $\lambda\to\infty$. 这证明了 θ_1 不是 D-一致连续. 由这个例子看出: d, D 两种连续性不等价.

因此, 对 θ_1 是否属于 S_1 的问题, 定理 4.3.4 和定理 4.3.5 都回答不了, 然而, 可以直接证明: $\theta_1\overline{\in}S_1$. 为了证明这个有趣的结

果，需要以下两点预备事实.

a. $\sup\limits_{\lambda=1,2,\cdots} P_\lambda(X\leqslant\lambda)=\gamma<1$, 其中 $X\sim P_\lambda$,

此由对任何 $\lambda>0$ 有 $P_\lambda(X\leqslant\lambda)<1$, 以及由中心极限定理得出的事实 $\lim\limits_{n\to\infty} P_n(X\leqslant n)=\dfrac{1}{2}$.

b. $\inf\limits_n e^{-n}\left(1+\dfrac{1}{n^2}\right)^{n^3}=c>0$.

此因 $\log\left(e^{-n}\left(1+\dfrac{1}{n^2}\right)^{n^3}\right)=-n+n^3\log\left(1+\dfrac{1}{n^2}\right)\to 0$, 当 $n\to\infty$.

现在取 $\varepsilon=\dfrac{1}{2}$ 及 α, $0<\alpha<\dfrac{c(1-\gamma)}{c+1}$. 任取样本大小 n, 若存在区间估计 $\hat{\theta}(X_1,\cdots,X_n)\pm\dfrac{1}{4}$, 其置信水平为 $1-\alpha$, 记

$$A_j=\left\{(x_1,\cdots,x_n):|\hat{\theta}(x_1,\cdots,x_n)-j|\leqslant\frac{1}{4}\right\},$$

$$\widetilde{A}_{n^2}=\{(x_1,\cdots,x_n):(x_1,\cdots,x_n)\in A_{n^2},\ x_1+\cdots+x_n>n^3\}.$$

根据预备事实 a, 有 $P_{n^2}^{(n)}(A_{n^2}-\widetilde{A}_{n^2})\leqslant\gamma$, 故必有

$$P_{n^2}^{(n)}(\widetilde{A}_{n^2})=P_{n^2}^{(n)}(A_{n^2})-P_{n^2}^{(n)}(A_{n^2}-\widetilde{A}_{n^2})\geqslant 1-\alpha-\gamma.$$

而对任何 $k_1,\cdots,k_n$, $k_1+\cdots+k_n\geqslant n^3$ (k_i 为非负整数), 有

$$P_{n^2+1}(X_1=k_1,\cdots,X_n=k_n)/P_{n^2}(X_1=k_1,\cdots,X_n=k_n)$$

$$=e^{-n}\left(1+\frac{1}{n^2}\right)^{k_1+\cdots+k_n}\geqslant e^{-n}\left(1+\frac{1}{n^2}\right)^{n^3}\geqslant c.$$

所以 $\quad P_{n^2+1}^{(n)}(A_{n^2})\geqslant P_{n^2+1}^{(n)}(\widetilde{A}_{n^2})\geqslant cP_{n^2}^{(n)}(\widetilde{A}_{n^2})\geqslant c(1-\alpha-\gamma)$.

再注意到 $A_{n^2}\cap A_{n^2+1}=\emptyset$, 有

$$P_{n^2+1}^{(n)}(A_{n^2}\cup A_{n^2+1})=P_{n^2+1}^{(n)}(A_{n^2})+P_{n^2+1}^{(n)}(A_{n^2+1})$$

$$\geqslant c(1-\alpha-\gamma)+1-\alpha>1,\ \text{因}\ \alpha<\frac{c(1-\gamma)}{1+c}.$$

这个矛盾证明了：不论取样本大小 n 多大，λ 的长不超过 $\dfrac{1}{2}$ 而置信系数为 $1-\alpha$ 的区间估计不存在，这证明了 $\theta_1\in S_1$. 这个例子说明了 Singh 定理中的条件确实不是充分的.

我们留给读者自己去验证：θ_2 和 θ_3 都为 D—一致连续，因此 θ_2, θ_3 都属于 S_1. 这后一情况特别有趣，因为，由 C-R 不等式，不

论样本大小 n 如何，基于样本 $X_1, \cdots, X_n$ 的 θ_3 的无偏估计，其方差不小于

$$V(\lambda)=\frac{\lambda}{n}(\cos e^{\lambda}-e^{-\lambda}\sin e^{\lambda})^2.$$

由于 $\sup\limits_{\lambda>0}[\lambda(\cos e^{\lambda}-e^{-\lambda}\sin e^{\lambda})^2]=\infty$（请读者验证），可知：要找出 θ_3 的方差一致有界无偏估计，在固定样本不可能，所以，一估计问题可以在区间估计范围内在原则上有满意的解决，而在点估计中则否.

（七）$\theta(F)\in S_\infty$（纯序贯样本）的条件

定理 4.3.6 (Singh)．若 $\theta(F)\in S_\infty$，则 $\theta(F)$ 为 d_1-连续于 $\mathscr{F}$.

证． 这个证明几乎是逐句重复定理 4.3.4 的证明，设 $\theta^*=\theta^*(X_1, \cdots, X_N)$ 而 $\theta^*\pm\frac{\varepsilon}{2}$ 为 $\theta(F)$ 的置信水平为 2/3 的区间估计，此处自然假定 θ^* 为 $\mathscr{B}_{(N)}$ 可测的，根据引理 4.3.8，对任给 $F_0\in\mathscr{F}$ 存在 $\eta>0$（η 可以与 F_0 有关），致

$$d_1(F, F_0)\leqslant\eta\Rightarrow d_N(F, F_0)\leqslant\frac{1}{4}.$$

由于 $\left\{(x_1, x_2, \cdots)\,|\,|\theta^*(x_1, \cdots, x_N)-\theta(F_0)|\leqslant\frac{\varepsilon}{2}\right\}\in\mathscr{B}_{(N)}$，有

$$\left|P_F^{(\infty)}\left(|\theta^*-\theta(F_0)|\leqslant\frac{\varepsilon}{2}\right)-P_{F_0}^{(\infty)}\left(|\theta^*-\theta(F_0)|\leqslant\frac{\varepsilon}{2}\right)\right|\leqslant\frac{1}{4}$$

这时

$$\begin{aligned}
&P_F^{(\infty)}\left(|\theta^*-\theta(F_0)|\leqslant\frac{\varepsilon}{2}, |\theta^*-\theta(F_1)|\leqslant\frac{\varepsilon}{2}\right)\\
&\geqslant P_F^{(\infty)}\left(|\theta^*-\theta(F_0)|\leqslant\frac{\varepsilon}{2}\right)+P_F^{(\infty)}\left(|\theta^*-\theta(F)|\leqslant\frac{\varepsilon}{2}\right)-1\\
&\geqslant P_{F_0}^{(\infty)}\left(|\theta^*-\theta(F_0)|\leqslant\frac{\varepsilon}{2}\right)-\frac{1}{4}+P_F^{(\infty)}\left(|\theta^*-\theta(F)|\leqslant\frac{\varepsilon}{2}\right)-1\\
&\geqslant\frac{2}{3}-\frac{1}{4}+\frac{2}{3}-1=\frac{1}{12}.
\end{aligned}$$

因此，集

$$\left\{(x_1, x_2, \cdots): |\theta^*(x_1, \cdots, x_N) - \theta(F_0)| \right.$$
$$\left. \leqslant \frac{\varepsilon}{2}, |\theta^*(x_1, \cdots, x_N) - \theta(F)| \leqslant \frac{\varepsilon}{2} \right\}$$

非空，于是 $|\theta(F)-\theta(F_0)|\leqslant\varepsilon$. 此对任何 $d_1(F, F_0)\leqslant\eta$ 成立，因而证明了 $\theta(F)$ 在 F_0 处的连续性，定理证毕.

Singh 在其前面所引的工作中猜测，本定理的条件对 $\theta(F)\in S_\infty$ 也是充分的，然而，本书作者否定了这个猜测，他举例证明了：甚至 $\theta(F)$ 在 $\mathscr{F}$ 上的 d—一致连续性也不足以保证 $\theta(F)\in S_\infty$ (见《中国科学》1965 年 7 月号所载作者的文章).

然后，本书作者证明了下面的结果(《科学通报》, 1966 年, 465 页),

定理 4.3.7. 若 $\theta(F)$ 在 $\mathscr{F}$ 上为 D—连续，则 $\theta(F)\in S_\infty$.

证. 对任何 n, 以 $\widetilde{E}_n=\widetilde{E}_n(x_1, \cdots, x_n; x)$ 记 $x_1, \cdots, x_n$ 的经验分布函数，任给 $\varepsilon>0$ 及 α, $0<\alpha<1$. 找 $\alpha_i>0$, $i=1, 2, \cdots$, 致 $\sum_{i=1}^{\infty}\alpha_i=\alpha$. 由定理 3.5.5 可知，存在一串 $\{c_i\}$, $c_1>c_2>\cdots$, 致对任何 i 存在 n_i:

$$P_F^{(n_i)}(D(\widetilde{E}_{n_i}, F)\geqslant c_{n_i})\leqslant\alpha_i, \quad i=1, 2, \cdots,$$

且显然可令 $n_1<n_2<\cdots$.

现在定义一个序贯抽样程序 S 和区间估计 $[T_1, T_2]$ 如下：

1° 首先观测 $X_1, \cdots, X_{n_1}$, 考虑集合

$A(X_1, \cdots, X_{n_1})=\{F, F\in\mathscr{F}; D(\widetilde{E}_{n_1}, F)\leqslant c_{n_1}\}$,

$A^*(X_1, \cdots, X_{n_1})=\{\theta(F): F\in A(X_1, \cdots, X_{n_1})\}$,

$\widetilde{A}(X_1, \cdots, X_{n_1})=$ 包含 $A^*(X_1, \cdots, X_{n_1})$ 的最小闭区间.

若 $A(X_1, \cdots, X_{n_1})\neq\emptyset$ 且 $\widetilde{A}(X_1, \cdots, X_{n_1})$ 之长 $\leqslant\varepsilon$, 则停止抽样而取 $(T_1(X), T_2(X))=\widetilde{A}(X_1, \cdots, X_{n_1})$. 否则

2° 观测 $X_{n_1+1}, \cdots, X_{n_2}$. 按 3° 中的规则决定是否停止.

3° 一般，若在观察了 $X_1, \cdots, X_{n_i}$ 后仍不能停止，则继续观测 $X_{n_i+1}, \cdots, X_{n_{i+1}}$, 而考虑集合 $A(X_1, \cdots, X_{n_{i+1}})$, $A^*(X_1, \cdots, X_{n_{i+1}})$ 和 $\widetilde{A}(X_1, \cdots, X_{n_{i+1}})$. 若 $A(X_1, \cdots X_{n_{i+1}})\neq\emptyset$ 且 $\widetilde{A}(X_1, \cdots, X_{n_{i+1}})$

之长 $\leqslant\varepsilon$, 则停止抽样而取 $[T_1(x),\ T_2(x)]=\widetilde{A}(X_1,\ \cdots,\ X_{n_{i+1}})$. 否则继续观测 $X_{n_{i+1}+1},\ \cdots,\ X_{n_{i+2}}$.

我们先证明 S 的封闭性, 以 N 记 S 的抽样次数变量, 要证明对任何 $F_0\in\mathscr{F}$ 有

$$\lim_{n\to\infty}P_{F_0}^{(\infty)}(N>n)=0. \tag{4.3.39}$$

由 $\theta(F)$ 的 D 连续性, 对给定的 $\varepsilon>0$ 存在 (与 F_0 有关的) $\eta>0$, 使当 $D(F,\ F_0)\leqslant\eta$ 时, 有 $|\theta(F)-\theta(F_0)|\leqslant\varepsilon/2$. 取 i_0 充分大致 $c_{n_i}\leqslant\eta$ 当 $i\geqslant i_0$. 则当 $i\geqslant i_0$ 时, 若 $F_0\in A(X_1,\ \cdots,\ X_{n_i})$, $A(X_1,\ \cdots,\ X_{n_i})$ 中任一个 F 都满足 $D(F,\ F_0)\leqslant\eta$, 因此由 η 的定义知 $\widetilde{A}(X_1,\ \cdots,\ X_{n_i})$之长必 $\leqslant\varepsilon$. 于是当 $i\geqslant i_0$ 时, 得到

$$\{N>n_i\}\subset\{F_0\overline{\in}A(X_1,\ \cdots,\ X_{n_i})\}$$
$$=\{(X_1,\ \cdots,\ X_{n_i}):D(\widetilde{E}_{n_i},\ F_0)>c_{n_i}\},$$

从而 $$P_{F_0}^{(\infty)}(N>n_i)\leqslant P_{F_0}^{(n_i)}(D(\widetilde{E}_{n_i},\ F_0)>c_{n_i})\leqslant\alpha_i\to0,$$

这证明了(4.3.39)因而 S 的封闭性, 其次,

$$\{x:x\in R_\infty;\theta(F_0)\in[T_1(x),\ T_2(x)]\}$$
$$\supset\{N<\infty\}\bigcap_{i=1}^{\infty}\{x:D(\widetilde{E}_{n_i},\ F_0)\leqslant c_{n_i}\},$$

由上面已证的封闭性知

$$P_{F_0}^{(\infty)}(T_1(x)\leqslant\theta(F_0)\leqslant T_2(x))\geqslant P_{F_0}^{(\infty)}\Big(\bigcap_{i=1}^{\infty}D(\widetilde{E}_{n_i},\ F_0)\leqslant c_{n_i}\Big)$$
$$\geqslant1-\sum_{i=1}^{\infty}P_{F_0}^{(\infty)}(D(\widetilde{E}_{n_i},\ F_0)\geqslant c_{n_i})\geqslant1-\sum_{i=1}^{\infty}\alpha_i=1-\alpha,$$

故知区间估计$[T_1,\ T_2]$的置信水平为 $1-\alpha$. 定理证毕.

下面举例说明定理 4.3.6 和 4.3.7 的应用.

例 4.3.4. 以 $\mathscr{F}$ 记一切其均值存在有限的一维分布的全体, 而 $\theta(F)=F$ 的均值. 早在 1956 年, Bahadur 和 Savage 就曾证明, $\theta(F)\overline{\in}S_\infty$. 这个结果很容易从定理 4.3.6 得出, 事实上, 若以 F_0 记概率全集中在 0 的分布, F_n 记一个一维分布, 取 0 和 n 的概率分别为 $1-\frac{1}{n}$ 和 $\frac{1}{n}$, 则易见有 $d_1(F,\ F_n)\to0$, 当 $n\to\infty$, 但 $\theta(F_n)=1\not\to0=\theta(F_0)$.

例 4.3.5. 以 $\mathscr{F}$ 一切其中位数唯一的一维分布族，$\theta(F)=F$ 的中位数，显见 $\theta(F)$ 为 D-连续，因此根据定理 4.3.7，$\theta(F)\in S_\infty$. 然而，Farrel 证明了：对任何 m，$\theta(F)\overline{\in}S_m$.

例 4.3.6. 以 $\mathscr{F}$ 记一切形如 $P_\theta(1)=1-P_\theta(0)=\theta$, $0<\theta<1$ 的分布的族，$h(P_\theta)=\log\theta$, $0<\theta<1$. 显而易见 $h(P_\theta)$ 为 D-连续，由定理 4.3.7 知 $h(P_\theta)\in S_\infty$. 现在证明，对任何 $m>1$, $h\overline{\in}S_m$. 这是因为显而易见，由于分布 P_θ 的概率集中在两个点 0 和 1，由 $h\in S_m$ 将得到 $h\in S_1$，而由定理 4.3.4，这将推出 h 在 $\mathscr{F}$ 上 d_1-一致连续，但这显然是不正确的.

另外，Blum 和 Rosenblatt 及本书作者研究了 $\theta(F)\in S_2$ 的充分条件. 本书作者证明的一个充分条件可推出下面的结果：若 F 为一已知的一维连续分布而 $\mathscr{F}=\left\{F_{a,b}(x)=F\left(\frac{x-a}{b}\right):\ -\infty<a<\infty, 0<b<\infty,\right\}$，$\theta(F_{a,b})=g(a,\ b)$，$g$ 为定义在 $\{(a,b):-\infty<a<\infty, 0<b<\infty\}$ 上的实值连续函数，则 $\theta\in S_2$. 这包含了不少文献中所见的特例.

第五章 线性模型

§5.1. 引 言

有一类在应用上很重要的统计问题，它们的理论模型有一种在下面要加以精确定义的线性结构. 在统计文献中，习惯上常把它们归之于"线性模型" (Linear model) 的名称下，本章的目的就是叙述这种线性统计模型的理论基础.

为了自然地引进线性模型的概念，我们举一个简单例子. 设我们要研究一种农作物的亩产量 Y 与亩施肥量 x 的关系，我们假定：在 x 的一定范围内，Y 的平均值 $E(Y)$ 与 x 的关系近似地可以用线性函数来表示：

$$E(Y)=a+bx, \tag{5.1.1}$$

为了着重地说明 Y 的平均值与 x 有关，可以将 $E(Y)$ 写为 $E(Y|x)$，而将(5.1.1)写为 $E(Y|x)=a+bx$.

为了帮助理解象(5.1.1)这样的关系，我们对之作几点简单的说明.

首先，变量 Y 与 x 之间是有关的. 表现在，在一定的范围内，x 愈大，Y 一般也愈大. 然而，这关系并未确切到给定 x 就可以唯一地决定 Y 的程度，因此，x 与 Y 的关系与数学分析中的函数关系不是一回事，但是，当我们考虑在给定 x 之值的条件下，变量 Y 的均值 $E(Y|x)$ 时，则这个量假定完全由 x 决定. 在本例中，$E(Y|x)$ 可理解为在相当大的面积上每亩施肥量为 x 时的亩平均产量. 至于 $E(Y|x)$ 与 x 的关系的具体形式 $E(Y|x)=a+bx$，可以是根据某种理论分析而得，可以是过去对这种现象观察结果的一个经验上的总结，也可以单纯就是一种数学上的简化假定. 在这里就触及所谓模型选择的问题，就是指选择怎样的函数作为 E

$(Y|x)$. 在某些精确的自然科学领域(主要是物理学)中，有时理论上的研究能确定这种函数的形状. 在应用科学中，则往往要结合经验来决定. 总之，可以说这基本上不是一个数学问题，然而，统计学的方法能帮助我们根据实验资料选定这个关系的形式，以及检验某种选定的形式与实际数据是否有良好的符合等. 从理论的观点看，一经选定了一种形式，往后的问题就是在它的基础上来研究种种有关的问题、

其次，在本问题中，x 和 Y 这两个变量明显地具有"原因"(Cause)和"结果"(Effect)的性质，因此可以把它们分别称为自变量 (Independent Variable)和因变量 (Dependent Variable). 在另一些问题中，这种因果关系并不明显或根本不存在，但为方便计，仍不妨使用自变量和因变量的名词，在统计意义上重要之点是：自变量 x 不认为是随机的，而因变量 Y 则认为是随机的[1]，因变量 Y 的均值是 x 的函数.

最后，拿本例的情况说，影响 Y 的因素，显然不止 x 一个，其余象使用的种子品种和每亩播种量，生长季节的平均气温，耕作方式……等等，还有其它一大批可控制和难于以至不可控制的因素. 正是这大量因素的存在使得 x 之值不能唯一地决定 Y. 在本例中，我们单挑出 x 与 Y 的关系来研究，这意味着其它一些重要的可控制因素(如上文提到的品种与每亩播种量之类)已固定在适当水平上. 其它大量不可控制(或未加控制)的因素则作为随机因素来看待，因此，作为随机变量的 Y，它的值由两部分之和组成

$$Y=a+bx+e \tag{5.1.2}$$

(一般地，是 $Y=E(Y|x)+e$)，第二部分，即 e，表示一切随机因素对 Y 的效果的总和. 第一部分 $a+bx$ 或一般地 $E(Y|x)$，表示自变量 x 对 Y 的平均效应. 这个函数

$$y=a+bx(\text{或一般地}, y=E(Y|x))$$

称为回归函数 (Regression function). 模型(5.1.2)显示了本问题

1) 这是就我们将要定义的那种线性模型而言. 在实际问题中自变量是随机变量的情况并不少见，在理论上当然也可以研究自变量也是随机变量的模型.

的统计性质.

在本问题中,虽则回归函数的一般形状已假定是线性的,但其中的系数 a, b 当然是未知,它们以及随机变量 e 中可能出现的其它未知数,都称为模型的参数. 关于模型(5.1.2)的统计问题,就是指关于这些参数的统计问题. 例如,估计 a, b 之值,检验 b 是否为 0, 等等.

以上对一个自变量和最简单的模型 $y=a+bx$ 所说的一切,自然地可推到任意多个自变量及更复杂的回归函数的情况. 比方说,在本例中可以研究每亩施肥量 x_1, 每亩播种量 x_2 及每亩产量 Y 的关系. 在此 x_1, x_2 为自变量而 Y 为因变量. 关于回归函数的形状,可设为

$$E(Y)=E(Y|x_1, x_2)=a+bx_1+cx_2$$

或

$$\begin{aligned}E(Y)&=E(Y|x_1, x_2)\\&=a+bx_1+cx_2+dx_1^2+ex_2^2+fx_1x_2\end{aligned}\qquad(5.1.3)$$

等等. 虽则问题比以前复杂化了,但 $E(Y)$ 的含义,及将 Y 分解为

$$Y=E(Y|x_1, x_2)+e$$

这样的结构的思想,与以前略无差异.

推而广之,在最一般的情况下,考虑 k 个自变量 $x_1, \cdots, x_k$ 和因变量 Y[1]. 假定 $E(Y)$ 与 $x_1, \cdots, x_k$ 之间存在着如下的联系:

$$E(Y)=E(Y|x_1, \cdots, x_k)=f(x_1, \cdots, x_k; \beta_1, \cdots, \beta_p),\qquad(5.1.4)$$

这里函数 f 的形状已知,但其中的参数 $\beta_1, \cdots, \beta_p$ 未知,这是最一般的回归模型.

在本章中,我们考虑(5.1.4)的一个重要的特殊情况,即 f 有

$$f(x_1, \cdots, x_k; \beta_1, \cdots, \beta_p)=\sum_{j=1}^{p}\beta_j f_j(x_1, \cdots, x_k)\qquad(5.1.5)$$

的形状. 这里 $f_1, \cdots, f_p$ 都是自变量 $x_1, \cdots, x_k$ 的已知函数. 这时称回归模型(5.1.4)为线性的. 在此我们着重指出一点:回归模

1) 自然,在一个问题中要考虑的因变量可以不止一个. 这属于多元分析的范围,本章不加考虑.

型的线性是指对参数 $\beta_1, \cdots, \beta_p$ 而言. 例如, 就(5.1.3)而言, 显然有(5.1.5)的形式, 其中 $k=2$, $p=6$, 而

$$\beta_1=a,\ \beta_2=b,\ \beta_3=c,\ \beta_4=d,\ \beta_5=e,\ \beta_6=f,$$

$$f_1=1,\ f_2=x_1,\ f_3=x_2,\ f_4=x_1^2,\ f_5=x_2^2,\ f_6=x_1x_2.$$

作为 x_1, x_2 的函数, (5.1.3)是二次多项式而非线性的.

参数 $\beta_1, \cdots, \beta_p$ 的值未知. 为了对它们进行估计或研究其它与之有关的推断问题, 需要进行试验. 设一共作了 n 次试验, 在第 i 次试验中, 自变量 $x_1, \cdots, x_k$ 分别取值 $x'_{1i}, \cdots, x'_{ki}$ 而因变量 Y 取值为 Y_i. 假定(5.1.5)成立, 则有

$$Y_i=\sum_{j=1}^{p}\beta_j f_j(x'_{1i}, \cdots, x'_{ki})+e_i,\ i=1, \cdots, n, \tag{5.1.6}$$

关于 $x'_{1i}, \cdots, x'_{ki}$, 在此着重注意的是它们都是已知数, 不带任何随机性. 在实际问题中, 它们的值有时可根据我们的需要来选定. 前述施肥量和播种量, 就属于这种情形. 这时, 我们可以谈到试验的设计, 即考虑怎样选择这些值去作试验, 以有利于我们的目的(对未知参数进行估计等等). 但在许多情况下, 自变量之值不一定可以随心所欲地选择, 例如若把"生长季节的平均气温"这个变量 x_3 加入问题的考虑中, 则 x_3 并不能根据试验者的要求选定, 它们只是一种观察结果. 往后我们不考虑这种差别, 而总是抓住"x'_{ij} 为已知的不带任何随机性的常数"这个要点. 自然, 从实用的角度说, 这个差别往往有着重要的意义, 甚至 $E(Y|x)$ 这个函数的解释, 也可以与自变量之值能否由试验者控制有关.

既然 x'_{ij} 都是已知数, $f_j(x'_{1i}, \cdots, x'_{ki})$ 也已知, 因此, 不妨引进一个新记号

$$x_{ji}=f_j(x'_{1i}, \cdots, x'_{ki})\ (i=1, \cdots, n,\ j=1, \cdots, p)$$

代替它, 而将(5.1.6)写为

$$Y_i=\sum_{j=1}^{p}x_{ji}\beta_j+e_i,\ i=1, \cdots, n \tag{5.1.7}$$

的形式.

根据我们前面所作的分析, 在(5.1.7)中, e_i 是在第 i 次试验

中，种种未加控制及不可控制的随机因素对因变量 Y 之值的影响的总和，因此它们是随机变量．模型(5.1.7)的概率性质，就取决于这些 e_i，即随机向量 $\boldsymbol{e}=(e_1, \cdots, e_n)'$ 的概率性质．根据回归函数的定义，自然地有

$$E(\boldsymbol{e})=\mathbf{0}, \text{ 即 } E(e_1)=\cdots=E(e_n)=0, \tag{5.1.8}$$

在本章中总假定这一条成立，没有例外．至于其它进一步的假定，则视问题的需要而定，下面列出两种最常见的：

(A) $\mathrm{VAR}(\boldsymbol{e})=\sigma^2\boldsymbol{I}_n$.

这里 $0<\sigma^2<\infty$，σ^2 未知(因而是模型中的参数)，而 $\boldsymbol{I}_n$ 为 n 阶单位阵．

(B) $\boldsymbol{e}\sim N(\mathbf{0}, \sigma^2\boldsymbol{I}_n)$，$0<\sigma^2<\infty$，$\sigma^2$ 未知，

其它假定在需要时再引进．

为了简化写法，常使用矩阵记号将(5.1.7)写为

$$\boldsymbol{Y}=\boldsymbol{X\beta}+\boldsymbol{e}, \tag{5.1.9}$$

此处

$$\boldsymbol{Y}=\begin{pmatrix} Y_1 \\ \vdots \\ Y_n \end{pmatrix}, \qquad \boldsymbol{X}=\begin{pmatrix} X_{11} & X_{21} & \cdots & X_{p1} \\ X_{12} & X_{22} & \cdots & X_{p2} \\ \cdots & \cdots & \cdots & \cdots \\ X_{1n} & X_{2n} & \cdots & X_{pn} \end{pmatrix},$$

$$\boldsymbol{\beta}=\begin{pmatrix} \beta_1 \\ \vdots \\ \beta_p \end{pmatrix}, \qquad \boldsymbol{e}=\begin{pmatrix} e_1 \\ \vdots \\ e_n \end{pmatrix} \tag{5.1.10}$$

在前面，$\boldsymbol{Y}$, $\boldsymbol{e}$ 这两个记号曾在别的意义上使用过，以后总在(5.1.10)的意义上来理解．

我们将以上的讨论总结为

定义 5.1.1. 任一个形如

$$\begin{cases} \boldsymbol{Y}=\boldsymbol{X\beta}+\boldsymbol{e}, \\ E(\boldsymbol{e})=\mathbf{0}, \\ \text{对 } \boldsymbol{e} \text{ 的其它某种假定} \end{cases} \tag{5.1.11}$$

的结构称为一个线性模型．$\boldsymbol{Y}$, $\boldsymbol{X}$, $\boldsymbol{\beta}$, $\boldsymbol{e}$ 的意义如(5.1.10)，$\boldsymbol{X}$是

已知的自变量试验(或观察)值组成的矩阵，常称为设计矩阵(Design matrix). $\boldsymbol{Y}$为因变量的试验(或观察)值组成的向量，$\boldsymbol{\beta}=(\beta_1, \cdots, \beta_p)'$, $\beta_1, \cdots, \beta_p$都是未知参数，常称为回归系数. 而$\boldsymbol{e}$为随机向量，有时称为随机误差向量. 所谓“对e的其它某种假定”，是指根据问题需要而对$\boldsymbol{e}$的性质施加的一种假定，如前面提到的(A)和(B)之类.

这是一个极为重要的统计模型. 它之所以重要，在于许多重要的应用统计分支，如回归分析和方差分析，其理论模型都可以包罗在线性模型的体系中. 由于这个原因，关于这种模型的理论和应用，在文献中有了很多的研究. 要全面地叙述与这个模型有关的内容，包括上面提到的几个统计分支，需要写几卷大部头的著作. 作为以阐述数理统计的理论基础为目标的本书，无论从性质上，篇幅上都不容许这样做. 我们将把重点放在关于这模型的一般理论上，而不去深入其在一些具体形态下的细节. 比方说，关于回归分析和方差分析这两个分支的细节，本章不加深入探究，但为了理解这两个分支所需的线性模型理论基础方面的问题，则将作较深入的讨论. 读者在掌握了这些内容后，再进而学习以这个模型为基础的统计分支时，就具备了必要的基础.

顺便提到一点，本章中将较多地使用矩阵、二次型、线性空间等工具. 涉及的内容，除了可能有个别细节上的例外，都在大学数学系线性代数一课的范围之内. 具体地说，不超出参考文献[10]第一章的范围. 对这方面准备不足的读者，我建议他们精读这一章(包括演算其中的习题)，至于本章中需要的少数关于矩阵广义逆的知识，将在本章附录中给出.

§5.2. 最小二乘估计

假定有线性模型(5.1.11). 我们假定$\boldsymbol{e}$满足条件(A)，即$\mathrm{VAR}(\boldsymbol{e})=\sigma^2\boldsymbol{I}_n$. 本节我们讨论有关$\boldsymbol{\beta}$和$\sigma^2$的估计问题.

我们先提到一点有用的事实，即线性模型的几何描述. 根据

(5.1.11)，有 $E(\boldsymbol{Y})=\boldsymbol{X}\beta$. 故若以 $\mathscr{M}(\boldsymbol{X})$ 记由 $\boldsymbol{X}$ 的列向量(共 p 个)所张成的线性子空间，则 $E(\boldsymbol{Y})=\boldsymbol{X}\beta$ 等价于 $E(\boldsymbol{Y})\in\mathscr{M}(\boldsymbol{X})$. 这个子空间的维数，就是 $r=\dim(\mathscr{M}(\boldsymbol{X}))=\mathrm{rk}(\boldsymbol{X})$. 当然，有 $r\leqslant p$. 若 $r=p$，则线性模型称为满秩的. 否则称为降秩的. 因此，从几何上说，线性模型的意义在于把本来是 n 维的 $E(\boldsymbol{Y})$ 约束在一个不超过 p 维的子空间内.

(一) $\boldsymbol{\beta}$ 的最小二乘估计 (Least Squares Estimate, 简称为 LS 估计).

定义 5.2.1. 设有线性模型(5.1.11)，若 $\hat{\beta}=\hat{\beta}(\boldsymbol{Y})$ 为 $\boldsymbol{Y}$ 的线性函数，满足条件

$$\|\boldsymbol{Y}-\boldsymbol{X}\hat{\beta}\|^2=\min_{\beta}\|\boldsymbol{Y}-\boldsymbol{X}\beta\|^2, \tag{5.2.1}$$

则称 $\hat{\beta}$ 为 β 的一个 LS 估计.

这个重要的估计方法的根源可追溯到 Laplace (1806) 和 Gauss (1809)，上世纪末 Markov 作了重要的工作，这些工作奠定了这方法的基础. 本世纪以来，一些学者对之作了进一步的发展.

LS 估计的直观意义是很清楚的：若 β 的真实值为 $\boldsymbol{b}$，则在第 i 次试验中，$\boldsymbol{Y}$ 的观察值 Y_i 与其均值 $\boldsymbol{x}_i'\boldsymbol{b}$ (此处 $\boldsymbol{x}_i'=(x_{1i},\cdots,x_{pi})$) 的差异为 $Y_i-\boldsymbol{x}_i'\boldsymbol{b}$, $i=1,\cdots,n$. 其平方和为

$$\sum_{i=1}^{n}(Y_i-\boldsymbol{x}_i'\boldsymbol{b})^2=\|\boldsymbol{Y}-\boldsymbol{X}\boldsymbol{b}\|^2.$$

既然不知道 $\boldsymbol{b}$，自然的想法是选取 $\boldsymbol{b}$ 的估计值为 $\hat{\beta}$，使之满足 (5.2.1).

从几何的语言说，若以 $\hat{\boldsymbol{Y}}$ 记 $\boldsymbol{Y}$ 在 $\mathscr{M}(\boldsymbol{X})$ 内的投影，则 LS 估计的意义在于：选取 $\hat{\beta}$ 使 $\boldsymbol{X}\hat{\beta}=\hat{\boldsymbol{Y}}$. 这使 LS 估计有另一种解释：设我们要估计的是 $E(\boldsymbol{Y})=\boldsymbol{X}\beta$. 我们已知 $E(\boldsymbol{Y})\in\mathscr{M}(\boldsymbol{X})$，但实地观察到的 $\boldsymbol{Y}$ 不必在 $\mathscr{M}(\boldsymbol{X})$ 内. 为了由 $\boldsymbol{Y}$ 估计 $E(\boldsymbol{Y})$，自然的想法是在 $\mathscr{M}(\boldsymbol{X})$ 内找一个 $\hat{\boldsymbol{Y}}$，使 $\|\boldsymbol{Y}-\hat{\boldsymbol{Y}}\|^2$ 尽可能小，而这只在 $\hat{\boldsymbol{Y}}=\boldsymbol{X}\hat{\beta}$ 为 $\boldsymbol{Y}$ 在 $\mathscr{M}(\boldsymbol{X})$ 内的投影时才达到. 这个分析也揭示了 LS 估计的存在性，因为既然 $\hat{\boldsymbol{Y}}\in\mathscr{M}(\boldsymbol{X})$，至少存在一个 $\hat{\beta}$ 致 $\boldsymbol{X}\hat{\beta}$

$=\hat{\boldsymbol{Y}}$，而且显然，当线性模型为满秩(即 $\mathrm{rk}(\boldsymbol{X})=p$)时，这样的 $\hat{\boldsymbol{\beta}}$ 是唯一的.

一般，为了求出满足(5.2.1)的 $\hat{\boldsymbol{\beta}}$，可以用通常求多元函数极值的方法. 记 $\boldsymbol{b}=(b_1, \cdots, b_p)'$，及

$$Q(\boldsymbol{b})=\|\boldsymbol{Y}-\boldsymbol{X}\boldsymbol{b}\|^2=\|\boldsymbol{Y}\|^2-2\boldsymbol{Y}'\boldsymbol{X}\boldsymbol{b}+\boldsymbol{b}'\boldsymbol{S}\boldsymbol{b},$$

其中

$$\boldsymbol{S}=\boldsymbol{X}'\boldsymbol{X}. \tag{5.2.2}$$

写出方程组 $\dfrac{\partial Q}{\partial \boldsymbol{b}_i}=\mathbf{0}$，$i=1, \cdots, p$，不难看到它有下面的形状：

$$\boldsymbol{S}\boldsymbol{b}=\boldsymbol{X}'\boldsymbol{Y}, \tag{5.2.3}$$

这个方程组叫正则方程组.

定理5.2.1. 1° 正则方程组(5.2.3)必有解. 2° 正则方程组的任一解 $\hat{\boldsymbol{\beta}}$ 满足(5.2.1). 3° 满足(5.2.1)的任何 $\hat{\boldsymbol{\beta}}$ 必为正则方程组的解.

证. 1° 由周知的事实 $\mathscr{M}(\boldsymbol{X}'\boldsymbol{X})=\mathscr{M}(\boldsymbol{X}')$，知 $\boldsymbol{X}'\boldsymbol{Y}\in\mathscr{M}(\boldsymbol{S})$，因而 $\mathrm{rk}(\boldsymbol{S}\,|\,\boldsymbol{X}'\boldsymbol{Y})=\mathrm{rk}(\boldsymbol{S})$. 由线性方程组的理论知(5.2.3)有解. 取 $\boldsymbol{S}$ 的任一广义逆 $\boldsymbol{S}^-$，解可表为

$$\hat{\boldsymbol{\beta}}=\boldsymbol{S}^-\boldsymbol{X}'\boldsymbol{Y}, \tag{5.2.4}$$

故必为 $\boldsymbol{Y}$ 的线性函数. 熟悉广义逆的基本事实的读者不难直接验证：由(5.2.4)确定的 $\hat{\boldsymbol{\beta}}$ 满足(5.2.3)，利用一般公式(见本章附录(3)式)

$$(\boldsymbol{X}'\boldsymbol{X})(\boldsymbol{X}'\boldsymbol{X})^-\boldsymbol{X}'=\boldsymbol{X}', \tag{5.2.5}$$

2° 设 $\tilde{\boldsymbol{\beta}}$ 为(5.2.3)的一解. 则对任何 $\boldsymbol{b}$

$$\begin{aligned}\|\boldsymbol{Y}-\boldsymbol{X}\boldsymbol{b}\|^2&=\|(\boldsymbol{Y}-\boldsymbol{X}\tilde{\boldsymbol{\beta}})+\boldsymbol{X}(\tilde{\boldsymbol{\beta}}-\boldsymbol{b})\|^2\\&=\|\boldsymbol{Y}-\boldsymbol{X}\tilde{\boldsymbol{\beta}}\|^2+(\tilde{\boldsymbol{\beta}}-\boldsymbol{b})'\boldsymbol{S}(\tilde{\boldsymbol{\beta}}-\boldsymbol{b})\\&\quad+2(\tilde{\boldsymbol{\beta}}-\boldsymbol{b})'\boldsymbol{X}'(\boldsymbol{Y}-\boldsymbol{X}\tilde{\boldsymbol{\beta}}),\end{aligned} \tag{5.2.6}$$

由 $\tilde{\boldsymbol{\beta}}$ 为(5.2.3)的解知上式右边第三项为0. 再注意到 $\boldsymbol{S}$ 为半正定(以后记为 $\boldsymbol{S}\geqslant 0$. 若 $\boldsymbol{S}$ 为正定，则记为 $\boldsymbol{S}>\mathbf{0}$)，由(5.2.6)得 $\|\boldsymbol{Y}-\boldsymbol{X}\boldsymbol{b}\|^2\geqslant\|\boldsymbol{Y}-\boldsymbol{X}\tilde{\boldsymbol{\beta}}\|^2$. 由 $\boldsymbol{b}$ 的任意性知 $\tilde{\boldsymbol{\beta}}$ 为极值问题(5.2.1)的解.

3° 反过来，若 $\hat{\boldsymbol{\beta}}$ 满足(5.2.1)，而 $\tilde{\boldsymbol{\beta}}$ 为(5.2.3)的任一解($\tilde{\boldsymbol{\beta}}$ 的存在已在 1° 中证明). 在(5.2.6)中令 $\boldsymbol{b}=\hat{\boldsymbol{\beta}}$, 得$\|\boldsymbol{Y}-\boldsymbol{X}\hat{\boldsymbol{\beta}}\|^2\geqslant\|\boldsymbol{Y}-\boldsymbol{X}\tilde{\boldsymbol{\beta}}\|^2$, 等号当且仅当

$$(\tilde{\boldsymbol{\beta}}-\hat{\boldsymbol{\beta}})'\boldsymbol{S}(\tilde{\boldsymbol{\beta}}-\hat{\boldsymbol{\beta}})=(\tilde{\boldsymbol{\beta}}-\hat{\boldsymbol{\beta}})\boldsymbol{X}'\boldsymbol{X}(\tilde{\boldsymbol{\beta}}-\hat{\boldsymbol{\beta}})$$
$$=\|\boldsymbol{X}(\tilde{\boldsymbol{\beta}}-\hat{\boldsymbol{\beta}})\|^2=0$$

时成立，由于 $\hat{\boldsymbol{\beta}}$ 满足(5.2.1)，由$\|\boldsymbol{Y}-\boldsymbol{X}\hat{\boldsymbol{\beta}}\|^2\geqslant\|\boldsymbol{Y}-\boldsymbol{X}\tilde{\boldsymbol{\beta}}\|^2$ 知等号必成立，故必有$\|\boldsymbol{X}(\tilde{\boldsymbol{\beta}}-\hat{\boldsymbol{\beta}})\|^2=0$, 因而 $\boldsymbol{X}\hat{\boldsymbol{\beta}}=\boldsymbol{X}\tilde{\boldsymbol{\beta}}$, 故由 $\tilde{\boldsymbol{\beta}}$ 满足(5.2.3)知

$$\boldsymbol{S}\hat{\boldsymbol{\beta}}=\boldsymbol{X}'\boldsymbol{X}\hat{\boldsymbol{\beta}}=\boldsymbol{X}'\boldsymbol{X}\tilde{\boldsymbol{\beta}}=\boldsymbol{S}\tilde{\boldsymbol{\beta}}=\boldsymbol{X}'\boldsymbol{Y}$$

即 $\hat{\boldsymbol{\beta}}$ 满足(5.2.3)，定理证毕.

这个定理建立了极值问题(5.2.1)的解与正则方程组(5.2.3)的解的一致性. 由此得出下面的重要推论:

系 5.2.1 若 $\mathrm{rk}(\boldsymbol{X})=p$, 则 $\boldsymbol{\beta}$ 的 LS 估计唯一且由公式

$$\hat{\boldsymbol{\beta}}=\boldsymbol{S}^{-1}\boldsymbol{X}'\boldsymbol{Y} \tag{5.2.7}$$

给出，这时

$$E(\hat{\boldsymbol{\beta}})=\boldsymbol{\beta}, \tag{5.2.8}$$

即 $\hat{\boldsymbol{\beta}}$ 为 $\boldsymbol{\beta}$ 的无偏估计，且

$$\mathrm{VAR}(\hat{\boldsymbol{\beta}})=\sigma^2\boldsymbol{S}^{-1}. \tag{5.2.9}$$

证. 由 $\mathrm{rk}(\boldsymbol{X})=p$ 知 $\mathrm{rk}(\boldsymbol{S})=\mathrm{rk}(\boldsymbol{X})=p$, 即 $\boldsymbol{S}$ 为满秩的，因此正则方程组(5.2.3)只有唯一解(5.2.7). 根据定理 5.2.1, 这个解就是 $\boldsymbol{\beta}$ 的唯一的 LS 估计. 利用 $\boldsymbol{Y}=\boldsymbol{X}\boldsymbol{\beta}+\boldsymbol{e}$ 知 $\hat{\boldsymbol{\beta}}=\boldsymbol{S}^{-1}\boldsymbol{X}'\cdot(\boldsymbol{X}\boldsymbol{\beta}+\boldsymbol{e})=\boldsymbol{\beta}+\boldsymbol{S}^{-1}\boldsymbol{X}'\boldsymbol{e}$, 然后由 $E(\boldsymbol{e})=0$ 得出(5.2.8)，又

$$\mathrm{VAR}(\hat{\boldsymbol{\beta}})=\mathrm{VAR}(\boldsymbol{S}^{-1}\boldsymbol{X}'\boldsymbol{e})=\boldsymbol{S}^{-1}\boldsymbol{X}'\mathrm{VAR}(\boldsymbol{e})(\boldsymbol{S}^{-1}\boldsymbol{X}')'$$
$$=\boldsymbol{S}^{-1}\boldsymbol{X}'\sigma^2\boldsymbol{I}_n\boldsymbol{X}\boldsymbol{S}^{-1}=\sigma^2\boldsymbol{S}^{-1}\boldsymbol{X}'\boldsymbol{X}\boldsymbol{S}^{-1}$$
$$=\sigma^2\boldsymbol{S}^{-1}\boldsymbol{S}\boldsymbol{S}^{-1}=\sigma^2\boldsymbol{S}^{-1}.$$

注. 若 $\mathrm{rk}(\boldsymbol{X})<p$, 则(5.2.3)的解，因而 $\boldsymbol{\beta}$ 的 LS 估计，不是唯一的. 在 $\boldsymbol{\beta}$ 的一切 LS 估计中，以由公式

$$\hat{\boldsymbol{\beta}}^+=\boldsymbol{S}^+\boldsymbol{X}'\boldsymbol{Y}=\boldsymbol{X}^+\boldsymbol{Y} \tag{5.2.10}$$

决定者其长度最小，这里 $\boldsymbol{A}^+$ 表 $\boldsymbol{A}$ 的 Moore-Penrose 广义逆. 这个事实的证明留给读者.

(二) 可估计函数 (Estimable function) 及其 **Gauss-Markov** 估计.

定义 5.2.2 设 $\boldsymbol{c}'\boldsymbol{\beta}$ 为 $\boldsymbol{\beta}$ 的任一线性函数 ($\boldsymbol{c}$ 已知). 若存在 $\boldsymbol{c}'\boldsymbol{\beta}$ 之一线性无偏估计 $\boldsymbol{a}'\boldsymbol{Y}$, 即

$$E(\boldsymbol{a}'\boldsymbol{Y})=\boldsymbol{c}'\boldsymbol{\beta},$$

则称 $\boldsymbol{c}'\boldsymbol{\beta}$ 为可估计函数[1].

从系 5.2.1 立即得出, 当 $\mathrm{rk}(\boldsymbol{X})=p$ 时, 任何 $\boldsymbol{c}'\boldsymbol{\beta}$ 都可估计. 事实上, 由于 $\boldsymbol{\beta}$ 的 LS 估计 $\hat{\boldsymbol{\beta}}$ 为 $\boldsymbol{\beta}$ 的无偏估计, 故 $\boldsymbol{c}'\hat{\boldsymbol{\beta}}=\boldsymbol{c}'\boldsymbol{S}^{-1}\boldsymbol{X}'\boldsymbol{Y}$ 为 $\boldsymbol{c}'\boldsymbol{\beta}$ 的一个线性无偏估计. 当 $\mathrm{rk}(\boldsymbol{X})<p$ 时, 如我们以下将看到的, 并非一切 $\boldsymbol{c}'\boldsymbol{\beta}$ 都可估计. 一个函数是否可估, 有其实际含义. 比方说, 当 $\mathrm{rk}(\boldsymbol{X})<p$ 时, 可以找到两个不同的 $\boldsymbol{\beta}^{(1)}$ 和 $\boldsymbol{\beta}^{(2)}$, 致 $\boldsymbol{X}\boldsymbol{\beta}^{(1)}=\boldsymbol{X}\boldsymbol{\beta}^{(2)}$. 故当 $\boldsymbol{\beta}=\boldsymbol{\beta}^{(1)}$ 和 $\boldsymbol{\beta}^{(2)}$ 时, $E(\boldsymbol{Y})$ 是一样的. 这说明: 由 $\boldsymbol{Y}$ 不能对 $\boldsymbol{\beta}$ 作出任何有实际意义的推断, 或者说, $\boldsymbol{\beta}$ 本身在这个模型 (5.1.11) 中是无法弄清楚的. 用定义 5.2.2 的术语说, 至少存在 $\boldsymbol{\beta}$ 的一个分量 β_i, 它不是可估的.

下面的例子更形象地说明可估函数的含义. 设有两个物体, 其重量 β_1, β_2 未知. 把它们同时放在天平上称 n 次, 第 i 次结果为 Y_i, 则模型为

$$Y_i=\beta_1+\beta_2+e_i,\quad i=1,\ \cdots,\ n.$$

此处 e_i 为第 i 次称量的误差. 假定 $E(e)=0$, $(\boldsymbol{e}=(e_1,\ \cdots,\ e_n)')$, $\mathrm{VAR}(\boldsymbol{e})=\sigma^2\boldsymbol{I}_n$.

在本例中, $\beta_1+\beta_2$ 是可估计的, 例如 Y_1 就是其一无偏估计. 但 β_1 及 β_2 都不可估计. 实际上, 若 $\sum\limits_{i=1}^{n}c_iY_i$ 为 β_1 的无偏估计, 则

$$\beta_1=E\left(\sum_{i=1}^{n}c_iY_i\right)=\sum_{i=1}^{n}c_i\beta_1+\sum_{i=1}^{n}c_i\beta_2.$$

要此式成为恒等式, 必须 $\sum\limits_{i=1}^{n}c_i=1$, $\sum\limits_{i=1}^{n}c_i=0$. 这显然是不可能的.

---

1) 通常, 称一函数可估, 若存在其无偏估计 (不必为线性的). 容易证明, 就线性模型而言, 此处定义等价于通常定义. 请读者自证之.

此处 β_1（及 β_2）之不可估的理由很清楚．因为每次称量都是两个物体同时称，自无法由所得结果对其中单独一个物体之重量作任何估计．

定理 5.2.2. 下面三条是等价的：

1° $\boldsymbol{c}'\boldsymbol{\beta}$ 可估，

2° $\boldsymbol{X\beta}=\boldsymbol{X\beta}^* \Rightarrow \boldsymbol{c}'\boldsymbol{\beta}=\boldsymbol{c}'\boldsymbol{\beta}^*$,

3° $\boldsymbol{c}\in\mathscr{M}(\boldsymbol{X}')$.

证. 1°⇒2°：若 $\boldsymbol{c}'\boldsymbol{\beta}$ 可估，则对某个 a 有

$$\boldsymbol{c}'\boldsymbol{\beta}=E(\boldsymbol{a}'\boldsymbol{Y})=\boldsymbol{a}'\boldsymbol{X\beta}.$$

于是立即得到 2°.

2°⇒3°：设 2° 成立而 3° 不成立．将 $\boldsymbol{c}$ 分解为 $\boldsymbol{c}=\boldsymbol{a}+\boldsymbol{b}$，其中 $\boldsymbol{a}\in\mathscr{M}(\boldsymbol{X}')$ 而 $\boldsymbol{b}\perp\mathscr{M}(\boldsymbol{X}')$，$\boldsymbol{b}\neq\boldsymbol{0}$．则 $\boldsymbol{0}=\boldsymbol{Xb}=\boldsymbol{X0}$，但 $\boldsymbol{0}=\boldsymbol{c}'\boldsymbol{0}\neq\boldsymbol{c}'\boldsymbol{b}=\|\boldsymbol{b}\|^2$，这与 2° 矛盾．

3°⇒1°：若 3° 成立，则 $\boldsymbol{c}=\boldsymbol{X}'\boldsymbol{a}$ 对某个 $\boldsymbol{a}$，故 $\boldsymbol{c}'\boldsymbol{\beta}=\boldsymbol{a}'\boldsymbol{X\beta}$，这时 $\boldsymbol{a}'\boldsymbol{Y}$ 为 $\boldsymbol{c}'\boldsymbol{\beta}$ 的无偏估计．定理证毕．

这个定理证明了可估性的几个等价条件．其中以 1°⇔3° 最重要．由 3° 与可估性等价知，一切 $\boldsymbol{c}'\boldsymbol{\beta}$ 可估的充要条件为 $\mathrm{rk}(\boldsymbol{X})=p$．事实上，由 1°⇔3° 知一切 $\boldsymbol{c}'\boldsymbol{\beta}$ 可估的充要条件为 $\mathscr{M}(\boldsymbol{X}')$ 等于整个 p-维向量空间．这个当且仅当 $\mathrm{rk}(\boldsymbol{X})=p$ 时才成立．

由可估性的定义立即得出：若 $\boldsymbol{c}_i'\boldsymbol{\beta}$，$i=1, \cdots, k$，皆为可估，而 $a_1, \cdots, a_k$ 为常数，则 $\sum_{i=1}^{k}(a_i\boldsymbol{c}_i'\boldsymbol{\beta})$ 为可估函数，即可估函数的任何线性组合仍为可估．

设 $\boldsymbol{c}'\boldsymbol{\beta}$ 为一可估函数．既然 $\boldsymbol{c}'\boldsymbol{\beta}$ 的线性无偏估计存在，我们自然地提出问题：在 $\boldsymbol{c}'\boldsymbol{\beta}$ 的一切线性无偏估计中，找出其方差最小的那一个．这样的估计叫 $\boldsymbol{c}'\boldsymbol{\beta}$ 的 Gauss-Markov 估计（简称 GM 估计）．在文献中也常称为最优线性无偏估计 (Best Linear Unbiased Estimate，简称为 BLUE)．

下面的定理在最小二乘法中有根本的重要性．

定理 5.2.3 (Gauss-Markov)．若 $\boldsymbol{c}'\boldsymbol{\beta}$ 可估，则 $\boldsymbol{c}'\hat{\boldsymbol{\beta}}$ 是其唯一

的 GM 估计，此处 $\hat{\boldsymbol{\beta}}$ 为 $\boldsymbol{\beta}$ 的任一 LS 估计.

证. 首先证明，若 $\mathbf{c}'\boldsymbol{\beta}$ 可估，则其 GM 估计存在唯一. 事实上，由于 $\mathbf{c}'\boldsymbol{\beta}$ 可估，必存在其一线性无偏估计 $\boldsymbol{a}'\boldsymbol{Y}$. 将 $\boldsymbol{a}$ 分解为

$$\boldsymbol{a}=\boldsymbol{b}+\boldsymbol{d},\ \boldsymbol{b}\in\mathscr{M}(\boldsymbol{X}),\ \boldsymbol{d}\perp\mathscr{M}(\boldsymbol{X}),$$

则由 $E(\boldsymbol{d}'\boldsymbol{Y})=\boldsymbol{d}'\boldsymbol{X}\boldsymbol{\beta}=\mathbf{0}\boldsymbol{\beta}=0$，知 $\boldsymbol{b}'\boldsymbol{Y}$ 也是 $\mathbf{c}'\boldsymbol{\beta}$ 的无偏估计. 不难看出，这样的 $\boldsymbol{b}$ 只有一个，即：

$$\{\boldsymbol{m}\in\mathscr{M}(\boldsymbol{X}),\ \boldsymbol{m}'\boldsymbol{Y}\text{ 为 }\mathbf{c}'\boldsymbol{\beta}\text{ 的无偏估计}\}\Rightarrow\boldsymbol{m}=\boldsymbol{b}.$$

事实上，有 $\mathbf{0}=E[\boldsymbol{b}'\boldsymbol{Y}-\boldsymbol{m}'\boldsymbol{Y}]=(\boldsymbol{b}-\boldsymbol{m})'\boldsymbol{X}\boldsymbol{\beta}$ 对任何 $\boldsymbol{\beta}$，故 $(\boldsymbol{b}-\boldsymbol{m})'\boldsymbol{X}=\mathbf{0}$，即 $\boldsymbol{b}-\boldsymbol{m}\perp\mathscr{M}(\boldsymbol{X})$. 但 $\boldsymbol{b}$ 和 $\boldsymbol{m}$ 都属于 $\mathscr{M}(\boldsymbol{X})$，因而 $\boldsymbol{b}-\boldsymbol{m}\in\mathscr{M}(\boldsymbol{X})$. 这样得到 $\boldsymbol{b}-\boldsymbol{m}=\mathbf{0}$. 现在不难看出 $\boldsymbol{b}'\boldsymbol{Y}$ 为 $\mathbf{c}'\boldsymbol{\beta}$ 的唯一的 GM 估计. 事实上，设 $\boldsymbol{h}'\boldsymbol{Y}$ 为 $\mathbf{c}'\boldsymbol{\beta}$ 的任一线性无偏估计，$\boldsymbol{h}\neq\boldsymbol{b}$. 则如上所证，$\boldsymbol{h}\overline{\in}\mathscr{M}(\boldsymbol{X})$，$\boldsymbol{h}$ 在 $\mathscr{M}(\boldsymbol{X})$ 内的投影为 $\boldsymbol{b}$. 因此 $\|\boldsymbol{h}\|>\|\boldsymbol{b}\|$，而

$$\operatorname{Var}(\boldsymbol{h}'\boldsymbol{Y})=\sigma^2\|\boldsymbol{h}\|^2>\sigma^2\|\boldsymbol{b}\|^2=\operatorname{Var}(\boldsymbol{b}'\boldsymbol{Y}),$$

这证明了 $b'Y$ 确为唯一的 GM 估计.

其次，我们来证明

$$\boldsymbol{b}'\boldsymbol{Y}=\mathbf{c}'\hat{\boldsymbol{\beta}}.$$

这里 $\hat{\beta}$ 为 $\boldsymbol{\beta}$ 的任一 LS 估计. 为此注意，由 $\mathbf{c}'\boldsymbol{\beta}$ 可估，知 $\mathbf{c}\in\mathscr{M}(\boldsymbol{X}')$（见定理 5.2.2），又因 $\mathscr{M}(\boldsymbol{X}')=\mathscr{M}(\boldsymbol{X}'\boldsymbol{X})$，知 $\mathbf{c}\in\mathscr{M}(\boldsymbol{X}'\boldsymbol{X})$，因而存在向量 $\boldsymbol{\lambda}$，致 $\mathbf{c}=\boldsymbol{X}'\boldsymbol{X}\boldsymbol{\lambda}$. 易见 $\boldsymbol{b}=\boldsymbol{X}\boldsymbol{\lambda}$. 事实上，由 $E(\boldsymbol{b}'\boldsymbol{Y})=\mathbf{c}'\boldsymbol{\beta}$ 得 $\boldsymbol{b}'\boldsymbol{X}\boldsymbol{\beta}=\boldsymbol{\lambda}'\boldsymbol{X}'\boldsymbol{X}\boldsymbol{\beta}$ 对一切 $\boldsymbol{\beta}$，故 $\boldsymbol{b}'\boldsymbol{X}=\boldsymbol{\lambda}'\boldsymbol{X}'\boldsymbol{X}$，即 $(\boldsymbol{b}-\boldsymbol{X}\boldsymbol{\lambda})'\boldsymbol{X}=\mathbf{0}$ 因而 $\boldsymbol{b}-\boldsymbol{X}\boldsymbol{\lambda}\perp\mathscr{M}(\boldsymbol{X})$. 但 $\boldsymbol{b}\in\mathscr{M}(\boldsymbol{X})$，故 $\boldsymbol{b}-\boldsymbol{X}\boldsymbol{\lambda}\in\mathscr{M}(\boldsymbol{X})$，从而 $\boldsymbol{b}-\boldsymbol{X}\boldsymbol{\lambda}=0$. 现设 $\hat{\beta}$ 为 $\boldsymbol{\beta}$ 任一 LS 估计，则由正则方程 $\boldsymbol{X}'\boldsymbol{X}\hat{\beta}=\boldsymbol{X}'\boldsymbol{Y}$，故

$$\boldsymbol{b}'\boldsymbol{Y}=\boldsymbol{\lambda}'\boldsymbol{X}'\boldsymbol{Y}=\boldsymbol{\lambda}'\boldsymbol{X}'\boldsymbol{X}\hat{\beta}=\mathbf{c}'\hat{\beta}.$$

这完成了定理的证明.

系 5.2.2. 若 $\boldsymbol{c}_i'\boldsymbol{\beta}$，$i=1,\cdots,k$ 都可估而 $\boldsymbol{d}_i'\boldsymbol{Y}$，$i=1,\cdots,k$ 分别为其 GM 估计，而 $a_1,\cdots,a_k$ 为常数，则 $\sum\limits_{i=1}^{k}(a_i\boldsymbol{c}_i'\boldsymbol{\beta})$ 的 GM 估计为 $\sum\limits_{i=1}^{k}a_i\boldsymbol{d}_i'\boldsymbol{Y}$.

注. 在定理证明中我们看到, 若 $\boldsymbol{c}'\boldsymbol{\beta}$ 可估, 则 $\boldsymbol{c}'\hat{\boldsymbol{\beta}}$ 不依赖于 $\boldsymbol{\beta}$ 的 LS 估计 $\hat{\boldsymbol{\beta}}$ 的取法, 故可定义 $\boldsymbol{c}'\boldsymbol{\beta}$ 的 LS 估计为 $\boldsymbol{c}'\hat{\boldsymbol{\beta}}$. 这时定理 5.2.3 可写为: 可估函数的 GM 估计与其 LS 估计一致. 值得注意的是: 这个一致性是在 $\boldsymbol{e}$ 适合条件(A)之下证明的(参看本节(九)).

定理 5.2.3 断言. 可估函数 $\boldsymbol{c}'\boldsymbol{\beta}$ 的 LS 估计 $\boldsymbol{c}'\hat{\boldsymbol{\beta}}$, 在一切线性的无偏估计中是方差最小的. 因此, 这定理没有排斥这种可能性, 即存在方差比 $\boldsymbol{c}'\hat{\boldsymbol{\beta}}$ 的方差更小的非线性无偏估计. 但是, 如果进一步假定 $\boldsymbol{e}$ 满足条件(B), 则这种可能性不存在.

定理 5.2.4. 若 $\boldsymbol{e}\sim N(\boldsymbol{0}, \sigma^2\boldsymbol{I}_n)$, $\boldsymbol{c}'\boldsymbol{\beta}$ 为任一可估函数, $\hat{\boldsymbol{\beta}}$ 为 $\boldsymbol{\beta}$ 的 LS估计, 则 $\boldsymbol{c}'\hat{\boldsymbol{\beta}}$ 为 $\boldsymbol{c}'\boldsymbol{\beta}$ 的 MVUE.

证. 由假定知 $\boldsymbol{Y}$ 有密度函数

$$\begin{aligned}&(\sqrt{2\pi}\sigma)^{-n}\exp\left[-\frac{1}{2\sigma^2}\|\boldsymbol{Y}-\boldsymbol{X}\boldsymbol{\beta}\|^2\right]\\&\quad=(\sqrt{2\pi}\sigma)^{-n}\exp(\theta_1T_1(\boldsymbol{Y})+\cdots+\theta_{p+1}T_{p+1}(\boldsymbol{Y})),\end{aligned}$$

其中 $$\theta_1=-\frac{1}{2\sigma^2},\quad \theta_i=\frac{\beta_{i-1}}{\sigma^2},\ i=2,\ \cdots,\ p+1;$$

$$T_1(\boldsymbol{Y})=\sum_{j=1}^n Y_j^2,\ T_{i+1}(\boldsymbol{Y})=\sum_{j=1}^n x_{ij}\boldsymbol{Y}_j,\ i=1,\ \cdots,\ p.$$

这是一个指数族, 其参数空间

$$\begin{aligned}\Theta=\Big\{\Big(-\frac{1}{2\sigma^2},\ \frac{\beta_1}{\sigma^2},\ \cdots,\ \frac{\beta_p}{\sigma^2}\Big):\ &0<\sigma^2<\infty,\\&-\infty<\beta_i<\infty,\ i=1,\ \cdots,\ p\Big\}\end{aligned}$$

有内点. 依定理 1.6.1, $T=(T_1,\ \cdots,\ T_{p+1})$ 为完全充分统计量. 若 $c'\beta$ 可估, 其 GM 估计为

$$\boldsymbol{c}'\hat{\boldsymbol{\beta}}=\boldsymbol{c}'\boldsymbol{S}^-\boldsymbol{X}'\boldsymbol{Y}=\boldsymbol{c}'\boldsymbol{S}^-(T_2,\ \cdots,\ T_{p+1})',$$

为 T 的函数, 故依定理 2.1.1, $\boldsymbol{c}'\hat{\boldsymbol{\beta}}$ 是 $\boldsymbol{c}'\boldsymbol{\beta}$ 的唯一的 MVUE. 定理证毕.

容易举反例证明: 若 $\boldsymbol{e}$ 不服从正态分布, 则 $\boldsymbol{c}'\boldsymbol{\beta}$ 的 GM 估计不必是 MVUE. 我们把构造这个容易的反例的任务留给读者.

(三) σ^2 的估计

设 $\hat{\beta}$ 为 β 的任一 LS 估计，则 $\boldsymbol{X}\hat{\boldsymbol{\beta}}$ 与 $\hat{\beta}$ 的选择无关且就是 $\boldsymbol{Y}$ 在 $\mathscr{M}(\boldsymbol{X})$ 内的投影，所以，若以 $\boldsymbol{P_X}$ 记往 $\mathscr{M}(\boldsymbol{X})$ 内的投影变换的矩阵，则将有

$$\boldsymbol{P_X Y}=\boldsymbol{X}\hat{\boldsymbol{\beta}}=\boldsymbol{XS^-X'Y},$$

这里 $\boldsymbol{S^-}$ 为 $\boldsymbol{S}=\boldsymbol{X'X}$ 的任一广义逆. 由此可知，$\boldsymbol{P_X}=\boldsymbol{XS^-X'}$ 而后者与 $\boldsymbol{S^-}$ 的选择无关. 记

$$\hat{\boldsymbol{e}}=(\hat{e}_1,\ \cdots,\ \hat{e}_n)'=\boldsymbol{Y}-\boldsymbol{P_X Y}=(\boldsymbol{I_n}-\boldsymbol{XS^-X'})\boldsymbol{Y},\qquad(5.2.11)$$

$\hat{e}_1,\ \cdots,\ \hat{e}_n$ 称为残差 (Residual). 分析 $\hat{e}_1,\ \cdots,\ \hat{e}_n$ 有时能帮助我们了解模型(5.1.11)与实际数据的符合是不是好，这称为所谓残差分析(Residual Analysis).

这里我们不涉及有关残差分析的问题，而只指出：利用残差可得到误差方差 σ^2 的一个无偏估计. 为此，在(5.2.11)中以 $\boldsymbol{S^+}$ 代 $\boldsymbol{S^-}$，并注意到

$$\begin{aligned}&(\boldsymbol{I_n}-\boldsymbol{XS^+X'})'(\boldsymbol{I_n}-\boldsymbol{XS^+X'})\\&=(\boldsymbol{I_n}-\boldsymbol{XS^+X'})(\boldsymbol{I_n}-\boldsymbol{XS^+X'})\\&=\boldsymbol{I_n}-2\boldsymbol{XS^+X'}+\boldsymbol{XS^+SS^+X'}=\boldsymbol{I_n}-\boldsymbol{XS^+X'},\end{aligned}\qquad(5.2.12)$$

以及 $\boldsymbol{XS^-X'}$ 与 $\boldsymbol{S^-}$ 的选择无关的事实，得

$$\|\hat{\boldsymbol{e}}\|^2=\sum_{i=1}^n\hat{e}_i^2=\boldsymbol{Y}'(\boldsymbol{I_n}-\boldsymbol{XS^-X'})\boldsymbol{Y},\qquad(5.2.13)$$

为了计算 $E(\|\hat{\boldsymbol{e}}\|^2)$，需要下面的引理.

引理 5.2.1. 设 $\boldsymbol{Y}$ 为 n 维随机向量，$E(\boldsymbol{Y})=\boldsymbol{b}=(b_1,\ \cdots,\ b_n)'$，$\mathrm{VAR}(\boldsymbol{Y})=\sigma^2\boldsymbol{I_n}$，而 A 为 n 阶常数方阵，则

$$E(\boldsymbol{Y'AY})=\boldsymbol{b'Ab}+\sigma^2\mathrm{tr}(\boldsymbol{A}).$$

证. 由假定知 $E(Y_iY_j)=b_ib_j+\sigma^2\delta_{ij}$，故

$$\begin{aligned}E(\boldsymbol{Y'AY})&=\sum_{i,j=1}^n a_{ij}(b_ib_j+\sigma^2\delta_{ij})\\&=\sum_{i,j=1}^n a_{ij}b_ib_j+\sigma^2\sum_{i=1}^n a_{ii}=\boldsymbol{b'Ab}+\sigma^2\mathrm{tr}(\boldsymbol{A}).\end{aligned}$$

将此引理用于(5.2.13)，注意由(5.2.12)知 $\boldsymbol{I_n}-\boldsymbol{XS^+X'}$ 为幂等

阵，而幂等阵的迹等于其秩，得

$$E(\|\hat{\boldsymbol{e}}\|^2)=\boldsymbol{\beta}'\boldsymbol{X}'(\boldsymbol{I}_n-\boldsymbol{X}\boldsymbol{S}^-\boldsymbol{X}')\boldsymbol{X}\boldsymbol{\beta}+\sigma^2\mathrm{tr}(\boldsymbol{I}_n-\boldsymbol{X}\boldsymbol{S}^-\boldsymbol{X}')$$
$$=\sigma^2(n-\mathrm{rk}(\boldsymbol{X}\boldsymbol{S}^-\boldsymbol{X}'))$$

为了计算 $\mathrm{rk}(\boldsymbol{X}\boldsymbol{S}^-\boldsymbol{X}')$，注意 $\boldsymbol{X}\boldsymbol{S}^-\boldsymbol{X}'=\boldsymbol{P}_X$，而后者的秩显然就是 $\dim(\mathscr{M}(\boldsymbol{X}))=\mathrm{rk}(\boldsymbol{X})$，有

$$E(\|\hat{\boldsymbol{e}}\|^2)=\sigma^2(n-r),\quad r=\mathrm{rk}(\boldsymbol{X}). \tag{5.2.14}$$

这样我们得到

定理 5.2.5. 记 $r=\mathrm{rk}(\boldsymbol{X})$，则

$$\hat{\sigma}^2=\frac{1}{n-r}\|\hat{\boldsymbol{e}}\|^2=\frac{1}{n-r}(\|\boldsymbol{Y}\|^2-\hat{\boldsymbol{\beta}}'\boldsymbol{X}'\boldsymbol{Y}) \tag{5.2.15}$$

为 σ^2 的一个无偏估计．若 $\boldsymbol{e}\sim N(0,\ \sigma^2)$，则 $\hat{\sigma}^2$ 为 σ^2 的 MVUE.

证. $\hat{\sigma}^2$ 的无偏性由(5.2.14)得出．(5.15) 的第二式由 $\|\boldsymbol{Y}-\boldsymbol{X}\tilde{\boldsymbol{\beta}}\|^2=\|\boldsymbol{Y}\|^2-2\tilde{\boldsymbol{\beta}}'\boldsymbol{X}'\boldsymbol{Y}+\tilde{\boldsymbol{\beta}}'\boldsymbol{S}\tilde{\boldsymbol{\beta}}=\|\boldsymbol{Y}\|^2-2\tilde{\boldsymbol{\beta}}'\boldsymbol{X}'\boldsymbol{Y}+\tilde{\boldsymbol{\beta}}'\boldsymbol{X}'\boldsymbol{Y}=\|\boldsymbol{Y}\|^2-\tilde{\boldsymbol{\beta}}'\boldsymbol{X}'\boldsymbol{Y}$ 得出（此处用了关系式 $\boldsymbol{S}\tilde{\boldsymbol{\beta}}=\boldsymbol{X}'\boldsymbol{Y}$）．这个形式在计算上有其方便，因为在解正则方程组时已算出过 $\boldsymbol{X}'\boldsymbol{Y}$．定理的后一结论与定理 5.2.4 的证明相似．因为在那里的记号下，$\hat{\sigma}^2$ 是 T 的函数.

（四）误差 $\boldsymbol{e}\sim N(\boldsymbol{0},\ \sigma^2\boldsymbol{I}_n)$ 时估计的分布

本段证明下面的重要定理.

定理 5.2.6. 设 $\boldsymbol{e}\sim N(0,\ \sigma^2\boldsymbol{I}_n)$，则

1° $(n-r)\hat{\sigma}^2/\sigma^2=\|\hat{\boldsymbol{e}}\|^2/\sigma^2\sim\chi^2_{n-r}$，$r=\mathrm{rk}(X)$；

2° 若 $\boldsymbol{C}=\begin{pmatrix}\boldsymbol{c}_1'\\ \vdots\\ \boldsymbol{c}_k'\end{pmatrix}$，$\boldsymbol{c}_i'\boldsymbol{\beta}$ 是可估函数，$i=1,\ \cdots,\ k$，$\boldsymbol{C}\hat{\boldsymbol{\beta}}$ 为 $\boldsymbol{C}\boldsymbol{\beta}$ 的 GM 估计，则 $\boldsymbol{C}\hat{\boldsymbol{\beta}}\sim N(\boldsymbol{C}\boldsymbol{\beta},\ \sigma^2\boldsymbol{C}\boldsymbol{S}^+\boldsymbol{C}')$；

3° $\boldsymbol{C}\tilde{\boldsymbol{\beta}}$ 与 $\hat{\sigma}^2$ 独立.

证. 1° 在(5.2.13)中以 $\boldsymbol{Y}=\boldsymbol{X}\boldsymbol{\beta}+\boldsymbol{e}$ 代入并注意

$$(\boldsymbol{I}_n-\boldsymbol{X}\boldsymbol{S}^-\boldsymbol{X}')\boldsymbol{X}=\boldsymbol{X}-\boldsymbol{X}\boldsymbol{S}^-\boldsymbol{S}=\boldsymbol{0},$$

知 $\|\hat{\boldsymbol{e}}\|^2/\sigma^2=\left(\frac{\boldsymbol{e}}{\sigma}\right)'(\boldsymbol{I}_n-\boldsymbol{X}\boldsymbol{S}^-\boldsymbol{X}')\left(\frac{\boldsymbol{e}}{\sigma}\right)$．由于 $\frac{\boldsymbol{e}}{\sigma}\sim N\ (0,\ \boldsymbol{I}_n)$，由

§1.1, χ^2 分布的性质 g, 立得 1°.

2° $C\widetilde{\beta}$ 的正态性由 $C\widetilde{\beta}=CS^+X'Y$ 及 Y 的正态性得出. 由 $C\widetilde{\beta}$ 的无偏性知 $E(C\widetilde{\beta})=C\beta$, 而

$$\begin{aligned}\mathrm{VAR}(C\widetilde{\beta})&=\mathrm{VAR}(CS^+X'Y)\\&=\sigma^2CS^+X'XS^+C'=\sigma^2CS^+C'.\end{aligned}$$

这证明了 2°.

3° 由 $C\hat{\beta}=CS^+X'Y=CS^+X'X\beta+CS^+X'e$, 而 $\hat{e}=(I_n-XS^+X')Y=(I_n-XS^+X')e$, 故欲证 $C\widetilde{\beta}$ 与 $\|\hat{e}\|^2$ 独立, 只需证 $X'e$ 与 $(I_n-XS^+X')e$ 独立. 由 $e\sim N(\mathbf{0},\sigma^2I_n)$, 上述独立性归结为其协方差阵为 $\mathbf{0}$, 由于

$$X(I_n-XS^+X')=0,$$

这确实是成立的.

(五) 有约束的情况: LS 估计.

在前面讨论的线性模型 $Y=X\beta+e$ 中, 未知的 p 维回归系数向量 β 可在 p 维向量空间中自由地变化. 在一些问题中, β 不能这样自由变化, 而必须服从一定的线性约束[1)]

$$H\beta=0, \tag{5.2.16}$$

这里 H 为 $k\times p$ 矩阵. 这种情况在方差分析中很常见.

讨论这种有约束的线性模型的一个方法是重新选择参数以消去约束. 事实上, 如前面指出的, 线性模型 $Y=X\beta+e$ 相当于 $E(Y)$ 属于线性子空间 $\{X\beta:\ \beta\text{ 任意}\}=\mathscr{M}(X)$. 当 β 受约束 (5.2.16) 时, $X\beta$ 也受到约束, 而 $E(Y)$ 现在的变化范围是线性子空间

$$\{X\beta:\ H\beta=\mathbf{0}\}=\mathscr{M}_H(X), \tag{5.2.17}$$

在这个子空间中任选一组基底 $\widetilde{X}_1,\ \cdots,\ \widetilde{X}_r$, 记 $\widetilde{X}=(\widetilde{X}_1,\ \cdots,\ \widetilde{X}_r)$, 则

$$Y=X\beta+e,\ H\beta=0 \tag{5.2.18}$$

---

1) 不难看出, 非齐次的线性约束 $H\beta=\xi$ 可转化为齐次的情况. 只需取 β_0 致 $H\beta_0=\xi$, 以 $\beta-\beta_0$ 代 β, 并以 $Y-X\beta_0$ 代 Y.

可以用一个无约束的线性模型

$$\boldsymbol{Y}=\widetilde{\boldsymbol{X}}\boldsymbol{\alpha}+\boldsymbol{e} \tag{5.2.19}$$

来代替，这里 α 是 r 维的. 用这个方法可以把一些无约束情况下的结果推到有约束的情形. 但是，在不少时候这样作有其不方便之处，主要在于，在原模型中 β 有特定的物理意义，在转化为 α 时，后者的意义往往不明显，而 α, β 之间的转换可能甚为麻烦.

由于这个原因，在以下几段中我们致力于用矩阵的方法对这个问题作一直接的处理.

首先，考虑在约束 $\boldsymbol{H\beta}=\mathbf{0}$ 之下 $\boldsymbol{\beta}$ 的 LS 估计. 这相当于使 $\|\boldsymbol{Y}-\boldsymbol{Xb}\|^2$ 在 $\boldsymbol{Hb}=\mathbf{0}$ 的条件下达到最小. 用 Lagrange 乘数法，作 $Q(\boldsymbol{b}, \boldsymbol{\lambda})=\|\boldsymbol{Y}-\boldsymbol{Xb}\|^2-\boldsymbol{\lambda}'\boldsymbol{Hb}$. 求导数，得到方程组

$$\boldsymbol{Sb}-\boldsymbol{H}'\boldsymbol{\lambda}=\boldsymbol{X}'\boldsymbol{Y},\ \boldsymbol{Hb}=\mathbf{0}, \tag{5.2.20}$$

下面的定理与定理 5.2.1 完全类似.

定理 5.2.7. 1° 方程组 (5.2.20) 必有解 ($\boldsymbol{b}$ 的任一解称为 $\boldsymbol{\beta}$ 在约束 $\boldsymbol{H\beta}=\mathbf{0}$ 下的 LS 估计). 2° 方程组 (5.2.20) 关于 $\boldsymbol{b}$ 的任何解必为上述约束下的极值问题的解，反之亦然.

证. 1° 要证 (5.2.20) 有解，只需证

$$\mathrm{rk}\begin{pmatrix}\boldsymbol{S} & -\boldsymbol{H}'\\ \boldsymbol{H} & \mathbf{0}\end{pmatrix}=\mathrm{rk}\begin{pmatrix}\boldsymbol{S} & -\boldsymbol{H} & \boldsymbol{X}'\boldsymbol{Y}\\ \boldsymbol{H} & \mathbf{0} & \mathbf{0}\end{pmatrix}, \tag{5.2.21}$$

显然可假定 $\boldsymbol{H}$ 的各行线性无关. 又因初等变换不变矩阵之秩，不失普遍性可设 $\boldsymbol{H}$ 各行为法正交的. 找 $\boldsymbol{H}_1$，使 $\boldsymbol{D}=\begin{pmatrix}\boldsymbol{H}\\ \boldsymbol{H}_1\end{pmatrix}$ 为正交阵. 有

$$\begin{pmatrix}\boldsymbol{D} & \mathbf{0}\\ \mathbf{0} & \boldsymbol{I}\end{pmatrix}\begin{pmatrix}\boldsymbol{S} & -\boldsymbol{H}'\\ \boldsymbol{H} & \mathbf{0}\end{pmatrix}\begin{pmatrix}\boldsymbol{D}' & \mathbf{0}\\ \mathbf{0} & \boldsymbol{I}\end{pmatrix}=\begin{pmatrix}\boldsymbol{DSD}' & -\boldsymbol{DH}'\\ \boldsymbol{HD}' & \mathbf{0}\end{pmatrix},$$

$$\begin{pmatrix}\boldsymbol{D} & \mathbf{0}\\ \mathbf{0} & \boldsymbol{I}\end{pmatrix}\begin{pmatrix}\boldsymbol{S} & -\boldsymbol{H}' & \boldsymbol{X}'\boldsymbol{Y}\\ \boldsymbol{H} & \mathbf{0} & \mathbf{0}\end{pmatrix}\begin{pmatrix}\boldsymbol{D}' & \mathbf{0} & \mathbf{0}\\ \mathbf{0} & \boldsymbol{I} & \mathbf{0}\\ \mathbf{0} & \mathbf{0} & \boldsymbol{I}\end{pmatrix}$$

$$=\begin{pmatrix}\boldsymbol{DSD}' & -\boldsymbol{DH}' & \boldsymbol{DX}'\boldsymbol{Y}\\ \boldsymbol{HD}' & \mathbf{0} & \mathbf{0}\end{pmatrix},$$

因此(5.2.21)等价于

$$\text{rk}\begin{pmatrix}\widetilde{S} & -\widetilde{H}' \\ \widetilde{H} & 0\end{pmatrix}=\text{rk}\begin{pmatrix}\widetilde{S} & -\widetilde{H}' & \widetilde{X}'Y \\ \widetilde{H} & 0 & 0\end{pmatrix}, \quad (5.2.22)$$

此处 $\widetilde{H}=HD'=(I,\ 0)$, $\widetilde{X}'=DX'$, $\widetilde{S}=\widetilde{X}'\widetilde{X}$. 记

$$\widetilde{X}=\begin{pmatrix}\widetilde{X}_1' \\ \widetilde{X}_2'\end{pmatrix},\ \widetilde{S}=\begin{pmatrix}\widetilde{X}_1'\widetilde{X}_1 & \widetilde{X}_1'\widetilde{X}_2 \\ \widetilde{X}_2'\widetilde{X}_1 & \widetilde{X}_2'\widetilde{X}_2\end{pmatrix}=\begin{pmatrix}\widetilde{S}_{11} & \widetilde{S}_{12} \\ \widetilde{S}_{21} & \widetilde{S}_{22}\end{pmatrix}=(\widetilde{S}_1\widetilde{S}_2).$$

显然,欲证(5.2.22),只需证存在 d_1, d_2, 致 $\widetilde{S}_2d_1+\widetilde{H}'d_2=\widetilde{X}'Y$, 即

$$\widetilde{S}_{12}d_1+d_2=\widetilde{X}_1'Y,\ \widetilde{S}_{22}d_1=\widetilde{X}_2'Y. \quad (5.2.23)$$

此方程组的后一个是线性模型 $Y=\widetilde{X}_2\beta+e$ 的正则方程,因而必有解. 解出 d_1 代入第一方程得 d_2. 这证明了(5.2.23)有解因而证明了1°.

2° 设 $\hat{\beta}$ 为(5.2.20)的解,而 β 为任一满足约束条件 $H\beta=0$ 的向量,则

$$\begin{aligned}\|Y-X\beta\|^2&=\|Y-X\hat{\beta}+X(\hat{\beta}-\beta)\|^2 \\ &=\|Y-X\hat{\beta}\|^2+(\hat{\beta}-\beta)'S(\hat{\beta}-\beta) \\ &\quad+2(Y-X\hat{\beta})'X(\hat{\beta}-\beta).\end{aligned} \quad (5.2.24)$$

因为 $\hat{\beta}$ 满足(5.2.20),此式右边第三项为

$$2(X'Y-S\hat{\beta})'(\hat{\beta}-\beta)=-2\lambda'H(\hat{\beta}-\beta)=0 \quad (5.2.25)$$

(因为 $H\hat{\beta}=0$, $H\beta=0$). 因此由(5.2.24)知 $\|Y-X\beta\|^2\geqslant\|Y-X\hat{\beta}\|^2$, 因而 $\hat{\beta}$ 为约束下的极值问题的解.

反过来. 设 $\widetilde{\beta}$ 为约束下的极值问题的解,而 $\hat{\beta}$ 为(5.2.20)的任一解. 根据已证部分, $\hat{\beta}$ 也是约束下的极值问题的解,故必有 $\|Y-X\widetilde{\beta}\|^2=\|Y-X\hat{\beta}\|^2$. 在(5.2.24)中令 $\beta=\widetilde{\beta}$ 并利用(5.2.25),得

$$\|X(\hat{\beta}-\widetilde{\beta})\|^2=(\hat{\beta}-\widetilde{\beta})'S(\hat{\beta}-\widetilde{\beta})=0,$$

因而 $X\widetilde{\beta}=X\hat{\beta}$, 故 $S\widetilde{\beta}=S\hat{\beta}$, 由此可知 $\widetilde{\beta}$ 也满足(5.2.20). 定理证毕.

(六) **GM 定理**(续上段):

线性函数 $\mathbf{c}'\boldsymbol{\beta}$ 称为在约束 $\boldsymbol{H}\boldsymbol{\beta}=\mathbf{0}$ 之下可估, 若存在 $\boldsymbol{a}'\boldsymbol{Y}$ 致

$$\boldsymbol{H}\boldsymbol{\beta}=\mathbf{0}\Rightarrow E(\boldsymbol{a}'\boldsymbol{Y})=\mathbf{c}'\boldsymbol{\beta}. \tag{5.2.26}$$

即 $\boldsymbol{a}'\boldsymbol{Y}$ 为 $\mathbf{c}'\boldsymbol{\beta}$ 在约束 $\boldsymbol{H}\boldsymbol{\beta}=\mathbf{0}$ 之下的线性无偏估计. 一切这样的估计中方差最小者, 称为 $\mathbf{c}'\boldsymbol{\beta}$ 在约束 $\boldsymbol{H}\boldsymbol{\beta}=\mathbf{0}$ 之下的 GM 估计(或 BLUE). 在这个定义下成立着与定理 5.2.3 完全类似的定理.

定理 5.2.8(约束下的 GM 定理). 设 $\mathbf{c}'\boldsymbol{\beta}$ 在模型(5.2.18)下可估, 又 $\hat{\boldsymbol{\beta}}$ 为 $\boldsymbol{\beta}$ 的任一 LS 估计(在约束 $\boldsymbol{H}\boldsymbol{\beta}=\mathbf{0}$ 之下), 则 $\mathbf{c}'\hat{\boldsymbol{\beta}}$ 为 $\mathbf{c}'\boldsymbol{\beta}$ 在约束 $\boldsymbol{H}\boldsymbol{\beta}=\mathbf{0}$ 之下的唯一的方差最小线性无偏估计.

证. 首先指出: $\mathbf{c}'\boldsymbol{\beta}$ 在约束 $\boldsymbol{H}\boldsymbol{\beta}=\mathbf{0}$ 之下可估的充要条件为存在 $\boldsymbol{a}$, $\boldsymbol{b}$, 致 $\mathbf{c}'=\boldsymbol{a}'\boldsymbol{X}+\boldsymbol{b}'\boldsymbol{H}$. 事实上, 若 $\mathbf{c}'\boldsymbol{\beta}$ 在约束 $\boldsymbol{H}\boldsymbol{\beta}=\mathbf{0}$ 之下可估, 则有(5.2.26), 即

$$\boldsymbol{H}\boldsymbol{\beta}=\mathbf{0}\Rightarrow(\boldsymbol{a}'\boldsymbol{X}-\mathbf{c}')\boldsymbol{\beta}=\mathbf{0},$$

这表明任何 $\boldsymbol{\beta}$, 若与 $\boldsymbol{H}$ 的一切行向量正交, 必与 $\boldsymbol{a}'\boldsymbol{X}-\mathbf{c}'$ 正交, 因而 $\boldsymbol{X}'\boldsymbol{a}-\mathbf{c}\in\mathscr{M}(\boldsymbol{H}')$, 即存在 $\boldsymbol{b}$ 致 $\boldsymbol{X}'\boldsymbol{a}-\mathbf{c}=\boldsymbol{H}'\boldsymbol{b}$, 而 $\mathbf{c}'=\boldsymbol{a}'\boldsymbol{X}+\boldsymbol{b}'\boldsymbol{H}$. 反过来, 若 $\mathbf{c}'=\boldsymbol{a}'\boldsymbol{X}+\boldsymbol{b}'\boldsymbol{H}$, 则 $\boldsymbol{a}'\boldsymbol{Y}$ 为约束 $\boldsymbol{H}$ 之下 $\mathbf{c}'\boldsymbol{\beta}$ 的无偏估计.

1° 先证 $\mathbf{c}'\hat{\boldsymbol{\beta}}$ 的无偏性. 即

$$\begin{aligned}\boldsymbol{H}\boldsymbol{\beta}=\mathbf{0}&\Rightarrow\mathbf{c}'(E(\hat{\boldsymbol{\beta}})-\boldsymbol{\beta})\\&=0\Leftrightarrow(\boldsymbol{a}'\boldsymbol{X}+\boldsymbol{b}'\boldsymbol{H})(E(\hat{\boldsymbol{\beta}})-\boldsymbol{\beta})=0,\end{aligned} \tag{5.2.27}$$

由 $\boldsymbol{H}\hat{\boldsymbol{\beta}}=\boldsymbol{H}\boldsymbol{\beta}=\mathbf{0}$, 上式等价于

$$\boldsymbol{H}\boldsymbol{\beta}=\mathbf{0}\Rightarrow\boldsymbol{a}'\boldsymbol{X}(E(\hat{\boldsymbol{\beta}})-\boldsymbol{\beta})=0. \tag{5.2.28}$$

但 $\boldsymbol{S}\hat{\boldsymbol{\beta}}=\boldsymbol{X}'\boldsymbol{Y}+\boldsymbol{H}'\boldsymbol{\lambda}$, 因而

$$\boldsymbol{S}E(\hat{\boldsymbol{\beta}})=\boldsymbol{X}'E(\boldsymbol{Y})+\boldsymbol{H}'E(\boldsymbol{\lambda})=\boldsymbol{S}\boldsymbol{\beta}+\boldsymbol{H}'E(\boldsymbol{\lambda}),$$

即 $\boldsymbol{S}(E(\hat{\boldsymbol{\beta}})-\boldsymbol{\beta})=\boldsymbol{H}'E(\boldsymbol{\lambda})$, 因此

$$(E(\hat{\boldsymbol{\beta}})-\boldsymbol{\beta})'\boldsymbol{S}(E(\hat{\boldsymbol{\beta}})-\boldsymbol{\beta})=[E(\boldsymbol{\lambda})]'\boldsymbol{H}(E(\hat{\boldsymbol{\beta}})-\boldsymbol{\beta})=0,$$

由此知 $\|\boldsymbol{X}(E(\hat{\boldsymbol{\beta}})-\boldsymbol{\beta})\|^2=0$, 即 $\boldsymbol{X}[E(\hat{\boldsymbol{\beta}})-\boldsymbol{\beta}]=\mathbf{0}$. 这证明了(5.2.28)因而(5.2.27).

2° 次证 $\mathbf{c}'\hat{\boldsymbol{\beta}}$ 与 $\hat{\beta}$ 的取法无关. 设

$$\boldsymbol{S}\hat{\boldsymbol{\beta}}_{(i)}=\boldsymbol{X}'\boldsymbol{Y}+\boldsymbol{H}'\boldsymbol{\lambda}_i,\ \boldsymbol{H}\hat{\boldsymbol{\beta}}_{(i)}=\mathbf{0},\ i=1,\ 2,$$

则有 $\boldsymbol{S}(\hat{\boldsymbol{\beta}}_{(1)}-\hat{\boldsymbol{\beta}}_{(2)})=\boldsymbol{H}'(\boldsymbol{\lambda}_1-\boldsymbol{\lambda}_2)$. 两边左乘 $(\hat{\boldsymbol{\beta}}_{(1)}-\hat{\boldsymbol{\beta}}_{(2)})'$, 由 $\boldsymbol{H}\hat{\boldsymbol{\beta}}_{(i)}=\mathbf{0}$ 知 $(\hat{\boldsymbol{\beta}}_{(1)}-\hat{\boldsymbol{\beta}}_{(2)})'\boldsymbol{S}(\hat{\boldsymbol{\beta}}_{(1)}-\hat{\boldsymbol{\beta}}_{(2)})=0$, 故有 $\boldsymbol{X}(\hat{\boldsymbol{\beta}}_{(1)}-\hat{\boldsymbol{\beta}}_{(2)})=\mathbf{0}$. 由于 $\boldsymbol{c}'\boldsymbol{\beta}$ 可估(在约束 $\boldsymbol{H}\boldsymbol{\beta}=\mathbf{0}$ 之下), 有 $\boldsymbol{c}'=\boldsymbol{a}'\boldsymbol{X}+\boldsymbol{b}'\boldsymbol{H}$, 有

$$\boldsymbol{c}'\hat{\boldsymbol{\beta}}_{(1)}=\boldsymbol{a}'\boldsymbol{X}\hat{\boldsymbol{\beta}}_{(1)}=\boldsymbol{a}'\boldsymbol{X}\hat{\boldsymbol{\beta}}_{(2)}=\boldsymbol{c}'\hat{\boldsymbol{\beta}}_{(2)}.$$

这证明了 $\boldsymbol{c}'\hat{\boldsymbol{\beta}}$ 与 $\hat{\boldsymbol{\beta}}$ 的取法无关.

3° 现证 $c'\hat{\beta}$ 有最小方差. 设

$$\hat{\boldsymbol{\beta}}=\boldsymbol{Q}\boldsymbol{Y},\ \hat{\boldsymbol{\lambda}}=\boldsymbol{R}\boldsymbol{Y} \tag{5.2.29}$$

为(5.2.20)任一解, 则有 $(\boldsymbol{S}\boldsymbol{Q}-\boldsymbol{X}'-\boldsymbol{H}'\boldsymbol{R})\boldsymbol{Y}=\mathbf{0}$, $\boldsymbol{H}\boldsymbol{Q}\boldsymbol{Y}=\mathbf{0}$, 因而

$$\boldsymbol{S}\boldsymbol{Q}=\boldsymbol{X}'+\boldsymbol{H}'\boldsymbol{R},\ \boldsymbol{H}\boldsymbol{Q}=\mathbf{0}, \tag{5.2.30}$$

因而

$$\mathrm{Var}(\boldsymbol{c}'\hat{\boldsymbol{\beta}})=\mathrm{Var}(\boldsymbol{c}'\boldsymbol{Q}\boldsymbol{Y})=\boldsymbol{c}'\boldsymbol{Q}\boldsymbol{Q}'\boldsymbol{c}\cdot\sigma^2, \tag{5.2.31}$$

现设 $\boldsymbol{a}'\boldsymbol{Y}$ 为 $\boldsymbol{c}'\boldsymbol{\beta}$ 在约束 $\boldsymbol{H}\boldsymbol{\beta}=\mathbf{0}$ 之下的任一无偏估计, 则前已证明存在 $\boldsymbol{b}$ 致 $\boldsymbol{c}'=\boldsymbol{a}'\boldsymbol{X}+\boldsymbol{b}'\boldsymbol{H}$, 故注意到 $\boldsymbol{H}\boldsymbol{Q}=\mathbf{0}$, 有 $\boldsymbol{c}'\boldsymbol{Q}=\boldsymbol{a}'\boldsymbol{X}\boldsymbol{Q}$, 因此

$$\mathrm{Var}(\boldsymbol{c}'\hat{\boldsymbol{\beta}})=\boldsymbol{a}'\boldsymbol{X}\boldsymbol{Q}\boldsymbol{Q}'\boldsymbol{X}'\boldsymbol{a}\cdot\sigma^2,$$

而 $\mathrm{Var}(\boldsymbol{a}'\boldsymbol{Y})=\boldsymbol{a}'\boldsymbol{a}\cdot\sigma^2$. 由 $\boldsymbol{S}\boldsymbol{Q}=\boldsymbol{X}'+\boldsymbol{H}'\boldsymbol{R}$ 知

$$\boldsymbol{Q}'\boldsymbol{S}\boldsymbol{Q}=\boldsymbol{Q}'\boldsymbol{X}'+\boldsymbol{Q}'\boldsymbol{H}'\boldsymbol{R}=\boldsymbol{Q}'\boldsymbol{X}'\ (\text{因 } \boldsymbol{H}\boldsymbol{Q}=\mathbf{0}),$$

故知 $\boldsymbol{Q}'\boldsymbol{X}'$ 对称, 即 $\boldsymbol{Q}'\boldsymbol{X}'=\boldsymbol{X}\boldsymbol{Q}$, 因而

$$(\boldsymbol{Q}'\boldsymbol{X}')^2=\boldsymbol{Q}'\boldsymbol{X}'\boldsymbol{X}\boldsymbol{Q}=\boldsymbol{Q}'\boldsymbol{S}\boldsymbol{Q}=\boldsymbol{Q}'\boldsymbol{X}',$$

即 $\boldsymbol{Q}'\boldsymbol{X}'$ 为对称幂等, 因此有

$$\boldsymbol{I}\geqslant(\boldsymbol{Q}'\boldsymbol{X}')^2=\boldsymbol{X}\boldsymbol{Q}\boldsymbol{Q}'\boldsymbol{X}',$$

($\boldsymbol{A}\geqslant\boldsymbol{B}$ 表示 $\boldsymbol{A}-\boldsymbol{B}$ 为半正定方阵)从而 $\boldsymbol{a}'\boldsymbol{a}\geqslant\boldsymbol{a}'\boldsymbol{X}\boldsymbol{Q}\boldsymbol{Q}'\boldsymbol{X}'\boldsymbol{a}$, 这证明了 $\mathrm{Var}(\boldsymbol{c}'\hat{\boldsymbol{\beta}})\leqslant\mathrm{Var}(\boldsymbol{a}'\boldsymbol{Y})$.

4° 最后证明: $\boldsymbol{c}'\hat{\boldsymbol{\beta}}$ 是唯一的这种估计. 设 $\boldsymbol{a}'\boldsymbol{Y}$ 是任一个这种估计, 则由 3° 中之证明可知

$$\|\boldsymbol{a}\|^2=\boldsymbol{a}'\boldsymbol{X}\boldsymbol{Q}\boldsymbol{Q}'\boldsymbol{X}'\boldsymbol{a}=\|\boldsymbol{Q}'\boldsymbol{X}'\boldsymbol{a}\|^2,$$

但 $\boldsymbol{Q}'\boldsymbol{X}'$ 为对称幂等. 我们证明: 若 $\boldsymbol{M}$ 为对称幂等而 $\|\boldsymbol{M}\boldsymbol{a}\|^2=\|\boldsymbol{a}\|^2$, 则必有 $\boldsymbol{M}\boldsymbol{a}=\boldsymbol{a}$. 此因

$$\|\boldsymbol{Ma}-\boldsymbol{a}\|^2=\|\boldsymbol{Ma}\|^2+\|\boldsymbol{a}\|^2-2\boldsymbol{a}'\boldsymbol{Ma}$$
$$=2\|\boldsymbol{Ma}\|^2-2\boldsymbol{a}'\boldsymbol{M}'\boldsymbol{Ma}=2\|\boldsymbol{Ma}\|^2-2\|\boldsymbol{Ma}\|^2=0,$$

将这结果用到此处，有 $\boldsymbol{Q}'\boldsymbol{X}'\boldsymbol{a}=\boldsymbol{a}$，故 $\boldsymbol{a}'\boldsymbol{Y}=\boldsymbol{a}'\boldsymbol{XQY}$. 注意到 $\boldsymbol{QY}=\hat{\boldsymbol{\beta}}$(见(5.2.29)). 有 $\boldsymbol{a}'\boldsymbol{Y}=\boldsymbol{a}'\boldsymbol{X}\hat{\boldsymbol{\beta}}$，因此，由 $\boldsymbol{H}\hat{\boldsymbol{\beta}}=\mathbf{0}$，得

$$\boldsymbol{c}'\hat{\boldsymbol{\beta}}=(\boldsymbol{a}'\boldsymbol{X}+\boldsymbol{b}'\boldsymbol{H})\hat{\boldsymbol{\beta}}=\boldsymbol{a}'\boldsymbol{X}\hat{\boldsymbol{\beta}}=\boldsymbol{a}'\boldsymbol{Y},$$

这证明了 $\boldsymbol{c}'\hat{\boldsymbol{\beta}}$ 的唯一性. 定理证毕.

(七) 关于对约束的要求(续上段):

1. 要加上怎样的约束 $\boldsymbol{H\beta}=\mathbf{0}$，才能使任一线性函数 $\boldsymbol{c}'\boldsymbol{\beta}$ 在这约束下可估?

这问题的意义如下：若原模型 $\boldsymbol{Y}=\boldsymbol{X\beta}+\boldsymbol{e}$ 为降秩(即 $\mathrm{rk}(\boldsymbol{X})<p$)，则并非一切 $\boldsymbol{c}'\boldsymbol{\beta}$ 皆可估. 加上约束的目的正在于克服这种不便.

因为 $\boldsymbol{c}'\boldsymbol{\beta}$ 在约束 $\boldsymbol{H\beta}=\mathbf{0}$ 之下可估的充要条件为存在 $\boldsymbol{a}, \boldsymbol{b}$ 致 $\boldsymbol{c}'=\boldsymbol{a}'\boldsymbol{X}+\boldsymbol{b}'\boldsymbol{H}$，即 $\boldsymbol{c}=\boldsymbol{X}'\boldsymbol{a}+\boldsymbol{H}'\boldsymbol{b}$. 故只有当 $\boldsymbol{a}, \boldsymbol{b}$ 任意变化时 $\boldsymbol{X}'\boldsymbol{a}+\boldsymbol{H}'\boldsymbol{b}$ 能充满整个 p 维向量空间才行，而这一点的充要条件为

$$\mathrm{rk}\begin{pmatrix}\boldsymbol{X}\\ \boldsymbol{H}\end{pmatrix}=p. \tag{5.2.32}$$

2. 上述问题也可以从另一个角度去看：显然，一切 $\boldsymbol{c}'\boldsymbol{\beta}$ (在 $\boldsymbol{H}'\boldsymbol{\beta}=\mathbf{0}$ 之下) 可估的充要条件为：$\boldsymbol{\beta}$ 的任一分量 (在 $\boldsymbol{H}'\boldsymbol{\beta}=\mathbf{0}$ 之下) 可估. 而后一点的充要条件为 (5.2.20) 有唯一解. 所以，(5.2.32) 也是方程组 (5.2.20) 有唯一解的充要条件. 不难直接证明：若(5.2.20)的解唯一，则 (5.2.32) 成立. 事实上，由于 $\mathrm{rk}\begin{pmatrix}\boldsymbol{S}\\ \boldsymbol{H}\end{pmatrix}=\mathrm{rk}\begin{pmatrix}\boldsymbol{X}\\ \boldsymbol{H}\end{pmatrix}$. 若后者小于 p，则前者也小于 p. 这时，存在 $\tilde{\boldsymbol{\beta}}\neq\mathbf{0}$ 致 $\begin{pmatrix}\boldsymbol{S}\\ \boldsymbol{H}\end{pmatrix}\tilde{\boldsymbol{\beta}}=\mathbf{0}$. 这时，若 $\hat{\boldsymbol{\beta}}$ 为(5.2.20)的一解，$\hat{\boldsymbol{\beta}}+\tilde{\boldsymbol{\beta}}$ 也是其解，而这与解的唯一性矛盾.

3. 要加上怎样的约束 $\boldsymbol{H\beta}=\mathbf{0}$，才能使模型不致缩小? 后一

语的意义是

$$\{\boldsymbol{X\beta}:\ \boldsymbol{\beta}\text{任意}\}=\{\boldsymbol{X\beta}:\ \boldsymbol{H\beta}=\mathbf{0}\},\tag{5.2.33}$$

这个要求的背景是：加约束的原因是克服模型降秩带来的困难，但不应过分约束以致损害模型的范围.

由于(5.2.33)右边的线性子空间包含于其左边，故(5.2.33)等价于

$$\dim\{\boldsymbol{X\beta}:\ \boldsymbol{\beta}\text{任意}\}=\dim\{\boldsymbol{X\beta}:\ \boldsymbol{H\beta}=\mathbf{0}\},\tag{5.2.34}$$

上式左边即为 $\mathrm{rk}(\boldsymbol{X})$，关于右边，有如下的

引理 5.2.2.

$$\dim\{\boldsymbol{X\beta}:\ \boldsymbol{H\beta}=\mathbf{0}\}=\mathrm{rk}\begin{pmatrix}\boldsymbol{X}\\ \boldsymbol{H}\end{pmatrix}-\mathrm{rk}(\boldsymbol{H}).\tag{5.2.35}$$

证. 不失普遍性可假设 H 各行线性无关，又

$$\dim\{\boldsymbol{X\beta}:\ \boldsymbol{H\beta}=\mathbf{0}\}=\dim\left\{\begin{pmatrix}\boldsymbol{X}\\ \boldsymbol{H}\end{pmatrix}\boldsymbol{\beta}:\ \boldsymbol{H\beta}=\mathbf{0}\right\},\tag{5.2.36}$$

找满秩方阵 P，使 $\boldsymbol{HP}=(\boldsymbol{I}_r|\mathbf{0})$ (为此只需取 $\boldsymbol{H}_1$，致 $\begin{pmatrix}\boldsymbol{H}\\ \boldsymbol{H}_1\end{pmatrix}$ 为满秩方阵，再令 $\boldsymbol{P}=\begin{pmatrix}\boldsymbol{H}\\ \boldsymbol{H}_1\end{pmatrix}^{-1}$). 记 $\boldsymbol{XP}=(\boldsymbol{X}_1,\ \boldsymbol{X}_2)$，则

$$\begin{aligned}\dim\left\{\begin{pmatrix}\boldsymbol{X}\\ \boldsymbol{H}\end{pmatrix}\boldsymbol{\beta}:\ \boldsymbol{H\beta}=\mathbf{0}\right\}&=\dim\left\{\begin{pmatrix}\boldsymbol{X}\\ \boldsymbol{H}\end{pmatrix}\boldsymbol{P\beta}:\ \boldsymbol{HP\beta}=\mathbf{0}\right\}\\&=\dim\left\{\begin{pmatrix}\boldsymbol{X}_1 & \boldsymbol{X}_2\\ \boldsymbol{I}_r & \mathbf{0}\end{pmatrix}\boldsymbol{\beta}:\ (\boldsymbol{I}_r|\mathbf{0})\boldsymbol{\beta}=\mathbf{0}\right\}\\&=\dim\left\{\begin{pmatrix}\boldsymbol{X}_2\\ \mathbf{0}\end{pmatrix}\boldsymbol{\theta}:\ \boldsymbol{\theta}\text{任意}\right\}=\mathrm{rk}(\boldsymbol{X}_2),\end{aligned}\tag{5.2.37}$$

但显然

$$\begin{aligned}\mathrm{rk}\begin{pmatrix}\boldsymbol{X}\\ \boldsymbol{H}\end{pmatrix}&=\mathrm{rk}\left[\begin{pmatrix}\boldsymbol{X}\\ \boldsymbol{H}\end{pmatrix}\boldsymbol{P}\right]=\mathrm{rk}\begin{pmatrix}\boldsymbol{X}_1 & \boldsymbol{X}_2\\ \boldsymbol{I}_r & \mathbf{0}\end{pmatrix}=r+\mathrm{rk}(\boldsymbol{X}_2)\\&=\mathrm{rk}(\boldsymbol{H})+\mathrm{rk}(\boldsymbol{X}_2),\end{aligned}\tag{5.2.38}$$

由(5.2.36)—(5.2.38)得(5.2.35)，引理证毕.

由这个引理立即得到：(5.2.33)成立的充要条件为

$$\mathrm{rk}\begin{pmatrix}\boldsymbol{X}\\ \boldsymbol{H}\end{pmatrix}=\mathrm{rk}(\boldsymbol{X})+\mathrm{rk}(\boldsymbol{H}),$$

而这个事实成立的充要条件显然是

$$\mathscr{M}(\boldsymbol{X}')\cap\mathscr{M}(\boldsymbol{H}')=\{\boldsymbol{\phi}\},\tag{5.2.39}$$

即 $\boldsymbol{X}$ 的行向量之任一线性组合若非零向量 $\boldsymbol{\phi}$，必非 H 的行向量的任何线性组合.

现在设 $\boldsymbol{H}$ 使(5.2.33)成立，则在约束 $\boldsymbol{H\beta}=\mathbf{0}$ 之下 $\|\boldsymbol{Y}-\boldsymbol{X\beta}\|^2$ 的最小值与没有约束时的最小值一样. 所以，若 $\hat{\beta}$ 是在约束 $\boldsymbol{H\beta}=\mathbf{0}$ 之下达到最小值的向量，则它也是在没有这个约束时达到最小值的向量(这意味着方程组(5.2.20)的解$(\hat{\boldsymbol{\beta}},\ \hat{\boldsymbol{\lambda}})$必满足 $\hat{\boldsymbol{\lambda}}=\mathbf{0}$). 也就是说，原线性模型 $\boldsymbol{Y}=\boldsymbol{X\beta}+\boldsymbol{e}$ 的正则方程组 $\boldsymbol{S\beta}=\boldsymbol{X}'\boldsymbol{Y}$ 必有解 $\hat{\boldsymbol{\beta}}$，满足约束 $\boldsymbol{H}\hat{\boldsymbol{\beta}}=\mathbf{0}$.

在方差分析中，所要加的约束都需要满足本段的性质 1, 2. 因此，由总结前面的讨论而得出的下述定理有重要意义：

定理 5.2.9. 为要使在约束 $\boldsymbol{H\beta}=\mathbf{0}$ 下一切 $\boldsymbol{c}'\boldsymbol{\beta}$ 皆为可估且模型的范围不缩小(即(5.2.33)成立)，必要充分条件为(5.2.32)加上(5.2.39). 当这些条件成立时，正则方程组 $\boldsymbol{S\beta}=\boldsymbol{X}'\boldsymbol{Y}$ 有唯一解 $\hat{\boldsymbol{\beta}}$，满足 $\boldsymbol{H}\hat{\boldsymbol{\beta}}=\mathbf{0}$，这个 $\hat{\boldsymbol{\beta}}$ 就是在约束 $\boldsymbol{H\beta}=\mathbf{0}$ 之下 $\boldsymbol{\beta}$ 的唯一 LS 估计.

(八) σ^2 的估计(续上段)：

在(三)中我们证明了：若 $r=\mathrm{rk}(\boldsymbol{X})$，即 r 为线性子空间 $\{\boldsymbol{X\beta}:\ \boldsymbol{\beta}\text{ 任意}\}$ 的维数，则 $\frac{1}{n-r}\|\boldsymbol{Y}-\boldsymbol{X}\hat{\boldsymbol{\beta}}\|^2$ 为 σ^2 之一无偏估计. 在(五)开始处我们已说明：施加约束 $\boldsymbol{H\beta}=\mathbf{0}$ 后，原来的线性模型 $\boldsymbol{Y}=\boldsymbol{X\beta}+\boldsymbol{e}$ 可转化到一个等价的、没有约束的线性模型 $\boldsymbol{Y}=\tilde{\boldsymbol{X}}\boldsymbol{\alpha}+\boldsymbol{e}$. 这新模型的残差平方和显然就是 $\|\boldsymbol{Y}-\boldsymbol{X}\hat{\boldsymbol{\beta}}\|^2$，这里 $\hat{\beta}$ 为 $\boldsymbol{\beta}$ 在约束 $\boldsymbol{H\beta}=\mathbf{0}$ 下任一 LS 估计. 又因 $\mathscr{M}(\tilde{\boldsymbol{X}})=\{\boldsymbol{X\beta}:\ \boldsymbol{H\beta}=\mathbf{0}\}$，故若令

$$q=\dim(\mathscr{M}(\widetilde{\boldsymbol{X}}))=\operatorname{rk}\begin{pmatrix}\boldsymbol{X}\\ \boldsymbol{H}\end{pmatrix}-\operatorname{rk}(\boldsymbol{H}),\qquad(5.2.40)$$

则 $\dfrac{1}{n-q}\|\boldsymbol{Y}-\boldsymbol{X}\widetilde{\boldsymbol{\beta}}\|^2$ 为 σ^2 的一无偏估计.

在有约束时，定理 5.2.6 的结论在施加相应的修改后仍成立：结论 1° 只需改 r 为由 (5.2.40) 决定的 q，$\|\hat{\boldsymbol{e}}\|^2$ 和 $\hat{\sigma}^2$ 都改为约束 $\boldsymbol{H\beta}=\boldsymbol{0}$ 下之值. 结论 2° 除 $\mathrm{VAR}(\boldsymbol{C}\hat{\boldsymbol{\beta}})$ 有改变外，其它照旧($\mathrm{VAR}(\boldsymbol{C}\hat{\boldsymbol{\beta}})$ 的具体形式与 $\boldsymbol{H}$ 有关)，而 3° 一字不改地成立.

(九) $\mathrm{VAR}(\boldsymbol{e})=\sigma^2\boldsymbol{G}$ 的情况

直到目前为止我们都是在 $\mathrm{VAR}(\boldsymbol{e})=\sigma^2\boldsymbol{I}$ 之下讨论问题. 我们看到，在这种情况下，线性模型 $\boldsymbol{Y}=\boldsymbol{X\beta}+\boldsymbol{e}$ 的一个最重要的特点是，任一可估函数的 LS 估计与其 GM 估计一致.

现在考虑较一般的情况：

$$\boldsymbol{Y}=\boldsymbol{X\beta}+\boldsymbol{e},\ \mathrm{VAR}(\boldsymbol{e})=\sigma^2\boldsymbol{G},\qquad(5.2.41)$$

仍设 $\boldsymbol{Y}$ 为 n 维，$\boldsymbol{\beta}$ 为 p 维，此处 $\boldsymbol{G}$ 为一已知的 n 阶正定方阵，但 σ^2 未知，$0<\sigma^2<\infty$. 当 $\boldsymbol{G}=\boldsymbol{I}$ 时回到已讨论过的情况.

由于可估性只涉及 $\boldsymbol{Y}$ 的均值而与其方差阵无关，又 LS 估计的定义根本不涉及 $\mathrm{VAR}(\boldsymbol{Y})$，所以，前面所给的关于 LS 估计的定义、正则方程组、关于 $\boldsymbol{c}'\boldsymbol{\beta}$ 的可估性的定义和条件，在这里全部适用. 但有以下两个重要的不同点：

1° 可估函数 $\boldsymbol{c}'\boldsymbol{\beta}$ 的 LS 估计 $\boldsymbol{c}'\hat{\boldsymbol{\beta}}$ 与其 GM 估计一般不同.

2° $\|\hat{\boldsymbol{e}}\|^2/(n-r)$，$r=\operatorname{rk}(\boldsymbol{X})$，一般不再是 σ^2 的无偏估计($\hat{\boldsymbol{e}}=\boldsymbol{Y}-\boldsymbol{X}\hat{\boldsymbol{\beta}}$，$\hat{\boldsymbol{\beta}}$ 为 $\boldsymbol{\beta}$ 的 LS 估计).

因此，我们以下的讨论，首先是在(5.2.41)之下求可估函数的 GM 估计，以及 σ^2 的无偏估计，然后研究在什么条件下它们与 LS 估计一致.

定理 5.2.10. 设有线性模型 (5.2.41)，而 $\boldsymbol{c}'\boldsymbol{\beta}$ 为一可估函数，则 $\boldsymbol{c}'\boldsymbol{\beta}$ 的 GM 估计为

$$\boldsymbol{c}'\widetilde{\boldsymbol{\beta}}=\boldsymbol{c}'(\boldsymbol{X}'\boldsymbol{G}^{-1}\boldsymbol{X})^-\boldsymbol{X}'\boldsymbol{G}^{-1}\boldsymbol{Y},\qquad(5.2.42)$$

其方差为

$$\operatorname{Var}(\boldsymbol{c}'\tilde{\boldsymbol{\beta}})=\sigma^2\boldsymbol{c}'(\boldsymbol{X}'\boldsymbol{G}^{-1}\boldsymbol{X})^+\boldsymbol{c}, \tag{5.2.43}$$

而

$$\tilde{\sigma}^2=\frac{1}{n-r}(\boldsymbol{Y}-\boldsymbol{X}\tilde{\boldsymbol{\beta}})'\boldsymbol{G}^{-1}(\boldsymbol{Y}-\boldsymbol{X}\tilde{\boldsymbol{\beta}}) \tag{5.2.44}$$

为 σ^2 之一无偏估计，此处 $\tilde{\boldsymbol{\beta}}=(\boldsymbol{X}'\boldsymbol{G}^{-1}\boldsymbol{X})^-\boldsymbol{X}'\boldsymbol{G}^{-1}\boldsymbol{Y}$.

证. 由 $\boldsymbol{G}>\boldsymbol{0}$ 知存在 $\boldsymbol{Q}>\boldsymbol{0}$，致 $\boldsymbol{Q}^2=\boldsymbol{G}^{-1}$. 作变换 $\tilde{\boldsymbol{Y}}=\boldsymbol{QY}$，则 $\tilde{\boldsymbol{Y}}=\tilde{\boldsymbol{X}}\beta+\tilde{\boldsymbol{e}}$，其中 $\tilde{\boldsymbol{X}}=\boldsymbol{QX}$, $\tilde{\boldsymbol{e}}=\boldsymbol{Qe}$. 有

$$\operatorname{VAR}(\tilde{\boldsymbol{e}})=\boldsymbol{Q}\operatorname{VAR}(\boldsymbol{e})\boldsymbol{Q}'\sigma^2=\boldsymbol{QGQ}\sigma^2=\sigma^2\boldsymbol{I}.$$

因此，线性模型 $\tilde{\boldsymbol{Y}}=\tilde{\boldsymbol{X}}\beta+\tilde{\boldsymbol{e}}$ 就是我们前面讨论过的那种类型. 以 $\tilde{\boldsymbol{\beta}}$ 记 $\boldsymbol{\beta}$ 在此模型下任一 LS 估计，即

$$\hat{\boldsymbol{\beta}}=(\tilde{\boldsymbol{X}}'\tilde{\boldsymbol{X}})^-\tilde{\boldsymbol{X}}'\tilde{\boldsymbol{Y}}=(\boldsymbol{X}'\boldsymbol{G}^{-1}\boldsymbol{X})^-\boldsymbol{X}'\boldsymbol{G}^{-1}\boldsymbol{Y},$$

则由定理 5.2.3(应用于模型 $\tilde{\boldsymbol{Y}}=\tilde{\boldsymbol{X}}\beta+\boldsymbol{e}$)知，可估函数 $\boldsymbol{c}'\boldsymbol{\beta}$ 在新模型下的 GM 估计为 $\boldsymbol{c}'\tilde{\boldsymbol{\beta}}$. 由于 $\tilde{\boldsymbol{Y}}=\boldsymbol{QY}$ 为可逆线性变换，知这也是原模型下 $\boldsymbol{c}'\boldsymbol{\beta}$ 的 GM 估计. 其次，由定理 5.2.5，知

$$\tilde{\sigma}^2=\frac{1}{n-r}\|\tilde{\boldsymbol{Y}}-\tilde{\boldsymbol{X}}\tilde{\boldsymbol{\beta}}\|^2$$

为 σ^2 之一无偏估计，但 $\tilde{\boldsymbol{Y}}-\tilde{\boldsymbol{X}}\tilde{\boldsymbol{\beta}}=\boldsymbol{Q}(\boldsymbol{Y}-\boldsymbol{X}\tilde{\boldsymbol{\beta}})$，从而 $\|\tilde{\boldsymbol{Y}}-\tilde{\boldsymbol{X}}\tilde{\boldsymbol{\beta}}\|^2=(\boldsymbol{Y}-\boldsymbol{X}\tilde{\boldsymbol{\beta}})'\boldsymbol{G}^{-1}(\boldsymbol{Y}-\boldsymbol{X}\tilde{\boldsymbol{\beta}})$. 定理证毕.

现在讨论第二方面的问题，即 $c'\beta$ 的 LS 估计与其 GM 估计重合的条件，及 $\hat{\sigma}^2$ 与 $\tilde{\sigma}^2$ 重合的条件. 为此引进如下的概念. 设 $\boldsymbol{A}$ 为 n 阶方阵，而 $\mathscr{M}$ 为 n 维向量空间之一子空间. 若

$$\boldsymbol{x}\in\mathscr{M}\Rightarrow\boldsymbol{Ax}\in\mathscr{M},$$

则称 $\mathscr{M}$ 为 $\boldsymbol{A}$ 的不变子空间. 这个概念在线代数中是习知的.

定理 5.2.11 (Zyskind). 在线性模型(5.2.41)之下，为要使一切可估函数的 LS 估计重合于其 GM 估计，充分必要条件是 $\mathscr{M}(\boldsymbol{X})$ 为 $\boldsymbol{G}$ 的不变子空间[1].

证. 首先指出：$\{\boldsymbol{a}'\boldsymbol{Y}: \boldsymbol{a}\in\mathscr{M}(\boldsymbol{X})\}$ 与一切可估函数的 LS 估计的集合一致. 显然，后一集必包含在前一集内. 反过来，若 $\boldsymbol{a}\in$

1) 这是 Zyskind 在 1967 年得出的结果(见 *Ann. Math. Statist.* 1967, p. 1092). 这里采用的是与 Zyskind 的条件等价但较为简单的形式.

$\mathscr{M}(\boldsymbol{X})$，则 $\boldsymbol{a}=\boldsymbol{X}\boldsymbol{c}$ 对某个 $\boldsymbol{c}$. 考虑可估函数 $\boldsymbol{a}'\boldsymbol{X}\boldsymbol{\beta}$，其 LS 估计为 $\boldsymbol{a}'\boldsymbol{X}\hat{\boldsymbol{\beta}}$，其中 $\hat{\boldsymbol{\beta}}$ 为 $\boldsymbol{\beta}$ 的任一 LS 估计，由正则方程有 $\boldsymbol{S}\hat{\boldsymbol{\beta}}=\boldsymbol{X}'\boldsymbol{Y}$，故 $\boldsymbol{a}'\boldsymbol{X}\hat{\boldsymbol{\beta}}=\boldsymbol{c}'\boldsymbol{X}'\boldsymbol{X}\hat{\boldsymbol{\beta}}=\boldsymbol{c}'\boldsymbol{S}\hat{\boldsymbol{\beta}}=\boldsymbol{c}'\boldsymbol{X}'\boldsymbol{Y}=\boldsymbol{a}'\boldsymbol{Y}$. 这证明了 $\boldsymbol{a}'\boldsymbol{Y}$ 是可估函数的 LS 估计.

现在证明：为使一切可估函数的 LS′ 估计重合于其 GM 估计，充要条件是：对任何 $\boldsymbol{a}\in\mathscr{M}(\boldsymbol{X})$ 及 $\boldsymbol{c}\perp\mathscr{M}(\boldsymbol{X})$（即 $\boldsymbol{c}$ 属于 $\mathscr{M}(\boldsymbol{X})$ 的正交补空间 $\mathscr{M}^{\perp}(\boldsymbol{X})$），有

$$\operatorname{Cov}(\boldsymbol{a}'\boldsymbol{Y},\ \boldsymbol{c}'\boldsymbol{Y})=\boldsymbol{a}'\boldsymbol{G}\boldsymbol{c}=0, \tag{5.2.45}$$

事实上，设(5.2.45)成立而 $\boldsymbol{d}'\boldsymbol{\beta}$ 为任一可估函数，其 LS 和 GM 估计分别为 $\boldsymbol{a}'\boldsymbol{Y}$ 和 $\boldsymbol{b}'\boldsymbol{Y}$. 如上所指出，有 $\boldsymbol{a}\in\mathscr{M}(\boldsymbol{X})$. 记 $\boldsymbol{c}=\boldsymbol{b}-\boldsymbol{a}$，则

$$E(\boldsymbol{c}'\boldsymbol{Y})=E(\boldsymbol{b}'\boldsymbol{Y})-E(\boldsymbol{a}'\boldsymbol{Y})=\boldsymbol{d}'\boldsymbol{\beta}-\boldsymbol{d}'\boldsymbol{\beta}=0.$$

即 $\boldsymbol{c}'\boldsymbol{X}\boldsymbol{\beta}=0$ 对一切 $\boldsymbol{\beta}$，故 $\boldsymbol{c}'\boldsymbol{X}=\mathbf{0}$ 因而 $\boldsymbol{c}\perp\mathscr{M}(\boldsymbol{X})$. 由(5.2.45)知

$$\operatorname{Var}(\boldsymbol{b}'\boldsymbol{Y})=\operatorname{Var}(\boldsymbol{a}'\boldsymbol{Y})+\operatorname{Var}(\boldsymbol{c}'\boldsymbol{Y}),$$

但 $\boldsymbol{b}'\boldsymbol{Y}$ 为 GM 估计而 $a'Y$ 为无偏估计，故必有

$$0=\operatorname{Var}(\boldsymbol{c}'\boldsymbol{Y})=\sigma^2\boldsymbol{c}'\boldsymbol{G}\boldsymbol{c},$$

再由 $\boldsymbol{G}>0$ 知 $\boldsymbol{c}=\mathbf{0}$，即 $\boldsymbol{a}'\boldsymbol{Y}=\boldsymbol{b}'\boldsymbol{Y}$. 因此，任一可估函数 $\boldsymbol{d}'\boldsymbol{\beta}$ 的 LS 估计 $\boldsymbol{a}'\boldsymbol{Y}$ 重合于其 GM 估计 $\boldsymbol{b}'\boldsymbol{Y}$. 反过来，设(5.2.45)不成立. 为确定计，设存在 $\boldsymbol{a}\in\mathscr{M}(\boldsymbol{X})$ 及 $\boldsymbol{c}\perp\mathscr{M}(\boldsymbol{X})$，致 $\operatorname{Cov}(\boldsymbol{a}'\boldsymbol{Y},\ \boldsymbol{c}'\boldsymbol{Y})=\mu>0$. 由 $\boldsymbol{a}\in\mathscr{M}(\boldsymbol{X})$ 知 $\boldsymbol{a}'\boldsymbol{Y}$ 为某个可估函数 $\boldsymbol{d}'\boldsymbol{\beta}$ 的 LS 估计. 考虑 $\boldsymbol{d}'\boldsymbol{\beta}$ 的估计 $(\boldsymbol{a}+\lambda\boldsymbol{c})'\boldsymbol{Y}$，$\lambda$ 待定. 这显然是 $\boldsymbol{d}'\boldsymbol{\beta}$ 的无偏估计，而其方差为

$$\operatorname{Var}(\boldsymbol{a}'\boldsymbol{Y}+\lambda\boldsymbol{c}'\boldsymbol{Y})=\operatorname{Var}(\boldsymbol{a}'\boldsymbol{Y})+2\lambda\mu+\lambda^2\operatorname{Var}(\boldsymbol{c}'\boldsymbol{Y}),$$

由于 $\mu>0$，取 $\lambda<0$ 而 $|\lambda|$ 充分小，将有

$$\operatorname{Var}(\boldsymbol{a}'\boldsymbol{Y}+\lambda\boldsymbol{c}'\boldsymbol{Y})<\operatorname{Var}(\boldsymbol{a}'\boldsymbol{Y}),$$

因而，$\boldsymbol{d}'\boldsymbol{\beta}$ 的 GM 估计与其 LS 估计 $\boldsymbol{a}'\boldsymbol{Y}$ 不能重合.

因此，为要证明定理，只需证明

$$\mathscr{M}(\boldsymbol{X})\text{ 为 }\boldsymbol{G}\text{ 的不变子空间}\Leftrightarrow\boldsymbol{a}'\boldsymbol{G}\boldsymbol{c}=0\text{ 对任何 }\boldsymbol{a}\in\mathscr{M}(\boldsymbol{X})\text{ 及 }\boldsymbol{c}\perp\mathscr{M}(\boldsymbol{X}), \tag{5.2.46}$$

先设 (5.2.46) 左边成立. 任取 $\boldsymbol{a}\in\mathscr{M}(\boldsymbol{X})$, $\boldsymbol{c}\perp\mathscr{M}(\boldsymbol{X})$. 这时 $\boldsymbol{Ga}\in\mathscr{M}(\boldsymbol{X})$, 故由 $\boldsymbol{c}\perp\mathscr{M}(\boldsymbol{X})$ 知 $(\boldsymbol{Ga})'\boldsymbol{c}=\boldsymbol{a}'\boldsymbol{Gc}=0$, 即 (5.2.46) 右边成立 (注意 $\boldsymbol{G}'=\boldsymbol{G}$). 反过来, 若 (5.2.46) 左边不成立, 则存在 $\boldsymbol{a}\in\mathscr{M}(\boldsymbol{X})$ 致 $\boldsymbol{Ga}\overline{\in}\mathscr{M}(\boldsymbol{X})$. 这时必存在 $\boldsymbol{c}\perp\mathscr{M}(\boldsymbol{X})$ 致 $(\boldsymbol{Ga})'\boldsymbol{c}\neq 0$, 即 $\boldsymbol{a}'\boldsymbol{Gc}\neq 0$. 这说明 (5.2.46) 右边不成立, 从而证明了 (5.2.46) 两边的等价性. 定理证毕.

由这个定理容易得出下面的推论, 其证明留给读者作为练习.

系 5.2.3. 若以 T 记往 $\mathscr{M}(\boldsymbol{X})$ 内的投影变换矩阵: $\boldsymbol{T}=\boldsymbol{P}_X=\boldsymbol{X}\boldsymbol{S}^-\boldsymbol{X}'$, 则定理中的充要条件等价于 $\boldsymbol{GT}=\boldsymbol{TG}$, 即 $\boldsymbol{GT}$ 为对称方阵.

应当注意的是: 本定理中的条件是对"一切"可估函数而言. 当定理中的条件不成立时, 不能排斥对某个特定的可估函数 $\boldsymbol{c}'\boldsymbol{\beta}$, 其 LS 估计与 GM 估计可以重合的情况.

定理 5.2.12 (Kruskal). 若定理 5.2.11 中的充要条件满足, 则 $\hat{\sigma}^2=\tilde{\sigma}^2$ 的充要条件是 $\boldsymbol{G}$ 在 $\mathscr{M}^\perp(\boldsymbol{X})$ 上为恒等变换.

证. 根据定理 5.2.11, 有 $\boldsymbol{X}\hat{\boldsymbol{\beta}}=\boldsymbol{X}\tilde{\boldsymbol{\beta}}$, 此处 $\hat{\beta}$ 为 $\boldsymbol{\beta}$ 的 LS 估计, 而 $\tilde{\boldsymbol{\beta}}=(\boldsymbol{X}'\boldsymbol{G}^{-1}\boldsymbol{X})^{-1}\boldsymbol{X}'\boldsymbol{G}^{-1}\boldsymbol{Y}$. 这时, $\hat{\sigma}^2=\tilde{\sigma}^2$ 等价于关系式

$$\|\boldsymbol{Y}-\boldsymbol{\mu}\|^2=(\boldsymbol{Y}-\boldsymbol{\mu})'\boldsymbol{G}^{-1}(\boldsymbol{Y}-\boldsymbol{\mu}),$$

此处 $\boldsymbol{\mu}$ 为 $\boldsymbol{Y}$ 在 $\mathscr{M}(\boldsymbol{X})$ 内的投影. 由于 $\boldsymbol{Y}-\boldsymbol{\mu}\in\mathscr{M}^\perp(\boldsymbol{X})$ 且当 $\boldsymbol{Y}$ 任意变化时可取 $\mathscr{M}^\perp(\boldsymbol{X})$ 内任何向量, 上式等价于

$$\|\boldsymbol{x}\|^2=\boldsymbol{x}'\boldsymbol{G}^{-1}\boldsymbol{x}, \quad \text{对任何 } \boldsymbol{x}\in\mathscr{M}^\perp(\boldsymbol{X}). \tag{5.2.47}$$

由 (5.2.45) 易知不仅 $\mathscr{M}(\boldsymbol{X})$, $\mathscr{M}^\perp(\boldsymbol{X})$ 也是 $\boldsymbol{G}$ 的不变子空间. 由此不难推知, $\mathscr{M}(\boldsymbol{X})$ 和 $\mathscr{M}^\perp(\boldsymbol{X})$ 也是 $\boldsymbol{G}^{-1}$ 的不变子空间. 现设 (5.2.47) 成立, 任取 $\boldsymbol{x}\in\mathscr{M}^\perp(\boldsymbol{X})$, $\boldsymbol{z}\in\mathscr{M}^\perp(\boldsymbol{X})$. 则 $\boldsymbol{x}\pm\boldsymbol{z}\in\mathscr{M}^\perp(\boldsymbol{X})$, 因而

$$\|\boldsymbol{x}+\boldsymbol{z}\|^2=(\boldsymbol{x}+\boldsymbol{z})'\boldsymbol{G}^{-1}(\boldsymbol{x}+\boldsymbol{z}),$$

$$\|\boldsymbol{x}-\boldsymbol{z}\|^2=(\boldsymbol{x}-\boldsymbol{z})'\boldsymbol{G}^{-1}(\boldsymbol{x}-\boldsymbol{z}).$$

两式相减, 得

$$\boldsymbol{x}'\boldsymbol{z}=\frac{1}{4}[\|\boldsymbol{x}+\boldsymbol{z}\|^2-\|\boldsymbol{x}-\boldsymbol{z}\|^2]=\boldsymbol{x}'\boldsymbol{G}^{-1}\boldsymbol{z}, \text{任何 } \boldsymbol{x}, \boldsymbol{z}\in\mathscr{M}^{\perp}(\boldsymbol{X}) \tag{5.2.48}$$

显然由 (5.2.48) 可推出 (5.2.47)，故二者等价. 现在任取 $\boldsymbol{z}\in\mathscr{M}^{\perp}(\boldsymbol{X})$，则若(5.2.48)成立，将有

$$\boldsymbol{x}'(\boldsymbol{z}-\boldsymbol{G}^{-1}\boldsymbol{z})=0, \text{ 对任何 } \boldsymbol{x}\in\mathscr{M}^{\perp}(\boldsymbol{X}).$$

特别，注意到 $\boldsymbol{z}-\boldsymbol{G}^{-1}\boldsymbol{z}\in\mathscr{M}^{\perp}(\boldsymbol{X})$，可取 $\boldsymbol{x}=\boldsymbol{z}-\boldsymbol{G}^{-1}\boldsymbol{z}$，由之得出 $\|\boldsymbol{z}-\boldsymbol{G}^{-1}\boldsymbol{z}\|^2=0$，即 $\boldsymbol{z}=\boldsymbol{G}^{-1}\boldsymbol{z}$ 因而 $\boldsymbol{G}\boldsymbol{z}=\boldsymbol{z}$，对任何 $\boldsymbol{z}\in\mathscr{M}^{\perp}(\boldsymbol{X})$. 反过来，若 $\boldsymbol{G}\boldsymbol{z}=\boldsymbol{z}$ 对任何 $\boldsymbol{z}\in\mathscr{M}^{\perp}(\boldsymbol{X})$，则 $\boldsymbol{z}=\boldsymbol{G}^{-1}\boldsymbol{z}$ 对任何 $\boldsymbol{z}\in\mathscr{M}^{\perp}(\boldsymbol{X})$，这时对一切 $\boldsymbol{x}$ 有 $\boldsymbol{x}'\boldsymbol{z}=\boldsymbol{x}'\boldsymbol{G}^{-1}\boldsymbol{z}$ 因而(5.2.48)成立，定理证毕.

结合以上两个定理得到：若

$$\boldsymbol{x}\in\mathscr{M}(\boldsymbol{X})\Rightarrow\boldsymbol{G}\boldsymbol{x}\in\mathscr{M}(\boldsymbol{X}),\ \boldsymbol{x}\perp\mathscr{M}(\boldsymbol{X})\Rightarrow\boldsymbol{G}\boldsymbol{x}=\boldsymbol{x},$$

则尽管 $\mathrm{VAR}(\boldsymbol{e})=\sigma^2\boldsymbol{G}$ 可能不是 $\sigma^2\boldsymbol{I}$，按照 $\mathrm{VAR}(\boldsymbol{e})=\sigma^2\boldsymbol{I}$ 的情况去估计 $\boldsymbol{c}'\boldsymbol{\beta}$ 和 σ^2 结果仍无变化.

§5.3. 线性假设的检验与可估函数的区间估计

在本节中，我们讨论线性模型 $\boldsymbol{Y}=\boldsymbol{X}\boldsymbol{\beta}+\boldsymbol{e}$，$\boldsymbol{Y}$ 为 n 维 β 为 p 维，而 $\boldsymbol{e}\sim N(\boldsymbol{0}, \sigma^2\boldsymbol{I})$. 至于 $\boldsymbol{e}\sim N(\boldsymbol{0}, \sigma^2\boldsymbol{G})$ 的场合($\boldsymbol{G}>0$ 已知)，不难用§5.2(九)的方法转化为 $\boldsymbol{G}=\boldsymbol{I}$ 的情况.

(一) 线性假设的 F 检验

设 H 为一个 $k\times p$ 矩阵，则

$$H:\ \boldsymbol{H}\boldsymbol{\beta}=\boldsymbol{0} \tag{5.3.1}$$

称为一个线性假设. 我们来考虑这个假设的似然比检验：似然函数为

$$L(\boldsymbol{Y};\ \boldsymbol{\beta}, \sigma)=\left(\frac{1}{\sqrt{2\pi}\sigma}\right)^n\exp\left(-\frac{1}{2\sigma^2}\|\boldsymbol{Y}-\boldsymbol{X}\boldsymbol{\beta}\|^2\right),$$

由此不难算出

$$M=\sup_{\boldsymbol{\beta},\sigma}L(\boldsymbol{Y}, \boldsymbol{\beta}, \sigma)=(2\pi/n)^{-n/2}e^{-n/2}\|\boldsymbol{Y}-\boldsymbol{X}\hat{\boldsymbol{\beta}}\|^{-n/2},$$

$$M_H=\sup\{L(\boldsymbol{Y},\boldsymbol{\beta},\sigma)\mid \boldsymbol{H\beta}=\boldsymbol{0}\}$$
$$=(2\pi/n)^{-n/2}e^{-n/2}\|\boldsymbol{Y}-\boldsymbol{X}\hat{\beta}_H\|^{-n/2}.$$

这里 $\hat{\beta}$ 和 $\hat{\boldsymbol{\beta}}_H$ 分别为 $\boldsymbol{\beta}$ 的 LS 估计及其在约束 $\boldsymbol{H\beta}=\boldsymbol{0}$ 之下的 LS 估计. 显然，似然比 M/M_H 是 $\|\boldsymbol{Y}-X\hat{\beta}_H\|^2/\|\boldsymbol{Y}-\boldsymbol{X}\hat{\beta}\|^2$ 的严增函数. 记

$$SS_e=\|\boldsymbol{Y}-\boldsymbol{X}\hat{\beta}\|^2,\quad SS_H=\|\boldsymbol{Y}-\boldsymbol{X}\hat{\beta}_H\|^2-\|\boldsymbol{Y}-\boldsymbol{X}\hat{\beta}\|^2. \tag{5.3.2}$$

容易证明下面的

引理 5.3.1. 1° $SS_e/\sigma^2\sim\chi^2_{n-r}$, $r=\mathrm{rk}(\boldsymbol{X})$; 2° $SS_H/\sigma^2\sim\chi^2_u(\delta)$，此处

$$u=\mathrm{rk}(\boldsymbol{X})+\mathrm{rk}(\boldsymbol{H})-\mathrm{rk}\begin{pmatrix}\boldsymbol{X}\\ \boldsymbol{H}\end{pmatrix}, \tag{5.3.3}$$

$$\delta^2=[\boldsymbol{\beta}-E(\hat{\beta}_H)]'\boldsymbol{S}[\beta-E(\hat{\beta}_H)]/\sigma^2, \tag{5.3.4}$$

而当假设 H 成立时 $\delta^2=0$, 即 SS_H 也服从中心的 χ^2 分布. 3° SS_H 与 SS_e 独立(注意: 1° 即定理 5.2.6, 1°).

证. 设 $\mathscr{M}_H(X)$ 定义如 (5.2.17). 以 $\boldsymbol{P}_{\mathbf{X}}$ 和 $\boldsymbol{P}_{H,\mathbf{X}}$ 分别记往 $\mathscr{M}(\boldsymbol{X})$ 和 $\mathscr{M}_H(\boldsymbol{X})$ 内的投影变换矩阵, 则如 § 5.2 (三) 中所证, 有

$$\|\boldsymbol{Y}-\boldsymbol{X}\hat{\beta}_H\|^2=\boldsymbol{Y}'(\boldsymbol{I}-\boldsymbol{P}_{\mathbf{X},H})\boldsymbol{Y},\quad SS_e=\boldsymbol{Y}'(\boldsymbol{I}-\boldsymbol{P}_{\mathbf{X}})\boldsymbol{Y},$$

而 $\boldsymbol{I}-\boldsymbol{P}_{\mathbf{X},H}$ 和 $\boldsymbol{I}-\boldsymbol{P}_{\mathbf{X}}$ 都是对称幂等矩阵, $\dfrac{\boldsymbol{Y}}{\sigma}\sim N\left(\dfrac{\boldsymbol{X\beta}}{\sigma},\boldsymbol{I}\right)$. 于是依 § 1.1(三), χ^2 分布的性质 h 知, $\|\boldsymbol{Y}-\boldsymbol{X}\hat{\boldsymbol{\beta}}_H\|^2/\sigma^2$ 和 SS_e/σ^2 都服从 χ^2 分布, 自由度分别为 $n-\dim(\mathscr{M}_H(\boldsymbol{X}))$ 及 $n-r=n-\mathrm{rk}(\boldsymbol{X})$, 且由 $\|\boldsymbol{Y}-\boldsymbol{X}\hat{\boldsymbol{\beta}}_H\|^2-SS_e\geqslant0$ 知 $[\|\boldsymbol{Y}-\boldsymbol{X}\hat{\boldsymbol{\beta}}_H\|^2-SS_e]/\sigma^2$ 也服从 χ^2 分布, 自由度 u 为上述两个自由度之差. 依引理 5.2.2, 有

$$u=\{n-\dim(\mathscr{M}_H(\boldsymbol{X})\}-(n-\mathrm{rk}(\boldsymbol{X}))$$
$$=\mathrm{rk}(\boldsymbol{X})-\dim(\mathscr{M}_H(\boldsymbol{X}))=\mathrm{rk}(\boldsymbol{X})+\mathrm{rk}(\boldsymbol{H})-\mathrm{rk}\begin{pmatrix}\boldsymbol{X}\\ \boldsymbol{H}\end{pmatrix},$$

且 SS_H 与 SS_e 独立.

SS_e/σ^2 为中心 χ^2 分布已在定理 5.2.6 中证明. 根据 χ^2 分布性质 g, SS_H/σ^2 的非中心参数 δ 由

$$\delta^2=\{SS_H/\sigma^2\}_{\text{用}E(Y)\text{代}Y}=\{\|\boldsymbol{X}\boldsymbol{\beta}-\boldsymbol{X}E(\hat{\boldsymbol{\beta}}_H)\|^2$$
$$-\|\boldsymbol{X}\boldsymbol{\beta}-\boldsymbol{X}E(\hat{\boldsymbol{\beta}})\|^2\}/\sigma^2=\|\boldsymbol{X}\boldsymbol{\beta}-E(\boldsymbol{X}\hat{\boldsymbol{\beta}}_H)\|^2/\sigma^2$$
$$=[\boldsymbol{\beta}-E(\hat{\boldsymbol{\beta}}_H)]'\boldsymbol{S}[\boldsymbol{\beta}-E(\hat{\boldsymbol{\beta}}_H)]/\sigma^2,$$

现设 $\boldsymbol{H}\boldsymbol{\beta}=\boldsymbol{0}$ 成立. 由于 $\boldsymbol{X}\boldsymbol{\beta}$ 为可估函数而 $\boldsymbol{X}\hat{\boldsymbol{\beta}}_H$ 为在约束 $\boldsymbol{H}\boldsymbol{\beta}=\boldsymbol{0}$ 之下 $\boldsymbol{X}\boldsymbol{\beta}$ 的无偏估计(定理 5.2.8),知

$$\boldsymbol{H}\boldsymbol{\beta}=\boldsymbol{0}\Rightarrow E(\boldsymbol{X}\hat{\boldsymbol{\beta}}_H)=\boldsymbol{X}\boldsymbol{\beta}.$$

这证明了当假设 H 成立时有 $\delta^2=0$. 引理证毕.

由这个引理立即得到下面的重要定理.

定理 5.3.1. 假设(5.3.1)的似然比检验为: 当

$$\mathscr{F}=\frac{\frac{1}{u}SS_H}{\frac{1}{n-r}SS_e}\geqslant F_{u,n-r}(\alpha) \tag{5.3.5}$$

时否定, 不然就接受. 这里 $0<\alpha<1$, $r=\mathrm{rk}(\boldsymbol{X})$, 而 u 由(5.3.3)决定. 这是 (5.3.1) 的真实水平为 α 的相似检验. 这个检验的功效函数 β^* 为

$$\beta^*(\boldsymbol{\beta},\sigma)=1-F(c|u,n-r,\delta), \tag{5.3.6}$$

此处 $c=F_{u,n-r}(\alpha)$, δ 由(5.3.4)决定, 而 $F(x|m,n,\delta)$ 为非中心 F 分布的分布函数(见 § 1.1(五)).

证. 这个定理是引理 5.3.1 和 F 分布定义的直接推论.

以 (5.3.5) 为否定域的检验, 叫做假设 $H\beta=0$ 的 F 检验. (5.3.5)中的 $\mathscr{F}$ 称为 F 统计量.

最重要的情况是: $\boldsymbol{H}$ 的各行 $\boldsymbol{h}_1'$, …, $\boldsymbol{h}_k'$ 线性无关且 $\boldsymbol{h}_i'\boldsymbol{\beta}$ 都是可估函数. 这时由可估性的条件知 $\boldsymbol{h}_i\in\mathscr{M}(\boldsymbol{X}')$, 因而 $\mathrm{rk}\begin{pmatrix}\boldsymbol{X}\\ \boldsymbol{H}\end{pmatrix}=\mathrm{rk}(\boldsymbol{X})$, 从而有

$$u=\mathrm{rk}(\boldsymbol{X})+\mathrm{rk}(\boldsymbol{H})-\mathrm{rk}(\boldsymbol{X})=\mathrm{rk}(\boldsymbol{H})=k, \tag{5.3.7}$$

即 SS_H 的自由度等于零假设中可估函数的个数. 若只假定一切 $\boldsymbol{h}_i'\boldsymbol{\beta}$ 可估但不必线性无关, 则仍有 $u=\mathrm{rk}(\boldsymbol{H})$. 这时 u 不必等于 k, 而是等于零假设$\{\boldsymbol{h}_i\boldsymbol{\beta}=0,\ i=1,\ \cdots,\ k\}$中线性无关的个数.

以上的讨论是针对模型本身没有约束的情况．若模型

$$\boldsymbol{Y}=\boldsymbol{X\beta}+\boldsymbol{e},\ \boldsymbol{e}\sim N(0,\ \sigma^2\boldsymbol{I})$$

本身有约束 $\boldsymbol{H\beta}=\boldsymbol{0}$（这个 $\boldsymbol{H\beta}=\boldsymbol{0}$ 是模型中的固有成份而非检验对象）．要在这个基础上检验假设 $\boldsymbol{H}_1\boldsymbol{\beta}=\boldsymbol{0}$，一切本质上与前无异：记 $\boldsymbol{H}_2=\begin{pmatrix}\boldsymbol{H}\\ \boldsymbol{H}_1\end{pmatrix}$．以 $\hat{\boldsymbol{\beta}}_H$ 和 $\hat{\boldsymbol{\beta}}_{H_2}$ 分别记 $\boldsymbol{\beta}$ 在约束 $\boldsymbol{H\beta}=\boldsymbol{0}$ 和 $\boldsymbol{H}_2\boldsymbol{\beta}=\boldsymbol{0}$ 之下的 LS 估计，F 统计量为

$$\mathscr{F}=\frac{\|\boldsymbol{Y}-\boldsymbol{X}\hat{\boldsymbol{\beta}}_{H_2}\|^2-\|\boldsymbol{Y}-\boldsymbol{X}\hat{\boldsymbol{\beta}}_H\|^2}{v}\bigg/\frac{\|\boldsymbol{Y}-\boldsymbol{X}\hat{\boldsymbol{\beta}}_H\|^2}{n-q}\qquad(5.3.5')$$

它在 $\boldsymbol{H}_1\boldsymbol{\beta}=\boldsymbol{0}$ 成立时服从分布 $F_{v,\,n-q}$，此处

$$v=\left[\mathrm{rk}\begin{pmatrix}\boldsymbol{X}\\ \boldsymbol{H}\end{pmatrix}-\mathrm{rk}(\boldsymbol{H})\right]-\left[\mathrm{rk}\begin{pmatrix}\boldsymbol{X}\\ \boldsymbol{H}_2\end{pmatrix}-\mathrm{rk}(\boldsymbol{H}_2)\right],\qquad(5.3.8)$$

$$q=\left[\mathrm{rk}\begin{pmatrix}\boldsymbol{X}\\ \boldsymbol{H}\end{pmatrix}-\mathrm{rk}(\boldsymbol{H})\right].\qquad(5.3.9)$$

一个重要的特例是假设 $\boldsymbol{H}_1\boldsymbol{\beta}=\boldsymbol{0}$，其中 $\boldsymbol{H}_1$ 的各行为 $\boldsymbol{g}_1'$，…，$\boldsymbol{g}_k'$，使每个 $\boldsymbol{g}_i'\boldsymbol{\beta}$ 在约束 $\boldsymbol{H\beta}=\boldsymbol{0}$ 下可估．根据在约束 $\boldsymbol{H\beta}=\boldsymbol{0}$ 下可估的条件，每个 $\boldsymbol{g}_i'$ 为 $\boldsymbol{X}$ 和 $\boldsymbol{H}$ 的各行的线性组合．这说明 $\mathrm{rk}\begin{pmatrix}\boldsymbol{X}\\ \boldsymbol{H}_2\end{pmatrix}=\mathrm{rk}\begin{pmatrix}\boldsymbol{X}\\ \boldsymbol{H}\end{pmatrix}$，于是由(5.3.8)得到

$$u=\mathrm{rk}(\boldsymbol{H}_2)-\mathrm{rk}(\boldsymbol{H})=\mathrm{rk}\begin{pmatrix}\boldsymbol{H}\\ \boldsymbol{H}_1\end{pmatrix}-\mathrm{rk}(\boldsymbol{H}),\qquad(5.3.10)$$

如果 k 个可估函数 $g_i'\beta$，$i=1$，…，k，在约束 $\boldsymbol{H\beta}=\boldsymbol{0}$ 之下线性无关$\Big($即不存在不同时为 0 的常数 c_1，…，c_k，致 $\boldsymbol{H\beta}=\boldsymbol{0}\Rightarrow\sum_{i=1}^k c_i\boldsymbol{g}_i'\boldsymbol{\beta}=0\Big)$，则 $\boldsymbol{g}_1'$，…，$\boldsymbol{g}_k'$ 线性无关，且它们的任何线性组合，除非为 0，不能是 H 的各行的任何线性组合，这时

$$\mathrm{rk}(\boldsymbol{H}_1)=k,\ \ \mathrm{rk}\begin{pmatrix}\boldsymbol{H}\\ \boldsymbol{H}_1\end{pmatrix}=\mathrm{rk}(\boldsymbol{H})+\mathrm{rk}(\boldsymbol{H}_1).$$

于是由(5.3.10)进一步得到

$$u = \text{rk}(\boldsymbol{H}_1) = k. \tag{5.3.11}$$

若只知道 $\boldsymbol{g}_1'$, $\cdots$, $\boldsymbol{g}_k'$ 的任何线性组合，除非为 0, 不能等于 H 的行的任何线性组合，但 $\boldsymbol{g}_1$, $\cdots$, $\boldsymbol{g}_k$ 不必线性无关，则仍有 $u = \text{rk}(\boldsymbol{H}_1)$，但后者不必为 k.

用公式(5.3.5)和(5.3.5)′计算 $\mathscr{F}$ 有其不方便之处，在于需要算出 $\boldsymbol{\beta}$ 的两个 LS 估计. 下面的引理给出一个计算公式，它只需在没有假设的情况下 β 的 LS 估计.

引理 5.3.2. 设有线性模型

$$\boldsymbol{Y} = \boldsymbol{X\beta} + \boldsymbol{e}, \ \boldsymbol{H\beta} = \boldsymbol{0}, \ \text{VAR}(\boldsymbol{e}) = \sigma^2 \boldsymbol{I},$$

假设 $\boldsymbol{H}_1\boldsymbol{\beta} = \boldsymbol{0}$, 其中 $\boldsymbol{H}_1$ 的各行 $\boldsymbol{g}_1'$, $\cdots$, $\boldsymbol{g}_k'$ 在约束 $\boldsymbol{H\beta} = \boldsymbol{0}$ 之下线性无关，且每个 $\boldsymbol{g}_i'\boldsymbol{\beta}$ 在约束 $\boldsymbol{H\beta} = \boldsymbol{0}$ 下可估，则(记号准(5.3.5′))

$$\begin{aligned} SS_{H_1} &= \|\boldsymbol{Y} - \boldsymbol{X}\hat{\boldsymbol{\beta}}_{H_2}\|^2 - \|\boldsymbol{Y} - \boldsymbol{X}\hat{\beta}_H\|^2 \\ &= (\boldsymbol{H}_1\hat{\beta}_H)'(\text{VAR}(\boldsymbol{H}_1\hat{\beta}_H)/\sigma^2)^{-1}(\boldsymbol{H}_1\hat{\beta}_H). \end{aligned} \tag{5.3.12}$$

证. 先考虑一个特殊情况，即约束根本不存在且 $\boldsymbol{g}_1'\boldsymbol{\beta}$, $\cdots$, $\boldsymbol{g}_k'\boldsymbol{\beta}$ 皆可估且线性无关. 又把假设 $\boldsymbol{H}_1\boldsymbol{\beta} = \boldsymbol{0}$ 改记为 $\boldsymbol{H\beta} = \boldsymbol{0}$, 则(5.3.12)中的 $\hat{\boldsymbol{\beta}}_H$ 和 $\hat{\boldsymbol{\beta}}_{H_2}$ 在此处分别相当于 $\hat{\boldsymbol{\beta}}$ 和 $\hat{\boldsymbol{\beta}}_H$, 此处 $\hat{\boldsymbol{\beta}}$ 为无约束时 $\boldsymbol{\beta}$ 的 LS 估计. 又假定 $\boldsymbol{X}$ 为满秩的，即 $\text{rk}(\boldsymbol{X}) = p$. 有

$$\boldsymbol{S}\hat{\boldsymbol{\beta}} = \boldsymbol{X}'\boldsymbol{Y}, \ \boldsymbol{S}\hat{\boldsymbol{\beta}}_H = \boldsymbol{X}'\boldsymbol{Y} + \boldsymbol{H}'\boldsymbol{\lambda}, \ \boldsymbol{H}\hat{\boldsymbol{\beta}}_H = \boldsymbol{0}. \tag{5.3.13}$$

注意到 $\mathscr{M}_H(\boldsymbol{X}) \subset \mathscr{M}(\boldsymbol{X})$，根据投影的性质立得

$$\begin{aligned} SS_H &= \|\boldsymbol{X}\hat{\boldsymbol{\beta}} - \boldsymbol{X}\hat{\boldsymbol{\beta}}_H\|^2 = (\hat{\beta} - \hat{\beta}_H)'\boldsymbol{S}(\hat{\beta} - \hat{\beta}_H) \\ &= (\hat{\beta}_H - \hat{\beta})'\boldsymbol{H\lambda} = -\hat{\boldsymbol{\beta}}'\boldsymbol{H\lambda}. \end{aligned} \tag{5.3.14}$$

由 (5.3.13) 第二式得 $\hat{\beta}_H = \boldsymbol{S}^{-1}(\boldsymbol{X}'\boldsymbol{Y} + \boldsymbol{H}'\boldsymbol{\lambda})$, 代入第三式得 $H(\boldsymbol{S}^{-1}\boldsymbol{X}'\boldsymbol{Y} + \boldsymbol{S}^{-1}\boldsymbol{H}'\boldsymbol{\lambda}) = \boldsymbol{0}$，从而

$$\boldsymbol{\lambda} = -(\boldsymbol{HS}^{-1}\boldsymbol{H}')^{-1}\boldsymbol{HS}^{-1}\boldsymbol{X}'\boldsymbol{Y} = -(\boldsymbol{HS}^{-1}\boldsymbol{H}')^{-1}\boldsymbol{H}\hat{\boldsymbol{\beta}},$$

代入(5.3.14)即得

$$\begin{aligned} SS_H &= (\boldsymbol{H}\hat{\boldsymbol{\beta}})'(\boldsymbol{HS}^{-1}\boldsymbol{H}')^{-1}(\boldsymbol{H}\hat{\boldsymbol{\beta}}) \\ &= (\boldsymbol{H}\hat{\boldsymbol{\beta}})'(\text{VAR}(\boldsymbol{H}\hat{\boldsymbol{\beta}})/\sigma^2)^{-1}(\boldsymbol{H}\hat{\boldsymbol{\beta}}). \end{aligned}$$

这在上述特殊情况下证明了(5.3.12).

对一般情况，先根据§5.2(五)中所论，将其化为无约束情况且使设计矩阵为满秩的，即

$$\boldsymbol{Y}=\widetilde{\boldsymbol{X}}\boldsymbol{\alpha}+\boldsymbol{e}.$$

这时 $\boldsymbol{H}_1\boldsymbol{\beta}=\boldsymbol{0}$ 转化为 $\widetilde{\boldsymbol{H}}\boldsymbol{\alpha}=\boldsymbol{0}$, $\widetilde{\boldsymbol{H}}\boldsymbol{\alpha}$ 中包括 k 个可估函数, 且因 $\boldsymbol{H}_1\boldsymbol{\beta}=\boldsymbol{0}$ 和 $\widetilde{\boldsymbol{H}}\boldsymbol{\alpha}=\boldsymbol{0}$ 是同一线性假设在不同参数表达下的形式, 必有 $\boldsymbol{H}_1\boldsymbol{\beta}=\boldsymbol{Q}\widetilde{\boldsymbol{H}}\boldsymbol{\alpha}$, $\boldsymbol{Q}$ 为 k 阶满秩方阵. 由于 SS_{H_1} 显然与参数的选择无关, 有

$$SS_{H_1}=SS_{\widetilde{H}}=(\widetilde{\boldsymbol{H}}\hat{\boldsymbol{\alpha}})'(\mathrm{VAR}(\widetilde{\boldsymbol{H}}\hat{\boldsymbol{\alpha}})/\sigma^2)^{-1}(\widetilde{\boldsymbol{H}}\hat{\boldsymbol{\alpha}}),$$

而 $$\boldsymbol{H}_1\hat{\boldsymbol{\beta}}_H=\boldsymbol{Q}\widetilde{\boldsymbol{H}}\hat{\boldsymbol{\alpha}},\ \mathrm{VAR}(\boldsymbol{H}_1\hat{\boldsymbol{\beta}}_H)\boldsymbol{Q}\mathrm{VAR}(\widetilde{\boldsymbol{H}}\hat{\boldsymbol{\alpha}})\boldsymbol{Q}'$$

知 $$\begin{aligned}&(\widetilde{\boldsymbol{H}}\hat{\boldsymbol{\alpha}})'(\mathrm{VAR}(\widetilde{\boldsymbol{H}}\hat{\boldsymbol{\alpha}})/\sigma^2)^{-1}(\widetilde{\boldsymbol{H}}\hat{\boldsymbol{\alpha}})\\&=(\boldsymbol{H}_1\hat{\boldsymbol{\beta}}_H)'(\mathrm{VAR}(\boldsymbol{H}_1\hat{\boldsymbol{\beta}}_H)/\sigma^2)^{-1}(\boldsymbol{H}_1\hat{\boldsymbol{\beta}}_H),\end{aligned}$$

于是得到 $$SS_{H_1}=(\boldsymbol{H}_1\hat{\boldsymbol{\beta}}_H)'(\mathrm{VAR}(\boldsymbol{H}_1\hat{\boldsymbol{\beta}}_H)/\sigma^2)^{-1}(\boldsymbol{H}_1\hat{\boldsymbol{\beta}}_H).$$

即(5.3.12). 引理证毕.

(二)线性假设的典则形式

在上一段中我们推导了一般线性假设的 F 检验, 证明了其功效是通过非中心 F 分布来表达的. 在1938年, 我国学者唐培经首次为此目的造了表. 在讨论某些理论性问题时, 直接从上一段那种一般线性假设的形式出发有时有所不便. 1941年, 我国统计学家许宝騄教授提出了线性模型的一种典则形式 (见 P. L. Hsu: *Ann. Eugen*. 1941, p. 42), 在理论研究上有很大的方便.

设有线性模型 $\boldsymbol{Y}=\boldsymbol{X}\boldsymbol{\beta}+\boldsymbol{e}$ 及线性假设 $\boldsymbol{H}\boldsymbol{\beta}=\boldsymbol{0}$. 设 $\mathrm{rk}(\boldsymbol{X})=\dim(\mathscr{M}(\boldsymbol{X}))=r$. 子空间 $\mathscr{M}_H(\boldsymbol{X})=\{\boldsymbol{X}\boldsymbol{\beta}: \boldsymbol{H}\boldsymbol{\beta}=\boldsymbol{0}\}$ 包含于 $\mathscr{M}(\boldsymbol{X})$ 内, 记 $\dim(\mathscr{M}_H(\boldsymbol{X}))=r-q$. 在 $\mathscr{M}_H(\boldsymbol{X})$ 中取法正交基底 $\boldsymbol{t}_{q+1}, \cdots, \boldsymbol{t}_r$, 将其扩充为 $\mathscr{M}(\boldsymbol{X})$ 的法正交基底 $\boldsymbol{t}_1, \cdots, \boldsymbol{t}_r$ 并进而扩展为全空间的法正交基底 $\boldsymbol{t}_1, \cdots, \boldsymbol{t}_n$. 记

$$\boldsymbol{T}=\begin{pmatrix}\boldsymbol{t}_1'\\ \vdots\\ \boldsymbol{t}_n'\end{pmatrix},$$

$\boldsymbol{T}$ 为正交方阵. 作变换 $\boldsymbol{Z}=\boldsymbol{T}\boldsymbol{Y}$, 则

$$\boldsymbol{Z}=\boldsymbol{T}\boldsymbol{X}\boldsymbol{\beta}+\boldsymbol{T}\boldsymbol{e}=\boldsymbol{\gamma}+\widetilde{\boldsymbol{e}}, \tag{5.3.15}$$

$\widetilde{\boldsymbol{e}}=\boldsymbol{T}\boldsymbol{e}$. 假定 $\boldsymbol{e}\sim N(\boldsymbol{0}, \sigma^2\boldsymbol{I})$, 则由引理1.1.1, 知 $\widetilde{\boldsymbol{e}}\sim N(\boldsymbol{0},$

$\sigma^2\boldsymbol{I})$. 于是(5.3.15)仍为一正态线性模型. 由于 $\boldsymbol{X\beta}\in\mathscr{M}(\boldsymbol{X})$, 故 $\boldsymbol{X\beta}$ 为 $\boldsymbol{t}_1, \cdots, \boldsymbol{t}_r$ 的线性组合, 因此, 若记 $\boldsymbol{\gamma}=(\gamma_1, \cdots, \gamma_n)'$, 则

$$\gamma_i=0,\ i=r+1,\ \cdots,\ n, \tag{5.3.16}$$

而当 $\boldsymbol{H\beta}=\mathbf{0}$ 成立时, $\boldsymbol{X\beta}\in\mathscr{M}_H(\boldsymbol{X})$, 即 $\boldsymbol{X\beta}$ 为 $\boldsymbol{t}_{q+1}, \cdots, \boldsymbol{t}_r$ 的线性组合, 故又有

$$\gamma_i=0,\ i=1,\ \cdots,\ q, \tag{5.3.17}$$

结合(5.3.16), (5.3.17), 得正态线性模型及线性假设的典则形式如下:

$$\begin{cases} Y_i=\beta_i+e_i,\ i=1,\ \cdots,\ r;\ Y_i=e_i,\ r+1\leqslant i\leqslant n; \\ H:\ \beta_1=\cdots=\beta_q=0. \end{cases} \tag{5.3.18}$$

其中 $\boldsymbol{e}=(e_1, \cdots, e_n)'\sim N(\mathbf{0}, \sigma^2\boldsymbol{I})$, $\beta_1, \cdots, \beta_r$ 为未知参数. 因为由一般线性模型转化到典则形式的变换矩阵是正交的, 典则形式所包罗的内容并不少于一般形式, 而且, 由于正交变换不变距离, 所有只与距离有关的量的计算, 都可以转移到典则形式下来进行.

例如, 线性假设的 F-检验统计量 $\mathscr{F}$ 的计算只涉及某些距离, 故与在典则形式下算出的结果一样. 显然, 在典则形式(5.3.18)之下, β_i 的 LS 估计就是 Y_i, $i=1, \cdots, r$, 而在假设 H 下, $\beta_{q+1}, \cdots, \beta_r$ 的 LS 估计仍为 $Y_{q+1}, \cdots, Y_r$. 于是得到

$$\|\boldsymbol{Y}-\boldsymbol{X}\hat{\boldsymbol{\beta}}\|^2=\sum_{i=r+1}^{n}Y_i^2,\quad \|\boldsymbol{Y}-\boldsymbol{X}\hat{\boldsymbol{\beta}}_H\|^2=\sum_{i=1}^{q}Y_i^2+\sum_{i=r+1}^{n}Y_i^2,$$

由此得出

$$\mathscr{F}=\frac{1}{q}\sum_{i=1}^{q}Y_i^2\bigg/\frac{1}{n-r}\sum_{i=r+1}^{n}Y_i^2, \tag{5.3.19}$$

由对 Y_i 的假定立得

$$\mathscr{F}\sim F_{q,\,n-r,\,\delta}, \tag{5.3.20}$$

其中

$$\delta^2=\sum_{i=1}^{q}\beta_i^2/\sigma^2. \tag{5.3.21}$$

所以, 在典则形式下, 非中心参数 δ 与模型参数之间, 有很简单的关系. 当假设 H 成立时有 $\beta_1=\cdots=\beta_q=0$, 于是由 (5.3.21) 知

$\delta=0$. 这样,我们用另一种方法证明了定理 5.3.1.

(三) F-检验的某些最优性质

我们在典则形式下来讨论问题. 由(一)已知: F 检验是线性假设的似然比检验. 然而, 如果要问 F 检验是否具有某种准则(如 UMP, UMPU, UMPI 之类)下的最优性. 那么不难看出: 当 $q=1$ (用(二)中的记号) 时, F 检验是 UMPU 检验. 但不存在 UMP 检验. 这一点从 § 3.3 的理论直接得出. 但是, 当 $q\geqslant 2$ 时, UMPU 检验根本不存在. 事实上,任取$(b_1, \cdots, b_q)$, $b_1, \cdots, b_q$不同时为 0, 则

$$H: \beta_1, \cdots, \beta_q \text{ 都为 } 0$$

的水平 α 无偏检验中,在$(b_1, \cdots, b_q)$处功效最大的是以

$$\frac{\left(\sum_{i=1}^{q} b_i Y_i\right)^2}{\|b\|^2} \Big/ \frac{1}{n-r} \sum_{i=r+1}^{n} Y_i^2 \geqslant F_{1, n-r}(\alpha) \qquad (5.3.22)$$

为否定域的检验. 但此检验与$(b_1, \cdots, b_q)$有关.

然而,可以证明: F 检验是在一定的变换群下的 UMPI 检验.

考虑一切形如

$$\boldsymbol{Z}=c\boldsymbol{T}\boldsymbol{Y}+\boldsymbol{a}$$

的变换,其中 $c>0$, $\boldsymbol{T}$ 为对角分块正交阵:

$$\boldsymbol{T}=\mathrm{DIAG}(\boldsymbol{T}_1, \boldsymbol{T}_2, \boldsymbol{T}_3),$$

其中 $\boldsymbol{T}_1$, $\boldsymbol{T}_2$, $\boldsymbol{T}_3$ 分别为 q, $r-q$ 和 $n-r$ 阶正交阵,而

$$\boldsymbol{a}=\begin{pmatrix} \boldsymbol{0} \\ \boldsymbol{b} \\ \boldsymbol{0} \end{pmatrix} \begin{matrix} \to q \text{ 维} \\ \to r-q \text{ 维} \\ \to n-r \text{ 维} \end{matrix} \qquad (5.3.23)$$

不难验证, 一切这样的变换构成一个群 G. 若 $\boldsymbol{Y}$ 为正态且 $\mathrm{VAR}(\boldsymbol{Y})=\sigma^2\boldsymbol{I}$, 则 $\boldsymbol{Z}$ 仍为正态, 且 $\mathrm{VAR}(\boldsymbol{Z})=c^2\sigma^2\boldsymbol{I}$, 故 $\boldsymbol{Z}$ 仍为正态线性模型,又显然

$$E(Y_i)=0,\ r+1\leqslant i\leqslant n \Rightarrow E(Z_i)=0,\ r+1\leqslant i\leqslant n,$$
$$E(Y_i)=0,\ 1\leqslant i\leqslant q \Rightarrow E(Z_i)=0,\ 1\leqslant i\leqslant q.$$

这说明：线性假设 $H: \beta_1 = \cdots = \beta_q = 0$ 在上述变换群 G 之下不变.

现在证明：上述变换群 G 的一个极大不变量是

$$S(\boldsymbol{Y}) = \sum_{i=1}^{q} Y_i^2 \Big/ \sum_{i=r+1}^{n} Y_i^2.$$

事实上，若存在 G 中之一变换 g 致 $\boldsymbol{z} = g\boldsymbol{y}$，则显见有 $S(\boldsymbol{z}) = S(\boldsymbol{y})$. 反之，若 $S(\boldsymbol{z}) = S(\boldsymbol{y})$，则存在 $c > 0$，致

$$\sum_{i=1}^{q} z_i^2 = c \sum_{i=1}^{q} y_i^2, \quad \sum_{i=r+1}^{n} z_i^2 = c \sum_{i=r+1}^{n} y_i^2.$$

故存在正交阵 T_1, T_3，致

$$(z_1, \cdots, z_q)'/\sqrt{c} = \boldsymbol{T}_1 (y_1, \cdots, y_q);$$

$$(z_{r+1}, \cdots, z_n)'/\sqrt{c} = \boldsymbol{T}_3 (y_{r+1}, \cdots, y_n).$$

取 $\boldsymbol{T}_2 = \boldsymbol{I}_{r-q}$，$\boldsymbol{b} = (z_{q+1}, \cdots, z_r)' - \sqrt{c}\,(y_{q+1}, \cdots, y_r)'$，而取 $\boldsymbol{a}$ 如 (5.3.23)，则有 $\boldsymbol{z} = \sqrt{c}\,\boldsymbol{T}\boldsymbol{y} + \boldsymbol{a}$，$\boldsymbol{T} = \mathrm{DIAG}\,(\boldsymbol{T}_1, \boldsymbol{T}_2, \boldsymbol{T}_3)$. 这证明了 $S(\boldsymbol{Y})$ 确为一个极大不变量. 因此，任何不变检验必须基于 $S(\boldsymbol{Y})$，或等价地，基于统计量 $\mathscr{F}$. 但 $\mathscr{F} \sim F_{q, n-r, \delta}$，因此，寻找 UMPI 检验的问题转化为在这个非中心 F-分布族之下，假设 $\delta = 0 \leftrightarrow \delta > 0$ 的 UMP 检验是否存在的问题. 以 $f(x|q, n-r, \delta)$ 记 $F_{q, n-r, \delta}$ 的密度函数，指定 $\delta_1 > 0$，根据 Neyman-Pearson 基本引理，$\delta = 0 \leftrightarrow \delta = \delta_1$ 的水平 α 的 UMP 检验有否定域

$$\{\mathscr{F}: f(\mathscr{F}|q, n-r, \delta_1)/f(\mathscr{F}|q, n-r, 0) \geqslant c\}. \quad (5.3.24)$$

根据 F-分布的性质 c(§ 1.1(五))，知 (5.3.24) 有 $\{\mathscr{F}: \mathscr{F} \geqslant \tilde{c}\}$ 的形式，而为要使水平为 α 应取 $\tilde{c} = \boldsymbol{F}_{q, n-r}(\alpha)$. 这样，得到 $\delta = 0 \leftrightarrow \delta = \delta_1$ 的水平 α 的 UMP 检验即为(一)中求得的 F 检验. 由于这个检验与 δ_1 无关，它就是在上述变换群之下的 UMPI 检验.

F 检验的一个特点是其功效函数只依赖于 $\delta = \sqrt{\sum_{i=1}^{q} \beta_i^2 / \sigma^2}$. 许宝騄教授考虑一切具有这种性质的检验的类 $\mathscr{T}$，而证明了：F 检验在类 $\mathscr{T}$ 中为 UMP 的.

定理 5.3.2(许宝騄). 设有典则形式下的线性模型及线性假设 H 如 (5.3.18)，而 ϕ 为 H 的以

$$\mathscr{F}=\frac{1}{q}\sum_{i=1}^{q}Y_i^2\Big/\frac{1}{n-r}\sum_{i=r+1}^{n}Y_i^2\geqslant F_{q,\,n-r}(\alpha) \qquad (5.3.25)$$

为否定域的检验，ψ 为任一其功效函数只与 δ 有关的、水平 α 的检验，则

$$\beta_\phi(\delta)\geqslant\beta_\psi(\delta),\ \text{对一切 }\delta>0.$$

许的原来证明发表于 Biometrika, 1941, p. 62. 以下给的证明基于定理 3.4.3.

写出 $\boldsymbol{Y}=(Y_1, \cdots, Y_n)'$ 的密度函数

$$\begin{aligned}&\left(\frac{1}{\sqrt{2\pi}\sigma}\right)^n\exp\left(-\frac{1}{2\sigma^2}\sum_{i=1}^{r}(y_i-\beta_i)^2-\frac{1}{2\sigma^2}\sum_{i=r+1}^{n}y_i^2\right)\\ &\quad=\left(\frac{1}{\sqrt{2\pi}\sigma}\right)^n\exp\left(-\sum_{i=1}^{r}\beta_i^2/2\sigma^2\right)\exp\left[-\frac{1}{2\sigma^2}\sum_{i=1}^{r}2\beta_iy_i\right.\\ &\qquad\left.-\frac{1}{2\sigma^2}\sum_{i=1}^{n}y_i^2\right],\end{aligned}$$

根据例 1.5.7 及定理 1.6.1, 知

$$T(\boldsymbol{Y})=\left(Y_1, \cdots, Y_r, \sum_{i=1}^{n}Y_i^2\right)'=(t_1, \cdots, t_{r+1})',$$

为此分布族的完全充分统计量. 如果把前面的变换群 G 施加于 $\boldsymbol{T}=(t_1, \cdots, t_{r+1})'$ 上，则有形式:

$$\begin{gathered}g(t_1, \cdots, t_{r+1})'=(z_1, \cdots, z_{r+1})':\\ (z_1, \cdots, z_q)'=c\boldsymbol{T}(t_1, \cdots, t_q);\ c>0,\ \boldsymbol{T}\text{ 为 }q\text{ 阶正交阵};\\ z_i=t_i+b_i,\ i=q+1, \cdots, r;\ b_i\text{ 任意};\\ z_{r+1}=c^2t_{r+1}.\end{gathered}$$

此群之极大不变量，即 F 统计量 $\mathscr{F}$，而此群下的水平 α 的 UMPI 检验即为以 (5.3.25) 为否定域的检验 ϕ. 但群 G 中任一变换 g (如上)在参数空间$\{(\beta_1, \cdots, \beta_r, \sigma):\ -\infty<\beta_i<\infty,\ i=1, \cdots, r,\ 0<\sigma<\infty\}$中导出的变换 $\bar{g}$ 为

$$\begin{gathered}\bar{g}(\beta_1, \cdots, \beta_q)'=c\boldsymbol{T}(\beta_1, \cdots, \beta_q)';\\ \bar{g}(\beta_{q+1}, \cdots, \beta_r)'=(\beta_{q+1}, \cdots, \beta_r)'+(b_{q+1}, \cdots, b_r)';\\ \bar{g}\sigma=c\sigma.\end{gathered}$$

一切这样的 $\bar{g}$ 所成的群 $\bar{G}$ 的极大不变量，显然就是

$$\delta=\left(\sum_{i=1}^{q}\beta_i^2\right)^{1/2}\Big/\sigma.$$

根据定理 3.4.3, 作为变换群 G 之下的 UMPI 检验的 F 检验, 在一切其功效函数只依赖于这个极大不变量 δ 的检验类中, 也是 UMP 的. 这就证明了定理 5.3.2.

1942 年, Wald 将上述许的结果加以推广. Wald 证明了: 若 ψ 是 H: $\beta_1=\cdots=\beta_q=0$ 的真实水平为 α 的相似检验, 则对任何固定的 $\sigma>0$ 及 β_{q+1}, $\cdots$, β_r, ψ 的功效函数在球面 $\left\{(\beta_1;\ \cdots,\ \beta_q):\ \sum_{i=1}^{q}\beta_i^2=\delta^2\sigma^2\right\}$ 上的平均值不超过真实水平为 α 的 F 检验在该球面上的功效.

F 检验还有一个 Minimax 型的最优性质. 为了叙述这个性质, 需要引进一个新概念.

设 Θ 为一分布族的参数空间, $\omega\subset\Theta$, $\omega^c=\Theta-\omega$. 考虑检验问题

$$H:\ \theta\in\omega\leftrightarrow K:\ \theta\in\omega^c,$$

任取 $\theta_1\in\omega^c$. 以 Φ_α 记检验问题 $H\leftrightarrow K$ 的一切水平 α 检验的类, 记

$$\beta_\alpha^*(\theta_1)=\sup_{\phi_1\in\Phi_\alpha}\beta_{\phi_1}(\theta_1).$$

这里 β_{ϕ_1} 为 ϕ_1 的功效函数. 对 $H\leftrightarrow K$ 的任一水平 α 的检验 ϕ, 算出

$$C(\phi)=\sup_{\theta\in\omega^c}(\beta_\alpha^*(\theta)-\beta_\phi(\theta)),$$

使 $C(\phi)$ 达到最小的、$H\leftrightarrow K$ 的水平 α 检验, 称为 $H\leftrightarrow K$ 的水平 α 的最严厉的检验 (Most Stringent Test).

定理 5.3.3. 线性假设的真实水平为 α 的 F 检验, 是其水平 α 的最严厉检验.

证明可参看 [7], 第 8 章.

(四) 可估函数的区间估计

设有正态线性模型

$$\boldsymbol{Y}=\boldsymbol{X}\boldsymbol{\beta}+\boldsymbol{e},\ \boldsymbol{e}\sim N(\boldsymbol{0},\ \sigma^2\boldsymbol{I}),\ \boldsymbol{H}\boldsymbol{\beta}=\boldsymbol{0},$$

其中 $\boldsymbol{X}$ 为 n 行 p 列. 设 $\boldsymbol{c}_i'\boldsymbol{\beta}$, $i=1,\ \cdots,\ k$. 是在约束 $\boldsymbol{H}\boldsymbol{\beta}=\boldsymbol{0}$ 下 k 个线性无关的可估函数. 记 $\boldsymbol{C}=\begin{pmatrix}\boldsymbol{c}_1'\\ \vdots\\ \boldsymbol{c}_k'\end{pmatrix}$, 要求 $\boldsymbol{\Psi}=\begin{pmatrix}\psi_1\\ \vdots\\ \psi_k\end{pmatrix}=\boldsymbol{C}\boldsymbol{\beta}$ 的区间估计.

记 $\hat{\boldsymbol{\beta}}=\hat{\boldsymbol{\beta}}_H$ 为 $\boldsymbol{\beta}$ 在约束 $\boldsymbol{H}\boldsymbol{\beta}=\boldsymbol{0}$ 下的任一 LS 估计, 又

$$\mathrm{VAR}(\hat{\boldsymbol{\Psi}})=\mathrm{VAR}(\boldsymbol{C}\hat{\boldsymbol{\beta}})=\sigma^2\boldsymbol{D},$$

$\boldsymbol{D}$ 的具体形式取决于 $\boldsymbol{X}$, $\boldsymbol{H}$ 及 $\boldsymbol{C}$. 例如, 在无约束(可认为 $\boldsymbol{H}=\boldsymbol{0}$)时, $\boldsymbol{D}=\boldsymbol{C}\boldsymbol{S}^{+}\boldsymbol{C}'$, $\boldsymbol{S}=\boldsymbol{X}'\boldsymbol{X}$. 当 $\boldsymbol{X}$ 为满秩时 $\boldsymbol{S}^{+}$ 可改为 $\boldsymbol{S}^{-1}$, 等等.

由于 $\boldsymbol{e}$ 服从正态分布, 根据定理 5.2.6 (如在 § 5.2(八)的结尾处指出的, 在有约束时定理 5.2.6 的结论仍对), 有 $\boldsymbol{\Psi}\sim N(\boldsymbol{\Psi},\ \sigma^2\boldsymbol{D})$, 即 $\hat{\boldsymbol{\Psi}}-\boldsymbol{\Psi}\sim N(\boldsymbol{0},\ \sigma^2\boldsymbol{D})$. 由 χ^2 分布的性质 j 得(我们的假定保证了 $\boldsymbol{D}$ 满秩)

$$\begin{aligned}M&=(\hat{\boldsymbol{\Psi}}-\boldsymbol{\Psi})'(\sigma^2\boldsymbol{D})^{-1}(\hat{\boldsymbol{\Psi}}-\boldsymbol{\Psi})\\&=(\hat{\boldsymbol{\Psi}}-\boldsymbol{\Psi})'\boldsymbol{D}^{-1}(\hat{\boldsymbol{\Psi}}-\boldsymbol{\Psi})/\sigma^2\sim\chi_k^2.\end{aligned}$$

记 $S^2=\tilde{\sigma}^2=\dfrac{1}{n-q}\|\boldsymbol{Y}-\boldsymbol{X}\hat{\boldsymbol{\beta}}\|^2$ 为在约束 $\boldsymbol{H}\boldsymbol{\beta}=\boldsymbol{0}$ 之下, σ^2 的无偏估计, 这里 q 由 (5.2.40) 定出, 则由定理 5.2.6, $(n-q)S^2\sim\chi_{n-q}^2$ 且 S^2 与 $\boldsymbol{\Psi}$ 独立, 因而 S^2 与 M 独立, 所以

$$\frac{1}{k}(\boldsymbol{\Psi}-\boldsymbol{\Psi})'\boldsymbol{D}^{-1}(\boldsymbol{\Psi}-\boldsymbol{\Psi})/S^2\sim F_{k,\,n-q},$$

从而

$$P_{\beta,\sigma}\{(\hat{\boldsymbol{\Psi}}-\boldsymbol{\Psi})'\boldsymbol{D}^{-1}(\hat{\boldsymbol{\Psi}}-\boldsymbol{\Psi})/kS^2\leqslant F_{k,\,n-q}(\alpha)\}=1-\alpha.$$

因此, 椭球

$$S_\alpha(\hat{\boldsymbol{\Psi}})=\{\boldsymbol{\Psi}:\ (\hat{\boldsymbol{\Psi}}-\boldsymbol{\Psi})'\boldsymbol{D}^{-1}(\hat{\boldsymbol{\Psi}}-\boldsymbol{\Psi})\leqslant kF_{k,\,n-q}(\alpha)S^2\}\tag{5.3.26}$$

包含未知的 $\boldsymbol{\Psi}$ 的概率等于 $1-\alpha$. 它就是 $\boldsymbol{\Psi}$ 的置信系数为 $1-\alpha$ 的相似置信椭球.

当 $k=1$ 时，$\psi=\mathbf{c}'\boldsymbol{\beta}$ 的置信系数 $1-\alpha$ 的置信区间为

$$\left[\hat{\psi}-t_{n-q}\left(\frac{\alpha}{2}\right)\hat{\sigma}_{\hat{\psi}},\ \hat{\psi}-t_{n-q}\left(\frac{\alpha}{2}\right)\hat{\sigma}_{\hat{\psi}}\right],$$

此处 $\hat{\sigma}^2$ 由在 $\mathrm{Var}(\hat{\psi})$ 中以 S^2 代 σ^2 而得，如在无约束时

$$\hat{\sigma}^2=\mathbf{c}'\boldsymbol{S}^{+}\mathbf{c}'\cdot S^2.$$

关于这种估计的最优性，当 $k=1$ 时，所得的 t-区间型的估计 $\hat{\psi}\pm t_{n-q}\left(\frac{\alpha}{2}\right)\hat{\sigma}_{\hat{\psi}}$ 为 UMAU 的. 但当 $k\geqslant 2$ 时，UMAU 区域估计不存在（参看前面关于线性假设的类似结果）. 可以证明置信椭球 (5.3.26) 有某些 Minimax 型的最优性质. 但此处不涉及这些细节了.

（五）同时区间估计

在同一个线性模型之下，往往要对若干个可估函数作区间估计. 设有可估函数 $\psi_1, \cdots, \psi_k$. 我们可用(四)中的方法对每个 ψ 作置信水平 $1-\alpha$ 的区间估计

$$\hat{\psi}_i\pm t_{n-q}\left(\frac{\alpha}{2}\right)\hat{\sigma}_{\hat{\psi}_i},\ i=1, \cdots, k. \tag{5.3.27}$$

但是，如果 k 个事件 $A_1, \cdots, A_k$ 中，每一个事件的概率都是 $1-\alpha$，则这 k 个事件同时发生，即事件 $\bigcap_{i=1}^{k} A_i$ 的概率，一般比 $1-\alpha$ 小，k 愈大，一般比 $1-\alpha$ 小得也愈多. 这表示，尽管(5.3.27)中每一个包含各自 ψ_i 的概率为 $1-\alpha$，但

$$\psi_i\in\left[\hat{\psi}_i-t_{n-q}\left(\frac{\alpha}{2}\right)\hat{\sigma}_{\hat{\psi}_i},\ \hat{\psi}_i-t_{n-q}\left(\frac{\alpha}{2}\right)\hat{\sigma}_{\hat{\psi}_i}\right],\ i=1, \cdots, k, \tag{5.3.28}$$

同时成立的“置信系数”，一般比 $1-\alpha$ 低很多.

如果我们要使(5.3.28)中的 k 个包含关系同时成立的概率达到名义上的 $1-\alpha$，则一个可供选择的办法是把每区间的置信系数由 $1-\alpha$ 提高到 $1-\frac{\alpha}{k}$. 这种作法的缺点在于过于保守. 因为若

$P(A_i)=1-\frac{\alpha}{k}$, $i=1, \cdots, k$, 一般有 $P\left(\bigcap_{i=1}^{k} A_i\right) \geqslant 1-\alpha$ 而不必为 $1-\alpha$. 这导致过大的置信系数而使区间的长度过大. 另外, 在涉及到 k 极大甚至无限的场合, 这个方法根本不适用.

关于这个问题, Scheffe 提出了一种方法, 直接应用置信椭球 (5.3.26). Scheffe 的方法基于下面的简单事实(参看 [11]):

引理 5.3.3. 设 $\boldsymbol{A}$ 为 n 阶正定方阵, 则点 $\boldsymbol{y}$ 在椭球 $\boldsymbol{x}'\boldsymbol{A}\boldsymbol{x} \leqslant c^2$ 内(包括其边界)的充要条件为:

$$|\boldsymbol{h}'\boldsymbol{y}| \leqslant c(\boldsymbol{h}'\boldsymbol{A}^{-1}\boldsymbol{h})^{1/2} \text{ 对任何 } n \text{ 维向量 } \boldsymbol{h}.$$

证. 当 $\boldsymbol{A}=\boldsymbol{I}$ 时, 这结论显然. 由 $\boldsymbol{A}$ 正定, 可表 $\boldsymbol{A}$ 为 $\boldsymbol{A}=\boldsymbol{Q}'\boldsymbol{Q}$, 而椭球成为 $(\boldsymbol{Q}\boldsymbol{x})'\boldsymbol{Q}\boldsymbol{x} \leqslant c^2$. 令 $\boldsymbol{Q}\boldsymbol{x}=\boldsymbol{z}$, 由 $\boldsymbol{A}=\boldsymbol{I}$ 的情况知

$$\begin{aligned} &\boldsymbol{y} \text{ 在椭球 } \boldsymbol{x}'\boldsymbol{A}\boldsymbol{x} \leqslant c^2 \text{ 内} \Leftrightarrow \boldsymbol{Q}\boldsymbol{y} \text{ 在椭球 } \boldsymbol{z}'\boldsymbol{z} \leqslant c^2 \text{ 内} \\ &\Leftrightarrow |\boldsymbol{h}'\boldsymbol{Q}\boldsymbol{y}| \leqslant c\|\boldsymbol{h}\| \text{ 对任何 } \boldsymbol{h} \\ &\Leftrightarrow \|\boldsymbol{h}'\boldsymbol{y}\| \leqslant c\|\boldsymbol{Q}'^{-1}\boldsymbol{h}\| \text{ 对任何 } \boldsymbol{h} \\ &\Leftrightarrow \|\boldsymbol{h}'\boldsymbol{y}\| \leqslant c(\boldsymbol{h}'\boldsymbol{A}^{-1}\boldsymbol{h})^{1/2} \text{ 对任何 } \boldsymbol{h}. \end{aligned}$$

Scheffe 考虑这样的问题: 设 $\psi_1, \cdots, \psi_k$ 为线性无关的可估函数, 要作一切形如 $\psi=h_1\psi_1+\cdots+h_k\psi_k$ 的同时区间估计. 这里 $h_1, \cdots, h_k$ 为任意常数.

记 $\boldsymbol{\Psi}=(\psi_1, \cdots, \psi_k)'$. 根据引理 5.3.3, "$\boldsymbol{\Psi}$ 属于椭球 (5.3.26)" 等价于

$$|\boldsymbol{h}'(\boldsymbol{\psi}-\hat{\boldsymbol{\Psi}})| \leqslant (kF_{k,n-q}(\alpha)S^2)^{1/2}(\boldsymbol{h}'\boldsymbol{D}\boldsymbol{h})^{1/2}, \quad (5.3.29)$$

对一切 k 维向量 $\boldsymbol{h}=(h_1, \cdots, h_k)'$. 由于

$$\sigma^2_{h'\hat{\psi}}=\operatorname{Var}(\boldsymbol{h}'\boldsymbol{\Psi})=\sigma^2\boldsymbol{h}'\boldsymbol{D}\boldsymbol{h},$$

有

$$\hat{\sigma}^2_{h'\phi}=S^2\boldsymbol{h}'\boldsymbol{D}\boldsymbol{h},$$

于是 (5.3.29) 可写为

$$|\boldsymbol{h}'\boldsymbol{\psi}-\boldsymbol{h}'\hat{\psi}| \leqslant (kF_{k,n-q}(\alpha))^{1/2}\hat{\sigma}_{h'\hat{\psi}}.$$

由此得到下面的定理.

定理 5.3.4 (Scheffe). 设 $\psi_1, \cdots, \psi_k$ 为 k 个线性无关的可估函数. 则对一切形如 $\varphi=\sum_{i=1}^{k} c_i\psi_i$ 的 φ 成立 $\hat{\varphi}-\sqrt{kF_{k,n-q}(\alpha)}\,\hat{\sigma}_{\hat{\varphi}} \leqslant$

$\varphi \leqslant \hat{\varphi} + \sqrt{kF_{k,n-q}(\alpha)}$的概率为$1-\alpha$，这里$\hat{\varphi}$，$\hat{\sigma}_{\hat{\varphi}}$，$n$，$q$的意义，就是前面所说明的.

如果单拿出一个特定的$\varphi=\sum_{i=1}^{k} c_k \psi_i$来作其区间估计，则置信系数$1-\alpha$的区间估计为$\hat{\varphi} \pm t_{n-q}\left(\frac{\alpha}{2}\right)\hat{\sigma}_{\hat{\varphi}}$. 这区间比Scheffe定理中给出的短一些，但为了要使一切具上述形式的φ的同时区间估计仍有置信系数$1-\alpha$，必须在区间长度上付出这个代价.（我们留给读者证明：$kF_{k,n-q}(\alpha) \geqslant F_{1,n-q}(\alpha)$，且当$k>1$时成立严格不等号.）

关于同时区间估计问题，Tukey提出过另一种方法. Tukey处理的情况不象Scheffe处理的那么一般，但在他的方法能用的时候，往往在同样的置信系数下，比Scheffe方法给出的结果有较高的精度. 关于以上两种方法及其比较，可参看Scheffe的著作[11]，第三章.

§5.4. 回归分析，方差分析，协方差分析

前两节所阐述的线性模型的一般理论，是回归分析和方差分析这两个重要的统计应用分支的基础[1]. 至于协方差分析，从模型上看可以认为是回归分析和方差分析的一种混合. 仔细地叙述这些分支的主要内容，当然不是本书范围所及. 但是，尽管这些分支的基础都在于线性模型，它们都有各自的特点. 反映在统计问题的提法和着重点上，也就各有差别，我们想在这里用不大的篇幅扼要地说明一下这些差别和重点，希望这能多少有助于读者在日后钻研这些分支.

（一）回归分析：估计和预测问题

在本段中，我们假定回归模型已按某种考虑选定了. 关于定模型的问题到下一段再谈.

1）应当指出，有些回归和方差分析问题，并不属于我们所描述的那种线性模型.

我们只考虑线性回归．经过改换自变量，这种回归可以写为

$$Y=\beta_0+\beta_1x_1+\cdots+\beta_px_p+e \tag{5.4.1}$$

的形式，β_0 为常数项，β_i 称为自变量 x_i 的回归系数，$i=1, \cdots, p$. e 为随机误差，$E(e)=0$, $\mathrm{Var}(e)=\sigma^2$，在考虑许多问题时往往有必要假定 e 服从正态分布．

在谈到回归分析时，一般总假定每个自变量在一定范围可连续取值、回归系数 β_i 表示自变量 x_i 对因变量 Y 影响的大小．直观地，它可以解释为当 x_i 改变一单位时，Y 所(平均)改变的量．然而，在作这种解释时必须慎重，因为各自变量对因变量的影响往往不是独立的，而是有一定的相关性．这种相关性的存在使回归关系的解释复杂化．然而，若承认模型(5.4.1)基本可用，则估计系数 β_i 是一件不可少的工作．估计的方法，一般就使用本章所介绍的最小二乘法．如要作区间估计，则需假定误差为正态，用§5.3(四)的方法进行．近年来的研究表明，当设计矩阵接近于退化时，最小二乘估计的性能往往不够好，因此发展了一些改进的方法，这些方法已开始得到一定的使用，然而，从理论的角度看，到目前为止所取得的结果还只能认为是初步的(见§5.4)．

另一个重要的估计问题是估计回归函数，即 $\beta_0+\beta_1x_1+\cdots+\beta_px_p$. 在模型已定的情况下，这不是一个新问题，因为在得到 $\beta_0, \cdots, \beta_p$ 的估计，例如其 LS 估计 $\hat{\beta}_0, \cdots, \hat{\beta}_p$ 后，自然地就用 $\hat{\beta}_0+\hat{\beta}_1x_1+\cdots+\hat{\beta}_px_p$ 去估计 $\beta_0+\cdots+\beta_px_p$. 但是，从某种意义上看，估计回归系数和估计回归函数还不好说成是完全一样的问题，这一点到后面再解释．

估计回归系数的目的是在于了解各自变量对 Y 的影响大小，而估计回归函数的目的则在于对 Y 的值进行预测、外推和控制．所谓预测，指的是如果我们在某一组指定的自变量值$(x_1^0, \cdots, x_p^0)$处做试验，则预期得到的 y 值将如何？外推问题的提法完全一样，差别在于一般在谈到预测时，往往理解为在自变量已作过试验的范围内，对外推问题，则预测点已超出自变量已作试验的范围之外，由于在一个区域内有效的模型(包括其中的参数具体值)不必

在其它区域仍有效，因此，对已估计出的回归函数作外推应用时需要慎重. 如有必要和可能，应设法检定已得模型在预定外推的区域内基本上仍适合.

预测的方法很简单：就用回归函数在$(x_1^0, \cdots, x_p^0)$点处的估计值 $\hat{\beta}_0+\hat{\beta}_1x_1^0+\cdots+\hat{\beta}_px_p^0=\hat{Y}$ 作为 y 的预测值. 预测误差为 $Y-\hat{Y}$. 这里 Y 自然应理解为，在点$(x_1^0, \cdots, x_p^0)$处实地作试验时，可能得出的结果. 这个试验是假定与已作试验(它们的结果被用来估计 $\beta_0, \cdots, \beta_p$ 及误差方差 σ^2 等)独立的. 若模型正确，则预测是无偏的(假定 $\hat{\beta}_i$ 为 β_i 的 LS 估计，下同)，即 $E(Y-\hat{Y})=0$. 此因

$$E(Y)=\beta_0+\beta_1x_1^0+\cdots+\beta_px_p^0,$$

而 $E(\hat{Y})=E(\hat{\beta}_0)+E(\hat{\beta}_1)x_1^0+\cdots+E(\hat{\beta}_p)x_p^0=\beta_0+\cdots+\beta_px_p^0$. 至于预测精度，则取决于 $Y-\hat{Y}$ 的方差. 显然

$$\begin{aligned}\mathrm{Var}(Y-\hat{Y})&=\mathrm{Var}(Y)+\mathrm{Var}(\hat{Y})\\&=\sigma^2+\sigma^2\boldsymbol{x}^{0\prime}\boldsymbol{B}\boldsymbol{x}^0.\end{aligned}\tag{5.4.2}$$

此处 $\boldsymbol{x}^0=(1, x_1^0, \cdots, x_p^0)'$ 而 $\sigma^2\boldsymbol{B}=\mathrm{VAR}(\hat{\boldsymbol{\beta}})$, $\hat{\boldsymbol{\beta}}=(\hat{\beta}_0, \cdots, \hat{\beta}_p)'$. $\boldsymbol{B}$ 的具体计算公式已在(5.2.9)中给出. 需要注意的是，在回归分析中，总是要求 $\beta_0, \cdots, \beta_p$ 都可估. (5.4.2)的第二项表示由于回归函数估计不准而带来的变差，当试验次数增加时这一部分可以缩小，然而，第一部分表示在点$(x_1^0, \cdots, x_p^0)$处一次试验的变差，而这完全由模型的精度所决定. 因此，在模型误差甚大时，不论以前作过多少试验，在降低预测误差上所起的作用是有限的.

设以 S^2 表示在§5.2(三)中所定出的 σ^2 的无偏估计，则由 $E(Y-\hat{Y})=0$ 及(5.4.2)，利用 S^2 与 $Y-\hat{Y}$ 的独立性，即得($n-q$ 是 S^2 的自由度)

$$\frac{Y-\hat{Y}}{S[1+x^{0\prime}Bx^0]^{1/2}}\sim t_{n-q},$$

由此得出置信系数为 $1-\alpha$ 的"区间预测".

$$\begin{aligned}\hat{Y}-t_{n-q}\left(\frac{\alpha}{2}\right)[1+x^{0\prime}Bx^0]^{1/2}S\leqslant Y\leqslant\hat{Y}\\+t_{n-q}\left(\frac{\alpha}{2}\right)[1+x^{0\prime}Bx^0]^{1/2}S.\end{aligned}$$

回归函数用于控制，可以说是预测的反问题. 即，要求把因变量 Y 之值控制在某个范围内，某点以上或以下，需要如何调整自变量之值.

（二）回归分析：与确定模型有关的问题

大体上说，这里包括两方面的问题. 一是根据理论或经验定出一个回归模型，一是在选定了回归模型后，怎样通过数据检验它是否合适，以及进行一些调整的问题.

我们不讨论第一方面的问题，因为它基本上不是一个数学问题. 只指出一点：在缺乏进行选择的理论和经验依据时，往往只能从数学处理方便上的考虑，来选择一种可能的形式，如多项式之类. 在这里，一般要避免选择过于复杂的形式，如次数甚高的多项式之类. 因为经验证明这样做的效果多不甚理想. 当然，过于简单化也是有害的.

如果想要通过样本对所选模型是否适合作一个检验，那就需要有重复试验，即在同一组自变量值处进行重复试验.

设我们选定了模型(5.4.1)，而在 $(x_{i1}, \cdots, x_{ip})$ 点处进行 r_i 次试验，结果为 Y_{ij}, $j=1, \cdots, r_i$, $i=1, \cdots, m$. 假定全部 $n=r_1+\cdots+r_m$ 次试验是独立进行的. 记

$$\boldsymbol{\beta}=(\beta_0, \beta_1, \cdots, \beta_p)', \ \boldsymbol{x}_i=(1, x_{i1}, \cdots, x_{ip})', \ i=1, \cdots, m.$$

最小二乘法在于选择 $\hat{\boldsymbol{\beta}}$，使

$$Q(\hat{\boldsymbol{\beta}})=\sum_{i=1}^{m}\sum_{j=1}^{r_i}(Y_{ij}-\boldsymbol{x}_i'\hat{\boldsymbol{\beta}})^2$$

达到最小. 记 $\overline{Y}_i=\dfrac{1}{r_i}\sum_{j=1}^{r_i}Y_{ij}$，有

$$Q(\boldsymbol{\beta})=SS_{e1}+\sum_{i=1}^{m}r_i(\overline{Y}_i-\boldsymbol{x}_i'\boldsymbol{\beta})^2. \tag{5.4.3}$$

其中

$$SS_{e1}=\sum_{i=1}^{m}\sum_{j=1}^{r_i}(Y_{ij}-\overline{Y}_i)^2. \tag{5.4.4}$$

因此，找 $\hat{\boldsymbol{\beta}}$ 使 $Q(\hat{\boldsymbol{\beta}})=\min\limits_{\boldsymbol{\beta}}Q(\boldsymbol{\beta})$ 的问题转化为使“加权误差平方

和"$\sum_{i=1}^{m} r_i(\overline{Y}_i-\boldsymbol{x}_i'\boldsymbol{\beta})^2$达到最小．用求多元函数极值的方法，不难推出 $\hat{\beta}$ 由方程

$$\boldsymbol{X}'\boldsymbol{R}\boldsymbol{X}\hat{\beta}=\boldsymbol{X}'\boldsymbol{R}\overline{\boldsymbol{Y}}$$

决定，此处 $\boldsymbol{R}=\mathrm{diag}(r_1,\cdots,r_m)$，$\overline{Y}=(\overline{Y}_1,\cdots,\overline{Y}_m)'$，而 $\boldsymbol{X}'=(\boldsymbol{x}_1|\cdots|\boldsymbol{x}_m)$．残差平方和为

$$SS_e=Q(\hat{\boldsymbol{\beta}})=SS_{e1}+\sum_{i=1}^{m} r_i(\overline{Y}_i-\boldsymbol{x}_i'\hat{\boldsymbol{\beta}})^2=SS_{e1}+SS_{e2}. \tag{5.4.5}$$

(5.4.5)把残差平方和 SS_e 分解为两部分，第一部分 SS_{e1}，只与在同一点的重复试验结果之间的变差有关，因此它反映了误差方差 σ^2的大小．实际上，若假定模型为正态的，即误差服从分布 $N(0,\sigma^2)$，则易见

$$SS_{e1}/\sigma^2\sim\chi_c^2,\ c=\sum_{i=1}^{m} r_i-m=n-m. \tag{5.4.6}$$

由于 SS_e 是一线性模型的残差平方和，根据(5.2.13)式，它能表为一个二次型 $\boldsymbol{Y}'\boldsymbol{A}\boldsymbol{Y}$，其中 $\boldsymbol{Y}$(在此为全部 n 个因变量试验值所成的向量)服从方差阵为 $\sigma^2\boldsymbol{I}$ 的正态分布，而 $\boldsymbol{A}$ 为幂等的．根据 χ^2分布性质 g，SS_e/σ^2 总服从 χ^2 分布(不必为中心的)，与模型的选择是否正确无关．再由 $SS_{e2}\geqslant0$，据 χ^2 分布性质 h，知 SS_{e2}/σ^2 也服从 χ^2 分布，且 SS_{e1} 和 SS_{e2} 独立．由于 SS_e 的自由度为 $n-(p+1)$，知 SS_{e2} 的自由度为

$$f=(n-p-1)-(n-m)=m-p-1.$$

又 SS_{e2} 的非中心参数 δ 由

$$\delta^2=\sum_{i=1}^{m} r_i[E(\overline{Y}_i)-\boldsymbol{x}_i'\boldsymbol{\beta}]^2/\sigma^2$$

决定．若模型选择正确，则 $E(\overline{Y}_i)=\boldsymbol{x}_i'\boldsymbol{\beta}$ 而$\delta=0$，否则一般有$\delta^2>0$．这使我们有根据提出下面的检验：计算

$$\mathscr{F}=\frac{1}{f}SS_{e2}\Big/\frac{1}{n-m}SS_{e1}.$$

当 $\mathscr{F}\geqslant F_{f,n-m}(\alpha)$时，否定所选择的模型．要这个作法有效，必须

$n>m$，即至少有一个试验点作了重复试验.

这个方法的缺点在于需要作较多的试验，特别是，在数据是由观察所得而不能由人们任意安排试验点时，重复数据往往不存在而此法不可行. 在这种情况下，人们有时采用这样的办法：把已有数据留下一部分，不在估计模型中的参数时使用它，然后用这批保留数据去核验所配出的回归函数的符合好坏. 在有时间性的资料中，往往把最近期的资料留下作为核验.

除此以外，下面几个问题也或多或少牵涉到模型选择的检定问题.

1. 一个习惯是在选定了回归模型并有了一批试验数据后，检验“所有自变量的回归系数都为 0”这个假设. 如果这假设通过，则认为所选自变量与因变量的关系甚微，因而模型不可用，否则就认为可用. 然而，在作出这类解释时需要慎重. 上述假设之所以被通过，固然可能是由于自变量与因变量的相关性甚微，但也可能是由于数据太少或试验误差太大. 反过来. 这假设之被否定至多只能说明：所选自变量与因变量之间有一定的相关性，但这不足以说明模型中确实把对因变量有显著影响的自变量都收进来了，也不足以说明所配出的方程确实可用. 根本之处在于，回归分析方法在相当程度上只能算是一个经验方法. 它的恰当应用（除了统计知识以外）需要有关于特定问题的专业知识和实践经验.

2. 关于为决定某一或某些自变量能否从模型中去掉而进行的检验，也可用同一精神来进行分析.

3. 有时，人们从“所选模型正确”这一前提出发，而要检验实际的模型（即由真正参数值代入后所得的模型）是否有某种特定的形状. 例如，要检验一个线性回归是否通过原点. 这种问题一般提成齐次或非齐次的线性假设的检验问题，因而可用§5.3的方法处理.

4. 还有一类问题是对两个（或多个）回归模型作比较. 设考虑受同一批自变量 $x_1, \cdots, x_p$ 影响的两个因变量 Y, Z，并认为各自的模型是线性的：

$$Y=\beta_0+\beta_1x_1+\cdots+\beta_px_p+e,$$
$$Z=\tilde{\beta}_0+\tilde{\beta}_1x_1+\cdots+\tilde{\beta}_px_p+\tilde{e}, \tag{5.4.7}$$

$e\sim N(0,\ \sigma^2)$，$\tilde{e}\sim N(0,\ \sigma^2)$. 各自模型都独立地得到一批试验数据. 要验证这两个模型是否一致，归结为检验 $\beta_i=\tilde{\beta}_i$，$i=0,\ 1,\ \cdots,\ p$. 也可以只在某些方面一致，如某几个回归系数相等之类，这也容易化为一般线性模型的线性假设的检验问题. 因为，若 $\boldsymbol{Y}$, $\boldsymbol{Z}$ 模型的设计矩阵分别为 $\boldsymbol{X}$ 和 $\tilde{\boldsymbol{X}}$，则 $\boldsymbol{Y}=\boldsymbol{X}\boldsymbol{\beta}+\boldsymbol{e}$，$\boldsymbol{Z}=\tilde{\boldsymbol{X}}\tilde{\beta}+\tilde{\boldsymbol{e}}$（注意这里的 $\boldsymbol{Y}$, $\boldsymbol{Z}$, $\boldsymbol{e}$, $\tilde{e}$ 的意义已与(5.4.7)不同，这种差别已在§5.1中解释过了. 见(5.1.10)式下面的说明)，它可以合并成为一个统一的线性模型

$$\boldsymbol{W}=\boldsymbol{X}^*\boldsymbol{\beta}^*+\boldsymbol{e}^*.$$

其中

$$\boldsymbol{W}=\begin{pmatrix}\boldsymbol{Y}\\ \boldsymbol{Z}\end{pmatrix},\quad \boldsymbol{X}^*=\begin{pmatrix}\boldsymbol{X} & \boldsymbol{0}\\ \boldsymbol{0} & \tilde{\boldsymbol{X}}\end{pmatrix},\quad \boldsymbol{\beta}^*=\begin{pmatrix}\boldsymbol{\beta}\\ \tilde{\beta}\end{pmatrix},\quad \boldsymbol{e}^*=\begin{pmatrix}\boldsymbol{e}\\ \tilde{\boldsymbol{e}}\end{pmatrix}.$$

而假设 $\boldsymbol{\beta}=\tilde{\beta}$ 显然是关于 $\boldsymbol{\beta}^*$ 的一个线性假设，因而可按§5.3的方法处理.

另一个极重要的问题是关于回归自变量的选择问题.

(三) 回归分析：自变量的选择问题

设在一项研究中我们注意的指标(因变量)是 Y，且认为一切对 y 可能有较显著影响的自变量都搜集到了. 在比较复杂的问题中，往往涉及的自变量个数 p 很大，所以，就是线性回归模型(5.4.1)是恰当的. 一个包含这么多自变量的系统在计算上. 应用上有其不便，而且往往使稳定性变得很差而带来不良后果，因此人们希望从众多的自变量中，只挑出为数不太多的若干个，而把关系较为次要的都丢掉.

由于这问题的实际意义，近十多年来在文献中，从挑选标准、计算方法及理论根据几个角度，进行了大量的探讨. 尽管从理论上看所得结果还很初步，但目前的研究成果已对实际应用产生了不少影响. 由于本书的性质，没有可能较详细地评介这些工作，而

只能对这个问题的意义，从预测的角度略作一点说明. 可惜的是，有关这方面的资料目前还没有较新的专著，而只能从大量文献中去寻找.

我们只想说明一点：即使采用包括全部自变量的模型(5.4.1)在理论上是正确的，丢掉其中一部分次要的自变量，仍有可能改善预测效果.

我们将包含 n 组数据及全部自变量的线性模型写为

$$\boldsymbol{Y}=\boldsymbol{X\beta}+\boldsymbol{e},$$

并称之为全模型. 将 X 分块为 $\boldsymbol{X}=(\boldsymbol{X}_P|\boldsymbol{X}_R)$，相应地把 β 分解为

$$\boldsymbol{\beta}=\begin{pmatrix}\beta_P\\ \beta_R\end{pmatrix}.$$

如果我们将回归系数在 $\boldsymbol{\beta}_R$ 中的那些自变量全丢掉，则得到一个线性模型

$$\boldsymbol{Y}=\boldsymbol{X}_P\boldsymbol{\beta}_P+\boldsymbol{e},$$

它不妨暂称之为选模型.

假定在全模型和选模型之下，$\boldsymbol{\beta}$ 和 $\boldsymbol{\beta}_P$ 的LS估计分别为 $\hat{\beta}$ 和 $\tilde{\beta}_P$. 如要在点 $\boldsymbol{x}=\begin{pmatrix}\boldsymbol{x}_P\\ \boldsymbol{x}_R\end{pmatrix}$处预测因变量之试验值 Y，则：

在全模型下，用 $\hat{Y}=\boldsymbol{x}'\hat{\beta}$，预测误差为 $D=Y-\boldsymbol{x}'\hat{\beta}$；

在选模型下，用 $\tilde{Y}_P=\boldsymbol{x}'_P\tilde{\beta}_P$，预测误差为 $D_P=Y-\boldsymbol{x}'_P\tilde{\beta}_P$. 我们以均方误差作为衡量好坏的标准. 这就是说，要算出 $E(D^2)$ 和 $E(D_P^2)$，看谁大谁小. 由于在全模型下 $\boldsymbol{x}'\hat{\beta}$ 为 Y 的无偏预测，知 $E(D^2)=\mathrm{Var}(D)$，于是由(5.4.2)得到

$$E(D^2)=\sigma^2[1+\boldsymbol{x}'(\boldsymbol{X}'\boldsymbol{X})^{-1}\boldsymbol{x}], \tag{5.4.8}$$

又 $E(D_P^2)=\mathrm{Var}(D_P)+E^2(D_P)$，而

$$\mathrm{Var}(D_P)=\sigma^2[1+\boldsymbol{x}'_P(\boldsymbol{X}'_P\boldsymbol{X}_P)^{-1}\boldsymbol{x}_P],$$

要计算 $E(D_P)$，注意 $\tilde{\beta}_P=(\boldsymbol{X}'_P\boldsymbol{X}_P)^{-1}\boldsymbol{X}'_P\boldsymbol{Y}$，因而

$$\begin{aligned}E(\tilde{\beta}_P)&=(\boldsymbol{X}'_P\boldsymbol{X}_P)^{-1}\boldsymbol{X}'_PE(\boldsymbol{Y})=(\boldsymbol{X}'_P\boldsymbol{X}_P)^{-1}\boldsymbol{X}'_P\boldsymbol{X\beta}\\&=(\boldsymbol{X}'_P\boldsymbol{X}_P)^{-1}\boldsymbol{X}'_P(\boldsymbol{X}_P|\boldsymbol{X}_R)\boldsymbol{\beta}=\boldsymbol{\beta}_P+\boldsymbol{A\beta}_R.\end{aligned}$$

其中

$$\boldsymbol{A}=(\boldsymbol{X}'_P\boldsymbol{X}_P)^{-1}\boldsymbol{X}'_P\boldsymbol{X}_R, \tag{5.4.9}$$

于是

$$E(D_P)=E(Y)-\boldsymbol{x}'_P E(\tilde{\boldsymbol{\beta}}_P)=\boldsymbol{x}'\boldsymbol{\beta}-\boldsymbol{x}'_P(\boldsymbol{\beta}_P+\boldsymbol{A}\boldsymbol{\beta}_R)$$
$$=\boldsymbol{x}'_R\boldsymbol{\beta}_R-\boldsymbol{x}'_P\boldsymbol{A}\boldsymbol{\beta}_R.$$

从而得到

$$E(D_P^2)=\sigma^2[1+\boldsymbol{x}'_P(\boldsymbol{X}'_P\boldsymbol{X}_P)^{-1}\boldsymbol{x}_P]+(\boldsymbol{x}'_P\boldsymbol{A}\boldsymbol{\beta}_R-\boldsymbol{x}'_R\boldsymbol{\beta}_R)^2. \tag{5.4.10}$$

为比较 $E(D^2)$ 和 $E(D_P^2)$，需要下面的引理.

引理 5.4.1. 设正定方阵 $\boldsymbol{M}$ 写成分块的形式：

$$\boldsymbol{M}=\begin{pmatrix}\boldsymbol{a} & \boldsymbol{b}\\ \boldsymbol{b}' & \boldsymbol{c}\end{pmatrix},$$

则若记 $\boldsymbol{M}^{-1}=\begin{pmatrix}\boldsymbol{a}_1 & \boldsymbol{b}_1\\ \boldsymbol{b}'_1 & \boldsymbol{c}_1\end{pmatrix}$，将有

$$\boldsymbol{a}_1=(\boldsymbol{a}-\boldsymbol{b}\boldsymbol{c}^{-1}\boldsymbol{b}')^{-1},\ \boldsymbol{c}_1=(\boldsymbol{c}-\boldsymbol{b}'\boldsymbol{a}^{-1}\boldsymbol{b})^{-1},\ \boldsymbol{b}_1=-\boldsymbol{a}^{-1}\boldsymbol{b}\boldsymbol{c}_1. \tag{5.4.11}$$

证. 将方程 $\begin{pmatrix}\boldsymbol{a} & \boldsymbol{b}\\ \boldsymbol{b}' & \boldsymbol{c}\end{pmatrix}\begin{pmatrix}\boldsymbol{a}_1 & \boldsymbol{b}_1\\ \boldsymbol{b}'_1 & \boldsymbol{c}_1\end{pmatrix}=\begin{pmatrix}\boldsymbol{I} & \boldsymbol{0}\\ \boldsymbol{0} & \boldsymbol{I}\end{pmatrix}$ 写出，有

$$\boldsymbol{a}\boldsymbol{a}_1+\boldsymbol{b}\boldsymbol{b}'_1=\boldsymbol{I},\ \boldsymbol{b}'\boldsymbol{b}_1+\boldsymbol{c}\boldsymbol{c}_1=\boldsymbol{I},\ \boldsymbol{a}\boldsymbol{b}_1+\boldsymbol{b}\boldsymbol{c}_1=\boldsymbol{O},\ \boldsymbol{b}'\boldsymbol{a}_1+\boldsymbol{c}\boldsymbol{b}'_1=\boldsymbol{0}.$$

从第三式解出 $\boldsymbol{b}_1=-\boldsymbol{a}^{-1}\boldsymbol{b}\boldsymbol{c}_1$，代入第二式得 $(\boldsymbol{c}-\boldsymbol{b}'\boldsymbol{a}^{-1}\boldsymbol{b})\boldsymbol{c}_1=\boldsymbol{I}$，从而得出 $\boldsymbol{c}_1$. 第一式类似证明.

现记 $\boldsymbol{X}'\boldsymbol{X}=\begin{pmatrix}\boldsymbol{a} & \boldsymbol{b}\\ \boldsymbol{b}' & \boldsymbol{c}\end{pmatrix}$，其中 $\boldsymbol{a}=\boldsymbol{X}'_P\boldsymbol{X}_P$，而

$$(\boldsymbol{X}'\boldsymbol{X})^{-1}=\begin{pmatrix}\boldsymbol{a}_1 & \boldsymbol{b}_1\\ \boldsymbol{b}'_1 & \boldsymbol{c}_1\end{pmatrix}.$$

则有

$$\{\mathrm{Var}(D)-\mathrm{Var}(D_P)\}/\sigma^2$$
$$=\boldsymbol{x}'_P\boldsymbol{a}_1\boldsymbol{x}_P+2\boldsymbol{x}'_P\boldsymbol{b}_1\boldsymbol{x}_R+\boldsymbol{x}'_R\boldsymbol{c}_1\boldsymbol{x}_R-\boldsymbol{x}'_P\boldsymbol{a}^{-1}\boldsymbol{x}_P.$$

由引理 5.4.1 得 $\boldsymbol{a}=\boldsymbol{a}_1^{-1}+\boldsymbol{b}\boldsymbol{c}^{-1}\boldsymbol{b}'$. 交换 $\begin{pmatrix}\boldsymbol{a} & \boldsymbol{b}\\ \boldsymbol{b}' & \boldsymbol{c}\end{pmatrix}$ 与 $\begin{pmatrix}\boldsymbol{a}_1 & \boldsymbol{b}_1\\ \boldsymbol{b}'_1 & \boldsymbol{c}_1\end{pmatrix}$ 的地位，得 $\boldsymbol{a}_1=\boldsymbol{a}^{-1}+\boldsymbol{b}_1\boldsymbol{c}_1^{-1}\boldsymbol{b}'_1=\boldsymbol{a}^{-1}+\boldsymbol{a}^{-1}\boldsymbol{b}\boldsymbol{c}_1\boldsymbol{b}'\boldsymbol{a}^{-1}$. 代入上式，得

$$
\begin{aligned}
&\{\mathrm{Var}(D)-\mathrm{Var}(D_P)\}/\sigma^2\\
&=\boldsymbol{x}'_P\boldsymbol{a}^{-1}\boldsymbol{b}\mathbf{c}_1\boldsymbol{b}'\boldsymbol{a}^{-1}\boldsymbol{x}_P-2\boldsymbol{x}'_P\boldsymbol{a}^{-1}\boldsymbol{b}\mathbf{c}_1\boldsymbol{x}_R+\boldsymbol{x}'_R\mathbf{c}_1\boldsymbol{x}_R\\
&=(\boldsymbol{b}'\boldsymbol{a}^{-1}\boldsymbol{x}_P-\boldsymbol{x}_R)'\mathbf{c}_1(\boldsymbol{b}'\boldsymbol{a}^{-1}\boldsymbol{x}_P-\boldsymbol{x}_R)\\
&=(\boldsymbol{A}'\boldsymbol{x}_P-\boldsymbol{x}_R)'\mathbf{c}_1(\boldsymbol{A}'\boldsymbol{x}_P-\boldsymbol{x}_R).
\end{aligned}
\tag{5.4.12}
$$

其中 $\boldsymbol{A}=\boldsymbol{a}^{-1}\boldsymbol{b}=(\boldsymbol{X}'_P\boldsymbol{X}_P)^{-1}\boldsymbol{X}'_P\boldsymbol{X}_R$, 即(5.4.9). 又

$$
(\boldsymbol{x}'_P\boldsymbol{A}\boldsymbol{\beta}_P-\boldsymbol{x}'_R\boldsymbol{\beta}_R)^2=(\boldsymbol{A}'\boldsymbol{x}_P-\boldsymbol{x}_R)'\boldsymbol{\beta}_R\boldsymbol{\beta}'_R(\boldsymbol{A}'\boldsymbol{x}_P-\boldsymbol{x}_R).
\tag{5.4.13}
$$

由(5.4.10), (5.4.12), (5.4.13), 得

$$
E(D^2)-E(D_P^2)=(\boldsymbol{A}'\boldsymbol{x}_P-\boldsymbol{x}_R)'(\sigma^2\mathbf{c}_1-\boldsymbol{\beta}_R\boldsymbol{\beta}'_R)(\boldsymbol{A}'\boldsymbol{x}_P-\boldsymbol{x}_R).
$$

由此式可知, 若 $\sigma^2\mathbf{c}_1-\boldsymbol{\beta}_R\boldsymbol{\beta}'_R\geqslant\mathbf{0}$, 则将有 $E(D^2)\geqslant E(D_P^2)$, 因而丢掉 $\boldsymbol{\beta}_R$ 所相应的那些自变量是有利的. 若记 $\hat{\boldsymbol{\beta}}_R$ 为 $\boldsymbol{\beta}_R$ 在全模型中的 LS 估计, 则 $\mathrm{VAR}(\hat{\boldsymbol{\beta}}_R)=\sigma^2\mathbf{c}_1$, 因而上述条件成为

$$
\mathrm{VAR}(\hat{\boldsymbol{\beta}}_R)\geqslant\boldsymbol{\beta}_R\boldsymbol{\beta}'_R.
\tag{5.4.14}
$$

(5.4.14)表明: 在 $\|\boldsymbol{\beta}_R\|$ 很小, 或者 $\mathrm{VAR}(\hat{\boldsymbol{\beta}}_R)$ 很大(这表示 $\boldsymbol{\beta}_R$ 估计得很不准)时, 丢掉 $\boldsymbol{\beta}_R$ 所相应的那些自变量对改善预测效果有利. 所以, 纵然全模型从理论上说正确, 但是如果有些自变量对 Y 的关系很次要, 或者它们的回归系数不易准确估计时, 把它们丢掉(这时所得模型从理论上看可以说是"不正确")非但无害, 反而有益. 由此可以看出自变量选择问题的意义.

上面这种类型的讨论也可以提供选择自变量的准则, 不过, 我们不深入这个问题了.

以上的讨论也表明: 选择自变量的问题必须结合一定的应用目的来讨论. 在上面, 我们的目的是预测. 如果目的是估计一部分自变量的回归系数, 如 β_P, 也将得出类似的结论. 可以指出其它某些目的, 在其中所得出的标准就稍有不同. 例如, 若我们的目的只是在作过试验的点所在区域内去预测, 则丢掉 β_R 的条件可以比(5.4.14)更松一些. 这也就解释了(一)中的一个提法, 即估计回归系数和估计回归函数不好说成是完全一样的问题. 因为, 例如说, 在为这两种目的而考虑自变量选择问题时, 就不完全一样.

(四) 方差分析：一般讨论

回归分析虽然也有设计的问题(即选择那些自变量值作试验)．但分析上的基本问题可以在一定程度上不涉及到设计来进行讨论，如我们在上面几段中所作的．比较起来，方差分析的讨论更不能脱离设计来考虑，因此我们只能限于指出几点最一般性的东西．

从一个意义上说，通常放在"方差分析"这个名目下处理的问题，从根本上说与回归分析是一致的，即都是要研究一些因素(自变量)对某个(或多个)指标(因变量)的关系．差别在于：

1．回归分析中所涉及的自变量一般是取连续值的数量因素，而在方差分析中，不少是属性因素(例如三种不同的小麦品种)，即使因素本身是数量性的，也只在几个选定的值去考虑，可以说这样将其属性化了．

2．从目的上说，回归分析在于找出自变量与因变量之间关系的数学形式(即回归函数)，而方差分析的重点则在于判定各因素对指标有无影响和影响大小，因素之间的关系(所谓交互作用)的有无，当然也不能忽视估计问题．

3．从模型上说，回归分析的设计矩阵一般是满秩的，不带约束条件的．在方差分析中，设计矩阵中的元只是指示某一效应在某次试验中的有无，故一般只取 0，1 两个值，因而设计矩阵多是降秩的，需要加上约束条件．在分析的形式上，方差分析着重在总平方和按各效应的分解，这需要对设计有一定的要求．

说得更具体一点，对方差分析问题，线性模型

$$Y=\beta_0+\beta_1x_1+\cdots+\beta_px_p+e \qquad (5.4.15)$$

中，β_0 表示总平均，这一般只是一个度量基点，无甚实际含义．其余的 β_i 则分成若干群．例如，为考虑种子和肥料这两个因素对产量(Y)的影响．设种子有 I 种，肥料有 J 种(也可以是同一种肥料的施用量)，则有 I 个系数，例如 β_1，…，β_I，分别指示这 I 个种子品种对产量的效应．它们构成一组．而"品种效应"的有无则取决

于 $\beta_1, \cdots, \beta_I$ 是否同时为 0. 同样,"肥料效应"占了另一组 β, 例如 $\beta_{I+1}, \cdots, \beta_{I+J}$ 模型中的其余系数自成一组, 指示"品种"和"肥料"这两个因素由于相互关系而给产量带来的效应, 叫交互效应. 纯属于一个因素的效应则称为主效应, 例如, 上述 $\beta_1, \cdots, \beta_I$ 表示品种这个因素的主效应. 又, 交互效应又可细分为一级、二级…, 分别刻划两个、三个……因素之间的相互作用对指标的效应. 另外, 在模型(5.4.15)中往往有一组系数表示由于试验条件不同而产生的效应, 叫区组效应. 每一组内(即刻划某种效应)的系数一般有一定的约束条件. 对主效应而言一般是其和为 0, 而对交互效应而言则有较复杂的形式. 所施加的全部约束条件几乎一无例外地满足定理 5.2.9 中的条件.

对这种模型, 所考虑的统计问题大致有

1. 检验各种效应是否存在. 拿上例来说, 要检验品种效应是否存在, 相当于检验 $\beta_1 = \cdots = \beta_I = 0$.

2. 若某种效应经检验认为存在, 就可以考虑更进一步的问题: 如品种效应存在, 我们可进一步提出 $\beta_1 = \beta_2$ 的检验问题, 或 $\beta_1 - \beta_2$ 的估计问题, 这意味着进一步考虑第一、二两个品种有无差别或差别大小的问题.

3. 在这些分析的基础上, 定出各因素的一个(或多个)最好的组合, 以利于对指标发挥最好的效果. 如在上例中, 要找出品种-肥料的一个配合, 以使最大限度地提高产量.

从某种意义上说, 方差分析中处理的问题要比回归分析复杂些, 因为后者的主要内容在于回归函数, 而在方差分析中则涉及到众多的效应的检验和估计问题. 正因为如此, 要顺利地作到这一点, 试验的设计(即设计矩阵 $\boldsymbol{X}$ 的选择)就至为重要. 当设计恰当时一切计算或多或少有一种简便的格式, 否则就极为复杂. 不仅如此, 还会产生解释上的问题, 这主要在于, 如果设计缺乏一种在下面将要加以说明的正交性, 则可能出现这样的情况: 两个因素中每一个的效应单独被检验时, 都可以认为不显著, 但同时被检验时则表现很显著. 设计的正交性保证了在所取模型中这种情况不会出现，因而使检验结果的解释变得简单明了．由于这个问题的重要性，我们在下面对它作较为仔细一些的说明．

（五）方差分析：设计的正交性要求

设计的正交性的要求的要旨在于，如果在模型中令某些因素的主效应或交互效应为0，则其余（未令为0的）效应的LS估计不受影响，即与在不假定上述效应为0时所得的估计一致．这保证了对每个效应的估计，不受到其它效应的影响．这个情况的实际重要性是明显的．

要做到这一点，设计矩阵 X 必须满足如下的条件：

$$\boldsymbol{S}=\boldsymbol{X}'\boldsymbol{X}=\begin{pmatrix} S_{11} & & 0 \\ & \boldsymbol{S}_{22} & & \\ & & \ddots & \\ 0 & & & \boldsymbol{S}_{rr} \end{pmatrix},$$

这里 S_{11}, $\boldsymbol{S}_{22}$, $\cdots$, $\boldsymbol{S}_{rr}$ 都是方阵，每一块相应于一组效应，即一个因素的主效应或若干因素的交互效应．通常，S_{11} 为一行一列，相应于总平均，故 S_{11} 就等于试验次数 n．根据公式(5.2.13)，有

$$\begin{aligned}\|\boldsymbol{Y}\|^2&=\sum_{i=1}^n Y_i^2=\|\hat{\boldsymbol{e}}\|^2+\boldsymbol{Y}'\boldsymbol{X}\boldsymbol{S}^{-1}\boldsymbol{X}'\boldsymbol{Y}\\&=SS_e+\boldsymbol{Y}'\boldsymbol{X}\boldsymbol{S}^{-1}\boldsymbol{S}\boldsymbol{S}^{-1}\boldsymbol{X}'\boldsymbol{Y}=SS_e+\hat{\boldsymbol{\beta}}'\boldsymbol{S}\hat{\boldsymbol{\beta}}\\&=SS_e+\sum_{i=1}^r\hat{\boldsymbol{\beta}}'_{(i)}\boldsymbol{S}_{ii}\hat{\boldsymbol{\beta}}_{(i)}.\end{aligned}$$

$\boldsymbol{\beta}_{(i)}$ 为相应于第 i 组效应的回归系数，$\hat{\boldsymbol{\beta}}_{(i)}$ 为其LS估计．对 $i=1$ 而言，$\hat{\beta}_{(1)}=\overline{Y}$ 而 $\beta'_{(1)}S_{11}\beta_{(1)}=n\overline{Y}^2$，故得

$$\sum_{i=1}^n(Y_i-\overline{Y})^2=SS_e+\sum_{i=2}^r\hat{\boldsymbol{\beta}}'_{(i)}\boldsymbol{S}_{ii}\hat{\boldsymbol{\beta}}_{(i)},\qquad(5.4.16)$$

再根据公式(5.3.12)，$\hat{\boldsymbol{\beta}}'_{(i)}\boldsymbol{S}_{ii}\hat{\boldsymbol{\beta}}_{(i)}$ 就是 SS_{H_i}，H_i 为假设 $\boldsymbol{\beta}_{(i)}=\boldsymbol{0}$．这样，从这个分解式一举得到为检验各假设 $\boldsymbol{\beta}_{(i)}=\boldsymbol{0}$ 的 F 统计量的分子（乘以其自由度）．(5.4.16)的左边常称为总变差平方和，它根据该式，分解为一个由误差而来的成份 SS_e，以及其余若干个成份，每一个反映了一组效应，即一个因素的主效应或若干因素的交互作用，对指标影响的大小．在误差服从正态分布时，依

Cochran 定理(χ^2 分布性质 i), (5.4.16)右边各项独立, SS_e/σ^2 服从中心 χ^2 分布, 每个 $\hat{\boldsymbol{\beta}}'_{(i)}\boldsymbol{S}_{ii}\hat{\boldsymbol{\beta}}_{(i)}/\sigma^2$ 服从非中心 χ^2 分布, 而在假设 $\boldsymbol{\beta}_{(i)}=\mathbf{0}$ 成立时为中心的. 方差分析这个名称, 在很大程度上就是由这个分解式得来的. 要是设计没有所定义的那种正交性, 则没有这样简单的分解式. 这时不仅每个 SS_{H_i}(H_i 指假设 $\beta_{(i)}=0$)的计算很复杂, 而且若以 H_{ij} 记假设 $\{\beta_{(i)}=0,\ \beta_{(j)}=0\}$, $SS_{H_{ij}}$ 也不必等于 $SS_{H_i}+SS_{H_j}$, 这时在检验结果的解释上就很成问题. 以此之故, 如果说方差分析只适用于正交设计的场合, 也不算太过分. 这样看来, 在多因素试验中正交设计占据着特殊的地位, 也就不难理解了.

由于正交设计在应用上的重要性, 已就一些常用的设计编制成表格, 即所谓正交表. 关于这种正交表的严格定义、编制方法、以及利用这种表格进行试验设计和结果的分析等, 在此不作仔细讨论.

(六) 协方差分析

我们先举一个简单的例子, 然后就引进一般的概念. 设要比较两种饲料配合对加快猪的生长的优劣. 这时必须拿一些小猪去作试验. 这些参与试验的小猪, 其开始体重各不一样, 而这可能会对其以后的生长速度有影响. 为了使对两种饲料的比较建立在更客观的基础上, 需要把小猪的开始体重作为一个因素放到模型中来考虑.

在本问题中, 一个因素是饲料, 它取两个"值", 是一个属性因素, 关于它的比较, 是方差分析性质的问题. 另一个因素即小猪的开始体重, 是一个连续变量, 在此是作为回归因素来处理. 因此在本例中, 存在着两种问题(方差和回归分析)的混合. 这就是所谓协方差分析问题. 谈到协方差问题, 一般情况总是: 所感兴趣的主要是其方差分析部分, 回归部分只是作为一些需要消去的干扰因素来处理. 当然, 在分析中所得到的有关这一部分的信息也常是有用的.

因此，一般地我们考虑这样一个线性模型

$$\boldsymbol{Y}=\boldsymbol{X}_1\boldsymbol{\alpha}+\boldsymbol{X}_2\boldsymbol{\beta}+\boldsymbol{e}, \tag{5.4.17}$$

在我们心目中，$\boldsymbol{X}_1\boldsymbol{\alpha}$ 是模型的方差分析部分，而 $\boldsymbol{X}_2\boldsymbol{\beta}$ 是其回归分析部分. 对 $\boldsymbol{\alpha}$ 一般有一些约束条件. 此处不必明白写出. 我们主要感兴趣的是关于 $\boldsymbol{\alpha}$ 的某些检验和估计问题.

(5.4.17) 当然属于以前所考虑的那种线性模型: 只需取 $\boldsymbol{X}=(\boldsymbol{X}_1|\boldsymbol{X}_2)$, $\boldsymbol{\gamma}=\begin{pmatrix}\boldsymbol{\alpha}\\ \boldsymbol{\beta}\end{pmatrix}$, 就有 $\boldsymbol{Y}=\boldsymbol{X}\boldsymbol{\gamma}+\boldsymbol{e}$. 这样看来，协方差分析中所要解决的问题，都已经包括在以前的讨论中了. 但是，重要之点在于: 协方差分析是这样一种技巧，它能利用关于模型

$$\boldsymbol{Y}=\boldsymbol{X}_1\boldsymbol{\alpha}+\boldsymbol{e} \tag{5.4.18}$$

的方差分析结果来处理在模型(5.4.17)中关于 $\boldsymbol{\alpha}$ 的问题. 这就简化了计算，因为，由于两种类型因素的混合，模型(5.4.17)很不规则，因而直接由它出发进行有关的计算是很复杂.

现在我们来具体地论述，作为协方差分析的要旨的上述技巧，是如何实现的.

由(5.4.17)有 $\boldsymbol{Y}-\boldsymbol{X}_2\boldsymbol{\beta}=\boldsymbol{X}_1\boldsymbol{\alpha}+\boldsymbol{e}$. 因此，若记 $\boldsymbol{S}_1=\boldsymbol{X}_1'\boldsymbol{X}_1$, $\hat{\boldsymbol{\alpha}}=\boldsymbol{\alpha}$ 的 LS 估计(满足一定约束), $\hat{\boldsymbol{\beta}}=\boldsymbol{\beta}$ 的 LS 估计. 这里 LS 估计都是指在模型(5.4.17)之下的. 则有

$$\hat{\boldsymbol{\alpha}}=\boldsymbol{S}_1^-\boldsymbol{X}_1'(\boldsymbol{Y}-\boldsymbol{X}_2\hat{\boldsymbol{\beta}}), \tag{5.4.19}$$

此处假定已对 $\boldsymbol{S}_1^-$ 进行适当选择，以使 $\hat{\boldsymbol{\alpha}}$ 满足约束. 同样，记 $\boldsymbol{S}_2=\boldsymbol{X}_2'\boldsymbol{X}_2$, 将有

$$\hat{\boldsymbol{\beta}}=\boldsymbol{S}_2^{-1}\boldsymbol{X}_2'(\boldsymbol{Y}-\boldsymbol{X}_1\hat{\boldsymbol{\alpha}}). \tag{5.4.20}$$

由于在我们心目中 $\boldsymbol{\beta}$ 是回归部分，假定了 $\boldsymbol{S}_2^{-1}$ 存在. 以(5.4.19)代入(5.4.20)，不难得出

$$\boldsymbol{X}_2'(\boldsymbol{I}-\boldsymbol{X}_1\boldsymbol{S}_1^-\boldsymbol{X}_1')\boldsymbol{X}_2\hat{\boldsymbol{\beta}}=\boldsymbol{X}_2'(\boldsymbol{I}-\boldsymbol{X}_1\boldsymbol{S}_1^-\boldsymbol{X}_1')\boldsymbol{Y}. \tag{5.4.21}$$

我们来仔细观察一下这个方程. 为方便计，暂以 $\boldsymbol{u}_1, \cdots, \boldsymbol{u}_r$ 记 $\boldsymbol{X}_2$ 的 $\boldsymbol{r}$ 个列向量. 注意到根据公式 (5.2.13)，$\boldsymbol{I}-\boldsymbol{X}_1\boldsymbol{S}_1^-\boldsymbol{X}_1'$ 不是别的，正是在对模型(5.4.18)作方差分析时，所得残差平方和 SS_e 的二次型的方阵. 因此，如果已经作过了(5.4.18)的方差分析并得

到 SS_e 为 $\boldsymbol{Y}'\boldsymbol{Q}\boldsymbol{Y}$, 则 r 阶的方阵 $\boldsymbol{X}_2'(\boldsymbol{I}-\boldsymbol{X}_1\boldsymbol{S}_1^-\boldsymbol{X}_1')\boldsymbol{X}_2$ 的 (i, j) 元就是 $\boldsymbol{u}_i'\boldsymbol{Q}\boldsymbol{u}_j$; 而(5.4.21)右边的向量的第 i 元就是 $\boldsymbol{u}_i'\boldsymbol{Q}\boldsymbol{Y}$. 这样, 在计算方程(5.4.21)中的系数时, 可利用已作的方差分析部分的结果. 由于 $\boldsymbol{u}_i'\boldsymbol{Q}\boldsymbol{u}_j$ 这样的量带有协方差的气味, 这种分析得到了"协方差分析"的名称.

为了计算模型(5.4.17)的残差平方和, 注意, 若以由(5.4.21)解出的 $\hat{\boldsymbol{\beta}}$ 代入(5.4.17), 且暂时记 $\boldsymbol{Y}-\boldsymbol{X}_2\hat{\boldsymbol{\beta}}=\boldsymbol{Y}^*$, 则所求残差平方和为

$$SS_e^*=\min_{\alpha}\|\boldsymbol{Y}^*-\boldsymbol{X}_1\boldsymbol{\alpha}\|^2.$$

依公式(5.2.13), 结果为

$$SS_e^*=\boldsymbol{Y}^{*\prime}\boldsymbol{Q}\boldsymbol{Y}^*=(\boldsymbol{Y}-\boldsymbol{X}_2\hat{\boldsymbol{\beta}})'\boldsymbol{Q}(\boldsymbol{Y}-\boldsymbol{X}_2\hat{\boldsymbol{\beta}}).$$

此处 $\boldsymbol{Q}=\boldsymbol{I}-\boldsymbol{X}_1\boldsymbol{S}_1^-\boldsymbol{X}_1'$. 利用(5.4.21), 不难算出

$$SS_e^*=\boldsymbol{Y}'\boldsymbol{Q}\boldsymbol{Y}-(\boldsymbol{X}_2'\boldsymbol{Q}\boldsymbol{Y})'(\boldsymbol{X}_2'\boldsymbol{Q}\boldsymbol{X}_2)^{-1}(\boldsymbol{X}_2'\boldsymbol{Q}\boldsymbol{Y}). \tag{5.4.22}$$

($\boldsymbol{\beta}$ 在模型(5.4.17)中的可估性保证了 $(\boldsymbol{X}_2'\boldsymbol{Q}\boldsymbol{X}_2)^{-1}$ 存在, 请读者自己弄明白这是为什么.)

(5.4.22)右边第一项就是模型(5.4.18)的残差平方和、右边第二项表示由于考虑到回归变量(常称为协变量)的存在, 通过消去它们的影响而带来的残差平方和的下降, 故这一部分可看作由于进行协方差分析而带来的收益. (5.4.22)右边第二项的计算是借助于由方差分析部分得出的 $\boldsymbol{Q}$, 然而, 我们看到, 如果协变量的个数(即 $\boldsymbol{\beta}$ 的维数)较多时, 纵然作了这种利用, 计算仍然是很繁复的.

现在考虑关于 α 的某一线性假设的检验问题. 为此, 需要在将这个假设 $\boldsymbol{H\alpha}=\boldsymbol{0}$ 加入到模型(5.4.17)以后, 再计算其残差平方和 $\widetilde{SS}_e^*$, 然后算出 $\widetilde{SS}_H^*=\widetilde{SS}_e^*-SS_e^*$, 再利用定理 5.3.1. 计算 $\widetilde{SS}_e^*$ 的公式仍是(5.4.20), 不过其中 $\boldsymbol{Q}$ 要改为 $\tilde{\boldsymbol{Q}}$, $\tilde{\boldsymbol{Q}}$ 是在将假设 $\boldsymbol{H\alpha}=\boldsymbol{0}$ 加入到模型(5.4.18)后, 算出的残差平方和 $\widetilde{SS}_e$ 这个二次型的方阵. 因此, 只要 $\boldsymbol{H\alpha}=\boldsymbol{0}$ 这个假设检验问题在纯方差分析模型(5.4.18)中已解决过, 则其结果可用来解决有关同一假设在模型

(5.4.17)中检验的计算问题．这样看来，如果我们预定要在模型(5.4.17)之下对 α 作一系列的检验，则只需先在纯方差分析模型(5.4.17)之下作这些检验，然后使用上述技巧将所得结果用于模型(5.4.18)中．如果模型(5.4.18)中的方差分析部分是经过良好设计的，则相应的问题在模型(5.4.17)中不难解决且往往已有了现成的公式．这时在模型(5.4.18)下的有关计算就可以相当地简化．这一点如前所说，正是协方差分析的实质．

若 $\boldsymbol{c}'\boldsymbol{\alpha}$ 是 α 的一可估函数，要在模型(5.4.17)之下来估计它．由(5.4.19)，其 LS 估计为

$$\boldsymbol{c}'\hat{\boldsymbol{\alpha}}=\boldsymbol{c}'\boldsymbol{S}_1^-\boldsymbol{X}_1'\boldsymbol{Y}-\boldsymbol{c}'\boldsymbol{S}_1^-\boldsymbol{X}_2\hat{\boldsymbol{\beta}}. \tag{5.4.23}$$

上式右边第一项即为 $\boldsymbol{c}'\boldsymbol{\alpha}$ 在模型(5.4.18)下的 LS 估计，若以 $\psi(\boldsymbol{Y})$ 记这个估计，并以 $\hat{\beta}_1, \cdots, \hat{\beta}_r$ 记 $\hat{\beta}$ 的 r 个分量，则有

$$\boldsymbol{c}'\boldsymbol{\alpha}=\psi(\boldsymbol{Y})-\sum_{i=1}^{r}\psi(u_i)\hat{\beta}_i. \tag{5.4.24}$$

这里 $\boldsymbol{u}_i$ 为 $\boldsymbol{X}_2$ 的第 i 列，$i=1, \cdots, r$．所以，仍如检验问题一样，若相应的估计问题在纯方差分析模型(5.4.18)中已处理过了，则其结果可用于混合模型(5.4.17)中同一问题的处理．

如要作 $\boldsymbol{c}'\boldsymbol{\alpha}$ 的区间估计，则需算出 $\mathrm{Var}(\boldsymbol{c}'\hat{\boldsymbol{\alpha}})$．为此需要算出 $\mathrm{VAR}(\hat{\boldsymbol{\alpha}})$，而这又需要算出 $\mathrm{VAR}(\hat{\boldsymbol{\beta}})$ 及 $\mathrm{COV}(\boldsymbol{Y}, \hat{\boldsymbol{\beta}})$．由(5.4.21)解出 $\hat{\boldsymbol{\beta}}$，有

$$\hat{\boldsymbol{\beta}}=(\boldsymbol{X}_2'\boldsymbol{Q}\boldsymbol{X}_2)^{-1}\boldsymbol{X}_2'\boldsymbol{Q}\boldsymbol{Y}, \quad \boldsymbol{Q}=\boldsymbol{I}-\boldsymbol{X}_1\boldsymbol{S}_1^-\boldsymbol{X}_1'.$$

由此得出

$$\mathrm{VAR}(\hat{\boldsymbol{\beta}})=(\boldsymbol{X}_2'\boldsymbol{Q}\boldsymbol{X}_2)^{-1}\sigma^2,$$

$$\mathrm{COV}(\boldsymbol{Y}, \hat{\boldsymbol{\beta}})=\boldsymbol{Q}'\boldsymbol{X}_2(\boldsymbol{X}_2'\boldsymbol{Q}\boldsymbol{X}_2)^{-1},$$

由此不难得出 $\mathrm{VAR}(\hat{\boldsymbol{\alpha}})$ 的公式．

§5.5. 线性估计类

(一) 改进 LS 估计的努力

在线性模型中，LS 估计占有十分重要的地位．这主要是由于 Guass-Markov 定理(在 $\mathrm{VAR}(\boldsymbol{e})=\sigma^2\boldsymbol{I}$ 的情况下)．但是，LS 估

计只是在线性而无偏的估计类中，具有方差最小的优越性．而从判决函数的观点看来，无偏性这个要求不是必需的，有时甚至是不足取的．因此自然地提出问题：能否在非无偏线性估计类中找到某种估计，它在一定意义（如均方误差最小）下优于 LS 估计？这问题的提出使得有必要对线性估计类作一较为深入的考察．

实际应用中也常有这样的经验：在一些情况下 LS 估计的表现甚差．这固然可能是由于种种原因：但 LS 估计在某些情况下不必是最好的估计这一点，到目前为止可以说已有了相当的理论和实践的依据．

设有线性模型 $\boldsymbol{Y}=\boldsymbol{X\beta}+\boldsymbol{e}$，假定 β 可估（即其任一分量可估）．对 $\boldsymbol{\beta}$ 的任何估计 $\tilde{\beta}$，以 $L(\tilde{\beta})$ 记均方误差

$$L(\tilde{\beta})=E(\|\tilde{\beta}-\boldsymbol{\beta}\|^2).$$

我们来计算一下，当 $\hat{\boldsymbol{\beta}}$ 为 $\boldsymbol{\beta}$ 的 LS 估计 $\hat{\boldsymbol{\beta}}$ 时，此值为多少．由于（由 β 可估知 $\boldsymbol{S}^{-1}$ 存在）

$$\hat{\boldsymbol{\beta}}-\boldsymbol{\beta}=\boldsymbol{S}^{-1}\boldsymbol{X}'(\boldsymbol{X\beta}+\boldsymbol{e})-\boldsymbol{\beta}=\boldsymbol{S}^{-1}\boldsymbol{X}'\boldsymbol{e},$$

故 $\|\hat{\boldsymbol{\beta}}-\boldsymbol{\beta}\|^2=\boldsymbol{e}'\boldsymbol{X}\boldsymbol{S}^{-1}\boldsymbol{S}^{-1}\boldsymbol{X}'\boldsymbol{e}=\boldsymbol{e}'\boldsymbol{X}\boldsymbol{S}^{-2}\boldsymbol{X}'\boldsymbol{e}$. 假定 $\boldsymbol{e}\sim N(\boldsymbol{0},\sigma^2\boldsymbol{I})$，即得

$$\begin{aligned}L(\hat{\boldsymbol{\beta}})&=E(\boldsymbol{e}'\boldsymbol{X}\boldsymbol{S}^{-2}\boldsymbol{X}'\boldsymbol{e})=\sigma^2\mathrm{tr}(\boldsymbol{X}\boldsymbol{S}^{-2}\boldsymbol{X}')\\&=\sigma^2\mathrm{tr}(\boldsymbol{S}^{-2}\boldsymbol{X}'\boldsymbol{X})=\sigma^2\mathrm{tr}(\boldsymbol{S}^{-2}\boldsymbol{S})\\&=\sigma^2\mathrm{tr}(\boldsymbol{S}^{-1})=\sigma^2\sum_{i=1}^{p}\frac{1}{\lambda_i}.\end{aligned}$$

这里 $\lambda_1,\cdots,\lambda_p$ 为 $\boldsymbol{S}=\boldsymbol{X}'\boldsymbol{X}$ 的全部特征根．如果 $\boldsymbol{S}$ 接近于降秩，则 $\min\limits_i\lambda_i\approx0$ 而 $L(\hat{\boldsymbol{\beta}})$ 很大．在这种情况下，LS 估计 $\hat{\boldsymbol{\beta}}$ 就不会给出 $\boldsymbol{\beta}$ 的比较良好的估计．

注．这个分析只是说明了在某些情况下 LS 估计确不够好．但以之作为存在着优于 $\hat{\beta}$ 的估计的论据，则嫌不足．因为在设计矩阵接近退化时，β 接近于不可估（即：极大地改变 β 可以对 $X\beta$ 影响甚微），可以设想，不论用什么方法也难于根本克服这个本质困难．所作的分析在数学上明确地表现了这一事实．但是，这问题还可以从另外的角度看．见后．

由于 LS 估计在有些情况下的不够理想的表现，近十多年来，一些统计学者在为提出更好的估计这方面作了一些工作. 这些工作在实际应用上已产生了一定的影响. 因此在下面把其中较为重要的作一很简略的介绍，只是作为下文讨论的缘起. 有关的细节需要到文献中去找.

1. 岭回归 (Ridge regression)　这是 A. E. Hoerl 在六十年代提出过的一个概念. 1970 年，他和 Kennard 在一项工作中系统地介绍了这个方法 (见 *Technometrics*, 1970, p. 55). 此后有过不少工作对之作进一步的讨论.

这个方法的思想是基于上述的分析，即当 S 的最小特征根接近 0 时，$E(\|\hat{\boldsymbol{\beta}}-\boldsymbol{\beta}\|^2)$ 很大. 为试图克服这一点，用 $\boldsymbol{S}+k\boldsymbol{I}$ 代 $\boldsymbol{S}$，以人为地把最小特征根由 $\min\limits_i \lambda_i$ 提高到 $\min\limits_i \lambda_i+k$，希望这样能有助于降低均方误差. 即，用

$$\hat{\boldsymbol{\beta}}(k)=(\boldsymbol{S}+k\boldsymbol{I})^{-1}\boldsymbol{X}'\boldsymbol{Y}$$

作为 $\boldsymbol{\beta}$ 的估计，这里 $k\geqslant 0$ 待选. 用形如这样的 $\hat{\boldsymbol{\beta}}(k)$ 估计 $\boldsymbol{\beta}$，以及与之有关联的一整套方法，就叫做岭回归分析.

在应用上，主要的问题之一就是怎样定 k. 迄今为止诸家提出的选择方法不下十余种. 但没有一种被证明为显著地优于其它. 由于回归分析不是本书的任务，此处不去触及这些问题. 我们只想对这种估计在降低均方误差这个目标上的作用进行一点讨论. 显然

$$\begin{aligned}\hat{\boldsymbol{\beta}}(k)&=(\boldsymbol{S}+k\boldsymbol{I})^{-1}\boldsymbol{S}\boldsymbol{S}^{-1}\boldsymbol{X}'\boldsymbol{Y}=(\boldsymbol{S}+k\boldsymbol{I})^{-1}\boldsymbol{S}\hat{\boldsymbol{\beta}}\\&=(\boldsymbol{I}+k\boldsymbol{S}^{-1})^{-1}\hat{\boldsymbol{\beta}}=\boldsymbol{Z}_k\hat{\boldsymbol{\beta}},\end{aligned}$$

此处 $\boldsymbol{Z}_k=(\boldsymbol{I}+k\boldsymbol{S}^{-1})^{-1}$. 记 $\boldsymbol{W}_k=(\boldsymbol{S}+k\boldsymbol{I})^{-1}$，易见 Z_k 和 $\boldsymbol{W}_k$ 都正定，且

$$\boldsymbol{Z}_k=\boldsymbol{I}-k\boldsymbol{W}_k=\boldsymbol{W}_k\boldsymbol{S}=\boldsymbol{S}\boldsymbol{W}_k.$$

现计算

$$\begin{aligned}H(k)&=E(\|\hat{\boldsymbol{\beta}}(k)-\boldsymbol{\beta}\|^2)=E(\|Z_k\hat{\boldsymbol{\beta}}-\boldsymbol{\beta}\|^2)\\&=E(\|\boldsymbol{Z}_k(\hat{\boldsymbol{\beta}}-\boldsymbol{\beta})+(\boldsymbol{Z}_k-\boldsymbol{I})\boldsymbol{\beta}\|^2)\\&=E(\|\boldsymbol{Z}_k(\hat{\boldsymbol{\beta}}-\boldsymbol{\beta})\|^2)+\|(\boldsymbol{Z}_k-\boldsymbol{I})\boldsymbol{\beta}\|^2=r_1(k)+r_2(k),\end{aligned}$$

$$
\begin{aligned}
r_1(k) &= E[(\hat{\boldsymbol{\beta}}-\boldsymbol{\beta})'\boldsymbol{Z}_k'\boldsymbol{Z}_k(\hat{\boldsymbol{\beta}}-\boldsymbol{\beta})] \\
&= E[\boldsymbol{e}'\boldsymbol{X}\boldsymbol{S}^{-1}\boldsymbol{Z}_k'\boldsymbol{Z}_k\boldsymbol{S}^{-1}\boldsymbol{X}'\boldsymbol{e}] \\
&= \sigma^2\mathrm{tr}(\boldsymbol{X}\boldsymbol{S}^{-1}\boldsymbol{Z}_k'\boldsymbol{Z}_k\boldsymbol{S}^{-1}\boldsymbol{X}') \\
&= \sigma^2\mathrm{tr}(\boldsymbol{S}^{-1}\boldsymbol{Z}_k'\boldsymbol{Z}_k\boldsymbol{S}^{-1}\boldsymbol{X}'\boldsymbol{X}) = \sigma^2\mathrm{tr}(\boldsymbol{S}^{-1}\boldsymbol{Z}_k'\boldsymbol{Z}_k) \\
&= \sigma^2\mathrm{tr}(\boldsymbol{S}^{-1}\boldsymbol{S}\boldsymbol{W}_k\boldsymbol{Z}_k) = \sigma^2\mathrm{tr}(\boldsymbol{W}_k\boldsymbol{Z}_k) \\
&= \sigma^2[\mathrm{tr}(\boldsymbol{W}_k) - k\,\mathrm{tr}(\boldsymbol{W}_k^2)],
\end{aligned}
$$

若以 $\lambda_1, \cdots, \lambda_p$ 记 $\boldsymbol{S}$ 的特征根，则 $\boldsymbol{W}_k$ 的特征根为 $\frac{1}{\lambda_1+K}, \cdots, \frac{1}{\lambda_p+k}$. 于是得到

$$
r_1(k) = \sigma^2\left[\sum_{i=1}^{p}\frac{1}{\lambda_i+k} - \sum_{i=1}^{p}\frac{k}{(\lambda_i+k)^2}\right] = \sigma^2\sum_{i=1}^{p}\frac{\lambda_i}{(\lambda_i+k)^2}.
$$

再由 $\boldsymbol{Z}_k-\boldsymbol{I}=-k\boldsymbol{W}_k$, 知

$$
r_2(k) = \boldsymbol{\beta}'(\boldsymbol{Z}_k-\boldsymbol{I})'(\boldsymbol{Z}_k-\boldsymbol{I})\boldsymbol{\beta} = k^2\boldsymbol{\beta}'(\boldsymbol{S}+k\boldsymbol{I})^{-2}\boldsymbol{\beta},
$$

于是得到

$$
H(k) = \sigma^2\sum_{i=1}^{p}\frac{\lambda_i}{(\lambda_i+k)^2} + k^2\boldsymbol{\beta}'(\boldsymbol{S}+k\boldsymbol{I})^{-2}\boldsymbol{\beta}.
$$

直接计算 $H'(k)$, 不难看出 $H'(0)<0$, 于是存在 $k>0$, 致

$$
H(k)<H(0),
$$

即
$$
E(\|\hat{\boldsymbol{\beta}}(k)-\boldsymbol{\beta}\|^2) < E(\|\hat{\boldsymbol{\beta}}-\boldsymbol{\beta}\|^2).
$$

这说明：适当选择 $k>0$ 可降低均方误差. 但应注意到：使 $H(k)<H(0)$ 成立的 k 与未知参数 β 和 σ 有关. 要找到一个不依赖于 β, σ 的 $k>0$, 使 $H(k)<H(0)$ 对一切 β, σ 都成立，显然是不可能的. 这样看来，岭回归并未能对改善 $\hat{\beta}$ 的均方误差作出贡献. 但是，它提供了一个途径使有可能若 k 不取为常数而与样本有关，将能缩小均方误差. 所以，有用的岭回归估计必然是非线性估计，是"线性其表. 非线性其里"的估计.

2. 压缩估计　可以证明：岭回归有这样的性质：

$$
\|\hat{\boldsymbol{\beta}}(k)\| < \|\hat{\boldsymbol{\beta}}\| \text{ 当 } k>0,\ \hat{\boldsymbol{\beta}}\neq 0. \tag{5.5.1}
$$

因此，$\hat{\boldsymbol{\beta}}(k)$ 是一种压缩性的估计，但非均匀压缩. 一些学者从种种考虑出发，提出 $k\hat{\boldsymbol{\beta}}$, $0\leqslant k\leqslant 1$ 型的均匀压缩估计（简称压缩估

计). 认为这在有些情况下优于 $\hat{\beta}$.

说明这件事的一个最简单的论点是: 计算

$$g(k)=E(\|k\hat{\boldsymbol{\beta}}-\boldsymbol{\beta}\|^2)=k^2E(\|\hat{\boldsymbol{\beta}}-\boldsymbol{\beta}\|^2)+(1-k)^2\|\boldsymbol{\beta}\|^2,$$

易见 $g'(1)>0$, 因此存在 k, $0<k<1$, 致

$$g(k)<g(1)=E(\|\hat{\boldsymbol{\beta}}-\boldsymbol{\beta}\|^2).$$

这样, 用 $k\hat{\boldsymbol{\beta}}$ 代 $\boldsymbol{\beta}$ 可缩小均方误差. 但 k 与模型的未知参数有关, 因而与岭回归的情况一样, 仅是上述简单论点不足以成为改善了 $\hat{\beta}$ 的证明. 有用的压缩估计 $k\hat{\boldsymbol{\beta}}$ 中的 k 必然与样本有关, 因而也是一种非线性估计. Stein 和 James 的工作 (是例 2.4.9 的发展) 指出了 k 的一种有用的选择方法. 1975 年, Farebrother 对压缩估计提供了另外一种论点, 在这个基础上有人提出了用迭代决定 k 的作法, 求出了 k 的迭代极限值.

3. 主成分估计 (Principal Component Estimate) 这方法的要旨在于通过改换参数将线性模型

$$\boldsymbol{Y}=\boldsymbol{X}\boldsymbol{\beta}+\boldsymbol{e} \tag{5.5.2}$$

化为标准形:

$$\boldsymbol{Y}=\boldsymbol{X}\boldsymbol{P}'\boldsymbol{P}\boldsymbol{\beta}+\boldsymbol{e}=\widetilde{\boldsymbol{X}}\boldsymbol{\alpha}+\boldsymbol{e}, \tag{5.5.3}$$

此处 $\boldsymbol{P}$ 为正交方阵, 致 $\boldsymbol{PSP}'=\operatorname{diag}(\lambda_1, \cdots, \lambda_p)$. $\boldsymbol{\alpha}=\boldsymbol{P}\boldsymbol{\beta}$. 这时, 决定 $\boldsymbol{\alpha}$ 的 LS 估计的正则方程为

$$\begin{pmatrix} \lambda_1 & & & 0 \\ & \lambda_2 & & \\ & & \ddots & \\ 0 & & & \lambda_p \end{pmatrix}\hat{\boldsymbol{\alpha}}=\widetilde{\boldsymbol{X}}'\boldsymbol{Y}=\begin{pmatrix} \widetilde{Y}_1 \\ \vdots \\ \widetilde{Y}_p \end{pmatrix},$$

由是得出

$$\hat{\alpha}_i=\frac{1}{\lambda_i}\widetilde{Y}_i, \quad i=1, \cdots p.$$

当 λ_i 很小时, α_i 在模型中实际上不能发挥作用而它又很难估准. 根据选择自变量的原则, 在新模型 (5.5.3) 中, 不如把它去掉. 我们不妨假定 $\lambda_1\geqslant\lambda_2\geqslant\cdots\geqslant\lambda_p>0$, 把其中与某个界限以下的特征根 λ_i 相应的 α_i 都去掉, 这等于说, 以

$$\hat{\boldsymbol{\alpha}}=(\hat{\alpha}_1, \cdots, \hat{\alpha}_r, 0, \cdots, 0)'$$

估计 α, 然后由关系 $\boldsymbol{\beta}=\boldsymbol{P}\boldsymbol{\alpha}$ 得 $\boldsymbol{\beta}$ 的估计

$$\tilde{\beta}=\boldsymbol{P}\tilde{\alpha},$$

这称为 $\boldsymbol{\beta}$ 的主成分估计. 在实际应用中有一个怎样选择这个界限的问题, 即丢掉那些 α_i.

主成分估计和岭回归估计一样, 都是从 $\boldsymbol{S}$ 的一些特征根接近于 0 这个现象着眼. 从计算的角度看这种考虑也是有益的. 因为数据的不准、计算上的误差也可能使 $\boldsymbol{S}$ 的某些特征根很接近 0. 当这个情况发生时会导致严重的误差. 主成份和岭回归估计对减弱这种误差的后果肯定是有益的. 在这方面应当指出: Marquardt 从非线性回归迭代计算的角度着眼, 在 1963 年也提出过这种想法. 不过, 他并未把这作为一个代替 LS 估计的方法提出来.

(二) 预备知识

在(一)中, 我们讨论了几个试图作为 $\boldsymbol{\beta}$ 的 LS 估计 $\hat{\beta}$ 的改进的估计. 结果发现, 如果要在平方损失下对 $\hat{\boldsymbol{\beta}}$ 真正有所改进, 必须使这种估计非线性化. 事实上, 用 G-M 定理容易证明: 在平方损失下, 严格地局限于线性估计类中, 不能改进 $\boldsymbol{\beta}$ 的 LS 估计 $\hat{\boldsymbol{\beta}}$. 就是说, 不能找到一个线性估计 $\boldsymbol{AY}$ ($\boldsymbol{A}$ 不依赖 $\boldsymbol{Y}$), 使对一切 $(\boldsymbol{\beta}, \sigma)$ 有

$$E(\|\boldsymbol{AY}-\boldsymbol{\beta}\|^2)\leqslant E(\|\hat{\boldsymbol{\beta}}-\boldsymbol{\beta}\|^2),$$

且不等号至少对一组 $(\boldsymbol{\beta}, \sigma)$ 成立. 这个问题与下面的问题有密切联系: 设 $\boldsymbol{c}'\boldsymbol{\beta}$ 可估, $\boldsymbol{c}'\hat{\beta}$ 为其 LS 即 GM 估计 (本节中我们总假定 $\mathrm{VAR}(\boldsymbol{e})=\sigma^2\boldsymbol{I}$), 不能找到 $\boldsymbol{c}'\boldsymbol{\beta}$ 的一个线性估计 $\boldsymbol{a}'\boldsymbol{Y}$, 使对一切 $(\boldsymbol{\beta}, \sigma)$ 有

$$E[(\boldsymbol{a}'\boldsymbol{Y}-\boldsymbol{c}'\boldsymbol{\beta})^2]\leqslant E[(\boldsymbol{c}'\hat{\boldsymbol{\beta}}-\boldsymbol{c}'\boldsymbol{\beta})^2],$$

且不等号至少对一组 $(\boldsymbol{\beta}, \sigma)$ 成立. 根据 § 2.4 所引进的估计的可容许性概念, 上述问题可说成: $\hat{\boldsymbol{\beta}}$ 和 $\boldsymbol{c}'\hat{\boldsymbol{\beta}}$ 分别作为 $\boldsymbol{\beta}$ 和 $\boldsymbol{c}'\boldsymbol{\beta}$ 的估计, 在平方损失下, 在一切线性估计的类中是否有可容许性.

为了下文的需要, 我们引进如下的较为一般的提法. 设 $\boldsymbol{t}$ 是 $\boldsymbol{\theta}$ 的一个估计量($\boldsymbol{\theta}$ 可以是多维的) $\boldsymbol{B}$ 为一正定或半正定方阵. 如果不存在 $\boldsymbol{\theta}$ 的另一估计 $\boldsymbol{t}^*$, 致

$$E[(\boldsymbol{t}^*-\boldsymbol{\theta})'\boldsymbol{B}(\boldsymbol{t}^*-\boldsymbol{\theta})]\leqslant E[(\boldsymbol{t}-\boldsymbol{\theta})'\boldsymbol{B}(\boldsymbol{t}-\boldsymbol{\theta})], \tag{5.5.4}$$

对一切 $\boldsymbol{\theta}$ 且不等号至少对一个 $\boldsymbol{\theta}$ 成立，则记为 $\boldsymbol{t}\overset{\boldsymbol{B}}{\sim}\boldsymbol{\theta}$. 若不存在 $\boldsymbol{\theta}$ 的另一估计 $\tilde{\boldsymbol{t}}$, 致

$$E[(\tilde{\boldsymbol{t}}-\boldsymbol{\theta})(\tilde{\boldsymbol{t}}-\boldsymbol{\theta})']\leqslant E[(\boldsymbol{t}-\boldsymbol{\theta})(\boldsymbol{t}-\boldsymbol{\theta})'], \tag{5.5.5}$$

对一切 $\boldsymbol{\theta}$ 且不等号至少对一个 $\boldsymbol{\theta}$ 成立，则记为 $\boldsymbol{t}\sim\boldsymbol{\theta}$. 注意(5.5.5)是在半正定和正定意义下的矩阵不等式.

引理 5.5.1. 若对任何 $\boldsymbol{c}$ 有 $\boldsymbol{c}'\boldsymbol{t}\overset{\boldsymbol{I}}{\sim}\boldsymbol{c}'\boldsymbol{\theta}$, 则必有 $\boldsymbol{t}\sim\boldsymbol{\theta}$.

证. 若不然，则存在 $\tilde{\boldsymbol{t}}$ 致(5.5.5)成立，且不等号对某个 $\boldsymbol{\theta}=\boldsymbol{\theta}_0$ 成立. 于是存在 $\boldsymbol{c}\neq\boldsymbol{0}$, 致

$$\boldsymbol{c}'E[(\tilde{\boldsymbol{t}}-\boldsymbol{\theta})(\tilde{\boldsymbol{t}}-\boldsymbol{\theta})']\boldsymbol{c}\leqslant\boldsymbol{c}'E[(\boldsymbol{t}-\boldsymbol{\theta})(\boldsymbol{t}-\boldsymbol{\theta})']\boldsymbol{c},$$

且不等号对 $\boldsymbol{\theta}=\boldsymbol{\theta}_0$ 成立. 这等于说

$$E[(\boldsymbol{c}'\tilde{\boldsymbol{t}}-\boldsymbol{c}'\boldsymbol{\theta})^2]\leqslant E[(\boldsymbol{c}'\boldsymbol{t}-\boldsymbol{c}'\boldsymbol{\theta})^2],$$

对一切 $\boldsymbol{\theta}$, 且不等号对 $\boldsymbol{\theta}=\boldsymbol{\theta}_0$ 成立，这显然与引理的假设矛盾.

引理 5.5.2. 若 $\boldsymbol{B}_0>\boldsymbol{0}$ 且 $\boldsymbol{t}\overset{\boldsymbol{B}_0}{\sim}\boldsymbol{\theta}$, 则 $\boldsymbol{t}\overset{\boldsymbol{B}}{\sim}\boldsymbol{\theta}$, 对任何 $\boldsymbol{B}\geqslant\boldsymbol{0}$.

证. 易见

$$\boldsymbol{t}\overset{\boldsymbol{B}_0}{\sim}\boldsymbol{\theta}\Leftrightarrow\boldsymbol{B}_0^{1/2}\boldsymbol{t}\overset{\boldsymbol{I}}{\sim}\boldsymbol{B}_0^{1/2}\boldsymbol{\theta},$$

$$\boldsymbol{t}\overset{\boldsymbol{B}}{\sim}\boldsymbol{\theta}\Leftrightarrow\boldsymbol{B}_0^{1/2}\boldsymbol{t}\overset{\boldsymbol{D}}{\sim}\boldsymbol{B}_0^{1/2}\boldsymbol{\theta},\ \boldsymbol{D}=\boldsymbol{B}_0^{-1/2}\boldsymbol{B}\boldsymbol{B}_0^{-1/2}.$$

由此可知可以对 $\boldsymbol{B}_0=\boldsymbol{I}$ 的情况来证这引理.

用反证法. 设对某个 $\boldsymbol{C}\geqslant\boldsymbol{0}$, $\boldsymbol{t}\overset{\boldsymbol{C}}{\sim}\boldsymbol{\theta}$ 不成立. 则存在 $\boldsymbol{\theta}$ 的估计 $\boldsymbol{t}_1$, 致对一切 $\boldsymbol{\theta}$ 有

$$E[(\boldsymbol{t}_1-\boldsymbol{\theta})'\boldsymbol{C}(\boldsymbol{t}_1-\boldsymbol{\theta})]\leqslant E[(\boldsymbol{t}-\boldsymbol{\theta})'\boldsymbol{C}(\boldsymbol{t}-\boldsymbol{\theta})], \tag{5.5.6}$$

且不等号对某个 $\boldsymbol{\theta}=\boldsymbol{\theta}_0$ 成立. 以 λ 记 $\boldsymbol{C}$ 的最大特征根，并记 $\boldsymbol{F}=\lambda^{-1}\boldsymbol{C}$(显然 $\boldsymbol{F}\leqslant\boldsymbol{I}$), 而作估计

$$\tilde{\boldsymbol{t}}=\boldsymbol{t}+\boldsymbol{F}(\boldsymbol{t}_1-\boldsymbol{t}),$$

(5.5.6)在 $\boldsymbol{C}$ 换成 $\boldsymbol{F}$ 时仍成立. 现计算

$$\begin{aligned}G(\boldsymbol{\theta})=E[(\tilde{\boldsymbol{t}}-\boldsymbol{\theta})'(\tilde{\boldsymbol{t}}-\boldsymbol{\theta})]&=E[(\boldsymbol{t}-\boldsymbol{\theta})'(\boldsymbol{t}-\boldsymbol{\theta})]\\&+E[(\boldsymbol{t}_1-\boldsymbol{t})'\boldsymbol{F}^2(\boldsymbol{t}_1-\boldsymbol{t})]+E[(\boldsymbol{t}-\boldsymbol{\theta})'\boldsymbol{F}(\boldsymbol{t}_1-\boldsymbol{t})]\\&+E[(\boldsymbol{t}_1-\boldsymbol{t})'\boldsymbol{F}(\boldsymbol{t}-\boldsymbol{\theta})].\end{aligned}$$

由 $\boldsymbol{F}\leqslant\boldsymbol{I}$ 得 $\boldsymbol{F}^2\leqslant\boldsymbol{F}$, 故

$$\begin{aligned}G(\boldsymbol{\theta})&\leqslant E[(\boldsymbol{t}-\boldsymbol{\theta})'(\boldsymbol{t}-\boldsymbol{\theta})]+E[(\boldsymbol{t}_1-\boldsymbol{t})'\boldsymbol{F}(\boldsymbol{t}_1-\boldsymbol{t})]\\&\quad+E[(\boldsymbol{t}-\boldsymbol{\theta})'\boldsymbol{F}(\boldsymbol{t}_1-\boldsymbol{t})]+E[(\boldsymbol{t}_1-\boldsymbol{t})'\boldsymbol{F}(\boldsymbol{t}-\boldsymbol{\theta})]\\&=E[(\boldsymbol{t}-\boldsymbol{\theta})'(\boldsymbol{t}-\boldsymbol{\theta})]+E[(\boldsymbol{t}_1-\boldsymbol{\theta})'\boldsymbol{F}(\boldsymbol{t}_1-\boldsymbol{t})]\\&\quad+E[(\boldsymbol{t}_1-\boldsymbol{t})'\boldsymbol{F}(\boldsymbol{t}-\boldsymbol{\theta})]\\&=E[(\boldsymbol{t}-\boldsymbol{\theta})'(\boldsymbol{t}-\boldsymbol{\theta})]+E[(\boldsymbol{t}_1-\boldsymbol{\theta})'\boldsymbol{F}(\boldsymbol{t}_1-\boldsymbol{\theta})]\\&\quad-E[(\boldsymbol{t}-\boldsymbol{\theta})'\boldsymbol{F}(\boldsymbol{t}-\boldsymbol{\theta})]\\&\leqslant E[(\boldsymbol{t}-\boldsymbol{\theta})'(\boldsymbol{t}-\boldsymbol{\theta})],\text{且不等号对 }\boldsymbol{\theta}=\boldsymbol{\theta}_0\text{ 成立.}\end{aligned}$$

这与 $\boldsymbol{t}\overset{I}{\sim}\boldsymbol{\theta}$ 矛盾,引理证毕.

引理 5.5.3(矩阵的特征分解). 设 $\boldsymbol{L}$ 为 $r\times k$ 矩阵, $r\leqslant k$, $\mathrm{rk}(\boldsymbol{L})=q$, 则 $\boldsymbol{L}$ 可表为 $\boldsymbol{L}=\boldsymbol{PGQ}'$ 的形状, 其中 $\boldsymbol{P}$ 为 r 阶正交阵, $\boldsymbol{G}=\mathrm{DIAG}(\boldsymbol{G}_1, \boldsymbol{0})$, $\boldsymbol{G}_1>\boldsymbol{0}$ 之秩为 q, 而 $\boldsymbol{Q}'$ 为 $r\times k$ 阵, 其各行法正交.

若 $r>k$, 则仍有 $\boldsymbol{L}=\boldsymbol{PGQ}'$, $\boldsymbol{G}$ 与前一样, $\boldsymbol{Q}$ 为正交阵, $\boldsymbol{P}$ 为 $r\times k$ 阵, 其各列法正交.

证. 考虑 $r\leqslant k$ 的情况. 由于 $\boldsymbol{LL}'$ 为对称半正定, 存在正交阵 $\boldsymbol{P}$, 致 $\boldsymbol{PLL}'\boldsymbol{P}'=\boldsymbol{\Lambda}$ 为对角形, $\boldsymbol{\Lambda}=\mathrm{diag}(\lambda_1, \cdots, \lambda_q, 0, \cdots, 0)$, $\lambda_i>0$, $i=1, \cdots, q$. 记 $\boldsymbol{PL}=\boldsymbol{A}$, 则可知 $\boldsymbol{A}$ 之前 q 行正交且不为 0, 后 $r-q$ 行全为 0, 故

$$\boldsymbol{A}=\mathrm{diag}(\sqrt{\lambda_1}, \cdots, \sqrt{\lambda_q}, 0, \cdots, 0)\boldsymbol{S}=\boldsymbol{GS},$$

$\boldsymbol{S}$ 前 q 行法正交, 后 $r-q$ 行可任意选择, 我们选择之使 $\boldsymbol{S}$ 各行法正交. 由 $\boldsymbol{PL}=\boldsymbol{A}=\boldsymbol{GS}$ 知 $\boldsymbol{L}=\boldsymbol{P}'\boldsymbol{GS}$. 改写 $\boldsymbol{P}'$ 为 $\boldsymbol{P}$, $\boldsymbol{S}$ 为 $\boldsymbol{Q}$ 即得.

引理 5.5.4. 设 $\boldsymbol{A}$ 为非对称方阵, 则存在正交阵 $\boldsymbol{P}$, 致

$$\mathrm{tr}(\boldsymbol{PA})>\mathrm{tr}(\boldsymbol{A}).$$

证. 先设 $A=\begin{pmatrix}a & c\\ d & b\end{pmatrix}$, 且为确定计设 $c<d$. 取正交阵 $\boldsymbol{P}_\varepsilon=\begin{pmatrix}1-\varepsilon & -s\\ s & 1-\varepsilon\end{pmatrix}$, $\varepsilon>0$ 充分小, $s=\sqrt{2\varepsilon-\varepsilon^2}$. 这时 $\mathrm{tr}(\boldsymbol{P}_\varepsilon\boldsymbol{A})-\mathrm{tr}(\boldsymbol{A})=-\varepsilon(a+b)+s(d-c)$. 由于 $d-c>0$, 且当 $0<\varepsilon<1$ 时, $s>$

$\sqrt{\varepsilon}$, 显然取 $\varepsilon>0$ 充分小, 将有 $\operatorname{tr}(\boldsymbol{P}_\varepsilon\boldsymbol{A})>\operatorname{tr}(\boldsymbol{A})$.

对一般情况用归纳法. 设 n 阶方阵 $\boldsymbol{A}$ 非对称, 则存在 $\boldsymbol{A}$ 的一个 $n-1$ 阶的非对称主子式, 为方便计设在 $\boldsymbol{A}$ 的左上角, 即

$$\boldsymbol{A}=\begin{pmatrix}\boldsymbol{A}_{n-1} & \boldsymbol{b}\\ \boldsymbol{b}_1' & c\end{pmatrix},$$

依归纳假设, 存在 $n-1$ 阶正交阵 $\boldsymbol{P}_{n-1}$, 致 $\operatorname{tr}(\boldsymbol{P}_{n-1}\boldsymbol{A}_{n-1})>\operatorname{tr}(\boldsymbol{A}_{n-1})$, 取 $\boldsymbol{P}=\mathrm{DIAG}(\boldsymbol{P}_{n-1},\ \mathbf{1})$, 则 $\boldsymbol{P}$ 为 n 阶正交阵, 且

$$\operatorname{tr}(\boldsymbol{PA})=\operatorname{tr}(\boldsymbol{P}_{n-1}\boldsymbol{A}_{n-1})+c>\operatorname{tr}(\boldsymbol{A}_{n-1})+c=\operatorname{tr}(\boldsymbol{A}),$$

这完成了引理的归纳证明.

引理 5.5.5. 设 $\boldsymbol{D}$, $\boldsymbol{G}$ 为 p 阶对角形方阵, $\mathbf{0}\leqslant\boldsymbol{D}\leqslant\boldsymbol{I}$, $\boldsymbol{Q}$ 为正交阵. 则当不等式

$$\operatorname{tr}(\boldsymbol{G}^2)+\boldsymbol{\theta}'\boldsymbol{Q}(\boldsymbol{I}-\boldsymbol{G})^2\boldsymbol{Q}'\boldsymbol{\theta}\leqslant\operatorname{tr}(\boldsymbol{D}^2)+\boldsymbol{\theta}'(\boldsymbol{I}-\boldsymbol{D})^2\boldsymbol{\theta}, \tag{5.5.7}$$

对一切 $\boldsymbol{\theta}$ 成立时, 则实际上对一切 $\boldsymbol{\theta}$ 成立等号.

证. 在(5.5.7)两边令 $\boldsymbol{\theta}\to\mathbf{0}$ 得出 $\operatorname{tr}(\boldsymbol{G}^2)\leqslant\operatorname{tr}(\boldsymbol{D}^2)$, 令 θ 沿各方向趋于无穷, 不难看出

$$\boldsymbol{Q}(\boldsymbol{I}-\boldsymbol{G})^2\boldsymbol{Q}'\leqslant(\boldsymbol{I}-\boldsymbol{D})^2, \tag{5.5.8}$$

记 $\boldsymbol{D}=\operatorname{diag}(d_1,\ \cdots,\ d_p)$, $\boldsymbol{G}=\operatorname{diag}(g_1,\ \cdots,\ g_p)$, $\boldsymbol{u}_i'=\boldsymbol{Q}$ 的第 i 行, $e_i^2=\boldsymbol{u}_i'(\boldsymbol{I}-\boldsymbol{G})^2\boldsymbol{u}_i$, $i=1,\ \cdots,\ p$, $e_i\geqslant0$. 则由(5.5.8)知 $e_i^2\leqslant(1-d_i)^2$, $i=1,\ \cdots,\ p$. 由假定, $0\leqslant d_i\leqslant1$, 故必有 $1-d_i\geqslant e_i$, 对 $i=1,\ \cdots,\ p$, 且若

$$\boldsymbol{Q}(\boldsymbol{I}-\boldsymbol{G})^2\boldsymbol{Q}'\neq(\boldsymbol{I}-\boldsymbol{D})^2. \tag{5.5.9}$$

则至少对一个 i 有 $1-d_i>e_i$, 我们有

$$\sum_{i=1}^p d_i^2\leqslant\sum_{i=1}^p(1-e_i)^2=p+\sum_{i=1}^p e_i^2-2\sum_{i=1}^p e_i.$$

由 $e_i^2=\boldsymbol{u}_i'(\boldsymbol{I}-\boldsymbol{G})^2\boldsymbol{u}_i=\operatorname{tr}(\boldsymbol{u}_i'(\boldsymbol{I}-\boldsymbol{G})^2\boldsymbol{u}_i)=\operatorname{tr}[(\boldsymbol{I}-\boldsymbol{G})^2\boldsymbol{u}_i\boldsymbol{u}_i']$, 以及 $\sum\limits_{i=1}^p\boldsymbol{u}_i\boldsymbol{u}_i'=\boldsymbol{I}$, 有

$$\sum_{i=1}^p e_i^2=\operatorname{tr}\left[(\boldsymbol{I}-\boldsymbol{G})^2\sum_{i=1}^p\boldsymbol{u}_i\boldsymbol{u}_i'\right]=\operatorname{tr}[(\boldsymbol{I}-\boldsymbol{G})^2]=\sum_{i=1}^p(1-g_i)^2,$$

故

$$\sum_{i=1}^{p} d_i^2 \leqslant p+\sum_{i=1}^{p}(1-g_i)^2-2\sum_{i=1}^{p} e_i$$
$$=\sum_{i=1}^{p} g_i^2+2\sum_{i=1}^{p}(1-g_i)-2\sum_{i=1}^{p} e_i. \qquad (5.5.10)$$

但易见 $e_i^2=\boldsymbol{u}_i'(\boldsymbol{I}-\boldsymbol{G})^2\boldsymbol{u}_i \geqslant (\boldsymbol{u}_i'(\boldsymbol{I}-\boldsymbol{G})\boldsymbol{u}_i)^2$,

因而 $e_i \geqslant \boldsymbol{u}_i'(\boldsymbol{I}-\boldsymbol{G})\boldsymbol{u}_i$, 故

$$\sum_{i=1}^{p} e_i \geqslant \sum_{i=1}^{p} \operatorname{tr}(\boldsymbol{u}_i'(\boldsymbol{I}-\boldsymbol{G})\boldsymbol{u}_i)=\operatorname{tr}\left[(\boldsymbol{I}-\boldsymbol{G})\sum_{i=1}^{p}\boldsymbol{u}_i\boldsymbol{u}_i'\right]$$
$$=\operatorname{tr}[(\boldsymbol{I}-\boldsymbol{G})]=\sum_{i=1}^{p}(1-g_i),$$

这与(5.5.10)结合证明了 $\sum_{i=1}^{p} d_i^2 \leqslant \sum_{i=1}^{p} g_i^2$, 再由前面已证的 $\operatorname{tr}(\boldsymbol{G}^2)\leqslant \operatorname{tr}(\boldsymbol{D}^2)$, 知 $\operatorname{tr}(\boldsymbol{G}^2)=\operatorname{tr}(\boldsymbol{D}^2)$. 因此, 为证明引理, 只需证 $\boldsymbol{Q}'(\boldsymbol{I}-\boldsymbol{G})^2\boldsymbol{Q}=(\boldsymbol{I}-\boldsymbol{D})^2$. 若此不成立, 则至少有一个 i, 致 $1-d_i>e_i$. 这时, (5.5.10)将成立不等号, 而这将导致 $\sum_{i=1}^{p} d_i^2<\sum_{i=1}^{p} g_i^2$, 与上面得出的 $\sum_{i=1}^{p} d_i^2=\sum_{i=1}^{p} g_i^2$ 矛盾. 引理证毕.

（三）线性估计的可容许性

设 $\boldsymbol{Y}$ 为 $\boldsymbol{\theta}$ 的一个无偏估计, 且 $\mathrm{VAR}(\boldsymbol{Y})=\sigma^2\boldsymbol{I}$. 考虑 $\boldsymbol{\theta}$ 的一切形如 $\boldsymbol{LY}$ 的估计的类 $\mathscr{L}$, 此处 $\boldsymbol{L}$ 为常数矩阵. 前面我们定义过在(5.5.4)和(5.5.5)意义下的容许性. 在下面, 容许性都是指局限于类 $\mathscr{L}$ 而言, 换句话说, 根本不考虑 $\mathscr{L}$ 以外的估计.

定理 5.5.1. 在上述假定下有

1° $\boldsymbol{LY}\overset{I}{\sim}\boldsymbol{\theta} \Leftrightarrow \boldsymbol{L}$ 对称, 且其特征根全在[0, 1]内;

2° $\boldsymbol{LY}\overset{I}{\sim}\boldsymbol{\theta} \Rightarrow \boldsymbol{SLY}\overset{I}{\sim}\boldsymbol{S\theta}$, 对任何 $\boldsymbol{S}$(不必为方阵);

3° $\boldsymbol{SLY}\overset{I}{\sim}\boldsymbol{S\theta}$ 且 $|\boldsymbol{S}|\neq 0 \Rightarrow \boldsymbol{LY}\overset{I}{\sim}\boldsymbol{\theta}$.

证. 1° 设 $\boldsymbol{LY}\overset{I}{\sim}\boldsymbol{\theta}$, 作 $\boldsymbol{I}-\boldsymbol{L}$ 的特征分解 (引 5.5.3) $\boldsymbol{I}-\boldsymbol{L}=\boldsymbol{PGQ}'$, $\boldsymbol{G}=\operatorname{diag}(g_1, \cdots, g_r, 0, \cdots, 0)$, $g_i>0$, $i=1, \cdots, r$, 则由

$$\boldsymbol{LY}-\boldsymbol{\theta}=(\boldsymbol{I}-\boldsymbol{PGQ}')\boldsymbol{Y}-\boldsymbol{\theta}$$
$$=(\boldsymbol{I}-\boldsymbol{PGQ}')(\boldsymbol{Y}-\boldsymbol{\theta})-\boldsymbol{PGQ}'\boldsymbol{\theta},$$

知(利用 $E(\boldsymbol{Y})=\boldsymbol{\theta}$, $\mathrm{VAR}(\boldsymbol{Y})=\sigma^2\boldsymbol{I}$),

$$d(\boldsymbol{\theta})=E[(\boldsymbol{LY}-\boldsymbol{\theta})'(\boldsymbol{LY}-\boldsymbol{\theta})]$$
$$=\sigma^2\mathrm{tr}[(\boldsymbol{I}-\boldsymbol{QGP}')(\boldsymbol{I}-\boldsymbol{PGQ}')]+\boldsymbol{\theta}'\boldsymbol{QG}^2\boldsymbol{Q}'\boldsymbol{\theta}.$$

将 tr 号下的矩阵乘出来,并利用公式 $\mathrm{tr}(\boldsymbol{AB})=\mathrm{tr}(\boldsymbol{BA})$,有

$$\mathrm{tr}[(\boldsymbol{I}-\boldsymbol{QGP}')(\boldsymbol{I}-\boldsymbol{PGQ}')]$$
$$=\mathrm{tr}(\boldsymbol{I})-2\mathrm{tr}(\boldsymbol{GP}'\boldsymbol{Q})+\mathrm{tr}(\boldsymbol{G}^2)$$
$$=n-2\sum_{i=1}^{r}m_ig_i+\sum_{i=1}^{r}g_i^2,$$

此处 n 为 $\boldsymbol{\theta}$ 的维数, m_i 为方阵 $\boldsymbol{P}'\boldsymbol{Q}$ 的 (i, i) 元. 又记 $\boldsymbol{\phi}=(\phi_1, \cdots, \phi_r)'=\boldsymbol{Q}'\boldsymbol{\theta}$, 则

$$d(\boldsymbol{\theta})=\sigma^2\left[(n-r)+\sum_{i=1}^{r}(g_i^2-2m_ig_i+1)\right]+\sum_{i=1}^{r}g_i^2\phi_i^2. \quad (5.5.11)$$

由 $\boldsymbol{P}$, $\boldsymbol{Q}$ 皆为正交阵知 $|m_i|\leqslant 1$. 如 $\boldsymbol{LY}\overset{I}{\sim}\boldsymbol{\theta}$, 必须有 $m_i=1$. 因为不然的话,改 $\boldsymbol{P}$ 为 $\boldsymbol{Q}$, 以 $\tilde{\boldsymbol{L}}=\boldsymbol{I}-\boldsymbol{QGQ}'$ 代 $\boldsymbol{L}=\boldsymbol{I}-\boldsymbol{PGQ}'$, 则 $\tilde{\boldsymbol{L}}\boldsymbol{Y}$ 将优于 $\boldsymbol{LY}$, 而与 $\boldsymbol{LY}\overset{I}{\sim}\boldsymbol{\theta}$ 不合. 既然 $m_1=\cdots=m_r=1$, $\boldsymbol{P}$ 的前 r 列必须与 $\boldsymbol{Q}$ 的前 r 列一样, 但 $\boldsymbol{P}$ 的后 $n-r$ 列可任取而不影响 $\boldsymbol{L}$. 故可取之使与 $\boldsymbol{Q}$ 的后 $n-r$ 列一样, 即 $\boldsymbol{P}=\boldsymbol{Q}$, 这时 $\boldsymbol{L}=\boldsymbol{I}-\boldsymbol{QGQ}'$, 而 $\boldsymbol{L}$ 为对称的.

既得 $m_1=\cdots=m_r=1$, 由(5.5.11). 有

$$d(\boldsymbol{\theta})=\sigma^2\left[(n-r)+\sum_{i=1}^{r}(g_i-1)^2\right]+\sum_{i=1}^{r}g_i^2\phi_i^2,$$

由此及已知的事实 $g_i>0$, 知必有 $g_i\leqslant 1$. 因若某个 $g_i>1$, 则以 1 代替之(这意味着以 $\tilde{\boldsymbol{L}}=\boldsymbol{I}-\boldsymbol{Q}\tilde{\boldsymbol{G}}\boldsymbol{Q}'$ 代 $\boldsymbol{L}=\boldsymbol{I}-\boldsymbol{QGQ}'$, $\tilde{\boldsymbol{G}}$ 由将 $\boldsymbol{G}$ 中的大于 1 的 g_i 改为 1 而得到), 将得另一个 $\tilde{\boldsymbol{L}}\boldsymbol{Y}$, 其 $d(\boldsymbol{\theta})$ 下降, 而这与 $\boldsymbol{LY}\overset{I}{\sim}\boldsymbol{\theta}$ 矛盾. 由 $\boldsymbol{I}-\boldsymbol{L}=\boldsymbol{QGQ}'$ 及 $\boldsymbol{Q}$ 正交,知 $\boldsymbol{I}-\boldsymbol{L}$ 的全部特征根为 $g_1, \cdots, g_r, 0, \cdots, 0$, 而 $\boldsymbol{L}$ 的全部特征根为 $1-g_1, \cdots, 1-g_r, 1, \cdots, 1$, 全在 $[0, 1]$ 内. 这证明了 1° 的必要性部分.

现设 $\boldsymbol{L}=\boldsymbol{QGQ}'$ 且 $0\leqslant g_i\leqslant 1$, $i=1, \cdots, r$. 此处 $\boldsymbol{Q}$ 正交, 而

$\boldsymbol{G}=\mathrm{diag}(g_1, \cdots, g_r, 0, \cdots, 0)$. 这时

$$d(\boldsymbol{\theta})=E[\|\boldsymbol{LY}-\boldsymbol{\theta}\|^2]=\sigma^2\mathrm{tr}[(\boldsymbol{I}-\boldsymbol{G})^2]+\boldsymbol{\phi}'\boldsymbol{G}^2\boldsymbol{\phi},$$

现设 $\boldsymbol{MY}$ 为 $\boldsymbol{\theta}$ 的任一线性估计，由已证的必要性部分，不妨假定 $\boldsymbol{M}$ 对称，其特征根都在[0, 1]内，故可将 $\boldsymbol{M}$ 表为 $\boldsymbol{P}(\boldsymbol{I}-\boldsymbol{D})\boldsymbol{P}'$ 的形状，其中 $\boldsymbol{P}$ 正交，$\boldsymbol{D}$ 为对角阵，$\boldsymbol{0}\leqslant\boldsymbol{D}\leqslant\boldsymbol{I}$. 有（注意 $\boldsymbol{I}-\boldsymbol{M}=\boldsymbol{PDP}'$）

$$d_{\boldsymbol{M}}(\boldsymbol{\theta})=E(\|\boldsymbol{MY}-\boldsymbol{\theta}\|^2)=\sigma^2\mathrm{tr}[(\boldsymbol{I}-\boldsymbol{D})^2]+\boldsymbol{\theta}'\boldsymbol{PD}^2\boldsymbol{P}'\boldsymbol{\theta}$$
$$=\sigma^2\mathrm{tr}[(\boldsymbol{I}-\boldsymbol{D})^2]+\boldsymbol{\phi}'\boldsymbol{RD}^2\boldsymbol{R}'\boldsymbol{\phi}, \boldsymbol{R}=\boldsymbol{Q}'\boldsymbol{P} \text{ 为正交阵}.$$

应用引理 5.5.5 知，若

$$d_{\boldsymbol{M}}(\boldsymbol{\theta})\leqslant d(\boldsymbol{\theta}), \text{对一切 } \boldsymbol{\theta},$$

则必有 $d_{\boldsymbol{M}}(\boldsymbol{\theta})=d(\boldsymbol{\theta})$ 对一切 $\boldsymbol{\theta}$，因而 $\boldsymbol{MY}$ 不能一致地优于 $\boldsymbol{LY}$. 这证明了 1° 的充分性部分.

为了证明 2°，先注意下面的事实：为要 $\boldsymbol{KY}$ 是 $S\theta$ 的可容许估计，即 $\boldsymbol{KY}\overset{I}{\sim}\boldsymbol{S}\theta$，$\boldsymbol{K}$ 必须有 $\boldsymbol{K}=\boldsymbol{SH}$ 的形状. 因为，若以 $\boldsymbol{P_S}=\boldsymbol{S}(\boldsymbol{S}'\boldsymbol{S})^-\boldsymbol{S}'$ 记往 $\mathscr{M}(\boldsymbol{S})$ 的投影算子，则

$$\boldsymbol{KY}=\boldsymbol{P_S KY}+(\boldsymbol{I}-\boldsymbol{P_S})\boldsymbol{KY},$$

而

$$\|\boldsymbol{KY}-\boldsymbol{S}\theta\|^2=\|(\boldsymbol{P_S KY}-\boldsymbol{S}\theta)+(\boldsymbol{I}-\boldsymbol{P_S})\boldsymbol{KY}\|^2$$
$$=\|\boldsymbol{S}((\boldsymbol{S}'\boldsymbol{S})^-\boldsymbol{S}'\boldsymbol{KY}-\theta)+(\boldsymbol{I}-\boldsymbol{P_S})\boldsymbol{KY}\|^2$$
$$=\|\boldsymbol{S}((\boldsymbol{S}'\boldsymbol{S})^-\boldsymbol{S}'\boldsymbol{KY}-\theta)\|^2+\|(\boldsymbol{I}-\boldsymbol{P_S})\boldsymbol{KY}\|^2$$
$$+2\boldsymbol{Y}'\boldsymbol{K}'(\boldsymbol{I}-\boldsymbol{P_S})\boldsymbol{S}((\boldsymbol{S}'\boldsymbol{S})^-\boldsymbol{S}'\boldsymbol{KY}-\theta).$$

注意到 $(\boldsymbol{I}-\boldsymbol{P_S})\boldsymbol{S}=\boldsymbol{0}$（见本章附录(3)式），若记

$$(\boldsymbol{S}'\boldsymbol{S})^-\boldsymbol{S}'\boldsymbol{K}=\boldsymbol{M},$$

则由上式得

$$\|\boldsymbol{KY}-\boldsymbol{S}\theta\|^2=\|\boldsymbol{SMY}-\boldsymbol{S}\theta\|^2+\|(\boldsymbol{I}-\boldsymbol{P_S})\boldsymbol{KY}\|^2,$$

除非 $\boldsymbol{K}$ 有 $\boldsymbol{SH}$ 的形状，将得 $(\boldsymbol{I}-\boldsymbol{P_S})\boldsymbol{K}\neq\boldsymbol{0}$，而由上式将得到 $\boldsymbol{SMY}$ 一致地优于 $\boldsymbol{KY}$. 故欲证 $\boldsymbol{SLY}\overset{I}{\sim}\boldsymbol{S}\theta$，只需拿任一个 $\boldsymbol{SMY}$ 与之比较. 由于

$$E[\|\boldsymbol{SLY}-\boldsymbol{S}\theta\|^2]=E[(\boldsymbol{LY}-\theta)'\boldsymbol{S}'\boldsymbol{S}(\boldsymbol{LY}-\theta)],$$
$$E[\|\boldsymbol{SMY}-\boldsymbol{S}\theta\|^2=E[(\boldsymbol{MY}-\theta)'\boldsymbol{S}'\boldsymbol{S}(\boldsymbol{MY}-\theta)],$$

于是由 $\boldsymbol{LY}\overset{I}{\sim}\theta$ 及引理 5.5.2 立得 $\boldsymbol{SLY}\overset{I}{\sim}\boldsymbol{S}\theta$. 结论 3° 的证明由 2° 推出，因由 $|\boldsymbol{S}|\neq 0$ 知 $\boldsymbol{S}^{-1}$ 存在，故

$$\boldsymbol{SLY}\overset{I}{\sim}\boldsymbol{S}\theta \Rightarrow \boldsymbol{S}^{-1}(\boldsymbol{SLY})\overset{I}{\sim}\boldsymbol{S}^{-1}(\boldsymbol{S}\theta)\Rightarrow \boldsymbol{LY}\overset{I}{\sim}\theta.$$

定理 5.5.1 证毕.

系 5.5.1. 若 $E(\boldsymbol{Y})=\boldsymbol{\theta}$, $\mathrm{VAR}(\boldsymbol{Y})=\sigma^2\boldsymbol{U}$, $|\boldsymbol{U}|\neq 0$, 则 $\boldsymbol{LY}\overset{I}{\sim}\theta$ 的充要条件为: (a) $\boldsymbol{LU}$ 对称. (b) $\boldsymbol{L}$ 的特征根全在 $[0, 1]$ 内.

证. 取 $\boldsymbol{Z}=\boldsymbol{U}^{-1/2}\boldsymbol{Y}$, $\boldsymbol{\phi}=\boldsymbol{U}^{-1/2}\boldsymbol{\theta}$, 则 $E(\boldsymbol{Z})=\boldsymbol{\phi}$, $\mathrm{VAR}(\boldsymbol{Z})=\sigma^2\boldsymbol{I}$. 于是由定理 5.5.1,

$$\boldsymbol{LY}\overset{I}{\sim}\theta \Leftrightarrow \boldsymbol{LU}^{1/2}\boldsymbol{Z}\overset{I}{\sim}\boldsymbol{U}^{1/2}\boldsymbol{\phi}\Leftrightarrow \boldsymbol{U}^{-1/2}\boldsymbol{LU}^{1/2}\boldsymbol{Z}\overset{I}{\sim}\boldsymbol{\phi}$$

但 $\boldsymbol{U}^{-1/2}\boldsymbol{LU}^{1/2}\boldsymbol{Z}\overset{I}{\sim}\boldsymbol{\phi}$ 的充分必要条件为:

(a)′ $\boldsymbol{U}^{-1/2}\boldsymbol{LU}^{1/2}$ 对称,

(b)′ $\boldsymbol{U}^{-1/2}\boldsymbol{LU}^{1/2}$ 的特征根全在 $[0, 1]$ 内,

显然 (a)⇔(a)′, (b)⇔(b)′.

定理 5.5.1 回答了 θ 本身的基于其无偏估计 $\boldsymbol{Y}$ 的线性估计，在一切线性估计类(在二次型损失之下)中的可容许性. 下面讨论 θ 的线性函数的估计问题.

定理 5.5.2. 设 $\boldsymbol{Y}$ 为 θ 的无偏估计, $\mathrm{VAR}(\boldsymbol{Y})=\sigma^2\boldsymbol{U}$, $\boldsymbol{U}>\boldsymbol{0}$. 则对任何常向量 $\boldsymbol{p}$, $\boldsymbol{q}$, 有

$$\boldsymbol{q}'\boldsymbol{Y}\overset{I}{\sim}\boldsymbol{p}'\theta \Leftrightarrow \boldsymbol{q}'\boldsymbol{Uq}\leqslant \boldsymbol{p}'\boldsymbol{Uq}, \tag{5.5.12}$$

由此特别有 $\boldsymbol{p}'\boldsymbol{Y}\overset{I}{\sim}\boldsymbol{p}'\theta$.

证. 先设 $\boldsymbol{q}'\boldsymbol{Y}\overset{I}{\sim}\boldsymbol{p}'\theta$. 由 $\boldsymbol{q}'\boldsymbol{Y}-\boldsymbol{p}'\theta=\boldsymbol{q}'(\boldsymbol{Y}-\theta)+\theta'(\boldsymbol{q}-\boldsymbol{p})$, 易见

$$E[(\boldsymbol{q}'\boldsymbol{Y}-\boldsymbol{p}'\theta)^2]=\sigma^2\boldsymbol{q}'\boldsymbol{Uq}+[\theta'(\boldsymbol{q}-\boldsymbol{p})]^2, \tag{5.5.13}$$

取 $\boldsymbol{m}=\boldsymbol{p}+c(\boldsymbol{q}-\boldsymbol{p})$, $0\leqslant c\leqslant 1$, 则由上式有

$$\begin{aligned}E[(\boldsymbol{m}'\boldsymbol{Y}-\boldsymbol{p}'\theta)^2]&=\sigma^2\boldsymbol{m}'\boldsymbol{Um}+[\theta'(\boldsymbol{m}-\boldsymbol{p})]^2\\&=\sigma^2\{(1-c)^2\boldsymbol{p}'\boldsymbol{Up}+c^2\boldsymbol{q}'\boldsymbol{Uq}+2c(1-c)\boldsymbol{p}'\boldsymbol{Uq}\}\\&\quad+c^2[\theta'(\boldsymbol{q}-\boldsymbol{p})]^2,\end{aligned} \tag{5.5.14}$$

由于 $\boldsymbol{q}'\boldsymbol{Y}\overset{I}{\sim}\boldsymbol{p}'\boldsymbol{\theta}$, 由此式知必有

$$\boldsymbol{q}'\boldsymbol{U}\boldsymbol{q}\leqslant(1-c)^2\boldsymbol{p}'\boldsymbol{U}\boldsymbol{p}+c^2\boldsymbol{q}'\boldsymbol{U}\boldsymbol{q}+2c(1-c)\boldsymbol{p}'\boldsymbol{U}\boldsymbol{q},$$

将 $c^2\boldsymbol{q}'\boldsymbol{U}\boldsymbol{q}$ 移至左边,先设 $c<1$, 两边消去 $1-c$, 有

$$(1+c)\boldsymbol{q}'\boldsymbol{U}\boldsymbol{q}\leqslant(1-c)\boldsymbol{p}'\boldsymbol{U}\boldsymbol{p}+2c\boldsymbol{p}'\boldsymbol{U}\boldsymbol{q},$$

此式对一切 $0\leqslant c<1$ 成立,令 $c\uparrow1$, 有 $\boldsymbol{q}'\boldsymbol{U}\boldsymbol{q}\leqslant\boldsymbol{p}'\boldsymbol{U}\boldsymbol{q}$. 这证明了定理的必要性部分(注意在这部分证明中, $|\boldsymbol{U}|\neq0$ 不必要).

充分性的证明比较复杂. 设 $\boldsymbol{q}'\boldsymbol{U}\boldsymbol{q}\leqslant\boldsymbol{p}'\boldsymbol{U}\boldsymbol{q}$, 但存在 $\boldsymbol{p}'\boldsymbol{\theta}$ 的估计 $\boldsymbol{m}'\boldsymbol{Y}$, 一致地优于 $\boldsymbol{q}'\boldsymbol{Y}$. 先设 $\boldsymbol{p}\neq\boldsymbol{q}$. 必有 $\boldsymbol{m}-\boldsymbol{p}=c(\boldsymbol{q}-\boldsymbol{p})$ 对某个常数 c. 因为不然的话,将存在 $\boldsymbol{\theta}_0$, 致 $\boldsymbol{\theta}_0'(\boldsymbol{q}-\boldsymbol{p})=0$, $\boldsymbol{\theta}_0'(\boldsymbol{m}-\boldsymbol{p})\neq0$. 这时,由(5.5.13)和(5.5.14)的第一等式,可知当 $\boldsymbol{\theta}=K\boldsymbol{\theta}_0$ 而 $K\to\infty$ 时,将有 $E[(\boldsymbol{q}'\boldsymbol{Y}-\boldsymbol{p}'\boldsymbol{\theta})^2]<E[(\boldsymbol{m}'\boldsymbol{Y}-\boldsymbol{p}'\boldsymbol{\theta})^2]$, 与 $\boldsymbol{m}'\boldsymbol{Y}$ 一致地优于 $\boldsymbol{q}'\boldsymbol{Y}$ 矛盾. 同样性质的推理(令 $\sigma^2\to0$)表明: 在表达式 $\boldsymbol{m}=\boldsymbol{p}+c(\boldsymbol{q}-\boldsymbol{p})$ 中,必须有 $|c|\leqslant1$, 分几个情况考虑:

1° $c=1$. 这时 $\boldsymbol{m}=\boldsymbol{q}$, 与 $\boldsymbol{m}'\boldsymbol{Y}$ 一致优于 $\boldsymbol{q}'\boldsymbol{Y}$ 矛盾;

2° $|c|<1$. 我们来证明,有

$$\boldsymbol{q}'\boldsymbol{U}\boldsymbol{q}<(1-c)^2\boldsymbol{p}'\boldsymbol{U}\boldsymbol{p}+c^2\boldsymbol{q}'\boldsymbol{U}\boldsymbol{q}+2c(1-c)\boldsymbol{p}'\boldsymbol{U}\boldsymbol{q},\tag{5.5.15}$$

若此式已证, 则在(5.5.13)与(5.5.14)中令 $\sigma^2\to\infty$, 将得到与 $\boldsymbol{m}'\boldsymbol{Y}$ 一致优于 $\boldsymbol{q}'\boldsymbol{Y}$ 相矛盾的结果.

为了证明(5.5.15), 先设 $\boldsymbol{p}'\boldsymbol{U}\boldsymbol{q}>\boldsymbol{q}'\boldsymbol{U}\boldsymbol{q}$. 这时,由不等式

$$(\boldsymbol{p}'\boldsymbol{U}\boldsymbol{p})(\boldsymbol{q}'\boldsymbol{U}\boldsymbol{q})\geqslant(\boldsymbol{p}'\boldsymbol{U}\boldsymbol{q})^2,\tag{5.5.16}$$

知有 $\boldsymbol{p}'\boldsymbol{U}\boldsymbol{p}>\boldsymbol{p}'\boldsymbol{U}\boldsymbol{q}$. 当 $|c|<1$ 时. 有

$$\begin{aligned}&(1-c)^2\boldsymbol{p}'\boldsymbol{U}\boldsymbol{p}+c^2\boldsymbol{q}'\boldsymbol{U}\boldsymbol{q}+2c(1-c)\boldsymbol{p}'\boldsymbol{U}\boldsymbol{q}\\&>(1-c)^2\boldsymbol{p}'\boldsymbol{U}\boldsymbol{q}+c^2\boldsymbol{q}'\boldsymbol{U}\boldsymbol{q}+2c(1-c)\boldsymbol{p}'\boldsymbol{U}\boldsymbol{q}\\&=(1-c^2)\boldsymbol{p}'\boldsymbol{U}\boldsymbol{q}+c^2\boldsymbol{q}'\boldsymbol{U}\boldsymbol{q}\\&>(1-c^2)\boldsymbol{q}'\boldsymbol{U}\boldsymbol{q}+c^2\boldsymbol{q}'\boldsymbol{U}\boldsymbol{q}=\boldsymbol{q}'\boldsymbol{U}\boldsymbol{q},\end{aligned}$$

即(5.5.15). 若 $\boldsymbol{p}'\boldsymbol{U}\boldsymbol{q}=\boldsymbol{q}'\boldsymbol{U}\boldsymbol{q}$, 则仍有 $\boldsymbol{p}'\boldsymbol{U}\boldsymbol{p}\geqslant\boldsymbol{p}'\boldsymbol{U}\boldsymbol{q}=\boldsymbol{q}'\boldsymbol{U}\boldsymbol{q}$(依(5.5.16)), 若 $\boldsymbol{p}'\boldsymbol{U}\boldsymbol{p}>\boldsymbol{p}'\boldsymbol{U}\boldsymbol{q}$, 则推理与上面一样. 若 $\boldsymbol{p}'\boldsymbol{U}\boldsymbol{p}=\boldsymbol{p}'\boldsymbol{U}\boldsymbol{q}=\boldsymbol{q}'\boldsymbol{U}\boldsymbol{q}$, 因而(5.5.16)中将成立等号. 由于 $\boldsymbol{U}>\boldsymbol{0}$, 这只有

在 $\boldsymbol{p}=\boldsymbol{q}$ 时才可能，与前面假定 $\boldsymbol{p}\neq\boldsymbol{q}$ 矛盾.

3° $c=-1$. 在(5.5.15)中令 $c\downarrow-1$，则有

$$\boldsymbol{q}'\boldsymbol{U}\boldsymbol{q}\leqslant 4\boldsymbol{p}'\boldsymbol{U}\boldsymbol{p}+\boldsymbol{q}'\boldsymbol{U}\boldsymbol{q}-4\boldsymbol{p}'\boldsymbol{U}\boldsymbol{q},$$

在(5.5.14)中代入 $c=-1$ 并与(5.5.13)比较，知 $\boldsymbol{m}'\boldsymbol{Y}$ 不能一致优于 $\boldsymbol{q}'\boldsymbol{Y}$，矛盾.

最后，假定 $\boldsymbol{p}=\boldsymbol{q}$，这时，由

$$E[(\boldsymbol{p}'\boldsymbol{Y}-\boldsymbol{p}'\boldsymbol{\theta})^2]=\sigma^2\boldsymbol{p}'\boldsymbol{U}\boldsymbol{p},$$

$$E[(\boldsymbol{m}'\boldsymbol{Y}-\boldsymbol{p}'\boldsymbol{\theta})^2]=\sigma^2\boldsymbol{m}'\boldsymbol{U}\boldsymbol{m}+[\boldsymbol{\theta}'(\boldsymbol{m}-\boldsymbol{p})]^2$$

知，当 $\boldsymbol{m}\neq\boldsymbol{p}$ 时，必能找到 $\boldsymbol{\theta}_0$，致 $E[(\boldsymbol{p}'\boldsymbol{Y}-\boldsymbol{p}'\boldsymbol{\theta}_0)^2]<E[(\boldsymbol{m}'\boldsymbol{Y}-\boldsymbol{p}'\boldsymbol{\theta}_0)^2]$. 定理证毕.

定理5.5.3. 设 $\boldsymbol{Y}$ 为 $\boldsymbol{\theta}$ 的无偏估计，$\mathrm{VAR}(\boldsymbol{Y})=\sigma^2\boldsymbol{U}$，$\boldsymbol{U}>\boldsymbol{0}$. 则 $\boldsymbol{L}\boldsymbol{Y}\overset{I}{\sim}\boldsymbol{S}\boldsymbol{\theta}$ 的充要条件为：(a) $\boldsymbol{L}\boldsymbol{U}\boldsymbol{S}'$ 对称. (b) $\boldsymbol{L}\boldsymbol{U}\boldsymbol{L}'\leqslant\boldsymbol{L}\boldsymbol{U}\boldsymbol{S}'$.

证. 先考虑 $\boldsymbol{U}=\boldsymbol{I}$ 的情况：

1° 必要性. 设 $\boldsymbol{L}\boldsymbol{Y}\overset{I}{\sim}\boldsymbol{S}\boldsymbol{\theta}$. 我们来证明：对任何 $\boldsymbol{p}$，有

$$\boldsymbol{p}'\boldsymbol{L}\boldsymbol{Y}\overset{I}{\sim}\boldsymbol{p}'\boldsymbol{S}\boldsymbol{\theta}. \tag{5.5.17}$$

可设 $\boldsymbol{p}\neq\boldsymbol{0}$. 若 $\boldsymbol{m}'\boldsymbol{Y}$ 一致地优于 $\boldsymbol{p}'\boldsymbol{L}\boldsymbol{Y}$. 找方阵 $\boldsymbol{R}$，致 $\boldsymbol{R}'\boldsymbol{p}=\boldsymbol{m}$，则 $\boldsymbol{m}'\boldsymbol{Y}=\boldsymbol{p}'\boldsymbol{R}\boldsymbol{Y}$，这时

$$\begin{aligned}E[(\boldsymbol{m}'\boldsymbol{Y}-\boldsymbol{p}'\boldsymbol{S}\boldsymbol{\theta})^2]&=E[(\boldsymbol{p}'(\boldsymbol{R}\boldsymbol{Y}-\boldsymbol{S}\boldsymbol{\theta}))^2]\\&\leqslant E[(\boldsymbol{p}'(\boldsymbol{L}\boldsymbol{Y}-\boldsymbol{S}\boldsymbol{\theta}))^2],\end{aligned}$$

对一切 $\boldsymbol{\theta}$，且不等号至少对一个 $\boldsymbol{\theta}_0$ 成立. 记 $\boldsymbol{B}=\boldsymbol{p}\boldsymbol{p}'$，则上式可写为

$$\begin{aligned}&E[(\boldsymbol{R}\boldsymbol{Y}-\boldsymbol{S}\boldsymbol{\theta})'\boldsymbol{B}(\boldsymbol{R}\boldsymbol{Y}-\boldsymbol{S}\boldsymbol{\theta})]\\&\quad\leqslant E[(\boldsymbol{L}\boldsymbol{Y}-\boldsymbol{S}\boldsymbol{\theta})'\boldsymbol{B}(\boldsymbol{L}\boldsymbol{Y}-\boldsymbol{S}\boldsymbol{\theta})],\end{aligned}$$

对一切 $\boldsymbol{\theta}$，且不等号对 $\boldsymbol{\theta}=\boldsymbol{\theta}_0$ 成立，这表明不成立 $\boldsymbol{L}\boldsymbol{Y}\overset{B}{\sim}\boldsymbol{S}\boldsymbol{\theta}$，但 $\boldsymbol{L}\boldsymbol{Y}\overset{I}{\sim}\boldsymbol{S}\boldsymbol{\theta}$，此与引理5.5.2矛盾因而证明了(5.5.17). 由 $(\boldsymbol{L}'\boldsymbol{p})'\boldsymbol{Y}\sim(\boldsymbol{S}'\boldsymbol{p})'\boldsymbol{\theta}$，应用定理5.5.2即得

$$\boldsymbol{p}'\boldsymbol{L}\boldsymbol{L}'\boldsymbol{p}\leqslant\boldsymbol{p}'\boldsymbol{L}\boldsymbol{S}'\boldsymbol{p},$$

对一切 $\boldsymbol{p}$, 从而 $\boldsymbol{LL'}\leqslant\boldsymbol{LS'}$, 这证明了条件($b$)的必要性. 现证($a$)的必要性. 设($a$)不成立, 则由

$$E[\|\boldsymbol{LY}-\boldsymbol{S\theta}\|^2]=\sigma^2\mathrm{tr}(\boldsymbol{LL'})+\boldsymbol{\theta}'(\boldsymbol{S}-\boldsymbol{L})'(\boldsymbol{S}-\boldsymbol{L})\boldsymbol{\theta}, \tag{5.5.18}$$

$$E[\|\boldsymbol{MY}-\boldsymbol{S\theta}\|^2]=\sigma^2\mathrm{tr}(\boldsymbol{MM'})+\boldsymbol{\theta}'(\boldsymbol{S}-\boldsymbol{M})'(\boldsymbol{S}-\boldsymbol{M})\boldsymbol{\theta}. \tag{5.5.19}$$

取 $\boldsymbol{M}=\boldsymbol{S}-\boldsymbol{P}(\boldsymbol{S}-\boldsymbol{L})$, $\boldsymbol{P}$ 为一待定的正交阵, 则

$$(\boldsymbol{S}-\boldsymbol{L})'(\boldsymbol{S}-\boldsymbol{L})=(\boldsymbol{S}-\boldsymbol{M})'(\boldsymbol{S}-\boldsymbol{M}).$$

又

$$\mathrm{tr}(\boldsymbol{MM'})=\mathrm{tr}(\boldsymbol{SS'})+\mathrm{tr}[(\boldsymbol{S}-\boldsymbol{L})(\boldsymbol{S}-\boldsymbol{L})']-2\mathrm{tr}[\boldsymbol{P}(\boldsymbol{S}-\boldsymbol{L})\boldsymbol{S}'].$$

当 $\boldsymbol{P}=\boldsymbol{I}$ 时, 此式右边等于 $\mathrm{tr}(\boldsymbol{LL'})$ (因此时 $\boldsymbol{M}=\boldsymbol{L}$), 当 $\boldsymbol{LS'}$ 不对称时, $(\boldsymbol{S}-\boldsymbol{L})\boldsymbol{S}'$ 也不对称. 根据引理 5.5.4, 存在正交阵 $\boldsymbol{P}$, 致 $\mathrm{tr}[\boldsymbol{P}(\boldsymbol{S}-\boldsymbol{L})\boldsymbol{S}']>\mathrm{tr}[(\boldsymbol{S}-\boldsymbol{L})\boldsymbol{S}']$. 对由这个 $\boldsymbol{P}$ 决定的 $\boldsymbol{M}$, 将有 $\mathrm{tr}(\boldsymbol{MM'})<\mathrm{tr}(\boldsymbol{LL'})$. 于是由(5.5.18)和(5.5.19)将有

$$E[\|\boldsymbol{MY}-\boldsymbol{S\theta}\|^2]<E[\|\boldsymbol{LY}-\boldsymbol{S\theta}\|^2].$$

对一切 $\boldsymbol{\theta}$, $\sigma^2>0$, 这与 $\boldsymbol{LY}\overset{I}{\sim}\boldsymbol{S\theta}$ 矛盾, 因而证明了(a)的必要性.

2° 充分性　为确定计, 设 $\boldsymbol{L}$ 的行数不超过其列数. 于是, 按特征分解, 有 $\boldsymbol{L}=\boldsymbol{PGQ'}$, $\boldsymbol{P}$ 为正交阵, $\boldsymbol{G}$ 为对角阵, $\boldsymbol{Q}'$ 的各行法正交. 这时, 由条件(b), 注意 $\boldsymbol{LL'}=\boldsymbol{PG^2P'}$, $\boldsymbol{LS'}=\boldsymbol{PGQ'S'}$, 有

$$\boldsymbol{PG^2P'}\leqslant\boldsymbol{PGQ'S'}.$$

由此可知 $\boldsymbol{G}^2\leqslant\boldsymbol{GQ'S'P}=\boldsymbol{GT'}$, $\boldsymbol{T}=\boldsymbol{P'SQ}$. 记

$$\boldsymbol{G}=\begin{pmatrix}\boldsymbol{G}_1 & \boldsymbol{0}\\ \boldsymbol{0} & \boldsymbol{0}\end{pmatrix},\ \boldsymbol{T}'=\begin{pmatrix}\boldsymbol{T}_1 & \boldsymbol{T}_2\\ \boldsymbol{T}_3 & \boldsymbol{T}_4\end{pmatrix},\ \boldsymbol{G}_1>\boldsymbol{0}.$$

易见 $\boldsymbol{GT'}$ 对称. 此因

$$\boldsymbol{LS'}\text{ 对称}\Rightarrow\boldsymbol{PGQ'S'}\text{ 对称}\Rightarrow\boldsymbol{GQ'S'P}\text{ 对称}\Rightarrow\boldsymbol{GT'}\text{ 对称}.$$

由 $\boldsymbol{GT'}$ 对称立得 $\boldsymbol{T}_2=\boldsymbol{0}$. 又易见 $\boldsymbol{T}_1^{-1}$ 存在. 事实上, 由 $\boldsymbol{GT'}\geqslant\boldsymbol{G}^2$ 知 $\mathrm{rk}(\boldsymbol{GT'})\geqslant\mathrm{rk}(\boldsymbol{G}^2)=\mathrm{rk}(\boldsymbol{G}_1)$. 但 $\boldsymbol{GT'}=\begin{pmatrix}\boldsymbol{G}_1\boldsymbol{T}_1 & \boldsymbol{0}\\ \boldsymbol{0} & \boldsymbol{0}\end{pmatrix}$, 因而 $\boldsymbol{T}_1$ 必为满秩. 记

$$\boldsymbol{A}=\boldsymbol{T}_1'^{-1}\boldsymbol{G}_1, \text{ 即 } \boldsymbol{G}_1=\boldsymbol{T}_1'\boldsymbol{A},$$

则易见 $\boldsymbol{A}$ 对称. 此因

$$\boldsymbol{GT}' \text{ 对称} \Rightarrow \boldsymbol{G}_1\boldsymbol{T}_1 \text{ 对称} \Rightarrow (\boldsymbol{T}_1'^{-1})\boldsymbol{G}_1\boldsymbol{T}_1(\boldsymbol{T}_1^{-1}) \text{ 对称}$$
$$\Rightarrow \boldsymbol{T}_1'^{-1}\boldsymbol{G}_1 \text{ 对称} \Rightarrow \boldsymbol{A} \text{ 对称}.$$

另外, 易见 $\boldsymbol{G}=\boldsymbol{T}\begin{pmatrix}\boldsymbol{A} & \boldsymbol{0}\\ \boldsymbol{0} & \boldsymbol{0}\end{pmatrix}=\boldsymbol{P}'\boldsymbol{SQ}\begin{pmatrix}\boldsymbol{A} & \boldsymbol{0}\\ \boldsymbol{0} & \boldsymbol{0}\end{pmatrix},$

此因 $\boldsymbol{T}\begin{pmatrix}\boldsymbol{A} & \boldsymbol{0}\\ \boldsymbol{0} & \boldsymbol{0}\end{pmatrix}=\begin{pmatrix}\boldsymbol{T}_1' & \boldsymbol{T}_3'\\ \boldsymbol{0} & \boldsymbol{T}_4'\end{pmatrix}\begin{pmatrix}\boldsymbol{A} & \boldsymbol{0}\\ \boldsymbol{0} & \boldsymbol{0}\end{pmatrix}=\begin{pmatrix}\boldsymbol{T}_1'\boldsymbol{A} & \boldsymbol{0}\\ \boldsymbol{0} & \boldsymbol{0}\end{pmatrix}$

$$=\begin{pmatrix}\boldsymbol{G}_1 & \boldsymbol{0}\\ \boldsymbol{0} & \boldsymbol{0}\end{pmatrix}=\boldsymbol{G}.$$

最后, 得

$$\boldsymbol{L}=\boldsymbol{PGQ}'=\boldsymbol{PP}'\boldsymbol{SQ}\begin{pmatrix}\boldsymbol{A} & \boldsymbol{0}\\ \boldsymbol{0} & \boldsymbol{0}\end{pmatrix}\boldsymbol{Q}'=\boldsymbol{SQ}\begin{pmatrix}\boldsymbol{A} & \boldsymbol{0}\\ \boldsymbol{0} & \boldsymbol{0}\end{pmatrix}\boldsymbol{Q}'=\boldsymbol{SM}.$$

由 $\boldsymbol{A}$ 对称知 $\boldsymbol{M}$ 对称, 易见 $\boldsymbol{M}\geqslant\boldsymbol{0}$. 为此只需证 $\boldsymbol{A}\geqslant\boldsymbol{0}$, 此因 $\boldsymbol{GT}'\geqslant\boldsymbol{0}$ 因而 $\boldsymbol{G}_1\boldsymbol{T}_1>\boldsymbol{0}$, 因而 $\boldsymbol{T}_1'^{-1}\boldsymbol{G}_1>\boldsymbol{0}$ 即 $\boldsymbol{A}>\boldsymbol{0}$, 故 $\boldsymbol{M}\geqslant\boldsymbol{0}$, 因此 $\boldsymbol{M}$ 一切特征根非负. 另一方面, 有(注意 $\boldsymbol{A}'=\boldsymbol{A}$)

$$\boldsymbol{GT}'\geqslant\boldsymbol{G}^2\Rightarrow\boldsymbol{G}_1\boldsymbol{T}_1\geqslant\boldsymbol{G}_1^2\Rightarrow\boldsymbol{A}\geqslant\boldsymbol{T}_1'^{-1}\boldsymbol{G}_1^2\boldsymbol{T}_1^{-1}\Rightarrow\boldsymbol{A}\geqslant\boldsymbol{A}^2,$$

因此 $\boldsymbol{M}^2=\boldsymbol{Q}\begin{pmatrix}\boldsymbol{A}^2 & \boldsymbol{0}\\ \boldsymbol{0} & \boldsymbol{0}\end{pmatrix}\boldsymbol{Q}'\leqslant\boldsymbol{Q}\begin{pmatrix}\boldsymbol{A} & \boldsymbol{0}\\ \boldsymbol{0} & \boldsymbol{0}\end{pmatrix}\boldsymbol{Q}'=\boldsymbol{M},$

因而推出 $\boldsymbol{M}$ 的特征根不超过 1.

根据定理 5.5.1, 有 $\boldsymbol{MY}\overset{I}{\sim}\boldsymbol{\theta}$, 因而 $\boldsymbol{SMY}\overset{I}{\sim}\boldsymbol{S\theta}$, 即 $\boldsymbol{LY}\overset{I}{\sim}\boldsymbol{S\theta}$. 这证明了充分性部分.

现在考虑一般的 $\boldsymbol{U}>\boldsymbol{0}$. 令 $\boldsymbol{Z}=\boldsymbol{U}^{-1/2}\boldsymbol{Y}, \boldsymbol{\phi}=\boldsymbol{U}^{-1/2}\boldsymbol{\theta}$, 则 $E(\boldsymbol{Z})=\boldsymbol{\phi}$, $\mathrm{VAR}(\boldsymbol{Z})=\sigma^2\boldsymbol{I}$. 又

$$\boldsymbol{LY}\overset{I}{\sim}\boldsymbol{S\theta}\Rightarrow\boldsymbol{LU}^{1/2}\boldsymbol{Z}\overset{I}{\sim}\boldsymbol{SU}^{1/2}\boldsymbol{\phi},$$

由已证的必要性部分 (用于 $\boldsymbol{Z}$), 知 $(\boldsymbol{LU}^{1/2})(\boldsymbol{SU}^{1/2})'$ 对称, 即 $\boldsymbol{LUS}'$ 对称, 且 $(\boldsymbol{LU}^{1/2})(\boldsymbol{LU}^{1/2})'\leqslant(\boldsymbol{LU}^{1/2})(\boldsymbol{SU}^{1/2})'$, 即 $\boldsymbol{LUL}'\leqslant\boldsymbol{LUS}'$. 这证明了定理的必要性部分, 反过来, 设定理条件(a), (b)成立, 则有

$$LU^{1/2}Z\overset{I}{\sim}SU^{1/2}\phi,$$

即 $LY\overset{I}{\sim}S\theta$. 定理证毕.

(四) 对最小二乘估计的应用

在本段中,我们利用(三)的结果,来讨论回归系数的线性估计在线性估计类中的容许性问题.

设有线性模型 $Y=X\beta+e$, $\mathrm{VAR}(e)=\sigma^2U$, $U>0$, 而 $C\beta$ 可估. 我们先证明: 在二次型损失函数之下, 在线性估计类中, 只需考虑形如 $M\widetilde{\beta}$ 的估计已足. 此处 $\widetilde{\beta}$ 为 β 的 GM 估计, 即

$$\widetilde{\beta}=(X'U^{-1}X)^{-}X'U^{-1}Y,$$

为此先证明下面的引理.

引理 5.5.6. 若 $C\beta$ 可估而 LY 为其任一线性估计, 则对一切 β 有

$$E\{(LY-C\beta)(LY-C\beta)'\}$$
$$\geqslant E\{(LX\widetilde{\beta}-C\beta)(LX\widetilde{\beta}-C\beta)'\} \qquad (5.5.20)$$

注意由于 C 可以不止一行, 上式是"差为半正定"这个意义下的矩阵不等式.

证. 由 $LY-C\beta=(LY-LX\widetilde{\beta})+(LX\widetilde{\beta}-C\beta)$, 易见

$$E\{(LY-C\beta)(LY-C\beta)'\}$$
$$=E\{(LY-LX\widetilde{\beta})(LY-LX\widetilde{\beta})'\}$$
$$+E\{(LX\widetilde{\beta}-C\beta)(LX\widetilde{\beta}-C\beta)'\}$$
$$+E\{(LY-LX\widetilde{\beta})(LX\widetilde{\beta}-C\beta)'\}$$
$$+E\{(LX\widetilde{\beta}-C\beta)(LY-LX\widetilde{\beta})'\}. \qquad (5.5.21)$$

欲证 (5.5.20), 只需证 (5.5.21) 右边最后两项为 0. 注意到 $E(LY)=LX\beta$, $E(LX\widetilde{\beta})=LX\beta$ (因 $X\widetilde{\beta}$ 为可估函数 $X\beta$ 的 GM 估计), 有

$$E[(LY-LX\widetilde{\beta})(LX\widetilde{\beta}-C\beta)']$$
$$=E[(LY-LX\widetilde{\beta})\widetilde{\beta}'X'L']$$
$$=LE[(Y-X\widetilde{\beta})\widetilde{\beta}']X'L'. \qquad (5.5.22)$$

由于 $X\tilde{\beta}$ 为 $X\beta$ 的 GM 估计，而 GM 估计有唯一性，$X\tilde{\beta}$ 与 $\tilde{\beta}$ 的取法无关. 我们选取

$$\tilde{\beta}=(X'U^{-1}X)^{+}X'U^{-1}Y,$$

利用公式(见本章附录(4)式)

$$X=X(X'U^{-1}X)^{-}X'U^{-1}X\text{(对}(X'U^{-1}X)^{-}\text{的任何取法)}.$$

有

$$\begin{aligned}Y-X\tilde{\beta}&=[I-X(X'U^{-1}X)^{+}X'U^{-1}]Y\\&=[I-X(X'U^{-1}X)^{+}X'U^{-1}](Y-X\beta),\end{aligned}$$

于是得到

$$\begin{aligned}E[(Y-X\tilde{\beta})\tilde{\beta}']&=[I-X(X'U^{-1}X)^{+}X'U^{-1}]\\&\quad\times \mathrm{VAR}(Y)[U^{-1}X(X'U^{-1}X)^{+}]\\&=\sigma^2[I-X(X'U^{-1}X)^{+}X'U^{-1}]U[U^{-1}X(X'U^{-1}X)^{+}]\\&=\sigma^2X[(X'U^{-1}X)^{+}-(X'U^{-1}X)^{+}(X'U^{-1}X)\\&\quad\times(X'U^{-1}X)^{+}]=\mathbf{0},\end{aligned}$$

由(5.5.22)知(5.5.21)右边第三项为 $\mathbf{0}$，而第四项为第三项的转置，故也为 $\mathbf{0}$. 这证明了(5.5.20). 引理证毕.

定理 5.5.4. 在引理 5.5.6 的条件下，有

$$\begin{aligned}&E[(LY-C\beta)'G(LY-C\beta)]\\&\quad\geqslant E[(LX\tilde{\beta}-C\beta)'G(LX\tilde{\beta}-C\beta)],\end{aligned}$$

对任何 β，此处 G 为任何半正定或正定方阵.

证. 记 $E[(LY-C\beta)(LY-C\beta)']=A$，$E[(LX\tilde{\beta}-C\beta)\times(LX\tilde{\beta}-C\beta)']=B$（$A$，$B$ 都与 β，σ 有关）. 则有

$$\begin{aligned}&E[(LY-C\beta)'G(LY-C\beta)]\\&\quad=E[\mathrm{tr}(G(LY-C\beta)(LY-C\beta)')]\\&\quad=\mathrm{tr}[GE((LY-C\beta)(LY-C\beta)')]=\mathrm{tr}(GA),\end{aligned}$$

同理，$E[(LX\tilde{\beta}-C\beta)'G(LX\tilde{\beta}-C\beta)]=\mathrm{tr}(GB)$. 故

$$\begin{aligned}&E[(LY-C\beta)'G(LY-C\beta)]\\&\quad-E[(LX\tilde{\beta}-C\beta)'G(LX\tilde{\beta}-C\beta)]\\&=\mathrm{tr}[G(A-B)].\end{aligned}$$

由引理 5.5.6 知 $A-B\geqslant\mathbf{0}$. 故本定理的证明归结为下述事实的证明:

$$G\geqslant 0,\ D\geqslant 0\Rightarrow \mathrm{tr}(GD)\geqslant 0,$$

这是很显然的，因 $\mathrm{tr}(GD)=\mathrm{tr}(G^{1/2}G^{1/2}D)=\mathrm{tr}(G^{1/2}DG^{1/2})$，而 $G^{1/2}DG^{1/2}\geqslant 0$. 定理证毕.

利用这个定理不难回答我们在本节(二)开始处提出的那个问题，即在线性估计类中 LS 估计能否改善的问题.

定理 5.5.5. 设有线性模型 $Y=X\beta+e$, $\mathrm{VAR}(e)=\sigma^2 U$, $U>0$已知，$C\beta$ 可估(C 可以多于一行). $\tilde{\beta}$ 为β 的 GM 估计，则对任何 $B\geqslant 0$，在线性估计类中有 $C\tilde{\beta}\overset{B}{\sim}C\beta$.

证. 先考虑 β 可估的情况. 有 $E(\tilde{\beta})=\beta$, 而 $\mathrm{VAR}(\tilde{\beta})=\sigma^2(X'U^{-1}X)^{-1}$, $(X'U^{-1}X)^{-1}>0$. 于是依系 5.5.1, 在 β 的一切形如 $K\tilde{\beta}$ 的估计类 $\hat{\mathscr{E}}$ 中，有 $\tilde{\beta}\overset{I}{\sim}\beta$, 由引理 5.5.2得 $\tilde{\beta}\overset{B}{\sim}\beta$. 但根据定理 5.5.4, 在二次型损失之下，在一切线性估计 LY 的类 $\mathscr{E}$ 中，只需考虑 $\hat{\mathscr{E}}$ 那一部分已足. 因此由 $\tilde{\beta}\overset{B}{\sim}\beta$ 于 $\tilde{\beta}$内，得 $\tilde{\beta}\overset{B}{\sim}\beta$ 于 $\mathscr{E}$内. 再由定理5.5.2, 2°, 即得 $C\tilde{\beta}\overset{B}{\sim}C\beta$ 对任何 C.

对一般情况，可以适当地选择参数 α, 将模型改写为 $Y=\tilde{X}\alpha+e$, 使 α 在这模型中可估. 由于 $C\beta$ 在模型 $Y=X\beta+e$ 中可估，$C\beta$可表为 $\tilde{C}'\alpha$ 的形状，且显然 $C\tilde{\beta}=\tilde{C}\tilde{\alpha}$($\tilde{\alpha}$ 为 α 的 GM 估计). 于是由定理已证部分，立即得到 $C\tilde{\beta}\overset{B}{\sim}C\beta$. 定理证毕.

由这个定理可知，想在线性估计范围内改善 LS 估计(或一般地，GM 估计)，必然是徒劳的. 但应注意：这里的“改善”是“一致优于”的意思. 也可以存在另外的 $K\neq C$, $K\tilde{\beta}\overset{B}{\sim}C\beta$. 这时，$C\tilde{\beta}$ 和 $K\tilde{\beta}$ 的优劣就不能截然区分. 因此，设 $C\beta$ 为可估函数，我们对一切满足条件 $LY\overset{B}{\sim}C\beta$ 的估计类感兴趣. 下面的定理完全回答了这个问题.

定理 5.5.6. 在定理 5.5.5 的条件下，$LY\overset{B}{\sim}C\beta$ 的充要条件是

1° $\mathscr{M}(UL')\subset\mathscr{M}(X)$ (这等于说，存在矩阵 Q, 致 $UL'=XQ$);

2° LXT^-C' 对称，$T=X'U^{-1}X$;

3° $LXT^-X'L'\leqslant LXT^-C'$.

注. 定理中的条件实际上与 T^- 的选择无关. 因若 X 满秩，则 $X'U^{-1}X$ 满秩而 T^- 唯一. 若 X 不满秩，由 $C\beta$ 可估知 $C=KX$, 再注意 XT^-X' 与 T^- 的选择无关即得

定理的证明. 不失普遍性可设 $B=I$.

必要性. 在引理 5.5.6 证明过程中已得出

$$\begin{aligned}A&=E[(LY-C\beta)(LY-C\beta)']\\&=E[(LX\widetilde{\beta}-C\beta)(LX\widetilde{\beta}-C\beta)']\\&\quad+E[(LY-LX\widetilde{\beta})(LY-LX\widetilde{\beta})']=B+C^*.\end{aligned}$$

此处 $C^*\geqslant 0$. 必有 $C^*=0$. 因若 $C^*\neq 0$, 则

$$\begin{aligned}E[\|LY-C\beta\|^2]&=\mathrm{tr}(A)=\mathrm{tr}(B)+\mathrm{tr}(C^*)\\&=E[\|LX\widetilde{\beta}-C\beta\|^2]+\mathrm{tr}(C^*).\end{aligned}$$

若 $C^*\neq 0$, 则由 $C^*\geqslant 0$ 知 $\mathrm{tr}\,(C^*)>0$, 这与 $LY\overset{I}{\sim}C\beta$ 矛盾. 以 $\widetilde{\beta}=T^-X'U^{-1}Y$ 代入 C^* 的表达式, 易见

$$C^*=(LU-LXT^-X')U^{-1}(LU-LXT^-X')'.$$

由于 $U^{-1}>0$, 从 $C^*=0$ 得 $LU=LXT^-X'$. 这证明了条件 1° 的必要性.

定义 $\widetilde{Y}=U^{-1/2}Y$, 并记 $E(\widetilde{Y})=U^{-1/2}X\beta=\theta$, 有 $\mathrm{VAR}(\widetilde{Y})=\sigma^2I$. 因为 $C\beta$ 可估，存在 G, 致 $C=GX$, 故 $C\beta=GX\beta=GXT^-T\beta$(因 $X=XT^-T$), 即

$$C\beta=GXT^-X'U^{-1/2}U^{-1/2}X\beta=S\theta,\ S=GXT^-X'U^{-1/2}.$$

而 $LY=M\widetilde{Y}$, $M=LU^{1/2}$. 由 $LY\overset{I}{\sim}C\beta$ 知 $M\widetilde{Y}\overset{I}{\sim}S\theta$. 由定理 5.5.3 知 MS' 对称, 即

$$MS'=L(X'T^-X)'G'=LXT^-C'\ 对称,$$

这证明了条件 2° 的必要性. 同样，由定理 5.5.3, 有 $MM'\leqslant MS'$, 即 $LUL'\leqslant LXT^-C'$. 我们来证明:

$$LUL'=LXT^-X'L', \tag{5.5.23}$$

证明了这个等式就证明了条件 3° 的必要性.

由 $\boldsymbol{LU}=\boldsymbol{LXT^-X'}$，知 $\boldsymbol{L}=\boldsymbol{LXT^-X'U^{-1}}=\boldsymbol{DX'U^{-1}}$，有

$$\boldsymbol{LUL'}=\boldsymbol{DX'U^{-1}UU^{-1}XD'}=\boldsymbol{DX'U^{-1}XD'}=\boldsymbol{DTD'},$$

$$\begin{aligned}\boldsymbol{LXT^-X'L'}&=\boldsymbol{DX'U^-XT^-X'U^{-1}XD'}\\&=\boldsymbol{DTT^-TD'}=\boldsymbol{DTD'},\end{aligned}$$

因而证明了(5.5.23)，从此得到定理 5.5.5 的必要性.

充分性. $\boldsymbol{M}, \widetilde{\boldsymbol{Y}}, \boldsymbol{S}, \boldsymbol{\theta}$ 的意义同上，$E(\widetilde{\boldsymbol{Y}})=\boldsymbol{\theta}$，$\mathrm{VAR}(\widetilde{\boldsymbol{Y}})=\sigma^2\boldsymbol{I}$，$\boldsymbol{C\beta}=\boldsymbol{S\theta}$. 由条件 2° 知 $\boldsymbol{MS'}$ 对称. 由条件 1° 知存在 $\boldsymbol{D}$ 致 $\boldsymbol{L}=\boldsymbol{DX'U^{-1}}$. 这与条件 3° 结合得 $\boldsymbol{MM'}\leqslant\boldsymbol{MS'}$，于是由定理 5.5.3 知 $\boldsymbol{M}\widetilde{\boldsymbol{Y}}\overset{I}{\sim}\boldsymbol{S\theta}$，即 $\boldsymbol{LY}\overset{I}{\sim}\boldsymbol{C\beta}$. 定理证毕.

不难验证，定理 5.5.5 可以由定理 5.5.6 推出. 这个留给读者作为练习.

§5.6. 大样本理论

(一) 问题提法

到目前为止，我们考虑线性模型 $\boldsymbol{Y}=\boldsymbol{X\beta}+\boldsymbol{e}$，$\boldsymbol{Y}$ 和 $\boldsymbol{\beta}$ 的维数分别为 n 和 p. 这意味着试验次数 n 已取定，不再变化. 现在设想我们选定了无限个试验点 $\boldsymbol{x}_1, \boldsymbol{x}_2, \cdots$，其中

$$\boldsymbol{x}_i=(x_{1i}, \cdots, x_{pi})', \quad i=1, 2, \cdots. \tag{5.6.1}$$

在 x_i 点试验结果，因变量取值为 Y_i，$i=1, 2, \cdots$，于是我们得到这样一个序列：

$$Y_i=\boldsymbol{x}_i'\boldsymbol{\beta}+e_i, \quad i=1, 2, \cdots, n, \cdots. \tag{5.6.2}$$

这里$\{e_i\}$为随机误差序列，总假定 $E(e_i)=0$ 对一切 i，其它假定视需要而定($E(e_i)=0$ 一点以下不再提到).

自然，在(5.6.1)中试验总只能作有限次. 设作到第 n 次为止，就得出一个在前几节中考虑的有限线性模型：

$$\boldsymbol{Y}(n)=\boldsymbol{X}_n\boldsymbol{\beta}+\boldsymbol{e}(n).$$

其中 $\boldsymbol{X}_n=(\boldsymbol{x}_1, \cdots, \boldsymbol{x}_n)'$，$\boldsymbol{Y}(n)=(Y_1, \cdots, Y_n)'$，$\boldsymbol{e}(n)=(e_1, \cdots, e_n)'$. 假定 $\boldsymbol{S}_n=\boldsymbol{X}_n'\boldsymbol{X}_n$ 满秩，可求得 $\boldsymbol{\beta}$ 的 LS 估计，

$$\hat{\boldsymbol{\beta}}(n)=(\hat{\beta}_1(n),\ \cdots,\ \hat{\beta}_p(n))'=\boldsymbol{S}_n^{-1}\boldsymbol{X}'_n\boldsymbol{Y}(n). \tag{5.6.3}$$

又在 $E(e_ie_j)=\delta_{ij}\sigma^2$ ($\delta_{ij}=1$ 当 $i=j$, $=0$ 当 $i\neq j$) 的假定下可求得 σ^2 的估计为

$$\hat{\sigma}^2(n)=\frac{1}{n-p}\|\boldsymbol{Y}(n)-\boldsymbol{X}_n\hat{\boldsymbol{\beta}}(n)\|^2. \tag{5.6.4}$$

当 n 增加时，形成 $\boldsymbol{\beta}$ 和 σ^2 的一个估计序列 $\{\hat{\boldsymbol{\beta}}(n)\}$ 及 $\{\hat{\sigma}^2(n)\}$. 大样本理论就是考察当 $n\to\infty$ 时，这估计序列的极限性质，最主要的是相合性和渐近正态性. 我们将看到，这些性质与试验点列 $\{\boldsymbol{x}_i\}$ 及随机误差序列 $\{e_i\}$ 的性质有关. 这个问题不仅在纯理论的意义上很有兴趣，而且有一定的实用价值. 因为，在 e_i 不服从正态分布时，对有限的 n, $\hat{\boldsymbol{\beta}}(n)$ 和 $\hat{\sigma}^2(n)$ 的分布无从求得，这时在 § 5.3 中讲述的关于 $\boldsymbol{\beta}$ 和 σ^2 的假设检验及区间估计等就不再适用. 大样本理论在 n 很大时，提供这些问题的一个渐近解法.

线性模型的大样本理论开始于六十年代，到现在为止已获得不少结果，但也还存在一些有兴趣的悬而未决的问题. 由于篇幅的限制，在本节中我们只能将主要结果作一个介绍，而不能涉及这些结果的全部证明.

(二) $\hat{\boldsymbol{\beta}}(\boldsymbol{n})$ 的弱相合性

如果当 $n\to\infty$ 时，$\hat{\boldsymbol{\beta}}(n)$ 依概率收敛于 β, 则称 $\hat{\beta}(n)$ 为 β 的弱相合估计. 在本段中假定

$$E(e_i^2)=\sigma^2,\ E(e_ie_j)=0 \text{ 当 } i\neq j,\ i,\ j=1,\ 2,\ \cdots. \tag{5.6.5}$$

定理 5.6.1. 如果(5.6.5)成立，则 $\hat{\boldsymbol{\beta}}(n)$ 为 $\boldsymbol{\beta}$ 的弱相合估计的充要条件为

$$\lim_{n\to\infty}\boldsymbol{S}_n^{-1}=0. \tag{5.6.6}$$

(此处假定了当 n 充分大时 $\boldsymbol{S}_n^{-1}$ 存在. 又一矩阵趋于 $\boldsymbol{0}$ 是指它的每一元都趋于 0).

本定理的充分性部分是 Eicker 在 1963 年证明的，它是 VAR $(\hat{\boldsymbol{\beta}}(n))=\sigma^2\boldsymbol{S}_n^{-1}$ (见(5.2.9))的一个简单推论. 事实上，因为 $\hat{\boldsymbol{\beta}}(n)$ 为 $\boldsymbol{\beta}$ 的无偏估计，有

$$E[\|\hat{\boldsymbol{\beta}}(n)-\boldsymbol{\beta}\|^2]=\sigma^2\mathrm{tr}(\boldsymbol{S}_n^{-1})\to 0, \text{当 } n\to\infty. \tag{5.6.7}$$

由此立即推出 $\hat{\beta}(n)$ 是弱相合的.

必要性的部分是 Drygas 和本书作者先后独立作出的. 以下的证明据《科学通报》, 1978 年第 8 期. 令

$$\boldsymbol{S}_n=\begin{pmatrix} S_{11n} & \boldsymbol{S}_{12n} \\ \boldsymbol{S}_{21n} & \boldsymbol{S}_{22n}\end{pmatrix}, \quad S_{11n} \text{ 为一行一列};$$

$$\boldsymbol{x}_i=\begin{pmatrix} x_{1i} \\ \vdots \\ x_{pi}\end{pmatrix}=\begin{pmatrix} x_{1i} \\ \boldsymbol{x}_i^{(2)}\end{pmatrix}, \qquad \boldsymbol{\beta}=\begin{pmatrix} \beta_1 \\ \vdots \\ \beta_p\end{pmatrix},$$

$$\hat{\boldsymbol{\beta}}(n)=\begin{pmatrix} \hat{\beta}_1(n) \\ \vdots \\ \hat{\beta}_p(n)\end{pmatrix}, \qquad \boldsymbol{q}_j^{(n)}=\begin{pmatrix} x_{j1} \\ \vdots \\ x_{jn}\end{pmatrix}.$$

设 (5.6.6) 不成立, 由于 $\boldsymbol{S}_n^{-1}>\boldsymbol{0}$, 其主对角线上某元, 不失普遍性设为其 (1, 1) 元 c_n, 当 $n\to\infty$ 时不趋于 0. 由于 c_n 非增, 有 $\lim\limits_{n\to\infty} c_n=c>0$.

现在证明 $\hat{\beta}_1(n)-\beta_1=Z_n/A_n$, 其中

$$Z_n=\sum_{i=1}^n(x_{1i}-S_{12n}S_{22n}^{-1}x_i^{(2)})e_i, \quad A_n=\sum_{i=1}^n(x_{1i}-S_{12n}S_{22n}^{-1}x_i^{(2)})^2.$$

事实上, 由 S_n 的分块形式, 用引理 5.4.1, 有

$$\boldsymbol{S}_n^{-1}=\begin{pmatrix} (S_{11n}-\boldsymbol{S}_{12n}\boldsymbol{S}_{22n}\boldsymbol{S}_{21n})^{-1} & -S_{11n}\boldsymbol{S}_{12n}(\boldsymbol{S}_{22n}-S_{11n}^{-1}\boldsymbol{S}_{21n}\boldsymbol{S}_{12n})^{-1} \\ * & * \end{pmatrix},$$

可知
$$\hat{\beta}_1(n)-\beta_1=\frac{\sum_{i=1}^n x_{1i}e_i}{S_{11n}-\boldsymbol{S}_{12n}\boldsymbol{S}_{22n}^{-1}\boldsymbol{S}_{21n}}$$
$$-\frac{1}{S_{11n}}\sum_{i=1}^n\boldsymbol{S}_{12n}(\boldsymbol{S}_{22n}-S_{11n}^{-1}\boldsymbol{S}_{21n}\boldsymbol{S}_{12n})^{-1}\boldsymbol{x}_i^{(2)}e_i.$$

上式右边第二项分子分母同乘 $S_{11n}-\boldsymbol{S}_{12n}\boldsymbol{S}_{22n}^{-1}\boldsymbol{S}_{21n}$, 注意

$$\begin{aligned}
&(1-S_{11n}^{-1}\boldsymbol{S}_{12n}\boldsymbol{S}_{22n}^{-1}\boldsymbol{S}_{21n})\boldsymbol{S}_{12n}(\boldsymbol{S}_{22n}-S_{11n}^{-1}\boldsymbol{S}_{21n}\boldsymbol{S}_{12n})^{-1} \\
&=\boldsymbol{S}_{12n}(\boldsymbol{I}-S_{11n}^{-1}\boldsymbol{S}_{22n}^{-1}\boldsymbol{S}_{21n}\boldsymbol{S}_{12n})(\boldsymbol{S}_{22n}-S_{11n}^{-1}\boldsymbol{S}_{21n}\boldsymbol{S}_{12n})^{-1} \\
&=\boldsymbol{S}_{12n}(\boldsymbol{I}-S_{11n}^{-1}\boldsymbol{S}_{22n}^{-1}\boldsymbol{S}_{21n}\boldsymbol{S}_{12n}) \\
&\quad\times[\boldsymbol{S}_{22n}(\boldsymbol{I}-S_{11n}^{-1}\boldsymbol{S}_{22n}^{-1}\boldsymbol{S}_{21n}\boldsymbol{S}_{12n})]^{-1} \\
&=\boldsymbol{S}_{12n}\boldsymbol{S}_{22n}^{-1},
\end{aligned}$$

$$A_n^2=\sum_{i=1}^{n}x_{1i}^2-\boldsymbol{S}_{12n}\boldsymbol{S}_{22n}^{-1}\boldsymbol{S}_{21n}=S_{11n}-\boldsymbol{S}_{12n}\boldsymbol{S}_{22n}^{-1}\boldsymbol{S}_{21n}.$$

这证明了 $\hat{\beta}_1(n)-\beta_1=Z_n/A_n$. 易见 $E(Z_n)=0$, $\mathrm{Var}(Z_n)=A_n$. 记 $x_{1i}-\boldsymbol{S}_{12n}\boldsymbol{S}_{22n}^{-1}\boldsymbol{x}_i^{(2)}=h_{ni}$, 则

$$Z_n=\sum_{i=1}^{n}h_{ni}e_i,\quad A_n=\sum_{i=1}^{n}h_{ni}^2=c_n^{-1}.$$

不难看到, 当 $n\geqslant K$ 时有 $\sum_{i=1}^{K}h_{ni}^2\geqslant\sum_{i=1}^{K}h_{Ki}^2$. 这是因为,

$$\sum_{i=1}^{K}h_{Ki}^2=\|\boldsymbol{q}_1^{(K)}-\boldsymbol{t}\|^2,$$

$\boldsymbol{t}$为 $\boldsymbol{q}_1^{(K)}$ 在 $\boldsymbol{q}_2^{(K)}, \cdots, \boldsymbol{q}_p^{(K)}$ 所张成的线性子空间 $\mathscr{M}$ 上的投影, 而 $\sum_{i=1}^{K}h_{ni}^2=\|\boldsymbol{q}_1-\boldsymbol{w}\|^2$, $\boldsymbol{w}\in\mathscr{M}$.

对每个固定的 i, 序列 $\{h_{ni}\}$ 是有界的, 用标准的对角线方法, 可选出自然数子序列 $\{n_j\}$, 致 $\lim_{j\to\infty}h_{n_j,i}=d_i$, $i=1, 2, \cdots$ 在关系式 $\sum_{i=1}^{K}h_{ni}^2\geqslant\sum_{i=1}^{K}h_{Ki}^2$ 中, 令$n\to\infty$, 得

$$\sum_{i=1}^{K}d_i^2\geqslant\frac{1}{c_K}\to\frac{1}{c}\,(K\to\infty),$$

此式结合 $\sum_{i=1}^{n}h_{ni}^2=1/c_n$ 即知 $\sum_{k=1}^{\infty}d_K^2=1/c$. 为简单计, 记$h_{n_j,i}=f_{ji}$. 考察序列

$$\tilde{Z}_j=\hat{\beta}_1(n_j)-\beta_1=c_{n_j}\sum_{i=1}^{n_j}f_{ji}e_i,\ j=1, 2, \cdots. \tag{5.6.8}$$

现证对任给 $\varepsilon>0$ 存在 b 及 j_0, 使当 $j\geqslant j_0$ 时,

$$\sum_{i=b}^{n_j}f_{ji}^2<\varepsilon. \tag{5.6.9}$$

为此注意
$$\begin{aligned}\sum_{i=b+1}^{n_j}f_{ji}^2&=\sum_{i=1}^{n_j}f_{ji}^2-\sum_{i=1}^{b}f_{ji}^2\\&=\frac{1}{c_{n_j}}-\sum_{i=1}^{b}f_{ji}^2\leqslant\frac{1}{c}-\sum_{i=1}^{b}f_{ji}^2.\end{aligned}$$

选 b 充分大, 致 $d_1^2+\cdots+d_b^2>\frac{1}{c}-\frac{\varepsilon}{2}$, 然后找 j_0 充分大, 使当 $j\geqslant j_0$ 时有 $\sum_{i=1}^{b}f_{ji}^2>\sum_{i=1}^{b}d_i^2-\frac{\varepsilon}{2}$, 这时当 $j\geqslant j_0$, 有

$$\sum_{i=b+1}^{n_j} f_{ji}^2 \leqslant \frac{1}{c} - \left(\sum_{i=1}^{b} d_i^2 - \frac{\varepsilon}{2}\right) = \frac{1}{c} - \sum_{i=1}^{b} d_i^2 + \frac{\varepsilon}{2} < \varepsilon.$$

这证明了(5.6.9). 现在可证: 当 $j\to\infty$ 时,

$$E\left[\left(\widetilde{Z}_j - c\sum_{i=1}^{\infty} d_i e_i\right)^2\right] \to 0. \tag{5.6.10}$$

此处 $\sum\limits_{i=1}^{\infty} d_i e_i$ 理解为 $\sum\limits_{i=1}^{n} d_i e_i$ 的均方收敛的极限. 事实上,

$$\begin{aligned}
E\left[\left(\widetilde{Z}_j - c\sum_{i=1}^{\infty} d_i e_i\right)^2\right] &= E\left[\left(\widetilde{Z}_j - c\sum_{i=1}^{n_j} d_i e_i\right)^2\right] + \sigma^2 \sum_{i=n_j+1}^{\infty} d_i^2 \\
&= E\left[\left(c_{n_j}\sum_{i=1}^{b} f_{ji}e_i + c_{n_j}\sum_{i=b+1}^{u_j} f_{ji}e_i - c\sum_{i=1}^{b} d_i e_i - c\sum_{i=b+1}^{} d_i e_i\right)^2\right] \\
&\quad + \sigma^2 \sum_{i=n_j+1}^{\infty} d_i^2 \leqslant 3E\left[\left(c_{n_j}\sum_{i=1}^{b} f_{ji}e_i - c\sum_{i=1}^{b} d_i e_i\right)^2\right] \\
&\quad + 3c_{n_j}^2\sigma^2 \sum_{i=b+1}^{n_j} f_{ji}^2 + 3c^2\sigma^2 \sum_{i=b+1}^{n_j} d_i^2 + \sigma^2 \sum_{i=n_j+1}^{\infty} d_i^2.
\end{aligned}$$

找 b_0 和 j_0, 致 $\quad 3c_{n_j}^2\sigma^2 \sum\limits_{i=b_0+1}^{n_j} f_{ji}^2 < \frac{\varepsilon}{4}$, 当 $j\geqslant j_0$.

找 $b_1\geqslant b_0$, 致 $\quad 3c^2\sigma^2 \sum\limits_{i=b_1}^{\infty} d_i^2 < \frac{\varepsilon}{4}$,

找 $j_1\geqslant j_0$, 致 $\quad \sigma^2 \sum\limits_{i=n_j+1}^{\infty} d_i^2 < \frac{\varepsilon}{4}$,

固定 b_1, 找 $j_2\geqslant j_1$, 使当 $j\geqslant j_2$ 时,

$$\begin{aligned}
3E\left[\left(c_{n_j}\sum_{i=1}^{b_1} f_{ji}e_i - c\sum_{i=1}^{b_1} d_i e_i\right)^2\right] &\leqslant 6c^2\sigma^2 \sum_{i=1}^{b_1} (f_{ji} - d_i)^2 \\
&\quad + 6\,(c_{n_j} - c)^2\sigma^2 \sum_{i=1}^{b_1} f_{ji}^2 < \frac{\varepsilon}{4},
\end{aligned}$$

这样我们证明了: 当 $j\geqslant j_2$ 时, $E\left[\left(\widetilde{Z}_j - c\sum\limits_{i=1}^{\infty} d_i e_i\right)^2\right] < \varepsilon$, 这证明了(5.6.10). 由于 $c\sum\limits_{i=1}^{\infty} d_i e_i$ 不以概率为 1 等于 0, 由 (5.6.8) 知 $\hat{\beta}_1(n_j)$ 当 $j\to\infty$ 时不依概率收敛于 β_1, 这证明了条件(5.6.6)的必要性, 定理证毕. 由这个定理特别知道, LS 估计的弱收敛性与均方收敛性是等价的.

容易看出, 存在这样的情况: 其中 LS 估计序列 $\{\hat{\boldsymbol{\beta}}(n)\}$ 不为 $\boldsymbol{\beta}$ 的弱相合估计, 但可以找到 $\boldsymbol{\beta}$ 的一串线性估计 $\{\boldsymbol{A}_n\boldsymbol{Y}(n)\}$, 是 $\boldsymbol{\beta}$ 的

弱相合估计. 例如, 取 $p=1$($\boldsymbol{\beta}$ 为一维的), $x_i=\frac{1}{i}$, $i=1, 2, \cdots$, 又 $e_1, e_2, \cdots$独立, e_i 的分布为

$$P_\sigma(e_i=i)=P_\sigma(e_i=-i)=\frac{\sigma^2}{2i^2},\ P_\sigma(e_i=0)=1-\sigma^2/i^2,$$

$i=1, 2, \cdots$, 而 $0<\sigma^2<1$. 由定理 1 知 β 的 LS 估计不为弱相合, 但若取 $\boldsymbol{\beta}$ 的一串估计 $\{nY_n\}$, 则不难见到它为 β 的弱相合估计. 在此例中, $e_1, e_2, \cdots$的分布不同. 本书作者举出了这样的例子, 其中$\{e_i\}$同分布且满足(5.6.5), 但 β 的 LS 估计不为弱相合, 而其某个线性估计为弱相合. 在 $\{e_i\}$ 为独立同分布时这种例子是否存在尚属未知, 作者证明了在 $\{e_i\}$ 满足(5.6.5)且服从正态分布时, 这种例子不可能存在.

(三) $\hat{\boldsymbol{\beta}}(\boldsymbol{n})$的强相合性

当误差序列服从正态分布时, 上段的结果可以加强.

定理 5.6.2. 设 $e_1, e_2, \cdots$为 iid., $e_1\sim N(0, \sigma^2)$且条件(5.6.6)成立, 则 $P(\lim\limits_{n\to\infty}\hat{\boldsymbol{\beta}}(n)=\boldsymbol{\beta})=1$.

这个结果是 Anderson 和 Taylor 证明的 (见 *Ann. Statist.* 1976, p. 788). 为了证明, 取 β_1 来考虑, 沿用上段的记号. 存在充分大的 q 致 $A_q>0$. 定义

$$r_1^2=A_q,\ r_i^2=A_{i+q-1}-A_{i+q-2},\ i\geqslant 2;$$
$$v_1=Z_q/r_1,\ v_i=(Z_{i+q-1}-Z_{i+q-2})/r_i,\ i\geqslant 2.$$

考虑 $$Z_{n+1}=Z_n+(\boldsymbol{S}_{12n}\boldsymbol{S}_{22n}^{-1}-\boldsymbol{S}_{12,n+1}\boldsymbol{S}_{22,n+1}^{-1})\sum_{i=1}^n \boldsymbol{x}_i^{(2)}e_i$$
$$+(x_{1,n+1}-\boldsymbol{S}_{12,n+1}\boldsymbol{S}_{22,n+1}^{-1})\boldsymbol{x}_{n+1}^{(2)}e_{n+1}=I_{1n}+I_{2n}+I_{3n}.$$

若 $t\leqslant n$ 时, I_{2n} 与 Z_t 不相关. 此因 $E(Z_t)=0$, 而

$$E(Z_tI_{2n})=(\boldsymbol{S}_{12n}\boldsymbol{S}_{22n}^{-1}-\boldsymbol{S}_{12,n+1}\boldsymbol{S}_{22,n+1}^{-1})\sum_{i=1}^t$$
$$\times(x_{1i}-\boldsymbol{S}_{12t}\boldsymbol{S}_{22t}^{-1}\boldsymbol{x}_i^{(2)})\boldsymbol{x}_i^{(2)}=0,$$

又显然有 $E(Z_tI_{3n})=0$. 由正态性假定知 $Z_{n+1}-Z_n$ 与 Z_t 独立, 当 $t\leqslant n$. 由此可知 $v_1, v_2, \cdots$ 独立, $v_i\sim N(0, \sigma^2)$, 其中 $\mathrm{Var}(v_n)$

$=\sigma^2$ 是由公式

$$\begin{aligned}&(\boldsymbol{S}_{12n}\boldsymbol{S}_{22n}^{-1}-\boldsymbol{S}_{12,\,n+1}\boldsymbol{S}_{22,n+1}^{-1})\sum_{i=1}^{n}\boldsymbol{x}_i^{(2)}\boldsymbol{x}_i^{(2)\prime}\\&\times(\boldsymbol{S}_{12n}\boldsymbol{S}_{22n}^{-1}-\boldsymbol{S}_{12,\,n+1}\boldsymbol{S}_{22,n+1}^{-1})'\\&+(x_{1,\,n+1}-\boldsymbol{S}_{12,\,n+1}\boldsymbol{S}_{22,n+1}^{-1}\boldsymbol{x}_{n+1}^{(2)})^2=A_{n+1}-A_n\end{aligned}$$

推出. 由于 $\sum_{i=1}^{n-q+1}r_i^2=A_n=\sum_{i=1}^{n}(x_{1i}-\boldsymbol{S}_{12n}\boldsymbol{S}_{22n}^{-1}\boldsymbol{x}_i^{(2)})^2$,

从表达式 $\hat{\beta}_1(n)-\beta_1=\sum_{i=1}^{n-q+1}r_iv_i\Big/\sum_{i=1}^{n-q+1}r_i^2.$

根据 Колмогоров 定理(见[8], p. 238, A), 要证明 $\lim_{n\to\infty}\hat{\beta}_1(n)=\beta_1$, a. e., 只需证明 $\lim_{n\to\infty}\sum_{i=1}^{n}r_i^2=\infty$, 以及

$$\sum_{n=1}^{\infty}r_n^2/(r_1^2+\cdots+r_n^2)^2<\infty.$$

前一事实由 (5.6.6) 得出, 后一点可证明如下. 记 $B_n=r_1^2+\cdots+r_n^2$, 则 $(B_0=0)$

$$\begin{aligned}\sum_{n=1}^{\infty}r_n^2\Big/(r_1^2+\cdots+r_n^2)^2&=\sum_{n=1}^{\infty}\frac{B_n-B_{n-1}}{B_n^2}\\&\leqslant\frac{1}{B_1}+\sum_{n=2}^{\infty}\int_{B_{n-1}}^{B_n}\frac{dx}{x^2}<\infty.\end{aligned}$$

定理证毕.

如果只假定 $E(e_ie_j)=\delta_{ij}\sigma^2$, 则为要证明 $\hat{\beta}(n)$ 的强相合性, 条件 (5.6.6) 要加强. 本书作者证明了: 条件 $\boldsymbol{S}_n^{-1}=O((\log n)^{-2-\varepsilon})$ (对某个 $\varepsilon>0$) 是充分的. 指数 $2+\varepsilon$ 是否能改善为 2 还不清楚.

以上的讨论总假定 e_i 的二阶矩存在有限. 如果只假定 e_i 的 r 阶矩存在有限 $(1\leqslant r<2)$, 本书作者也得出了相应的结果. 例如, 当 e_1, e_2, $\cdots$为 iid, 而

$$\boldsymbol{S}_n^{-1}=o(n^{-(2-r)/r})$$

时, 有 $\lim_{n\to\infty}E(\|\hat{\boldsymbol{\beta}}(n)-\boldsymbol{\beta}\|^r)=0.$

(四) $\hat{\sigma}^2(n)$ 的相合性

如果 e_1, e_2, $\cdots$iid. 且 $e_1\sim N(0,\,\sigma^2)$, 则由 (5.6.4) 所确定的

$\hat{\sigma}^2(n)$为σ^2的弱相合估计. 这一点很容易证明, 因为在正态性假定下, 由定理 5.2.6 知, $(n-p)\hat{\sigma}^2(n)/\sigma^2$服从分布$\chi^2_{n-p}$, 因此$\hat{\sigma}^2(n)=\sigma^2\chi^2_{n-p}/(n-p)$, 依$\chi^2$分布性质$a$, $E[\hat{\sigma}^2(n)]=\sigma^2(n-p)/(n-p)=\sigma^2$, 而$\text{Var}[\hat{\sigma}^2(n)]=\dfrac{\sigma^4}{(n-p)^2}2(n-p)\to 0$当$n\to\infty$. 这证明了$\lim\limits_{n\to\infty}\hat{\sigma}^2(n)\overset{P}{=}\sigma^2$.

由本书作者证明的下述结果解决了在误差独立时, $\hat{\sigma}^2(n)$的弱相合问题.

定理 5.6.3. 设$e_1, e_2, \cdots$相互独立, 各有均值o方差σ^2. 又e_K的分布函数记为F_K. 则$\hat{\sigma}^2(n)$为σ^2的弱相合估计的充要条件为

$$\lim_{n\to\infty}\frac{1}{n}\sum_{k=1}^{n}\int_{|x|\geqslant\sqrt{n}}x^2dF_K=0, \tag{5.6.11}$$

$$\lim_{n\to\infty}\frac{1}{n^2}\sum_{k=1}^{n}\int_{|x|<\sqrt{n}}x^4dF_K=0. \tag{5.6.12}$$

证. 在公式

$$\hat{\sigma}^2(n)=\frac{1}{n-p}\boldsymbol{Y}(n)'[\boldsymbol{I}_n-\boldsymbol{X}_n\boldsymbol{S}_n^{-1}\boldsymbol{X}_n']\boldsymbol{Y}(n)$$

中, 以$\boldsymbol{Y}(n)=\boldsymbol{X}_n\hat{\boldsymbol{\beta}}(n)+\boldsymbol{e}(n)$代入, 得

$$\begin{aligned}\hat{\sigma}^2(n)&=\frac{1}{n-p}\boldsymbol{e}(n)'[\boldsymbol{I}_n-\boldsymbol{X}_n\boldsymbol{S}_n^{-1}\boldsymbol{X}_n']\boldsymbol{e}(n)\\&=\frac{1}{n-p}\sum_{K=1}^{n}e_K^2-\frac{1}{n-p}\|\boldsymbol{U}_n\boldsymbol{e}(n)\|^2,\end{aligned}$$

其中$\boldsymbol{U}_n=\boldsymbol{S}_n^{-1/2}\boldsymbol{X}_n'$, 因而$\boldsymbol{U}_n\boldsymbol{U}_n'=\boldsymbol{I}_p$. 由此推出

$$E\left[\frac{1}{n-p}\|\boldsymbol{U}_n\boldsymbol{e}(n)\|^2\right]=\frac{p}{n-p}\sigma^2\to 0, \text{当} n\to\infty.$$

这证明了$\lim\limits_{n\to\infty}\dfrac{1}{n-p}\|\boldsymbol{U}_n\boldsymbol{e}(n)\|^2\overset{P}{=}0$. 因此, $\hat{\sigma}^2(n)$的弱收敛性等价于

$$\lim_{n\to\infty}\frac{1}{n}\sum_{i=1}^{n}(e_i^2-\sigma^2)\overset{P}{=}0. \tag{5.6.13}$$

由古典大数定律(见[8], p. 278), (5.6.13)等价于

$$\lim_{n\to\infty}\sum_{K=1}^{n}\int_{|x|\geq\sqrt{n+\sigma^2}}dF_K(x)=0, \tag{5.6.14}$$

$$\lim_{n\to\infty}\frac{1}{n}\sum_{K=1}^{n}\int_{|x|<\sqrt{n+\sigma^2}}(x^2-\sigma^2)dF_K(x)=0, \tag{5.6.15}$$

$$\lim_{n\to\infty}\frac{1}{n^2}\sum_{K=1}^{n}\int_{|x|<\sqrt{n+\sigma^2}}(x^2-\sigma^2)^2dF_K(x)=0. \tag{5.6.16}$$

现在证明这三个条件与(5.6.11)和(5.6.12)等价. 先设后者成立. 由(5.6.11)知 $\lim\limits_{n\to\infty}\sum\limits_{K=1}^{n}\int_{|x|\geq\sqrt{n}}dF_K=0$, 由此推出(5.6.14). 由于 $E(e_K)=0$, $\text{Var}(e_K)=\sigma^2$, (5.6.15)等价于

$$\lim_{n\to\infty}\frac{1}{n}\sum_{K=1}^{n}\int_{|x|\geq\sqrt{n+\sigma^2}}x^2dF_K=0, \tag{5.6.17}$$

而此由(5.6.11)推出. 欲证(5.6.16), 只需证明

$$\lim_{n\to\infty}\frac{1}{n^2}\sum_{K=1}^{n}\int_{|x|<\sqrt{n+\sigma^2}}x^4dF_K=0. \tag{5.6.18}$$

以 m 记不小于 $n+\sigma^2$ 的最小整数, 则上式极限号下的量不超过 $\left(\frac{m}{n}\right)^2\frac{1}{m^2}\sum\limits_{K=1}^{m}\int_{|x|<\sqrt{m}}x^4dF_K$, 依(5.6.12)当 $n\to\infty$ 时, 它有极限 0.

现设(5.6.14)—(5.6.16)成立. 记 $m=[n-\sigma^2]$, 即不超过 $n-\sigma^2$ 的最大整数. 由(5.6.14)和(5.6.15)推出(5.6.17), 所以

$$\lim_{n\to\infty}\frac{n}{m}\frac{1}{n}\sum_{K=1}^{n-L}\int_{|x|\geq\sqrt{n}}x^2dF_K=0. \tag{5.6.19}$$

此处 L 为一不超过 σ^2+1 的整数, 因此当 $n\to\infty$ 时,

$$\frac{1}{n}\sum_{K=n-L+1}^{n}\int_{|x|\geq\sqrt{n}}x^2dF_K\leqslant\frac{\sigma^2+1}{n}\sigma^2\to 0. \tag{5.6.20}$$

由(5.6.19)和(5.6.20)推出(5.6.11). 最后, 由(5.6.16)推出(5.6.18)因而(5.6.12). 定理证明了.

这个定理值得注意的地方是 $\hat{\sigma}^2(n)$ 的弱相合性不对试验点列提出任何要求, 这与 $\hat{\beta}(n)$ 的弱相合性条件形成鲜明的对照.

系 5.6.1. 若 $e_1, e_2, \cdots$ 相互独立, $E(e_i)=0$, $\text{Var}(e_i)=\sigma^2$, e_i 的分布为 F_i, $i=1, 2, \cdots$, 而$\{F_i\}$满足条件

$$\lim_{c\to\infty}\left[\sup_{1\leqslant i<\infty}\int_{|x|>c} x^2 dF_i\right]=0, \tag{5.6.21}$$

则 $\hat{\sigma}^2(n)$ 为 σ^2 的弱相合估计.

只需验证，由(5.6.21)推出(5.6.11)和(5.6.12). 我们把这项容易的工作留给读者.

与估计 $\boldsymbol{\beta}$ 一样，可以提出 $\hat{\sigma}^2(n)$ 的强相合性问题. 关于这个问题，Gleser 证明(见 *Ann. Math. Statist.*, 1966, p., 1053)：若 e_1, e_2, $\cdots$ 为 iid., $E(e_1)=0$, $\mathrm{Var}(e_1)=\sigma^2$, 则 $P(\lim\limits_{n\to\infty}\hat{\sigma}^2(n)=\sigma^2)=1$.

本书作者与赵林城同志研究了当随机误差 e_1, e_2, $\cdots$ 相互独立，满足条件

$$E(e_i)=0,\ \mathrm{Var}(e_i)=\sigma^2,\ i=1,\ 2,\ \cdots, \tag{5.6.22}$$

但 e_1, e_2, $\cdots$不必同分布的情况，得到了在这个情况下，$\hat{\sigma}^2(n)$ 为 σ^2 的强相合估计的充分必要条件. 有趣的是，与定理 5.6.3 一样，所得的条件也只与 e_1, e_2, $\cdots$ 的分布有关，而与试验点列 $\{x_i\}$ 无关.

（五）$\hat{\boldsymbol{\beta}}(\boldsymbol{n})$ 的渐近正态性

关于这方面，系统的工作是 Eicker 作的，是独立和中心极限定理的直接应用. 关于 Eicker 的工作，较集中地介绍于他自己在 Proceedings of Fifth Berkeley Symposium, Vol. I 上发表的文章. 我们只证明下述结果，对其它结果不加证明地介绍一下.

定理 5.6.4. 设 $e_1, e_2, \cdots$独立, $E(e_i)=0$, $\mathrm{Var}(e_i)=\sigma_i^2$, e_i 的分布为 F_i, $i=1, 2, \cdots$. 又记 $S_n^{-1}(i, i)$ 为 $\boldsymbol{S}_n^{-1}$ 的 (i, i) 元, u_{nij} 为 $\boldsymbol{S}_n\boldsymbol{X}'_n$ 的 (i, j) 元. 假定

1° $$\lim_{n\to\infty}\left[\max_{1\leqslant j\leqslant n} u_{nij}^2/S_n^{-1}(i, i)\right]=0, \tag{5.6.23}$$

2° 条件(5.6.21)成立,

3° $\inf\limits_{n}\sigma_n^2>0$.

记 $B_{ni}^2=\sum\limits_{K=1}^{n}u_{niK}\sigma_K^2$, 则当 $n\to\infty$ 时,

$$(\hat{\beta}_i(n)-\beta_i)/B_{ni}\xrightarrow{L}N(0,\ 1).$$

证. 由条件 2° 易知 $\sup\limits_n \sigma_n^2<\infty$. 记 $X_{nK}=\dfrac{u_{niK}}{B_{ni}}e_K$, $K=1$, $\cdots$, n. 则 $E(X_{nK})=0$, $\sum\limits_{K=1}^n \mathrm{Var}(X_{nK})=1$, 而 X_{nK} 的分布为

$$G_{nK}(x)=F_K\left(\frac{B_{ni}x}{u_{niK}}\right),\ K=1,\ \cdots,\ n.$$

所以

$$\begin{aligned}\sum_{K=1}^n\int_{|x|\geqslant\eta}x^2dG_{nK}&=\sum_{K=1}^n\int_{|x|\geqslant\eta}x^2dF_K(B_{ni}x/u_{niK})\\&=\sum_{K=1}^n\frac{u_{niK}^2}{B_{ni}}\int_{|x|\geqslant\eta B_{ni}/|u_{niK}|}x^2dF_K(x).\end{aligned}\tag{5.6.24}$$

由条件 1°, 2°, 知当 $n\to\infty$ 时, 对 $K=1$, $\cdots$, n 一致地有

$$\lim_{n\to\infty}\int_{|x|\geqslant\eta B_{ni}/|u_{niK}|}x^2dF_K(x)=0.$$

于是由(5.6.24)得,

$$\lim_{n\to\infty}\sum_{K=1}^n\int_{|x|\geqslant\eta}x^2dG_{nK}=0,$$

对任何 $\eta>0$. 依方差有限时的中心极限定理 (见[8], p. 295), 立即得到所要证的结论.

这个定理处理的是 $\hat{\boldsymbol{\beta}}(n)$ 的一个分量的情况. 关于 $\hat{\boldsymbol{\beta}}(n)$ 本身的(多维)渐近正态性, 也不难类似地加以处理. Eicker 证明了: 若以 $\boldsymbol{R}_n$ 记正定方阵 $\boldsymbol{S}_n^{-1}\boldsymbol{X}_n'\mathrm{diag}\,(\sigma_1^2,\ \cdots,\ \sigma_n^2)\ \boldsymbol{X}_n\boldsymbol{S}_n^{-1}$ 的正定平方根, 假定定理 5.6.4 的条件 2°, 3° 成立, 以及

$$\lim_{n\to\infty}[\max_{1\leqslant i\leqslant n}\boldsymbol{x}_i'\boldsymbol{S}_n^{-1}\boldsymbol{x}_i]=0,$$

则当 $n\to\infty$ 时, 有

$$\boldsymbol{R}_n^{-1}(\hat{\boldsymbol{\beta}}(n)-\boldsymbol{\beta})\xrightarrow{L}N(0,\ \boldsymbol{I}).$$

这些结果还不能直接用于 $\boldsymbol{\beta}$ 的统计推断问题, 因为, 此处的 $\boldsymbol{R}_n$ 和前面的 B_{ni}, 都依赖于未知参数 σ_1^2, σ_2^2, $\cdots$. 如果假定 $\sigma_1^2=\sigma_2^2=\cdots=\sigma^2$, 则 $\boldsymbol{R}_n$ 和 B_{ni} 只依赖于一个未知参数 σ^2, 而 σ^2 可以用其估计 $\hat{\sigma}^2(n)$ 来代替. 若不假定 σ_1^2, σ_2^2 $\cdots$ 都相同, 则 Eicker 证

明了：若算出残差

$$\hat{\boldsymbol{e}}(n)=(\hat{e}_1(n),\ \cdots,\ \hat{e}_n(n))'=\boldsymbol{Y}(n)-\boldsymbol{X}_n\boldsymbol{S}_n^{-1}\boldsymbol{X}'_n\hat{\boldsymbol{\beta}}(n),$$

则当以 $\hat{e}_j^2(n)$ 代替 $\boldsymbol{R}_n$ 和 B_{ni} 中的 σ_j^2 时，上面提到的 $\hat{\beta}_i(n)$ 和 $\hat{\boldsymbol{\beta}}(n)$ 的渐近正态性仍有效．经过这种代替后，所得结果可在 n 甚大而误差 $e_1,\ e_2,\ \cdots$ 不必服从正态分布时，用来作出 β 的近似区间估计，检验有关 β 的线性假设等．

对方差 σ^2（假定 $e_1,\ e_2,\ \cdots$ 有等方差），本书作者得出了类似的结果．

附录　关于矩阵的广义逆

在本章中应用了关于矩阵广义逆的某些知识．考虑到广义逆这个内容现时还没有成为大学线代数基础课程中必然包含的部分，为了方便读者，将本章所用到的这方面的知识编写成这个附录，以供参考。由于篇幅的限制，我们将基本上限于本章引用的结果．

作者在编写这个内容时，使用了张尧庭同志所写的一份有关材料．

1．广义逆 $\boldsymbol{A}^-$ 的定义及存在性　矩阵 $\boldsymbol{B}$ 称为矩阵 A 的广义逆并记为 $\boldsymbol{B}=\boldsymbol{A}^-$，若

$$\boldsymbol{ABA}=\boldsymbol{A}, \tag{1}$$

注意在此定义中并未要求 $\boldsymbol{A}$ 为方阵．显然，若 $\boldsymbol{A}$ 为 $m\times n$ 矩阵，则 $\boldsymbol{A}^-$ 必为 $n\times m$ 矩阵．又显然，若 $\boldsymbol{A}$ 为方阵且 $\boldsymbol{A}^{-1}$ 存在，则 $\boldsymbol{A}^-$ 存在唯一且即为 $\boldsymbol{A}^-$．

首先碰到的一个问题是 $\boldsymbol{A}^-$ 的存在性．下面的定理不仅回答了这个问题，还指出了 $\boldsymbol{A}^-$ 的一般形状．

定理1． 对任何 $\boldsymbol{A},\ \boldsymbol{A}^-$ 必存在．且若

$$\operatorname{rk}(\boldsymbol{A})=r,\ \boldsymbol{A}=\boldsymbol{P}\begin{pmatrix}\boldsymbol{I}_r & \boldsymbol{0}\\ \boldsymbol{0} & \boldsymbol{0}\end{pmatrix}\boldsymbol{Q},$$

$\boldsymbol{P},\ \boldsymbol{Q}$ 为满秩方阵（$\boldsymbol{I}_r$ 为 r 阶单位阵），则 $\boldsymbol{A}^-$ 的一般形状为

$$\boldsymbol{A}^-=\boldsymbol{Q}^{-1}\begin{pmatrix}\boldsymbol{I}_r & \boldsymbol{C}\\ \boldsymbol{D} & \boldsymbol{E}\end{pmatrix}\boldsymbol{P}^{-1},$$

这里 $\boldsymbol{C},\ \boldsymbol{D},\ \boldsymbol{E}$ 可以任意（当然，$\boldsymbol{C},\boldsymbol{D},\boldsymbol{E}$ 的大小与 $\boldsymbol{A}'$ 的表达式中的 $\begin{pmatrix}\boldsymbol{I}_r & \boldsymbol{0}\\ \boldsymbol{0} & \boldsymbol{0}\end{pmatrix}$ 中相应块的大小一样）．

证．由于 $\mathrm{rk}(\boldsymbol{A})=r$，依矩阵论中周知的定理，存在满秩方阵 $\boldsymbol{P}, \boldsymbol{Q}$，致 $\boldsymbol{A}=\boldsymbol{P}\begin{pmatrix}\boldsymbol{I}_r & \boldsymbol{0}\\ \boldsymbol{0} & \boldsymbol{0}\end{pmatrix}\boldsymbol{Q}$．故

$$\boldsymbol{A}=\boldsymbol{ABA}\Leftrightarrow \boldsymbol{P}\begin{pmatrix}\boldsymbol{I}_r & \boldsymbol{0}\\ \boldsymbol{0} & \boldsymbol{0}\end{pmatrix}\boldsymbol{Q}=\boldsymbol{P}\begin{pmatrix}\boldsymbol{I}_r & \boldsymbol{0}\\ \boldsymbol{0} & \boldsymbol{0}\end{pmatrix}\boldsymbol{QBP}\begin{pmatrix}\boldsymbol{I}_r & \boldsymbol{0}\\ \boldsymbol{0} & \boldsymbol{0}\end{pmatrix}\boldsymbol{Q}$$

$$\Leftrightarrow \begin{pmatrix}\boldsymbol{I}_r & \boldsymbol{0}\\ \boldsymbol{0} & \boldsymbol{0}\end{pmatrix}=\begin{pmatrix}\boldsymbol{I}_r & \boldsymbol{0}\\ \boldsymbol{0} & \boldsymbol{0}\end{pmatrix}\boldsymbol{QBP}\begin{pmatrix}\boldsymbol{I}_r & \boldsymbol{0}\\ \boldsymbol{0} & \boldsymbol{0}\end{pmatrix},$$

记 $\boldsymbol{QBP}=\begin{pmatrix}\boldsymbol{F}_1 & \boldsymbol{F}_2\\ \boldsymbol{F}_3 & \boldsymbol{F}_4\end{pmatrix}$，得

$$\boldsymbol{A}=\boldsymbol{ABA}\Leftrightarrow \begin{pmatrix}\boldsymbol{I}_r & \boldsymbol{0}\\ \boldsymbol{0} & \boldsymbol{0}\end{pmatrix}=\begin{pmatrix}\boldsymbol{I}_r & \boldsymbol{0}\\ \boldsymbol{0} & \boldsymbol{0}\end{pmatrix}\begin{pmatrix}\boldsymbol{F}_1 & \boldsymbol{F}_2\\ \boldsymbol{F}_3 & \boldsymbol{F}_4\end{pmatrix}\begin{pmatrix}\boldsymbol{I}_r & \boldsymbol{0}\\ \boldsymbol{0} & \boldsymbol{0}\end{pmatrix}=\begin{pmatrix}\boldsymbol{F}_1 & \boldsymbol{0}\\ \boldsymbol{0} & \boldsymbol{0}\end{pmatrix}$$

$$\Leftrightarrow \boldsymbol{F}_1=\boldsymbol{I}_r,\ \boldsymbol{F}_2,\ \boldsymbol{F}_3,\ \boldsymbol{F}_4\text{ 任意}$$

$$\Leftrightarrow \boldsymbol{B}=\boldsymbol{Q}^{-1}\begin{pmatrix}\boldsymbol{I}_r & \boldsymbol{F}_2\\ \boldsymbol{F}_3 & \boldsymbol{F}_4\end{pmatrix}\boldsymbol{P}^{-1},\ \boldsymbol{F}_2,\ \boldsymbol{F}_3,\ \boldsymbol{F}_4\text{ 任意}.$$

定理证毕．由这个定理得出以下几点事实:

a．$\mathrm{rk}(\boldsymbol{A}^-)\geqslant\mathrm{rk}(\boldsymbol{A})$（这一点由(1)更易看出），且对任何 r'，$r\leqslant r'\leqslant\min(m, n)$（$m, n$ 为 $\boldsymbol{A}$ 的行、列数），存在 $\boldsymbol{A}^-$ 致 $\mathrm{rk}(\boldsymbol{A}^-)=r'$．

b．$\boldsymbol{A}^-$ 唯一的充要条件是 $\boldsymbol{A}^{-1}$ 存在．

2．$\boldsymbol{A}^-$ 的基本性质． **定理 2**．1° 若方程 $\boldsymbol{Ax}=\boldsymbol{y}$ 有解（$\boldsymbol{A}, \boldsymbol{y}$ 已知，$\boldsymbol{x}$ 未知）而 $\boldsymbol{A}^-$ 为 $\boldsymbol{A}$ 之任一广义逆，则 $\boldsymbol{A}^-\boldsymbol{y}$ 必为其一解．2° 若当 $\boldsymbol{Ax}=\boldsymbol{y}$ 有解时，$\boldsymbol{By}$ 必为其一解，则 $\boldsymbol{B}=\boldsymbol{A}^-$．3° 若 $\boldsymbol{A}^-$ 为 $\boldsymbol{A}$ 之任一广义逆，则方程 $\boldsymbol{Ax}=\boldsymbol{0}$ 的通解为 $(\boldsymbol{I}-\boldsymbol{A}^-\boldsymbol{A})\boldsymbol{z}$，$\boldsymbol{z}$ 任意．4° 若 $\boldsymbol{y}\neq\boldsymbol{0}$ 而 $\boldsymbol{x}_0$ 为 $\boldsymbol{Ax}=\boldsymbol{y}$ 的一解，则必存在一个 $\boldsymbol{A}^-$，致 $\boldsymbol{x}_0=\boldsymbol{A}^-\boldsymbol{y}$．

注．此定理反映了引进广义逆的缘起，就是在 A 不为满秩方阵时起 $\boldsymbol{A}^{-1}$ 的作用．

定理的证明．1° 若 $\boldsymbol{Ax}=\boldsymbol{y}$ 有解，则存在 $\boldsymbol{x}_0$ 致 $\boldsymbol{y}=\boldsymbol{Ax}_0$．这时 $\boldsymbol{A}(\boldsymbol{A}^-\boldsymbol{y})=\boldsymbol{AA}^-\boldsymbol{Ax}_0=\boldsymbol{Ax}_0=\boldsymbol{y}$，即 $\boldsymbol{A}^-\boldsymbol{y}$ 确为一解．2° 以 $\boldsymbol{a}_1, \cdots, \boldsymbol{a}_k$ 记 $\boldsymbol{A}$ 的各列，则方程 $\boldsymbol{Ax}=\boldsymbol{a}_i$ 有解（事实上，$\boldsymbol{x}=(0, \cdots, 0, 1, 0, \cdots, 0)'$ 为一解——1 在第 i 个位置），因而 $\boldsymbol{Ba}_i$ 为其一解，即

$$\boldsymbol{ABa}_i=\boldsymbol{a}_i,\ i=1, \cdots, k.$$

由此得出 $\boldsymbol{ABA}=\boldsymbol{A}$，因而 $\boldsymbol{B}=\boldsymbol{A}^-$．3° 显然，$(\boldsymbol{I}-\boldsymbol{A}^-\boldsymbol{A})\boldsymbol{z}$ 必为 $\boldsymbol{Ax}=\boldsymbol{0}$ 之解，此因

$$\boldsymbol{A}(\boldsymbol{I}-\boldsymbol{A}^-\boldsymbol{A})\boldsymbol{z}=(\boldsymbol{A}-\boldsymbol{AA}^-\boldsymbol{A})\boldsymbol{z}=\boldsymbol{0},$$

对任何 $\boldsymbol{z}$. 反过来,若 $\boldsymbol{x}_0$ 为 $\boldsymbol{Ax}=\boldsymbol{0}$ 之解,取 $\boldsymbol{z}=\boldsymbol{x}_0$,将有

$$(\boldsymbol{I}-\boldsymbol{A}^-\boldsymbol{A})\boldsymbol{z}=(\boldsymbol{I}-\boldsymbol{A}^-\boldsymbol{A})\boldsymbol{x}_0=\boldsymbol{x}_0-\boldsymbol{A}^-\boldsymbol{A}\boldsymbol{x}_0=\boldsymbol{x}_0-\boldsymbol{0}=\boldsymbol{x}_0,$$

因而 $\boldsymbol{x}_0$ 必可表为 $(\boldsymbol{I}-\boldsymbol{A}^-\boldsymbol{A})\boldsymbol{z}$ 的形状. 4° 我们先考虑一特殊情况:

$$\boldsymbol{A}=\begin{pmatrix}\boldsymbol{I}_r & \boldsymbol{0}\\ \boldsymbol{0} & \boldsymbol{0}\end{pmatrix}.$$

这时, $\boldsymbol{y}$ 必有 $(y_1, \cdots, y_r, 0, \cdots, 0)'$ 的形状, $y_1, \cdots, y_r$ 不全为 0. 为确定计设 $y_1\neq 0$. 由定理 1 知,任一形如

$$\boldsymbol{B}=\begin{pmatrix}\boldsymbol{I}_r & \boldsymbol{C}\\ \boldsymbol{D} & \boldsymbol{E}\end{pmatrix} \tag{2}$$

的矩阵皆为 $\boldsymbol{A}^-$. 设 $\boldsymbol{x}_0=(x_1, \cdots, x_r, x_{r+1}, \cdots, x_n)'$. 由 $\boldsymbol{Ax}_0=\boldsymbol{y}$ 知 $x_i=y_i$, $i=1, \cdots, r$. 取 $\boldsymbol{D}$ 之第一列为

$$(x_{r+1}/y_1, \cdots, x_n/y_1)',$$

而其余各列为 0, 又取 $\boldsymbol{C}=\boldsymbol{E}=\boldsymbol{0}$, 则由(2)式决定的 $\boldsymbol{B}$ 为一个 $\boldsymbol{A}^-$, 且易见 $\boldsymbol{By}=\boldsymbol{x}_0$. 对一般情况,记 $\boldsymbol{A}=\boldsymbol{P}\begin{pmatrix}\boldsymbol{I}_r & \boldsymbol{0}\\ \boldsymbol{0} & \boldsymbol{0}\end{pmatrix}\boldsymbol{Q}$,则

$$\boldsymbol{P}\begin{pmatrix}\boldsymbol{I}_r & \boldsymbol{0}\\ \boldsymbol{0} & \boldsymbol{0}\end{pmatrix}\boldsymbol{Qx}_0=\boldsymbol{y}.$$

记 $\boldsymbol{Qx}_0=\tilde{\boldsymbol{x}}$, $\boldsymbol{P}^{-1}\boldsymbol{y}=\tilde{\boldsymbol{y}}$, 则 $\begin{pmatrix}\boldsymbol{I}_r & \boldsymbol{0}\\ \boldsymbol{0} & \boldsymbol{0}\end{pmatrix}\tilde{\boldsymbol{x}}=\tilde{\boldsymbol{y}}$, 且由 $\boldsymbol{y}\neq\boldsymbol{0}$ 知 $\tilde{\boldsymbol{y}}\neq\boldsymbol{0}$. 由已证部分,知存在形如(2)的 $\boldsymbol{B}$, 致 $\tilde{\boldsymbol{x}}=\boldsymbol{B}\tilde{\boldsymbol{y}}$,即 $\boldsymbol{Qx}_0=\boldsymbol{BP}^{-1}\boldsymbol{y}$ 而 $\boldsymbol{x}_0=\boldsymbol{Q}^{-1}\boldsymbol{BP}^{-1}\boldsymbol{y}$. 但由定理 1 知 $\boldsymbol{Q}^{-1}\boldsymbol{BP}^{-1}$ 为一个 $\boldsymbol{A}^-$,这证明了 4° 因而完成了定理的证明. 注意: 当 $\boldsymbol{y}=\boldsymbol{0}$ 时,4° 显然不必成立.

定理 3. 对任何 A 有

$$\boldsymbol{A}(\boldsymbol{A}'\boldsymbol{A})^-\boldsymbol{A}'\boldsymbol{A}=\boldsymbol{A},\ \boldsymbol{A}'\boldsymbol{A}(\boldsymbol{A}'\boldsymbol{A})^-\boldsymbol{A}'=\boldsymbol{A}'. \tag{3}$$

证. 对任何矩阵 $\boldsymbol{C}$, 以 $\mathscr{M}(\boldsymbol{C})$ 记 $\boldsymbol{C}$ 的列向量张成的线性子空间. 记 $\boldsymbol{B}=\boldsymbol{A}(\boldsymbol{A}'\boldsymbol{A})^-\boldsymbol{A}'\boldsymbol{A}-\boldsymbol{A}$, 则显然 $\mathscr{M}(\boldsymbol{B})\subset\mathscr{M}(\boldsymbol{A})$. 另一方面, 有 $\boldsymbol{A}'\boldsymbol{B}=\boldsymbol{A}'\boldsymbol{A}(\boldsymbol{A}'\boldsymbol{A})^-\boldsymbol{A}'\boldsymbol{A}-\boldsymbol{A}'\boldsymbol{A}=\boldsymbol{0}$, 这说明 $\mathscr{M}(\boldsymbol{B})\perp\mathscr{M}(\boldsymbol{A})$, 因而 $\mathscr{M}(\boldsymbol{B})$ 只能包含 $\boldsymbol{0}$ 向量,即 $\boldsymbol{B}=\boldsymbol{0}$, 这证明了(3)的第一式,第二式完全类似地证明.

系. 若 $\boldsymbol{U}>\boldsymbol{0}$,则有

$$\boldsymbol{A}=\boldsymbol{A}(\boldsymbol{A}'\boldsymbol{U}\boldsymbol{A})^-(\boldsymbol{A}'\boldsymbol{U}\boldsymbol{A}),\ \boldsymbol{A}'=(\boldsymbol{A}'\boldsymbol{U}\boldsymbol{A})(\boldsymbol{A}'\boldsymbol{U}\boldsymbol{A})^-\boldsymbol{A}'. \tag{4}$$

事实上, 由 $\boldsymbol{U}>\boldsymbol{0}$, 将 $\boldsymbol{U}$ 表为 $\boldsymbol{U}^{1/2}\boldsymbol{U}^{1/2}$ 并记 $\boldsymbol{U}^{1/2}\boldsymbol{A}=\boldsymbol{B}$, 则由 (3) 知 $\boldsymbol{B}=\boldsymbol{B}(\boldsymbol{B}'\boldsymbol{B})^-(\boldsymbol{B}'\boldsymbol{B})$,即

$$\boldsymbol{U}^{1/2}\boldsymbol{A}=\boldsymbol{U}^{1/2}\boldsymbol{A}(\boldsymbol{A}'\boldsymbol{U}\boldsymbol{A})^-(\boldsymbol{A}'\boldsymbol{U}\boldsymbol{A}).$$

两边消去 $\boldsymbol{U}^{1/2}$(注意 $\boldsymbol{U}^{1/2}>\mathbf{0}$),即得(4)的第一式,第二式证明类似.

定理4. 对任何矩阵 $\boldsymbol{A}$, $\boldsymbol{A}(\boldsymbol{A}'\boldsymbol{A})^{-}\boldsymbol{A}'$ 与 $(\boldsymbol{A}'\boldsymbol{A})^{-}$ 的选择无关,且等于往 $\mathscr{M}(\boldsymbol{A})$ 内的投影变换的矩阵.

证. 这个结果在本章正文中曾用最小二乘法的观点证明过(见§5.2(三)). 此处给一个另外的证明. 首先,对任何 $\boldsymbol{x}$,有 $\boldsymbol{A}(\boldsymbol{A}'\boldsymbol{A})^{-}\boldsymbol{A}'\boldsymbol{x}\in\mathscr{M}(\boldsymbol{A})$,又 $(\boldsymbol{x}-\boldsymbol{A}(\boldsymbol{A}'\boldsymbol{A})^{-}\boldsymbol{A}'\boldsymbol{x})\perp\mathscr{M}(\boldsymbol{A})$,此因由(3),

$$\boldsymbol{A}'(\boldsymbol{x}-\boldsymbol{A}(\boldsymbol{A}'\boldsymbol{A})^{-}\boldsymbol{A}\boldsymbol{x})=[\boldsymbol{A}'-\boldsymbol{A}'\boldsymbol{A}(\boldsymbol{A}'\boldsymbol{A})^{-}\boldsymbol{A}]\boldsymbol{x}=\mathbf{0}.$$

同样,由(3)知 $\boldsymbol{A}(\boldsymbol{A}'\boldsymbol{A})^{-}\boldsymbol{A}'\boldsymbol{x}=\boldsymbol{x}$ 当 $x\in\mathscr{M}(\boldsymbol{A})$. 定理证毕.

由投影矩阵的性质知 $\boldsymbol{A}(\boldsymbol{A}'\boldsymbol{A})^{-}\boldsymbol{A}'$ 必为对称幂等的. $\boldsymbol{A}(\boldsymbol{A}'\boldsymbol{A})^{-}\boldsymbol{A}'$ 的幂等性很易由(3)直接证明. 至于其对称性,将在后面用简单方法证实.

3. Moore-Penrose 广义逆 $\boldsymbol{A}^{+}$. 设 $\boldsymbol{A}$ 为任一矩阵. 若矩阵 $\boldsymbol{B}$ 满足以下四个条件:

1° $\boldsymbol{ABA}=\boldsymbol{A}$, 2° $\boldsymbol{BAB}=\boldsymbol{B}$,

3° $(\boldsymbol{AB})'=\boldsymbol{AB}$, 4° $(\boldsymbol{BA})'=\boldsymbol{BA}$,

则称 $\boldsymbol{B}$ 为 $\boldsymbol{A}$ 的 Moore-Penrose 广义逆并记为 $\boldsymbol{A}^{+}$. 由1°知 $\boldsymbol{A}^{+}$ 必为 $\boldsymbol{A}^{-}$. 由2°知 $\boldsymbol{A}$ 为 $\boldsymbol{A}^{+}$ 的广义逆. 显然,由这四个条件关于 $\boldsymbol{A}$, $\boldsymbol{B}$ 的对称性知

$$\boldsymbol{B}=\boldsymbol{A}^{+}\Leftrightarrow\boldsymbol{A}=\boldsymbol{B}^{+}.$$

定理5. 对任何 $\boldsymbol{A}$, $\boldsymbol{A}^{+}$ 存在唯一.

证. 先证唯一性. 设 $\boldsymbol{X}$, $\boldsymbol{Y}$ 都是 $\boldsymbol{A}^{+}$,则由以上四个条件知

$$\begin{aligned}\boldsymbol{X}&=\boldsymbol{XAX}=\boldsymbol{X}(\boldsymbol{AX})'=\boldsymbol{XX}'\boldsymbol{A}'=\boldsymbol{XX}'(\boldsymbol{AYA})'\\&=\boldsymbol{XX}'\boldsymbol{A}'\boldsymbol{Y}'\boldsymbol{A}'=\boldsymbol{X}(\boldsymbol{AX})'(\boldsymbol{AY})'=\boldsymbol{XAXAY}\\&=\boldsymbol{XAY}=(\boldsymbol{XA})'\boldsymbol{YAY}=(\boldsymbol{XA})'(\boldsymbol{YA})'\boldsymbol{Y}\\&=(\boldsymbol{XA})'\boldsymbol{A}'\boldsymbol{Y}'\boldsymbol{Y}=(\boldsymbol{AXA})'\boldsymbol{Y}'\boldsymbol{Y}=\boldsymbol{A}'\boldsymbol{Y}'\boldsymbol{Y}\\&=(\boldsymbol{YA})'\boldsymbol{Y}=\boldsymbol{YAY}=\boldsymbol{Y}.\end{aligned}$$

这证明了唯一性.

为了证明存在性,我们利用矩阵论中周知的事实:设 $\boldsymbol{A}$ 为 $n\times m$ 矩阵且 $\mathrm{rk}(\boldsymbol{A})=r$,则 $\boldsymbol{A}$ 可表为 $\boldsymbol{A}=\boldsymbol{PQ}$, $\boldsymbol{P}$, $\boldsymbol{Q}$ 分别为 $n\times r$ 和 $r\times m$ 阵,其秩皆为 r. 由此知 $\boldsymbol{P}'\boldsymbol{P}$ 和 $\boldsymbol{QQ}'$ 皆为 r 阶满秩方阵. 令

$$\boldsymbol{B}=\boldsymbol{Q}'(\boldsymbol{QQ}')^{-1}(\boldsymbol{P}'\boldsymbol{P})^{-1}\boldsymbol{P}'. \tag{5}$$

我们来验证 $\boldsymbol{B}$ 满足 $\boldsymbol{A}^{+}$ 定义中的四个条件:

$$\begin{aligned}\boldsymbol{ABA}&=\boldsymbol{PQQ}'(\boldsymbol{QQ}')^{-1}(\boldsymbol{P}'\boldsymbol{P})^{-1}\boldsymbol{P}'\boldsymbol{PQ}=\boldsymbol{PQ}=\boldsymbol{A},\\\boldsymbol{BAB}&=\boldsymbol{Q}'(\boldsymbol{QQ}')^{-1}(\boldsymbol{P}'\boldsymbol{P})^{-1}\boldsymbol{P}'\boldsymbol{PQQ}'(\boldsymbol{QQ}')^{-1}(\boldsymbol{P}'\boldsymbol{P})^{-1}\boldsymbol{P}'\\&=\boldsymbol{Q}'(\boldsymbol{QQ}')^{-1}(\boldsymbol{P}'\boldsymbol{P})^{-1}\boldsymbol{P}'=\boldsymbol{B},\end{aligned}$$

$$\boldsymbol{AB}=\boldsymbol{PQQ}'(\boldsymbol{QQ}')^{-1}(\boldsymbol{P}'\boldsymbol{P})^{-1}\boldsymbol{P}'=\boldsymbol{P}(\boldsymbol{P}'\boldsymbol{P})^{-1}\boldsymbol{P}'$$

为对称方阵，因为$(\boldsymbol{P}'\boldsymbol{P})^{-1}$为对称方阵，又

$$\boldsymbol{BA}=\boldsymbol{Q}'(\boldsymbol{QQ}')^{-1}(\boldsymbol{P}'\boldsymbol{P})^{-1}\boldsymbol{P}'\boldsymbol{PQ}=\boldsymbol{Q}'(\boldsymbol{QQ}')^{-1}\boldsymbol{Q}$$

为对称方阵，理由与上同．因此$\boldsymbol{B}$确实满足$\boldsymbol{A}^{+}$的四个条件．定理证毕．

由此定理可得以下几点推论．

a．$\boldsymbol{A}'^{+}=\boldsymbol{A}^{+\prime}$．

此因若如定理中那样表$\boldsymbol{A}$为$\boldsymbol{A}=\boldsymbol{PQ}$，则$\boldsymbol{A}'=\boldsymbol{Q}'\boldsymbol{P}'$．于是由定理得

$$\begin{aligned}\boldsymbol{A}'^{+}&=(\boldsymbol{P}')'[\boldsymbol{P}'(\boldsymbol{P}')']^{-1}[(\boldsymbol{Q}')'\boldsymbol{Q}']^{-1}(\boldsymbol{Q}')'\\&=\boldsymbol{P}(\boldsymbol{P}'\boldsymbol{P})^{-1}(\boldsymbol{QQ}')^{-1}\boldsymbol{Q}=\boldsymbol{A}^{+\prime}.\end{aligned}$$

b．若$\boldsymbol{A}$为$n\times r$矩阵，秩为r，则

$$\boldsymbol{A}^{+}=(\boldsymbol{A}'\boldsymbol{A})^{-1}\boldsymbol{A}', \tag{6}$$

若$\boldsymbol{A}$为$r\times m$矩阵，秩为r，则

$$\boldsymbol{A}^{+}=\boldsymbol{A}'(\boldsymbol{AA}')^{-1}. \tag{7}$$

事实上，若$\boldsymbol{A}$为$n\times r$矩阵，秩为r，则$\boldsymbol{A}=\boldsymbol{AI}$，$\boldsymbol{A},\boldsymbol{I}$分别起定理中的$\boldsymbol{P},\boldsymbol{Q}$的作用．以之代入(5)式立得(6)．类似地证明(7)．

当$\boldsymbol{A}$为对称方阵时，它可表为

$$\boldsymbol{A}=\boldsymbol{P\Lambda P}',$$

其中$\boldsymbol{P}$为正交阵，而$\boldsymbol{\Lambda}$为对角形：

$$\boldsymbol{\Lambda}=\mathrm{diag}(\lambda_1,\ \cdots,\ \lambda_p,\ 0,\ \cdots,\ 0),\ \lambda_i\neq 0,\ i=1,\ \cdots,\ p,$$

这时有
$$\boldsymbol{A}^{+}=\boldsymbol{P}\,\mathrm{diag}(\lambda_1^{-1},\ \cdots,\ \lambda_p^{-1},\ 0,\ \cdots,\ 0)\boldsymbol{P}'.$$

这不难直接代入$\boldsymbol{A}^{+}$四个条件中去验证而得到．特别，由此表达式知当$\boldsymbol{A}$对称时，$\boldsymbol{A}^{+}$也对称．但这个事实直接由定理5的推论a得到，因

$$\boldsymbol{A}^{+\prime}=\boldsymbol{A}'^{+}=\boldsymbol{A}^{+}.$$

利用这个事实可以证明前面指出过的一件事实，即对任何$\boldsymbol{A}$，$\boldsymbol{A}(\boldsymbol{A}'\boldsymbol{A})^{-}\boldsymbol{A}'$对称．此因我们已证明$\boldsymbol{A}(\boldsymbol{A}'\boldsymbol{A})^{-}\boldsymbol{A}'$与$(\boldsymbol{A}'\boldsymbol{A})^{-}$的取法无关，故可取$(\boldsymbol{A}'\boldsymbol{A})^{+}$为$(\boldsymbol{A}'\boldsymbol{A})^{-}$．因为$\boldsymbol{A}'\boldsymbol{A}$对称，故$(\boldsymbol{A}'\boldsymbol{A})^{+}$也对称，因而$\boldsymbol{A}(\boldsymbol{A}'\boldsymbol{A})^{+}\boldsymbol{A}'$也对称．

第六章　非参数统计

前几章中我们讨论的统计问题大多属于这样一种情况：样本 X 的分布族的数学形式已知，但其中包含有限个未知的实参数．最典型的情况是关于正态分布族中的均值、方差的估计和检验问题．这种情况一般称之为参数统计问题．

然而，在以往我们也碰到过少量的情况，其中对分布族并未给出其数学形式，而只作了某些一般性的假定．例如，根据 Смирнов 定理（定理 3.5.6）检验两组样本是否取自具同一连续分布的总体．在这里，只假定了分布族中每个分布都连续，而对其数学形式则一无所知．又如 §4.1(t) 中求连续分布的容忍限和容忍区间的问题．在此与上一样，只假定了分布族中每个分布连续，其它则一无所知．类似这种情况的问题一般称为非参数统计问题．

以上对参数和非参数统计问题的划分，只能看作为一般描述性的．我们不可能也无必要对这两类问题划出一条严格而包罗一切的界线．拿第五章所讨论的线性模型来说，若假定 $\boldsymbol{e}\sim N(O,\sigma^2I)$，则自然是典型的参数统计问题．当只假定 $\mathrm{VAR}(\boldsymbol{e})=\sigma^2I$ 而对 $\boldsymbol{e}$ 的分布并无特殊的假定时，根据上面的描述性定义，问题带有非参数的性质．然而，习惯上并不认为上一章我们所讨论的那种线性模型属于非参数统计范围．由于这个原因，本章虽然是以非参数统计为主题，但也不能不涉及某些参数性质的问题，特别是在 §6.1 中．

在非参数统计问题中，由于对分布族的限制很小，而形成它的以下的几个特点：第一是其解受总体的具体分布的形式影响较小．这个概念可以拿上文提到的两样本问题的 Смирнов 检验来说明．使用这个检验，只要两个总体的分布确实不同，总多少有些鉴别力．但如象检验两个正态总体有相同的方差的方差比检验的性能，则很取决于总体分布确为正态这个前提．当这个前提不成立时，检验的性能可以很坏．这个性质是非参数方法一个很大的优点，也是促进非参数方法发展的一个原动力；第二点是，由于非参数方法的适用面广，其针对性往往较差．比方说，前几章中我们在总体分布为正态的假定下发展的一些方法，都可以用非参数方法来代替．但在总体的分布确为正态时，就不如用那些专为正态情况而发展的方法好．这是互相矛盾的两面．当我们对总体分布的性质并无足够的了解时，使用非参数方法可视为一种保险，以避免因对总体分布的假定不对而造成重大的错误，其代价是所用方法的效率可能较低；最后一个重要特点是，由于对总体分布所知甚少，非参数方法中所涉及的统计量的精确分布，除了极个别例外，一般都难于求得，因此，在非参数方法中，大样本理论占有很重要的地位．近三十年来非参数统计有了比较显著的进展，其主要成果也是在大样本方面．

本章的目的是，对目前非参数统计的某些重要发展的理论基础部分，作一比较严格的讨论，过于专门的理论问题，以及特殊性质的应用问题，由于本书性质和篇幅的限制，不在讨论之列．

§6.1. 次序统计量与极值分布

在最简单的情况下，次序统计量可定义于下：设 X 为一个一维变量，其分布属于某个分布族 $\mathscr{F}$．设 $X_1, \cdots, X_n$ 为 X 的 iid. 样本．将它按大小排列为

$$X_{(1)} \leqslant X_{(2)} \leqslant \cdots \leqslant X_{(n)},$$

称 $(X_{(1)}, \cdots, X_{(n)})$ 为次序统计量．对 $X_{(1)}, \cdots, X_{(n)}$ 中的一部分，也可以使用这个名称．

本书前几章已接触到某些与次序统计量有关的问题，以及这种统计量的应用．例如在第一章中我们讨论过次序统计量的充分性与完全性．在均匀分布的估计问题中涉及到 $X_{(1)}$ 和 $X_{(n)}$，在§4.1(t) 中讨论一般连续分布的容忍限时，使用过次序统计量．然

而，这不过是这个极为重要的统计量的丰富的理论和广泛的应用的一斑而已．而且，次序统计量的许多重要应用是在参数性的统计问题中．因此，把这个题目列为本章的一部分也未尽恰当．然而，我们编写这一节的目的是讨论若干与次序统计量的极限分布有关的问题，特别是极大值 $X_{(n)}$ 和极小值 $X_{(1)}$（统称为极值）的极限分布问题．因为它们不仅在实际问题中有重要应用，且其严格而较仔细的理论讨论，在一般书籍中不易找到．鉴于次序统计量的重要性，我们也打算花很少量篇幅对其主要的应用方面作一极简略的介绍，而不去深入其细节，特别是对种种具体分布的大量数值结果．有兴趣的读者应当去参阅有关专著和文献（例如[3]）．

（一）基本的分布问题

假定 $X_1, \cdots, X_n$ 为 iid.，X_1 的分布函数 $F(x)$ 绝对连续，密度记为 $f(x)=F'(x)$．以 $(Y_1, \cdots, Y_n)$ 记次序统计量 $(X_{(1)}, \cdots, X_{(n)})$，则 $(Y_1, \cdots, Y_n)$ 的密度函数显然是

$$p(y_1, \cdots, y_n)=\begin{cases} n!f(y_1)\cdots f(y_n), & \text{当 } y_1\leqslant y_2\leqslant\cdots\leqslant y_n. \\ 0, & \text{其它}, \end{cases}$$

取任一个分量 Y_r．显然，要事件 $\{Y_r\leqslant x\}$ 成立，充分必要条件是 $X_1, \cdots, X_n$ 中有 $\geqslant r$ 个不超过 x．于是，若以 F_r 记 Y_r 的分布函数，将有

$$F_r(x)=P(Y_r\leqslant x)=\sum_{i=r}^{n}\binom{n}{i}F^i(x)[1-F(x)]^{n-i}, \quad (6.1.1)$$

使用分部积分法容易得出

$$\begin{aligned} F_r(x)&=\frac{n!}{(r-1)!(n-r)!}\int_0^{F(x)} t^{r-1}(1-t)^{n-r}dt \\ &=I_{F(x)}(r, n-r+1), \end{aligned} \quad (6.1.2)$$

而

$$f_r(x)=F'_r(x)=\frac{n!}{(r-1)!(n-r)!}F^{r-1}(x)[1-F(x)]^{n-r}f(x), \quad (6.1.3)$$

I 就是所谓不完全 β-函数．

任意两个次序统计量的联合分布也可以由上面的方法得到，

但不如直接用下述方法，特别是，这方法容易推广到多个次序统计量的情况.

取 Y_r, Y_s, $r<s$. 任给 $x_1<x_2$. 为要 Y_r, Y_s 分别落在 (x_1, x_1+dx_1) 和 (x_2, x_2+dx_2) 内，充要条件为：在 $X_1, \cdots, X_n$ 中，有 $r-1$ 个 $\leqslant x_1$, 一个在 (x_1, x_1+dx_1), $s-r-1$ 个在 (x_1+dx_1, x_2), 一个在 (x_2, x_2+dx_2)，其余 $n-s$ 个 $\geqslant x_2+dx_2$. 于是得到 (Y_r, Y_s) 的密度函数 $f_{rs}(x_1, x_2)$ 为：当 $:x_1\leqslant x_2$

$$f_{rs}(x_1, x_2)=\frac{n!}{(r-1)!(s-r-1)!(n-s)!}\times F^{r-1}(x_1)[F(x_2)-F(x_1)]^{s-r-1}\times[1-F(x_2)]^{n-s}f(x_1)f(x_2), \quad (6.1.4)$$

而当 $x_1>x_2$ 时为 0.

一般地，对 K 个次序统计量 $Y_{r_1}, \cdots, Y_{r_K}$, $r_1<r_2<\cdots<r_K$, 其联合密度 $f_{r_1\cdots r_K}(x_1, \cdots, x_K)$ 为：当 $x_1\leqslant\cdots\leqslant x_K$ 时，

$$f_{r_1\cdots r_K}(x_1, \cdots, x_K)=n!\prod_{i=1}^{k}f(x_i)\prod_{i=0}^{K}\left\{\frac{[F(x_{i+1})-F(x_i)]^{r_{i+1}-r_i-1}}{(r_{i+1}-r_i-1)!}\right\}. \quad (6.1.5)$$

这里约定，令 $x_0=-\infty$, $x_{K+1}=\infty$, $r_0=0$, $r_{K+1}=n+1$.

由次序统计量出发可定义一些有用的统计量. 其中重要的有样本中位数. 样本 p-分位数. 极差 (Range)、中程 (Midrange) 等. 这里先考虑后两个. 其定义分别为

$$W=X_{(n)}-X_{(1)}, \quad M=\frac{1}{2}(X_{(n)}+X_{(1)}). \quad (6.1.6)$$

由 (6.1.4) 得出 $(X_{(1)}, X_{(n)})$ 的联合密度为

$$n(n-1)[F(y)-F(x)]^{n-2}f(x)f(y), \text{ 当 } x\leqslant y,$$

而变换 (6.1.6) 的 Jacobi 之值为 1，得 (W, M) 的联合密度为：当 $w\geqslant 0$ 时，

$$g(w, m)=n(n-1)\left\{F\left(\frac{w+2m}{2}\right)-F\left(\frac{2m-w}{2}\right)\right\}^{n-2}f\left(\frac{2m-w}{2}\right)f\left(\frac{2m+w}{2}\right).$$

而当 $w<0$ 时为 0. 由此得出 W 的密度为

$$g_1(w)=\int_{-\infty}^{\infty} g(w, m)dm.$$

在此积分中作变数代换 $m=\frac{w}{2}+x$, 不难得到

$$g_1(w)=n\int_{-\infty}^{\infty} f(x)\left[F(x+w)-F(x)\right]^{n-2}f(x+w)dx, \tag{6.1.7}$$

当 $w<0$ 时, 有 $g_1(w)=0$. 而 W 的分布函数为

$$\begin{aligned}G_1(w)&=\int_0^w g_1(t)dt\\&=n\int_{-\infty}^{\infty} f(x)\left\{\int_0^w (F(x+t)-F(x))^{n-2}f(x+t)dt\right\}dx\\&=n\int_{-\infty}^{\infty} f(x)\left\{\int_0^w (F(x+t)-F(x))^{n-2}dF(x+t)\right\}dx\\&=n\int_{-\infty}^{\infty} f(x)\left[F(x+w)-F(x)\right]^{n-1}dx.\end{aligned} \tag{6.1.8}$$

类似地求出 M 的密度函数为

$$g_2(m)=2\int_0^{\infty}\left[F(m+x)-F(m-x)\right]^{m-2}f(m+x)f(m-x)dx. \tag{6.1.9}$$

一般地, 对任何 $r<s$, 不难得到 $X_{(s)}-X_{(r)}$ 和 $\frac{1}{2}(X_{(s)}+X_{(r)})$ 的分布.

(二) 样本分位数的渐近分布

设随机变量 X 的分布函数为 $F(x)$, 而 $0<p<1$. 任一满足条件 $P(X<\xi_p)\leqslant p$, $F(X\leqslant\xi_p)\geqslant p$, 也就是 $F(\xi_p-0)\leqslant p\leqslant F(\xi_p)$ 的 ξ_p, 称为变量 X 及分布 F 的 p-分位数, 当 $p=\frac{1}{2}$ 时, $\xi_{1/2}$ 特称为中位数. 显然, 对任何 $0<p<1$, ξ_p 必存在. 若 $F(x)$ 连续, 则 ξ_p 必满足 $F(\xi_p)=p$, 但不必是唯一的. 若 $F(x)$ 连续且当 $0<F(x)<1$ 是严格上升的, 则 ξ_p 存在唯一, 常见的连续分布都属于这种情况.

若 $X_1, \cdots, X_n$ 为 X 的 iid. 样本，$X_{(1)} \leqslant \cdots \leqslant X_{(n)}$ 为其次序统计量. 对任何 p, $0<p<1$, 称 $\xi_p^* = X_{([np]+1)}$ 为样本 p-分位数（$[a]$ 为不超过 a 的最大整数）. 当 $p=\frac{1}{2}$ 时，$\xi_{1/2}^*$ 称为样本中位数，一般，对样本中位数作更精细的定义如下：

$$\xi_{1/2}^* = \begin{cases} X\left(\frac{n+1}{2}\right), & \text{当 } n \text{ 为奇数}, \\ \frac{1}{2}\left[X_{(n/2)} + X_{(n/2+1)}\right], & \text{当 } n \text{ 为偶数}. \end{cases}$$

对一般的 p, 样本 p-分位数也可以作更精细的定义. 例如当 $n=6$ 而 $p=\frac{1}{3}$ 时，根据定义，$\xi_{1/3}^* = X_{(3)}$, 而从直观上看，$\xi_{1/3}^*$ 以定义在 $(X_{(2)}, X_{(3)})$ 这个区间内的某处为佳. 由于以下只讨论大样本性质，这个精细化的意义不大.

现在设给定了 $p_1, \cdots, p_K$, $0<p_1<\cdots<p_K<1$, 以 Y_{ni} 记样本大小为 n 时的样本 p_i-分位数，$i=1, \cdots, K$. $\boldsymbol{Y}_n = (Y_{n1}, \cdots, Y_{nk})'$. 下面的定理建立了当 $n\to\infty$ 时，$\boldsymbol{Y}_n$ 的极限分布.

定理 6.1.1. 设 $F(x)$ 绝对连续，以 ξ_i 记它的 p_i-分位数，$i=1, \cdots, K$. 设 $f(x)=F'(x)$ 在点 $\xi_1, \cdots, \xi_K$ 处连续且不为 0. 则当 $n\to\infty$ 时，有

$$\sqrt{n}\,(\boldsymbol{Y}_n - \boldsymbol{\xi}) \xrightarrow{L} N(\boldsymbol{O}, \boldsymbol{\Lambda}).$$

此处 $\boldsymbol{\xi} = (\xi_1, \cdots, \xi_K)'$, $\boldsymbol{\Lambda} = (\lambda_{ij})_{K\times K}$, 其中

$$\lambda_{ij} = p_i(1-p_j)/[f(\xi_i)f(\xi_j)], \quad i \leqslant j, \text{ 而 } \lambda_{ji} = \lambda_{ij}.$$

证. 本定理的严格证明甚为复杂. 我们来分段讨论.

1° 先假定 F 为 $[0, 1]$ 上的均匀分布，而 $K=1$. 记 $p_1=p$, $\xi_1=\xi$, $m=[np]+1$. 依 (6.1.3), Y_n 即 $X_{(m)}$ 的密度函数为

$$f_m(x) = \frac{n!}{(m-1)!\,(n-m)!} x^{m-1}(1-x)^{n-m}$$

$$(\text{当 } 0<x<1, \text{ 此外为 } 0),$$

因此 $\sqrt{n}\left(Y_n - \frac{m}{n}\right)$ 的密度为

$$f_m^*(x) = \frac{n!}{(m-1)!(n-m)!}\left(\frac{m}{n}+\frac{x}{\sqrt{n}}\right)^{m-1}$$

$$\times\left(1-\frac{m}{n}-\frac{x}{\sqrt{n}}\right)^{n-m}\frac{1}{\sqrt{n}},$$

要证明当 $n\to\infty$ 时，

$$f_m^*(x)\to\frac{1}{\sqrt{2\pi p(1-p)}}\exp\left(-\frac{x^2}{2p(1-p)}\right).$$

由于 $m-1$, $n-m$ 和 n 都趋于无穷，根据 Stirling 公式

$$r!\sim r^r e^{-r}\sqrt{2\pi r}, \text{ 当 } r\to\infty, \tag{6.1.10}$$

知

$$f_m^*(x) = \frac{1}{\sqrt{2\pi p(1-p)}}$$

$$\cdot\frac{1}{e}\left[1+\frac{1}{m-1}+\frac{\sqrt{n}\,x}{m-1}\right]^{m-1}\left(1-\frac{\sqrt{n}\,x}{n-m}\right)^{n-m}(1+o(1))$$

而当 $n\to\infty$ 时，

$$\log\left\{\left[1+\frac{1+\sqrt{n}\,x}{m-1}\right]^{m-1}\left[1-\frac{\sqrt{n}\,x}{n-m}\right]^{n-m}\right\}$$

$$=(m-1)\log\left(1+\frac{1+\sqrt{n}\,x}{m-1}\right)$$

$$+(n-m)\log\left(1-\frac{\sqrt{n}\,x}{n-m}\right)$$

$$=(m-1)\left\{\frac{1+\sqrt{n}\,x}{m-1}-\frac{1}{2}\frac{(1+\sqrt{n}\,x)^2}{(m-1)^2}+o\left(\frac{1}{n}\right)\right\}$$

$$+(n-m)\left\{-\frac{\sqrt{n}\,x}{n-m}-\frac{1}{2}\frac{nx^2}{(n-m)^2}+o\left(\frac{1}{n}\right)\right\}$$

$$\to 1-\frac{1}{2}\left(\frac{1}{p}x^2+\frac{1}{1-p}x^2\right)$$

$$=1-\frac{1}{2p(1-p)}x^2.$$

由此得出 $\lim\limits_{n\to\infty} f_m^*(x) = \frac{1}{\sqrt{2\pi p(1-p)}}\exp\left[-\frac{x^2}{2p(1-p)}\right].$

这证明了当 $n\to\infty$ 时，

$$\sqrt{n}\left(Y_n-\frac{m}{n}\right)\xrightarrow{L}N(0,\ p(1-p)).$$

由于 $\xi=p$ 和 $m=[np]+1$，知 $\sqrt{n}\left(\frac{m}{n}-\xi\right)\to 0$，当 $n\to\infty$，而

$$\sqrt{n}\,(Y_n-\xi)=\sqrt{n}\left(Y_n-\frac{m}{n}\right)+\sqrt{n}\left(\frac{m}{n}-\xi\right),$$

由此得出 $$\sqrt{n}\,(Y_n-\xi)\xrightarrow{L}N(0,\ p(1-p)).$$

2° 现在考虑一般 K 的情况，仍设 F 为 $[0,1]$ 内的均匀分布．并记 $n_i=[np_i]+1$，$i=1,\cdots,K$．由(6.1.5)得 Y_n 的密度函数为

$$f_n(y_1,\ \cdots,\ y_K)=n!\left[\prod_{i=0}^{k}(n_{i+1}-n_i-1)!\right]^{-1}\prod_{i=0}^{K}(y_{i+1}-y_i)^{n_{i+1}-n_i-1},$$

当 $0<y_1<\cdots<y_K<1$，它处为 0．又此处已置 $y_0=0$，$y_{K+1}=1$，$n_0=0$，$n_{K+1}=n+1$．考虑随机向量

$$\boldsymbol{Z}_n=(Z_{n1},\ \cdots,\ Z_{nK})'=\sqrt{n}\left(Y_{n1}-\frac{n_1}{n},\ \cdots,\ Y_{nk}-\frac{n_k}{n}\right)',$$

则 Z_n 有密度

$$\begin{aligned}
&f_n^*(z_1,\ \cdots,\ z_K)\\
&=n!\left[\prod_{i=0}^{K}(n_{i+1}-n_i-1)!\right]^{-1}n^{-\frac{K}{2}}\prod_{i=0}^{K}\left[\frac{z_{i+1}-z_i}{\sqrt{n}}+\frac{n_{i+1}-n_i}{n}\right]^{n_{i+1}-n_i-1}\\
&=\frac{n!}{\left[\prod\limits_{i=0}^{K}(n_{i+1}-n_i-1)!\right]n^{\frac{K}{2}}}\prod_{i=0}^{K}\left(\frac{n_{i+1}-n_i}{n}\right)^{n_{i+1}-n_i-1}\\
&\quad\cdot\prod_{i=0}^{K}\left[1+\frac{\sqrt{n}\,(z_{i+1}-z_i)}{n_{i+1}-n_i}\right]^{n_{i+1}-n_i-1}\\
&=\frac{n!}{n^{n-K/2}}\prod_{i=0}^{K}\frac{(n_{i+1}-n_i)^{n_{i+1}-n_i-1}}{(n_{i+1}-n_i-1)!}\\
&\quad\cdot\prod_{i=0}^{K}\left[1+\frac{\sqrt{n}\,(z_{i+1}-z_i)}{n_{i+1}-n_i}\right]^{n_{i+1}-n_i-1},
\end{aligned}$$

此处已置 $z_0=z_{K+1}=0$．若以 A_n 和 B_n 记上式的两个因子，则

注意到 $n_{i+1}-n_i\to\infty$ 对 $i=0, \cdots, K$ 以及 $\sum_{i=0}^{K}(n_{i+1}-n_i)=n+1$, 用 Stirling 公式很容易证明 $\lim_{n\to\infty}A_n=A$ 存在，且 $0<A<\infty$. 同时，考虑 $\log B_n$, 使用与 $K=1$ 的情况完全相似的方法，将得在 $z_1, \cdots, z_K$ 任何有界的范围内一致地有

$$\begin{aligned}\lim_{n\to\infty}\log B_n&=-\frac{1}{2}\sum_{i=0}^{K}\frac{(z_{i+1}-z_i)^2}{p_{i+1}-p_i}\\&=-g(z_1, \cdots, z_K),\end{aligned}\tag{6.1.11}$$

$g(z_1, \cdots, z_K)$ 是其变量的正定二次型. 所以，如能证明

$$G=\int_{-\infty}^{\infty}\cdots\int A\cdot e^{-g(z_1, \cdots, z_K)}dz_1\cdots dz_K=1,\tag{6.1.12}$$

则我们就将证得当 $n\to\infty$ 时，Z_n 依分布收敛于一非退化的多维正态分布. 现在来证明 (6.1.12). 设 $G\neq1$. 分别考虑 $G>1$ 和 $G<1$ 两种可能性.

a. $G>1$. 取 c 充分大，致

$$G_c=\int_{I_c}\cdots\int Ae^{-g(z_1, \cdots, z_K)}dz_1, \cdots, z_K\geqslant1+2\varepsilon,$$

此处 $\quad I_c=\{(z_1, \cdots, z_K):|z_1|\leqslant c, \cdots, |z_K|\leqslant c\},$

而 $\varepsilon>0$ 充分小. 由前面提到的在 $(z_1, \cdots, z_K)$ 的任何有界域上 (6.1.11) 的一致性可知，有

$$\begin{aligned}&\lim_{n\to\infty}P\{|Z_{n_i}|\leqslant c, i=1, \cdots, K\}\\&=\int_{I_c}\cdots\int Ae^{-g(z_1, \cdots, z_K)}dz_1\cdots dz_K\geqslant1+2\varepsilon,\end{aligned}$$

因而当 n 充分大时，有

$$P\{|Z_{n_i}|\leqslant c, i=1, \cdots, K\}>1+\varepsilon,$$

这显然是不可能的.

b. $G<1$, 根据前面已证的 $K=1$ 的情况知

$$Z_{n_i}\to N(0, p_i(1-p_i)), \text{ 当 } n\to\infty, i=1, \cdots, K.$$

故对任给 $\varepsilon>0$, 存在 $c>0$, 使当 n 充分大时，对一切 i 有

$$P(|Z_{ni}|\leqslant c)\geqslant 1-\varepsilon.$$

取 ε 充分小，致 $1-K\varepsilon>G+\varepsilon$. 则一方面有

$$\lim_{n\to\infty} P(|Z_{ni}|\leqslant c, i=1,\cdots,K)$$

$$=\int_{I_c}\cdots\int Ae^{-g(z_1,\cdots,z_K)}dz_1\cdots dz_K\leqslant G. \tag{6.1.13}$$

另一方面，当 n 充分大时，

$$P(|Z_{ni}|\leqslant c,\ i=1,\ \cdots,\ K)\geqslant 1-\sum_{i=1}^{K}[1-P(|Z_{ni}|\leqslant c]$$

$$\geqslant 1-K\varepsilon>G+\varepsilon,$$

这显然与 (6.1.13) 矛盾，从而证明了 $G=1$.

因此，我们证明了当 $n\to\infty$ 时，$\boldsymbol{Z}_n\xrightarrow{L}N(\boldsymbol{0},\ \boldsymbol{\Lambda})$ 这里 Λ 为二次型 $\sum_{i=0}^{K}(z_{i+1}-z_i)^2/(p_{i+1}-p_i)$ 的矩阵 $\boldsymbol{H}=(h_{ij})_{K\times K}$ 的逆矩阵(注意：$z_0=z_{K+1}=0$). 易见

$$h_{ii}=(p_{i+1}-p_{i-1})/[(p_{i+1}-p_i)(p_i-p_{i-1})],$$

$$h_{i,\,i+1}=h_{i+1,\,i}=-\frac{1}{p_{i+1}-p_i},$$

$$h_{ij}=0,\ \text{当}\ |i-j|>1,\ \ p_0=0,\ p_{K+1}=1.$$

直接计算证明

$$\Lambda=(\lambda_{ij})_{K\times K}=H^{-1},\ \text{其中}\ \lambda_{ij}=\lambda_{ji}=p_i(1-p_j),\ i\leqslant j. \tag{6.1.14}$$

因此证明了：

$$\sqrt{n}\left(Y_{n1}-\frac{n_1}{n},\ \cdots,\ Y_{nK}-\frac{n_K}{n}\right)'\xrightarrow{L}N(0,\ \Lambda).$$

再利用 $\sqrt{n}\left(\xi_i-\frac{n_i}{n}\right)\to 0$, 即得

$$\sqrt{n}\,(Y_n-\xi)\xrightarrow{L}N(0,\ \Lambda).$$

3° 一般情况，记 $\widetilde{X}_i=F(X_i)$, $i=1,2,\cdots$, 并以 $\widetilde{Y}_{ni}$ 记 $\widetilde{X}_1,\cdots,\widetilde{X}_n$ 的样本 p_i-分位数，$i=1,\cdots,K$. 根据引理 3.5.3, $\widetilde{X}_1,\ \widetilde{X}_2,\cdots$ 为 iid. 且 $\widetilde{X}_1\sim R(0,\ 1)$. 于是由已证的 2° 得

$$\widetilde{\boldsymbol{Y}}_n=\sqrt{n}\,(\widetilde{Y}_{n1}-p_1,\ \cdots,\ \widetilde{Y}_{nK}-p_K)'\xrightarrow{L}N(\boldsymbol{0},\widetilde{\boldsymbol{\Lambda}}),$$

这里 $\widetilde{\Lambda}$ 由 (6.1.14) 定出，由于 $f(x)=F'(x)$ 在点 $\xi_1,\ \cdots,\ \xi_K$ 处

连续且不为 0 (注意 ξ_i 的意义为 $p_i=F(\xi_i)$), 知存在 $\varepsilon>0$, 使当 $|\widetilde{Y}_{ni}-p_i|\leqslant\varepsilon$ 时, 有 $Y_{ni}=F^{-1}(\widetilde{Y}_{ni})$, F^{-1} 为 F 的反函数. 即当

$$|\widetilde{Y}_{ni}-p_i|\leqslant\varepsilon,\ i=1,\ \cdots,\ K \tag{6.1.15}$$

成立时, 有

$$\begin{aligned}Y_{ni}-\xi_i&=F^{-1}(\widetilde{Y}_{ni})-F^{-1}(p_i)\\&=\frac{1}{f'(\xi_i)}[1+0(1)](\widetilde{Y}_{ni}-p_i),\end{aligned} \tag{6.1.16}$$

由于当 n 充分大时, 事件(6.1.15)的概率可任意接近于 1, 可知

$$\lim_{n\to\infty}P\left\{Y_{ni}-\xi_i=\frac{1}{f'(\xi_i)}[1+0(1)](\widetilde{Y}_{ni}-p_i),\ i=1,\ \cdots,\ K\right\}=1,$$

于是

$$\begin{aligned}\sqrt{n}\,(\boldsymbol{Y}_n-\boldsymbol{\xi})&\overset{e}{=}\boldsymbol{W}_n\\&=\left(\frac{1}{f'(\xi_1)}(\widetilde{Y}_{n1}-p_1),\ \cdots,\ \frac{1}{f(\xi_K)}(\widetilde{Y}_{nK}-p_K)\right)\end{aligned}$$

$\overset{\text{“}e\text{”}}{=}$ 表示左右两边有同一极限分布, 由 2° 得出

$$\boldsymbol{W}_n\xrightarrow{L}N(\boldsymbol{0},\ \boldsymbol{\Lambda}),$$

当 $n\to\infty$, $\boldsymbol{\Lambda}=(\lambda_{ij})_{K\times K}$ 而 $\lambda_{ij}=p_i(1-p_j)/[f(\xi_i)f(\xi_j)]$ 当 $i\leqslant j$, $\lambda_{ji}=\lambda_{ij}$. 这就完成了定理的证明.

由本定理推出的在应用上重要的结论, 有

1. $K=1$, 这时

$$\sqrt{n}\,(\xi_p^*-\xi_p)\xrightarrow{L}N\left(0,\ \frac{p(1-p)}{f^2(\xi_p)}\right), \tag{6.1.17}$$

特别, 当 $p=\dfrac{1}{2}$ 时得到样本中位数 $\xi_{1/2}^*$ 的极限分布

$$\sqrt{n}\,(\xi_{1/2}^*-\xi_{1/2})\xrightarrow{L}N\left(0,\ \frac{1}{4f^2(\xi_{1/2})}\right). \tag{6.1.18}$$

2. $K=2$, 这时对任何 $0<p_1<p_2<1$ 有

$$\sqrt{n}\,[(\xi_{p_2}^*\pm\xi_{p_1}^*)-(\xi_{p_2}\pm\xi_{p_1})]\xrightarrow{L}N(0,\ \sigma_{p_1,p_2}^2), \tag{6.1.19}$$

其中

$$\sigma_{p_1,p_2}^2=\frac{p_1(1-p_1)}{f^2(\xi_{p_1})}\pm\frac{2p_1(1-p_2)}{f(\xi_{p_1})f(\xi_{p_2})}+\frac{p_2(1-p_2)}{f^2(\xi_{p_2})}, \tag{6.1.20}$$

特别重要的是 $p_2=1-p_1\left(0<p_1<\frac{1}{2}\right)$ 的情况.

(三)次序统计量在统计问题中的应用

次序统计量之用于估计问题,一般常见的有以下几种情况.

a. 一种情况是用次序统计量来构造虽不很有效,但计算省便的方法. 这种方法特别适用于需要用简便的计算很快得出结果,以及数据很丰富,因而主要矛盾在于计算而不在于估计的有效性上. 这可以拿正态总体 $N(a,\ \sigma^2)$ 中参数 a 和 σ 的估计来说明. 对估计 σ 而言,采用 c_nS 型 $\left(c_n\text{ 为常数}, S_n^2=\frac{1}{n-1}\sum_{i=1}^{n}(X_i-\overline{X})^2\right)$ 的无偏估计,是 MVUE 估计. 但如用基于极差

$$W_n=\max_{1\leqslant i\leqslant n}X_i-\min_{1\leqslant i\leqslant n}X_i$$

的无偏估计 d_nW_n(d_n 为常数,选择之使 d_nW_n 为 σ 的无偏估计),则计算甚方便但效率较低,d_n 有表可查. 例如,当 $n=2,\ 3,\ 5,\ 10,\ 20$ 时,d_n 分别为 0.886, 0.591, 0.430, 0.325 和 0.268. 这个估计的效率可以由比值 $\sqrt{\mathrm{Var}(c_nS_n)}/\sqrt{\mathrm{Var}(d_nW_n)}$ 得到一些概念. 当 n 为 2, 3, 5, 10, 20 时,其值分别为 1, 0.992, 0.955, 0.850 和 0.700. 当 n 较大时,可以先分成较小的组,每组分别使用极差估计,再将各组结果平均. 另一个可用来代替 c_nS_n 的估计(当 n 甚大时)为 $\sqrt{\frac{\pi}{2}}\frac{1}{n}\sum_{i=1}^{n}|X_i-\xi_{1/2}^*|$. 还有另一些基于样本分位数的估计.

对分布的对称中心,$\xi_{1/2}^*$ 是一个较常用的估计. 由极限定理(6.1.18),易知在正态分布场合,这估计的渐近效率为 $2/\pi$. 即当 n 甚大时,采用 $\xi_{1/2}^*$ 估计 a,要达到用 $\overline{X}$ 同样的精度,前者的样本大小约需为后者的 $\sqrt{\frac{\pi}{2}}$ 倍. 然而,在某些场合下,例如总体分布为 Cauchy 分布

$$f(x,\ \theta)=\frac{1}{\pi}[1+(x-\theta)^2]^{-1}$$

的情形，为估计 θ, $\bar{X}$ 根本不合用，因为其分布与 X_1 一样，但如用 $\xi^*_{1/2}$, 则它是一个无偏估计(当 $n\geqslant 3$) 且其渐近方差与 $C-R$ 下界之比为 $\pi^2/8$.

另一个基于次序统计量的、正态分布均值 a 的估计是 $\frac{1}{2}(\xi^*_p+\xi^*_{(1-p)})$，对任何 $0<p<1$. 这估计的渐近方差可由(6.1.20)算出，因而可以定出 p，使之达到最小，这个 p 值近似地为 0.2702. 类似地可以讨论基于多个次序统计量的线性组合的情况.

b. 另一种情况是，在某些问题中，由于种种原因，观测数据中最大或最小的若干个(或二者兼而有之)不可靠，甚至根本得不到. 例如，某些次试验可能受到外来因素的干扰而产生异常大或异常小的突出值 (outlier). 将这种值丢掉后再进行统计分析，显然是更为稳妥的. 在这种情况下，上一段中提到的那些估计方法，也就是基于一部分次序统计量的方法，仍保持有效. 例如，设 $n=10$, 即使不知道 $X_{(9)}$ 和 $X_{(10)}$, 也不妨碍样本中位数的计算.

在寿命试验中经常使用所谓截尾数据(Censored data). 设想将 n 个元件同时作试验，这 n 个元件中，一般常有少数的几个，其寿命特别长. 因此要等到这 n 个元件都用坏，时间就会过长. 这时就使用截尾的方法，我们可以定下一个时间 t_0, 试验最多只进行这么久. 如果到时刻 t_0 时已有 r 个元件用坏，其寿命为 $X_{(1)}\leqslant\cdots\leqslant X_{(r)}$, 则我们得到了前 r 个次序统计量，这种定时截尾的方法叫 I 型截尾，注意 r 为一个随机变量. 另一种截尾方法是先定出一个整数 r, 试验作到恰有 r 个元件用坏时为止. 这时我们仍得到 $X_{(1)}\leqslant\cdots\leqslant X_{(r)}$, 所不同的是这里 r 是一个定数而非随机变量，这种定数截尾的作法称为 II 型截尾，我们也可以考虑从低端截尾的情形. 例如当只有反应强度达到一定界限以上时，才能被仪器记录的情况，更一般地可以在两端同时截尾. 在截尾方式已定后，截尾样本的分布可以通过总体分布表出，因而可以利用它们来对总体分布中的参数进行推断. 例如，设总体分布为 $f(x,\ \theta)dx$, 则截尾样本 $(X_{(1)},\ \cdots,\ X_{(r)})$ 的密度为

$$\left[\prod_{i=1}^{r} f(x_{(i)}, \theta)\right]\left[\int_{x_{(r)}}^{\infty} f(t, \theta) dx\right]^{n-r}\binom{n}{r} r!,$$

因而可以寻求 θ 的极大似然估计. 关于截尾数据的分析问题在文献中有大量的讨论.

虽然我们不打算对次序统计量在估计问题上的应用作较全面的讨论, 我们还是打算提一下所谓次序统计量的最优线性组合问题.

设 $X_1, \cdots, X_n$ 为抽自一个包含位置参数 μ 和刻度参数 σ 的分布族 $\left\{F\left(\frac{x-\mu}{\sigma}\right)\right\}$ (这里 F 为连续分布函数) 以 $X_{(1)}, \cdots, X_{(n)}$ 记次序样本. 要寻找常数 $c_1, \cdots, c_n$, 使 $c_1X_{(1)}+\cdots+c_nX_{(n)}$ 为 μ 的无偏估计, 且在一切这样形状的无偏估计中其方差达到最小.

记 $U_i=\frac{X_{(i)}-\mu}{\sigma}$, $i=1, \cdots, n$, 则 $U_1\leqslant\cdots\leqslant U_n$ 为抽自分布 $F(x)$ 中的次序样本. 记

$$\alpha_i=E(U_i), \ \sigma_{ij}=\operatorname{Cov}(U_i, U_j), \ 1\leqslant i, j\leqslant n,$$

则有

$$X_{(i)}=\mu+\alpha_i\sigma+e_i, \ e_i=\sigma(U_i-\alpha_i), \ i=1, \cdots, n. \tag{6.1.21}$$

这正好是一个包含参数 μ 和 σ 的线性模型, 其中

$$\mathrm{VAR}(\boldsymbol{e})=\sigma^2\boldsymbol{\Lambda}=\sigma^2(\sigma_{ij})_{n\times n}.$$

根据定理 5.2.10, 得 (μ, σ) 的最优无偏线性估计, 即 GM 估计, 为

$$\begin{pmatrix}\tilde{\mu}\\ \tilde{\sigma}\end{pmatrix}=\left\{\begin{pmatrix}1 & 1 & \cdots & 1\\ \alpha_1 & \alpha_2 & \cdots & \alpha_n\end{pmatrix}\boldsymbol{V}^{-1}\begin{pmatrix}1 & 1 & \cdots & 1\\ \alpha_1 & \alpha_2 & \cdots & \alpha_n\end{pmatrix}'\right]^{-1}$$

$$\times\begin{pmatrix}1 & 1 & \cdots & 1\\ \alpha_1 & \alpha_2 & \cdots & \alpha_n\end{pmatrix}\boldsymbol{V}^{-1}\begin{pmatrix}X_{(1)}\\ \vdots\\ X_{(n)}\end{pmatrix},$$

若记 $\boldsymbol{\varepsilon}=(1, \cdots, 1)'$, $\boldsymbol{\alpha}=(\alpha_1, \cdots, \alpha_n)'$, $\boldsymbol{Y}=(X_{(1)}, \cdots, X_{(n)})'$, 则可将 $\tilde{\mu}$ 和 $\tilde{\sigma}$ 的表达式写为

$$\tilde{\mu}=-\boldsymbol{\alpha}'\boldsymbol{C}\boldsymbol{Y}, \ \tilde{\sigma}=\boldsymbol{\varepsilon}'\boldsymbol{C}\boldsymbol{Y}.$$

其中

$$\boldsymbol{C}=\boldsymbol{V}^{-1}(\boldsymbol{\varepsilon}\boldsymbol{\alpha}'-\boldsymbol{\alpha}\boldsymbol{\varepsilon}')\boldsymbol{V}^{-1}/\{(\boldsymbol{\varepsilon}'\boldsymbol{V}^{-1}\boldsymbol{\varepsilon})(\boldsymbol{\alpha}'\boldsymbol{V}^{-1}\boldsymbol{\alpha})-(\boldsymbol{\varepsilon}'\boldsymbol{V}^{-1}\boldsymbol{\alpha})^2\},$$

又

$$\mathrm{VAR}\begin{pmatrix}\tilde{\mu}\\ \tilde{\sigma}\end{pmatrix}=\sigma^2\begin{pmatrix}\boldsymbol{\alpha}'\boldsymbol{V}^{-1}\boldsymbol{\alpha} & -\boldsymbol{\varepsilon}'\boldsymbol{V}^{-1}\boldsymbol{\alpha}\\ -\boldsymbol{\varepsilon}'\boldsymbol{V}^{-1}\boldsymbol{\alpha} & \boldsymbol{\alpha}'\boldsymbol{V}^{-1}\boldsymbol{\varepsilon}\end{pmatrix}\Big/\{(\boldsymbol{\varepsilon}'\boldsymbol{V}^{-1}\boldsymbol{\varepsilon})(\boldsymbol{\alpha}'\boldsymbol{V}^{-1}\boldsymbol{\alpha})-(\boldsymbol{\varepsilon}'\boldsymbol{V}^{-1}\boldsymbol{\alpha})^2\}.$$

可以证明，在 F 关于原点对称时，这些公式简化为

$$\tilde{\mu}=\boldsymbol{\varepsilon}'\boldsymbol{V}^{-1}\boldsymbol{Y}/\boldsymbol{\varepsilon}'\boldsymbol{V}^{-1}\boldsymbol{\varepsilon},\ \tilde{\sigma}=\boldsymbol{\alpha}'\boldsymbol{V}^{-1}\boldsymbol{Y}/\boldsymbol{\alpha}'\boldsymbol{V}^{-1}\boldsymbol{\alpha}.$$

$$\mathrm{Var}(\tilde{\mu})=\sigma^2/\boldsymbol{\varepsilon}'\boldsymbol{V}^{-1}\boldsymbol{\varepsilon},\ \mathrm{Var}(\tilde{\sigma})=\sigma^2/\boldsymbol{\alpha}'\boldsymbol{V}^{-1}\boldsymbol{\alpha}.$$

这个作法直接推广到截尾数据的情况．因为在模型(6.1.21)中，如果对某些 i, $X_{(i)}$ 被“截”掉了，并不影响它为线性模型的性质，因而解法在原则上仍完全适用．

在计算上，这个方法要求计算的 V，尤其是 V^{-1}，除了个别极简单的分布外，都只能用数值方法，对某些重要分布(如正态分布)及不大的 n 有表可查．

次序统计量在估计问题上的一个当然的应用是估计 p–分位数．诚然，对参数族而言，p–分位数可通过参数表出因而可能存在更好的估计，但在对总体分布的数学形式并无所知的情况下，样本 p–分位数提供了一个有较好的大样本性质(渐近正态性)的估计．而且重要的是，使用次序统计量可以构造一个非参数性的相似置信区间．事实上，显然有

$$P(X_{(r)}\leqslant\xi_p\leqslant X_{(s)})=P(X_{(s)}\geqslant\xi_p)-P(X_{(r)}\geqslant\xi_p),$$

(这里假定了总体分布 F 的连续性，因此 $P(X_{(r)}=\xi_p)=0$．)由于分布函数 $F(x)$ 非降，有

$$P(X_{(s)}\geqslant\xi_p)=P(F(X_{(s)})\geqslant F(\xi_p)),$$

等等．再注意到 $F(\xi_p)=p$，及 $F(X_{(i)})=U_i$，这里 $U_1\leqslant\cdots\leqslant U_n$ 为取自 $R(0,1)$ 的次序样本，有

$$\begin{aligned}P(X_{(r)}\leqslant\xi_p\leqslant X_{(s)})&=P(U_s\geqslant p)-P(U_r\geqslant p)\\&=P(U_r\leqslant p)-P(U_s\leqslant p)\\&=I_p(r,n-r+1)-I_p(s,n-s+1).\end{aligned}\tag{6.1.22}$$

一般，可以选择一个适当的 $\varepsilon>0$，使 $s\approx n(p+\varepsilon)$，$r\approx n(p-\varepsilon)$ 并使上式右边尽可能接近指定的 $1-\alpha$．重要的是，(6.1.22) 的右边

只与 n, s, r, p 有关而与总体分布 F 无关. 在导出 (6.1.22) 时假定了分布 F 连续. 然而, Tukey 和 Scheffe 证明了: 当总体分布为离散时(6.1.22)的左边不小于其右边.

次序统计量之用于寻求连续分布的容忍限的方法, 已在§4.1(t) 中讨论过了.

次序统计量的一个极重要的应用——极值统计, 将于本节以后几段讨论.

次序统计量之用于检验性质的问题, 较为重要的有关于突出值的检验, 寿命检验等.

当我们有了一组数据 $X_1, \cdots, X_n$, 将其按大小排列成 $X_{(1)}\leqslant\cdots\leqslant X_{(n)}$, 如果 $X_{(n)}$ 特别大, 我们怀疑它可能是突出值. 但是, 由于抽样的随机性, 若干个观察值中有个别较大的也可能只是随机性的作用, 而不必是由于有外来因素的干扰. 要在客观的基础上作一判断就需要进行检验. 这种检验总是先作一个统计量, 它反映"突出"值与"正常"值的差异. 在零假设(即无突出值)下推导出其分布, 定出一个界限, 当算出的统计量值大于这界限时就认为是突出值. 例如, 在总体分布为正态 $N(a, \sigma^2)$ 时:

a. 如果怀疑的是 $X_{(n)}$ 或 $X_{(1)}$, 可分别用统计量

$$T^*=\frac{X_{(n)}-\overline{X}}{S} \quad 或 \quad T_*=\frac{X_{(1)}-\overline{X}}{S}.$$

b. 如果 $X_{(n)}$ 和 $X_{(1)}$ 同时被怀疑, 可用统计量

$$T=\frac{W}{S} \quad (W\ 为极差).$$

这统计量叫做"学生化极差" (Studentized Range).

c. 若有多个值受到怀疑而这些值都在一边, 或在不同的边, 也有相应的统计量.

由于这些统计量(在零假设下, 即 $X_1, \cdots, X_n$ iid., $X_1\sim N(a, \sigma^2)$) 的精确分布没有简单的解析表达式, 在使用它们作突出值的检验时, 必须有相应的表. 例如, 当 $n=20$ 时, 对统计量 T^* 而言, 其 5% 和 1% 的界限值分别为 2.56 和 2.88. 就是说, 在

5% (1%) 的水平下，只有当 $X_{(n)}-\bar{X}>2.56S(2.88S)$ 时，才认为 $X_{(n)}$ 是突出值.

关于次序统计量的应用的极简略的介绍就到此为止. 需要了解更多细节的读者，可参阅前面所引的 David 的著作.

(四) 极值分布的三大类型

在次序统计量中，极大值 $X_{(n)}$ 和极小值 $X_{(1)}$ (统称为极值) 在应用上具有突出重要的地位. 这是因为，一些灾害性的自然现象，如地震、洪水之类，都是一种极值. 又如材料的疲劳试验等，用极值模型来描述都比较方便而自然，使用极值的一个很大的优点，从应用的角度看，是它不大受到数据可能的残缺的影响. 因为极端值往往是最使人注意的现象，因而漏记或丢失的可能性小，这在使用历史数据时尤其重要. 在理论上说，关于个别观察值的总体分布形式通常所知甚少. 然而，如下面将要证明的，极值分布只有很少几种类型，其形式与原数据的总体分布关系不大.

在理论上说，极值理论曾经是一个引起不少统计学者注意的有兴趣的问题. 不少人，其中包括象 Von Mises, Fréchet 和 Fisher 这样的知名学者，都对之作出过贡献，而由 Гнеденко 在 1943 年的工作总其大成.

先给出下面的正式定义.

定义 6.1.1. 设 $X_1, \cdots, X_n$ 为抽自分布为 F 的总体中抽出的 iid. 样本，

$$X_{(n)}=\max(X_1, \cdots, X_n) \text{ 及 } X_{(1)}=\min(X_1, \cdots, X_n).$$

如果存在常数 $c_n>0$ 及 d_n，致 $c_nX_{(n)}+d_n$ 依分布收敛于 $G(x)$，则称 $G(x)$ 为一个极大值分布、类似地定义极小值分布. 它们统称为极值分布. 上述分布 F 称为“底分布”.

极值分布理论的基本问题如下:

1. 有那些分布可以作为极值分布?

2. 收敛于某种特定类型的极值分布的条件. 以下我们主要讨论极大值的情况，然后容易将结果转化于极小值.

关于问题1，如对底分布不加限制，则退化分布可作为极值分布．然而，无论是在理论上和实用上，有兴趣的是极值分布连续的情形．

为了叙述极值理论的基本定理，引进下面的概念．两个分布函数 F_1 和 F_2 称为是同类的，若存在常数 $a>0$ 及 b，致 $F_1(ax+b)\equiv F_2(x)$，并记为 $F_1\sim F_2$．显然，这关系具有自反、对称和传递的性质．

定理6.1.2(极值分布的三大类型)．若 $G(x)$ 为一连续极值分布，则 G 必与下列三个分布函数之一同类：

$$G_1(x)=\exp(-e^{-x}),\quad -\infty<x<\infty,$$

$$G_2(x)=\exp\left(-\frac{1}{x^K}\right),\ 当\ x>0\ (x\leqslant 0\ 时为\ 0),$$

此处 $K>0$ 为参数．

$$G_3(x)=\exp(-(-x)^K),\ 当\ x<0.\ (x\geqslant 0\ 时为\ 1),$$

此处 $K>0$ 为参数．

G_1, G_2, G_3 分别称为第 I、II、III 型极值分布．

证．在证明中用到下面的概率论事实：若当 $n\to\infty$ 时，X_n 和 $a_nX_n+b_n$ 分别依分布收敛于连续分布 $F(x)$ 和 $G(x)$，此处 $a_n>0$，则 $F\sim G$．这个简单事实的证明在此从略(参看 [8], p. 203)．

现设 G 为连续极值分布，底分布为 F．从 F 中抽出大小为 mn 的 iid. 样本：

$$X_1,\ \cdots,\ X_n\quad (极大值为\ Y_1),$$

$$X_{n+1},\ \cdots,\ X_{2n}\quad (极大值为\ Y_2),$$

$$\cdots\cdots\cdots\quad (\cdots\cdots),$$

$$X_{(m-1)n+1},\ \cdots,\ X_{mn}\ (极大值为\ Y_m).$$

让 m 固定而使 $n\to\infty$．则由假定知存在 $c_n>0$ 及 d_n，致

$$c_nY_i+d_n\xrightarrow{L}G(x),\ i=1,\ \cdots,\ m.$$

现记 $\widetilde{Y}_m=\max(Y_1,\ \cdots,\ Y_m)$，则

$$c_n\widetilde{Y}_m+d_n=\max_{1\leqslant i\leqslant m}(c_nY_i+d_n),$$

故将有 $c_n\widetilde{Y}_m+d_n \xrightarrow{L} G^m(x)$. 另一方面，由于 $\widetilde{Y}_m=\max(X_1, \cdots, X_{mn})$，有 $c_{mn}\widetilde{Y}_m+d_{mn} \xrightarrow{L} G(x)$. 将 $c_n\widetilde{Y}_m+d_n$ 写为

$$c_n\widetilde{Y}_m+d_n=K_n(c_{mn}\widetilde{Y}_m+d_{mn})+H_n.$$

对适当选择的 $K_n>0$ 及 H_n，于是，利用在证明开始时提到的那个事实，可知存在 $a_m>0$ 及 b_m，致

$$G^m(x)\equiv G(a_mx+b_m),\ m=1,\ 2,\ \cdots. \tag{6.1.23}$$

以下分两个情况讨论.

1° 存在 $m>1$ 致 $a_m=1$. 这时

$$G^m(x)=G(x+b_m). \tag{6.1.24}$$

由此知 $G(x)$ 不能取 0, 1 为值. 不然，设 a 为使 $G(x)=1$ 成立的 x 的下确界，由于 $b_m\neq 0$ (否则 $G(x)$ 只取 0, 1 为值，与 G 的连续性不合). 若 $b_m>0$ 令 $x=a-b_m$ 于 (6.1.24) 即得矛盾. 若 $b_m<0$, 令 $x=a$ 即得矛盾. 这证明了 $G(x)$ 不取 1 为值，同样证明它不取 0 为值. 于是，函数

$$H(x)=\log(-\log G(x))$$

有意义，且由 (6.1.24) 得

$$H(x+b_m)=H(x)+\log m.$$

因此，若记

$$H_1(x)=H(x)-(\log m/b_m)x=H(x)-h_mx.$$

则 $H_1(x)$ 有周期 b_m，因而是有界的，现在我们注意：只要对一个 $m>1$ 有 $a_m=1$，则对一切 $m>1$ 有 $a_m=1$. 因若对某个 m' 有 $a_{m'}\neq 1$，则可找到 x'，致 $x'=a_{m'}x'+b_{m'}$，这时由 (6.1.23) (命其中的 $m=m'$) 将得 $G(x')=G^{m'}(x')$，而由 $m'>1$ 知 $G(x')$ 只能为 0 或 1，与上面已证明的 G 不取 0, 1 为值的事实不合. 这样，我们证明了：对一切 $m>1$，函数 $H_1(x)=H(x)-h_mx$ 有周期 b_m. 由于周期函数的有界性，这显然只有 $h_2=h_3=\cdots=h$ 才可能，因而函数 $H(x)-h(x)$ 有周期 $b_m=\log m/h$, $m=2, 3, \cdots$. 这些周期中有不可通约的 (如 b_2, b_3)，加上 $H(x)$ 的连续性，就证明了 $H(x)-hx$ 恒等于一常数 K，因而

$$\log(-\log G(x)) = hx + K.$$

这解出
$$G(x) = \exp(-e^{-h(x-K)}).$$

由于 $G(x)$ 是分布函数，必有 $h>0$，因而 $G(x)\sim G_1(x)$.

2° 对一切 $m>1$，有 $a_m\neq 1$. 这时不失普遍性可设 $b_m=0$. 因为，令 $\widetilde{G}(x)=G(x-d)$，$d=b_m/(a_m-1)$，则 $\widetilde{G}\sim G$，而

$$G(x)=\widetilde{G}(x+d),\ G^m(x)=\widetilde{G}^m(x+d),$$
$$G(a_mx+b_m)=\widetilde{G}(a_mx+b_m+d).$$

因此 $\widetilde{G}^m(x+d)=\widetilde{G}(a_mx+b_m+d)$. 以 $x-d$ 代 x，得

$$\widetilde{G}^m(x)=\widetilde{G}(a_m(x-d)+b_m+d)=\widetilde{G}(a_mx).$$

于是可以 $\widetilde{G}$ 代替 G 来进行讨论. 由 $G^m(x)=G(a_mx)$，知 $G(0)=0$ 或 $G(0)=1$，分别讨论这两种情况：

a. $G(0)=0$. 我们来证明：当 $x>0$ 时，有 $0<G(x)<1$.

先设 $a_m>1$. 若存在 $x'>0$ 致 $G(x')=0$，则

$$G(a_mx')=G^m(x')=0,\ G(a_m^2x')=G^m(a_mx')=0,\ \cdots,$$

即对一切正整数 K，有 $G(a_m^Kx')=0$，令 $K\to\infty$ 得出矛盾. 若存在 $x'>0$，致 $G(x')=1$，则

$$G^m(x'/a_m)=G(x')=1,\ 因而\ G(x'/a_m)=1.$$

与上类似的推理证明对一切自然数 K，有 $G(x'/a_m^K)=1$. 令 $K\to\infty$，利用 G 的连续性得 $G(0)=1$，与 $G(0)=0$ 的假定矛盾，完全类似的方法处理 $a_m<1$ 的情况.

因此，函数 $H(x)=\log(-\log G(x))$ 在 $0<x<\infty$ 有定义，且由 $G^m(x)=G(a_mx)$ 得

$$H(x)+\log m=H(a_mx).$$

记 $l_m=\log a_m/\log m$（注意 $l_m\neq 0$），而令 $H_1(x)=H(x)-\log x/l_m$，则

$$\begin{aligned}H_1(a_mx)&=H(a_mx)-\frac{\log x}{l_m}-\frac{\log a_m}{l_m}\\&=H(x)+\log m-\frac{\log x}{l_m}-\log m\\&=H(x)-\frac{\log x}{l_m}=H_1(x).\end{aligned}$$

由 $a_m>0$ 及 $a_m\neq 1$, 从 $H_1(a_m x)=H_1(x)$ 于 $0<x<\infty$ 不难推知, $H_1(x)=H(x)-\log x/l_m$ 在 $0<x<\infty$ 内有界. 由于这对一切 $m\geqslant 2$ 成立, 有 $l_2=l_3=\cdots=l$ 从而 $a_m=m^l$. 所以 $H_1(m^l x)=H_1(x)$ 对一切 $x>0$ 和正整数 m. 因而对任意两个正整数 m, n 有

$$H_1\left(\left(\frac{m}{n}\right)^l x\right)=H_1(n^{-l}x)=H_1(x)$$

($H_1(m^{-l}x)=H_1(x)$ 由在 $H_1(m^l x)=H_1(x)$ 中以 $m^{-l}x$ 代 x 得出). 但 $\left(\frac{m}{n}\right)^l$ 在 $(0, \infty)$ 处处稠密, 加上 $H_1(x)$ 在 $(0, \infty)$ 的连续性, 即知 $H_1(x)$ 在 $0<x<\infty$ 为一常数 d, 即

$$H(x)=\frac{\log x}{l}+d,\ 0<x<\infty.$$

从而
$$G(x)=\exp(-e^d x^{1/l}),\ 0<x<\infty,$$

由 $G(x)=1$, 知 $\lim\limits_{x\to\infty} x^{1/l}=0$, 故 $\frac{1}{l}=-K$, $K>0$. 再将 e^d 写为 a^K, 得

$$G(x)=\exp\left(-\left(\frac{a}{x}\right)^K\right)\sim G_2(x).$$

b. $G(0)=1$, 一切与情况 a 一样: 先证明当 $x<0$ 时, 有 $0<G(x)<1$, 作函数 $H(x)$ 如前. 最后得到 $G(x)=\exp(-(-ax)^K)$, $-\infty<x<0$, 此处 $K>0$, $a>0$. 显然, $G\sim G_3$. 定理证毕.

(五) 各型极值分布的吸引场 (Domain of Attraction)

定义 6.1.2. 设 X_1, X_2, $\cdots$ 为抽自具分布 F 的总体的 iid. 样本, 若存在 $c_n>0$ 及 d_n, 致当 $n\to\infty$ 时, $c_n X_{(n)}+d_n$ 依分布收敛于 i 型极值分布, 则称底分布 F 属于 i 型分布的吸引场.

本段的目的是讨论底分布属于各型极值分布的吸引场的条件. 由于 I 型分布在应用上最重要, 我们对之进行较仔细的讨论. 对 II、III 型极值分布则只列出结果.

首先证明由 Гнеденко 提出的充分必要条件.

定理 6.1.3. 设底分布 $F(x)$ 有如下的性质: 存在 $c<1$ 使若

$F(x)>c$，则 F 在 x 点连续．这时 F 属于 I 型极值分布的吸引场的充要条件是：对任何 x，$-\infty<x<\infty$，有

$$\lim_{n\to\infty} n\left[1-F\left(u_n+\frac{x}{\alpha_n}\right)\right]=e^{-x}. \tag{6.1.25}$$

其中 u_n 和 α_n 是由

$$F(u_n)=1-\frac{1}{n},\ F\left(u_n+\frac{1}{\alpha_n}\right)=1-\frac{1}{ne} \tag{6.1.26}$$

所决定．当定理条件满足时，前面提到的 c_n 和 d_n 必分别可取为 α_n 和 $-\alpha_n u_n$.

证．1° 充分性

$$P(\alpha_n(X_{(n)}-u_n)<x)=P\left(X_{(n)}<u_n+\frac{x}{\alpha_n}\right)=F^n\left(u_n+\frac{x}{\alpha_n}\right),$$

由(6.1.25)知 $\lim\limits_{n\to\infty} F\left(u_n+\frac{x}{\alpha_n}\right)=1$，因此由(6.1.25)

$$\log F^n\left(u_n+\frac{x}{\alpha_n}\right)=n\log\left[1-\left(1-F\left(u_n+\frac{x}{\alpha_n}\right)\right)\right]$$

$$=-n(1+0(1))\left[1-F\left(u_n+\frac{x}{\alpha_n}\right)\right]$$

$$\to -e^{-x},\ 当\ n\to\infty.$$

因而 $$\lim_{n\to\infty} P(\alpha_n(X_{(n)}-u_n)<\varepsilon)=\exp(-e^{-x}).$$

这证明了充分性．

2° 必要性 设存在 $\alpha'_n>0$ 及 u'_n，致

$$\lim_{n\to\infty} P(\alpha'_n(X_{(n)}-u'_n)<x)$$

$$=\lim_{n\to\infty} F^n\left(u'_n+\frac{x}{\alpha_n}\right)=\exp(-e^{-x}),$$

这时必有

$$\lim_{n\to\infty} F\left(u'_n+\frac{x}{\alpha'_n}\right)=1, \tag{6.1.27}$$

$$\lim_{n\to\infty} n\log\left[1-\left(1-F\left(u'_n+\frac{x}{\alpha'_n}\right)\right)\right]=-e^{-x}.$$

注意到(6.1.27)，此式相当于

$$\lim_{n\to\infty} n\left[1-F\left(u_n'+\frac{x}{\alpha_n'}\right)\right]=e^{-x}. \qquad (6.1.28)$$

现设 u_n, α_n 由 (6.1.26) 定义，我们证明，必有

$$u_n=u_n'+\varepsilon_n/\alpha_n',\ u_n+\frac{1}{\alpha_n}=u_n'+\frac{1+\delta_n}{\alpha_n'}. \qquad (6.1.29)$$

其中 $\varepsilon_n\to 0$, $\delta_n\to 0$, 当 $n\to\infty$. 事实上，若当 $n\to\infty$ 时 $\varepsilon_n\nrightarrow 0$, 则可取出一子序列 $\{\varepsilon_{n_i}\}$, 致 $\varepsilon_{n_i}>a>0$ 对一切 i, 或 $\varepsilon_{n_i}<-a<0$ 对一切 i. 为确定计且不失普遍性，设 $\varepsilon_n\geqslant a>0$ 对一切 n. 这时由 (6.1.28) 有

$$\begin{aligned}1&=n[1-F(u_n)]=n[1-F(u_n'+\varepsilon_n/\alpha_n')]\\&\leqslant n[1-F(u_n'+a/\alpha_n')]\to e^{-a}<1.\end{aligned}$$

这个矛盾证明了 $\lim\limits_{n\to\infty}\varepsilon_n=0$. 完全类似的方法证明 $\lim\limits_{n\to\infty}\delta_n=0$. 现在由 (6.1.29) 解出

$$\alpha_n=\alpha_n'/(1+\delta_n-\varepsilon_n)=\alpha_n'/(1+\eta_n),\ \eta_n\to 0.$$

而
$$\alpha_n(X_{(n)}-u_n)=\frac{1}{1+\eta_n}\alpha_n'(X_{(n)}-u_n')-\frac{\varepsilon_n}{1+\eta_n}.$$

显然与 $\alpha_n'(X_{(n)}-u_n')$ 有同一之极限分布，即

$$\lim_{n\to\infty}F^n\left(u_n+\frac{x}{\alpha_n}\right)=\exp(-e^{-x}).$$

仿照前面推出 (6.1.28) 的方法，由此式得出 (6.1.25)，这证明了必要性、定理证毕.

这个定理在应用上的不便之处在于，要从 (6.1.26) 决定 u_n 和 α_n, 以及验证 (6.1.25)，都不容易. 然而，在分布 F 有连续密度的场合，只需决定 u_n 就够了.

引理 6.1.1. 若 F 绝对连续于 $x>a>0$, 对某个 a, 且 $f(x)=F'(x)$ 在 $x>a$ 时连续，而 $F(a)<1$, 则当定理 6.1.3 中的充分条件成立时，必有 $\lim\limits_{n\to\infty}\frac{\alpha_n}{nf(u_n)}=1$, 因而 α_n 可以用 $nf(u_n)$ 代替.

证. 设 (6.1.25) 成立，其中 u_n, α_n 是由 (6.1.26) 决定. 由定理 6.1.3 证明过程不难看出：在这个假定下，有

$$\lim_{n\to\infty} n\left[1-F\left(u_n+\frac{x}{\alpha_n}\right)\right]=e^{-x}$$

于 $|x|\leqslant A$ 内一致，对任何 $A<\infty$. 于是有

$$n\left[F\left(u_n+\frac{x}{\alpha_n}\right)-F(u_n)\right]=1-e^{-x}[1+o(1)], \quad (6.1.30)$$

此处 $o(1)\to 0$, 当 $n\to\infty$, 一致地于 $|x|\leqslant A$ 内，但当 n 固定时，有(取 n 充分大，致 $u_n>2a$)

$$n\left[F\left(u_n+\frac{x}{\alpha_n}\right)-F(u_n)\right]=n[f(u_n)+\tilde{o}(1)]x/\alpha_n,$$

此处 $\tilde{o}(1)\to 0$, 当 n 固定而 $x\to 0$. 此式与 (6.1.30) 结合得

$$n[f(u_n)+\tilde{o}(1)]x/\alpha_n=1-e^{-x}[1+o(1)].$$

此式两边除以 x, 先令 $x\to 0$, 后令 $n\to\infty$, 注意到 $0(1)$ 对 x 在有界范围内的一致性，即得

$$\lim_{n\to\infty}\frac{nf(u_n)}{\alpha_n}=\lim_{x\to 0}\frac{1-e^{-x}}{x}=1.$$

引理证毕.

Von Mises 提供了一个吸引于 I 型极值分布的，较易验证的充分条件.

定理 6.1.4. 设底分布 $F(x)$ 满足条件：

1° 当 x 充分大时，$F''(x)$ 存在有限；

2° 当 x 充分大时，$f(x)=F'(x)>0$;

3° $\lim\limits_{x\to\infty}\dfrac{d}{dx}\left[\dfrac{1-F(x)}{f(x)}\right]=0$,

则 F 属于 I 型极值分布的吸引场.

证. 定义 u_n 和 α_n:

$$F(u_n)=1-\frac{1}{n},\ \alpha_n=nf(u_n).$$

由条件 2° 知 $u_n\to\infty$, 当 $n\to\infty$.

将 $F(x)$ 写为 $1-\frac{1}{n}\cdot n[1-F(x)]$, 可知若 x 随 n 变化，且 $n[1-F(x)]$ 保持有界，必有

$$-\log F^n(x) = -n\log\left[1-\frac{1}{n}\cdot n(1-F(x))\right]$$

$$= n[1-F(x)] + O\left(\frac{1}{n}\right).$$

特别，在 $\lim\limits_{n\to\infty} n[1-F(x)]$ 存在有限非 0 时，由此进一步得到

$$\log(-\log F^n(x)) = \log[n(1-F(x)] + O\left(\frac{1}{n}\right), \quad (6.1.31)$$

记 $G_n(x) = \log[n(1-F(x)]$，则因 $G_n(u_n)=0$，在上式成立的条件下，将有

$$\lim_{n\to\infty}\log[-\log F^n(x)] = \lim_{n\to\infty} G_n(x) = -\lim_{n\to\infty}\int_{u_n}^x g(t)\,dt,$$

此处 $g(t) = -G_n'(t) = \dfrac{f(t)}{1-F(t)}$. 现取

$$x = u_n + y/\alpha_n, \quad |y| \leqslant A < \infty.$$

我们来证明，这样定义的随 n 变化的 x，满足使 (6.1.31) 成立的条件. 注意 $\alpha_n = nf(u_n) = g(u_n)$，故

$$G_n(x) = \int_x^{u_n} g(t)\,dt = (u_n - x)\,g(\xi),$$

ξ 在以 u_n 和 x 为端点的区间内. 以 $x = u_n + y/\alpha_n$ 代入此式，得

$$G_n(u_n + y/\alpha_n) = -\frac{y}{\alpha_n}g(\xi) = -\frac{y}{g(u_n)}g(\xi), \quad (6.1.32)$$

必有 $\lim\limits_{n\to\infty}[g(\xi)/g(u_n)]=1$. 为证此，先注意当 $n\to\infty$ 时，有 $\xi\to\infty$. 此因前已指出 $\lim\limits_{n\to\infty} u_n = \infty$，故欲证 $\xi\to\infty$，只须证 $x = u_n + y/\alpha_n \to \infty$，当 $n\to\infty$. 但

$$x \geqslant u_n - \frac{A}{g(u_n)} = K(u_n).$$

此处 $K(u) = u - A/g(u)$. 由假定 3° 及 $g(u)$ 的表达式，知

$$\lim_{u\to\infty} K'(u) = 1,$$

故 $K(u)\to\infty$，当 $u\to\infty$，再由 $u_n\to\infty$ 即知 $x \geqslant K(u_n)\to\infty$，于是证明了 $\xi\to\infty$. 现在写

$$g(u_n)/g(\xi)=1+g(u_n)(\xi-u_n)\left[\frac{d}{dx}\left(\frac{1}{g(x)}\right)\right]_{x=\xi_1},$$

ξ_1 在 u_n 和 ξ 之间，因而 $\lim\limits_{n\to\infty}\xi_1=\infty$. 由于

$$|\xi-u_n|\leqslant|x-u_n|=\left|u_n+\frac{y}{\alpha_n}-u_n\right|\leqslant A/\alpha_n=A/g(u_n),$$

知
$$|g(u_n)(\xi-u_n)|\leqslant A.$$

于是由 $\xi_1\to\infty$ 及假定 3°，得 $\lim\limits_{n\to\infty}(g(\xi)/g(u_n))=1$. 由此以及 (6.1.32)，得

$$\lim_{n\to\infty}G_n(x)=\lim_{n\to\infty}G_n\left(u_n+\frac{y}{g(u_n)}\right)=-y\lim_{n\to\infty}\frac{g(\xi)}{g(u_n)}=-y,$$

因而
$$\lim_{n\to\infty}n[1-F(x)]=\lim_{n\to\infty}\exp[G_n(x)]=e^{-y},$$

有限且不为 0. 于是由 (6.1.31) 得

$$\lim_{n\to\infty}\log(-\log F^n(u_n+y/\alpha_n))=-y,$$

即 $\lim\limits_{n\to\infty}F^n(u_n+y/\alpha_n)=\exp(-e^{-y})$. 这就完成了定理的证明.

例 6.1.1. 很容易验证 Von Mises 的条件对负指数分布

$$F(x)=\begin{cases}0, & x\leqslant 0,\\ 1-e^{-x}, & x>0\end{cases}$$

成立. 现在我们验证，对 $F(x)=\Phi(x)$ 也成立，此处 Φ 为 $N(0,1)$ 的分布函数，其密度记为 $\varphi(x)$. 条件 1°, 2° 显然，又

$$\frac{d}{dx}\left[\frac{1-\Phi(x)}{\varphi(x)}\right]=\{-\varphi^2(x)+[1-\Phi(x)]\varphi(x)\cdot x\}/\varphi^2(x)$$
$$=-1+\frac{[1-\Phi(x)]x}{\varphi(x)}, \tag{6.1.33}$$

因为当 x 充分大时，有

$$\left(\frac{1}{x}-\frac{3}{x^3}\right)\varphi(x)\leqslant 1-\Phi(x)\leqslant\frac{1}{x}\varphi(x).$$

由 (6.1.33) 知定理 6.1.4 的条件 3° 成立.

我们留给读者自己去验证：若 $F'(x)=f(x)$，当 $x>0$ 时，有 Const. $\exp(-x^{\alpha})x^{\beta}$ 的形状，则定理的条件必成立，此处 $\alpha>0$. 这包括了指数分布，正态分布，Weibull 分布及 Gamma 分布等.

Гнеденко 也给出了属于 II, III 型极值分布的吸引场的充要条件. 这比 I 型简单.

定理 6.1.5. 底分布 F 属于 II 型极值分布的吸引场的充要条件为

1° $F(x)<1$, 对一切 x.

2° 存在 $K>0$, 使对任何 $c>0$, 有

$$\lim_{x\to\infty}\frac{1-F(x)}{1-F(cx)}=c^K.$$

定理 6.1.6. 底分布 F 属于 III 型极值分布的吸引场的充分必要条件为:

1° 存在有限的 ω, 致 $F(\omega)=1$, $F(x)<1$ 当 $x<\omega$;

2° 对这个 ω 有 $K>0$ 存在, 使对任何 c 有

$$\lim_{x\uparrow 0}\frac{1-F(cx+\omega)}{1-F(x+\omega)}=c^K.$$

证明从略.

(六)极小值的情况

现在我们指出: 极小值的极限分布问题很容易转化到极大值的情况.

设 $X_1, \cdots, X_n$ 为 iid., X_1 的分布为 $F(x)$, $Y_1, \cdots, Y_n$ 为 iid., Y_1 的分布与 $-X_1$ 的分布同, 即

$$\begin{aligned}\widetilde{F}(y)&=P(Y_1\leqslant y)=P(-X_1\leqslant y)\\&=P(X_1\geqslant -y)=1-F(-y-0).\end{aligned}$$

这时显然, $X_{(1)}$ 的分布与 $-Y_{(n)}$ 的分布同. 这样应用定理 6.1.2 立即得出: 若 $c_nX_{(1)}+d_n\xrightarrow{L}G(x)$ 连续($c_n>0$), 则分布函数 $G(x)$ 必与下面三种类型之一属于一类:

I 型: $\underline{G}_1(x)=1-G_1(-x)=1-\exp(-e^x)$;

II 型: $\underline{G}_2(x)=1-G_2(-x)$

$$=\begin{cases}1-\exp(-(-x)^{-K}), & 当\ x<0,\\ 1, & 当\ x\geqslant 0.\end{cases}$$

此处 $K>0$ 为参数；

III 型：$\underline{G}_3(x)=1-G_3(-x)$

$$=\begin{cases}0, & \text{当 } x<0,\\ 1-\exp(-x^K), & \text{当 } x\geqslant 0.\end{cases}$$

属于各型极值分布的条件，自然地由相应的极大型的条件转化而得．我们将 I 型的结果列述于下．

定理 6.1.3′． 设底分布 $F(x)$ 有如下的性质：存在 $c>0$，使若 $F(x)<c$，则 F 在 x 点连续．这时 F 属于 $\underline{G}_1$ 的吸引场的充要条件是：对任何 x 有

$$\lim_{n\to\infty} nF(u_n'+x/\alpha_n')=e^x,$$

此处 u_n' 和 α_n' 由关系式

$$F(u_n')=\frac{1}{n},\ F\left(u_n'-\frac{1}{\alpha_n'}\right)=\frac{1}{ne}$$

所决定，而当定理条件满足时，有 $\alpha_n'(X_{(1)}-u_n')\xrightarrow{L}\underline{G}_1(x)$．又若 F 满足与引理 6.1.1 中的条件相当的条件，则 α_n' 可以用 $nf(u_n')$ 代替．

Von Mises 定理在极小值的情况有形式：

定理 6.1.4′． 设底分布 F 满足条件

1° 当 x 充分接近 $-\infty$ 时，$F''(x)$ 存在有限；

2° 当 x 充分接近 $-\infty$ 时，$f(x)=F'(x)>0$；

3° $\lim\limits_{x\to-\infty}\dfrac{d}{dx}\left[\dfrac{F(x)}{f(x)}\right]=0$，

则 F 属于 $\underline{G}_1(x)$ 的吸引场．

（七）Cramer 的方法

H. Cramer 提出了一个寻求极值分布的方法．此法基于下面的引理．

引理 6.1.2． 设 $X_1, \cdots, X_n$ 是抽自具连续分布 F 的总体的 iid. 样本，记

$$\xi_i=n[1-F(X_{(n-i)})],\ \eta_i=nF(X_{(i+1)}),\ i=0,\ 1,\ 2,\ \cdots,$$

则对固定的 i，当 $n\to\infty$ 时，ξ_i 和 η_i 都依分布收敛于分布 $H_i(x)$，此处 $H_i(x)$ 有密度

$$h_i(x)=H_i'(x)=\begin{cases}0, & x\leqslant 0,\\ x^i e^{-x}/i!, & x>0.\end{cases}$$

特别，对 $i=0$，得到 $\xi_0=n[1-F(x_{(n)})]$ 和 $\eta_0=nF(x_{(1)})$ 的极限分布为负指数分布

$$F(x)=\begin{cases}0, & x\leqslant 0,\\ 1-e^{-x}, & x>0.\end{cases}$$

证. 根据引理 3.5.3，若以 $U_1\leqslant\cdots\leqslant U_n$ 记自 $R(0,1)$ 中抽出的大小为 n 的次序样本，则 $F(X_{(i)})$ 的分布与 U_i 一样. 依 (6.1.3)，U_i 的密度函数为

$$f_i(u)=\begin{cases}\dfrac{n!}{(i-1)!(n-i)!}u^{i-1}(1-u)^{n-i}, & 0\leqslant u\leqslant 1,\\ 0, & \text{其它 } u.\end{cases}$$

由此得出 $\eta_i=nU_{i+1}$ 的密度函数为

$$g_{ni}(x)=\begin{cases}\dfrac{(n-1)!}{i!(n-i-1)!}\left(\dfrac{x}{n}\right)^i\left(1-\dfrac{x}{n}\right)^{n-i-1}, & 0\leqslant x\leqslant n,\\ 0, & \text{其它 } x.\end{cases}$$

令 $n\to\infty$，得

$$h_i(x)=\lim_{n\to\infty}g_{ni}(x)=\begin{cases}0, & x\leqslant 0,\\ x^i e^{-x}/i!, & x>0.\end{cases}$$

这证明了引理关于 η_i 的部分，关于 ξ_i 的部分完全相似.

拿 $X_{(n)}$ 来讨论. 若记

$$Y_n=n[1-F(X_{(n)})],$$

而能由此方程解出 $X_{(n)}=\varphi_n(Y_n)$，则可利用 Y_n 之极限分布求 $X_{(n)}$ 之极限分布. 我们举一个例子来说明这个方法.

例 6.1.2. 设分布函数 $F(x)$ 满足条件

$$1-F(x)=[1+o(1)]Kx^\beta\exp(-cx^\alpha),\ \text{当 } x \text{ 充分大,} \tag{6.1.34}$$

此处 $K>0$, $c>0$, $\alpha>0$, $o(1)\to 0$, 当 $x\to\infty$.

方程 $$\xi=n[1-F(x)]$$

归结为 $\log[1+o(1)]+\log K+\beta\log x-cx^{\alpha}=\log\xi-\log n$,
即

$$-cx^{\alpha}+\beta\log x=-\log n+\log\xi-\log K+d_n. \qquad (6.1.35)$$

此处 $\lim\limits_{n\to\infty}d_n=0$, 一致地于 $\frac{1}{M}\leqslant\xi\leqslant M<\infty$ 内.

我们来证明: 此方程之解为

$$x=\left[\left(\log n+\frac{\beta}{\alpha}\log\log n-\log\xi+\log K-\frac{\beta}{\alpha}\log c+\varepsilon_n\right)\Big/c\right]^{\frac{1}{\alpha}}. \qquad (6.1.36)$$

其中 $\lim\limits_{n\to\infty}\varepsilon_n=0$ 一致地于 $\frac{1}{M}\leqslant\xi\leqslant M<\infty$. 实际上, 由 (6.1.34) 可知, 在 ξ 的上述范围内, 只要 n 充分大, 必有唯一的 x 满足 (6.1.35). 这个 x 对于适当的 ε_n 总可表为 (6.1.36) 的形式. 以此 x 代入 (6.1.35) 的两边:

$$\begin{aligned}&-\log n-\frac{\beta}{\alpha}\log\log n+\log\xi-\log K+\frac{\beta}{\alpha}\log c-\varepsilon_n\\&\quad+\frac{\beta}{\alpha}\log\left[\log n+\frac{\beta}{\alpha}\log\log n-\log\xi+\log K-\frac{\beta}{\alpha}\log c+\varepsilon_n\right]\\&\quad-\frac{\beta}{\alpha}\log c=-\log n+\log\xi-\log K+d_n,\end{aligned} \qquad (6.1.37)$$

但

$$\begin{aligned}&\frac{\beta}{\alpha}\log\left[\log n+\frac{\beta}{\alpha}\log\log n-\log\xi+\log K-\frac{\beta}{\alpha}\log c+\varepsilon_n\right]\\&\quad=\frac{\beta}{\alpha}\log\log n+\frac{\beta}{\alpha}\log\left(1+o(1)+\frac{\varepsilon_n}{\log n}\right).\end{aligned}$$

此处 $\lim\limits_{n\to\infty}o(1)=0$ 一致地于 $\frac{1}{M}\leqslant\xi\leqslant M$ 内. 于是由 (6.1.37) 得

$$-\varepsilon_n-\frac{\beta}{\alpha}\log\left[1+o(1)+\frac{\varepsilon_n}{\log n}\right]=d_n. \qquad (6.1.38)$$

现在可以证明 $\lim\limits_{n\to\infty}\varepsilon_n=0$ $\Big[$注意, 在以上讨论中 ξ 可以随 n 变化$\Big($但 $\frac{1}{M}\leqslant\xi\leqslant M\Big)$, 因此证明 $\lim\limits_{n\to\infty}\varepsilon_n=0$ 就包含了其一致性$\Big]$. 若 $\varepsilon_n\not\to0$, 则可以找到子序列 $\varepsilon_{n_i}\to a\neq0$. 若 $a\neq\pm\infty$, 则在 (6.1.38) 中改 n

为 n_i, 再令 $i\to\infty$, 将得 $a=0$, 矛盾. 若 $a=\pm\infty$, 则因 $\log\left[1+o(1)+\frac{\varepsilon_n}{\log n}\right]$ 的数量级比 ε_n 低, 将得 $\pm\infty=0$. 这样, 证明了 $\lim\limits_{n\to\infty}\varepsilon_n=0$.

现分别以 Y_n 和 $X_{(n)}$ 代 (6.1.36) 中的 ξ 和 x, 并记

$$l_n=\log n+\frac{\beta}{\alpha}\log\log n+\log K-\frac{\beta}{\alpha}\log c,$$

则

$$X_{(n)}=\left[\frac{l_n-\log Y_n+\varepsilon_n}{c}\right]^{1/\alpha}=\left(\frac{l_n}{c}\right)^{1/\alpha}\left[1-\frac{\log Y_n-\varepsilon_n}{l_n}\right]^{1/\alpha}$$
$$=\left(\frac{l_n}{c}\right)^{1/\alpha}\left[1-\frac{\log Y_n-\varepsilon_n}{\alpha l_n}+o\left(\frac{1}{l_n}\right)\right],$$

故

$$\frac{X_{(n)}-(l_n/c)^{1/\alpha}}{(l_n/c)^{1/\alpha}}\alpha l_n=-\log Y_n+\alpha l_n o\left(\frac{1}{l_n}\right).$$

这说明上式左边的变量, 当 $n\to\infty$ 时的极限分布与 $-\log Y_n$ 的极限分布一致. 由于 Y_n 的极限分布为

$$G^*(x)=\begin{cases}0, & x\leqslant 0,\\ 1-e^{-x}, & x>0.\end{cases}$$

知 $-\log Y_n$ 的极限分布函数为定理 6.1.2 中的 $G_1(x)$, 即 I 型极大值分布.

这个例子显示出 Cramer 方法比之 Von Mises 定理之一有力处, 在表达式 (6.1.34) 中, 对 $o(1)$ 的性质并无特殊要求, 因而无法证实 (6.1.34) 中的函数 $F(x)$ 满足 Von Mises 定理中的条件 3°. Cramer 方法还可用于考虑次极值 (即 $X_{(i)}$, $X_{(n-i)}$) 的极限分布问题.

(八) 极值分布参数的估计

将极值理论用于实际问题的一般模式如下, 设有了数据 X'_1, …, X'_N, 我们将它看成来自一个具分布 F 的总体. 假定 F 属于某型极值分布的吸引场. 这一点的确定需要考虑问题的理论和实际背景. 为确定计, 设 F 属于 I 型极大值分布的吸引场.

把 $X'_1, \cdots, X'_N$ 按若干个一组分成许多组. 在有时间性的数据中，通常是把接连一段时间的观察数据放入一组. 设一共有 n 个组，每组中挑出最大的那一个，设为 $X_1, \cdots, X_n$. 我们假定每一组中的数据量足够多，因此，除去一个线性变换外，每个 X_i 都可认为近似地服从 I 型极值分布、这等于说，$X_1, \cdots, X_n$ 是从有分布函数

$$F_{u,\alpha}(x)=\exp(-e^{-\alpha(x-u)}) \tag{6.1.39}$$

的总体中抽出的 iid. 样本，为了回答种种有实际兴趣的问题，首先需要由 $X_1, \cdots, X_n$ 去估计参数 α 和 u.

由于这个问题的重要性，在文献中提出的估计法不下十余种之多，以下挑出几种作一简略的介绍.

1. 用样本 p–分位数. 以 $x=u$ 代入 (6.1.39)，得

$$F_{u,\alpha}(u)=\exp(-e^0)=e^{-1}=0.3679=p_1.$$

即 u 为总体的 p_1–分位数，故可用样本 p_1–分位数 $\xi^*_{p_1}$ 估计之. 又

$$F_{u,\alpha}\left(u+\frac{1}{\alpha}\right)=\exp(-e^{-1})=0.6922=p_2,$$

故可用 $\xi^*_{p_2}$ 估计 $u+\frac{1}{\alpha}$. 结合上述 u 的估计 $\xi^*_{p_1}$，就可得到 α 的估计.

2. 最小二乘法(线性回归法). 这方法基于这样一个事实：设 $X_{(1)}\leqslant\cdots\leqslant X_{(n)}$ 为取自具连续分布 F 的总体的次序样本，则 $E[F(X_{(i)})]=\frac{i}{n+1}$. 这不难由 $F(X_{(i)})$ 的分布与 U_i 一样去证明 ($U_1\leqslant\cdots\leqslant U_n$ 是取自 $R(0, 1)$ 的次序样本). 作为一种近似，以 $X_{(i)}$ 代入 (6.1.39)，得

$$\frac{i}{n+1}=\exp(-e^{-\alpha(X_{(i)}-u)}),\ i=1, \cdots, n.$$

因而

$$\begin{aligned}\alpha(X_{(i)}-u)&=\alpha X_{(i)}-\alpha u\\&=-\log\left(-\log\frac{i}{n+1}\right)=c_{ni},\ i=1, \cdots, n.\end{aligned}$$

上式左右两边当然不恰好相等，但我们可记 $c_{ni}=Y_i$, $i=1, \cdots, n$,

$\alpha u=\beta$, 而把它看作一个一元线性回归:

$$y_i=c_{n_i}=\alpha X_{(i)}+\beta,\ i=1,\ \cdots,\ n,$$

用最小二乘法估计 α 和 $\beta=\alpha u$. 此法方便的地方是 $y_i=c_{n_i}$ 只与 n, i 有关而与样本无关. 如果有极值概率纸, 则估计可通过作图得出.

3. 极大似然估计法. 以上两个方法使用简单, 但效率较低. 用极大似然估计可提高精度,但需要更复杂的计算.

似然函数为

$$L=\alpha^n \exp\left[-\sum_{i=1}^n e^{-\alpha(X_i-u)}\right]\exp\left[-\alpha\sum_{i=1}^n (X_i-u)\right],$$

而
$$\log L=n(\log\alpha-\alpha(\bar{X}-u)-\bar{Z}/z_0),$$

此处 $z_0=e^{-\alpha u}$, $\bar{Z}=\frac{1}{n}\sum_{i=1}^n e^{-\alpha X_i}$. 作方程组

$$\frac{\partial\log L}{\partial u}=0,\ \frac{\partial\log L}{\partial\alpha}=0,$$

注意到

$$\frac{\partial(\bar{Z}/z_0)}{\partial\alpha}=\left(\frac{\bar{Z}}{z_0}\right)\left(u-\sum_{i=1}^n X_i e^{-\alpha X_i}\Big/\sum_{i=1}^n e^{-\alpha X_i}\right),$$

得

$$e^{\alpha u}\sum_{i=1}^n e^{-\alpha X_i}=n,\ \sum_{i=1}^n X_i e^{-\alpha X_i}\Big/\sum_{i=1}^n e^{-\alpha X_i}+\frac{1}{\alpha}=\bar{X}.$$

由第二方程解出 α, 代入第一方程决定 u. 由第二方程决定 α 自然需用数值方法.

在结束本节前我们提到:关于次序统计量,尚有所谓边项的分布问题. 这是指一个或若干个这样的 $X_{(i)}$ 的极限分布问题, 其中 $\lim\limits_{n\to\infty}\frac{i}{n}=1$, 但 $n-i\to\infty$ $\left(\text{相应地}, \frac{i}{n}\to 0 \text{ 但 } i\to\infty\right)$. 关于这方面可参看班成(《数学学报》1964 年, 694 页)和 Смирнов 的工作.

另一个在文献中有很多研究的问题是次序统计量的线性组合的极限分布问题. 在此引述 Moore(Ann. Math. Statist.1968, p. 263) 的一个结果如下: 设 X_1, $\cdots$, X_n 为 iid., X_1 的分布为 F, $E(X_1)$ 存在有限. 设 $X_{(1)}\leqslant\cdots\leqslant X_{(n)}$ 为 X_1, $\cdots$, X_n 的次序统计量,而

$$T_n=\frac{1}{n}\sum_{i=1}^{n}J\left(\frac{i}{n}\right)X_{(i)},$$

又以 $F_n(x)$ 记 $X_1, \cdots, X_n$ 的经验分布函数.

定理6.1.7. 设 $J(x)$ 在 $[0, 1]$ 上除可能有有限个第一种间断点 $c_1, \cdots, c_m$ 外处处连续,在由 $c_1, \cdots, c_m$ 所分割成的 $[0, 1]$ 的每个子区间中, $J'(x)$ 连续(除端点外)且有界变差, 则当 $n\to\infty$ 时,

$$\sqrt{n}\left(T_n-\int_{-\infty}^{\infty}xJ(F_n(x))dF_n(x)\right)\xrightarrow{L}N(O, \sigma^2).$$

其中假定 $\sigma^2<\infty$, 而

$$\sigma^2=2\iint_{-\infty<t\leqslant s<\infty}J(F_n(t))J(F_n(s))F_n(t)[1-F_n(s)]dt\,ds.$$

§6.2. U-统计量

(一) U-统计量的定义及其方差

设 $\mathscr{F}$ 为一分布族, $\theta(F)$ 为定义于 $\mathscr{F}$ 上的取有限实值的函数. 设 $X_1, \cdots, X_n$ 为 iid. 样本, X_1 的分布 F 属于分布族 $\mathscr{F}$, 需要由 $X_1, \cdots, X_n$ 去估计 $\theta(F)$ 之值.

以 $X_{(1)}\leqslant\cdots\leqslant X_{(n)}$ 记 $X_1, \cdots, X_n$ 的次序统计量. 根据第一章,不论 $\mathscr{F}$ 如何, $(X_{(1)}, \cdots, X_{(n)})$ 总构成一个充分统计量,而在加上很微弱的条件后,它也是一个完全统计量. 今后我们假定 $\mathscr{F}$ 满足这些条件. 这时根据定理 2.1.1, 若 $\hat{g}(x_1, \cdots, x_n)$ 为一个只依赖于 $(X_{(1)}, \cdots, X_{(n)})$ 的(也就是说, $\hat{g}(x_1, \cdots, x_n)$ 为所含变量的对称函数)无偏估计,则它也是 $\theta(F)$ 的 MVUE 估计.

例如,设 $\mathscr{F}$ 为一切其均值存在有限的一维分布族, $\theta(F)=$分布 F 的均值, 则 $\overline{X}=\frac{1}{n}\sum_{i=1}^{n}X_i$ 是 $\theta(F)$ 的无偏估计, 且 $\overline{X}$ 关于 $x_1, \cdots, x_n$ 是对称的, 因此, 它就是 $\theta(F)$ 的 MVUE. 同样, 若 $\mathscr{F}$ 是一切其二阶矩存在有限的一维分布,而 $\theta(F)=$分布 F 的方差,

则不难验证，$S^2=\frac{1}{n-1}\sum_{i=1}^{n}(X_i-\overline{X})^2$ 就是 $\theta(F)$ 的 MVUE.

定理 2.1.1 也给出了在已知一个无偏估计时构造 MVUE 的方法. 拿到这里来，若 $\varphi^*(x_1, \cdots, x_m)$ 满足条件

$$E_F[\varphi^*(X_1, \cdots, X_m)]=\theta(F), \text{ 对任何 } F\in\mathscr{F}, \quad (6.2.1)$$

则

$$\begin{aligned}&E\{\varphi^*(X_1, \cdots, X_m) \mid (X_{(1)}, \cdots, X_{(n)})]\\&=\frac{1}{n(n-1)\cdots(n-m+1)}\Sigma'\varphi(X_{\alpha_1}, \cdots, X_{\alpha_m}),\end{aligned} \quad (6.2.2)$$

为 $\theta(F)$ 的 MVUE. 此处 Σ' 表示求和的范围为

$$\{(\alpha_1, \cdots, \alpha_m): \alpha_1, \cdots, \alpha_m \text{ 两两不同}, 1\leqslant\alpha_i\leqslant n, i=1, \cdots, m\}.$$

容易看出，若 φ 满足 (6.2.1)，而令

$$\varphi(x_1, \cdots, x_m)=\frac{1}{m!}\Sigma\varphi^*(x_{i_1}, \cdots, x_{i_m}),$$

这里求和的范围遍及 $(1, \cdots, m)$ 的全部置换 $(i_1, \cdots, i_m)$，则 $\varphi(x_1, \cdots, x_m)$ 为 $x_1, \cdots, x_m$ 的对称函数，且

$$E_F[\varphi(X_1, \cdots, X_m)]=\theta(F), \text{ 对任何 } F\in\mathscr{F},$$

这时 (6.2.2) 可以改写为

$$\begin{aligned}U_n&=U(X_1, \cdots, X_n)=E[\varphi(X_1, \cdots, X_m) \mid (X_{(1)}, \cdots, X_{(n)})]\\&=\binom{n}{m}^{-1}\sum_{1\leqslant\alpha_1<\cdots<\alpha_m\leqslant n}\varphi(X_{\alpha_1}, \cdots, X_{\alpha_m}).\end{aligned} \quad (6.2.3)$$

定义 6.2.1. 设 $X_1, \cdots, X_n$ 为样本，φ 为 $x_1, \cdots, x_m$ 的对称函数，则由 (6.2.3) 所定义的 $U_n=U(X_1, \cdots, X_n)$ 称为(基于样本 $X_1, \cdots, X_n$ 的) U-统计量，φ 称为此 U-统计量的核 (Kernel).

U-统计量是 Hoeffding 在其 1948 年的工作中所引进的 (见 *Ann. Math. Statist.* (1948), p.293). Hoeffding 本人及其他学者在以后作了很多研究. 这个统计量现已成为非参数统计中应用很广的一个重要统计量. 本节我们将叙述关于 U-统计量的一些基本事实及其某些应用. 在上文中，我们是从估计的观点引进 U-统计量. 实际上，U-统计量在假设检验中也有重要应用. 在以下，我们总假定 $x_1, x_2, \cdots$ 为 iid.，其公共分布为 $F\in\mathscr{F}$ (注意 F 在

此不必是一维的).

我们已经知道, $E_F(U_n)=\theta(F)$. 为了计算 U_n 的方差, 引进函数

$$\varphi_c(x_1, \cdots, x_c)=E_F[\varphi(x_1, \cdots, x_c, X_{c+1}, \cdots, X_m)]$$
$$=\int_{-\infty}^{\infty}\cdots\int\varphi(x_1, \cdots, x_c, x_{c+1}, \cdots, x_m)dF(x_{c+1})\cdots dF(x_m),$$
$$c=0, 1, \cdots, m. \tag{6.2.4}$$

φ_0 理解为 $E_F[\varphi(X_1, \cdots, X_m)]$, 而 $\varphi_m=\varphi$. 显然

$$E_F[\varphi_c(X_1, \cdots, X_c)]=\theta(F), \tag{6.2.5}$$

假定

$$E_F[\varphi^2(X_1, \cdots, X_m)]\leqslant M<\infty, \tag{6.2.6}$$

则不难证明

$$E_F[\varphi_c^2(X_1, \cdots, X_c)]\leqslant M. \tag{6.2.7}$$

事实上, 若记 $Y=\varphi(X_1, \cdots, X_m)$, 则

$$\varphi_c(X_1, \cdots, X_c)=E_F[Y|X_1, \cdots, X_c],$$

所以 $\varphi_c^2(X_1, \cdots, X_c)=\{E_F[Y|X_1, \cdots, X_c]\}^2\leqslant E_F[Y^2|X_1, \cdots, X_c]$, 从而

$$E_F[\varphi_c(X_1, \cdots, X_c)]\leqslant E_F[E_F(Y^2|X_1, \cdots, X_c)]$$
$$=E_F(Y^2)\leqslant M.$$

这样, 可以定义

$$\sigma_c^2=\mathrm{Var}_F[\varphi_c(X_1, \cdots, X_c)],\ c=1, \cdots, m, \tag{6.2.8}$$

在计算 $\mathrm{Var}_F(U_n)$ 时, 不失普遍性显然可假定 $\theta(F)=0$. 这时

$$\sigma^2(U_n)=\mathrm{Var}_F(U_n)$$
$$=\binom{n}{m}^{-2}\Sigma' E_F[\varphi(X_{\alpha_1}, \cdots, X_{\alpha_m})\varphi(X_{\beta_1}, \cdots, X_{\beta_m})], \tag{6.2.9}$$

Σ' 求和的范围是 $1\leqslant\alpha_1<\cdots<\alpha_m\leqslant n$, $1\leqslant\beta_1<\cdots<\beta_m\leqslant n$. 在 (6.2.9) 右边任取一项. 若足标 $(\alpha_1, \cdots, \alpha_m)$ 和 $(\beta_1, \cdots, \beta_m)$ 没有一个公共的, 则该项为 0. 若有 c 个公共足标, 则由 $X_1, \cdots, X_n$ 为 iid. 及 φ 的对称性, 可以取一个代表性项 $E_F[\varphi(X_1, \cdots, X_c,$

$X_{\alpha_1}, \cdots, X_{\alpha_{m-c}})\varphi(X_1, \cdots, X_c, X_{\beta_1}, \cdots, X_{\beta_{m-c}})]$ 来考察，这里三组足标

$$(1, \cdots, c), (\alpha_1, \cdots, \alpha_{m-c}), (\beta_1, \cdots, \beta_{m-c})$$

中，没有一个相同的. 因此，注意 $\theta(F)=0$, 有

$$E_F[\varphi(X_1, \cdots, X_c, X_{\alpha_1}, \cdots, X_{\alpha_{m-c}})\varphi(X_1, \cdots, X_c, X_{\beta_1}, \cdots, X_{\beta_{m-c}})]$$
$$=E_F\{E_F(\varphi\varphi|X_1, \cdots, X_c)\}=E_F[\varphi_c^2(X_1, \cdots, X_c)]=\sigma_c^2.$$

又在和 Σ' 中，足标恰有 c 个公共的那种项，共有 $\binom{n}{m}\binom{m}{c}\binom{n-m}{m-c}$ 个，这可以如下计算：$(\alpha_1, \cdots, \alpha_m)$ 有 $\binom{n}{m}$ 种取法，取定 $(\alpha_1, \cdots, \alpha_m)$ 后，那公共的 c 个足标必在其中，故有 $\binom{m}{c}$ 个取法. 这 c 个足标也是 $(\beta_1, \cdots, \beta_m)$ 的一部分，$(\beta_1, \cdots, \beta_m)$ 中其余的 $m-c$ 个足标，必须从全部 n 个足标中除 $\alpha_1, \cdots, \alpha_m$ 外的那部分去挑，故有 $\binom{n-m}{m-c}$ 种取法.

根据以上的讨论我们得到

$$\sigma^2(U_n)=\binom{n}{m}^{-2}\sum_{c=1}^{m}\binom{n}{m}\binom{m}{c}\binom{n-m}{m-c}\sigma_c^2$$
$$=\binom{n}{m}^{-1}\sum_{c=1}^{m}\binom{m}{c}\binom{n-m}{m-c}\sigma_c^2, \tag{6.2.10}$$

由 (6.2.10) 立即得出

$$\lim_{n\to\infty} n\sigma^2(U_n)=m^2\sigma_1^2. \tag{6.2.11}$$

注意，σ_c^2, $\sigma^2(U_n)$ 等与分布 F 有关，在记号中没有表出.

(二) U–统计量的渐近正态性

当 n 固定时，U–统计量的精确分布，除了极个别的例外情况，是无法求得的. 然而，Hoeffding 证明了：当样本大小 $n\to\infty$ 时，在很一般的条件下 U_n 的分布渐近于正态分布.

定理 6.2.1. 设 (6.2.6) 成立且 $\sigma_1^2>0$, 则当 $n\to\infty$ 时，

$$\sqrt{n}\,[U_n-\theta(F)]/(m\sigma_1)\xrightarrow{L}N(0,\ 1). \tag{6.2.12}$$

证. 不失普遍性可假定 $\theta(F)=0$, 令

$$Y_n=\frac{1}{\sqrt{n}}\sum_{i=1}^{n}\varphi_i(x_i), \tag{6.2.13}$$

因为 $x_1, x_2, \cdots$ 为 iid., $\varphi_1(x_1), \varphi_1(x_2), \cdots$ 也为 iid., 其均值为 $\theta(F)=0$, 而方差 σ_1^2 非 0 有限. 由古典中心极限定理, 有

$$Y_n/\sigma_1\xrightarrow{L}N(0,\ 1),$$

当 $n\to\infty$, 故为证明 (6.2.12), 只需证

$$\lim_{n\to\infty}E_F[\sqrt{n}\,U_n-mY_n]^2=0, \tag{6.2.14}$$

但由 (6.2.11) 及 (6.2.13), 注意到 $\theta(F)=0$, 有

$$\begin{aligned}&E_F(\sqrt{n}\,U_n-mY_n)^2\\&\quad=E_F(nU_n^2)+m^2E_F(Y_n^2)-2m\sqrt{n}\,E_F(U_nY_n)\\&\quad=m^2\sigma_1^2+O\left(\frac{1}{n}\right)+m^2\sigma_1^2-2m\sqrt{n}\,E_F(U_nY_n),\end{aligned} \tag{6.2.15}$$

为计算 $E(U_nY_n)$, 考察一个代表项 $E_F(U_n\varphi_1(X_1))$. U_n 表达式的各项中, 凡不含 X_1 的, 与 $\varphi_1(X_1)$ 相乘后有均值 0. 含 X_1 的, 即形如 $\varphi(X_1, X_{\alpha_1}, \cdots, X_{\alpha_{m-1}})$ 的项(这里 $\alpha_1, \cdots, \alpha_{m-1}$ 都不为 1), 则有

$$\begin{aligned}&E_F[\varphi(X_1,\ X_{\alpha_1},\ \cdots,\ X_{\alpha_{m-1}})\varphi_1(X_1)]\\&\quad=E_F\{\varphi\varphi_1|X_1\}=E_F[\varphi_1^2(X_1)]=\sigma_1^2,\end{aligned}$$

而在 U_n 的表达式中, 含 X_1 的项恰有 $\binom{n-1}{m-1}$ 个, 故

$$E_F(U_n\varphi_1(X_1))=\binom{n}{m}^{-1}\binom{n-1}{m-1}\sigma_1^2=\frac{m}{n}\sigma_1^2,$$

因此

$$E_F(U_nY_n)=\frac{1}{\sqrt{n}}\sum_{i=1}^{n}E_F(U_n\varphi_1(X_i))=\frac{m}{\sqrt{n}}\sigma_1^2,$$

以此代入 (6.2.15), 得

$$E_F(\sqrt{n}\,U_n-mY_n)^2=O\left(\frac{1}{n}\right)\to0,\ 当\ n\to\infty.$$

这证明了 (6.2.14), 因而证明了本定理.

本定理在证明中使用的技巧是造出一个在均方意义下最接近于 U_n 的线性独立和 Y_n，因而可将问题转化为独立和的中心极限定理. Hajek (见 *Ann. Math. Statist.*, 1968, p. 325) 将这个方法提成一般的形式,并称之为投影原则.

在有些问题中，需要 (6.2.12) 中的收敛性对于某个分布族 $\mathscr{F}'$ 内的分布 F 有一致性,也就是说,若以 $G_{F,n}(x)$ 记当样本大小为 n、X_1 的分布为 F 时，$\sqrt{n}(U_n-\theta(F))/(m\sigma_1)$ 的分布函数,则

$$\lim_{n\to\infty}[\sup_{F\in\mathscr{F}'}\sup_x |G_{F,n}(x)-\Phi(x)|]=0. \qquad (6.2.16)$$

由定理 6.2.1 的证明过程中看出，(6.2.16) 的成立取决于两件事. 一是 (6.2.14) 的收敛性对 $F\in\mathscr{F}'$ 有一致性. 由 $\sigma^2(U_n)$ 的公式可知,这只需存在一个 $M<\infty$,使 (6.2.6) 对任何 $F\in\mathscr{F}'$ 成立就行. 另一件事就是由 (6.2.13) 定义的 Y_n 对 $F\in\mathscr{F}'$, 当 $n\to\infty$ 时，一致地有 $Y_n/\sigma_1 \xrightarrow{L} N(0, 1)$. 满足这个要求的条件可以由 Berry–Esseen 定理(参看 [4], [8])得到,例如:

$$\sigma_1^2\geqslant d>0,\ E_F[|\phi_1(X_1)-\theta(F)|^{2+\delta}]\leqslant d_1<\infty,$$

对一切 $F\in\mathscr{F}'$. 这里 d, d_1 与 F 无关,而 $\delta>0$ 是某一常数.

利用定理 6.2.1 的证明方法,很容易得出下述较一般的结果:设 $\varphi^{(1)}, \cdots, \varphi^{(K)}$ 为 K 个核，$U_n^{(1)}, \cdots, U_n^{(K)}$ 为这些核作出的基于同一组样本 $X_1, \cdots, X_n$ 的 K 个 U-统计量. 又记

$$\theta_i(F)=E_F[\varphi^{(i)}(X_1, \cdots, X_{m_i})],$$
$$\varphi_1^{(i)}(x)=E_F[\varphi^{(i)}(x, X_2, \cdots, X_{m_i})],$$
$$\sigma_{ij}=\operatorname{Cov}(\varphi_1^{(i)}(X_1), \varphi_1^{(j)}(X_1)),$$
$$i, j=1, 2, \cdots, K,$$
$$\Lambda=(\sigma_{ij})_{K\times K},$$

则当 $n\to\infty$ 时,

$$\sqrt{n}[(U_n^{(1)}-\theta_1(F))/m_1, \cdots, (U_n^{(K)}-\theta_K(F))/m_K]' \xrightarrow{L} N(0, \Lambda).$$

当然,这里假定了所有的核 $\varphi^{(1)}, \cdots, \varphi^{(K)}$ 都满足条件 (6.2.6).

(三) U-统计量的相合性

在(一)中，U-统计量 U_n 是作为 $\theta(F)$ 的 MVUE 而提出来的. 在(二)中，我们在条件 (6.2.6) 之下，证明了 U_n 的渐近正态性. 这一点保证了在 (6.2.6) 成立时，U_n 为 $\theta(F)$ 的弱相合估计，即 $U_n \xrightarrow{P} \theta(F)$. 实际上，我们证明了 U_n 为 $\theta(F)$ 的均方相合估计，因为 $E_F(U_n)=\theta(F)$，且有 $\sigma^2(U_n)=O\left(\frac{1}{n}\right)$.

关于 U_n 的强相合性，下面是一个初等结果.

定理 6.2.2. 若条件 (6.2.6) 满足，则

$$P_F(\lim_{n\to\infty} U_n=\theta(F))=1.$$

事实上，可以证明更强的结果.

$$P_F(\lim_{n\to\infty} n^{\frac{1}{2}-\varepsilon}(U_n-\theta(F))=0)=1. \tag{6.2.17}$$

证. 本定理的证明依赖于 Колмогоров 的一个定理 (见 [8], p.238)：设 $X_1, X_2, \cdots$ 为独立随机变量序列，

$$E(X_i)=0,\ \mathrm{Var}(X_i)=\sigma_i^2,\ i=1,2,\cdots,$$

又 $b_n\uparrow\infty$ 而且 $\sum_{n=1}^{\infty}\sigma_n^2/b_n^2<\infty$，则 $\dfrac{X_1+\cdots+X_n}{b_n}\to 0$ a.e. 当 $n\to\infty$.

在证明定理 6.2.1 的过程中证明了(不失普遍性仍设 $\theta(F)=0$)

$$E(\sqrt{n}U_n-mY_n)^2=O\left(\frac{1}{n}\right),$$

由此可知 $$E[n^{\frac{1}{2}-\varepsilon}U_n-n^{-\varepsilon}mY_n]^2=O\left(\frac{1}{n^{1+2\varepsilon}}\right),$$

因此 $$\sum_{n=1}^{\infty}E[n^{\frac{1}{2}-\varepsilon}U_n-n^{-\varepsilon}mY_n]^2<\infty.$$

由概率论中周知的定理，有

$$\lim_{n\to\infty}[n^{\frac{1}{2}-\varepsilon}U_n-n^{-\varepsilon}mY_n]=0,\ \text{a.e.}$$

于是，欲证 (6.2.17)，只需证

$$\lim_{n\to\infty} n^{-\varepsilon} Y_n = \lim_{n\to\infty} \sum_{i=1}^{n} \varphi_1(X_i) / n^{\frac{1}{2}+\varepsilon} = 0, \text{ a.e.}$$

而这是上文提到的 Колмогоров 定理的显然推论. 定理证毕.

有兴趣的是, Hoeffding 在只假定 $E_F[\varphi(X_1, \cdots, X_m)] = \theta(F)$ 存在有限的条件下证明了 U_n 为 $\theta(F)$ 的强相合估计.

本书作者进一步研究了这个问题. 在假定

$$E_F[|\varphi(X_1, \cdots, X_m)^{1+\delta}] < \infty, \text{ 对某个 } \delta,\ 0 \leqslant \delta < 1$$

的条件下, 证明了:

1° $E_F(|U_n - \theta(F)|^{1+\delta}) = o(n^{-\delta})$;

2° $\lim\limits_{n\to\infty} n^{\delta/(1+\delta)}(U_n - \theta(F)) = 0$, a.e.

Hoeffding 和本书作者的上述结果揭示了 U-统计量与独立和的相似性.

(四) σ_1^2 的估计

如果要利用定理 6.2.1 来作 $\theta(F)$ 的大样本区间估计, 则必须通过样本对 σ_1^2 作一估计才行. 这可以如下作到: 注意

$$\theta^2(F) + \sigma_1^2 = E_F[\varphi_1^2(x_1)],$$

而这个量的 MVUE 为

$$U_{1n} = \left[\binom{n}{2m-1}(2m-1)\binom{2m-2}{m-1}\right]^{-1} \cdot \Sigma_1 \varphi(X_{\alpha_1}, \cdots, X_{\alpha_m}) \varphi(X_{\beta_1}, \cdots, X_{\beta_m}),$$

Σ_1 表示求和的范围为 $1 \leqslant \alpha_1 < \cdots < \alpha_m \leqslant n$, $1 \leqslant \beta_1 < \cdots < \beta_m \leqslant n$, 且 $(\alpha_1, \cdots, \alpha_m)$ 和 $(\beta_1, \cdots, \beta_m)$ 中恰有一个公共足标. 要证 U_{1n} 为 $\theta^2(F) + \sigma_1^2$ 的 MVUE, 只须注意 U_{1n} 为 $X_1, \cdots, X_n$ 的对称函数, 且 $E_F(U_{1n}) = E_F[\varphi_1^2(X_1)]$.

然后, 我们找 $\theta^2(F)$ 的一个估计, 例如 U_n^2, 则 $U_{1n} - U_n^2$ 就可作为 σ_1^2 的估计. 用 U_n^2 估计 $\theta^2(F)$ 没有无偏性. 为得到 $\theta^2(F)$ 的一个 MVUE, 可考虑

$$\tilde{\varphi}(X_1, \cdots, X_{2m}) = \varphi(X_1, \cdots, X_m)\varphi(X_{m+1}, \cdots, X_{2m}),$$

将其对称化(一如在(一)中由 φ^* 得出 φ) 得核 $\hat{\varphi}(X_1, \cdots, X_{2m})$,

由它作出的 U-统计量 $\hat{U}_n$ 是 $\theta^2(F)$ 的 MVUE, 因此, 得到 σ_1^2 的 MVUE 为 $U_{1n}-\hat{U}_n$.

(五) 多组样本的 U-统计量

以上关于一组样本的 U-统计量理论可以显然地推广到多组样本的情况. 为书写简单计, 以两组为例.

设有限实值函数 $\varphi=\varphi(x_1, \cdots, x_{m_1}; y_1, \cdots, y_{m_2})$ 关于 $x_1, \cdots, x_{m_1}$ 和 $y_1, \cdots, y_{m_2}$ 分别对称, 即

$$\varphi(x_{i_1}, \cdots, x_{i_{m_1}}; y_{j_1}, \cdots, y_{j_{m_2}})=\varphi(x_1, \cdots, x_{m_1}; y_1, \cdots, y_{m_2})$$

对 $(1, 2, \cdots, m_1)$ 的任何置换 $(i_1, i_2, \cdots, i_{m_1})$ 及 $(1, 2, \cdots, m_2)$ 的任何置换 $(j_1, j_2, \cdots, j_{m_2})$. 设 $X_1, \cdots, X_{n_1}$ 和 $Y_1, \cdots, Y_{n_2}$ 分别取自具分布 F 和 G 的总体, 而 F, G 都属于分布族 $\mathscr{F}$, 则

$$\begin{aligned} U_{n_1n_2}&=U(X_1, \cdots, X_{n_1}; Y_1, \cdots, Y_{n_2}) \\ &=\left[\binom{n_1}{m_1}\binom{n_2}{m_2}\right]^{-1} \sum_{\substack{1\leqslant\alpha_1<\cdots<\alpha_{m_1}\leqslant n_1 \\ 1\leqslant\beta_1<\cdots<\beta_{m_2}\leqslant n_2}} \\ &\quad \cdot\varphi(X_{\alpha_1}, \cdots, X_{\alpha m_1}; Y_{\beta_1}, \cdots, Y_{\beta m_2}) \end{aligned}$$

称为(基于样本 $X_1, \cdots, X_{n_1}; Y_1, \cdots, Y_{n_2}$ 的) 以 φ 为核的 U-统计量. 若记

$$E_{F,G}[\varphi(X_1, \cdots, X_{m_1}; Y_1, \cdots, Y_{m_2})]=\theta(F, G),$$

则 U_{n_1,n_2} 为 $\theta(F, G)$ 的无偏估计. 若以 $X_{(1)}\leqslant\cdots\leqslant X_{(n_1)}$ 和 $Y_{(1)}\leqslant\cdots\leqslant Y_{(n_2)}$ 分别记 $X_1, \cdots, X_{n_1}$ 和 $Y_1, \cdots, Y_{n_2}$ 的次序统计量, 则不论分布族 $\mathscr{F}$ 如何, 可以证明这统计量是充分的, 方法与一组样本的情况完全一样, 又若对 $\mathscr{F}$ 加上轻微的条件, 则可以证明这统计量也是完全的(这个事实已在定理 1.6.3 中不加证明地指出过). 以后总假定 $\mathscr{F}$ 满足这些条件. 这时, 根据定理 2.1.1, $U_{n_1n_2}$ 是 $\theta(F, G)$ 的 MVUE.

引进函数

$$\begin{aligned} &\varphi_{c_1c_2}(x_1, \cdots, x_{c_1}; y_1, \cdots, y_{c_2}) \\ &\quad=E_{F,G}[\varphi(x_1, \cdots, x_{c_1}, X_{c_1+1}, \cdots, X_{m_1}; \\ &\qquad y_1, \cdots, y_{c_2}, Y_{c_2+1}, \cdots, Y_{m_2})], \end{aligned}$$

$$c_1=0,\ 1,\ \cdots,\ m_1;\ c_2=0,\ 1,\ \cdots,\ m_2,$$

并记 $\sigma_{c_1c_2}^2=\mathrm{Var}_{F,G}[\varphi_{c_1c_2}(X_1,\ \cdots,\ X_{c_1};Y_1,\ \cdots,\ Y_{c_2})]$,

则与证明 (6.2.10) 的方法一样,得到

$$\sigma^2(U_{n_1n_2})=\mathrm{Var}_{F,G}(U_{n_1,n_2})$$
$$=\left[\binom{n_1}{m_1}\binom{n_2}{m_2}\right]^{-1}\sum_{c=0}^{m_1}\sum_{d=0}^{m_2}\binom{m_1}{c}\binom{n_1-m_1}{m_1-c}\cdot\binom{m_2}{d}\binom{n_2-m_2}{m_2-d}\sigma_{cd}^2.$$

由此不难得到,当 $n_1\to\infty$, $n_2\to\infty$ 时,

$$\sigma^2(U_{n_1n_2})=\frac{m_1^2}{n_1}\sigma_{10}^2+\frac{m_2^2}{n_2}\sigma_{01}^2+O\left(\frac{1}{n_1^2}\right)+O\left(\frac{1}{n_2^2}\right).$$

与定理 6.2.1 完全类似,有下面的定理:

定理 6.2.3. 记 $N=n_1+n_2$. 设 $n_1\to\infty$, $n_2\to\infty$, 且 $\frac{n_1}{N}\to\lambda$, $0<\lambda<1$. 又 σ_{10}^2 和 σ_{01}^2 不同时为 0, 则有

$$\sqrt{N}(U_{n_1n_2}-\theta(F,\ G))\xrightarrow{L}N(O,\ \sigma^2).$$

其中
$$\sigma^2=\frac{m_1^2}{\lambda}\sigma_{10}^2+\frac{m_2^2}{1-\lambda}\sigma_{01}^2.$$

证明的方法与定理 6.2.1 完全类似. 令 $\theta(F,\ G)=0$, 定义

$$Y_N=\sqrt{N}\ \frac{m_1}{n_1}\sum_{i=1}^{n_1}\varphi_{10}(X_i)+\sqrt{N}\ \frac{m_2}{n_2}\sum_{j=1}^{n_2}\varphi_{01}(Y_j).$$

先证明
$$\lim_{N\to\infty}E_{F,G}[\sqrt{N}U_{n_1n_2}-Y_N]^2=0,$$

由此可知 $\sqrt{N}U_{n_1n_2}$ 与 Y_N 有相同的极限分布, 然后直接用中心极限定理得出 Y_N 的极限分布. 我们把这个证明过程留给读者自己去完成.

又关于 σ_{10}^2 和 σ_{01}^2 的估计,与一组样本的情况一样,先注意

$$[\theta(F,\ G)]^2+\sigma_{10}^2=E_{F,G}[\varphi_{10}^2(X_1)],$$

从而得出 $[\theta(F,\ G)]^2+\sigma_{10}^2$ 的 MVUE 为

$$U_{10n}=\left[\binom{n_1}{2m_1-1}(2m_1-1)\binom{2m_1-2}{m_1-1}\binom{n_2}{m_2}\binom{n_2-m_2}{m_2}\right]^{-1}$$
$$\cdot\Sigma_1\varphi(X_{\alpha_1},\ \cdots,\ X_{\alpha_{m_1}};Y_{\beta_1},\ \cdots,\ Y_{\beta_{m_2}})$$
$$\cdot\varphi(X_{\alpha'_1},\ \cdots,\ X_{\alpha'_{m_1}};Y_{\beta'_1},\ \cdots,Y_{\beta'_{m_2}}).$$

这里求和的范围是

$$1\leqslant\alpha_1<\cdots<\alpha_{m_1}\leqslant n_1,\ 1\leqslant\alpha'_1<\cdots<\alpha'_{m_1}\leqslant n_1,$$
$$1\leqslant\beta_1<\cdots<\beta_{m_2}\leqslant n_2,\ 1\leqslant\beta'_1<\cdots<\beta'_{m_2}\leqslant n_2.$$

且 $(\alpha_1,\ \cdots,\ \alpha_{m_1})$ 和 $(\alpha'_1,\ \cdots,\ \alpha'_{m_1})$ 中恰有一个公共的，而 $(\beta_1,\ \cdots,\ \beta_{m_2})$ 及 $(\beta'_1,\ \cdots,\ \beta'_{m_2})$ 中没有公共的. 得到 $[\theta(F,\ G)]^2+\sigma_{10}^2$ 后，按与(四)一样的办法，可得 σ_{10}^2 的 MVUE. 同样得到 σ_{01}^2 的 MVUE.

以上事实推广到多于两组的样本的方式，是不言自明的.

下面我们来说明 U-统计量理论在两样本问题中的应用.

设 $X_1,\ \cdots,\ X_{n_1},\ Y_1,\ \cdots,\ Y_{n_2}$ 和 $F,\ G$ 的意义如前. 我们要检验假设 $H:F\equiv G$，即两组样本来自具同一分布的总体，这个问题叫两样本问题，在第三章中提到的 Смирнов 定理，也是为了解决这个两样本问题而提出的. 我们以前处理过的情况是假定 $F,\ G$ 分别为 $N(a,\ \sigma^2)$ 和 $N(b,\ \sigma^2)$，这时两样本问题归结为检验 $a=b$，这自然是一个典型的参数统计问题.

用 U-统计量的理论处理两样本问题，一般途径如下：先选定一个适当的 $\theta(F,\ G)$，当 $F=G$ 时，$\theta(F,\ F)$ 等于一已知常数 a. 于是 $\theta(F,\ G)$ 与 a 的偏差，可以作为 $F,\ G$ 之间的差异的一个度量. 设法找到一个作为 $\theta(F,\ G)$ 的无偏估计的 U 统计量 $U_{n_1n_2}$，而将检验建立在 $U_{n_1n_2}$ 与 a 的偏差大小的基础上. 在此，$\theta(F,\ G)$ 的选择有相当的灵活性，它可以针对我们所设想的对立假设来选择. 这时，所造出的检验对于鉴别这一类对立假设较灵，而对别的对立假设则可能根本不可用. 下面将通过例子解释这一点.

例 6.2.1. 设 $X,\ Y$ 独立，$X,\ Y$ 的分布为 $F,\ G,\ F,\ G$ 属于一维连续分布族 $\mathscr{F}$. 考虑

$$\theta(F,\ G)=P_{F,G}(Y>X),\tag{6.2.18}$$

易见
$$\theta(F, G)=\int_{-\infty}^{\infty} F(x) dG(x),$$

因而 $\theta(F, F)=1/2$. 所以, $\theta(F, G)$ 与 $\frac{1}{2}$ 的偏差, 可作为 F, G 的差异的一个度量.

$\theta(F, G)$ 的定义自然地提示了一个作为其无偏估计的 U-统计量, 这就是以

$$\varphi(x; y)=\begin{cases}1, & \text{当 } x<y, \\ 0, & \text{当 } x \geqslant y\end{cases}$$

为核的 U-统计量. 注意 φ 是两组变量 $\{x\}$ 和 $\{y\}$ 的函数, 每组内包含的变量个数是 $m_1=m_2=1$, 因而自然地是对称的, 以 φ 为核的 U-统计量是

$$U_{n_1n_2}=\frac{1}{n_1n_2}\{X_i<Y_j \text{ 的组数}, i=1, \cdots, n_1, j=1, \cdots, n_2\}.$$

将全部样本 $X_1, \cdots, X_{n_1}; Y_1, \cdots, Y_{n_2}$ 排成一个次序, 设为

$$Z_1<Z_2<\cdots<Z_N, \ N=n_1+n_2.$$

由于分布连续, 可以不考虑 $Z_1, \cdots, Z_N$ 中有相同的情况. 设 $Y_j=Z_{R_j}$, 则称 R_j 为 Y_j (在合样本 $X_1, \cdots, X_{n_1}, Y_1, \cdots, Y_{n_2}$ 中) 的秩. 不难看出

$$\begin{aligned}&\{X_i<Y_j \text{ 的组数}, i=1, \cdots, n_1, j=1, \cdots, n_2\} \\ &=\sum_{j=1}^{n_2} R_j-\frac{n_2(n_2+1)}{2},\end{aligned}$$

因而
$$U_{n_1n_2}=\frac{1}{n_1n_2}\sum_{j=1}^{n_2} R_j-\frac{n_2+1}{2n_1}.$$

这个统计量的实质性部分是 $\sum_{j=1}^{n_2} R_j$, 即第二组样本的秩和. Wilcoxon 在 1945 年 (见 *Biometrics Bull.*, **1**, p.80) 首次提出这个统计量作为检验两样本假设的工具, 因此上述秩和常称为 Wilcoxon 统计量, 相应的检验称为 Wilcoxon 检验.

要决定 $U_{n_1n_2}$ 的极限分布, 须算出 $\sigma_{10}^2, \sigma_{20}^2$. 易见

$$\begin{aligned}\varphi_{10}(x_1)&=1-G(x_1), \\ \varphi_{01}(y_1)&=F(y_1),\end{aligned}$$

于是得到

$$E_{F,G}[\varphi_{10}^2(x_1)]=\int_{-\infty}^{\infty}[1-G(x)]^2dF(x)$$

$$=F(x)[1-G(x)]\Big|_{-\infty}^{\infty}$$

$$+2\int_{-\infty}^{\infty}F(x)[1-G(x)]dG(x)$$

$$=2\int_{-\infty}^{\infty}F(x)[1-G(x)]dG(x).$$

同样地

$$E_{F,G}[\varphi_{01}^2(Y_1)]=\int_{-\infty}^{\infty}F^2(x)dG(x)=1-2\int_{-\infty}^{\infty}F(x)G(x)dF(x).$$

这样就可以算出 σ_{10}^2, σ_{01}^2, 通过 F, G 来表达. 特别, 当 $F=G$ 时, 有

$$E_{F,F}[\varphi_{10}^2(x_1)]=2\int_0^1 x(1-x)dx=\frac{1}{3},$$

$$E_{F,F}[\varphi_{01}^2(Y_1)]=1-2\int_0^1 x^2dx=\frac{1}{3}.$$

因而 $\sigma_{10}^2=\sigma_{01}^2=\frac{1}{3}-\left(\frac{1}{2}\right)^2=\frac{1}{12}$(当 $F=G$). 由定理 6.2.3 知, 当 $F=G$ 时,

$$\sqrt{N}\left(U_{n_1n_2}-\frac{1}{2}\right)\xrightarrow{L}N(0,\ \sigma^2).$$

此处 $N=n_1+n_2\to\infty$, $\frac{n_1}{N}\to\lambda$, $0<\lambda<1$, 而

$$\sigma^2=\frac{1}{\lambda}\cdot\frac{1}{12}+\frac{1}{1-\lambda}\cdot\frac{1}{12}=\frac{1}{12\lambda(1-\lambda)},$$

可以用 $\frac{n_1}{N}$ 代入, 得到

$$\sqrt{\frac{3n_1n_2}{N}}(2U_{n_1n_2}-1)\xrightarrow{L}N(0,\ 1).$$

将其转化到秩和统计量 $R=\sum_{j=1}^{n_2}R_j$, 得

$$\frac{2R-n_2(n_1+n_2+1)}{\sqrt{n_1n_2(n_1+n_2)/3}}\xrightarrow{L}N(0,\ 1),\qquad(6.2.19)$$

当 $F=G$.

要利用极限分布 (6.2.19) 来定出关于假设 $F\equiv G$ 的检验，首先需明确，从这个统计量的来源看，它只适合于对立假设是属于那种情况，即当 $F\not\equiv G$ 时，$\theta(F, G)$ 不为 $\frac{1}{2}$，且 F, G 的"距离"愈大，$\theta(F, G)$ 与 $\frac{1}{2}$ 相去亦愈远，例如，对立假设 F, G 为

$$(F, G)：存在\ \Delta\neq 0，致\ F(x-\Delta)\equiv G(x) \quad (6.2.20)$$

就属于这种情况．这表示 F, G 只有一个位置参数之差．较为广泛的一类对立假设是

$$\begin{aligned}(F, G)：&F\not\equiv G,\ F(x)\leqslant G(x)\ 对一切\ x，或：\\ &F\not\equiv G,\ F(x)\geqslant G(x)\ 对一切\ x.\end{aligned} \quad (6.2.21)$$

还要分别单边和双边的情况：如果我们限于形如 (6.2.20) 的对立假设且 $\Delta>0$(或 (6.2.21) 的情况，且 $F(x)\geqslant G(x)$)，则否定域可取为

$$R\geqslant\frac{1}{2}n_2(n_1+n_2+1)+\sqrt{\frac{n_1n_2(n_1+n_2)}{12}}z_\alpha \quad (6.2.22)$$

(z_α 由 $\Phi(z_\alpha)=1-\alpha$ 定出)．若限于 $\Delta<0$ (或 (6.2.21) 的情况且 $F(x)\leqslant G(x)$)，则否定域可取为

$$R\leqslant\frac{1}{2}n_2(n_1+n_2+1)-\sqrt{\frac{n_1n_2(n_1+n_2)}{12}}z_\alpha.$$

而在双边的情况则取

$$\left|R-\frac{1}{2}n_2(n_1+n_2+1)\right|\geqslant\sqrt{\frac{n_1n_2(n_1+n_2)}{12}}z_{\alpha/2}.$$

这个检验是大样本性质的(对较小的 n_1, n_2 有表可查)，它只适用于上面提到的那类对立假设．比方说，对形如

$$(F, G)：F(x)\equiv G(x/\Delta),\ 0<\Delta\neq 1$$

的对立假设(它们只有刻度上的不同)，用这个检验就不行．

例 6.2.2． 如果我们需要一个能针对所有对立假设的两样本检验，可以取

$$\theta(F, G)=\int_{-\infty}^{\infty}[F(x)-G(x)]^2d\frac{F(x)+G(x)}{2},$$

因为显然有

$$\theta(F, G)=0 \Leftrightarrow F \equiv G.$$

从原则上说，基于这个指标而构造的两样本检验，对任何 $F \not\equiv G$ 的情况多少有些鉴别力.

我们来证明

$$\theta(F, G)=\frac{1}{2} \Delta(F, G)-\frac{1}{6}. \qquad (6.2.23)$$

其中

$$\begin{aligned} \Delta(F, G)= & P_{F, G}(\max(X_1, X_2)<\min(Y_1, Y_2)) \\ & +P_{F, G}(\max(Y_1, Y_2)<\min(X_1, X_2)), \end{aligned}$$

这里 X_1, X_2, Y_1, Y_2 独立，X_1, X_2 有分布 F，Y_1, Y_2 有分布 G. 为了证明 (6.2.23)，注意 $\max(X_1, X_2)$，$\min(X_1, X_2)$，$\max(Y_1, Y_2)$，$\min(Y_1, Y_2)$ 的分布函数依次为

$$F^2(x),\ 1-(1-F(x))^2,\ G^2(x),\ 1-(1-G(x))^2.$$

于是得到

$$\begin{aligned} \Delta(F, G) & =\int_{-\infty}^{\infty}[1-G(x)]^2 d F^2(x)+\int_{-\infty}^{\infty}[1-F(x)]^2 d G^2(x) \\ & =2+\left(\int_{-\infty}^{\infty} G^2(x) d F^2(x)+\int_{-\infty}^{\infty} F^2(x) d G^2(x)\right) \\ & \quad -4 \int_{-\infty}^{\infty} F(x) G(x) d[F(x)+G(x)] \\ & =2+\int_{-\infty}^{\infty} d(F^2(x) G^2(x)) \\ & \quad -2 \int_{-\infty}^{\infty}[(F(x)+G(x))^2-(F(x) \\ & \quad -G(x))^2] d \frac{F(x)+G(x)}{2} \\ & =2+1-\frac{8}{3}+2 \theta(F, G)=\frac{1}{3}+2 \theta(F, G). \end{aligned}$$

这证明了 (6.2.23). 因为

$$F \equiv G \Leftrightarrow \Delta(F, G)=\frac{1}{3}.$$

检验可建立在 $\Delta(F, G)$ 与 $\frac{1}{3}$ 的偏差的基础上. $\Delta(F, G)$ 的定义自然地提示了一个作为其无偏估计的 U-统计量，这就是以

$$\varphi(x_1, x_2; y_1, y_2)=\begin{cases}1, \text{若} \max(x_1, x_2)<\min(y_1, y_2), \text{或} \\ \qquad \max(y_1, y_2)<\min(x_1, x_2), \\ 0, \text{其它}.\end{cases}$$

我们有

$$\varphi_{10}(x)=[1-G(x)]^2F(x)+\int_x^{\infty}[1-G(t)]^2dF(t)$$
$$+G^2(x)[1-F(x)]+\int_{-\infty}^{x}G^2(t)dF(t). \qquad (6.2.24)$$

同法可写出 $\varphi_{01}(y)$. 在 $F\equiv G$ 时，$\varphi_{10}(X_1)$ 和 $\varphi_{01}(Y_1)$ 的方差可算出，因而能定出极限分布方差 σ^2 的值，据此即可定出大样本检验的界限. 我们把这一切留给读者作为练习.

一些作者将 U-统计量的理论推广到更复杂的情况. 例如样本 $X_1, X_2, \cdots$ 独立但不必同分布，甚至可以不独立，以及有限总体抽样的情况. 还有 U 统计量与随机过程的联系，其极限性质的更精细的理论等. 这些结果要到专门文献中去找.

§6.3. 秩次统计量

(一)引言

设有样本 $X_1, \cdots, X_N$，它可以是从一个总体抽出的，也可以是从多个总体中抽出的样本的合样本. 以 $X_{(1)}<X_{(2)}<\cdots<X_{(N)}$ 记其次序统计量. 如果 $X_i=X_{(R_i)}$，则称 R_i 为 X_i(在 $X_1, \cdots, X_N$ 中)的秩. $(R_1, \cdots, R_N)$ 构成一个统计量.

这个统计量只保留了各观察值的大小关系的信息，具体数值部分都予以丢弃. 乍一看可能觉得这样丢失的信息过多因而意义不大. 事实正好相反，这个统计量是非参数统计中应用至为广泛的一类统计量. 凡是建立在这个统计量的基础上的方法可统称之为秩方法，例 6.2.1 中的 Wilcoxon 检验就是一个秩方法. 本节的

目的是介绍一类最广泛使用的秩统计量的分析理论的基础.

秩方法之所以得到广泛使用，其原因从非参数统计的本质去思考也不难理解. 因为在非参数统计中，对分布族的假设极为一般. 这个一般性使样本中的一些具体数量关系成为表面的、非本质性的东西. 而只有那些最稳固的，一般性的关系，如大小关系之类，才能成为推断的合理基础(当然，以上所述只能作为帮助思考之用而不能绝对地去理解). 这还可以从不变性的观点来说明. 比方拿两样本问题来说，设 $X_1, \cdots, X_{n_1}$ 和 $Y_1, \cdots, Y_{n_2}$ 分别是从具分布 F, G 中抽出的 iid. 样本，要检验 $F\equiv G$. 设 $h(t)$ 是任一定义于 $(-\infty, \infty)$ 的连续严增函数，作变换

$$X'_i=h(X_i),\ i=1, \cdots, n_1;\ Y'_j=h(Y_j),\ j=1, \cdots, n_2. \tag{6.3.1}$$

经过这变换，X'_i, Y'_j 的分布相应地变为

$$\widetilde{F}(x)=F(h^{-1}(x)),\ \widetilde{G}(x)=G(h^{-1}(x)).$$

因此在 $F\equiv G$ 时有 $\widetilde{F}\equiv\widetilde{G}$, 反之亦然，若 F, G 连续，则 $\widetilde{F}$, $\widetilde{G}$ 亦然. 所以，在形如 (6.3.1) 的变换的群之下，检验问题 $F\equiv G$ 保持不变. 按不变原则，可以考虑在这个群下不变的检验. 但显然在变换群(6.3.1)之下，极大不变量就是合样本$(X_1, \cdots, X_{n_1}, Y_1, \cdots, Y_{n_2})$ 的秩 $(R_1, \cdots, R_{n_1+n_2})$. 这就是说，如只局限于考虑不变检验，则除了基于秩的检验以外，其它都不在考虑之列. 由于在非参数统计问题中，在变换群(6.3.1)(或类似性质的群)之下有不变性是常见的现象，秩统计量得到广泛应用也就不足为奇了.

基于秩的统计方法，在系统的秩分布理论发展以前就已散见在文献中，象 Hotelling 和 Pabst 的基于秩的独立性检验，Spearman 的秩相关系数，上文提到的 Wilcoxon 检验，以及著名的符号检验等，都可算作这一类. 1944 年 Wald 和 Wolfowitz 的结果(见 §6.4(三))，1948 年 Hotelling 关于 U-统计量的结果，在比较简单的情况下解决了关于秩统计量的极限分布的某些问题. 那时以来，一些学者在这方面作了一些工作. 但取得突破性进展的，要算我们在下面将详细介绍的 Chernoff 和 Savage 1958

年的工作. 这个工作解决了一类线性秩统计量的极限分布问题. 所谓线性秩统计量,是指形如

$$S_N=\sum_{i=1}^{N}c_{Ni}a_N(R_i) \tag{6.3.2}$$

的秩统计量. 这里 $c_{N1}, \cdots, c_{NN}$ 为已知常数, 而 a_N 为定义在 $\{1, 2, \cdots, N\}$ 上的已知函数. 1968 年 Hajek 在一项开创性工作(见 *Ann. Math. Statist.*, 1968, p. 325) 中又把线性秩统计量的极限分布理论作了重大的推进. 在这期间直到现在为止, 文献中出现了大量的基于这些工作的讨论, 把这些基本结果用于种种具体问题.

秩统计量常称为秩次统计量(Rank Order Statistics).

(二) Chernoff–Savage 的两样本秩次统计量

1958 年 Chernoff 和 Savage 在其一项著名的工作(见 *Ann. Math. Statist.*, 1958, p. 972) 中, 讨论了一般线性秩统计量 (6.3.2) 的一个重要的特殊情况, 在较一般的条件下建立了其极限定理, 这个工作成为以后一系列研究的出发点和基础.

设 $X_1, \cdots, X_m$ 和 $Y_1, \cdots, Y_n$ 分别为取自具分布 F、G 的总体的 iid. 样本。假定 F、G 为一维连续分布. 记 $N=m+n$, $\lambda_N=m/N$. Chernoff 和 Savage 考虑 (6.3.2) 中 $c_{N1}=\cdots=c_{Nm}=1$, $c_{N,m+1}=c_{NN}=0$ 的情况. 记 $a_N(k)=J_N\left(\frac{k}{N+1}\right), k=1, 2, \cdots, N$, 并引进一个无关宏旨的常数因子 $\frac{1}{m}$ 后, 得统计量

$$T_N=\frac{1}{m}\sum_{i=1}^{m}J_N\left(\frac{R_i}{N+1}\right), \tag{6.3.3}$$

我们回忆, $R_1, \cdots, R_m$ 是 $X_1, \cdots, X_m$ 在合样本 $X_1, \cdots, X_m, Y_1, \cdots, Y_n$ 中的秩.

J_N 现在只在 $\frac{1}{N+1}, \cdots, \frac{N}{N+1}$ 这 N 个点上有定义(即 $J_N\left(\frac{k}{N+1}\right)=a_N(k)$, $a_N(1), \cdots, a_N(N)$ 是给定的已知数). 将其拓展于 $(0, 1)$:

$$J_N(x)=a_N(k),\ 当\ \frac{k-1}{N+1}<x\leqslant\frac{k}{N+1},\ k=1,2,\cdots,N,$$

$$J_N(x)=a_N(N),\ 当\ \frac{N}{N+1}<x<1.$$

又以 $F_m(x)$ 和 $G_n(x)$ 分别记样本 $(X_1,\cdots,X_m)$ 和 $(Y_1,\cdots,Y_n)$ 的经验分布函数，而

$$H_N(x)=\lambda_N F_m(x)+(1-\lambda_N)G_n(x)$$

不难看出 $H_N(x)$ 即为合样本 $(X_1,\cdots,X_m,Y_1,\cdots,Y_n)$ 的经验分布函数. 这时可将(6.3.3)改写为

$$T_N=\int_{-\infty}^{\infty}J_N\left[\frac{N}{N+1}H_N(x)\right]dF_m(x). \tag{6.3.4}$$

读者容易验证 (6.3.3) 和 (6.3.4) 确是一致的.

引进这种统计量的目的是在于检验两样本假设 $F\equiv G$. 在 Chernoff-Savage 讨论一般形式 (6.3.3) 之前，文献中已出现了一系列这类特殊形式的统计量，如

1. Wilcoxon 检验：$a_N(k)=k$;

2. Fisher-Yates 检验：$a_N(k)=E(X_{N(k)})$，这里 $X_{N(1)}\leqslant\cdots\leqslant X_{N(N)}$ 是取自 $N(0,1)$ 的大小为 N 的次序样本;

3. Wan der Waerder 检验：$a_N(k)=\Phi^{-1}\left(\frac{k}{N+1}\right)$，$\Phi^{-1}(x)$ 是 $N(0,1)$ 的分布函数 Φ 的反函数;

4. Ansari-Bradley 检验：$a_N(k)=\left|\frac{k}{N+1}-\frac{1}{2}\right|$;

5. Mood 检验：$a_N(k)=\left(\frac{k}{N+1}-\frac{1}{2}\right)^2$,

等等. 其中前三个是针对位置参数不同的对立假设而设，后二者是针对刻度参数不同的对立假设而设.

Chernoff 和 Savage 证明了在一定的条件下，统计量 T_N(经适当规则化后)渐近于正态分布，1967 年 Covindarajulu 等将这些条件作了较实质性的改进. 以下我们先叙述这个结果.

假定

(a) 存在定义于 $(0,1)$ 的不为常数的函数 $J(u)$，致

$$\lim_{N\to\infty} J_N(u) = J(u)$$

对任何 $u\in(0, 1)$.

(b) $\int_{-\infty}^{\infty}\left[J_N\left(\frac{N}{N+1}H_N(x)\right)-J\left(\frac{N}{N+1}H_N(x)\right)\right]dF_m(x)$

$$=\frac{1}{m}\sum_{i=1}^{m}\left[J_N\left(\frac{R_i}{N+1}\right)-J\left(\frac{R_i}{N+1}\right)\right]=o_p(N^{-1/2}).$$

(c) $|J^{(i)}(u)|\leqslant K[u(1-u)]^{-i-1/2+\delta}$, $0<u<1$, $i=0, 1$.

此处 $J^{(0)}(u)=J(u)$, $J^{(1)}(u)=J'(u)$. k 为一与 u 无关的常数，而 $\delta>0$. 条件 (c) 的更精确的提法是：$J(u)$ 在任一区间 $[\varepsilon, 1-\varepsilon]$ $(\varepsilon>0)$ 上绝对连续，而条件 (c) 中 $i=1$ 的部分理解为在 L 测度下于 $(0, 1)$ 区间内 a.e. 成立.

定理 6.3.1. (Chernoff–Savage–Covindarajulu–Le Cam–Raghavachari). 在假定 (a), (b), (c) 之下，设 F, G 连续，$m\to\infty$, $n\to\infty$, 且使 $\frac{m}{N}=\lambda_N$ 固定不变，则有

$$\sqrt{n}\,\frac{(T_N-\mu_N)}{\sigma_N}\xrightarrow{L}N(0, 1) \tag{6.3.5}$$

此处

$$\mu_N=\int_{-\infty}^{\infty}J[H(x)]dF(x). \tag{6.3.6}$$

其中

$$H(x)=\lambda_N F(x)+(1-\lambda_N)G(x), \tag{6.3.7}$$

而

$$\sigma_N^2=2(1-\lambda_N)\left[\iint_D \widetilde{G}(x, y)dF(x)dF(y)+\frac{1-\lambda_N}{\lambda_N}\iint_D \widetilde{F}(x, y)dG(x)dG(y)\right], \tag{6.3.8}$$

假定 $\sigma_N^2\neq 0$. 此处

$$D=\{(x, y): -\infty<x<y<\infty\}, \tag{6.3.9}$$

$$\widetilde{G}(x, y)=G(x)[1-G(y)]J'(H(x))J'(H(y)), \tag{6.3.10}$$

$$\widetilde{F}(x, y)=F(x)[1-F(y)]J'(H(x))J'(H(y)). \quad (6.3.11)$$

注. 假定 λ_N 与 N 无关是不便的. 但以后我们将取消这个假定, 而只须设: 存在 λ_0, $0<\lambda_0\leqslant\frac{1}{2}$, 致

$$\lambda_0\leqslant\lambda_N\leqslant1-\lambda_0, \text{ 对一切 } N. \quad (6.3.12)$$

以后 λ_0 就理解为这个意义. 在本定理条件下, 本来 μ_N 和 σ_N^2 都与 N 无关, 但考虑到适应 λ_N 可随 N 变化(这时 $H(x)$ 也与 N 有关), 将其添上足标 N.

关于本定理的条件, (a) 一般问题不大, 特别, 有时 J_N 与 N 无关, 这时 (a), (b) 自然成立. 又我们注意到, 将 T_N 乘一个常数因子不影响其性质, 故 J_N 也可容许有一个常数因子的自由. 例如, 在 Wilcoxon 检验的情况本有 $J_N(u)=[(N+1)u]$, 这时 $\lim\limits_{N\to\infty}J_N(u)$ 将不存在. 但可改为 $J_N(u)=[(N+1)u]/N$, 这时 $\lim\limits_{N\to\infty}J_N(u)=u$, $0<u<1$. 最重要的假定是 (c). Chernoff 和 Savage 1958 年的工作假定了 $J''(x)$ 存在而将条件 (c) 加强为 $i=0, 1, 2$. Covindarajulu 等在 1967 年(见 *Proc. of Berkerly Symposium*, Vol. I, p. 609) 将其改进为上面的形式.

又在条件 (b) 中涉及记号 $o_p(N^{-1/2})$. 一般, 说随机变量 $Z=o_p(f(N))$, 是指 $[f(N)]^{-1}Z\xrightarrow{P}0$ 当 $N\to\infty$. 因此, $Z=o_p(1)$ 就是指 $Z\xrightarrow{P}0$, 当 $N\to\infty$.

本定理证明过程大致是, 先将 T_N 分解成一个线性主要部分及其它剩余部分之和. 证明线性部分有正态极限, 而剩余部分当 N 很大时可忽略不计. 这与 Hoeffding 关于 U-统计量的渐近正态性定理如出一辙, 且也是 Hajek 的投影原则的一个具体例证. 然而在这里, 关于剩余部分的处理比 U-统计量的情况复杂得多. 为了清楚起见, 我们将分成几段来证明这个定理, 先在下一段处理主要的线性部分, 再在以后几段中分别处理各剩余项, 这中间涉及一些细致的分析推理. 为了不打断主要线段, 读者在初读时可暂时略去以下(四)—(六)这几段.

(三) T_N 的主要部分的渐近正态性

将 T_N 写为

$$T_N=\int_{-\infty}^{\infty}\left\{J_N\left[\frac{N}{N+1}H_N(x)\right]-J\left[\frac{N}{N+1}H_N(x)\right]\right\}dF_m(x)$$

$$+\int_{-\infty}^{\infty}J\left[\frac{N}{N+1}H_N(x)\right]dF_m(x),$$

将 $J\left[\frac{N}{N+1}H_N(x)\right]$ 分解为

$$J\left[\frac{N}{N+1}H_N(x)\right]=J[H(x)]+[H_N(x)-H(x)]J'[H(x)]$$

$$-\frac{H_N(x)}{N+1}J'[H(x)]+\left\{J\left[\frac{N}{N+1}H_N(x)\right]\right.$$

$$\left.-J[H(x)]-\left(\frac{N}{N+1}H_N(x)-H(x)\right)J'(H(x))\right\}.$$

并在此式右边前两项对 dF_m 的积分中,通过表 $dF_m=d(F_m-F)+dF$ 分解为两项,最后得到分解式

$$T_N=\mu_N+B_{1N}+B_{2N}+\sum_{i=1}^{4}C_{iN},\qquad(6.3.13)$$

其中 μ_N 即 (6.3.6), 而

$$B_{1N}=\int_{-\infty}^{\infty}J[H(x)]d(F_m(x)-F(x)),$$

$$B_{2N}=\int_{-\infty}^{\infty}[H_N(x)-H(x)]J'[H(x)]dF(x),$$

$$C_{1N}=-\frac{1}{N+1}\int_{-\infty}^{\infty}H_N(x)J'[H(x)]dF_m(x),$$

$$C_{2N}=\int_{-\infty}^{\infty}[H_N(x)-H(x)]J'[H(x)]d(F_m(x)-F(x)),$$

$$C_{3N}=\int_{-\infty}^{\infty}\left\{J\left[\frac{N}{N+1}H_N(x)\right]-J[H(x)]\right.$$

$$\left.-\left(\frac{N}{N+1}H_N(x)-H(x)\right)J'[H(x)]\right\}dF_m(x),$$

$$C_{4N}=\int_{-\infty}^{\infty}\left\{J_N\left[\frac{N}{N+1}H_N(x)\right]-J\left[\frac{N}{N+1}H_N(x)\right]\right\}dF_m(x).$$

我们约定，在以下凡遇到记号 K，就是指一个不依赖于任何变量的有限常数，但每次出现时其值不必相同. 由 (6.3.7) 及 $0<\lambda_0\leqslant\lambda_N\leqslant 1-\lambda_0<1$，知

$$\begin{cases} F(x)\leqslant KH(x),\ dF(x)\leqslant KdH(x), \\ 1-F(x)\leqslant K[1-H(x)], \\ G(x)\leqslant KH(x),\ dG(x)\leqslant KdH(x), \\ 1-G(x)\leqslant K[1-H(x)]. \end{cases} \tag{6.3.14}$$

由此得(用条件(c))

$$\begin{aligned} |\mu_N| &\leqslant \int_{-\infty}^{\infty}|J[H(x)]|KdH(x) \\ &\leqslant K\int_{-\infty}^{\infty}\frac{dH(x)}{[H(x)(1-H(x))]^{\frac{1}{2}-\delta}} \\ &= K\int_0^1[x(1-x)]^{-\frac{1}{2}+\delta}dx<\infty. \end{aligned}$$

因而 μ_N 是有意义的. 以下在证明过程中会看出 σ_N^2 也有意义.

任选 x_0 致 $0<H(x_0)<1$，定义

$$\begin{cases} B(x)=\int_{x_0}^{x}J'[H(t)]dG(t),\ 当\ 0<H(x)<1, \\ B^*(x)=\int_{x_0}^{x}J'[H(t)]dF(t),\ 当\ 0<H(x)<1. \end{cases} \tag{6.3.15}$$

根据条件 (c) 及 (6.3.14)，易见 $B(x)$ 和 $B^*(x)$ 在集 $Q=\{x: 0<H(x)<1\}$ 上有意义. 我们来证明: 存在 $\delta'>0$，致

$$E[|B(X_1)|^{2+\delta'}]\leqslant M<\infty,\ E[|B^*(Y_1)|^{2+\delta'}]\leqslant M<\infty, \tag{6.3.16}$$

这里 X_1, Y_1 分别有分布 F 和 G. 事实上，由于有 $\{x: 0<F(x)<1\}\subset Q$，有 $P(X\in Q)=1$，故 $B(X)$ 以概率为1有意义. 又由条件(c)及(6.3.14)，

$$\begin{aligned} |B(x)| &\leqslant K\int_{x_0}^{x}[H(t)(1-H(t))]^{-\frac{3}{2}+\delta}dH(t) \\ &\leqslant K[H(x)(1-H(x))]^{-\frac{1}{2}+\delta}, \end{aligned} \tag{6.3.17}$$

知

$$E[|B(x_1)|^{2+\delta'}] \leqslant K\int_{-\infty}^{\infty}[H(x)(1-H(x))]^{(-1/2+\delta)(2+\delta')}dF(x)$$

$$\leqslant K\int_{-\infty}^{\infty}[H(x)(1-H(x))]^{(-1/2+\delta)(2+\delta')}dH(x)$$

$$=K\int_{0}^{1}[x(1-x)]^{(-1/2+\delta)(2+\delta')}dx.$$

选 $\delta'>0$ 充分小致 $\left(-\frac{1}{2}+\delta\right)(2+\delta')<1$, 即知(6.3.16)第一式成立,第二式类似地证明.

现在来计算 $\mathrm{Var}(B(X_1))=\sigma_B^2$ 及 $\mathrm{Var}(B(Y_1))=\sigma_{B^*}^2$. 回忆 $F_1(x)$ 为 X_1 的经验分布函数,有

$$B(X_1)-E(B(X_1))=\int_{-\infty}^{\infty}B(x)d(F_1(x)-F(x)),$$

易见

$$\lim_{x\to\pm\infty}B(x)[F_1(x)-F(x)]=0. \tag{6.3.18}$$

例如, 取 $x\to\infty$ 的情况. 注意到当 x 充分大时 $F_1(x)=1$, 以及(6.3.17),有

$$\lim_{x\to\infty}|B(x)[F_1(x)-F(x)]|$$

$$\leqslant\lim_{x\to\infty}K[H(x)(1-H(x))]^{-1/2+\delta}[1-F(x)]$$

$$\leqslant\lim_{x\to\infty}K[H(x)(1-H(x))]^{-1/2+\delta}[1-H(x)]=0.$$

于是由分部积分得

$$B(X_1)-E(B(X_1))=-\int_{-\infty}^{\infty}[F_1(x)-F(x)]dB(x)$$

$$=-\int_{-\infty}^{\infty}[F_1(x)-F(x)]J'[H(x)]dG(x).$$

因此

$$\sigma_B^2=E[B(X_1)-E(B(X_1))]^2$$

$$=E\left\{\iint\limits_{-\infty}^{\infty}[F_1(x)-F(x)][F_1(y)-F(y)]J'[H(x)]\right.$$

$$\left.\cdot J'(H(y))dG(x)dG(y)\right\}. \tag{6.3.19}$$

现在我们要把上式右边的期望号放到积分号里面去. 根据 Fubini 定理，这只需验证

$$I=\iint\limits_{-\infty}^{\infty}E\{|[F_1(x)-F(x)][F_1(y)-F(y)]|\}$$

$$\cdot|J'[H(x)]J'[H(y)]|dG(x)dG(y)<\infty, \qquad (6.3.20)$$

为此注意

$$\begin{aligned}&E\{|[F_1(x)-F(x)][F_1(y)-F(y)]|\}\\&\leqslant(E\{(F_1(x)-F(x))^2\}E\{(F_1(y)-F(y))^2\})^{1/2}\\&=[F(x)(1-F(x))F(y)(1-F(y))]^{1/2}\\&\leqslant K[H(x)(1-H(x))H(y)(1-H(y))]^{1/2}.\end{aligned}$$

以此代入 (6.3.20)，并使用条件(c)及 (6.3.14)，得

$$I\leqslant K\iint\limits_{-\infty}^{\infty}[H(x)(1-H(x))H(y)(1-H(y))]^{-1+\delta}dH(x)dH(y)$$

$$=K\left[\int_0^1(x(1-x))^{-1+\delta}dx\right]^2<\infty.$$

这证明了 (6.3.20)，因而

$$\sigma_B^2=\iint\limits_{-\infty}^{\infty}E\{[F_1(x)-F(x)][F_1(y)-F(y)]\}$$

$$\cdot J'[H(x)]J'[H(y)]dG(x)dG(y), \qquad (6.3.21)$$

注意到 $E[F_1(x)]=F(x)$，$E[F_1(y)]=F(y)$，而

$$E[F_1(x)F_1(y)]=\begin{cases}F(x), & \text{当 } x<y,\\ F(y), & \text{当 } x\geqslant y\end{cases}$$

以及 G 的连续性(因而在直线 $x=y$ 上之积分为 0)，由(6.3.21)及 (6.3.9)，(6.3.11)，经过容易的变化，得

$$\sigma_B^2=2\iint\limits_D\widetilde{F}(x,y)dG(x)dG(y), \qquad (6.3.22)$$

完全同样的推理过程得出

$$\sigma_{B*}^2=2\iint\limits_D\widetilde{G}(x,y)dF(x)dF(y). \qquad (6.3.23)$$

在作了这些准备后，易证下面的引理.

引理 6.3.1. 在定理 6.3.1 的条件下，有

$$\sqrt{n}\,(B_{1N}+B_{2N})/\sigma_N \xrightarrow{L} N(0,\ 1),\ 当\ N\to\infty. \tag{6.3.24}$$

证. 由 B_{2N} 的定义，用分部积分，有

$$\begin{aligned}
B_{2N} &= \int_{-\infty}^{\infty}[H_N(x)-H(x)]\,dB^*(x)\\
&= -\int_{-\infty}^{\infty}B^*(x)\,d(H_N(x)-H(x))\\
&= -\lambda_N\int_{-\infty}^{\infty}B^*(x)\,d(F_m(x)-F(x))\\
&\quad -(1-\lambda_N)\int_{-\infty}^{\infty}B^*(x)\,d(G_n(x)-G(x)).
\end{aligned} \tag{6.3.25}$$

在得出这公式的过程中，用到了

$$\lim_{x\to\pm\infty}B^*(x)\,[H_N(x)-H(x)]=0.$$

其证明方法与 (6.3.18) 完全一样. 又

$$\begin{aligned}
&\lambda_N B^*(x)+(1-\lambda_N)B(x)\\
&=\int_{x_0}^{x}J'[H(t)]\,dH(t)=J'[H(x)]-J'[H(x_0)],
\end{aligned} \tag{6.3.26}$$

再注意

$$\int_{-\infty}^{\infty}d(F_m(x)-F(x))=0,$$

因而

$$\int_{-\infty}^{\infty}J[H(x_0)]\,d(F_m(x)-F(x))=0,$$

由(6.3.26)得

$$\begin{aligned}
B_{1N} &= \int_{-\infty}^{\infty}[J[H(x)]-J[H(x_0)]]\,d(F_m(x)-F(x))\\
&= (1-\lambda_N)\int_{-\infty}^{\infty}B(x)\,d(F_m(x)-F(x))\\
&\quad +\lambda_N\int_{-\infty}^{\infty}B^*(x)\,d(F_m(x)-F(x)).
\end{aligned}$$

此式与(6.3.25)结合，得

$$\begin{aligned}
B_{1N}+B_{2N} = (1-\lambda_N)\Big\{&\int_{-\infty}^{\infty}B(x)\,d(F_m(x)-F(x))\\
&-\int_{-\infty}^{\infty}B^*(x)\,d(G_n(x)-G(x))\Big\},
\end{aligned}$$

再注意到

$$\int_{-\infty}^{\infty} B(x)dF_m(x)=\frac{1}{m}\sum_{i=1}^{m}B(X_i),\ \int_{-\infty}^{\infty} B(x)dF(x)=E[B(X_i)]$$

等等，得到

$$\begin{aligned}B_{1N}+B_{2N}&=(1-\lambda_N)\left\{\frac{1}{m}\sum_{i=1}^{m}[B(X_i)-E(B(X_i))]\right.\\&\quad\left.-\frac{1}{n}\sum_{j=1}^{n}[B^*(Y_j)-E(B^*(Y_j))]\right\}\\&=(1-\lambda_N)\left\{\frac{1}{\sqrt{m}}I_m-\frac{1}{\sqrt{n}}I_n^*\right\}.\end{aligned}$$

根据古典中心极限定理，$I_m\xrightarrow{L}N(0,\ \sigma_B^2)$，$I_n^*\xrightarrow{L}N(0,\ \sigma_{B^*}^2)$，而 I_m，I_n^* 独立，故由 $\frac{m}{N}=\lambda_N$ 得

$$\sqrt{N}\left(\frac{1}{\sqrt{m}}I_m-\frac{1}{\sqrt{n}}I_n^*\right)\xrightarrow{L}N\left(0,\ \frac{1}{\lambda_N}\sigma_B^2+\frac{1}{1-\lambda_N}\sigma_{B^*}^2\right).$$

从而 $$\sqrt{N}\,(B_{1N}+B_{2N})/\sigma_N\xrightarrow{L}N(0,\ d^2).$$

其中 $$d^2=\frac{1}{\sigma_N^2}(1-\lambda_N)^2\left(\frac{1}{\lambda_N}\sigma_B^2+\frac{1}{1-\lambda_N}\sigma_{B^*}^2\right)=\frac{\sigma_N^2}{\sigma_N^2}=1.$$

引理证毕.

这样，根据 (6.3.13)，只需证明

$$\sqrt{N}C_{iN}\xrightarrow{P}0,\ 即\ C_{iN}=o_p(N^{-1/2}),\ i=1,\ \cdots,\ 4. \tag{6.3.27}$$

则定理 6.3.1 将得证，以下几段就是这个内容.

(四) C_{1N}

我们将 $J(x)$ 的条件加强为

(c′) $J(x)$ 在 $(0,\ 1)$ 连续，且存在有限个点 a_1，$\cdots$，a_t，$0<a_1<a_2<\cdots<a_t<1$，使在每个区间 $(0,\ a_1]$，$[a_1,\ a_2)$，$\cdots$，$[a_t,\ 1)$ 内，$J''(x)$ 存在（在闭端点处理解为单边的）且满足条件 $|J^{(i)}(x)|\leqslant K[x(1-x)]^{-i-1/2+\delta}$，$0<x<1$，$i=0,\ 1,\ 2$.

这个条件和 Chernoff-Savage 原来的条件大体一致但较弱.

关于在条件(c)下的证明参看上面所引 Covindarajulu 等 1967 年的工作. 现在来处理 C_{1N}. 易见

$$\begin{aligned}|C_{1N}| &\leqslant \frac{1}{N}\frac{1}{m}\sum_{i=1}^{m}|J'[H(X_i)]| \\ &\leqslant \frac{K}{mN}\sum_{i=1}^{m}[H(X_i)(1-H(X_i)]^{-3/2+\delta} \\ &\leqslant \frac{K}{N^2}\sum_{i=1}^{m}[F(X_i)(1-F(X_i)]^{-3/2+\delta}=\frac{K}{N^2}\sum_{i=1}^{m}W_i.\end{aligned}$$

此处 $W_i=[F(X_i)(1-F(X_i))]^{-3/2+\delta}$. 不失普遍性设 $0<\delta<\frac{1}{2}$. 由于 $\frac{2}{3-\delta}\left(\frac{3}{2}-\delta\right)<1$, 知 $E(W_i^{2/(3-\delta)})<\infty$. 现在任给 $\varepsilon>0$, 有

$$\begin{aligned}P(\sqrt{N}|C_{1N}|\geqslant\varepsilon) &= P(|C_{1N}|\geqslant\varepsilon N^{-1/2}) \\ &\leqslant N^{1/(3-\delta)}\varepsilon^{-2/(3-\delta)}E(|C_{1N}|^{2/(3-\delta)}).\end{aligned}$$

由于 $\frac{2}{3-\delta}<1$ 且 $W_1, \cdots, W_m$ 为 iid., 有

$$\begin{aligned}E(|C_{1N}|^{2/(3-\delta)}) &\leqslant KN^{-4/(3-\delta)}E\left(\left(\sum_{i=1}^{m}W_i\right)^{2/(3-\delta)}\right) \\ &\leqslant KN^{-4/(3-\delta)}mE(W_1^{2/(3-\delta)})\leqslant KN^{-(1+\delta)/(3-\delta)},\end{aligned}$$

于是 $P(\sqrt{N}|C_{1N}|\geqslant\varepsilon)\leqslant K\varepsilon^{-2/(3-\delta)}N^{-\delta/(3-\delta)}\to 0$, 当 $N\to\infty$. 上面在证明中用了不等式: 若 $W_1, \cdots, W_m$ 独立, 且 $0<r<1$, 则 $E(|W_1+\cdots+W_m|^r)\leqslant\sum_{i=1}^{m}E(|W_i|^r)$. 见 [8] p. 155.

(五) C_{2N}

先证明下面两个引理.

引理 6.3.2. 在前面的记号下, 取 $x<y$, 有[1)]

$$E[(G_n(x)-G(x))(G_n(y)-G(y))]=\frac{1}{n}G(x)[1-G(y)], \tag{6.3.28}$$

$$E[d(F_m(x)-F(x))d(F_m(y)-F(y))\}=-\frac{1}{m}dF(x)dF(y), \tag{6.3.29}$$

1) 注意 (6.3.28) 当 $x=y$ 时也成立.

$$E\{[d(F_m(x)-F(x))]^2\}=\frac{1}{m}dF(x). \qquad (6.3.30)$$

证. 注意到 $E[G_n(x)]=G(x)$ 对任何 x, 有

$$(6.3.28)\text{左边}=E[G_n(x)G_n(y)]-G(x)G(y). \qquad (6.3.31)$$

以 $G_{1i}(x)$ 记一个样本 Y_i 的经验分布函数, 则将有

$$E[G_n(x)G_n(y)]=\frac{1}{n^2}\sum_{i,j=1}^{n}E[G_{1i}(x)G_{1j}(y)],$$

但易见(注意 $x<y$)

$$E[G_{1i}(x)G_{1j}(y)]=G(x),\ \text{当}\ i=j;$$
$$=G(x)G(y),\ \text{当}\ i\neq j,$$

故 $$E[G_n(x)G_n(y)]=\frac{1}{n}G(x)+\frac{n-1}{n}G(x)G(y).$$

代入 (6.3.31) 得 (6.3.28).

为证(6.3.29), 注意 $E[dF_m(x)]=E[F_m(x+dx)-F_m(x)]=F(x+dx)-F(x)=dF(x)$, 有

$$(6.3.29)\text{的左边}=E[dF_m(x)dF_m(y)]-dF(x)dF(y), \qquad (6.3.32)$$

而 $$E[dF_m(x)dF_m(y)]=\frac{1}{m^2}\sum_{i,j=1}^{m}E[dF_{1i}(x)dF_{1j}(y)],$$

此处 $F_{1i}(x)$ 为一个样本 X_i 的经验分布函数. 但显然

$$E[dF_{1i}(x)dF_{1j}(y)]=0,\ \text{当}\ i=j;\ =dF(x)dF(y),\ \text{当}\ i\neq j,$$

因而 $$E[dF_m(x)dF_m(y)]=\frac{m-1}{m}dF(x)dF(y).$$

代入 (6.3.32) 即得 (6.3.29)、(6.3.30) 的证明类似.

引理 6.3.3. 设 $F_1, \cdots, F_c$ 为一维连续分布函数, $H=\sum_{i=1}^{c}\lambda_i F_i$, 此处 $\sum_{i=1}^{c}\lambda_i=1$ 且 $0<\lambda_0\leqslant\lambda_i\leqslant1-\lambda_0<1$, $i=1, \cdots, c$. 设 $X_{i1}, \cdots, X_{in_i}$ 为抽自 F_i 中的 iid. 样本, $i=1, \cdots, c$, $N=\sum_{i=1}^{c}n_i$.

又记 $S_{N\eta}=\{x: H(x)[1-H(x)]>\eta\lambda_0/N\}$. 则对任给 $\varepsilon>0$, 存在 $\eta>0$, 使当 N 充分大时, 有

$$P(X_{ij}\in S_{N\eta},\ j=1, \cdots, n_i,\ i=1, \cdots, c)\geqslant1-\varepsilon. \qquad (6.3.33)$$

证. 以 t_1, t_2 记 $S_{N\eta}$ 的下确界与上确界, 易见有

$$H(t_2)-H(t_1)=\sqrt{1-4\eta\lambda_0/N}.$$

但 $\lambda_i[F_i(t_2)-F_i(t_1)]\geqslant H(t_2)-H(t_1)-(1-\lambda_i)$，故有

$$F_i(t_2)-F_i(t_1)\geqslant 1-\frac{1}{\lambda_0}[1-(H(t_2)-H(t_1))]$$

$$\geqslant 1-\frac{1}{\lambda_0}3\eta\lambda_0/N,$$

当 N 充分大,因而当 $N\to\infty$ 时,

$$(6.3.33)\text{左边}=\prod_{i=1}^{c}[F_i(t_2)-F_i(t_i)]^{n_i}$$

$$\geqslant\left[1-\frac{1}{\lambda_0}3\eta\lambda_0/N\right]^N\to e^{-3\eta},$$

取 $\eta>0$ 充分小致 $e^{-3\eta}>1-\varepsilon$,则由上式知,当 N 充分大时(6.3.33)成立. 引理证毕.

现将 C_{2N} 表为 $C_{2N}=\lambda_N C'_{2N}+(1-\lambda_N)C''_{2N}$，其中

$$C'_{2N}=\int_{-\infty}^{\infty}(F_m(x)-F(x))J'[H(x)]d(F_m(x)-F(x)),$$

$$C''_{2N}=\int_{-\infty}^{\infty}(G_n(x)-G(x))J'[H(x)]d(F_m(x)-F(x)).$$

将 C'_{2N} 表为

$$C'_{2N}=\frac{1}{2}\left\{\int_{-\infty}^{\infty}J'[H(x)]d[(F_m(x)-F(x))^2]\right.$$

$$\left.+\frac{1}{m}\int_{-\infty}^{\infty}J'[H(x)]dF_m(x)\right\},\tag{6.3.34}$$

证明如下:记 $R=\{a_1,\ \cdots,\ a_t\}$，则

$$\int_{-\infty}^{\infty}J'[H(x)]d[(F_m(x)-F(x))^2]$$

$$=\int_{R^c}J'[H(x)]d[(F_m(x)-F(x))^2]$$

$$+\sum_{i=1}^{m}J'[H(X_i)]\left[\left(\frac{i}{m}-F(X_i)\right)^2-\left(\frac{i-1}{m}-F(X_i)\right)^2\right]$$

$$=2\int_{R^c}J'[H(x)][F_m(x)-F(x)]d(F_m(x)-F(x))$$

$$+\sum_{i=1}^{m}J'[H(X_i)]\left[\frac{2}{m}\left(\frac{i}{m}-F(X_i)\right)-\frac{1}{m^2}\right].$$

再注意到

$$\frac{1}{m}\int_{-\infty}^{\infty}J'[H(x)]dF_m(x)=\frac{1}{m^2}\sum_{i=1}^{m}J'[H(X_i)]$$

以及
$$\int_R[F_m(x)-F(x)]J'[H(x)]d[F_m(x)-F(x)]$$
$$=\frac{1}{m}\sum_{i=1}^{m}\left(\frac{i}{m}-F(X_i)\right)J'[H(x_i)],$$

即得 (6.3.34).

找 $c_1<\cdots<c_t$ 致 $H(c_i)=a_i,\ i=1,\ \cdots,\ t$. 由于分布 F, G 连续,不失普遍性可设 $c_i\neq X_j$ 对 $i=1,\ \cdots,\ t,\ j=1,\ \cdots,\ m$. 有

$$\int_{-\infty}^{\infty}J'[H(x)]d[(F_m(x)-F(x))^2]$$
$$=\sum_{i=0}^{t}\int_{c_i}^{c_{i+1}}J'[H(x)]d[(F_m(x)-F(x))^2].$$

此处 $c_0=-\infty,\ c_{t+1}=\infty$. 在每个区间内用分部积分,得

$$\int_{-\infty}^{\infty}J'[H(x)]d[(F_m(x)-F(x))^2]$$
$$=\sum_{i=0}^{t}\{J'[H(c_{i+1})][F_m(c_{i+1})-F(c_{i+1})]^2$$
$$-J'[H(c_i)][F_m(c_i)-F(c_i)]^2\}$$
$$-\int_{-\infty}^{\infty}[F_m(x)-F(x)]^2J''[H(x)]dH(x). \quad (6.3.35)$$

此式与 (6.3.34) 结合,可将 C'_{2N} 表为

$$2C'_{2N}=D_{1N}+D_{2N}+D_{3N}+D_{4N}. \quad (6.3.36)$$

其中

$$D_{1N}=-\int_{S_{N\eta}}[F_m(x)-F(x)]^2J''[H(x)]dH(x),$$

$$D_{2N}=-\int_{S_{N\eta}^c}[F_m(x)-F(x)]^2J''[H(x)]dH(x),$$

$$D_{3N}=\frac{1}{m^2}\sum_{i=1}^{m}J'[H(X_i)],\ D_{4N}=(6.3.35)\text{右边第一项}.$$

$S_{N\eta}$ 的意义如引理 6.3.3, 且 $\eta>0$ 选择之,致

$$P(X_i\in S_{N\eta},\ i=1,\ \cdots,\ m;\ Y_j\in S_{N\eta},\ j=1,\ \cdots,\ n)\geqslant 1-\varepsilon. \quad (6.3.37)$$

这种选择的可能性已在引理 6.3.3 中证明了. 现在分别考虑每个

D_{iN}, $i=1, 2, 3, 4$. 有

$$E[|D_{1N}|]\leqslant\int_{S_{N\eta}}E[F_m(x)-F(x)]^2|J''(H(x))|dH(x)$$

$$=\int_{S_{N\eta}}\frac{1}{N}F(x)[1-F(x)]|J''[H(x)]|dH(x),$$

注意到 $S_{N\eta}\subset\left\{x:\frac{b}{N}\leqslant H(x)\leqslant 1-\frac{b}{N}\right\}$ 对某个 $b>0$, 利用条件 (c′) 及 (6.3.14) 得

$$E[|D_{1N}|]\leqslant\frac{K}{N}\int_{b/N}^{1-b/N}x(1-x)[x(1-x)]^{-5/2+\delta}dx.$$

但 $\int_{b/N}^{1-b/N}[x(1-x)]^{-3/2+\delta}dx=O(N^{1/2-\delta})$, 有

$$E[|D_{1N}|]\leqslant KN^{-1/2-\delta}.$$

从而 $\sqrt{N}D_{1N}\xrightarrow{P}0$, 当 $N\to\infty$.

注意到 $S_{N\eta}^c=\left\{x:0\leqslant H(x)<\frac{b}{N}\right\}+\left\{x:1-\frac{c}{N}<H(x)\leqslant 1\right\}=I_1+I_2$ 对某个 $b>0$, $c>0$, 而当 (6.3.37) 中的事件发生时, $F_m(x)=0$ 当 $x\in I_1$, $F_m(x)=1$ 当 $x\in I_2$, 故以不小于 $1-\varepsilon$ 的概率成立着

$$\begin{aligned}D_{2N}&=\int_{I_1}F^2(x)J''[H(x)]dH(x)\\&\quad+\int_{I_2}[1-F(x)]^2J''[H(x)]dH(x)\\&\leqslant K\int_0^{b/N}H^2[H(1-H)]^{-5/2+\delta}dH\\&\quad+K\int_{1-c/N}^1(1-H)^2[H(1-H)]^{-5/2+\delta}dH\\&=O(N^{-1/2-\delta}).\end{aligned}$$

因为 $\delta>0$ 而 $\varepsilon>0$ 可任意小, 证明了 $\sqrt{N}D_{2N}\xrightarrow{P}0$. D_{3N} 的处理与 C_{1N} 同. 至于 D_{4N}, 只需注意

$$E[(F_m(c_i)-F(c_i))^2]=\frac{1}{m}F(c_i)[1-F(c_i)]\leqslant K\frac{1}{N}.$$

即可知 $E[|D_{4N}|]=O(N^{-1})$, 于是 $\sqrt{N}D_{4N}\xrightarrow{P}0$. 综合以上, 证明了 $C'_{2N}\xrightarrow{P}0$, 当 $N\to\infty$.

现在考虑 C''_{2N}. 仍将其表为 $D_{1N}+D_{2N}$, 它们分别是 C''_{2N} 表达式中被积函数在 $S_{N\eta}$ 和 $S^c_{N\eta}$ 积分值. 用处理 C'_{2N} 中的 D_{2N} 的方法处理此处的 D_{2N}, 得知以不小于 $1-\varepsilon$ 的概率成立着

$$
\begin{aligned}
|D_{2N}| \leqslant & K\int_0^{b/N} H[H(1-H)]^{-3/2+\delta}dH \\
& + K\int_{1-c/N}^{1}(1-H)[H(1-H)]^{-3/2+\delta}dH \\
= & O(N^{-1/2-\delta}).
\end{aligned}
$$

故仍有 $\sqrt{N}D_{2N}\xrightarrow{P}0$, 当 $N\to\infty$, 现引进记号:

$$
\begin{aligned}
& Q_1=\{(x,\ y): x<y;\ x\in S_{N\eta},\ y\in S_{N\eta}\}, \\
& Q_2=\{(x,\ y): x>y;\ x\in S_{N\eta},\ y\in S_{N\eta}\}, \\
& Q_3=S_{N\eta}.
\end{aligned}
$$

注意到 $X_1, \cdots, X_m$ 与 $Y_1, \cdots, Y_n$ 独立以及(6.3.28)和(6.3.10), 有

$$
\begin{aligned}
& E[D_{1N}^2|X_1,\ \cdots,\ X_m] \\
& = \int_{S_{N\eta}}\int_{S_{N\eta}} E[(G_n(x)-G(x))(G_n(y)-G(y))]\cdot \\
& \quad \cdot J'[H(x)]J'[H(y)]d(F_m(x)-F(x))d(F_m(y)-F(y)) \\
& = \iint\limits_{Q_1}\frac{1}{n}\widetilde{G}(x,\ y)d(F_m(x)-F(x))d(F_m(y)-F(y)) \\
& \quad + \iint\limits_{Q_2}\frac{1}{n}\widetilde{G}(y,\ x)d(F_m(x)-F(x))d(F_m(y)-F(y)) \\
& \quad + \int_{Q_3}\frac{1}{n}\widetilde{G}(x,\ x)(d(F_m(x)-F(x)))^2.
\end{aligned}
$$

易见上式右端第一、二项相等. 两边再取均值, 用(6.3.29), (6.3.30), 得

$$
\begin{aligned}
& E(D_{1N}^2) \\
& \quad = -\frac{2}{mn}\iint\limits_{Q_1}\widetilde{G}(x,\ y)dF(x)dF(y)+\frac{1}{mn}\int_{Q_3}\widetilde{G}(x,\ x)dF(x) \\
& \quad \leqslant KN^{-2}\iint\limits_{\{0<x<y<1\}} x(1-y)|J'(x)J'(y)|dx\,dy
\end{aligned}
$$

$$+KN^{-2}\int_{b/N}^{1-c/N}[x(1-x)]^{-2+2\delta}dx\leqslant KN^{-1-2\delta}.$$

因而 $NE(D_{1N}^2)\to 0$, 当 $N\to\infty$, 即 $\sqrt{N}D_{1N}\xrightarrow{P}0$, 当 $N\to\infty$. 这样, 证明了 $\sqrt{N}C_{2N}''\xrightarrow{P}0$, 结合前面已证的 $\sqrt{N}C_{1N}'\xrightarrow{P}0$, 得到 $\sqrt{N}C_{2N}\xrightarrow{P}0$, 当 $N\to\infty$.

(六) $\boldsymbol{C_{3N}}$

定理 6.3.1 的证明.

引理 6.3.4. 当 $N\to\infty$ 时,

$$P\left\{\sup_{x:H_N(x)>0}\frac{H(x)}{H_N(x)}\geqslant 2\log N\right\}\to 0, \tag{6.3.38}$$

$$P\left\{\sup_{x:H_N(x)<1}\frac{1-H(x)}{1-H_N(x)}\geqslant 2\log N\right\}\to 0. \tag{6.3.39}$$

证. 取 $-\infty=a_0<a_1<\cdots<a_{m-1}=a_m=\infty$, 致 $F(a_i)=i/m$, $i=1, \cdots, m-1$. 记 $I_j=(a_{j-1}, a_j]$, $j=1, \cdots, m$, $S=[\log N]$. 将 $I_1, \cdots, I_m$ 分成一些群 $\{I_1, \cdots, I_S\}$, $\{I_{S+1}, \cdots, I_{2S}\}$, $\cdots$. 显然

$$\left\{\sup_{x:F_m(x)>0}\frac{F(x)}{F_m(x)}\leqslant 2\log N\right\}\supset\{\text{在每群内都至少有一个样本 } X_j\}.$$

但是

$$P(\text{在指定的一群内无样本点})=\left(1-\frac{S}{N}\right)^N\leqslant e^{-S}=\frac{1+o(1)}{N},$$

而群的数目不超过 N/S. 故当 $N\to\infty$,

$$P(\text{每群内都至少有一个样本点})\geqslant 1-\frac{N}{S}\,\frac{1+o(1)}{N}\geqslant 1-\frac{2}{S}\to 1.$$

因此

$$\lim_{N\to\infty}P\left\{\sup_{x:F_m(x)>0}\frac{F(x)}{F_m(x)}\leqslant 2\log N\right\}=1.$$

类似的关系在将 F 改为 G, F_m 改为 G_n 时也对, 而

$$\sup_{x:H_N(x)>0}\frac{H(x)}{H_N(x)}\leqslant\max\left\{\sup_{x:F_m(x)>0}\frac{F(x)}{F_m(x)},\ \sup_{x:G_n(x)>0}\frac{G(x)}{G_n(x)}\right\},$$

从而推出 (6.3.38), (6.3.39) 的证明完全相似.

引理 6.3.5.

$$E[(H_N(x)-H(x))^2dF_m(x)]$$
$$=\left[\frac{F(x)(1-F(x))}{m}dF(x)+\frac{F(x)(1-2F(x))}{m^2}dF(x)\right]\lambda_N^2$$
$$+\left[\frac{G(x)(1-G(x))}{n}dF(x)\right](1-\lambda_N)^2. \qquad (6.3.40)$$

证. 此引理证明是初等的. 取 $y=x+dx$.

$$[H_N(x)-H(x)]^2[F_m(y)-F_m(x)]$$
$$=\lambda_N^2[F_m(x)-F(x)]^2[F_m(y)-F_m(x)]$$
$$+2\lambda_N(1-\lambda_N)[F_m(x)-F(x)][G_n(x)-G(x)][F_m(y)$$
$$-F_m(x)]+(1-\lambda_N)^2[G_n(x)-G(x)]^2[F_m(y)-F_m(x)]. \qquad (6.3.41)$$

为确定计取 $dx\geqslant 0$, 这时 $x\leqslant y$. 上式两边求均值, 右边第二项之均值为 0, 第三项之均值为

$$(1-\lambda_N)^2G(x)[1-G(x)][F(y)-F(x)]/n.$$

至于第一项之均值, 涉及

$$E[F_m^2(x)F_m(y)],\ E[F_m(x)F_m(y)],\ (x\leqslant y)$$

的计算. 以前者为例. 以 $F_{1i}(x)$ 记一个样本 X_i 的经验分布函数, 则

$$E[F_m^2(x)F_m(y)]=\frac{1}{m^3}\sum_{i,j,k=1}^{m}E[F_{1i}(x)F_{1j}(x)F_{1k}(y)],$$

但

$$E[F_{1i}(x)F_{1j}(x)F_{1k}(y)]=\begin{cases}F^2(x)F(y), & \text{若 } i,\ j,\ K \text{ 两两不同},\\ F(x)F(y), & \text{若 } i=j\neq k,\\ F^2(x), & \text{若 } i\neq j=k,\\ F(x), & \text{若 } i=j=k.\end{cases}$$

代入上式整理之即得 $E[F_m^2(x)F_m(y)]$ (当 $x=y$ 时得 $E[F_m^3(x)]$). 类似地计算 $E[F_m(x)F_m(y)]$. 由此可算出 (6.3.41) 右边第一项的均值. 将以上所得全部结果整理之即得 (6.3.40).

现在来考虑 C_{3N}. 以 $Z_1<\cdots<Z_N$ 记合样本 $X_1,\cdots,X_m,Y_1,\cdots,Y_n$ 的次序样本, 并记

$$d_{iN}=J\left(\frac{i}{N+1}\right)-J[H(Z_i)]-\left(\frac{i}{N+1}-H(Z_i)\right)J'[H(Z_i)],$$
$$i=1,\ \cdots,\ N,$$
则由 C_{3N} 的表达式,立得
$$|C_{3N}|\leqslant K\frac{1}{N}|\Sigma' d_{iN}|. \tag{6.3.42}$$
Σ' 表示只对 Z_i 属于 $\{X_1, \cdots, X_m\}$ 的那些 i 求和. 记 $u_N=[N^{\delta'}]$, 此处 $0<\delta'<\delta''/2<\delta/4<\frac{1}{8}$, 则
$$|C_{3N}|\leqslant K(D_{1N}+D_{2N}+D_{3N}),$$
此处
$$D_{1N}=\frac{1}{N}\left|\sum_{i=1}^{u_N}d_{iN}\right|,\ D_{2N}=\frac{1}{N}\left|\sum_{i=u_N+1}^{N-u_N}{}' d_{iN}\right|,$$
$$D_{3N}=\frac{1}{N}\left|\sum_{i=N-u_N+1}^{N}d_{iN}\right|,$$
D_{2N} 中 Σ' 的意义与 (6.3.42) 同.

先讨论 D_{1N}. 有
$$D_{1N}\leqslant\frac{1}{N}\sum_{i=1}^{u_N}\left|J\left(\frac{i}{N+1}\right)\right|+\frac{1}{N}\sum_{i=1}^{u_N}|J'(H(Z_i))|$$
$$+\frac{1}{N}\sum_{i=1}^{u_N}\left|\frac{i}{N+1}-H(Z_i)\right||J'(H(Z_i))|=A_1+A_2+A_3,$$
但由条件 (c'),
$$\left|J\left(\frac{i}{N+1}\right)\right|\leqslant K\left[\frac{i}{N+1}\left(1-\frac{i}{N+1}\right)\right]^{-1/2+\delta}\leqslant KN^{1/2-\delta},$$
有 $$A_1\leqslant K\frac{1}{N}u_N N^{\frac{1}{2}-\delta}\leqslant KN^{-1+\delta'+\frac{1}{2}-\delta}=o(N^{-1/2}),$$
又因,当 (6.3.37) 中的事件发生时,每个 $H(Z_i)\geqslant\frac{b}{N}$ (对某个 $b>0$),因而
$$|J(H(Z_i))|\leqslant K\left[\frac{b}{N}\left(1-\frac{b}{N}\right)\right]^{-\frac{1}{2}+\delta}\leqslant KN^{\frac{1}{2}-\delta}.$$
故以概率不小于 $1-\varepsilon$, 上述对 A_1 之估计对 A_2 也对. 所以 $\sqrt{N}A_i\xrightarrow{P}0$, 当 $N\to\infty$, $i=1,\ 2$.

现在考虑 A_3. 当(6.3.37)中的事件发生时，有

$$\frac{1}{N}\sum_{i=1}^{u_N}\frac{i}{N+1}|J'(H(Z_i))|\leqslant N^{-2+\delta'}\sum_{i=1}^{u_N}|J'[H(Z_i)]|$$

$$\leqslant KN^{-2+\delta'}N^{\delta'}N^{\frac{3}{2}-\delta}=O(N^{-\frac{1}{2}-\delta+2\delta'})=o(N^{-1/2}), \quad (6.3.43)$$

选定 a, 致 $F(a)=2/3$, 则以 ξ_m^* 记 $X_1, \cdots, X_m$ 之样本中位数，有

$$P(\xi_m^*\leqslant a)\geqslant\sum_{t=\left[\frac{m}{2}\right]+1}^{m}\binom{m}{t}\left(\frac{2}{3}\right)^t\left(\frac{1}{3}\right)^{m-t}\to 1, \text{ 当 } m\to\infty.$$

因此当 N 充分大时，有 $P(\xi_m^*\leqslant a)\geqslant 1-\varepsilon$. 又因当 N 充分大时 $N^{\delta'}<N/3$, 故当 N 充分大时, $Z_{[N^{\delta'}]}<\xi_n^*$, 于是得到

$$P(Z_i\leqslant a,\ i=1, \cdots, [N^{\delta'}])\geqslant 1-\varepsilon, \text{ 当 } N \text{ 充分大}. \quad (6.3.44)$$

当(6.3.37)及(6.3.44)中的事件同时发生时(概率 $\geqslant 1-2\varepsilon$), 有

$$\frac{b}{N}\leqslant H(Z_i)=\lambda_N F(Z_i)+(1-\lambda_N)G(Z_i)\leqslant\lambda_0 F(a)+1-\lambda_0$$

$$=\lambda_0\frac{2}{3}+1-\lambda_0=1-\lambda_0/3,\ i=1, \cdots, [N^{\delta'}],$$

所以有

$$\frac{1}{N}\sum_{i=1}^{u_N}|H(Z_i)||J'[H(Z_i)]|\leqslant K\frac{1}{N}N^{\frac{1}{2}-\delta}\cdot N^{\delta'}=o(N^{-\frac{1}{2}}),$$

由于 $\varepsilon>0$ 任意小, 知 $\sqrt{N}A_3\xrightarrow{P}0$, 当 $N\to\infty$. 合以上证明了 $\sqrt{N}D_{1N}\xrightarrow{P}0$, 当 $N\to\infty$. 完全类似地处理 D_{3N} 的情况.

现在考虑 D_{2N}. 给定 $\tau>0$ 充分小, 找 a, b, 致 $\tau=H(a)=1-H(b)$. 定义三个集如下:

Q_1: $\{a\leqslant x\leqslant b\}$; Q_2: $\{Z_{u_N}<x<a\}$; Q_3: $\{b<x<Z_{N-u_N+1}\}$,

则 $D_{2N}\leqslant A_1+A_2+A_3$, 其中

$$A_1=\int_a^b\left|J\left[\frac{N}{N+1}H_N(x)\right]-J[H(x)]\right.$$

$$\left.-\left(\frac{N}{N+1}H_N(x)-H(x)\right)J'[H(x)]\right|dF_m(x),$$

而 A_2, A_3 为同一被积函数在 Q_2, Q_3 上的积分.

注意到

$$\sup_x |H_N(x)-H(x)| \leqslant \sup_x |F_m(x)-F(x)| + \sup_x |G_n(x)-G(x)|,$$

利用 Колмогоров 定理（定理 3.5.3），对任给 $\varepsilon>0$，存在充分大的 V，使当 N 充分大时，

$$P\left(\sup_x |H_N(x)-H(x)| \leqslant \frac{V}{\sqrt{N}}\right) \geqslant 1-\varepsilon. \tag{6.3.45}$$

因此，可选取更大的 V，使当 N 充分大时，

$$P\left(\sup_x \left|\frac{N}{N+1}H_N(x)-H(x)\right| \leqslant V/\sqrt{N}\right) \geqslant 1-\varepsilon. \tag{6.3.46}$$

现在回到条件 (c′) 中的点 $a_1, \cdots, a_t$. 选定 $q>0$ 充分小，致 $q<a_1-\tau$, $q<1-a_t-\tau$, 且 $a_i-a_{i-1}>2q$, $i=2, \cdots, t$. 作区间 $I_j=[d_j', d_j'']$，致 $H(d_j')=a_j-q$, $H(d_j'')=a_j+q$, $j=1, \cdots, t$. 这些区间显然两两无公共点，且每个 $I_j \subset [a, b]$. 且显然当 $x \in I=\bigcup_{j=1}^{t} I_j$, $N>(V/q)^2$ 而 (6.3.46) 中的事件发生时，以 $\frac{N}{N+1}H_N(x)$ 和 $H(x)$ 为端点的区间不包含 $\{a_1, \cdots, a_t\}$ 中任何点. 再注意到 $|J''(x)|$（可能是单边的）在 $a \leqslant x \leqslant b$ 有界，知 A_1 表达式中的被积函数 $L(x)$ 不超过（注意 K 与 q 无关，下同），

$$L(x) \leqslant K\left[\frac{N}{N+1}H_N(x)-H(x)\right]^2 \leqslant K\frac{V^2}{N}=K\frac{1}{N},$$

（回忆 K 为一常数，每次出现时值不必相同），故

$$\int_{[a,b]-I} L(x)dF_m(x) \leqslant K\frac{1}{N}. \tag{6.3.47}$$

此式当 N 充分大时以不小于 $1-\varepsilon$ 的概率成立. 又

$$\int_I L(x)dF_m(x) \leqslant \frac{1}{m}\sum_{Z_i \in I} L(Z_i),$$

注意到 $L(x)$ 的形状，对 $J(x)$ 的假定及 $|J'(x)|$ 在 $[a, b]$ 有界，易见在 (6.3.46) 中的事件发生时，有 $L(Z_i) \leqslant KVN^{-1/2}$. 由是推

出以不小于 $1-\varepsilon$ 的概率，有

$$\int_I L(x)dF_m(x) \leqslant KN^{-3/2}(I\text{ 中包含 }Z_i\text{ 的个数}),$$

但由大数定律，当 $N\to\infty$ 时，有

$$\frac{1}{N}(I\text{ 中包含 }Z_i\text{ 的个数}) \xrightarrow{P} 2tq.$$

因而当 N 充分大时，以不小于 $1-2\varepsilon$ 的概率成立，

$$\int_I L(x)dF_m(x) \leqslant 2tqKN^{-1/2}, \tag{6.3.48}$$

由于 q 可以任意小而 K 与 q 无关，结合 (6.3.47) 和 (6.3.48) 得出：对任给 $\varepsilon>0$, $\eta>0$ 当 N 充分大时，

$$\int_{[a,b]} L(x)dF_m(x) \leqslant \eta N^{-1/2}$$

的概率不小于 $1-2\varepsilon$. 这证明了 $\sqrt{N}A_1 \xrightarrow{P} 0$, 当 $N\to\infty$.

现在考虑 A_2. 根据前面所说，当 N 很大时，由于 Q_2 与 I 无公共点，当(6.3.46)中的事件发生时，以 $\frac{N}{N+1}H_N(x)$ 和 $H(x)$ 为端点的区间不包含 $\{a_1, \cdots, a_t\}$ 中的点，故当 N 充分大时，以不小于 $1-\varepsilon$ 的概率，有

$$A_2 = \int_{Q_2}\left[\frac{N}{N+1}H_N(x) - H(x)\right]^2 \cdot$$

$$\cdot \left|J''\left(\theta_x \frac{N}{N+1}H_N(x) + (1-\theta_x)H(x)\right)\right| dF_m(x). \tag{6.3.49}$$

根据引理 6.3.4, 对充分大的 N 以不小于 $1-\varepsilon$ 的概率成立着

$$0<H_N(x)<1 \Rightarrow \frac{H(x)}{H_N(x)} \leqslant 2\log N, \quad \frac{1-H(x)}{1-H_N(x)} \leqslant 2\log N.$$

当此式成立时，有(注意 $0\leqslant\theta_x\leqslant1$)

$$\frac{(1-\theta_x)H(x) + \theta_x\frac{N}{N+1}H_N(x)}{H(x)} \geqslant \frac{1}{(2\log N)},$$

$$\frac{1-\left[(1-\theta_x)H(x)+\theta_x\frac{N}{N+1}H_N(x)\right]}{1-H(x)}$$

$$=(1-\theta_x)+\theta_x\frac{\left[1-\frac{N}{N+1}H_N(x)\right]}{1-H(x)}$$

$$\geqslant 1-\theta_x+\theta_x\frac{1-H_N(x)}{1-H(x)}\geqslant\frac{1}{(2\log N)}.$$

所以，以不小于 $1-\varepsilon$ 的概率成立着

$$\left|J''\left[\theta_x\frac{N}{N+1}H_N(x)+(1-\theta_x)H(x)\right]\right|$$

$$\leqslant K(\log N)^3[H(x)(1-H(x))]^{-5/2+\delta},\qquad(6.3.50)$$

由 (6.3.37), (6.3.49) 和 (6.3.50)，知以不小于 $1-3\varepsilon$ 的概率成立着

$$A_2\leqslant\int_{Q_2\cap S_{N\eta}}K(\log N)^3\left[\frac{N}{N+1}H_N(x)-H(x)\right]^2\cdot$$

$$\cdot[H(x)(1-H(x))]^{-5/2+\delta}dF_m(x),$$

再以

$$\left[\frac{N}{N+1}H_N(x)-H(x)\right]^2\leqslant 2[H_N(x)-H(x)]^2+\frac{2}{N^2}H^2(x)$$

代入上式，得

$$A_2\leqslant K(\log N)^3\int_{Q_2\cap S_{N\eta}}\frac{1}{N^2}[H(x)(1-H(x))]^{-5/2+\delta}dF_m(x)$$

$$+K(\log N)^3\int_{Q_2\cap S_{N\eta}}[H_N(x)-H(x)]^2\cdot$$

$$\cdot[H(x)(1-H(x))]^{-5/2+\delta}dF_m(x)=A_2'+A_2''.$$

此以概率 $\geqslant 1-3\varepsilon$ 成立而 ε 可任意小，故欲证 $\sqrt{N}A_2\xrightarrow{P}0$，只需证 $\sqrt{N}A_2'\xrightarrow{P}0$, $\sqrt{N}A_2''\xrightarrow{P}0$. 但

$$E(A_2')=K(\log N)^3\int_{Q_2\cap S_{N\eta}}\frac{1}{N^2}[H(x)(1-H(x))]^{-5/2+\delta}dF(x)$$

$$\leqslant K\frac{(\log N)^3}{N^2}\int_{Q_2\cap S_{N\eta}}[H(1-H)]^{-5/2+\delta}dH,$$

回忆 $S_{N\eta}$ 有 $\left\{\frac{b}{N}\leqslant H(x)\leqslant 1-\frac{c}{N}\right\}$ 的形状，得

$$E(A_2')\leqslant K\frac{(\log N)^3}{N^2}N^{3/2-\delta}\leqslant KN^{-1/2-\delta}(\log N)^3,$$

这证明了 $\sqrt{N}A_2'\xrightarrow{P}0$. 再用引理 6.3.5，得

$$E(A_2'')\leqslant K\frac{(\log N)^3}{N}\int_{b/N}^{1-c/N}[H(1-H)]^{-3/2+\delta}dH$$
$$+K\frac{(\log N)^3}{N^2}\int_{b/N}^{1-c/N}[H(1-H)]^{-5/2+\delta}dH$$
$$\leqslant KN^{-1/2-\delta}(\log N)^3.$$

从而证明了 $\sqrt{N}A_2''\xrightarrow{P}0$. 因此，证明了 $\sqrt{N}A_2\xrightarrow{P}0$. 关于 A_3 的处理与 A_2 完全相似. 这样，由 $D_{2N}\leqslant A_1+A_2+A_3$，证明了 $\sqrt{N}D_{2N}\xrightarrow{P}0$. 最后，由

$$|C_{3N}|\leqslant K(D_{1N}+D_{2N}+D_{3N})$$

得 $\sqrt{N}C_{3N}\xrightarrow{P}0$，当 $N\to\infty$.

现在不难完成定理 6.3.1 的证明(在条件(a)，(b)，(c′)之下). 因

$$\sqrt{N}\frac{T_N-\mu_N}{\sigma_N}=\sqrt{N}(B_{1N}+B_{2N})/\sigma_N+\frac{1}{\sigma_N}\sum_{i=1}^{4}\sqrt{N}C_{iN}=I_1+I_2,$$

由引理 6.3.1 知 $I_1\xrightarrow{L}N(0,1)$. 又因 σ_N 与 N 无关，由(四)—(六)及假定(b)知 $I_2\xrightarrow{P}0$. 这证明了(6.3.5).

(七)收敛的一致性

在前面所给的定理 6.3.1 的证明中，“λ_N 不随 N 变化”这个条件是重要的. 这主要表现在引理 6.3.1 的证明中. 因为若 λ_N 随 N 变化，则 $B(x)$ 和 $B^*(x)$ (见(6.3.15))将与 N 有关，而古典中心极限定理不适用. 但是 λ_N 与 N 无关这个假定是不方便的，不仅如此，在有些问题中，F 和 G 也可以与 N 有关. 这一段的目的就是在 λ_N，F，G 可以与 N 有关的这种较复杂的情况下，来考察定理 6.3.1 的结论是否仍成立.

为了证明主要的结果，需要几件预备事实.

引理 6.3.6. (**Berry–Esseen 定理**). 设 $0<\delta\leqslant 1$. 存在着只与 δ 有关的有限常数 $C(\delta)$，使若 $X_1, \cdots, X_n$ 为任何 iid. 变量，$E(X_1)=a$, $\mathrm{Var}(X_1)=\sigma^2$，且

$$\beta_{2+\delta}=E(|X_1-a|^{2+\delta})<\infty.$$

以 $F_n(x)$ 记 $Y_n=\sum_{i=1}^{n}(X_i-a)/\sqrt{n}\sigma$ 的分布函数，则对一切 n 有

$$\sup_x |F_n(x)-\Phi(x)|\leqslant c(\delta)\left[\frac{\beta_{2+\delta}}{\sigma^{2+\delta}}n^{-\delta/2}+\left(\frac{\beta_{2+\delta}}{\sigma^{2+\delta}}\right)^{1/\delta}n^{-1/2}\right], \tag{6.3.51}$$

这是极限理论中的著名定理. 证明可参看 [4].

由此定理可知，若 X_1 的分布 F 属于这样一个集合 $\mathscr{F}$：存在 $\sigma_0^2>0$ 及 $M<\infty$，致对任何 $F\in\mathscr{F}$，分布 F 的方差总不小于 σ_0^2 而其 $2+\delta$ 阶绝对原点矩 $\int_{-\infty}^{\infty}|x|^{2+\delta}dF(x)$ 总 $\leqslant M$，则

$$\lim_{n\to\infty}[\sup_{F\in\mathscr{F}}\sup_x |F_n(x)-\Phi(x)|]=0. \tag{6.3.52}$$

也就是说，对 $\mathscr{F}$ 中的分布 F，上述 Y_n 的分布一致地收敛于 $N(0, 1)$ 的分布函数 $\Phi(x)$. 为证明这一点，只需指出存在 $M'<\infty$，致 $\beta_{2+\delta}(F)\leqslant M'$. 此可以如下证明：记 $a(F)=\int_{-\infty}^{\infty}x\,dF(x)$，则 $|a(F)|^{2+\delta}\leqslant\int_{-\infty}^{\infty}|x|^{2+\delta}dF(x)\leqslant M$. 但

$$|x-a(F)|^{2+\delta}\leqslant 2^{1+\delta}\{|x|^{2+\delta}+|a(F)|^{2+\delta}\},$$

因而对任何 $F\in\mathscr{F}$

$$\begin{aligned}\beta_{2+\delta}(F)&=\int_{-\infty}^{\infty}|x-a(F)|^{2+\delta}dF(x)\leqslant 2^{1+\delta}\int_{-\infty}^{\infty}|x|^{2+\delta}dF(x)\\&\quad+2^{1+\delta}|a(F)|^{2+\delta}\leqslant 2^{2+\delta}M=M'.\end{aligned}$$

于是由 (6.3.51) 立即得到 (6.3.52).

引理 6.3.7. 设对任何 $n=1, 2, \cdots$，变量 X_n 与 Y_n 独立，X_n 和 Y_n 的分布分别为 $F_n(x)$ 和 $G_n(x)$，它依赖于某些参数 θ (相当于上文的 λ_N, F, G 等). 设 Θ 为 θ 的一个集合，当 $n\to\infty$ 时，对 Θ 内的 θ，$F_n(x)$ 和 $G_n(x)$ 都一致地收敛于 $\Phi(x)$. 设 a_n, b_n 为实

数，$a_n^2+b_n^2=1$, $n=1, 2, \cdots$. 以 $H_n(x)$ 记 $a_nX_n+b_nY_n$ 之分布函数，则当 $n\to\infty$ 时，对 Θ 内的 θ 及一切满足上述条件的 $\{a_n, b_n\}$ 一致地有 $H_n(x)\to\Phi(x)$.

证. 由假定知不失普遍性可设 $a_n\neq 0$, $b_n\neq 0$. 又，通过改 X_n, Y_n 为 $-X_n$, $-Y_n$, 不失普遍性可设 $a_n>0$, $b_n>0$. 这时由独立性知

$$\begin{aligned}
H_n(x)&=\int_{-\infty}^{\infty}F_n\left(\frac{x-t}{a_n}\right)dG_n\left(\frac{t}{b_n}\right)\\
&=\int_{-\infty}^{\infty}\left[F_n\left(\frac{x-t}{a_n}\right)-\Phi\left(\frac{x-t}{a_n}\right)\right]dG_n\left(\frac{t}{b_n}\right)\\
&\quad+\int_{-\infty}^{\infty}\Phi\left(\frac{x-t}{a_n}\right)d\left[G_n\left(\frac{t}{b_n}\right)-\Phi\left(\frac{t}{b_n}\right)\right]\\
&\quad+\int_{-\infty}^{\infty}\Phi\left(\frac{x-t}{a_n}\right)d\Phi\left(\frac{t}{b_n}\right)\\
&=I_1+I_2+I_3.
\end{aligned}$$

由正态分布的性质立即得到 $I_3=\Phi(x)$, 又由假定知 $\lim\limits_{n\to\infty}I_1=0$, 对 $\theta\in\Theta$ 和 $\{a_n, b_n\}$ 一致地成立. 对 I_2 先实行分部积分，即可看出 $\lim\limits_{n\to\infty}I_2=0$ 对于 $\theta\in\Theta$ 和 $\{a_n, b_n\}$ 也一致成立. 引理证毕.

现在不难证明下面的一般性结果.

定理 6.3.2. 假定定理 6.3.1 的条件 (a), (c) 成立，且

1° 存在 λ_0, $0<\lambda_0\leqslant\frac{1}{2}$, 致 $\lambda_0\leqslant\lambda_N\leqslant 1-\lambda_0$, 对一切 N.

2° (λ_N, F, G) 属于这样一个集合 Θ, 对 Θ 中任一组 (λ_N, F, G), $B(X_1)$ 和 $B^*(Y_1)$ (它们的意义见 (6.3.15), 而 X_1, Y_1 分别有分布 F, G) 的方差总不小于某个固定常数 $a>0$.

3° 定理 6.3.1 中的条件 (b) 对 Θ 中的 (λ_N, F, G) 一致地成立. 这等于说：对任给 $\varepsilon>0$,

$$\lim_{N\to\infty}P\left(\sqrt{N}\left|\int_{-\infty}^{\infty}\left\{J_N\left[\frac{N}{N+1}H_N(x)\right]-J\left[\frac{N}{N+1}H(x)\right]\right\}\cdot\right.\right.$$
$$\left.\left.\cdot dF_m(x)\right|\geqslant\varepsilon\right)=0,$$

对 $(\lambda_N, F, G)\in\Theta$ 一致成立.

则对于 Θ 中的 (λ_N, F, G)，当 $N\to\infty$ 时 $(T_N-\mu_N)/\sigma_N$ 的分布函数一致地收敛于 $\Phi(x)$.

证[1]. 首先，仔细检查(四)—(六)各段中的论证发现，所证明的 $\sqrt{N}C_{iN}\xrightarrow{P}0$，当 $N\to\infty$，对满足本定理条件 1° 的那些 λ_N 及一切连续分布 F, G 都是一致的. 结合本定理条件 3°，即知 $\sqrt{N}C_{iN}\xrightarrow{P}0$, $i=1, 2, 3, 4$，一致地于 Θ. 因此，只需证明对 Θ 中的 (λ_N, F, G)，$\sqrt{N}(B_{1N}+B_{2N})/\sigma_N$ 的分布一致地收敛于 $\Phi(x)$. 但

$$\sqrt{N}(B_{1N}+B_{2N})/\sigma_N=a_NU_N+b_NV_N.$$

其中

$$a_N=\frac{1-\lambda_N}{\sqrt{\lambda_N}}\frac{\sqrt{\mathrm{Var}(B(x_1))}}{\sigma_N},\quad b_N=\sqrt{1-\lambda_N}\frac{\sqrt{\mathrm{Var}(B^*(Y_1))}}{\sigma_N},$$

$$U_N=\frac{1}{\sqrt{m}}\frac{\sum_{i=1}^{m}[B(x_i)-E(B(x_i))]}{\sqrt{\mathrm{Var}(B(X_1))}},$$

$$V_N=-\frac{1}{\sqrt{n}}\frac{\sum_{j=1}^{n}[B^*(Y_j)-E(B^*(Y_j))]}{\sqrt{\mathrm{Var}(B^*(Y_j))}}.$$

对任何 N, U_N, V_N 独立，且由本定理假定知[2]，对 Θ 中的 (λ_N, F, G)，当 $N\to\infty$ 时，U_N 和 V_N 的分布都一致地收敛于 $\Phi(x)$，又 $a_N^2+b_N^2=1$（回忆 σ_N^2 的定义），于是由引理 6.3.7 直接得到所欲证的结果.

我们来分析一下本定理的条件. 条件 1° 不成问题，因为一般总假定 $\frac{m}{N}\to\lambda\in(0, 1)$，这时条件 1° 自然满足，对条件 3°，注意到

$$|C_{4N}|\leqslant\frac{1}{m}\sum_{i=1}^{N}\left|J_N\left(\frac{i}{N+1}\right)-J\left(\frac{i}{N+1}\right)\right|=R_N,$$

R_N 与 F, G, λ_N 完全无关，而在许多情况下我们可证明

$$\lim_{n\to\infty}\sqrt{N}R_N=0$$

1) 仍以条件(c′)代(c)来证明.

2) 注意 (6.3.16) 式，其中的 M 与 λ_N, F, G 无关.

(例如，在 $J_N=J$ 及后文的定理6.3.5)，这时条件3°自然成立.

因此，关键就在于条件2°，即 $\mathrm{Var}(B(x_1))$ 和 $\mathrm{Var}(B^*(Y_1))$ 有非0下界. 关于这个问题我们给出以下的结果.

定理 6.3.3. 设连续分布函数 F、G 固定，假定存在区间 (a, b)，使 F, G 在其上皆为严增，而 $J'(x)$ 在 $(0, 1)$ 内至多只在可列个点为0, $J(x)$ 满足定理6.3.1的条件 (c)，且 $0<\lambda_0\leqslant\lambda_N\leqslant 1-\lambda_0<1$，则 $\mathrm{Var}(B(x))$ 和 $\mathrm{Var}(B^*(X))$ 都有非0下界.

证. 根据条件 (c')，$J'(x)$ 在 $(0, 1)$ 除有限个点外是连续的，又由此处的假定，$J'(x)$ 至多只在可列个点为0. 于是根据 $B(x)$ 的定义及 $G(x)$ 在 (a, b) 的严增性可知，$B(x)$ 在 (a, b) 上不恒等于常数，记

$$d=\int_a^b B(x)dF(x)\Big/\int_a^b dF(x),$$

注意由假定知 $\int_a^b dF>0$. 从

$$\begin{aligned}\mathrm{Var}(B(x))&=\int_{-\infty}^{\infty}[B(x)-E(B(x))]^2dF(x)\\&\geqslant\int_a^b[B(x)-E(B(x))]^2dF(x)\\&\geqslant\int_a^b[B(x)-d]^2dF(x)\\&=\int_a^b B^2(x)dF(x)-\left(\int_a^b B(x)dF(x)\right)^2\Big/\int_a^b dF(x),\end{aligned}$$

由 Schwarz 不等式可知，上式>0，除非在 (a, b) 中，除一个 F-零测集外，$B(x)$ 为常数，但这不可能，因前已指出 $B(x)$ 在 (a, b) 不恒等于常数，且 $B(x)$ 处处连续. 这证明了 $\mathrm{Var}(B(x))>0$. 我们把固定 $\lambda_N=\lambda$(注意 F, G 早已固定)时，算出的 $\mathrm{Var}(B(x))$ 记为 $g(\lambda)$. 往证：$g(\lambda)$ 在 $0<\lambda<1$ 连续.

记 $H_\lambda(x)=\lambda F(x)+(1-\lambda)G(x)$. 任给充分小 $\varepsilon>0$. 找 m_F, M_F, m_G, M_G, 使

$$F(m_F)=G(m_G)=1-F(M_F)=1-G(M_G)=\varepsilon,$$

并记 $m=\min(m_F, m_G)$, $M=\max(M_F, M_G)$. 将表达式

$$g_1(\lambda)=\iint\limits_{-\infty<x<y<\infty} F(x)[1-F(y)]J'[H_\lambda(x)]\cdot$$
$$\cdot J'[H_\lambda(y)]dG(x)dG(y)$$

分解为 $g_1(\lambda)=g_2(\lambda)+g_3(\lambda)$, 其中

$$g_2(\lambda)=\iint\limits_{D_2}\cdots,\ g_3(\lambda)=\iint\limits_{D_3}\cdots,$$

$$D_2=\{(x, y): m<x<y<M\},$$
$$D_3=\{(x, y): -\infty<x<y<\infty\}-D_2.$$

由对 $J'(x)$ 的假定, 利用控制收敛定理, 不难证明 $g_2(\lambda)$ 在 $0<\lambda<1$ 连续. 事实上, 以 $\{c_j\}=C$ 记 $J'(x)$ 在 $(0, 1)$ 的不连续点集. 任取 λ, $0<\lambda<1$, 及一串 $\lambda_i\to\lambda$. 记集合 $Q=\{x: H_\lambda(x)=c_j$ 对某个 $j\}$, 则显然 Q 的 G–测度为 0, 但当 $x\overline{\in} Q$ 时,

$$\lim_{i\to\infty} J'[H_{\lambda_i}(x)]=J'[H_\lambda(x)],$$

且在 $m\leqslant x\leqslant M$ 内有 $\varepsilon\leqslant H_{\lambda_i}(x)\leqslant 1-\varepsilon$ 对一切 i, 而由假定 (c'), 在 $\varepsilon\leqslant H_{\lambda_i}(x)\leqslant 1-\varepsilon$ 内 $J'[H_{\lambda_i}(x)]$ 是一致有界的, 因而由控制收敛定理

$$\lim_{i\to\infty}\iint\limits_{D_2} F(x)[1-F(y)]J'[H_{\lambda_i}(x)]J'[H_{\lambda_i}(y)]dG(x)dG(y)$$
$$=\iint\limits_{D_2} F(x)[1-F(y)]J'[H_\lambda(x)]J'[H_\lambda(y)]dG(x)dG(y),$$

从而证明了 $g_2(\lambda)$ 的连续性. 现在证明: 在 $0<\lambda_0\leqslant\lambda\leqslant 1-\lambda_0<1$ 内 $g_3(\lambda)$ 可一致地任意小, 只要 $\varepsilon>0$ 取得任意小. 事实上, 在 λ 属于上述区间时,

$$g_3(\lambda)\leqslant(\lambda_0(1-\lambda_0))^{-2}\iint\limits_{D_3} H_\lambda(x)[1-H_\lambda(y)]|J'[H_\lambda(x)]|\cdot$$
$$\cdot|J'[H_\lambda(y)]|dH_\lambda(x)dH_\lambda(y),$$

由于 $D_2\subset\{(x, y): \varepsilon\leqslant H_\lambda(x)\leqslant H_\lambda(y)\leqslant 1-\varepsilon\}$, 有

$$g_3(\lambda)\leqslant[\lambda_0(1-\lambda_0)]^{-2}\Big[\iint\limits_{0<x<y<1}x(1-y)\,|J'(x)J'(y)|\,dx\,dy$$

$$-\iint\limits_{\varepsilon\leqslant x<y\leqslant 1-\varepsilon}x(1-y)\,|J'(x)J'(y)|\,dxdy\Big]$$

$$\leqslant K[\lambda_0(1-\lambda_0)]^{-2}\Big[\iint\limits_{0<x<y<1}x(1-y)\cdot$$

$$\cdot[x(1-x)y(1-y)]^{-3/2+\delta}dx\,dy$$

$$-\iint\limits_{\varepsilon\leqslant x<y\leqslant 1-\varepsilon}x(1-y)\,[x(1-x)y(1-y)]^{-3/2+\delta}\Big]dx\,dy,\tag{6.3.53}$$

积分

$$\iint\limits_{0<x<y<1}x(1-y)\,[x(1-x)y(1-y)]^{-3/2+\delta}dx\,dy$$

$$=\int_0^1[y^{-3/2+\delta}(1-y)^{-1/2+\delta}]\Big[\int_0^y x^{-1/2+\delta}(1-x)^{-3/2+\delta}dx\Big]dy$$

$$\leqslant\int_0^1[y^{-3/2+\delta}(1-y)^{-1/2+\delta}]\,[Ky^{1/2+\delta}(1-y)^{-1/2+\delta}]\,dy$$

$$\leqslant K\int_0^1[y(1-y)]^{-1+2\delta}dy<\infty,$$

因此当 $\varepsilon\to 0$ 时, (6.3.53) 右边趋于 0, 因而证明了以上关于 $g_3(\lambda)$ 的论断.

利用 $g_1(\lambda)=g_2(\lambda)+g_3(\lambda)$, 其中当 ε 固定时, $g_2(\lambda)$ 连续而 $g_3(\lambda)$ 可任意小, 由例行的推理, 知 $g_1(\lambda)$ 在 $0<\lambda<1$ 连续, 因而 $g(\lambda)=\mathrm{Var}(B(X))=2g_1(\lambda)$ 也连续. 既然 $g(\lambda)$ 在 (0, 1) 点点连续且大于 0, 它必在每个闭子区间内有非 0 下界. 定理证毕.

在考虑涉及到非参数检验的功效对比的问题时, 常需要在 F, G 可以随 N 变动的情况下考察一致渐近正态性的问题. 下面的定理在 F, G 只有一个位置参数的差别的情况下解决了这个问题.

定理 6.3.4. 设 λ_N 满足定理 6.3.2 的条件 1°, 又

$$F(x)=\Psi(x+\theta_N),\quad G(x)=\Psi(x+\phi_N),$$

Ψ 为一确定的连续分布函数[1)], 则存在 $A>0$, 使对一切满足上述条件 1° 的 λ_N 和满足 $|\theta_N-\phi_N|\leqslant A$ 的 θ_N 和 ϕ_N, $\mathrm{Var}(B(X_1))$ 和 $\mathrm{Var}(B^*(Y_1))$ 都有非零下界. 且当 $\theta_N-\phi_N\to 0$ 时,

$$\lim_{N\to\infty}\frac{\lambda_N}{1-\lambda_N}\sigma_N^2=2\iint\limits_{0<x<y<1}x(1-y)J'(x)J'(y)\,dx\,dy$$
$$=\int_0^1 J^2(x)\,dx-\left(\int_0^1 J(x)\,dx\right)^2. \tag{6.3.54}$$

证. 显然 a) 不失普遍性可设 $\theta_N=0$. b) 只需证当 $\lim\limits_{N\to\infty}\theta_N=0$ 而 λ_N 在 $[\lambda_0,\ 1-\lambda_0]$ 以任何方式变化时, 有

$$\lim_{N\to\infty}\iint\limits_{-\infty<x<y<\infty}G(x)[1-G(y)]J'[H(x)]J'[H(y)]\,dF(x)\,dF(y)$$
$$=\lim_{N\to\infty}\iint\limits_{-\infty<x<y<\infty}\Psi(x)[1-\Psi(y)]J'[\Psi(x)]\cdot$$
$$\cdot J'[\Psi(y)]\,d\Psi(x)\,d\Psi(y)$$
$$=\iint\limits_{0<x<y<1}x(1-y)J'(x)J'(y)\,dx\,dy$$
$$=\frac{1}{2}\left[\int_0^1 J^2(x)\,dx-\left(\int_0^1 J(x)\,dx\right)^2\right] \tag{6.3.55}$$

以及

$$\lim_{N\to\infty}\iint\limits_{-\infty<x<y<\infty}F(x)[1-F(y)]J'[H(x)]J'[H(y)]\,dG(x)\,dG(y)$$
$$=\iint\limits_{-\infty<x<y<\infty}\Psi(x)[1-\Psi(y)]J'[\Psi(x)]J'[\Psi(y)]\,d\Psi(x)\,d\Psi(y). \tag{6.3.56}$$

以 (6.3.56) 为例. 通过变数代换, 左边的极限转化为

$$\lim_{N\to\infty}\iint\limits_{-\infty<x<y<\infty}\Psi(x-\phi_N)[1-\Psi(y-\phi_N)]\cdot$$
$$\cdot K_N(x)K_N(y)\,d\Psi(x)\,d\Psi(y),$$

1) 此语的确切意义是: $X_1,\cdots,X_m$ 和 $Y_1,\cdots,Y_n$ 是自 $\Psi(x-\theta_N)$ 和 $\Psi(x-\phi_N)$ 中抽出的, 当 m, n 因而 N 变化时, 样本所来自的总体的分布也随之而变化.

此处

$$K_N(x)=J'[\lambda_N\Psi(x-\phi_N)+(1-\lambda_N)\Psi(x)]=J'(S_N(x)),$$

由于 $J'(x)$ 在 $(0,\ 1)$ 内除可列个点外连续，当 $N\to\infty$ 时，

$$K_N(x)K_N(y)\to J'[\Psi(x)]J'[\Phi(y)]. \qquad (6.3.57)$$

对测度 $d\Psi(x)d\Psi(y)$ a.e. 成立. 现任给 $\varepsilon>0$ 充分小，找 m 和 M，致 $\Psi(m)=1-\Psi(M)=\varepsilon$. 考察积分

$$I=\iint\limits_{m<x<y<M}\Psi(x-\phi_N)[1-\Psi(y-\phi_N)]\cdot$$

$$\cdot K_N(x)K_N(y)d\Psi(x)d\Psi(y).$$

由于在 $m<x<y<M$ 内，当 N 充分大时，上述积分的被积函数有界，由(6.3.57)，根据控制收敛定理，有

$$\lim_{N\to\infty}I=\iint\limits_{m<x<y<M}\Psi(x)[1-\Psi(y)]J'[\Psi(x)]J'[\Psi(y)]d\Psi(x)d\Psi(y)$$

$$=\iint\limits_{\varepsilon<x<y<1-\varepsilon}x(1-y)J'(x)J'(y)dxdy, \qquad (6.3.58)$$

现取 m' 和 M' 致 $\Psi(m')=1-\Psi(M')=2\varepsilon$，以及

$$D_1=\{(x,\ y):-\infty<x<y<\infty\}-\{(x,\ y):m<x<y<M\},$$

$$D_2=\{(x,\ y):0<x<y<1\}-\{(x,\ y):2\varepsilon<x<y<1-2\varepsilon\}.$$

利用显然的不等式

$$\iint\limits_{D_1}\Psi(x-\phi_N)[1-\Psi(y-\phi_N)]|K_N(x)K_N(y)|d\Psi(x)d\Psi(y)$$

$$\leqslant[\lambda_0(1-\lambda_0)]^{-2}\iint\limits_{D_1}S_N(x)[1-S_N(y)]\cdot$$

$$\cdot|J'(S_N(x))J'(S_N(y))|dS_N(x)dS_N(y), \qquad (6.3.59)$$

因为当 N 充分大而 $(x,\ y)\in D_1$ 时，$S_N(x)<2\varepsilon$ 或 $1-S_N(y)<2\varepsilon$ 二者必至少成立其一，故有

$$\iint\limits_{D_1}S_N(x)[1-S_N(y)]|J'(S_N(x))J'(S_N(y))|dS_N(x)dS_N(y)$$

$$\leqslant\int_{D_2}x(1-y)|J'(x)J'(y)|dx\,dy\to 0,\ \text{当}\ \varepsilon\to 0.$$

由此式及(6.3.59)可知，对任给 $\eta>0$，可找到 $\varepsilon(\eta)>0$ 充分小，使对任何固定的 ε，$0<\varepsilon<\varepsilon(\eta)$，(6.3.58)式的右边当 N 充分大时小于 δ. 由此，从关系式

$$
\begin{aligned}
W_N= & \iint_{-\infty<x<y<\infty} \Psi(x-\phi_N)[1-\Psi(y-\phi_N)] \cdot \\
& \cdot K_N(x) K_N(y) d\Psi(x) d\Psi(y) \\
= & I+\iint_{D_1} \Psi(x-\phi_N)[1-\Psi(y-\phi_N)] \cdot \\
& \cdot K_N(x) K_N(y) d\Psi(x) d\Psi(y)
\end{aligned}
$$

出发，取定一个 ε，$0<\varepsilon<\varepsilon(\eta)$，令 $N\to\infty$，利用(6.3.58)，得

$$
\begin{aligned}
\eta+ & \iint_{\varepsilon<x<y<1-\varepsilon} x(1-y) J'(x) J'(y) dx\, dy \\
& \geqslant \limsup_{N\to\infty} W_N \geqslant \liminf_{N\to\infty} W_N \geqslant -\eta \\
& \quad + \iint_{\varepsilon<x<y<1-\varepsilon} x(1-y) J'(x) J'(y) dx\, dy
\end{aligned}
$$

在此式中先使 $\varepsilon\downarrow 0$ 次使 $\eta\downarrow 0$，得

$$
\lim_{N\to\infty} W_N=\iint_{0<x<y<1} x(1-y) J'(x) J'(y) dx\, dy. \tag{6.3.60}
$$

现在只剩下证明(6.3.55)中的最后一个等式. 因为，若此式得证，则由 $J(x)$ 在 $(0,1)$ 内不为常数，可知(6.3.60)右边的积分大于0.

$$
\begin{aligned}
2 & \iint_{0<x<y<1} x(1-y) J'(x) J'(y) dx\, dy=\int_0^1(1-y) J'(y)\left[\int_0^y x\, dJ(x)\right] dy \\
& =\int_0^1[2(1-y) J'(y)]\left[y J(y)-\int_0^y J(x) dx\right] dy=I_1-I_2, \\
I_1 & =\int_0^1 2y(1-y) J'(y) J(y) dy=\int_0^1 y(1-y) dJ^2(y) \\
& =-\int_0^1 J^2(y)(1-2y) dy=-\int_0^1 J^2(y) dy+2\int_0^1 y J^2(y) dy,
\end{aligned}
$$

$$
\begin{aligned}
I_2&=\int_0^1\int_0^y 2(1-y)J(x)J'(y)\,dx\,dy\\
&=\int_0^1 J(x)\left[\int_x^1 2(1-y)J'(y)\,dy\right]dx\\
&=\int_0^1 J(x)\left[-2(1-x)J(x)+2\int_x^1 J(y)\,dy\right]dx\\
&=-2\int_0^1 J^2(x)\,dx+2\int_0^1 xJ^2(x)\,dx+2\iint\limits_{0<x<y<1} J(x)J(y)\,dx\,dy.
\end{aligned}
$$

考虑到

$$
2\iint\limits_{0<x<y<1} J(x)J(y)\,dx\,dy=\int_0^1\int_0^1 J(x)J(y)\,dx\,dy=\left(\int_0^1 J(x)\,dx\right)^2,
$$

由以上诸式得到

$$
\begin{aligned}
2\iint\limits_{0<x<y<1} x(1-y)J'(x)J'(y)\,dx\,dy&=I_1-I_2\\
&=\int_0^1 J^2(x)\,dx-\left(\int_0^1 J(x)\,dx\right)^2,
\end{aligned}
\tag{6.3.61}
$$

定理证毕.

在 F, G 只相差一刻度参数，或同时有位置一刻度参数差别的情况,类似的结果及其证明仍成立.

由 (6.3.61) 附带得到以下的重要事实: 当 $F=G$ 时,有

$$
\mu_N=\int_0^1 J(x)\,dx, \tag{6.3.62}
$$

$$
\sigma_N^2=\frac{1-\lambda_N}{\lambda_N}\left[\int_0^1 J^2(x)\,dx-\left(\int_0^1 J(x)\,dx\right)^2\right]. \tag{6.3.63}
$$

(八) 满足定理 6.3.1 的条件的一个重要情况

满足定理 6.3.1 的条件 (a), (b), (c) 的最重要情况是 $J_N(x)$ 与 N 无关: $J_N(x)=J(x)$, 而 $J(x)$ 满足条件 (c). 在(二)中提到的五个检验统计量中,有四个属于这种情况.

另一个重要情况就是以 Fisher–Yates 统计量为代表的那种形式. 下面的定理解决了关于这种统计量满足条件 (a), (b), (c) 的问题.

定理 6.3.5. 设 $F(x)$ 为一其均值存在有限的，且在集合 $\{x: 0<F(x)<1\}$ 上严增的一维连续分布函数，以 $J(x)$ 记 $F(x)$ 的反函数.

设 $X_{(1)}\leqslant\cdots\leqslant X_{(N)}$ 为自分布 F 中抽出的大小为 N 的有序样本，记 $a_N(i)=E(X_{(i)})$，$i=1, \cdots, N$，由 $a_N(i)$ 按以前指出的方式决定 $J_N(x)$，则

$$\lim_{N\to\infty} J_N(u)=J(u), \text{ 对任何 } u\in(0, 1).$$

且若 J 满足条件 (c)，J 必也满足条件 (b).

证. 我们只证明定理的前半，因为后半部分的证明涉及很冗长繁复的分析推理. 如有必要，读者可参看 [9], p. 408.

首先明确：在定理假定之下，$E(X_{(i)})$ 存在有限. 这由

$$E(|X_{(i)}|)\leqslant E\left(\sum_{i=1}^{N}|X_{(i)}|\right)=E\left(\sum_{i=1}^{N}|X_i|\right)=NE(|X_1|)<\infty$$

得出.

现在任取 u, $0<u<1$. 显然只需证明：当 $N\to\infty$, $i\to\infty$ 而 $\frac{i}{N}\to u$ 时，有

$$\lim_{N\to\infty} E(X_{(i)})=J(u).$$

为此注意 $F(X_{(i)})=U_i$, $U_1\leqslant\cdots\leqslant U_N$ 为自 $R(0, 1)$ 中抽得的大小为 N 的有序样本. 由此易知（见 (6.1.3) 式），$F(X_{(i)})$ 的密度为

$$f_{Ni}(x)=N\binom{N-1}{i-1}x^{i-1}(1-x)^{N-i}, \quad 0<x<1, \text{ 其外为 } 0,$$

从而，注意到 $X_{(i)}=J(U_i)$，得

$$|E(X_{(i)})-J(u)|\leqslant\int_0^1|J(x)-J(u)|f_{Ni}(x)dx, \tag{6.3.64}$$

任给 $\varepsilon>0$，由 $J(x)$ 在 $(0, 1)$ 内的连续性，存在 η, $0<\eta<\max(u, 1-u)$，使当 $|x-u|\leqslant\eta$ 时，有 $|J(x)-J(u)|\leqslant\varepsilon/2$. 其次，注意到在 $0\leqslant x\leqslant 1$ 内，$x^{i-1}(1-x)^{N-i}$ 为单峰函数，在 $\frac{i-1}{N-1}$ 处取最大值，考虑到 $\frac{i}{N}\to u$，当 N 充分大时 $\frac{i-1}{N-1}\in[u-\eta, u+\eta]$，这时有

$$\sup\{f_{Ni}(x)\,|\,x:0<x<1,\ |x-u|\geqslant\eta\}$$
$$\leqslant\max\,[f_{Ni}(u-\eta),\ f_{Ni}(u+\eta)],$$

我们来证明上式右端当 $N\to\infty$ 时，有极限0. 以 $f_{Ni}(u-\eta)$ 为例. 考虑到 $N\to\infty$, $i\to\infty$, $\frac{i}{N}\to u\in(0,\ 1)$，根据Stirling公式(即(6.1.10))易得

$$\log f_{Ni}(u-\eta)=0(1)+I_N=o(1)+c+\frac{1}{2}\log N$$
$$+(i-1)\log\left[\frac{N}{i-1}(u-\eta)\right]+(N-i)\log\left[\frac{N}{N-i}(1-u+\eta)\right].$$

此处 $c=-\frac{1}{2}\log(2\pi e^2(1-u)u)$，而 $\lim\limits_{N\to\infty}o(1)=0$，注意到 $\frac{i}{N}\to u$，$\eta<\max(u,\ 1-u)$ 以及初等不等式

$$\log(1+x)\leqslant x-\frac{1}{4}x^2,\ \text{当}\ -1<x<1, \tag{6.3.65}$$

得当 $N\to\infty$ 时，

$$\log f_{Ni}(u-\eta)=o(1)+c+N[u+o(1)]\log\left[1-\frac{\eta}{u}+o(1)\right]$$
$$+N[1-u+o(1)]\log\left[1+\frac{\eta}{1-u}+o(1)\right]+\frac{1}{2}\log N\leqslant o(1)+c$$
$$+N[u+o(1)]\left\{-\frac{\eta}{u}+o(1)-\frac{1}{4}\left(\frac{\eta}{u}+o(1)\right)^2\right\}$$
$$+N[1-u+o(1)]\left\{\frac{\eta}{1-u}+o(1)-\frac{1}{4}\left(\frac{\eta}{1-u}+o(1)\right)^2\right\}$$
$$+\frac{1}{2}\log N=o(1)+c+N\left[-\frac{\eta^2}{4u(1-u)}+o(1)\right]$$
$$+\frac{1}{2}\log N\to-\infty.$$

这证明了 $\lim\limits_{N\to\infty}f_{Ni}(u-\eta)=0$，同理 $\lim\limits_{N\to\infty}f_{Ni}(u+\eta)=0$. 所以，记 $D=(0,\ u-\eta)U(u+\eta,\ 1)$，有

$$|E(X_{(i)})-J(u)|\leqslant\int_{u-\eta}^{u+\eta}|J(x)-J(u)|f_{Ni}(x)dx$$

$$+\int_D|J(x)-J(u)|f_{Ni}(x)dx$$

$$\leqslant\frac{\varepsilon}{2}+o(1)\left(\int_0^1|J(x)|dx+|J(u)|\right)<\varepsilon,$$

当 N 充分大，这是因为根据本定理假定

$$\int_0^1|J(x)|dx=\int_{-\infty}^{\infty}|x|dF(x)<\infty,$$

而 $\lim\limits_{N\to\infty}o(1)=0$. 这样我们证明了

$$\lim_{N\to\infty}J_N(u)=J(u),$$

从而证明了本定理的前半.

例 6.3.1. 拿 Fisher–Yates 检验来说，有 $F(x)=\Phi(x)$ 而 $J(x)=\Phi^{-1}(x)$, 此处 Φ 和 Φ^{-1} 分别为 $N(0, 1)$ 的分布函数及其反函数. 要算 $J(x)$ 的值 y, 等于解方程 $x=\Phi(y)$. 我们考虑当 $x\to1$ 时 $J(x)$ 的状况，$x\to0$ 的情况可类似地考虑之.

注意当 $x\to1$ 时，$y\to\infty$. 由

$$1-x=1-\Phi(y)=\frac{1}{\sqrt{2\pi}}\int_y^{\infty}e^{-t^2/2}dt\leqslant\frac{1}{\sqrt{2\pi}\,y}\int_y^{\infty}te^{-t^2/2}dt$$

$$=\frac{1}{\sqrt{2\pi}\,y}e^{-y^2/2},$$

故

$$x=\Phi(y)\geqslant1-\frac{1}{\sqrt{2\pi}\,y}e^{-y^2/2}.$$

注意到 $\frac{1}{y}e^{-y^2/2}$ 当 $y>0$ 时为下降函数，故若固定 y 而找 y_1, 致

$$x=1-\frac{1}{\sqrt{2\pi}\,y_1}e^{-y_1^2/2},$$

将有 $y_1\geqslant y$. 但

$$\log\frac{1}{1-x}=\frac{1}{2}y_1^2+\log y_1+\frac{1}{2}\log(2\pi)>y_1^2/2.$$

当 $x\to1$ (因这时 $y_1\to\infty$, 故 $\log y_1>0$). 故

$$y_1<\left(2\log\frac{1}{1-x}\right)^{1/2}<(1-x)^{-1/3},\ 当\ x\sim1.$$

故 $J(x)=\Phi^{-}(x)=y\leqslant y_1<(1-x)^{-1/3}$, 当 $x\sim 1$. 又由

$$\frac{dx}{dy}=\frac{1}{\sqrt{2\pi}}e^{-y^2/2}$$

知 $$|J'(x)|=\left|\frac{dy}{dx}\right|=\sqrt{2\pi}\,e^{y^2/2}\leqslant\sqrt{2\pi}\,e^{y_1^2/2}<\sqrt{2\pi}\,(1-x)^{-1},$$

当 $x\sim 1$. 这证明了在 $x=1$ 的一端, $J(x)=\Phi^{-}(x)$ 满足定理 6.3.1 的条件 (c), 在 0 的一端同样证明. 根据定理 6.3.5 及 6.3.1, Fisher-Yates 统计量有渐近正态性.

(九) 多样本的情况

以上几段对两样本情况讨论的秩次统计量理论, 可以用显然的方式推广到多样本的情形. 由于没有任何本质上的新东西, 我们只限于将结果叙述如下.

设 $X_{11}, \cdots, X_{1n_1}; \cdots; X_{c1}, \cdots, X_{cn_c}$ 分别为抽自具一维连续分布 $F_1, \cdots, F_c$ 的总体中的 iid. 样本. $a_N(k)$ 及由 $a_N(k)$ 产生的定义于 (0, 1) 的函数 $J_N(x)$, 与两样本情况无异. 将合样本 $X_{11}, \cdots, X_{cn_c}$ 按大小次序排列, 得 $Z_{(1)}<\cdots<Z_{(N)}$, $N=n_1+\cdots+n_c$. 分别以 $R_{i1}, \cdots R_{in_i}$ 记 $X_{i1}, \cdots, X_{in_i}$ 在合样本中的秩, 即

$$X_{ij}=Z_{(R_{ij})},\ j=1, \cdots, n_i,\ i=1, \cdots, c,$$

考虑统计量 $\boldsymbol{T}_N=(T_{N1}, \cdots, T_{Nc})'$, 其中

$$T_{Ni}=\frac{1}{n_i}\sum_{j=1}^{n_i}a_N(R_{ij})=\int_{-\infty}^{\infty}J_N\left[\frac{N}{N+1}H_N(x)\right]dF_{n_i}^{(i)}(x),$$

$$i=1, \cdots, c.$$

而 $F_{n_i}^{(i)}(x)$ 为 $X_{i1}, \cdots, X_{in_i}$ 的经验分布函数,

$$H_N(x)=\sum_{i=1}^{c}\lambda_i F_{n_i}^{(i)}(x),\ \lambda_i=\frac{n_i}{N}.$$

$H_N(x)$ 即为合样本 $X_{11}, \cdots, x_{cn_c}$ 的经验分布函数.

定理 6.3.6. 设当 $N\to\infty$ 时, $\frac{n_i}{N}\to\lambda_i\in(0, 1)$, $i=1, \cdots, c$, 又定理 6.3.1 的假定 (a)、(b), (c) 都成立 (在假定 (b) 中改 $F_m(x)$ 为 $F_{n_i}^{(i)}(x)$, $i=1, \cdots, c$), 则当 $N\to\infty$ 时, 有

$$\sqrt{N}(\boldsymbol{T}_N-\boldsymbol{\mu}_N)\xrightarrow{L}N(\mathbf{0},\ \boldsymbol{\Lambda}),\ \boldsymbol{\mu}_N=(\mu_{N1},\ \cdots,\ \mu_{Nc})',$$
$$\boldsymbol{\Lambda}=(\sigma_{ij})_{c\times c} \tag{6.3.66}$$

其中 $\mu_{Ni}=\int_{-\infty}^{\infty}J[H(x)]dF_i(x),\ H(x)=\sum_{i=1}^{c}\lambda_iF_i(x)$.

而

$$\sigma_{jj}=\sum_{\substack{i=1\\ \neq j}}^{c}2\lambda_i\iint_D A_i(x,\ y)dF_j(x)dF_j(y)$$
$$+\frac{2}{\lambda_j}\iint_D A_j(x,\ y)d[H(x)-\lambda_jF_j(x)]d[H(y)-\lambda_jF_j(y)], \tag{6.3.67}$$

$$\sigma_{ij}=\sum_{\substack{k=1\\ \neq i,j}}^{c}\lambda_k\iint_D[A_k(x,\ y)+A_k(y,\ x)]dF_i(x)dF_j(y)$$
$$-\iint_D[A_i(x,\ y)+A_i(y,\ x)]dF_j(x)d[H(y)-\lambda_iF_i(y)]$$
$$-\iint_D[A_j(x,\ y)+A_j(y,\ x)]dF_i(x)d[H(y)-\lambda_jF_j(y)],$$
$$i\neq j \tag{6.3.68}$$

此处

$$A_j(x,\ y)=F_j(x)[1-F_j(y)]J'[H(x)]J'[H(y)],$$
$$D=\{(x,\ y):-\infty<x<y<\infty\}.$$

证明过程与定理 6.3.1 相似，先将 T_{Ni} 表为

$$T_{Ni}=\mu_{Ni}+B_{1Ni}+B_{2Ni}+\sum_{j=1}^{4}C_{jNi},$$

其中

$$\mu_{Ni}=\int_{-\infty}^{\infty}J[H(x)]dF_i(x),$$

$$B_{1Ni}=\int_{-\infty}^{\infty}J[H(x)]d[F_{n_i}^{(i)}(x)-F_i(x)],$$

$$B_{2Ni}=\int_{-\infty}^{\infty}[H_N(x)-H(x)]J'[H(x)]dF_j(x),$$

$$C_{1Ni}=-\frac{1}{N+1}\int_{-\infty}^{\infty}H_N(x)J'[H(x)]dF_{n_i}^{(i)}(x),$$

$$C_{2Ni}=\int_{-\infty}^{\infty}[H_N(x)-H(x)]J'[H(x)]d[F_{n_i}^{(i)}(x)-F_i(x)],$$

$$C_{3Ni}=\int_{-\infty}^{\infty}\left\{J\left[\frac{N}{N+1}H_N(x)-J[H(x)]\right.\right.$$

$$\left.-\left(\frac{N}{N+1}H_N(x)-H(x)\right)J'[H(x)]\right\}dF_{n_i}^{(i)}(x)$$

$$C_{4Ni}=\int_{-\infty}^{\infty}\left\{J_N\left[\frac{N}{N+1}H_N(x)\right]-J\left[\frac{N}{N+1}H_N(x)\right]\right\}dF_{n_i}^{(i)}(x).$$

与定理6.3.1一样，可证

$$\sqrt{N}C_{jNi}\xrightarrow{P}0,$$

当 $N\to\infty$，因此 $\sqrt{N}(\boldsymbol{T}_N-\boldsymbol{\mu}_N)$ 之极限分布与

$$\boldsymbol{S}_N=\sqrt{N}(B_{1N1}+B_{2N1},\ \cdots,\ B_{1Nc}+B_{2Nc})'$$

之极限分布同. 采用与(三)完全类似的方法，得

$$B_{1Nk}+B_{2Nk}=\sum_{i=1}^{c}\frac{1}{n_i}\sum_{j=1}^{n_i}B_{ik}^*(X_{ij}).$$

其中

$$B_{ik}^*(X_{ij})=-\frac{n_i}{N}[B_k(X_{ij})-E(B_k(X_{ij}))],\ i\neq k.$$

$$B_{ii}^*(X_{ij})=\left[J(H(X_{ij}))-\frac{n_i}{N}B_i(X_{ij})\right]$$

$$-E\left[J(H(X_{ij}))-\frac{n_i}{N}B_i(X_{ij})\right],$$

而 $B_k(x)=\int_{x_0}^{x}J'[H(y)]dF_k(y)$. 故

$$\sqrt{N}(B_{1N1}+B_{2N1},\ \cdots,\ B_{1Nc}+B_{2Nc})'$$

$$=\sum_{i=1}^{c}\sqrt{\frac{N}{n_i}}\cdot\frac{1}{\sqrt{n_i}}\sum_{j=1}^{n_i}(B_{i1}^*(X_{ij}),\ \cdots,\ B_{ic}^*(X_{ij}))'$$

$$=\sum_{i=1}^{c}\sqrt{\frac{N}{n_i}}\boldsymbol{Q}_{n_i}. \tag{6.3.69}$$

显然，$\boldsymbol{Q}_{n_1},\ \cdots,\ \boldsymbol{Q}_{n_c}$ 相互独立，且当 $n_i\to\infty$ 时，由多维独立同分布情况下的中心极限定理可知

$$\boldsymbol{Q}_{n_i}\xrightarrow{L}N(\boldsymbol{0},\ \boldsymbol{\Lambda}_i),\ i=1,\ \cdots,\ c, \tag{6.3.70}$$

其中 $\boldsymbol{\Lambda}_i=(\sigma_{jk}^{(i)})_{c\times c}$, 是 $(B_{i1}^*(X_{i1}),\ \cdots,\ B_{ic}^*(X_{i1}))'$ 的协方差阵.
用(三)中的方法,不难算出

$$\sigma_{jj}^{(i)}=2\left(\frac{n_i}{N}\right)^2\iint_D A_i(x,\ y)\,dF_j(x)\,dF_j(y),\ i\neq j, \tag{6.3.71}$$

$$\sigma_{ii}^{(i)}=2\iint_D A_i(x,\ y)\,d\left[H(x)-\frac{n_i}{N}F_i(x)\right]d\left[H(y)-\frac{n_i}{N}F_i(y)\right] \tag{6.3.72}$$

$$\sigma_{jk}^{(i)}=\left(\frac{n_i}{N}\right)^2\left[\iint_D A_i(x,\ y)\,dF_j(x)\,dF_k(y)\right.$$
$$\left.+\iint_D A_i(y,\ x)\,dF_j(x)\,dF_k(y)\right],\ j\neq i,\ k\neq i,\ j\neq k. \tag{6.3.73}$$

$$\sigma_{ij}^{(i)}=-\frac{n_i}{N}\left[\iint_D A_i(x,\ y)\,dF_j(x)\,d\left[H(y)-\frac{n_i}{N}F_i(y)\right]\right.$$
$$\left.+\iint_D A_i(y,\ x)\,dF_j(x)\,d\left[H(y)-\frac{n_i}{N}F_i(y)\right]\right],\ i\neq j. \tag{6.3.74}$$

由 (6.3.69), (6.3.70), 及 $\frac{n_i}{N}\to\lambda_i$, 得

$$\boldsymbol{S}_N\xrightarrow{L}N\left(0,\ \sum_{i=1}^c\frac{1}{\lambda_i}\boldsymbol{\Lambda}_i\right),$$

其中 $\boldsymbol{\Lambda}_i=(\sigma_{jk}^{(i)})_{c\times c}$ 由 (6.3.71)—(6.3.74) 决定. 不难验证

$$\sum_{i=1}^c\frac{1}{\lambda_i}\boldsymbol{\Lambda}_i=\boldsymbol{\Lambda},\ \boldsymbol{\Lambda}=(\sigma_{ij})_{c\times c}$$

由 (6.3.67) 和 (6.3.68) 决定. 这证明了定理 6.3.6.

注. 由于 $\boldsymbol{T}_N$ 的各分量 $T_{N1},\ \cdots,\ T_{Nc}$ 之间有线性关系,

$$\sum_{i=1}^c n_iT_{Ni}=\sum_{k=1}^N a_N(k)=A_N,$$

知 Λ 必为降秩的. 为了得到非异正态分布, 必须在 T_N 中丢掉一个分量, 例如 T_{Nc}.

在 $F_1\equiv F_2\equiv\cdots\equiv F_c$ 的场合, 不难算出

$$\sigma_{ii}=A^2\left(\frac{1}{\lambda_i}-1\right),\ \sigma_{ij}=-A^2,\ i\neq j, \tag{6.3.75}$$

此处

$$A^2=\int_0^1 J^2(x)\,dx-\left(\int_0^1 J(x)\,dx\right)^2.$$

又，在 $F_i(x)=F(x+\theta_i)$，$i=1, \cdots, c$ 的情况，即各总体分布只相差一个位置参数时，成立着与定理 6.3.4 类似的结果.

（十）某些重要的两样本和多样本秩检验

应用定理 6.3.1 和 6.3.6，可以得到一些关于两样本问题和多样本问题的秩检验. 今择其重要者例举如下：

1. Wilcoxon 检验. 这是一个两样本秩检验. 相当于 $J(x)=x$ 的情况. 设 $X_1, \cdots, X_m$; $Y_1, \cdots, Y_n$, 分布 F 和 G 的意义同前，则

$$T_N=\frac{1}{mN}(R_1+\cdots+R_m),$$

R_i 为 X_i 在合样本中之秩. 而当 $F\equiv G$ 时，

$$\mu_N=\int_0^1 x\,dx=1/2,\ \sigma_N^2=\frac{n}{m}\left[\int_0^1 x^2\,dx-\left(\int_0^1 x\,dx\right)^2\right]=\frac{n}{12m}.$$

于是由定理 3.6.1 得到，当 $F\equiv G$ 以及 $\frac{m}{N}\to\lambda\in(0, 1)$ 时，

$$\frac{2(R_1+\cdots+R_m)-mN}{\sqrt{mnN/3}}\xrightarrow{L} N(0, 1).$$

不难看出，这与用 U-统计量理论所得出的同一问题的结果 (6.2.19) 是等价的. 关于使用这一极限分布去检验 $F\equiv G$ 的方法，已在例 6.2.1 中讨论过了.

2. Fisher-Yates 检验. 这相当于 $J(x)=\Phi^{-1}(x)$，Φ^{-1} 为 $N(0, 1)$ 的分布函数 Φ 的反函数. 当 $F\equiv G$ 时，有

$$\mu_N=\int_0^1 J(x)\,dx=\int_{-\infty}^{\infty} x\Phi'(x)\,dx=0,$$

$$\sigma_N^2=\frac{n}{m}\int_0^1 J^2(x)\,dx=\frac{n}{m}\int_{-\infty}^{\infty} x^2\Phi'(x)\,dx=\frac{n}{m},$$

因而由定理 3.6.1，在 $F\equiv G$ 以及 $\frac{m}{N}\to\lambda\in(0, 1)$ 时，

$$\sqrt{\frac{m+n}{mn}}\,T_N\xrightarrow{L} N(0, 1),$$

$T_N=\sum_{i=1}^{m}E(Z_{(R_i)})$，$Z_{(1)}\leqslant\cdots\leqslant Z_{(N)}$ 是取自 $N(0,1)$ 的大小为 N 的次序样本，R_i 为 X_i 在合样本中的秩.

使用这个极限分布来检验 $F\equiv G$ 的方法与例 6.2.1 一样. 例如，以

$$T_N\geqslant\sqrt{\frac{mn}{m+n}}Z_\alpha$$

为否定域的检验，适合于对立假设 $G(x)\equiv F(x+\theta)$，$\theta>0$ 的情况. 而以

$$|T_N|\geqslant\sqrt{\frac{mn}{m+n}}Z_{\alpha/2}$$

为否定域的检验，则适合于对立假设 $G(x)\equiv F(x+\theta)$，$\theta\neq0$ 的情况.

为了讨论多样本问题，需要下面的结果.

引理 6.3.8. 在定理 6.3.6的记号和条件下，若 $F_1\equiv\cdots\equiv F_c$，则当 $N\to\infty$ 时，

$$A^{-2}\sum_{i=1}^{c}n_i(T_{Ni}-\mu_{Ni})^2\xrightarrow{L}\chi^2_{c-1}. \tag{6.3.76}$$

证. 由定理 6.3.6 及 χ^2 分布的性质 j，知 $N\to\infty$ 时，

$$\widetilde{\boldsymbol{T}}'_N(\boldsymbol{\Lambda}_{c-1})^{-1}\widetilde{\boldsymbol{T}}_N\xrightarrow{L}\chi^2_{c-1}. \tag{6.3.77}$$

这里 $\widetilde{\boldsymbol{T}}_N=\sqrt{N}(T_{N1}-\mu_{N1},\ \cdots,\ T_{N,c-1}-\mu_{N,c-1})'$，$\boldsymbol{\Lambda}_{c-1}$ 是由 $\boldsymbol{\Lambda}$ 删去最后一行一列所得.

利用公式

$$(\boldsymbol{B}+\boldsymbol{u}\boldsymbol{v}')^{-1}=\boldsymbol{B}^{-1}-(\boldsymbol{B}^{-1}\boldsymbol{u})(\boldsymbol{B}^{-1}\boldsymbol{v})'/(1+\boldsymbol{u}'\boldsymbol{B}^{-1}\boldsymbol{v}),$$

此处 $\boldsymbol{B}$ 为 r 阶满秩方阵，$\boldsymbol{u}$，$\boldsymbol{v}$ 为 r 维列向量，且 $1+\boldsymbol{u}'\boldsymbol{B}^{-1}\boldsymbol{v}\neq0$. 由这个公式及 (6.3.75) 式，得到

$$\boldsymbol{\Lambda}_{c-1}^{-1}=\left(\mathrm{diag}\left(\frac{1}{\lambda_1},\ \cdots,\ \frac{1}{\lambda_{c-1}}\right)+\boldsymbol{u}\boldsymbol{v}'\right)^{-1}A^{-2}$$

$$(\boldsymbol{u}=(1,\ \cdots,\ 1)',\ \boldsymbol{v}=(-1,\ \cdots,\ -1)'),$$

$$\boldsymbol{\Lambda}_{c-1}^{-1}=A^{-2}\mathrm{diag}(\lambda_1,\ \cdots,\ \lambda_{c-1})+(\lambda_1,\ \cdots,\lambda_{c-1})'(\lambda_1,\cdots,\lambda_{c-1})\Big/\left(1-\sum_{i=1}^{c-1}\lambda_i\right)$$

$$=\begin{pmatrix} \lambda_1+\lambda_1^2/\lambda_c & \lambda_1\lambda_2/\lambda_c & \cdots & \lambda_1\lambda_{c-1}/\lambda_c \\ \lambda_1\lambda_2/\lambda_c & \lambda_2+\lambda_2^2 & \cdots & \lambda_2\lambda_{c-1}/\lambda_c \\ \cdots & \cdots & \cdots & \cdots \\ \lambda_1\lambda_{c-1}/\lambda_c & \lambda_2\lambda_{c-1}/\lambda_c & \cdots & \lambda_{c-1}+\lambda_{c-1}^2/\lambda_c \end{pmatrix} A^{-2}.$$

由此易得

$$\widetilde{\boldsymbol{T}}'_N \boldsymbol{\Lambda}_{c-1}^{-1} \widetilde{\boldsymbol{T}}_N = A^{-2}\Big[N\sum_{i=1}^{c-1}\lambda_i (T_{Ni}-\mu_{Ni})^2 + N\Big(\sum_{i=1}^{c-1}\lambda_i (T_{Ni}-\mu_{Ni})\Big)^2\Big/\lambda_c\Big] \qquad (6.3.78)$$

如果在上式中以 $\frac{n_i}{N}$ 代 λ_i, 则极限分布仍无变化, 此因由 (6.3.77) 已知每个 $N(T_{Ni}-\mu_{Ni})^2$ 有极限分布而 $\lambda_i-\frac{n_i}{N}=o(1)$, 因此, 这样代替的结果只相差一个 $o_p(1)$ 的量. 而不影响其极限分布. 现证

$$N\Big(\sum_{i=1}^{c}\frac{n_i}{N}(T_{Ni}-\mu_{Ni})\Big)^2 \xrightarrow{P} 0, \text{ 当 } N\to\infty. \qquad (6.3.79)$$

为此, 将 T_{Ni} 表为 $\mu_{Ni}+\sum_{k=1}^{2}B_{kNi}+\sum_{k=1}^{4}C_{kNi}$, 并根据诸 C_{kNi} 皆为 $o_p(N^{-1/2})$, 可知

$$N\Big[\sum_{i=1}^{c}\frac{n_i}{N}(T_{Ni}-\mu_{Ni})\Big]^2 = N\Big[\sum_{i=1}^{c}\frac{n_i}{N}(B_{1Ni}+B_{2Ni})+o_p(N^{-1/2})\Big]^2.$$

由此式可知为证 (6.3.79), 只需证

$$I_N = N\Big(\sum_{i=1}^{c}\frac{n_i}{N}(B_{1Ni}+B_{2Ni})\Big)^2 \xrightarrow{P} 0, \ N\to\infty. \qquad (6.3.80)$$

但 $E[B_{1Ni}+B_{2Ni}]=0$, 故

$$E(I_N)=\mathrm{Var}\Big(\sum_{i=1}^{c}\frac{n_i}{N_i}(B_{1Ni}+B_{2Ni})\Big),$$

而

$$E(I_N)=\Big(\frac{n_1}{N},\ \cdots,\ \frac{n_c}{N}\Big)A^2\boldsymbol{\Lambda}\Big(\frac{n_1}{N},\ \cdots,\ \frac{n_c}{N}\Big)' \to A^2(\lambda_1,\ \cdots,\ \lambda_c)\boldsymbol{\Lambda}(\lambda_1,\ \cdots,\ \lambda_c)'=0. \qquad (6.3.81)$$

此可由 $\boldsymbol{\Lambda}$ 的形状及 $\sum_{i=1}^{c}\lambda_i=1$ 得出. 由 $E(I_N)=0$ 及 (6.3.81) 得

(6.3.80),因而证明了 (6.3.79). 所以

$$
\begin{aligned}
&N\left[\sum_{i=1}^{c-1}\frac{n_i}{N}(T_{Ni}-\mu_{Ni})\right]^2\\
&=N\left[-\frac{n_c}{N}(T_{Nc}-\mu_{Nc})+\sum_{i=1}^{c}\frac{n_i}{N}(T_{Ni}-\mu_{Ni})\right]^2\\
&=N\left[-\frac{n_c}{N}(T_{Nc}-\mu_{Nc})+o_p(N^{-1/2})\right]^2\\
&=[1+o_p(1)]N\left(\frac{n_c}{N}\right)^2(T_{Nc}-\mu_{Nc})^2.
\end{aligned}
\tag{6.3.82}
$$

如上所指出,在 (6.3.78) 中改 λ_i 为 $\frac{n_i}{N}$, 不影响极限分布. 这一事实结合 (6.3.82) 和 (6.3.77),立即得到 (6.3.76). 引理证毕.

注意到当 $F_1\equiv\cdots\equiv F_c$ 时,有

$$\mu_{Ni}=\int_0^1 J(x)\,dx=a$$

为已知,得到多样本假设 $F_1\equiv\cdots\equiv F_c$ 的一个检验如下:当

$$A^{-2}\sum_{i=1}^{c}n_i(T_{Ni}-a)^2\geqslant\chi^2_{c-1}(\alpha)$$

时否定,否则接受. 以下考虑两个重要特例.

3. Kruskal-Wallis 检验. 相当于取 $J(x)=x$. 取 $J_N(x)=\frac{1}{N+1}[(N+1)x]$, 则

$$T_{Ni}=\frac{1}{(N+1)n_i}R_i,\ i=1,\ \cdots,\ c.$$

其中 R_i 为 $X_{i1},\ \cdots,\ X_{in_i}$ 在合样本 $X_{11},\ \cdots,\ X_{1n_1};\ \cdots;\ X_{c1},\ \cdots,\ X_{cn_c}$ 中之秩之和, 又 $a=\int_0^1 J(x)\,dx=\int_0^1 x\,dx=1/2$. 因此按引理 6.3.8, 当 $F_1\equiv\cdots\equiv F_c$ 时,统计量

$$
\begin{aligned}
\widetilde{H}&=\left[\int_0^1 x^2\,dx-\left(\int_0^1 x\,dx\right)^2\right]^{-1}\sum_{i=1}^{c}n_i\left(\frac{R_i}{(N+1)n_i}-\frac{1}{2}\right)^2\\
&=12\left[\frac{1}{(N+1)^2}\sum_{i=1}^{c}\frac{R_i^2}{n_i}-\frac{N}{4}\right]\\
&=\frac{12}{(N+1)^2}\sum_{i=1}^{c}R_i^2/n_i-3N,
\end{aligned}
$$

当 $N\to\infty$ 时的分布渐近于 χ^2_{c-1}. Kruskal 和 Wallis 取与 $\widetilde{H}$ 渐近等价的统计量

$$H=\frac{12}{N(N+1)}\sum_{i=1}^{c}R_i^2/n_i-3(N+1).$$

而以 $H\geqslant\chi^2_{c-1}(\alpha)$ 为假设 $F_1\equiv\cdots\equiv F_c$ 的否定域.

4. C_1 检验. 这是两样本情况下的 Fisher-Yates 检验的推广. 相应于 $J(x)=\Phi^{-1}(x)$. 与两样本情况的计算类似, 得

$$C_1=\sum_{i=1}^{c}G_i^2/n_i.$$

这里 $G_i=\sum_{j=1}^{n_i}E(Z_{(R_{ij})})$, $Z_{(1)}\leqslant\cdots\leqslant Z_{(N)}$ 为抽自 $N(0,1)$ 的大小为 N 的次序样本, $R_{i1},\cdots,R_{in_i}$ 为 $X_{i1},\cdots,X_{in_i}$ 在合样本中之秩. 当假设 $F_1\equiv\cdots\equiv F_c$ 成立且 $\frac{n_i}{N}\to\lambda_i\in(0,1)$, $i=1,\cdots,c$ 时, 有 $C_1\xrightarrow{L}\chi^2_{c-1}$. 利用这个极限分布, 可以取 $C_1\geqslant\chi^2_{c-1}(\alpha)$ 作为否定域.

§6.4. 置换检验

(一)置换检验与线性置换统计量

置换检验 (Permutation test) 是基于 Fisher 引进的"随机化原则" (Randomization principle) 的一种统计检验法 (Fisher, The Design of Experiments, Hafner Publishing Co. Inc. 1951). Fisher 引进这个方法, 是想把通常的基于正态、独立、等方差假设的方差分析、置于更现实的基础上. 读者在 [5] 和 [11] 中, 可找到关于这个问题的很好的叙述.

我们举一个最简单的例子来说明有关的概念. 设我们要检验某一处理 B 有无效应, 拿 B 和"对照" A 去比较. A 也可以是早就在使用的某种处理. 例如, B 可以是一种治疗高血压的新药, 而 A 是一种早已在使用的成药. 为了作这个比较, 找 $m+n$ 个试验单元(在上例中, 每个试验单元就是一个高血压患者). 将其分成两部分, 一部分包含 m 个单元, 对它们施加处理 A, 另一部分

包含 n 个单元，对之施加处理 B. 所得试验结果分别记为 $X_1, \cdots, X_m$ 和 $Y_1, \cdots, Y_n$.

在常见的正态、独立、等方差假定下，这问题的统计模型可以这样提出：假定这 $m+n$ 个单元是从一个很大的(即包括极多的试验单元的)总体中随机地抽出的. 当不施加任何处理时，假定我们感兴趣的指标 Z(在上例中，就是血压)在该总体中的分布，为 $N(\mu, \sigma^2)$. 假定施加处理 A 时，个体的指标增加 a'，而在施加处理 B 时，个体的指标则增加 b'. 这时，A, B 的比较就转化为 a', b' 的比较. 由于总体极大而 $m+n$ 个试验单元只是随机地从该总体中抽出的极小的一部分，自然地可假定 $X_1, \cdots, X_m, Y_1, \cdots, Y_n$ 独立，$X_i \sim N(\mu+a', \sigma^2)=N(a, \sigma^2)$, $i=1, \cdots, m$; $Y_j \sim N(\mu+b', \sigma^2)=N(b, \sigma^2)$, $j=1, \cdots, n$, $a=a'+\mu$, $b=b'+\mu$. a', b' 的比较问题，在这个模型之下，就提成常见的两个正态分布(方差相同)的均值的比较问题.

从上面的分析看到：通常正态等方差模型的适用，取决于试验的背景是否符合于所提的要求. 姑不论指标分布的正态性假定不必是现实的，就拿所使用的试验材料来说. 在许多具体场合下，无论就其来源和获得方式来说，都不必满足所要求的条件，即，它们是从一个大量同质的总体中随机地抽取的. 在这种情况下，上面所提出的正态等方差模型及基于它的两样本 t-检验的理论根据，都已失效. Fisher 提出了适合于这种情况的更自然的统计模型. 根据这种模型，所得结论只适用于已做试验的那些个体的范围内. 然而，有兴趣的是：传统的正态方差分析的方法在形式上仍能用于这种模型. 在上例中，这就是指两样本 t-检验仍适用(在以后说明的意义上). 这个模型的基础，就是 Fisher 提出的随机化原则. 我们拿上面的例子来作说明.

设这 $m+n$ 个试验单元的指标值依次为 $a_1, \cdots, a_{m+n}$. 设想处理 A、B 的效果完全一样. 由于问题在于比较 A, B, 不妨设它们对每个个体的效应都为 0. 设想在分配试验单元时，是完全随机地进行的. 这可以通过把 $m+n$ 个试验单元任意排成一列(共

有 $(m+n)!$ 个排法)，把前面 m 个施加处理 A，后 n 个施加处理 B. 这时，数据 $X_1, \cdots, X_m$ 无非就是 $a_1, \cdots, a_{m+n}$ 中随机地取出的 m 个(剩下的 n 个构成 $Y_1, \cdots, Y_n$). 这样一来，如果我们仍计算两样本 t-统计量

$$\left.\begin{aligned} t &= \sqrt{\frac{mn}{m+n}} \frac{\overline{Y}-\overline{X}}{S}, \\ S^2 &= \frac{1}{m+n-2}\left[\sum_{i=1}^{m}(X_i-\overline{X})^2+\sum_{j=1}^{n}(Y_j-\overline{Y})^2\right], \end{aligned}\right\} \quad (6.4.1)$$

则 t 的分布是：它一共能取 $(m+n)!$ 个值(其中有很多一样的)，每一个的概率都是 $[(m+n)!]^{-1}$，这些值是这样得来的：每次把 $a_1, \cdots, a_{m+n}$ 排成一列，把前 m 个作为 $X_1, \cdots, X_m$，后 n 个作为 $Y_1, \cdots, Y_n$，这就可以由 (6.4.1) 式算出一个 t 值. 这样一共得到 $(m+n)!$ 个 t 值，记为 $t_1, \cdots, t_{(m+n)!}$.

如果 A, B 的效应一样，则如上所指出的，每个 t_i 有均等概率. 但是，如果在这 $m+n$ 个试验单元上，B 的效应比 A 大，则由试验数据所算出的那个 t 值，记为 t^*，将倾向于取 $t_1, \cdots, t_{(m+n)!}$ 中较大的那些值(假定效应大时，指标值增加). 这样我们就得到一个检验法：将全部 $t_1, t_2, \cdots$ 按大小排列成 $t_{(1)} \leqslant t_{(2)} \leqslant \cdots \leqslant t_{((m+n)!)}$. 选取一个 k，然后当 $t^* \leqslant t_{(k)}$ 时，接受零假设 H:“A, B 效应一样”. 当 $t^* > t_{(k)}$ 时，则否定 H. k 的选择根据检验的水平 α 而定. 例如，当 $m+n$ 充分大时可取 $k=[(m+n)!(1-\alpha)]$. 若 $(m+n)!$ 甚小，则可使用随机化的检验.

上述讨论中的主要点在于：不用对这 $m+n$ 个试验单元的来历作任何假定，就能构造一个在统计上完全健全的检验. 这个检验是基于 $a_1, \cdots, a_{m+n}$ 的一切可能的置换，因而叫置换检验.

然而，要具体实现这个检验过程却远非易事，因为，就上述问题而言，一共能算出 $\binom{m+n}{m}$ 个不同的 t 值(当然，这中间也可以有一样的)，当 m, n 不太小时，涉及的计算量很大. 所以，自然地想到能否用某种已知的连续分布来逼近这个离散分布. 最重要最

常见的是正态分布. 如果能证明 t 的分布近似于正态，就可以根据这个来定出否定域的界限，而得到一个大样本置换检验. 关于象 t 这种类型的所谓“置换统计量”的大样本理论，构成本节的主要内容.

就本例而言可作一重要的简化：将 t 表为

$$t=\sqrt{\frac{mn(m+n-2)}{m+n}}\cdot\frac{\overline{Y}-\overline{X}}{\sqrt{\sum_{i=1}^{m}(X_i-Z)^2+\sum_{j=1}^{n}(Y_j-Z)-\frac{mn}{m+n}(\overline{Y}-\overline{X})^2}},$$

此处

$$Z=\left(\sum_{i=1}^{m}X_i+\sum_{j=1}^{n}Y_j\right)\Big/(m+n)=(a_1+\cdots+a_{m+n})/(m+n)=\overline{a}.$$

由于 $\sum_{i=1}^{m}(X_i-Z)^2+\sum_{j=1}^{n}(Y_j-Z)^2=\sum_{i=1}^{m+n}(a_i-\overline{a})^2$ 与 $a_1, \cdots, a_{m+n}$ 的排列无关，由 (6.4.1) 可知 t 是 $\overline{Y}-\overline{X}$ 的严增函数. 因此，基于 t 的置换检验，与基于 $\overline{Y}-\overline{X}$ 的置换检验完全一样. 姑不论从计算上说算 $\overline{Y}-\overline{X}$ 比算 t 方便，从理论上说，$\overline{Y}-\overline{X}$ 是 $a_1, \cdots, a_{m+n}$ 的线性函数，即 $\overline{Y}-\overline{X}$ 是所谓“线性置换统计量”. 关于这种统计量的渐近正态性问题，构成以下几段的内容.

置换检验的另一重要作用是作为条件检验来使用. 关于这一点到后面再讨论.

现在来给出线性置换统计量的一般形式. 拿上例来说，记 $N=m+n$，令

$$b_i=-\frac{1}{m},\ i=1, \cdots, m;\ b_i=\frac{1}{n},\ i=m+1, \cdots, N.$$

再令 $(Z_1, \cdots, Z_N)$ 为一随机向量，它以 $\frac{1}{N!}$ 的概率取 $(a_1, \cdots, a_N)$ 之任一置换 $(a_{i_1}, \cdots, a_{i_N})$，则显然，$\overline{Y}-\overline{X}$ 的置换分布，就是变量

$$L_N=\sum_{i=1}^{N}b_iZ_i$$

在通常意义下的分布.

一般地，假定给了

$$A_\nu=\{a_1,\ \cdots,\ a_{N_\nu}\},\ B_\nu=\{b_1,\ \cdots,\ b_{N_\nu}\}.$$

这里 $a_i,\ b_i,\ i=1,\ \cdots,\ N_\nu$，都是已知常数．设 $(X_1,\ \cdots,\ X_{N_\nu})$ 为一随机向量，它以概率 $\dfrac{1}{N_\nu!}$ 取 $(a_1,\ \cdots,\ a_{N_\nu})$ 之任一置换 $(a_{i_1},\ \cdots,\ a_{iN_\nu})$，则

$$L_\nu=\sum_{i=1}^{N_\nu} b_i X_i$$

称为一个线性置换统计量．

线性置换统计量也可以如下表出：以 $(R_1,\ \cdots,\ R_{N_\nu})$ 记一个随机向量，它以 $\dfrac{1}{N_\nu!}$ 的概率取 $(1,\ \cdots,\ N_\nu)$ 的任一置换，则

$$L_\nu=\sum_{i=1}^{N_\nu} b_i a_{R_i}.$$

在讨论线性置换统计量的极限分布时，需要考虑一系列的

$$A_\nu=\{a_{\nu1},\ \cdots,\ a_{\nu N_\nu}\},\ B_\nu=\{b_{\nu1},\ \cdots,\ b_{\nu N_\nu}\},\ \nu=1,\ 2,\ \cdots. \tag{6.4.2}$$

其中 $\lim\limits_{\nu\to\infty} N_\nu=\infty$，而

$$L_\nu=\sum_{i=1}^{N_\nu} b_{\nu i} a_{\nu R_{\nu i}},\ \nu=1,\ 2,\ \cdots \tag{6.4.3}$$

$(R_{\nu1},\ \cdots,\ R_{\nu N_\nu})$ 为一随机向量，以 $\dfrac{1}{N_\nu!}$ 的概率取 $(1,\ \cdots,\ N_\nu)$ 的任一置换．所要讨论的就是当 $\nu\to\infty$ 时，L_ν 的极限分布．

(二)基本条件的讨论

关于置换统计量的分布，Pitman, Welch 等在三十年代已有所讨论．他们计算某些在方差分析中出现的置换统计量的前四阶矩，证明它与所猜测的极限分布的前四阶矩接近．这自然不能作为有关统计量依分布收敛的证明．直到 1944 年，Wald 和 Wolfowitz 第一次在一般性条件下证明了线性置换统计量的渐近正态性，到 1949 年，Noether 改进了 Wald 和 Wolfowitz 的结果．1961 年，Hajek 又给了一个重大的改进．在叙述并证明这些结果

之前，我们把以上作者提出的条件作一综合性的讨论，以作为准备.

设 $\{A_\nu\}$，$\{B_\nu\}$ 如 (6.4.2). 定义

$$\bar{a}_\nu=\frac{1}{N_\nu}\sum_{i=1}^{N_\nu}a_{\nu i},$$

$$\mu_{r\nu}(A)=\frac{1}{N_\nu}\sum_{i=1}^{N_\nu}(a_{\nu i}-\bar{a}_\nu)^r,\ r=2,\ 3,\ \cdots,$$

$$v_{r\nu}(A)=\frac{1}{N_\nu}\sum_{i=1}^{N_\nu}|a_{\nu i}-\bar{a}_\nu|^r,\ r=2,\ 3,\ \cdots,$$

$$R_\nu(A)=\max_{1\leqslant i\leqslant N_\nu}a_{\nu i}-\min_{1\leqslant i\leqslant N_\nu}a_{\nu i}.$$

同样地，有 $\bar{b}_\nu$，$\mu_{r\nu}(B)$，$v_{r\nu}(B)$，$R_\nu(B)$.

考虑以下三组条件.

1. 条件 WW (Wald-Wolfowitz, 1944). 称 $\{A_\nu\}$ 适合条件 WW，若对任何固定的 $r\,(r=2,\ 3,\ \cdots)$，序列

$$\mu_{r\nu}(A)/[\mu_{2\nu}(A)]^{r/2},\ \nu=1,\ 2,\ \cdots$$

是有界的(其界可与 r 有关).

2. 条件 N(Noether, 1949). 称 $\{A_\nu\}$ 适合条件 N，若对任何固定的 $r\,(r=3,\ 4,\ \cdots)$，有

$$\lim_{\nu\to\infty}N_\nu^{-\left(\frac{r}{2}-1\right)}\mu_{r\nu}(A)/[\mu_{2\nu}(A)]^{r/2}=0,$$

条件 WW 和 N 常写为

$$\text{WW}:\mu_{r\nu}(A)/[\mu_{2\nu}(A)]^{r/2}=O(1),\ r=3,\ 4,\ \cdots,\tag{6.4.4}$$

$$\text{N}:\mu_{r\nu}(A)/[\mu_{2\nu}(A)]^{r/2}=o\left(N_\nu^{\frac{r}{2}-1}\right),\ r=3,\ 4,\ \cdots.\tag{6.4.5}$$

应注意的是 $O(1)$ 和 $o(1)$ 是指 r 固定而 $\nu\to\infty$，且牵涉的常数可与 r 有关.

下一个条件涉及两个序列 $\{A_\nu\}$ 和 $\{B_\nu\}$. 为方便计，记

$$d_{\nu ij}=(a_{\nu i}-\bar{a}_\nu)(b_{\nu j}-\bar{b}_\nu),\ d_\nu^2=\frac{1}{N_\nu}\sum_{i,j=1}^{N_\nu}d_{\nu ij}^2.$$

3. 条件 M(Motoo, 1957). 称 $\{A_\nu,\ B_\nu\}$ 满足条件 M，若对任给 $\varepsilon>0$，有

$$\sum_{(i,j):|d_{\nu ij}|\geqslant \varepsilon d_\nu} d_{\nu ij}^2/d_\nu^2=o(N_\nu). \qquad (6.4.6)$$

下面来讨论这些条件的某些等价形式，并给出它们之间的某些关系.

1° 条件

$$\mathrm{WW}':v_{r\nu}(A)/[v_{2\nu}(A)]^{r/2}=O(1),\ r=3,\ 4,\ \cdots \qquad (6.4.7)$$

与条件 WW′ 等价.

证. 显然，$\mathrm{WW}'\Rightarrow\mathrm{WW}$. 反过来，若条件 WW 成立，则当 r 为偶数时，(6.4.7) 成立. 即存在 K_r(r 为偶数)，致 $\mathscr{V}_{r\nu}(A)\leqslant K_r[\mathscr{V}_{2\nu}(A)]^{r/2}$ 对一切 ν. 现任取奇数 $r\geqslant 3$，则

$$\begin{aligned}\mathscr{V}_{r\nu}(A)&\leqslant(\mathscr{V}_{r+1,\nu}(A)\mathscr{V}_{r-1,\nu}(A))^{1/2}\\&\leqslant K_{r+1}[\mathscr{V}_{2\nu}(A)]^{(r+1)/2}K_{r-1}[\mathscr{V}_{2\nu}(A)]^{(r-1)/2}\\&=K_{r+1}K_{r-1}[\mathscr{V}_{2\nu}(A)]^{r/2},\ \nu=1,\ 2,\ \cdots.\end{aligned}$$

这证明了 (6.4.7) 当 r 为奇数时也对.

2° 条件

$$\mathrm{N}':\mathscr{V}_{r\nu}(A)/[\mathscr{V}_{2\nu}(A)]^{r/2}=o(N_\nu^{\frac{r}{2}-1}),\ r=3,\ 4,\ \cdots \qquad (6.4.8)$$

与条件 N 等价.

证明与 1° 完全类似.

3° 条件 N 与

条件 N_a：存在自然数 $r>2$，致

$$\mathscr{V}_{r\nu}(A)/[\mathscr{V}_{2\nu}(A)]^{r/2}=o(1),$$

条件 N_b: $R_\nu(A)/\sqrt{\mu_{2\nu}(A)}=o(\sqrt{N_\nu})$

中的任一个都等价.

证. $\mathrm{N}\Rightarrow\mathrm{N}_a$ 由 2° 推出. 现证 $\mathrm{N}_a\Rightarrow\mathrm{N}_b$. 设 $\{A_\nu\}$ 满足 N_a，但不满足 N_b，则存在 $c>0$ 及 $\{\nu_i\}$，致 $R_{\nu_i}(A)\geqslant c\sqrt{N_{\nu_i}}(\mu_{2\nu_i}(A))^{1/2}$，$i=1,\ 2,\ \cdots$. 由于 $\mathscr{V}_{r\nu_i}(A)\geqslant\frac{1}{N_{\nu_i}}\left(\frac{1}{2}\right)^r[R_{\nu_i}(A)]^r$，有

$$\mathscr{V}_{r\nu_i}(A)\geqslant c^r\left(\frac{1}{2}\right)^r\cdot N_{\nu_i}^{\frac{r}{2}-1}(\mathscr{V}_{2\nu_i}(A))^{r/2},\ i=1,\ 2,\ \cdots.$$

这说明，(6.4.8) 中的数量级关系对任何 $r\geqslant 3$ 都不成立，而这与

$\{A_\nu\}$ 满足条件 N_a 不合.

最后证明 $N_b \Rightarrow N$. 设 $\{A_\nu\}$ 满足 N_b. 记 $a_{\nu i}=c_{\nu i}R_\nu(A)$, $i=1, \cdots, N_\nu$, 并记 $\bar{c}_\nu=\frac{1}{N_\nu}\sum_{i=1}^{N_\nu} c_{\nu i}$, 则 $|c_{\nu i}|\leqslant 1$. 因为

$$\mu_{2\nu}(A)=\frac{1}{N_\nu}\sum_{i=1}^{N_\nu}(c_{\nu i}-\bar{c}_\nu)^2\cdot R_\nu^2(A),$$

条件 N_b 等价于 $D_\nu=\sum_{i=1}^{N_\nu}(c_{\nu i}-\bar{c}_\nu)^2\to\infty$, 当 $\nu\to\infty$. 但当 $r\geqslant 3$,

$$|\mu_{r\nu}(A)|\leqslant\frac{1}{N_\nu}\sum_{i=1}^{N_\nu}|c_{\nu i}-\bar{c}_\nu|^r R_\nu^r(A),$$

所以

$$|\mu_{r\nu}(A)|/[\mu_{2\nu}(A)]^{\frac{r}{2}}\leqslant N_\nu^{r/2-1}\ \sum_{i=1}^{N_\nu}|c_{\nu i}-\bar{c}_\nu|^r/D_\nu^{r/2}.$$

但由 $|c_{\nu i}|\leqslant 1$ 知 $|c_{\nu i}-\bar{c}_\nu|\leqslant 2$, 所以

$$\sum_{i=1}^{N_\nu}|c_{\nu i}-\bar{c}_\nu|^r\leqslant 2^{r-2}\sum_{i=1}^{N_\nu}(c_{\nu i}-\bar{c}_\nu)^2=2^{r-2}D_\nu,$$

从而

$$N_\nu^{-(\frac{r}{2}-1)}|\mu_{r\nu}(A)|/[\mu_{2\nu}(A)]^{r/2}\leqslant 2^{r-2}D_\nu^{-(\frac{r}{2}-1)}\to 0,$$

当 $\nu\to\infty$, 因为 $\frac{r}{2}-1>0$ 而 $\lim\limits_{\nu\to\infty}D_\nu=\infty$.

4° 当在 A_ν, B_ν 的每个数上加上一常数(可与 ν 有关)时, 不影响它们是否满足任何条件 (WW, N, M) 这一性质. 对乘上一非零常数也有同一结果.

证明是显然的.

5° WW $\Rightarrow$ N. 这由定义直接得出.

6° 若 $\{A_\nu\}$ 和 $\{B_\nu\}$ 中有一个满足条件 WW 而另一个满足条件 N, 则 $\{A_\nu, B_\nu\}$ 满足条件 M(这可以记为 (WW, N) $\Rightarrow$ M).

证. 由所设条件知.

$$\begin{aligned}&\frac{1}{N_\nu^2}\sum_{i,j=1}^{N_\nu}|d_{\nu ij}|^r\Big/\left\{\frac{1}{N_\nu^2}\sum_{i,j=1}^{N_\nu}d_{\nu ij}^2\right\}^{r/2}\\&\quad=\frac{1}{N_\nu^2}\sum_{i,j=1}^{N_\nu}|d_{\nu ij}|^r\Big/\left(\frac{1}{N_\nu}d_\nu^2\right)^{r/2}=o(N_\nu^{r/2-1}),\\&\qquad r=3,\ 4,\ \cdots,\end{aligned}\tag{6.4.9}$$

即

$$\sum_{i,j=1}^{N_\nu}|d_{\nu ij}|^r\Big/\Big(\sum_{i,j=1}^{N_\nu}d_{\nu ij}^2\Big)^{r/2}=o(N_\nu^{-(r/2-1)}),$$

(6.4.10)

若条件 M 不成立，则存在 $c>0$, $\varepsilon>0$ 及一串 $\{\nu_k\}$，致

$$\sum_{\{(i,j):|d_{\nu_k ij}|\geqslant\varepsilon d_{\nu_k}\}}d_{\nu_k ij}^2/d_{\nu_k}^2\geqslant cN_{\nu_k},\ k=1,\ 2,\ \cdots.$$

这时

$$\sum_{i,j=1}^{N_{\nu_k}}|d_{\nu_k ij}|^r\geqslant(\varepsilon d_{\nu_k})^{r-2}\sum_{\{(i,j):|d_{\nu_k ij}|\geqslant\varepsilon d_{\nu_k}\}}d_{\nu_k ij}^2\geqslant c\varepsilon^{r-2}N_{\nu_k}d_{\nu_k}^r.$$

故

$$\sum_{i,j=1}^{N_{\nu_k}}|d_{\nu_k ij}|^r\Big/\Big(\sum_{i,j=1}^{N_\nu}d_{\nu_k ij}^2\Big)^{r/2}\geqslant c\varepsilon^{r-2}N_{\nu_k}d_{\nu_k}^r/(N_{\nu_k}d_{\nu_k}^2)^{r/2}$$

$$=c\varepsilon^{r-2}N_{\nu_k}^{-(r/2-1)},\ k=1,\ 2,\ \cdots.$$

这显然与 (6.4.10) 矛盾.

7° 若 $\{A_\nu,\ B_\nu\}$ 满足条件 M，则 $\{A_\nu\}$ 和 $\{B_\nu\}$ 都满足条件 N（这可以记为 $\mathrm{M}\Rightarrow(\mathrm{N},\ \mathrm{N})$）.

证. 用反证法，设 $\{B_\nu\}$ 不满足 N. 则由 N 与 N_b 的等价性（见 3°），知 $\{B_\nu\}$ 也不满足 N_b. 不失普遍性设 $\bar{b}_\nu=0$，对一切 ν. 这时存在 $c>0$，一串 $\{\nu_i\}$ 和 $\{j_i\}$，致

$$|b_{\nu_i j_i}|\geqslant c\sqrt{N_{\nu_i}}\sqrt{\mu_{2\nu_i}(B)},\ i=1,\ 2,\ \cdots.$$

于是

$$\sum_{\{(i,j):|d_{\nu_k ij}|\geqslant\varepsilon d_{\nu_k}\}}d_{\nu_k ij}^2/d_{\nu_k}^2$$

$$=\frac{\displaystyle\sum_{\{(i,j):|a_{\nu_k i}b_{\nu_k j}|\geqslant\varepsilon(N_{\nu_k}\mu_{2\nu_k}(A)\mu_{2\nu_k}(B))^{1/2}\}}\frac{1}{N_{\nu_k}^2}a_{\nu_k i}^2b_{\nu_k j}^2}{\mu_{2\nu_k}(A)\mu_{2\nu_k}(B)}$$

$$\geqslant c^2\sum_{\{i:|a_{\nu_k i}|\geqslant\varepsilon\sqrt{\mu_{2\nu_k}(A)}/c\}}\frac{1}{N_{\nu_k}}a_{\nu_k i}^2/\mu_{2\nu_k}(A).\qquad(6.4.11)$$

由于

$$\sum_{\{i:|a_{\nu_k i}|<\varepsilon\sqrt{\mu_{2\nu_k}(A)}/c\}}\frac{1}{N_{\nu_k}}a_{\nu_k i}^2\leqslant\frac{\varepsilon^2}{c^2}\mu_{2\nu_k}(A)$$

得出

(6.4.11) 式的右边 $\geqslant(c^2-\varepsilon^2)\mu_{2\nu_k}(A)/\mu_{2\nu_k}(A)=c^2-\varepsilon^2$. 取 $\varepsilon=\dfrac{c}{2}$，由 (6.4.11) 知

$$\sum_{\{(i,j):|d_{\nu_k ij}|\geqslant \varepsilon d_{\nu_k}\}} d_{\nu_k ij}^2/d_{\nu_k}^2 \geqslant \frac{3}{4}\varepsilon^2 > 0, k=1, 2, \cdots.$$

这与 $\{A_\nu, B_\nu\}$ 满足条件 M 矛盾.

适合条件 WW 的重要例子是

$$A_\nu = \{a_\nu, a_\nu, \cdots, a_\nu, b_\nu, b_\nu, \cdots, b_\nu\}, \nu=1, 2, \cdots.$$

其中 a_ν, b_ν 为任意常数, $a_\nu \neq b_\nu$, a_ν 有 m_ν 个, b_ν 有 n_ν 个, 而

$$\frac{m_\nu}{m_\nu+n_\nu} \to \lambda \in (0, 1),$$

当 $\nu\to\infty$. 另一个适合条件 WW 的重要例子是

$$A_N = \{1, 2, 3, \cdots, N\}, N=1, 2, \cdots.$$

这些简单事实的验证留给读者.

（三）线性置换统计量的渐近正态性

设

$$A_\nu = \{a_{\nu 1}, \cdots, a_{\nu N_\nu}\}, B_\nu = \{b_{\nu 1}, \cdots, b_{\nu N_\nu}\}, \nu=1, 2, \cdots$$

$(X_{\nu 1}, \cdots, X_{\nu N_\nu})$ 为一随机向量, 以 $\frac{1}{N_\nu!}$ 的概率取 $(a_{\nu 1}, \cdots, a_{\nu N_\nu})$ 的任一置换, 而

$$L_\nu = \sum_{i=1}^{N_\nu} b_{\nu i} X_{\nu i}, \nu=1, 2, \cdots.$$

先证明下面的简单引理.

引理 6.4.1. 有

$$\lambda_\nu = E(L_\nu) = N_\nu \bar{a}_\nu \bar{b}_\nu. \tag{6.4.12}$$

$$\sigma_\nu^2 = \operatorname{Var}(L_\nu) = \frac{N_\nu^2}{N_\nu-1}\mu_{2\nu}(A)\mu_{2\nu}(B). \tag{6.4.13}$$

证. 注意到 $X_{\nu i}$ 与 $(X_{\nu i}, X_{\nu j})$ 的分布分别为

$$P(X_{\nu i}=a_{\nu k}) = \frac{1}{N_\nu}, k=1, \cdots, N_\nu;$$

$$P(X_{\nu i}=a_{\nu r}, X_{\nu j}=a_{\nu s}) = \frac{1}{N_\nu(N_\nu-1)}, r\neq s, i\neq j,$$

得到

$$E(X_{\nu i}) = \bar{a}_\nu, \operatorname{Aar}(X_{\nu i}) = \mu_{2\nu}(A), i=1, \cdots, N_\nu,$$

$$\begin{aligned}\operatorname{Cov}(X_{\nu i}, X_{\nu j}) &= \frac{1}{N_\nu(N_\nu-1)} \sum_{r \neq s} (a_{\nu r}-\bar{a}_\nu)(a_{\nu s}-\bar{a}_\nu) \\ &= \frac{1}{N_\nu(N_\nu-1)} \left[\sum_{r,s=1}^{N_\nu} (a_{\nu r}-\bar{a}_\nu)(a_{\nu s}-\bar{a}_\nu) - \sum_{r=1}^{N_\nu} (a_{\nu r}-\bar{a}_\nu)^2 \right] \\ &= -\frac{1}{N_\nu(N_\nu-1)} \sum_{r=1}^{N_\nu} (a_{\nu r}-\bar{a}_\nu)^2 = -\frac{1}{N_\nu-1} \mu_{2\nu}(A).\end{aligned}$$

从而

$$E(L_\nu) = \sum_{i=1}^{N_\nu} b_{\nu i} E(X_{\nu i}) = \bar{a}_\nu \sum_{i=1}^{N_\nu} b_{\nu i} = N_\nu \bar{a}_\nu \bar{b}_\nu.$$

$$\begin{aligned}\operatorname{Var}(L_\nu) &= \sum_{i=1}^{N_\nu} b_{\nu i}^2 \operatorname{Var}(X_{\nu i}) + \sum_{i \neq j} b_{\nu i} b_{\nu j} \operatorname{Cov}(X_{\nu i}, X_{\nu j}) \\ &= \mu_{2\nu}(A) \sum_{i=1}^{N_\nu} b_{\nu i}^2 - \frac{1}{N_{\nu-1}} \mu_{2\nu}(A) \sum_{i \neq j} b_{\nu i} b_{\nu j} \\ &= \mu_{2\nu}(A) \left[\sum_{i=1}^{N_\nu} b_{\nu i}^2 - \frac{1}{N_{\nu-1}} \left(\sum_{i=1}^{N_\nu} b_{\nu i} \right)^2 + \frac{1}{N_{\nu-1}} \sum_{i=1}^{N_\nu} b_{\nu i}^2 \right] \\ &= \frac{N_\nu}{N_{\nu-1}} \mu_{2\nu}(A) \left[\sum_{i=1}^{N_\nu} b_{\nu i}^2 - \frac{1}{N_\nu} \left(\sum_{i=1}^{N_\nu} b_{\nu i} \right)^2 \right] \\ &= \frac{N_\nu^2}{N_\nu - 1} \mu_{2\nu}(A) \mu_{2\nu}(B).\end{aligned}$$

定理 6.4.1 (Wald-Wolfowitz-Noether). 若 $\{A_\nu\}$ 和 $\{B_\nu\}$ 中有一个满足条件 WW 而另一个满足条件 N, 则当 $\nu \to \infty$ 时, 有

$$\frac{L_\nu - \lambda_\nu}{\sigma_\nu} \xrightarrow{L} N(0, 1). \tag{6.4.14}$$

此定理的结论是 1944 年 Wald 和 Wolfowitz 在 $\{A_\nu\}$ 和 $\{B_\nu\}$ 都满足条件 WW 之下证明的 (见 *Ann. Math. Statist.*, 1944, p. 358). 1949 年 Noether 推广到此处的形式 (*Ann. Math. Statist.*, 1949, p. 455). 证明是利用概率论中的矩收敛定理, 即证明 $(L_\nu - \lambda_\nu)/\sigma_\nu$ 的各阶矩收敛到 $N(0, 1)$ 的相应阶矩. 此处我们不给出这个证明, 因为我们将证明一个比这更强的结果.

定理 6.4.2 (Hajek). 若 $\{A_\nu\}$ 和 $\{B_\nu\}$ 都满足条件 N, 则 (6.4.14) 成立的充要条件是 $\{A_\nu, B_\nu\}$ 满足条件 M.

此定理是 Hajek 在 1961 年证明的 (*Ann. Math. Statist.*, 1961, p. 506). 利用(二)中证明的各条件之间的关系, 由 Hajek

定理立即得到以下两个结论:

1. 若 $\{A_\nu\}$, $\{B_\nu\}$ 中有一个满足条件 WW, 另一个满足条件 N, 则(6.4.14)成立. 这就是定理 6.4.1. 这一点从(二) 6° 推出.

2. 若 $\{A_\nu, B_\nu\}$ 满足条件 M, 则(6.4.14)成立, 这一点从(二) 7° 推出.

定理的证明依赖于下面的引理.

引理 6.4.2. 设 $a_1 \leqslant a_2 \leqslant \cdots \leqslant a_N$ 为一串实常数, 定义 $(0, 1]$ 内的函数 $a(\lambda)$ 如下:

$$a(\lambda)=a_i, \text{ 当 } (i-1)/N<\lambda\leqslant i/N, \ i=1, 2, \cdots, N,$$

又以 $U_1, \cdots, U_N$ 记自 $R(0, 1)$ 中抽出的 iid. 样本, 以 R_i 记 U_i 在 $U_1, \cdots, U_N$ 中的秩. 则

$$E\left[a(U_1)-a\left(\frac{R_1}{N}\right)\right]^2 \leqslant 2 \max_{1\leqslant i\leqslant N} |a_i-\bar{a}| \frac{1}{N}\left[2\sum_{i=1}^{N}(a_i-\bar{a})^2\right]^{1/2}. \tag{6.4.15}$$

证. 以 $Z_1<Z_2<\cdots<Z_N$ 记 $U_1, \cdots, U_N$ 的次序统计量, 则

$$E\left[\left\{a(U_1)-a\left(\frac{R_1}{N}\right)\right\}^2 \middle| Z_1, \cdots, Z_N\right]=\frac{1}{N}\sum_{i=1}^{N}\left[a(Z_i)-a\left(\frac{i}{N}\right)\right]^2,$$

故

$$E\left[a(U_1)-a\left(\frac{R_1}{N}\right)\right]^2=\frac{1}{N}\sum_{i=1}^{N}E\left[a(Z_i)-a\left(\frac{i}{N}\right)\right]^2. \tag{6.4.16}$$

我们来考虑几个简单情况, 然后达到最一般的情况.

a. 设 $a_1=\cdots=a_K=0$, $a_{K+1}=\cdots=a_N=1$.

定义

$$\varepsilon(\lambda)=\begin{cases}0, & \lambda\leqslant 0,\\ 1, & \lambda>0,\end{cases}$$

则相应于上述序列的 $a(\lambda)$ 为 $a(\lambda)=\varepsilon\left(\lambda-\frac{K}{N}\right)$. 以 $\widetilde{K}$ 记 $U_1, \cdots, U_N$ 中小于 $\frac{K}{N}$ 的个数$\left(\text{注意 } \widetilde{K}\sim B\left(N, \frac{K}{N}\right)\right)$, 则由 $Z_1, \cdots, Z_N$ 的定义知 $Z_{\widetilde{K}}<\frac{K}{N}<Z_{\widetilde{K}+1}$. 若 $\widetilde{K}\leqslant K$, 则

$$\varepsilon\left(Z_i-\frac{K}{N}\right)-\varepsilon\left(\frac{i}{N}-\frac{K}{N}\right)=0,\ \text{当}\ i=1,\ \cdots,\ \widetilde{K},\ K+1,\ \cdots,\ N;$$
$$=1,\ \text{当}\ i=\widetilde{K}+1,\ \cdots K.$$

若 $\widetilde{K}>K$, 则

$$\varepsilon\left(Z_i-\frac{K}{N}\right)-\varepsilon\left(\frac{i}{N}-\frac{K}{N}\right)=0,\qquad \text{当}\ i=1,\ \cdots,\ K,\ \widetilde{K}+1,\ \cdots,\ N;$$
$$=-1,\ \text{当}\ i=K+1,\ \cdots,\ \widetilde{K}.$$

无论是 $\widetilde{K}\leqslant K$ 还是 $\widetilde{K}>K$ 都得到

$$\sum_{i=1}^{N}\left[\varepsilon\left(Z_i-\frac{K}{N}\right)-\varepsilon\left(\frac{i-K}{N}\right)\right]^2=|\widetilde{K}-K|.$$

此式与 (6.4.16) 结合得出

$$\frac{1}{N}E[|\widetilde{K}-K|]=\frac{1}{N}\sum_{i=1}^{N}E\left[\varepsilon\left(Z_i-\frac{K}{N}\right)-\varepsilon\left(\frac{i-K}{N}\right)\right]^2$$
$$=\frac{1}{N}\sum_{i=1}^{N}E\left[a(Z_i)-a\left(\frac{i}{N}\right)\right]^2=E\left[a(U_1)-a\left(\frac{R_1}{N}\right)\right]^2$$
$$=E\left[\varepsilon\left(U_1-\frac{K}{N}\right)-\varepsilon\left(\frac{R_1-K}{N}\right)\right]^2.$$

但 $$E[|\widetilde{K}-K|]\leqslant(E(\widetilde{K}-K)^2)^{1/2}=\left[K\left(1-\frac{K}{N}\right)\right]^{1/2},$$

所以

$$E\left[\varepsilon\left(U_1-\frac{K}{N}\right)-\varepsilon\left(\frac{R_1-K}{N}\right)\right]^2\leqslant\frac{1}{N}\sqrt{K\left(1-\frac{K}{N}\right)}.\tag{6.4.17}$$

b. 现设 $a_1=0$. 这时相应的 $a(\lambda)$ 可表为

$$a(\lambda)=\sum_{k=1}^{N-1}(a_{K+1}-a_K)\,\varepsilon\left(\lambda-\frac{K}{N}\right).$$

由于 $a_i=a\left(\frac{i}{N}\right)$, 由上式得

$$\sum_{i=1}^{N}a_i^2=\sum_{k=1}^{N-1}\sum_{j=1}^{N-1}(a_{K+1}-a_K)(a_{j+1}-a_j)\sum_{i=1}^{N}\varepsilon\left(\frac{i-K}{N}\right)\varepsilon\left(\frac{i-j}{N}\right)$$
$$=\sum_{k=1}^{N-1}\sum_{j=1}^{N-1}(a_{K+1}-a_K)(a_{j+1}-a_j)\,[N-\max(K,\ j)],\tag{6.4.18}$$

其次

$$\left[a(Z_i)-a\left(\frac{i}{N}\right)\right]^2=\sum_{k=1}^{N-1}\sum_{j=1}^{N-1}(a_{K+1}-a_K)(a_{j+1}-a_j)\cdot$$

$$\cdot\left[\varepsilon\left(Z_i-\frac{K}{N}\right)-\varepsilon\left(\frac{i-K}{N}\right)\right]\left[\varepsilon\left(Z_i-\frac{j}{N}\right)-\varepsilon\left(\frac{i-j}{N}\right)\right],\tag{6.4.19}$$

由于 $\varepsilon(\lambda)$ 只取 0, 1 为值, 有

$$\left[\varepsilon\left(Z_i-\frac{K}{N}\right)-\varepsilon\left(\frac{i-K}{N}\right)\right]\left[\varepsilon\left(Z_i-\frac{j}{N}\right)-\varepsilon\left(\frac{i-j}{N}\right)\right]$$

$$\leqslant\left[\varepsilon\left(Z_i-\frac{\max(K,\ j)}{N}\right)-\varepsilon\left(\frac{i-\max(K,\ j)}{N}\right)\right]^2.$$

将此式与 (6.4.17) 和 (6.4.19) 结合, 得

$$E\left[a(U_1)-a\left(\frac{R_1}{N}\right)\right]^2=\frac{1}{N}\sum_{i=1}^{N}E\left[a(Z_i)-a\left(\frac{i}{N}\right)\right]^2$$

$$\leqslant\sum_{k=1}^{N-1}\sum_{j=1}^{N-1}(a_{K+1}-a_K)(a_{j+1}-a_j)\frac{1}{N}E\left\{\sum_{i=1}^{N}\left[\varepsilon\left(Z_i-\frac{\max(K,\ j)}{N}\right)\right.\right.$$

$$\left.\left.-\varepsilon\left(\frac{i-\max(K,\ j)}{N}\right)\right]^2\right\}$$

$$=\sum_{k=1}^{N-1}\sum_{j=1}^{N-1}(a_{K+1}-a_K)(a_{j+1}-a_j)E\left[\varepsilon\left(U_i-\frac{\max(K,\ j)}{N}\right)\right.$$

$$\left.-\varepsilon\left(\frac{R_i-\max(K,\ j)}{N}\right)\right]^2$$

$$\leqslant\sum_{k=1}^{N-1}\sum_{j=1}^{N-1}(a_{K+1}-a_K)(a_{j+1}-a_j)\cdot$$

$$\cdot\frac{1}{N}\left[\max(K,\ j)\frac{N-\max(K,\ j)}{N}\right]^{1/2}$$

$$\leqslant\frac{1}{N}\sum_{k=1}^{N-1}\sum_{j=1}^{N-1}(a_{K+1}-a_K)(a_{j+1}-a_j)[N-\max(K,\ j)]^{1/2}$$

$$\leqslant\frac{1}{N}\left[\sum_{k=1}^{N-1}\sum_{j=1}^{N-1}(a_{K+1}-a_K)(a_{j+1}-a_j)\cdot\right.$$

$$\left.\cdot\sum_{k=1}^{N-1}\sum_{j=1}^{N-1}(a_{K+1}-a_K)(a_{j+1}-a_j)(N-\max(K,\ j))\right]^{1/2}.$$

依此式, (6.4.18) 以及

$$\sum_{k=1}^{N-1}\sum_{j=1}^{N-1}(a_{K+1}-a_K)(a_{j+1}-a_j)=(a_N-a_1)^2=a_N^2,$$

得

$$E\left[a(U_1)-a\left(\frac{R_1}{N}\right)\right]^2\leqslant\frac{a_N}{N}\left(\sum_{i=1}^N a_i^2\right)^{1/2}. \qquad (6.4.20)$$

此式是在 $a_1=0$ 的条件下得到的. 若 $a_1\neq 0$, 则用 a_i-a_1 代 a_i, $i=1, \cdots, N$, 这种代替不影响 (6.4.20) 的左边. 于是在一般情况下有

$$E\left[a(U_1)-a\left(\frac{R_1}{N}\right)\right]^2\leqslant\frac{1}{N}(a_N-a_1)\left[\sum_{i=1}^N(a_i-a_1)^2\right]^{1/2}, \qquad (6.4.21)$$

将此结果用于 $-a_N\leqslant -a_{N-1}\leqslant\cdots\leqslant -a_1$, 这相当于以 $-a(1-\lambda)$ 代 $a(\lambda)$. 显然,此代替不影响 (6.4.21) 左边(因为 $U\sim R(0, 1)\Rightarrow 1-U\sim R(0, 1)$), 故有

$$E\left[a(U_1)-a\left(\frac{R_1}{N}\right)\right]^2\leqslant\frac{1}{N}(a_N-a_1)\left[\sum_{i=1}^N(a_i-a_N)^2\right]^{1/2}. \qquad (6.4.22)$$

c. 现取任意的 $a(\lambda)$. 定义

$$a^+(\lambda)=\begin{cases}\bar{a}, & 若\ a(\lambda)\leqslant\bar{a};\\ a(\lambda), & 若\ a(\lambda)>\bar{a}.\end{cases}$$

$$a^-(\lambda)=\begin{cases}a(\lambda)-\bar{a}, & 若\ a(\lambda)\leqslant\bar{a},\\ 0, & 若\ a(\lambda)\geqslant\bar{a},\end{cases}$$

此处 $\bar{a}$ 为 $a_1, \cdots, a_N$ 的算术平均. 注意 $a^+(\lambda)$ 和 $a^-(\lambda)$ 皆为 λ 在 $(0, 1]$ 内的非降函数, 且 $a(\lambda)=a^+(\lambda)+a^-(\lambda)$, 故由 (6.4.21) 及 (6.4.22), 有

$$\begin{aligned}&E\left[a(U_1)-a\left(\frac{R_1}{N}\right)\right]^2\\ &=E\left[\left(a^+(U_1)-a^+\left(\frac{R_1}{N}\right)\right)+\left(a^-(U_1)-a^-\left(\frac{R_1}{N}\right)\right)\right]^2\\ &\leqslant 2E\left[a^+(U_1)-a^+\left(\frac{R_1}{N}\right)\right]^2+2E\left[a^-(U_1)-a^-\left(\frac{R_1}{N}\right)\right]^2\\ &\leqslant 2(a_N-\bar{a})\frac{1}{N}\left(\sum_{i:a_i>\bar{a}}(a_i-\bar{a})^2\right)^{1/2}\end{aligned}$$

$$+2(\bar{a}-a_1)\frac{1}{N}\Big(\sum_{i:a_i\leqslant\bar{a}}(a_i-\bar{a})^2\Big)^{1/2}$$

$$\leqslant 2\max_{1\leqslant i\leqslant N}|a_i-\bar{a}|\frac{1}{N}\{(\sum_{i:a_i>\bar{a}}(a_i-\bar{a})^2)^{1/2}+(\sum_{i:a_i<\bar{a}}(a_i-\bar{a})^2)^{1/2}\}$$

$$\leqslant 2\max_{1\leqslant i\leqslant N}|a_i-\bar{a}|\frac{1}{N}\Big[2\sum_{i=1}^{N}(a_i-\bar{a})^2\Big]^{1/2}.$$

引理证毕.

现在设给定

$$A_\nu=\{a_{\nu 1},\ \cdots,\ a_{\nu N_\nu}\},\ B_\nu=\{b_{\nu 1},\ \cdots,\ b_{\nu N_\nu}\},\ \nu=1,\ 2,\ \cdots,$$

设 $\bar{a}_\nu=\bar{b}_\nu=0,\ \sum_{i=1}^{N_\nu}a_{\nu i}^2=N_\nu,\ \sum_{i=1}^{N_\nu}b_{\nu i}^2=1$. 利用 $a_{\nu 1},\ \cdots,\ a_{\nu N_\nu}$ 造出的函数记为 $a_\nu(\lambda)$. 以 $U_1,\ \cdots,\ U_{N_\nu}$ 记自 $R(0,\ 1)$ 中抽出的 iid. 样本, 而 $R_{\nu i}$ 为 U_i 在 $U_1,\ \cdots,\ U_{N_\nu}$ 中的秩. 则

$$L_\nu=\sum_{i=1}^{N_\nu}b_{\nu i}a_{\nu R_{\nu i}}=\sum_{i=1}^{N_\nu}b_{\nu i}a_\nu(R_{\nu i}/N).$$

此处为方便计已假定 $a_{\nu 1}\leqslant a_{\nu 2}\leqslant\cdots\leqslant a_{\nu N_\nu}$, 这个假定显然不影响 L_ν 的分布. 记

$$T_\nu=\sum_{i=1}^{N_\nu}b_{\nu i}a_\nu(U_i).$$

引理 6.4.3. 若 $\{A_\nu\}$ 满足条件 N, 则

$$\lim_{\nu\to\infty}E(L_\nu-T_\nu)^2=0.$$

证. 以 $Z_1<\cdots<Z_{N_\nu}$ 记 $U_1,\ \cdots,\ U_{N_\nu}$ 的次序统计量, 则

$$L_\nu-T_\nu=\sum_{i=1}^{N_\nu}b_{\nu i}\Big\{a_\nu\Big(\frac{R_{\nu i}}{N_\nu}\Big)-a_\nu\Big(\frac{Z_{R_{\nu i}}}{N_\nu}\Big)\Big\}.$$

注意到 $(R_{\nu 1},\ \cdots,\ R_{\nu N_\nu})$ 在给定 $(Z_1,\ \cdots,\ Z_{N_\nu})$ 时的条件分布是: 它以 $\frac{1}{N_\nu!}$ 的概率取 $(1,\ \cdots,\ N_\nu)$ 之任一置换, 即与 $(R_{\nu 1},\ \cdots,\ R_{\nu N_\nu})$ 的无条件分布一样, 因此, 再利用公式 (6.4.13), 得

$$E[(L_\nu-T_\nu)^2|Z_1,\ \cdots,\ Z_{N_\nu}]=\mathrm{Var}[L_\nu-T_\nu|Z_1,\ \cdots,\ Z_{N_\nu}]$$

$$=\frac{1}{N_\nu-1}\sum_{i=1}^{N_\nu}\Big[a_\nu(Z_i)-a_\nu\Big(\frac{i}{N_\nu}\Big)\Big]^2$$

$$=\frac{1}{N_\nu-1}\sum_{i=1}^{N_\nu}[a_\nu(U_i)-a_\nu(R_{\nu i}/N_\nu)]^2.$$

此处用 $\sum_{i=1}^{N_\nu} a_{\nu i}^2 = N_\nu$ 和 $\sum_{i=1}^{N_\nu} b_{\nu i}^2 = 1$. 由此可得

$$E(L_\nu - T_\nu)^2 = \frac{1}{N_\nu - 1} E\left\{\sum_{i=1}^{N_\nu} [a_\nu(U_i) - a_\nu(R_{\nu i}/N_\nu)]^2\right\}$$

$$= \frac{N_\nu}{N_\nu - 1} E[a_\nu(U_1) - a_\nu(R_{\nu 1}/N_\nu)]^2.$$

使用 (6.4.15), 注意到 $\bar{a}_\nu = 0$, 得

$$E(L_\nu - T_\nu)^2 \leqslant \frac{N_\nu}{N_\nu - 1} 2 \max_{1 \leqslant i \leqslant N_\nu} |a_{\nu i}| \frac{1}{N_\nu} \sqrt{2N_\nu}$$

$$\leqslant 6 \max_{1 \leqslant i \leqslant N_\nu} |a_{\nu i}| / \sqrt{N_\nu}.$$

由于 $\{A_\nu\}$ 适合条件 N, 故必适合条件 N_b(见(二), 3°). 不难看到, 在此处 $\{A_\nu\}$ 适合条件 N_b 等价于上式最后一项当 $\nu \to \infty$ 时趋于 0, 于是证明了引理.

在考虑 $(L_\nu - \lambda_\nu)/\sigma_\nu$ 的极限分布时, 不失普遍性可设 $\bar{a}_\nu = \bar{b} = 0$, $\mu_{2\nu}(B) = \frac{1}{N_\nu}$, $\mu_{2\nu}(A) = 1$ 对一切 ν, 这时 $\lambda_\nu = 0$, $\sigma_\nu = 1$. 于是 $(L_\nu - \lambda_\nu)/\sigma_\nu$ 转化为 L_ν. 在 $\{A_\nu\}$ 适合条件 N 时, 根据引理 6.4.3, L_ν 与 T_ν 有同一的极限分布, 故问题转化为求 $T_\nu \xrightarrow{L} N(0, 1)$ 的条件. 关于这个问题可引用独立和的弱极限理论的标准结果, 我们将其写为下面的

引理 6.4.4. 设对任何 ν, $\nu = 1, 2, \cdots$, $X_{\nu 1}, \cdots, X_{\nu N_\nu}$ 独立, $E(X_{\nu i}) = 0$, $\sum_{i=1}^{N_\nu} \mathrm{Var}(X_{\nu i}) = \sum_{i=1}^{N_\nu} \sigma_{\nu i}^2 = 1$. 则

$$\max_{1 \leqslant i \leqslant N_\nu} \sigma_{\nu i}^2 \to 0, \quad \sum_{i=1}^{N_\nu} X_{\nu i} \xrightarrow{L} N(0, 1), \text{ 当 } \nu \to \infty,$$

同时成立的充要条件为: 对任给 $\varepsilon > 0$, 有

$$\lim_{\nu \to \infty} \sum_{i=1}^{N_\nu} \int_{|x| \geqslant \varepsilon} x^2 dF_{\nu i}(x) = 0, \tag{6.4.23}$$

此处 $F_{\nu i}(x)$ 为 $X_{\nu i}$ 的分布函数.

证明见 [8], p. 295.

定理 6.4.2 的证明. 假定 $\{A_\nu\}$, $\{B_\nu\}$ 都满足条件 N. 不失普遍性设

$$\bar{a}_\nu = \bar{b}_\nu = 0,\ \mu_{2\nu}(B) = \frac{1}{N_\nu},\ \mu_{2\nu}(A) = 1,$$

对一切 ν. 这时 $(L_\nu - \lambda_\nu)/\sigma_\nu = L_\nu$ 而 L_ν 的极限分布(如果存在)与 T_ν 的极限分布同. 但

$$T_\nu = \sum_{i=1}^{N_\nu} b_{\nu i} a_\nu(U_i) = \sum_{i=1}^{N_\nu} X_{\nu i}.$$

这里 $X_{\nu 1}, \cdots, X_{\nu N_\nu}$ 独立,

$$E(X_{\nu i}) = b_{\nu i} E(a_\nu(U_i)) = b_{\nu i} \bar{a}_\nu = 0,$$

$$\sigma_{\nu i}^2 = \mathrm{Var}(X_{\nu i}) = b_{\nu i}^2 \mathrm{Var}(a_\nu(U_i)) = b_{\nu i}^2 \mu_{2\nu}(A) = b_{\nu i}^2,$$

因此 $\sum_{i=1}^{N_\nu} \sigma_{\nu i}^2 = \sum_{i=1}^{N_\nu} b_{\nu i}^2 = 1$, 而且由 $\{B_\nu\}$ 满足条件 N 知

$$\max_{1 \leq i \leq N_\nu} \sigma_{\nu i}^2 = \max_{1 \leq i \leq N_\nu} b_{\nu i}^2 \to 0,\ 当\ \nu \to \infty.$$

所以, 由引理 6.4.4, $T_\nu \xrightarrow{L} N(0, 1)$ 的充要条件为 (6.4.23), 其中 $F_{\nu i}(x)$ 为 $b_{\nu i} a_\nu(U_i)$ 的分布函数. 但显然

$$\int_{|x| \geq \varepsilon} x^2 dF_{\nu j}(x) = \sum_{\{i: a_{\nu i}^2 b_{\nu j}^2 \geq \varepsilon^2\}} a_{\nu i}^2 b_{\nu j}^2,$$

于是得到充要条件为: 对任给 $\varepsilon > 0$,

$$\sum_{\{(i,j): a_{\nu i}^2 b_{\nu j}^2 \geq \varepsilon^2\}} a_{\nu i}^2 b_{\nu j}^2 \to 0,\ 当\ \nu \to \infty. \tag{6.4.24}$$

考虑到

$$d_\nu^2 = \frac{1}{N_\nu} \sum_{i,j=1}^{N_\nu} a_{\nu i}^2 b_{\nu j}^2 = 1,$$

(6.4.24) 等价于说 $\{A_\nu, B_\nu\}$ 满足条件 M, 这就证明了定理 6.4.2.

可以举出这样的例子: 其中 $\{A_\nu\}$, $\{B_\nu\}$ 都满足条件 N, 但 $\{A_\nu, B_\nu\}$ 不满足条件 M. 因此根据定理 6.4.2, 当 $\{A_\nu\}$ 和 $\{B_\nu\}$ 都满足条件 N 时, (6.4.14) 还可以不对.

又: 若令 $A_N = B_N = \{1, 2, \cdots, N\}$, 则很易验证 $\{A_N, B_N\}$ 适合条件 M. 因此由 A_N, B_N 作成的线性置换统计量 L_N, 根据定理 6.4.2, 有渐近正态性. 但因 $\{A_N\}$ 和 $\{B_N\}$ 都不满足条件 WW, 定理 6.4.1 不能用.

在有些问题中, 同时涉及若干个线性置换统计量. 这种问题也可以借助于定理 6.4.2 来处理. 以后将见到这种例子.

(四)定理的应用

例 6.4.1. 我们来考虑本节开始时提到的比较两个处理的效应的例子. 处理 A, B 的数据分别为

$$X_1, \cdots, X_m \text{ 和 } Y_1, \cdots, Y_n.$$

根据前面对这个问题所作的分析，此问题的置换检验归结为一个由 $A_N=\{x_1, \cdots, x_m, Y_1, \cdots, Y_n\}$ 和 $B_N=\left\{-\frac{1}{m}, \cdots, -\frac{1}{m}, \frac{1}{n}, \cdots, \frac{1}{n}\right\}$ 的线性置换统计量 L_N. 为了使用大样本方法，我们设想 $m+n=N\to\infty$ 而 $\frac{m}{N}\to\lambda\in(0, 1)$，又 A_N 为一个序列 $\{A_N\}$ 中的一员，该序列假定满足条件 N. 在所设的条件下，$\{B_N\}$ 满足条件 WW. 于是由定理 6.4.1 知，$\frac{L_N-\lambda_N}{\sigma_N}\xrightarrow{L}N(0, 1)$，其中的 λ_ν 和 σ_ν 按公式 (6.4.12) 和 (6.4.13) 分别算出为

$$\lambda_N=N\bar{a}_N\bar{b}_N=0,$$

$$\begin{aligned}\sigma_N^2&=\frac{N^2}{N-1}\mu_{2N}(A)\mu_{2N}(B)=\frac{N^2}{N-1}\frac{1}{mn}\mu_{2N}(A)\\&=\frac{N}{N-1}\frac{1}{mn}\Big[\sum_{i=1}^m(X_i-\bar{X})^2+\sum_{j=1}^n(Y_j-\bar{Y})^2\\&\quad+\frac{mn}{N}(\bar{Y}-\bar{X})^2\Big].\end{aligned}$$

大样本单边置换检验有否定域 $(L_N-\lambda_N)/\sigma_N\geqslant Z_\alpha$. 若记

$$D=(\bar{Y}-\bar{X})\Big/\left[\sum_{i=1}^m(X_i-\bar{X})^2+\sum_{j=1}^n(Y_j-\bar{Y})^2\right]^{1/2},$$

则简单计算证明此检验的否定域为

$$D\geqslant\sqrt{\frac{N/(N-1)}{1-\frac{z_\alpha^2}{N-1}}}\frac{1}{\sqrt{mn}}z_\alpha,$$

z_α 由 $\Phi(z_\alpha)=1-\alpha$ 决定. 若按两样本 t-检验，则否定域为

$$D\geqslant\sqrt{\frac{N}{N-2}}\frac{1}{\sqrt{mn}}t_{N-2}(\alpha).$$

由于当 N 很大时 $\frac{N}{N-2}\approx\frac{N/(N-1)}{1-z_\alpha^2/(N-1)}$, 且 $t_{N-2}(\alpha)\approx z_\alpha$, 这两个检验是渐近一致的. 这就是前面提到的"两样本 t-检验仍适用"那句话的确切解释.

例 6.4.2. 多个处理的比较问题. 这是上例的自然推广. 设有 c 个处理 $T_1, \cdots, T_c$ 要比较. 一共有 $N=n_1+\cdots+n_c$ 个试验单元. 将它们随机地分为 c 堆, 每堆的个数依次为 $n_1, \cdots, n_c$ 个分别施加处理 $T_1, \cdots, T_c$.

假定在试验前, 每个单元有一已知的指标值, 分别记为 $a_1, \cdots, a_N$. 假定在对具指标值 a_i 的单元施加处理 T_j 时, 指标值改变为 a_i+d_j. 于是诸处理的比较就转化为诸 d_j 的比较. 而零假设 H: "各处理一样"就成为"$d_1=\cdots=d_c$". 由于涉及的是处理之间的比较, 不妨设 $d_1, \cdots, d_c$ 之公共值就是 0. 在这种情况下, 第 j 个处理 T_j 的 n_j 个试验值 $X_{j1}, \cdots, X_{jn_j}$, 无非就是从 $a_1, \cdots, a_N$ 中随机取出的 n_j 个数.

在通常方差分析中, 关于本问题的处理, 是假设 $X_{11}, \cdots, X_{1n_1}; \cdots; X_{c1}, \cdots, X_{cn_c}$ 相互独立, $X_{ij}\sim N(d_i, \sigma^2)$, $j=1, \cdots, n_i$, $i=1, \cdots, c$. 零假设 H 的检验是基于 F 统计量

$$\mathscr{F}=\frac{\frac{1}{c-1}\sum_{i=1}^{c}n_i(\overline{X}_i-\overline{X})^2}{\frac{1}{N-c}\sum_{i=1}^{c}\sum_{j=1}^{n_i}(X_{ij}-\overline{X}_i)^2}$$

$$\left(\overline{X}_i=\frac{1}{n_i}\sum_{j=1}^{n_i}X_{ij},\ \overline{X}=\frac{1}{N}\sum_{i=1}^{c}n_i\overline{X}_i\right),$$

在上述正态假定下, 当零假设 H 成立时有 $\mathscr{F}\sim F_{c-1,N-c}$, 这提供以 $\mathscr{F}\geqslant F_{c-1,N-c}(\alpha)$ 为否定域的 F 检验.

如果这 N 个供实验的个体并非从一个极大的同质总体中随机抽得的, 则上述关于正态、独立和等方差的假定失去依据. 然而, 根据与两个处理情况下的同样考虑, 可以提出一个基于上述统计量 $\mathscr{F}$ 的一个置换检验. 方法是将 N 个数 $a_1, \cdots, a_N$ 排成一列, 将结果就作为 $X_{11}, \cdots, X_{cn_c}$, 这样就算出一个 $\mathscr{F}$ 值. 一共可

算出 $N!$ 个 $\mathscr{F}$ 值(其中有很多相同的)，将其按大小排列为 $\mathscr{F}_1\leqslant\cdots\leqslant\mathscr{F}_{N!}$，然后取一个界限 $\mathscr{F}_k$，视实际算出的 $\mathscr{F}$ 值 $\mathscr{F}^*$ 是否大于 $\mathscr{F}_k$，而决定是否定还是接受 H. 要实现这个检验，涉及很大量的计算. 因此就希望能用一种简单的连续分布来逼近它. 下面我们就来考虑这个问题. 定义

$$A_N=\{a_1,\ \cdots,\ a_N\}.$$

$$B_N^{(i)}=\left\{-\frac{1}{N},\ \cdots,\ -\frac{1}{N};\ \cdots;\ \frac{1}{n_i}-\frac{1}{N},\ \cdots,\ \frac{1}{n_i}-\frac{1}{N};\right.$$
$$\left.\cdots;\ -\frac{1}{N},\ \cdots,\ -\frac{1}{N}\right\},\quad i=1,\ \cdots,\ c-1.$$

在 $B_N^{(i)}$ 中，一共有 c 段，除第 i 段(共 n_i 个数)中每个数为 $\frac{1}{n_i}-\frac{1}{N}$ 外，其余各段(第 j 段有 n_j 个数)中每个数都是 $-\frac{1}{N}$. 假定当 $N\to\infty$ 时，$\frac{n_i}{N}\to\lambda_i\in(0,\ 1)$，$i=1,\ \cdots,\ c$.

以 $L_N^{(i)}$ 记由 A_N 和 $B_N^{(i)}$ 产生的线性置换统计量，$i=1,\ \cdots,\ c$. 则

$$\lambda_N^{(i)}=E(L_N^{(i)})=0,$$

$$(\sigma_N^{(i)})^2=\mathrm{Var}(L_N^{(i)})=\frac{1}{N-1}\left(\frac{1}{n_i}-\frac{1}{N}\right)\sum_{i=1}^{N}(a_i-\bar{a})^2,$$

我们来证明：若 $\{A_N\}$[1] 适合条件 N，则随机向量

$$L_N=(L_N^{(1)}/\sigma_N^{(1)},\ \cdots,\ L_N^{(c-1)}/\sigma_N^{(c-1)})',$$

依分布收敛于 $c-1$ 维正态分布 $N(0,\ \Lambda)$，其中 $\Lambda=(\sigma_{ij})$，而

$$\sigma_{ij}=\begin{cases}-\sqrt{\dfrac{\lambda_i\lambda_j}{(1-\lambda_i)(1-\lambda_j)}}, & i\neq j,\\ 1, & i=j.\end{cases}\quad i,\ j=1,\ \cdots,\ c-1.$$

证明依赖以下三件事实：

1° 设 $t_{Ni}=w_{Ni}/w_N$，$i=1,\ \cdots,\ c$，$w_N\neq0$，$\lim\limits_{N\to\infty}w_{Ni}=w_i$ 存在有限，$i=1,\ \cdots,\ c$. 则 $B_N=\sum\limits_{i=1}^{c}t_{Ni}B_N^{(i)}$ 满足条件 WW. 这可以由 $B_N^{(i)}$

1) 在此我们简化了记号. 当 N 变化时，N 个数 $a_1,\ \cdots,\ a_N$ 跟着变化. 所以更确切地应将 A_N 记为 $\{a_{N1},\ \cdots,\ a_{NN}\}$. 我们这里简记为 $\{a_1,\ \cdots,\ a_N\}$.

的具体形式经过简单计算得出. 我们把它留给读者去完成.

2° $\lim_{N\to\infty}\mathrm{Cov}(L_N^{(i)}/\sigma_N^{(i)},\ L_N^{(j)}/\sigma_N^{(j)})=\sigma_{ij}$. 为证此, 将 $L_N^{(i)}$ 写为 $L_N^{(i)}=\sum_{k=1}^N b_{Nk}^{(i)}X_k$, 其中 $(X_1,\ \cdots,\ X_N)$ 以概率 $\frac{1}{N!}$ 取 $(a_1,\ \cdots,\ a_N)$ 的任一置换, 利用(三)中证明的关系:

$$\mathrm{Var}(X_i)=\frac{1}{N}\sum_{i=1}^N(a_i-\bar{a})^2=\frac{1}{N}S_N,$$

$$\mathrm{Cov}(X_i,\ X_j)=-\frac{1}{N(N-1)}\sum_{i=1}^N(a_i-\bar{a})^2=-\frac{1}{N(N-1)}S_N,$$

得

$$\begin{aligned}&\mathrm{Cov}(L_N^{(i)},\ L_N^{(j)})\\&\quad=\mathrm{Var}(X_i)\sum_{k=1}^N b_{Nk}^{(i)}b_{Nk}^{(j)}+\mathrm{Cov}(X_1,\ X_2)\sum_{r\neq s}b_{Nr}^{(i)}b_{Ns}^{(j)},\end{aligned}$$

因为 $\sum_{k=1}^N b_{NK}^{(i)}=0$, 有 $\sum_{r\neq s}b_{Nr}^{(i)}b_{Ns}^{(j)}=-\sum_{k=1}^N b_{NK}^{(i)}b_{NK}^{(j)}$, 故得

$$\mathrm{Cov}(L_N^{(i)},\ L_N^{(j)})=\sum_{k=1}^N b_{NK}^{(i)}b_{NK}^{(j)}\frac{1}{N-1}S_N=-\frac{1}{N(N-1)}S_N.$$

因为容易算得 $\sum_{k=1}^N b_{NK}^{(i)}b_{NK}^{(j)}=-\frac{1}{N}$, 当 $i\neq j$. 再利用 $\lim_{N\to\infty}n_i/N=\lambda_i$, $i=1,\ \cdots,\ c$, 即得当 $N\to\infty$ 时,

$$\sigma_{Nij}=\mathrm{Cov}(L_N^{(i)}/\sigma_N^{(i)},\ L_N^{(j)}/\sigma_N^{(j)})=-\sqrt{\frac{n_in_j}{(N-n_i)(N-n_j)}}\to\sigma_{ij},\tag{6.4.25}$$

3° 设 $\boldsymbol{X}_n=(X_{n1},\ \cdots,X_{nk})$, $n=1,\ 2,\ \cdots$ 为一串 K 维随机向量, 若对任何 K 维常向量 $\boldsymbol{a}$, 有 $\boldsymbol{a}'\boldsymbol{X}_n\xrightarrow{L}N(\boldsymbol{a}'\boldsymbol{\mu},\ \boldsymbol{a}'\boldsymbol{\Lambda}\boldsymbol{a})$, 则 $\boldsymbol{X}_n\xrightarrow{L}N(\boldsymbol{\mu},\ \boldsymbol{\Lambda})$. 这是概率论中习知的事实.

现在考虑任一常向量 $\boldsymbol{t}=(t_1,\ \cdots,\ t_{c-1})'$ 而令 $Q_N=\boldsymbol{t}'\boldsymbol{L}_N$, 则易见 Q_N 为由 A_N 和

$$\begin{aligned}B_N&=\sum_{i=1}^{c-1}[t_i/\sigma_N^{(i)}]B_N^{(i)}=\sum_{i=1}^{c-1}[N(N-1)S_N]^{-1/2}t_i\sqrt{\frac{n_i}{N-n_i}}B_N^{(i)}\\&=\sum_{i=1}^{c-1}t_{Ni}B_N^{(i)}\end{aligned}$$

所构成的线性置换统计量，t_{Ni} 显然满足 1° 中的要求，因而 B_N 满足条件 WW，又由假定，A_N 满足条件 N，故由定理 6.4.1，Q_N 经规则化后依分布收敛于 $N(0, 1)$。由 2° 知 $\mathrm{Var}(Q_N)\to \boldsymbol{t}'\boldsymbol{\Lambda}\boldsymbol{t}$，又 $E(Q_N)=0$，故有 $Q_N\xrightarrow{L} N(0, \boldsymbol{t}'\boldsymbol{\Lambda}\boldsymbol{t})$，当 $N\to\infty$，根据 3° 即得 $\boldsymbol{L}_N \xrightarrow{L} N(\mathbf{0}, \boldsymbol{\Lambda})$。于是，记 $\boldsymbol{\Lambda}_N=(\sigma_{Nij})$（当 $i\neq j$ 时，σ_{Nij} 由 (6.4.25) 给出，而 $\sigma_{Nii}=1$），有

$$\boldsymbol{L}_N'\boldsymbol{\Lambda}_N^{-1}\boldsymbol{L}_N \xrightarrow{L} \chi^2_{c-1}，当 N\to\infty.$$

注意到 $\boldsymbol{\Lambda}=\boldsymbol{D}-\boldsymbol{U}\boldsymbol{U}'$，其中 $\boldsymbol{D}=\mathrm{diag}\left(\frac{N}{N-n_1}, \cdots, \frac{N}{N-n_{c-1}}\right)$，$\boldsymbol{U}=\left(\sqrt{\frac{n_1}{N-n_1}}, \cdots, \sqrt{\frac{n_{c-1}}{N-n_{c-1}}}\right)$，得

$$\boldsymbol{\Lambda}_N^{-1}=(\boldsymbol{D}-\boldsymbol{U}\boldsymbol{U}')^{-1}=\boldsymbol{D}^{-1}+\boldsymbol{D}^{-1}\boldsymbol{U}\boldsymbol{U}'\boldsymbol{D}^{-1}/(1-\boldsymbol{U}'\boldsymbol{D}^{-1}\boldsymbol{U}).$$

其中 $\boldsymbol{D}^{-1}=\mathrm{diag}\left(\frac{N-n_1}{N}, \cdots, \frac{N-n_{c-1}}{N}\right)$，而

$$\boldsymbol{D}^{-1}\boldsymbol{U}=\left(\frac{\sqrt{n_1(N-n_1)}}{N}, \cdots, \frac{\sqrt{n_{c-1}(N-n_{c-1})}}{N}\right)',$$

$$1-\boldsymbol{U}'\boldsymbol{D}^{-1}\boldsymbol{U}=1-\sum_{i=1}^{c-1}n_i/N=n_c/N.$$

于是得到

$$\begin{aligned}&\boldsymbol{L}_N'\boldsymbol{\Lambda}_N^{-1}\boldsymbol{L}_N\\&\quad=(N-1)\sum_{i=1}^{c-1}(L_N^{(i)})^2/S_N+\frac{N}{n_c}\cdot\frac{N-1}{N}\left(\sum_{i=1}^{c-1}n_iL_N^{(i)}\right)^2/S_N.\end{aligned}$$

注意到由 $L_N^{(i)}$ 之定义直接得到 $\sum_{i=1}^{c}n_iL_N^{(i)}=0$，因而

$$\sum_{i=1}^{c-1}n_iL_N^{(i)}=-n_cL_N^{(c)},$$

由上式得

$$\boldsymbol{L}_N'\boldsymbol{\Lambda}_N^{-1}\boldsymbol{L}_N=(N-1)\sum_{i=1}^{c}n_i(L_N^{(i)})^2/S_N\xrightarrow{L}\chi^2_{c-1}.$$

由这个极限分布，得到以

$$\sum_{i=1}^{c}n_i(L_N^{(i)})^2/S_N\geqslant\chi^2_{c-1}(\alpha)/(N-1) \tag{6.4.26}$$

为否定域的大样本置换检验. 若用 $X_{11}, \cdots, X_{cn_c}$ 的记号代 $a_1, \cdots, a_N$, 则(6.4.26)可写为

$$R=\sum_{i=1}^{c} n_i(\overline{X}_i-\overline{X})^2 \Big/ \sum_{i=1}^{c}\sum_{j=1}^{n_i}(X_{ij}-\overline{X})^2 \geqslant \chi^2_{c-1}(\alpha)/(N-1), \tag{6.4.27}$$

不难看出这与基于 F 统计量 $\mathscr{F}$ 的置换检验一致,因

$$\mathscr{F}=\frac{\dfrac{1}{c-1}\sum\limits_{i=1}^{c} n_i(\overline{X}_i-\overline{X})^2}{\dfrac{1}{N-c}\left[\sum\limits_{i=1}^{c}\sum\limits_{j=1}^{n_i}(X_{ij}-\overline{X})^2-\sum\limits_{i=1}^{c} n_i(\overline{X}_i-\overline{X})^2\right]}=\frac{N-c}{c-1}\,\frac{R}{1-R}$$

是 R 的严增函数. 通常的水平 α 的 F 检验的否定域

$$\mathscr{F}\geqslant F_{c-1,\,N-c}(\alpha)$$

转化为

$$R\geqslant\frac{1}{N-c+(c-1)F_{c-1,\,N-c}(\alpha)}(c-1)F_{c-1,\,N-c}(\alpha). \tag{6.4.28}$$

因为当 $N\to\infty$ 时,

$$\frac{N-1}{N-c+(c-1)F_{c-1,\,N-c}(\alpha)}\to 1,\quad (c-1)F_{c-1,\,N-c}(\alpha)\to\chi^2_{c-1}(\alpha).$$

知当 N 很大时, 两否定域(6.4.27)和(6.4.28)渐近一致、这就是说, 从大样本的角度看, 即使在本例这样的条件下, 如果确实施行了随机化(指将试验单元分配于各处理时施行了随机化), 则通常基于正态假设的 F 检验仍适用.

许多方差分析中的模型. 在试验随机化的假定下, 都可以按本例的方式来处理. 因此, 根据置换检验的理论, 给通常基于正态、等方差和独立性假定的检验理论,提供了一种新的且较为自然的根据,这一点以后还要作进一步的说明.

下一例不需要用到线性置换统计量的极限定理、它也是置换检验的典型例子.

例 6.4.3. 随机区组问题. 设有 I 种肥料,要比较其优劣. 使

用 n 个包含 I 个小区的区组. 在不施加任何肥料时, 第 j 区组的 I 个小区的单位面积产量依次为 $a_{1j}, \cdots, a_{Ij}$. 假定在施加第 i 种肥料时, 单位面积产量提高 α_i, 不论其施加于那一小块. 这时零假设 H:"这 I 种肥料效果一样"归结为"$\alpha_1=\cdots=\alpha_I$". 在 H 成立时不妨就设诸 α_i 都为 0.

试验采用"随机区组"的原则安排, 即在各区组内, 那个小区分配那种肥料, 完全由随机化决定, 而在不同区组内, 这种随机化是独立地进行的. 因此, 若以 X_{ij} 记第 j 区组中施用第 i 种肥料的那个小区的产量, 则在 H 成立时, $X_{1j}, \cdots, X_{Ij}$ 无非就是 $a_{1j}, \cdots, a_{Ij}$ 的某一置换, 记

$$\boldsymbol{X}_j=(X_{1j}, \cdots, X_{Ij})', \quad a_j=\sum_{i=1}^{I} a_{ij}/I, \quad \boldsymbol{m}_j=(a_j, \cdots, a_j)',$$

$$S_j^2=\frac{1}{I}\sum_{i=1}^{I}(a_{ij}-a_j)^2, \quad S^2(n)=S_1^2+\cdots+S_n^2.$$

简单计算得出

$$E(\boldsymbol{X}_j)=\boldsymbol{m}_j, \ \mathrm{VAR}(\boldsymbol{X}_j)=S_j^2(\sigma_{rs}), \ \sigma_{rs}=\begin{cases}1, & \text{当 } r=s \\ -\dfrac{1}{I-1}, & \text{当 } r\neq s,\end{cases}$$

故若记 $\boldsymbol{Y}_n^*=(Y_1, \cdots, Y_I)'=\sum_{j=1}^{n}(\boldsymbol{X}_j-\boldsymbol{m}_j)$, 考虑到 $\boldsymbol{X}_1, \cdots, \boldsymbol{X}_n$ 的独立性, 有 $E(\boldsymbol{Y}_n^*)=0$, $\mathrm{VAR}(\boldsymbol{Y}_n^*)=S^2(n)(\sigma_{rs})$. 取 $\widetilde{\boldsymbol{Y}}_n=\boldsymbol{Y}_n^*/S(n)$, 知 $E(\widetilde{\boldsymbol{Y}}_n)=\mathbf{0}$, $\mathrm{VAR}(\widetilde{\boldsymbol{Y}}_n)=(\sigma_{rs})$, 与 n 无关. 在 $\{a_{ij}\}$ 上施加某些轻微的条件, 使用多维中心极限定理, 不难证明当 $n\to\infty$ 时, $\widetilde{\boldsymbol{Y}}_n\xrightarrow{L}N(\mathbf{0}, (\sigma_{rs}))$. 由此, 若以 $\boldsymbol{\Lambda}$ 记 (σ_{rs}) 去掉最后一行一列所得方阵, 则当 $n\to\infty$ 时,

$$S^{-2}(n)(Y_1, \cdots, Y_{I-1})\boldsymbol{\Lambda}^{-1}(Y_1, \cdots, Y_{I-1})'\xrightarrow{L}\chi_{I-1}^2,$$

不难验证 $\boldsymbol{\Lambda}^{-1}=(\sigma_{rs}^-)$, 其中 $\sigma_{rr}^-=2(I-1)/I$, $\sigma_{rs}^-=(I-1)/I$, 当 $r\neq s$, 于是, 经过某些与上例相仿佛的计算(计算中用到 $Y_1+\cdots+Y_I=0$ 这个事实), 得

$$S^{-2}(n)\frac{I-1}{I}\sum_{i=1}^{I}Y_i^2\xrightarrow{L}\chi_{I-1}^2. \tag{6.4.29}$$

若采用通常方差分析中的记号，以 $X_{i\cdot}$ 记处理平均，$i=1, \cdots, I$，区组平均 a_j 以 $X_{\cdot j}$ 记，总平均用 $X_{\cdot\cdot}$ 记，则

$$Y_i=n(X_{i\cdot}-X_{\cdot\cdot}),\ S^2(n)=\frac{1}{I}\sum_{i=1}^{I}\sum_{j=1}^{n}(X_{ij}-X_{\cdot j})^2,$$

于是可将(6.4.29)写为

$$R=(I-1)n^2\sum_{i=1}^{I}(X_{i\cdot}-X_{\cdot\cdot})^2\Big/\sum_{i=1}^{I}\sum_{j=1}^{n}(X_{ij}-X_{\cdot j})^2\xrightarrow{L}\chi^2_{I-1}. \tag{6.4.30}$$

利用这极限关系可得到零假设 H 的一个大样本置换检验：当 $R\geqslant\chi^2_{I-1}(\alpha)$ 时，否定 H. 注意 R 之分母在置换下保持不变. 利用恒等式

$$\begin{aligned}&\sum_{i=1}^{I}\sum_{j=1}^{n}(X_{ij}-X_{\cdot j})^2\\&\quad=\sum_{i=1}^{I}\sum_{j=1}^{n}(X_{ij}-X_{i\cdot}-X_{\cdot j}+X_{\cdot\cdot})^2+n\sum_{i=1}^{I}(X_{i\cdot}-X_{\cdot\cdot})^2,\end{aligned}$$

可将 $R\geqslant\chi^2_{I-1}(\alpha)$ 写为等价形式：

$$\begin{aligned}\widetilde{R}&=\frac{\dfrac{1}{I-1}\sum_{i=1}^{I}n(X_{i\cdot}-X_{\cdot\cdot})^2}{\dfrac{1}{(I-1)(n-1)}\sum_{i=1}^{I}\sum_{j=1}^{n}(X_{ij}-X_{i\cdot}-X_{\cdot j}+X_{\cdot\cdot})^2}\\&\geqslant\frac{n-1}{(I-1)n-\chi^2_{I-1}(\alpha)}\chi^2_{I-1}(\alpha),\end{aligned} \tag{6.4.31}$$

而在通常正态假定下，同一零假设 H 的 F 检验的否定域为

$$\widetilde{R}\geqslant F_{I-1,(I-1)(n-1)}(\alpha), \tag{6.4.32}$$

因为

$$\begin{aligned}&\lim_{n\to\infty}\frac{n-1}{(I-1)n-\chi^2_{I-1}(\alpha)}\chi^2_{I-1}(\alpha)=\lim_{n\to\infty}F_{I-1,(I-1)(n-1)}(\alpha)\\&\quad=\frac{1}{I-1}\chi^2_{I-1}(\alpha).\end{aligned}$$

得知在 n 很大时，两个检验(6.4.31)和(6.4.32)是渐近地一致的. 这就把随机区组试验中的 F 检验理论置于新的、更自然的基础上，在这个新的提法下，随机化的作用是一目了然的，而在通常正态模型

$$X_{ij}=\mu+a_i+b_j+e_{ij},\ e_{ij}\text{独立},\ e_{ij}\sim N(0,\ \sigma^2)$$

之下，不能理解随机化还有什么必要．事实上，如这模型严格成立，随机化的确是多余的．

本例比上例简单之处在于有关统计量的渐近多维正态直接用独立和的极限定理（中心极限定理）得出，而不需乞灵于线性置换统计量的渐近正态性．

例 6.4.4．独立性的秩检验．本例本质上并非置换检验，但有关检验统计量的渐近正态性易由定理 6.4.2 证得．因此把它放在这里．

设 $(X_i,\ Y_i)$，$i=1,\ \cdots,\ N$，为自一个具连续分布的二维总体中抽出的 iid. 样本．要检验 X_i 与 Y_i 的独立性．将 $X_1,\ \cdots,\ X_N$ 按大小排列为 $X_{(1)}<\cdots<X_{(N)}$．以 Y_{R_i} 记与 $X_{(i)}$ 相配的那个 Y（即 $X_{(i)}=X_{R_i}$）．考虑统计量

$$L_N=\sum_{i=1}^{N}iR_i,$$

然后注意，若 X，Y 之间有较强的正相关，则 $(R_1,\ \cdots,\ R_N)$ 取 $(1,\ \cdots,\ N)$ 或与之相差不大的排列的机会大，这时 L_N 倾向于取很大的值．反之，若 X，Y 之间有较强的负相关，则 $(R_1,\ \cdots,\ R_N)$ 取 $(N,\ \cdots,\ 1)$ 或与之相差不大的排列的机会大，这时 L_N 倾向于取较小之值．而当 X，Y 独立时，$(R_1,\ \cdots,\ R_N)$ 以同等概率 $\dfrac{1}{N!}$ 取 $(1,\ \cdots,\ N)$ 之任一置换，这时 L_N 取中间值的机会较多．这个分析给出一个检验独立性的方法：算出 L_N，当 L_N 很大或很小时，否定独立性假设．如果要在 N 有限时定出界限，要算出 L_N 的全部可能值．当 N 很大时，L_N 在独立性假设之下的极限分布易由定理 6.4.2 定出．因为 L_N 是由 $A_N=B_N=\{1,\ \cdots,\ N\}$ 构成的线性置换统计量．很容易验证，$\{A_N,\ B_N\}$ 满足条件 M，故定理 6.4.2 可用．在独立性假设成立时，有

$$E(L_N)=N(N+1)^2/4,\quad \mathrm{Var}(L_N)=\frac{(N-1)N^2(N+1)^2}{144}.$$

从而得到

$$\frac{12}{N(N+1)\sqrt{N-1}}\left[L_N-\frac{1}{4}N(N+1)^2\right]\xrightarrow{L}N(0,\ 1).$$

这个极限关系提供以

$$\left|L_N-\frac{1}{4}N(N+1)^2\right|\geqslant\frac{N(N+1)\sqrt{N-1}}{12}z_{\alpha/2}$$

为否定域的大样本检验. Hotelling 和 Pabst 在 1936 年(见 *Ann. Math. Statist.*, 1936, p. 29)讨论了用秩相关检验独立性的问题.

(五)作为条件检验的置换检验

前面在讨论置换检验时是从试验设计的角度去考虑的. 这是一个有实用意义的提法. 与这个提法看来很不同然而有密切联系的一种考虑方法是, 把置换检验作为获得相似检验的一种手段. 在这个考虑下,置换检验本质上是一种条件检验.

为了使下文将要引进的较抽象的一般概念容易被接受, 先考虑一个简单的例子. 设 $X_1, \cdots, X_m$ 和 $X_{m+1}, \cdots, X_N\ (N=m+n)$ 分别是从具连续分布 F, G 的总体中抽出的 iid. 样本, 要检验假设 $H: F(x)\equiv G(x)$. 如果 H 成立,那么不论将 $X_1, \cdots, X_N$ 如何置换,所得结果 $(X_{i_1}, \cdots, X_{i_N})$ 总与原来的 $(X_1, \cdots, X_N)$ 有相同的分布. 因此, 若以 X 记原样本点$(X_1, \cdots, X_N)$而以 $C(X)$记由 X 作任意置换所得的全部点(当 $X_1, \cdots, X_N$ 两两不同时, $C(X)$有 $N!$ 个点,否则点数将少于 $N!$). 在 H 成立之下, $C(X)$ 中每个点在给定 $C(X)$ 之下有同样的条件概率. 拿本问题来说, 由于假定了连续性,不失普遍性可认为 $C(X)$ 中总有 $N!$ 个点, 因而在给定 $C(X)$ 时, $C(X)$ 中每个点的条件概率为 $\frac{1}{N!}$ (这表明 $C(X)$在 H 成立之下为一充分统计量), 注意这条件分布与 H 成立下总体分布的形式无关, 但当 H 不成立时, 则这条件分布一般与总体分布有关, 且各点的条件概率不必是 $\frac{1}{N!}$. 这个差异就用来检验 H 是否成立.

因此, 所设想的检验过程是: 得出样本 X (在本问题中为

$(X_1, \cdots, X_m; X_{m+1}, \cdots, X_N)$)后，找出 $C(X)$，它由将 X 作任意置换而得．然后注意力就集中到 $C(X)$ 上．把 $C(X)$ 用适当的方法分成两部分，一部分有 $N!\alpha$ 个点，当真实样本点 X 落在这一部分内时，就否定 H．这时，在给定 $C(X)$ 时检验的条件水平总是 α，因而其无条件水平也是 α，与 H 中之分布无关，这就得到一个相似检验．这个作法显然与例 6.4.1 中所讨论的两样本置换检验一致．但考虑的出发点则有所不同．

在上述考虑中，本质的一点是：$(X_1, \cdots, X_N)$ 的全部置换构成一个有限群 G，而"零假设 H 成立"与"$X=(X_1, \cdots, X_N)$ 的分布在群 G 下不变"（即：对任何 $g\in G$，gX 的分布与 X 的分布一致）这两个说法是等价的．抓住了这一点就立即得到如下的推广．

设变量 X 的样本空间为 $(\mathscr{X}, \mathscr{B}_{\mathscr{X}})$，分布族为 $\mathscr{P}$．假设 H 是："X 的分布在 $\mathscr{P}_0$ 内"，其中 $\mathscr{P}_0\subset\mathscr{P}$．假定有一个有限群 G，每个 $g\in G$ 都是 $\mathscr{X}$ 到 $\mathscr{X}$ 上的一对一的可测变换（即 $A\in\mathscr{B}_{\mathscr{X}}\Rightarrow gA\in\mathscr{B}_{\mathscr{X}}$）．假定当 H 成立即 X 的分布属于 $\mathscr{P}_0$ 时，gX 的分布与 X 同，对任何 $g\in G$．对任何 $x\in\mathscr{X}$，考虑集合

$$C(x)=\{gx: g\in G\}.$$

显然，对 $\mathscr{X}$ 中的任意两个点，$C(x)\cap C(y)=\phi$ 或 $C(x)=C(y)$．$C(x)$ 中的点数 r_x 是有限的．

一个检验函数 $\phi(x)$，满足条件

$$\sum_{y\in C(x)}\phi(y)=r_x\alpha \quad (0<\alpha<1). \tag{6.4.33}$$

则称 ϕ 为一水平 α 的置换检验．这关系式可表为

$$E_H[\phi(X)\,|\,C(X)]=\alpha. \tag{6.4.34}$$

E_H 表示条件均值是在 H 成立下取的．这个形式突出地表示出置换检验的条件检验性质．由(6.4.34)知

$$\beta_\phi(F)=E_F[\phi(X)]=\alpha.$$

这说明水平 α 的置换检验必为水平 α 的相似检验．在统计量 $C(X)$ 为 $\mathscr{P}_0$ 的（有界）完全统计量的场合，根据定理 3.3.1，任何相似检验必为置换检验．

统计量 $C(X)$ 的值是一个集合. 因此，这个统计量的取值的空间及其中的 σ–域，公式(6.4.34)的严格证明等，都是在叙述置换理论的基础时碰到的问题. 下面的定理解决了这种问题.

定理 6.4.3. 设 G 是一个由 $\mathscr{X}$ 到 $\mathscr{X}$ 上的一对一的可测变换所成的有限群. 对任何 $x\in\mathscr{X}$ 定义 $C(x)=\{gx:g\in G\}$. 以 r_x 记 $C(x)$ 中的点数. 记

$$S_m=\bigcup_{\{x:r_x=m\}}C(x),\quad 1\leqslant m\leqslant M.$$

M 是群 G 中元素的个数. 假定对任何 m 存在 m 个两两无公共点的 $\mathscr{B}_{\mathscr{X}}$, 可测集 S_{m1}, $\cdots$, S_{mm}, 致 $\bigcup\limits_{i=1}^{m}S_{mi}=S_m$, 且

$C(x)\subset S_m\Rightarrow C(x)\cap S_{mi}$ 恰好包含一个点，$i=1$, $\cdots$, m. 则下面两个论断等价:

1° 分布族 $\mathscr{P}_0$ 对 G 不变，即

$F\in\mathscr{P}_0$, $g\in G\Rightarrow F(X\in A)=F(gX\in A)$ 对任何 $A\in\mathscr{B}_{\mathscr{X}}$;

2° $C(x)$ 为关于分布族 $\mathscr{P}_0$ 的充分统计量，且

$$P_F(A|C(x))=A\cap C(x)\text{ 的点数}/r_x,$$

这里 $C(x)$ 取值于空间 $\mathscr{C}=\{C(x):x\in\mathscr{X}\}$ 上，其中定义了 σ–域 $\mathscr{B}_{\mathscr{C}}:B\in\mathscr{B}_{\mathscr{C}}\Leftrightarrow\bigcup_{\{C(x)\subset B\}}C(x)\in\mathscr{B}_{\mathscr{X}}$.

又若 μ 为 $\mathscr{B}_{\mathscr{X}}$ 上的 σ–有限的在群 G 下不变的测度. 而 $\mathscr{P}_0\ll\mu$, $\mathscr{P}_0$ 在群 G 下不变. 对任何 $F\in\mathscr{P}_0$, 记 $f(x)=dF(x)/d\mu$, 则 $f(x)=f(g\cdot x)$ a. e. (μ) 对任何 $g\in G$.

这个定理的严格证明牵涉一些细致的论证，在此从略了.

确定置换检验可以从功效的角度去考虑. 例如，若涉及的分布都对一不变测度 μ 有密度(见上定理). 而在对立假设下密度 $g(x)$ 为已知，则可以用 Neyman-Pearson 的基本引理，对每个 $x\in\mathscr{X}$ 定出 D_x 和 d_x, $0\leqslant d_x\leqslant 1$, 并取

$$\phi(x')=\begin{cases}1, & \text{当 } g(x')>D_x,\\ d_x, & \text{当 } g(x')=D_x,\\ 0, & \text{当 } g(x')<D_x,\end{cases}\quad (x'\in C(x)).\qquad (6.4.35)$$

这是针对这一个对立假设(密度为 $g(x)$)的水平 α 的 UMP 置换检

验．这个作法普遍意义不大．因为一般来说对立假设是复合的．并不是只包含一个密度 $g(x)$．

另一个较一般的作法是取一个在对应的参数检验问题中有某种优越性的检验统计量 $t(x)$．然后按 (6.4.35) 决定置换检验 $\phi(x)$，但其中的 g 改为 t．D_x，d_x 的选择自然是按使(6.4.33)成立这个条件．典型的例子是：一般的两样本问题在参数统计中对应的问题是检验两个正态分布(方差相同)有相同均值．在这个问题中两样本 t 检验有一定的优越性．因此，可基于两样本 t 统计量来建立置换检验．这种作法是着眼于扩大问题的基础，且在参数假设成立的情况下，使检验仍保持有常见检验在这种情况下的优越性．

当然，置换检验作为一种构造相似检验的方法，主要是一种理论性的东西．因为要真正实现这一点，必须在每个集 $C(x)$ 上算出 $t(x)$ 之值，并按大小次序排列．由于 $C(x)$ 往往是一个包含极大量数目的点的集，要实现这一点很不容易．置换极限定理使我们在样本大小很大时，可以通过极限分布来决定检验界限．但这样一来，检验就丧失了相似性而转化为与常见的参数检验一致的东西．我们举几个例子来说明以上提到的种种概念．

例 6.4.5(两样本问题和多样本问题)．设 $X_{i1}, \cdots, X_{in_i}$ 为取自具连续分布 $F_i(x)$ 的总体的样本，$i=1, \cdots, c$，要检验假设 H：$F_1(x)\equiv\cdots\equiv F_c(x)$．关于这个问题的置换检验$\left(\text{假定 } \frac{n_i}{N}\to\lambda_i\in(0, 1),\ i=1, \cdots, c,\ N=n_1+\cdots+n_c.\right)$，例 6.4.2 所说的一切在此全适用．不同的是，在那里我们假定了 $\{a_1, \cdots, a_N\}$ 适合条件 N，在这里，$\{a_1, \cdots, a_N\}$ 相当于 $\{X_{11}, \cdots, X_{cn_c}\}$，而后者并不是固定的数，而是随机样本值．因此存在一个它是否满足条件 N 的问题，这个问题将在下一段讨论．

例 6.4.6(独立性检验)．设 (X_i, Y_i)，$i=1, \cdots, n$，是二维变量 (X, Y) 的 iid．样本．(X, Y) 的分布假定是属于一个连续分布的集合，要检验 X 与 Y 独立．

考虑变换

$$\{(X_1, Y_1), \cdots, (X_n, Y_n)\} \to \{(X_1, Y_{i_1}), \cdots, (X_n, Y_{i_n})\},$$

这里$(i_1, \cdots, i_n)$为$(1, \cdots, n)$的任一置换. 一切这样的变换构成一个包含$n!$个变换的群. 显然, 若X与Y独立, 则上述变换保持$\{(X_1, Y_1), \cdots, (X_n, Y_n)\}$的分布不变. 这样一来, 若构造基于样本相关系数

$$r = \frac{\sum_{i=1}^{n} X_i Y_i - n\overline{X}\overline{Y}}{\left[\sum_{i=1}^{n}(X_i - \overline{X})^2 \sum_{i=1}^{n}(Y_i - \overline{Y})^2\right]^{1/2}}$$

的置换检验, 则考虑到r的分母与$n\overline{X}\overline{Y}$都在上述变换群下不变, r的置换分布可以用$\sum_{i=1}^{n} X_i Y_i$的置换分布来代替, 这等于

$$L_n = \sum_{i=1}^{n} X_i Y_{R_i}$$

的分布, $(R_1, \cdots, R_n)$以概率$\frac{1}{n!}$取$(1, \cdots, n)$的任一置换. 要证明当$n \to \infty$时L_n的渐近正态性, 需要证明$\{(X_1, \cdots, X_n), (Y_1, \cdots Y_n)\}$满足条件M. 这个问题将在下一段讨论. 现设这问题已解决, 则由公式(6.4.12)与(6.4.13), 知$E(L_n) = n\overline{X}\overline{Y}$, 而

$$\operatorname{Var}(L_n) = \frac{1}{n-1} \sum_{i=1}^{n}(X_i - \overline{X})^2 \sum_{i=1}^{n}(Y_i - \overline{Y})^2,$$

这导致以

$$|r| = \left| \frac{\sum_{i=1}^{n} X_i Y_i - n\overline{X}\overline{Y}}{\left[\sum_{i=1}^{n}(X_i - \overline{X})^2 \sum_{i=1}^{n}(Y_i - \overline{Y})^2\right]^{1/2}} \right| \geqslant \frac{1}{\sqrt{n-1}} z_{\alpha/2}$$

为否定域的大样本置换检验. 不难验证, 这与正态假定(即在二维正态分布$N(a, b, \sigma_1^2, \sigma_2^2, \rho)$中检验$\rho = 0$)下的"精确检验"是渐近一致的.

例 6.4.7(对称性检验). 设$X_1, \cdots, X_n$是从一个具一维连续分布F的总体中抽出的 iid. 样本, 要检验假设H: "F关于原点对称".

考虑变换群

$$(X_1, \cdots, X_n) \to ((-1)^{i_1}X_1, \cdots, (-1)^{i_n}X_n),$$

其中 $i_1=\pm1, \cdots, i_n=\pm1$. 这构成一个包含 2^n 个变换的群，显然，当 H 成立时，$(X_1, \cdots, X_n)$ 的分布在上述变换群之下不变.

考虑基于一样本 t 检验的置换检验. 由于一样本 t-统计量

$$t=\sqrt{n(n-1)}\,\overline{X}\Big/\sqrt{\sum_{i=1}^{n}(X_i-\overline{X})^2}$$

在给定 $C(X)=\{((-1)^{i_1}X_1, \cdots, (-1)^{i_n}X_n): i_1=\pm1, \cdots, i_n=\pm1\}$ 之下，为 $\overline{X}$ 的严增函数，这相当于考虑基于 $X_1+\cdots+X_n$ 的置换检验. $X_1+\cdots+X_n$ 的置换分布即为 $Y_n=(-1)^{i_1}X_1+\cdots+(-1)^{i_n}X_n$ 的分布，其中 $i_1, \cdots, i_n$ 相互独立，在 $X_1, \cdots, X_n$（在 Y_n 中它们是作为常数看待）满足一定的条件时，将有

$$Y_n/\sqrt{X_1^2+\cdots+X_n^2} \xrightarrow{L} N(0, 1)$$

（具体讨论见下一段）. 这给出以

$$\left|\sum_{i=1}^{n}X_i\right| \geqslant \frac{1}{n}\sqrt{X_1^2+\cdots+X_n^2}\,z_{\alpha/2}$$

为否定域的大样本置换检验. 不难看出，当 n 很大时，这与一样本 t-检验（它用来检验正态总体 $N(a, \sigma^2)$ 的均值 $a=0$，这问题中此例中的对称性假设在正态总体之下的形式）是渐近一致的.

（六）随机序列满足条件 M, N 的问题

定理 6.4.4. 设 F, G 为一维连续分布，其方差非 0 有限，设 $X_1, X_2, \cdots$ 和 $Y_1, Y_2, \cdots$ 分别为抽自具分布 F 和 G 的总体中的 iid. 样本. 记

$$A_n=\{X_1, \cdots, X_n\}, \quad B_n=\{Y_1, \cdots, Y_n\},$$

则 $\{A_n, B_n\}$, $n=1, 2, \cdots$, 以概率为 1 地满足条件 M.

证. 不失普遍性可设 F、G 都有均值 0, 方差 1. 先证明如下的事实：对任何 $c>0$, 以概率为 1 地成立

$$\lim_{n\to\infty}\frac{1}{n}\sum_{1\ \{i:|X_i-\overline{X}_n|\leqslant c\}}^{n}(X_i-\overline{X}_n)^2=\int_{|x|\leqslant c}x^2dF(x), \quad (6.4.36)$$

对序列$\{Y_i\}$有类似的结果$\left(此处\ \overline{X}_n=\frac{1}{n}(X_1+\cdots+X_n)\right)$,

事实上,若令 $g(x)=x^2I_{[x^2\leqslant c]}$, 则 $Eg(X)$存在有限,由强大数律

$$\frac{1}{n}\sum_{i=1}^{n}g(X_i)\to\int_{-\infty}^{\infty}g^2(x)dF(x)=\int_{-c}^{c}x^2dF(x), \quad (6.4.37)$$

以概率为1成立. 再由强大数律, $\overline{X}_n=\frac{1}{n}\sum_{i=1}^{n}X_i\to 0$(a. e.). 于是由(6.4.37),对任给$\delta>0$, 以概率为1地有

$$\begin{aligned}\int_{|x|\leqslant c-\delta}x^2dF(x)&=\lim_{n\to\infty}\frac{1}{n}\sum_{\substack{1\\\{i:|X_i|\leqslant c-\delta\}}}^{n}X_i^2\\&\leqslant\liminf_{n\to\infty}\frac{1}{n}\sum_{\substack{1\\\{i:|X_i-\overline{X}_n|\leqslant c\}}}^{n}X_i^2\\&\leqslant\limsup_{n\to\infty}\frac{1}{n}\sum_{\substack{1\\\{i:|X_i-\overline{X}_n|\leqslant c\}}}^{n}X_i^2\\&\leqslant\lim_{n\to\infty}\frac{1}{n}\sum_{\substack{1\\\{i:|X_i|\leqslant c+\delta\}}}^{n}X_i^2\\&=\int_{|X|\leqslant c+\delta}x^2dF(x).\end{aligned}$$

因为当$\delta\downarrow 0$时,上式最两端的两项皆以$\int_{|x|\leqslant c}x^2dF(x)$为极限,这证明了以概率为1地有

$$\lim_{n\to\infty}\frac{1}{n}\sum_{\substack{1\\\{i:|X_i-\overline{X}_n|\leqslant c\}}}^{n}X_i^2=\int_{|x|\leqslant c}x^2dF(x), \quad (6.4.38)$$

同样得到(以概率为1)

$$\lim_{n\to\infty}\frac{1}{n}\sum_{\substack{1\\\{i:|X_i-\overline{X}_n|\leqslant c\}}}^{n}X_i=\int_{|x|\leqslant c}xdF(x), \quad (6.4.39)$$

$$\lim_{n\to\infty}\frac{1}{n}\sum_{\substack{1\\\{i:|X_i-\overline{X}_n|\leqslant c\}}}^{n}1=\int_{|x|\leqslant c}dF(x). \quad (6.4.40)$$

而$\overline{X}_n\to 0$ a. e., 即可由(6.4.38)—(6.4.40)得到(6.4.36). 由(6.4.36)可知,对任给$\varepsilon>0$, 存在$c<\infty$, 使以概率为1地,有

$$\lim_{n\to\infty}\frac{1}{n}\sum_{\substack{1\\\{i:|X_i-\overline{X}_n|>c\}}}^{n}(X_i-\overline{X}_n)^2\leqslant\varepsilon, \quad (6.4.41)$$

又

$$d_n^2=\frac{1}{n}\sum_{i,j=1}^{n}(X_i-\overline{X}_n)^2(Y_j-\overline{Y}_n)^2$$
$$=n\cdot\frac{1}{n}\sum_{i=1}^{n}(X_i-\overline{X}_n)^2\sum_{j=1}^{n}(Y_j-\overline{Y}_n)^2,$$

知以概率为1地当 n 充分大时，有 $d_n^2<4n$. 找 c 充分大，致以概率为1地，(6.3.41)以及

$$\lim_{n\to\infty}\frac{1}{n}\sum_{1\ \{j:|Y_j-\overline{Y}_n|\geqslant c\}}^{n}(Y_j-\overline{Y}_n)^2\leqslant\varepsilon \tag{6.4.42}$$

都满足. 找 n_0, 致 $\sqrt{4n_0\eta^2}\geqslant c^2$, 此处 $\eta>0$ 为一事先给定之数. 因为以概率为1地条件M等价于

$$\lim_{n\to\infty}\frac{1}{n^2}\sum_{1\ \{(i,j):|(X_i-\overline{X}_n)(Y_j-\overline{Y}_n)|\geqslant 2\sqrt{n}\eta\}}^{n}(X_i-\overline{X}_n)^2(Y_j-\overline{Y}_n)^2=0. \tag{6.4.43}$$

但为了使 $|(X_i-\overline{X}_n)(Y_j-\overline{Y}_n)|\geqslant 2\sqrt{n}\eta$,

当 $n\geqslant n_0$ 时，$|X_i-\overline{X}_n|\geqslant c$ 和 $|Y_j-\overline{Y}_n|\geqslant c$ 二者至少必居其一，因而，注意到(6.4.41), (6.4.42), 以及

$$\lim_{n\to\infty}\frac{1}{n}\sum_{i=1}^{n}(X_i-\overline{X}_n)^2=\lim_{n\to\infty}\frac{1}{n}\sum_{j=1}^{n}(Y_j-\overline{Y}_n)^2=1,\ \text{a. e.},$$

得(以概率为1地当 n 充分大时)

$$\frac{1}{n^2}\sum_{1\ \{(i,j):|(X_i-\overline{X}_n)(Y_j-\overline{Y}_n)|\geqslant 2\sqrt{n}\eta\}}^{n}(X_i-\overline{X}_n)^2(Y_j-\overline{Y}_n)^2$$
$$\leqslant\frac{1}{n}\sum_{1\ \{i:|X_i-X_n|\geqslant c}^{n}(X_i-\overline{X}_n)^2\cdot\frac{1}{n}\sum_{j=1}^{n}(Y_j-\overline{Y}_n)^2$$
$$+\frac{1}{n}\sum_{1\ \{j:|Y_j-\overline{Y}_n|\geqslant c\}}^{n}(Y_j-\overline{Y}_n)^2\frac{1}{n}\sum_{i=1}^{n}(X_i-\overline{X}_n)^2<4\varepsilon.$$

由于 $\varepsilon>0$ 的任意性，知(6.4.43)以概率为1地成立，这证明了定理6.4.4.

考虑到(二), 7°, 由本定理立即得出.

系 **6.4.1**. $\{A_n=\{X_1,\ \cdots,\ X_n\}\}$ 以概率为1地满足条件N.

当然，这个系可以更容易地直接证明，而不必求助于定理6.4.4.

利用本定理及其推论，立即得出例6.4.6中涉及的序列，必以

概率为1满足条件M. 又在例6.4.5的多样本问题，在 $H: F_1 \equiv \cdots \equiv F_c$ 成立时，必以概率为1地满足条件N，故例6.4.2的讨论以概率为1地适用. 下面的定理证明：即使在 H 不成立时，序列 $\{A_N = \{X_{11}, \cdots, X_{1n_1}; \cdots; X_{c1}, \cdots, X_{cn_c}\}\}$ 仍以概率为1地满足条件N $\left(\text{当然，在 } \frac{n_i}{N} \to \lambda_i \in (0, 1),\ i=1, \cdots, c \text{ 的条件下. } N = n_1 + \cdots + n_c\right)$.

定理6.4.5. 设 $X_{i1}, \cdots, X_{in_i}$ 为抽自连续分布 F_i 中的iid.样本，而 $N = n_1 + \cdots + n_c$, $A_N = \{X_{11}, \cdots, X_{cn_c}\}$. 则若 $n_i \to \infty$ 对 $i=1, \cdots, c$, 而每个 F_i 的方差非0有限，$\{A_N\}$ 必以概率为1地满足条件N.

证. 因为每个序列 $\{X_{i1}, \cdots, X_{in_i}\}$ 满足条件N(系6.4.1)，故满足条件 N_b(以概率为1，下同). 记

$$\overline{X}_{iN} = \frac{1}{n_i} \sum_{j=1}^{n_i} X_{ij}, \quad \overline{X}_N = \frac{1}{N} \sum_{i=1}^{c} \sum_{j=1}^{n_i} X_{ij},$$

有

$$\begin{aligned} \mu_{2N}(A) &= \frac{1}{N} \sum_{i=1}^{c} \sum_{j=1}^{n_i} (X_{ij} - \overline{X}_N)^2 \\ &= \frac{1}{N} \sum_{i=1}^{c} \sum_{j=1}^{n_i} (X_{ij} - \overline{X}_{iN})^2 + \frac{1}{N} \sum_{i=1}^{c} n_i (\overline{X}_{iN} - \overline{X}_N)^2, \end{aligned}$$

而

$$\begin{aligned} R_N(A) &= \max_{\substack{1 \le i \le c \\ 1 \le j \le n_i}} X_{ij} - \min_{\substack{1 \le i \le c \\ 1 \le j \le n_i}} X_{ij} \le 2 \cdot \max |X_{ij} - \overline{X}_N| \\ &\le 2[\max |X_{ij} - \overline{X}_{iN}| + \max |X_{iN} - \overline{X}_N|], \end{aligned}$$

各个max的范围都与第一个一样. 由此可知

$$\begin{aligned} & R_N(A) / \sqrt{N \mu_{2N}(A)} \\ & \le 2 \max_{1 \le i \le c} \left\{ \max_{1 \le j \le n_i} |X_{ij} - \overline{X}_{iN}| \Big/ \sqrt{\sum_{j=1}^{n_i} (X_{ij} - \overline{X}_{iN})^2} \right\} \\ & \quad + 2 \min_{1 \le i \le c} \frac{1}{\sqrt{n_i}}. \end{aligned}$$

由每个序列 $\{X_{i1}, \cdots, X_{in_i}\}$ 满足条件N知上式右边第一项趋于0

(当每个 $n_i\to\infty$), 又由假定, 每个 $n_i\to\infty$, 知上式右边第二项趋于0. 这证明了上式左边趋于0, 因而 $\{A_N\}$ 满足条件 N_b, 即满足条件 N. 定理证毕.

§6.5. 非参数检验的功效

在同样的水平之下,两个检验的优劣比较,一般是看它们在对立假设下功效的大小而定. 本节考虑若干涉及非参数检验的比较问题,也是以此为准则. 如以前指出的,当样本大小固定时,非参数检验的功效的精确表达式往往无法求得. 因此这种比较一般都是建立在大样本的基础上,即考虑功效的极限性质. 除了非参数检验之间的比较外,一个受到注意的问题是把非参数检验与相应的最优参数检验去比较.一个在前面提到过的例子是,当讨论针对位置参数不同的两样本非参数检验时,检验两个正态分布是否有相同均值的 t-检验,常作为比较的对象. 总的说来,理论上的结果显示出,在大样本范围内,对比往往有利于非参数检验. 但是,由于一方面在实际问题中,往往样本大小不够大到极限理论能适用的地步,加上历史上、习惯上以及某些使用上的方便的考虑等,这些检验并没有能取代传统的正态理论下导出的那些检验. 也应当注意. 非参数检验虽然问题提法的基础较广,但它往往也是针对一定的对立假设而设计的. 因此,检验的优劣的比较,很取决于所考虑的对立假设的范围,这些以后我们都将从实例中看到.

(一)置换检验的大样本功效

前面我们指出过, 通常置换检验的产生, 采取下面的方式居多: 设 X 的分布族为 $\mathscr{P}$. 考虑检验问题 $H:X$ 的分布在 Ω_H 内. 这个问题有某种相应的参数形式. 在这个形式下, X 的分布族局限于 $\mathscr{P}_0\subset\mathscr{P}$, 而假设 H 相应地成为"X 的分布在 ω_H 内", $\omega_H\subset\mathscr{P}_0$, $\omega_H\subset\Omega_H$. 对后面这个问题, 提出了某种有一定优越性的检验, 为确定计设它有否定域 $\{x:t(x)\geqslant c\}$, 而置换检验就建立在这

个统计量 $t(x)$ 的基础上．前面所举的两样本置换 t-检验，是一个典型的例子．

在参数情况下提出的检验 $t(x)$，有明确的对立假设 ω_K．它当然应该是 $\mathscr{P}-\Omega_H$ 的一部分．在这个提法下，我们感兴趣的问题是：如果局限于在对立假设 ω_K 上去比较，由 $t(x)$ 产生的置换检验的表现是否不劣于原来的检验 $t(x)$．如果这个回答是肯定的，则置换检验就具有一个吸引人的性质：它在零假设 Ω_H（这比 ω_H 广得多）下有相似性，且在参数检验的分布族内，仍能维持（在大样本意义下）传统的最优参数检验的那种效率．下面我们以多样本问题为例作一仔细的讨论，然后就不难提出一般性的结果．

设 $X_{i1}, \cdots, X_{in_i}$ 是取自一维连续分布 F_i 中的 iid. 样本，$i=1, \cdots, c$，要检验假设

$$H: F_1(x)\equiv\cdots\equiv F_c(x)$$

与此相应的一个参数检验问题是，假定 F_i 局限于正态分布 $N(a_i, \sigma^2)$，$i=1, \cdots, c$，而检验假设

$$H': a_1=\cdots=a_c.$$

关于这个问题，常用的 F 检验，即以

$$\mathscr{F}=\frac{\dfrac{1}{c-1}\sum_{i=1}^{c} n_i(\overline{X}_i-\overline{X})^2}{\dfrac{1}{N-c}\sum_{i=1}^{c}\sum_{j=1}^{n_i}(X_{ij}-\overline{X}_i)^2}\geqslant F_{c-1, N-c}(\alpha)$$

为否定域的检验，有一些最优性质．我们把这个检验及由它产生的置换检验分别记为 ϕ 和 ϕ^*．ϕ^* 有形式

$$\phi^*(x)=\begin{cases}1, & 当\ \mathscr{F}(x)>c_x;\\ r_x, & 当\ \mathscr{F}(x)=c_x;\\ 0, & 当\ \mathscr{F}(x)<c_x.\end{cases}$$

此处 x 为合样本 $(x_{11}, \cdots, x_{cn_c})$，$\mathscr{F}(x)$ 为上述 F 统计量 $\mathscr{F}$ 之值，c_x，r_x，$0\leqslant r_x\leqslant 1$，按 ϕ^* 有条件功效 α 的要求来选择．

例 6.4.5 总结了上节对这个问题的讨论．当假定 $F_1, \cdots, F_c$ 的方差非 0 有限，且 $\dfrac{n_i}{N}\to\lambda_i\in(0, 1)$，$i=1, \cdots, c$ 时（$N=n_1+\cdots$

$+n_c$), 以概率为 1 地有

$$c_x \to \frac{1}{c-1}\chi^2_{c-1}(\alpha). \qquad (6.5.1)$$

现在我们要在形如 $F_i \sim N(b_i, \sigma^2)$, $i=1, \cdots, c$ 的对立假设处来比较这两个检验 ϕ 与 ϕ^*, 这里 $b_1, \cdots, b_c$ 不尽相同. 为此我们需要注意一件事. 如果让 $b_1, \cdots, b_c$ 固定(而不全相同), 那么, 由于样本大小无限增加, 两检验 ϕ 与 ϕ^* 的功效都趋向于 1, 因此就无从比较. 这样, 我们让 b_i 随 N 而变, 取 $b_i = a_i/\sqrt{N}$ 的形式, $i=1, \cdots, c$, $a_1, \cdots, a_c$ 不全相同. 这表示当 N 很大时, 所考虑的对立假设与零假设很接近. 接近的数量级为 $\frac{1}{\sqrt{N}}$.

如在定理 5.3.1 中证明的. 这时 $\mathscr{F}$ 服从自由度为 $c-1$ 和 $N-c$ 的非中心 F 分布, 非中心参数为

$$\delta_N^2 = \sum_{i=1}^{c} n_i (a_i/\sqrt{N} - \bar{a}/\sqrt{N})^2/\sigma^2 \to \sum_{i=1}^{c} \lambda_i (a_i - \bar{a})^2,$$

此处 $\bar{a} = \lambda_1 a_1 + \cdots + \lambda_c a_c$. 这说明: 当 $N \to \infty$ 时, $\mathscr{F}$ 的分布收敛于 $\frac{1}{c}\chi^2_{c-1}$ 的分布. 又

$$\lim_{N\to\infty} F_{c-1, N-c}(\alpha) = \frac{1}{c}\chi^2_{c-1}(\alpha).$$

由此推出, 在所提到的那一串对立假设处, ϕ 的功效收敛于 $P(\chi^2_{c-1,\delta} \geqslant \chi^2_{c-1}(\alpha))$. 但由(6.5.1)以及 $\chi^2_{c-1,\delta}$ 的分布的连续性, 不难知道(参看下面定理 6.5.1 的证明): 置换检验 ϕ^* 在这一串对立假设处的功效也趋于同一数 $P(\chi^2_{c-1,\delta} \geqslant \chi^2_{c-1}(\alpha))$. 因此, 当样本大小 N 很大时, 在正态对立假设之下, 检验 ϕ 及由之产生的置换检验 ϕ^* 在功效上说是渐近一致的.

仔细分析以上的论证可以看出: 对立假设为正态这一点并未起任何特殊的作用, 它只用来推导出统计量 $\mathscr{F}$ 的极限分布(在这一串对立假设下)存在, 且为一连续分布. 最后证明两检验 ϕ 和 ϕ^* 有同一的极限功效, 只依赖于统计量 $\mathscr{F}$ 在这一串对立假设下的极限分布存在连续这一点, 至于这分布有 $\frac{1}{c}\chi^2_{c-1}$ 的特殊形状这一

点并没有用到．因此，可以看到：若在一串对立假设 $\{P_N\}$ 之下统计量 $\mathscr{F}$ 的分布函数 H_N 收敛于一连续分布函数 H，则

$$\lim_{N\to\infty}\beta_\phi(P_N)=\lim_{N\to\infty}\beta_{\phi^*}(P_N)=1-H\left(\frac{1}{c}\chi^2_{c-1}(\alpha)\right).$$

所以，在很宽广的范围内，检验 ϕ 与 ϕ^* 的大样本功效是渐近一致的．一个重要特例是：

$$P_N: F_i(x)=F(x-a_i/\sqrt{N}),\quad i=1,\cdots,c. \tag{6.5.2}$$

其中 F 为连续分布函数，方差非 0 有限，而 $a_1,\cdots,a_c$ 不全相同．用中心极限定理不难证明：当 $N\to\infty$ 时，统计量 $\mathscr{F}$ 在 P_N 下的分布仍收敛于 $\frac{1}{c}\chi^2_{c-1,\delta}$ 的分布，$\delta^2=\sum_{i=1}^{c}\lambda_i(a_i-\overline{a})^2$．因此，在对立假设中只有位置参数不同的情况下，$\phi$ 与 ϕ^* 的大样本功效是渐近一致的．我们把这个情况下的仔细讨论留给读者去完成．

上面对多样本问题所作的讨论显然地推广到一般情况．设 $\mathscr{P}$, $\mathscr{P}_0$, Ω_H, ω_H 等记号保持本段开始处所给的意义．对检验"X 的分布在 ω_H 内"，有一个检验 ϕ_N：

$$\phi_N(X(N))=\begin{cases}1, & 若\ t_N[X(N)]>C_{N\alpha};\\ \gamma_{N\alpha}, & 若\ t_N[X(N)]=C_{N\alpha};\\ 0, & 若\ t_N[X(N)]<C_{N\alpha}.\end{cases}$$

这里 N 为样本大小，$X(N)$ 为样本，t_N 是一个检验统计量．$C_{N\alpha}$，$\gamma_{N\alpha}(0\leqslant\gamma_{N\alpha}\leqslant 1)$ 为常数，选择之使检验有选定的水平 α．拿上述多样本检验问题来说，$N=n_1+\cdots+n_c$，$X(N)=(X_{11},\cdots,X_{1n_1},\cdots;X_{c1},\cdots,X_{cn_c})$，而 t_N 为 F 统计量 $\mathscr{F}$．

由 t_N 产生的置换检验 ϕ_N^* 有形式

$$\phi_N^*(X(N))=\begin{cases}1, & 若\ t_N[X(N)]>T_{N\alpha}[X(N)];\\ \gamma_{N\alpha}[X(N)], & 若\ t_N[X(N)]=T_{N\alpha}[X(N)];\\ 0, & 若\ t_N[X(N)]<T_{N\alpha}[X(N)].\end{cases}$$

这里 $T_{N\alpha}[X(N)]$ 和 $\gamma_{N\alpha}[X(N)]$ 选定之，使在给定

$$C(X(N))=\{gX(N): g\in G\}$$

时，ϕ_N^* 的条件功效等于 α．在此 G 为在置换检验问题的一般形式

中提到的那个变换群(见§6.4,(五)). 又注意,在检验 ϕ_N^* 中出现的 $T_{N\alpha}[X(N)]$ 与 $\gamma_{N\alpha}[X(N)]$,当然都只依赖于 $C(X(N))$.

以 $F_N^*(t;\ X(N))$ 记在得到样本 $X(N)$ 时,t_N 的置换分布的分布函数(当然,$F_N^*(t;\ X(N))$ 其实只依赖于 $C(X(N))$). 注意在固定 t 时,$F_N^*(t;\ X(N))$ 为一随机变量.

以 $F_N(t)$ 记当 $X(N)$ 的分布在 ω_H 内时,$t_N[X(N)]$ 的分布函数. 在此假定了这个分布与 $X(N)$ 的分布在 ω_H 何处无关,只要它在 ω_H 内就行. 在前面讨论的多样本问题中,ω_H 为一切形如 $\{F_i \sim N(a, \sigma^2),\ i=1, \cdots, c\}$ 的分布的集. 这时统计量 $\mathscr{F}$ (即此处的 t_N) 服从分布 $F_{c-1, N-c}$, 因此 $F_N(t)$ 就是 $F_{c-1, N-c}$ 的分布函数.

在作了这些描述后,可提出下面的一般定理.

定理 6.5.1 (Hoeffding, 1952).

1° 设存在非降函数 $F(t)$, $F(t)=1-\alpha$ 有唯一解 $t_\alpha(0<\alpha<1)$, $F(t)$ 在 t_α 处连续,且对 $F(t)$ 的任何连续点 t_0 皆有[1)]

$$F_N^*(t_0;\ X(N)) \xrightarrow{P} F(t),\ \text{当}\ N\to\infty, \tag{6.5.3}$$

则必有

$$T_{N\alpha}[X(N)] \xrightarrow{P} t_\alpha. \tag{6.5.4}$$

2° 设 $\{P_N\}$ 为一串对立假设致 (6.5.3) 成立, 而 $H(t)$ 为非降函数,连续于 t_α. 使 $t_N[X(N)]$ 在 P_N 之下的分布收敛于 $H(t)$, 即

$$P(t_N[X(N)]<t \mid P_N) \to H(t),\ \text{当}\ N\to\infty, \tag{6.5.5}$$

对 H 的任何连续点 t, 则

$$\lim_{N\to\infty} \beta_{\phi_N^*}(P_N) = 1 - H(t_\alpha), \tag{6.5.6}$$

此处 $\beta_{\phi_N^*}$ 为检验 ϕ_N^* 的功效函数.

3° 若 $\lim\limits_{N\to\infty} F_N(t) = F(t)$ 对 F 的任何连续点 t 成立 ($F(t)$ 就是 1° 中的那个 $F(t)$), 且 (6.5.5) 成立, 则

1) 在(6.5.3)和(6.5.4)中未明指 $X(N)$ 的分布如何,这表示,不论何时,只要(6.5.3)成立,(6.5.4)必成立.

$$\lim_{N\to\infty}\beta_{\phi_N}(P_N)=1-H(t_\alpha), \tag{6.5.7}$$

β_{ϕ_N} 为 ϕ_N 的功效函数.

证. 1° 任给 $\varepsilon>0$, 找 a_1, a_2, 致

$a_1<t_\alpha<a_2$, $a_2-a_1<\varepsilon$, $F(t)$ 在 a_1, a_2 处连续, 找 $\delta>0$ 充分小, 致 $F(a_1)+\delta<F(t_\alpha)<F(a_2)-\delta$. 然后依定理假定, 存在 $N(\delta)$, 使当 $N\geqslant N(\delta)$ 时,

$$P\{|F_N^*(a_i,\ X(N))-F(a_i)|\leqslant\delta,\ i=1,\ 2\}\geqslant 1-\delta.$$

故以不小于 $1-\delta$ 的概率同时成立,

$$F_N^*(a_1,\ X(N))\leqslant F(a_1)+\delta,\ F_N^*(a_2,\ X(N))\geqslant F(a_2)-\delta,$$

但

$$\begin{aligned}F_N^*(a_1,\ X(N))\leqslant F(a_1)+\delta&\Rightarrow F_N^*(a_1,\ X(N))\\&<F(t_\alpha)\Rightarrow T_{N\alpha}[X(N)]\geqslant a_1;\\F_N^*(a_2,\ X(N))\geqslant F(a_2)-\delta&\Rightarrow F_N^*(a_2,\ X(N))\\&>F(t_\alpha)\Rightarrow T_{N\alpha}[X(N)]\leqslant a_2.\end{aligned}$$

因此当 $N\geqslant N(\delta)$ 时,

$$\begin{aligned}P\{|T_{N\alpha}[X(N)]-t_\alpha|\leqslant\varepsilon\}&\geqslant P\{a_1\leqslant T_{N\alpha}[X(N)]\leqslant a_2\}\\&\geqslant P\{|F_N^*(a_i;X(N))-F(a_i)|\leqslant\delta,\ i=1,\ 2\}\geqslant 1-\delta,\end{aligned}$$

这证明了(6.5.4).

2° 由于在 $\{P_N\}$之下(即: $X(N)$之分布为 P_N) (6.5.3)成立, 由 1° 知(6.5.4)成立. 任取 $\eta>0$, 致 $t_\alpha\pm\eta$ 为 $H(t)$ 的连续点, 则因

$$\lim_{N\to\infty}P(|T_{N\alpha}(X(N))-t_\alpha|\leqslant\eta|P_N)=1,$$

由假定(6.5.5)及 $t_\alpha\pm\eta$ 为 $H(t)$ 的连续点, 得

$$\begin{aligned}\liminf_{N\to\infty}\beta_{\phi_N^*}(P_N)&\geqslant\lim_{N\to\infty}P(T_{N\alpha}(X(N))\geqslant t_\alpha+\eta)\\&=1-H(t_\alpha+\eta),\\\limsup_{n\to\infty}\beta_{\phi_N^*}(P_N)&\leqslant\lim_{N\to\infty}P(T_{N\alpha}[X(N)]\geqslant t_\alpha-\eta)\\&=1-H(t_\alpha-\eta).\end{aligned}$$

由于 t_α 为 $H(t)$ 的连续点, 令 $\eta\downarrow 0$ 即得(6.5.6).

3° 由假定立得 $\lim\limits_{N\to\infty} C_{N\alpha}=t_\alpha$. 于是由(6.5.5)及 t_α 为 $H(t)$ 的连续点，直接推出(6.5.7). 定理证毕.

(二) 局部最优的两样本秩检验

先介绍局部最优检验的概念. 设 X 的分布族为 $\{f(x, \theta)d\mu(x)\}$, θ 为一个一维实参数. 考虑检验问题 $H:\theta=\theta_0 \leftrightarrow K:\theta>\theta_0$.

除了某些特殊的分布族（例如，单调似然比族）外，此问题的 UMP 检验一般不存在. 因此我们降低要求：要求找一个水平 α 的检验 ϕ, 在很靠近 θ_0 的对立假设处功效值尽可能大. 这个要求的确切含义包含在下面的定义中.

定义 6.5.1. 设 ϕ 为 $H\leftrightarrow K$ 的一个水平 α 检验，若对 $H\leftrightarrow K$ 的任何水平 α 检验 $\tilde{\phi}$ 都有

$$\beta_{\tilde{\phi}}(\theta)\leqslant\beta_{\phi}(\theta)+o(\theta-\theta_0), \text{ 当 } \theta>\theta_0, \ \theta-\theta_0 \text{ 充分小},$$

则称 ϕ 为 $H\leftrightarrow K$ 的一个水平 α 的局部最优检验.

如果密度 $f(x, \theta)$ 具有这样的性质：对任何检验函数 ϕ, 其功效函数

$$\beta_{\phi}(\theta)=\int_{\mathscr{X}} f(x, \theta)d\mu(x) \tag{6.5.8}$$

可在积分号下求导数，则 $\beta'_{\phi}(\theta)$ 存在，且

$$\beta'_{\phi}(\theta)=\int_{\mathscr{X}} \frac{\partial f(x, \theta)}{\partial\theta}d\mu(x). \tag{6.5.9}$$

这时显然，要一个水平 α 检验 ϕ 为局部最优的，充分必要条件为 $\beta'_{\phi}(\theta_0)\geqslant\beta'_{\tilde{\phi}}(\theta_0)$, 对任何水平 α 检验 $\tilde{\phi}$. 根据 Neyman-Pearson 基本引理的推广（定理 3.3.2）及表达式(6.5.8), (6.5.9), 得出局部最优检验 ϕ 由

$$\phi(x)=\begin{cases}1, & \text{当 } f'(x, \theta_0)/f(x, \theta_0)>k, \\ A, & \text{当 } f'(x, \theta_0)/f(x, \theta_0)=k, \\ 0, & \text{当 } f'(x, \theta_0)/f(x, \theta_0)=k.\end{cases}$$

决定，此处 k, A 为常数，$0\leqslant A\leqslant 1$, 选择之使 $\beta_{\phi}(\theta_0)=\alpha$. 又

$f'(x, \theta_0)$ 记 $\partial f(x, \theta)/\partial\theta|_{\theta=\theta_0}$.

现在我们把所引进的概念用于两样本问题. 先将问题作一确切的描述. 假定 $\{F(x, \theta), \theta\geqslant\theta_0\}$ 为一个一维连续分布族, 此处函数 F 和 θ_0 都假定为已知. 设 $X_1, \cdots, X_m$ 是取自 $F(x, \theta_0)$ 的 iid. 样本, 而 $Y_1, \cdots, Y_n$ 为取自 $F(x, \theta)$ 中的 iid. 样本, 对某个 $\theta\geqslant\theta_0$. 在这个特殊形式下, 两样本问题归结为检验 $\theta=\theta_0\leftrightarrow\theta>\theta_0$.

我们考虑这问题的基于§6.3的那种两样本秩次统计量的检验. 这等于以 $Z_N=(Z_{N1}, \cdots, Z_{NN})$ 来代替原样本 $(X_1, \cdots, X_m; Y_1, \cdots, Y_n)$, $N=m+n$, 其中

$$Z_{Ni}=\begin{cases}0, \text{若合样本中第 } i \text{ 个最小的为 } X \text{ 样本},\\1, \text{若合样本中第 } i \text{ 个最小的为 } Y \text{ 样本}.\end{cases}$$

以 $(a_1, \cdots, a_N)$ 记 $(1, \cdots, 1, 0, \cdots, 0)$, 其中有 n 个 1, m 个 0. 显然, 在零假设 $\theta=\theta_0$ 之下, Z_N 之分布为: 取 $(a_1, \cdots, a_N)$ 之任一排列的概率为 $\binom{N}{m}^{-1}$ (注意不同排列共有 $\binom{N}{m}$ 个).

现在来考虑 $(Z_{N1}, \cdots, Z_{NN})$ 在对立假设下的分布. 假定 $Y_1, \cdots, Y_n$ 是从分布 $F(x, \theta)$ 中抽出来的. 为了使计算过程清楚起见, 我们考虑一个 $m=3$, $n=2$ 的特例, 取 $A=(0, 1, 1, 0, 0)$, 来计算 $P_\theta((Z_{51}, \cdots, Z_{55})=A)$, 就是说在合样本中, 由小到大第1, 4, 5号是 X 样本, 而2、3号是 Y 样本, 这个事件的概率.

以 $(Z_1<Z_2<\cdots<Z_5)$ 记合样本的次序统计量. 设 $F(x, \theta)$ 有密度(对 L 测度) $f(x, \theta)$, 则易见在给定 $Z_1, \cdots, Z_5$ 时, $(Z_{51}, \cdots, Z_{55})=A$ 的条件概率为

$$\begin{aligned}&P_\theta\{(Z_{51}, \cdots, Z_{55})=A|Z_1, \cdots, Z_5\}\\&=\frac{f(Z_1, \theta_0)f(Z_2, \theta_1)f(Z_3, \theta_1)f(Z_4, \theta_0)f(Z_5, \theta_0)}{\sum\limits_{1\leqslant i_1<i_2<i_3\leqslant 5} f(Z_{i_1}, \theta_0)f(Z_{i_2}, \theta_0)f(Z_{i_3}, \theta_0)f(Z_{i_4}, \theta_1)f(Z_{i_5}, \theta_1)}.\end{aligned}$$

这里分母中在求和时, 每一项的 i_4, i_5 是1, 2, 3, 4, 5中除去 i_1, i_2, i_3 后剩下来的那两个. 显然, 在参数为 θ 时, $(Z_1, \cdots, Z_5)$ 的密度就是上式右边的分母乘以 $3!2!$ (在 $Z_1<\cdots<Z_5$ 的范围内, 此外为0). 于是得到

$$P_\theta\{(Z_{51}, \cdots, Z_{55})=(0, 1, 1, 0, 0)\}$$
$$=\int_{(z_1<\cdots<z_5)} f(z_1, \theta_0)f(z_2, \theta_1)f(z_3, \theta_1)f(z_4, \theta_0)f(z_5, \theta_0)$$
$$\cdot 3!2!dz_1\cdots dz_5.$$
$$=\binom{5}{2}^{-1}\int_{(z_1<\cdots<z_5)} 5!f(z_1, \theta_0)f(z_2, \theta_1)f(z_3, \theta_1)$$
$$\cdot f(z_4, \theta_0)f(z_5, \theta_0)dz_1, \cdots, dz_5$$
$$=\binom{5}{2}^{-1} E_{\theta_0}\Big[\prod_{i=1}^{5}\Big(\frac{f(Z_i, \theta_1)}{f(Z_i, \theta_0)}\Big)^{a_i}\Big],$$
$$(a_1, a_2, a_3, a_4, a_5)=(0, 1, 1, 0, 0).$$

完全同样的推理在一般情况下给出.

$$P_\theta(Z_{Ni}=z_{Ni}, i=1, \cdots, N)$$
$$=\binom{N}{n}^{-1} E_{\theta_0}\Big[\prod_{i=1}^{N}\Big(\frac{f(Z_i, \theta)}{f(Z_i, \theta_0)}\Big)^{z_{Ni}}\Big], \tag{6.5.10}$$

这里 $Z_1<\cdots<Z_N$ 为合样本 $X_1, \cdots, X_m, Y_1, \cdots, Y_n$ 的次序统计量, 而 $(Z_{N1}, \cdots, Z_{NN})$ 为由 1, 0 组成的一个序列, 其中有 n 个 1, $m=N-n$ 个 0.

现在假定存在 $\varepsilon>0$ 及 L-零测集 B, 使当 $x\overline{\in}B$ 时 $\frac{\partial f(x, \theta)}{\partial\theta}$ 在 $\theta_0\leqslant\theta<\theta_0+\varepsilon$ 处处存在, 且存在 $M(x)$, 致

$$\int_{-\infty}^{\infty}M(x)dx<\infty,\ f(x, \theta)\leqslant M(x),\ \left|\frac{\partial f(x, \theta)}{\partial\theta}\right|\leqslant M(x),$$

当 $x\overline{\in}A$, 则对表达式 (6.5.10) 略加检查即可知, 在这种条件下, $\partial P_\theta(Z_{Ni}=z_{Ni}, i=1, \cdots, N)/\partial\theta$ 可在(6.5.10)右边的积分号下求得. 由于$(Z_{N1}, \cdots, Z_{NN})$只取有限个值, 可知: 任何秩次检验, 即基于 $(Z_{N1}, \cdots, Z_{NN})$ 的检验, 其功效函数对 θ 的导数存在且可通过在积分号下求导得到. 由于 $P_{\theta_0}(Z_{Ni}=z_{Ni}, i=1, \cdots, N)$ 为一常数, 根据前面提到的局部最优检验的形式得到: 为了求得局部最优的两样本秩次检验, 只需计算

$$W_{\theta_0}(Z_{N1}, \cdots, Z_{NN})=\partial P_\theta(Z_{Ni}=z_{Ni}, i=1, \cdots, N)/\partial\theta\,|_{\theta=\theta_0},$$

把这表达式超过某个界限的那些$(z_{N1}, \cdots, z_{NN})$列在否定域中. 显

见

$$
\begin{aligned}
&W_{\theta_0}(z_{N1},\ \cdots,\ z_{NN})\\
&=\binom{N}{n}^{-1}E_{\theta_0}\Big[\sum_{i=1}^{N}z_{Ni}\frac{\partial f(Z_i,\ \theta)/\partial\theta|_{\theta=\theta_0}}{f(Z_i;\ \theta_0)}\Big]\\
&=\binom{N}{n}^{-1}\sum_{i=1}^{N}z_{Ni}\cdot E_{\theta_0}[\partial\log f(Z_i,\ \theta)/\partial\theta|_{\theta=\theta_0}]\\
&=\binom{N}{n}^{-1}\sum_{i=1}^{N}z_{Ni}a_{Ni},
\end{aligned}
$$

其中 $\quad a_{Ni}=E_{\theta_0}[\partial\log f(Z_i,\ \theta)/\partial\theta|_{\theta=\theta_0}],\ i=1,\ \cdots,\ N.$

总结以上的讨论得到:

定理 6.5.2(Capon, 1961). 在前述记号和假设下, 局部最优的秩次检验 ϕ 由以下公式决定:

$$
\phi(Z_{N1},\ \cdots,\ Z_{NN})=\begin{cases}1, & \text{若}\ \sum_{i=1}^{N}a_{Ni}Z_{Ni}>K,\\ c, & \text{若}\ \sum_{i=1}^{N}a_{Ni}Z_{Ni}=K,\\ 0, & \text{若}\ \sum_{i=1}^{N}a_{Ni}Z_{Ni}<K.\end{cases}
$$

这里 K 和 c, $0\leqslant c\leqslant 1$, 为常数, 选择之使检验的真实水平为 α.

应当注意的是: 若 a_{Ni} 用 $ba_{Ni}+d$ 代替, $b>0$, 检验不受影响(当然, 其中的常数 K 有变化).

例 6.5.1. 设 $X_1,\ \cdots,\ X_m$ 和 $Y_1,\ \cdots,\ Y_n$ 分别为取自正态分布 $N(a,\ \sigma^2)$ 和 $N(b,\ \sigma^2)$ 中的 iid. 样本. 要检验

$$b=a\Leftrightarrow b>a.$$

由于把诸 X_i 和 Y_j 作同一线性变换 $X_i'=dX_i+g$, $i=1,\ \cdots,\ m$, $Y_j'=dY_j+g$, $j=1,\ \cdots,\ n$, $d>0$, 不影响 X_i 和 Y_j 等在合样本中的秩次. 不失普遍性可设 $X_1,\ \cdots,\ X_m$ 和 $Y_1,\ \cdots,\ Y_j$ 分别来自 $N(0,\ 1)$ 和 $N(\theta,\ 1)$, $\theta\geqslant 0$, 这样问题完全具有本段所论的形式. 且

$$\log f(x,\ \theta)=-\frac{1}{2}\log(2\pi)-\frac{1}{2}(x-\theta)^2,$$

而 $\partial \log f(x, \theta)/\partial\theta|_{\theta=0}=x$, 于是

$$a_{Ni}=E(Z_i), \quad i=1, \cdots, N,$$

其中 $Z_1<\cdots<Z_N$ 为取自 $N(0, 1)$ 的 iid. 样本. 因此,所得出的局部最优秩检验就是 Fisher-Yates 检验.

例 6.5.2. 设

$$f(x, \theta)=(1-\theta)+2\theta x, \ 0<x<1, \ 0\leqslant\theta<1, \ \theta_0=0,$$

则 $\partial \log f(x, \theta)/\partial\theta|_{\theta=0}=-1+2x$, 故

$$a_{Ni}=-1+2b_{Ni}, \ b_{Ni}=E(Z_i)=i/(N+1), \ i=1, \cdots, N.$$

这里 $Z_1<\cdots<Z_N$ 为自 $R(0, 1)$ 中抽出的大小为 N 的次序样本, 因此, 对上述分布族而言, 局部最优秩次检验就是 Wilcoxon 秩和检验.

(三)检验的相对渐近效率 (Relative Asymptotic Efficiency, 简记为 ARE)

本段考虑两个检验的比较问题. 问题的确切提法如下. 设变量的分布族为 $\mathscr{P}$, 要检验假设 $\Omega_H\leftrightarrow\Omega_K$, 这里 $\Omega_H\subset\mathscr{P}$, $\Omega_K=\mathscr{P}-\Omega_H$. 设关于这个问题有两个检验 S 和 T. 一般, 由于 Ω_H 和 Ω_K 的范围很广泛, 在这么广泛的范围内, S 和 T 中的一个全面地优于另一个的情况少见. 因此, 我们从其中抽出种种包含一个实参数 θ 的子族 $\{P_\theta, \theta\geqslant\theta_0\}$, 假定当 $\theta=\theta_0$ 时, P_{θ_0} 在 Ω_H 内, 而当 $\theta>\theta_0$ 时, P_θ 在 Ω_K 内. 我们在这样一个子族中来比较这两个检验 S, T 的优劣. 由于检验一般都有相合性, 如果我们固定一个 $\theta>\theta_0$, 则当样本大小 $N\to\infty$ 时, 这两个检验的功效都趋于 1, 因而无从比较. 所以, 我们要取一串 $\theta_N>0$, 并以某种速度趋于 0, 将两个检验在这一串对立假设上的功效来进行比较.

设分别以 $\beta_{S,N}$ 和 $\beta_{T,N}$ 记样本大小为 N 时, 检验 S 和 T 的功效函数. 取一串 $\theta_N\to0$, $\theta_N>0$. 设 $C_1(N)$ 和 $C_2(N)$ 为 N 的两个整数函数, 致

$$\lim_{N\to\infty}\beta_{S, C_1(N)}(\theta_N)=\beta_{T, C_2(N)}(\theta_N)=\gamma, \ 0<\gamma<1. \qquad (6.5.11)$$

则可以说：近似地看，用检验 S 而抽样 $C_1(N)$ 次的效果，大体上等于用检验 T 而抽样 $C_2(N)$ 次的效果，因此，比值 $C_2(N)/C_1(N)$ 的极限，如果与 γ 无关，意即，对任何 $0<\gamma<1$，若 $C_1(N)$ 和 $C_2(N)$ 满足(6.3.11)，则 $\lim\limits_{N\to\infty} C_2(N)/C_1(N)$ 就存在且等于一个与 γ 无关的数，则这个数可以衡量检验 S 对 T 的相对优越性，它称为 S 对 T 的相对渐近效率(ARE)，并记为 $e(S/T)$：

$$e(S/T)=\lim_{N\to\infty}[C_2(N)/C_1(N)].$$

当然，$e(S/T)$ 与所选出的分布族 $\{P_\theta,\ \theta\geqslant\theta_0\}$ 有关. ARE 可粗略地理解为：若(比方说)$e(S/T)=2$，则用检验 T 需要比用检验 S 多一倍的抽样，才能达到大致一样的功效.

以上叙述的概念是 Pitman 在 1948 年引进的，故常称为 Pitman 相对渐近效率. 除此以外，其他作者还引进了另一些类似的概念.

ARE 的计算基于下面的引理.

引理 6.5.1. 在上述记号下，假定

1° $\beta_{T,N}(\theta_0)=\alpha$，($0<\alpha<1$，$\alpha$ 给定)，

2° 存在着定义于 $[\theta_0,\ \theta_0+\varepsilon)$ 的函数 $\mu_N(\theta)$ 和 $\sigma_N(\theta)>0$，致

$$\frac{T_N-\mu_N|\theta|}{\sigma_N(\theta)}\xrightarrow{L}N(0,\ 1),$$

一致地于 $[\theta_0,\ \theta_0+\varepsilon)$ 内. 这里 T_N 的意义是：当样本大小为 N(这时样本记为 $X(N)$)时，检验 T 有形式

$$T(X(N))=\begin{cases}1, & \text{当 } T_N(X(N))\geqslant\lambda_{N\alpha},\\ \gamma_{N\alpha}, & \text{当 } T_N(X(N))=\lambda_{N\alpha},\\ 0, & \text{当 } T_N(X(N))<\lambda_{N\alpha}.\end{cases}$$

3° 假定 $\mu_N(\theta)$，$\sigma_N(\theta)$ 都在 $[\theta_0,\ \theta_0+\varepsilon)$ 有有限导数，且 $\mu_N'(\theta_0)>0$.

4° 设 $\theta_N=\theta_0+k/\sqrt{N}$，$k>0$，而

$$\lim_{N\to\infty}\frac{\sigma_N(\theta_N)}{\sigma_N(\theta_0)}=1,$$

又在 $\theta_0\leqslant\theta\leqslant\theta_N$ 内，当 $N\to\infty$ 时，一致地有

$$\lim_{N\to\infty}[N^{-1/2}\mu_N'(\theta)/\sigma_N(\theta_0)]=c,\quad 0<c<\infty.$$

则

$$\lim_{N\to\infty}\beta_{T,N}(\theta_N)=1-\Phi(z_\alpha-kc),\tag{6.5.12}$$

Φ 为 $N(0, 1)$的分布函数. z_α 由 $\Phi(z_\alpha)=1-\alpha$ 决定.

证. 由于

$$\begin{aligned}\beta_{T,N}(\theta_N)&=P_{\theta_N}[T_N\geqslant\lambda_{N\alpha}]\\&=P_{\theta_N}\left[\frac{T_N-\mu_N(\theta_N)}{\sigma_N(\theta_N)}\geqslant\frac{\lambda_{N\alpha}-\mu_N(\theta_N)}{\sigma_N(\theta_N)}\right],\end{aligned}$$

于是,根据假定 2° 中提到的一致收敛性,(6.5.12)的证明归结为

$$\lim_{N\to\infty}\frac{\lambda_{N\alpha}-\mu_N(\theta_N)}{\sigma_N(\theta_N)}=z_\alpha-kc.\tag{6.5.13}$$

为证此式,根据假定 3°, 将 $\mu_N(\theta)$在 θ_0 处作 Taylor 展开,有

$$\mu_N(\theta_N)=\mu_N(\theta_0)+\frac{K}{\sqrt{N}}\mu_N'(\theta_N^*),\quad\theta_0\leqslant\theta_N^*\leqslant\theta_N.$$

得

$$\frac{\lambda_{N\alpha}-\mu_N(\theta_N)}{\sigma_N(\theta_N)}=\frac{\lambda_{N\alpha}-\mu_N(\theta_0)}{\sigma_N(\theta_N)}-kN^{-1/2}\frac{\mu_N'(\theta_N^*)}{\sigma_N(\theta_N)}.\tag{6.5.14}$$

由假定 1°, 2°, 4°, 知(6.5.14)右边第一项趋于 z_α, 当 $N\to\infty$, 此因由 1°, 2° 有 $(\lambda_{N\alpha}-\mu_N(\theta_0))/\sigma_N(\theta_0)\to z_\alpha$, 而由 4°, 知 $\sigma_N(\theta_N)/\sigma_N(\theta_0)\to 1$. 又由 4°, 注意 $\theta_0\leqslant\theta_N^*\leqslant\theta_N$,

$$\begin{aligned}&N^{-1/2}\mu_N'(\theta_N^*)/\sigma_N(\theta_N)\\&\quad=[N^{-1/2}\mu_N'(\theta_N)/\sigma_N(\theta_0)]\cdot[\sigma_N(\theta_0)/\sigma_N(\theta_N)]\to c,\end{aligned}$$

当 $N\to\infty$. 于是, 在(6.5.14)两边令 $N\to\infty$, 即得(6.5.13). 引理证毕.

现在假定检验 S 和 T 都满足本引理的要求,且设引理的条件 3° 中的 c 值, 对 S 和 T 分别为 c_1 和 c_2. 任取 $k_1>0$, 决定 $k_2>0$, 致

$$k_1c_1=k_2c_2.\tag{6.5.15}$$

记 $\theta_N=\theta_0+k_1/\sqrt{N}$. 找 $C(N)$, 致 $k_2/\sqrt{C(N)}=k_1/\sqrt{N}$. 若令 $\theta_N'=\theta_0+k_2/\sqrt{N}$, 则 $\theta_{C(N)}'=\theta_N$. 于是由引理 6.5.1 有

$$\beta_{S,N}(\theta_N)\to 1-\Phi(z_\alpha-k_1c_1),$$

$$\beta_{T,C(N)}(\theta_N)=\beta_{T,C(N)}(\theta'_{C(N)})\to 1-\Phi(z_\alpha-k_2c_2)$$
$$=1-\Phi(z_\alpha-k_1c_1).$$

因为 $1-\Phi(z_\alpha-k_1c_1)$ 可取(0, 1)内任何值，依定义得

$$e(S/T)=\lim_{N\to\infty}[C(N)/N],$$

如果右端的极限存在．但由 $k_2/\sqrt{C(N)}=k_1/\sqrt{N}$ 及 (6.5.15)，得

$$e(S/T)=k_2^2/k_1^2=c_1^2/c_2^2.$$

再由引理的条件 4° 得

$$e(S/T)=\lim_{N\to\infty}\left[\frac{\sigma_{TN}(\theta_0)}{\sigma_{SN}(\theta_0)}\cdot\frac{\mu'_{SN}(\theta_0)}{\mu'_{TN}(\theta_0)}\right]^2. \tag{6.5.16}$$

不难知道

$$e(S_1/S_2)=e(S_1/T)/e(S_2/T). \tag{6.5.17}$$

因此，如果求得了任一检验相对于某一标准检验的 ARE，则任两检验的 ARE 可求出．

例 6.5.3．(关于位置参数的两样本秩次检验的 ARE)．设 $X_1, \cdots, X_m$ 和 $Y_1, \cdots, Y_n$ 分别为取自连续分布 F 和 G 中的 iid. 样本，$N=m+n$，$\frac{m}{N}\to\lambda$，$0<\lambda<1$．考虑一族只有位置参数不同的对立假设，即 $G(x)\equiv F(x+\theta)$，$\theta\geqslant 0$．在这个族中，两样本问题成为 $\theta=0\leftrightarrow\theta>0$．假定 F(对 L 测度)有密度 f．

以 T_N 记 §6.3 (二) 中所描述的两样本秩次统计量，考虑以 $\{T_N\geqslant\lambda_{N\alpha}\}$ 为否定域的检验 T．设定理 6.3.1 中的一切条件都满足[1)]，则由该定理，有

$$\frac{T_N-\mu_N(\theta)}{\sigma_N(\theta)}\xrightarrow{L}N(0, 1).$$

其中

1) 注意，由定理 6.3.4，条件"$\lambda_N=\frac{m}{N}$ 固定"可以用"$\frac{m}{N}\to\lambda$，$0<\lambda<1$"代替，且在此处的位置参数情况，收敛于正态分布有一致性．

$$\mu_N(\theta)=\int_{-\infty}^{\infty} J\left[\frac{m}{N}F(x)+\frac{n}{N}F(x+\theta)\right]dF(x), \quad (6.5.18)$$

且当 $\theta_N\to 0$ 时，有

$$\lim_{N\to\infty} N\sigma_N^2(\theta_N)=\frac{1-\lambda}{\lambda}A^2, \quad (6.5.19)$$

其中 $A^2=\int_0^1 J^2(x)dx-\left(\int_0^1 J(x)dx\right)^2$.

对引理 6.5.1 的四个条件而言，条件 1°、2° 与 4° 的前半显然成立. 条件 4° 的后半及条件 3°，取决于 $\mu_N'(\theta)$ 可在积分号下求导：

$$\mu_N'(\theta)=\int_{-\infty}^{\infty} J'\left[\frac{m}{N}F(x)+\frac{n}{N}F(x+\theta)\right]\frac{n}{N}f(x+\theta)f(x)dx, \quad (6.5.20)$$

且当 $\theta_N\to 0$ 时，可将极限号移入积分号下：

$$\lim_{N\to\infty}\mu_N'(\theta_N)=\int_{-\infty}^{\infty}(1-\lambda)J'[F(x)]f^2(x)dx. \quad (6.5.21)$$

另外，考虑本问题的两样本 t-检验 T^*，它基于统计量

$$T_N^*=\sqrt{\frac{mn}{N}}(\overline{X}-\overline{Y})\Bigg/\sqrt{\frac{1}{N-2}\left[\sum_{i=1}^m(X_i-\overline{X})^2+\sum_{j=1}^n(Y_j-\overline{Y})^2\right]},$$

否定域为 $T_N^*\geqslant t_{N-2}(\alpha)$. 由于当 $N\to\infty$ 时，T_N^* 的分母依概率收敛于分布 F 的方差 σ^2，知

$$\left(T_N^*-\sqrt{\frac{mn}{N}}\theta\right)\Big/\sigma\to N(0,\ 1),$$

且对有界的 θ，这个收敛显然是一致的，因此

$$\mu_N^*(\theta)=\sqrt{\frac{mn}{N}}\theta,\quad \sigma_N^*(\theta)=\sigma(\sigma\text{ 为常数}).$$

对此，引理 6.5.1 的条件显然成立. 于是由公式(6.5.16)得

$$e(\text{秩检验}/t\text{ 检验})=e(T/T^*)=\sigma^2 I_F^2/A^2. \quad (6.5.22)$$

其中 σ^2, A^2 的意义已如前述，而

$$I_F^2=\left(\int_{-\infty}^{\infty} J'[F(x)]f^2(x)dx\right)^2. \quad (6.5.23)$$

上面的推导取决于(6.5.20)与(6.5.21)的成立. 使用控制收敛定理不难验证，下面两组条件都是充分的：

1° $J'(x)$有界，$f(x)$有界且几乎处处连续(注意$J'(x)$的几乎处处连续性已包括在定理6.3.1的假定中)．例如，在$J(x)=x$(Wilcoxon检验)及f为$N(0, 1)$的密度时．

2° 存在$h>0$，致

$$\sup_{|a|\leqslant h}|J'[F(x+a)]|\leqslant K_1(x),\ \sup_{|a|\leqslant h}|f(x+a)|\leqslant K_2(x),$$

而
$$\int_{-\infty}^{\infty}K_1(x)K_2(x)f(x)dx<\infty.$$

例如，当$J(x)=\Phi^{-1}(x)$ (Fisher-Yates检验)，而f为$N(0, 1)$的密度时．

回到公式(6.5.22)．因为当用$\frac{1}{\sigma}f\left(\frac{x-a}{\sigma}\right)$代$f(x)$时$e(T/T^*)$之值不变(此处$a$，$\sigma^2$分别为密度$f$的均值和方差)，故不失普遍性可设

$$\int_{-\infty}^{\infty}xf(x)dx=0,\ \int_{-\infty}^{\infty}x^2f(x)dx=\int_{-\infty}^{\infty}f(x)dx=1. \quad (6.5.24)$$

这时，对Wilcoxon检验(其中$J(x)=x$)，将得

$$e(T/T^*)=12\int_{-\infty}^{\infty}f^2(x)dx. \quad (6.5.25)$$

在(6.5.24)的约束下，(6.5.25)可取任意大的值，这说明，对位置参数族而言，Wilcoxon检验相对于t-检验，其效率可高出许多倍．特别有趣的是：在约束(6.5.24)之下，(6.5.25)有一个下界0.864．这就是说，即使在最不利的情况下，Wilcoxon检验的效率相对于t-检验而言，也不过低百分之十几．因此，在样本大小足够大时，使用非参数检验来代替传统的参数检验是可取的．

为了证明以上关于(6.5.25)的下界的论断，考虑

$$K(f)=\int_{-\infty}^{\infty}[f^2(x)-2b(x^2-a^2)f(x)]dx=\int_{-\infty}^{\infty}M(f(x))dx,$$

作方程
$$\frac{\partial M(f)}{\partial f}=2f-2b(x^2-a^2)=0.$$

由于f必须非负，解为

$$f(x)=\begin{cases}b(a^2-x^2), & |x|\leqslant a;\\ 0, & |x|>a,\end{cases}$$

约束条件(6.5.24)给出 $a=\sqrt{5}$, $b=\frac{3}{20}\sqrt{5}$. 这时

$$12\left[\int_{-\infty}^{\infty} f^2(x)\,dx\right]^2 = 108/125 = 0.864.$$

这证明了上述结果. 这个结果是 Hodges 和 Lehmann 在 1956 年证明的(见 *Ann. Math. Statist.*, 1956, p. 324).

对 Fisher-Yates 检验, 有 $J(x)=\Phi^{-1}(x)$. 此处及以下以 $\varphi(x)$ 和 $\Phi(x)$ 记 $N(0,1)$ 的密度和分布函数, 而 $\Phi^{-1}(x)$ 为 Φ 的反函数. 由于

$$\begin{aligned}A^2 &= \int_0^1 J^2(x)\,dx - \left[\int_0^1 J(x)\,dx\right]^2 \\ &= \int_{-\infty}^{\infty} x^2\varphi(x)\,dx - \left(\int_{-\infty}^{\infty} x\varphi(x)\,dx\right)^2 = 1,\end{aligned}$$

得

$$e(T/T^*) = \left(\int_{-\infty}^{\infty} \frac{f^2(x)}{\varphi[\Phi^{-}(F(x))]}\,dx\right)^2. \tag{6.5.26}$$

这里 T, T^* 分别为 Fisher–Yates 检验和 t–检验, F 和 f 分别为所考虑的位置参数族的分布与密度函数.

Chernoff 和 Savage 在 1968 年(*Ann. Math. Statist.*, 1968, p. 972)指出

$$e(T/T^*) \geqslant 1, \tag{6.5.27}$$

对任何 F, 且等号当且仅当 F 为正态分布时达到. Gastwirth 和 Wolf 在 1968 年 (见 *Ann. Math. Statist.*, 1968, p. 2128) 给了一个较简单且严格的证明, 如下:

设随机变量 $Y>0$. 则依 Jessen 不等式(引理 2.1.2), 有

$$E\left(\frac{1}{Y}\right) > \frac{1}{E(Y)}.$$

等号只在 Y 以概率为 1 等于一常数时达到. 将此不等式用于

$$Y=\left\{\frac{f(x)}{\varphi[\Phi^{-1}(F(x)]}\right\}^{-1},$$

有

$$I=\int_{-\infty}^{\infty} \frac{f^2(x)}{\varphi[\Phi^{-1}(F(x))]}\,dx \geqslant \left(\int_{-\infty}^{\infty} \varphi[\Phi^{-1}(F(x))]\,dx\right)^{-1}. \tag{6.5.28}$$

考察积分 $$a_n=\int_{-n}^{n}\varphi[\Phi^{-1}(F(x))]dx,$$

用分部积分得

$$a_n=x\varphi[\Phi^{-1}(F(x))]\Big|_{-n}^{n}+\int_{-n}^{n}x\Phi^{-1}[F(x)]f(x)dx. \quad (6.5.29)$$

在此应用了关系式

$$d\varphi[\Phi^{-1}(F(x))]/dx=-\Phi^{-1}[F(x)]f(x).$$

(6.5.29)右边第一项为0，此因由

$$\lim_{x\to\infty}\frac{1-\Phi(x)}{\varphi(x)/x}=1$$

知，欲证 $\lim\limits_{x\to\infty}x\varphi[\Phi^{-1}(F(x))]=0$，只需证

$$\lim_{x\to\infty}x\Phi^{-1}[F(x)][1-F(x)]=0. \quad (6.5.30)$$

在例 6.3.1 中，已证当 $x\to\infty$ 时，

$$\Phi^{-1}[F(x)]<\sqrt{2}\left(\log\frac{1}{1-F(x)}\right)^{1/2}<[1-F(x)]^{-1/2},$$

故欲证(6.5.30)，只需证明 $\lim\limits_{x\to\infty}x^2[1-F(x)]=0$。但由分布 F 的方差有限，可知当 $x\to\infty$ 时，

$$x^2[1-F(x)]\leqslant\int_{|y|\geqslant x}y^2dF(y)\to 0.$$

这证明了(6.5.30)，因而 $\lim\limits_{x\to\infty}x\varphi[\Phi^{-1}(F(x))]=0$，同样的方法证明 $\lim\limits_{x\to-\infty}x\varphi[\Phi^{-1}(F(x))]=0$，因而

$$\lim_{n\to\infty}a_n=\lim_{n\to\infty}\int_{-n}^{n}x\Phi^{-1}[F(x)]f(x)dx$$
$$=\int_{-\infty}^{\infty}\varphi[\Phi^{-1}(F(x))]dx>0. \quad (6.5.31)$$

故当 n 充分大时有 $a_n>0$. 由 Schwarz 不等式，

$$\left(\int_{-n}^{n}x\Phi^{-1}[F(x)]f(x)dx\right)^2$$
$$=\left(\int_{-n}^{n}x\sqrt{f(x)}\cdot\Phi^{-1}[F(x)]\sqrt{f(x)}dx\right)^2$$
$$\leqslant\int_{-\infty}^{\infty}x^2f(x)dx\int_{-\infty}^{\infty}[\Phi^{-1}[F(x)]]^2f(x)dx. \quad (6.5.32)$$

注意到 $\int_{-\infty}^{\infty} x^2 f(x)dx=1$，由此式及(6.5.31)得

$$\left(\int_{-\infty}^{\infty}\varphi[\Phi^{-1}(F(x))]dx\right)^2\leqslant\int_{-\infty}^{\infty}[\Phi^{-1}(F(x))]^2 f(x)dx$$

$$=\int_{-\infty}^{\infty}[\Phi^{-1}(F(x))]^2 dF(x)=\int_0^1[\Phi^{-1}(y)]^2 dy$$

$$=\int_{-\infty}^{\infty} y^2\varphi(y)dy=1,$$

以此代入(6.5.28)即得 $I\geqslant 1$. 从而证明了(6.5.27). 由 Schwarz 不等式中等号成立的条件可知，要(6.5.32)中的等号成立，必须 x 与 $\Phi^{-1}[F(x)]$ 成比例，即 $\Phi^{-1}[F(x)]=ax$ 或 $F(x)=\Phi(ax)$. 由 F 的方差为 1 知 $a=1$，即 F 必为 $N(0, 1)$ 的分布 Φ.

所以，对只有位置参数不同的对立假设而言，用 Fisher-Yates 检验的大样本效率在任何情况下都不低于 t-检验，只在分布确为正态(这时如所周知，t-检验有某种最优性)时，二者才相同.

然而，我们愿意在此重复提到下面的事实：尽管这些非参数检验有上述吸引人的大样本性质，到目前为止传统的正态假定下导出的检验的地位并未动摇. 我们以前指出过，这除了历史上和习惯上的原因外，还由于对非参数检验的小样本功效知道甚少. 现在我们还可以提出一点理由. 就是只有在对于对立假设的状况有较确切了解时，才能保证挑选的非参数检验优于传统的正态假定下的检验. 例如，此处论证的 Wilcoxon 和 Fisher-Yates 检验之优于 t-检验，依赖于对立假设确只有一个位置参数的差别这个事实. 比方说(仔细计算留给读者作为一个练习)，当对立假设有 $(1-\theta)F(x)+\theta G(x)$ 的形状 $(0<\theta<1)$，即 $X_1, \cdots, X_m$ 是从分布 F 中抽出，而 $Y_1, \cdots, Y_n$ 是从分布 $(1-\theta)F(x)+\theta G(x)$ 中抽出 $(F\neq G)$ 时，不难算出

$$e(\text{Wilcoxon 检验}/t\text{ 检验})$$

$$=12\sigma_F^2\left(\frac{\int_{-\infty}^{\infty}(F(x)-G(x))dF(x)}{\int_{-\infty}^{\infty}(F(x)-G(x))dx}\right)^2. \qquad (6.5.33)$$

对不同的 F, G, e 可以取很大的值，也可以取很接近于 0 的值)(σ_F^2 为分布 F 的方差)，因此，对这一族对立假设而言，就没有理由认为 Wilcoxon 检验在大样本情况下一定优于 t-检验了.

例 6.5.4(符号检验的 ARE). 设 $X_1, \cdots, X_n$ 是取自连续分布 F 中的 iid. 样本，要检验假设

$$H: \text{分布 } F \text{ 关于原点对称}.$$

取一族分布 $\{f(x-\theta)dx, \theta\geqslant 0\}$, 这里 $f(x)$ 是一个关于原点对称的密度函数，其方差 σ_f^2 非 0 有限.

所谓符号检验(Sign Test)S, 是这样一个检验: 以 S_n 记 $X_1, \cdots, X_n$ 中大于 0 的个数，当 $S_n\geqslant\lambda_{n\alpha}$ 时否定零假设 H(在此为 $\theta=0$). 因为 S_n 的分布为二项分布 $B(n, a(\theta))$, 其中

$$a(\theta)=\frac{1}{2}+\int_0^\theta f(x)dx,$$

知引理 6.5.1 的条件全部适合，且

$$\mu_{Sn}(\theta)=n\left(\frac{1}{2}+\int_0^\theta f(x)dx\right),$$

$$\sigma_{Sn}^2(\theta)=n\left(\frac{1}{4}-\left(\int_0^\theta f(x)dx\right)^2\right).$$

在传统的正态假设下，采用的检验是以

$$T_n=\sqrt{n}\,\overline{X}\Big/\sqrt{\frac{1}{n-1}\sum_{i=1}^n(X_i-\overline{X})^2}\geqslant t_{n-1}(\alpha)$$

为否定域的一样本 t-检验，此检验记为 T. 易见

$$(T_n-\sqrt{n}\,\theta)/\sigma_f\xrightarrow{L}N(0, 1),$$

且收敛是一致的. 这相当于

$$\mu_{Tn}(\theta)=\sqrt{n}\,\theta,\quad \sigma_{Tn}^2(\theta)=\sigma_f^2.$$

因此由公式(6.5.16)得出

$$e(S/T)=4f^2(0)\sigma_f^2. \tag{6.5.34}$$

当 $f(x)$ 为 $N(0, 1)$ 的分布函数时，此值为 $2/\pi$. 不难看出：对不同的 f, $e(S/T)$ 可取任意大的值.

例 6.5.5 (关于位置参数的多样本秩次检验的 ARE). 关于 ARE 的公式(6.5.17)依赖于引理 6.5.1, 其中假定了检验统计量

是渐近正态的．然而，就 ARE 这个概念的本质而言，它不过表示两个检验在达到同等功效时所需样本大小的比较．因此，在决定 ARE 时检验统计量的渐近正态性并非必需的．如果检验统计量有其它某种极限分布，导致公式(6.5.17)的那种推理的思想仍完全适用，从而可以得出 $e(S/T)$ 的相应的表达式．不作这种一般的形式推导，我们以多样本问题为例来说明上面所谈到的想法．

设 $X_{i1}, \cdots, X_{in_i}$ 是取自连续分布 F_i 中的 iid. 样本，$i=1, \cdots, c$．$N=n_1+\cdots+n_c$，$\frac{n_i}{N}\to\lambda_i\in(0, 1)$，$i=1, \cdots, c$．考虑一族这样的分布：

$$F_i(x)=F(x+\theta_i),\ i=1,\ \cdots,\ c.$$

F 对 L 测度有密度 $f(x)$．在这个族中，多样本假设归结为 $H:\theta_1=\cdots=\theta_c$.

考虑在§6.3(九)中讨论的那种秩次检验．这种检验是基于引理 6.3.8．为了计算这种检验相对于其它检验的 ARE，需要算出它在一定的对立假设下的渐近功效，而为此又必须算出由(6.3.76)式左边那种检验统计量(我们将这检验统计量记为 S_N，相应的检验记为 S)在一定对立假设下的渐近分布．考虑形如

$$P_N: F_i(x)=F(x+k_i/\sqrt{N}),\ i=1,\ \cdots,\ c \qquad (6.5.35)$$

的对立假设，采用引理 6.3.8 中的记号，注意到在(6.3.76)中，有

$$\mu_{N1}=\cdots=\mu_{Nc}=\int_0^1 J(x)dx=a.$$

而在对立假设(6.5.35)之下，则有

$$\mu_{Ni}=\int_{-\infty}^{\infty} J\left[\sum_{j=1}^{c}\lambda_{jN}F(x+k_j/\sqrt{N})\right]dF(x+k_i/\sqrt{N}).$$

假定上式右边在积分号下求导的条件满足(这条件与两样本的情况相似)，则使用 Taylor 展开，注意到 $\lambda_{jN}=n_j/N=\lambda_j+o(1)$，易得

$$\mu_{Ni}=a+\frac{1}{\sqrt{N}}\sum_{j=1}^{c}\lambda_j(k_i-k_j)\int_{-\infty}^{\infty}J'[F(x)]f^2(x)dx+o(N^{-1/2}).$$

因此，在检验统计量(记号同引理 6.3.8)

$$S_N = A^{-2}\sum_{i=1}^{c} n_i(T_{Ni}-a)^2,$$

$$\left(A=\int_0^1 J^2(x)\,dx-\left(\int_0^1 J(x)\,dx\right)^2\right)$$

中，$\sqrt{n_i}\,(T_{Ni}-a)=\sqrt{n_i}\,(T_{Ni}-\mu_{Ni}+d_{Ni})$，其中

$$\lim_{N\to\infty}\sqrt{n_i}\,d_{Ni}=\sqrt{\lambda_i}\,(k_i-\bar{k})\int_{-\infty}^{\infty}J'[F(x)]f^2(x)\,dx.$$

此处 $\bar{k}=\lambda_1k_1+\cdots+\lambda_ck_c$. 使用与引理 6.3.8 完全同样的论证得出，当 $N\to\infty$ 时，

$$A^{-2}\sum_{i=1}^{c} n_i(T_{Ni}-\mu_{Ni})^2 \xrightarrow{L} \chi^2_{c-1}.$$

因而得到，当 $N\to\infty$ 时，

$$S_N \xrightarrow{l} \chi^2_{c-1,\delta}.$$

其中

$$\delta^2=\sum_{i=1}^{c}\lambda_i(k_i-\bar{k})^2\left(\int_{-\infty}^{\infty}J'[F(x)]f^2(x)\,dx\right)^2/A^2. \qquad (6.5.36)$$

而得在上述对立假设 P_N 之下，检验 S 的渐近功效为

$$\lim_{N\to\infty}\beta_{S,N}(P_N)=P(\chi^2_{c-1,\delta}\geqslant\chi^2_{c-1}(\alpha)). \qquad (6.5.37)$$

现在考虑在传统的正态假设下常用的 F 检验，它基于 F 统计量

$$\mathscr{F}=\frac{\dfrac{1}{c-1}\displaystyle\sum_{i=1}^{c}n_i(\bar{X}_i-\bar{X})^2}{\dfrac{1}{N-c}\displaystyle\sum_{i=1}^{c}\sum_{j=1}^{n_i}(X_{ij}-\bar{X}_i)^2}.$$

如在§6.5(一)中指出的，在对立假设 P_N 之下，这个 F 检验的渐近功效是

$$\lim_{N\to\infty}\beta_{F,N}(P_N)=P(\chi^2_{c-1,\eta}\geqslant\chi^2_{c-1}(\alpha)). \qquad (6.5.38)$$

其中

$$\eta^2=\sum_{i=1}^{c}\lambda_i(k_i-\bar{k})^2/\sigma^2. \qquad (6.5.39)$$

比较(6.5.36)—(6.5.39)看出，若在考虑检验 F 时，将对立假设中的 k_i 改为 dk_i, $i=1,\cdots,c$，而使

$$d^2/\sigma^2=\left(\int_{-\infty}^{\infty} J'[F(x)]f^2(x)dx\right)^2/A^2, \qquad (6.5.40)$$

则 S 与 F 两个检验在这两组不同的 P_N（一个相应于 k_i，一个相应于 dk_i）上有同一的渐近功效. 但如在 F 检验中将样本大小由 N 改为 d^2N，因 $dk_i/\sqrt{d^2N}=k_i/\sqrt{N}$，则在样本大小为 d^2N 时的 F 检验的对立假设，与在样本大小为 N 时 S 检验的对立假设一致. 这说明:

$$\lim_{N\to\infty}\beta_{S,N}(P_N)=\lim_{N\to\infty}\beta_{F,d^2N}(P_N).$$

这说明:

$$e(S/F)=d^2=\sigma^2\left(\int_{-\infty}^{\infty} J'[F(x)]f^2(x)dx\right)^2/A^2$$

与(6.5.22)完全一致,因此，那里关于 Wilcoxon 检验与 t–检验的比较的讨论的结果,完全适用于此处 Kruskal-Wallis 检验与 F 检验的比较，而关于 Fisher-Yates 检验与 t–检验的比较，则适用于此处 c_1–检验与 F 检验的比较.

习　　题

第　一　章

1. 以 $P(\lambda)$ 记参数为 λ 的 Poisson 分布，则当 $X\sim\chi^2_{2n}$, $Y\sim P(\lambda)$ 时，有 $P(X<2\lambda)=P(Y\geqslant n)$.

2. 设 $Y\sim P(\lambda)$，而当给定 $Y=k$ 时，X 的条件分布为 χ^2_{n+2k}，则 $X\sim\chi^2_{n,\sqrt{2\lambda}}$.

3. (a) 设 X, Y 独立，$X\sim\chi^2_m$, $Y\sim\chi^2_n$，则 $\dfrac{X}{X+Y}\sim\beta(m, n)$，$\beta(a, b)$ 为参数为 a, b 的 β-分布，其密度为 $\dfrac{\Gamma(a+b)}{\Gamma(a)\Gamma(b)}x^{a-1}(1-x)^{b-1}(0<x<1, a>0, b>0)$. (b) 设 X_{ij}, $j=1, \cdots, n_i$，为自 $N(a_i, \sigma^2)$ 中抽出的 iid. 样本，$i=1, \cdots, c$. 证明当 $r\geqslant\dfrac{1}{2}$ 时，

$$P\left(\frac{\max\{S_1^2, \cdots, S_c^2\}}{S_1^2+\cdots+S_c^2}\geqslant r\right)$$
$$=\sum_{i=1}^{c}\frac{\Gamma(n-c)}{\Gamma(n_i-1)\Gamma(n-n_i-c+1)}\int_r^1 x^{n_i-1}(1-x)^{n-n_i-c+1}dx.$$

此处 $n=n_1+\cdots+n_c$, $S_i^2=\sum\limits_{j=1}^{n_i}(X_{ij}-\bar{X}_i)^2$, $\bar{X}_i=\dfrac{1}{n_i}\sum\limits_{j=1}^{n_i}X_{ij}$.

4. 设 $X_1, \cdots, X_n$ 独立，$X_i\sim N(a_i, \sigma^2)$, $i=1, \cdots, n$, $X=(X_1, \cdots, X_n)'$, A_1, A_2 为两个 n 阶对称方阵. 试用将 A_1, A_2 同时化为对角形的方法证明：若 $A_1A_2=0$，则 $Y_1=X'A_1X$ 与 $Y_2=X'A_2X'$ 独立.

5. 设 $X_1, \cdots, X_n$ 独立，$X_i\sim N(0, \sigma_i^2)$, $i=1, \cdots, n$，记

$$Z=\sum_{i=1}^{n}\frac{X_i}{\sigma_i^2}\Big/\sum_{i=1}^{n}\frac{1}{\sigma_i^2},\quad Y=\sum_{i=1}^{n}\frac{1}{\sigma_i^2}(X_i-Z)^2,$$

证明 $Y\sim\chi^2_{n-1}$.

6. 设 $X_1, \cdots, X_n$ 为 iid., $X_1\sim N(0, \sigma^2)$, $\lambda_1, \cdots, \lambda_n$ 为任意常数，记 $U=\sum\limits_{i=1}^{n}\lambda_iX_i^2\Big/\sum\limits_{i=1}^{n}X_i^2$, $V=\sum\limits_{i=1}^{n}X_i^2$. 证明 U 与 V 独立.

7. 设 $\dfrac{1}{2}<\alpha<1$，证明 $t_n(\alpha)$ 随 n 增加而下降，

8. 证明当 $\delta_2>\delta_1$ 时，$\dfrac{s(x;\ n, \delta_2)}{s(x;\ n, \delta_1)}$ 为 x 的增加函数(参看[7], p. 223).

9. 设 $X_1, \cdots, X_n$ 为 iid., $X_1 \sim N(\mu, \sigma^2)$, $Y \sim t_{n-2}$. 证明:

$$\sqrt{n-1}(X_1-\overline{X}) \Big/ \sqrt{\sum_{i=1}^{n}(X_i-\overline{X})^2}$$

的分布与 $\dfrac{(n-1)Y}{\sqrt{n(Y^2+n-2)}}$ 的分布相同.

10. 在上题中，以 $X_{(1)} \leqslant \cdots \leqslant X_{(n)}$ 记 $X_1, \cdots, X_n$ 的次序样本，证明

$$\sup\left[\sqrt{n-1}(X_{(n-1)}-\overline{X}) \Big/ \sqrt{\sum_{i=1}^{n}(X_i-\overline{X})^2}\right]=\sqrt{\frac{(n-1)(n-2)}{2n}}.$$

由此证明: 当 $d>\sqrt{\dfrac{(n-1)(n-2)}{2n}}$ 时，有

$$P\left(\sqrt{n-1}(X_{(n)}-\overline{X}) \Big/ \sqrt{\sum_{i=1}^{n}(X_i-\overline{X})^2}>d\right)$$

$$=P\left(Y>\sqrt{\frac{n(n-2)}{(n-1)^2-nd^2}}\,d\right),$$

其中 $Y \sim t_{n-2}$.

11. 设 X_1, X_2 独立, $X_i \sim \chi^2_{n_i, \delta_i}$, $i=1, 2$, 则变量 $Y=\dfrac{X_1}{n_1}\Big/\dfrac{X_2}{n_2}$ 的分布称为双非中心 F 分布，试利用第 2 题的结果写出 Y 的密度函数.

12. 设一维指数分布族 $\{C(\theta)e^{\theta x}d\mu(x), \theta \in \Theta\}$ 的自然参数空间 Θ 多于一点. 证明: 此分布族为正态的充要条件为其方差与 θ 无关，为 Poisson 分布的充要条件为其均值等于其方差（提示: 考虑此分布族的特征函数. 注: 本题由成平同志提供).

13. 分布族同上题. 记 Θ 的上确界为 a. 若 a 有限，则 $\lim\limits_{\theta \uparrow a} C(\theta)=A$ 存在有限，且 $A=C(a)$ 当 $a \in \Theta$, $A=0$ 当 $a \overline{\in} \Theta$. 若 $a=\infty$，则上述极限仍存在，但可为 ∞.

14. 分布族同上题，且设 Θ 的上确界为 ∞. 记

$$b=\sup\{x: \mu[(x, \infty)]>0\},$$

则对任何 $x<b$ 有 $\lim\limits_{\theta \to \infty} C(\theta)e^{\theta x}=0$. 又若 b 有限且 $\mu[\{b\}]>0$，则 $\lim\limits_{\theta \to \infty} C(\theta)e^{b\theta}=\dfrac{1}{\mu[\{b\}]}$.

15. 举出一维指数分布族的例子，其自然参数空间为 $[a, \infty)$; (a, ∞); $[a, b)$; $[a, b]$ $(-\infty<a<b<\infty)$，在最后一个情况下，且要求当 $\theta=b$ 时分布的 ν 阶矩存在有限，但对任何 $\varepsilon>0$, $\nu+\varepsilon$ 阶矩不存在，此处 $\nu>0$ 事先给定.

16. 设变量 (X, Y) 的分布为二维指数族，问 X 的分布是否必为一维指数族?

17．在 R_2 中任给一个圆 D．找一个二维指数分布族 $\{C(\theta_1, \theta_2)\exp(\theta_1 x+\theta_2 y)d\mu(x, y)\}$，使其自然参数空间恰为 D 的内部(不包括 D 的周界)．

18．证明

$$E[XE(Y|Z)]=E[YE(X|Z)],\ E[E(Z|XY)|X]=E[Z|X].$$

19．证明

$$\mathrm{Var}(X)=E[\mathrm{Var}(X|Y)]+\mathrm{Var}[E(X|Y)],$$

$$\mathrm{Cov}(X, Y)=E[\mathrm{Cov}\{(X, Y)|Z\}]+\mathrm{Cov}[E(X|Z), E(Y|Z)].$$

20．设 $X_1, \cdots, X_n$ 独立，$S=S(X_1, \cdots, X_n)$ 有有限方差，而

$$\hat{S}=\sum_{i=1}^{n}E(S|X_i)-(n-1)E(S).$$

则

$$\mathrm{Var}(S)=\mathrm{Var}(\hat{S})+\mathrm{Var}(S-\hat{S}).$$

21．设 (X, Y) 有密度函数 $f(x, y)dx\,dy$，$T(x, y)=y$．写出给定 T 时的正则条件概率函数．

22．设样本空间为 $(\mathscr{X}, \mathscr{B}_{\mathscr{X}})=(R_n, \mathscr{B}_n)$，其上的概率分布为 n 个 $N(0, \sigma^2)$ 的直积，而 $T(X_1, \cdots, X_n)=\sum_{i=1}^{n}X_i^2$．证明在给定 T 时的正则条件概率函数为

$$P(A, T)=S_{\sqrt{T}}\cap A\ \text{的面积}\div S_{\sqrt{T}}\ \text{的面积}.$$

此处 S_r 为 R_n 中以原点为中心，半径为 r 的球面，$A\in\mathscr{B}_n$．

23．设 $X_1, \cdots, X_n$ 为iid.，X_1 的密度为 $f(x)dx$，$X_{(1)}=\min(X_1, \cdots, X_n)$，而 $E[|g(X_1)|]<\infty$．证明：

$$E[g(X_1)|X_{(1)}]=\frac{1}{n}g(X_{(1)})+\frac{n-1}{n}\left(\int_{X_{(1)}}^{\infty}f(y)dy\right)^{-1}\int_{X_{(1)}}^{\infty}g(y)f(y)dy.$$

24．设 $X\sim N(a, 1)$，$Y\sim N(b, 1)$，a，b 都在$(-\infty, \infty)$内．以 d_0 和 d_1 分别记判决"$a\leqslant b$"和"$a>b$"，损失为

$$L(a, b, d_0)=\begin{cases}0, & \text{当 } a\leqslant b,\\ a-b, & \text{当 } a>b,\end{cases}\quad L(a, b, d_1)=\begin{cases}b-a, & \text{当 } a\leqslant b,\\ 0, & \text{当 } a>b.\end{cases}$$

以 $X_1, \cdots, X_m$ 和 $Y_1, \cdots, Y_n$ 分别记 X 和 Y 的 iid. 样本．取判决函数

$$\delta(X_1, \cdots, X_m; Y_1, \cdots, Y_n)=\begin{cases}d_0, & \text{当 } \overline{X}\leqslant\overline{Y};\\ d_1, & \text{当 } \overline{X}>\overline{Y}.\end{cases}$$

计算此判决函数的风险函数．

25．一盒中有 N 个球，N 未知．这 N 个球上分别写了数字 1, 2, $\cdots$, N．现从其中随机地有放回地抽出 n 个球，记下其上的数字 $X_1, \cdots, X_n$，要依此

估计 n，损失为 $L(N, d)=(N-d)^2$. 取判决函数 $\delta(X_1, \cdots, X_n)=K\max(X_1, \cdots, X_n)$，决定 K，使风险达到最小，并求当 $N\to\infty$ 时 K 的极限.

26. 设 $X_i\sim R(0, \theta_i)$, $i=1, 2, 3$, $\theta_1, \theta_2, \theta_3$ 都在 $(0, \infty)$ 内. 要从观测值 X_1, X_2, X_3 决定 $\theta_1, \theta_2, \theta_3$ 中何者最大. 以 d_i 记"θ_i 最大"这个判决，$i=1, 2, 3$，损失为

$$L(\theta_1, \theta_2, \theta_3, d_i)=\begin{cases}0, & \text{若 } \theta_i \text{ 在 } \theta_1, \theta_2, \theta_3 \text{ 中最大}, \\ 2, & \text{若 } \theta_i \text{ 在 } \theta_1, \theta_2, \theta_3 \text{ 中最小}, \\ 1, & \text{其它情况}.\end{cases}$$

取判决函数

$$\delta(X_1, X_2, X_3)=d_i, \text{ 若 } X_i=\max(X_1, X_2, X_3).$$

试计算 $R(1, 2, 3, \delta)$.

27. 试证明例 1.5.1 中的统计量是充分的.

28. 试证明：对任何分布族 $\{(\mathscr{X}, \mathscr{B}_{\mathscr{X}}, P_\theta), \theta\in\Theta\}$，$t(x)=x$ 必为一充分统计量. 它是否必为完全的，或必为不完全的？

29. 在以下两例中，直接由定义而不用分解定理，证明 $\overline{X}$ 为充分统计量：$X_1, \cdots, X_n$ 为 iid., $X_1\sim N(\theta, 1)$, $-\infty<\theta<\infty$; $X_1, \cdots, X_n$ 为 iid., X_1 的密度为 $e^{-\theta x}I_{(0,\infty)}(x)dx$, $\theta>0$.

30. 设 $f(x)$ 为定义于 $(0, \infty)$ 的非负 L-可测函数，且对任何 $\theta>0$, $0<\int_0^\theta f(x)dx<\infty$. 考虑密度族 $\{f_\theta(x)dx, 0<\theta<\infty\}$，其中

$$f_\theta(x)=\begin{cases}\left[\int_0^\theta f(y)dy\right]^{-1}f(x), & 0<x<\theta, \\ 0, & \text{其它 } x.\end{cases}$$

而 $X_1, \cdots, X_n$ 为自此总体中抽出的 iid. 样本. 证明：$\max(X_1, \cdots, X_n)$ 为一完全充分统计量.

31. 设 $X_1, \cdots, X_m$ 和 $Y_1, \cdots, Y_n$ 分别为自 $N(a, \sigma^2)$ 和 $N(a, \rho\sigma^2)$ 中抽出的 iid. 样本，$\rho>0$ 已知. 试定出 $(X_1, \cdots, X_m, Y_1, \cdots, Y_n)$ 的分布族的一个完全充分统计量.

32. (a) 证明分布族 $\{\chi^2_{n,\delta}:\delta\geqslant 0\}$ 是一个完全分布族（提示：利用 Poisson 分布族的完全性）. (b) 证明 β 分布族 $\{\beta(a, b):a>0, b>0\}$（见第三题）是一个完全分布族.

33. 考虑分布族 $\{N(a, \sigma^2):-\infty<a<\infty, \sigma^2\geqslant 0\}$, $X_1, \cdots, X_n$ 为自其中抽出的 iid. 样本，证明：对此分布族而言，$(\overline{X}, S^2)$ 仍为充分统计量.

34. 若 $t(x)$ 为分布族 $\{(\mathscr{X}, \mathscr{B}_{\mathscr{X}}, P_\theta), \theta\in\Theta\}$ 的充分统计量，而

$E_\theta[|f(X)|]<\infty$ 对任何 $\theta\in\Theta$. 证明: $E_\theta[f(X)|t]$ 可选得与 θ 无关(注意: 此处并未假设正则条件概率函数存在. 提示: 先考虑 $f(x)=I_A(x)$ 的情况, $A\in\mathscr{B}_{\mathscr{X}}$. 然后用条件期望的性质推到一般情况).

35. 设有分布族 $\{f_\theta(x)dx,\ -\infty<\theta<\infty\}$, 其中 $f_\theta(x)=e^{-(x-\theta)}I_{(\theta,\infty)}(x)$ $X_1, \cdots, X_n$ 为抽自其中的 iid. 样本, $X_{(1)}=\min(X_1,\cdots,X_n)$. 证明 $(X_{(1)}, \overline{X})$ 为充分统计量, 且 $X_{(1)}$ 与 $\sum_{i=1}^n X_i-X_{(1)}$ 独立.

36. 设有分布族 $\{f(x)dx: \int_{-\infty}^{\infty}xf(x)dx=0\}$. 证明它是一个完全分布族.

37. 设 $X_1, \cdots, X_n$ 为 iid., $X_1\sim R\left(\theta-\frac{1}{2},\ \theta+\frac{1}{2}\right)$, $-\infty<\theta<\infty$, 证明: $[\min(X_1,\cdots,X_n),\ \max(X_1,\cdots,X_n)]$ 为一充分统计量, 但不是完全的.

38. 设 $X_1, \cdots, X_n$ 为 iid., $X_1\sim N(\sigma, \sigma^2)$, $\sigma>0$. 证明: $\left(\sum_{i=1}^n X_i, \sum_{i=1}^n X_i^2\right)$ 为充分统计量, 但不是有界完全的.

39. 设 $(\mathscr{X}, \mathscr{B}_{\mathscr{X}})=(R_2, \mathscr{B}_2)$, $(\mathscr{T}, \mathscr{B}_{\mathscr{T}})=(R_2, \mathscr{B}_2)$, $(\mathscr{S}, \mathscr{B}_{\mathscr{S}})=(R_2, \mathscr{B}_{\mathscr{S}})$, 其中 $\mathscr{B}_{\mathscr{S}}=\mathscr{B}_1\times R_1$. 考虑由 $(\mathscr{X}, \mathscr{B}_{\mathscr{X}})$ 到 $(\mathscr{T}, \mathscr{B}_{\mathscr{T}})$ 的统计量 $t(x, y)=(x, y)$ 及 $(\mathscr{X}, \mathscr{B}_{\mathscr{X}})$ 到 $(\mathscr{S}, \mathscr{B}_{\mathscr{S}})$ 的统计量 $S(x, y)=(x, y)$. 这两个统计量形式上完全一样, 本质上有何不同?

40. 设 $(\mathscr{X}, \mathscr{B}_{\mathscr{X}})$ 为一可测空间. $\mathscr{B}_{\mathscr{X}}$ 的任一子 σ-域 $\mathscr{B}_0$ 称为有性质 P, 如果存在一个空间 $\mathscr{T}$, 及定义于 $\mathscr{X}$ 上取值于 $\mathscr{T}$ 的函数 $t(x)$, 致

$$\mathscr{B}_0=\{A: A\in\mathscr{B}_{\mathscr{X}};\ 存在\ \mathscr{T}\ 的子集\ T_1,\ 致\ A=t^{-1}(T_1)\}.$$

试举出这样的可测空间 $(\mathscr{X}, \mathscr{B}_{\mathscr{X}})$, 使 $\mathscr{B}_{\mathscr{X}}$ 的某个子 σ-域 $\mathscr{B}_0$ 不具备性质 P (提示: 取 $\mathscr{X}=R_1$, $\mathscr{B}_{\mathscr{X}}$ 为 R_1 之一切子集所成的 σ-域, 而 $\mathscr{B}_0$ 为 $\mathscr{X}$ 的一切至多可列集及其余集所成的子 σ-域).

41. 设 $X=(X_1, \cdots, X_n)$ 的分布有密度(对某 σ-有限测度 μ)

$$f_\theta(x)=\beta(\theta)e^{\theta' x},\quad \theta\in\Theta.$$

Θ 为自然参数空间, 又设对某个 $\theta_0\in\Theta$, X 的分布非退化, 求证:

$$\{\theta_i\in\Theta,\ i=1,\ 2,\ \theta_1\neq\theta_2\}\Rightarrow E_{\theta_1}(X)\neq E_{\theta_2}(X).$$

42. 记号同上题, 证明 $-\log\beta(\theta)$ 为 θ 在 Θ 上的严凸函数.

43. 设 $X_1, \cdots, X_n$ 为取自分布族

$$N(a, \sigma^2): -\infty<a<\infty,\ \sigma^2\geqslant 0$$

的 iid. 样本. 证明: $(\overline{X}, S^2)$ 仍为充分统计量. 此处

$$\overline{X}=\frac{1}{n}\sum_{i=1}^n X_i,\quad S^2=\frac{1}{n-1}\sum_{i=1}^n(X_i-\overline{X})^2.$$

44. 举出这样的样本空间$(\mathscr{X}, \mathscr{B}_{\mathscr{X}})$的例子，其中有$\mathscr{B}_{\mathscr{X}}$的子σ-域$\mathscr{B}_0$，使对任何统计量$t=t(x)$，只要$t$的值域空间$(\mathscr{T}, \mathscr{B}_{\mathscr{T}})$为欧氏的，就有$t^{-1}(\mathscr{B}_{\mathscr{T}}) \neq \mathscr{B}_0$. 但是，若对统计量的值域空间不加任何限制，则对任何σ-域$\mathscr{B}_0 \subset \mathscr{B}_{\mathscr{X}}$，存在一值域空间为某可测空间$(\mathscr{T}, \mathscr{B}_{\mathscr{T}})$的统计量$t$（$(\mathscr{T}, \mathscr{B}_{\mathscr{T}})$依$\mathscr{B}_0$而定），致$\mathscr{B}_0=t^{-1}(\mathscr{B}_{\mathscr{T}})$.

45. 举例证明定理1.6.3的逆不真[提示：取$\mathscr{X}=\mathscr{T}=\Theta=R_1$，$\mathscr{B}_{\mathscr{X}}=\mathscr{B}_{\mathscr{T}}=\mathscr{B}_1$，$t(X)=X$，$P_\theta(\{\theta\})=1$，对任何$\theta\in R_1$，又$f(X)=X$]. 试加上一定的条件而证明此定理之逆[提示：考虑条件：对任何$\theta_1\in\Theta$，$\theta_2\in\Theta$，$\theta_1\neq\theta_2$，不存在$A\in\mathscr{B}_{\mathscr{X}}$，致$P_{\theta_1}(A)=P_{\theta_2}(A^c)=1$].

第 二 章

1. 设有分布族$\{\theta e^{-\theta x}I_{(0,\infty)}(x),\ \theta>0\}$，$X_1, \cdots, X_n$为自其中抽出的iid. 样本，求$e^{-\theta\tau}$的MVUE（注意$e^{-\theta\tau}=P_\theta(X_1>\tau)$）. 此处$\tau>0$为给定的已知数.

2. 设$X_1, \cdots, X_n$为抽自Poisson分布族$\{P(\lambda),\ \lambda>0\}$中的iid. 样本，求出(a)$e^{-\lambda}\lambda^K/K!$（$K$已知），(b)$\lambda^K$（$K$已知）的MVUE.

3. (a) 以Φ记$N(0, 1)$的分布函数，设$X\sim N(a, \sigma^2)$，证明$E[\Phi(X)]=\Phi\left(\frac{a}{\sqrt{1+\sigma^2}}\right)$. (b) 利用(a)证明：若$X_1, \cdots, X_n$为抽自$\{N(\theta, 1),\ -\infty<\theta<\infty\}$的iid. 样本，则$P_\theta(X_1<\tau)=\Phi(\tau-\theta)$的MVUE为$\Phi\left(\frac{\sqrt{n}(\tau-\overline{X})}{\sqrt{n-1}}\right)$. (c) 密度函数$g_\theta(x)=\frac{1}{\sqrt{2\pi}}\exp\left[-\frac{1}{2}(x-\theta)^2\right]$在$x=\tau$处之值的MVUE为$\left[2\pi\left(1-\frac{1}{n}\right)\right]^{-1/2}\exp\left[-\frac{n(\tau-\overline{X})^2}{2(n-1)}\right]$.

4. 设$X_1, \cdots, X_n$为自$\{R(\theta, 2\theta),\ \theta>0\}$中抽出的iid. 样本. 证明：统计量$t(X_1, \cdots, X_n)=(\min X_i, \max X_i)$为充分但非完全. 找出$\theta$的两个不同的基于$t$的无偏估计.

5. 在例2.1.7中，假定$g(\theta)$在(a, b)的任一闭有界区间上绝对连续，且$\lim\limits_{\theta\uparrow b}(g(\theta)/K(\theta))=0$，则由(2.1.22)式定义的$\varphi$，使$\varphi(X_1)$为$g(\theta)$的无偏估计. 又证明：$g(\theta)$的MVUE可表为

$$\hat{g}(X_{(1)})=g(X_{(1)})-g'(X_{(1)})/[nK(X_{(1)})h(X_{(1)})].$$

举这样的例子，当$\lim\limits_{\theta\uparrow b}(g(\theta)/K(\theta))=0$不成立时，上式决定的$\hat{g}(X_{(1)})$不是$g(\theta)$的无偏估计.

6. 设 $X_1, \cdots, X_n$ 为自几何分布族

$$P_\theta(X_1=i)=\theta(1-\theta)^i, \ i=0, 1, 2, \cdots, \ 0<\theta<1$$

中抽出的 iid. 样本,求 θ 的 MVUE.

7. 设 $X_1, \cdots, X_n$ 为自(a)二项分布族 $\{B(K, \theta), \ 0<\theta<1, \ K \text{已知}\}$,(b) Poisson 分布族 $\{P(\theta), \ \theta>0\}$ 中抽出的 iid. 样本. 在每个情况下, 找出 $h(\theta)$ 的 MVUE 存在的充要条件.

8. 在上题(a)之下, 找出 $\theta(1-\theta)$的 MVUE 及 MVUE 的方差. 将这方差与 C-R 下界比较.

9. 设 $X_1, \cdots, X_n$ 为取自 $N(0, \ \sigma^2)$ 中的 iid. 样本, 求 $\exp(\sigma^2/2)$ 的 MVUE. 计算此 MVUE 的方差并与 C-R 下界比较,又问: 它是否对某个 K 达到 Bhattacharyga 的下界.

10. 证明: Bhattacharyga 下界当 K 增加时非降.

11. 设 $X_1, \cdots, X_n$ 为抽自 Poisson 分布族 $\{P(\lambda), \ \lambda>0\}$ 的 iid. 样本, 要估计 $e^{-\lambda}$. 算出 $K=2$ 时的 Bhattacharyga 下界.

12. 设 $X_1, \cdots, X_m$ 和 $Y_1, \cdots, Y_n$ 分别为取自 $N(a, \ \sigma_1^2)$ 和 $N(a, \ \sigma_2^2)$中的 iid. 样本, $a, \sigma_1^2, \sigma_2^2$ 都是未知参数. 证明: a 的 MVUE 不存在. 又: 算出 a 的无偏估计方差的 C-R 下界. 考虑当 $\rho=\dfrac{\sigma_2^2}{\sigma_1^2}$ 已知的情况.

13. 不依赖定理2.2.5的推论, 直接证明: 若 $X_1, \ \cdots, \ X_n$ 为取自 $N(a, \ \sigma^2)$ 中的 iid. 样本, $t(X_1, \cdots, X_n)$ 为 σ^2 的任一无偏估计, 则 $\mathrm{Cov}(\overline{X}, t)=0$.

14. 设参数空间只有两个点: $\theta=0$ 和 $\theta=1$. 当 $\theta=0$ 时, 总体分布为 $f_0(x)dx=I_{(0,1)}(x)dx$, 当 $\theta=1$ 时,总体分布为 $f_1(x)dx=\dfrac{1}{4}x^{-3/4}I_{(0,1)}(x)$.设 X 为自此总体中抽出的大小为1的样本. 证明: 对任给 $\varepsilon>0$,存在 θ 之一无偏估计 $\hat{g}_\varepsilon$, 致 $\mathrm{Var}_0(\hat{g}_\varepsilon)<\varepsilon$. 但不存在 θ 的无偏估计 $\hat{g}$, 致 $\mathrm{Var}_0(\hat{g})=0$ (提示: 对充分大的自然数 n, 考虑形如

$$\hat{g}(x)=\begin{cases} an^{1/8}x^{-1/8}, & 0<x<(bn)^{-1}, \\ -1, & d^4<x<1, \\ 0, & \text{其它 } x. \end{cases}$$

适当选择其中之常数 a、b、d, 使 $d\in(0, 1)$, 当 $n\to\infty$ 时 $d\to1$ 而 a, b 有非0有限的极限).

15. 设 $f_1(x)dx$ 和 $f_2(x)dx$ 为两个密度函数. 考虑分布族 $\{f(x, \theta)dx, \ 0<\theta<1\}$, 其中 $f(x, \theta)=\theta f_1(x)+(1-\theta)f_2(x)$. 设 $X_1, \ \cdots, \ X_n$ 为抽自此

分布族的 iid. 样本，求 θ 的无偏估计的方差的 $C\text{-}R$ 下界，证明此下界不小于 $\dfrac{\theta(1-\theta)}{n}$，等号当且仅当 $f_1(x)f_2(x)=0$ (a. e. L_1) 时达到. 对后一事实作出解释.

16. 对例 2.1.4，算出 X_1 的方差，求这方差的 MVUE.

17. X 的分布族为 $\{f(x,\theta)dx=\theta^{-1/m}\exp(-x\theta^{-1/m})I_{(0,\infty)}(x)dx,\ 0<\theta<\infty\}$，$m$ 已知. 样本大小为 1，求 θ 的极大似然估计. 证明：除非 $m=1$，它不是无偏的，修改之使成为无偏. 当 m 很大时，本例说明了什么问题?

18. 设 X 为从 Poisson 分布族中取出的大小为 1 的样本，找出 $[P_\lambda(X=0)]^2$ 的无偏估计. 这个例子说明了什么问题?

19. 设 $X_1, \cdots, X_n$ 为自正态总体 $N(a, \sigma^2)$ 中抽出的 iid. 样本，要估计 σ^2，损失函数为 $L(\sigma^2, d)=\dfrac{1}{\sigma^4}(\sigma^2-d)^2$. (a) 证明：设 $\delta(X_1, \cdots, X_n)$ 为任一估计，其风险函数 $R(a, \sigma, \delta)$ 在 $\Theta=\{(a, \sigma): -\infty<a<\infty,\ 0<\sigma<\infty\}$ 上处处有限，则其风险必在 Θ 上处处连续. (b) 确定 (a, σ^2) 之一先验分布如下：a, σ^2 独立，且

$$\frac{1}{2\sigma^2}\sim \text{参数为 } \lambda \text{ 和 } \nu \text{ 的 Gamma 分布},$$

$$a\sim N(0, \tau^2\sigma^2),$$

找出 σ^2 的 Bayes 估计，证明其风险函数连续，因而此 Bayes 估计可容许. 令 $\lambda\to 0$，$\tau\to\infty$，求此 Bayes 估计的极限. 并问此极限是否为容许估计.

20. 设 $X_1, \cdots, X_n$ 为自 $\{R(0, \theta), \theta>0\}$ 中抽出的 iid. 样本，先验分布为 $\theta\sim R(0, a)$，$a>0$ 已知. 求在平方损失 $(\theta-d)^2$ 之下，θ 的 Bayes 估计.

21. (a) 证明组合公式

$$\sum_{m=0}^{N}\binom{m}{k}\binom{N-m}{n-k}=\binom{N+1}{n+1},\ n\leqslant N,\ m\leqslant N,\ k=0, 1, \cdots, n.$$

(b) 利用 (a) 解决下面的问题：设 X 服从超几何分布：

$$P_M(X=x)=\binom{M}{x}\binom{N-M}{n-x}\bigg/\binom{N}{n},\ x=0, 1, \cdots.$$

此处 N, n 已知，M 为参数. 设 M 的先验分布为均匀的，即

$$P(M=k)=\frac{1}{N+1},\ k=0, \cdots, N.$$

在平方损失 $(M-d)^2$ 之下，算出 M 的 Bayes 估计为

$$\frac{(x+1)(N+2)}{n+2}-1.$$

证明这估计的 Bayes 风险为 $\frac{N(N+2)(N-n)}{6(n+2)}$. (c) 算出常用估计 $\frac{Nx}{n}$ 的 Bayes 风险，证明它大于上述值.

22. (a) 设 F 为一维分布函数，$0<p<1$. 证明：函数

$$g(\mu)=(1-p)\int_{-\infty}^{\mu}(\mu-x)dF(x)+p\int_{\mu}^{\infty}(x-\mu)dF(x)$$

的最小值在 F 的 p-分位数处达到（ξ_p 称为 F 的 p-分位数，若 $F(\xi_p)\geqslant p$, $F(\xi_p-0)\leqslant p$）. (b) 设 $X_1, \cdots, X_n$ 为自分布族 $\{f(x, \theta)d\mu(x), a<\theta<b\}$ 中抽出的 iid. 样本，在 (a, b) 上给出任一先验分布 $g(\theta)d\nu(\theta)$，以及损失函数

$$L(\theta, d)=\begin{cases}p(\theta-d), & \text{当 } \theta\geqslant d,\\ (1-p)(d-\theta), & \text{当 } \theta<d,\end{cases}\quad 0<p<1,\ p \text{ 已知},$$

试求 θ 的 Bayes 估计. 当 $p=\frac{1}{2}$ 时得到什么结果?

23. 极大似然估计是否必为可容许估计(平方损失)?

24. 设 X 的分布族为 $P_\theta(X=1)=1-P_\theta(X=0)=\theta$, $0<\theta<1$. 损失函数为 $(\theta-d)^2$. 先验分布为

$$\mathscr{P}(\theta=\theta_0)=\mathscr{P}(\theta=1-\theta_0)=\frac{1}{2},$$

样本大小为 1. 试决定 θ_0，使由此先验分布所决定的 Bayes 估计为 Minimax 估计(本例说明：两个截然不同的先验分布可以有同一的 Bayes 解).

25. 设 $X_1, \cdots, X_n$ 为抽自 $\left\{R\left(\theta-\frac{1}{2},\theta+\frac{1}{2}\right), -\infty<\theta<\infty\right\}$ 的 iid. 样本，损失函数为 $|\theta-d|$. 证明 θ 的 Minimax 估计为 $\frac{1}{2}(\min X_i+\max X_i)$. 若损失函数为 $(\theta-d)^4$，情况如何?（提示：取先验分布 $R(-K, K)$，命 $K\to\infty$）.

26. 设 $X_1, \cdots, X_n$ 为抽自 $N(0, \sigma^2)$ 中的 iid. 样本，损失函数为 $(\sigma^2-d)^2/\sigma^4$. 证明 σ^2 的 Minimax 估计为 $\frac{1}{n+2}\sum_{i=1}^{n}X_i^2$（提示：取 19 题中所给 σ 的先验分布. 又：参看 32 题）.

27. 设 X_1 为取自二项分布族 $\{B(n, p), 0<p<1\}$ 中大小为 1 的样本，n 已知，损失函数为

$$L(\theta, d)=\min[(\theta-d)^2/\theta^2, 2].$$

证明：$\delta(X_1)\equiv 0$ 为 θ 的可容许 Minimax 估计.

28. 设 $X_1, \cdots, X_n$ 为取自 $N(0,\sigma^2)$ 中的 iid. 样本，记 $X=(X_1, \cdots, X_n)'$，考虑一切形如 $y=cAx$ 的变换所成的群，此处 A 为正交阵，$c\neq 0$，又损失函

数与 26 题同. 试求出 σ^2 的不变估计的一般形状,并由此求出最优不变估计.

29. 设 X 的分布为

$$P_\theta(X=\theta-1)=P_\theta(X=\theta+1)=\frac{1}{2}, \ -\infty<\theta<\infty.$$

损失函数为

$$L(\theta, d)=\begin{cases}|\theta-d|, & \text{当 } |\theta-d|\leqslant 1,\\ 0, & \text{当 } |\theta-d|>1.\end{cases}$$

试求出 θ 的形如 $X+c$(c 为常数)的估计中的最优者,并证明它不是可容许估计: 估计

$$\delta(x)=\begin{cases}x+1, & \text{当 } x<0,\\ x-1, & \text{当 } x\geqslant 0\end{cases}$$

优于它.

30. 证明例 2.4.5 中的断言: 除非 $E_{a,\sigma}[q(t(X))]$ 存在有限, 必有 $E_{a,\sigma}[(q(t(X))-\sigma)^2]=\infty$. 用例 2.4.5 的证法解下面的问题: 设 $X_1, \cdots, X_n$ 为取自 $\{R(0, \theta), \theta>0\}$ 中的 iid. 样本,损失函数为 $(\theta-d)^2/\theta^2$. 考虑一切形如 $x_i'=cx_i, \ i=1, \cdots, n$ 的变换 $(c>0)$ 的群, 求在此群下的最优不变估计.

31. 证明系 2.4.2 (提示: 注意风险函数为常数).

32. 用定理 2.4.1, 得出系 2.4.2 类似的推理,证明第 26 题的结论.

33. 设 X 为取自 Poisson 分布族 $\{P(\lambda), \ \lambda>0\}$ 中大小为 1 的样本. 证明在损失函数 $L(\lambda, d)=(\lambda-d)^2/\lambda$ 之下, X 为 λ 的容许的 Minimax 估计.

34. 设 $X_1, \cdots, X_n$ 为取自分布族 $\left\{\frac{1}{\theta}e^{-x/\theta}I_{(0,\infty)}(x), \quad 0<\theta<\infty\right\}$ 中的 iid. 样本,证明: 在损失函数 $L(\theta, d)=(\theta-d)^2/\theta^2$ 之下, θ 的容许 Minimax 估计为 $\frac{n}{n+1}\bar{X}$, 而 MVUE $\bar{X}$ 不是可容许估计.

35. 设 $(X_1, Y_1), \cdots, (X_n, Y_n)$, 为抽自以 O 为中心半径为 θ 的圆内均匀分布的 iid. 样本, $0<\theta<\infty$. 求 θ 的极大似然估计及此极大似然估计之方差,并调整此估计使成为无偏估计.

36. 设 $X_{i1}, \cdots, X_{in_i}$ 为取自 $N(a, \sigma_i^2)$ 的 iid. 样本, $i=1, \cdots, c, 0<\sigma_i^2<\infty$, $i=1, \cdots, c$, $\sigma_1^2, \cdots, \sigma_c^2$ 和 a 都是未知参数. 记

$$\bar{X}_i=\frac{1}{n_i}\sum_{j=1}^{n_i}X_{ij}, \ \ S_i^2=\frac{1}{n_i-1}\sum_{j=1}^{n_i}(X_{ij}-\bar{X}_i)^2, \ i=1, \cdots, c.$$

证明当每个 $n_i\to\infty$ 时,估计量

$$t(X_{11}, \cdots, X_{1n_1}; \cdots; X_{c1}, \cdots, X_{cn_c}) = \sum_{i=1}^{c} \frac{S_i^2}{n_i} \bar{X}_i \Big/ \sum_{i=1}^{c} \frac{S_i^2}{n_i}$$

是 a 的 BAN 估计.

37. 设 $X_1, X_2, \cdots$ iid., X_1 的分布为

$$P_\theta(X=1)=1-P_\theta(X=0)=\theta, \ 0<\theta<1,$$

先验分布为 $R(0, 1)$, 损失为 $L(\theta, d)=(\theta-d)^2$. 抽样费用为每抽一个有常数费用 $c>0$. 抽样方案为: 定出自然数 m, 每次观察一个 X_i (按 $X_1, X_2, \cdots$ 的次序), 直到抽得 m 个 1 为止. 求 Bayes 估计及其风险(注意: 这是求在已定停止法则之下的 Bayes 估计, 不是整个问题的 Bayes 解). 又若此抽样方案在抽样达到 N 次时截断. 求 Bayes 估计及其风险.

38. 设 δ 为一确定的统计判决问题的一个序贯判决函数, 损失函数上界为 $M<\infty$. 每观察一次的费用为常数 $c>0$, 先验分布为 ξ, δ_m 为 δ 在抽样达到 m 次时的截断(这意味着, 若抽样在第 $m-1$ 次或之前结束, 则采取的判决与 δ 一样, 若在第 m 次结束, 则采取的判决不必与 δ 有关), 则

$$R_\xi(\delta_m) \leqslant R_\xi(\delta)\left(1+\frac{M}{cm}\right),$$

注意这里风险包括抽样费用.

39. 设 X 的分布为

$$P_\theta(X=1)=P_\theta(X=\theta)=\frac{1}{2}, \ \theta>1.$$

又损失函数有界而抽样费用为每抽一个有常数费用 $c>0$. 证明: 在任一先验分布之下, θ 的序贯 Bayes 估计(基于 X 的 iid. 样本 $X_1, X_2, \cdots$)为: 或者不抽样作一判决, 或者抽到一个不是 1 的值为止, 且即以后者作为 θ 之估计(此处假定损失函数 L 满足条件 $L(\theta, d)=0$, 当 $d=\theta$).

40. 设 X 的分布为 $\{R(0, \theta), \theta>0\}$. 每次抽样费用为常数 $c>0$, 损失函数为 $(\theta-d)^2$, 先验分布为 $R(0, 3)$, 最多抽样三次, 试求此截断判决问题的 Bayes 解.

41. 举出这样的例子: C-R 不等式在 Θ 的个别点达到等号, 而在其余的点则否.

42. 举出这样一个分布族 $(\mathscr{X}, \mathscr{B}_{\mathscr{X}}, P_\theta)$, $\theta\in\Theta$, 其完全充分统计量不存在, 但对某个 $g(\theta)$, 其 MVUE 存在[提示: 取 $\mathscr{X}=(-1, 0, 1, 2, \cdots)$, $\Theta=\{\theta: 0<\theta<1\}$, $P_\theta(\{-1\})=\theta$, $P_\theta(\{i\})=(1-\theta)^2\theta^i$, $i\geqslant 0$, 又 $g(\theta)=(1-\theta)^2$](注: 本例是陈桂景、卢昆亮、赵林城等同志发现并告诉作者的).

43. 设 X 为取自 $\{R(\theta, 2\theta): \theta>0\}$ 的大小为 2 的样本, 证明: θ 的

MVUE 不存在(注: 可以证明, 对任意样本大小 $n\geqslant 2$, 本题结论也对).

44. 设 $\mathscr{F}$ 为一切其方差等于 1 的一维分布的族, $X_1, \cdots, X_n$ 为抽自 $\mathscr{F}$ 中某个分布 F 的 iid. 样本, 证明: 若令 $g(F)=(F\text{ 的均值})^2$, $F\in\mathscr{F}$, 则当 $n>1$ 时 $g(F)$ 的 MVUE 不存在. 而当 $n=1$ 时则存在.

45. 证明: 不论在任何情况下(不论完全充分统计量是否存在), 只要 MVUE 存在, 它必然有唯一性(在 a. e. 相等不加分别的意义下).

第 三 章

1. (a) 设 $X_1, \cdots, X_n$ 为抽自 $\{R(0, \theta), \theta>0\}$ 中的 iid. 样本, 给定 $\theta_0>0$, 求 $\theta\leqslant\theta_0\leftrightarrow\theta>\theta_0$ 的 UMP 检验. (b) 设 $X_1, \cdots, X_n$ 为抽自负二项分布

$$P_\theta(X=x)=\binom{x+k-1}{k-1}\theta^k(1-\theta)^x,\ 0<\theta<1$$

的 iid. 样本(k 已知), 给定 $\theta_0\in(0, 1)$, 求 $\theta\leqslant\theta_0\leftrightarrow\theta>\theta_0$ 的 UMP 检验.

2. 设 $X_1, \cdots, X_n$ 为抽自 $\{R(0, \theta), \theta>0\}$或指数分布族

$$\{\theta e^{-\theta x}I_{(0,\infty)}(x)dx,\ \theta>0\}$$

中的 iid. 样本, $X_{(1)}\leqslant\cdots\leqslant X_{(n)}$ 为其次序统计量, 而我们手头只有资料 $X_{(1)}, \cdots, X_{(r)}(1\leqslant r<n)$. 在这些资料的基础上求 $\theta\leqslant\theta_0\leftrightarrow\theta>\theta_0$ 的 UMP 检验, $\theta_0>0$ 已知.

3. 设 $X_1, \cdots, X_n$ 为自 $\{R(\theta, 2\theta), \theta>0\}$ 中抽出的 iid. 样本, $\theta_0>0$ 已知, 问 $\theta\leqslant\theta_0\leftrightarrow\theta>\theta_0$ 的 UMP 检验是否存在.

4. 设 n 维随机向量 $(X_1, \cdots, X_n)$ 在 H 和 K 之下的分布分别为 $f_0(x_1, \cdots, x_n)\,dx_1\cdots dx_n$ 和 $f_1(x_1, \cdots, x_n)\,dx_1\cdots dx_n$, 证明: 对任何 α, $0\leqslant\alpha\leqslant 1$, $H\leftrightarrow K$ 的水平 α 的 UMP 非随机化检验必存在.

5. 设 $X_1, \cdots, X_m$ 和 $Y_1, \cdots, Y_n$ 分别是从 $N(a, 1)$ 和 $N(b, 1)$ 中抽出的 iid. 样本, 证明: $b\leqslant a\leftrightarrow b>a$ 的 UMP 检验存在, 且其否定域有 $\overline{Y}-\overline{X}\geqslant c$ 的形式(提示: 对任一特定的对立假设 (a_1, b_1), $a_1<b_1$, 取 $\{(a, b), a\leqslant b\}$ 上的先验分布集中于 $a=b=\dfrac{ma_1+nb_1}{m+n}$ 一点).

6. 设 $X_1, \cdots, X_m$ 和 $Y_1, \cdots, Y_n$ 分别为抽自 $N(a, \sigma_1^2)$以及 $N(b, \sigma_2^2)$中的 iid. 样本, 要检验假设 $\sigma_1^2\geqslant\sigma_2^2\leftrightarrow\sigma_1^2<\sigma_2^2$. (a) 证明当 a, b 都已知时, UMP 检验存在且有否定域 $\sum_{j=1}^n(Y_j-\overline{Y})^2\Big/\sum_{i=1}^m(X_i-\overline{X})^2\geqslant c$ (提示: 先验分

布集中于 $\sigma_1=\sigma_2$ 上适当的一点). (b) 若 a, b 都未知, UMP 检验不存在(提示: 在求 $\sigma_1^2 \geqslant \sigma_2^2 \leftrightarrow (\sigma_{10}^2, \sigma_{20}^2, a_0, b_0)$ 的 UMP 检验(此处 $\sigma_{10}^2<\sigma_{20}^2$) 时, 取 $(\sigma_1^2, \sigma_2^2, a, b)$的先验分布如下: (σ_1^2, σ_2^2)的先验分布集中于 $\{\sigma_1=\sigma_2\}$ 的适当的一点 σ, 而 $a=a_0$, b 的先验分布为 $N\left(b_0, \frac{1}{n}(\sigma_{20}^2-\sigma^2)\right)$. (c)若 a, b 之中有一个已知,另一个未知,情况如何(答: a 已知 b 未知时, UMP 检验存在, b 已知 a 未知时则否、证明之).

7. (a) 设 X_n, Y_n 独立,都服从二项分布 $B(n, p)$ c 为整数, $1\leqslant c\leqslant n-1$. 证明: $g_c(n, p)=P_p(Y_n-X_n>c)$, 当 $0\leqslant p\leqslant 1$ 时的严格最大值在 $p=\frac{1}{2}$ 处达到(提示: 首先注意,当 $c=1, 2, \cdots, n$ 时,有 $P_{\frac{1}{2}}(|Y_n-X_n|=c)>P_{\frac{1}{2}}(|Y_n-X_n|=c+1)$(请读者自证). 记 $q=1-p$, 令

$$h_c(n, p)=P_p(|Y_n-X_n|>c)=2g_c(n, p),$$

则有

$$\begin{aligned}h_c(n+1, p)&=2pq\left[h_{c+1}(n, p)+\frac{1}{2}P_p(|Y_n-X_n|=c+1)\right.\\&\left.\quad+\frac{1}{2}P_p(|Y_n-X_n|=c)\right]+(p^2+q^2)h_c(n, p)\\&=pq[h_{c+1}(n, p)+h_{c-1}(n, p)]+(p^2+q^2)h_c(n, p),\end{aligned}$$

用归纳法,假定本题的断言对 n 成立,注意 $p^2+q^2-\frac{1}{2}=2\left(\frac{1}{4}-pq\right)$, 有

$$\begin{aligned}&h_c\left(n+1, \frac{1}{2}\right)-h_c(n+1, p)>\left(\frac{1}{4}-pq\right)\left[h_{c+1}\left(n, \frac{1}{2}\right)+h_{c-1}\left(n, \frac{1}{2}\right)\right.\\&\quad\left.-2h_c\left(n, \frac{1}{2}\right)\right]=\left(\frac{1}{4}-pq\right)[P_{\frac{1}{2}}(|Y_n-X_n|=c)\\&\quad-P_{\frac{1}{2}}(|Y_n-X_n|=c+1)>0, \text{ 当 } p\neq\frac{1}{2}.\end{aligned}$$

这完成了归纳证明. (b) 设 X, Y 独立, $X\sim B(n, p_1)$, $Y\sim B(n, p_2)$. 考虑检验问题 $p_1\geqslant p_2 \leftrightarrow p_1=p_1'$, $p_2=p_2'$, 此处 p_1', p_2' 已知, $p_1'<p_2'$ 且 $p_1'+p_2'=1$. 证明其 UMP 检验有形状

$$\phi(x, y)=\begin{cases}1, & \text{若 } Y-X>c,\\ r, & \text{若 } Y-X=c,\\ 0, & \text{若 } Y-X<c\end{cases}$$

[提示: 取 $\{p_2\leqslant p_1\}$ 上的先验分布集中于 $\left(\frac{1}{2}, \frac{1}{2}\right)$一点. 证明 $\left(\frac{1}{2}, \frac{1}{2}\right)\leftrightarrow(p_1', p_2')$ 的 UMP 检验有上述形式. 以 $\beta(p_1, p_2)$ 记此检验的功效,证明当 $p_1\geqslant p_2$

时必有 $\beta(p_1, p_2)\leqslant\beta\left(\frac{1}{2},\frac{1}{2}\right)$.为此先确定易证的事实 $\beta(p_1, p_2)\leqslant\beta(p_1, p_1)$ 当 $p_2\leqslant p_1$, 再利用 (a)]. (c) 证明 $p_1\geqslant p_2\leftrightarrow p_1<p_2$ 的 UMP 检验不存在[提示: 只需证明(b)中得出的检验不是 $p_1\geqslant p_2\leftrightarrow p_1<p_2$ 的 UMP 检验. 为此注意,若检验的真实水平为 α, $0<\alpha<1$, 则由(b)可知 $\beta(p, p)<\beta\left(\frac{1}{2},\frac{1}{2}\right)=\alpha$, 故对充分小的 $\varepsilon>0$ 有 $\beta(p, p+\varepsilon)<\alpha$. 这证明了 (b) 中提出的检验 ϕ 不是 UMP 的].

8. 设 ϕ 为 $\Omega_H\leftrightarrow\Omega_K$ 的 UMPU 检验, 则 ϕ 在下述意义下是可容许的: 不存在水平不超过 ϕ 的水平的检验 ψ, 致 $\beta_\psi(\theta)\geqslant\beta_\phi(\theta)$ 对任何 $\theta\in\Omega_K$, 且不等号至少对一个 $\theta\in\Omega_K$ 成立.

9. 设 X, Y 独立, 分别服从指数族分布 $\{C(\theta)e^{\theta x}d\mu,\ a_1<\theta<b_1\}$ 和 $\{D(\varphi)e^{\varphi y}d\nu,\ a_2<\varphi<b_2\}$ 设 $a_1<c_1<b_1$, $a_2<c_2<b_2$, 证明:

$$\theta=c_1,\ \varphi=c_2\leftrightarrow(\theta,\ \varphi)\neq(c_1,\ c_2)$$

的 UMPU 检验不存在.

10. 设样本 (X, Y) 满足指数族分布 $\{C(\theta_1, \theta_2)e^{\theta_1 x+\theta_2 y}d\mu(x, y):(\theta_1, \theta_2)\in\Theta\}$, 而 (a, b) 为 Θ 的内点, 证明: $\theta_1\leqslant a$, $\theta_2\leqslant b\leftrightarrow\theta_1>a$ 或 $\theta_2>b$ 的 UMPU 检验就是 $\phi(x, y)\equiv\alpha$ (注: 此题见[7] p. 151, 参看该处的仔细提示).

11. 设样本 X, Y 独立, $X\sim B(n, p_1)$, $Y\sim B(n, p_2)$, n 已知. 记

$$\rho=(p_2/1-p_2)\div(p_1/1-p_1).$$

取定 ρ_0, $\rho_1(\rho_0<\rho_1)$, 证明: 若 ϕ 为 $\rho=\rho_0\leftrightarrow\rho=\rho_1$ 的一个水平 α 检验, 则 $\inf\{\beta_\phi(p_1, p_2)\,|\,\rho=\rho_1\}\leqslant\alpha$. 解释这个结果的意义.

12. 设样本 $X_1, \cdots, X_n$ 独立, X_i 的分布为

$$P(X_i=1)=1-P(X_i=0)=[1+\exp(-\theta_1-i\theta_2)]^{-1},$$

θ_1, θ_2 为未知参数. 求 $\theta_2=0\leftrightarrow\theta_2>0$ 的 UMPU 检验.

13. 设样本 $X_1, \cdots, X_n$ 独立, $X_i\sim N(ia, \sigma^2)$, $i=1, \cdots, m$; $X_i\sim N(0, \sigma^2)$, $i=m+1, \cdots, n$, a, σ^2 为未知参数. 求 $a=0\leftrightarrow a\neq0$ 的 UMPU 检验.

14. 设 $X_1, \cdots, X_n$ 为抽自分布族 $\left\{\frac{1}{a}\exp[-(x-b)/a]I_{(b,\infty)}(x):0<a<\infty,\ -\infty<b<\infty\right\}$ 中的 iid. 样本. 证明: 若以 $X_{(1)}\leqslant\cdots\leqslant X_{(n)}$ 记次序统计量, 则 (a) $X_{(1)}$, $X_{(2)}-X_{(1)}$, $\cdots$, $X_{(n)}-X_{(n-1)}$ 相互独立, (b) 当 $a=a_0$ 固定时, $X_{(1)}$ 为完全充分统计量. (c) 由此. 用定理 3.3.1, 仿照定理 3.3.5 中 $H_4\leftrightarrow K_4$ 部分的处理, 证明 $a=a_0\leftrightarrow a\neq a_0$ 的 UMPU 检验有否定域

$$c_1 \leqslant \sum_{i=2}^{n} (X_{(i)} - X_{(1)}) \leqslant c_2.$$

15. 设当 H 成立时, X 的分布族为 $\{f(x-\theta)dx: -\infty<\theta<\infty\}$, 而当 K 成立时, X 的分布族为 $\{g(x-\theta)dx: -\infty<\theta<\infty\}$, 此处 f, g 已知. 设 $X_1, \cdots, X_n$ 为 X 的 iid. 样本, 求在平移变换群下, $H \leftrightarrow K$ 的 UMPI 检验.

16. 考虑由 R_n 到 R_n 的变换群 $x_i' = cx_i, i=1, \cdots, n, c>0$. 证明一个极大不变量为

$$T(x_1, \cdots, x_n) = \begin{cases} (x_1, \cdots, x_{n-1}) \Big/ \max\limits_{1 \leqslant i \leqslant n} |x_i|, & \text{当} \sum\limits_{i=1}^{n} x_i^2 \neq 0, \\ (0, \cdots, 0), & \text{当} x_1 = \cdots = x_n = 0. \end{cases}$$

仿此, 找出变换群 $x_i' = ax_i + b, i=1, \cdots, n, a>0, -\infty<b<\infty$ 的一个极大不变量.

17. 设 $X_1, \cdots, X_m$ 和 $Y_1, \cdots, Y_n$ 分别为取自分布族 $\{a_1 e^{-a_1(x-b_1)} I_{(b_1, \infty)}(x)dx: a_1>0, -\infty<b_1<\infty\}$ 和 $\{a_2 e^{-a_2(x-b_2)} I_{(b_2, \infty)}(x)dx: a_2>0, -\infty<b_2<\infty\}$ 中的 iid. 样本. 考虑变换群

$$X_i' = \alpha x_i + \beta, i=1, \cdots, m; Y_j' = \alpha Y_j + \gamma, j=1, \cdots, n,$$
$$0<\alpha<\infty, -\infty<\beta<\infty, -\infty<\gamma<\infty.$$

求在此变换群之下, $\frac{a_1}{a_2} \leqslant \Delta \leftrightarrow \frac{a_1}{a_2} > \Delta$ 的 UMPI 检验, 此处 Δ 为给定的已知大于 0 的数.

18. 设 $X_1, \cdots, X_m$ 和 $Y_1, \cdots, Y_n$ 分别为抽自分布族 $\{R(0, \theta_1): \theta_1>0\}$ 和 $\{R(0, \theta_2): \theta_2>0\}$ 的 iid. 样本, 考虑变换群 $x_i' = cx_i, i=1, \cdots, m; y_j' = cy_j, j=1, \cdots, n, c>0$. 问在此变换群之下, $\frac{\theta_1}{\theta_2} \leqslant 1 \leftrightarrow \frac{\theta_1}{\theta_2} > 1$ 的 UMPI 检验是否存在?

19. 计算不带参数的情况的 χ^2-统计量的均值. 并指出计算其方差的方法(方差的表达式很复杂, 见[6] p. 479).

20. 在 χ^2-统计量 $\sum_{i=1}^{k} (n_i - np_i)^2 / np_i$ 中, 在 $\max_{1 \leqslant i \leqslant k} \left| \frac{n_i}{n} - p_i \right| = \Delta \leqslant 0.5$ 的条件下, 其最小值为 $4n\Delta^2$ (最小值对 n_i, p_i 取), 问此最小值何时达到.

21. 设变量 X 取 $1, 2, \cdots, k$ 为值, 且 $P_\theta(X=i) = p_i(\theta), i=1, \cdots, k, \theta \in \Theta$, 满足条件: 对任何 $\theta_0 \in \Theta$ 和 $\varepsilon>0$ 有 $\sup\limits_{\|\theta-\theta_0\| \geqslant \varepsilon} \sum\limits_{i=1}^{k} |p_i(\theta) - p_i(\theta_0)| > 0$. 这时, 若 $X_1, X_2, \cdots, X_n$ 为 X 的 iid. 样本, $\hat{\theta}_n = \hat{\theta}_n(X_1, \cdots, X_n)$ 为 θ 的估计, 但不相合, 则存在 $\theta_0 \in \Theta$, 使对任何 $A<\infty$ 有 $\limsup\limits_{n \to \infty} P_{\theta_0}(\chi^2 > A) = 1$, 此处

$\chi^2=\sum_{i=1}^{k}[n_i-np_i(\hat{\theta}_n)]^2/np_i(\hat{\theta}_n)$，$n_i$ 为 $X_1, \cdots, X_n$ 中等于 i 的个数.

22. 甲、乙两个工厂生产同一种产品，要比较其优劣. 为此在甲、乙两厂的产品中各取 n 个而组成 n 对. 将每对拿去评定，得出"甲好"、"乙好"、"无差别"三个评语之一. 就 n 对的评定结果，用 χ^2-检验法来检验"甲、乙无差别"这个假设.

23. 证明公式(3.5.30).

24. (a) 设变量 X, Y 的分布函数 $F_0(x)$ 和 $F_1(x)$ 都在 $(-\infty, \infty)$ 连续严增，且存在点 a，致 $0<F_0(a)<\frac{1}{2}$，$F_1(x)<F_0(x)$ 当 $x<a$，$F_1(x)=F_0(x)$ 当 $x\geqslant a$. 证明：存在连续严增函数 $g(x)$，$g(x)>x$ 当 $x<a$，$g(x)=x$ 当 $x\geqslant a$，使 $g(x)$ 之分布与 Y 之分布同. (b) 利用(a)证明：Колмогоров 检验不是无偏的：取 $\Delta=F_0(a)$. 设 $X_1, \cdots, X_n$ 为 iid. 样本，$F_{(n)}(x)$ 为其经验分布函数，有：

$$P_{F_1}(\sup_x|F_{(n)}(x)-F_0(x)|>\Delta)<P_{F_0}(\sup_x|F_{(n)}(x)-F_0(x)|>\Delta)$$

25. 设样本 $X_1, \cdots, X_n$ 独立，X_i 的分布为

$$\left\{\frac{1}{a_i}\exp\left[-\frac{x_i-b_i}{a_i}\right]\cdot I_{(b_i,\infty)}(x),\quad 0<a_i<\infty,\quad -\infty<b_i<\infty\right\},\ i=1, \cdots, k.$$

设 $X_{i1}, \cdots, X_{in_i}$ 为 X_i 的 iid. 样本，$i=1, \cdots, k$. (a) 求假设 $H_1: a_1=\cdots=a_k$，$b_1=\cdots=b_k$ 的似然比检验统计量. (b) 求假设 $H_2: a_1=\cdots=a_k$ 的似然比检验统计量. (c) 在 $a_1=\cdots=a_k$ 的假定下，求 $H_3: b_1=\cdots=b_k$ 的似然比检验统计量 L，证明：当 H_3 成立时，$L^{-1/n}$ 服从分布 $\beta(n-k, k-1)$. (d) 证明当 $k=2$ 时，(c) 中的检验是无偏的.

26. 从似然比极限定理(定理 3.6.1)推出带参数情况的 χ^2-统计量的极限定理(定理 3.5.2).

27. 设 $X_1, \cdots, X_n$ 为抽自 $N(a, \sigma^2)$ 中的 iid. 样本，a 和 σ^2 都是未知参数. 如果将似然比方法用于检验 $a\leqslant a_0 \leftrightarrow a>a_0$，将得到什么结果？证明虽则在本例中定理 3.6.1 的条件不满足(为什么？)但似然比统计量取对数乘以 2 后，仍在 $a\leqslant a_0$ 的边界上以 χ^2-分布为其极限分布. 解释这个事实的理由并举出类似的例子.

28. 设 X 的分布族为 $\{e^{-(x-\theta)}I_{(\theta,\infty)}(x), -\infty<\theta<\infty\}$. 设 $X_1, X_2, \cdots$ 为 X 的 iid. 样本，选择检验的水平为 $\alpha=\exp(-n_0)$，n_0 为一自然数. 求检验问题 $\theta=0\leftrightarrow\theta=1$ 的序贯概率比检验. 算出此检验当 $\theta=0$ 和 $\theta=1$ 时的平均抽样次数，并与同一水平的固定样本检验的样本大小作比较.

29. 设 X 的分布为

$$P_p(X=1)=1-P_p(X=0)=p.$$

取 p_0 满足条件 $0<p_0<\frac{1}{2}$, $q_0=1-p_0$. 设 $\log A/\log(q_0/p_0)=-a$, $\log B/\log(q_0/p_0)=b$, a, b 都是自然数. 设 X_1, X_2, $\cdots$ 为 X 的 iid. 样本, 考虑 $p=p_0\leftrightarrow p=q_0$ 的序贯概率比检验, 以 A, B 为边界. 证明这时近似公式(3.7.11)和(3.7.25)成为严格的, 又此检验的功效函数为 $\beta\left(\frac{1}{2}\right)=\frac{a}{a+b}$, 而

$$\beta(p)=(q^a p^b-p^{a+b})/(q^{a+b}-p^{a+b}),\ p\neq\frac{1}{2},$$

此处 $q=1-p$.

30. 设 X 的分布族为 $\{R(0,\theta),\ \theta>0\}$, 取定 α, $0<\alpha<1$, 考虑检验问题 $\theta\leqslant 1\leftrightarrow\theta>1$, 作序贯检验如下: 定自然数 m, n, 以及 a, b, $0<a<b<1$. 每次一个地观察 X_1, X_2, $\cdots$, 直到有一个超过 1 或抽样达到 m 次. 如果抽完 m 次(得 X_1, $\cdots$, X_m)仍有 $Y_1=\max\limits_{1\leqslant i\leqslant m}X_i<1$, 则当 $Y\leqslant a$ 时接受零假设. 否则继续抽样, 直到有一个超过 1 或总数(连已抽的 m 个)达到 $m+n$ 个为止. 当抽完 $m+n$ 次(结果为 X_1, $\cdots$, X_{m+n})时, 计算 $Y=\max\limits_{1\leqslant i\leqslant m+n}X_i$, 当 $Y\leqslant b$ 时接受零假设, 不然就否定零假设. (a) 确定 a, b 之值(不唯一)使此检验的真实水平为 α. (b) 计算此检验的功效函数及平均抽样次数.

第 四 章

1. (a) 设 $X_1,\cdots,X_n$ 是从 Poisson 分布族 $\{P(\lambda),\ \lambda>0\}$ 中抽得的 iid. 样本, 求 λ 的 UMA 置信界(用第一章第 1 题). (b) 设 X_1, $\cdots$, X_n 是从负二项分布中抽得的 iid. 样本, 即

$$P_\theta(X_1=x)=\binom{x+k-1}{k-1}\theta^k(1-\theta)^x,\ x=0,\ 1,\ 2,\ \cdots,\ k$$

为已知自然数, $0<\theta<1$. 求 θ 的 UMA 置信界.

2. (a) 设一批产品 N 个(N 已知), 其中废品个数 M 未知. 从其中随机不放回地抽出 n 个, 发现其中废品有 X 个. 求 M 之一 UMA 置信上界. (b) 设一罐中有红球 a 个(a 为已知), 白球 M 个. 每次从其中抽一个, 记下结果后, 放回, 并放入所抽得的颜色的球一个. 如此进行 n 次. 试由试验结果作 M 的 UMA 置信上界. [提示: 就(a)而言, 当固定 M 时, X 的分布不连

续，这可用象(4.1.24)那种方式来使之连续化. 又另一个困难是：参数空间只有有限个点 0, 1, …, M. 用下述方法把参数空间扩展为 $0\leqslant\theta\leqslant N$：当 $k<\theta<k+1$ 时，$P_\theta(X=i)=(\theta-k)P_{k+1}(X=i)+(k+1-\theta)P_k(X=i)$ 证明这样的分布族仍为单调似然比的. 经过这两层处理就可以使用定理 4.1.1，对(b)，作法是类似的.]

3. 设 $X_1, \cdots, X_n$ 为自 $\{R(\theta_1, \theta_2): -\infty<\theta_1<\theta_2<\infty\}$ 中抽出的 iid. 样本，(a) 求 $\theta_2-\theta_1$ 的相似置信区间. (b) 证明：若以 $X_{(1)}$ 和 $X_{(n)}$ 分别记 $x_1, \cdots, x_n$ 中的最小和最大者，则 $(X_{(1)}+X_{(n)}-\theta_1-\theta_2)/(X_{(n)}-X_{(1)})$ 之分布与 θ_1, θ_2 无关. 求出这个分布，从而作出分布均值 $\frac{1}{2}(\theta_1+\theta_2)$ 之一相似置信区间.

4. 设 $X_1, \cdots, X_n$ 为取自 $\{R(0, \theta), \theta>0\}$ 中的 iid. 样本. 求 θ 的形如 $[c_1X_{(n)}, c_2X_{(n)}]$ 而置信系数为 $1-\alpha$ 的置信区间中，平均长度最小者，问所得区间估计是否为无偏的？

5. 设 $X_1, \cdots, X_n$ 为抽自分布族 $\left\{\frac{1}{\theta}e^{-x/\theta}I_{(0,\infty)}(x):\theta>0\right\}$ 的 iid. 样本，而 $X_{(1)}\leqslant\cdots\leqslant X_{(n)}$ 为其次序统计量，设现在手头只保留了(或只观察了) $X_{(1)}, X_{(2)}, \cdots, X_{(r)}(1\leqslant r<n)$，在这基础上求 θ 的 UMA 置信界.

6. (a) 设 $X_1, \cdots, X_n$ 为抽自分布族 $\{e^{-(x-\theta)}I_{(\theta,\infty)}(x): -\infty<\theta<\infty\}$ 中的 iid. 样本，求 θ 的 UMA 置信界. (b) 对分布族 $\left\{\frac{1}{k!}e^{-(x-\theta)}(x-\theta)^kI_{(\theta,\infty)}(x)dx, \ -\infty<\theta<\infty\right\}$，设法求出 θ 的一个相似置信界(注意：(a)、(b) 两个情况的本质差别在于：在(a)中 $\min\limits_i X_i$ 为充分统计量而在(b)则否. 在(b)，可利用 $\min\limits_i X_i-\theta$ 的分布与 θ 无关的事实).

7. 设 $X_1, \cdots, X_n$ 为抽自分布族 $\left\{\frac{1}{a}e^{-(x-b)/a}I_{(b,\infty)}(x):a>0, \ -\infty<b<\infty\right\}$ 的 iid. 样本. (a) 求 a 的 UMAU 置信区间(提示：利用第三章第 14 题). (b) 作 b 之一相似置信区间[提示：以 $X_{(1)}\leqslant\cdots\leqslant X_{(n)}$ 记次序统计量，证明 $[X_{(1)}-b]\Big/\sum\limits_{i=2}^{n}[X_{(i)}-X_{(1)}]$ 的分布与 a, b 无关. 为求这个分布，证明分子分母独立，而分母服从 Gamma 分布. 可以证明：这样得到的置信区间是 UMAU 的].

8. 设样本 X, Y 独立，$X\sim B(m, p_1)$，$Y\sim B(n, p_2)$，m, n 已知，$0<p_i<1, i=1, 2$. 证明：$p_1(1-p_2)/p_2(1-p_1)$ 的 UMAU 区间估计存在.

9. 设 $X_1,\cdots,X_m$ 和 $Y_1,\cdots,Y_n$ 分别是从分布族 $\{\theta_1e^{-\theta_1x}I_{(0,\infty)}(x):\theta_1>0\}$

和 $\{\theta_2 e^{-\theta_2 y} I_{(0,\infty)}(y): \theta_2>0\}$ 中抽出的 iid. 样本，求 $3\theta_1+\theta_2$ 的 UMAU 置信区间(提示：由原分布族——指 $(X_1, \cdots, X_m, Y_1, \cdots, Y_n)$ 的分布族——导出一个指数族，以 $3\theta_1+\theta_2$ 为其一参数).

10．设 $X_1, \cdots, X_m$ 和 $Y_1, \cdots, Y_n$ 分别为自分布族 $\{R(0, \theta_1), \theta_1>0\}$ 和 $\{R(0, \theta_2), \theta_2>0\}$ 中抽出的 iid. 样本．设法求出 θ_2/θ_1 之一相似置信区间.

11．在上题中，用 Fisher 的信仰推断法求出 $\theta_1+\theta_2$ 之一区间估计，使其"信仰系数"为 $1-\alpha$．对一般 m, n 指出计算过程，对 $m=n=1$ 计算出结果(提示：由 $\dfrac{1}{\theta_1}\max\limits_i X_i$ 之分布与 θ_1 无关得出 θ_1 之信仰分布，同理对 θ_2．用求和法找 $\theta_1+\theta_2$ 之信仰分布).

12．设 $X_1, \cdots, X_m$ 和 $Y_1, \cdots, Y_n$ 分别为抽自 $N(a, \sigma^2)$ 和 $N(a, \rho\sigma^2)$ 中的 iid. 样本，$\rho>0$ 已知，a, σ 未知．求 a 的 UMAU 置信区间.

13．设 $X_1, \cdots, X_n$ 为自 $N(a, \sigma^2)$ 中抽出的 iid. 样本．找 a/σ 之一相似置信界(提示：利用第一章第 8 题).

14．设 $X_1, \cdots, X_n$ 是从 Weibull 分布族 $\left\{\dfrac{c}{b}\left(\dfrac{x}{b}\right)^{c-1} e^{-(x/b)^c} I_{(0,\infty)}(x): b>0, c>0\right\}$ 中抽出的 iid. 样本．(a) 写出为求 b, c 的极大似然估计的似然方程．(b) 设 $\hat{b}, \hat{c}$ 为似然方程之解，证明 $\hat{c}/c$ 之分布与 b, c 无关．指出由此作出 c 的相似置信区间的方法.

15．设要作 $N(\theta, 1)$ 中的 θ 的固定长为 2δ 的区间估计．取定自然数 $n_0>1$．在一切其平均抽样次数不超过 n_0 的(序贯或非序贯的)长为 2δ 的区间估计中，置信系数不能超过 $2\Phi(\sqrt{n_0}\delta)-1$，且这个最大值在下述区间估计达到：抽样 n_0 次，然后以 $\overline{X}\pm\delta$ 作为 θ 的区间估计[提示：决定 c，致 $2[\Phi(\sqrt{n_0}\delta)-\Phi(\sqrt{n_0-1}\delta)]>c>2[\Phi(\sqrt{n_0+1}\delta-\Phi(\sqrt{n_0}\delta)]$ (请读者自证：$\Phi(\sqrt{n}\delta)-\Phi(\sqrt{n-1}\delta)$ 随 n 增加而下降)，然后考虑序贯判决问题，其中每次抽样费用为 c，而损失为 $L(\theta, [a, b])=0$ 或 1，视 $[a, b]$ 包含 θ 或否而定．证明在一切定长 2δ 的区间估计中，固定抽样 n_0 次且以 $\overline{X}\pm\delta$ 为区间估计者为 Minimax 解．欲证后一事实，取 θ 的一串先验分布 $N(0, \tau^2)$，令 $\tau\to\infty$].

16．设 $X_1, \cdots, X_n$ 为抽自 $N(a, \sigma^2)$ 中的 iid. 样本．为作 a 的区间估计，引进损失函数

$$L(a, \sigma, c, d)=\frac{d-c}{\sigma},\ 当\ c\leqslant a\leqslant d;$$

$$=\frac{d-c}{\sigma}+m,\ 当\ a\overline{\in}[c, d],$$

并以第二章19题中的先验分布作为此处的先验分布. 试求 Bayes 解. 证明: 适当选择 m, 可使当 $\tau\to\infty$ 时此 Bayes 解趋于置信系数 $1-\alpha(0<\alpha<1)$ 的 t-区间估计.

17. 将 § 4.3 中所论 Stein 的两阶段抽样作如下的修改, 可得 $N(a, \sigma^2)$ 中的 a 的一定长且相似的置信区间: 先观察 $X_1, \cdots, X_{n_0}$, 算出

$$S^2=\frac{1}{n_0-1}\sum_{i=1}^{n_0}(X_i-\overline{X})^2.$$

计算

$$n=\max\left\{n_0+1, \left[\frac{S^2}{c}\right]+1\right\}.$$

此处 $c>0$ 为一既定的常数. 继续观察 $X_{n_0+1}, \cdots, X_n$. 由条件

$$a_1=\cdots=a_{n_0},\ a_{n_0+1}=\cdots=a_n,\ \sum_{i=1}^{n}a_i=1,\ \sum_{i=1}^{n}a_i^2=c/S^2$$

定出 $a_1, \cdots, a_n$. 证明: $\sum_{i=1}^{n}a_i(X_i-a)/\sqrt{c}\sim t_{n_0-1}$. 指明利用这性质作具有所述性质的区间估计的方法. 问: 本题的抽样方案与 § 4.3(二)中给出的何者为好?

18. 设为估计某(一维)参数 θ, 引进损失函数 $L(\theta, d)=W(\theta-d)$. 此处 $W(0)=0$, $W(t)\neq 0$ 当 $t\neq 0$, 且 $W(t)$ 在 $t\geqslant 0$ 时非降, 而在 $t\leqslant 0$ 时非增. 若对任给 $\varepsilon>0$ 存在 n 及基于样本 $X_1, \cdots, X_n$ 的估计量 $\delta_n(X_1, \cdots, X_n)$, 致 $R(\theta, \delta_n)\leqslant\varepsilon$ 对一切 θ. 证明: 对任给 $\alpha>0$ 和 $\eta>0$ 存在 n 及基于样本 $X_1, \cdots, X_n$ 的 θ 的区间估计 $[D_1(X_1, \cdots, X_n), D_2(X_1, \cdots, X_n)]$, 使其长总不超过 η, 且置信系数不小于 $1-\alpha$. 问: 此结果之逆是否成立?

19. 设 $f(x)$ 为一定义于 $(-\infty, \infty)$ 的非负 Borel 可测函数, $\int_{-\infty}^{\infty}f(x)dx=1$. 设随机变量 X 的分布族为

$$\left\{f\left(\frac{x-a}{\sigma}\right)dx: -\infty<a<\infty,\ \sigma>0\right\},$$

证明: $a\in S_1$ (用 § 4.3(五)的记号)(提示: 在使用定理 4.3.4 时, 重要的一步在于证明 $\lim\limits_{h\to 0}\int_{-\infty}^{\infty}|f(x+h)-f(x)|dx=0$).

20. 证明 (a) 分布族 $\left\{R\left(\theta-\frac{1}{2},\ \theta+\frac{1}{2}\right), -\infty<\theta<\infty\right\}$ 中, $\theta\in S_1$. (b) 分布族 $\{R(0, \theta), \theta>0\}$ 中, $\theta\bar{\in}S_1$, 但 $\theta\in S$. (c) 设法证明在(b)中, $\theta\in S_2$ (提示: 考虑下述方案: 选定自然数 n_0. 观察 $X_1, \cdots, X_{n_0}$. 计算 $Y=\max\limits_{1\leqslant i\leqslant n_0}X_i$. 选择 $c>0$, 计算 $n=[cY]$. 继续观察 $X_{n_0+1}, \cdots, X_{n_0+n}$, 以 $[\max\limits_{1\leqslant i\leqslant n_0+n}X_i, \max\limits_{1\leqslant i\leqslant n_0+n}X_i+\varepsilon]$ 作为 θ 之区间估计. 定出 n_0 和 c, 使此区间估计的置信水平不小于 $1-\alpha$).

(d) 对 19 题，设$\int_{-\infty}^{\infty} xf(x)dx=0$，证明 $a\in S_2$（提示：使用引理 4.3.6）.

第 五 章

1. 设有线性模型 $\boldsymbol{Y}=\boldsymbol{X\beta}+\boldsymbol{e}$，$\mathrm{VAR}(\boldsymbol{e})=\sigma^2\boldsymbol{V}$. 证明 (a) $E(\boldsymbol{e}'\boldsymbol{B}\boldsymbol{e})=\sigma^2\mathrm{tr}(\boldsymbol{BV})$. (b) 当 $\boldsymbol{e}$ 为正态时，有 $\mathrm{Var}(\boldsymbol{e}'\boldsymbol{B}\boldsymbol{e})=2\sigma^4\mathrm{tr}(\boldsymbol{BVBV})$. (c) 设 $\boldsymbol{V}=\boldsymbol{I}$，以 $\hat{\sigma}$ 记 $\boldsymbol{\beta}$ 的 LS 估计，则 $\hat{\boldsymbol{\beta}}\boldsymbol{A}\hat{\boldsymbol{\beta}}-\hat{\sigma}^2\mathrm{tr}(\boldsymbol{S}^{-1}\boldsymbol{A})$ 为 $\boldsymbol{\beta}'\boldsymbol{A}\boldsymbol{\beta}$ 的无偏估计 ($\boldsymbol{S}=\boldsymbol{X}'\boldsymbol{X}$，$\hat{\sigma}^2$ 的定义如(5.2.15)).

2. 设有线性模型 $\boldsymbol{Y}=\boldsymbol{X\beta}+\boldsymbol{e}$，$\mathrm{VAR}(\boldsymbol{e})=\sigma^2\boldsymbol{I}$. (a) 若记 $\mathrm{rk}(X)=r$，则线性无关的零的无偏估计有 $n-r$ 个 (n 为 Y 的维数). (b) 设 $\boldsymbol{c}'\boldsymbol{\beta}$ 为可估函数. 引进损失函数 $L(\beta, \sigma, d)=(d-\boldsymbol{c}'\boldsymbol{\beta})^2/\sigma^2$，则任一线性函数 $\boldsymbol{a}'\boldsymbol{Y}$ 为 $\boldsymbol{c}'\boldsymbol{\beta}$ 的无偏估计的充分必要条件为其风险函数有界.

3. 把下面两个估计问题纳入线性模型的范围：(a) $X_1, \cdots, X_n$ 是从 $N(a, \sigma^2)$ 中的 iid. 样本，估计 a. (b) $X_1, \cdots, X_m$ 和 $Y_1, \cdots, Y_n$ 是从 $N(a, \sigma^2)$ 和 $N(b, \rho\sigma^2)$ 中取出的 iid. 样本，ρ 已知.

4. 线性模型 $\boldsymbol{Y}=\boldsymbol{X\beta}+\boldsymbol{e}$，$\mathrm{VAR}(\boldsymbol{e})=\sigma^2\boldsymbol{V}$. 为了 $\boldsymbol{Y}'\boldsymbol{A}\boldsymbol{Y}$ 为 σ^2 的无偏估计，$\boldsymbol{A}$ 应满足什么条件?

5. 线性模型 $\boldsymbol{Y}=\boldsymbol{X\beta}+\boldsymbol{e}$，在 $\boldsymbol{\beta}$ 的一切 LS 估计 $\boldsymbol{CY}$ 中，以 $\boldsymbol{C}=\boldsymbol{S}^{+}\boldsymbol{X}'$ 时长度达到最小.

6. 考虑一个无交互效应的两因素设计模型

$$Y_{ij}=\mu+\alpha_i+\beta_j+e_{ij},\ i=1, \cdots, I;\ j=1, \cdots, J.$$

μ，α_i，β_j 等为参数，诸 e_{ij} 独立，均值为 0，方差为 σ^2. 试将这模型写为通常的线性模型 $\boldsymbol{Y}=\boldsymbol{X\beta}+\boldsymbol{e}$ 的形式，写出设计矩阵 $\boldsymbol{X}$ 并确定其秩. 又证明：约束条件 $\alpha_1+\cdots+\alpha_I=\beta_1+\cdots+\beta_J=0$ 满足定理 5.2.9 的充分必要条件.

7. 线性模型 $\boldsymbol{Y}=\boldsymbol{X\beta}+\boldsymbol{e}$，约束 $\boldsymbol{H\beta}=\boldsymbol{0}$. 如果任何在此约束下的可估函数在无约束时也可估，问 $\boldsymbol{X}$ 满足什么条件?

8. 试用化为典则形式的方法证明定理 5.2.6.

9. 在 $\boldsymbol{Y}=\boldsymbol{X\beta}+\boldsymbol{e}$ 中，若 $\boldsymbol{X}$ 中的元素只取 ±1 为值，则设计 $\boldsymbol{X}$ 称为称量设计. 一个元素只取 ±1 的方阵称为 Hadamard 方阵，若其任两列正交. 现在假定 $\boldsymbol{\beta}$ 为 p 维，$n\geqslant p$，而 n 阶 Hadamard 方阵存在. 则在使 $\boldsymbol{\beta}$ 的一切分量可估的称量设计中，由 n 阶 Hadamard 方阵的任意 p 列构成的设计，使 $\boldsymbol{\beta}$ 的每一分量的 LS 估计达到最小值.

10．利用 Zyskind 定理证明：要线性模型 $\boldsymbol{Y}=\boldsymbol{X}\boldsymbol{\beta}+\boldsymbol{e}$，$\mathrm{VAR}(\boldsymbol{e})=\sigma^2\boldsymbol{G}$ 中，任一可估函数的 LS 估计与其 GM 估计重合，充分必要条件为：存在对称方阵 $\boldsymbol{A}$，B 以及满足条件 $\mathscr{M}(\boldsymbol{Z})=\mathscr{M}^{\perp}(\boldsymbol{X})$ 的矩阵 $\boldsymbol{Z}$，致 $\boldsymbol{G}=\boldsymbol{X}\boldsymbol{A}\boldsymbol{X}'+\boldsymbol{Z}'\boldsymbol{B}\boldsymbol{Z}$.

11．线性回归模型 $\boldsymbol{Y}=\boldsymbol{X}\boldsymbol{\beta}+\boldsymbol{e}$，$\mathrm{VAR}(\boldsymbol{e})=\sigma^2\boldsymbol{I}\cdot\boldsymbol{X}$ 为 $n\times p$ 矩阵，秩为 p. 证明：在 n 个试验点的预测误差的方差之和为 $(n+p)\sigma^2$.

12．设观察值 $Y_1, \cdots, Y_n$ 与参数 $\beta_1, \cdots, \beta_p$ 的正确关系是线性模型

$$\boldsymbol{Y}=\boldsymbol{X}\boldsymbol{\beta}+\boldsymbol{e}=(\boldsymbol{X}_P \vdots \boldsymbol{X}_R)\begin{pmatrix}\boldsymbol{\beta}_P\\ \boldsymbol{\beta}_R\end{pmatrix}+\boldsymbol{e},$$

而我们由于不了解，或为计算简便计，采用了模型 $\boldsymbol{Y}=\boldsymbol{X}_P\boldsymbol{\beta}_P+\boldsymbol{e}$. 设 $(\boldsymbol{X}_P'\boldsymbol{X}_P)^{-1}$ 存在. 设我们从后一模型中算出了 $\boldsymbol{\beta}_P$ 的 LS 估计 $\tilde{\boldsymbol{\beta}}_P$. 问：$\tilde{\boldsymbol{\beta}}_P$ 为 $\boldsymbol{\beta}_P$ 的无偏估计的充分必要条件是什么？解释这些条件的意义.

13．续上题. 以 RSS_P 记模型 $\boldsymbol{Y}=\boldsymbol{X}_P\boldsymbol{\beta}_P+\boldsymbol{e}$ 下的残差平方和，$\hat{\sigma}^2$ 为在模型 $\boldsymbol{Y}=\boldsymbol{X}\boldsymbol{\beta}+\boldsymbol{e}$ 之下按公式 (5.2.15) 给出的 σ^2 的估计，证明若 $\boldsymbol{e}\sim N(\boldsymbol{0}, \sigma^2\boldsymbol{I})$，则

$$E[RSS_P/\hat{\sigma}^2]=n-t+\frac{n-t}{n-t-2}\{t-p$$
$$+\boldsymbol{\beta}_R'\boldsymbol{X}_R'(\boldsymbol{I}-\boldsymbol{X}_P(\boldsymbol{X}_P'\boldsymbol{X}_P)^{-1}\boldsymbol{X}_P')\boldsymbol{X}_R\boldsymbol{\beta}_R/\sigma^2\},$$

此处 t 为 β 的维数，p 为 β_P 的维数.

14．线性模型 $\boldsymbol{Y}=\beta_0\boldsymbol{\varepsilon}+\boldsymbol{X}\boldsymbol{\beta}+\boldsymbol{e}$，其中 $\boldsymbol{X}$ 为 $n\times p$ 阵，β_0 为一维参数，$\boldsymbol{\varepsilon}$ 为 n 维列向量，其各分量全为 1，$\mathrm{VAR}(e)=\sigma^2\boldsymbol{I}$，又 $(\boldsymbol{X}'\boldsymbol{X})^{-1}$ 存在. 考虑 $\boldsymbol{\beta}$ 的任一线性估计 $\hat{\boldsymbol{\beta}}_L=\boldsymbol{L}\boldsymbol{Y}$，其中 $\boldsymbol{L}$ 满足 $\boldsymbol{L}\boldsymbol{\varepsilon}=\boldsymbol{0}$. 记

$$J_L=\frac{1}{\sigma^2}\{\|\boldsymbol{X}\hat{\boldsymbol{\beta}}_L-\boldsymbol{X}\boldsymbol{\beta}\|^2+n(\bar{Y}-\beta_0)^2\}.\quad\left(\bar{Y}=\frac{1}{n}\sum_{i=1}^{n}Y_i\right)$$

$$RSS_L=\|\boldsymbol{Y}-\bar{Y}\boldsymbol{\varepsilon}-\boldsymbol{X}\hat{\boldsymbol{\beta}}_L\|^2.$$

证明

$$E(J_L)=1+\mathrm{tr}(\boldsymbol{X}'\boldsymbol{X}\boldsymbol{L}\boldsymbol{L}')+\frac{1}{\sigma^2}\boldsymbol{\beta}'\boldsymbol{X}'(\boldsymbol{X}\boldsymbol{L}-\boldsymbol{I})'(\boldsymbol{X}\boldsymbol{L}-\boldsymbol{I})\boldsymbol{X}\boldsymbol{\beta}, E(RSS_L)$$
$$=\sigma^2[(n-1)-2\mathrm{tr}(\boldsymbol{X}\boldsymbol{L})+\mathrm{tr}(\boldsymbol{X}'\boldsymbol{X}\boldsymbol{L}\boldsymbol{L}')]+\boldsymbol{\beta}'\boldsymbol{X}'(\boldsymbol{X}\boldsymbol{L}-\boldsymbol{I})'(\boldsymbol{X}\boldsymbol{L}-\boldsymbol{I})\boldsymbol{X}\boldsymbol{\beta}.$$

15．考虑线性回归关系 $y=\boldsymbol{x}'\boldsymbol{\beta}$. 在 n 个点 $\boldsymbol{x}_1, \cdots, \boldsymbol{x}_n$ 处作试验，得

$$Y_i'=\boldsymbol{x}_i'\boldsymbol{\beta}+e_i,\ i=1, \cdots, n.$$

记

$$\boldsymbol{Y}=\begin{pmatrix}Y_1\\ \vdots\\ Y_n\end{pmatrix},\quad \boldsymbol{X}=\begin{pmatrix}x_1'\\ \vdots\\ x_n'\end{pmatrix},\quad \boldsymbol{e}=\begin{pmatrix}e_1\\ \vdots\\ e_n\end{pmatrix}.$$

假定 $\mathrm{VAR}(\boldsymbol{e})=\sigma^2\boldsymbol{I}$. 去掉第 i 次试验，就剩下的 $n-1$ 次试验构成线性模

型，在这线性模型中求出 β 的 LS 估计为 $\hat{\beta}_{(i)}$. 以第 i 个试验点作为核验资料，得在该点之预测误差 $f_i=Y_i-x_k'\hat{\beta}_{(i)}$. 这样一共得到 n 个值 $f_1, \cdots, f_n$. 其平方和，即 $\sum_{i=1}^{n} f_i^2$，在文献中常简记为 PRESS. 证明：若以 $(\hat{e}_1, \cdots, \hat{e}_n)$ 记由全部 n 个试验点所构成的线性模型中的残差向量，而 d_i 为方阵 $\boldsymbol{I}-\boldsymbol{X}(\boldsymbol{X}'\boldsymbol{X})^{-1}\boldsymbol{X}'$ 的 (i, i) 元，$i=1, 2, \cdots, n$，则 $\text{PRESS}=\sum_{i=1}^{n}(\hat{e}_i/d_i)^2$ [提示：注意 $f_i=Y_i-x_i'(\boldsymbol{X}'\boldsymbol{X}-x_ix_i')^{-1}\boldsymbol{X}'\boldsymbol{Y}(i)$，此处 $\boldsymbol{Y}(i)$ 为由 $\boldsymbol{Y}$ 中去掉 Y_i 所成的 $n-1$ 维向量. 将 $\sum_{i=1}^{n} f_i^2$ 和 $\sum_{i=1}^{n}(\hat{e}_i/d_i)^2$ 都表成 $\boldsymbol{Y}$ 的二次型，求出这两个二次型的系数矩阵，设法证明这两个矩阵的相应元是相等的].

16. 设 $\boldsymbol{A}=(a_{ij})$ 为矩阵（不必为方阵），$f(\boldsymbol{A})$ 为 $\boldsymbol{A}$ 的数量函数，则 $\partial f/\partial \boldsymbol{A}$ 定义为一个与 $\boldsymbol{A}$ 同阶的矩阵 $\boldsymbol{B}=(b_{ij})$，$b_{ij}=\partial f/\partial a_{ij}$. 证明以下关于矩阵导数的公式：(a) $\partial(\boldsymbol{u}'\boldsymbol{A}'\boldsymbol{A}\boldsymbol{v})/\partial\boldsymbol{A}=(\boldsymbol{A}\boldsymbol{u})\boldsymbol{v}'+(\boldsymbol{A}\boldsymbol{v})\boldsymbol{u}'$，(b) $\partial(\boldsymbol{u}'\boldsymbol{A}\boldsymbol{v})/\partial\boldsymbol{A}=\boldsymbol{u}\boldsymbol{v}'$，(c) $\partial \text{tr}(\boldsymbol{A}\boldsymbol{A}')/\partial\boldsymbol{A}=2\boldsymbol{A}$，(d) 若 $\boldsymbol{B}$ 为对称方阵，则 $\partial(\boldsymbol{u}'\boldsymbol{B}\boldsymbol{u})/\partial\boldsymbol{u}=2\boldsymbol{B}\boldsymbol{u}$. 在以上诸式中，$\boldsymbol{u}, \boldsymbol{v}$ 都是列向量，(e) 利用矩阵导数这个工具证明下面的结果：设有线性模型 $\boldsymbol{Y}=\boldsymbol{X}\boldsymbol{\beta}+\boldsymbol{e}$，$\text{VAR}(\boldsymbol{e})=\sigma^2\boldsymbol{I}$，则使 $E[\|\boldsymbol{A}\boldsymbol{Y}-\boldsymbol{\beta}\|^2]$ 达到最小值的 $\boldsymbol{A}$ 为 $\boldsymbol{A}=\boldsymbol{\beta}\boldsymbol{\beta}'\boldsymbol{X}'/(\sigma^2+\boldsymbol{\beta}'\boldsymbol{X}'\boldsymbol{X}\boldsymbol{\beta})$.

17. 举一简例证明：如果线性模型的误差 $\boldsymbol{e}$ 不为正态，那么即使有 $\text{VAR}(\boldsymbol{e})=\sigma^2\boldsymbol{I}$，可估函数的 LS 估计不必重合于其线性无偏方差最小估计.

18. 设 $E(\boldsymbol{Y})=\boldsymbol{\theta}$，$\text{VAR}(\boldsymbol{Y})=\sigma^2\boldsymbol{I}$，$\boldsymbol{L}$ 对称且 $\boldsymbol{L}$ 的特征根全在[0, 1]内，则 $\boldsymbol{a}+\boldsymbol{L}\boldsymbol{Y}\underset{\sim}{I}\boldsymbol{\theta}$ 的充分必要条件是 $\boldsymbol{a}\in\mathscr{M}(\boldsymbol{I}-\boldsymbol{L})$. 此处 $\boldsymbol{a}+\boldsymbol{L}\boldsymbol{Y}$ 的可容许性是在一切形如 $\boldsymbol{b}+\boldsymbol{B}\boldsymbol{Y}$ 的估计类中而言.

19. 证明：岭回归估计与均匀压缩估计在线性估计类中可容许（在任何二次型损失之下）.

20. 设 $E(\boldsymbol{Y})=\boldsymbol{\theta}$，$\text{VAR}(\boldsymbol{Y})=\sigma^2\boldsymbol{U}$，由系 5.5.1 以及定理 5.5.3，得到 $\boldsymbol{L}\boldsymbol{Y}\underset{\sim}{I}\boldsymbol{\theta}$ 的两组充分必要条件如下：

(I)：$\boldsymbol{L}\boldsymbol{U}$ 对称；$\boldsymbol{L}$ 的特征根全在[0, 1]内.

(II)：$\boldsymbol{L}\boldsymbol{U}$ 对称；$\boldsymbol{L}\boldsymbol{U}\boldsymbol{L}'\leqslant\boldsymbol{L}\boldsymbol{U}$.

证明（用纯矩阵方法）(I)、(II) 确是等价的.

第 六 章

1. 设 X 的密度为 $f(x)dx$（x 为一维的），X_1, X_2, X_3 为 X 的 iid. 样本.

以 U, V 记样本 X_1, X_2, X_3 中距离最接近的那两个，且 $U<V$. 证明：(U, V) 的密度为

$$g(u, v)=6f(u)f(v)[1-F(2v-u)+F(2u-v)]$$

这里 $F(x)=\int_{-\infty}^{x} f(y)dy$.

2. 设 X_1, X_2, X_3 为取自 $N(0, 1)$ 的 iid. 样本，R 为其极差，证明 R 的密度函数为 $f(r)=0$, 当 $r\leqslant 0$, 而

$$f(r)=6\exp(-r^2/4)/(\sqrt{2}\pi)\int_0^{r/\sqrt{6}} e^{-x^2/2}dx, \ r>0.$$

由此计算 $E(R)$，不经计算，证明 $E(R)=2E(X_{(3)})$, $X_{(3)}=\max(X_1, X_2, X_3)$. 然后通过直接计算证明这个事实.

3. 设 X 有离散分布

$$P(X=i)=p_i, \ i=0, 1, 2, \cdots, P_i=\sum_{j=0}^{i-1} p_j, \ (P_0=0).$$

设 R 为 X 的大小为 n 的 iid. 样本的极差，证明

$$P(R=r)=\sum_{i=0}^{\infty}\{(P_{i+r}-P_{i-1})^n-(P_{i+r}-P_i)^n-(P_{i+r-1}-P_{i-1})^n+(P_{i+r-1}-P_i)^n\}, \ r=1, 2, \cdots,$$

$$P(R=0)=\sum_{i=0}^{\infty} p_i^n.$$

4. 设一维变量 X 的分布 $F(x)$ 连续且关于 a 点对称，$X_{(1)}\leqslant\cdots\leqslant X_{(n)}$ 是 X 的有序样本. 记 $V=\max(X_{(n)}, 2a-X_{(1)})$. 证明

$$P[F(V)>r]=\begin{cases} 1, & r\leqslant \frac{1}{2}, \\ 1-(2r-1)^n, & \frac{1}{2}<r\leqslant 1, \\ 0, & r\geqslant 1. \end{cases}$$

5. 设 $E(X)=0$, $\mathrm{Var}(X)=1$, $X_1,\cdots, X_n$ 为 X 的 iid. 样本，$Y=\max(X_1, \cdots, X_n)$. 证明 $E(Y)$ 存在且 $E(Y)\leqslant (n-1)/\sqrt{(2n-1)}$[提示：用公式 $E(Y)=\int_{-\infty}^{\infty} nxF^{n-1}(x)dF(x)$ 以 $x(F)$ 记 $F(x)$ 的反函数，得

$$E(Y)=\int_0^1 nF^{n-1}x(F)dF.$$

注意到 $\int_0^1 x(F)dF=\int_{-\infty}^{\infty} xdF(x)=0$, 知 $E(Y)=\int_0^1 (nF^{n-1}-1)^2 x(F)dF$, 用 Schwarz 不等式，注意 $\int_0^1 x^2(F)dF=1$ 即得. 以上证明中涉及用 F 作为新

变量而将 x 视为 F 的函数，当 F 为连续严增时，这一点没有问题．对 F 为一般情况则尚需严格证明．这一点可利用引理 3.7.3 中证明的事实得到．请读者补出这个严格证明]．

6．我们已经知道，若一维变量 X 的分布函数 F 连续，则 $F(X)\sim R(0,1)$．证明：如果 F 那怕有一个不连续点，则这个事实不再成立．又：若 X 的维数高于 1，即使其分布函数 F 连续，是否仍能断言 $F(x)\sim R(0,1)$？

7．设 X 的分布函数 $F(x)$ 连续，$0<\mu<1$，记

$$a=\inf\{x:F(x)=\mu\},\quad b=\sup\{x:F(x)=\mu\},$$

则

$$\lim_{n\to\infty}P(X_{[n\mu]}<x)=\begin{cases}0, & x<a;\\ 1, & x>b;\\ \dfrac{1}{2}, & a\leqslant x\leqslant b.\end{cases}$$

此处 $X_{(1)}\leqslant\cdots\leqslant X_{(n)}$ 为取自 X 的有序样本．

8．设 $X_{(1)}\leqslant\cdots\leqslant X_{(n)}$ 为取自 $R(0,1)$ 之有序样本，而

$$Y_1=nX_{(1)},\quad Y_k=(n-k+1)(X_{(k)}-X_{(k-1)}),\ k=2,\ \cdots,\ n.$$

证明：$Y_1,\ \cdots,\ Y_n$ 独立，且都服从分布 $R(0,1)$．

9．证明：分布函数

$$F(x)=\begin{cases}0, & x\leqslant 0,\\ \exp[-x/(1-x)], & 0<x<1,\\ 1, & x>1,\end{cases}$$

属于 I 型极大值分布的吸引场．

10．证明：Cauchy 分布属于 II 型极大值分布的吸引场．

11．设 F 为一维分布函数，证明 (a) $\int_{-\infty}^{\infty}F(x)dF(x)\geqslant\frac{1}{2}$，且等号当且仅当 F 处处连续时达到(此处注意，积分 $\int_{-\infty}^{\infty}F(x)dF(x)$ 理解为 Lebesgue-Stieltjes 积分)，又 $\int_{-\infty}^{\infty}F(x)dF(x)$ 可取 $\left[\frac{1}{2},\ 1\right]$ 这个区间内的任何值．(b) 若 $F(x_1,\ \cdots,\ x_n)$ 为 n 维连续分布函数，$n\geqslant 2$，则 $\int_{R_p}F(x_1,\cdots,x_n)dF(x_1,\cdots,x_n)\leqslant\frac{1}{2}$ 且可取任意接近于 0 之值，但不取 0 为值．

12．以 ρ 记定义于 $(-\infty,\ \infty)$ 的一切满足下述条件的实值函数的集合：$|f(x)|\leqslant 1$ 且 $|f(x)-f(y)|\leqslant|x-y|$．以 $\mathscr{F}$ 记一切一维分布函数的集合，在其中定义距离 d 如下：

$$d(F,\ G)=\sup_{f\in\rho}\left|\int_{-\infty}^{\infty}f(x)dF(x)-\int_{-\infty}^{\infty}f(x)dG(x)\right|.$$

证明：$\lim_{n\to\infty} d(F_n, F)=0$ 的充分必要条件是：对 F 的任何连续点 x，有 $\lim_{n\to\infty} F_n(x)=F(x)$.

13．设 $\mathscr{F}$ 为其方差存在有限的一切一维分布的族．X 为此分布族的大小为 1 的样本．证明：若 $\theta(F)=F$ 的方差，则不存在基于 X 的，$\theta(F)$ 的无偏估计．

14．以 $\theta(F)$ 记一维分布 F 的 K 阶中心矩，$K\geqslant 2$ 固定，以 $\mathscr{F}$ 记一切其 $\theta(F)$ 存在有限的一维分布的族．$X_1, \cdots, X_n$ 为抽自此分布族的 iid. 样本．证明：当 $n\geqslant K$ 时，基于 $X_1, \cdots, X_n$ 的，$\theta(F)$ 的无偏估计存在．

15．设 $\mathscr{F}$ 是一切一维分布的族．证明：存在定义于 $\mathscr{F}$ 上的有限实值函数 $\theta(F)$，使对任何 n，基于从 $\mathscr{F}$ 中抽得的 iid. 样本 $X_1, \cdots, X_n$ 的，$\theta(F)$ 的无偏估计不存在．

16．按公式(6.2.8)定义 σ_c^2，$c=1, \cdots, m$．证明：$\sigma_c^2/c\leqslant\sigma_d^2/d$，当 $c\leqslant d$.

17．定义核函数

$$\phi(x, y)=\begin{cases}1, & \text{当 } x+y\geqslant 0;\\ 0, & \text{当 } x+y<0.\end{cases}$$

设 $X_1, \cdots, X_n$ 为抽自一维分布 F 中的 iid. 样本．U_n 为此样本的以 ϕ 为核的 U-统计量．当 F 连续且关于原点对称时，算出 U_n 的方差．

18．定义 $C(u)=1$ 或 0，视 $u\geqslant 0$ 或 $u<0$，而

$$\phi((x_1, y_1), (x_2, y_2))=C(x_2-x_1)C(y_2-y_1)$$

设(X_i, Y_i)，$i=1, \cdots, n$，为取自二维随机向量(X, Y)的 iid. 样本，U_n 为此样本的以 ϕ 为核的 U-统计量．在 X, Y 独立且其分布连续时，算出 U_n 的方差．

19．设 $\phi(x_1, x_2; y_1, y_2)$是两组变量的核，定义为：以 I_x 和 I_y 分别记以 x_1, x_2 为端点和以 y_1, y_2 为端点的区间，而

$$\phi(x_1, x_2; y_1, y_2)=\begin{cases}1, & \text{若 } I_x\subset I_y \text{ 或 } I_y\subset I_x;\\ 0, & \text{其它}.\end{cases}$$

设 $X_1, \cdots, X_{n_1}$ 和 $Y_1, \cdots, Y_{n_2}$ 分别为抽自一维连续分布 F 和 G 中的 iid. 样本、$U_{n_1 n_2}$ 为 U-统计量．问：这个 U-统计量可用来检验那种性质的两样本假设？算出函数 $\phi_{10}(x_1)=E[\phi(x_1, X_2; Y_1, Y_2)]$ 并写出其方差的表达式．

20．设 $\phi(X_1, \cdots, X_m)$ 为核，$X_{i1}, \cdots, X_{in_i}$ 为抽自分布 F_i 的 iid. 样本，$i=1, \cdots, k$．以 U_i 记样本 $X_{i1}, \cdots, X_{in_i}$ 的 U-统计量，$i=1, \cdots, c$，而 U 为合样本 $x_{11}, \cdots, x_{cn_c}$ 的 U-统计量．假定 $F_1=\cdots=F_c=F$，$E_F[\phi^2(X_1, \cdots, X_m)]$

$<\infty$ ($X_1, \cdots, X_m$ 独立,各有分布 F),且 $n_i \to \infty$ 对 $i=1, \cdots, c$. 证明,若记 $N=n_1+\cdots+n_c$, 则

$$E_F\left[\left(U-\sum_{i=1}^{c}\frac{n_i}{N}U_i\right)^2\right]=O(N^{-2}).$$

21. 设 $\phi(X_1, \cdots, X_m)$ 为核, $X_1, \cdots, X_n$ 为取自分布 F 的 iid. 样本, U_n 为 $X_1, \cdots, X_n$ 的 U-统计量,而

$$\theta_n^*(X_1, \cdots, X_n)=\frac{1}{n^m}\sum_{i_1=1}^{n}\cdots\sum_{i_m=1}^{n}\phi(X_{i_1}, \cdots, X_{i_m}),$$

假定 $E_F(\phi^2)<\infty$, 则对任何 $\alpha<1$, 有

$$\lim_{n\to\infty} n^{\alpha}(U_n-\theta_n^*)\overset{P}{=}0.$$

22. 设 $\phi(X_1, \cdots, X_m)$ 为核, $E_F(\phi^4)<\infty$. 设 $X_1, \cdots, X_n$ 为取自 F 的 iid. 样本. 以 U_n 记 U- 统计量,而定义 Y_n 如(6.2.13). 证明

$$\lim_{n\to\infty} E\left[\left(U_n-\frac{m}{\sqrt{n}}Y_n\right)^4\right]=0.$$

23. 设 $X_1, \cdots, X_n$ 为取自一维连续分布 F 的 iid. 样本, 以 R_i 记 X_i 在 $X_1, \cdots, X_n$ 中的秩. 计算 $E(R_i|X_1)$, 分 $i=1$ 和 $i\neq1$ 两个情况. 又计算 $E(R_i|X_1, X_2)$.

24. 设 $X_1, \cdots, X_n, R_1, \cdots, R_n$ 的意义如上题. 设 $i\neq j$, 定义

$$g(x, y)=E(R_i^2|X_i=x, X_j=y).$$

证明: $g(x, y)$ 为 x 的非降函数, y 的非增函数.

25. 关于刻度参数的两样本 Mood 检验. 设 $X_1, \cdots, X_m$ 和 $Y_1, \cdots, Y_n$ 分别为抽自分布 $F(x)$ 和 $F(\theta x)$ 中的 iid. 样本, F 连续, 未知, $0<\theta<1$. 要检验假设 $\theta=1$. Mood 检验是基于统计量

$$M^2=\frac{1}{mN^2}\sum_{i=1}^{m}\left(R_i-\frac{N+1}{2}\right)^2,$$

这里 $N=m+n$, 而 $R_1, \cdots, R_m$ 为 $X_1, \cdots, X_m$ 在合样本中之秩. 验明 M^2 属于 Chernoff-Savage 型的统计量,满足定理 6.3.1 的全部条件,给出 μ_N 和 σ_N^2 的表达式并在 $\theta=1$ 的情况下算出 μ_N 和 σ_N^2 之值.

26. 续上题, 取 $J_N(x)=[\Phi^{-1}(x)]^2$(Φ^- 为 $N(0, 1)$ 的分布函数的反函数),作成 Chernoff-Savage 型统计量. 证明定理 6.3.1 的条件满足.

27. 设 $A_N=\{1, 2, \cdots, N\}$, $B_N=\left\{1, -\frac{1}{N-1}, \cdots, -\frac{1}{N-1}\right\}$. 以 L_N 记由 A_N 和 B_N 算出的线性置换统计量. 问这统计量经过规则化 $(L_N-\lambda_N)/\sigma_N$ 后,当 $N\to\infty$ 时,以什么分布为极限?这个例子说明了什么问题?

28. 设 $A_\nu=\{a_{\nu1}, \cdots, a_{\nu N_\nu}\}$, $\nu=1, 2, \cdots$, R_ν, $\mu_{2\nu}$ 的意义见 § 6.4(二). 问: 条件 $R_\nu(A)/\sqrt{\mu_{2\nu}(A)}=O(1)$ 与条件 WW 的关系如何(即: 是等价, 或是一个比另一个强, 等等).

29. (a) 举出 A_ν, B_ν 都满足条件 N, 但 $\{A_\nu, B_\nu\}$ 不满足条件 M 的例子. (b) 举例证明: 仅仅假定 A_ν 和 B_ν 都满足条件 N, 不足以推出 $(L_\nu-\lambda_\nu)/\sigma_\nu \xrightarrow{L} N(0, 1)$(注: 作(b)要利用定理 6.4.2 及[8] p. 293, A.). (c) 设 $A_\nu=\{a_{\nu1}, \cdots, a_{\nu N_\nu}\}$. 若对任何满足条件 N 的 $B_\nu=\{b_{\nu1}, \cdots, b_{\nu N_\nu}\}$, $\{A_\nu, B_\nu\}$ 必满足条件 M, 则 A_ν 满足以下的条件: 对任何满足条件

$$\lim_{\nu\to\infty} n_\nu=\infty, \ \lim_{\nu\to\infty} n_\nu/N_\nu=\infty, \ 1\leqslant i_1<\cdots<i_{n_\nu}\leqslant N_\nu,$$

必有

$$\lim_{\nu\to\infty}\left[\sum_{j=1}^{n_\nu}(a_{\nu i_j}-\bar{a}_\nu)^2\Big/\sum_{j=1}^{N_\nu}(a_{\nu j}-\bar{a}_\nu)^2\right]=0.$$

证明这个条件比条件 N 强.

30. (a) 考虑 25 题的 Mood 检验用于单边的情况: $\theta=1\leftrightarrow\theta>1$, 以及在正态情况下(即 $X_1, \cdots, X_n$ 为取自 $N(0, \sigma^2)$ 中的 iid. 样本, 检验 $\sigma=1\leftrightarrow\sigma<1$) 的检验 $\left(\text{以 } \sum_{i=1}^{n} X_i^2\leqslant c \text{ 为否定域}\right)$, 计算这两个检验的 ARE. (b) 在 $F(x)=\int_{-\infty}^{x} e^{-y}I_{(0, \infty)}(y)dy$ 的情况下, 计算 Wilcoxon 检验对 t-检验的 ARE.

参 考 文 献

[1] Blackwell, D., Girshick, M. A., Theory of Games and Statistical Decisions, Chapman and Hall, 1954.

[2] Cramer, H., Mathematical Methods of Statistics, Princeton Univ. Press, 1946.

[3] David, H. A., Order Statistics, John Wiley, 1970.

[4] Feller, W., An Introduction to Probability and Its Applications, Vol. II, John Wiley, 1970.

[5] Kempthorne, O., The Design and Analysis of Experiments, John Wiley, 1952.

[6] Kendall, M. G., Stuart, A., The Advanced Theory of Statistics, Hafner, 1973.

[7] Lehmann, E. L., Testing Statistical Hypothesis, John Wiley, 1959.

[8] Loeve, M., Probability Theory, 2nd Edition, Van Nostrand Reinhold, 1960.

[9] Puri, M. L., Sen, P. K., Nonparametric Methods in Multivariate Analysis, John Wiley, 1971.

[10] Rao, C. R., Linear Statistical Inference and Its Applications, 2nd Edition, John Wiley, 1973.

[11] Scheffe, H., The Analysis of Variance, John Wiley, 1959.

[12] Wald, A., Statistical Decision Functions, John Wiley, 1950.

[13] Zacks, S., The Theory of Statistical Inference, John Wiley, 1971.

《现代数学基础丛书》已出版书目

1 数理逻辑基础(上册) 1981.1 胡世华 陆钟万 著
2 数理逻辑基础(下册) 1982.8 胡世华 陆钟万 著
3 紧黎曼曲面引论 1981.3 伍鸿熙 吕以辇 陈志华 著
4 组合论(上册) 1981.10 柯 召 魏万迪 著
5 组合论(下册) 1987.12 魏万迪 著
6 数理统计引论 1981.11 陈希孺 著
7 多元统计分析引论 1982.6 张尧庭 方开泰 著
8 有限群构造(上册) 1982.11 张远达 著
9 有限群构造(下册) 1982.12 张远达 著
10 测度论基础 1983.9 朱成熹 著
11 分析概率论 1984.4 胡迪鹤 著
12 微分方程定性理论 1985.5 张芷芬 丁同仁 黄文灶 董镇喜 著
13 傅里叶积分算子理论及其应用 1985.9 仇庆久 陈恕行 是嘉鸿 刘景麟 蒋鲁敏 编
14 辛几何引论 1986.3 J.柯歇尔 邹异明 著
15 概率论基础和随机过程 1986.6 王寿仁 编著
16 算子代数 1986.6 李炳仁 著
17 线性偏微分算子引论(上册) 1986.8 齐民友 编著
18 线性偏微分算子引论(下册) 1992.1 齐民友 徐超江 编著
19 实用微分几何引论 1986.11 苏步青 华宣积 忻元龙 著
20 微分动力系统原理 1987.2 张筑生 著
21 线性代数群表示导论(上册) 1987.2 曹锡华 王建磐 著
22 模型论基础 1987.8 王世强 著
23 递归论 1987.11 莫绍揆 著
24 拟共形映射及其在黎曼曲面论中的应用 1988.1 李 忠 著
25 代数体函数与常微分方程 1988.2 何育赞 萧修治 著
26 同调代数 1988.2 周伯壎 著
27 近代调和分析方法及其应用 1988.6 韩永生 著
28 带有时滞的动力系统的稳定性 1989.10 秦元勋 刘永清 王 联 郑祖庥 著
29 代数拓扑与示性类 1989.11 [丹麦] I.马德森 著
30 非线性发展方程 1989.12 李大潜 陈韵梅 著

31　仿微分算子引论　1990.2　陈恕行　仇庆久　李成章　编
32　公理集合论导引　1991.1　张锦文　著
33　解析数论基础　1991.2　潘承洞　潘承彪　著
34　二阶椭圆型方程与椭圆型方程组　1991.4　陈亚浙　吴兰成　著
35　黎曼曲面　1991.4　吕以辇　张学莲　著
36　复变函数逼近论　1992.3　沈燮昌　著
37　Banach 代数　1992.11　李炳仁　著
38　随机点过程及其应用　1992.12　邓永录　梁之舜　著
39　丢番图逼近引论　1993.4　朱尧辰　王连祥　著
40　线性整数规划的数学基础　1995.2　马仲蕃　著
41　单复变函数论中的几个论题　1995.8　庄圻泰　杨重骏　何育赞　闻国椿　著
42　复解析动力系统　1995.10　吕以辇　著
43　组合矩阵论(第二版)　2005.1　柳柏濂　著
44　Banach 空间中的非线性逼近理论　1997.5　徐士英　李　冲　杨文善　著
45　实分析导论　1998.2　丁传松　李秉彝　布　伦　著
46　对称性分岔理论基础　1998.3　唐　云　著
47　Gel'fond-Baker 方法在丢番图方程中的应用　1998.10　乐茂华　著
48　随机模型的密度演化方法　1999.6　史定华　著
49　非线性偏微分复方程　1999.6　闻国椿　著
50　复合算子理论　1999.8　徐宪民　著
51　离散鞅及其应用　1999.9　史及民　编著
52　惯性流形与近似惯性流形　2000.1　戴正德　郭柏灵　著
53　数学规划导论　2000.6　徐增堃　著
54　拓扑空间中的反例　2000.6　汪　林　杨富春　编著
55　序半群引论　2001.1　谢祥云　著
56　动力系统的定性与分支理论　2001.2　罗定军　张　祥　董梅芳　著
57　随机分析学基础(第二版)　2001.3　黄志远　著
58　非线性动力系统分析引论　2001.9　盛昭瀚　马军海　著
59　高斯过程的样本轨道性质　2001.11　林正炎　陆传荣　张立新　著
60　光滑映射的奇点理论　2002.1　李养成　著
61　动力系统的周期解与分支理论　2002.4　韩茂安　著
62　神经动力学模型方法和应用　2002.4　阮　炯　顾凡及　蔡志杰　编著
63　同调论——代数拓扑之一　2002.7　沈信耀　著
64　金兹堡-朗道方程　2002.8　郭柏灵　黄海洋　蒋慕容　著

65 排队论基础 2002.10 孙荣恒 李建平 著

66 算子代数上线性映射引论 2002.12 侯晋川 崔建莲 著

67 微分方法中的变分方法 2003.2 陆文端 著

68 周期小波及其应用 2003.3 彭思龙 李登峰 谌秋辉 著

69 集值分析 2003.8 李 雷 吴从炘 著

70 强偏差定理与分析方法 2003.8 刘 文 著

71 椭圆与抛物型方程引论 2003.9 伍卓群 尹景学 王春朋 著

72 有限典型群子空间轨道生成的格(第二版) 2003.10 万哲先 霍元极 著

73 调和分析及其在偏微分方程中的应用(第二版) 2004.3 苗长兴 著

74 稳定性和单纯性理论 2004.6 史念东 著

75 发展方程数值计算方法 2004.6 黄明游 编著

76 传染病动力学的数学建模与研究 2004.8 马知恩 周义仓 王稳地 靳 祯 著

77 模李超代数 2004.9 张永正 刘文德 著

78 巴拿赫空间中算子广义逆理论及其应用 2005.1 王玉文 著

79 巴拿赫空间结构和算子理想 2005.3 钟怀杰 著

80 脉冲微分系统引论 2005.3 傅希林 闫宝强 刘衍胜 著

81 代数学中的 Frobenius 结构 2005.7 汪明义 著

82 生存数据统计分析 2005.12 王启华 著

83 数理逻辑引论与归结原理(第二版) 2006.3 王国俊 著

84 数据包络分析 2006.3 魏权龄 著

85 代数群引论 2006.9 黎景辉 陈志杰 赵春来 著

86 矩阵结合方案 2006.9 王仰贤 霍元极 麻常利 著

87 椭圆曲线公钥密码导引 2006.10 祝跃飞 张亚娟 著

88 椭圆与超椭圆曲线公钥密码的理论与实现 2006.12 王学理 裴定一 著

89 散乱数据拟合的模型、方法和理论 2007.1 吴宗敏 著

90 非线性演化方程的稳定性与分歧 2007.4 马 天 汪宁宏 著

91 正规族理论及其应用 2007.4 顾永兴 庞学诚 方明亮 著

92 组合网络理论 2007.5 徐俊明 著

93 矩阵的半张量积:理论与应用 2007.5 程代展 齐洪胜 著

94 鞅与 Banach 空间几何学 2007.5 刘培德 著

95 非线性常微分方程边值问题 2007.6 葛渭高 著

96 戴维-斯特瓦尔松方程 2007.5 戴正德 蒋慕蓉 李栋龙 著

97 广义哈密顿系统理论及其应用 2007.7 李继彬 赵晓华 刘正荣 著

98 Adams 谱序列和球面稳定同伦群 2007.7 林金坤 著

99 矩阵理论及其应用 2007.8 陈公宁 编著
100 集值随机过程引论 2007.8 张文修 李寿梅 汪振鹏 高 勇 著
101 偏微分方程的调和分析方法 2008.1 苗长兴 张 波 著
102 拓扑动力系统概论 2008.1 叶向东 黄 文 邵 松 著
103 线性微分方程的非线性扰动(第二版) 2008.3 徐登洲 马如云 著
104 数组合地图论(第二版) 2008.3 刘彦佩 著
105 半群的 S-系理论(第二版) 2008.3 刘仲奎 乔虎生 著
106 巴拿赫空间引论(第二版) 2008.4 定光桂 著
107 拓扑空间论(第二版) 2008.4 高国士 著
108 非经典数理逻辑与近似推理(第二版) 2008.5 王国俊 著
109 非参数蒙特卡罗检验及其应用 2008.8 朱力行 许王莉 著
110 Camassa-Holm 方程 2008.8 郭柏灵 田立新 杨灵娥 殷朝阳 著
111 环与代数(第二版) 2009.1 刘绍学 郭晋云 朱 彬 韩 阳 著
112 泛函微分方程的相空间理论及应用 2009.4 王 克 范 猛 著
113 概率论基础(第二版) 2009.8 严士健 王隽骧 刘秀芳 著
114 自相似集的结构 2010.1 周作领 瞿成勤 朱智伟 著
115 现代统计研究基础 2010.3 王启华 史宁中 耿 直 主编
116 图的可嵌入性理论(第二版) 2010.3 刘彦佩 著
117 非线性波动方程的现代方法(第二版) 2010.4 苗长兴 著
118 算子代数与非交换 L_p 空间引论 2010.5 许全华 吐尔德别克 陈泽乾 著
119 非线性椭圆型方程 2010.7 王明新 著
120 流形拓扑学 2010.8 马 天 著
121 局部域上的调和分析与分形分析及其应用 2011.4 苏维宜 著
122 Zakharov 方程及其孤立波解 2011.6 郭柏灵 甘在会 张景军 著
123 反应扩散方程引论(第二版) 2011.9 叶其孝 李正元 王明新 吴雅萍 著
124 代数模型论引论 2011.10 史念东 著
125 拓扑动力系统——从拓扑方法到遍历理论方法 2011.12 周作领 尹建东 许绍元 著
126 Littlewood-Paley 理论及其在流体动力学方程中的应用 2012.3 苗长兴 吴家宏 章志飞 著
127 有约束条件的统计推断及其应用 2012.3 王金德 著
128 混沌、Mel'nikov 方法及新发展 2012.6 李继彬 陈凤娟 著
129 现代统计模型 2012.6 薛留根 著
130 金融数学引论 2012.7 严加安 著
131 零过多数据的统计分析及其应用 2013.1 解锋昌 韦博成 林金官 著

132　分形分析引论　2013.6　胡家信　著

133　索伯列夫空间导论　2013.8　陈国旺　编著

134　广义估计方程估计方程　2013.8　周　勇　著

135　统计质量控制图理论与方法　2013.8　王兆军　邹长亮　李忠华　著

136　有限群初步　2014.1　徐明曜　著

137　拓扑群引论(第二版)　2014.3　黎景辉　冯绪宁　著

138　现代非参数统计　2015.1　薛留根　著